CHEMISCHES ZENTRALBLATT

1830 gegründet
1897—1945 von der Deutschen Chemischen Gesellschaft fortgeführt

Herausgegeben im Auftrage
der Deutschen Akademie der Wissenschaften zu Berlin,
der Chemischen Gesellschaft in der DDR,
der Akademie der Wissenschaften zu Göttingen
und der Gesellschaft Deutscher Chemiker
von Prof. Dr. HEINRICH BERTSCH und Prof. Dr. Dr. h. c. WILHELM KLEMM

Chefredakteure
Dr. HELGA VÖLZ und Dr.-Ing. CHRISTIAN WEISKE

REFERAT 0001—1971
SEITE 1—200
140. JAHRGANG

15/1969

9. APRIL 1969

AKADEMIE-VERLAG GMBH · BERLIN · VERLAG CHEMIE GMBH · WEINHEIM · BERGSTRASSE

Inhalt

CHEMISCHES ZENTRALBLATT

BIBLIOGRAPHIEN

Nr. 4 · 1969

Neue Bücher

A. Allgemeine, physikalisch-anorganische und anorganische Chemie

—, Acids, bases and salts. London: Ginn. 1968. (192 S. m. Abb.) 9 s. 6 d.

—, Radiation chemistry. Vol. 1: Aqueous media, biology, dosimetry. Vol. 2: Gases, solids, organic liquids. Washington: Amer. Chem. Soc. 1968. each $ 16.—.

—, Solutions and crystallisation. London: Ginn. 1968. (192 S. m. Abb.) 9 s. 6 d.

Raymond S. Alger, Electron paramagnetic resonance: techniques and applications. New York: Interscience. 1968. (XVII + 580 S. m. Abb.) $ 15.95.

B. J. Aylett und **B. C. Smith,** Problèmes de chimie — Chimie physique générale — Chimie minérale. Paris: C.D.U. et S.E.D.E.S. Réunis. 1968 (174 S.) 17 F.

Barrow, Kenney, Lassila u. a., Liaisons chimiques. Tome II. Paris: Ediscience. 1968. (140 S.) 19 F.

F. Albert Cotton, Hrsg., Progress in inorganic chemistry. Vol. 9. New York, Chichester: Wiley. 1968. (V + 313 S.) 6 £. 2 s.

C. K. Jorgensen u. a., Structure and bonding. Vol. 5. Berlin, Heidelberg, New York: Springer. 1968. (149 S. m. Abb. u. Tab.) DM 32,—.

George B. Kauffman, Classics in coordination chemistry. Magnolia (Massachusetts): Peter Smith. 1968. $ 4.50.

J. D. Lee, Précis de chimie minérale. Paris: Dunod. 1968. (296 S. m. 109 Abb.) 36 F.

Thomas Martin Lowry, Intermediate chemistry. 9th edit. London: Macmillan. 1968. (XVI + 967 S. m. Abb.) 40 s.

Juan Alejandro McMillan, Electron paramagnetism. London: Reinhold. 1968. (XI + 226 S. m. Abb.) 6 £. 15 s. 6 d.

Ginette Watelle und **Jean-Claude Niepce,** Exercices et problèmes de chimie générale. Tom I: La réaction chimique. Paris: Armand Colin. 1968. (600 S.) 43 F.

H. Whal, Chimie générale appliquée. Paris: Masson. 1968. (374 S. m. 126 Abb.) 58 F.

A–1. Physik der Atomkerne

V. I. Gol'danskij, Physikalische Chemie des Positrons und Positroniums. Moskva: Nauka. 1968. (173 S.) 65 Kop. [russ.]

A–3. Physik der Festkörper und Flüssigkeiten

A. A. Vorob'ev, Mechanische und thermische Eigenschaften von Alkali-Halogen-Monokristallen. Moskva: Vysš škola. 1968. (272 S.) 1 Rbl. 4 Kop. [russ.]

A. B. Zahlan, Hrsg., Excitons, magnons and phonons in molecular crystals: proceedings of an international symposium held at the Physics Department of the American University of Beirut, Lebanon, 15—18 January 1968. London: Cambridge U.P. 1968. (XI + 224 S. m. Abb. u. Taf.) 70 s.

A–4. Thermodynamik, Mechanik der Gase und Flüssigkeiten, Gleichgewichte

G. Lemasson, Mécanique des fluides — thermodynamique. Cl. terminales F. Paris: Delagrave. 1968. (288 S.) 18 F.

A. A. Vasserman und **V. A. Rabinovič,** Wärmephysikalische Eigenschaften der flüssigen Luft und ihrer Komponenten. Moskva: Izd-vo standartov. 1968. (239 S. m. Abb.) 3 Rbl. 24 Kop. [russ.]

A–5. Elektrochemie

H. S. Harned und **R. A. Robinson,** The International Encyclopedia of Physical Chemistry and Chemical Physics. Vol. 2: Multicomponent Electrolyte Solutions. Oxford, London, Edinburgh, New York, Toronto, Sydney, Paris, Braunschweig: Pergamon Press. 1968. (XIII + 110 S. m. Abb. u. Tab.) 65 s.

A–6. Kolloidchemie, Grenzflächen

—, Theorie und Praxis der Sorptionsprozesse. Voronež: Izd-vo Voronež un-ta. 1968. (120 S.) 1 Rbl. 50 Kop. [russ.]

A–7. Kinetik, Katalyse

Mark Martin Jones, Ligand reactivity and catalysis. New York, London: Academic P. 1968. (VIII + 272 S. m. Abb.) 6 £. 10 s. 6 d.

Bertol'd S. Neporent, Elementary photoprocesses in molecules. New York: Consultants. 1968. (IX + 339 S. m. Abb.) $ 36.—.

A–8. Darstellung und Reaktionen von Elementen und anorganischen Verbindungen

—, Chemie und Physik der Nitride. (Mitteilungssammlung). Kiev: Naukova dumka. 1968. (180 S.) 1 Rbl. 28 Kop. [russ.]

—, Gmelins Handbuch der anorganischen Chemie. 8., völlig neu bearb. Aufl. System-Nr. 34. Quecksilber. Teil B. Lfg. 3. Verbindungen v. Quecksilber u. Schwefel bis Quecksilber u. Kohlenstoff. Weinheim/Bergstr.: Verl. Chemie. 1968. (XX + 346 S. m. 66 Abb.) DM 402,—.

Richard L. Carlin, Hrsg., Transition metal chemistry; a series of advances. Vol. 4. London: Edward Arnold. 1968. (X + 355 S. m. Abb.) 7 £. 12 s. 6 d.

R. J. H. Clark, The chemistry of titanium and vanadium. An introduction to the chemistry of the early transition elements. Amsterdam: Elsevier Publishing Cy. 1968. (XI + 329 S.) = Topics in inorganic and general chemistry. fl. 65.—.

Oswald Kubaschewski, Hrsg., Niobium: Physico-chemical properties of its compounds and alloys. Vienna: Internat. Atomic Energy Agency. 1968. (202 S. m. Tab. u. Diagr.) 8⁰. DM 20,—.

Vladimir Maksimov, Uranium, carbides, nitrides and silicides. Vol. 3. (1966—1967). Vienna: Internat. Atomic Energy Agency. 1968. (108 S. m. 1 Tab.) = Internat. Atomic Energy Agency. Bibliographical Series. 33. DM 14,—.

Philip L. Walker jun., Hrsg., Chemistry and physics of carbon: a series of advances. Vol. 4. London: Edward Arnold. 1968. (XII + 399 S. m. Abb.) 9 £. 10 s.

A–9. Geochemie

E. M. Galimov, Geochemie stabiler Kohlenstoffisotope. Moskva: Nedra. 1968. (224 S.) 1 Rbl. 64 Kop. [russ.]

B. Physikalische organische Chemie

A. R. Forrester, Organic chemistry of stable free radicals. London: Academic P. 1968. (XI + 405 S. m. Abb.) 6 £.

B–1. Optische, elektrische und magnetische Eigenschaften, Spektren

—, Atlas der Elektronenspektren der 5-Nitrofuranverbindungen. Riga: Zinatne. 1968. (160 S.) 96 Kop. [russ.]

B-6. Kinetik, Katalyse

V. V. Koršak und **S. V. Vinogradova,** Gleichgewichtspolykondensation. Moskva: Nauka. 1968. (444 S.) 2 Rbl. 71 Kop. [russ.]

C. Präparative organische Chemie, Naturstoffe

—, Chimie organique. Fasc. I: Mécanismes et fonctions simples. Paris: Armand Colin. 1968. (160 S.) 24 F.

Robert Leo Augustine, Reduction: techniques and applications in organic synthesis. London: Edward Arnold. 1968. (IX + 242 S. m. Abb.) 5 £. 15 s.

Roger Barlet und **Jean-Louis Pierre,** La chimie organique. Paris: Gauthier-Villars. 1968. (532 S.) 48 F.

Roy David Guthrie, An introduction to the chemistry of carbohydrates. 3rd edit. Oxford: Clarendon P. 1968. (VII + 144 S.) 45 s.

Kenneth D. Kopple, Peptides et acides aminés. Paris: Ediscience. 1968. (200 S. m. Abb.) 29 F.

H. und **J. F. Normant,** Chimie organique. 2e édit. rev. et augm. Paris: Masson. 1968. (482 S. m. Abb.) 58 F.

N. S. Pechuro, Hrsg., Organic reactions in electrical discharges. New York: Consultants. 1968. (IX + 135 S. m. Abb.) $ 17.50.

R. Stewart, Étude des réactions organiques. Paris: Dunod. 1968. (156 S. m. 12 Abb.) 28 F.

C-3. Heterocyclische Verbindungen

Adrien Albert, Heterocyclic chemistry: an introduction. 2nd edit. London: Athlone P. 1968. (XII + 547 S. m. Abb.) 84 s.

J. R. Hanson, The tetracyclic diterpenes. Oxford, London, Edinburgh, New York, Toronto, Sydney, Paris, Braunschweig: Pergamon Press. 1968. (VII + 133 S.) = International series of monographs in organic chemistry. Vol. 9. 60 s.

D. Makromolekulare Chemie

G. P. Gladyšev und **K. M. Gibov,** Polymerisation bei hohen Umwandlungsstufen und Methoden ihrer Untersuchung. Alma-Ata: Nauka. 1968. (144 S.) 1 Rbl. 13 Kop. [russ.]

K. T. Porošin und **V. A. Šibnev,** Synthese von Polyaminosäuren und regulierten Polypeptiden. Dušanbe: Doniš. 1968. (257 S.) 1 Rbl. 61 Kop. [russ.]

E. Biologische, physiologische und medizinische Chemie

—, Chemie und Biochemie der Nucleinsäuren. Leningrad.: Medicina. 1968. (429 S.) 2 Rbl. 83 Kop. [russ.]

Sidney Paul Colowick, Methods in enzymology. Vol. 12: Nucleic acids. Part B. New York, London: Academic P. 1968. (XXII + 972 S. m. Abb.) 15 £. 8 s.

Robert B. Forney, Combined efforts of alcohol and other drugs. Springfield (Illinois): Thomas. 1968. (124 S.) $ 6.50.

Sir John Henry Gaddum, Gaddum's pharmacology. 6th edit. revised. London, New York: Oxford Univ. Pr. 1968. (VII + 234 S. m. Abb. u. Taf.) $ 8.—.

Oskar Nylander, Biokemi med organisk kemi. 2. uppl. København: Munksgaard. 1968. (316 S. m. Abb.) dkr 51,55.

Leonora Reinhold, Progress in phytochemistry. Vol. 1. London, New York: Interscience. 1968. $ 23.75.

F. Pharmazeutische Chemie

—, Deutsches Arzneibuch. 7. Ausg. Amtl. Ausg. Stuttgart: Deutscher Apotheker-Verl.; Frankfurt/Main: Govi-Verl. 1968. (XI + 1048 S.) 8⁰. DM 82,—.

—, Graue Liste. 1967. (Früher Homöopathische Liste). 5. Aufl. Bearb. v. Arzneibüro d. ABDA u. Pharma Daig u. Lauer Frankfurt/Main: Govi-Verl. 1967. (242 S.) DM 37,50.

—, Kleine Spezialitäten-Taxe. Ausg. 60. 1. Oktober 1968. Frankfurt/Main: Govi-Verl. 1968. (355 S.) 4⁰. DM 13,—.

Willis T. Bradley, Pharmaceutical calculations. 5th edit. Philadelphia: Lea & Febiger. 1968. (X + 406 S. m. Abb.) $ 7.50.

Pr. R. C. Moreau, Cours de pharmacie chimique. Deuxième partie. Tome II. Série hydrocyclique — Série hétérocyclique — Alcaloïdes et dérivés-Antibiotique. 4e année de pharmacie. Paris: C.D.U. et S.E.D.E.S. Réunis. 1968. (514 S.) 47 F.

G. Analytische Chemie, Laboratoriumspraxis

M. Billy, Introduction à la chimie analytique. P.C., C.B., B.G., I.U.T. Chimie. Paris: Dunod. 1968. (200 S. m. 70 Abb.) 19 F.

Lawrence P. Eblin, Chemistry; a survey of laboratory techniques and procedures. New York: Harcourt. 1968. (255 S. m. Abb.) $ 4.50.

Harper Wine Frantz, Essentials of chemistry in the laboratory for independent reports. 2nd edit. San Francisco, London: W. H. Freeman. 1968. (XXIV + 253 S. m. Abb.) 34 s.

G-1. Allgemeine Verfahren und Apparate

—, Mesure des doses d'irradiation. Conférence technique. 1967, 12—16 juin. Stockholm. Paris: O.C.D.E., Agence européenne pour l'énergie nucléaire. 1967. (599 S. m. Abb.) 4⁰. 44 F.

L. P. Adamovič, Handbuch der Laboratoriumspraxis in der qualitativen Analyse. 2. überarb. u. vervollst. Aufl. Char'kov: Izd-vo Char'k. un-ta. 1968. (163 S.) 58 Kop. [russ.]

K. V. Alekseeva u. a., Gewinnung reiner Stoffe mittels der Methode der präparativen Gaschromatographie. Teil 2. Moskva: 1968. (66 S. m. Abb.) 37 Kop. [russ.]

Viktor Grigor'evich Berezkin, Analytical reaction gas chromatography. New York: Plenum. 1968. (X + 193 S. m. Abb.) $ 12.50.

John R. Cameron, Thermoluminescent dosimetry. Madison: Univ. of Wis. Press. 1968. (XXIII + 232 S. m. Abb.) $ 7.50.

Dennis Walter Hill, Non-dispersive infra-red gas analysis in science, medicine and industry. London: Hilger. 1968. (X + 222 S. m. Abb.) 5 £. 4 s.

M. V. Kulakov, E. F. Škatov und **V. A. Chanberg,** Gaschromatographie. Moskva: Energija. 1968. (128 S.) 40 Kop. [russ.]

Denys Monnier, Werner Haerdi und **Yvonne Rusconi,** Chimie analytique: Bases théoriques, radiochimie, qualitative. Genève: Georg. 1968. (321 S. m. Abb.) 8⁰. Fr. 38.—.

Roger S. Porter und **Julian F. Johnson,** Hrsg., Analytical calorimetry; proceedings. New York: Plenum. 1968. (IX + 322 S. m. Abb.) $ 10.—.

G-2. Analyse der Elemente und anorganischen Verbindungen

—, Analytische Chemie der seltenen Elemente und Spurenelemente. Taškent: 1968. (204 S.) 95 Kop. [russ.]

J. A. Belk und **A. L. Davies,** Hrsg., Electron microscopy and microanalysis of metals. Amsterdam: Elsevier Publishing Cy. 1968. (IX + 255 S. m. Abb.) fl. 47.50.

Alexej Dragomirecký u. a., Photometrische Analyse anorganischer Roh- und Werkstoffe. Übers. v. Ludwig Dobberitz. Leipzig: Deutscher Verl. f. Grundstoffindustrie. 1968. (361 S. m. 18 Abb.) 8⁰. M 38,—.

A. B. P. Lever, Inorganic electronic spectroscopy. Amsterdam: Elsevier Publishing Cy. 1968. (XII + 420 S.) = Physical inorganic chemistry; monograph I. fl. 90.—.

N. S. Poluektov und **L. I. Kononenko,** Spektrophotometrische Methode zur Bestimmung der einzelnen Seltenerdelemente. Kiev: Naukova Dumka. 1968. (170 S.) 1 Rbl. 11 Kop. [russ.]

G–3. Analyse organischer Verbindungen

Jerry R. Mohrig, Laboratory experiments in organic chemistry. New York: Reinhold. 1968. (VIII + 168 S. m. Abb.) $ 6.50.

H. Angewandte Chemie

H–3. Anorganische Industrie

Ulick Richardson Evans, The corrosion and oxidation of metals. 1st supplementary vol. London: Edward Arnold. 1968. (VIII + 488 S. m. Abb. u. 4 Taf.) 6 £. 10 s.

R. A. Isakova, Dampfdruck und Dissoziation von Metallsulfiden. Alma-Ata: Nauka. 1968. (230 S.) 1 Rbl. 70 Kop. [russ.]

Robert Powell, Carbon black technology: recent developments, 1968. Park Ridge (New Jersey): Noyes. 1968. (242 S. m. Abb.) = Chemical process review no. 21. $ 35.–.

Robert Powell, Hydrogen peroxide manufacture. Park Ridge (New Jersey): Noyes. 1968. (221 S. m. Abb.) $ 35.–.

Zoran Rant, Die Erzeugung von Soda nach dem Solvay-Verfahren. Eine verfahrenstechnische Darstellung. Stuttgart: Enke. 1968. (543 S. m. Abb.) 8⁰. DM 112,–.

F. Tamás, Hrsg., Proceedings of the ninth conference on the silicate industry Budapest 21–26 November 1967. Budapest: Akadémiai Kiadó. 1968. (753 S. m. Abb.)

H–6. Organische Industrie

D. A. Gurevič, Phthalsäureanhydrid. Moskva: Chimija. 1968. (232 S. m. Abb.) 93 Kop. [russ.]

Klare Stephen Markley, Hrsg., Fatty acids; their chemistry, properties, production, and uses. 2nd completely revised and augmented. Vol. 5. New York: Interscience. 1968. $ 27.50.

J. Plešek und **S. Heřmánek,** Sodium hydride. Its use in the laboratory and in technology. Praha: Academia Nakladatelství Československé Akademie Věd. 1968. (9 + 185 S. m. Tab.) Kčs 50.–.

I. E. Rusinov und **A. F. Prokopčuk,** Katalysatoren zur Paraffinoxydation in der flüssigen Phase. Moskva: 1968. (105 S.) 54 Kop. [russ.]

Marshall Sittig, Alcohols, polyols, and phenols; manufacture and derivatives. Park Ridge (New Jersey): Noyes. 1968. (200 S. m. Abb.) = Chemical process review no. 23. $ 35.–.

Marshall Sittig, Acetylene processes and products, 1968. Park Ridge (New Jersey): Noyes. 1968. (214 S. m. Abb.) = Chemical process review no. 22. $ 35.–.

Marshall Sittig, Paraffins and cycloparaffins; manufacture and derivatives. Park Ridge (New Jersey): Noyes. 1968. (234 S. m. Abb.) = Chemical process review no. 19. $ 35.–.

Anmerkung!

Die Bibliographienbeilagen erscheinen zwanglos und sind fortlaufend numeriert. Die Seiten der Beilagen sind mit B gekennzeichnet und werden durchpaginiert. Die Bibliographien werden für das Autorenregister und Sach- bzw. Formelregister ausgewertet.
–, Kein(e) Autor(en) genannt.

Ausgewertete Bibliographie-Fachzeitschriften

Belgien	Bibliographie de Belgique
BRD	Deutsche Bibliographie. Wöchentliches Verzeichnis. Ausgabe II. [Frankfurt/Main]
ČSSR	Bulletin – Wissenschaft und Buch [Praha] Nové knihy
Dänemark	Danske Bogmarked
DDR	Deutsche Nationalbibliographie. Reihe A: Neuerscheinungen des Buchhandels [Leipzig]
England	British National Bibliography
Frankreich	Bibliographie de la France
Griechenland	Greek Bibliography [Athen]
Italien	Bibliografia Nazionale Italiana
Niederlande	Nieuwsblad voor de Boekhandel
Österreich	Österreichische Bibliographie
Polen	Quarterly Review of Scientific Publications
Rumänien	Bibliografia Republicii Socialiste România
Schweiz	Schweizer Buch. Serie A und Serie B
UdSSR	Knižnaja Letopis' Knižnoe Obozrenie
Ungarn	Magyar Nemzeti Bibliográfia
USA	Publishers' Weekly

Namenregister Nr. 15

Ein vollständiger oder gekürzter Abdruck der Referate ist ohne Genehmigung der Redaktion und des Verlages verboten!

Patentregister

Australische Patente — Aust.P.

Nr.	Ref.-Nr.	Bezugspatent
255 693	1932	(Ind.P. 76 747)
260 596	1920	(Brit.P. 977 961)
265 041	1402	
269 103	1806	(Brit.P. 942 831)
514	1807	(F.P. 1 355 624)
661	1810	(U.S.P. 3 057 681)
737	1814	(U.S.P. 3 078 148)
883	1819	(Oe.P. 234 643)
894	1818	(Brit.P. 997 446)
923	1803	(F.P. 1 328 241)
270 045	1386	
657	1812	(D.A.S. 1 210 007)
271 098	1817	(Brit.P. 961 200)
453	1375	
669	1407	(Brit.P. 1 002 665)
696	1438	(Brit.P. 1 005 737)
805	1475	(F.P. 1 362 733)
877	1473	(Brit.P. 937 410)
941	1430	(U.S.P. 3 158 552)
272 100	1490	(Oe.P. 234 906)
129	1486	(Brit.P. 986 210)
168	1846	
264	1441	(Brit.P. 1 001 665)
314	1435	(U.S.P. 3 171 841)
347	1434	(Brit.P. 961 628)
421	1428	(Brit.P. 1 019 459)
532	1458	(D.A.S. 1 184 341)
650	1417	(D.P.[DDR] 34 810)
685	1454	(U.S.P. 3 100 777)
710	1420	(Brit.P. 984 092)
743	1437	(U.S.P. 3 247 221)
887	1480	(D.A.S. 1 179 333)
926	1447	(Brit.P. 977 696)
933	1445	(U.S.P. 3 138 586)
273 252	1487	(Brit.P. 985 747)
290	1418	(U.S.P. 3 090 810)
308	1410	(Brit.P. 990 061)
354	1421	(U.S.P. 3 218 319).
361	1443	(Oe.P. 240 373)
392	1426	(Brit.P. 1 017 696)
410	1482	(Oe.P. 235 471)
418	1448	(D.A.S. 1 209 122)
542	1495	(Brit.P. 998 298)
584	1460	(Brit.P. 1 009 212)
899	1440	(Brit.P. 977 321)
274 056	1416	(D.A.S. 1 211 166)
132	1479	(Brit.P. 693 499)
149	1483	(Brit.P. 976 225)
191	1485	(D.A.S. 1 203 274)
217	1499	(D.P.[DDR] 33 409)
239	1444	(D.A.S. 1 207 939)
244	1494	(Brit.P. 982 238)
348	1804	(F.P. 1 360 909)
519	1500	(U.S.P. 3 158 623)
568	1493	(Belg.A.S. 631 482)
591	1408	(Belg.A.S. 625 179)
631	1491	(Brit.P. 981 242)
683	1469	(U.S.P. 3 056 778)
755	1453	(Brit.P. 1 015 622)
770	1422	(Brit.P. 1 031 368)
798	1446	(Brit.P. 1 012 018)
		(Brit.P. 1 012 019)
860	1419	(Brit.P. 999 124)
863	1484	(Ung.P. 151 218)
941	1412	(F.P. 1 307 101)
		(F.P.[Méd.] 1 438)
275 002	1470	(D.A.S. 1 203 769)
026	1415	(Belg.A.S. 633 620)
027	1406	(D.A.S. 1 240 868)
104	1456	(D.A.S. 1 172 673)
110	1450	(Brit.P. 1 024 385)
112	1409	(D.A.S. 1 216 292)
142	1429	(Oe.P. 230 367)
176	1432	(Schwz.P. 417 607)
230	1455	(Brit.P. 1 013 180)
248	1492	(Brit.P. 1 002 878)
528	1461	(U.S.P. 3 132 072)
529	1501	(Brit.P. 976 028)
547	1457	(Brit.P. 884 544)
555	1452	(D.A.S. 1 193 049)
558	1433	(D.P.[DDR] 41 587)
568	1425	(D.P.[DDR] 30 075)
598	1436	(Brit.P. 966 682)
649	1462	(Niederl.P. 120 202)
667	1463	(F.P. 1 353 691)
691	1418	(Ung.P. 151 360)
706	1459	(D.A.S. 1 121 611)
707	1474	(Brit.P. 970 966)
725	1431	(F.P. 1 344 997)

Belgische Auslegeschriften — Belg.A.S.

Nr.	Ref.-Nr.	Bezugspatent
645 378	1793	
646 127	1794	

Britische Patente — Brit.P.

Nr.	Ref.-Nr.	Bezugspatent
914 460	1930	(F.P. 1 302 034)
931 587	1950	(Can.P. 691 974)
946 259	1941	(U.S.P. 3 142 701)
971 913	1947	(F.P. 1 286 137)
980 239	1918	(Jap.A.S. 1 575/1965)
982 713	1911	(F.P. 1 339 042)
985 505	1944	(D.A.S. 1 186 063)
986 060	1909	(F.P. 1 308 114)
981	1934	(Can.P. 688 797)
987 098	1932	(Ind.P. 76 747)
991 144	1921	(U.S.P. 3 059 024)
992 203	1940	(D.A.S. 1 203 752)
361	1790	
1 001 400	1922	(D.P.[DDR] 28 024)
1 003 480	1956	(D.P.[DDR] 37 762)
1 004 426	1961	(Can.P. 688 923)
661	1952	(F.P. 1 298 876)
1 005 376	1960	(F.P. 82 113)
1 008 191	1939	(F.P. 1 307 892)
1 009 786	1924	(Can.P. 698 202)
1 016 832	1862	
1 018 854	1896	
1 020 249	1870	
294	1385	
1 026 921	1356	
1 027 280	1901	(F.P. 1 357 453)
1 029 609	1799	
1 030 630	1399	
1 034 291	1898	
1 038 344	1378	
1 041 273	1392	
790	1383	
1 043 856	1897	
991	1404	
992	1404	
1 046 348	1360	
1 050 842	1363	
901	1371	
1 051 235	1382	
280	1358	
755	1793	
1 052 144	1380	
188	1802	(D.A.S. 1 171 404)
		(D.A.S. 1 200 267)
		(D.A.S. 1 204 639)
302	1370	
896	1794	
1 053 067	1856	
972	1851	
1 055 879	1852	
1 056 522	1837	
1 058 155	1844	
1 059 234	1863	
1 061 800	1871	
1 063 152	1872	
1 064 559	1876	
1 069 843	1894	
1 071 326	1883	
1 072 118	1857	
1 074 489	1845	
1 075 563	1859	
1 076 506	1868	
1 077 065	1840	
1 078 786	1874	
1 079 147	1865	
1 082 137	1850	
1 084 153	1842	
477	1849	
1 086 462	1468	(F.P. 1 421 018)
1 095 186	1848	
187	1878	
217	1439	(Port.P. 43 754)

Canadische Patente — Can.P.

Nr.	Ref.-Nr.	Bezugspatent
698 142	1927	(Brit.P. 976 725)

Auslegeschriften der Patentanmeldungen des Deutschen Patentamtes München — D.A.S.

Nr.	Ref.-Nr.	Bezugspatent
1 200 282	1906	(Can.P. 695 214)
1 210 850	1949	(F.P. 1 298 550)
879	1936	(Brit.P. 999 449)
1 211 206	1885	
1 215 678	1927	(Brit.P. 976 725)
692	1913	(Can.P. 688 076)
1 218 432	1903	(F.P. 1 285 024)
1 219 461	1933	(F.P. 1 310 192)
935	1835	
1 221 625	1914	(Brit.P. 964 755)
1 222 064	1957	(D.P.[DDR] 37 955)
1 226 591	1953	(D.P.[DDR] 36 137)
1 231 253	1937	(Brit.P. 956 229)
1 234 705	1910	(Brit.P. 968 933)
1 235 940	1938	(Brit.P. 1 000 687)
1 237 550	1808	(Ind.P. 73 072)
1 244 162	1919	(F.P. 1 309 051)
1 247 291	1942	(D.P.[DDR] 41 855)
1 249 253	1904	(Brit.P. 967 822)
264	1466	(Brit.P. 1 048 255)
271	1468	(F.P. 1 421 018)
1 250 817	1477	(Brit.P. 1 042 857)
1 253 270	1959	(D.P.[DDR] 41 900)
1 254 630	1962	(Can.P. 695 584)
1 257 125	1815	(Brit.P. 1 046 645)
137	1478	(Brit.P. 1 031 550)
142	1476	(Brit.P. 1 043 976)
1 265 743	1925	(Brit.P. 1 000 217)
1 269 134	1481	(Brit.P. 961 275)
1 275 055	1427	(U.S.P. 3 207 779)
		(Brit.P. 719 135)
		(Schwz.P. 413 866)
239	1900	(Brit.P. 942 024)

Deutsche Patente — D.P.[DDR]

Nr.	Ref.-Nr.	Bezugspatent
35 265	1908	(Brit.P. 976 930)
37 124	1917	(D.A.S. 1 200 278)
41 857	1943	(D.A.S. 1 203 753)
42 940	1955	(Brit.P. 961 331)
48 396	1954	(D.A.S. 1 206 434)

Französische Patente — F.P.

Nr.	Ref.-Nr.	Bezugspatent
3 747	1381	[Méd.]
790	1376	[Méd.]
798	1362	[Méd.]
830	1384	[Méd.]
85 810	1938	(Brit.P. 1 000 687)
86 429	1951	(D.A.S. 1 209 568)
89 876	1882	
1 317 092	1927	(Brit.P. 976 725)
1 320 414	1935	(Brit.P. 930 161)
1 321 419	1932	(Ind.P. 76 747)
1 418 556	1879	
638	1879	
1 430 131	1867	
1 442 266	1816	(D.A.S. 1 199 248)
1 449 790	1786	
1 466 016	1843	

Indische Patente — Ind.P.

Nr.	Ref.-Nr.	Bezugspatent
83 785	1873	

Niederländische Patente — Niederl.P.

Nr.	Ref.-Nr.	Bezugspatent
122 844	1805	(D.A.S. 1 109 152)
123 435	1838	

Österreichische Patente — Oe.P.

Nr.	Ref.-Nr.	Bezugspatent
246 917	1403	
250 910	1809	(F.P. 1 388 716)
202 871	1784	
204 140	1357	

Schweizer Patente — Schwz.P.

Nr.	Ref.-Nr.	Bezugspatent
395 062	1912	(Can.P. 689 183)
404 625	1902	(F.P. 1 309 871)
411 839	1915	(Brit.P. 948 662)
414 643	1379	
419 074	1802	(D.A.S. 1 171 404)
		(D.A.S. 1 200 267)
		(D.A.S. 1 204 639)
430 680	1841	
431 554	1866	
433 372	1424	(Brit.P. 1 045 060)
435 310	1414	(Brit.P. 1 042 202)
437 280	1864	
438 273	1498	(D.A.S. 1 215 154)
298	1955	(Brit.P. 961 331)
441 348	1502	(D.A.S. 1 213 843)
354	1449	(D.A.S. 1 206 908)
		(Brit.P. 985 004)
442 323	1451	(Brit.P. 944 641)
443 563	1489	(Brit.P. 1 003 383)
445 020	1488	(D.A.S. 1 181 230)
448 120	1423	(D.A.S. 1 226 115)
449 179	1496	(D.A.S. 1 204 777)
607	1497	(D.A.S. 1 194 845)
609	1477	(Brit.P. 1 042 857)
624	1367	
451 126	1467	(U.S.P. 3 160 643)
132	1472	(D.A.S. 1 186 854)
168	1503	(D.A.S. 1 195 322)
896	1931	(Brit.P. 1 001 177)
452 511	1361	
519	1465	(Brit.P. 1 026 501)
		(Brit.P. 1 026 502)
		(Brit.P. 1 026 503)
453 320	1916	(D.A.S. 1 139 478)
363	1364	
454 135	1464	(F.P. 1 341 756)
137	1471	(U.S.P. 3 189 623)
159	1411	(Brit.P. 1 047 914)
455 751	1958	(D.A.S. 1 203 762)

Nr.	Ref.-Nr.	Bezugspatent
Tschechische Patente — Tschech.P.		
121 210	1965	
629	1971	
122 585	1966	
716	1967	
123 126	1969	
128	1970	
124 117	1968	
USA-Patente — U.S.P.		
3 172 893	1948	(Can.P. 694 687)
3 190 937	1907	(Brit.P. 912 822)
3 211 744	1952	(F.P. 1 298 876)
3 227 520	1798	
3 234 221	1397	
266	1858	
3 242 204	1926	(D.A.S. 1 196 179)
207	1927	(Brit.P. 976 725)
3 243 441	1369	
435	1398	
442	1369	
3 245 989	1368	
3 246 026	1870	
3 247 220	1892	
3 248 168	1861	
3 250 809	1394	
3 251 894	1945	(D.A.S. 1 205 529)
3 255 157	1887	
200	1890	
3 260 715	1891	
3 261 667	1791	
832	1400	
3 264 357	1946	(Oe.P. 220 620)
3 265 732	1396	
3 267 113	1893	
142	1884	
148	1359	
3 270 019	1895	
3 271 104	1795	
441	1863	
457	1935	(Brit.P. 930 161)
3 275 652	1395	
3 287 403	1792	
3 279 891	1790	
3 280 015	1785	
109	1888	
118	1401	
139	1365	
180	1920	(Brit.P. 977 961)
201	1936	(Brit.P. 999 449)
3 281 373	1796	
3 282 750	1787	
3 284 447	1366	
449	1372	
477	1387	
505	1388	
550	1797	
3 285 910	1377	
918	1390	
919	1378	
939	1389	
3 287 085	1783	
3 287 437	1905	(F.P. 1 292 607)
3 288 791	1374	
792	1405	
3 290 291	1393	
297	1391	
3 291 809	1886	
820	1860	
832	1875	
292 996	1788	
293 264	1889	
299	1855	
313	1899	
3 294 487	1789	
3 318 911	1928	(D.A.S. 1 210 784)
3 330 621	1801	(D.A.S. 1 216 268)
3 336 112	1800	(F.P. 1 402 366)
333	1854	
3 341 291	1813	(Brit.P. 1 022 590)
595	1877	
3 347 794	1880	
849	1442	(Oe.P. 226 721)
3 352 880	1498	(D.A.S. 1 215 154)
3 354 204	1847	
3 355 494	1839	
497	1869	
3 358 009	1881	
3 359 065	1811	(D.A.S. 1 201 821)
310	1923	(D.A.S. 1 185 602)
3 360 335	1853	
3 361 779	1963	(F.P. 1 214 952)
781	1964	(D.A.S. 1 174 779)
3 372 987	1929	(D.A.S. 1 190 022)

Monatsberichte der Deutschen Akademie der Wissenschaften zu Berlin

Mitteilungen aus Mathematik, Naturwissenschaft, Medizin und Technik

Herausgegeben im Auftrage der Deutschen Akademie der Wissenschaften zu Berlin von Günther Rienäcker

Monatlich ein Heft mit einem Umfang von 80 Seiten, mit Abbildungen, Format 16,7 × 24 cm

Bezugspreis je Heft M 6,—

Durch die Angliederung naturwissenschaftlicher, technischer und medizinischer Institute seit 1946 und durch die wesentliche Erweiterung der bereits vorher bestehenden gesellschaftlichen Einrichtungen ist der Forschungsbereich der Deutschen Akademie der Wissenschaften zu Berlin außerordentlich groß geworden. Der Herausgeber hat sich daher in dieser Zeitschrift die Aufgabe gestellt, durch die Veröffentlichung von kurzen Originalarbeiten und von Kurzberichten über neue Forschungsergebnisse, wissenschaftliche Vorträge und Verhandlungen im Plenum, in den Klassen und in den Sektionen sowie in den Forschungsstätten der Deutschen Akademie der Wissenschaften zu Berlin einen möglichst lebendigen Querschnitt der wissenschaftlichen Arbeit auf allen von der Deutschen Akademie der Wissenschaften zu Berlin geförderten Fachgebieten zu geben.

Die Monatsberichte wenden sich an alle wissenschaftlich tätigen und interessierten Leser, denen es darum zu tun ist, über die schon vorhandenen Einzelschriften der Deutschen Akademie der Wissenschaften zu Berlin und deren Jahrbuch hinaus einen Einblick nicht nur in das eigene Fachgebiet zu gewinnen, sondern ebenso in die so vielseitige und umfassende Tätigkeit der Deutschen Akademie der Wissenschaften zu Berlin im ganzen.

Fortsetzungsbestellungen durch eine Buchhandlung erbeten

A K A D E M I E - V E R L A G · B E R L I N

CHEMISCHES ZENTRALBLATT

Nr. 15 · 9. April 1969
Referat 0001—1971
Seite 1—200

A. Allgemeine, physikalisch-anorganische und anorganische Chemie

A-2. Physik der Atome und Moleküle

0001 **Ableitung von Einzentrumintegralen mit Gauß-Funktionen.** Z. B. Maksić und Živković. (Croat. chem. Acta 40 (1968) 1, 59—62; Inst. „Ruder Bošković", Zagreb, Croatia, Yugoslavia; engl.) — Theoret. Ableitung. R. Blank 22

0002 **Linked-Cluster-Theorems für nichtorthogonale Wellenfunktionen.** D. J. Newman. (Chem. Physics Letters [Amsterdam] 1 (1968) 13, 684—86; Dep. of Phys., Queen Mary Coll., London; engl.) H. Liepack 22

0003 **Bemerkung zu einigen Näherungen für die in halbempirischen Berechnungen verwendeten Resonanzintegrale.** R. J. Wratten. (Chem. Physics Letters [Amsterdam] 1 (1968) 13, 667—68; Kemisk Labor. IV, Univ. of Copenhagen, Copenhagen, Denmark; engl.) — Unters. der von Linderberg vorgeschlagenen Formel im Hinblick auf ihre Anwendbarkeit für σ-Systeme. H. Liepack 22

0004 **Korrelationen zwischen tetraedrisch lokalisierten Orbitalen.** Oktay Sinanoğlu und Bolesh Skutnik. (Chem. Physics Letters [Amsterdam] 1 (1968) 13, 699 bis 702; Sterling Chem. Labor., Yale Univ., New Haven, Conn.; engl.) — Die Korrelationen zwischen benachbarten tetraedr. Orbitalen tragen zu den Valenzschalen-Korrelationsenergien von *Ne* u. CH_4 ca. 2mal soviel bei wie die Korrelationen innerhalb der vier doppelt besetzten Tetraederpaare. Die „nichtgebundenen Attraktionen" sind damit nicht vernachlässigbar, sondern können einen wesentlichen Anteil der Korrelationsenergien gesätt. Mol. darstellen. H. Liepack 22

0005 **Ab-initio-Berechnungen kleiner Hydride unter Einbeziehung der Elektronenkorrelation.** 2. Mitt. **Vorläufige Ergebnisse für den CH_4-Grundzustand.** R. Ahlrichs und W. Kutzelnigg. (Chem. Physics Letters [Amsterdam] 1 (1968) 13, 651—54; Lehrstuhl für Theoret. Chem., Univ. Göttingen, Germany; engl.) — 1. vgl. Theoret. chim. Acta [Berlin] 10 (1968) 5, 377. H. Liepack 22

0006 **Greensche Funktionen bei Atom- und Molekülberechnungen.** Bernard J. Laurenzi. (Chem. Physics Letters [Amsterdam] 1 (1968) 13, 641—42; Univ. of Tenn., Knoxville, Tenn.; engl.) — Ableitung eines exakten geschlossenen Ausdrucks für die generalisierte Green-Funktion des *H*-Atoms. H. Liepack 22

0007 **Definitive Variationsprinzipien für verschiedene physikalische Größen.** 2. Mitt. **Variationsprinzipien für das Quadrat des Moduls des Matrixelements.** P. A. Braun und T. K. Rebane. (Teoret. èksper. Chim. 4 (1968) 1, 22—28; Fiz. inst. Leningradskij gos. univ.; russ.) — 1. vgl. C. **1968**, 49/50-0025. — Ableitung von Gleichungen zur Berechnung der oberen u. unteren Grenzen des Quadrats des Moduls des Matrixelements eines Elektronenübergangs. H. Roschkowski 22

0008 **Zweiphotonenzerfall des 2s-Niveaus des Wasserstoffs.** B. A. Zon und L. P. Rapoport. (Ž. èksper. teoret. Fiz.-Pis'ma v Redakciju 7 (1968) 2, 70—72; Voronež, Gos. univ.; russ.) — Für den Zerfall des metastabilen 2s-Zustands des wasserstoffähnlichen Atoms unter Zweiphotonenemission in den 1s-Zustand wurde ein analyt. Ausdruck abgeleitet. V. Burjan 22△

0009 **Zustände $2p^6$, $2p^53s$, $2p^53p$, $2p^54s$ des Ne-Atoms.** 1. Mitt. **Wellenfunktionen.** L. A. Vajnštejn und L. A. Minaeva. (Ž. prikl. Spektroskopii 8 (1968) 2, 244—48; russ.) — Die Aufspaltungskoeff. aller Niveaus der Konfig. $2p^53s$, $2p^53p$, $2p^54s$ wurden gefunden. Für die Wechselwrkg.-Matrix wurden zentrale elektrostat. Wechselwrkg., Spin-Bahn- u. Spin-Spin-Wechselwrkg. berücksichtigt. Die Parameter wurden nach einer halbempir. Meth. bestimmt. Nach den Resultaten liegen die Zustände $2p^53s$ u. $2p^53p$ dem Schema <S-Bindung relativ nahe, der Zustand $2p^54s$ dem Schema mit jl-Bindung. M. Wiedemann 22

0010 **Halbempirische Berechnung der Anregungs- und Ionisationsenergien isoelektronischer Atome und Ionen.** 1. Mitt. T. N. Rekaševa und M. G. Veselov. (Optika i Spektroskopija 24 (1968) 1, 3—7; russ.) — Für eine Reihe von Übergängen der Elemente mit Ordnungszahlen Z = 5—15 wurden Anregungs- u. Ionisationsenergien berechnet. Die Differenzen gegenüber experimentellen Werten übertrafen die experimentellen Unsicherheiten nicht. Die Konst. in der halbempir. Formel $aZ^2 + bZ + \varepsilon_0 + \varepsilon_1/Z + \varrho Z^4$ sind für die einzelnen Übergänge tabelliert. M. Wiedemann 22

0011 **Bestimmung der Kopplungskoeffizienten der Konfiguration np^2 aus experimentellen Daten.** R. I. Semenov und B. A. Strugač. (Optika i Spektroskopija 24 (1968) 2, 149—58; russ.) — Die Abhängigkeit physikal. Größen, welche die np^2-Konfig. charakterisieren, von den Kopplungskoeff. wird dargelegt. Diese Koeff. werden aus experimentellen Daten über g-Faktoren, Energie-Intervall der Feinstruktur u. Linienstärke elektr. Dipolübergänge berechnet. Als Beispiele sind *Si I*, *Ge I*, *Sn I* u. *Pb I* angeführt. M. Wiedemann 22

0012 **Atomare Oszillatorstärken.** 1. Mitt. **Neutrales Silicium.** Brian Warner. (Monthly Notices Roy. astronom. Soc. 139 (1968) 1, 1—34; Dep. of Astrophys., Oxford; engl.) — Es werden die abs. Oszillatorenstärken mit intermediärer Kopplung u. Konfig.-Wechselwrkg. in Si I berechnet. Dabei werden alle möglichen Elektronenübergänge zwischen folgenden Zuständen berücksichtigt: $3s^23p^2$, $3s^23pns$, $3s^23pnf$, $3s^23p3d$, $3s^23p4d$, $3s3p^3$, (n = 4...7). Hierbei resultieren 2450 Spektrallinien, von denen viele von astrophysikal. Bedeutung sind. Ferner werden aus einer halbempir. Meth., die auf eine Modifizierung der Thomas-Fermi-Näherung beruht, die radialen Wellenfunktionen berechnet. Aus den kleinsten Fehlerquadraten, die auf die beobachteten Energiezustände von Radziemski u. Andrew (J. opt. Soc. Am. **55** (1965), 474) passen, werden die Eigenvektoren ermittelt. Wenn die theoret. u. ber. f-Werte nur kleine Fehlerbreiten besitzen, stimmen sie ausgezeichnet überein. Außerdem wird ein ausführlicher Vgl. mit den solaren Linienstärken durchgeführt. Hieraus läßt sich leichter entscheiden, nach welcher der verschiedenen Näherungen die f-Werte ber. werden sollen. Dabei läßt sich feststellen, daß die Verwendung individueller Wellenfunktionen für jeden Term innerhalb einer Konfig. zu besseren f-Werten führt, als die Annahme einer einzigen Wellenfunktin. Schließlich werden die magnet. Dipol- u. elektr. Quadrupolübergänge innerhalb der Konfig. $3s^23p^2$ tabellar. aufgeführt. G. Buttgereit 22

0013 **Atomare Oszillatorstärken.** 2. Mitt. **Neutrales Magnesium.** Brian Warner. (Monthly Notices Roy. astronom. Soc. 139 (1968) 1, 103—13; engl.) — 1. vgl. vorst. Referat. — Es werden die Ergebnisse umfangreicher Berechnungen der Oszillatorenstärken für das Mg I-Spektrum aufgeführt. Hierbei werden Spin-Bahn-Kopplung u. Konfig.-Wechselwrkg. berücksichtigt. Insgesamt werden 627, hauptsächlich astrophysikal. wichtige Spektrallinien tabellar. angegeben u. einige anomale Intensitäten in Laborspektren aufgeklärt. G. Buttgereit 22

0014 **Atomare Oszillatorstärken.** 3. Mitt. **Alkalimetallähnliche Spektren.** Brian Warner. (Monthly Notices Roy. astronom. Soc. 139 (1968) 1, 115—28; engl.) — 2. vgl. vorst. Referat. — Es werden für die Dipolübergänge die Oszillatorenstärken der Spektren von *Na* I, *K* I, *Rb* I, *Cs* I, *Mg* II, *Ca* II, *Sr* II u. *Ba* II berechnet. Hierbei werden die Einfl. der Spin-Bahn-Wechselwrkg.,

welche Störungen der Energieniveaus hervorrufen, sowie die Konfig.-Wechselwrkg. berücksichtigt. Außerdem werden die $^2S-^2D$-Quadrupolübergänge betrachtet.
G. Buttgereit 22

0015 **Absorptionslinien von neutralem Silicium im Sonnenspektrum.** D. L. Lambert und B. Warner. (Monthly Notices Roy. astronom. Soc. **139** (1968) 1, 35–101; engl.) — Vgl. vorst. Referate. — Zusammenfassend wird das Auftreten der Si I-Linien im Sonnenspektrum im Wellenlängenbereich 2935–25578 Å beschrieben. Es werden die theoret. Äquivalenzbreiten über eine modifizierte Wachstumskurvenmeth. berechnet. Si I ist in 550 solaren Spektrallinien enthalten. Hiervon sind 200 Linien neu identifiziert worden. Eine große Anzahl weiterer Si I-Linien mittlerer Intensität wird durch *Te*-Absorption maskiert. 32 neue Energieniveaus in Si I, hauptsächlich in den Konfig. 7f, 8f u. 9f, wurden entdeckt. Die Übergänge in diese Niveaus gehörten zu den bisher nicht aufgeklärten, mittelstarken solaren Spektrallinien.
G. Buttgereit 22

0016 **Die dritte Dimension der spektrochemischen Reihen.** C. I. Lepădatu. (Z. physik. Chem. [Frankfurt/M.] [N.F.] **57** (1968) 1/2, 28–37; Center of Inorg. Chem., Acad. of R. S. Romania, Bucharest; engl.) — Es wird eine Reihe der Übergangsmetallionen in Abhängigkeit von ihrem Beitrag zu antibindenden $\sigma(\pi)$-Niveaus in oktaedr. Komplexen aufgestellt. Es wird angenommen, daß der Beitrag des Metalls nahezu unabhängig von dem des Liganden u. gleich im antibindenden σ- u. π-Niveau ist. Die aufgestellte Reihe der Metallbeiträge wird neben der Reihe der Liganden (zwei Dimensionen) als dritte Dimension der spektrochem. Reihen ansehen. Für die 3d-Metalle ist die Reihenfolge: *Co*(II), *Ni*(II), *Mn*(II), *Fe*(II), *V*(II), Fe(III), *Cr*(III), V(III), Co(III), Ni(IV), Mn(IV); für die 4d-Metalle: *Ru*(II), *Mo*(III), *Rh*(III), Ru(III), *Pd*(IV), *Tc*(IV),; für die 5d-Metalle: *Ir*(III), *Re*(IV), *Pt*(IV).
D. Hoene 22

0017 **Behandlung nichtlinearer Parameter in der Methode lokaler Energie nach dem Verfahren der kleinsten Quadrate. 1. Mitt. σ-Zustände von HeH^{2+}.** Donald K. Harriss und Ronald K. Roubal. (Theoret. chim. Acta [Berlin] **9**, (1968) 4, 303–11; Dep. of Chem., Univ. of Minn. Duluth, Minn.; engl.) — Mit der Meth. lokaler Energie werden die Energien u. Wellenfunktionen für die vier tiefsten Zustände von HeH^{2+} berechnet. Dabei wird ein anderes Verf. zur Berechnung der auftretenden Matrizen angegeben, bei dem für die Wellenfunktionen mit $e^{-\alpha r}$-Faktor die Rechenzeit stark verringert wird. Der Einfl. nichtlinearer Parameter auf die Rechnung wird diskutiert, ein iteratives Verf. zu ihrer Optimalisierung wird vorgeschlagen.
D. Hoene 22

0018 **Näherungswellenfunktionen für angeregte Zustände: Energien und Dipolmomente des $2p\sigma$-Zustandes von HeH^{2+}.** M. Cohen, Brenda H. Dorrell und R. P. McEachran. (Theoret. chim. Acta [Berlin] **9** (1968) 5, 382–89; Centre for Res. in Experimental Space Sci. and Dep. of Phys., York Univ., Toronto; engl.) — Das Problem der Berechnung eines angeregten Zustandes, der nicht der niedrigste seiner Rasse ist, wird am Beispiel des ersten angeregten σ-Zustandes von HeH^{2+} diskutiert. Energien, Dipolmomente u. Übergangsmomente, die mit nichtorthogonalisierten u. orthogonalisierten Variationsstörungsfunktionen 0. u. 1. Ordnung sowie mit LMCO-Funktionen erhalten wurden, werden mit exakten Werten verglichen.
D. Hoene 22

0019 **Elektronendichteverteilung in Diboran.** P. Politzer und L. C. Cusachs. (Chem. Physics Letters [Amsterdam] **2** (1968) 1, 1–4; Dep. of Chem., La. State Univ., New Orleans, La.; engl.) — Unters. der Einfl. aus der Einbeziehung der H-2p-Basis-Orbitale in die Berechnung halbempir. Wellenfunktionen für Diboran. Die aus diesen Wellenfunktionen ber. Elektronendichteverteilungen werden mit den Ladungen nach den Mulliken- u. Löwdin-Definitionen verglichen. H. Liepack 22

0020 **Verteilung der Elektronendichte in einigen Chloriden.** S. P. Ionov und G. V. Ionova. (Ž. neorg. Chim. **13** (1968) 1, 301–02; Inst. novych chim. problem AN SSSR; russ.) — Die effektiven Atomladungen in den Mol. CCl_4, $SiCl_4$, $TiCl_4$, $GeCl_4$, $SnCl_4$, GeF_4, SnF_4, PCl_3, $AsCl_3$, $SbCl_3$, CF_4, SiF_4, BF_3 u. BCl_3 wurden rechner. ausgehend von den experimentell bestimmten Ionisationspotentialen bestimmt. Von den Tetrachloriden haben die des Si u. Ti die kleinste u. die von C u. Sn die größte Kationenladung. In allen untersuchten Mol. ist die Ladung des Zentralatoms positiv. Die negative effektive Ladung der Chloratome übersteigt 0,25 Elektronen die an Fluoratomen 0,35 Elektronen nicht.
J. J. Pohl 12

0021 **Halbempirische Molekülorbital-Berechnungen. 7. Mitt. Elektronenstruktur von Vanadylpentahydrat.** L. G. Vanquickenborne und S. P. McGlynn. (Theoret. chim. Acta [Berlin] **9** (1968) 5, 390–400; Coates Chem. Labor., La. State Univ.; engl.) — Eine Anzahl von Wolfsberg-Helmholz (W–H)-Rechnungen werden für $[VO(H_2O)_5]^{2+}$ durchgeführt, um einerseits SCF-adjustierte einfache Slater-Funktionen zu testen u. andererseits eine Anzahl von Vereinfachungen der Rechnungen von Ballhausen u. Gray (B–G; C. **1962**, **17319**) zu eliminieren. Es zeigt sich, daß es einfache Slater-Funktionen gibt, die bei Rechnungen nach W–H ähnliche Ergebnisse wie SCF-Funktionen liefern, u. daß Rechnungen mit u. ohne Näherungen von B–G die gleiche Reihenfolge der MO's, aber verschiedene Einteilchenenergien liefern. Die Verschiebung der VO-Gruppe aus der horizontalen Ebene beeinflußt die Elektronenstruktur stark.
D. Hoene 22

0022 **Molekülorbital-Theorie von diamagnetischen Nikkel(II)-Komplexen mit der Koordinationszahl 3.** M. Král. (Collect. czechoslov. chem. Commun. **32** (1967) 5, 1698–1703; Dep. of Analyt. Chem., Inst. of Chem. Technol., Prague; engl.) — Diamagnet. Komplexe von Ni(II) mit 1-(2-Carboxyphenyl)-3.5-diphenylformazan u. 1-(2-Hydroxyphenyl)-3.5-diphenylformazan mit KZ = 3 wurden mit Hilfe der MO-Theorie untersucht. Die Existenz derartiger stabiler Komplexe wird durch die Bldg. eines Chelats mit aromat. Eig. erklärt.
A. Jaeschke 22

0023 **Halbempirische Methode zur Berechnung intramolekularer Abstände.** Jean Chantelot und Guy Mesnard. (J. Chim. physique Physico-Chim. biol. **65** (1968) 2, 275–83; Lyon, Fac. des Sci., Labor. d'Electron. et de Phys. des Solides; franz.) — Ausgehend von Slater-Orbitalen werden unter Variation der Werte von cos Θ_a Bindungslängen von Einfach-, Doppel- u. Dreifachbindungen zweiatomiger gleichkerniger Mol. für wahrscheinlichste Elektronenposition berechnet.
Hans Bürger 22

0024 **Halbempirische Bestimmung intramolekularer Abstände in Beziehung zur Elektronegativität der Atome.** Jean Chantelot und Guy Mesnard. (J. Chim. physique Physico-Chim. biol. **65** (1968) 2, 284–86; franz.) — Vgl. vorst. Referat. — Das l.c. beschriebene Verf. zur Best. intramol. Abstände wird auf die Bindungen CH, BH, NH, OH, FH, SH, ClH, AsH, BrH, CN, CO, SN, C=N, C=O, O=N u. C≡N übertragen. Als Resultat ergibt sich eine Beziehung von der Schomaker-Stevenson-Form zwischen Elektronegativitätsdifferenz u. Abstand.
Hans Bürger 22

0025 **Empirische Bestimmung der Bindungsenergie.** F. Jenč. (Collect. czechoslov. chem. Commun. **33** (1968) 6, 1917–21; Inst. of Phys., Chem., Czechoslovak Acad. of Sci., Prague; engl.) — Diskussion einer von Singh u. Rai (Can. J. Phys. **43** (1965) 829) vorgeschlagenen Best.-Meth. für die Bindungsenergie D_e, wobei eine empir. Potentialfunktion mit D_e als Parameter einer Rydberg-Klein-Rees-Vanderslice-Potentialkurve genügen muß, die direkt aus den gemessenen Spektrallinien ber. wird. Vf. zeigt an N_2, CO, O_2, OH, JBr u. PbF, daß diese Meth., die in einigen Fällen ausgezeichnete Werte liefert, trotzdem mit Vorsicht zu behandeln ist.
R. Blank 22

0026 **Theorie der tetraedrischen Silicium-Sauerstoff-Bindung.** Janine Pares und Charles Leenhardt. (C. R. hebd. Séances Acad. Sci., Sér. C **264** (1967) 25, 2027–28; Montpellier, Fac. des Sci., Serv. de Phys. theoret.; franz.) — Mit einer Heitler-London-Wellenfunktion, die gleichzeitig einen kovalenten u.

einen ion. Term enthält, wird die Wellenfunktion u. die Energie der tetraedr. Si–O-Bindung berechnet. Der Wert des Koeff. für den ion. Anteil (α) hängt vom Atomabstand R ab. Bei Annahme von R = 1,58 Å ergibt sich α = 0,44 u., in guter Übereinstimmung mit dem experimentell gefundenen Wert, eine Bindungsenergie von −9 eV. F. Haenschke 22

0027 **Aktivierung von kleinen Molekülen durch Übergangsmetallionen und deren Komplexe.** R. Mason. (Nature [London] **217** (1968) 5128, 543–45; Sheffield, Univ., Dep. of Chem.; engl.) — Die Folgerung aus dem Chatt-Dewar-Modell, daß die die Bindungen in den Metallkomplexen beschreibende Wellenfunktion Funktionen enthalten muß, welche die angeregten Zustände sowohl des Metalls als auch der Liganden beschreiben, kann an Hand von Strukturanalysen im Detail geprüft werden. Zur Unters. wurden einige Strukturdaten von CS_2 Acetylen, Butadien u. Sauerstoffkomplexen mit Übergangsmetallen in niedrigen Valenzzuständen herangezogen. Der Einfl. der Übergangsmetallionen u. ihrer Komplexe (π-Komplexe von ungesätt. organ. Mol.) auf die einzelnen Bindungen wird diskutiert. E. Schulte 22△

0028 **Autokorrelationsfunktionen für Schwingungs- und Librationssysteme mit mehreren Freiheitsgraden.** Claude Brot. (C. R. hebd. Séances Acad. Sci., Sér. A et B **266** (1968) 2, B 72–74; Labor. Chim. phys., Bâtiment 350, Fac. Sci. Orsay, Essonne; franz.) — Die Autokorrelationsfunktionen von räumlich isotropen Schwingungssyst. u. zweiachsigen Librationssyst. leiten sich von denjenigen der linearen Schwingungs- u. einachsigen Librationssyst. ab. G. Richard 22

0029 **Große Schwingungs-Rotations-Wechselwirkungseffekte in berechneten Franck-Condon-Faktoren.** D. Villarejo, R. Stockbauer und M. Inghram. (Chem. Physics Letters [Amsterdam] **2** (1968) 1, 11–13; Dep. of Phys., Univ. of Chicago, Chicago, Ill.; engl.) — Unters. für die Lyman-Banden von H_2. H. Liepack 22

0030 **WKB-Berechnung von Schwingungsübergangswahrscheinlichkeiten.** Hyung Kyu Shin. (J. Amer. chem. Soc. **90** (1968) 12, 3025–29; Dep. of Chem., Univ. of Nev., Reno Nev.; engl.) — Eine vollständige Wentzel-Kramers-Brillouin-Berechnung der Wahrscheinlichkeit P von Schwingungsübergängen pro Stoß wird mittels der Sattelpunktmeth. abgeleitet u. auf mehrere Wechselwrkg.-Syst. angewendet, deren exakte quantenmechan. Lsg. bekannt sind. R. Blank 22

0031 **Temperaturabhängigkeit der zwischenmolekularen Energieübertragung in polaren Molekülen.** Hyung Kyu Shin. (J. Amer. chem. Soc. **90** (1968) 12, 3029–39; engl.) — Vgl. vorst. Referat. — Ableitung eines Formalismus für die Temp.-Abhängigkeit der Wahrscheinlichkeit von Schwingungs-Translations-Energieübertragungen in polaren Mol. unter Annahme einer Morse-Dipol-Quadrupol-Wechselwrkg.-Energie. Als Ausdruck für die Schwingungsübergangswahrscheinlichkeit pro Stoß ergibt sich $P(T) = fP_0(T)$ mit $P_0(T)$ als der Übergangswahrscheinlichkeit beim Grenzfall Dipol- u. Quadrupolmoment → 0. f gibt den Einfl. der permanenten Ladung auf die Energieübertragung wieder. P(T) kann bei sehr polaren Mol. mit kleinem Mol.-∅ (wie H_2O u. NH_3) bis zu einem Minimum abnehmen mit anschließendem normalen Anstieg, was auf eine bevorzugte Orientierung der stoßenden Mol. bei niedrigen Temp. (300–600 °K) zurückgeführt wird. In SO_2 u. CH_3Cl ändert sich P(T) zwischen 300 u. 500 °K nur wenig. R. Blank 22

0032 **Asymmetrische vibronische Effekte bei entarteten Elektronenzuständen.** B. Sharf und J. Jortner. (Chem. Physics Letters [Amsterdam] **2** (1968) 2, 68–70; Dep. of Chem., Tel-Aviv Univ., Tel-Aviv, Israel; engl.) — Betrachtung des Einfl. der Red. in der Schwingungssymmetrie auf entartete Elektronenenergieterme durch Unters. eines vibron. Masseneffekts auf die entarteten Terme durch einen neuen Mechanismus für die Termaufspaltung. Dieser Effekt wird bez. der ESR-Spektren der partiell deutierten Bzl.-Ionen $C_6H_5D^-$ u. p-$C_6H_4D_2^-$ sowie des monodeuterierten *Cyclooctatetraen*-Anions diskutiert. R. Blank 22

0033 **Berücksichtigung der Symmetrie bei der Berechnung der Intensitäten in Schwingungsspektren von Molekülen. Infrarotspektren.** B. S. Averbuch und L. S. Majanc. (Optika i Spektroskopija **24** (1968) 4, 513–19; russ.) — Die Berücksichtigung der Symmetrie bei der Berechnung der Intensitäten im Infrarotspektrum wird behandelt. Vor allem werden Mol. vom Typ CM_3N mit C_{3v}-Symmetrie diskutiert. M. Wiedemann 22

0034 **Formulierung der mathematischen Theorie der natürlichen Linienbreite.** Ketill Ingólfsson. (Helv. physica Acta **40** (1967) 3, 237–63; Mathem. Inst., Univ. Zürich; dt.) A. Jaeschke 22

0035 **Strahlung von mit doppelten Stromimpulsen gespeisten Impuls-Xe-Lampen.** S. I. Andreev und V. E. Gavrilov. (Optika i Spektroskopija **24** (1968) 5, 818 bis 819; russ.) — Die spektrale Dichte der Helligkeit im Bereich 2300–7000 Å von Xe-Lampen wurde in Abhängigkeit von der Stromdichte der Impulse photoelektr. u. photograph. registriert. Es wurden Helligkeitstemp. bis 20000 °K erzielt. Der Einfl. der Stromdichte auf die einzelnen Spektralbereiche war nicht eindeutig, das Verhältnis der beiden Impulse spielte ebenfalls eine wichtige Rolle, ferner die Verdampfung von Quarz. M. Wiedemann 26

0036 **Spektralabsorptionskoeffizienten von Kohlenstoff-, Stickstoff- und Sauerstoffatomen.** K. H. Wilson und W. E. Nicolet. (J. quantitative Spectroscopy radiative Transfer **7** (1967) 6, 891–941; Lockheed Missiles and Space Comp., Palo Alto, Calif.; engl.) — Zusammenstellung der ber. Absorptionskoeff. von neutralem u. einfach ionisiertem C, N u. O in verschiedenen Zuständen. Die dabei berücksichtigten Beiträge der effektiven Kontinuum-Wrkg.-Querschnitte (gebunden-frei-; frei-frei-Übergänge) sind über den Frequenzbereich $0{,}25\ \mathrm{eV} \leq h\nu \leq 20\ \mathrm{eV}$ für 3000–24000 °K in 1000°-Intervallen tabelliert. Ebenfalls tabelliert sind die Linienbeiträge der Übergänge gebunden-gebunden in Abhängigkeit von den Absorptions-f-Zahlen für alle wichtigen Übergänge (Multiplett, Supermultiplett, Übergangsbereiche) sowie die Halbwertsbreiten u. Linienverschiebungen durch Elektronenstoß für alle Übergänge bei 2500°–25000 °K. R. Blank 26

0037 **Anregung der Funkenspektren von Schwefel und Chlor in der Atmosphäre verschiedener Gase.** I. A. Berezin, A. L. Korpušev und V. A. Razuvaev. (Ž. prikl. Spektroskopii **9** (1968) 1, 14–17; russ.) — Die Anregung der Spektren von S u. Cl(Linien S II 5453,9 Å u. Cl II 4819,5 Å) im Niedervoltfunken wurde in Luft, N_2, O_2, Ar, He u. CO_2 bei Drücken von 10 Torr bis 6 atm untersucht u. mit Ausnahme von CO_2 eine Zunahme der Intensität mit sinkendem Druck gefunden. Es wurden Elektroden aus Graphit u. aus Cu benutzt. Verwendet wurden die trocknen Rückstände von Lösungen (Na_2SO_4 u. NaCl). Bes. günstig war die Anregung in He von 100 Torr. M. Wiedemann 26

0038 **Absorptionsspektren von in einer Matrix aus Edelgasen stabilisierten Li-Atomen.** A. A. Beljaeva, Ju. B. Predtečenskij und L. D. Ščerba. (Optika i Spektroskopija **24** (1968) 3, 449–51; russ.) — Die Absorption von Li-Atomen, die in einer Matrix aus *Ar*, *Kr* u. *Xe* stabilisiert waren, wurde bei 4,2–40 °K gemessen. Es wurde eine breite Bande im Bereich des Resonanzübergangs der freien Li-Atome mit 5 Komponenten gefunden. Für Na-, K-, Rb- u. Cs-Atome sind zwei Triplett-Übergänge bekannt. Bei Li dürfte nur ein Einfangzentrum geringer Symmetrie vorliegen. M. Wiedemann 26

0039 **Bedeutung der Kaskadenübergänge bei der Anregung der Niveaus $4s5s\,^3S_1$ von Zink und $5s6s\,^3S_1$ von Cadmium.** A. N.Ključarev. (Optika i Spektroskopija **24** (1968) 6, 1017–20; russ.) — Der Anteil der Kaskadenübergänge wurde aus der relativen Helligkeit der Linien bestimmt. Als Quelle diente die positive Entladungssäule bei Gleichstrom. Der Gesamtanteil der Kaskaden an der Besetzung ergab sich in den beiden Fällen zu 40 bis 50%. Die Wrkg.-Querschnitte wurden ebenfalls bestimmt. M. Wiedemann 26

0040 **Absorptionsspektren im Vakuum-Ultraviolett von Dämpfen der Metalle der Aluminiumgruppe.** 2. Mitt. **Gallium und Indium.** M. G. Kozlov und G. P. Strarcev. (Optika i Spektroskopija **24** (1968) 1, 8–11; russ.) – Die Absorptionsspektren von *Ga*- u. *In*-Dämpfen wurden im Bereich 250–150 nm aufgenommen. Die Absorptionsquerschnitte des Ionisations-Kontinuums u. die Oszillatorstärken der Linien, die den Übergängen s^2p–sp^2 entsprechen, wurden ermittelt. Dabei wurden die Terme $sp^2\,{}^2D$ bes. beachtet. M. Wiedemann 26

0041 **Strahlungsmessungen an Mg-Flammen.** Fritz Rössler. (Optica Acta [London] **15** (1968) 3, 257–69; Dt.-Franz. Forsch.-Inst. St.-Ludwig, Elsaß, Frankreich; dt.) – Die Strahlung einer diffus strahlenden MgO-Flamme wird durch 4 Größen charakterisiert: wahre Temp., opt. Dicke sowie Dispersion (λ-Abhängigkeit) von Absorptions- u. Streuungskoeffizienten. Schwarze Temp. u. Farbtemp. können gemessen werden. Unter Hinzunahme der Werte einer durch Spiegelung verstärkten Flamme sind 4 Meßgrößen für die vier Unbekannten gegeben. Dazu wird eine konst. brennende opt. dünne Flamme beschrieben. Die Spektren werden untersucht. Es ist erforderlich, zusätzlich eine opt. dicke Flamme zu untersuchen. Herbert Weber 26

0042 **Elektronenabsorptionsspektren von $CoBr_2$ in Amiden als Lösungsmittel.** 2. Mitt. **Lösungen von $CoBr_2$-Hydraten.** Adam Bartecki und Felicja Golińska. (Roczniki Chem. [Ann. Soc. chim. Polonorum] **42** (1968) 5, 767–73; Dep. of Rare Elements Chem. Inst. of Techn., Wrocław; pol.) – 1. vgl. C. **1969**, 12-0041. – Es werden die Elektronen-Absorptionsspektren von $CoBr_2$-Hydraten in *Formamid, Methyl-* u. *Dimethylformamid* als Lsgm. aufgenommen, um den Einfl. der H_2O-Mol. auf die Energiezustände u. Übergangswahrscheinlichkeiten zu untersuchen. H_2O-Mol., welche nicht die 1. Koordinationssphäre des Komplexes besetzen, beeinflussen auch nicht die Elektronenübergänge. Die Elektronenübergänge um 6–8 kK in obigen Lsgm. ergeben nur geringe Verschiebungen, welche die T_{2g} (F)-Aufspaltung beeinflussen. Damit wird der tetragonale Dt.-Parameter beeinflußt, während Dq u. Ds sich nur wenig ändern. Starke Änderungen treten im mol. Extinktionskoeff. ε bei allen Banden auf, beim Vgl. von hydratisierten u. wasserfreien Salzen. Hieraus läßt sich eine Wechselwrkg. zwischen den H_2O Mol. in der 2. Koordinationssphäre ableiten. Die Strukturen der möglichen Komplexe werden diskutiert. Es wird tetraedr. [$CoBr_2$ $(DMF)_2$] angenommen, dessen Bldg. durch ster. Effekte der Amidgruppen begünstigt wird. G. Buttgereit 26

0043 **Elektronenspektren einiger Vanadylchelate.** I. Ja. Kasparova und V. V. Zelencov. (Ž. strukturnoj Chim. **9** (1968) 3, 532–33; Mosk. fiz.-techn. inst.; russ.) – Die elektron. Absorptionsspektren von *N.N'-Äthylen-bis-[5-chlorsalicylidenaminato]-dioxovanadin(IV), Bis-[N-phenyl-5-bromsalicyldenaminato]-dioxovanadin,* [*VOA*] u. [*VOB*] (H_2A = *N-β-Hydroxyäthyl-5-chlorsalicylidenamin*, H_2B = *N-β-Hydroxyäthyl-5-bromsalicylidenamin*) werden aufgenommen u. interpretiert. H. Roschkowski 26

0044 **Absorptionsspektren und Zirkulardichroismus von Komplexen aus Praseodymionen mit Hydroxysäuren.** Leonard I. Katzin. (Inorg. Chem. [Washington] **7** (1968) 6, 1183–91; Chem. Div., ANL, Argonne, Ill.; engl.) – Das Absorptionsspektrum des Pr(III)-Ions zwischen 430 u. 510 nm, das im wesentlichen nur den Peak des ${}^3P_{2,1,0}$-Multipletts aufweist, zeigt bei dem Weinsäurekomplex 3 charakterist. Typen des Absorptionsspektrums u. des Zirkulardichroismus. Sie entstehen durch die Aufspaltung der Grundzustände u. angeregten Zustände des zentralen Pr-Atoms u. seiner Wechselwirkung mit dem asymm. Liganden in verschiedenen Milieus. Bei der Unters. der analogen Komplexe mit *L-Milch-, L-Erythron-, D-Ribon-, D-Arabon-, D-Xylo-, D-Glucon-, D-Gulon-, D-Mannon-, D-Idon-, D-Galacton-, α-D-Glucohepton-, α-D-Glucosaccharin-, D-Panto-, L-Äpfel-* u. *Zuckersäure* ergab die Deutung der Spektren des Zirkulardichroismus (CD) im sauren Medium eine Korrelation zwischen der Konfig. des α-C-Atoms u. des charakterist. CD-Signals bei 428 nm, was auf einen 5gliedrigen Chelatring hindeutet. Auf das Vorliegen eines Siebenringes im neutralen Medium wird aus der Korrelation der CD-Signale u. der Konfig. des γ-C-Atoms geschlossen. I. Dancke 26

0045 **Zeeman-Rasterung von Absorptionslinien-Profilen in Flammen.** Tj. Hollander und H. P. Broida. (J. quantitative Spectroscopy radiative Transfer **7** (1967) 6, 965–68; Dep. of Phys., Univ. of Calif., Santa Barbara, Calif.; engl.) – Best. der Absorptionslinienprofile von Flammen bei Atmosphärendruck durch Änderung der Untergrundwellenlänge einer Niederdruckentladungslichtquelle mittels eines großen, variablen Magnetfeldes. Gemessen wurden Profile einer Linie von atomarem *Zn* u. zwei Rotationslinien der 0.0-Bande des ${}^2\Sigma^+ - {}^2\Pi$-Übergangs von *OH* in $H_2/O_2/N_2$- u. $C_2H_2/O_2/N_2$-Flammen. Aus diesen Profilen wurden die Durchschnittswerte für die Stoßquerschnitte ermittelt. R. Blank 28

0046 **Übergang vom quadratischen Stark-Effekt zum linearen für Spektrallinien des Li-Atoms. Berechnung der Aufspaltung der Energieniveaus.** M. A. El'jaševič und V. I. Tkačeva. (Optika i Spektroskopija **25** (1968) 1, 12–16; russ.) – Mittels der Meth. der Störungstheorie wurden die Aufspaltungen der Niveaus des Li-Atoms mit n = 4, 5, 6 in Abhängigkeit von der Stärke des äußeren elektr. Felds ber. (bis 400 kV/cm) u. so der Übergang vom quadrat. zum linearen Stark-Effekt erfaßt. M. Wiedemann 28

0047 **Einfluß der intermolekularen Wechselwirkung auf die Schwingungsspektren von Molekülen.** 1. Mitt. **Formulierung des Problems.** O. P. Girin und N. G. Bachšiev. (Optika i Spektroskopija **24** (1968) 6, 910–35; russ.) – Der Einfluß der van der Waalsschen Wechselwrkg. auf die Schwingungsspektren von Mol. soll untersucht werden durch Behandlung der Änderung einiger physikal.-chem. Parameter der Mol. unter dem Einfl. der intermolekularen Kräfte, nämlich der Funktionen der potentiellen Energie U(r), des Dipolmoments μ(r) u. der Polarisierbarkeit α(r). M. Wiedemann 30

0048 **Berechnung der Frank-Condon-Faktoren mit Pöschl-Teller-Wellenfunktionen.** 1. Mitt. **Wahrscheinlichkeit einiger Schwingungsübergänge im Bandensystem $D^1\,\Sigma_u^+$ – $B^1\,\Pi_g$ im He_2-Molekül.** N. I. Žirnov und O. P. Šadrin. (Optika i Spektroskopija **24** (1968) 6, 890–95; russ.) – Die Wellenfunktion des Pöschl-Teller-Oszillators wurde für das diskrete u. kontinuierliche Spektrum ermittelt u. zur Berechnung der Frank-Condon-Faktoren für einige Schwingungsübergänge im Bandensyst. $D^1\Sigma_u^+ - B^1\Pi_g$ des He_2 angewandt. M. Wiedemann 30

0049 **Infrarotemissionsuntersuchung des Übergangs von Elektronen- in Schwingungsenergie.** 2. Mitt. **Hg* + CO.** G. Karl, P. Kruus und J. C. Polanyi. (J. chem. Physics **46** (1967) 1, 224–43; Dep. of Chem., Univ. of Toronto, Toronto, Canada; engl.) – 1. vgl. C. **1966**, 24-0120. – Der Übergang $Hg^*(6\,{}^3P_{1,0})$ + CO → Hg $(6\,{}^1S_0)$ + CO^+ (CO^+: schwingungsangeregtes Mol. im elektron. Grundzustand) wird auch bei Zusatz von N_2 u. Ar als Trägergas untersucht. K.-H. Bielicki 30

0050 **Infrarotemissionsuntersuchung des Übergangs von Elektronen -in Schwingungsenergie.** 3. Mitt. **Hg* + NO.** G. Karl, P. Kruus, J. C. Polanyi und I. W. M. Smith. (J. chem. Physics **46** (1967) 1, 244–53; engl.) – 2. vgl. vorst. Referat. – Der Übergang $Hg^*(6\,{}^3P_{1,0})$ + NO → $HgNO^*$ → HgNO → Hg $(6\,{}^1S_0)$ + NO^+ sowie der Sekundärprozeß Hg* + NO $(X^2\Pi)$ → Hg + $NO^*({}^4\Pi)$ mit folgender Bldg. von NO^+ im $X^2\Pi$-Grundzustand durch Stoßdeaktivierung von NO^* $({}^4\Pi)$ werden bei Zusatz von N_2 u. Ar als Trägergas untersucht. K.-H. Bielicki 30

0051 **Frequenzverschiebung der Valenzschwingung von J_2 in flüssigen Mischungen.** Y. R. Shen, H. Rosen und F. Stenman. (Chem. Physics Letters [Amsterdam] **1** (1968) 13, 671–74; Phys. Dep. and Inorgan. Materials Res. Div., Lawrence Radiat. Labor., Univ. of Calif., Berkeley, Calif.; engl.) – Unters. der mit einem He–Ne-Laser angeregten Raman-Spektren von J_2 in fl. Mischungen von *Bzl., Toluol, m-Xylol* u. *Mesitylen* mit *n*-

Hexan. Die in Abhängigkeit von der Bzl.-Konz. (oder der Konz. des methylierten Bzl.) gemessenen Frequenzverschiebungen können nicht befriedigend nach dem einfachen Modell von Orgel u. Mulliken über Ladungsübertragungskomplexe gedeutet werden.
H. Liepack 30

0052 **Spektrales Absorptionsvermögen der 9,6-μ-Ozon-Bande.** A. S. Zachor. (J. quantitative Spectroscopy radiative Transfer 7 (1967) 6, 989—92; Block Engng., Inc., Cambridge, Mass.; engl.) — Empir. Formeln für die Berechnung der Absorption der 9,6 *μ-Ozon*-Bande werden angegeben. R. Blank 30

0053 **Bandenstärke und Linienhalbwertsbreite der 10,4 μ CO_2-Bande.** S. R. Drayson und C. Young. (J. quantitative Spectroscopy radiative Transfer 7 (1967) 6, 993 bis 995; High Altitude Engng. Labor., Univ. of Mich.; engl.) — Mit einem 10,4-*μ*-CO_2-Laser werden folgende Absorptionsdaten bestimmt: Intensität der 10,4 μ (10^0 $0-00^01$)-Bande $= 0{,}0184\ cm^{-1} \pm 5\%$ bei 300°K u. selbstverbreiternde Lorentz-Halbwertsbreite der P(20)-Linie $= 0{,}096\ cm^{-1} \pm 5\%$ bei 1 Atm u. 300°K.
R. Blank 30

0054 **Anharmonische Resonanz dritter Ordnung im OCS.** A. Fayt. (Ann. Soc. sci. Bruxelles, Sér. I 82 (1968) 1, 101—12; Heverlee-Louvain, Centre de Phys. Nucl. et Mol.; franz.) — Vf. untersucht das Schwingungs-Rotations-Spektrum des OCS nahe 3765 cm^{-1} bei einer Auflsg. von 0,05 cm^{-1} u. analysiert das Spektrum hinsichtlich der Niveaus (20^01), (24^00) u. 24^20), zwischen denen Resonanz dritter Ordnung sowie zwischen erstem u. letztem Coriolis-Wechselwrkg. auftreten. Hans Bürger 30

0055 **Normalschwingungen des Hydroxylaminmoleküls.** Ju. Ja. Charitonov und M. A. Saruchanov. (Ž. neorg. Chim. 13 (1968) 1, 71—78; Inst. obšč. i neorg. chim. im. Kurnakova AN SSSR; russ.) — Analyse der Normalschwingungen der cis- u. trans-Formen u. Zuordnung der Frequenzwerte. J. J. Pohl 30

0056 **Infrarotspektren von Zirkonium-, Hafnium- und Alkalimetallhydridoboraten.** V. V. Volkov, E. V. Sobolev, Z. A. Grankina und I. S. Kalinina. (Ž. neorg. Chim. 13 (1968) 3, 659—64; Inst. neorg. chim. SO AN SSSR; russ.) — Die IR-Spektren von $Zr(BH_4)_4$ u. $Hf\cdot(BH_4)_4$ wurden in Cyclohexan, THF, CCl_4, n-Hexan, Toluol, Ae. u. Dioxan, sowie im gasförmigen Zustand aufgenommen. Die beiden Verb. enthalten sowohl endständige als auch Brücken-Protonen. Die Größe der B–H-Schwingungsfrequenz ist im Falle der gasförmigen Hydridoborate etwa gleich groß wie in ihren Lsg. in nichtpolaren u. wenig polaren Lösungsmitteln. Die Mol. der gelösten Substanz setzen sich also mit diesen Lsgm. nur schwach um. $Zr(BH_4)_4$ u. $Hf(BH_4)_4$ setzen sich mit THF um, im Bereich der Schwingung der Endprotonen treten starke spektrale Änderungen auf. Ein Austausch des Zr-Atoms gegen Hf wird von einer starken Änderung der Schwingungsfrequenzen der Brückensauerstoffatome begleitet. Die IR-Spektren von $LiBH_4$, $NaBH_4$, KBH_4 u. $CsBH_4$ wurden in krist. Zustand in NaOH + H_2O, DMF, THF u. Ae. aufgenommen. Das Spektrum des $LiBH_4$ unterscheidet sich sowohl im Charakter als auch in den Frequenzwerten recht stark von denen der Hydridoborate der schweren Alkalimetalle.
J. J. Pohl 30

0057 **Abschätzung der Metall-Sauerstoff-Valenzkraftkonstanten der Transuranylionen (NpO_2^{2+}, PuO_2^{2+} und AmO_2^{2+}) aus denen des Uranylions in verschiedenen Medien.** Ken Ohwada. (Spectrochim. Acta [Oxford], Part A 24 (1968) 2, 97—102; Tokai-mura, Ibaraki-ken, Japan Atomic Energy Res. Inst., Div. of Res.; engl.) — Vf. vermißt die IR-Spektren (NaCl-Bereich) der Verb. $UO_2(ClO_4)_2 \cdot 4\,H_2O$, $UO_2Cl_2 \cdot 3\,H_2O$, $UO_2(NO_3)_2 \cdot 6\,H_2O$, $UO_2SO_4 \cdot 3\,H_2O$, $UO_2(CH_3COO)_2 \cdot 2\,H_2O$ u. $Na[UO_2 \cdot (CH_3COO)_3]$ u. schätzt die Kraftkonst. analoger Np-, Pu- u. Am-Verb. nach den Formeln $f(MO) = f(UO) - 0{,}0100\,(Z_M - Z_U)^2$ u. $f'(MO) = f'(UO) - 0{,}0075\,(Z_M - Z_U)^2$, wobei $Z_M(Z_U)$ die Ordnungszahlen der Elemente Np, Pu u. Am (U) sind u. f in Mdyn/cm ber. wird. Theoret. ber. Werte stimmen mit experimentellen Daten befriedigend überein. Hans Bürger 30

0058 **Infrarotspektroskopische Untersuchung einiger elektrolytisch abgetrennter Verbindungen von d-Metallen.** A. S. Gončarenko. (Ž. neorg. Chim. 13 (1968) 4, 998 bis 1004; Kazach. gos. ped. inst. im. Abaja; russ.) — Bei der Elektrolyse wss. Alkalimetall- oder Ammoniumvanadate bilden sich nach früheren Unters. (ibid. 11 (1966), 2091) kathod. Nd. der Zus. $Me_2O \cdot xVO_2 \cdot y\,V_2O_5 \cdot z\,H_2O$ u. anod. Nd. oder Zus. $x\,MeO \cdot y\,V_2O_5 \cdot z\,H_2O$, bei Verw. der Molybdate bzw. Wolframate kathod. $Me_2O \cdot x\,Mo_2O_5 \cdot (W_2O_5) \cdot y\,MoO_3(WO_3) \cdot z\,H_2O$ u. anod. $x\,Me_2O \cdot y\,MoO_3 \cdot (WO_3) \cdot zH_2O$. Die IR-Spektren der kation. u. anion. abgeschiedenen V-, Mo- u. W-Verb. wurden bei 670—4000 cm^{-1} aufgenommen. Alle frischgefällten lufttrockenen Verb. zeigen eine Bande mit dem Max. bei 1620—1640 cm^{-1}, die der Deformationsschwingung von durch H-Bindungen verbundenen Wassermol. zugeschrieben wird. Die Valenzschwingung der Hydroxylgruppe bei 3100—3600 cm^{-1} zeigt die Anwesenheit von polymeren Hydroxylmol. verschiedenen Typs. Die intensive, breite Absorptionsbande bei 700—1000 cm^{-1} wird den unendlichen Ketten ...Me–O–Me–O... zugeordnet. J. J. Pohl 30

0059 **IR-Absorptionsspektren von Zinnsalzen mit gemischten Anionen.** N. A. Šestakova, S. S. Derbeneva und S. S. Bacanov. (Ž. prikl. Spektroskopii 8 (1968) 2, 340—42; russ.) — SnO, SnO_2, $SnOCl_2$, SnO_4Br_4, $Sn_2O_3J_2$, $SnOS$, $Sn_5O_6Se_4$, $Sn_5O_7Te_3$, $Sn_2Cl_2S_3$, $Sn_3Cl_2Se_5$ u. $Sn_4Cl_2Te_7$ wurden im Bereich 220—2000 cm^{-1} IR-spektroskop. (KBr-, CsJ- oder TlCl-Preßlinge) untersucht. Einige Banden werden zugeordnet.
J. J. Pohl 30

0060 **Infrarotspektren von Seltenerdmetalloxidsulfaten.** V. P. Surgutskij, V. I. Gajvoronskij und V. V. Serebrennikov. (Ž. neorg. Chim. 13 (1968) 4, 1010—13; Krasnojarskij politechn. inst.; russ.) — Die IR-Spektren der Oxidsulfate $(LnO)_2SO_4$ von Ln = *Y, La, Pr, Nd, Sm, Eu, Gd, Tb, Dy, Ho, Er, Tm* u. *Yb* wurden bei 400—4000 cm^{-1} aufgenommen. Die Verb. enthalten keine Me=O-Doppelbindung. Mit abnehmendem Radius des Seltenerdmetalls wird die Frequenz einiger Absorptionsbanden der Sulfationen in Richtung größerer Frequenzen verschoben. Die Oxidsulfate wurden durch Erhitzen der Sulfate bei 900—1050° während 2 Std. erhalten.
J. J. Pohl 30

0061 **Darstellung und schwingungsspektroskopische Untersuchung von $Sn[Co(CO)_4]_4$, Zinn-tetrakis-[tetracarbonylcobaltat]. π-Bindungen und Ladungsübertragung.** Michaël Bigorgne und Alain Quintin. (C. R. hebd. Séances Acad. Sci., Sér. C 264 (1967) 25, 2055—58; Paris, E.N.S.C., Labor. de Chim. miner.; franz.) — $Sn[Co(CO)_4]_4$ (I) erhält man frei von Nebenprod. bei der Umsetzung von $Co_2(CO)_8$ (II) mit $SnCl_2$ (im molaren Verhältnis von ca. 3:1) in THF. I hat die Symmetrie T_d u. gibt in Cetanlsg. folgendes IR-Spektrum (Intensität, Schwingungsrasse): 2079 (stark, F_2), 2018 (sehr stark, F_2) u. 1994 cm^{-1} (schwach, F_2). Im IR-Spektrum des festen I entdeckt man zusätzlich noch die an sich IR-inaktiven Banden bei 2307 (E), 2102 (A_1) 2040 (A_1) u. 1970 cm^{-1} (F_1). Die starke Kopplung der Frequenzen wird als Beweis für die Existenz von π-Bindungen zwischen Sn u. Co angesehen. Aus dem Vgl. der mittleren CO-Valenzschwingungsfrequenzen bei **I** u. **II** (2024 bzw. 2035 cm^{-1}) ergibt sich, daß nur eine geringe Ladungsübertragung vom Sn zum Co stattfindet; die Ladungsverschiebungen über σ- u. π-Bindungen gleichen sich demnach für jede Sn–Co-Bindung aus. Alle Atome in I sind elektr. neutral.
F. Haenschke 30

0062 **Chemie des Hydrazins und seiner Derivate.** 8. Mitt. **Struktur einiger Metall(II)-hydrazinkomplexe.** K.-H. Linke, F. Dürholz und P. Hädicke. (Z. anorg. allg. Chem. 356 (1968) 3—4, 113—17; Köln, Inst. für Anorg. Chem. der Univ.; dt.) — 7. vgl. C. **1967**, 18-0687. — Zur Kenntnis der Bindungsverhältnisse bei den Komplexverb. vom Typ $[Me \cdot (N_2H_4)_3]X_2$ werden IR-spektroskop. Unters. an $[Me(N_2H_4)_3](NO_3)_2$ (Me = *Ni, Co, Zn, Cd*) sowie an $[Ni(N_2H_4)_3]Cl_2$ u. $[Ni(N_2H_4)_3]Br_2$ durchgeführt. Jedes N_2H_4-Mol. fungiert als Brückenglied zwischen zwei Metallatomen. Die sechs Koordinationsstellen der Metallatome sind durch N-Atome sechs verschiedener N_2H_4-Molekeln gleichartig besetzt. Krist.

$[Ni(N_2H_4)_6]Cl_2$ (I) wird aus wasserfreiem $NiCl_2$ durch Auflösen in einem Überschuß von abs. N_2H_4 bei Zimmertemp. u. Abziehen von N_2H_4 dargestellt. Dem IR-Spektrum zufolge sind die N_2H_4-Liganden über je ein N-Atom an Ni gebunden. Der Vers. der Darst. I analoger Zn- u. Cd-Komplexe ergibt vermutlich nur Tetrahydrazinkomplexe. Bei vorsichtiger therm. Zers. von I im Vakuum werden röntgenograph. keine weiteren N_2H_4-haltigen Zwischenprod. beobachtet. M. Frenzel 30

0063 **Spektroskopische Untersuchungen einiger Übergangsmetall-Thioacetamid-Komplexe.** C. D. Flint und M. Goodgame. (J. chem. Soc. [London], Sect. **A 1968**, 3, 750–52; Chem. Dep., Imp. Coll., London; engl.) — Es wird über Elektronenspektren, IR- (2000 bis 350 cm^{-1}) u. FIR-Spektren (300 bis 160 cm^{-1}) für die Verb. $M L_2X_2$ (L = Thiacetamid; M = Fe, Co, Zn oder Cd, X = Cl oder Br; M = Co, Zn oder Cd, X = J; u. M = Co oder Ni, X = NCS) u. $M L_4X_2$ (M = Ni, X = Cl, Br, NO_3, ClO_4 oder $^1/_2 SO_4$; M = Pd oder Pt, X = Cl; u. M = Cd, X = NO_3) berichtet. Die Halogeno-Komplexe von Fe, Co, Zn u. wahrscheinlich auch Cd scheinen tetraedr. Struktur zu haben, der Chloro-Ni-Komplex ist oktaedr. verzerrt, u. die anderen Ni-Komplexe sind planar. Über die Metall-Halogen- u. Metall-S-Valenzschwingungsfrequenzen wird berichtet. E. Otto 30

0064 **Bandenzuordnung im Bereich der P=S-Valenzschwingung in den Spektren von Thiophosphorsäureamiden.** A. F. Vasil'ev und T. F. Tuljakova. (Ž. prikl. Spektroskopii 8 (1968) 4, 676–80; russ.) — Die Additivität der Verschiebung von P=S-Frequenzen in Abhängigkeit von Art u. Anzahl der Substituenten am P-Atom wird an Hand der Beispiele der IR-Spektren von $(CH_3)(OC_6H_4Cl)(NHC_4H_9)PS$, $(C_6H_5)PS(OC_6H_4Cl)(NH\text{-}iso\text{-}C_3 \cdot H_7)$, $[(CH_3)P(S)(NC_6H_4Cl)]_2$, $[(C_6H_5)P(S)(NC_6 \cdot H_4Cl)]_2$, $(CH_3)(SC_6H_4Cl)(NHC_4H_9)PS$, $(CH_3NH)PSCl_2$, $(CH_3)_2NPSCl_2$, $[(CH_3)_2N](OC_2H_5)(SCH_2CONHCH_3)PS$ im Bereich 400–1200 cm^{-1} diskutiert. J. J. Pohl 30

0065 **IR-Spektren einiger dielementorganischer Verbindungen.** A. N. Egoročkin, S. Ja. Choršev, N. S. Vjazankin, E. N. Gladyšev, T. V. Byčkov und O. A. Kruglaja. (Ž. obšč. Chim. 38(100) (1968) 2, 276–79; Labor. stabilizacii polimerov AN SSSR, Gor'kii; russ.) — Die IR-Spektren von $[(C_2H_5)_3Si]_2Cd$, $[(C_2H_5)_3Si]_2Hg$, $(C_2H_5)_3SiSi(C_2H_5)_2HgSi(C_2H_5)_3$, $(C_2H_5)_3SiHgC_2H_5$, $(C_2H_5)_3GeLi$, $[(C_2H_5)_3Ge]_2Zn$, $[(C_2H_5)_3Ge]_2Cd$, $[(C_2H_5)_3Ge]_2Hg$, $[(C_2H_5)_3Ge]HgC_2H_5$, $[(C_2H_5)_3Ge]_3Ga$, $[(C_2H_5)_3Ge]_3In$, $[(C_2 \cdot H_5)_3Ge]_3Tl$, $[(C_2H_5)_3Ge]_2GaBr$ wurden im Bereich 400 bis 1500 cm^{-1} aufgenommen. Die Valenzschwingungsfrequenz der Si–C- u. Ge–C-Bindungen hängt in diesen Verb. von der Elektronegativität des Begleitelementes X=Cd, Hg, Li, Zn, Ga, In oder Tl ab. In Verb. des Typs $[(C_2H_5)_3 \cdot Ge]_nX$ ist die Frequenz der antisymm. Valenzschwingung Ge–C eine lineare Funktion der Elektronegativität von X. J. J. Pohl 30

0066 **IR-Spektren im Bereich 4000–600 cm^{-1} der Additionsverbindungen von Diäthyläther mit einigen Lewis-Säuren: $(C_2H_5)_2O \cdot MgBr_2$, $(C_2H_5)_2O \cdot ZnCl_2$, $(C_2H_5)_2O \cdot AlX_3$.** Jean Derouault, Marie-Thérèse Forel, Jean Guillermet, Jean Lascombe, Jacques Le Calvé, Alexandre Novak, Jean-Pierre Perchard und Marie-Louise Josien. (J. Chim.-physique Physico-Chim-biol. **65** (1968) 2, 287–91; Labor. de Spectroscopie IR, Fac. des Sci., Bordeaux; franz.) — Die Spektren der genannten Verb. sowie von $(CH_3CD_2)_2O \cdot AlX_3$ (X = *Cl* oder *Br*) werden mitgeteilt u. zugeordnet. Als Vgl.-Substanz dient glasig erstarrter reiner Äther. Die Komplexbldg. bewirkt eine Erhöhung von $\nu(CH_2)$ u. eine mehr oder weniger ausgeprägte Erniedrigung der Gerüstschwingungen des Äthers. A. Blaschette 30

0067 **Infrarot-Absorptionsspektren von Tl(III)-Äthylendiamin-Komplexen.** F. Ja. Kul'ba, A. V. Barsukov und Ju. S. Varšavskij. (Ž. neorg. Chim. **13** (1968) 2, 457–60; Leningradskij technol. inst. im. Lensoveta; russ.) — Die IR-Spektren von $[Tl(en)Cl_3]$, $[Tl(en)_2Cl_3]$, $[Tl(en)_3]Cl_3$, $[Tl(en)Br_3]$, $[Tl(en)_2]Br_3$, $[Tl(en)_3]Br_3$, $[Tl(en) \cdot J_3]$, $[Tl(en)_2]J_3$ u. $[Tl(en)_3]J_3$ wurden im Bereich 400 bis 3500 cm^{-1} diskutiert. Die Spektren der Verb. vom Typ $[Tl(en)_3]X_3$ zeigen, daß die Komplexe die en-Mol. in gauche-Form enthalten. Die Spektren der übrigen Komplexe deuten auf eine Kettenstruktur der Verb., die trans-en-Mol. liegen als Brückengruppen vor. J. J. Pohl 30

0068 **Infrarot-Absorptionsspektren und Struktur von Zirkonium- und Hafniumverbindungen mit einigen Monocarbonsäuren.** Z. N. Prozorovskaja, K. I. Petrov, L. N. Komissarova. (Ž. neorg. Chim. **13** (1968) **4**, 965–70; Mosk. gos. univ. im. Lomonosova, Kaf. neorg. chim.; russ.) — Die IR-Spektren von $Hf_2O(OH) \cdot (CH_3 \cdot COO)_5 \cdot 2\,H_2O$, $Zr_2O(OH) \cdot (CH_3COO)_5 \cdot 2\,H_2O$, $Hf_2O(OH) \cdot (HCOO)_5 \cdot 2\,H_2O$, $Zr_2O(OH)(HCOO)_5 \cdot 2\,H_2O$, $Hf(C_3H_7 \cdot COO)_4$, $Zr(C_3H_7COO)_4$, $HfO(C_2H_5COO)_2 \cdot H_2O$, $ZrO(C_2H_5 \cdot COO)_2 \cdot H_2O$ wurden bei 400–4000 cm^{-1} aufgenommen, die Struktur der Verb. wird diskutiert, es dürfte eine tetramere Ringstruktur vorliegen. Die untersuchten Verb. enthalten weder Hf=O- bzw. Zr=O-Gruppen, noch unendliche Ketten. J. J. Pohl 30

0069 **Infrarotspektroskopische Untersuchung komplexer Formiatothorate.** K. I. Petrov, A. K. Molodkin, O. D. Saralidze und O. M. Ivanova. (Ž. neorg. Chim. **13** (1968) 6, 1716–19; Inst. obšč. i neorg. chim. im Kurnakova AN SSSR; russ.) — Die IR-Spektren von $K[Th \cdot (HCOO)_5]$, $Rb[Th(HCOO)_5]$, $Cs[Th(HCOO)_5]$, $Cs_2[Th \cdot (HCOO)_6]$, $Ba[Th(HCOO)_6] \cdot 2\,H_2O$, $Ba[Th(HCOO)_6]$, $Na_4 \cdot [Th(HCOO)_8]$, $Rb_4[Th(HCOO)_8]$ im Bereich 400–3600 cm^{-1} werden diskutiert. Die Übereinstimmung der Spektren von $Ba[Th(HCOO)_6] \cdot 2\,H_2O$ u. $Ba[Th(HCOO)_6]$ im Bereich der Schwingung der Formiatgruppe deutet auf gleiche Struktur der beiden Verbindungen. J. J. Pohl 30

0070 **Infrarotspektren von Seltenerdmetall-, Yttrium- und Scandiummalonaten.** B. S. Azikov, S. É. Charzeeva, Z. A. Grankina und V. V. Serebrennikov. (Ž. neorg. Chim. **13** (1968) 7, 1831–39; Tomskij gos. univ. im Kujbiševa; russ.) — Die IR-Spektren der wasserfreien u. hydratisierten Malonate des Typs $Ln_2(C_3H_2O_4)_3 \cdot n\,H_2O$, *Ln* = *La, Ce, Pr, Nd, Pm, Sm, Eu, Gd, Tb, Dy, Ho, Er, Tm, Yb, Lu, Y* u. *Sc* wurden im Bereich 400 bis 4000 cm^{-1} charakterisiert. Der kovalente Anteil der Ln–O-Bindung wächst in den Malonaten mit abnehmendem Ionenradius des Seltenerdmetallions. Hydrate der Malonate haben ebenso wie die der Oxalate die Symmetriegruppe C_{2v}, die Seltenerdmetallmalonate haben Chelatstruktur. J. J. Pohl 30

0071 **Die charge-transfer-Banden von Eisen(II)-Komplexen mit 1.2-Diketondioximen und Pyridin.** Chuya Matsumoto, Yukio Yamano und Koichiro Shinra. (J. chem. Soc. Japan, pure Chem. Sect. [Nippon Kagaku Zasshi] **89** (1968) 1, 44–48; Dep. of Chem. Technol., Fac. of Engng., Osaka Univ., Higashinoda, Miyakojima-ku, Osaka-shi; jap., Auszug: engl.) — Komplexe des Typs $Fe^{II}(DH)_2py_2$ mit py = Pyridin u. DH_2 = Dimethylglyoxim (I), Cyclohexandion-(1.2)-dioxim (II), α-Benzildioxim(III) oder α-Furildioxim (IV) wurden aus Mohrschem Salz dargestellt. In den Elektronenabsorptionsspektren der Komplexe werden starke Banden zwischen 510 u. 570 nm beobachtet, die dem $d_\varepsilon \rightarrow \pi^*$-Übergang zugeordnet werden u. die sich in der Reihenfolge I < II < III < IV nach längeren Wellenlängen verschieben. In den IR-Spektren finden sich die C=N-Banden nahe 1500 cm^{-1} wegen der Ggw. einer Donator-π-Bindung. Auch hier verschieben sich die Banden nach längeren Wellenlängen in der angegebenen Reihenfolge, während sich die Fe–N-Banden zwischen 514 u. 650 cm^{-1} für diese Reihe in umgekehrter Richtung verschieben. G. Heller 30

0072 **Infrarotspektren (450–70 cm^{-1}) der quadratisch planaren Komplexe von Gold(III) mit Pyridin und substituierten Pyridinen.** L. Cattalini, R. J. H. Clark, A. Orio und C. K. Poon. (Inorg. chim. Acta [Padova] **2** (1968) 1, 62–64; William Ramsay and Ralph Forster Labor., Univ. Coll., London; engl.) — Messung u. Zuordnung der IR-Spektren der Komplexe $AuX_3 \cdot L$ zwischen 450 u. 70 cm^{-1} (L = *Pyridin* (C_5H_5N u. C_5D_5N), *2-, 3-* u. *4-Methylpyridin, 2.6-, 3.5-* u. *2.4-Lutidin* u. *4-Cyanpyridin*, X = *Br* u. *Cl*),. Die Lage der Au–L-Valenzbande im Bereich 234–306 cm^{-1} wird nicht nur von der Basenstärke des Liganden, sondern auch noch durch andere Faktoren wie Masse u. ster. Hinderung beeinflußt. Die *Au–X*-Schwingungen werden an Hand des AuX_4^--Ions diskutiert. R. Blank 30

0073 **Infrarot-Absorptionsspektren der Umsetzungsprodukte von Tetramethylhexadiindiol mit Palladiumchlorid und seinen Derivaten.** Ju. Ja. Charitonov, A. V. Babaeva, T. I. Beresneva und G. Ja. Mazo. (Ž. neorg. Chim. **13** (1968) 3, 796–802; Inst. obšč. i neorg. chim. im. Kurnakova AN SSSR; russ.) — Die IR-Absorptionsspektren von $(CH_3)_2C(OH)-C{\equiv}C-C{\equiv}C-C(OH)(CH_3)_2$, PdClL, PdBrL, PdJL, Pd(SCN)L, PdClpyL, PdCl (Anilin)L im festen Zustand sowie von $CHCl_3$-Lsg. von PdClL u. PdBrL wurden im Bereich 400–4000 cm^{-1}, das Spektrum von L in Bzl. bei 3200–4000 cm^{-1} aufgenommen. An der Rk. von $PdCl_2$ mit Tetramethylhexadiindiol nimmt auch das Lsgm. (W.) teil, wobei ein Komplex mit carbonylhaltigem, organ. Ligand entsteht. Die Pd-Verb. mit L haben möglicherweise die Struktur $(CH_3)_2C(OH)-C(PdX) = C{=}CH-C(O)-C(OH)(CH_3)_2$ (X = Cl, Br, J, SCN) oder auch $RCH-RC{=}C(PdX)-C(O)$ mit R = $C(CH_3)_2OH$. Ihre Darst. wurde früher (ibid. **12** (1967), 2600) beschrieben. J. J. Pohl 30

0074 **Infrarotabsorptionsspektren einiger Pt(II)-Methylaminkomplexe.** Ju. Ja. Charitonov, I. K. Dymina und T. N. Leonova. (Ž. neorg. Chim. **13** (1968) 5, 1354–61; Inst. obšč. i neorg. chim. im Kurnakova AN SSSR; russ.) — Die IR-Spektren von $K[Pt(CH_3NH_2)Cl_3] \cdot x\,H_2O$, $K[Pt(CH_3ND_2)Cl_3] \cdot x\,H_2O$, *trans*-$[Pt(CD_3NH_2)_2Cl_2]$, *trans*-$[Pt(CD_3ND_2)_2Cl_2]$, *cis*-$[Pt(CD_3NH_2)_2Cl_2]$, $[Pt(CH_3 \cdot NH_2)_4]Cl_2$, $[Pt(CD_3NH_2)_4]Cl_2$, $[Pt(CH_3ND_2)_4]Cl_2$, $[Pt \cdot (CD_3ND_2)_4]Cl_2$, *trans*-$[Pt(CH_3NH_2)_2Cl_2]$, *trans*-$[Pt(CH_3 \cdot ND_2)_2Cl_2]$, cis-$[Pt(CH_3NH_2)_2Cl_2]$, *cis*-$[Pt(CH_3ND_2)_2Cl_2]$ wurden im Bereich 400–4000 cm^{-1} aufgenommen u. werden diskutiert. J. J. Pohl 30

0075 **Infrarot-Spektren und Struktur von Acetylacetonatoplatin(II)-Komplexen. 3. Mitt. Infrarot-Spektren von Acetylacetonatoplatin(II)-Komplexen mit O-gebundenen (chelierten) und C-gebundenen Acetylacetonen.** George T. Behnke und Kazuo Nakamoto. (Inorg. Chem. [Washington] 7 (1968) 2, 330–35; Chicago Ill., Technol. Center, IIT Dep. of Chem.; engl.) — 2. vgl. C. **1968**, 3-0149. — *Kaliumchloroacetylacetonato-γ-acetylacetonatoplatinat (II)* (kanariengelbe Krist. aus K_2PtCl_4, Acetylaceton u. KOH bei 80° in W., Einengen über P_4O_{10}), *Kaliumacetylacetonato-bis-[γ-acetylacetonato]-platinat (II)* (grüne Krist. analog vorst. Verb. aus K_2PtBr_4) sowie die unvollständig u. vollständig deuterierten Spezies wurden im Bereich von 4000–70 cm^{-1} IR-spektroskop. untersucht (Abb., Tabellen) u. die Spektren basierend auf der Normalkoordinatenanalyse der O- bzw. C-gebundenen Monoacetylacetonato-Komplexe zugeordnet (Behnke u. Nakamoto, ibid. **6** (1967) 433, 440). Die beobachteten Spektren können als Überlagerung der Grundspektren gedeutet werden. Hans Bürger 30

0076 **Absolute Raman-Intensitäten.** H. J. Bernstein. (J. molecular Spectroscopy **22** (1967) 1, 122; Pure Chem. Div., Nat. Res. Council, Ottawa, Canada; engl.) — Erratum zu C. **1965**, 45-0783 u. C. **1966**, 30-0151. Korrektur für den Faktor für die Rotations-Zustandssumme. A. Jaeschke 30

0077 **Depolarisationsverhältnis von Oberschwingungs- und Kombinationsbanden des Schwingungs-Raman-Effektes.** J. A. Koningstein. (Chem. Physics Letters [Amsterdam] 2 (1968) 1, 31–32; E. W. R. Steacie Building, Dep. of Chem., Carleton Univ., Ottawa, Canada; engl.) — Unters. der Symmetrieeig. des Streutensors u. Folgerungen für das Depolarisationsverhältnis. H. Liepack 30

0078 **Systematische Fehler in reinen Rotations-Raman-Spektren.** V. I. Tjulin und V. M. Tatevskij. (Vestnik Moskovskogo Univ., Ser. II **23** (1968) 2, 15–19; Kaf. fiz. chim.; russ., Auszug: engl.) — Einige Fehlerquellen bei der Analyse reiner Rotations-Raman-Spektren werden analysiert. Die Fehler infolge der Überlappung der Raman-Spektren schwingungsangeregter Mol. werden bes. behandelt. H. Roschkowski 30

0079 **Einfluß eines statischen Feldes auf Moleküle im Zustand kohärenter Schwingung.** Guy Mayer. (C. R. hebd. Séances Acad. Sci., Sér. A et B **266** (1968) 4, B 247 bis 250; Dep. de Rech. électro-opt., C.S.F., Domaine de Corbeville, Orsay, Essonne; franz.) — Vf. untersucht das Auftreten der normalerweise inakt. Raman-Linie Q(1) von H_2 unter dem Einfl. von Feldstärken bis zu 40 kV/cm. Zur Anregung wird ein 4-MW-Rubinlaser verwendet. F. Langenbucher 30

0080 **Resonanz-Raman-Spektrum von Schwefelkohlenstoff nach Anregung mit 2537 Å.** Lucien Bernard und René Dupeyrat. (J. Chim. physique Physico-Chim. biol. **65** (1968) 3, 410–13; Labor. de Rech. Optiques, Fac. des Sci., Reims; franz.) — Vf. definieren einen „Resonanzfaktor", welcher die Intensitätszunahme einer Raman-Linie bei Annäherung der Erregerlinie wiedergibt, u. beschreiben eine Meth. zur Best. dieses Faktors. Im Falle der totalsymm. Bande bei 656 cm^{-1} werden außer der Gesamtintensität auch die Depolarisation sowie das Intensitätsverhältnis zwischen Stokes- u. Anti-Stokes-Strahlung verändert. F. Langenbucher 30

0081 **Raman-Spektren von Kristallpulvern. 1. Mitt. Blei- und Quecksilberhalogenide.** L. A. Isupova und E. V. Sobolev. (Ž. strukturnoj Chim. 9 (1968) 2, 324–25; Inst. neorg. chim. SO AN SSSR; russ.) — Die Raman-Spektren (0–300 cm^{-1}) von $PbCl_2$, $PbBr_2$, $HgCl_2$ u. $HgBr_2$ in Pulverform werden aufgenommen u. an Hand der Spektraldaten die Bindungsverhältnisse in den Salzen besprochen. H. Roschkowski 30

0082 **Bestimmung der Linienbreite des Übergangs $3s_2-3p_4$ von Ne.** A. I. Popov und E. D. Procenko. (Optika i Spektroskopija **25** (1968) 3, 325–29; russ.) — Mit einem He-Ne-Laser mit der Arbeitswellenlänge 3,39 μ wurde die Linienbreite des Übergangs zu 660 ± 30 MHz bestimmt. Das Verhältnis der natürlichen zur Doppler-Breite ergab sich zu 1,1. M. Wiedemann 34

0083 **Laserwirkung von Na–H_2-Mischungen.** A. S. Tibilov und A. M. Šuchtin. (Optika i Spektroskopija **25** (1968) 3, 409–16; russ.) — Bestimmt wurden die Bedingungen der Laseranregung, die Abhängigkeit von Strahlungsleistung u. Verstärkungskoeff. von der Entladungsart, die Linienkontur, die Konz. der normalen Na-Atome u. Elektronen u. die Elektronentemperatur. M. Wiedemann 34

0084 **Laserwirkung in CO_2 bei gepulster Anregung.** A. M. Daniševskij, I. M. Fišman und I. D. Jaroševkij. (Ž. èksper. teoret. Fiz. **55** (1968) 3 (9), 813–19; Fiz.-techn. inst. im Ioffe AN SSSR; russ., Auszug: engl.) — Untersucht werden Vorgänge, die in einem reinem CO_2-Laser bei gepulster Anregung auftreten. Aus der Abhängigkeit der Impulsamplituden u. Strahlungsverzögerung von der Elektronenenergie geht hervor, daß der Elektronenstoß der entscheidende Mechanismus ist. Eine maximale Energie von 5 kW wurde mit der 9,5 μ-Linie bei einer Dauer von 1–2 μs erhalten. I. Zoll 34

0085 **Q-Modulation des CO_2-Lasers mit einem durchlässigen Bortrichlorid-Filter.** N. V. Karlov, G. P. Kuz'min, Ju. N. Petrov und A. M. Prochorov. (Ž. èksper. teoret. Fiz.-Pis'ma v Redakciju 7 (1968) 5, 174–77; Fiz. inst. im. Lebedeva AN SSSR; russ.) — Es wird gezeigt, daß die Absorption in BCl_3-Gas den P- u. R-Lasergebieten infolge der Ggw. von ^{10}B u. ^{11}B entspricht, wobei die Absorption des selteneren ^{10}B der weniger akt. R-Linie zukommt. Wird im Laser ein Filter mit reinem BCl_3 (Küvette von 20 cm Länge, ⌀ 2,2 cm; Laser mit CO_2–N_2–He-Füllung; NaCl-Fenster) vorgeschaltet, schwindet die Strahlungsbldg.; wird jedoch BCl_3 mit Luft (1:1, 1 Torr), oder He (1:100) verd., so entstehen die Impulse infolge der Verkleinerung der Relaxationszeit. Die besten Ergebnisse gibt der Zusatz von geringen Mengen NH_3 (1–7 Torr), wobei Riesenimpulse von 40 bis 100 μs, 1–2 W erhalten werden; bei steigendem Druck sinkt die Frequenz, wobei die Amplitude kleiner als bei ~ 1 Torr ist. J. Tůmová 34△

0086 **Verwendung einer nicht kontrahierten Entladung zur Erhöhung der Laser-Leistung von CO_2-N_2-He-Gemischen.** P. A. Bochan. (Optika i Spektroskopija **25** (1968) 3, 417–20; russ.) – In Spezialröhren, die abgebildet sind, konnte die Kontraktion der Entladung vermieden werden u. so die Laserleistung in der Mischung CO_2-N_2-He von 80–90 Watt auf 250–300 Watt gesteigert werden bei 1 m Länge des akt. Bereichs des Generators. M. Wiedemann 34

0087 **Einfluß der Verzerrung der Niederfrequenzmodulation auf das Signal bei der kernmagnetischen Resonanz.** Matej Rákoš. (Československ. Časopis Fysiku, Sekce A **18** (1968) 4, 369–77; Vys. škola techn., Košíce; tschech.) – Unters. des Asymmetriefaktors u. der Linienbreite. D. Hoene 36

0088 **Anwendung automatischer Rechenmethoden auf die Analyse hochaufgelöster Kernresonanzspektren.** Jean A. Musso und Jacques Metzger. (Bull. Soc. chim. France **1968**, 1, 463–76; Fac. des Sci. de Marseille; franz.) – Vf. geben einen Überblick über die Einsatzmöglichkeit von Digitalrechnern zur Analyse von NMR-Spektren u. beschreiben Programme zur Ausführung folgender Schritte: Best. von Peaks bei einem nichtaufgelösten Multiplet; Zuordnung der beobachteten Peaks zu ber. Übergängen in einem Energieniveaudiagramm, wobei angenäherte Parameter erhalten werden; mit Hilfe verschiedener iterativer Meth. (4 allg. Meth. werden beschrieben) werden die Parameter verbessert. Das ber. Spektrum wird mit dem experimentell erhaltenen verglichen. J. Pickardt 36

0089 **Kernquadrupolresonanz von Übergangsmetallen. 2. Mitt. Interpretation des Rhenium-Kernquadrupolresonanz-Spektrums in Dirheniumdekacarbonyl.** Charles B. Harris. (Inorg. Chem. [Washington] **7** (1968) 8, 1691 bis 1692; Berkeley, Calif., Univ. of Calif., Dep. of Chem. and Inorgan. Mater. Res.; engl.) – 1. vgl. ibid. 7 (1968) 8, 1517. – Die hohen Feldgradienten q_{zz} u. Asymmetrieparameter η von $Re_2(CO)_{10}$ werden mit Hilfe der anisotropen Temp.-Faktoren erklärt. B. I. 36△

0090 **Lösungsmitteleinflüsse auf die Bor-Fluor-Kopplungskonstante und auf den Fluoraustausch im Tetrafluoroboratanion.** R. J. Gillespie, J. S. Hartman und M. Parekh. (Canad. J. Chem. **46** (1968) 10, 1601–10; Hamilton, Ontario, McMaster Univ., Dep. of Chem.; engl.) – Die ^{11}B-^{19}F-Spin-Spin-Kopplungskonst. von $Ag[BF_4]$ in W. zeigt umgekehrtes Vorzeichen gegenüber Lsg. in organ. Lösungsmitteln. Dieser Effekt wird durch Assoziation u. Ionenpaarbldg. erklärt u. diskutiert. Aussagen über den Fluoraustausch werden aus der Temp.-Abhängigkeit der ^{19}F-NMR-Spektren in Acetonitril u. Aceton mit Hilfe der ^{10}B-^{11}B-Isotopenverschiebung gemacht. B. I. 36△

0091 **NMR-Spektren einiger Silylamine.** G. Rocktäschel, E. A. V. Ebsworth, D. W. Rankin und J. C. Thompson. (Z. Naturforsch. **23b** (1968) 5, 598–603 Univ., Chem. Labor., Cambridge; engl.) – Vf. berichten über die ^1H-NMR-Spektren von $(SiH_3)_3{}^{14}N$, $(SiH_3)_2{}^{14}N\cdot CH_3$, $SiH_3{}^{14}N(CH_3)_2$ sowie über die der entsprechenden ^{15}N-Verbindungen. Als Lsgm. dienten TMS, CCl_4, Chlf., Cyclohexan, CH_3CN, Bzl., Py., THF u. Dimethyläther. R. Braun 36

0092 **Alkalimetall-NMR-Versuche an Radikal-Ionenpaaren Alkalimetall-Aromat in Lösung.** G. W. Canters, E. de Boer, B. M. P. Hendriks und H. van Willigen. (Chem. Physics Letters [Amsterdam] **1** (1968) 13, 627 bis 630; Dep. of Phys. Chem., Univ., Nijmegen, Nederland; engl.) – Durch ^{23}Na-, ^{85}Rb- u. ^{87}Rb-Vers. wird die Existenz von negativen u. positiven Spindichten am Alkalimetallkern in den Radikal-Ionenpaaren mit *Fluorenon* u. *Biphenyl* nachgewiesen. Bei ^{85}Rb liegt eine Quadrupolrelaxation, bei ^{87}Rb u. ^{23}Na ein Dipolmechanismus vor. W. Sobieski 36

0093 **PMR-Spektren von Thiophen-Chromtricarbonyl und den entsprechenden Monomethylderivaten.** A. Mangini und F. Taddei. (Inorg. chim. Acta [Padova] **2** (1968) 1, 12–14; Bologna, Italy, Ist. di Chim. Organ. e Chim. Ind. dell'Univ.; engl.) – Untersucht wurden die PMR-Spektren der $Cr(CO)_3$-Komplexe (1:1) mit *Thiophen*, *2-* u. *3-Methylthiophen* in $[D_1]CHCl_3$ u. $[D_6]$Aceton. Mit Hilfe der deuterierten Lsgm. wird gezeigt, daß die $Cr(CO)_3$-Gruppe die α-H des Thiophenringes stärker stört als die β-H. Der Lsgm.-Effekt von Aceton ist bei den Komplexen stärker als bei den freien Liganden u. beeinflußt die α-Protonen am meisten. B. I. 36△

0094 **Kernmagnetische Resonanzuntersuchungen der Koordination von Vanadylkomplexen in Lösung und der Geschwindigkeit der Eliminierung von koordinierten Wassermolekülen.** K. Wüthrich und Robert E. Connick. (Inorg. Chem. [Washington] **7** (1968) 7, 1377–88; Dep. of Chem., Univ. of Calif., Berkeley, Calif.; engl.) – Die Temp.-Abhängigkeit der ^{17}O-NMR-Linienbreite in ^{17}O-angereicherten wss. Lsg. von Vanadylkomplexen mit den Chelatliganden *Äthylendiamintetraacetat* (EDTA), *Nitrilotriacetat* (NTA), *Picolyl-(2)-iminodiacetat* (PIDA), *Iminodiacetat* (IDA), *5-Sulfosalicylsäure* (H_3SSA) u. *Tiron* ((H_4TIR) werden gemessen. Aus ESR-Messungen wird die Temp.-Abhängigkeit der Komplexgleichgew. zwischen 25 u. 140° bestimmt u. damit die Konz. aller in einer Lsg. von VO^{2+} u. einem Liganden befindlichen paramagnet. Spezies bestimmt. Der Austausch des doppelt gebundenen Vanadylsauerstoffs verläuft zu langsam, um durch NMR-Messungen ermittelt werden zu können ($k < 20\ sec^{-1}$ zwischen 5 u. 100°). Der Austausch des H_2O-Mol. in zum Vanadylsauerstoff axialer Position in $VO(SSA)_2{}^{4-}$ u. $VO(TIR)_2{}^{6-}$ ruft eine sehr kleine Linienverbreiterung hervor, die mit einer sehr kurzen Lebensdauer des Mol. in dieser Position verbunden ist. Große Relaxationseffekte werden bei Ggw. von 1:1-Komplexen von IDA, SSA u. TIR, die eine für den H_2O-Austausch geeignete Koordinationsstelle in Äquatorialposition haben, beobachtet. Unter dem Einfl. der Liganden variieren die Geschw.-Konst. für den W.-Austausch in Äquatorialposition von $k = 1{,}2 \cdot 10^5\ (s^{-1})$ für VO(IDA); $1{,}5 \cdot 10^5$ für $VO(SSA)^-$ nach $5{,}3 \cdot 10^5$ für $VO(TIR)^{2-}$. $\Delta H^{\neq}$ beträgt in der gleichen Reihenfolge 11,7; 10,8 u. 11,8 kcal/Mol. $\Delta S^{\neq}$ beträgt +3,9; +1,2 u. +7,0 e. u. u. die skalare Kopplungskonst. $A/h = 2{,}8 \cdot 10^6$; $4{,}5 \cdot 10^6$ u. $4{,}9 \cdot 10^6$ Hz. Aus den für die vierzähnigen Liganden NTA u. PIDA erhaltenen Daten kann für die Komplexe eine pyramidale Struktur mit 4 Äquatorialpositionen an den Ecken einer tetragonalen Pyramide mit dem V^{4+}-Ion etwas über der Basisebene angenommen werden. Ein Vgl. der O^{17}-Relaxationsmessungen mit den Messungen der chem. Verschiebung u. den Protonenrelaxationsmessungen zeigt, daß die Kernresonanz des Wasserkörpers in der VO^{2+}-Lsg. beeinflußt wird, was auf schwach koordiniertes W. in axialer Position zurückgeführt wird. Aus der chem. Verschiebung bei Protonen-NMR-Messungen ergibt sich für einen Protonenaustausch an den Äquatorialpositionen in $VO(EDTA)^{2-}$-Lsg. $k(25°) = 2{,}2 \cdot 10^4\ s^{-1}$, $\Delta H^{\neq} = 7{,}8$ kcal/Mol., $\Delta S^{\neq} = -13$ e.u. u. $A/h = 1{,}6 \cdot 10^6$ Hz. D. Radeck 36

0095 **Kernmagnetische Resonanz von Metalltricarbonylkomplexen von Aromaten.** J. T. Price und T. S. Sorensen. (Canad. J. Chem. **46** (1968) 4, 515–22; Calgary, Alberta, Univ. of Calgary, Dep. of Chem.; engl.) – Untersucht werden die NMR-Spektren der Cr-, Mo- u. W-Tricarbonylkomplexe $M(CO)_3L$ folgender aromat. KW-Stoffe L: *Bzl.*, *Toluol*, *o-Xylol* [Mo: F. 100–105°; 54% (Ausb.)/W: F. 120–121°; 11%], *m-Xylol* (Mo: F. 126 bis 130°; 46%), *p-Xylol*, *Mesitylen*, *1.2.3-Trimethylbenzol* (Mo: F. 138–139°; 45%/W: F. 125–130°; 6%), *1.2.4-Trimethylbenzol* (Mo: F. 84–85°; 40%/W: F. 96–97°; 6%), *1.2.3.4-Tetramethylbenzol* (Cr: F. 115–117°; 32%/Mo: F. 142–144°; 40%/W: F. 134–137°; 8%) u. *1.2.3.5-Tetramethylbenzol* (Cr: F. 124–126°; 52%/Mo: F. 135 bis 136°; 55%/W: F. 165–169°; 10%), *Durol* (Mo: F. 90 bis 98°; 51%/W: F. 150–155°; 15%), *Pentamethyl-* [Cr: F. 101–102°; 43%/Mo: 140–142°; 47%/W: F. 148° (Zers.); 10%] u. *Hexamethylbenzol*. Die Lage der Resonanzsignale der aromat. Protonen in den Komplexen sind im Vgl. zu den zugehörigen KW-Stoffen nach höheren Feldern verschoben. Dieser Effekt nimmt in der Reihenfolge Mo- < W- < Cr-Verb. zu. Bei den Carbonylkomplexen unsymm. Methylbenzole wird im Vgl. zu den freien Aromaten ein wesentlich komplexeres Spektrum erhalten.

Symm. Methylbenzolkomplexe zeigen dagegen die gleichen Symmetriecharakteristika wie die zugehörigen Aromaten. Vf. nehmen an, daß das Metallcarbonylsyst. an 3 Zentren an den Aromaten gebunden ist. Die Bindung sollte am stärksten an den aromat. C-Atomen sein, die Methylgruppen tragen. G. O. Jäger 36△

0096 **Untersuchung elektronischer Einflüsse im Ferrocen-Ringsystem durch PMR-Spektroskopie.** D. W. Slocum, T. R. Engelmann, Robert Lewis und R. J. Kurland. (J. chem. Engng. Data **13** (1968) 3, 378–79; Dep. of Chem., Southern Ill. Univ., Carbondale, Ill.; engl.) – Unters. der chem. Verschiebung der Ringprotonen für monosubstituierte Ferrocene, $C_5H_5FeC_5H_4X$ (X = $-CHO$, $-COOCH_3$, $-COCH_3$, J, Br, C_2H_5, NH_2). Es scheint eine Beziehung zwischen der chem. Verschiebung der Ferrocene u. der der entsprechenden Benzole zu bestehen. D. Hoene 36

0097 **Transmission von Substituenteneffekten über das N–Si–N-System hinweg.** C. H. Yoder und J. J. Zuckerman. (Inorg. Chem. [Washington] **6** (1967) 1, 103–07; Baker Labor., Cornell Univ., Ithaca, N.Y.; engl.) – Mit Hilfe von ^{1}H-NMR-spektroskop. Unters. zur Best. von Substituenteneffekten über das N–Si–N-System hinweg wird die Hypothese der (p → d)π-Bindung in diesem System überprüft. Für diese Unters. wurden unsymm. substituierte *N.N'-p-* u. *-m-Diphenylimidazolidine* u. *-Diphenylsilaimidazolidine* ausgewählt. Diese Verb. erfüllen die Bedingung, daß die Substituenten genügend weit voneinander entfernt sind, so daß sowohl induktive u. direkte elektrostat. Feldeinfl. als auch magnet. Anisotropie weitgehend vermieden werden können. Als Substituenten wählten Vf. p-$N(CH_3)_2$, p-OCH_3, p-CH_3, p-NO_2, p-Cl u. m-NO_2 in verschiedenen Kombinationen. Die zu vermessende Substanz wurde jeweils zusammen mit *N-Paranitrophenyl-N'-paradimethylaminophenylimidazolidin* als Bezugsubstanz untersucht u. die chem. Verschiebung auf unendliche Verdünnung in Chlf. extrapoliert, um magnet. Einfl. zu eliminieren. Die chem. Verschiebung an der $-N(CH_3)_2$-Gruppe konnte auf diese Weise mit einer Genauigkeit von ±0,1 Hz gemessen werden. Der Unterschied der chem. Verschiebung bei der C- u. der Si-Verb. ist nur sehr gering; beide liegen auf derselben Geraden, wenn Δ[Hz] gegen die Hammett-σ-Konst. für jeden Substituenten aufgetragen wird. Ausführliche Diskussion. – Darst. der untersuchten Verb.: YH_4C_6–N–CH_2–CH_2–$N(C_6H_4X)$–CH_2, in 80–90%ig. Ausb. durch Kondens. des entsprechenden N.N'-Diaryläthylendiamins mit CH_2O in A. oder Methanol in Ggw. von Spuren Essigsäure/W.: X/Y = p-$N(CH_3)_2$/p-NO_2, F. 202–204°; p-$N(CH_3)_2$/m-NO_2, F. 170–172°; p-$N(CH_3)_2$/p-Cl, F. 230,5–232,0°; p-$N(CH_3)_2$/p-OCH_3, F. 212–213°; p-$N(CH_3)_2$/p-$N(CH_3)_2$, F. 231–233,5°; p-OCH_3/p-NO_2, F. 167–168°; p-OCH_3/m-NO_2, F. 141–141,5°; p-OCH_3/p-OCH_3, F. 229–230,5°; p-CH_3/p-NO_2, F. 181–182°; p-CH_3/p-CH_3, F. 181–184°. – YH_4C_6–N–CH_2–CH_2–N·(C_6H_4X)–$Si(CH_3)_2$, in 20–50%ig. Ausb. durch ca. 5std. Erhitzen des N.N'-Diaryläthylendiamins mit $(CH_3)_2Si$·$[N(C_2H_5)_2]_2$ in Ggw. von $(NH_4)_2SO_4$ (< 0,1 g) unter Abdest. des gebildeten $HN(C_2H_5)_2$, Umkrist. aus Bzl. oder Bzl./Hexan: X/Y = p-$N(CH_3)_2$/p-NO_2, F. 168–171°; p-$N(CH_3)_2$/m-NO_2, F. 108–110°; p-$N(CH_3)_2$/p-Cl, F. 163–169°; p-$N(CH_3)_2$/p-OCH_3, F. 114–118°; p-OCH_3/m-NO_2, F. 145–147°. R. Braun 36

0098 **^{1}H-NMR-Untersuchung von High-spin-Nickel(II)-Komplexen mit fünfzähnigen Schiffschen Basen.** Gerd N. La Mar und L. Sacconi. (J. Amer. chem. Soc. **89** (1967) 10, 2282–91; Phys. Chem. Inst., Swiss Fed. Inst. of Technol., Zürich; engl.) – Die ^{1}H-NMR-Spektren zweier Serien von fünffach koordinierten High-spin-Ni(II)-Komplexen wurden untersucht, wobei der fünfzähnige Ligand sich von substituierten *Salicylaldehyden* u. *Bis-[3-aminopropyl]-amin* (I) oder *Bis-[3-aminopropyl]-methylamin* (II) ableitete. Zwei Reihen von aromat. Liganden wurden beobachtet, die aus der Ungleichheit der beiden aromat. Fragmente im Chelat entstehen. Das Ausmaß der Möglichkeit hängt merklich von dem Amino-Stickstoff-Substituenten, dem Lsgm. u. der Temp. ab. Diese variable magnet. Ungleichheit beruht auf kleinen Änderungen in der Lsg.-Struktur, die durch ster. Effekte der Aminomethylgruppe erzeugt wird u. in dem Maße zunimmt, wie die Struktur sich einer quadrat. Pyramide mit cis-angeordneten Salicylaldiminfragmenten annähert. Die Tendenz dieser fünfzähnigen Liganden, lieber eine quadrat. Struktur mit cis- als trans-aromat. Ringen einzunehmen, wurde auch für Pyridin-Lsg. der Chelate bewiesen, wo eine Bandenaufspaltung trotz oktaedr. Koordination beobachtet wird. Die Verschiebungen für die fünfbindigen Chelate zeigen π-Dekokalisierung. Die Shift-Verteilung für die Pyridin-Addukte stimmt mit der anderer verwandter oktaedr. Komplexe überein. – Im einzelnen wurden die Komplexe mit nachst. Liganden untersucht: a) Schiffsche Basen aus I u. Salicylaldehyd (**III**), 3-Chlor- (**IV**) 3-Methyl- (**V**), 5-Chlor- (**VI**), 5-Methyl- (**VII**) bzw. 3.5-Dichlorsalicylaldehyd (**VIII**); b) Schiffsche Basen aus **II** u. **III**, **IV**, **V** **VI**, **VII**, **VIII** bzw. 4-Methylsalicylaldehyd. Peter Schmidt 36

0099 **IR- und NMR-spektroskopische Untersuchung der Metallkomplexe von 3-substituierten Pentandionen-(2.4).** Yukito Murakami, Katsuyuki Nakamura, Hiroaki Uchida und Yukiko Kanaoka. (Inorg. chim. Acta [Padova] **2** (1968) 2, 133–38; Dep. of Org. Synth., Fac. of Engng., Kyushu Univ., Fukuoka, Japan; engl.) – Von *3-Phenyl*(HL^1)-, *3-(p-Bromphenyl)* (HL^2)-, *3-(p-Cyanphenyl)* (HL^3)-, *3-(p-Nitrophenyl)* (HL^4)-, *3-Benzyl* (HL^5)- u. 3-(p-Nitrobenzyl)-pentandion-(2.4) (HL^6) werden folgende Komplexe IR(200–4000 cm^{-1})- u. NMR-spektroskop. untersucht: BeX_2 (X = L^1 bis L^6), CuX_2 (L^1 bis L^6), FeX_3 (L^1 bis L^6), CrX_3 (L^1, L^2, L^5, L^6), CoX_3 (L^1, L^2, L^4, L^5), PdX_2 (L^1, L^5) u. AlX_3 (L^1, L^5). Die Substituenten bewirken eine Verschiebung der C–O-Valenzschwingung zu niedrigeren Frequenzwerten u. der M–O-Schwingung zu höheren Werten. Die relative Stärke der M–O-Bindung folgt der Reihe Cu(II) < Pd(II), Fe(III) < Cr(III) < Co(III), die Substituenten verstärken die koordinative Bindung. Die Art der Chelatbindung in den Komplexen wird diskutiert. J. J. Pohl 36

0100 **Die nephelauxetische Reihe und die Reihenfolge der Mössbauer-Parameter von Eisen-Komplexen.** Kálmán Burger, Attila Vértes und Etelka Pappné Molnár. (Magyar Kémiai Folyóirat [Ung. Z. Chem.] **74** (1968) 8, 365–68; ung.) – Vf. bestimmen die Isomerenverschiebung u. Quadrupolaufspaltung von $Fe(H_2PO_2)_2$, FeA_2, FeA_3 (HA = *Anthranilsäure*), $FeCl_2$, $FeBr_2$·$4\,H_2O$, FeJ_2·$4\,H_2O$, FeS, FeB_2 u. FeB_3 (HB = *Diäthyldithiocarbaminsäure*). Die Mössbauer-Parameter folgen der nephelauxet. Reihe von Jørgensen. D. Hoene 37

0101 **Chemie von Komplexen mit gemischten Liganden. 4. Mitt. Mössbauer-Untersuchung von gemischten Carbonyleisen(0)-Komplexen.** László Korecz und Kálmán Burger. (Magyar Kémiai Folyóirat [Ung. Z. Chem.] **74** (1968) 9, 434–38; ung.) – 3. vgl. ibid. **74** (1968) 304; vgl. vorst. Referat. – Angabe der Isomerenverschiebung u. Quadrupolaufspaltung für *π-Allyleisentricarbonylchlorid* u. *-bromid*, *π-Allyltriphenylphosphineisendicarbonylbromid* u. *-jodid*; *Butadieneisenoktacarbonyl*; *Maleinsäure-*, *Maleinsäuredimethylester-*, *Fumarsäure-*, *Fumarsäuredimethylester-*, *Maleinsäureanhydrid-* u. *Citraconsäureanhydrideisentetracarbonyl.* D. Hoene 37

0102 **Massenspektrometrische Untersuchung der Synthese, der Stabilität und der Energetik der Tieftemperatur-Sauerstofffluoride.** 2. Mitt. **Ozondifluorid.** T. J. Malone und H. A. McGee jun. (J. physic. Chem. **71** (1967) 9, 3060–63; School of Chem. Engng., Ga. Inst. of Technol., Atlanta, Ga.; engl.) – 1. vgl. C. **1967**, 22-0160. – Die Eig. des als „O_3F_2“ beschriebenen blutroten Prod. aus elektr. Entladungen in O_2–F_2-Mischungen bei 90°K wurden mit einem Flugzeitmassenspektrometer untersucht, das mit einem Tieftemp.-Einlaßsyst. versehen war. Die Massenspektren der Prod. wurden bei 77–150°K registriert. Für O_3F_2 wird eine Struktur vorgeschlagen, die lose aneinander gebundenen OF- u. O_2F-Radikalen entspricht. Ab 115°K erfolgt Zers. nach folgendem Schema:

$2\,FO_2 \cdot OF \rightleftharpoons 2\,O_2F + 2\,OF$, $2\,OF \to O_2F_2$ (schnell) u. $2\,OF \to OF_2 + {}^1/_2\,O_2$, $2\,O_2F \to O_2F_2 + O_2$ (langsam).
A. Blaschette 42

0103 **Elektronenstoß-Fragmentierung von $B_{10}H_8(N_2)_2$ und Isotopenzusammensetzung von Dekaboran(14).** R. L. Middaugh. (Inorg. Chem. [Washington] 7 (1968) 5, 1011–14; Dep. of Chem., Univ. of Kan., Lawrence, Kan.; engl.) — Die Massenspektren von $B_{10}H_8(N_2)_2$ (I) u. Dekaboran(14) (II) werden miteinander verglichen. I besitzt ein geschlossenes poledr. Borgerüst, während im Mol. von II ein offenseitiges ikosaedr. Teilgerüst vorliegt. Im Spektrum von I tritt weniger B-Fragmentierung auf als bei II. Die wichtigsten Ionen sind $B_{10}H_8N_4^+$ u. $B_{10}H_8N_2^+$; Anzeichen für ähnliche Ionen mit weniger als acht H-Atomen treten nicht auf. Aus den relativen Ionenströmen wurde der prozentuale Geh. an ^{10}B in der I-Probe zu 20,2% ber.; die Anreicherung wird auf einen Isotopeneffekt bei der Synth. zurückgeführt. Durch Auflsg. sich überlappender Ionenströme von $B_{10}H_x^+$ wird gezeigt, daß derartige Spezies mit geradzahligem x in erheblichem Ausmaß beteiligt sind, während die Teilchen mit ungeradem x keinen oder nur geringe Beiträge liefern. Die Appearance-Potentialdifferenzen für die Abgabe von einem bzw. zwei N_2-Mol. betragen 0,60 ± 0,05 bzw. 1,80 ± 0,05 V. Metastabile Ionen deuten darauf hin, daß im Spektrometer die Rk. $B_{10}H_8N_4^+ \to B_{10}H_8N_2^+ + N_2$ u. $B_{10}H_8N_2^+ \to B_{10}H_8^+ + N_2$ stattfinden.
A. Blaschette 42

0104 **Massenspektren von Metallkomplexen des Dibenzoylmethans.** M. J. Lacey, C. G. Macdonald und J. S. Shannon. (Org. Mass Spectrometry 1 (1968) 1, 115–26; CSIRO, Div. of Entomol., Canberra, Australia; engl.) — Die Massenspektren von *Hd*, *Bed*$_2$, *Mgd*$_2$, *Nid*$_2$, *Cud*$_2$, *Znd*$_2$, *Crd*$_3$, *Fed*$_3$, *Cod*$_2$, *Ald*$_3$, *Scd*$_3$, *VOd*$_2$, *Yd*$_3$ u. *Thd*$_4$ werden bei einer Temp. von 230–300° gemessen. (*Hd = Dibenzoylmethan*). Wichtigster Zerfallsschritt des Molekülions ist die Abspaltung eines Ligandenradikals der Masse 223 oder eines Phenylradikals. Anschließend abgespaltene neutrale Bruchstücke haben gerade Elektronenzahlen. Endstufen der Zerfallsreihen sind $Met(II)^+d$ u. $C_6H_5Met(II)^+$ bzw. $(C_6H_5)_2Met(III)^+$.
L. Leonhardt 42

0105 **Eliminierung neutraler Metallfluorid- und Fluorwasserstoff-Fragmente in den Massenspektren von Fluorkohlenwasserstoff-Übergangsmetall-Komplexen.** R. B. King. (J. Amer. chem. Soc. 89 (1967) 24, 6368–69; Mellon Inst., Pittsburgh, Pa.; engl.) — Massenspektroskop. Unters. folgender Verb.: $C_2F_4S_2Fe_2(CO)_6$ (I); $C_4F_6S_2 \cdot Fe_2(CO)_6$ (II); $C_6F_5Fe(CO)_2C_5H_5$ (III); $3.4\text{-}H_2C_6F_3Fe(CO)_2 \cdot C_5H_5$ (IV); $p\text{-}CF_3C_6F_4Fe(CO)_2C_5H_5$ (V); $C_{14}H_{14}F_4Fe(CO)_3$ (VI); $C_5H_5CoC_{14}H_{14}F_6$ (VII). Bei den Verb. I–VI wurden die neutralen Fragmente FeF_2 u. HF beobachtet, bei VII HF u. C_5H_5CoF, das sich eher als CoF_2 bildet. Diskussion über die Strukturen der Verbindungen.
I. Zoll 42

0106 **Massenspektren von Organo-Stannanen und -Plumbanen.** D. B. Chambers, F. Glockling und M. Weston. (J. chem. Soc. [London], Sect. A 1967, 1759–69; Dep. of Chem., Univ., Durham; engl.) — Unters. der Fragmentbldg. bei einer Auflsg. von 70 eV, Messung der Appearance-Potentiale u. Best. der Dissoziationsenergien folgender Verb.: $Sn(C_6H_5)_n(C_2H_5)_{4-n}$, n = 0–4; $Sn(C_6H_5)_3 \cdot (CH_2 \cdot CH_2 \cdot C_6H_5)$; spiro-$[CH_2]_4 > Sn < [CH_2]_4$; $Sn \cdot (C_6H_5)_3X$, X = F, Cl, Br, J; $Sn_2(C_2H_5)_6$; $Sn_2(C_6H_5)_6$; $Pb(C_2H_5)_4$; $Pb(C_6H_5)_4$; $Ge(C_2H_5)_4$; $C(C_6H_5)_4$.
I. Zoll 42

0107 **Laser-Erhitzung von Kohleteilchen in der Ionenquelle eines „Time-of-Flight"-Massenspektrometers.** W. K. Joy, W. R. Ladner und E. Pritchard. (Nature [London] 217 (1968) 5129, 640–41; British Coal Utilisation Res. Assoc., Leatherhead, Surrey; engl.) — Vf. erhitzen Kohleteilchen (C: 80,9%; H: 4,8; O: 12,1) in der Ionenquelle eines Bendix-Flugzeit-Massenspektrometers, die erhaltenen Spektren (mit den Ionen H^+, H_2^+, CH_3^+, CH_4^+, H_2O^+, $C_2H_2^+$, CO^+, $C_2H_4^+$, CO_2^+, $C_4H_2^+$ $C_6H_2^+$, $C_6H_6^+$, $C_7H_7^+$ u. $C_8H_2^+$) werden diskutiert.
J. Büttner 42

0108 **Druckverschiebungen hoch angeregter Atomzustände.** M. H. Mittleman. (Physic. Rev. [2] 162 (1967) 1, 81–87; Space Sci. Labor., Univ. of Calif., Berkeley, Calif.; engl.) — Die Unters. von Fermi werden überarbeitet. Es werden Korrekturen für den von Fermi behandelten Fall kugelsymm. Mediumteilchen angegeben. Die Meth. wird auf ein aus zweiatomigen Mol. bestehendes Medium erweitert; bei vernachlässigbarer Rotationsanregung trägt nur energiearme elast. Streuung in ähnlicher Weise wie bei kugelsymm. Streuern bei. Für den Fall wesentlicher Rotationsanregung wird ein einfaches Modell mit zwei Rotationszuständen untersucht.
H. Liepack 44

0109 **Interferenzexperimente hoher Auflösung bei atomaren Stößen.** U. Buck und H. Pauly. (Z. Naturforsch. 23a (1968) 3, 475–76; Inst. für Angew. Phys. der Univ. Bonn; dt.) — Es wird eine Anordnung beschrieben, die Messungen des differentiellen Streuquerschnitts mit einer Auflsg. $\Delta g/g < 2\%$ gestattet, g Relativgeschwindigkeit. Die Geschw.-Analyse beider Strahlen mit symm. Geschw.-Selektoren erlaubt außerdem eine genaue Festlegung der Relativgeschwindigkeit. Messungen am Syst. *Na–Hg* zeigen eine bisher nicht erreichte Auflsg. der Interferenzstruktur.
H. Liepack 44

0110 **Unelastische Molekülstöße mit einer orientierungsgemittelten Wechselwirkungsenergie.** Hyung Kyu Shin. (Int. J. Quantum Chem. 2 (1968) 2, 265–79; Dep. of Chem., Univ. of Nev., Reno, Nev.; engl.) — Unters. der Bedeutung mol. Orientierungen für die Übertragung von Schwingungs- u. Translationsenergien zwischen zweiatomigen Molekülen. Es wurde eine winkelabhängige Potentialfunktion angenommen. Die mittleren Schwingungsübergangswahrscheinlichkeiten wurden für J_2–J_2-, Cl_2–Cl_2-, N_2–N_2- u. O_2–O_2-Stöße berechnet.
H. Liepack 44

0111 **Schwingungsrelaxation mehratomiger Moleküle bei Stößen.** E. E. Nikitin. (Teoret. èksper. Chim. 4 (1968) 3, 305–10; Inst. chim. fiz. AN SSSR, Moskva; russ.) — Betrachtung mit Hilfe des Modells des harmon. Oszillators.
H. Roschkowski 44

0112 **„Sterischer Faktor" bei der Schwingungs-Translationsenergieübertragung.** Hyung Kyu Shin. (J. chem. Physics 46 (1967) 9, 3688–89; Univ. of Nev., Reno, Nev.; engl.) — Vf. gibt einen Ausdruck für einen ster. Faktor bei einem nichtlinearen Stoß zweier Mol. an, um die gegenseitige räumliche Orientierung zu berücksichtigen.
G. Olbrich 44

0113 **Schwingungsrelaxation von HCl, DCl, und HBr bei Raumtemperatur.** Margaret G. Ferguson und A. W. Read. (Trans. Faraday Soc. 63 (1967) 529 Pt. 1, 61–65; Erratum: 63 (1967) 5 32, Pt. 4, 1052; Chem. Dep., Univ., Edinburgh; engl.) — Die Schwingungs-Relaxationszeiten dieser Gase wurden mittels einer Spektrophon-Meth. (vgl. C. 1966, 18-0146) bestimmt: HCl 0,011, DCl 0,01; HBr 0,0015 s. Wegen der unvermeidbaren Verunreinigungen der Gase stellen diese Daten untere Grenzwerte dar. Sie stimmen insgesamt besser mit den aus der Schwingungs-Rotations-Theorie ber. Werten überein als mit denen der Schwingungs-Translations-Theorie. Der Vgl. mit den Stoßwellenunters. anderer Autoren bei höherer Temp. (2000°K) ist nicht befriedigend.
F. Langenbucher 44

0114 **Energieverteilung unter den Reaktionsprodukten.** 2. Mitt. **H + X_2 und X + HY.** K. G. Anlauf, P. J. Kuntz, D. H. Maylotte, P. D. Pacey und J. C. Polanyi. (Discuss. Faraday Soc. 1967, 44, 183–93; Dep. of Chem., Univ. of Toronto, Toronto, Canada; engl.) — 1. vgl. C. 1963, 8420. — Zwei Meth., mit denen man Aufschlüsse über die Anregung von Schwingungen, Rotations- u. Elektronenzustände in den Prod. einiger einfacher Rk. aus IR-Chemilumineszenz-Spektren erhalten kann, werden beschrieben. Nach der 1. Meth., der Messung der Schwingungsrelaxation, wird die Rk. $H + Cl_2 \to HCl + Cl$ bei einem Gesamtdruck von $\approx 10^{-2}$ Torr untersucht. Mit der 2. Meth., bei der versucht wird, die Gasphasenrelaxation zu verhindern, indem die Rk.-Prod. an kalten Wänden aufgefangen werden (−196°), werden die Rk. $H + Cl_2$ (A) u. $H + Br_2$ (B) bei Gesamtdrücken von 10^{-4}–$2 \cdot 10^{-2}$ Torr untersucht. An Hand der nach beiden Meth. erhaltenen experimentellen Ergebnisse werden die RGK k(v) für den

Übergang in bestimmte Schwingungszustände v der Prod. ermittelt. Über die Ergebnisse der experimentellen Unters. nach beiden Meth. der Rk. $H + X_2 \rightarrow HX + X$ u. $X + HY \rightarrow XH + Y$ (X, Y = Halogenatome) wird zusammenfassend berichtet. Sie zeigen, daß derjenige Rk.-Weg gewählt wird, der zur Bldg. der Halogenatome im Elektronengrundzustand $^2P_{3/2}$ führt.
W. Pusch 44△

0115 **Schwingungsenergieübergang bei Stößen zwischen zweiatomigen Molekülen.** Merle E. Riley und Aron Kuppermann. (Chem. Physics Letters [Amsterdam] **1** (1968) 11, 537—38; Gates and Crellin Labor. of Chem., Calif. Inst. of Technol., Padadena, Calif.; engl.) — Numer. exakte Berechnungen der Übergangswahrscheinlichkeiten ergeben eine merkliche Differenz für die Translations–Schwingungs- u. Schwingungs–Schwingungs-Übergänge in einem kollinearen Modell für Stöße zwischen zweiatomigen Molekülen. Es werden H_2–H_2-, N_2–CO- u. N_2–N_2-Stöße untersucht. H. Liepack 44

0116 **Temperaturabhängigkeit der Schwingungsübergangswahrscheinlichkeiten bei H_2O–H_2O-Stößen.** Hyung Kyu Shin. (Chem. Physics Letters [Amsterdam] **1** (1968) 13, 635—38; Dep. of Chem., Univ. of Nev., Reno, Nev.; engl.) — Ableitung von Formeln für die Übergangswahrscheinlichkeit für spezif. Mol.-Orientierungen. Bei tiefen Temp. nimmt die Übergangswahrscheinlichkeit mit fallender Temp. zu (zwischen 600 u. 300°K).
H. Liepack 44

0117 **Einfluß der Molekülorientierungen auf den Übergang von Schwingungs- auf Rotationsenergie.** Hyung Kyu Shin. (J. chem. Physics **47** (1967) 9, 3302—11; Dep. of Chem., Univ. of Nev., Reno, Nev.; engl.) — Für das orientierungsabhängige Morse-Potential wurde der ster. Faktor $1/Z_0$ für Mol.–Atom- u. Mol.–Mol.-Stöße für den Temp.-Bereich 300—4000°K berechnet. $1/Z_0$ ist in der Größenordnung 1/3 für H_2–Ar, 1/4 für N_2–Ar, 1/5 für O_2–Ar, 1/7 für Cl_2–Ar u. 1/9 für J_2–Ar bei gewöhnlichen Temperaturen. Für Mol.–Mol.-Stöße ist $1/Z_0$ kleiner: 1/20 für H_2–H_2, 1/25 für N_2–N_2, 1/30 für O_2–O_2, 1/50 für Cl_2–Cl_2 u. 1/55 für J_2–J_2. Es wurde eine Temp.-Abhängigkeit von $1/Z_0$ gefunden. H. Liepack 44

0118 **Klassische Theorie der Rotationsrelaxation zweiatomiger Moleküle.** George C. Berend und Sidney W. Benson. (J. chem. Physics **47** (1967) 10, 4199—4202; Phys. Sci. Dep., Douglas Aircraft Comp., Inc., Santa Monica, Calif.; engl.) — Lsg. der klass. Bewegungsgleichungen beim Zusammenstoß zweiatomiger Mol. in zwei Dimensionen, um die während des Stoßes auf die inneren Freiheitsgrade übertragene Energie zu erhalten. Dabei besteht das Modell aus vier durch sechs atomzentrierte Morse-Potentiale gebundenen Atome. Der ber. Schwingungs-Rotationsenergieaustausch u. die Relaxation von H_2 mit *He* u. H_2 als Stoßpartner, sowie D_2 mit *He* u. reinem N_2 u. O_2 zwischen 100 u. 600° stimmen mit den Experimenten gut überein. R. Blank 44

0119 **Polare (Geschwindigkeit–Winkel) Flußkonturkarten für KBr aus Reaktionen gekreuzter Strahlen K + HBr; DBr; Nachweis von Vorwärts- und Rückwärtsstreuung (Massenmittelpunktssystem).** Clyde Riley, Keith T. Gillen und R. B. Bernstein. (J. chem. Physics **47** (1967) 9, 3672—74; Chem. Dep., Univ. of Wis., Madison, Wis.; engl.) — Die Vers. ergeben eine sehr breite Winkelverteilung von KBr im Massenmittelpunktssyst. mit wesentlichen „Vorwärts"- u. „Rückwärts"-Beiträgen.
H. Liepack 44

0120 **Streuung von Elektronen durch atomare Systeme.** Kenneth Smith und Lesley A. Morgan. (Physic. Rev. [2] **165** (1968) 1, 110—22; Dep. of Phys., Univ. of Nebr., Lincoln, Nebr.; engl.) — Entw. einer Theorie der Streuung von Elektronen durch Atome oder Ionen mit beliebiger Zahl unvollständiger Unterschalen innerhalb der Hartree-Fock-Näherung. Es wurde ein Computer-Programm zur Berechnung verschiedener elast., unelast. u. Photoionisations-Wrkg.-Querschnitte aufgestellt.
H. Liepack 44

0121 **Elastische Streuung langsamer Elektronen durch molekularen Wasserstoff.** Roger L. Wilkins und Howard S. Taylor. (J. chem. Physics **47** (1967) 9, 3532—39; Aerospace Corp., El Segundo, Calif.; engl.) — Berechnung der Wrkg.-Querschnitte durch numer. Lsg. der Hartree-Fock-Kontinuumgleichungen für ein Elektron, das sich im Potentialfeld des neutralen H_2 bewegt.
H. Liepack 44

0122 **Theorie der Elektronenstöße mit homonuklearen zweiatomigen Molekülen.** Balazs F. Rozsnyai. (J. chem. Physics **47** (1967) 10, 4102—12; Bio-Medical Res. Div., Lawrence Radiat. Labor., Univ. of Calif., Livermore, Calif.; engl.) — Unters. der Elektronenstreuung nach der 1. Bornschen Näherung. Die Zweizentrenintegrale werden in einer Näherung ber., die für kleine Impulsübertragung exakt ist. Anwendung auf die elast. Streuung in H_2 sowie auf Anregungsstreuungen in H_2^+, H_2 u. N_2. H. Liepack 44

0123 **Vainshtein-Näherung für Stöße zwischen Elektronen und Atomen.** D. S. F. Crothers. (Proc. physic. Soc. **91** (1967) 574, 855—61; Dep. of Applied Math., School of Phys. and Applied Math., Queen's Univ. of Belfast; engl.) — Die Stoßquerschnitte für die Anregung u. Ionisation von atomaren *H* durch Elektronen werden in Abhängigkeit von der Elektronenenergie mit der 1. Näherung von Vainshtein ber. u. tabellar. mit den nach der 1. Bornschen Näherung ber. Werten verglichen. Die mit der prior-Funktion ber. Stoßquerschnitte unterscheiden sich stark von den mit der post-Funktion berechneten. Die Frage nach der Genauigkeit der Vainsthtein-Näherung bleibt offen. W. Pusch 44△

0124 **Niederenergie-Großwinkel-Elektronenstoßspektren: Helium, Stickstoff, Äthylen und Benzol.** John P. Boering und Albert J. Williams III. (J. chem. Physics **47** (1967) 10, 4180—85; Dep. of Chem., John Hopkins Univ., Baltimore, Md.; engl.) — Messung von Elektronenstoßspektren beim festen Streuwinkel von 90° u. Variation der Energie von 10—40 eV an He (I), N_2 (II), C_2H_4 (III) u. C_6H_6 (IV). In allen Syst. u. bei allen Energien traten verbotene Singulett-Triplett-Übergänge auf u. in allen Fällen ändern sich die Streuquerschnitte von verschiedenen Übergängen beim Schwellenwert relativ stark. Für I ändert sich das Spektrum beim Schwellenwert radikal. Für II dominieren die Singulett-Triplett-Übergänge bei Energien < 20 eV. Früheren Ergebnissen über das Auftreten eines Singulett-Triplett-Übergangs in III bei 4,4 eV werden bestätigt. Für IV werden der niedrigste Triplett- u. die drei niedrigsten Singulettzustände bei 3,9 eV beobachtet. R. Blank 44

0125 **Prüfungen Bornscher Näherungen: Differentielle und totale Wirkungsquerschnitte der 2^3S-, 2^1P- und 2^1S-Anregung von He durch 100—400-eV-Elektronen.** L. Vriens, J. Arol Simpson und S. R. Mielczarek. (Physic. Rev. [2] **165** (1968) 1, 7—15; NBS, Washington, D.C.; engl.) — Die Winkelabhängigkeit der Anregung wurde gemessen, u. die scheinbaren generalisierten Oszillatorstärken f(K) u. differentiellen Wrkg.-Querschnitte für $1^1S \rightarrow 2^1P$, $1^1S \rightarrow 2^3S$ u. $1^1S \rightarrow 2^1S$ wurden ermittelt. Durch Integration der differentiellen Wrkg.-Querschnitte wurden die totalen Wrkg.-Querschnitte bestimmt. f(K) für die 2^1P- u. 2^1S-Anregung nimmt mit zunehmender Impulsübertragung $K\hbar$ schneller ab als nach früheren Untersuchungen. Abweichungen von der Bornschen Näherung treten nur unterhalb 200 eV für 2^1P-Anregung auf, für 2^1S-Anregung sind sie größer (bes. bei großer Impulsübertragung) u. liegen bei höheren Energien. Die Winkelabhängigkeit für die 2^3S-Anregung ist in starkem Widerspruch zur Ochkur-(Bonham-)Näherung. Die 2^3S-Wrkg.-Querschnitte sind kleiner als alle anderen existierenden theoret. u. experimentellen Werte. H. Liepack 44

0126 **Lebensdauern und Löschquerschnitte elektronisch angeregter Zustände von N_2O^+, NO, O_2^+, CO^+ und CO.** E. H. Fink und K. H. Welge. (Z. Naturforsch. **23a** (1968) 3, 358—76; Inst. für Physikal. Chem. der Univ. Bonn; dt.) — Messungen für die Übergänge $N_2O^+ \cdot (B^2\Sigma_u^+ \rightarrow X^2\Pi_g)$, $NO(A^2\Sigma^+ \rightarrow X^2\Pi)$, $O_2^+(b^4\Sigma_g^- \rightarrow a^4\Pi_u)$, $O_2^+(A^2\Pi_u \rightarrow X^2\Pi_g)$, $CO^+(B^2\Sigma \rightarrow X^2\Sigma)$, $CO^+ \cdot (B^2\Sigma \rightarrow A^2\Pi)$, $CO^+(A^2\Pi \rightarrow X^2\Sigma)$, $CO(b^3\Sigma^+ \rightarrow a^3\Pi)$ u.

$CO(B^1\Sigma^+ \rightarrow A^1\Pi)$ nach der Phasenverschiebungsmeth. bei Anregung mit einem modulierten Elektronenstrahl. H. Liepack 44

0127 **Durch Stoß schneller Protonen induzierte Emissionen eines Wasserstoffmolekül-Targets.** J. L. Edwards und E. W. Thomas. (Physic. Rev. [2] **165** (1968) 1, 16—17; School of Phys., Ga. Inst. of Technol., Atlanta, Ga.; engl.) — Es wurden die Wrkg.-Querschnitte für die Emissionen der Übergänge $3d^1\Sigma_g^+$ (v = 0) $\rightarrow$ $2p^1\Sigma_u^+$ (v = 0) u. $3d^1\Pi_g$ (v = 1) $\rightarrow$ $2p^1\Sigma_u^+$ (v = 0) gemessen. Die Ergebnisse werden mit der Bethe-Born-Theorie verglichen. Es wurden ferner die Wrkg.-Querschnitte für die Emission von H_α, H_β u. H_γ ermittelt. H. Liepack 44

0128 **Wirkungsquerschnitte für die Entstehung angeregter Zustände in einem Stickstofftarget durch Stoß mit 0,15—1,0-MeV-Protonen.** E. W. Thomas, G. D. Bent und J. L. Edwards. (Physic. Rev. [2] **165** (1968) 1, 32—39; Ga. Inst. of Technol., Atlanta, Ga.; engl.) — Es wurden Absolutmessungen der Intensitäten verschiedener Spektrallinien durchgeführt u. die Wrkg.-Querschnitte für N II 5005 u. 5680 Å sowie für neun Linien des ersten positiven Bandensyst. von N_2^+ bestimmt. Aus den Emissionsfunktionen wurden die Wrkg.-Querschnitte für die Besetzung der Schwingungsniveaus v' = 0 u. v' = 1 des angeregten $B^2\Sigma$-Zustands von N_2^+ ermittelt. Das 2. positive Syst. von N_2 wird hauptsächlich durch Sekundärelektronenstöße angeregt. Der Wrkg.-Querschnitt für Protonenstoßanregung von $C^3\Pi$ von N_2 ist um drei Größenordnungen kleiner als für Elektronen derselben Stoßgeschwindigkeit. H. Liepack 44

0129 **Klassische Näherung für Ionisation durch Protonenstoß.** J. D. Garcia, E. Gerjuoy und Jean E. Welker. (Physic. Rev. [2] **165** (1968) 1, 66—72; Dep. of Phys., Univ. of Pittsburgh, Pittsburgh, Pa.; engl.) — Theoret. Unters. u. Vgl. mit experimentellen Werten für Stöße mit *H, He, Ne, Ar, Kr, Li, Na, Rb* u. *K*. Es liegt Übereinstimmung innerhalb eines Faktors 2 oder 3 vor. H. Liepack 44

0130 **Optische Anregung beim Ladungsaustausch von Edelgasionen für Stoßenergien von 5—300 eV.** H. Schlumbohm. (Z. Naturforsch. **23a** (1968) 7, 970—78; Inst. für Angew. Phys. der Univ. Hamburg; dt.) — Messungen der durch Stoß von He^+ u. Ne^+ im Grundniveau mit *Ar* u. *Kr* verursachten Photoemission zeigten im Unters.-Bereich 3500—5500 Å verschiedene Multipletts von Ar II u. Kr II. Es erfolgten Ladungsaustauschprozesse in angeregte Zustände von Ar^+ u. Kr^+ über endotherme Rk. mit einem Defizit der inneren Energie zwischen 6 u. 19 eV. Für verschiedene Übergänge wurden die Wrkg.-Querschnitte gemessen. Die minimale kinet. Energie zur Auffüllung des Defizits der inneren Energie ist gleich der gemessenen Schwellenenergie. H. Liepack 44

0131 **Abhängigkeit der Elektron-Ion-Rekombination in Neon von der Elektronentemperatur.** Lothar Frommhold, Manfred A. Biondi und F. J. Mehr. (Physic. Rev. [2] **165** (1968) 1, 44—52; Phys. Dep., Univ. of Pittsburgh, Pittsburgh, Pa.; engl.) — Unters. unter Bedingungen, bei denen $T_+ = T_{Gas} = 300°K$ u. $300°K \leq T_e \leq 11000°K$. Bei $T_e = 300°K$ u. p(Ne) = 20 Torr ist $\alpha(Ne_2^+) = (1,7 \pm 0,1) \cdot 10^{-7}$ cm³/s. Im angegebenen Temp.-Bereich ist $\alpha(Ne_2^+) \sim T_e^{-0,43}$. Geschwindigkeitsbestimmend in der dissoziativen Rekombination ist der anfängliche Einfang. H. Liepack 44

0132 **Stoßquerschnitte von Wasserstoff- und anderen Ionen aus der Ionen-Zyklotronresonanz.** Darold Wobschall, Robert A. Fluegge und John R. Graham jun. (J. chem. Physics **47** (1967) 10, 4091—94; Cornell Aeronaut. Labor., Inc., Buffalo, N.Y.; engl.) — Aus den Breiten der Ionenzyklotronresonanz-Linien in Abhängigkeit von Druck u. elektr. Feldstärke wurden die Ion-Mol.-Stoßquerschnitte von H^+, H_2^+, H_3^+, He^+, Ar^+, N_2^+, N^+, O_2^+, O_2^- u. O^- ermittelt. Die Ergebnisse stimmen mit den Gleichstrombeweglichkeiten überein. Das Minimum in der Stoßfrequenz für H_3^+ in H_2 bei E/P_0 = 60 V/cm · Torr wurde bestätigt. Die Wrkg.-Querschnitte für H_2^+ in H_2 betragen 275 bzw. 68 Å² bei kleinem bzw. großem E/P. H. Liepack 44

0133 **Elektronengeschwindigkeitsverteilung in einem teilweise ionisierten Gas unter der Einwirkung eines elektrischen und magnetischen Feldes.** 1. Mitt. C. Lo Surdo. (Nuovo Cimento, B [10] **52** (1967) 2, 429—54; Labor. Convers. Diretta del CNEN, Frascati (Roma); engl.) — Unters. elast. Stöße zwischen Elektronen u. schweren Teilchen oder Elektronen untereinander. Es wird eine Integrodifferentialgleichung für die Elektronenenergie-Verteilungsfunktion abgeleitet, die numer. durch Iterationsmeth. gelöst wird. Es werden Ergebnisse für eine *He-Cs*-Mischung mitgeteilt. H. Liepack 44

0134 **Photoelektrische Verstärkung der elektrischen Leitfähigkeit in staubhaltigen Gasen.** S. Guha und P. K. Kaw. (J. Physics, D (Brit. J. appl. Physics) [2] **1** (1968) 2, 193—98; Dep. of Phys., Indian Inst. of Technol., New Delhi, India; engl.) — Berechnung mit numer. Ergebnissen für Ar mit BaO-Staub. Herbert Weber 46

0135 **Besetzungsdichten von Quantenniveaus in schnell veränderlichen Plasmen.** W. L. Bohn. (Z. Naturforsch. **23a** (1968) 7, 1086—88; DVL-Inst. für Plasmadynamik, Stuttgart; dt.) — Berechnung für die ersten zehn Niveaus eines opt. dünnen *H*-Plasmas unter Berücksichtigung von Strahlungs- u. Elektronenstoßprozessen. H. Liepack 46

0136 **Transport von Jodpentoxid im Sauerstoffplasma.** S. Vepřek und Z. Hauptman. (Z. anorg. allg. Chem. **359** (1968) 5/6, 313—17; Prag, Tschechoslowak. Akad. der Wiss., Phys. Inst.; dt.) — Vf. untersuchten den chem. Transport (TP) von J_2O_5 (I) in einer Glimmentladung in O_2 bei 200°. Es wird vermutet, daß der TP von **I**, der zu den kälteren Stellen des Rk.-Raumes hin erfolgt, über höhere Jodoxide (z. B. J_2O_7) stattfindet. G. Gattow 46

0137 **Ionisationskoeffizienten in Stickstoff.** J. Jones. (J. Physics, D (Brit. J. appl. Physics) [2] **1** (1968) 6, 769—74; Dep. of Phys., Univ. Coll. of Swansea; engl.) — Best. von α u. ω/α im Bereich $100 < E/p_0 < 470$ Vcm⁻¹ · Torr⁻¹. Die Abhängigkeit von ω/α von E/p_0 kann quant. unter Annahme von Resonanzneutralisation eines Ions bei Annäherung an die Metalloberfläche der Kathode gedeutet werden; für hinreichend große Annäherungsgeschw. folgt Auger-Löschung. H. Liepack 46

0138 **Ionisationsströme in Gasen bei Atmosphärendruck im elektrischen Feld hoher Spannung.** 1. Mitt. **Einfluß des Materials der zentralen Elektrode und der Temperatur auf den Ionisationsstrom in Stickstoff-, Wasserstoff- und Ammoniakatmosphäre.** I. T. Poljakov und B. M. Lapšin. (Izvest. vysšich učebnych Zavedenij [Ivanovo], Chim. i chim. Technol. **11** (1968) 2, 149—52; Ivanovskij chim. technol. inst., kaf. automatizacii chim. proisvodstv.; russ.) — Der Einfl. des Materials der zentralen Elektrode (Pt, Ni) sowie seiner Polarität u. Temp. auf die Größe des Ionisationsstromes bei Atmosphärendruck im N_2, H_2 u. NH_3 wurde bestimmt. Die Größe des Ionisationsstromes hängt vom Ionisationspotential des Gases, von der Elektronenaustrittsarbeit der Zentralelektrode u. von der Temp. des Gases im Gerät ab. J. J. Pohl 46

0139 **Positive Säule in Neon—Heliumgemischen im Bereich der Puppschen Grenzstromstärke.** Heinz Sabadil und Jochen Schwedt. (Beitr. Plasmaphysik 8 (196) 1, 21—30; Phys. Inst. der Ernst-Moritz-Arndt-Univ., Greifswald; dt.) — Im Druckbereich 10—200 Torr werden die Grenzstromstärken für laufende Schichten in Abhängigkeit vom Gasdruck p u. Mischverhältnis (He/Ne) bei verschiedenen Entladungsrohrdurchmessern bestimmt. Der obere Grenzdruck für die Ausbldg. von laufenden Schichten in den He-Ne-Entladungen bei vergleichbaren Anteilen der Gaskomponenten liegt wesentlich tiefer als in den reinen Gasen. Im Bereich des oberen Grenzdruckes sind die Meßergebnisse in den He-Ne-Entladungen nicht mit den in reinem Ne geltenden Ähnlichkeitsbeziehungen zu vereinbaren. Für die Abhängigkeit des max. oberen Grenzdruckes von dem Rohrradius wird ein einfacher analyt. Ausdruck angegeben, in den von dem Mischverhältnis abhängige Koeff. eingehen, deren Maximalwerte bei 92% He-Anteil liegen. Es wurden ferner Gradient, Elektronenenergie u. Ladungs-

trägerkonz. in Abhängigkeit vom Mischverhältnis für einen speziellen Entladungsfall bestimmt.
H. Liepack 46

0140 **Abhängigkeit der Konzentration metastabiler He- und Ne-Atome von den Entladungsparametern in der Hohlkathode.** V. B. Znamenskij. (Optika i Spektroskopija **25** (1968) 1, 17—23; russ.) — Die Konz. der He-Atome auf den Niveaus $1s2s^1S_0$ u. $1s2s^3S_1$ u. der Ne-Atome auf dem Niveau $2p^53sX$ wurde mittels der Absorptionsmeth. bei Entladungen in der Hohlkathode von 0,85; 1,2 u. 2,0 cm Durchmesser gemessen. Untersucht wurde die Abhängigkeit vom Entladungsstrom u. von den Partialdrücken in der Gasmischung He + Ne. Bei niederen Entladungsströmen stimmten ber. u. gemessene Werte überein. Die Konz. an metastabilen Atomen änderte sich umgekehrt proportional zum Durchmesser der Kathode. M. Wiedemann 46

0141 **Ionisationskoeffizienten und Funkenspannungen in Ar- und Ar-Äthan-Mischungen.** A. E. D. Heylen. (J. Physics, D (Brit. J. appl. Physics) [2] **1** (1968) 2, 179—88; Dep. of Electr. and Electron. Engng., Univ. of Leeds; engl.) — Prim. u. sek. Townsend-Ionisationskoeff. wurden in reinem Ar u. in Ar mit bis zu 3% Äthan für einen Gesamtdruck im Bereich 0,5—700 Torr bestimmt. Herbert Weber 46

0142 **Statische und Erholungscharakteristiken wandstabilisierter Gleichstrombögen in Stickstoff.** K. R. Hearne und M. Rasul. (J. Physics, D (Brit. J. appl. Physics) [2] **1** (1968) 6, 753—61; Dep. of Electr. Engng. and Electronics, Univ. of Liverpool; engl.)
H. Liepack 46

0143 **Gewinnung intensiver Strahlen von Wasserstoffionen.** G. I. Dimov, Ju. G. Kononenko, O. Ja. Savčenko und V. G. Šamovskij. (Ž. techn. Fiz. **38** (1968) 6, 997—1000; russ.) — Es wurde eine Impuls-Bogenquelle entwickelt u. beschrieben, die intensive Protonenstrahlen (bis zu 1,5 A) mit einer Stromdichte von 6 A/cm² u. geringer Beimengung von Mol.-Ionen liefert. Nach der Umladung an einem Wasserstoff-Target wurden negative Wasserstoff-Ionen der Intensität bis zu 4,5 mA gewonnen. M. Wiedemann 46

A-3. Physik der Festkörper und Flüssigkeiten

Struktur

0144 **Diffuse Streuung auf Elektronenbeugungsabbildungen.** 2. Mitt. **Nahordnungsstreuung.** J. M. Cowley und R. J. Murray. (Acta crystallogr. [Copenhagen], Sect. A **24** (1968) 3, 329—36; School of Phys., Univ. of Melbourne, Victoria, Australia; engl.) — 1. vgl. C. **1968**, 45-0128. — Das l.c. beschriebene Verf. zur Berechnung der Intensitäten der diffusen Streuung wird auf den Fall der diffusen Nahordnungsstreuung bin. Leg.-Mischkrist. angewendet. Als Beispiel wird $CuAu_3$ betrachtet.
H. Roschkowski 51

0145 **Theorie der Elektronenbeugung an Kristallen.** 1. Mitt. **Green-Funktion und Integralgleichung.** Kyozaburo Kambe. (Z. Naturforsch. **22a** (1967) 4, 422—31; Fritz-Haber-Inst., MPG, Berlin; engl.) — Entw. einer allg. Theorie. A. Jaeschke 51

0146 **Relativistische Hartree-Fock-Atomformfaktoren für Röntgenstrahlen und Elektronen.** P. A. Doyle und P. S. Turner. (Acta crystallogr. [Copenhagen], Sect. A **24** (1968) 3, 390—97; School of Phys., Univ. of Melbourne; engl.) — Für $\sin\Theta/\lambda = 0{,}0-2{,}0$ Å^{-1} werden kinemat. Röntgen- u. Elektronen-Atomformfaktoren für 76 Atome u. Ionen (He–U) an Hand von Hartree-Fock-Meth. ber. u. tabellar. angegeben.
H. Roschkowski 51

0147 **Unelastische Elektronenstreuung und inkohärente Röntgenstreuung in Silicium bei kleinen Winkeln.** R. E. Burge und J. E. Smart. (Philos. Mag. [8] **17** (1968) 150, 1285—88; Dep. of Phys., Univ. of London, Queen Elizabeth Coll., London; engl.) — Berechnung der Intensität der inkohärenten Röntgenstreuung (I_{ink}) an *Si* bei kleinen Streuwinkeln (φ) auf der Grundlage der Formel von Waller u. Hartree u. analyt. Hartree-Fock-Wellenfunktionen nach Wattson u. Freeman (Tabelle: I_{ink} als Funktion von $q = (4\pi/\lambda)\sin\varphi/2$ für $0 \leq q \leq 20$ Å^{-1}) sowie Vgl. der theoret. Werte mit experimentellen Daten von Weinberg (1964). Die schlechte Übereinstimmung macht die Anwendung der Formel (gültig für freie Atome) zur Berechnung von Intensitäten der Kleinwinkelstreuung von Elektronen an dünnen Metallfilmen fraglich. H.-U. Chun 51

0148 **Beugung von Resonanz-γ-Strahlung an Kernen und Elektronen in Zinn-Einkristallen.** V. K. Vojtoveckij, I. L. Korsunskij, A. I. Novikov und Ju. F. Pažin. (Ž. ėksper. teoret. Fiz. **54** (1968) 5, 1361—73; russ., Auszug: engl.) — Die Beugung der Resonanz-γ-Strahlung in ^{119}Sn-Einkrist. wurde experimentell untersucht. Die Art der Streuspektren beim Bragg-Winkel als Abhängigkeit von der Beziehung zwischen den Kern- u. Elektronenstreuamplituden wurde analysiert. Beugung der resonanzgestreuten Strahlung an ^{119}Sn-Kernen u. Interferenz der resonanzgestreuten Strahlung mit gestreuter Strahlung an Elektronen ist deutlich zu beobachten. Die experimentellen Werte stimmen mit Berechnungen für Krist. mit Mosaikstruktur überein.
E. Otto 51

0149 **Resonanztheorie der Bragg-Streuung von γ-Quanten an regulären Kristallen.** Ju. Kagan, A. M. Afanas'ev und I. P. Perstnev. (Ž. ėksper. teoret. Fiz. **54** (1968) 5, 1530—41; russ., Auszug: engl.) — Ein allg. analyt. Ausdruck wird abgeleitet für die integrale Intensität der Bragg-Reflexion mit willkürlichen Relationen zwischen Imaginär- u. Realteil der Koeff. der dynam. Gleichung. E. Otto 51

0150 **Röntgenbeugung durch das fehlerhaltige zylindrische Gitter von Chrysotil.** 1. Mitt. **Numerische Berechnung der Beugungsprofile.** K. Toman und A. F. Frueh jun. (Acta crystallogr. [Copenhagen], Sect. A **24** (1968) 3, 364—73; Crystallogr. Labor., McGill Univ., Montreal; engl.) H. Roschkowski 51

0151 **Röntgenbeugung durch das fehlerhaltige zylindrische Gitter von Chrysotil.** 2. Mitt. **Form, Lage und Breite einiger Beugungsprofile.** K. Toman und A. J. Frueh jun. (Acta crystallogr. [Copenhagen], Sect. A **24** (1968) 3, 374—79; engl.) — 1. vgl. vorst. Referat.
H. Roschkowski 51

0152 **Experimentelle Untersuchung des elastischen Quasimosaikeffekts.** O. I. Sumbaev. (Ž. ėksper. teoret. Fiz. **54** (1968) 5, 1352—60; Fiz.-techn. inst. im Ioffe AN SSSR; russ., Auszug: engl.) — Der Effekt, der aus der Beugung von Röntgen- oder γ-Strahlen an elast. verformten anisotropen Einkrist. herrührt, wurde experimentell an *α-Quarz* mit $K_{\alpha 1}$Sn-Strahlung u. γ-Strahlung von ^{169}Tm untersucht. Er war zuvor theoret. in Verb. mit der Erklärung von Fokussierungseig. von Krist.-Beugungsspektrometern untersucht worden. Befriedigende Übereinstimmung mit der Theorie wurde festgestellt. E. Otto 51

0153 **„Die Anwendung einer Röntgenbeugungsfilmtechnik bei streifendem Einfall zur Untersuchung der Tieftemperaturoxydation von Eisen–Chrom-Legierungen".** R. J. Pearce und W. R. Price. (J. Physics, D (Brit. J. appl. Physics) [2] **1** (1968) 3, 387—89; Berkeley Nucl. Labor., Central Electricity Generating Board, Berkeley, Glos.; engl.) — Vgl. Brit. J. appl. Physics **18** (1967) 717. — Die Grenzen der l.c. behandelten Technik werden diskutiert, wobei gezeigt wird, daß einige Phasen bei der Ox. der Leg. wegen ihrer Komplexität nicht identifiziert werden können. P. Meischner 51

0154 **Falsche Kristallstrukturen.** Gérard von Eller. (Acta crystallogr. [Copenhagen], Sect. B **24** (1968) 5, 744; Paris, IRChA, Labor. de Rayons X; franz.) — Vf. zeigt theoret., daß man mit einer Kombination von Strukturamplituden mit willkürlichen Phasen nicht zu einer „falschen Struktur", sondern zu einer richtigen Struktur mit „falschen Atomen" kommt.
C. Gottfried 51△

0155 **Information über Atomverformungen aus Röntgenbeugungsdaten.** K. Kurki-Suonio. (Acta crystallogr.

[Copenhagen], Sect. A **24** (1968) **3**, **379—90**; Dep. of Phys., Univ., Helsinki; engl.) — Die Informationen, die über die Form von Atomen in Krist. aus Röntgenbeugungsdaten erhalten werden können, werden mit Hilfe von Modellberechnungen besprochen. H. Roschkowski 51

0156 **Ableitung dreidimensionaler Ähnlichkeits-Symmetriegruppen.** A. M. Zamorzaev. (Doklady Akad. Nauk SSSR **179** (1968) **4**, **836—39**; Kišinevskij gos. univ.; russ.) — Erweiterung der Šubnikov-Ähnlichkeits-Symmetriegruppen. H. Roschkowski 51

0157 **Radiale Verteilungsfunktionen in kleinen Kugelpackungen.** G. Mason. (Nature [London] **217** (1968) **5130**, **733—35**; Dep. of Phys. Chem., Univ. of Bristol; engl.) — Die von Scott (vgl. C. **1964**, **45-0402**) angegebene Berechnung der radialen Verteilungsfunktion von in einer kugelförmigen Packung enthaltenen Kugeln wird verbessert, indem vor allem der störende Einfl. der Wände des kugelförmigen Behälters auf die Packung berücksichtigt wird. W. Laqua 51

0158 **Anwendung des Punktzählgeräts Eltinor zu Teilchendichtebestimmungen.** P. Fricke. (Kristall u. Techn. **3** (1968) **1**, **K 1—4**, 2 Tafeln, Arbeitsstelle für Mol.-Elektron., Dresden; dt.) — Beschreibung eines Verf. zur Ermittlung der Ätzgrübchen-, Kristalldefekt- u. Stapelfehlerdichte am Beispiel von Unters. an Si-Einkristallen. H. Roschkowski 51

0159 **Einrichtung für die Orientierung von Siliciumeinkristallstäben nach der Lichtfigurenmethode direkt am Trennschleifautomaten.** P. Fricke. (Kristall u. Techn. **3** (1968) **1**, **K 15—20**; dt.) — Vgl. vorst. Referat. H. Roschkowski 51

0160 **Berechnete Zonenachsen und Standard-Elektronenbeugungsbilder von Titan.** S. Fujishiro und H. L. Gegel. (J. less-common Metals [Lausanne] **14** (1968) **4**, **467—71**; Air Force Mater. Labor., MAMS, Wright Patterson Air Force Base, Dayton, O.; engl.) — Ausgehend von acht niedrig indizierten Ebenen des Ti ($c/a = 1{,}587$) werden die unabhängigen Zonenachsen unter Berücksichtigung aller möglichen Kombinationen abgeleitet. Die den erhaltenen 21 unabhängigen Zonenachsen entsprechenden Standard-Elektronenbeugungsbilder werden konstruiert. W. Laqua 52

0161 **Keimbildung in kondensierter Phase.** R. Gindt und R. Kern. (Ber. Bunsenges. physik. Chem. **72** (1968) **3**, **459—65**; Labor. de Minér. et Cristallogr., Fac. des Sci., Nancy; franz.) — Die Gleichungen der Keimbldg.-Theorie für stationäre u. Übergangszustände werden verglichen. Auf die Bedeutung der Relaxationszeit τ wird hingewiesen u. ihr Wert berechnet. Die experimentellen Ergebnisse sind verschieden auszuwerten je nach dem Wert des Verhältnisses der Relaxationszeit zur Beobachtungszeit t_0. Wenn $\tau/t_0 > 1$, ist die strenge Behandlung langwierig. Es wird ein einfaches u. schnelles Verf. vorgeschlagen u. auf *KCl*, *KBr*, *KJ*, *NaCl*, *NaF* u. *LiF* angewandt. D. Hoene 54

0162 **Matrix der Sekundärrekristallisation in Fe-Si-Legierungen mit unterschiedlichem Gehalt an Beimengungen.** Ju. S. Avraamov, V. Ju. Novikov und V. M. Semenov. (Izvest. vysšich učebnych Zavedenij [Moskva], cernaja Metallurg. **11** (1968) **5**, **129—32**; Mosk. inst. stali i splavov; russ.) — Bei der Unters. der Sekundärrekristallisation von Fe-Si-Proben wird in Abhängigkeit von der Menge der Stahlbeimengungen eine Hemmung des normalen Kornwachstums festgestellt, wobei die Menge der groben Körner mit einer (110)[001]-Orientierung die relative Menge der groben Körner anderer Orientierungen übersteigt. Die Texturen der untersuchten Leg. unterscheiden sich dabei in starkem Maße. Bei einer Steigerung der Glühtemp. tritt im handelsüblichen Transformatorenstahl Sekundärrekristallisation unter Bldg. von (110)[001]-Textur auf. In vakuumerschmolzenen Stählen derselben Zus. u. unter denselben Glühbedingungen tritt dagegen keine Sekundärrekristallisation ein, die aber durch eine besondere Glühatmosphäre erreicht werden kann, wenn auf Kosten der Erniedrigung der Oberflächenenergie die Körner einer bestimmten Orientierung wachsen. H. Hochstein 54

0163 **Orte einer bevorzugten Keimbildung der Sekundärrekristallisation von Transformatorenstahl.** S. S. Gorelik, V. Ja. Gol'dštejn und D. É. Verboveckaja. (Izvest. vysšich učebnych Zavedenij [Moskva], cernaja Metallurg. **11** (1968) **5**, **124—28**; Čeljabinskij NII metallurg.; russ.) — Die bevorzugte Entw. von Sekundärrekristallisationskeimen in der oberflächennahen Schicht, die durch ein feines Korn gekennzeichnet ist, beweist, daß die Oberflächenenergie nicht die Entw. der Sekundärrekristallisation in ihrem Anfangsstadium beeinflußt u. daß die Kristallite (110)[001], die im weiteren Verlauf sich zu Körnern der Sekundärrekristallisation umwandeln, nicht die gröbsten Körner im Gefüge der prim. rekrist. Grundmasse sind. H. Hochstein 54

0164 **Pseudomorphe Abscheidung von Kobalt auf Kupfer.** W. A. Jesser und J. W. Matthews. (Philos. Mag. [8] **17** (1968) **147**, **461—73**; Dep. of Phys., Univ. of the Witwatersrand, Johannesburg; engl.) — Auf (001)-Flächen von Cu wurde bei Raumtemp. im Hochvakuum (10^{-7}—10^{-9} Torr) durch Verdampfen Co abgeschieden, wobei durch eine bes. Vers.-Anordnung innerhalb der Co-Filme Schichtdicke-Gradienten erzeugt werden konnten. Die entstandenen Bikrist.-Filme wurden elektronenmikrograph. untersucht. Solange die Co-Schichtdicke < 20 Å beträgt, wachsen die Co-Abscheidungen einschichtig; sie besitzen kub.-flächenzentrierte Struktur u. sind durch elast. Verformung kohärent mit dem Cu-Substrat verbunden. Bei größeren Schichtdicken treten in den Co-Schichten Versetzungen auf, die die Unterschiede des Cu- u. des Co-Gitters teilweise ausgleichen. Die Versetzungsdichte nimmt mit der Schichtdicke zu. Die Versetzungen besitzen den Burgers-Vektor $1/2a\langle110\rangle$; für die Hälfte der Versetzungen verläuft der Burgers-Vektor in der Filmebene, für die anderen ist er um 45° gegen die Filmebene geneigt. Es wird angenommen, daß die gleichfalls beobachteten Teilversetzungen durch Dissoziation der vollständigen Versetzungen mit dem um 45° gegen die Filmebene geneigten Burgers-Vektor entstanden sind. Die Wanderung von Teilversetzungen ruft die Bldg. intrins. Stapelfehler im Co-Film hervor u. erzeugt eine teilweise Umwandlung des kub.-flächenzentrierten Co in hexagonal-dichtgepacktes Co. Bei Abscheidung des Co auf 350° heißen Cu-Substraten beginnt das Filmwachstum mit der Bldg. dreidimensionaler Keime, die für $\varnothing < 375$ Å kub.-flächenzentriert u. elast. so verformt sind, daß sie mit dem Cu-Substrat kohärent verbunden sind. W. Laqua 54

0165 **Pseudomorphe Abscheidung von Chrom auf Nickel.** W. A. Jesser und J. W. Matthews. (Philos. Mag. [8] **17** (1968) **147**, **475—79**; engl.) — Vgl. vorst. Referat. — Auf (001)-Ni-Flächen wurden im Hochvakuum (10^{-7} bis 10^{-8} Torr) durch Verdampfen Cr-Filme abgeschieden u. elektronenmikrograph. untersucht. Schichten mit Dicken von etwa 10 Å besitzen kub.-flächenzentrierte Struktur. Die in ihnen existierenden Versetzungen, die teilweise die Unterschiede der Gitter des Ni u. des kub.-flächenzentrierten Cr ausgleichen, verlaufen parallel [110] u. [1$\bar{1}$0] in der (001)-Probenebene; sie besitzen einen $1/2a\langle110\rangle$-Burgers-Vektor u. sind gegen die (001)-Ebene um 45° geneigt. Die Bldg. von kub.-raumzentriertem Cr mit zunehmender Cr-Abscheidung setzt mit der Entstehung sehr kleiner (70—200 Å $\varnothing$) kub.-raumzentrierter Cr-Keime ein. Die Orientierung dieser Keime in der kub.-flächenzentrierten Matrix konnte nicht eindeutig bestimmt werden. Wahrscheinlich verlaufen die kub.-raumzentrierten $\langle111\rangle$-Richtungen parallel zur kub.-flächenzentrierten $\langle110\rangle$-Richtung der Filmebene. W. Laqua 54

0166 **Pseudomorphes Wachstum von Eisen auf heißem Kupfer.** W. A. Jesser und J. W. Matthews. (Philos. Mag. [8] **17** (1968) **147**, **595—602**; engl.) — Vgl. vorst. Referat. — Durch Verdampfen im Hochvakuum ($< 10^{-7}$ Torr) wurden auf 1000 Å dicken (001)-Cu-Filmen bei einer Substrattemp. von 400° Fe-Filme abgeschieden. Elektronenmikrograph. Unters. ergaben, daß dem Wachstum der Fe-Filme die Bldg. dreidimensionaler Fe-

Keime vorausgeht, die kub.-flächenzentrierte Struktur besitzen u. so elast. verspannt sind, daß eine kohärente Cu-Fe-Übergangsfläche entsteht. Die Fe-Keime wachsen mit zunehmender Fe-Abscheidung; gleichzeitig bilden sich Versetzungen, die parallel [110] u. [1$\bar{1}$0] in der (001)-Filmebene verlaufen; sie besitzen einen Burgers-Vektor vom Typ 1/2a⟨110⟩ u. sind in einem Winkel von 45° gegen die Fe-Cu-Zwischenfläche geneigt. Die kleinsten Keime, in denen diese Versetzungen auftreten, besitzen ⌀ von etwa 500 Å; die ⌀ der größten kohärenten Keime lagen bei etwa 750 Å. Sobald das Cu-Substrat von einem kontinuierlichen Fe-Film bedeckt ist, wird die Bldg. kub.-raumzentrierter Fe-Keime beobachtet. W. Laqua 54

0167 **Einfluß der Vakuumabscheidungsbedingungen auf die Struktur epitaktischer (111)-Goldfilme.** F. Zignani, G. F. Missiroli, A. Desalvo und S. Petralia. (Nuovo Cimento, B [10] **55** (1968) 2, 539—56; Ist. di Fis. dell' Univ., Bologna; engl.) — Bei einer Temp. des Muskovit-Substrates von 275° u. einer Abscheidungsgeschw. von 40 Å/s lassen sich im Vakuum (2—4 · 10^{-6} Torr) epitakt. (111)-Ag-Filme erhalten, deren Zusammenhang bis zu einer Dicke von etwa 1500 Å gewahrt bleibt. Auf diesen Ag-Filmen lassen sich zusammenhängende Au-Filme mit Dicken bis zu 250 Å bei einer Substrattemp. von 300° u. einer Wachstumsgeschw. < 1 Å/s epitakt. abscheiden. W. Laqua 54

0168 **Epitaxie von Arsenolith auf Flußspat unter Berücksichtigung der Temperaturen des As_4O_6-Dampfes und des CaF_2-Kristalls.** Michelle Cadoret, Jean-Claude Monier und Robert Cadoret. (C. R. hebd. Séances Acad. Sci., Sér. A et B **266** (1968) 5, B 297—300; Caen, Calvados, Univ., Fac. des Sci., Labor. de Minér.-Cristallographie; franz.) — Auf der Fläche (111) des CaF_2 sind 2 Arten epitakt. Aufwachsens von As_4O_6 nach den Symmetriegesetzen möglich. Die Form A besitzt hierbei eine bessere Strukturübereinstimmung als die Form B. Maßgebend für das Aufwachsen dieser Formen ist die Temp.-Differenz zwischen dem CaF_2-Spaltblättchen u. dem As_4O_6-Dampf. Der Faktor $R = n_B/(n_A + n_B)$, worin n_A u. n_B die Anzahl der orientiert aufgewachsenen Krist. bedeutet, schwankt zwischen 0,01 u. 0,36 bei Temp.-Differenzen von 38—90°. Die Anzahl der B-Krist. nimmt bei steigenden Temp.-Differenzen zu, überschreitet aber niemals $^1/_3$ der Gesamtmenge. F. Ensslin 54

0169 **Epitaktisches Wachstum von Zinksulfid auf Silicium durch Vakuumverdampfung.** P. L. Jones, C. N. W. Litting, D. E. Mason und V. A. Williams. (J. Physics, D (Brit. J. appl. Physics) [2] **1** (1968) 3, 283—90; The Electr. Engng. Labor., Univ., Manchester; engl.) — Bis zu 5 μm dicke Zn-Sulfidschichten wurden epitakt. auf therm. bei 1400° im Hochvakuum gereinigten (111)-Si-Flächen bei konst. Substrat-Temp. von anfangs 620 u. danach 275° erhalten; die Wachstumsgeschw. betrug 0,3 bzw. 20 Å s^{-1}. Die Schichten erwiesen sich nach röntgenograph. u. Elektronenbeugungsunters. als einkristallin. Es existieren folgende Orientierungsbeziehungen zwischen Zn-Sulfidfilm u. Si-Substrat: (0001)‖(111) bzw. ⟨1$\bar{1}$00⟩‖⟨211⟩. Die Zus. der Schichten ist völlig homogen. Anteile einer kub. Phase in den hexagonal krist. Schichten konnten nicht festgestellt werden. W. Laqua 54

0170 **Gesteuerte Züchtung von Galliumphosphid-Kristallen.** Jean-Pierre Besselere und Jean-Marc Le Duc. (C. R. hebd. Séances Acad. Sci., Sér. C **264** (1967) 25, 2045—47; Caen, La Radiotechn. Coprim R. T. C.; franz.) — In einer geschlossenen Quarzampulle wird P_4 an einem Ende bei 400° verdampft u. am anderen Ende bei 1160° mit Ga zur Rk. gebracht. Das Ga befindet sich dabei in einem speziell geformten Quarzschiffchen, das zum größeren Teil auf Rk.-Temp. gehalten, an einem Ende jedoch nur auf 1000° erwärmt wird. Große u. reine GaP-Krist. wachsen dann innerhalb von Std. vom kälteren Ende des Schiffchens aus in die Lsg. hinein. F. Haenschke 54

0171 **Segregation von Eisen, Silber und Zinn bei Züchtung von Tl_2Te_3-Einkristallen aus der Schmelze nach dem Czochralski-Verfahren.** Š. Mavlonov und S. Karimov. (Izvest. Akad. Nauk SSSR, Neorg. Mater. 4 (1968) 8, 1216—19; Fiz.-techn. inst. im. Umarova, Dušanbe; russ.) — Nach dem Czochralski-Verf. wurden in einer Atmosphäre aus gereinigtem H_2 mit Ziehgeschw. von 6, 12 oder 24 mm/Std. Tl_2Te_3-Einkrist. mit einer Ladungsträgerkonz. von $p = 4{,}5 \cdot 10^{16}$ cm^{-3} dargestellt. Der Schmelze wurde $^{55-59}Fe$, ^{110}Ag oder ^{113}Sn zugeschlagen. Über Autoradiogramme u. quant. radiochem. Unters. wird die Verteilung der Beimengungen in den Krist.-Barren bestimmt. Die Segregationskoeff. von Fe, Ag u. Sn in Tl_2Te_3 betragen 0,06, 0,008 u. 0,006. Die Verteilung von Ag u. Fe ist gleichmäßiger als die von Sn. Der mit der Kristallisation verbundene Reinigungsprozeß ist desto wirksamer, je geringer die Wachstumsgeschw. gewählt wird. Eine Korrelation zwischen Segregationskoeff. u. kovalenten Bindungsradien für Tetraederbindungen wird dergestalt gefunden, daß bei Erhöhung der Radien allg. niedrigere Segregationskoeff. auftreten. P. Zäske 54

0172 **Bevorzugtes Kristallwachstum entlang geneigten und verdrillten Grenzflächen beim Haematit.** Ichiro Sunagawa. (Mineralog. Mag. J. mineralog. Soc. **36** (1968) 281, 625—31; Geol. Survey of Japan, 8 Kawadacho, Shinjuku-ku, Tokyo; engl.) — Mkr. wird der Nachw. für bevorzugtes Krist.-Wachstum an geneigten u. verdrillten Grenzflächen bei einem Haematit von St.-Gotthard (Schweiz) an den (0001)- u. (10$\bar{1}$1)-Flächen geführt. Dieses Wachstum erfolgt offenbar an den Schrauben- u. Kantenversetzungen in den geneigten u. verdrillten Grenzflächen, die durch den Aufprall eines anderen Haematitkrist. entstanden sind. C. Gottfried 54△

0173 **Durch kathodische Zerstäubung hergestellte einkristalline Ferritfilme.** W. D. Westwood, H. K. Eastwood, R. G. Poulsen und A. G. Sadler. (J. Amer. ceram. Soc. **50** (1967) 3, 119—23; Ottawa, Northern Electric Co., Ltd. Res. and Dev. Labor.; engl.) — In einem näher beschriebenen App. wird $NiFe_2O_4$ auf eine (100)-MgO-Spaltfläche aufgestäubt. Röntgen- u. Elektronenbeugungsaufnahmen der aufstäubten Filme ergaben, daß es sich um einkrist. $NiFe_2O_4$ handelt. Die magnet. Daten der Schichten stimmen nicht mit denen von dem gewöhnlichen Spinell überein, u. zwar waren die Werte der Sättigungsmagnetisierung z. T. beträchtlich niedriger. Die Hysteresekurven werden mit steigender Substrattemp. merklich breiter. Normale magnet. Eig. erhält man durch Anlassen der Filme, was auf eine beträchtliche Regellosigkeit der Kationenverteilung u. Krist.-Unvollkommenheit hindeutet. Ebenso kann eine Porosität der Filme die gemessenen niedrigen Werte der magnet. Sättigung erklären. C. Gottfried 54△

0174 **Verwendung von Alkalimetallmolybdat-Schmelzen zur Herstellung von Einkristallen magnetischer Oxide und Ferrite durch langsame Kristallisation.** Rudolf Heindl, Françoise Damay, Jean Loriers und Françoise Gallou. (Rev. Chim. minérale **5** (1968) 3, 609—17; Labor. Central des Communicat., Paris; franz.) — Aus Schmelzlsg. der Oxide in Na_2MoO_4 + MoO_3 u. Abkühlen mit 1,5—2°/Std. wurden Einkrist. folgender Verb. hergestellt: NiO; α-Fe_2O_3; Ga_2O_3; $NiFe_2O_4$; $Ga_{2-x}Fe_xO_3$ (x = 1,34; 1,18; 1,1), wobei für letzteres die magnet. Momente gemessen wurden: $\sigma = 19{,}5 \pm 2$, 52 ± 4 bzw. $5{,}8 \pm 2$ Gauß · cm^3/g u. für $NiFe_2O_4$: $\sigma = 50{,}6 \pm 1$. J. Pickardt 54

0175 **Aufstauung einer linearen Anordnung beweglicher Versetzungen vor einem Hindernis.** A. R. Rosenfield und G. T. Hahn. (Acta metallurg. [Long Island City, N.Y.] **16** (1968) 5, 755—59; Batelle Memorial Inst., Columbus Labor., Columbus, O.; engl.) — Die Zeitabhängigkeit der Bldg. einer Versetzungsaufstauung u. die Geschw., mit der die Spannung vor dem Hindernis zunimmt, werden berechnet. Die Zeit, in der die Versetzungen ihre Gleichgew.-Lage erreichen u. in der eine starke Spannung vor dem Hindernis aufgebaut wird, hängt stark von der Spannungsabhängigkeit der Versetzungsgeschw. B ab. Mit zunehmendem B wird die Bldg. der Aufstauung in zunehmendem Maße verzögert. Die Bedeutung dieser Ergebnisse für die Theorie der Spaltrißbldg. wird diskutiert. M. Frenzel 56

0176 **Beziehungen zwischen den Schichtabständen, der Stapelordnung und der Kristallinität in Kohlenstoff-Materialien.** B. P. Richards. (J. appl. Crystallogr. [Copenhagen] 1 (1968) 1, 35–48; Gen. Electr. Co. Ltd., Hirst Res. Centre, Wembley; engl.)
H. Roschkowski 56

0177 **Mikrostruktur superplastischer Legierungen.** K. Nuttall und R. B. Nicholson. (Philos. Mag. [8] 17 (1968) 149, 1087–91; Dep. of Metallurg., Fac. of Sci., Univ. of Manchester; engl.) — Untersucht wurde der Zusammenhang von eutektoider Zers. u. superplast. Eig. einer 79Zn-21Al-Legierung. Von 380° abgeschreckte Proben sind superplast. u. weisen bei 250° Dehnungen von 500–1500% auf; langsam abgekühlte Proben besitzen typ. metall. Eig. u. bilden nach Dehnung von ~ 60% Einschnürungen. Langsam abgekühlte Proben besitzen lamellare eutektoide Struktur. Die abgeschreckten Proben weisen eine feinkörnige (1 μm), gleichachsige Struktur auf, die aus Zn-reichen u. Al-reichen Körnern besteht u. nicht typ. für eine eutektoide Zers. ist. Ein Bldg.-Mechanismus für die gleichachsige Struktur wird postuliert. W. Laqua 56

0178 **Struktur von aufgedampften Aluminiumfilmen.** P. L. Ferraglio und C. D'Antonio. (Thin solid Films [Lausanne] 1 (1968) 6, 499–502; Polytechn. Inst. of Brooklyn, N.Y.; engl.) — Im Vakuum auf Glas aufgedampfte Al-Filme mit einer Dicke von 800–3500 Å wurden im unausgeglühten u. im ausgeglühten Zustand elektronenmkr. auf Kornbldg. u. Koaleszenz der Körner hin untersucht. H.-D. Schwartz 56

0179 **Fehlordnungen des Kristallgitters in gegossenen Metallen und Legierungen.** I. D. Kedrin und V. A. Lysenko. (Izvest. vysšich učebnych Zavedenij [Moskva], černaja Metallurg. 11 (1968) 4, 102–06; Dnepropetrovskij gos. univ.; russ.) — Reines Al kann bei der Abkühlung von der Erstarrungstemp. mit einer Geschw. von 20000°/s gehärtet werden. Im Feingefüge einer solchen Probe wird eine große Menge gleichmäßig verteilter Versetzungen festgestellt. Nach einem Glühen bei 600, 550 u. 500° (Haltezeit entsprechend 6; 30 u. 150 Min.) tritt ein sek. geschlossenes Korngrenzensyst. auf, dessen Aktivierungsenergie der Bldg. 39 kcal/g-Atom beträgt. H. Hochstein 56

0180 **Strukturänderungen beim Zerfall des Mischkristalls in einer Al-Legierung mit 3% Cu und 0,6% Ca.** M. I. Zacharova, V. V. Korčažkin und N. A. Chatanova. (Vestnik Moskovskogo Univ., 23 (1968) 2, 58–63; Kaf. fiz. tverdogo tela; russ.) — Röntgenbeugungs- u. elektronenmkr. Unters. der Strukturänderungen beim Altern einer Al-Leg. mit 3 (Gew.-%) Cu u. 0,6 Ca. Bei einer Alterungstemp. von 130° bilden sich Guinier-Preston-Zonen plättchenartiger Form, die bis zum Erscheinen von Krist. der Θ'-Phase wachsen. Nach dem Erscheinen dieser Krist. wachsen die GP-Zonen nicht weiter. Der Ca-Zusatz verlangsamt die Bldg. der Krist. der Θ'-Phase.
H. Roschkowski 56

0181 **Elektronenmikroskopische Untersuchung der Struktur einer ausscheidungshärtenden Al-Legierung mit 4% Cu, die nach verschiedenartiger Alterung und Verformung einer Glühung unterworfen wird.** K. V. Gorev, R. L. Tofpenec, L. M. Malašenko und L. A. Vasil'eva. (Izvest. Akad. Nauk Beloruss. SSR, Ser. fiz.-techn. Nauk 1968, 2, 71–76; Fiz.-techn. inst. AN BSSR; russ.) — Unters. des Gefüges der aushärtenden Al-Leg. mit 4% Cu nach einer Auslagerung bei 200° u. einer Alterungszeit von 5; 10; 30 u. 100 Std. sowie nach einer Änderung des Walzverformungsgrades von 5–50% in Abhängigkeit von der Schlußglühtemp. bei 180 u. 250°. Während der Verformung der gealterten Leg. ändert sich nicht nur ihre Versetzungsstruktur, sondern auch der Charakter u. die Dispersität der verfestigenden Phase. Hierbei kann in Abhängigkeit vom Ausgangs-Alterungszustand u. vom Verformungsgrad ein Vorzerfall der festen Lsg., eine Auflsg. der bereits ausgeschiedenen Teilchen oder ihre Koagulation eintreten. Bei kleinen Verformungsgraden tritt vorwiegend eine Veränderung der verfestigenden Phase auf u. bei großen Verformungsgraden (30–50%) herrscht eine Veränderung der Versetzungsstruktur vor; die Festigkeitseig. der Leg. ändern sich in Abhängigkeit von der Gefügeausbildung. Das Glühen bei 180° bewirkt keine wesentliche Veränderung der verfestigenden Phase; während der Glühung bei 250° aber erfährt die Phase eine wesentliche Veränderung der Guinier-Preston-Zone unter Bldg. von Θ-Phase. Bei der während der Glühung auftretenden Veränderung der Versetzungsstruktur wird die Bldg. von Rekristallisationskeimen in Art versetzungsfreier Blöckchen fixiert. H. Hochstein 56

0182 **Spannungsabhängigkeit der Versetzungsgeschwindigkeit in Niob-Einkristallen.** H. D. Guberman. (Acta metallurg. [Long Island City, N.Y.] 16 (1968) 5, 713–21; Solid State Div., ORNL, Oak Ridge, Tenn.; engl.) — Die Spannungsabhängigkeit der Versetzungsgeschw. wird durch Ätzen in Nb-Einkrist., die durch Schmelzen im Elektronenstrahl gezüchtet werden, gemessen. Diese Abhängigkeit wird als Funktion von Temp., Reinheit u. niedriger Neutronenbestrahlung gemessen. In allen Fällen können die Ergebnisse durch eine Gleichung von der Form $\overline{v} = (m^* \tau^*/\tau_0)^{m^*}$ wiedergegeben werden. Der Exponent m* nimmt mit abnehmender Temp. schwach zu, mit zunehmendem Verunreinigungsgeh. stärker zu u. mit einer Neutronenbestrahlung bis zu $8{,}3 \cdot 10^{17}$ n/cm² (E > 1 MeV) ab. Messungen der Abhängigkeit von der Dehnungsgeschw. u. der Spannungsrelaxation lassen erkennen, daß diese Verf. für die Best. des Exponenten m^+ in der Geschw.-Gleichung unzureichend sind. Die Zunahme der oberen Fließspannung nach Neutronenbestrahlung hängt mit einem dynam. Widerstand der Versetzungsbewegung zusammen. M. Frenzel 56

0183 **Versetzungsstruktur von Nb-Legierungen mit Ti.** D. A. Prokoškin, E. V. Vasil'eva und N. N. Popov. (Fiz. Metallov Metallovedenie 25 (1968) 5, 953–55; Inst. metallurg. im. Bajkova; russ.) — Beschreibung der Versetzungsstruktur in Nb-Leg. mit 30 u. 50% Ti. Die im Bogenofen erschmolzenen Leg. werden bei 1250 bis 1500° einer 5–25std. Glühung unterworfen. Festgestellt wird eine Versetzungsdekoration durch Elemente, die in der Grundmasse wenig gelöst werden u. sich von dieser hinsichtlich der Atomabmessungen unterscheiden. In Nb gehören hierzu C, N, B.
H. Hochstein 56

0184 **Verteilung der Beimengungen in durch Elektronenstrahl-Zonenschmelzen erhaltenen Mo-Einkristallen.** G. P. Kovtun, V. I. Makarov und T. A. Sverbilova. (Fiz. Metallov Metallovedenie 25 (1968) 5, 955–57; Fiz.-techn. Inst. AN USSR; russ.) — Bei der Zonenreinigung von Mo wird eine ungleichmäßige Verteilung der Beimengungen über den Probendurchmesser beobachtet. Die Verschmutzung der Mo-Oberflächenschichten verringert die Wirksamkeit der Zonen-Umkristallisation. Zur Herst. von Mo u. auch von anderen schwerschmelzbaren Metallen höherer Reinheit muß der Zonenschmelzprozeß in einem reineren Vakuum durchgeführt werden.
H. Hochstein 56

0185 **Wärmefärbung der Phasen in Mo-Legierungen.** V. N. Nikolaeva und M. Ja. Cviling. (Izvest. vysšich učebnych Zavedenij [Moskva], černaja Metallurg. 11 (1968) 5, 133–34; Mosk. inst. stali i splavov; russ.) — In Mo-Ni-, Mo-Cr-Fe-C-, Mo-Si-, Mo-Si-Cr-, Mo-Cr-Zr- u. Mo-Cr-Si-Leg. nehmen die meisten auftretenden Phasen in der Wärme bei 500–700° eine spezif. Färbung an. Diese Färbung dient zur Mikrostruktur-Analyse der Legierungen. Es werden Angaben über die Temp. u. spezif. Färbung folgender Phasen gemacht: Mo_5Si_3, $MoSi_2$, $(Mo, W)_3Si$, $(MoW)_5Si_3$, W_5Si_3, $(Mo, W)Si_2$, $(Mo, Cr)_3Si$, Cr_3Si, $(Cr, Mo)_3Si$, $(Mo, Cr)_5Si_3$, $(Mo, Cr)Si_2$, $(Cr, Mo)Si_2$ u. Mo_2Zr. H. Hochstein 56

0186 **Orientierung der Carbidphasen eines angelassenen, mit W legierten Stahles.** M. P. Arbuzov und Ju. E. Bušuev. (Fiz. Metallov Metallovedenie 25 (1968) 5, 882–86; Inst. problem materialovedenija AN USSR; russ.) — Röntgenograph. Unters. der Carbid-Orientierung mit hexagonalem (ε oder Fe_xC) u. rhomb. (Cementit) Gitter in einem angelassenen, mit 1,6% W legierten Stahl. Es wird festgestellt, daß die Krist. des ε-Carbids bez. des Martensits in einer einzigen Lage orientiert sind.

Die Cementit-Orientierung des legierten Stahls ist die gleiche wie die eines unlegierten Stahls.
H. Hochstein 56

0187 **Untersuchung der martensitischen Umwandlung in Fe–Ni-Legierungen in der Nähe der Zusammensetzungen, die einem Wechsel der Umwandlungsmechanismen entsprechen.** V. V. Nemirovskij. (Fiz. Metallov Metallovedenie **25** (1968) 5, 900–09; Inst. metallovedenija i fiz. metallov CNIIČM im. Bardina; russ.) — In FeNi- u. Fe–Ni–C-Leg., die eine Zus. nahe derjenigen besitzen, bei der ein Wechsel der Vorgänge der martensit. Umwandlung eintritt, werden metallograph. u. magnetometr. zwei Martensitarten beobachtet, die als „Schiebungs-" u. „Umklapp"-Martensit bekannt sind u. entsprechend als {111}- u. {259}-Martensit benannt werden. Gefunden wird eine relative Abnahme der {111}-Martensitmenge mit Erhöhung des Ni- u. auch des C-Geh. in einer Leg. bei entsprechender Umwandlungstemp.-Erniedrigung. Die Zus. der Leg. ist mehr als die Umwandlungstemp. für den Umwandlungsmechanismus verantwortlich.
H. Hochstein 56

0188 **Bildung federartiger Strukturen während der Umwandlung in Cu–Ga-Legierungen.** G. A. Sargent, L. Delaey und T. B. Massalski. (Acta metallurg. [Long Island City, N.Y.] **16** (1968) 5, 723–31, 1 Tafel; Mellon Inst. of Carnegie-Mellon Univ., Pittsburgh, Pa.; engl.) — Die Umwandlung in Cu–Ga-Leg. im Bereich 20,0–25,0 Atom-% wird opt., elektronenmkr. sowie mittels Röntgenbeugung u. Mikrosonde untersucht. Die federartige Erscheinung des Umwandlungsprod. entsteht durch Bldg. einer doppelten kub.-flächenzentrierten/hexagonalen Struktur mit einem Zwilling in der hexagonalen (10$\bar{1}$1)-Ebene. Im Elektronenmikroskop zeigt die feine plättchenhafte Struktur sowohl kub.-flächenzentrierte als auch hexagonale Phasen bzw. nur Stapel hexagonaler Plättchen parallel zur Basisebene. In der Duplexstruktur sind die dichtest gepackten Ebenen u. Richtungen der beiden Phasen parallel. Diese Verknüpfung sowie die (10$\bar{1}$1)-Zwillingsbldg. führen zu dem stufenartigen Wachstum. Die Ebenen der kub.-flächenzentrierten Phase bestehen bisweilen aus dicken Platten mit einer von der Matrix verschiedenen Zusammensetzung. Diese Platten verursachen die streifen- u. blockartige Erscheinung der opt. sichtbaren Federn.
M. Frenzel 56

0189 **Doppelnatur und Versetzungsstruktur der massiven Cu–Ga-Phase.** L. Delaey, G. A. Sargent und T. B. Massalski. (Philos. Mag. [8] **17** (1968) 149, 983–97; engl.) — Vgl. Z. Metallkunde **58** (1967) 388; vgl. vorst. Referat. — Die Umwandlung der Hochtemp.-β-Phase von Cu–Ga Leg. in die massive Phase durch Abschrecken wurde elektronenmkr. untersucht. Die massive Phase besitzt eine feinlamellige Struktur u. besteht aus hexagonal-dichtgepackten bzw. hexagonal-dichtgepackten u. kub.-flächenzentrierten Phasen. Die aneinandergrenzenden Plättchen sind häufig gegeneinander entlang den dichtgepackten Ebenen der gegenseitigen Kontakte verdreht u. bilden, zu Gruppen zusammengefaßt, durch Subkorngrenzen verbundene Blöcke, die ähnlich gegeneinander verdreht sind. Die kub.-flächenzentrierte Phase konnte teils durch Elektronenbeugung an ausgewählten Flächen (bei großer D. der kub.-flächenzentrierten Lamellen) u. teils durch Kontrasteffekte der Elektronenbeugung (bei geringer Lamellendichte) identifiziert werden. Aus Kontrast-Unters. folgt auch, daß die beobachteten Fransen-Effekte nicht auf die Existenz von Stapelfehlern zurückzuführen sind.
W. Laqua 56

0190 **Struktur von Goldschichten auf Steinsalzsubstraten.** D. J. Stirland. (Thin solid Films [Lausanne] **1** (1968) 6, 447–73; Plessey Comp. Ltd., Caswell, Towcester, Northants, GB; engl.) — Die Au-Schichten auf im Vakuum gespaltenen NaCl-Krist. enthalten bei 200° einen hohen Anteil von mehrfach verzwillingten (111)-Teilchen, was anomale 111 u. 220 Reflexionen im Elektronenbeugungsbild ergibt. Das Auftreten von mehrfacher Verzwillingung führt zu Fehlern bei der Abschätzung der Proportionen des nach (111) orientierten Materials durch Dunkelfeldmethoden. Viele Inseln im anfänglichen Wachstumsstadium sind mehrfach orientiert (Mischungen aus (001)- u. (111)-Orientierungen). Elektronenbeschuß während des Aufdampfens erhöht die D. der Inseln u. ändert die Orientierung der Au-Schichten. Die durch Elektronenbeschuß verursachten Änderungen werden Veränderungen des Substrats durch den Beschuß zugeschrieben.
H.-D. Schwartz 56

0191 **Nahordnung in einer Pd–Pt-Legierung (50 Atom-% Pd).** A. A. Kacnel'son und I. I. Popova. (Vestnik Moskovskogo Univ. **23** (1968) 2, 127–29; russ.) — Die Nahordnung der Leg. wird durch Auswertung der diffusen Röntgenbeugung bestimmt. Die Ergebnisse zeigen, daß zwischen Raumtemp. u. 400° eine Ordnung nur innerhalb der ersten drei Koordinationssphären auftritt.
H. Roschkowski 56

0192 **Vergleichende Untersuchung der Ätzgeschwindigkeiten bei verschiedenen Formen synthetischer Diamanten.** A. R. Patel und N. Ramachandran. (J. Physics, D (Brit. J. appl. Physics) [2] **1** (1968) 4, 505–06; Phys. Dep., Sardar Patel Univ., Vallabh Vidyanagar, Gujarat State, India; engl.) — Einkrist. synthet. Diamanten mit kub. oktaedr. Habitus, die bei drei verschiedenen Temp. gezüchtet wurden (tiefere Temp.: überwiegend kub. Flächen (**I**), mittlere Temp.: gleich viele kub. u. oktaedr. Flächen (**II**), höhere Temp.: überwiegend oktaedr. Flächen (**III**)), wurden gleichzeitig in geschmolzenem KNO_3 bei 520° geätzt. Auf diese Weise unterlagen kub. u. oktaedr. Flächen der drei Proben den gleichen Bedingungen. Danach werden die oktaedr. Flächen von **III** sehr rasch u. die kub. langsam geätzt, d. h. die relativen Ätzgeschw. der einzelnen Proben sind: oktaedr. Fläche > oktaedr. Spaltfläche > kub. Fläche.
R. Blank 56

0193 **Ätzen von Baryt.** J. R. Pandya und C. L. Saraf. (Mineralog. Mag. J. mineralog. Soc. **36** (1968) 281, 750 bis 752; Dep. of Phys., Fac. of Sci., Maharajah Sayajirao Univ., Baroda, Indien; engl.) — Nach (001) erhaltene Spaltblättchen von natürlichem Baryt wurden nach therm. Versilberung einige Min. mit kalter konz. H_2SO_4 angeätzt. Die erhaltenen Ätzfiguren werden photomikrograph. wiedergegeben. Synthet. $BaSO_4$ wurde ohne Versilberung mit dem gleichen Ätzmittel angeätzt. Die Ätzfiguren werden diskutiert.
C. Gottfried 56△

0194 **Darstellung von Titan für die Transmissionselektronenmikroskopie.** J. C. Scully, L. A. Rice und R. N. Orava. (Trans. metallurg. Soc. AIME **239** (1967) 6, 923; Dep. of Metallurg., Univ., Leeds, England; engl.) — Diskussionsbeitrag zur Methodik des Polierens von Ti-Folien (Rice et al., ibid. **236** (1966) 1502) u. Erwiderung von Rice u. Orava.
A. Jaeschke 56

0195 **Konzentrationsabhängigkeit der Sn(IV)-Isomerieverschiebungen in Eis.** S. L. Ruby, P. K. Tseng, Hwa-Sheng Cheng und N. C. Li. (Chem. Physics Letters [Amsterdam] **2** (1968) 1, 39–41; ANL, Argonne, Ill.; engl.) — Unters. der Sn(IV)-Isomerieverschiebungen in Eis in Abhängigkeit von der Konz. von zugesetztem HX, X=F, Cl, Br, J. Die bei verschiedenen Abkühlungsgeschw. (bis zu 10^3 °K/s) durchgeführten Messungen zeigen, daß es möglich ist, durch schnelles Abkühlen Ionen einzufrieren.
H. Liepack 56

0196 **Anwendungen des Mössbauer-Effekts in der Silicat-Mineralogie. 2. Mitt. Eisensilicate mit unbekannten und komplexen Kristallstrukturen.** G. Michael Bancroft, Roger G. Burns und Anthony J. Stone. (Geochim. cosmochim. Acta [London] **32** (1968) 5, 547–59; Univ. Chem. Labor., Univ. of Cambridge, Cambridge, England; engl.) — 1. vgl. C. **1968**, 42-0671. — Aufnahme der ^{57}Fe-Mössbauer-Spektren von $KFe_{13}^{2+}AlSi_7O_{42}(OH)_{14}$ (Zussmanit) (**I**), $NaFe_7^{2+}Mn_3Fe_2^{3+}Si_{12}O_{31}(OH)_{13}$ (Howieit) (**II**), $Fe_{13}^{2+}Fe_7^{3+}Si_{13}O_{44}(OH)_{11}$ (Deerit) (**III**) (Fundorte von **I**–**III**: Calif.), $(Mg, Fe^{2+})_2(Al, Fe^{3+})_4O_6SiO_4$ [Sapphirin: blau-grün (Grönland) (**IV**); gelb (Tansania) (**V**)], Krokydolith (Calif.) (**VI**), tabellar. Angabe von Isomerieverschiebungen, Quadrupolaufspaltungen, Linienbreiten u. Linienflächen, ermittelt auf der Grundlage eines „kleinste Quadrate"-Computerprogramms zur Auflsg. der Linien, sowie graph. Wiedergabe der Spektren.

Der Vgl. der Mössbauer-Daten mit denen von Fe-Silicaten bekannter Krist.-Strukturen ergibt, daß **I**–**VI** nur „high spin"-Fe-Ionen, **I** u. **II** Fe^{2+}-Ionen in oktaedr. Koordination, **IV** u. **V** zwei Arten von oktaedr. koordinierten Fe^{2+}-Ionen enthalten, von denen eine in regulärer, die andere in gestörter Anordnung vorliegt. **III** enthält verzerrt oktaedr. u. tetraedr. koordinierte Fe^{2+}-Ionen. Die Fe^{3+}-Ionen in **II** u. **III** sind oktaedr. koordiniert. In **IV** u. **V** treten zwei Arten von vierfach koordinierten Fe^{3+}-Ionen auf. Die Flächen der entsprechenden Mössbauer-Linien sind ein Maß für den Geh. an Fe^{2+}- bzw. Fe^{3+}-Ionen verschiedener Koordination u. ergeben für diesen Werte, die mit denen der chem. Analyse übereinstimmen. Aus den Mössbauer- u. IR-Daten wird die Verteilung der Fe^{2+}- u. Fe^{3+}-Ionen auf die verschiedenen Lagen der Krist.-Struktur von **VI** ermittelt.

H.-U. Chun 56

0197 **Sichtbarmachung uneinheitlicher Beimengungsverteilungen in GaAs-Einkristallen.** L. N. Vozmilova und E. V. Buc. (Izvest. Akad. Nauk SSSR, Neorg. Mater. **4** (1968) 8, 1340–41; russ.) – 0,002 m H_2O_2, 0,01 m $Ce \cdot (SO_4)_2$, 0,01; 0,02 u. 0,04 m $K_2Cr_2O_7$ in 0,3 m H_2SO_4 ließen bei einer Ätzgeschw. von 0,5 μ/Std. in völliger Dunkelheit innerhalb von 5–10 Std. Wachstumsstreifen auf n-GaAs-Krist. sichtbar werden. Gleiche Ergebnisse wurden bei normaler Zimmerbeleuchtung innerhalb von 2–5 Std. bei Ätzgeschw. von ca. 1,5 μ/Std. erzielt. Bei Beleuchtung mit einer 300 Watt-Lampe beträgt die Ätzgeschw. 18 μ/Std. u. die Wachstumsstreifen treten bereits nach 10 Min. auf. Die Abhängigkeit der Wachstumsstreifung von der Ladungsträgerkonz. wurde mit der $K_2Cr_2O_7$-Lsg. geringster Konz. untersucht. Konz. $\leq 10^{16}$ cm^{-3} zeigen keine Streifung, sondern die Uneinheitlichkeiten treten in Form von Inseln auf. Bei höheren Konz. tritt die Streifung auf. Die vorgeschlagenen Ätzmittel lassen ferner bei GaAs-Filmzüchtungen die Grenze Unterlage–Film sowie bei selbst nur geringen Unterschieden in der Trägerkonz. p–n-Übergänge hervortreten. Weiterhin wurden Abhängigkeiten des stationären Potentials von der Ladungsträgerkonz. mit folgenden Ergebnissen untersucht: n-GaAs zeigt eine Abhängigkeit des stationären Potentials erst bei Elektronenkonz. $> 3 \cdot 10^{17}$ cm^{-3}. Bei geringeren Trägerkonz. ist sowohl bei Dunkelheit als auch bei Beleuchtung keine deutliche Abhängigkeit zu beobachten. Im letzten Fall ist auch die Art des in Lsg. befindlichen Ox.-Mittels ohne Einfluß. Im Konz.-Intervall $3 \cdot 10^{16}$–$8 \cdot 10^{17}$ cm^{-3} wird auch für p-GaAs keine Abhängigkeit gefunden.

P. Zäske 56

0198 **Ausscheidungen in bogengeschmolzenem Thoriumdioxid.** C. M. van der Walt und H. N. J. Louw. (Acta metallurg. [Long Island City, N.Y.] **16** (1968) 5, 777–79; Phys. Metallurg. Div., Atom. Energy Board, Pretoria; engl.) – Für elektronenmkr. Durchstrahlung geeignete Proben werden aus bogengeschmolzenen ThO_2-Rohlingen durch Zermalmen des Materials u. anschließende Unters. der entstehenden Flocken hergestellt. Die Hauptspaltebene ist {111}, während {110} u. {100} gelegentlich auftreten. Fehler auf {111}-Ebenen bilden Nadeln in ⟨111⟩-Richtung des reziproken Gitters. Es handelt sich wahrscheinlich um dünne *ThO*-Plättchen, entstanden durch nichtstöchiometr. Ausscheidung.

M. Frenzel 56

0199 **Untersuchung der Teilchenstruktur von Phthalocyanin-Pigmenten mittels elektronenmikroskopischer Kristallgitterabbildung.** Joachim Stabenow. (Ber. Bunsenges. physik. Chem. **72** (1968) 3, 374–79; BASF, Ludwigshafen; dt.) – Bei Phthalocyanin-Pigmenten (Cu-Phthalocyanin, Cu-Hexadekachlorphthalocyanin) sind die einzelnen Krist. in den Aggregaten unmittelbar miteinander verwachsen. Es wurden Ergebnisse über das Ausmaß der Gitterstörungen in den Krist. u. über die Tracht der Pigmentteilchen erhalten. D. Hoene 56

0200 **Atomradien in halbmetallischen Verbindungen mit Steinsalzstruktur.** M. Allbutt und R. M. Dell. (J. inorg. nuclear Chem. **30** (1968) 3, 705–10; Chem. Div., AERE, Harwell, Didcot, Berks.; engl.) – Unter Verw. von Literaturdaten für die Gitterparameter der halbmetall. Verb. MX mit M = *Seltenerdmetallion* u. X = *N, P, As, Sb, S, Se* u. *Te* werden charakterist. Radien für die Nichtmetallatome in diesen Verb. mit NaCl-Struktur bestimmt. Für S, Se u. Te stimmen diese Radien mit den X^{2-}-Anionenradien von Pauling überein. Die für N, P, As u. Sb erhaltenen Werte sind kleiner als die X^{3-}-Anionenradien nach Pauling; das wird auf teilweisen Übergang von Elektronen in das metall. Leitungsband zurückgeführt. Mit den von Vf. bestimmten charakterist. Anionenradien werden die Kationenradien der entsprechenden halbmetall. Verb. der *Actiniden* berechnet. Es folgt, daß diese Verb. im allg. Th^{4+}-, U^{4+}- oder U^{5+}- u. Pu^{3+}- oder Pu^{4+}-Ionen enthalten.

W. Laqua 58

0201 **Kubisch-flächenzentrierte Legierungen der Zusammensetzung Li_2MgX mit raumzentrierter Unterstruktur.** Hermann Pauly, Alarich Weiss und Helmut Witte. (Z. Metallkunde **59** (1968) 5, 414–18; Eduard-Zintl-Inst., TH Darmstadt; dt.) – Tern. intermetall. Phasen der Zus. Li_2MgX mit X = *Ag, Cd, In, Sn, Au, Hg, Tl, Pb, Bi* ferner mit *Zn, Ga, Ge, Sb* sowie mit *Cu, Al, Si* werden röntgenograph. untersucht. Die Leg. mit X = Ag, Cd, In, Sn, Au, Hg, Tl, Bi, Pb sind einphasig u. krist. kub.-flächenzentriert mit Z = 16 (raumzentrierte Unterstruktur, Achterkoordination an allen Gitterpunkten). Die Leg. mit X = Ag, Cd, In, Sn können durch zwei röntgenograph. prakt. nicht mehr unterscheidbare Strukturvorschläge beschrieben werden: geordneter tern. NaTl-Typ, Raumgruppe T_d^2–F$\bar{4}$3m bzw. statist. Cu_2AlMn-Typ, Raumgruppe O_h^5–Fm3m (möglicherweise nichthomogene Leg. mit Sb). Für die Leg. mit X = Au, Hg, Tl, Pb, Bi ist ein dritter Strukturvorschlag möglich: statist. BiF_3-Typ, Raumgruppe O_h^5–Fm3m. Alle anderen Leg. sind inhomogen. Die Leg. mit X = Zn, Ga, Ge, Sb bestehen aber im wesentlichen noch aus einer kub.-flächenzentrierten Phase mit Z = 16. Die kub.-flächenzentrierten Phasen in den Leg. mit Ga, Ge u. Sb können durch das erste u. zweite Modell beschrieben werden, die kub.-flächenzentrierte Phase der Zn-Leg. ist ein statist. tern. NaTl-Typ, Raumgruppe O_h^7–Fd3m. Punktlagen werden mitgeteilt. Die Leg. mit X = Cu, Al, Si enthalten keine kub.-flächenzentrierte Phase mit Z = 16. Die Leg. mit Cu besteht aus der kub.-flächenzentrierten $MgCu_2$-Phase u. aus der kub.-raumzentrierten Li_4Mg-Phase. M. Frenzel 58

0202 **Neutronenbeugungsuntersuchungen von Wasserstoffisotopen bei 4,2–0,91 °K.** A. S. Bulatov und V. S. Kogan. (Ž. ėksper. teoret. Fiz. **54** (1968) 2, 390–95; Fiz.-techn. inst. AN Ukr. SSR; russ., Auszug: engl.) – Die Krist.-Strukturen von normalem H, normalem D u. para-H werden durch Beugung langsamer Neutronen (Wellenlängen 1,277 ± 0,002 Å) bestimmt. Bei Temp. zwischen 4,2–0,91 °K krist. para-H u. D (normal) in hexagonal dicht gepackten Gittern mit unterschiedlicher Elementarzelle. In diesem Temp.-Bereich durchläuft normaler H einen Phasenübergang 1. Art. Das hexagonal dicht gepackte Gitter geht in ein flächenzentriertes kub. Gitter über. Die Übergangstemp. liegt beim Abkühlen bei 1,46 ± 0,02 °K, dagegen rückwärts bei Erwärmen bei 1,68 ± 0,02 °K. I. Zoll 58

0203 **Kristall- und Molekularstruktur von Tetramethyldiphosphin-bis-[monoboran].** H. L. Carrell und Jerry Donohue. (Acta crystallogr. [Copenhagen], Sect. B **24** (1968) 5, 699–707; Los Angeles, Calif., Univ. of Southern Calif., Dep. of Chem.; engl.) – $P_2(CH_3)_4 \cdot 2BH_3$ in der Modifikation mit geringerem Dampfdruck krist. monoklin mit a = 6,78 ± 0,02 (Å); b = 11,64 ± 0,02; c = 20,41 ± 0,02; β = 95,0°; $P2_1/c$, Z = 6; $D_{exp} \sim 0,9$; D_R 0,93. Die mit Hilfe der üblichen Meth. durchgeführte Strukturbest. lieferte die tabellar. angegebenen Atomkoordinaten, einschließlich die der H-Atome. Die Krist. enthalten eine 1:1:1-Mischung von 3 konformationsisomeren Molekülen. C. Gottfried 58△

0204 **Röntgenographische Untersuchung von Lithiumhyperoxid, LiO_2.** V. M. Bakulina, S. A. Tokareva und I. I. Vol'nov. (Ž. strukturnoj Chim. **8** (1967) 6, 1104–05; Inst. obščej i neorg. Chim. im. N. S. Kurnakova AN SSSR; russ.) – Die röntgenograph. Pulverdaten (I-, d-, hkl-Werte) von reinem Li_2O_2 wurden bei der Temp. des

N_2 registriert. Sie werden mit den entsprechenden Daten von Li_2O_2-Proben verglichen, die bei $-65°$ in Freon-12 mit O_3 behandelt wurden. Demnach enthalten die ozonisierten Proben neben ca. 40 Gew.-% Li_2O_2, 7% Li_2CO_3 u. 2% LiOH etwa 50% LiO_2. Die Indizierung der LiO_2-Interferenzen liefert a = 5,91, b = 4,94, c = 4,38 Å. A. Blaschette 58

0205 **Röntgenographische Untersuchung von K-, Ba-, Sr- und Ca-Perchlorsäureamiden.** I. V. Kolesnikov. (Ž. neorg. Chim. **13** (1968) 4, 971—74; Inst. obšč. i neorg. chim. AN SSSR; russ.) — Durchsichtige, ebene Krist. von K_2NClO_3 u. nichthygroskop. krist. Nd. von $BaNClO_3$ u. $SrNClO_3$ wurden röntgenograph. untersucht. Die entsprechende Ca-Verb. ist extrem hygroskop. u. zerschmilzt rasch an der Luft. Die Röntgenogramme der Sulfate u. der Perchlorsäureamide sind völlig analog. Die K-, Ba- u. Sr-Verb. haben Z = 4, wahrscheinlichste Raumgruppe Pnma = D_{2h}^{16}, $D_{\cdot R}$ = 2,64, 4,64, 4,00. Die Ca-Verb. hat rhomboedr. Krist. mit a = 6,86 (±0,02) u. c = 12,62. Die Struktur der $NClO_3^{2-}$ -u. SO_4^{2-}-Ionen ist analog, der mittlere Cl-N- u. Cl-O-Abstand beträgt 1,53 ± 0,07 Å. J. J. Pohl 58

0206 **Gitterbestimmung eines sauren Bariumoxalats.** A. Thrierr-Sorel und J.-C. Mutin. (Bull. Soc. franç. Minéralog. Cristallogr. **91** (1968) 2, 210—11; Dijon, Fac. des Sci., Labor. de Rech. sur la réactivé des solides; franz.) — Zur Darst. von $BaC_2O_4 \cdot H_2C_2O_4 \cdot 2H_2O$ (**I**) wurde bei 90° eine Lsg. von Oxalsäure mit Bariumoxalat gesättigt. Röntgenaufnahmen an **I** ergaben monokline Symmetrie mit a = 14,45 ± 0,03 (Å); b = 5,40 ± 0,02; c = 12,45 ± 0,03; β = 116° ± 0,5°; mögliche Raumgruppen sind Cc oder C2/c; Z = 4; $D_{\cdot exp}$ 2,60; $D_{\cdot R}$ 2,66. C. Gottfried 58△

0207 **Kristallchemie des Radiums. 1. Mitt. Halogenide des Radiums.** F. Weigel und A. Trinkl. (Radiochim. Acta [Frankfurt/M.] **9** (1968) 1, 36—41; Inst. für anorg. Chem., Univ., München; dt.) — Die mikropräparative Darst. u. röntgenograph. Unters. der wasserfreien Radiumhalogenide wird beschrieben. *RaF₂* (**I**), beim Umsetzen von *RaCO₃* mit *HF*, Trocknen des Rk.-Prod. u. Tempern bei 530°. **I** ist weiß, kubisch, CaF_2-Typ, Raumgruppe O_h^5–Fm3m, a = 6,38 Å, V = 259,96 Å³, D. 6,74 gcm^{-3} bei Z = 4. — *RaCl₂* (**II**), durch Entwässern des aus der Lsg. von Ra^{2+} in HCl kristallisierenden Hydrates im Ar-Strom bei 100° u. mehrstd. Tempern bei 520°. **II** bildet farblose, sternförmige Krist.-Aggregate. Es ist rhomb., isotyp mit $BaCl_2$, Raumgruppe D_{2h}^{16}–Pnma, a = 4,90 Å, b = 8,06 Å, c = 9,71 Å, V = 383,36 Å³, D. 6,74 gcm^{-3} bei Z = 4. — *RaBr₂* (**III**), durch Entwässern des aus Lsg. von Ra^{2+} in HBr krist. $RaBr_2 \cdot 0{,}5H_2O$ im Ar-Strom bei 100° u. Tempern bei 550°. **III** bildet durchsichtige, schwach gelbliche Kristalle. Es ist rhomb., isotyp mit *BaBr₂*, Raumgruppe wie **II**, a = 5,06 Å, b = 8,41 Å, c = 10,15 Å, V = 431,98 Å³, D. 5,93 gcm^{-3}, Z = 4. — *RaJ₂* (**IV**) durch Entwässern des aus HJ-Lsg. von Ra^{2+} krist. $RaJ_2 \cdot 0{,}5H_2O$ bei 190° im Ar-Strom u. Tempern bei 690° im Ar-Strom. **IV** bildet durchsichtige, gelbe Krist., ist rhomb., *BaJ₂*-Typ, Raumgruppe wie **II** u. **III**, a = 5,42 Å, b = 9,22 Å, c = 10,93 Å, V = 546,30Å³, D. 5,83 gcm^{-3} bei Z = 4. Durch Extrapolation wurde der Ionenradius von Ra^{2+} zu 1,53 Å (Goldschmidt-Radius) bzw. 1,37 Å (Zachariasen-Radius) bestimmt. F. Weigel 58

0208 **Kristall- und Molekularstruktur von Tris-[thioharnstoff]-zink(II)-sulfat.** Giovanni Dario Andreetti, Luigi Cavalca und Amos Musatti. (Acta crystallogr. [Copenhagen], Sect. B **24** (1968) 3, 683—90; Parma, Univ. degli Studi, Ist. di Chim. Fis.; engl.) — Die Titelverb. krist. rhomb., a = 11,126 ± 0,005 (Å); b = 7,773 ± 0,004; c = 15,491 ± 0,005; $Pca2_1$; Z = 4; $D_{\cdot exp}$ 1,923; $D_{\cdot R}$ 1,926. Die durch die übliche Struktur-Analyse erhaltenen Parameter sind tabellar. zusammengestellt. Die Lokalisierung der H-Atome wurde ber. unter der Annahme einer sp^2-Konfig. für jedes N-Atom mit einem N-H-Abstand von 1,03 (Å) (Tabelle). In dem Gitter ist jedes Zn-Atom tetraedr. von 3 S-Atomen von 3 Thioharnstoffmol. u. einem O-Atom einer SO_4-Gruppe umgeben. Die Abstände u. Valenzwinkel sind tabellar. angegeben. Die 3 unabhängigen Thioharnstoffmol. sind eben. C. Gottfried 58△

0209 **Kristallographische Daten von Cadmium- und Quecksilbermetaphosphat.** M. Beucher und I. Tordjman. (Bull. Soc. franç. Minéralog. Cristallogr. **91** (1968) 2, 207—09; Grenoble, C.N.R.S., Labor. d'Électrostat. et de phys. du métal; franz.) — Die Darst. von $Cd(PO_3)_2$ (**I**) u. $Hg(PO_3)_2$ (**II**) erfolgte einmal durch Erhitzen des zweiwertigen Metalloxids in überschüssiger Orthophosphorsäure auf 350° für **II** u. 450° für **I**; bei der zweiten Meth. war H_3PO_4 durch $(NH_4)_2HPO_4$ ersetzt; Erhitzungstemp. 450°. Die beiden Verb. haben rhomb. Symmetrie u. (a) **9,607** ± 0,004 (Å); (b) **13,70** ± 0,01; (c) **7,038** ± 0,003; ($D_{\cdot R}$) **3,88** ± 0,01 für **I** u. 9,720 ± 0,004; 13,75 ± 0,01; 7,134 ± 0,003; 5,00 ± 0,01 für **II**. Eine fast beendete Strukturbest. von **I** ergab, daß Phosphatketten parallel der c-Achse verlaufen. C. Gottfried 58△

0210 **Kristallstruktur von $BaAl_2O_4$.** A. J. Perrotta und J. V. Smith. (Bull. Soc. franç. Minéralog. Cristallogr. **91** (1968) 1, 85—87; Chicago, Ill., Univ. of Chicago, Dep. of Geophys. Sci.; engl.) — Zur Darst. von $BaAl_2O_4$ wurden in Aceton gemahlene Gemische von $BaCO_3$ u. $Al(OH)_3$ mehrmals auf 1450° erhitzt. Die hexagonalen Zelldimensionen sind a = 5,218 ± 0,001 (Å); c = 8,781 ± 0,003, während Do Dinh et al. (ibid. 88 (1965) 3, 413) 5,227 ± 0,003 bzw. 8,802 ± 0,004 angeben. Wegen des relativ großen Unterschiedes dieser Zelldimensionen wurden Kügelchen des Materials in einer O_2–C_2H_2-Flamme geschmolzen. Es wurden auf diese Weise hexagonale Plättchen erhalten, die erneut röntgenograph. untersucht wurden. Hierbei wurde festgestellt, daß eine Überstruktur mit doppelter x-Achse vorliegt. Die Raumgruppe der neuen Zelle hat die Symmetrie $P6_322$. Die interatomaren Abstände sind tabellar. angegeben. Der mittlere Abstand Al–O in den Al-Tetraedern beträgt 1,75 Å. Die Ba–O-Abstände sind sehr variabel. C. Gottfried 58△

0211 **Röntgenographische Untersuchung von Kalium- und Natriumhydridoaluminat.** V. M. Bakulina, S. I. Bakum und T. N. Dymova. (Ž. neorg. Chim. **13** (1968) 5, 1288—89; Inst. obšč. i neorg. chim. im. Kurnakova AN SSSR; russ.) — $KAlH_4$ u. $NaAlH_4$ wurden röntgenograph. untersucht, $KAlH_4$ krist. tetragonal mit (a =) 7,47, (c =) 9,31 Å, ($D_{\cdot R}$) 1,30 g/cm³, ($D_{\cdot exp}$) 1,28; $NaAlH_4$ ebenfalls tetragonal, 11,31; 1,27; 1,28. J. J. Pohl 58

0212 **Kationen-reiche Oxide. Zur Kenntnis von Li_5GaO_4 und Li_5AlO_4.** Frank Stewner und Rudolf Hoppe. (Naturwissenschaften **55** (1968) 6, 297; Inst. für Anorg. u. Analyt. Chem. der Univ. Gießen; dt.) — Li_5GaO_4 u. Li_5AlO_4 sind dimorph; die Umwandlungen der α-Tieftemp.- in eine β-Hochtemp.-Form zwischen 750 u. 800° ist reversibel. α-Li_5GaO_4 krist. rhomb. mit a = $9{,}17_3$, b = $9{,}09_4$, c = $9{,}20_2$ Å, Z = 8 in D_{2h}^{15}-Pbca. Nach Einkrist.-Unters. besetzen alle Atome 8(c)-Lagen. α-Li_5AlO_4 ist mit a = $9{,}08_7$, b = $8{,}94_7$, c = $9{,}12_0$ Å isotyp zu α-Li_5GaO_4. β-Li_5GaO_4 krist. rhomb. mit a = $9{,}28_8$, b = $8{,}98_3$, c = $4{,}63_2$ Å, Z = 4. Strukturell ähnlich ist β-$Li_5 \cdot AlO_4$ mit a = $9{,}0_0$, b = $8{,}9_8$ u. c = $4{,}6_3$ Å. W. Laqua 58

0213 **Kristallstruktur von $La_2Be_2O_5$.** L. A. Harris und H. L. Yakel. (Acta crystallogr. [Copenhagen], Sect. B **24** (1968) 3, 672—82; Oak Ridge, Tenn., ORNL, Metals and Ceram. Div.; engl.) — Monokline Krist. der obigen Verb. wurden durch Abkühlen von Schmelzen nahe dem Eutektikum des Syst. La_2O_3–BeO erhalten. Die Zelldimensionen sind a = 7,5356 ± 0,0006 (Å); b = 7,3476 ± 0,0017; c = 7,4387 ± 0,0006; β = 91° 33′ ± 1′; C2/c; Z = 4; $D_{\cdot R}$ 6,061. Die Strukturanalyse lieferte die tabellar. angegebenen Parameter. Die Struktur besteht aus einem dreidimensionalen Netzwerk von BeO_4-Tetraedern, die jeweils 3 gemeinsame Ecken haben. Die Art der Bindung der Tetraeder bedingt eine Bldg. von würfelähnlichen Käfigen. Die La-O-Koordination ist ziemlich unregelmäßig. Daß die BeO_4-Tetraeder in der Verb., wie z. B. in Silicaten der Form $A_2Si_2O_5$, keine Schichten bilden, hat wahrscheinlich seinen Grund darin, daß eine Schicht der Zus. Be_2O_5 eine hohe Oberflächenladung besitzt. C. Gottfried 58△

0214 **Neutronenbeugungsuntersuchung von $ErPO_4$ und $ErVO_4$.** E. Patscheke, H. Fuess und G. Will. (Chem.

Physics Letters [Amsterdam] **2** (1968) 1, 47–49; Physikal. Inst. der Univ. Karlsruhe; engl.) – Die O-Parameter x u. z von $ErPO_4$ u. $ErVO_4$ ($I4_1$/amd) wurden nach der Meth. kleinster Quadrate aus den Neutronenbeugungsdaten verbessert. Die P-O- bzw. V-O-Abstände in den PO_4^{3-}- bzw. VO_4^{3-}-Tetraedern betragen 1,54 bzw. 1,72 Å. Diskussion des Bindungsmechanismus.
H. Liepack 58

0215 **Kristallstruktur von Tris-[cyclooctatetraen]-dititan.** Hinrich Dierks und Hans Dietrich. (Acta crystallogr. [Copenhagen], Sect. B **24** (1968) 1, 58–62; Fritz-Haber-Inst. der MPG, Berlin; dt.) – Der genannte π-Komplex krist. nach Röntgenbeugungsdaten rhomb. mit a = 14,41; b = 35,99; c = 7,25 Å; Z = 8; $D_{\cdot R}$ 1,448 g/cm³ in C_{2v}^{19}-Fdd2. Das komplexe Mol. hat eine doppelte Sandwichstruktur mit einer zweifachen polaren Achse quer zum zentralen wannenförmigen Ring. Die beiden äußeren Ringe sind reguläre Achtecke, deren Ebenen leicht zur Mol.-Achse geneigt sind.
H. Roschkowski 58

0216 **Röntgenographische Daten von Metall(II)-hexafluorogermanathexahydraten.** V. G. Kuznecov, Ju. E. Gorbunova und E. S. Kovaleva. (Ž. neorg. Chim. **13** (1968) 5, 1309–12; Inst. obšč. i neorg. chim. im. Kurnakova AN SSSR; russ.) – Die röntgenograph. Charakteristiken für $[Mg(H_2O)_6][GeF_6]$, (Raumgruppe) R$\bar{3}$, a = 9,56 ± 0,01, c = 9,76 ± 0,01 Å, $[Zn(H_2O)_6][GeF_6]$, R$\bar{3}$, a = 9,45, c = 9,80, $[Cd(H_2O)_6][GeF_6]$, R$\bar{3}$m, a = 9,61, c = 10,25, $[Fe(H_2O)_6][GeF_6]$, R$\bar{3}$m, a = 9,70, c = 9,75, $[Ni(H_2O)_6][GeF_6]$, R$\bar{3}$m, a = 9,45, c = 9,80 u. $[Co(H_2O)_6]\cdot[GeF_6]$, pseudohexagonal, R$\bar{3}$m, a = 19,55, c = 9,48, wurden bestimmt.
J. J. Pohl 58

0217 **Kristallstruktur von Bis-[phosphoryltrichlorid]-hexachlorodizinn(IV)-di-μ-dichlorophosphat.** D. Moras, A. Mitschler und R. Weiss. (Chem. Commun. **1968**, 1, 26; Labor. de Cristallochim., Inst. de Chim., Strasbourg; engl.) – Durch Einleiten von Cl_2O in eine Lsg. von $SnCl_4$ in $POCl_3$ entsteht eine Verb. der Zus. $SnOCl_2\cdot 2POCl_3$ (**I**), deren Struktur cycl. dimere Mol. entsprechend der Formulierung $[(SnCl_3, POCl_3)^+ (PO_2Cl_2)^-]_2$ enthält. Das Sn-Atom ist oktaedr. koordiniert, eine leichte Verzerrung beruht auf der ster. Beeinflussung der drei Cl- durch die drei O-Atome. Die beiden Sn-Atome sind durch zwei $PO_2Cl_2^-$-Gruppen doppelt verbrückt, so daß ein zentrosymm. achtgliedriger Ring entsteht. Krist.-Daten von **I**: Triklin, Raumgruppe P$\bar{1}$; a = 9,418, b = 10,681, c = 8,420 Å, α = 107° 33′, β = 120° 41′, γ = 92° 27′; Z = 1; $D_{\cdot exp}$ 2,50, $D_{\cdot R}$ 2,52 g/cm³.
A. Blaschette 58

0218 **Organozinnacetate. 1. Mitt. Kristall- und Molekularstruktur von Tribenzylzinnacetat.** N. W. Alcock und R. E. Timms. (J. chem. Soc. [London], Sect. A **1968**, 8, 1873–76; Cambridge, Univ. Chem. Labor.; engl.) – Die Krist.-Struktur von Tribenzylzinnacetat wurde mit Hilfe dreidimensionaler Röntgenmeth. bestimmt. Die Verb. ist monoklin, $P2_1/b$, mit a = 11,254(8)(Å), b = 16,716(12), c = 10,943(9), β = 105° 11(4)′. Z = 4. $D_{\cdot R}$ 1,50 gcm⁻³. Die Verfeinerung ergab R = 13,1%. In der Struktur sind die Sn-Atome in einer trigonal bipyramidalen Umgebung fünffach koordiniert. Die resultierende Struktur ist ein lineares Polymeres, das zwei verschiedene Sn–O-Bindungslängen, 2,14 u. 2,65, enthält. Die Struktur ist in Abb. dargestellt; Atomkoordinaten, anisotrope Temp.-Faktoren, Bindungslängen u. -winkel sind angegeben. E. Schulte 58△

0219 **Organozinnacetate. 2. Mitt. Kristall- und Molekularstruktur von Tricyclohexylzinnacetat.** N. W. Alcock und R. E. Timms. (J. chem. Soc. [London], Sect. A **1968**, 8, 1876–78; engl.) – 1. vgl. vorst. Referat. – Die Krist.-Struktur von Tricyclohexylzinnacetat wurde mit Hilfe dreidimensionaler Röntgenmeth. bestimmt. Die Krist. sind rhomb., Pmcn, mit a = 13,539(6) (Å), b = 13,606(6), c = 11,423(11). Z = 4. $D_{\cdot R}$ 1,35 gcm⁻³. Die Struktur besteht aus einzelnen Mol., die vierfachkoordinierte Sn-Atome in einer verzerrten tetraedr. Konfig. enthalten. Ster. Behinderung durch die Cyclohexyl-Gruppen steht eine starke Annäherung einer zweiten Acetatgruppe entgegen. Atomkoordinaten, anisotrope Temp.-Faktoren, interatomare Bindungslängen u. -winkel sind tabellar. angegeben. E. Schulte 58△

0220 **Kristallstruktur von Bleithioborat, einem neuen Strukturtyp.** A. Hardy. (Bull. Soc. franç. Minéralog. Cristallogr. **91** (1968) 2, 111–15; Poitiers, Fac. des sci., Labor. de Cristallochim. minér.; franz.) – Einkrist. von $Pb_2B_2S_5$ haben tetragonale Symmetrie, a = 9,615 ± 0,005 (Å); c = 15,512 ± 0,005; D_4^4-$P4_12_12$; Z = 8; $D_{\cdot exp}$ 5,40; $D_{\cdot R}$ 5,55. Die Struktur wurde mit Hilfe der Schweratommeth. u. mehrerer zweidimensionaler Patterson-Projektionen gelöst. Die Atomparameter sind tabellar. angegeben. Die so gefundene Struktur ist von einem neuen Typ, der charakterisiert ist durch Anionen der Form $B_4S_{10}^{8-}$, während Bor die Koordination 4 besitzt. Das tetraedr. $B_4S_{10}^{8-}$-Ion besteht aus 4 BS_4-Tetraedern, wobei 4 der S-Ecken den 4 Tetraedern gemeinsam sind. Dreidimensional sind diese Gruppen durch Pb^{2+}-Ionen verknüpft. C. Gottfried 58△

0221 **Bleisulfidhalogenide $Pb_5S_2J_6$ und $Pb_7S_2Br_{10}$.** A. Rabenau, H. Rau und G. Rosenstein. (Naturwissenschaften **55** (1968) 2, 82; Aachen, Philips Zentrallabor., GmbH, Labor. Aachen; dt.) – Durch Umsetzung von PbS mit PbJ_2 bzw. $PbBr_2$ bei 350 bzw. 320° u. durch Rk. von PbS mit konz. Lsg. von HJ bzw. HBr unter hydrothermalen Bedingungen wurde karminrotes $Pb_5\cdot S_2J_6$ (**I**) bzw. zinnoberrotes $Pb_7S_2Br_{10}$ (**II**) hergestellt. Während **I** gegen Essigsäure relativ beständig ist, zersetzt sich **II** bereits in H_2O unter Schwarzfärbung. Die Remissionsspektren von **I** u. **II** sind graph. wiedergegeben; der Bandabstand beträgt etwa 2 eV bei Zimmertemperatur. **I** krist. monoklin (Z = 2) mit a = 14,28, b = 4,45, c = 14,48 Å, β = 98,7°; $D_{\cdot R}$ 6,79, $D_{\cdot exp}$ 6,61 g/cm³. **II** besitzt mit Z = 1 hexagonale Symmetrie: a = 12,30, c = 4,33 Å; $D_{\cdot R}$ 6,76, $D_{\cdot exp}$ 6,60 g/cm³.
G. Gattow 58

0222 **Kristallstruktur einiger Protactiniumbromide.** D. Brown, T. J. Petcher und A. J. Smith. (Nature [London] **217** (1968) 5130, 737–38; Chem. Div., AERE, Harwell, Didcot, Berks.; engl.) – Vf. berichten über die Best. der Krist.-Strukturen von *Protactinium(V)-bromid* (**I**), *Protactinium(V)-oxidtribromid* (**II**) u. *Protactinium-(IV)-bromid* (**III**). **I** existiert in zwei Modifikationen. *α-PaBr₅* konnte in seiner Struktur noch nicht aufgeklärt werden, β-$PaBr_5$ ist monoklin mit a = 8,385 (Å), b = 11,205, c = 8,950, β = 91,1°, Raumgruppe $P2_1/n$, isomorph mit UCl_5. Die Struktur enthält dimere Pa_2Br_{10}-Einheiten, die folgenden Pa–Br-Abstände wurden gefunden: Pa–Br(1) = Pa–Br(1′) = 2,86, Pa–Br(2) = Pa–Br(2′) = 2,58, Pa–Br(3) = Pa–Br(3′) = 2,60, Pa–Br(4) = Pa–Br(4′) = 2,54 u. Pa–Br(5) = Pa–Br(5′) = 2,58. Die beiden Pa-Atome der Pa_2Br_{10}-Einheit sind über Br-Brücken verbunden, der Winkel Pa–Br–Pa ist 98,9°. – **II** krist. monoklin mit a = 16,911, b = 3,871, c = 9,334, β = 113,67°, Raumgruppe C2. **II** besitzt eine doppelte Kettenstruktur, in der jedes Pa-Atom die KZ 7 zeigt. Folgende Abstände wurden beobachtet: Pa–Br(1) = 2,69, Pa–Br(2) = 2,56, Pa–Br(3) = 2,76, Pa–Br(3′) = 3,02, Pa–O(1) = 2,25, Pa–O(1′) = 2,14 u. Pa–O(1″) = 2,06. – **III** krist. tetragonal im $ThCl_4$-Typ mit a = 8,824, c = 7,957. Raumgruppe $I4_1$/amd. Jedes Pa(IV)-Atom ist von 8 Br in Form eines Dodekaeders umgeben, die Abstände betragen 2,83 bzw. 3,01.
F. Weigel 58

0223 **Strukturuntersuchungen im System Zirkonium-Wismut und quasihomologer Legierungen.** Dietrich Eberle und Konrad Schubert. (Z. Metallkunde **59** (1968) 4, 306–08; MPI für Metallforsch., Inst. für Metallk. Stuttgart; dt.) – Die Atomlagenparameter der Phasen $ZrSb_2$, $HfSb_2$ (r), $ZrBi_2$ u. V_5Sb_4 werden bestimmt u. die Strukturtypen hinsichtlich der anzunehmenden Bindungsbeziehung diskutiert. Zr_3Bi hat a = $11{,}5_2$, c = $5{,}7_2$ (Å), vermutlich Fe_3P-Typ; neben $ZrBi_2$ werden Nadeln einer orthorhomb. Phase mit a = 14,08, b = 10,64, c = 3,79, vermutlich $Zr_{50}Bi_{50}$, nachgewiesen. Im Syst. Hf–Bi treten $Hf_{30}Bi_{70}$ u. $Hf_{25}Bi_{75}$ auf. V_5Sb_4 (Ti_5Te_4-Typ) krist. in C_{4h}^5-I 4/m mit a = 9,81, c = 3,50.
M. Frenzel 58

0224 **Eine Cr_2As-Phase mit Fe_2P-Typ.** H. Wolfsgruber, H. Boller und H. Nowotny. (Mh. Chem. **99**

(1968) **3**, 1230–33; Inst. für Physik. Chem., Univ. Wien; dt.) – Nach Abschrecken einer Cr–As-Schmelze von 1050° werden Krist. einer neuen Modifikation isoliert, deren Struktur röntgenograph. eindeutig als Fe_2P-Typ identifiziert wird. Gitterparameter a = $6{,}30_7$, c = $3{,}44_5$ Å, c/a = 0,546. Nach 140 Std. Glühen bei 800° geht die neue Phase in den bekannten Cu_2Sb-Typ über. H. Tulhoff 58

0225 **Neutronenbeugungsuntersuchung von $TiCr_2Se_4$ und $TiCr_2S_4$.** B. Lambert-Andron, G. Berodias und M. Chevreton. (Bull. Soc. franç. Minéralog. Cristallogr. **91** (1968) 1, 88–89; CEN, Grenoble; franz.) – Die Atomparameter beider Verb. werden aus Neutronenbeugungsaufnahmen ermittelt u. mit früheren Röntgenbeugungsdaten verglichen. $TiCr_2Se_4$ zeigt bei 4,2 °K eine ferromagnet. Ordnung, $TiCr_2S_4$ kein derartiges Verhalten. Die Ti-Atome beider Verb. sind in bestimmten Ebenen statist. verteilt. C. Gottfried 58△

0226 **Neue intermetallische Verbindung im binären System Mo–Zn.** C. J. Toussaint und H. Venker. (Acta crystallogr. [Copenhagen], Sect. B **24** (1968) 5, 743; Ispra, Italien, CCR, Euratom, Analyt. u. Anorgan. Chem.; dtsch.) – $MoZn_{ca.22}$, das bis etwa 478° stabil ist, wurde durch Durchperlen von gasförmigem $MoCl_5$ mit Ar als Trägergas durch fl. Zn erhalten. Die entstandenen neuen Krist. wurden durch stark verd. HCl aus der Zinkmatrix gelöst. Die erhaltenen Röntgenbeugungsdiagramme konnten unter der Annahme rhomb. Symmetrie indiziert werden mit a = 6,510 ± 0,002 (Å); b = 10,633 ± 0,002; c = 9,205 ± 0,002. Unter der Annahme von Z = 2 war D_R 7,99 ± 0,02. Mögliche Raumgruppen sind Pccm oder Pcc2. C. Gottfried 58△

0227 **Bei der Umsetzung von Nd_2O_3, Sm_2O_3 und Er_2O_3 mit WO_3 entstehende binäre Oxide.** V. K. Trunov, G. I. Tjuševskaja und N. S. Afonskij. (Ž. neorg. Chim. **13** (1968) 4, 936–39; Mosk. gos. univ. im. Lomonosova; russ.) – Die bei der Rk. von Er_2O_3 bzw. Nd_2O_3 mit WO_3 im Bereich 50–75 Mol.-% Me_2O_3 entstehenden Verb., sowie Y_2WO_6, Sm_2WO_6 u. Sm_6WO_{12} wurden röntgenograph. untersucht. Die gefundenen Gitterparameter sind: Er_6WO_{12}, rhomboedr., (a, Å) 9,712, (c, Å) 9,264, *11* $Er_2O_3 \cdot 6\ WO_3$, hexagonal, 19,47, 9,382, $3Nd_2O_3 \cdot WO_3$, tetragonal, 5,470, 5,442, *3* $Sm_2O_3 \cdot WO_3$, tetragonal, 5,412, 5,405 u. die der monoklinen Verb. Nd_2WO_6 (a, Å) 5,525, (b, Å) 11,37, (c, Å) 5,287, (β) 91°46′, Sm_2WO_6 5,473, 11,30, 5,260, 91°45′, Er_2WO_6 5,494; 15,95; 5,034; 91°49′ u. Y_2WO_6 5,505; 16,00; 5,056; 91°46′. Er_2WO_6 hat Z = 4. J. J. Pohl 58

0228 **Kristallstruktur von NbMnGe.** Jeanine Roy-Montreuil, Bernard Deyris, Robert Fruchart und André Michel. (C. R. hebd. Séances Acad. Sci., Sér. C **266** (1968) 9, 615–17; Labor. de Chim. min., Fac. des Sci. d'Orsay; franz.) – Die Verb. wurde durch Festkörperrk. bei Temp. zwischen 700 u. 1100° im Vakuum aus den Elementen hergestellt. Sie krist. hexagonal (a = 6,5405 ± 0,001, c = 3,631 ± 0,002 Å), die Raumgruppe ist, wie bei NbMnSi, P$\bar{6}$2m. J. Pickardt 58

0229 **Hochdruckform von Mn_2GeO_4, einem Glied der Olivingruppe.** A. D. Wadsley, A. F. Reid und A. E. Ringwood. (Acta crystallogr. [Copenhagen], Sect. B **24** (1968) 5, 740–42; Melbourne, CSIRO, Div. of Miner. Chem.; engl.) – Wird Mn_2GeO_4 bei 900° bei einem Druck > 90 kb erhitzt, dann erhält man eine feinverteilte Einzelphase mit gerader Auslöschung u. einem mittleren Brechungsindex von 2,04. Die Röntgenbeugungsaufnahmen ergaben rhomb. Symmetrie mit a = 5,257 ± 0,005 (Å); b = 9,270 ± 0,005; c = 2,951 ± 0,005; Pbam; Z = 2; D_R 5,69. Die Strukturanalyse lieferte die tabellar. angegebenen Atomkoordinaten. In dem Gitter hat das Mn 6 Liganden, die an den Ecken eines etwas verzerrten trigonalen Prismas liegen, u. zwar mit einem mittleren Mn–O-Abstand von 2,19 Å; ein siebentes O-Atom liegt noch in einem Abstand von 2,73 Å. Es wird kurz auf die geochem. Bedeutungen der Unters. eingegangen. C. Gottfried 58△

0230 **Darstellung und kristallographische Untersuchung des Mischoxids Mn_2SnO_4.** Marc Noguès und Paul Poix. (C. R. hebd. Séances Acad. Sci., Sér. C **264** (1967) 25, 2050–51; Orsay, Fac. des Sci., Labor. de Chim. minér.; franz.) – Die Rk. von MnO u. SnO_2 bei 1100–1200° führt zur Spinellphase Mn_2SnO_4 (**I**), die infolge partieller Ox. des MnO beim Bereiten des homogenen Ausgangsgemischs, durch Mn_3O_4 u. überschüssiges SnO_2 verunreinigt ist. Reines **I** erhält man dagegen aus SnO + Mn_2O_3 bzw. 2 SnO + SnO_2 + 2 Mn_3O_4. Die Röntgenunters. von **I** ergibt: a = 8,879 ± 0,002 Å, λ ∼ 0,50 u. u = 0,383 ± 0,002. F. Haenschke 58

0231 **Struktur von Dieisen(III)-trihydrogenchloridtellurit.** Yves Dusausoy und Jean Protas. (C. R. hebd. Séances Acad. Sci., Sér. C **266** (1968) 2, 91–94; Labor. de Min.-Cristallograph., Fac. des Sci., Nancy, Meurthe-et-Moselle; franz.) – $H_3^+Fe_2^{3+}[TeO_3^{2-}]_4Cl^-$ wurde chem., thermogravimetr. mit der DTA-Meth. u. röntgenograph. untersucht. Die Krist. sind triklin mit a = 8,89 ± 0,02, b = 5,08 ± 0,02, c = 6,63 ± 0,03 Å, α = 103°10′, β = 107°05′, γ = 77°52′, Z = 1. Die Atomschwerpunkte wurden auf Grund der Elektronendichteverteilung lokalisiert. J. J. Pohl 58

0232 **Nichtstöchiometrisches Natriumeisentitanat $Na_x \cdot Fe_xTi_{2-x}O_4$, 0,90 > x > 0,75.** W. G. Mumme und A. F. Reid. (Acta crystallogr. [Copenhagen], Sect. B **24** (1968) 5, 625–31; Melbourne, CSIRO, Div. of Chem.; engl.) – Wenn $NaFeTiO_4$ mit F. ∼ 1180° an der Luft auf 1220° erhitzt u. langsam abgekühlt wird, entsteht eine neue nichtstöchiometr. Verb. der obigen Formel. Das rhomb. $Na_{0,75}Fe_{0,75}Ti_{1,25}O_4$ krist. mit a = 9,255 (Å); b = 2,970; c = 11,342 in Pnma, Z = 4; D_R 3,897, $Na_{0,90} \cdot Fe_{0,90}Ti_{1,10}O_4$ mit a = 9,248; b = 2,973; c = 11,344 Å, Raumgruppe u. Z wie oben, D_R 3,995. Für $NaFeTiO_4$ ist a = 9,175; b = 2,962; c = 10,741; Raumgruppe u. Z wie oben. D_R 4,339. Die Fe- u. Ti-Atome besetzen regellos oktaedr. Plätze, wobei die Oktaeder in einer Zelle durch gemeinsame Kanten zu 4 Z-förmigen Gruppen verbunden sind. Diese Gruppen bilden unendliche Bänder in Richtung der b-Achse; sie sind durch Ecken verknüpft u. bilden auf diese Weise Doppeltunnel. Die Na-Plätze in diesen Hohlräumen sind unvollständig besetzt. Die Ableitung der Strukturen der beiden Verb. aus der Struktur des $NaFeTiO_4$ wird besprochen. C. Gottfried 58△

0233 **Kohlenstoffverbindungen der Übergangsmetalle. 13. Mitt. Beweis für und Kristallstruktur von Diphenylvinylidenoktacarbonyldieisen.** O. S. Mills und A. D. Redhouse. (J. chem. Soc. [London], Sect. A **1968**, 6, 1282–92; Manchester, Univ., Dep. of Chem.; engl.) – 12. vgl. C. **1969**, 1-0167. – Vf. untersuchten einen in geringer Menge erhaltenen orangefarbenen krist. Komplex, der bei UV-Bestrahlung von Gemischen von Diphenylketen u. Pentacarbonyleisen in Bzl.-Lsg. (vgl. Chem. Commun. **1966**, 444) erhalten wurde. Die Verb. hat monokline Symmetrie u. die Zelldimensionen a = 37,08 ± 0,05 (Å); b = 8,67 ± 0,02; c = 13,35 ± 0,03; β = 90°14′ ± 10′; Raumgruppe ist C2/c; Z = 8; D_{exp} 1,54; D_R 1,59. Die auf die übliche Art durchgeführte Strukturbest. führte zu den tabellar. angegebenen Atomkoordinaten u. zur Bestätigung der l.c. angenommenen Zusammensetzung. Die Struktur besteht aus 2 $Fe(CO)_4$-Gruppen, die durch Diphenylvinyliden $(C_6H_5)_2C_{(1)}{=}C_{(2)}$ überbrückt werden. Das $C_{(2)}$-Atom überbrückt die 2 Fe-Atome symm. u. liefert einen Metall-C-Abstand von 1,98(1) Å. Die an $C_{(1)}$ gebundenen 2 C_6H_5-Gruppen sind vollkommen eben u. sind gegeneinander um 87,8° gedreht. Die Einfachbindung zwischen den beiden Fe-Atomen erklärt den Diamagnetismus des Komplexes. Die Koordination um die Metallatome hat nahezu trigonal-bipyramidale Symmetrie. Ein weiterer Beweis für die Richtigkeit der Struktur ergab das Massenspektrum. C. Gottfried 58△

0234 **Ammoniummetallphosphatmonohydrate. 2. Mitt. Kristallstruktur von Ammoniumkobaltphosphatmonohydrat, $CoNH_4PO_4 \cdot H_2O$.** D. Tranqui, A. Durif, J.-C. Guitel und M. T. Averbuch-Pouchot. (Bull. Soc. franç. Minéralog. Cristallogr. **91** (1968) 1, 10–12; Grenoble, Labor. d'Electrostat. et de Phys. du métal; franz.) – 1. vgl. ibid. **90** (1967) 2, 162. – Weissenberg- u. Pulveraufnahmen der Verb. ergaben rhomb. Symmetrie mit a = 5,550 (Å); b = 8,850; c = 4,805; C_{2v}^7–$Pmn2_1$; Z = 2. Patterson- u. Fourier-Synth. lieferten die tabellar. angegebenen Atomkoordinaten. Die so gefundene Struktur besteht aus einer Folge von relativ kompakten Ebenen parallel der b-Ebene, die PO_4-Tetraeder u. $Co(O_5,H_2O)$-Oktaeder enthalten, wobei die Tetraeder u. Oktaeder eine gemeinsame Kante besitzen. Zwischen diesen Ebenen liegen die NH_4-Ionen. Die wichtigsten interatomaren Abstände sind in Tabellen zusammengestellt. C. Gottfried 58△

0235 **Struktur von Kobaltquecksilberthiocyanat, $CoHg \cdot (NCS)_4$.** J. W. Jeffery und K. M. Rose. (Acta crystallogr. [Copenhagen], Sect. B **24** (1968) 5, 653—62; Dep. of Crystallogr., Birkbeck Coll., London, Univ.; engl.) — $CoHg(NCS)_4$ krist. nach Röntgenbeugungsdaten mit a = 11,109 ± 0,002; c = 4,379 ± 0,002 Å; D_{exp} 3,020 ± 0,005; D_R = 3,018 ± 0,003 g/cm³ für Z = 2 in I $\bar{4}$. Best. der Atomparameter über Patterson- u. Fourier-Synthesen. Die Kombination von tetraedr. umgebenem Hg u. Co führt zu einer ungewöhnlichen Atomanordnung, in der die Hg- u. Co-Atome durch 4 Spiralen aus je 4 SCN-Brücken getrennt sind, wobei jede SCN-Brücke an 8 Spiralen teilnimmt. H. Roschkowski 58

0236 **cis-Oktaedrische Struktur der Komplexe der high-spin-Verbindungen $[Ni(en)_2XX']$.** M. A. Poraj-Košic, A. E. Švelašvili, A. S. Ancyškina und L. Ch. Minačeva. (Z. neorg. Chim. **13** (1968) 5, 1245—52; Inst. obsc. i neorg. chim. im. Kurnakova AN SSSR; russ.) — Die kristallograph. u. kristallchem. Charakteristiken von $[Ni(en)_2Cl_2]$, $[Ni(en)_2Br_2]$, $[Ni(en)_2ClBr]$, $[Ni(en)_2ClJ]$, $[Ni(en)_2Cl(ClO_4)]$, $[Ni(en)_2Br(ClO_4)]$, $[Ni(en)_2J_2] \cdot 2\,H_2O$, $[Ni(en)_2(NCS)_2]$, $[Ni(en)_2(NCS)Cl]$, $[Ni(en)_2(NCS)Br]$, $[Ni(en)_2(NCS)J]$, $[Ni(en)_2(NCS)ClO_4]$, $[Ni(en)_2(NCS) \cdot NO_2]$, $[Ni(en)_2(NO_2)_2]$, $[Ni(en)_2(NO_2)Cl]$, $[Ni(en)_2(NO_2) \cdot Br]$ u. $[Ni(en)_2(NO_2)Br]$ werden im Rahmen einer Übersicht über die Struktur von Ni-en-Komplexverb. diskutiert. — 34 Literaturangaben. J. J. Pohl 58

0237 **Darstellung und Kristallstruktur von Dichloro-tetrakis-trimethylenthioharnstoff]-nickel(II).** Hartwig Luth und Mary R. Truter. (J. chem. Soc. [London], Sect. A **1968**, 8, 1879—86; London, Univ. Coll. of London, Agricult. Res. Council Unit of Struct. Chem.; engl.) — Über P_2O_5 getrocknetes $NiCl_2 \cdot 6H_2O$ wurde in eine Lsg. von Trimethylenthioharnstoff $HN(CH_2)_3NHCS(TMT)$ in über Na getrocknetem Bzl. gegeben, u. nach 8 Tagen wurden orangefarbene Krist. des Komplexes $[NiCl_2 \cdot (TMT)_4]$ an den Wänden des Rk.-Gefäßes erhalten. Die Struktur der Verb. wurde mit Hilfe röntgenograph. Unters. bei 120 ± 10°K bestimmt. Die Verfeinerung unter Einbeziehung der H-Atome in den berechneten Positionen mit isotropen Schwingungen nach der Meth. kleinster Quadrate ergab R = 0,086 für 1667 beobachtete Reflexe. Die trikline Zelle mit a = 8,350(7) (Å), b = 8,693(8), c = 9,47(1), α = 117,9(1)°, β = 74,3(3), γ = 93,3(3)° bei 120 ± 10°K hat Z = 1. D_{exp} 1,58 (bei Raumtemp.), D_R = 1,69 gcm⁻³. F. = 157°. Die Struktur ist in Abb. dargestellt, Atomkoordinaten, Strukturfaktoren, Bindungslängen u. -winkel sind tabellar. angegeben. E. Schulte 58△

0238 **Reaktionen von Nitrosaminen mit Elektrophilen. 3. Mitt. Struktur des Dimethylnitrosamin-kupfer(II)-chlorids.** U. Klement und A. Schmidpeter. (Angew. Chem. **80** (1968) 11, 444—45, dt.; int. Edit. **7** (1968) 6, 470; engl.; Inst. für anorg. Chem., Univ., München.) — 2. vgl. C. **1967**, 13-0955. — Die röntgenograph. Unters. ergab a = 6,376, b = 14,685, c = 7,265 Å, D_{2h}^{16}-Pnam. D. 2,07 g cm⁻³, Z = 4. Aus 730, mit dem Zählrohr gemessenen Reflexen (für Absorption u. LP korr.) ergibt sich bei Verfeinerung nach der Meth. der kleinsten Quadrate (isotroper Temp.-Faktor) R = 15%. Die Cu- u. Cl-Atome bilden leicht gewellte Ketten, die parallel zu (010) durch den Krist. laufen, wobei jedes Cu etwa quadrat. von 4 Cl in 2,29 Å Abstand umgeben ist. Das Dimethylnitrosamin-Mol. ist völlig eben u. liegt, wie die Cu-Atome, in der Spiegelebene (001). Dabei ist die Nitrosogruppe dem Cu zugewendet: O-Abstand 2,82 Å, Cu in dieser Richtung um 0,2 Å aus Cl-Ebene angehoben; N-Abstand zum selben u. zum benachbarten Cu gleich (3,02 u. 3,01 Å). Damit liegt ein Übergang von oktaedr. zu quadrat.-pyramidaler Umgebung vor. Sowohl der N–N- wie auch der N–O-Abstand ist gegenüber Erwartungswerten für das freie $(CH_3)_2N_2O$ verkürzt. Autorreferat 58△

0239 **Kristallstruktur von Bis-[äthylendiamin]-kupfer (II)-fluoroborat.** D. S. Brown, J. D. Lee und B. G. A. Melsom. (Acta crystallogr. [Copenhagen], Sect. B **24** (1968) 5, 730—34; Loughborough, Loughborough Univ. of Technol., Dep. of Chem.; engl.) — $[Cu(en)_2][BF_4]_2$ krist. triklin mit a = 7,42 ± 0,02 (Å); b = 8,22 ± 0,02; c = 5,92 ± 0,02; α = 100°54′ ± 30′; β = 105°12′ ± 30′; γ = 106°0′ ± 30′; P$\bar{1}$; Z = 1; D_{exp} 1,84; D_R 1,85. Die auf die übliche Art durchgeführte Strukturanalyse lieferte die tabellar. angegebenen Atomkoordinaten. Im Gitter ist das Cu-Atom oktaedr.-tetragonal verzerrt von 4 N-Atomen u. 2 F-Atomen von angenähert tetraedr. Fluorborationen umgeben. Das BF_4^--Ion bildet ein verzerrtes Tetraeder mit den B–F-Abständen 1,36; 1,30; 1,39 u. 1,40 Å. Die Bindungslängen u. Valenzwinkel sind in einer Tabelle angegeben. C. Gottfried 58△

0240 **Kristall- und Molekularstrukturen von Di-μ-bromo-dibromo-trans-bis-[dimethylsulfid]-dipalladium(II), $Pd_2Br_4(SMe_2)_2$, und Tetrabromo-bis-[μ-diäthylsulfid]-diplatin(II), $Pt_2Br_4(SEt_2)_2$.** D. L. Sales, J. Stokes und P. Woodward. (J. chem. Soc. [London], Sect. A **1968**, 8, 1852—58; Bristol, Univ., Dep. of Inorg. Chem.; engl.) — Die Krist.-Strukturen von $Pd_2Br_4[S(CH_3)_2]_2$ (I) u. $Pt_2Br_4[S(C_2H_5)_2]_2$ (II) wurden mit Hilfe röntgenograph. Einkrist.-Meth. bestimmt u. verfeinert. Beide Verb. sind monoklin, $P2_1/n$ mit Z = 2. Beide Mol. haben ein Symm.-Zentrum; in einem planaren Netzwerk sind die Metallatome durch brückenbildende Gruppen getrennt angeordnet. In **I** werden die Brücken durch Br-Atome gebildet. Die S-Atome befinden sich in einer endständigen trans-Konfig.; in **II** sind die Metallatome symm. durch die S-Atome brückengebunden, u. alle Halogenatome sind endständig. Durch die Strukturbest. wurden IR-Unters., die auf unterschiedliche Strukturen hinwiesen, bestätigt. **I**: a = 6,00(2) (Å), b = 10,49(3), c = 11,47(3), β = 107°35(15)′. D_{exp} ca. 3 (g · cm⁻³), D_R 3,17. **II**: a = 7,36(2), b = 13,45(3), c = 9,20(2) β = 104°05(15)′. D_{exp} ca. 3,5; D_R 3,35. Die Strukturen sind in Projektionen dargestellt, Atomkoordinaten, Strukturfaktoren, Bindungslängen u. -winkel sind tabellar. angegeben. E. Schulte 58△

0241 **Strukturelle Verfeinerung von synthetischem Hydro- und wasserfreiem Beryll, $Al_2(Be_3Si_6)O_{18}$ und Smaragd, $Al_{1,9}Cr_{0,1}(Be_3Si_6)O_{18}$.** G. V. Gibbs, D. W. Breck und E. P. Meagher. (Lithos [Oslo] **1** (1968) 3, 275—85; Blacksburg, Va., Va. Polytechn. Inst., Dep. of Geol.; engl.) — Die Atomparameter von synthet. *Hydroberyll* u. *Smaragd* sowie von wasserfreiem *Beryll* u. *Smaragd* wurden mit Hilfe dreidimensionaler Fourier-Meth. verfeinert bis auf R-Faktoren von 0,048 u. 0,048 bzw. 0,043 u. 0,054. Die Struktur ist in Abb. dargestellt, Atomparameter, Dimensionen u. -winkel sind tabellar. angegeben. Die Strukturen werden verglichen. E. Schulte 58△

0242 **Morphologie des Cerussits.** A. F. Seager. (Mineralog. Mag. J. mineralog. Soc. **36** (1968) 281, 632—39; Dep. of Geol., Birkbeck Coll., Univ., London; engl.) — Durch morpholog. Analyse wurde die Raumgruppe des Cerussits zu Pmcn bestimmt. C. Gottfried 58△

0243 **Kristallstruktur des Norsethits, $BaMg(CO_3)_2$, mit einem Strukturvorschlag für $PbMg(CO_3)_2$.** Friedrich Lippmann. (Tschermaks mineralog. petrogr. Mitt. **12** (1968) 2/3, 299—318; Miner. Inst., Univ. Tübingen; dt.) — Künstlicher Norsethit, $BaMg(CO_3)_2$, krist. hexagonal in D_3^7–R 32 mit a = 5,017 ± 0,001, c = 16,77 ± 0,01 Å; D_R = 3,838, D_{exp} = 3,79₆, Z = 3, n_{ω_1} = 1,693 ± 0,001, n_{ω_2} = 1,687 ± 0,001, n_ε = 1,517 ± 0,001. Die Struktur wird auf Grund von 30 unabhängigen Röntgenpulverreflexen bestimmt. Sie wird in der Raumgruppe R 32 mit R = 0,035 durch die O-Parameter (hexagonal): x = 0,199; y = −0,089 u. z = 0,242 beschrieben. Die übrigen Atome haben analoge Lagen wie im Dolomit. Mg ist verzerrt oktaedr. durch O umgeben. Ba ist in Form eines trapezoedr. verzerrten ditrigonalen Prismas durch 12 O-Atome koordiniert. Die wichtigsten Abstände sind Mg–O = $2{,}09_3$ (6x), Ba–O (kurz) = $2{,}71_5$ (6x) u. Ba–O (lang) = $3{,}18_4$ Å (6x). Ein Gleitmechanismus wird erörtert. M. Frenzel 58

0244 **Kristallstruktur von Parahopeit.** Isik Kumbasar und J. J. Finney. (Mineralog. Mag. J. mineralog. Soc. **36** (1968) 281, 621–24; Golden Colo., Colo. School of Mines, Geol. Dep.; engl.) — Parahopeit (I) $Zn_3(PO_4)_2 \cdot 4H_2O$, das trikline Dimorphe von Hopeit, krist. auf Grund röntgenograph. Unters. (R = 0,094) mit a = 5,757 (± 0,005 Å); b = 7,534; c = 5,625; α = 93°32′ (± 5′); β = 91°18′; γ = 91°33′; Raumgruppe P$\bar{1}$. Tabellar. Angabe der Bindungslängen u. -winkel. Wie in Hopeit u. Phosphophyllit ist in I ein Zn-Atom 4fach u. eins 6fach koordiniert. I unterscheidet sich von diesen jedoch dadurch, daß bei ihm ein O des P–O-Tetraeders an das 4fach u. 6fach koordinierte Zn gemeinsam gebunden ist. Das heißt, sämtliche 4 tetraedr. O-Atome sind in I an 4fach koordiniertes Zn gebunden, während das bei den beiden anderen Mineralien nur bei 3 O-Atomen der Fall ist. C. Gottfried 58△

0245 **Zwei basische Sulfathydrate: Serpierit und Devillin.** Domenico Faraone, Cesare Sabelli und Pier Francesco Zanazzi. (Atti Accad. naz. Lincei, Rend., Cl. Sci. fisiche, mat. natur. [8] **43** (1967) 5, 369–82; Firenze, Univ., Ist. di Mineralog.; ital.) — Morpholog., opt., chem. u. röntgenograph. wurden ein *Serpierit* (**I**) aus der Grube von Laurion (Griechenland) u. ein Devillin (**II**) unbekannter Herkunft untersucht. Tabellar. Angabe der Orientierungen, Brechungsindizes für Na-Licht u. des Pleochroismus. Die chem. Analyse von I führte zu der Formel $Ca(Cu, Zn)_4(OH)_6(SO_4)_2 \cdot 3H_2O$. **I** krist. monoklin mit a = 22,186 (± 0,002 Å); b = 6,250; c = 21,853; β = 113°22′ ± 1′; Raumgruppe C2/c; Z = 8. Eine gute Übereinstimmung zwischen gemessener u. ber. Dichte führte zu der Zus. $Ca(Cu_{0,66}Zn_{0,34})_4(OH)_6(SO_4)_2 \cdot 3H_2O$. **II** krist. ebenfalls monoklin mit a = 20,870 (± 0,002 Å); b = 6,135; c = 22,191; β = 102°44′ ± 1′; Raumgruppe $P2_1/c$; Z = 8, $CaCu_4(OH)_6(SO_4)_2 \cdot 3H_2O$. C. Gottfried 58△

0246 **Kristallstruktur des Minerals (Pb, Ag, Bi)$Cu_4Bi_5S_{11}$.** V. Kupčik und E. Makovický. (Neues Jb. Mineralog., Mh. **1968**, 7, 236–37; Göttingen, Univ., Miner.-Kristallograph. Inst.; dt.) — Das neue Mineral von Hodruša, ČSSR, der wahrscheinlichen Formel $(Pb, Ag, Bi)Cu_4Bi_5 \cdot S_{11}$, ist monoklin mit a = 27,21 (Å), b = 3,94, c = 17,58, β = 93°54′. Z = 4, A2/m. Die aus dreidimensionalen Fourier-Analysen ermittelten Atomparameter sind tabellar. angegeben. (R = 0,155 für alle Reflexe.) Wichtige interatomare Abstände werden mitgeteilt. E. Schulte 58△

0247 **Kristallstruktur eines Pyridin–Vermiculit-Komplexes.** K. Susa, H. Steinfink und W. F. Bradley. (Clay Minerals **7** (1967) 2, 145–53; Dep. of Chem. Engng., Univ. of Tex.; engl.) — Ein Py.–Vermiculit-Komplex wurde bei pH ≈ 4 aus einer Pyridinhydrochlorid-Lsg. dargestellt u. mit Hilfe der dreidimensionalen Röntgenbeugung untersucht. Das herausgelöste Mg von den oktaedr. Positionen ergab annähernd die halbe Kationenaustauscherkapazität. Die restliche Austauscherkapazität verteilt sich auf Wasserstoff- u. Pyridinium-Ionen, die statist. über die kristallograph. Plätze verteilt sind, so daß weniger als drei Elektronen pro $Å^3$ an jedem Punkt vorliegen. Aus den dreidimensionalen Elektronendichtediagrammen konnten die C-Atome nicht lokalisiert werden, jedoch ergab sich, daß die organ. Mol. Lagen in der wahren u. in den zwei Pseudo-Spiegelebenen der Einheitszelle besetzen. W.-Mol. befanden sich in der Zwischenschicht in oktaedr. Anordnung um das Kation wie im natürlichen Mineral. Die Konst. der Einheitszelle wurden zu a = 5,36; b = 9,20; c = 14,08 Å; β = 97,0° mit einem Fehler von ± 0,5% (λ = 1,542 Å) bestimmt. Tabellar. Angabe der Strukturfaktoren. G. Malow 58

0248 **Kristallchemie der Schichtsilicate.** F. Liebau. (Acta crystallogr. [Copenhagen], Sect. B **24** (1968) 5, 690–99; Kiel, Univ., Mineralog.-Petrograph. Inst.; dt.) — Zusammenfassende Arbeit. C. Gottfried 58△

0249 **Halbempirisches Modell für einfache Flüssigkeiten.** F. Ciani, G. Cicogna und M. Maestro. (J. physic. Chem. **72** (1968) 5, 1510–13; Ist. di chim. Fis. dell'Univ., Pisa, Italy; engl.) — Entw. eines Modells für einfache Fl. mittels einer halbempir. Verteilungsfunktion, die die Summe eines „Festkörper"-Terms u. eines „Gas"-Terms darstellt. Anwendung auf fl. *Ar* u. Vgl. mit experimentellen Daten (C_v) u. mit Ergebnissen der Zellentheorie u. anderen Strukturtheorien. R. Blank 60

0250 **Kontinuierlicher Übergang einer Flüssigkeit in den kristallinen Zustand.** I. P. Bazarov. (Ž. fiz. Chim. **42** (1968) 6, 1551–52; Mosk. gos. univ. im. Lomonosova; russ.) — Die Anwesenheit einer Mikrostruktur in Fl. u. der Charakter der Teilchenbewegung in Krist. zeigen die Möglichkeit eines kontinuierlichen Überganges von Fl. in den krist. Zustand. Als Beispiel wurde der Übergang von ^3He bei 0,3 °K u. 29,3 atm angeführt, da in diesem Fall die Übergangswärme gleich null ist u. die Dichte der Fl., die einen Maximalwert hat, offensichtlich gleich der Dichte des Krist. ist. J. J. Pohl 60

0251 **Röntgenuntersuchung von Formamid und Lösungen von Kaliumjodid in Formamid.** R. J. DeSando und G. H. Brown. (J. physic. Chem. **72** (1968) 4, 1088 bis 1091; Cincinnati, O., Univ. of Cincinnati, Dep. of Chem.; engl.) — Bei 23° wurden Röntgenbeugungsdiagramme von fl. Formamid u. vier Lsg. von KJ in Formamid (Konz.-Bereich 0,714–4,019 m) aufgenommen. Aus der radialen Verteilungskurve u. den physikal. Eig. von fl. Formamid wird geschlossen, daß die stark assoziierte Fl. eine Nahbereich-Struktur hat, die der Struktur der krist. Verb. entspricht. Die radialen Verteilungskurven der Lsg. deuten auf Ionenpaar-Bldg. bei allen Konz. hin. Der mittlere K–J-Abstand beträgt 3,7 Å. Die Max. in den Verteilungskurven bei ca. 3,0 Å kommen z. T. durch Wechselwrkg. der K^+-Ionen mit dem Carbonyl-O des Lsgm. zustande. Die Solvatationszahl beträgt 4 in den verd. u. 2 in den konz. Lösungen. E. Schulte 60△

0252 **Schwankung der Koordinationszahl von InSb in flüssigem Zustand.** I. Ganovici und Lucia Ganovici. (Rev. roum. Chim. **13** (1968) 7, 879–84; Bucharest, Phys. Chem. Labor. of Molten Metals, Res. Center of Phys. Chem.; engl.) — Aus der aus röntgenograph. Literaturdaten von *InSb* in fl. Zustand bei 540° abgeleiteten atomaren radialen Verteilungskurve wurde die Verteilungsfunktion g(r) (r = Radius) berechnet. Durch numer. Integration der Funktion g(r) wird die mittlere KZ ($\bar{Z}_1$), die quadrat. Schwankung $(\Delta\bar{Z}_1)^2$ u. die kub. Schwankung $(\Delta\bar{Z}_1)^3$ der ersten KZ berechnet. Die Verteilungsfunktion der KZ in Gaußscher Näherung wurde konstruiert. E. Schulte 60△

0253 **Röntgenbeugungsuntersuchung von flüssigem Wismut.** S. P. Isherwood und B. R. Orton. (Philos. Mag. [8] **17** (1968) 147, 561–74; Phys. Dep., Brunel Univ., Acton, London; engl.) — Bei 303, 400 u. 652° wurden Intensität u. radiale Verteilungsfunktion bestimmt. Die Lage des ersten Peaks ist in beiden Fällen temperaturunabhängig u. beträgt (sin Θ)/λ = 0,167 $Å^{-1}$ bzw. r = 3,4 Å. Aus den Intensitätsmessungen wurde mit der Theorie von Ziman der spezif. elektr. Widerstand ϱ berechnet. Die erhaltenen Werte (87, 88, 94 $\mu\Omega \cdot$ cm) sind wesentlich kleiner als die experimentellen Werte; dasselbe gilt für den Temp.-Koeff. von ϱ (0,019 $\mu\Omega \cdot$ cm/Grad). Aus dem Vgl. von experimentell erhaltenen u. nach dem Modell starrer Kugeln ber. Werten für das Quadrat des Moduls des Strukturfaktors a(K) von fl. Bi folgt, daß Bi nicht so dicht gepackt ist wie einige andere fl. Metalle u. daß die Packungsdichte viel geringer ist als die von statist. dicht-gepackten starren Kugeln nach dem Modell von Bernal. W. Laqua 60

0254 **Charakterisierung amorpher Substanzen.** J. A. Prins. (Mater. Res. Bull. **3** (1968) 2, 217–18; Labor. voor Techn. Phys., TH Delft; engl.) — Betrachtung zur Charakterisierung amorpher Substanzen im gasf., fl., festen oder Glaszustand mit Hilfe von Röntgen-, Elektronen- u. Neutronenbeugung. Herbert Müller 60

0255 **Schrauben- und Ringmoleküle in den amorphen und kristallisierten Chalkogeniden S, Se, Te.** J. E. van Aken, J. A. Prins, R. Reijnhart und F. Tuinstra. (Mater. Res. Bull. **3** (1968) 2, 219–22; engl.) — Vgl. vorst. Referat. — Übersicht über die in festem S, Se bzw. Te beobachtete Mol.-Struktur. In Abhängigkeit von der Wärmebehandlung werden bei der Kristallisation amorpher Chalkogenide Strukturen erhalten, die dem bevorzugten Auftreten von schraubenförmigen Ketten- bzw. von Ringmol. in der fl. u. amorphen festen Phase zugeordnet werden können. — 16 Literaturangaben. Herbert Müller 60

0256 **Struktur amorpher Kohlenstoffilme.** B. T. Bojko, L. S. Palatnik und A. S. Derevjančenko. (Doklady Akad. Nauk SSSR **179** (1968) 2, 316–19; Char'kovskij politechn. inst. im. Lenina; russ.) — Elektronenbeugungsunters. an amorphen C-Filmen zeigen, daß als Makrostruktur eine Kornstruktur mit mittleren Korn- u. Porendurchmessern von ca. 12 Å vorliegt u. die Nahordnung der C-Atome die gleiche wie in der Graphitstruktur ist. H. Roschkowski 60

0257 **Strukturbestimmung der nichtkristallinen Phase Si_2O_3 durch Röntgenbeugung.** Ludwig Riechert und Karl-Ludwig Weiner. (Ber. Bunsenges. physik. Chem. **72** (1968) 3, 474–80; Mineralog. Inst., Univ., Karlsruhe; dt.) — Röntgenamorphes Si_2O_3 läßt sich sowohl chem. durch Pyrolyse von $HSiCl_3$ als auch physikal. durch Verdampfen u. Sublimieren von SiO unter niedrigen O_2-Partialdrucken herstellen. Die Röntgendiagramme beider Präp. sind identisch. Intensitätskurven u. Elektronendichteverteilungen von Si_2O_3 u. SiO_2-Glas sind sehr ähnlich. Beide Gläser weisen gleiche Atomabstände auf. Si_2O_3 scheint analog zum SiO_2-Glas aus SiO_4-Tetraedern aufgebaut zu sein, in denen ein Viertel der O-Atome fehlt. D. Hoene 60

0258 **Grundeigenschaften amorpher Siliciummonoxidfilme.** A. N. Rudnev und G. A. Efimenko. (Izvest. vysšich učebnych Zavedenij [Tomsk], Fiz. **11** (1968) 3, 144–47; Tomskij politechn. inst. im. Kirova; russ.) — SiO-Aufdampffilme wurden durch Verdampfen von SiO aus Ta-Tiegeln bei 1200–1400° auf NaCl u. Glas mit Al-Zwischenschicht hergestellt u. elektronenmkr. untersucht. Der Kondens.-Mechanismus von SiO wird besprochen. H. Roschkowski 60

0259 **IR-spektroskopische und elektronenmikroskopische Untersuchung der Kristallisationskinetik von Bleisilicatgläsern.** E. V. Smirnova und N. V. Černyš. (Ž. prikl. Spektroskopii **8** (1968) 6, 1055–58; russ.) — Die Kristallisation von Bleisilicatgläsern der Zus. 2 PbO · SiO_2 wurde untersucht. Im Bereich 300–700° wurden in Abhängigkeit von der Temp. drei Typen von Prod. beobachtet. Die bekannten Zustandsdiagramme des Syst. PbO–SiO_2 sind korrekturbedürftig. J. J. Pohl 60

0260 **Elektronographische Untersuchung der Kristallisationskinetik amorpher Antimonfilme.** G. A. Éfendiev und F. I. Aliev. (Doklady Akad. Nauk SSSR **179** (1968) 2, 314–15, 1 Tafel; Inst. fiz. AN Azerb. SSR; russ.) — Von ca. 150 Å starken amorphen Sb-Filmen werden kinematograph. Elektronenbeugungsaufnahmen beim isothermen Anlassen bei 135–200° aufgenommen. Aus der Intensität der Beugungslinien der sich bildenden krist. Phase wird auf die Kristallisationskinetik geschlossen. Für E_K, die Keimbldg.-Aktivierungsenergie, wird 19 kcal/Mol, für E_W, die Aktivierungsenergie des Krist.-Wachstums, 9,5 kcal/Mol gefunden. Die Gesamt-Aktivierungsenergie $E_G = E_K + 2E_W$ ist demnach 38 kcal/Mol. H. Roschkowski 60

0261 **Aufbau von Gläsern auf Berylliumfluorid-Basis.** I. S. Gilev und G. T. Petrovskij. (Izvest. Akad. Nauk SSSR, Neorg. Mater. **4** (1968) 8, 1264–67; russ.) — Berylliumfluorid-Gläser mit Geh. bis 30 Mol.-% *KF* wurden durch Zusammenschmelzen von $(NH_4)_2BeF_4$ u. KHF_2 bei 1000° in Pt-Tiegeln dargestellt. Die funktionelle Abhängigkeit der inneren Reibung dieser Gläser von der Temp. wurde aufgenommen u. die entsprechenden Kurven analysiert. Das zugeschlagene KF verringert die Viskosität der Gläser, u. es bildet sich als Grundlage der Gläser eine Tieftemp.-Phase I aus, in der KF angereichert ist u. die eine quarzähnliche Gitterstruktur besitzt. In ihr ist in Form grober Tropfen die BeF_2-reiche Hochtemp.-Phase II eingelagert. Bei Geh. um 10% KF sind die Mengenanteile beider Phasen ca. gleich. Bei weiterer Steigerung des KF-Geh. beginnt Phase I vorzuherrschen, wodurch die Temp. der der mechan. Glasbldg. entsprechenden Viskosität (definiert mit $10^{10,6}$ Poise) von 317 (10% KF) auf 162° (20% KF) absinkt. Durch das Vorhandensein von 2 Phasen in den Gläsern geht die mechan. Glasbldg. u. das viskose Fließen in 2 Etappen bei unterschiedlichen Temp. vor sich. Entsprechend zeigen die Kurven der inneren Reibung 2 Max., die der mechan. Glasbldg. zugeordnet werden, u. 1 Max., das dem viskosen Fluß der Tieftemp.-Phase entspricht. Die Kurven spiegeln ebenfalls den Rekristallisationsprozeß der Gläser wider, bei dem jedoch nicht die tropfenförmigen Einschlüsse der BeF_2-reichen Phase, sondern ausschließlich die KF-reiche Basis der Gläser kristallisiert. Die dem Prozeß der Bewegung der Ladungsträger (F^-) entsprechende Aktivierungsenergie steigt mit Erhöhung des KF-Geh. an, durchläuft bei 10% KF ein Max., erreicht bei 20% KF den Ausgangswert u. bleibt bis 30% KF ungefähr konstant. P. Zäske 60

Mechanische und thermische Eigenschaften

0262 **Paarpotentiale von Ne, Ar, Kr und Xe aus Werten für den festen Zustand.** I. J. Zucker. (Nuovo Cimento, B [10] **54** (1968) 2, 177–90; Phys. Dep., Univ. of Surrey, London; engl.) — Berechnung von Isothermen für den festen Zustand von Ne, Ar, Kr u. Xe für verschiedene Paarpotentialfunktionen unter der Annahme von nur Zweikörperwechselwirkungen. Durch Vgl. mit experimentellen Ergebnissen läßt sich leicht das „beste" Paarpotential bestimmen. Der Einfl. der Dreikörperkräfte großer Reichweite wird untersucht. H. Liepack 72

0263 **Experimentelle Untersuchung der Normalschwingungsfrequenzen in Nickel bei verschiedenen Temperaturen.** L. G. Klimovič, S. V. Semenovskaja, Ja. S. Umanskij und M. Ja. Fiškis. (Fiz. Metallov Metallovedenie **25** (1968) 6, 1029–35; Mosk. inst. stali i splavov; russ.) — Die Dispersionskurven der sich in [110]-Richtung in Ni mit Polarisationsvektoren $\varepsilon_1 \parallel [110]$ (longitudinaler Zweig) bzw. $\varepsilon_2 \parallel [1\bar{1}0]$ (transversaler Zweig) fortpflanzenden therm. Schwingungen werden mit Hilfe der diffusen Röntgenstreuung bei 300–700 °K bestimmt. Für den gleichen Temp.-Bereich wird die Dispersionskurve der Normalschwingungsfrequenzen ermittelt. H. Roschkowski 72

0264 **Durch eine Punktkraft in einem kubischen Kristall erzeugtes elastisches Spannungsfeld.** Kyoon-Haeng Choh Lie und J. S. Koehler. (Advances in Physics **17** (1968) 67, 421–78; Dep. of Phys., Univ. of Ill., Urbana, Ill.; engl.) — Eingehende Berechnungen für *Al* u. *Cu*. H. Liepack 72

0265 **Einfluß der Gitterdefekte auf die Versetzungsbeweglichkeit in Alkalimetallhalogenidkristallen.** Ju. S. Bojarskaja und R. P. Žitaru. (Izvest. Akad. Nauk SSSR, Ser. fiz. **32** (1968) 1, 39–43; russ.) — Für Einkrist. von *KCl* u. *NaCl* wurde der Einfl. der additiven Färbung (durch Erwärmung) u. der Einfl. der Röntgenbestrahlung auf die Mikrohärte untersucht. Der Einfl. des Temperns der gehärteten bzw. röntgenbestrahlten Proben auf die Defekte wurde gezeigt. V. Burjan 72△

0266 **Berechnung der Gitterverzerrung und Bindungsenergie des KCl-Tl(J)-Zentrums.** N. Kristofel' und V. Salomatov. (Izvest. Akad. Nauk Est. SSR, Fiz. Mat. **17** (1968) 3, 324–29; Inst. fiz. i astron. AN Est. SSR; russ., Auszug: engl.) — Mit Hilfe der Born-Mayer-Wechselwrkg.-Energien wird die Gitterverzerrung in der Umgebung der Tl^+- u. J^--Verunreinigungen in KCl berechnet. Die Verzerrung um J^- ist bes. groß. In dem Zentrum wird ein stat. elektr. Impuls erzeugt. Die ber. Bindungsenergie des Zentrums stimmt gut mit den Experimenten überein. Die mittlere Frequenz der totalsymm. Schwingungsmoden des KCl-J-Zentrums wird ebenfalls berechnet. I. Zoll 72

0267 **Maximum der Stapelfehlerenergie im System Kupfer–Zink.** Hans Herbert Wawra. (Z. Metallkunde **59** (1968) 7, 579–82; Freiberg (Sa.); dt.) — Der Verlauf der elast., elektr., mechan. u. röntgenograph. Meßwerte wird im Bereich kleiner Zn-Konz. des Syst. Cu–Zn für den deformierten u. angelassenen Werkstoffzustand untersucht u. im Zusammenhang mit der Stapelfehlerenergie diskutiert. Im Bereich zwischen ca. 1 u. 10 Gew.-% Zn zeigen die genannten Eig. ausnahmslos Extremwerte, die auf einen Extremwert der Stapelfehlerenergie hindeuten. M. Frenzel 72

0268 **Mössbauer-Effekt in verformten Cu–Sn-, Ag–Sn- und $Cu_{0,75}Au_{0,25}$-Mischkristallen.** L. A. Alekseev, P. L. Gruzin, Ju. L. Rodionov und I. I. Štan'. (Fiz. Metallov Metallovedenie **26** (1968) 1, 49–54; Mosk. inženerno-fiz. inst.; russ.) — Der Einfl. der Verformung auf die Mössbauer-Spektren von ^{119}Sn in Cu- bzw. Ag-Mischkrist. mit bis zu 9 Atom-% Sn sowie in $Cu_{0,75}Au_{0,25}$ + 1 Gew.-% Sn wird untersucht. Härtung führt in allen Proben zu einer bedeutenden Erhöhung der Absorptionslinienbreite. Die chem. Verschiebungen werden angegeben, sie sind bei der Cu–Sn-Leg. von der Konz. abhängig. H. Roschkowski 72

0269 **Nullphononenabsorptionslinie vom Typ-1-Diamant.** M. Ishikane, T. Nogaito, R. Kikuchi und M. Kawanishi. (Mem. Inst. sci. ind. Res., Osaka Univ. **25** (1968) 87–92; engl.) — Die scharfe opt. Absorptionslinie bei 415 mμ von natürlichem Typ-1-Diamant ist eine Nullphononenlinie des opt. Mössbauer-Effekts. Die Debye-Temp. 1,6 · 10^3°K wurde graph. aus der Temp.-Abhängigkeit des Debye-Waller-Faktors ermittelt. Die Temp.-Abhängigkeit der Verschiebung u. die Breite der Nullphononenlinie wurden gemessen. Die experimentellen Ergebnisse sind in guter Übereinstimmung mit Berechnungen unter Benutzung des Debye- u. Smith-Phononenspektrums. H.-D. Schwartz 72

0270 **Korngröße und mechanische Eigenschaften.** Eckard Macherauch. (Z. Metallkunde **59** (1968) 8, 669–86; Inst. für Werkstoffk. I, Univ. Karlsruhe; dt.) — Übersicht. — Diskussion. — 145 Literaturangaben. M. Frenzel 78

0271 **Verfestigungsphänomene im Übergangsbereich in Kristallen mit Gruppen von Stufenversetzungsdipolen.** P. Kratochvíl. (Acta metallurg. [Long Island City, N.Y.] **16** (1968) 8, 1023–26; Dep. of Solid State Phys., Charles Univ., Prague; engl.) — Ableitung der Gleichungen für die Fließspannung u. den Verfestigungskoeff. an einem Modellkristall. M. Frenzel 78

0272 **Dämpfung und Moduleffekt während plastischer Verformung. 1. Mitt. Anelastizität durch die Bewegung von Gleitversetzungen (Theorie).** Gerhard Kaiser. (Z. Metallkunde **59** (1968) 7, 534–46; 1. Phys. Inst., Univ. Stuttgart; dt.) M. Frenzel 78

0273 **Zeitlicher Verlauf der plastischen Relaxation von Spannungen.** R. I. Kuznecov und V. A. Pavlov. (Fiz. Metallov Metallovedenie **25** (1968) 5, 934–43; Inst. fiz. metallov AN SSSR; russ.) — Der zeitliche Verlauf der Abhängigkeit der plast. Relaxation der Spannungen wird unter der Voraussetzung des Peierls-Verformungsmechanismus untersucht. Die experimentellen Werte von reinem *α-Fe* u. *Al* werden der theoret. Ableitung gegenübergestellt. Friedel Schneider 78

0274 **Anomale Nachwirkung in Mischkristallen mit kubisch-flächenzentriertem Gitter.** L. A. Solov'ev und L. M. Butkevič. (Fiz. Metallov Metallovedenie **26** (1968) 1, 164–69; Sibir. fiz.-techn. inst.; russ.) — Eine anomale mechan. Nachwrkg. wird beim Erhitzen verformter polykrist. Ni-, Al- u. Cu-Proben sowie an α-Mischkrist. von Cu–Al-, Cu–Zn- u. Ni–Cr-Leg. beobachtet u. auf die Änderungen der Versetzungswechselwrkg. zurückgeführt. H. Roschkowski 78

0275 **Effektive Oberflächenenergie von spröden Materialien.** R. W. Davidge und G. Tappin. (J. Mater. Sci. **3** (1968) 2, 165–73; Harwell, Berks., Atomic Energy Res. Establ., United Kingdom Atomic Energy Res. Group, Ceram. Div.; engl.) — Die effektiven Oberflächenenergien von vier Sprödmaterialien, Aluminiumoxid, Polymethylmethacrylat, Glas u. Graphit, wurden aus Kraft/Durchbiegungs-Kurven ermittelt. Die Kurven wurden an eingekerbten Barren bei einer Dreipunkt-Biegung aufgenommen u. die Ergebnisse wurden mit den nach anderen Meth. erhaltenen verglichen. Die ermittelten elast. Eig. sind tabellar. dargestellt. E. Schulte 78△

0276 **Einfluß der Korngrößenverteilung auf die Elastizitätsgrenze von ausscheidungsgehärteten Legierungen.** Jean-Louis Castagné, Francis Lecroisey und André Pineau. (C. R. hebd. Séances Acad. Sci., Sér. C **266** (1968) 8, 510–13; Labor. des Matériaux, Acad. des Mines, Paris; franz.) — An einer *Ni–Cr–Mo*-Leg. wird die Änderung der Elastizitätsgrenze als Funktion der Größe u. Form der Teilchen, die durch den Härtungsprozeß ausgeschieden werden, untersucht. Die Teilchen einer intermetall. Verb. $Ni_3(TiAl)(\gamma')$ sind sphär. u. hängen vollkommen mit der Matrix zusammen. Die Elastizitätsgrenze geht durch ein Max. u. sinkt dann sehr langsam ab, beginnend bei mittlerer Teilchengröße (Abb.). Die Härtung ist nur z. T. durch die Ausscheidung von γ' zu erklären. O. Rösner 78

0277 **Innere Reibung in Metallen und Legierungen bei großen Verformungsamplituden.** Ju. Kon-Sju und L. M. Butkevič. (Izvest. vysšich učebnych Zavedenij [Tomsk], Fiz. **11** (1968) 8 (75), 33–37; Sibir. fiz.-techn. inst. im. Kuznecova; russ.) — An den festen Lsg. Cu + 1,1(%) Al, Cu + 14,5 Al, Cu + 38 Zn, an der Ordnungsleg. Mg_3 · Cd(Mg + 24,65 Atom-% Cd), an der Aushärtungsleg. EI 702 (35,6 Ni, 12 Cr, 0,8 Mn, 0,33 Si, 1,5 Al, 3,0 Ti, Rest Fe) sowie einer Leg. aus 74,8 Cu, 2,6 Ni, 1,8 Al, 0,54 Si, 0,47 Mn, Rest Zn wird die Amplitudenabhängigkeit der inneren Reibung im Bereich großer Verformungsamplituden (10^{-6}–5 · 10^{-3}) bei Raumtemp. sowie in einigen Fällen bei −196° bestimmt. Dabei verläuft die Zunahme der inneren Spannung in zwei Stufen. Für die erste Stufe ist eine lineare Zunahme der inneren Reibung mit einer Amplitudenerhöhung kennzeichnend. Während der zweiten Stufe wird die Zunahme der inneren Reibung schroffer. Die lineare Stufe hängt mit einer im Korninnern verlaufenden Mikroverformung zusammen, während die zweite Stufe mit der schnellen Zunahme der Versetzungsdichte beim Übergang zur Makroverformung zusammenhängt. Die Messung der Amplitudenabhängigkeit ermöglicht eine Schätzung der Größe der Reibungskräfte im Gitter, welche die Versetzungen bei kleinen Amplituden blockieren. H. Hochstein 78

0278 **Verteilung einiger Legierungszusätze in Blei und ihr Einfluß auf die Verfestigung.** T. F. Elsukova, M. A. Bol'šanina, T. M. Čerkasova und K. F. Titova. (Fiz. Metallov Metallovedenie **26** (1968) 1, 81–88; Sibir. fiz.-techn. inst. im. Kuznecova; russ.) — Mit Hilfe der Parameter der Petch-Gleichung wird der Einfl. der Leg.-Elemente *Sb*, *Te* u. *Cu* (0,3–0,05 Gew.-%) auf die Korn- u. Korngrenzenverfestigung analysiert. Alle drei Zusätze führen, jedoch in unterschiedlichem Maß, zur Verfestigung von Korn u. Korngrenzen. H. Roschkowski 78

0279 **Einfluß von Gasbeimengungen auf die Temperaturschwelle der Sprödigkeit schwer schmelzender Metalle.** D. P. Šaškov. (Fiz. Metallov Metallovedenie **26** (1968) 1, 110–14; Mosk. inst. stali i splavov; russ.) — Biegeunters., Messungen der Korngrenzen- u. Vol.-Härte sowie lokale Spektralanalysen zeigen, daß eine der Ursachen der Sprödigkeit von *Mo*, *W* u. *Cr* in polykrist. Form die Ausscheidung von Gasbeimengungen (N_2, O_2, H_2) an Korngrenzen ist. Beim Übergang in den plast. Zustand tritt eine Verteilung der Gasblasen auf. H. Roschkowski 78

0280 **Plastische Verformung von hochreinen Berylliumeinkristallen bei 4,2–300°K.** I. A. Gindin, V. N. Grinjuk, V. E. Ivanov, M. B. Lazareva, I. I. Papirov, Ja. D. Starodubov, G. F. Tichinskij und V. A. Finkel'. (Fiz. Metallov Metallovedenie **26** (1968) 1, 157–63; Fiz.-techn. inst. AN USSR; russ.) — Die Temp.-Abhängigkeit der krit. Schubspannung τ(0001) des Basisgleitens von Be bei Kompression im Bereich 4,2 bis

300°K u. ihre Änderung mit dem Reinheitsgrad des Metalls werden bestimmt. Neben dem Basisgleiten wird ein neues Zwillingssyst. u. schwach entwickeltes Gleiten über Pyramidenebenen beobachtet.
H. Roschkowski 78

0281 **Kriecheigenschaften von Magnesium-Pulverpreßlingen bei hoher Temperatur.** W. Vickers und P. Greenfield. (J. nuclear Mater. [Amsterdam] **27** (1968) 1, 73–79; Central Metallurg. Labor., English Electric Comp. Ltd., Whetstone, Leicester; engl.) – Hochtemp.-Kriechvers. an Proben mit 1% O zeigen, daß das Material ein günstigeres Kriechverh. zeigt als andere bekannte Mg-Leg.; Aktivierungsenergie u. Spannungsexponent sind sehr groß (Kriechmechanismus).
M. Frenzel 78

0282 **Veränderung der Eigenschaften der Legierung MgCd beim Ordnungs–Unordnungs-Phasenübergang.** M. B. Makogon, G. S. Igonin und T. N. Novikova. (Izvest. vysšich učebnych Zavedenij [Tomsk], Fiz. **11** (1968) 8 (75), 44–48; Sibir. fiz.-techn. inst. im. Kuznecova; russ.) – Unters. der mechan. Eig. u. der Struktur der Leg. MgCd mit 49,66 Atom-% Mg im Ordnungs- u. im abgeschreckten Zustand. Außerdem wird die Kinetik der Veränderung der Streckgrenze u. des spezif. elektr. Widerstandes der von $T > T_c$ in W. abgeschreckten Leg. bei Raumtemp. u. bei erhöhten Temp. (bis 250°) ermittelt. Es zeigt sich, daß die Umwandlung Unordnung–Ordnung in der Leg. MgCd mit großer Geschw. abläuft. Ein bedeutender Effekt bei der Veränderung der Streckgrenze u. eine gewisse Erhöhung des Wertes des elektr. Widerstandes werden nur beim Abschrecken von oberhalb T_c liegenden Temp. beobachtet. Der abgeschreckte Zustand ist sehr instabil, was auf die Ggw. großer innerer Spannungen hinweist. Die relativ geringe Veränderung von ϱ beim Abschrecken, der Charakter der Eig.-Veränderung des abgeschreckten Zustandes beim Anlassen sowie auch die Struktur der Leg. im Ordnungs-, abgeschreckten u. im verformten Zustand geben Aufschluß darüber, daß die hohe Verfestigung der Leg. MgCd bei ihrer Abschreckung sehr wahrscheinlich mit einer bedeutenden inneren Verformung zusammenhängt, die von der Veränderung des spezif. Vol. bei der Umwandlung herrührt.
H. Hochstein 78

0283 **Einfluß der Ordnungsgeschwindigkeit der Legierung MgCd auf deren Eigenschaften.** G. S. Igonin, M. B. Makogon und T. N. Novikova. (Izvest. vysšich učebnych Zavedenij [Tomsk], Fiz. **11** (1968) 8(75), 156–58; russ.) – Vgl. vorst. Referat. – Die Abhängigkeit der Streckgrenze der Leg. MgCd von der Abkühlungsgeschw. ist dieselbe wie in den Leg. CuAu, Co_3V u. anderen, die den Typ ihres Krist.-Gitters beim Ordnen verändern. Eine Unters. von an der Luft abgeschrecktem MgCd zeigte, daß der so erhaltene Fehlordnungszustand sowohl bei Raumtemp. als auch bei erhöhter Temp. (150°) zum Unterschied von dem nach dem Abschrekken in W. erhaltenen Zustand relativ beständig ist. Nur ein Anlassen bei höheren Temp. (220–245°) erniedrigt die Streckgrenze u. den spezif. elektr. Widerstand auf Werte, wie sie für geordnete Proben kennzeichnend sind, da das Anlassen bei 220–245° eine Rekristallisation der Leg. bewirkt, wobei die Substruktur verschwindet. In rekrist. Körnern werden oft Glüh- u. Verformungs-Zwillinge festgestellt.
H. Hochstein 78

0284 **Direkte Beobachtung der Verteilung der Restverformung des Gitters und der Inhomogenitäten der plastischen Verformung in Aluminiumkristalliten unter einachsigem Druck.** B. M. Rovyns'kyj und V. H. Ljutcau. (Ukraïns'kyj fiz. Ž. **13** (1968) 8, 1303–08; Inst. mašino-znavstva, Moskva; ukrain., Auszug: engl.) – Mittels der Meth. der Pseudo-Kossel-Linien wird die Restverformung des Gitters in peripheren u. zentralen Bereichen der Körner von reinem Al nach einer Verformung durch Druck bestimmt. Es wird gezeigt, daß die Deformation von einer mikroinhomogen plast. Verformung der Körnchen begleitet wird.
I. Zoll 78

0285 **Verfestigung von Aluminium bei Tieftemperaturverformung und Umorientierung der Mosaikblöcke.** V. I. Betechtin und A. I. Petrov. (Fiz. Metallov Metallovedenie **25** (1968) 4, 726–29; Fiz.-techn. inst. im. Ioffe AN SSSR; russ.) – Eine Verformung von Al bei der Temp. des fl. Stickstoffs führt zu einer Erhöhung der Festigkeit in einem Temp.-Bereich von 18–350°. Diese Steigerung ist auf den Grad der Umorientierung der Mosaikblöcke zurückzuführen.
Friedel Schneider 78

0286 **Duktilität von SAP-Legierungen.** P. Schiller und A. Schneiders. (J. nuclear Mater. [Amsterdam] **27** (1968) 1, 115–17; Phys. Chem. Div., CCR Euratom. Ispra, Varese; engl.) – Festigkeits- u. Duktilitätsunters. an *Microxal* (dispersionsgehärtete Al- ca. 1% Al_2O_3-Leg.) u. *Puroxal* (mit 2,5 Gew.-% Al_2O_3) bei 20 u. 450°.
M. Frenzel 78

0287 **Die mit der Ausbreitung von Ermüdungsrissen in einer Al–Zn–Mg-Legierung verbundenen Änderungen der Härte.** M. J. Archer und J. W. Martin. (J. Inst. Metals **96** (1968) 4, 127–28; Oxford. Univ. of Oxford, Dep. of Metallurgy; engl.) – Ergebnisse von Mikrohärtemessungen an deformierten Einkrist. einer Leg. Al-7,5Zn-2,5Mg (Gew.-%), die verschiedenen Nachbehandlungen unterworfen wurden, werden mitgeteilt u. diskutiert.
E. Schulte 78△

0288 **Verteilung elastischer Mikroverformungen von polykristallinem Titan bei einem komplizierten Spannungszustand.** R. Ch. Gafarov, P. S. Sokolov und F. P. Rybalko. (Izvest. vysšich učebnych Zavedenij [Tomsk], Fiz. **11** (1968) 8(75), 133–34; Ural'skij politechn. inst. im. Kirova; russ.) – Unters. der Verteilung elast. Mikroverformungen der Ti-Leg. WT 5 bei verschiedenen Arten des Spannungszustandes, wobei sich ergibt, daß sich die D. der Einzelverteilungen der elast. Mikroverformungen auch bei einem komplizierten Spannungszustand in befriedigender Weise der Normalverteilung annähern.
H. Hochstein 78

0289 **Elektronenmikroskopische Untersuchung der plastischen Verformung gehärteter Titanlegierungen mit thermisch instabiler β-Phase.** R. M. Lerinman und G. V. Murzaeva. (Fiz. Metallov Metallovedenie **25** (1968) 5, 924–33; Inst. fiz. metallov AN SSSR; russ.) – Die Unters. werden an den Ti-Leg. TS 6 (3,2% Al; 3,9 Mo; 6,9 V; 11,2 Cr; 0,02 N; 0,04 C) u. VT 15 (3,0 Al; 7,2 Mo; 10,78 Cr; 0,10 Fe; > 0,02 N, C u. H) nach plast. Verformung u. Erwärmung bis Polygonisations- bzw. Rekristallisationstemp. durchgeführt. Die Konz. der Versetzungen in flächenhafter Anhäufung, die Stapelfehlerenergie ($\sim$ 15 erg/cm²) u. die Krümmung von Versetzungen in den Knoten des Versetzungsnetzwerkes beweisen, daß TS6 zur Gruppe der Leg. mit niedriger Stapelfehlerenergie gehört.
Friedel Schneider 78

0290 **Einfluß von Wasserstoff und Dehnungsgeschwindigkeit auf die mechanischen Eigenschaften einer Zr–1% Nb-Legierung im Temperaturbereich 30–600°.** I. A. El-Shanshoury, I. M. Voronin, M. N. Bassim und V. A. Rudenko. (J. nuclear Mater. [Amsterdam] **27** (1968) 1, 102–07; Dep. of Metallurg., Atomic Energy Establ., Cairo; engl.) – Unters. der Einfl. auf Zugfestigkeit u. Sprödigkeit.
M. Frenzel 78

0291 **Einfluß der Zusammensetzung einer im Kontakt mit Zinn schmelzenden binären Legierung auf dessen Plastizität.** N. V. Čerkasova, I. N. Anochina, V. N. Ždanova, L. K. Savickaja und A. P. Savickij. (Izvest. vysšich učebnych Zavedenij [Tomsk], Fiz. **11** (1968) 6(73), 59–65; Sibir. fiz.-techn. inst. im. Kuznecova; russ.) – Der Einfl. des Kontaktschmelzens von Bi–Cd-, Pb–Bi-, Pb–Cd- u. Pb–In-Leg. im gesamten Zustandsbereich mit Sn auf dessen Plastizität wird untersucht. Eine Versprödung von Zinn tritt nur dann auf, wenn die Leg. ein oberflächenakt. Element enthält.
H. Roschkowski 78

0292 **Zeitstand- und Kriechverhalten von Vanadin-Titan- und Vanadin-Titan-Niob-Legierungen.** Horst Böhm und Manfred Schirra. (Z. Metallkunde **59** (1968) 9, 715–23; Inst. für Mater.- u. Festkörperforsch., Kernforsch.-Zentrum Karlsruhe; dt.) – Unters. an V mit 3, 5 u. 20 (Gew.-%) Ti; V–10Nb mit 3, 5, 7,5, 10 u. 20 Ti, V–15Nb mit 1, 2, 3, 5, 7,5 u. 10 Ti, V–20Nb mit 3, 5, 7,5, 10 u. 20 Ti bei ≥ 650°.
M. Frenzel 78

0293 **Frequenzabhängigkeit der inneren Reibung von Wolfram bei hohen Temperaturen.** V. O. Šestopal. (Fiz. Metallov Metallovedenie **25** (1968) 6, 1104—10; Novosibirskaja labor. fiz. tverdogo tela; russ.) — Mit Hilfe erzwungener Torsionsschwingungen wird die innere Reibung zonengereinigter W-Proben in Abhängigkeit von Temp. u. Frequenz bei 1400—2500°K bzw. 0,01 bis 0,215 Hz gemessen. H. Roschkowski 78

0294 **Elastizitätskonstanten bei tiefer Temperatur und die spezifischen Wärmen einiger Plutonium-Gallium-Legierungen der δ-Phase.** J. C. Taylor, P. F. T. Linford und D. J. Dean. (J. Inst. Metals **96** (1968) 6, 178—82; Aldermaston Berks., AWRE, Metallurgy Div.; engl.) — Resultate der Temp.-Abhängigkeit der Elastizitätsmoduln u. spezif. Wärmen von drei δ-stabilisierten Pu-Ga-Leg. unterhalb 300°K werden mitgeteilt. Die Elastizitätskonst. sind ähnlich denen der Pu-Al-Leg.; diskontinuierliches Verh. wurde nicht beobachtet. Die spezif. Exzeßwärmen, die untereinander sehr ähnlich sind, stellen den Überschuß an α-Pu nicht qual. dar; grobe Abschätzungen lassen den Schluß zu, daß Beiträge anharmon. Terme diese Werte bei Raumtemp. beeinflussen. In allen drei Leg. wird eine Energie von 0,21 cal/g-Atom·h gespeichert. In der Leg. Pu-0,75 Gew.-% Ga wurden Hinweise auf eine partielle Umwandlung $\delta \rightarrow \alpha$ gefunden. Differierende veröffentlichte Ergebnisse für einige physikal. Eig. bei tiefer Temp. weisen auf die Wichtigkeit des Reinheitsgrades als einen kontrollierenden Faktor hin; es wird vermutet, daß Verunreinigungen durch leichte Elemente in einer Schweratom-Matrix spezielle Effekte bewirken. E. Schulte 78△

0295 **Analyse der Temperatur- und Geschwindigkeitsabhängigkeit der Fließgrenze und Fließspannung von Armco-Eisen im Bereich niedriger Temperaturen.** 2. Mitt. D. G. Ryvkina und V. D. Jaroševič. (Fiz. Metallov Metallovedenie **26** (1968) 1, 3—10; Fiz.-techn. inst. im. Ioffe; russ.) — 1. vgl. C. **1967**, 43-0295. — Experimentell werden die Konst. n, σ_0 u. $\dot{\varepsilon}_0$ in der Gleichung $\dot{\varepsilon} = \dot{\varepsilon}_0 (\sigma/\sigma_0)^n \exp(-H/RT)$ ($\dot{\varepsilon}$ = Verformungsgeschw., σ = Fließspannung, T = Temp., H = Aktivierungsenergie) für Armco-Fe bei verschiedenen Verformungsgraden bestimmt. H. Roschkowski 78

0296 **Elastizitätsmodul und kristallographische Textur bei den $\gamma \rightarrow \alpha$- und $\gamma \rightarrow \alpha \rightarrow \gamma$-Umwandlungen in Fe-Ni-Ti-Legierungen.** A. M. Cejtlin. (Fiz. Metallov Metallovedenie **25** (1968) 4, 717—20; Ural'skij NII černych metallov; russ.) — In den Leg. N32T (31,9 Gew.-% Ni; 0,7 Ti; 0,03 C; 0,24 Si; 0,49 Mn) u. N30T_2 (30,2 Ni; 2,2 Ti; 0,04 C; 0,16 Si; 0,48 Mn) ist bei Proben mit Rekristallisationstextur [111] die $\gamma \rightarrow \alpha$-Umwandlung mit einem bedeutend stärkeren Abfall des E-Moduls als bei Material ohne Textur verbunden. Durch wiederholtes Erwärmen wird bei Abwesenheit der Textur der ursprüngliche Wert des E-Moduls wieder erreicht, bei Proben mit Textur ist er dagegen niedriger. Friedel Schneider 78

0297 **Elastizitäts- und Festigkeitsgrenze kondensierter Permalloyfilme.** L. M. Sandler. (Fiz. Metallov Metallovedenie **25** (1968) 6, 1039—42; Inst. metallofiz. AN USSR; russ.) — Unters. der Dickenabhängigkeit der Elastizitäts- u. Festigkeitsgrenze von Permalloy-Aufdampffilmen im Bereich 900—10000 Å. H. Roschkowski 78

0298 **Temperaturabhängigkeit der kritischen Schubspannungen in ausalternden Legierungen auf Ni-Basis.** G. I. Nosova und N. T. Trabina. (Doklady Akad. Nauk SSSR **181** (1968) 4, 848—51; CNIIČERMET im. Bardina; russ.) — Unters. der Temp.-Abhängigkeit der krit. Schubspannungen ausalternder Ni-Al-Leg. mit 12,5 u. 14,0 (Atom-%) Al sowie der Nimonic-Leg. mit 72,7 Ni, 22,5 Cr, 3,2 Ti, 1,6 Al in verschiedenen Gefügezuständen. Die mechan. Unters. wurden bei 77; 123; 178 u. 298°K an einkrist. Proben der Leg. Nimonic nach Abschrecken von 1180°, nach einem 1std. Anlassen bei 750° u. 10std. Anlassen bei 850° u. bei der Ni-Al-Leg. nur nach 1std. Anlassen bei 750° vorgenommen. Aus den Ergebnissen wird gefolgert, daß in den Leg. zwei Arten energet. Barrieren bestehen, die sich hinsichtlich ihrer Höhe bedeutend unterscheiden. Die einen besitzen eine Größe von ca. 15—30 eV, die im gesamten Temp.-Bereich von 0—298°K wirksam ist. Sie liefern den Hauptbeitrag zum Widerstand gegenüber der Versetzungsbewegung, d. h. zur Höhe der krit. Schubspannungen. Die Abmessungen u. die Verteilung der energet. Barrieren fallen mit den Abmessungen u. der Verteilung der Bereiche der verfestigenden Phase zusammen. Der Hauptbeitrag zur Größe der krit. Schubspannungen in den untersuchten Leg. hängt mit dem Durchschneiden der Ausscheidungsphaseteilchen durch die Versetzungen zusammen. Der andere Typ der energet. Barrieren ist um 2 Größenordnungen kleiner als der erste Typ. Ein Beitrag der Barrieren dieses Typs zum Widerstand der Versetzungsbewegung besteht nur im Niedertemp.-Bereich u. wird von gewissen Eigentümlichkeiten der Versetzungsbewegung in der Matrix bedingt. H. Hochstein 78

0299 **Korngrenzenrelaxation in Nickel.** J. T. A. Roberts und P. Barrand. (J. Inst. Metals **96** (1968) 6, 172—77; Manchester, Univ., Dep. of Metallurgy; engl.) — Die Unters. der inneren Reibung bei niedrigen Frequenzen in spektroskop. reinem *Ni* bei 300—950° ergab das Auftreten von drei verschiedenen Korngrenzen-Dämpfungspeaks, die sich in ihrer Höhe u. ihrer Lage in Abhängigkeit von der vorhergegangenen Wärmebehandlung unterscheiden. Bei einer Frequenz von 0,3 Hz wurden die Peaks erhalten bei ~420, 600 u. 800°. Messungen der Aktivierungsenergien wurden durchgeführt u. ein Mechanismus für die Relaxationspeaks angegeben. E. Schulte 78△

0300 **Streckgrenze und Fließverhalten von Kupfer-Nickel-Zink-Legierungen mit verschiedenem Nah- und Fernordnungsgrad.** Gunnar Bartsch. (Z. Metallkunde **59** (1968) 9, 729—35; Inst. für Metallk., TU Berlin; dt.) — Unters. an *Neusilber*-Legierungen. M. Frenzel 78

0301 **Die bei der Kaltverformung von Kupfer- und Aluminiumeinkristallen gespeicherte Energie.** A. Wolfenden und A. S. Appleton. (Acta metallurg. [Long Island City, N.Y.] **16** (1968) 7, 915—25; Metals and Ceramics Div., ORNL, Oak Ridge, Tenn.; engl.) — Ein einstufiges Kalorimeter zur Messung der bei 78°K in Cu- u. Al-Einkrist. in Abhängigkeit vom Verformungsgrad u. von der Orientierung gespeicherten Energie wird beschrieben. Die Ergebnisse werden im Rahmen der derzeitigen Verfestigungstheorien diskutiert. Die Werte der gespeicherten Energie hängen linear mit dem Quadrat der Fließspannung zusammen; die Proportionalitätskonst. sind orientierungsabhängig. Eine halbquant. Deutung dieser Effekte wird bez. der Versetzungssubstruktur nach Verformung erörtert. M. Frenzel 78

0302 **Kriechen polykristalliner Kupferschichten.** I. T. Aleksanjan. (Fiz. Metallov Metallovedenie **25** (1968) 5, 947—48; russ.) — Die Zunahme des Kriechens therm. bearbeiteter Schichten aus polykrist. Cu wird wahrscheinlich hervorgerufen durch Neuverteilung u. Annullierung von Punktdefekten u. Versetzungen. Friedel Schneider 78

0303 **Verformung von polykristallinem Kupfer bei mittleren Temperaturen.** L. D. Sokolov. (Fiz. Metallov Metallovedenie **26** (1968) 1, 170—76; Gor'kovskij politechn. inst. im. Ždanova; russ.) — Verformungsvers. an Cu-Zylindern bei 373—573°K führen auf eine Stapelfehlerenergie von ca. 100 erg/cm². Der Mechanismus der plast. Verformung wird bestimmt. H. Roschkowski 78

0304 **Dichte, Oberflächenspannung und Viskosität einer eutektischen NaF-NaCl-NaJ-Schmelze.** J. C. Hesson, H. Shimotake und J. M. Tralmer. (J. chem. Engng. Data **13** (1968) 2, 272—73; Argonne Nat. Labor., Argonne, Ill.; engl.) — Zwischen 540 u. 800° wird das Eutektikum der folgenden Zus. in Gew.-% untersucht: 6,1 NaF, 17,7 NaCl, 76,2 NaJ. Meßwerte werden tabellar. angegeben für die Temp.-Abhängigkeit von D. ϱ, Oberflächenspannung σ u. Viskosität η. Es gelten im untersuchten Temp.-Bereich folgende Beziehungen: ϱ = 3,057—0,0009·t [g/cm³], σ = 133,18—0,05578·t [dyn/cm], η = 3,2952—0,002854·t [cp] (t in Grad C). H. Tulhoff 78

0305 **Viskosität geschmolzener Wismut–Wismuthalogenid-Lösungen.** Jordan D. Kellner. (J. physic. Chem. **72** (1968) 5, 1737–42; Atomics Internat., Div. of North American Rockwell Corp., Canoga Park, Calif.; engl.) — Messung der Viskositäten der Lsg. von *Bi* (verschiedener %-Anteil) in $BiCl_3$ (I) u. $BiBr_3$ (II) mittels einer Kapillartechnik zwischen 220 u. 600°. Ein Vgl. mit entsprechenden Lit.-Daten von BiJ_3 (III) zeigt einen Anstieg der Viskosität in der Reihe I < II < III. Der Arrhenius-Koeff. ist in I am größten u. in III am kleinsten u. steigt mit abnehmender Temp. in Übereinstimmung mit dem Transportmodell des „freien Vol." in ion. Schmelzen. R. Blank 78

0306 **Strecken und Fließen von polykristallinem Urandioxid.** J. F. Byron. (J. nuclear Mater. [Amsterdam] **27** (1968) 1, 48–53; Dep. of Metallurg., Univ. of Liverpool; engl.) — Deformationserscheinungen, die mit dem Strecken u. Fließen von polykrist. UO_2-Proben bei Druckvers. zwischen 600 u. 2000° zusammenhängen, werden untersucht. Die Proportionalitätsgrenze ist für stöchiometr. UO_2 stark temperaturabhängig. Eine Erhöhung des O-Geh. bis ca. $UO_{2,02}$ ergibt Abnahme der Proportionalitätsgrenze u. Fließspannung sowie Schwächung der Korngrenzen. M. Frenzel 78

0307 **Einfluß der Kristallisationsprozesse auf die innere Reibung eines titanhaltigen Glases.** V. S. Postnikov, Ju. S. Balašov und B. G. Varšal. (Izvest. Akad. Nauk SSSR, Neorg. Mater. **4** (1968) 7, 1137–40; Voronežskij politechn. inst.; russ.) — Gläser des Syst. SiO_2–Al_2O_3–CaO–MgO–TiO_2 haben eine kleine innere Reibung bei 400–450°. Die Temp.-Abhängigkeit der inneren Reibung der Ausgangs- als auch therm. behandelten Proben zeigt nur ein kleines Max. bei 400°, das durch Relaxationsspannungen an den Heterogenitätsgrenzen bestimmt wird. Der Schubmodul vergrößert sich durch therm. Behandlung. Seine Temp.-Abhängigkeit stellt eine abfallende Kurve dar, die einen leichten Knick zu Beginn der Zerstörung der Glasstruktur zeigt. Das isotherm. Halten bei der Temp. der prim. therm. Behandlung zeigt, daß der Entmischungsprozeß anfangs im spinodalen u. nach der Phasenbldg. im binodalen Gebiet verstärkt wird. Die Kristallisation erniedrigt die innere Reibung, was auf die Vergrößerung der Hitzefestigkeit des Materials hinweist. H. Korn 78

0308 **Methode zur Bestimmung des kubischen Wärmeausdehnungskoeffizienten.** K. Exley, T. Hunt und D. W. Southwart. (Chem. and Ind. **1968**, **22**, 717; The Dunlop Comp. Ltd., Precis. Rubbers Divn., Bagworth, Leicester; engl.) — Mit der beschriebenen Meth. läßt sich unter Verw. von Elektrolyt-Cu als Vgl.-Substanz der kub. Wärmeausdehnungskoeff. elast. Materialien bestimmen. W. Laqua 80

0309 **Einfluß der Temperatur auf die Gitterparameter der intermetallischen Verbindung Ag_2Al.** J. P. Neumann und Y. A. Chang. (Trans. metallurg. Soc. AIME **242** (1968) 4, 700–02; Los Alamos, Calif., Univ. of Calif., Dep. of Engng., Materials Div.; engl.) — An drei verschiedenen Proben wurden die Gitterkonst. (GK) des hexagonal krist. Ag_2Al zwischen 77 u. 700°K röntgenograph. bestimmt. Die GK u. errechneten therm. Ausdehnungskoeff. sind tabelliert. Für 298°K werden angegeben: $a = 2{,}8779$, $c = 4{,}6225$ Å; $\alpha_\perp = 24 \cdot 10^{-6}$, $\alpha_\parallel = 21 \cdot 10^{-6}$ Grad^{-1}. G. Gattow 80

0310 **Bestimmung der thermischen Ausdehnung von Ge, Rh und Ir durch Röntgenstrahlen.** H. P. Singh. (Acta crystallogr. [Copenhagen], Sect. A **24** (1968) 4, 469–71; Dep. of Phys., Banaras Hindu Univ., Varanasi, India; engl.) — Messung der Gitterkonst. in Abhängigkeit von der Temp. u. Berechnung der therm. Ausdehnungskoeff. u. Grüneisen-Parameter. H. Liepack 80

0311 **Thermische Ausdehnung von Iridium zwischen 4,2 und 300°K.** H. F. Schaake. (J. less-common Metals [Lausanne] **15** (1968) 1, 103–05; Orlando, Fla., Martin Marietta Corp.; engl.) — Zwischen 4,2 u. 300°K wurden die Gitterkonst. a von kub. Ir bestimmt; es gilt nachst. Temp.-Funktion [a in Å; T in °K): $a = (3{,}8344 \pm 0{,}0004) - 3{,}3612 \cdot 10^{-6}\,T + 1{,}2265 \cdot 10^{-7}\,T^2 - 1{,}7956 \cdot 10^{-10}\,T^3$; für 298,0°K folgt $a = 3{,}839{,}6_3$ Å. Die linearen therm. Ausdehnungskoeff. α von Ir sind für den Temp.-Bereich von 25–300°K tabellar. wiedergegeben. G. Gattow 80

0312 **Dichte von dünnen Schichten aus im Vakuum aufgedampften Metallen.** S. Lovell und E. Rollinson. (Nature [London] **218** (1968) 5147, 1179–80; Phys. Dep. Medical Coll., St. Bartholomew's Hospital, London; engl.) — Auf Glasträger, die teilweise mit NaCl-Aufdampfschichten überzogen waren, werden 0,1–1,2 μ dicke Schichten von *Al*, *Cu*, *Ag* bzw. *Au* aufgedampft. Die Schichtdicke wird interferometr., die Masse durch Wägung abgelöster Schichten bestimmt. Innerhalb der Meßgenauigkeit wird keine Abweichung der D. von Aufdampfschichten von derjenigen kompakter Materialien beobachtet. Herbert Müller 80

0313 **Dichten ternärer halbleitender Verbindungen vom Typ $A^{I}B^{V}C_2^{VI}$.** A. N. Krestovnikov, A. U. Mal'sagov und V. M. Glazov. (Izvest. Akad. Nauk SSSR, Neorg. Mater. **4** (1968) 1, 144–46; Mosk. inst. stali i splavov; russ.) — Bei 20–1000° wird die Temp.-Abhängigkeit der D. der aus den Elementen hergestellten Verb. $CuSbS_2$, $CuSbSe_2$, $CuAsSe_2$, $AgSbS_2$, $AgSbSe_2$ u. $AgSbTe_2$ untersucht. Die Messungen erfolgen an zylindr. Proben dilatometr., im fl. Zustand mit einem Quarzpyknometer. Heinz Vogel 80

0314 **Herstellung und Eigenschaften von isostatisch heißgepreßtem MgO.** M. H. Leipold und T. H. Nielsen. (J. Amer. ceram. Soc. **51** (1968) 2, 94–97; Jet Propuls. Labor., Calif., Inst. of Technol., Pasadena, Calif.; engl.) — MgO-Sinterkörper wurden aus bei Raumtemp. unter 90000 psi geformten Preßkörpern durch isostat. Heißpressen bei 800° unter 15000 psi hergestellt. Diese Sinterkörper besaßen Korngrößen von etwa 0,2 μm u. D. zwischen 90 u. 95% der Röntgendichte; sie enthielten teilweise etwas Brucit, da sich auch durch Vakuumbehandlung bei 250° vor dem Heißpressen nicht sämtliches W. aus den MgO-Preßkörpern entfernen läßt. Alle heißgepreßten MgO-Sinterkörper besitzen feine Risse. Durch Wärmebehandlung bei Temp. bis 1750° wird der Brucitgeh. der Sinterkörper durch Zers. beseitigt; gleichzeitig findet Kornwachstum statt, u. die D. nimmt zu. W. Laqua 80

0315 **Stoßkompression von Seltenerdmetallfluoriden der Cergruppe.** S. S. Bacanov, E. V. Dulepov, K. F. Obžerina, R. S. Ėrenburg, I. A. Ovsjannikova und Ė. A. Nekrasova. (Doklady Akad. Nauk SSSR **179** (1968) 1, 91–93; Inst. teplofiz. SO AN SSSR; russ.) — Wasserfreies LaF_3, CeF_3, PrF_3 u. NdF_3 wurde bei < 600° dargestellt. Als Druckquelle wurden Hexogenladungen (100–500 g) verwendet. Die IR-Spektren, die DK u. der Brechungsindex vor u. nach der Druckeinw. auf die Fluoride wurden untersucht. Die D. von LaF_3 bleibt unverändert, während die von NdF_3 von 6,20–6,04 g/cm^3 wächst. Die Änderungen dieser Eig. sind beim Erwärmen der Proben analog wie bei Druckeinwirkung. Die eintretenden Veränderungen in der Struktur der Proben werden auf Grund von röntgenograph. u. mkr. Daten diskutiert. J. J. Pohl 80

0316 **Scheinbares Molvolumen von Ammoniumchlorid und einigen symmetrischen Tetraalkylammoniumchloriden bei verschiedenen Temperaturen.** Frank J. Millero und W. Drost-Hansen. (J. physic. Chem. **72** (1968) 5, 1758–63; Inst. of Marine Sci., Univ. of Miami, Fla.; engl.) — Best. des scheinbaren Molvol. Φ_v von (0,05 m) NH_4Cl, $(CH_3)_4NCl$, $(C_2H_5)_4NCl$, $(n\text{-}C_3H_7)_4NCl$ u. $(n\text{-}C_4H_9)_4NCl$ zwischen 20 u. 40° in 1°-Schritten aus Präzisionsdichtemessungen. Aus den Φ_v-Werten wurde das scheinbare Molausdehnungsvermögen Φ_E bei verschiedenen Temp. ber. u. auf das Molausdehnungsvermögen bei unendlicher Verdünnung $\bar{E}^0$ extrapoliert. Die $\bar{E}_0$-Werte der R_4NCl-Verb. sind keine lineare Funktion des Molgew. von R_4N^+. Der niedrige $\bar{E}_0$-Wert von NH_4Cl rührt vermutlich von der Fähigkeit des NH_4^+-Ions her, „Eis"-ähnliche Spezies in der Lsg. zu bilden. Das nichtlineare Verh. hängt mit den durch die R_4N^+-Ionen verursachten Änderungen des Ausdehnungsvermögens in der Struktur des W. zusammen. Dieser Struktureffekt nimmt mit steigender Temp. ab u. mit steigendem Durchmesser von R_4N^+ zu. R. Blank 80

0317 **Bedeutung von Überführungsprozessen und transversalen Phononen bei den kinetischen Koeffizienten mehrwertiger Metalle. Wärmeleitfähigkeit von Aluminium.** L. A. Maksimov und A. F. Barabanov. (Fiz. Metallov Metallovedenie **25** (1968) 6, 961—64; Inst. fiz. vysokich davlenij AN SSSR; russ.) — Für den Bereich 15—573°K wird die Temp.-Abhängigkeit der elektron. Komponente der Wärmeleitfähigkeit von Al unter Berücksichtigung des realen Phononenspektrums, der wahren Fermi-Oberfläche u. der realen Wellenfunktionen der Leitungselektronen berechnet. Die Ergebnisse stimmen in weiten Bereichen gut mit dem Vers. überein. H. Roschkowski 82

0318 **Temperaturleitfähigkeit und Wärmeleitfähigkeit von Nickel bei hohen Temperaturen.** V. E. Zinov'ev, R. P. Krencis und P. V. Gel'd. (Fiz. Metallov Metallovedenie **25** (1968) 6, 1137—39; Ural'skij politechn. inst. im. Kirova; russ.) — Angabe von Meßdaten für beide Größen für Temp. von 900—1600°K. H. Roschkowski 82

0319 **Temperaturleitfähigkeit und Wärmeleitfähigkeit von Kobalt bei hohen Temperaturen.** V. E. Zinov'ev, R. P. Krencis, L. N. Petrova und P. V. Gel'd. (Fiz. Metallov Metallovedenie **26** (1968) 1, 60—65; russ.) — Vgl. vorst. Referat. — Aus Meßdaten der Temp.-Leitfähigkeit u. des elektr. Widerstands bei ca. 290—1730° ber. Vf. die Wärmeleitfähigkeit λ von Co. λ zeigt im Bereich der magnet. u. strukturellen Umwandlungen sowohl insgesamt als auch im elektron. Anteil Unstetigkeiten. Vgl. mit analogen Daten für *Fe* u. *Ni*. H. Roschkowski 82

0320 **Änderung der Wärmeleitfähigkeit von ferromagnetischen Nickel–Kupfer-Legierungen im Magnetfeld.** R. Burger, H. Dittrich und K. M. Koch. (Z. Naturforsch. **23a** (1968) 6, 861—66; Ludwig-Boltzmann-Inst. für Festkörperphys., Wien; dt.) — Die Änderung der Wärmeleitfähigkeit λ von Ni u. Ni-Cu-Leg. (0—100%) Cu im Magnetfeld verläuft unterhalb der magnet. Sättigung völlig parallel zur Änderung der elektr. Leitfähigkeit σ. Oberhalb der Sättigung nimmt λ sowohl bei H parallel als auch bei H senkrecht zum Wärmestrom mit zunehmendem H ab, wogegen σ zunimmt. Dieser Effekt wird mit dem experimentell beobachteten Anstieg von λ oberhalb des Curie-Punktes u. mit der magnet. Beeinflußbarkeit der spezif. Wärme in Zusammenhang gebracht. G. Malow 82

0321 **Anwendung der Monte-Carlo-Methode zur Berechnung der Wärmeleitfähigkeit von Dielektrika mit Isotopendefekten.** B. N. Ivanov. (Teplofiz. vysokich Temperatur **6** (1968) 3, 447—50; Inst. vysokich temp. AN SSSR; russ.) — Beschreibung einer modifizierten Monte-Carlo-Meth., die die numer. Lsg. von Beziehungen der mkr. Theorie der Gitterwärmeleitfähigkeit gestattet. Theoret. werden dabei Dielektrika mit natürlicher Isotopenzus. u. ohne Beimengungen betrachtet. H. Roschkowski 82

0322 **Wärmeleitfähigkeit von Mischoxiden des Urans und Plutoniums.** J. C. van Craeynest und J. C. Weilbacher. (J. nuclear Mater. [Amsterdam] **26** (1968) 1, 132—36; France, Centre d'Etudes Nucl. de Fontenay-aux-Roses; franz.) — Die Temp.-Leitzahl D (cm^2/sek) von Mischoxiden (U, Pu) O_n mit 20% Pu wird zwischen T = 50 u. 2000° in Abhängigkeit vom O-Geh. (n = 1,90 bis 2,20) untersucht. Bis ca. 1000° fällt D mit steigender Temp. ab, bes. für n $\simeq$ 2,0. Die starke Abhängigkeit vom stöchiometr. Koeff. n zeigt ein ausgeprägtes Max. bei n = 2,0. Für n = 2,0; 1,98 u. 1,93 wird die Wärmeleitfähigkeit K (cal/cm · sek · Grad) ber. u. in der Form 1/K = A + BT (A, B = Konst.) dargestellt. Diese Darst. ist nur für einen begrenzten Temp.-Bereich anwendbar. Waldemar Köhler 82

0323 **Bestimmung der Temperaturleitfähigkeit von UN von 20—1000° durch die Laser-Impuls-Methode.** Shôichi Nasu und Takeo Kikuchi. (J. nuclear Sci. Technol. [Tokyo] **5** (1968) 6, 318—19; Japan Atom. Energy. Res. Inst., Tokaimura, Ibaraki-ken; engl.) — Beschreibung der Methode. Die Streuung der experimentellen Daten von UN ist relativ groß. Die Übereinstimmung mit den Werten anderer Autoren ist trotzdem recht gut. Manfred Schenk 82

0324 **Anordnung zur Messung der Wärmeleitfähigkeit von Festkörpern bei tiefen Temperaturen.** P. L. Vuillermoz, P. Pinard und F. Davoine. (Rev. Physique appl. **3** (1968) 1, 11—14; Suppl. zu: J. Physique; Labor. de Phys. de la Matière, Inst. Nat. des Sci. Appl., Lyon; franz.) — Beschreibung des Aufbaus u. der theoret. Grundlagen einer App. zur Messung der Wärmeleitfähigkeit von krist. u. gesinterten Festkörpern bei Temp. zwischen 90 u. 300°K. Die Anwendung auf Unters. von strahlungsverfärbten *KJ*-Einkrist. sowie gesinterten $BaTiO_3$–$PbZrO_3$-Proben wird beschrieben. Für KJ wird bei 100°K 1000 · 10^{-4} (W/°K · cm) u. bei 300°K 210 · 10^{-4} erhalten. Herbert Müller 82

0325 **Bestimmung des Temperaturleitfähigkeitskoeffizienten.** L. A. Brovkin. (Zav. Labor. **34** (1968) 6, 700 bis 702; Ivanovskij ėnerget. inst.; russ.) — Beschreibung eines rechner. Verf. zur Best. des Temp.-Leitfähigkeitskoeff. aus Messungen der Temp.-Veränderung an 3 Punkten der Probe. Anwendung auf *Asbest*. H. Roschkowski 82

0326 **Bedeutung von Quanteneffekten bei der Diffusion nach dem Eindringtyp.** V. S. Eremeev. (Fiz. Metallov Metallovedenie **25** (1968) 6, 1095—98; russ.) — Ableitung einer Beziehung für die Temp.-Abhängigkeit des Diffusionskoeff. in Eindringmischkrist. unter Berücksichtigung des diskreten Charakters der Niveaus des Eindringungsatoms u. der Möglichkeit des Tunneleffekts. H. Roschkowski 84

0327 **Phänomenologische Theorie des Kirkendall-Effekts.** 2. Mitt. Josef Schlipf. (Z. Metallkunde **59** (1968) 9, 708 bis 712; Inst. für Reaktorwerkstoffe, Kernforsch.-Anlage Jülich; dt.) — 1. vgl. C. **1967**, 12-0338. — Analyse von Literaturwerten für *Au–Ag*-Diffusionspaare. M. Frenzel 84

0328 **Gesetzmäßigkeiten der Umverteilung von Elementen in Dreistoffsystemen.** G. V. Ščerbedinskij und V. I. Šajdurov. (Fiz. Metallov Metallovedenie **25** (1968) 6, 965—71; Inst. metallovedenija i fiz. metallov CNIIČM im. Bardina; russ.) — Zwei Wege zur mathemat. Beschreibung des Diffusionsprozesses in Dreistoffsyst. werden besprochen u. eine Meth. zur Berechnung der Diffusionskoeff. abgeleitet. Die ber. Diffusionskoeff. werden mit Vers.-Daten für die Syst. Fe–Me–C (Me = Si, C, Cr) verglichen. H. Roschkowski 84

0329 **Ermittlung von Diffusionskoeffizienten in Festkörpern aus Sorptionsdaten.** 1. Mitt. **Berechnung von Diffusionskoeffizienten bei gleichbleibender Konzentration der äußeren Phase.** K. Pilchowski, F. Danes und F. Wolf. (Kolloid-Z., Z. Polymere **225** (1968) 1, 6—15; Inst. für Techn. Chemie, Univ. Halle; dt.) — Die in der Literatur angeführten Näherungslsg. des zweiten Fickschen Diffusionsgesetzes zur Best. des Diffusionskoeff. aus Sorptionsdaten werden bez. ihrer Genauigkeit u. ihrer Gültigkeitsbereiche untersucht u. zwei weitere Näherungslsg. mit größerer Genauigkeit abgeleitet. Zur Berechnung der Diffusionskoeff. wird der Zeitparameter Dt/r^2 als Funktion vom Umsetzungsgrad mit einer relativen Genauigkeit von 0,001 (auch im Falle der Interpolation) tabelliert. Weiterhin werden graph. Verf. zur Best. des Diffusionskoeff. vorgeschlagen u. ihre Anwendungsmöglichkeiten diskutiert. M. Frenzel 84

0330 **Aktivierungsenergie für die Diffusion von Wasserstoff in Metallen mit kubisch-raumzentriertem Gitter.** V. B. Vychodec, V. A. Gol'cov und P. V. Gel'd. (Fiz. Metallov Metallovedenie **25** (1968) 6, 1090—94; Ural'skij politechn. inst. im. Kirova; russ.) — Beschreibung eines halbempir. Berechnungsverf. für die Aktivierungsenergie der Diffusion von Wasserstoff in Metallen mit Anwendung auf *α-Fe*, *β-Ti*, *β-Zr*, *Nb* u. *Mo*. H. Roschkowski 84

0331 **Kinetik der Auflösung von Hydrid-Plättchen in Zircaloy-4.** J. J. Kearns. (J. nuclear Mater. [Amsterdam] **27** (1968) 1, 64—72; Bettis Atomic Power Labor., West Mifflin, Pa.; engl.) — Die Auflsg.-Geschw. von dis-

pergierten Hydrid-Plättchen in Proben aus Zircaloy-4 (60, 114 u. 205 ppm H_2) wird bestimmt. Die Werte sind sehr hoch u. stimmen gut überein mit Berechnungen aus Diffusionswerten. Die diffusionsbedingte Kinetik hängt von der H_2-Konz., Hydriddicke, dem Diffusionsvermögen u. der höchsten Löslichkeit von H_2 in der α-Phase ab.
M. Frenzel 84

0332 **Spaltgasabgabe von UO_2 bei Temperaturen um 2000°, die zum Kornwachstum führt.** Akira Doi, Hiroshi Hayashi, Yasuo Ohsawa und Kiyoshi Inoue. (J. nuclear Sci. Technol. [Tokyo] **5** (1968) 6, 313–15; Hitachi Ltd., Özenji, Kawasai-shi; engl.) — Das bei 2000° abgegebene Spaltgas (^{87}Kr, ^{88}Kr, ^{138}Xe) wurde in Abhängigkeit von der Bestrahlungszeit u. der Erhitzungszeit untersucht. Manfred Schenk 84

0333 **Einfluß von Verformung und anschließendem Tempern auf die Wasserstoffaufnahme von Eisenlegierungen mit Chrom.** E. S. Kodes, P. V. Gel'd, Z. S. Skvirskaja und T. P. Lapina. (Fiz. Metallov Metallovedenie **25** (1968) 4, 696–701; Ural'skij politechn. inst. im. Kirova; russ.) — Es wird der Einfl. von Verformung u. anschließendem Tempern auf H_2-Aufnahme, Härte, röntgenograph. Linienprofil u. spezif. elektr. Widerstand von Armco-Eisen u. seinen Leg. mit 1,6 u. 3,5% Cr untersucht. Zwischen der H_2-Aufnahme u. der Erholung besteht ein enger Zusammenhang. Wesentlichen Einfl. auf die Geschw. der Wasserstoffdiffusion in chromhaltigem Ferrit können auch die Versetzungsstruktur u. der Nahordnungsgrad ausüben.
Friedel Schneider 84

0334 **Ursachen der Stabilitätsänderung einiger Pd–Rh-Legierungen bei ihrer Wechselwirkung mit Wasserstoff.** A. A. Rodina, M. A. Gurevič und N. I. Doroničeva. (Ž. fiz. Chim. **42** (1968) 7, 1822–24, 1 Tafel; Gos. naučno-issl. i proektnyj inst. redkometall prom., Moskva; russ.) — Die Verformung von Leg. aus 99 (Massen-%) Pt + 1% Rh bzw. 80 Pt + 19 Ag + 1 Rh bei mehrmaligem Erwärmen u. Abkühlen in einer Wasserstoffatmosphäre ist, wie röntgenograph. Daten zeigen, durch einen $\alpha \rightleftharpoons \beta$-Phasenübergang bedingt. In der Leg. mit 90% Pd + 10% Rh findet kein $\alpha \rightleftharpoons \beta$-Phasenübergang statt, diese Leg. ist in einer H_2-Atmosphäre sehr beständig, die Wasserstoffdurchlässigkeit dieser Leg. ist der von reinem Pd etwa gleich, auch eine Leg. 79% Pd + 20% Ag + 1% Rh hat erhöhte Wasserstoffbeständigkeit.
J. J. Pohl 84

0335 **Diffusionsvermögen von unterstöchiometrischem Zirkoniumdioxid.** C. J. Rosa und W. C. Hagel. (J. nuclear Mater. [Amsterdam] **27** (1968) 1, 12–20; Denver Res. Inst., Univ. of Denver, Colo.; engl.) — Der Diffusionskoeff. von *O* wird zu $D = 2{,}88 \cdot 10^{-4} \exp(-28400/RT)$ cm²/s (600–850°) berechnet. M. Frenzel 84

0336 **Sauerstoffdiffusion in α-Nb_2O_5.** J. S. Sheasby und B. Cox. (J. less-common Metals [Lausanne] **15** (1968) 2, 129–35; Fac. of Engng., Univ. of Western Ontario, London, Ontario, Canada; engl.) — Unters. der ^{18}O-Diffusion in α-Nb_2O_5-Einkrist. unter stöchiometr. u. nichtstöchiometr. Bedingungen durch autoradiograph. Lokalisierung von ^{18}F aus $^{18}O(p, n)^{18}F$. Die Diffusionskoeff. sind parallel [010] ca. 200mal größer als senkrecht dazu. Zwischen stöchiometr. u. nichtstöchiometr. Krist. wurde ein kleiner Unterschied beobachtet.
H. Liepack 84

0337 **Bestimmung der Sauerstoffselbstdiffusion in keramischen Materialien mittels einer Kernaktivierungstechnik.** R. H. Condit und J. B. Holt. (Ber. dtsch. keram. Ges. **45** (1968) 9, 465–68; Lawrence Radiat. Labor., Univ. of Calif., Livermore; dt.) — Zur Unters. des O-Transportes in keram. Material gibt es keinen geeigneten radioakt. Tracer des O. Es wurde ein Verf. entwickelt, in dem die seltenen Isotope ^{17}O u. ^{18}O so verwendet werden, als wären es radioakt. Tracer. Durch Kernaktivierung nach Bombardierung mit 1 MeV Deuteronen oder 2,8 MeV Protonen wird das O-Isotop in radioakt. ^{18}F umgewandelt ($^{17}O(dn)^{18}F$; $^{18}O(pn)^{18}F$). Das Isotop ^{18}F wird mit einem üblichen autoradiograph. Verf. behandelt, das erlaubt, den O-Tracer genau zu lokalisieren u. seine Konz. zu bestimmen. I. Zoll 84

0338 **Messung der Korngrenzenselbstdiffusion in Antimon.** Alfred Häßner und Gisela Voigt. (Z. Metallkunde **59** (1968) 7, 559–63; Inst. für Metallk. u. Materialprüf., Bergakad. Freiberg (Sa.); dt.) — Die Korngrenzenselbstdiffusion von Sb im Temp.-Bereich 300–568° wird mit einer Restaktivitätsmeth. untersucht. Übergang von Material der Reinheit 99,9999 auf 99,9% ändert geringfügig die Parameter der Korngrenzenselbstdiffusion, nicht jedoch die Vol.-Selbstdiffusion. Drei Koeff. der Korngrenzenselbstdiffusion sind bei Sb bes. groß gegenüber der Vol.-Selbstdiffusion. Qual. wird auch stark bevorzugte Diffusion längs Poren u. Rissen beobachtet. M. Frenzel 84

0339 **Selbstdiffusion in festem Lithium.** A. Ott, J. N. Mundy, L. Löwenberg und A. Lodding. (Z. Naturforsch. **23a** (1968) 5, 771–72; Phys. Dep., Chalmers Univ. of Technol., Gothenburg, Sweden; engl.) — Durch massenspektrometr. Analyse wurde die Selbstdiffusion von ^6Li in Li normaler Isotopen-Zus. zwischen 60 u. 170° bestimmt. Der Selbstdiffusions-Koeff. beträgt: $D = 0{,}12^{+0{,}06}_{-0{,}04} \exp(-12620 \pm 210)/RT$. Die Selbstdiffusions-Koeff. für die Diffusion von ^6Li in Li mit einem ^6Li-Geh. von 95% sind etwa 20% kleiner.
W. Laqua 84

0340 **Ionenbeweglichkeit in Kristallen eines gemischten Alkaliferrits, $K_xNa_{1-x}Fe_7O_{11}$.** K. O. Hever. (J. electrochem. Soc. **115** (1968) 8, 826–29; Dearborn, Mich., Ford Motor Comp., Sci. Labor.; engl.) — Die hexagonale Ferritphase $K_{0,87}Na_{0,13}Fe_7O_{11}$ (I) weist in Gitterkonst. u. Krist.-D. enge Beziehungen zu der bekannten Phase $KFe_{11}O_{17}$ auf. Im Temp.-Bereich 200–500° sind die Na-Ionen unbeweglich u. die K-Ionen tauschen sich schnell u. vollständig gegen Na-Ionen aus Salzschmelzen aus. Die Selbstdiffusionskoeff. von K in I u. von Na in $NaFe_7O_{11}$ wurden als Funktion der Temp. bestimmt. Der Austausch der Ionen in wss. Lsg. ist gehemmt. Die Beweglichkeit der Alkaliionen in diesen Krist. führt zu dielektr. Verlusteffekten. Es wird angenommen, daß die neue Phase I eine Defektstruktur besitzt.
Ernst Schulte 84△

0341 **Struktur und Natriumwanderung in Siliciumnitrid-Filmen.** J. V. Dalton und J. Drobek. (J. electrochem. Soc. **115** (1968) 8, 865–68; Murray Hill, N.J., and Allentown, Pa., Bell Telephone Labor., Inc.; engl.) — Es wurden Siliciumnitrid-Filme (α-, β- oder α-β-Si_3N_4) untersucht, die nach verschiedenen Meth. auf Si-Substraten abgeschieden wurden. Elektronenbeugungsunters. ergaben, daß die Filme unterschiedliche Kristallitgrößen (< 10 bis ~ 100 Å) aufweisen. Diffusionsunters. mit ^{22}Na als Tracer zeigen, daß die Filme mit kleineren Kristalliten bessere Barrieren für die Na-Diffusion sind, als die mit größeren Kristalliten. In keinem der untersuchten Filme wurde eine durch ein elektr. Feld bewirkte erhöhte Na-Wanderung beobachtet. Filme mit großen Kristalliten werden durch verd. gepufferte HF leichter angeätzt als solche mit kleinen Kristalliten.
E. Schulte 84△

0342 **Diffusion von Beryllium in Eisen und Nickel.** G. V. Grigor'ev und L. V. Pavlinov. (Fiz. Metallov Metallovedenie **25** (1968) 5, 836–39; russ.) — Mit Hilfe von ^7Be-Markierungen werden für die Diffusionskoeff. von Be in Fe bei 1100–1350° bzw. in Ni bei 1020–1400° die Werte $D_{Fe} = 0{,}1 \exp(-57600/RT)$ u. $D_{Ni} = 0{,}019 \cdot \exp(-46200/RT)$ cm²/s erhalten.
H. Roschkowski 84

0343 **Reproduzierbare Diffusion von Zink in GaAs: Anwendung des ternären Phasendiagramms, Diffusion und Löslichkeitsanalyse.** H. C. Casey jun. und M. B. Panish. (Trans. metallurg. Soc. AIME **242** (1968) 3, 406–12; Bell Telephone Labor., Murray Hill, N.J.; engl.) — Aus einer Analyse des Ga–As–Zn-Phasendiagramms unter Verw. von Literaturdaten folgt, daß unterhalb 744° die drei festen Phasen Zn_3As_2, GaAs u. $ZnAs_2$ miteinander im Gleichgew. stehen. Innerhalb dieses Bereiches ändern sich die Partialdrücke der Komponenten nicht mit der Zus., u. es tritt keine fl. Phase auf. Deshalb wurde zur Unters. der Diffusion von Zn in ⟨100⟩-orientierten GaAs-Einkrist. bei 650 u. 700° eine tern. Diffusionsquelle der Zus. 5 (Atom-%) Ga, 50 As u.

45 Zn gewählt, die reproduzierbare Diffusionsprofile ohne Oberflächenschäden liefert. Die Reproduzierbarkeit u. Ebenheit der Zn-Diffusion ist wesentlich besser als bei Verw. von elementarem Zn, verd. Lsg. von Zn in Ga oder Zn–As-Mischungen als Diffusionsquelle. Bei Verw. der tern. Diffusionsquelle führen die Diffusionsprofile zur Ausbldg. von planaren Stufenübergängen; die Übergangstiefe ändert sich mit der Quadratwurzel der Zeit. Bei 700° beträgt die Übergangstiefe nach 4 Std. 5 μm u. die Oberflächenkonz. 2,4 · 10^{20} cm^{-3}. Die um den Faktor 3 erhöhte Oberflächenkonz. u. die um den Faktor 10 verminderte Diffusionsgeschw. bei Verw. der tern. Diffusionsquelle im Vgl. zu elementarem Zn ist darauf zurückzuführen, daß der As_4-Partialdruck in den Diffusionsampullen in diesem Falle 10^8mal größer ist.
W. Laqua 84

0344 **Diffusion in polykristallinem Silber. 4. Mitt. Interkristalline Diffusion von Indium im Temperaturbereich 180–100°.** V. N. Kajgorodov, S. M. Klocman, A. N. Timofeev und I. S. Trachtenberg. (Fiz. Metallov Metallovedenie **25** (1968) 6, 1099–1103; Inst. fiz. metallov AN SSSR; russ.) — 3. vgl. C. **1969,** 14-0356. — Die Temp.-Abhängigkeit des Diffusionskoeff. D von In in Ag über Versetzungen im Bereich 180–100° wird zu $m^2rD = [1,4(+2,6-0,9)] \cdot 10^{-12}$ exp $[-(12680 \pm 940)/RT]cm^2/s$ ermittelt (r = effektiver Versetzungsradius, m = Versetzungsdichte).
H. Roschkowski 84

0345 **Selbstdiffusionskoeffizient von Nickel in Nickelsulfid.** Kazuo Fueki, Yasuo Oguri und Takashi Mukaibo. (Bull. chem. Soc. Japan **41** (1968) 3, 569–72; Dep. of Ind. Chem., Fac. of Engng., The Univ. of Tokyo, Hongo, Tokyo; engl.) — Der Selbstdiffusions-Koeff. D von Ni in Ni-Sulfid wurde durch Unters. der Kinetik des Sulfidierungs- bzw. Desulfidierungs-Prozesses von $Ni_{1-\delta}S$ in H_2S/H_2-Mischungen bei 450–600° bestimmt. Als Ergebnis wurde erhalten: $D = 3,2 \cdot 10^{-4} \exp(-21300/RT)$ cm^2/s.
W. Laqua 84

0346 **Methode zur Messung der Diffusionskoeffizienten der Ag^+-Ionen in Glas mit Hilfe des Radioisotops ^{110}Ag.** Josef Matoušek. (Silikáty [Praha] **12** (1968) 1, 73–78; Vysoká škola chem.-technol., Praha; tschech.) — Die Best. der Diffusionskoeff. von Ag^+-Ionen in Glas mit Hilfe von ^{110}Ag wird eingehend beschrieben u. die Arbeitsweise unter Berücksichtigung der Einhaltung der Diffusionsbedingungen dargestellt. Zur Messung wird die Meth. der „Ermittlung der Restaktivität" modifiziert u. der Diffusionskoeff. unter Verw. der vereinfachten Beziehung der Verhältnisse der Aktivität der Probe nach der Diffusion zu der nach dem Abschleifen bis zur Distanz x errechnet. Die Problematik der Meth. sowie Fehlermöglichkeiten werden diskutiert; die gefundenen Werte sind gut reproduzierbar.
O. Rösner 84

0347 **Gitter- und Korngrenzendiffusion von Gold in Nickel.** A. Chatterjee und D. J. Fabian. (J. Inst. Metals **96** (1968) 6, 186–89; Univ. of Reading, Berks., Dep. of Phys.; engl.) — Die Diffusionsgeschw. von *Au* in *Ni* im Temp.-Bereich 700–1075° wurden an polykrist. Material u. an *Ni*-Einkrist. untersucht. Die Beobachtungen an polykrist. Ni sind in Übereinstimmung mit den theoret. Vorhersagen von Suzuoka. Für Gitter-Diffusion aus Einkrist.-Unters. sind die Werte: $Q_l = 55 \pm 2$ (kcal/Mol) u. $D_{0(l)} = 0,02 \pm 0,005$ ($cm^2 sec^{-1}$); für Korngrenzen-Diffusion: $Q_b = 30 \pm 5$ u. $D_{0(b)} = 3,0 \pm 0,8$.
E. Schulte 84△

0348 **Bremsquerschnitt in Kohlenstoff von 0,2- bis 1,5-MeV-Atomen mit $21 \leqq Z_1 \leqq 39$.** P. Hvelplund und B. Fastrup. (Physic. Rev. [2] **165** (1968) 2, 408–14; Inst. of Phys., Univ. of Aarhus, Aarhus C, Denmark; engl.) — Es wurde der Bremsquerschnitt S = dE/NdR in dünnen C-Folien für Ionen von ^{45}Sc, ^{47}Ti, ^{52}Cr, ^{55}Mn, ^{56}Fe, ^{59}Co, ^{65}Cu, ^{74}Ge, ^{79}Br, ^{86}Kr u. ^{89}Y mit Energien von 200–1500 keV gemessen. Die experimentellen Ergebnisse wurden numer. im Hinblick auf Kernbremsung korr. u. die ermittelte elektron. Bremsung mit der Theorie verglichen. Die für $Z_1 \leqq 20$ bekannte period. Abhängigkeit des elektron. Bremsquerschnittes von der Ordnungszahl Z_1 der auftreffenden Ionen bei konst. Projektilgeschw. gilt auch für den erweiterten Z_1-Bereich. Die Amplitude der aufeinanderfolgenden Oszillationen ist im gesamten Z_1-Bereich angenähert konstant. Die relative Amplitude nimmt jedoch mit zunehmender Geschw. ab. Die relative Genauigkeit der Ergebnisse beträgt ca. 3%.
H. Liepack 86

0349 **Kanalleitung von MeV-Projektilen in Wolfram und Silicium.** J. A. Davies, J. Denhartog und J. L. Whitton. (Physic. Rev. [2] **165** (1968) 2, 345–56; Chalk River Nucl. Labor., Atomic Energy of Canada Ltd., Chalk River, Ontario, Canada; engl.) — Unters. des Kanalleitungsverh. für ^1H-, ^4He-, ^{12}C-, ^{16}O- u. ^{35}Cl-Projektile (2–30 MeV) in W-Krist. sowie von 3,0-MeV-^1H in Si-Krist. aus der Rutherford-Weitwinkelstreuung. Krit. Winkel u. minimale Streuausb. stimmen im allg. ausgezeichnet mit der Theorie überein. Die Kanalleitung wurde hinsichtlich Tiefen- u. Temp.-Abhängigkeit untersucht; ein wesentlicher Unterschied wurde zwischen planaren u. axialen Prozessen beobachtet. Es wurden ferner Messungen an Au- u. UO_2-Krist. durchgeführt.
H. Liepack 86

0350 **Protonen-Kanalleitung in sehr dünnen Goldkristallen in ⟨111⟩-Richtung.** E. S. Machlin, S. Petralia, A. Desalvo, G. F. Missiroli und F. Zignani. (Nuovo Cimento, B [10] **55/144** (1968) 1, 263–68; Columbia Univ., Dep. of Metallurg., New York, N.Y.; engl.) — Ein- u. polykrist. *Au*-Filme (ca. 300–1000 Å dick) wurden mit Protonen (85 kV) beschossen, erstere bes. in ⟨111⟩-Richtung. Durch Messung des Energieverlustes der Protonen im engen Winkelbereich um die ⟨111⟩-Achse wurde die Raumverteilung der *Au*-Außenelektronen bestimmt.
Manfred Schenk 86

0351 **Bremsvermögen von Al, Zn und In für 0,6–2,4-MeV-Protonen.** E. Leminen, A. Fontell und M. Bister. (Suomalaisen Tiedeakatemian Toimituksia [Ann. Acad. Sci. fenn.], Ser. A, VI 1968, **281,** 1–12; Dep. of Phys., Univ. of Helsinki; engl.) — Das Bremsvermögen von *Al, Zn* u. *In* wurde mit einem Fehler von ca. 2% für Protonen im Energiebereich von 0,6–2,4 MeV bestimmt. Die Messungen dienten als Grundlage für die Abschätzung der mittleren Anregungsenergien u. der Korrekturen für die K- u. L-Schalen.
Manfred Schenk 86

0352 **Plättchen von Zwischengitteratomen in protonenbestrahltem Kupfer.** D. J. Mazey und R. S. Barnes. (Philos. Mag. [8] **17** (1968) 146, 387–403; Atomic Energy Res. Establ., Harwell, Didcot, Berks.; engl.) — Bei Beschuß von Cu-Filmen mit Protonen (20–60 keV) bilden sich bei Filmtemp. zwischen 70 u. 300° Stapelfehler-enthaltende, reguläre, hexagonale Versetzungsschleifen. Aus elektronenmkr. Unters. folgt, daß es sich um gleitfähige Versetzungsschleifen vom Frank-Typ handelt, die ⟨110⟩-Kanten besitzen u. auf {111}-Ebenen liegen. Die Stapelfehler besitzen extrins. Natur, was vermuten läßt, daß die Schleifen durch Cluster von Zwischengitteratomen verursacht werden. Die Bldg. der Versetzungsschleifen wird durch H_2 beeinflußt, das die Stapelfehlerwahrscheinlichkeit erhöht.
W. Laqua 86

0353 **Schäden in Al, Cu und Au bei der Bestrahlung mit Neutronen und Ionen.** D. M. Abdullaeva. (Izvest. Akad. Nauk Uzb. SSR, Ser. fiz.-mat. Nauk **12** (1968) 3, 64–65; Inst. jader. fiz. Uzbek. SSR; russ.) — Es wurden die bei der Bestrahlung im Krist. gebildeten unterschiedlichen Defekte kristallograph. erklärt.
V. Burjan 86△

Optische Eigenschaften

0354 **Mikroskopische Theorie der Einsteinschen optischen Streuungsgleichungen.** R. K. Bullough, A.-S. F. Obada, B. V. Thompson und F. Hynne. (Chem. Physics Letters [Amsterdam] **2** (1968) 5, 293–96; Dep. of Mathem., U. M. I. S. T., Manchester, England; engl.) — Bis zur 3. Ordnung in der zwischenmol. Korrelation exakte Berechnung der Streuformeln.
H. Liepack 91

0355 **Sättigungseffekt der Extinktion der Infrarot-Kontinuumsabsorption tunnelnder Protonen in Säure-**

lösungen. G. Zundel und H. Metzger. (Z. physik. Chem. [Leipzig] **235** (1967) 5/6, 333–34; Phys.-Chem. Inst. der Univ. München; dt.) – Zur Messung der Extinktion der Kontinuumabsorption in Abhängigkeit von der Konz. tunnelnder Protonen wurden gleichstarke (ca. 5 mμ) *Polystyrol–Sulfonsäure*-Folien, die gleich stark vernetzt u. sulfoniert waren, mit Mischungen aus wss. *HCl–NaCl*-Lsg. mit variierendem Mischungsverhältnis behandelt, um Folien mit hydratisierten $-SO_2OH$- u. $-SO_3^-Na^+$-Gruppen in verschieden definierten Verhältnissen zu erhalten. Die Konz. der Säuregruppen u. damit der tunnelnden Protonen wurde durch die integrale Extinktion der Valenzschwingungsbande der *SO*-Einfachbindung in der $-SO_2OH$-Gruppe bestimmt. Ist die Konz. der tunnelnden Protonen $< 1{,}5$ mVal H^+/g, so steigt die Extinktion des Kontinuums linear mit der Konz. der tunnelnden Protonen. Ist sie $> 1{,}5$ mVal H^+/g, so stieg die Extinktion nicht mehr wesentlich an, d. h. die Extinktion des Kontinuums zeigt einen Sättigungseffekt. Vf interpretieren diesen Effekt als Übergang der paarweisen Kopplung in eine Kopplung aller anwesenden tunnelnden Protonen u. damit Änderung der Protonendispersionskräfte. R. Blank 92

0356 **Lichtabsorption dünner Calciumschichten zwischen 0,5 und 5,5 eV.** Robert Blanc und René Rivoira. (C. R. hebd. Séances Acad. Sci., Sér A et B **265** (1967) 19, B1044–46; Fac. des Sci., Marseille; franz.) – Die Abhängigkeit der Lichtabsorption in 1–7 mμ dicken Ca-Schichten von der Einstrahlstärke wird zwischen 0,5 u. 5,5 eV (0,6–2,8 μ) untersucht. Im Sichtbaren tritt kaum Absorption auf, wohl aber im IR eine Bande. Dagegen wurde die theoret. von Seitz vorhergesagte Bande nicht beobachtet. A. Meixner 92

0357 **Methode des lumineszierenden Trägers bei der Untersuchung der Durchlässigkeit dünner Blättchen im Vakuumultraviolett-Spektralgebiet.** O. M. Sorokin. (Optika i Spektroskopija **24** (1968) 6, 976–78; russ.) – Es wurden die Transparenz von Filtern aus *Al-, Mn-, Te-, Ge-* u. *Se-Blättchen* mit Hilfe der Meth. des lumineszierenden Trägers (*CsJ : Tl*), ihre optimalen Bedingungen, ihre Qualität u. Fehler untersucht. Die spektralen Transparenzkurven dieser Filter sind angegeben. W. Müller-Litz 92

0358 **Optische Eigenschaften von SiO_2-Blättchen, die durch thermische Oxydation von Silicium erhalten wurden, im Wellenlängengebiet von 7,0 bis 11,0 μm.** A. V. Rakov, E. V. Potapov und L. P. Mizgirëva. (Optika i Spektroskopija **25** (1968) 1, 117–21; russ.) – Es wurden die Durchlässigkeit u. die Reflexionsspektren von SiO_2-Blättchen unterschiedlicher Dicke, die durch therm. Ox. erhalten wurden, im Wellenlängengebiet von 7,0–11,0 μm untersucht u. der Vgl. der experimentellen Resultate mit den entsprechenden Berechnungen des Syst. SiO_2–*Si* durchgeführt. Die opt. Eig. der Oxidschichten auf *Si* unterscheiden sich von denen des massiven Quarzes. Auf der Grundlage der erhaltenen Resultate wurden Aussagen über die Struktur der Oxidschicht getroffen. W. Müller-Litz 92

0359 **Einfluß der Lichtinterferenz an Siliciumdioxidblättchen auf das Reflexionsspektrum des Systems SiO_2–Si im Gebiet 9 μm.** A. V. Rakov, E. V. Potapov und L. P. Mizgirëva. (Optika i Spektroskopija **25** (1968) 1, 168–69; russ.) – Vgl. vorst. Referat. – Vf. untersuchten den Einfl. der SiO_2-Blättchendicke (d = 1,5; 1,25; 1,00; 0,75; 0,50; 0,25; 0,10 μm) auf die Wellenlänge des Max. der Reflexion. Sie erhöht sich mit Verringerung der Dicke der Oxidblättchen. Es wurde die theoret. Berechnung der Abhängigkeit $\lambda_{R\max} = f(d)$ mit den experimentellen Werten von Proben, die durch therm. Ox. erhalten wurden u. mit Proben, die durch Pyrolyse erhalten wurden, verglichen. Der Charakter der experimentellen Abhängigkeit ist analog der theoret. Kurve. W. Müller-Litz 92

0360 **Gültigkeit der Kramers-Kronig-Methode und Anwendung auf die IR-Dispersion von MgO.** Bernard Piriou und François Cabannes. (Optica Acta [London] **15** (1968) 3, 271–86; Labor. des Echanges Therm., C.N.R.S., Bellevue, France; franz.) – Das Reflexionsspektrum von MgO wird nach der klass. Theorie bei 293 °K analysiert. Für die Best. des Dämpfungsausdruckes wird eine Abwandlung dieser Meth. vorgeschlagen, wenn der Reflexionsfaktor in die Nähe von 1 rückt. Das Verf. von Kramers-Kronig wird krit. analysiert. Der Einfl. der Parameter verschiedener Frequenzbereiche auf die Größe der Dispersion wird behandelt. Erklärungen für negative Phasenänderungen u. anomal hohe Absorptionswerte werden gegeben. Herbert Weber 92

0361 **Veränderung des Brechungsindex von Rubin beim Pumpen.** I. S. Gorban' und G. L. Konončuk. (Ž. prikl. Spektroskopii **8** (1968) 5, 864–66; russ.) W. Müller-Litz 92

0362 **Spannungsoptische Dispersion in RbBr, RbJ, CsCl und CsJ.** Reino Laiho und Aarno Korpela. (Suomalaisen Tiedeakatemian Toimituksia [Ann. Acad. Sci. fenn.], Ser. A, VI 1968, **272,** 1–9; Wihuri Phys. Labor., Univ. of Turku, Turku, Finnland; engl.) – Unters. der Photoelastizität durch Messung der Dispersion der spannungsopt. Koeff. im Bereich 2600–6800 Å nach der Meth. von Robertson (Brit. J. Appl. Phys. **16** (1965) 207). Die Koeff. sowie die Wellenlängen, bei der die Koeff. die Vorzeichen wechseln, werden tabelliert angegeben u. die in der Literatur beschriebenen Theorien auf ihre Gültigkeit bez. des photoelast. Verh. der genannten Verb. überprüft. R. Blank 92

0363 **Dynamische Untersuchung des elektrooptischen Effekts in Kristallen.** A. A. Arabidze, D. D. Chalipova und V. P. Kokoeva. (Soobšč. Akad. Nauk Gruz. SSR **50** (1968) 1, 59–63; Tbilisi, Inst. kibern. AN Gruz. SSR; russ.) – Für KH_2PO_4, $NH_4H_2PO_4$ u. RbH_2PO_4 wurde der elektroopt. Effekt unter dynam. Bedingungen unter Verw. der Laserlichttransmission gemessen. V. Burjan 92△

0364 **Messung des Pockels-Effekts in Quarz bei 9 GHz.** H. Pursey und R. J. Newman. (J. Physics, D (Brit. J. appl. Physics) [2] **1** (1968) 6, 707–10; Div. of Mol. Sci., Nat. Phys. Labor., Teddington, Middlesex; engl.) – Modifizierung der von Pursey et al. (ibid. **18** (1967) 285) beschriebenen Meth. zur Messung des elektroopt. Pockels-Koeff. r_{11} für krist. *Quarz* bei 9 GHz. Der Wert $r_{11} = 1{,}7 \times 10^{-13}\,mV^{-1}$ stimmt mit dem nach anderen Meth. bestimmten gut überein. R. Blank 92

0365 **Komponente der hochfrequenten optischen Übergänge beim Faraday-Effekt in antiferromagnetischem MnF_2.** N. F. Charčenko und V. V. Eremenko. (Fiz. tverdogo Tela **10** (1968) 5, 1402–07; Fiz.-techn. inst. nizkich temp. AN USSR, Char'kov; russ.) – Messungen von 20–150 °K bei ≦ 150 kOe im opt. Spektralbereich. Durch Verschiebung der Anregungszustände vergrößert sich unterhalb der Néel-Temp. der Abstand zwischen den Rechts-Links-Komponenten um das 5fache. Durch diesen Effekt lassen sich die Magnetoresonanz- u. die paramagnet. Drehung deuten. K. Jaeger 92

0366 **Faraday-Effekt in dünnen CdS-Schichten im Bereich der Fundamentalabsorptionskante.** V. K. Miloslavskij, V. V. Karmazin und A. A. Šapirov. (Fiz. Techn. Poluprovodnikov **2** (1968) 4, 590–92; Char'kovskij gos. univ. im. Gor'kogo; russ.) – Messungen (300 °K, 21 kOe) an hexagonalen CdS-Aufdampfschichten vor u. nach Temperung bei 500° im Vakuum (2,1–2,6 eV). Der Bandabstand beträgt 2,53 eV; ein Peak bei 2,46 eV wird Störstellenexzitonen zugeschrieben. K. Jaeger 92

0367 **Faraday-Effekt im fernen Infrarot von Seltenerdmetall-Eisengranaten.** P. G. Frayne. (J. Physics, D (Brit. J. appl. Physics) [2] **1** (1968) 6, 741–51; U. K. Atomic Energy Authority, Culham Labor.; engl.) – Best. der opt. u. magnetoopt. Eig. (Sättigungsmagnetisierung, Brechungsindex n, Reflektionsfaktor R_∞, Absorptionskoeff. k, Dicke u. Durchlässigkeit für π/4-Drehung, Faraday-Rotation α_F, nichtdisperse Faraday-Rotation, Röntgen-Strahldichte ϱ, magnet. Moment von zwei Formeleinh. μ_0, magnet. Moment pro Einh.-Volumen M_s, Moment des Eisen-Untergitters M_1, Moment des Seltenerdmetall-Untergitters M_2, gyromagnet. Verhältnis der Seltenerdmetalle γ_2, effektives gyromagnet. Verhältnis γ_{eff}, Mol.-Feldkoeff. λ u. Winkelgeschw. der Austauschresonanz) von $Y_3Fe_5O_{12}$, $Y_3Fe^{3+}_{4,95} \cdot (SiFe^{2+})_{0,05}O_{12}$, $Eu_3Fe_5O_{12}$, $Tb_3Fe_5O_{12}$, $Y_3Fe_{3,7}Ga_{1,3}O_{12}$, $Gd_3Fe_5O_{12}$, α-Fe_2O_3 sowie $Ni_{0,56}Zn_{0,41}Cu_{0,05}Mn_{0,02}Fe_{1,96} \cdot O_4$, $Ni_{0,82}Cu_{0,2}Mn_{0,04}Fe_{1,94}O_4$ u. $Mg_{1,11}Mn_{0,08}Fe_{1,81}O_4$ bei 297 °K u. 337 μm mit einem HCN-Gasmaser.

R. Blank 92

0368 **Kinetik der Absorption eines breiten Strahlungsspektrums durch einen Stoff.** A. I. Burštejn und Ju. S. Oseledčik. (Optika i Spektroskopija **25** (1968) 1, 146—48; russ.) — Theoret. Analyse des Zusammenhangs zwischen opt. Absorption u. Niveaubesetzung.

H. Roschkowski 94

0369 **Kristallfeldabschirmeffekte für die $4f^x$-Schalen von Ionen der Seltenerdmetalle und die Kernmomente.** 2. Mitt. A. G. Machanek und V. S. Korol'kov. (Optika i Spektroskopija **25** (1968) 1, 104—08; russ.) — 1. vgl. C. **1967, 39**-0354. — Es wurden die Abschirmkonst. des elektr. Gradienten des Ligandenfeldes für die Seltenerdmetallionen berechnet. Bei der Berechnung wurden die Slater- u. wasserstoffähnliche Wellenfunktionen benutzt.

W. Müller-Litz 94

0370 **Berechnung des d-d-Spektrums des Pentaquovanadyl-Ions $V^{IV}O(OH_2)_5^{2+}$ mit Hilfe analytischer Radialfunktionen eines autokohärenten Feldes mit der Kristallfeldnäherung.** 5. Mitt. Edgar Wendling (unter technischer Mitarbeit von Joële de Lavillandre). (Bull. Soc. chim. France **1968**, 1, 35—39; Strasbourg, Inst. de Chim., Labor. de Chim. Min.; franz.) — 4. vgl. C. **1969**, 6-0045. — Vf. berechnen die Lage des $^2A_1 \rightarrow {}^2B_2$-Überganges des $VO(OH_2)_5^{2+}$-Ions unter Annahme der geometr. Daten vom $VOSO_4 \cdot 5H_2O$ mit der Meth. des autokohärenten Krist.-Feldes u. erhalten Übereinstimmung mit dem beobachteten Spektrum für eine Restladung von 0 bis +0,5 u. einem Dipolmoment des koordinierten H_2O von 6—7 D. Eine andere Lsg. mit einer Restladung von +3 bis +4 u. einem Dipolmoment von 20—30 wird als nicht sinnvoll verworfen.

Hans Bürger 94

0371 **Isotopieverschiebung bei der Kristallfeld-Aufspaltung.** Chao-Yuan Huang. (Nature [London] **218** (1968) 5143, 761—62; Dep. of Phys. and Condensed State Centre, Case Western Reserve Univ., Cleveland, O.; engl.) — Die Isotopieverschiebung der Krist.-Feld-Aufspaltung zweier isotoper magnet. Ionen, die sich im gleichen Wirtsgitter befinden, ist der Differenz der mittleren Verschiebungsquadrate der beiden Isotope proportional. Diese von Vf. abgeleitete Beziehung wird benutzt, die von Marshall et al. (vgl. C. **1967, 6**-0374) gemessene Temp.-Abhängigkeit der Isotopieverschiebung der Krist.-Feld-Aufspaltung von ^{52}Cr u. ^{53}Cr zu deuten.

W. Laqua 94

0372 **Absorptionsspektren einiger Co^{2+}-Salz-Hydrate.** Marcela Musa und G. Hlevca. (Rev. roum. Chim. **13** (1968) 5, 547—54; Inst. of Phys., Acad. of Romania; engl.) — Zur Unters. der Elektronenspektren wurden Messungen über die spektrale Absorption u. Reflexion an $CoCl_2 \cdot 2H_2O$, $CoCl_2 \cdot 6H_2O$, $Rb_2CoCl_4 \cdot 2H_2O$, $K_2CoCl_4 \cdot 2H_2O$ u. $Li_2CoCl_4 \cdot 4H_2O$ im Bereich 4000—25000 cm^{-1} bei der Temp. des fl. N_2 durchgeführt. Krist.-Feld-Parameter Δ u. Racah-Parameter B. u. C wurden berechnet. Zur genaueren Definierung der Banden im $CoCl_2 \cdot 2H_2O$-Einkrist.-Spektrum wurde dieses mit dem vom $CoCl_2 \cdot 6H_2O$ unter Berücksichtigung der Tsuchida Regel für mittlere Umgebung verglichen.

Herbert Weber 94

0373 **Absorptionsspektren von n-$CdSnAs_2$.** G. A. Sicharulidze und Ju. I. Uchanov. (Soobšč. Akad. Nauk Gruz. SSR **50** (1968) 2, 315—20; russ.) — Die Absorptionsspektren bei 110 u. 295 °K werden an n-$CdSnAs_2$-Einkrist. bei Verw. von normalem u. linear polarisiertem Licht bei 1,5—25 μm aufgenommen. Ein Bandschema für die Verb. wird vorgeschlagen.

H. Roschkowski 94

0374 **IR-Absorption von GaAs mit Strukturstörungen.** A. A. Patrin, V. F. Stel'mach und V. D. Takačev. (Ž. prikl. Spektroskopii **9** (1968) 1, 104—07; russ.) — Vf. untersuchten die Abhängigkeit der Absorption von *n*- u. *p-GaAs*-Einkrist. im nahen IR-Bereich (0,8—5 μm) vom spezif. Widerstand dieser Krist. (10^{-2}—10^6 $\Omega \cdot$ cm) u. der Bestrahlung mit Neutronen (10^{14}—$5 \cdot 10^{17}$ Neutronen/cm^2). Den Krist. wurden *Cu*, *Ni*, *Fe* u. *Cr* beigemischt. Die in den Spektren beobachteten Banden hängen von der Art der Beimischungen u. Strukturdefekten ab. Vf. diskutieren den Mechanismus des monotonen Anwachsens der Absorption mit Erhöhung der Energie der Lichtquanten in den Krist., die mit schnellen Neutronen bestrahlt wurden. Diese Abhängigkeit kann bedingt werden durch die unterschiedliche Effektivität der Bldg. von Strahlungszentren u. der Zentren mit Niveaus nahe der Grenze der verbotenen Zone.

W. Müller-Litz 94

0375 **Infrarotspektren von Uranylnitratkristallen.** L. V. Volod'ko, A. I. Komjak, M. R. Posledovič und A. I. Serafimovič. (Ž. prikl. Spektroskopii 8 (1968) 6, 990—97; russ.) — Die IR-Spektren von $Cs[UO_2(NO_3)_3]$, $Rb[UO_2(NO_3)_3]$, $(NH_4)[UO_2(NO_3)_3]$, $K[UO_2(NO_3)_3]$, $Rb_2 \cdot [UO_2(NO_3)_4]$, $(NH_4)_2[UO_2(NO_3)_4] \cdot 2H_2O$ u. $UO_2(NO_3)_2 \cdot 6H_2O$ bei ca. 4000—1200 cm^{-1} wurden aufgenommen u. die Hauptfrequenzen zugeordnet. Senkung der Temp. auf 77 °K führt zum Verschwinden einiger Banden u. z. T. zur Bandenaufspaltung. Die Ursachen dafür werden besprochen.

H. Roschkowski 94

0376 **Phthalocyanine von Metallen der ersten Übergangsreihe.** 2. Mitt. **Der Einfluß der Kristallmerkmale auf die Wechselwirkung mit Stickstoffoxid und auf den M-(NO)-Teil.** C. Ercolani, C. Neri und G. Sartori. (J. chem. Soc. [London], Sect. A **1968**, 9, 2123—2127; Roma, Italy, Univ. di Roma, C. N. R. Labor., Ist. di Chim. Gen. ed Inorg.; engl.) — 1. vgl. C. **1969**, 10-0815. — Zwischen *NO* u. den α-Formen der *Cr*-, *Fe*- u. *Co*-Phthalocyanine wurde keine Wechselwrkg. beobachtet. Das zu den β-Formen (vgl. l. c.) unterschiedliche Verhalten der α-Formen kann auf Grund ihrer unterschiedlichen Kristallmerkmale erklärt werden. Eine detaillierte Unters. der IR-Spektren (850—4000 cm^{-1}) der von den β-Formen von Cr-, Mn-, Fe- u. Co-Phthalocyanin hergestellten Nitrosyl-Deriv. zeigt, daß ster. Faktoren zusammen mit der Anordnung der Mol. im Krist.-Gitter von bes. Bedeutung bei der Best. der Art der NO-Metall-Bindung sind. d-Werte, Frequenzen der Absorptionslinien der genannten Verb. u. von *Cr*- u. *Mn-Phthalocyanin-NO-Pyridin* werden tabellar. angegeben.

E. Schulte 94△

0377 **Thermische Stabilität der Hydroxylgruppen in dekationisierten X- und Y-Zeolithen.** Jan B. Uytterhoeven, P. Jacobs, K. Makay und R. Schoonheydt. (J. physic. Chem. **72** (1968) 5, 1768—75; Labor. v. Oppervlaktescheikunde, Inst. v. d. wetenschappen van de aardbodem, Heverlee, Belgium; engl.) — Der Einfl. des Dekationisierungsgrades u. verschiedener Arten der Erhitzung auf die therm. Stabilität der OH-Gruppen von *X*- u. *Y-Zeolith* wurde IR-spektroskop. u. thermogravimetr. untersucht. An den Intensitätsveränderungen der OH-Banden bei 3650 u. 3550 cm^{-1} konnte die Dehydroxylierung beider OH-Gruppen quant. u. selektiv verfolgt werden. Die 3650 cm^{-1}-Bande wird OH-Gruppen zugeschrieben, die an O-Atomen liegen, welche Brücken zwischen zwei Kubooktaedern bilden, die 3550 cm^{-1}-Bande den OH-Gruppen an sechsgliedrigen Ringen von O-Atomen im Kubooktaeder. Die erste Art ist die stabilere, was durch Unterschiede der Dissoziationsenergie erklärt wird. Nach raschem Erhitzen sitzt ein größerer Anteil an Protonen an den Brücken-O-Atomen als bei langsamem Erhitzen. Also ergibt das erste Verf. stabilere Produkte. Der Unterschied der therm. Stabilität von X- u. Y-Zeolith wird auf der Grundlage der Wanderung von Protonen auf dem O-Gerüst diskutiert.

A. Becker 94

0378 **Reflexionsspektroskopische Untersuchungen an adsorbiertem Brom und Jod.** 1. Mitt. G. Kortüm und H. Vögele. (Ber. Bunsenges. physik. Chem. **72** (1968) 3, 401—07; Inst. für Phys. Chem., Univ., Tübingen; dt.) — J_2 bzw. Br_2 wurden aus der Gasphase an bei 600° vorgetrockneten u. im Hochvakuum ausgeheizten Na-Halogenid-Pulvern (*NaCl*, *NaBr*, *NaJ*, *NaF*) adsorbiert. Die nach verschiedenen Zeiten aufgenommenen Reflexionsspektren werden teils als Ladungsüberführungsbanden der an den Oberflächen der Adsorbentien gebildeten XY_2-Ionen (EDA-Komplexe) gedeutet (X, Y = F, Cl,

Br, J), teils werden sie auf eine Rk. der Gase mit an der Oberfläche noch adsorbiertem W. zurückgeführt. Die Intensitäten der letzteren sind zeitabhängig. D. Hoene 94

0379 **IR-Spektroskopie von an Faujasiten adsorbiertem Pyridin bei höheren Temperaturen.** P. E. Eberly jun. (J. physic. Chem. **72** (1968) 3, 1042—47; Esso Res. Labor., Humble Oil and Refining Comp., Baton Rouge Refinery, Baton Rouge, La.; engl.) — IR-spektroskop. Unters. von Pyridin, das bei 100—260° an verschiedenen ausgetauschten Faujasiten (MY; M = Metall) sowie an HY adsorbiert worden war, ermöglichten die Unterscheidung von sauren Zentren des Brönsted- u. des Lewis-Typs. HY bildete vorzugsweise Pyridiniumionen, was durch Wechselwrkg. mit der 3635 cm^{-1}-Bande (entsprechend Brönsted-Zentren) angezeigt wurde, während mit Li^+ u. Na^+ bzw. zweiwertigen Kationen (Mg^{2+}, Ca^{2+}, Cd^{2+}) ausgetauschter Y-Zeolith koordinativ an Lewis-Plätze gebundenes Pyridin (Bande bei 1450 cm^{-1}) aufwies; KY zeigte unter diesen Bedingungen keine Pyridin-Adsorption. Bei Ca- u. Mg-Faujasit wurde die Fähigkeit zur Erzeugung u. Adsorption von Pyridiniumionen durch Hinzufügen kleiner W.-Mengen bedeutend erhöht, vermutlich infolge Ausbldg. von -Ca–OH- u. -OH-Gruppen. H. Karge 94

0380 **Spektrale Eigenschaften und strukturelle Besonderheiten aktivierter Gläser auf Grundlage von Berylliumfluorid.** D. M. Judin, G. A. Curikova, G. T. Petrovskij und N. V. Starostin. (Optika i Spektroskopija **24** (1968) 6, 966—70; russ.) — Es wurden die opt. Absorptionsspektren von Co^{2+} u. Nd^{3+} u. die EPR-Spektren von Mn^{2+} u. Co^{2+} in *Glas* $60BeF_2$–$10AlF_3$–$10CaF_2$–$20KF$ u. in glasartigem BeF_2 u. die Abhängigkeit der spektralen Eig. der aktivierten BeF_2-*Gläser* vom Charakter der chem. Bindung, der Symmetrie u. der Ligandenfeldstärke untersucht. W. Müller-Litz 94

0381 **Zusammenstellung der Infrarotspektren von Glasbildnern und Gläsern.** Norbert Neuroth. (Glastechn. Ber. **41** (1968) 6, 243—52; Labor., Jenaer Glaswerk Schott & Gen., Mainz; dt.) — Übersicht. — Hinsichtlich von Strukturaussagen werden 1. die Spektren der wichtigsten Glasbildner (SiO_2, GeO_2, B_2O_3) mit denen der krist. Formen verglichen u. 2. die Veränderungen der Spektren der Glasbildner durch Zugabe von Netzwerkwandlern betrachtet. Die Auskünfte der IR-Spektren über Art des W.-Einbaus u. der Temp.-Einfluß auf das IR-Spektrum werden referiert. — 121 Literaturangaben. U. Strobel 94

0382 **Laserangeregte Raman-Spektren von Substanzen unter sehr hohen Drücken.** J. W. Brasch, A. J. Melveger und E. R. Lippincott. (Chem. Physics Letters [Amsterdam] **2** (1968) 2, 99—100; Center for Materials Res. and Dep. of Chem., Univ. of Md., College Park, Md.; engl.) — Beschreibung einer Meth. zur Messung von laserangeregten Raman-Spektren mit kommerziellen Instrumenten von Substanzen, die unter hohen Drücken (bis zu 20 kbar) stehen. Als Anwendung wurde das Raman-Spektrum des roten HgJ_2 u. des unter Druck erhaltenen gelben HgJ_2 bei Zimmertemp. aufgenommen. R. Blank 94

0383 **Tensor der elektronischen Raman-Streuung des dreiwertigen Ce-Ions in einem hexagonalen Kristallfeld.** J. A. Koningstein und O. Sonnich Mortensen. (Chem. Physics Letters [Amsterdam] **1** (1968) 13, 693 bis 695; E.W.R. Steacie Building of Chem., Carleton Univ., Ottawa, Canada; engl.) — Berechnung der Streumatrix für elektron. Raman-Übergänge innerhalb der $^2F_{5/2}$-Zustände des Ce^{3+} in einem Krist.-Feld hexagonaler Symmetrie. Von den zwei möglichen Übergängen ist einer mit einem antisymm., der andere mit einem symm. Streutensor verbunden. Der Grad der Antisymmetrie hängt stark von der Frequenz der anregenden Strahlung ab. H. Liepack 94

0384 **Elektronische Raman-Spektren. 1. Mitt. Raman-Übergänge von dreiwertigem Ytterbium, Europium und Neodym in Yttrium–Gallium–Granat.** J. A. Koningstein. (J. chem. Physics **46** (1967) 7, 2811—16; E.W.R. Steacie Building for Chem., Carleton Univ., Ottawa, Canada; engl.) — Yttrium–Gallium–Granat-Krist. wurden mit den Ionen Yb^{3+}, Eu^{3+} bzw. Nd^{3+} dotiert, u. von diesen Ionen wurden die elektron. Raman-Spektren beobachtet. Die experimentellen Ergebnisse zeigen, daß die Lage der Zustände, die aus den $(4f)^n$-Elektronenkonfig. der Ionen entstehen, die Intensität der schwachen Raman-Linien nicht erhöht, wenn die Energiedifferenz zwischen diesen Zuständen u. der anregenden Strahlung mehr als einige Hundert Wellenzahlen beträgt. K.-H. Bielicki 94

0385 **Temperaturabhängigkeit der Sonolumineszenz von Wasser.** K. J. Taylor und P. D. Jarman. (J. Physics, D (Brit. J. appl. Physics) [2] **1** (1968) 5, 653—55; Nedlands, Western Australia, Univ., Dep. of Physics; engl.) — Messungen der Intensität der Sonolumineszenz von luftgesätt. W. im Temp.-Bereich 0—20° mit Sekundärelektronenvervielfachern ergeben einen Maximalwert bei etwa 13° u. unterhalb sowie über dieser Temp. monotone Abnahmen der Intensität. Die Temp.-Abhängigkeit wird also ähnlich wie für die Kavitationserosion gefunden. Der Abfall im Bereich von 13—0° wird so gedeutet, daß in diesem Gebiet die zunehmende Eiskeimbldg., die von Hickling beobachtet worden ist, Kavitationsenergie verbraucht, die der Erzeugung von Lichtenergie im Kavitationsprozeß verloren geht. H. U. Borgstedt 96

0386 **Bestimmung von Oberflächen-Exzitonenzuständen durch Adsorption organischer Moleküle.** Ju. D. Pimenov. (Vestnik Leningradskogo Univ., Fiz. Chim. **23** (1968) 10 Ser. Nr. 2, 69—72; russ., Auszug: engl.) — Donator-Akzeptor-Wechselwrkg. organ. Mol. (Tetracyanoäthylen, Tetramethyl-p-phenylendiamin, Tetracyanobenzol, Chloranil) mit CuJ-, CdJ_2- u. HgJ_2-Oberflächen werden durch Aufnahme der Lumineszenz- u. Absorptionsspektren der Krist. untersucht. Die Adsorption von Elektronenakzeptormol. stimulierte, die von Donatormol. unterdrückte die Exzitonenübergänge in den Halbleitern. H. Roschkowski 96

0387 **Aktivierung von Alkalimetallhalogeniden durch Europium mit Übergang in den zweiwertigen Zustand bei Explosionseinwirkung.** A. I. Lapšin und S. S. Bacanov. (Ž. prikl. Spektroskopii **8** (1968) 6, 1033—38; russ.) — Mechan. Gemische von LiCl, LiBr, LiJ, NaCl, NaBr, NaJ, KCl, KBr, KJ, RbCl, RbBr, RbJ, CsCl, CsBr, CsJ, NH_4Cl, NH_4Br u. NH_4J mit $EuCl_3$ wurden der Einw. einer Explosion (Hexogen) ausgesetzt. Es bilden sich Luminophore mit blauer Emission infolge eines Übergangs von Eu in den zweiwertigen Zustand. Der Aktivator geht bei der Explosion in das gesamte Vol. der Alkalimetallhalogenide über. H. Roschkowski 96

0388 **Übertragung der Anregungsenergie $Er^{3+} \rightarrow Ho^{3+}$, $Er^{3+} \rightarrow Tm^{3+}$ in CaF_2-Kristallen.** Ju. K. Voron'ko, M. V. Dmitruk, V. V. Osiko und V. T. Udovenčik. (Ž. ėksper. teoret. Fiz. **54** (1968) 2, 367—73; Fiz. inst. im. Lebedeva AN SSSR; russ., Auszug: engl.) — Unters. der Absorption, Lumineszenz u. Anregungsspektren von CaF_2–ErF_3–Ho^{3+}- u. CaF_2–ErF_3–Tm^{3+}-Kristallen. Messung der relativen Lumineszenz-Quantenausb. u. Strahlungslebensdauern sowie der Konz.- u. Temp.-Abhängigkeit für die Anregungsenergieübertragung von Er^{3+} auf Ho^{3+} u. Tm^{3+}. Diskussion des Übergangsmechanismus. I. Zoll 96

0389 **Kohärente Strahlung von InP bei optischer Anregung mit einem Injektionslaser.** P. G. Eliseev, I. Ismailov und L. I. Michajlina. (Ž. ėksper. teoret. Fiz.-Pis'ma v Redakciju **6** (1967) 1, 479—81; Fiz. inst. im. Lebedeva AN SSSR; russ.) — Bei einem mit $5 \cdot 10^{17}$ cm^{-3} Te dotierten InP-Einkrist. mit 2000 $cm^2 \cdot V^{-1} \cdot s^{-1}$ Elektronenbeweglichkeit wurden bei Bestrahlung mit einem GaAs-Laser von 8500 Å bei 77°K bei einem Strom von 70 A schmale kohärente Strahlungslinien bei 8880, 8900 u. 8930 Å beobachtet. Es wird angenommen, daß es sich um Niveauübergänge von der Donatorbeimengungszone in die Valenzzone von n-InP handelt. J. Tůmová 96△

0390 **Natur der blauen Leuchtzentren von Zinksulfid.** L. A. Gromov und V. A. Osipov. (Ž. fiz. Chim. **42**

(1968) 7, 1779—82; Leningradskij technol. inst. im. Lensoveta; russ.) — Die Anhäufung von freiem Zn in ZnS:Cu-Phosphoren in Abhängigkeit von der Cu-Konz. der zur Herst. der Proben verwendeten Gemische wird an bei 800—1100° geglühten Proben analyt. mit Hilfe eines früher (Ž. analitičeskoj Chim. **19** (1964), 189) beschriebenen Verf. untersucht. Die größte Menge an freiem Zn liegt in Proben mit grüner Lumineszenz vor. Proben mit blauer Lumineszenz haben einen geringen Geh. an freiem Zn. Die Art des „blauen" Leuchtzentrums ist noch nicht geklärt. H. Roschkowski 96

0391 **Elektrolumineszenz von ZnS-Phosphoren bei Anregung mit kurzen Impulsen.** B. G. Černjavskij. (Izvest. vysšich učebnych Zavedenij [Tomsk], Fiz. **11** (1968) 7(74), 99—101; Tomskij politechn. inst. im Kirova; russ.) — Vf. untersuchte das Anwachsen der Elektrolumineszenz am Beispiel der grünen u. blauen *Cu*-Banden sowie der orangefarbigen *Mn*-Bande in Standard-*ZnS-Luminophoren* bei Anregung mit rechtwinkligen Impulsen (Impulsdauer 0,04—1 μs). Die blaue Bande wird erst nach Beendigung der Einw. des anregenden Impulses beobachtet, die grüne u. orangefarbige Bande erscheint sofort nach Einschaltung der Spannung. W. Müller-Litz 96

0392 **Einfluß von Ultraviolettstrahlung auf die Lumineszenz eines ZnS:Cu-Phosphors.** F. I. Kolomojcev und S. M. Sidorenko. (Ž. prikl. Spektroskopii 8 (1968) 6, 975—77; russ.) — In einem kommerziellen ZnS:Cu-Phosphor wurde in Abhängigkeit von den Vers.-Bedingungen eine positive oder negative Nichtadditivität der Elektrolumineszenz in Abhängigkeit von der Frequenz der Anregungsspannung festgestellt. Die positive Nichtadditivität nimmt bei UV-Bestrahlung linear zu. Die Erscheinung wird erklärt durch das Entstehen einer EMK im Krist. bei gleichzeitiger Spannungs- u. UV-Einwirkung. H. Roschkowski 96

0393 **Lumineszenz der Kristallphosphore ZnS:Cu, ZnS:Zn und ZnO unter der Einstrahlung von Rubinlaserlicht.** P. Simova, V. I. Stefanov und P. Kircheva. (Doklady bolgarskoj Akad. Nauk **21** (1968) 1, 11—14; Inst. of Phys., Bulg. Acad. of Sci.; engl.) — Oszillograph. Unters. polykrist. Proben zeigten exponentiell gedämpfte, kurze Lumineszenz mit den Zeitkonst. 53 · 10^{-6} (ZnO), 58 · 10^{-6} (ZnS:Zn) u. 63 · 10^{-6} s (ZnS:Cu). K. Jaeger 96

0394 **Einfluß eines elektrischen Felds auf die Szintillationsamplitude in ZnS:Ag-Einkristallen.** V. P. Panov, F. F. Gavrilov und V. S. Bezel'. (Izvest. vysšich učebnych Zavedenij [Tomsk], Fiz. **11** (1968) 5(72), 60—65; Ural'skij politechn. inst. im. Kirova; russ.) — Anlegen eines elektr. Felds an ZnS:Ag-Szintillatoren führt bei Anregung mit α-Teilchen zu einer Verkleinerung der Amplitude der Szintillationsimpulse, wenn die Anregung durch die negative Elektrode verläuft. Das Verh. wird durch die Möglichkeit des Elektronenübergangs aus dem Valenzband in ionisierte Leuchtzentren erklärt. H. Roschkowski 96

0395 **Vergleich der Elektro- und Photolumineszenzspektren von $Zn(S_{1-n}Se_n)$:Cu, J bei 77 und 800°K.** A. G. Gol'dman, B. N. Korol'ko und S. F. Lysenko. (Ž. prikl. Spektroskopii 8 (1968) 6, 959—63; russ.) —Unters. an Luminophoren mit n = 0—1. H. Roschkowski 96

0396 **Rekombinationsstrahlung von Bleisulfid.** L. N. Kurbatov, A. D. Britov, V. E. Maščenko und N. N. Močalkin. (Fiz. Techn. Poluprovodnikov **1** (1967) 7, 1108—11; russ.) — Nach Bridgman gezogene Einkrist. von n-*PbS* (n = 2 · 10^{18} cm^{-3}) u. von p-PbS (p = 2 · 10^{18} cm^{-3}) werden bei 90°K mit 60 keV-Elektronenimpulsen angeregt u. die bei 0,315—0,325 eV emittierte Strahlung I bestimmt. Bei Erhöhung des Anregungsniveaus (4—45 A/cm^2) wird I zu höheren Energien verschoben. Bei Temp.-Erhöhung verschiebt sich I zu höheren Energien bei gleichzeitiger Abnahme der Intensität, bei T $\geq$ 140°K wird keine Emission mehr beobachtet. PbTe emitiert unter gleichen Vers.-Bedingungen eine Strahlung mit einer ebenfalls der Bandbreite entsprechenden unteren Energiegrenze von 0,222 eV. Getemperte PbS-Krist. zeigen einen Peak mit einer um 3 · 10^{-3} eV kleineren Energie als die Bandbreite, er wird auf einen Sauerstoffakzeptor zurückgeführt. Heinz Vogel 96

0397 **Lumineszenzemission von Cadmiumtellurid bei 77°K.** F. J. Bryant und E. Webster. (J. Physics, D (Brit. J. appl. Physics) [2] **1** (1968) 8, 965—71; Dep. of Phys., Univ. of Hull; engl.) — Messung der Lumineszenzspektren von n- u. p-CdTe-Einkrist. in Abhängigkeit von der Temperatur. Bei 77°K treten Max. auf bei 0,89; 1,13 u. 1,65 μm sowie ein breites Band bei 2,0—2,8 μm mit Peaks bei 2,30 u. 2,47 μm. Die 2,30- u. 2,47 μm-Übergänge erfolgen zwischen lokalisierten Niveaus u. einem gemeinsamen Grundzustand. I. Zoll 96

0398 **Phosphore aus Seltenerdmetallphosphaten. Schnell abklingende Phosphore.** R. C. Ropp. (J. electrochem. Soc. **115** (1968) 5, 531—35; Westinghouse Electric Corp., Bloomfield, N.J.; engl.) — Durch Fällung aus entsprechend zusammengesetzten wss. Lsg. u. anschließendes Glühen an Luft wurden die durch Ce^{3+} aktivierten Phosphore $LaPO_4$, $GdPO_4$ u. YPO_4 dargestellt. Die Anregungs- u. Emissionsspektren der Photolumineszenz wurden zwischen 5000 u. 2000 Å gemessen; die Kathodenlumineszenz wurde ebenfalls untersucht. Die opt. Ausb. der Phosphore sind denen des bekannten, kommerziellen P-16-Phosphors vergleichbar, doch klingen sie dreimal schneller ab als dieser Phosphor. Die optimale Aktivator-Konz. für die untersuchten Phosphore liegt bei etwa 6,0 Atom-% Ce^{3+}. W. Laqua 96

0399 **Europium-Phosphore mit gemischter Valenz.** W. A. McAllister. (J. electrochem. Soc. **115** (1968) 5, 535—38; Adv. Dev. Dep., Westinghouse Electric Corp., Bloomfield, N.J.; engl.) — Vgl. vorst. Referat. — Untersucht wurden Anregungs- u. Emissionsspektren von Phosphoren der allg. Zus. $La_{1-2x}Ba_xEu_xLi_xPO_4$ bei Raumtemp.; angeregt wurde mit Licht der Wellenlänge 254, 298 u. 312 nm. Für x = 0,02—0,20 sind die Phosphore einphasig. Die Emissionscharakteristika lassen sich wie folgt beschreiben: Es ist eine Linienemission zu beobachten, die für die UV-Anregung des Eu^{3+} charakterist. ist; die Peaks liegen bei 700, 610 u. 595 nm. Es tritt eine Bande im Blauen mit einem Peak bei 480 oder 420 nm auf. Es existiert eine UV-Bande, deren Zentrum bei 385 nm liegt. Die Emissionscharakteristika hängen ab von der Wellenlänge des anregenden Lichtes u. von der Zus. x der Phosphore. Die Linien-Emission wird auf ein Eu^{3+}-Zentrum zurückgeführt, das Energie vom Wirtsgitter erhält; die Emissionsbanden werden unterschiedlichen Eu^{2+}-Zentren zugeschrieben. W. Laqua 96

0400 **Abhängigkeit der Breite und Dauer der R-Lumineszenzlinien von Rubin von der Chrom-Konzentration.** V. A. Gevorkjan, K. A. Madatjan, E. A. Kočinjan und V. Ch. Sarkisov. (Ž. prikl. Spektroskopii 8 (1968) 5, 742—45; russ.) — Vf. untersuchten die Abhängigkeit der Zeit u. Breite des Lumineszenz-Resonanz-Dubletts von der Cr-Konz. (0,006—0,28% Cr) in Rubin sowie von den Abmessungen der Krist. bei verschiedenen Temperaturen. Die Lumineszenzdauer sinkt mit Erhöhung der Cr-Konz., von 0,02—0,06% Cr^{3+} wächst sie stark an. Die Linienbreite vergrößert sich stark mit Erhöhung der Cr-Konz. bis 0,06%, darüber hinaus nur noch schwach, wobei die von R_1 stärker ansteigt als die von R_2. W. Müller-Litz 96

0401 **Lumineszenz von mit Seltenerdmetallen aktiviertem Fluorapatit.** B. S. Gorobec. (Optika i Spektroskopija **25** (1968) 2, 292—94; russ.) — Es wurde die Lumineszenz von $Ca_5(PO_4)_3F$, das mit Ce, Er, Tm u. Ho aktiviert wurde, bei verschiedenen Temp. (77 bis 300°K) untersucht. Je nach der Präparation der Proben im Vakuum bzw. an der Luft wurden 2 Typen von Spektren gefunden. Diese kommen dadurch zustande, daß die Seltenerdmetall-Ionen im Apatitgitter Ca^{2+} ersetzen u. zum anderen O^{2-} die F^--Ionen. Bei Ce^{3+} wurde eine intensive Bande bei **365 nm** (Übergang $5d^2D_{3/2,5/2} \rightarrow 4f^2F_{3/2}$) u. bei 540 nm, bei Er^{3+} bei 660—675 nm, bei Eu^{3+} bei 455 nm (Übergang $4f^65d \rightarrow 4f^7$) beobachtet. Proben mit Tm^{3+} u. Ho^{3+} zeigen keine Lumineszenz. W. Müller-Litz 96

0402 **Stimulierte Emission mit einem nichtdissoziierten Europium-β-diacetonat.** P. Crozet und Y. H. Meyer. (Nature [London] **213** (1967) 5081, 1115–16; Labor. de Phys., Ecole Polytechn., Paris; engl.) — Lumineszenz (77 °K) u. elektr. Leitfähigkeit χ (295 °K) von frisch hergestelltem $NaEuB_4$ (**I**; HB = *Benzoylaceton*) in DMF u. DMF–A. (1:3) werden untersucht. **I** zersetzt sich zum Teil zu $EuB_3 \cdot DMF$, **I** soll in Mol.-Formen vorliegen. Die Lumineszenzspektren werden erörtert (Zuordnung), Gleichgew.-Konz. von **I**, EuB_4^- u. $EuB_3 \cdot DMF$ abgeschätzt, molare Grenzleitfähigkeiten berechnet. Trotz der Ggw. inakt. Spezies werden Laserschwellwerte von nur 160 J bei −150° erhalten. P. Frenzel 96

0403 **Lumineszenz von mit Eisen(III) aktivierten Gläsern.** S. G. Lunter. (Ž. prikl. Spektroskopii 8 (1968) 6, 964–68; russ.) — Die Lumineszenz von Gläsern der Zus. $K_2O \cdot 4SiO_2$, $Na_2O \cdot BaO \cdot 4SiO_2$, $K_2O \cdot 1{,}5B_2O_3 \cdot 2{,}5SiO_2$, $34{,}6Li_2O \cdot 64{,}5P_2O_5$ u. $50Li_2O \cdot 50P_2O_5$ mit je $0{,}5Fe_2O_3$ wird untersucht u. mit der von Proben verglichen, die das zu Fe^{3+} isoelektron. Mn^{2+} enthalten. Die Lumineszenz von Fe^{3+} in den Gläsern wird im Rahmen der Ligandenfeldtheorie besprochen. H. Roschkowski 96

0404 **Mikrowellenspektrum, Struktur und Dipolmoment von Nitrylfluorid.** A. C. Legon und D. J. Millen. (J. chem. Soc. [London], Sect. A **1968**, 7, 1736–40; William Ramsay and Ralph Forster Labor., Univ. College, London; engl.) — Aus dem Mikrowellenspektrum u. den Rotationskonst. der drei isotopen Spezies $^{14}N^{16}O_2F$ (**I**), $^{14}N^{18}O^{16}OF$ (**II**) u. $^{15}N^{16}O_2F$ (**III**) wurden folgende Strukturparameter bestimmt: $\sphericalangle$ ONO = 136 ± 1,5°, r_{N-O} = 1,1798 ± 0,0035 Å, r_{N-F} = 1,467 ± 0,015 Å u. r_{O-O} = 2,1878 ± 0,003 Å. Die Unters. des Stark-Effekts des $1_{01} \leftarrow 0_{00}$-Übergangs von **III** liefert ein Dipolmoment von 0,466 ± 0,005 D. Darst. von **I** durch Vor- u. Rückdest. von reinem, trockenem NO_2 über Silberdifluorid bei 120°; vollständige Umsetzung innerhalb weniger Min. bei Drücken > 1 atm. Substanz bleibt längere Zeit bei −78° in Teflon- oder Cu-Behältern stabil. Darst. von **II** nach gleicher Meth. mit $N^{16}O^{18}O$ (**IV**). Darst. von **IV** durch Rk. von $N^{16}O$ mit ^{18}O, das durch Elektrolyse von ^{18}O-angereichertem W. erhalten wurde. Darst. von **III** wie **I** mit $^{15}N^{16}O_2$ (**V**). Darst. von **V**: Salpetersäure mit 97 Mol-% $H^{15}NO_3$ wird mit PbO zu Bleinitrat umgesetzt u. dieses durch Erwärmen zersetzt. R. Blank 98

0405 **Theorie der thermischen Kernquadrupolrelaxation in ionischen Kristallen.** Aarre Pietilä. (Suomalaisen Tiedeakatemian Toimituksia [Ann. Acad. Sci. fenn.] Ser. A, VI 1968, **271**, 1–24; Wihuri Phys. Labor., Univ. of Turku, Turku, Finland; engl.) — Die Theorien von van Kranendonk, Chang u. Zak werden zu einer allg. Theorie der Übergangswahrscheinlichkeiten der Kernquadrupolrelaxation mit Einschluß der allg. Kernspin-Quantenzahl u. der Winkelabhängigkeit zusammengefaßt. In der harmon. Näherung sind die Ergebnisse für jede Krist.-Struktur gültig. Die Winkelabhängigkeit wird für Kerne mit verschiedener Symmetrie genauer behandelt. Es werden Potentialnäherungen nach dem Punktladungsmodell u. nach dem quantenmechan. Modell von Kondo u. Yamashita untersucht. Die Relaxationszeiten von ^{23}Na in $NaCl$ u. ^{39}K u. ^{35}Cl in KCl werden im quantenmechan. Modell unter Berücksichtigung der Überlappung der σ-s- u. π-π-Orbitale berechnet. Die Übereinstimmung mit experimentellen Werten ist befriedigend. B. Stender 98

0406 **Chlor-Kernquadrupolresonanz einiger molekularer Addukte von Phosphoroxidchlorid.** Max T. Rogers und James A. Ryan. (J. physic. Chem. **72** (1968) 4, 1340 bis 1345; Dep. of Chem., Mich. State Univ., East Lansing, Mich.; engl.) — Die NQR-Spektren von $SbCl_5 \cdot POCl_3$, $FeCl_3 \cdot POCl_3$, $[TiCl_4 \cdot POCl_3]_2$ u. $SnCl_4 \cdot 2\,POCl_3$ wurden bei verschiedenen Temp. zwischen 77 °K u. Zimmertemp. untersucht. Die einzelnen Frequenzen wurden bestimmten Cl-Atomen zugeordnet u. die Elektronenstruktur der Addukte diskutiert. Das Temp.-Verh. einiger Resonanzen ist wahrscheinlich durch innere Rotation der PCl_3-Gruppen zu erklären. B. Stender 98

0407 **Natur der paramagnetischen Defekte von im Reaktor bestrahlten LiF-Kristallen.** A. Ja. Vitol und K. K. Švarc. (Izvest. Akad. Nauk Latv. SSR, Ser. fiz. techn. Nauk **1968**, 2, 48–52; Inst. fiz. AN Latv. SSR; russ.) — EPR-Unters. der isolierten u. aggregierten F-Zentren sowie kolloidaler, metall. Li-Ausscheidungen in bestrahlten LiF-Kristallen. Die Hyperfeinstruktur zeigt ^3H [aus $^6Li(n, \alpha)^3H$ entstanden] u. ^1H, das OH^--Radikalen zugeschrieben wird. K. Jaeger 98

0408 **Temperaturabhängigkeit der kubischen Aufspaltung der EPR-Spektren von Gd^{3+}-Ionen in Kristallen vom CaF_2-Typ.** T. Revaj. (Fiz. tverdogo Tela **10** (1968) 5, 1272–76; Inst. poluprov. AN SSSR, Leningrad; russ.) — Best. der Temp.-Abhängigkeit (77–950 °K) des EPR-Parameters b_4 von Gd^{3+} in Einkrist. von CaF_2 (**I**), SrF_2 (**II**) u. BaF_2 (**III**). Eine lineare Beziehung besteht zwischen lg b_4 u. lg r (r = Abstand Gd^{3+}–F^-) mit Steigungen von −14,9 (**I**), −15,8 (**II**) u. −14,3 (**III**). Das Potential des Krist.-Feldes ist ca. in der 3. Potenz b_4 proportional. K. Jaeger 98

0409 **Kleiner Tunneleffekt im Elektronenspinresonanzspektrum von Cu^{2+}–CaO bei 1,2 °K.** R. E. Coffman, D. L. Lyle und D. R. Mattison. (J. physic. Chem. **72** (1968) 4, 1392–94; Chem. Dep., Augsburg Coll., Minneapolis, Minn.; engl.) — Die Winkelabhängigkeit des ESR-Spektrums von Cu^{2+}–CaO in der (100)- u. (110)-Ebene wurde bei 1,2 u. 77 °K u. 9,6 GHz untersucht. Der Tunneleffekt zwischen den Eigenzuständen der drei tetragonalen Verzerrungen (Kompressionen des CuO_6-Oktaeders) ist im EPR-Spektrum bei 1,2 °K beobachtbar. Die Tunnelaufspaltung beträgt 3 V = $6 \cdot 10^{-3}$ cm^{-1}. Das Spektrum sollte nach der Theorie stark frequenzabhängig sein. B. Stender 98

0410 **Wirkung von tetraedrisch koordinierten Ni^{2+}-Ionen in Nickelferrit.** A. J. Pointon und J. M. Robertson. (Philos. Mag. [8] **17** (1968) 148, 703–09; Phys. Dep., Portsmouth Coll. of Technol., Portsmouth; engl.) — Bestimmt wurden Anisotropiefaktor K, Linienbreite ΔH_0 u. g-Faktor der ferromagnet. Resonanz von ein- u. polykrist. Ni-Ferrit, der von Temp. zwischen 1100 u. 1400° abgeschreckt oder langsam abgekühlt worden war. Die oktaedr. koordinierten Ni^{2+}-Ionen liefern bei Raumtemp. einen Anisotropiebeitrag $[K_1(Ni^{2+})_A - K_1(Ni^{2+})_B]$ von etwa $6 \cdot 10^6$ ergcm^{-3}. Die Temp.-Abhängigkeit von K_1 u. ΔH_0 steht im Einklang mit einem Multiplett-Grundzustand u. einer Winkelabhängigkeit der relativen Energieniveaus. Im Gegensatz zu Ergebnissen von Kreissmann et al. (vgl. J. appl. Phys. **32** (1961) 392) ist der g-Faktor von Ni-Ferriteinkrist. keine einfache Funktion des magnet. Momentes der Verbindung. W. Laqua 98

0411 **Elektrische Verbreiterung der Elektronenspinresonanzlinien von Cr^{3+} in Zinkwolframat.** B. F. Jones, W. S. Moore und F. Neal. (J. Physics, D (Brit. J. appl. Physics) [2] **1** (1968) 1, 41–47; Dep. of Phys., Univ. of Nottingham; engl.) — Die Verschiebungen der Cr^{3+}-Resonanzen in $ZnWO_4$:Cr^{3+}, Li^+ unter dem Einfl. eines äußeren elektr. Feldes wurden im X-Band gemessen. Die den linearen Effekt beschreibenden Parameter des Spin-Hamilton-Operators wurden bestimmt u. damit das Verh. der Linienbreiten bei Drehung des Magnetfeldes in der xz-Ebene des Krist. erklärt. Bei höheren Cr-Konz. (Cr:Zn = 0,05% u. 0,25%) wird die Linienbreite durch das innere elektr. Feld von Cr^{3+} u. Li^+ bestimmt, wobei Cr^{3+} u. Li^+ gleichmäßig über den Krist. verteilt sind. Für eine Probe mit Cr:Zn = 0,02% kann ein einfaches Modell die Änderung der Linienbreite vollständig erklären. B. Stender 98

0412 **Paramagnetische Elektronenresonanz und magnetische Suszeptibilität von Kupfer(II)-Salicylataddukten.** E. V. Suncov, A. V. Ablov, G. A. Popovič und G. A. Kiosse. (Doklady Akad. Nauk SSSR **179** (1968) 6, 1352 bis 1354; Inst. chim. AN Mold. SSR; russ.) — Die EPR-Spektren der Verb. $Cu(OHC_6H_4CO_2)_2 \cdot CH_3CH_2OH \cdot H_2O$, blaugrün, $Cu(OHC_6H_4CO_2)_2$, grün, $Cu(OCH_6H_4 \cdot CO_2)_2 \cdot CH_3CH_2CH_2OH$ (**I**), blaugrün, $Cu(OHC_6H_4CO_2)_2 \cdot (CH_3)_2CH(OH)$ (**II**) blaugrün, $Cu(OHC_6H_4CO_2)_2 \cdot (CH_3)_2 \cdot NCHO$ (**III**), blaugrün, u. $Cu(OHC_6H_4CO_2)_2 \cdot {}^1/_2$ *Dioxan* $\cdot H_2O$ (**IV**), grün, die beim Lösen des Cu-Salicylattetrahydrats in Alkoholen, Dioxan, DMF u. a. entstehen, wurden aufgenommen. Das A.-W.-Addukt gibt im Vakuum bei Zimmertemp. die Lsgm. ab. Das Tetrahydrat hat $g_\parallel = 2{,}271$, $g_\perp + 2{,}065$, $\mu_{eff} = 1{,}92$ BM. Die magnet. u. EPR-Daten zeigen, daß die Austauschwechselwrkg. der Cu-Ionen durch das Eintreten organ. Lsgm.-Mol. wenig beeinflußt wird. I krist. nach röntgenograph. Daten monoklin, (a, Å), 10 95, (b, Å) 9,2, (c, Å) 21,5, $\beta = 115°30'$, II triklin, 9,6, 12,4, 9,0, $\alpha = 95°$, $\beta = 98°$, $\gamma = 96°$, III rhomb., 17, 19, 10,8, IV monoklin, 11,2, 6,87, 11,6, $\gamma = 104°40'$. J. J. Pohl 98

0413 **Elektronenspinresonanz röntgenbestrahlter Einkristalle von Zinkacetatdihydrat: Behinderte Rotation der Methylengruppe im freien Radikal CH_2COO^-.** Hiroji Ohigashi und Yukio Kurita. (Bull. chem. Soc. Japan **41** (1968) 2, 275—84; Basic Res. Labor., Toyo Rayon Co., Ltd., Tebiro, Kamakura; engl.) — Das X-Band-ESR-Spektrum von röntgenbestrahlten $Zn(CH_3COO)_2 \cdot 3\,H_2O$-Einkrist. wurde zwischen 77 u. 380 °K untersucht. Die Radikale CH_3 u. CH_2COO^- wurden nachgewiesen. CH_3 verschwindet bei Temp. > 150 °K; CH_2COO^- ist bis 370 °K stabil. Die beiden Protonen in CH_2COO^- haben die innerhalb der Fehlergrenzen gleichen Hyperfeinkopplungskonst. (10,5 G; 20,6 G; 33,4 G). Unters. des Temp.-Verh. mit einer modifizierten Blochschen Gleichung ergibt eine Aktivierungsenergie von 5,8 ± 0,2 kcal/Mol u. einen Frequenzfaktor von $(4{,}4 \pm 2{,}7) \cdot 10^{12}\ s^{-1}$ für die behinderte Rotation der Methylengruppe um die C–C-Bindungsrichtung. B. Stender 98

Elektrische Eigenschaften

0414 **Einfluß der partiellen Substitution von Germanium durch Si, Sn und Pb auf die thermoelektrischen Eigenschaften des GeTe.** Ja. N. Nasirov, A. A. Zejnalov und V. A. Nagiev. (Doklady Akad. Nauk Azerbajdž. SSR **23** (1967) 6, 3—5; Inst. mat. i mechan.; russ.) — Thermo-EMK α, Ladungsträgerkonz. n u. Wärmeleitfähigkeit $\varkappa$ einphasiger u. homogener fester Lsg. der Syst. $(GeTe)_{1-x}$–$(SiTe)_x$, $(GeTe)_{1-y}$-$(SnTe)_y$ u. $(GeTe)_{1-z}$-$(PbTe)_z$ mit $x = y = z = 0{,}01 - 0{,}06$ werden ermittelt. Bei $x = y = z = 0{,}02$ erreicht α Maximalwerte. Mit zunehmendem Geh. an SiTe wächst n. Bei $y = z \approx 0{,}01$ findet man Minimalwerte für n. Bei $x = y = z = 0{,}01$ erreicht $\varkappa$ Maximalwerte. Heinz Vogel 112

0415 **Thermoelektrische Eigenschaften des Systems SnTe–CuBiTe$_2$.** Ja. N. Nasirov und T. G. Osmanov. (Izvest. Akad. Nauk Azerbajdž. SSR, Ser. fiz.-techn. mat. Nauk **1968**, 1, 37—41; russ.) — Für das Syst. $[SnTe]_{1-x}$-$[CuBi \cdot Te_2]_x$ (x = 0—1) wurde die Abhängigkeit der Thermo, EMK, der elektr. Leitfähigkeit, der Hall-EMK u. der Wärmeleitfähigkeit von der Zus. gemessen. V. Burjan 112△

0416 **Einfluß einer Oberflächenrekombination auf den Magneto-Thermokraft-Effekt in Wismut bei 80 °K.** M. E. Ertl. (J. Physics, D (Brit. J. appl. Physics) [2] **1** (1968) 1, 127—28; School of Appl. Sci., Univ. of Sussex; engl.) — Es wird der Magneto-Thermokraft-Effekt bei 80 °K an einem Bi-Krist. in Abhängigkeit von der Oberflächenbehandlung gemessen. Der Effekt ist bei einer rauhen Oberfläche ca. doppelt so groß wie bei polierten Oberflächen. Die Erscheinung wird mit der erhöhten Rekombinationsrate von Elektron-Loch-Paaren an der Oberfläche gedeutet. K. H. Härdtl 112

0417 **Untersuchungen zur Emission positiver Sekundärionen aus festen Targets. Die Brauchbarkeit der Ionenbeschuß-Ionenquelle in der Massenspektroskopie.** Horst E. Beske. (Z. Naturforsch. **22a** (1967) 4, 459—67; Phys. Inst., Johannes-Gutenberg-Univ. Mainz; dt.) — Mit *Ar*-Ionen (12 KeV, 45°) wurden bei ca. $5 \cdot 10^{-6}$ Torr die reinen Elemente Be, C, Mg, Al, Si, Ti, V, Cr, Mn, Fe, Co, Ni, Cu, Zr, Nb, Mo, Rh, Pd, Ag, Ta, W, Re, Os, Pt, Au u. U bzw. die Elemente Mo, Ni, Cu, Cr, C, V u. Mn in einer Fe-Matrix beschossen. Die Sek.-Ionenausb. der reinen Targets u. letzterer Metalle in Abhängigkeit von der Konz. in einer Fe-Matrix wurde gemessen. Al zeigt die größte, Au die geringste Ausb. (Unterschied um Faktor 1000). Im Konz.-Bereich 0,02—20% ist sie unabhängig von der Konzentration. A. Jaeschke 114

0418 **Ionisation hoch angeregter Atome im Bereich metallischer Oberflächen.** A. V. Čaplik. (Ž. èksper. teoret. Fiz. **54** (1968) 1, 332—38; Inst. fiz. Poluprov. SO AN SSSR; russ., Auszug: engl.) — Berechnung der Ionisierungswahrscheinlichkeit für ein hoch angeregtes Atom, das langsam in der Nähe einer Metalloberfläche vorbeifliegt. K. Jaeger 114

0419 **Massenspektrometrische Analyse der Feldverdampfung bei tiefer Temperatur.** Douglas F. Barofsky und Erwin W. Müller. (Surface Sci. [Amsterdam] **10** (1968) 2, 177—96; Dep. of Phys., Pa. State Univ., University Park, Pa.; engl.) — Mit einem bes. konstruierten Massenspektrometer mit Feldionenquelle gelingt es, einzelne feldverdampfende Ionen unter den normalen Arbeitsbedingungen eines Feldionenmikroskops nachzuweisen. Es werden Resultate über die Feldverdampfung von *Be, Fe, Cu, Zn* bei der Temp. des fl. H_2 u. von *Ni* bei der Temp. des fl. N_2 angegeben. In Ggw. von H_2 entstehen in fast allen Fällen Hydride. G. Ertl 114

0420 **Feldemission aus silberdotiertem CdSb.** Hans Neumann. (Z. Naturforsch. **23a** (1968) 8, 1240; Phys. Inst. der Univ. Leipzig; dt.) — Die verwendeten Krist. waren p-leitend (Ag ergibt in CdSb flach liegende Akzeptoren) u. hatten eine Störstellenkonz. von 10^{17} bis $10^{18}\ cm^{-3}$. Die für die Feldemission notwendigen feinen Spitzen wurden durch elektrolyt. Ätzen in einem Gemisch aus HF, H_2O_2 u. Glyzerin im Verhältnis 2:4:4 bei Gleichspannungen von 6—24 V mit dem Krist. als Anode hergestellt. Die erzielten Spitzenradien lagen zwischen 5000 u. 15000 Å. In allen untersuchten Fällen ergaben sich geradlinige Strom–Spannung-Kennlinien mit von der Belichtung u. der Temp. unabhängigem Emissionsstrom. Die Orientierung der Krist. hatte keinen Einfl. auf das Emissionsverhalten. Das gefundene Emissionsverh. kann gedeutet werden, wenn man annimmt, daß das Leitungsband infolge Feldeindringung an der Oberfläche entartet ist. Herbert Weber 114

0421 **Elektronenstoßinduzierte Erscheinungen im System Stickstoff, adsorbiert auf Wolfram.** W. Ermrich. (Philips Res. Rep., Suppl. **1967**, 3, 1—60; Philip's Gloeilampenfabrieken, Eindhoven; dt.) — N_2, auf W adsorbiert, wurde mit langsamen Elektronen beschossen u. die erzeugten Veränderungen wurden im Feldelektronenmikroskop (FEM) untersucht. Erhöhungen der Austrittsarbeit u. des Faktors, der im präexponentiellen Term der Fowler-Nordheim-Gleichung der emittierenden Fläche entspricht, in bisher unbekanntem Ausmaß lassen darauf schließen, daß aus der mol. adsorbierten γ-Phase im (100)-Gebiet durch Elektronenstoß eine neuartige χ-Phase gebildet wird. Die Erzeugung der χ-Phase wurde in Abhängigkeit von der γ-Bedeckung, der Stromdichte u. der Elektronenenergie untersucht. Dabei trat eine ausgesprochene Schwellwertstruktur auf. Eine makroskop. Meth. wurde zur Kontrolle der FEM-Ergebnisse (gute qual. Übereinstimmung) angewendet. A. Jaeschke 114

0422 **Beitrag zur Emissionselektronenmikroskopie elektrisch nichtleitender Stoffe.** H. Malissa und H. Ch. Horn. (Radex-Rdsch. **1968**, 2, 149—52; Inst. Analyt. Chem. u. Mikrochem., TH Wien; dt.) — Mit einem Emissionselektronenmikroskop werden Oberflächenabb. von Sinterdolomit hergestellt. Um eine Aufladung der Probenoberfläche zu vermeiden, wird im Vakuum (10^{-5} Torr) mit Kohle bedampft. Aus Schattenvermessungen kann die Stufenhöhe bei reliefartiger Probenoberfläche sehr leicht abgeschätzt werden. Die Periklas-Inseln ragen in der untersuchten Sinterdolomitprobe o,x μm aus der CaO-Matrix heraus. M. Hähnert 114

0423 **Äußerer Photoeffekt in Indium, Antimon und Indiumantimonid im Röntgenspektralbereich.** I. G. Nekraševič, A. Z. Nikolaenja und V. V. Semerenko. (Izvest. vysšich učebnych Zavedenij [Tomsk], Fiz. **10** (1967) 12 (67), 122—23; Beloruss. gos. univ. im. Lenina; russ.) — Von *In, Sb* u. *InSb* werden zwischen 0 u. 6000 V die Strom-Spannung-Charakteristiken des Emissionsstroms bei Belichtung mit Cu-K_α-Strahlen gemessen. Die Emissionsströme von InSb u. Sb sind etwa gleich, bei In werden kleinere Werte gefunden. Die Differenzen werden auf Unterschiede der Auger- u. Fluoreszenz-Emission zurückgeführt. Heinz Vogel 114

0424 **Experimentelle Bestimmung der optischen Zustandsdichte für Phthalocyanine und Porphyrine.** B. H. Schechtman und W. E. Spicer. (Chem. Physics Letters [Amsterdam] **2** (1968) 4, 207—09; Stanford Electron. Labor., Stanford Univ., Stanford, Calif.; engl.) — Best. der opt. Zustandsdichten von metallfreiem, *Cu-*, *Ni-* u. *Zn-Phthalocyanin*, chloriertem Cu-Phthalocyanin u. *Protoporphyrin* aus der Photoelektronenemission u. den opt. Konstanten. Die in der opt. Dichte der besetzten Zustände auftretenden drei Max. sind charakterist. für die konjugierte innere Ringstruktur u. in relativ guter Übereinstimmung mit MO-Berechnungen für freie Elektronen. H. Liepack 114

0425 **Berechnung von Elektronen-Oberflächenzuständen in Kristallen mittels Pseudopotentialen.** A. S. Poplavnoj, V. E. Stepanov und V. A. Caldyšev. (Fiz. Techn. Poluprovodnikov **2** (1968) 2, 160—64; Sibir. fiz.-techn. inst. im. Kuznecova, Tomsk; russ.) — Näherung für den Fall lockerer Bindungen u. idealer Oberflächen. Numer. Berechnungen der Oberflächenbandstruktur für (111)-*Diamant*-Oberflächen. K. Jaeger 116

0426 **Nichtlineare Anregung von Dichteschwankungen in anisotropen Halbleitern durch elektromagnetische Strahlung.** N. Tzoar. (Physic. Rev. [2] **165** (1968) 2, 511—16; Bell Telephone Labor., Whippany, N.J.; engl.) — Diskussion eines nichtlinearen (parametr.) Mechanismus für die Anregung von Elektronendichteschwankungen durch ein langwelliges Strahlungsfeld für anisotrope Vieltalhalbleiter. H. Liepack 116

0427 **Selbsteinfang von durch Strahlung erzeugten Elektronen.** R. Schiller. (Nature London] **217** (1968) 5134, 1141—42; Paterson Labor., Christie Hospital and Holt Radium Inst., Manchester; engl.) — Quasi-freie Elektronen werden in einer polaren Substanz in wesentlich kürzeren Zeiten als der elektr. Relaxationszeit eingefangen, wobei dieser Selbsteinfang etwa ebenso schnell ist wie ein therm. bedingter Einfang. W. Gauster 116

0428 **Nichtlineare Theorie der Rekombinationswellen im Bereich langer Wellenlängen.** B. L. Gel'mont. (Fiz. tverdogo Tela **10** (1968) 1, 95—102; Fiz.-techn. inst. im. Joffe AN SSSR, Leningrad; russ.) — Lösungen für große u. kleine Amplituden. Diskussion der Hystereseeffekte u. des krit. Anregungsfeldes. K. Jaeger 116

0429 **Nichtadiabatische Übergänge in Störstellen.** V. I. Ošerov. (Fiz. tverdogo Tela **10** (1968) 1, 30—34; Inst. chem. fiz. AN SSSR, Černogolovka; russ.) — Berechnung eines Störstellenzentren-Modells mit zwei linearen, sich überschneidenden Termen, die mit dem Leitungsband in Wechselwrkg. stehen. Die Anregungswahrscheinlichkeiten werden diskutiert. K. Jaeger 116

0430 **Quantentheorie der Dielektrizitätskonstanten freier Elektronen in Halbleitern.** A. G. Aronov, G. E. Pikus und D. Š. Šechter. (Fiz. tverdogo Tela **10** (1968) 3, 822—24; Inst. poluprov. AN SSSR, Leningrad; russ.) — Unter Berücksichtigung von Zwischenband- u. virtuellen inneren Bandübergängen können die Konz.- u. Frequenzabhängigkeiten der dielektr. Permeabilität der freien Leitungselektronen in Halbleitern beschrieben werden. K. Jaeger 116

0431 **Anisotrope elektrische Effekte in Halbleitern.** A. G. Aronov und G. E. Pikus. (Fiz. tverdogo Tela **10** (1968) 3, 825—37; russ.) — Vgl. vorst. Referat. — Berechnung der Anisotropie der DK von Halbleitern mit kub. Symmetrie im elektr. Feld. Die Anisotropie wird durch virtuelle innere Bandübergänge beschrieben. Berechnungen für Krist. mit u. ohne Inversionszentrum. Der Faraday-Effekt in gekreuzten elektr. u. magnet. Feldern für den Grenzfall starker elektr. Felder wird diskutiert. K. Jaeger 116

0432 **Einfluß schichtartiger Inhomogenitäten auf die Ergebnisse von Messungen des spezifischen elektrischen Widerstandes und des Hall-Effektes in Halbleitern.** V. V. Voronkov, D. I. Levinzon und M. I. Iglicyn. (Zav. Labor. **34** (1968) 3, 307—09; Gos. N.-J. i procktnyj inst. redkometall. prom.; russ.) — Theoret. Abschätzung des Einfl. der inhomogenen, period.-schichtförmigen Dotierungsverteilung gezogener Einkrist. auf die Ergebnisse der 2- u. 4-Sonden- u. der Hall-Messungen. K. Jaeger 116

0433 **Stationäre Oberflächen-Photoleitfähigkeit.** A. É. Junovič und G. Ch. Talat. (Vestnik Moskovskogo Univ., **23** (1968) 2, 76—81; Kaf. poluprovodnikov; russ.) — Theoret. Analyse der stationären Oberflächen-Photoleitfähigkeit unter Berücksichtigung des Trägereinfangs an Oberflächenzuständen. Die Berechnungen stimmen qual. mit Meßdaten an *p-Si* überein. H. Roschkowski 116

0434 **Oberflächen-Photoleitung in Silicium.** G. Ch. Talat und A. É. Junovič. (Fiz. Techn. Poluprovodnikov **2** (1968 1, 48—52; Mosk. gos. univ. im. Lomonosova; russ.) — Messung der Oberflächen-Photoleitung von p-Si als Funktion der Temp. (150—300°K) u. der Belichtung. Der größte Teil der Ergebnisse läßt sich durch das Modell einer monopolaren Photoleitung in einer Raumladungszone beschreiben, die durch Minoritätsladungsträgereinfang an Oberflächenzuständen erzeugt wird. K. Jaeger 116

0435 **Effektiver Defektelektronen-Einfangquerschnitt an doppelt negativ geladenen Zinkatomen in Silicium.** B. V. Kornilov und S. E. Gorskij. (Fiz. Techn. Poluprovodnikov **2** (1968) 2, 262—63; russ.) — Aus Hall-Messungen u. Best. der Defektelektronenlebensdauer an mit Zn u. *P* dotierten Si-p-n-Dioden wird der Einfangquerschnitt (296°K, 10^{15} Zn/cm³) von Zn^{2-} für Defektelektronen zu ca. 10^{-16} cm² bestimmt. K. Jaeger 116

0436 **Durchschlagsbildung an planaren Silicium-p-n-Übergängen.** V. A. Marasanov und Ju. I. Pašincev. (Fiz. Techn. Poluprovodnikov **2** (1968) 2, 184—88; russ.) — Unters. des Einfl. einer therm. Oberflächenox. epitakt. Si-p-n-Übergänge auf die Strom-Spannung-Kurven. Durch Bldg. ca. 1 μm dicker Oberflächenschichten kann die Durchschlagfestigkeit um maximal 40% erhöht werden. K. Jaeger 116

0437 **Abscheidung von Silicium auf Spinell-Einkristallsubstraten.** P. H. Robinson und D. J. Dumin. (J. electrochem. Soc. **115** (1968) 1, 75—78; RCA Labor., Princeton, N.J.; engl.) — Die elektr. u. mechan. Eig. von Si-Einkrist., die unter Verw. einer SiH_4/H_2-Gasphase durch pyrolyt. Zers. (1100—1260°) auf (100)-, (110)- u. (111)-Flächen von Mg-Al-Spinellsubstraten ($MgO:Al_2O_3$ = 1:3,0—3,5) epitakt. aufgewachsen waren, wurden untersucht. Die auf (111)-Flächen gebildeten Si-Filme besitzen größere Hall-Beweglichkeiten als die auf (100)- bzw. (110)-Flächen gewachsenen Filme; charakterist. Werte der Hall-Beweglichkeit sind für 1 bzw. 15 μm dicke p-Si-Filme (0,1 Ω cm) : ≈ 200 bzw. ≈ 300 cm²/Vs. Die Autodotierung der Si-Filme durch das Substrat mit Al bei Wachstum auf (111)-Spinellflächen ist um etwa eine Größenordnung kleiner als bei Wachstum auf ($1\bar{1}02$)-Saphirflächen. Sowohl Si-Film als auch Substrat sind anisotrop deformiert; die im Si existierenden Druckspannungen betragen 1—4 · 10^{10} dyn/cm² bei Wachstum auf (111)-Substratflächen. W. Laqua 116

0438 **Photoleitfähigkeit in verformten Halbleitern des Typs Ge und Si.** Ju. V. Pervušin und K. B. Tolpygo. (Fiz. Techn. Poluprovodnikov **2** (1968) 3, 393—99; Doneckij fiz.-techn. inst. AN USSR; russ.) — Kinetik der Photoleitung unter Berücksichtigung der Lebensdauern der Elektronen in den verschiedenen Richtungen nach der Verformung. Vorschläge zur experimentellen Prüfung der Ergebnisse werden diskutiert. K. Jaeger 116

0439 **Einfluß elastischer Verformung auf die longitudinale und transversale magnetische Widerstandsänderung in n-Germanium.** V. S. Vjazovkin, M. M. Mirzabaev, V. V. Ryžkov, A. S. Saidov, V. M. Tučkevič und Ju. V. Šmarcev. (Fiz. Techn. Poluprovodnikov **2** (1968) 3, 447—49; Fiz.-techn. inst. im. Joffe AN SSSR, Leningrad; russ.) — Messungen bei Feldern ≦ 28 kG mit einseitigen Spannungen parallel [111] bis zu 1,1 · 10^9 dyn/

cm². Diskussion der Symmetrie der magnet. Widerstandsänderung u. des Streumechanismus. K. Jaeger 116

0440 **Photodielektrischer Effekt in mit Zink und Antimon dotiertem Germanium.** Ja. A. Oksman und B. M. Nikolaev. (Fiz. Techn. Poluprovodnikov **2** (1968) 1, 37—43; russ.) — Messungen (4,2—50 °K) an dotierten (ca. 10^{15} cm^{-3}) Einkrist. bei 0,35—11,2 MHz. Bei 10 bis 30 °K wird ein neuer photodielektr. Hochtemp.-Effekt beobachtet, der durch eine starke Temp.-Abhängigkeit u. große Signale gekennzeichnet ist. Der Effekt wird durch sprungartige Änderungen des Nichtgleichgew.-Defektelektronenkonz. durch Anregung der *Zn*-Niveaus gedeutet. K. Jaeger 116

0441 **Experimentelle Untersuchung des Durchschlages an Germanium-p-n-Übergängen im superhochfrequenten elektrischen Feld.** L. M. Smirnova, I. M. Drydo, N. V. Rezničenko und V. S. Etkin. (Fiz. Techn. Poluprovodnikov **2** (1968) 1, 69—75; Mosk. gos. ped. inst. im. Lenina; russ.) — Durchschlagsmessungen (77 u. 300 °K) mit Gleich- u. niederfrequenter Wechselspannung an Ge-p-n-Dioden in Ggw. eines äußeren hochfrequenten (ca. 10^{10} Hz) Feldes lassen sich im Rahmen der „Kanaltheorie" des Durchschlages beschreiben. J. Jaeger 116

0442 **Bestimmung von Störstellendiffusionskoeffizienten in piezoelektrischen Halbleitermaterialien.** V. S. Vasil'ev und I. N. Kanevskij. (Fiz. Techn. Poluprovodnikov **2** (1968) 3, 377—81; Gos. n.-i. iproektnyj inst. redkometall. prom., Moskva; russ.) — Best. des *Cu*-Diffusionskoeff. (500—750°) in n-*GaAs* durch Messung der Resonanzfrequenzverschiebung elektroakust. n-GaAs-Wandler (35—40 MHz) als Funktion der Diffusionsdauer ($\leq$ 1800 s). Der Diffusionskoeff. ist bei 500° $1{,}5 \cdot 10^{-7}$, bei 750° ca. 10^{-6} cm²/s. K. Jaeger 116

0443 **Elektrische Eigenschaften von p-Indiumarsenidkristallen.** F. P. Kesamanly, T. S. Lagunova, D. N. Nasledov, L. A. Nikolaeva und M. N. Pivovarov. (Fiz. Techn. Poluprovodnikov **2** (1968) 1, 56—63; Fiz.-techn. inst. im. Joffe AN SSSR, Leningrad; russ.) — Gemessen wurden die spezif. elektr. Leitfähigkeit, der Hall-Koeff. u. die magnet. Widerstandsänderung von p-InAs-Einkrist. ($5 \cdot 10^{16}$—$2 \cdot 10^{19}$ cm^{-3}) als Funktion der Temp. (2—300 °K). Nur ein Teil der beobachteten Diskontinuitäten kann durch das Zweibänder-Modell beschrieben werden. K. Jaeger 116

0444 **Elektrische Eigenschaften von InAs-Schmelzflußdioden bei tiefen Temperaturen.** N. N. Smirnova und S. V. Slobodčikov. (Fiz. Techn. Poluprovodnikov **2** (1968) 3, 441—44; Fiz.-techn. inst. im. Joffe AN SSSR, Leningrad; russ.) — Strom-Spannung-Kurven (4,2 °K) von *Zn*-dotierten InAs-p-n-Dioden. Die Kurven werden gedeutet durch Tunnelprozesse mit tiefen u. flachen Störstellenzuständen. K. Jaeger 116

0445 **Einkristalle der festen Lösung $Zn_{0,1}Cd_{0,9}Sb$.** I. M. Pilat und E. V. Osipov. (Fiz. Techn. Poluprovodnikov **2** (1968) 1, 64—68; Černovickij gos. univ.; russ.) — Messung der Anisotropie (80—400 °K) der Thermo-EMK, der spezif. elektr. Leitfähigkeit, der galvanomagnet. u. thermomagnet. Eig. zeigten, daß die Anisotropie der Thermo-EMK bei tiefen Temp. durch den Phononendrag, bei hohen Temp. durch zweierlei Ladungsträger mit mindestens einer anisotropen effektiven Masse bestimmt ist. K. Jaeger 116

0446 **Anisotropie der Thermo-EMK von CdSb im Bereich der Eigenleitung.** L. I. Anatyčuk und O. Ja. Luste. (Fiz. Techn. Poluprovodnikov **2** (1968) 3, 432—34; Černovickij gos. univ.; russ.) — Thermo-EMK-Messungen (300—500 °K) an reinen u. dotierten (*Ag*, *In*) CdSb-Einkristallen. Gefunden wurden für die undotierten Krist. ca. 100—300 μV/°, für die In-dotierten ca. 0 μV/° u. für die Ag-dotierten ca. 20—30 μV/°. Die Anisotropie der Richtungen [001], [010] u. [100] wird diskutiert. K. Jaeger 116

0447 **Bandstruktur von GaSb.** M. F. Badalov und M. A. Rzaev. (Fiz. Techn. Poluprovodnikov **2** (1968) 3, 430—32; Inst. fiz. AN AzSSR, Baku; russ.) — Strom-Spannungkurven (77 °K; Sperrbereich) von p-GaSb-Tunneldioden. Die Leitungsbandminima für (000), (111) u. (100) werden verifiziert. K. Jaeger 116

0448 **Magnetophononen-Schwingungen beim Nernst-Ettingshausen-Effekt in n-InSb.** R. I. Baširov und M. M. Gadžialiev. (Fiz. Techn. Poluprovodnikov **2** (1968) 1, 115—17; Dagestanskij filal AN SSSR, Machačkala; russ.) — Experimentelle Beobachtung der Magnetophononenresonanz (90—100 °K) im transversalen Nernst-Ettingshausen-Effekt. Der Resonanz-Effekt verschwindet bei 20—30 °K. K. Jaeger 116

0449 **Erzeugung niederfrequenter Schwingungen in kompensiertem p-InSb.** Š. M. Mirianašvili und D. I. Nanobašvili. (Fiz. Techn. Poluprovodnikov **2** (1968) 2, 265—67; Tbilinsskij gos. univ.; russ.) — Stoßionisationsunters. (4,2 u. 77 °K) an mit *Sn* u. *Te* kompensierten p-InSb-Einkrist. ließen Plasmainstabilitäten erkennen, die zu Stromdichteschwingungen von 10^5—$5 \cdot 10^7$ Hz führten. Die Ergebnisse werden durch die Abhängigkeit der Ladungsträger-Erzeugungsgeschw. vom elektr. Feld im Stoßionisationsbereich erklärt. K. Jaeger 116

0450 **Magnetophononenschwingungen der longitudinalen magnetischen Widerstandsänderung in p-InSb.** Ch. I. Amirchanov, R. I. Baširov und Z. A. Ismailov. (Fiz. Techn. Poluprovodnikov **2** (1968) 3, 434—35; Inst. fiz. Dagestanskogo filial AN SSSR, Machačkala; russ.) — Die beobachteten (77—180 °K; $\leq$ 500 kOe) Schwingungen der magnet. Widerstandsänderung werden durch die unelast. Streuung von Defektelektronen an den polarisierten opt. Krist.-Gitterschwingungen gedeutet. K. Jaeger 116

0451 **Kapazitätsabhängigkeit von aus der Schmelze dargestellten GaP-p-n-Übergängen.** R. F. Mamedova, D. N. Nasledov und S. V. Slobodčikov. (Fiz. Techn. Poluprovodnikov **2** (1968) 3, 374—76; Fiz.-techn. inst. im Joffe AN SSSR, Leningrad; russ.) — Gemessen wurden Kapazitäts-Spannungskurven von 80—300 °K (Sperrrichtung). Die Aktivierungsenergien betrugen ca. 0,04 bis 0,08 eV. Die Diffusionskapazität der Dioden erhöhte sich durch Ätzen ($HCl:HNO_3 = 1:1$) um 40—50%. Die Störstellenverteilung ist beim Herst.-Prozeß gut kontrollierbar. K. Jaeger 116

0452 **Einfluß der Dotierung auf die Nicht-Stöchiometrie von Zinkoxid.** V. J. Norman. (Austral. J. Chem. **21** (1968) 2, 299—305; Australian Defence Sci. Service, Adelaide, S. A.; engl.) — Chem. Meth. des Verf. (C. **1964**, 52-1654; C. **1967**, 24-0654 u. Aust. J. Chem. **20** (1967), 85) wurden zur Analyse der Nicht-Stöchiometrie von polykrist. ZnO, das mit *Ga* oder *Li* durch Erhitzen an Luft dotiert worden war, angewandt. Diese Meth. sind zur direkten Best. der Elektronenkonz. u. der Konz. des Spurenelements auf ZnO-Gitterplätzen geeignet. Die mit 0,1% Li bzw. 0,1% Ga äußerlich behandelten u. auf Temp. zwischen 250° u. 900° erhitzten Proben ergaben Ladungsträgerkonz. von $6{,}9 \cdot 10^{18}$ Elektronen/cm³ (Ga) bis zu $2{,}6 \cdot 10^{18}$ Löcher/cm³ (Li). Der Einfl. der Dotierung auf die elektr. Leitfähigkeit wurde untersucht. Die Meth. stellen bequeme u. genaue Verf. zur Best. von Diffusionsgeschw. in ZnO dar. Der Diffusionskoeff. von Ga wurde bei 950° zu $4{,}7 \cdot 10^{-15}$ cm²s^{-1} ermittelt. A. Jaeschke 116

0453 **Abklingstrom in halbleitendem ZnO auf Grund des akustoelektrischen Effekts.** N. I. Meyer und E. Mosekilde. (Physics Letters [Amsterdam] **24 A** (1967) 3, 155 bis 156; Phys. Labor. III, Techn. Univ., Lyngby, Denmark; engl.) — Das Abklingen des Stroms vom ohm. bis zum Sättigungswert nach quadrat. Spannungspulsen (2 ns) wurde in Einkrist. von ZnO bei 77 °K gemessen. Gemessene u. ber. Werte zeigten gute Übereinstimmung. A. Jaeschke 116

0454 **Photoleitfähigkeitseffekte von ZnO–Cu-Kristallen.** Minoru Sumita. (Jap. J. appl. Physics **6** (1967) 3, 418—19; Univ. of Electro-Communicat., Chofushi, Tokyo; engl.) — Die Photoleitfähigkeit wurde im Bereich 0,3—2,1 μm bei 77 °K u. bei Raumtemp. gemessen. Bei 77 °K traten Effekte bei 0,9 μm auf. Der Hall-Koeff. zeigte bis ca. 190 °K hinab, daß die Krist. vom n-Typ

sind, u. hatte eine Aktivierungsenergie von ca. 0,31 eV (Cu-Konz. etwa $3{,}5 \cdot 10^{17}$ Atome/cm^3).
A. Jaeschke 116

0455 **Thermisch angeregte Leitfähigkeit in polykristallinen AgJ- und ZnO-Schichten, die mit Farbstoffen sensibilisiert sind.** K. B. Demidov und I. A. Akimov. (Fiz. Techn. Poluprovodnikov **2** (1968) 2, 210–15; russ.) — Photo- u. Dunkelspektren (100–290 °K) sensibilisierter (*Erythrosin*) u. desensibilisierter (*Pinakryptolgelb*) Schichten auf Quarzsubstraten. Die Haftstellen lagen in einem Quasikontinuum von 0,1–0,4 eV (AgJ) bzw. 0,1–1,0 eV (ZnO). Sie werden durch die Fundamentalabsorption des Halbleiters u. durch die Absorption des Farbstoffes aufgefüllt. K. Jaeger 116

0456 **Eigenschaften von durch Gasflammenzerstäubung erhaltenen Zirkoniumdioxidschichten.** M. L. Ezerskij, E. I. Kolesnikov, V. S. Bagockij, M. G. Trofimov und L. N. Rastorguev, (Izvest. Akad. Nauk SSSR, Neorg. Mater. **4** (1968) 4, 549–52; russ.) — Der Einfl. der Gasflammenzerstäubung auf die Struktur u. elektr. Eig. von fester Lsg. von CaO in ZrO_2 mit CaO-Geh. von 10–18 Mol-% wurde untersucht u. die Abhängigkeit der elektr. Leitfähigkeit $\varkappa$ der Zus. ZrO_2 + CaO vom CaO-Geh. im gesinterten u. zerstäubten Zustand bei 1000° sowie die Abhängigkeit von $\varkappa$ von der Temp. (600–1000°) für verschiedene CaO-Geh. ermittelt (graph. Darst.). Die elektr. Leitfähigkeit der aufgestäubten Proben hängt im Intervall 10–18 Mol-% CaO nicht von der Konz. ab. Im Bereich 12–15 Mol-% CaO ist $\varkappa$ der gesinterten Proben etwa 10mal so groß wie $\varkappa$ der aufgestäubten.
B. Karos 116

0457 **Raumladungsbegrenzte Ströme und Haftstellenverteilung in polykristallinem Bleioxid.** V. A. Izvozčikov. (Fiz. Techn. Poluprovodnikov **2** (1968) 2, 254–57; Leningradskij gos. ped. inst. im. Gercena; russ.) — Messung der spektralen photoelektr. Empfindlichkeit von PbO. Die Rolle der Raumladungen u. der Haftstellen im Photoleitungsmechanismus wird diskutiert. Ausdrücke für die Lage der Absorptionskanten werden angegeben.
K. Jaeger 116

0458 **Elektrische Leitfähigkeit und Sintern von Eisenoxiden bei hohen Temperaturen.** H. E. N. Stone. (J. Mater. Sci. **3** (1968) 3, 321–25; Dep. of Metallurg. and Mater. Technol., Univ. of Surrey, London; engl.) — Die Temp.-Abhängigkeit der elektr. Leitfähigkeit von Fe_2O_3 u. *Haematit* in O_2-Atmosphäre bei 600–1300 °K wurde untersucht. Daneben werden Sintervers. an rotem Fe_2O_3 bei 975–1200° u. an schwarzem Fe_2O_3 bei 1350 bis 1400° vorgenommen. Die Leitfähigkeit gibt im allg. Teilchenoberflächenbedingungen wieder, das Schrumpfen geht auf innere Gitterbewegungen zurück.
H. Roschkowski 116

0459 **Nichtlineare Photoleitfähigkeit kompensierter Kupfer(I)-oxidkristalle.** Ju. V. Vorob'ev. (Fiz. Techn. Poluprovodnikov **2** (1968) 3, 412–16; Kievskij gos. univ. im. Ševčenko; russ.) — Theorie der Anwendung des nichtlinearen Photoeffektes zur qual. Best. der Konz. u. der effektiven Querschnitte von Rekombinationszentren. Bestimmt wurden nach dieser Meth. der Defektelektroneneinfangquerschnitt der Dissoziation von Cu-Leerstellenkomplexen (10^{-17} cm^2) u. die Lage der O^{2-}-Leerstellen (0,43 eV über der Valenzbandkante). Die Relaxationszeit der nichtlinearen Photoleitung ist bei tiefen Temp. konst., bei höheren der elektr. Leitfähigkeit umgekehrt proportional. K. Jaeger 116

0460 **Photoleitfähigkeit von Ag_2O.** F. I. Krejngol'd. (Fiz. Techn. Poluprovodnikov **2** (1968) 2, 271–72; Leningradskij gos. univ. im. Ždanova; russ.) — Photoanregungsspektren (7000–9000 Å) bei 77 °K zeigten zwei Schultern (8725, 8630 Å), drei Max. (8125, 8052, 8000 Å) u. ein undeutliches Minimum (7200 Å), deren Zuordnung im Vgl. zu Cu_2O diskutiert werden.
K. Jaeger 116

0461 **Strom-Spannung-Charakteristiken poröser anodischer Oxide auf Aluminium.** C. E. Michelson. (J. electrochem. Soc. **115** (1968) 2 Part 1, 213–19; Olin Mathieson Chem. Corp., New Haven, Conn.; engl.) — Bei schneller Herabsetzung der Anodisierungsspannung von Al unterhalb eines krit. Werts wurde ein Stromdichte-Abfall auf nahezu Null beobachtet. Die zur Einstellung der neuen Gleichgew.-Stromdichte notwendige Zeit war von der Spannungsänderung, der Änderungsgeschw. sowie der Temp. u. Konz. des Elektrolyten abhängig. Während eine Erklärung des beobachteten Erholungsphänomens der Stromdichte mit dem einfachen geometr. Porenmodell nicht möglich war, ordnet es sich in das Kolloid-Gel-Modell (J. F. Murphy, C. E. Michelson, Proc. of the Symp. on Anodizing Al, Nottingham Univ. Sept. 1961) zwanglos ein. Kapazitätsmessungen zeigten, daß eine Abtragung der Oxidschicht erst im letzten Teil der Erholungsphase beginnt. C. Herold 116

0462 **Tunnelungsanomalien bei der Vorspannung null — Temperatur-, Spannungs- und Magnetfeldabhängigkeit.** L. Y. L. Shen und J. M. Rowell. (Physic. Rev. [2] **165** (1968) 2, 566–77; Bell Telephone Labor., Murray Hill, N.J.; engl.) — Die Änderung der Tunnelungsanomalien bei der Vorspannung null in *Ta–I–Al-*, *Sn–I–Sn-* u. *Si–p–n*-Übergängen in Magnetfeldern von 0–40 kG wurden von 4,2–1 °K gemessen. Die stärkste Magnetfeldabhängigkeit wurde in Sn–I–Sn-Übergängen beobachtet, für die das Leitfähigkeitsmax. herabgedrückt u. in zwei Max. aufgespalten wurde, wenn das Feld von 0 auf 40 kG bei 1,5 °K erhöht wurde. Die Ergebnisse werden mit dem theoret. Modell von Appelbaum u. Anderson verglichen. Diese Theorie erklärt die kleinen Leitfähigkeitsmax., während die riesigen Widerstandsanomalien unerklärt bleiben. H. Liepack 116

0463 **Asymmetrie des Stromdurchganges durch Metall-Dielektrikum-Metall-Dünnschichtsysteme.** A. E. Geršinskij und E. G. Koscov. (Fiz. tverdogo Tela **10** (1968) 1, 263–66; Inst. mat. SO AN SSSR, Novosibirsk; russ.) — Diskussion der Rolle des Thermoemissionsmechanismus u. der Abhängigkeiten des Asymmetriekoeffizienten. Vgl. mit an $Al–Al_2O_3$–Al-Strukturen gemessenen Koeffizienten. K. Jaeger 116

0464 **Gleichrichtung an Metall-Aluminiumoxid-Kontakten bei hohen Temperaturen.** Ju. A. Alekseev, G. M. Stulova und Ju. K. Šalabutov. (Fiz. Techn. Poluprovodnikov **2** (1968) 3, 341–44; Leningradskij politechn. inst. im. Kalinina; russ.) — Strom-Spannungkurven (1000–1500 °K) von $W–Al_2O_3–Mo$-Strukturen mit ein- u. polykrist. Al_2O_3. Der Gleichrichteffekt des W–Al_2O_3-Kontaktes wird durch seine Doppelfunktion als p–n-Übergang ($\lesssim$ 1200 °K) u. als Sperrkontakt gedeutet.
K. Jaeger 116

0465 **Einfluß einer Vorspannung auf das Frequenzverhalten von Silicium-MOS-Strukturen.** Gérard Nuzillat und Pierre Sixou. (C. R. hebd. Séances Acad. Sci., Sér. A et B **266** (1968) 4, B 218–21; Labor. de Phys. électron., Fac. de Sci., Orsay, Essonne; franz.) — Vf. messen das Frequenzverh. der komplexen Kapazität von Si-MOS-Strukturen in Abhängigkeit von der Vorspannung. Im Frequenzbereich zwischen 1 kHz u. 1 MHz ändern sich die Kapazitätsgrenzwerte nicht. Sie erweisen sich ferner als unabhängig vom spezif. Widerstand des verwendeten Si. K. H. Härdtl 116

0466 **Messung der Lebensdauer von Minoritätsträgern in Gold-dotierten Silicium-MOS-Strukturen.** G. Clément und M. Voos. (Surface Sci. [Amsterdam] **11** (1968) 1, 147–48; Comp. Générale de Télégraphie sans Fil, Puteaux, Frankreich; engl.) — Aus der zeitlichen Abhängigkeit der Kapazität einer Si-MOS-Struktur nach Anlegen eines Spannungs-Sprunges sowie aus dem Verh. von p–n-Dioden wurden die Lebensdauern der Minoritätsträger bestimmt, welche je nach Au-Konz. zwischen $4 \cdot 10^{-9}$ u. $125 \cdot 10^{-9}$ s variieren. G. Ertl 116

0467 **Änderung des Leitungscharakters der Seltenerdmetallgermanide.** G. V. Samsonov, Ju. B. Paderno und B. M. Rud'. (Izvest. vysšich učebnych Zavedenij [Tomsk], Fiz. **11** (1968) 7 (74), 105–07; Kievskij politechn. inst.; russ.) — Die Änderung des Leitungscharakters von Me_5Ge_3, $MeGe$ u. $MeGe_2$ mit $Me = Y$, *La*, *Ce*, *Pr* u. *Nd* (vom Halbleiter- zum Metallverh. bei steigender Temp.) hängt mit Änderungen des Energiezustands der

Elektronen in den Verb. zusammen. Die Ce-Verb. zeigen infolge der Ggw. von Ce(IV) neben Ce(III) Besonderheiten ihres Leitungsverhaltens. H. Roschkowski 118

0468 **Hexagonale Indium-Wolfram-Bronze.** J. Bouchard und J. L. Gillson. (Inorg. Chem. [Washington] 7 (1968) 5, 969–72; Central Res. Dep., Exper. Stat. E. I. Du Pont de Nemours and Comp., Wilmington, Del.; engl.) — Der elektr. Widerstand von hexagonalen In_xWO_3 (x = 0,21–0,27)-Einkrist. wurde senkrecht u. parallel zur c-Achse gemessen. Es wurde nahezu isotropes, metall. Verh. festgestellt. Die Seebeck-Spannungen sind klein u. negativ, während die magnet. Suszeptibilitätsmessungen isotropen Diamagnetismus ergaben. Die Ergebnisse stimmen mit der kovalenten t_{2g}-$p\pi$-Bindung u. der Bldg. eines π^*-Bandes überein. G. Malow 118

0469 **Änderung des spezifischen elektrischen Widerstandes von bei 78°K gedehntem, polykristallinem, reinem Aluminium.** Kenji Showaki, Masaharu Takamura und Kohei Kojima. (Mem. Inst. sci. ind. Res., Osaka Univ. **25** (1968) 63; engl.) — Die Abhängigkeit der Konst. α,n in der Formel $\Delta\varrho/\varrho = \alpha\varepsilon^n$ (ε = Dehnung) von der Korngröße wurde untersucht. H.-D. Schwartz 118

0470 **Abweichung von der Matthiessenschen Regel bei Zirkonium.** Louis Renucci und Jean-Paul Langeron. (C. R. hebd. Séances Acad. Sci., Sér. C **264** (1967) 25, 2012–14; Vitry-sur-Seine, Centre d'Etudes de Chim. metallurg.; franz.) — Durch Widerstandsmessungen bei 294, 77 u. 20,4°K zeigen Verf., daß die Regel nicht für Zr bei der Temp. des fl. H_2 gilt. Für den elektr. Widerstand als Funktion der Temp. T u. der Reinheit m wird der Ausdruck $\varrho = f(m)H(T) + G(T)$ vorgeschlagen. Dieser Ausdruck impliziert die beobachtete Ungleichheit des Koeff. für den Sauerstoffeinfluß bei 274 u. 20,4°K. F. Haenschke 118

0471 **Hochtemperaturumwandlung des Zinns.** W. Pistor. (Z. anorg. allg. Chem. **360** (1968) 1/2, 1–6; Braunschweig, TH; dt.) — Durch Messungen an Einkrist.-Proben konnten die von einigen Autoren mitgeteilten Anomalien in der Widerstand–Temp.-Kurve von Sn im Bereich 140–200° nicht bestätigt werden. Die auftretenden Änderungen physikal. Eig. von Sn im Zusammenhang mit einer β-γ-Umwandlung beruhen auf plast. Verformung infolge Anisotropie der therm. Ausdehnung in polykrist. Sn. Ähnliche Wrkg. zeigen auch andere, nichtkub. Metalle. F. Vier 118

0472 **Elektrische Leitung von dünnen Aluminiumschichten.** Claude Barriac, Pierre Pinard und François Davoine. (C. R. hebd. Séances Acad. Sci., Sér. A et B **266** (1968) 7, B 423–26; Labor. de Phys. de la Mater., Inst. nat. des Sci. appl. de Lyon, Villeurbanne, Rhône; franz.) — Auf Grund experimenteller Unters. über die elektr. Charakteristiken J = f(V) der Sandwichverb. Al-Al_2O_3-Metall (Al, Ag) wird der reelle Strom in den Gleichungen als Differenz eines ion. u. eines elektron. Tunnelstroms ausgedrückt. Es wird gezeigt, daß die Tunnelelektronen, die mit den Ionen elektr. neutrale „Pseudoatome" bilden, die Ursache für den beobachteten Leitfähigkeitsabfall sind. I. Zoll 118

0473 **Einfluß der Ordnungsvorgänge in dünnen Metallschichten auf ihren elektrischen Widerstand.** Vladimír Pučálka. (Thin solid Films [Lausanne] 1 (1968) 6, 429 bis 436; Montanist. Hochsch., Ostrava (ČSSR); dt.) — Die Ordnungsvorgänge im Vakuum werden durch ein Syst. von gewöhnlichen Differentialgleichungen erster Ordnung beschrieben. Für den Einfl. dieser Vorgänge auf den elektr. Widerstand der Schichten wird eine empir. Gleichung gleichen Typs angegeben, die die Zeitabhängigkeit des elektr. Widerstands ausdrückt. Diese Gleichung wurde für Schichten von *Au, Ag, Cu* auf Glas experimentell bestätigt. Die Konst. der neuen Gleichung wurden für Ag näher untersucht. H.-D. Schwartz 118

0474 **Einfluß von adsorbiertem Argon auf die Eigenschaften dünner Kupferfilme.** T. J. Coutts. (J. Physics, D (Brit. J. appl. Physics) [2] 1 (1968) 8, 1071–72; Dep. of Phys., Rutherford Coll. of Technol., Newcastle upon Tyne; engl.) — Vgl. zwischen der Struktur u. mittleren freien Weglänge der Leitungselektronen in im Ultrahochvakuum niedergeschlagenen Cu-Filmen u. Cu-Filmen in Ar-Atmosphäre niedrigen Drucks. In Ggw. von Ar nimmt die mittlere freie Weglänge ab u. die minimale Dicke, bei der der Film als kontinuierlich betrachtet werden kann, nimmt zu. I. Zoll 118

0475 **Untersuchung des Hall-Effekts in Legierungen auf Zink-Basis.** J. Stringer und G. S. Lane. (J. Physics, D (Brit. J. appl. Physics) [2] 1 (1968) 1, 33–39; Dep. of Metallurgy, Univ. of Liverpool; engl.) — Die Unters. wurden an polykrist. Proben der verd. Leg. *Zn–Cu, Zn–Ag* u. *Zn–Al* durchgeführt. Strukturveränderungen bei der Leg.-Bldg. hatten nur geringen Einfl. auf die Ergebnisse. Der Hall-Koeff. hängt von der mittleren Anzahl n der Valenzelektronen pro Atom in qual. ähnlicher Weise wie bei Edelmetalleg. ab: bei n = 2 besteht ein scharfes Min., für n < 2 ergeben sich Maxima. Im Gegensatz zu den Edelmetalleg. treten die Max. jedoch nicht bei der Zus. auf, bei der die Streuung an Verunreinigungen gleich der Streuung durch Phononen wird. P. Weiland 118

0476 **Galvanomagnetischer Effekt von gegossenem Kobalt im Gebiet der Phasenumwandlungen $\varepsilon \rightleftharpoons \gamma$.** V. V. Zubov und I. G. Sister. (Izvest. vysšich učebnych Zavedenij [Tomsk], Fiz. **11** (1968) 5 (72), 119–20; Rostov na Donu, Inst. selchoz. mašst.; russ.) — An Proben der Zus. 99,25% Co; 0,35% Ni; 0,2 Fe; 0,05% Cu wurde der Wert von $\Delta R/R$ (H) in Feldern bis 2000 Oe gemessen. Die Resultate wurden mit dem für geschmiedetes Co verglichen. V. Burjan 118△

Dielektrische und magnetische Eigenschaften

0477 **Zeit-Temperatur-Superpositionstheorie für Elektrete.** Bernhard Gross. (J. electrochem. Soc. **115** (1968) 4, 376–81; Nation Nucl. Energy Commiss. of Brazil, Rio de Janeiro; engl.) — Vf. entwickelt eine Theorie für das Verh. von Elektreten bei Temp.-Änderungen, speziell zur Beschreibung der Leitfähigkeits-Glow-Kurven beim Erwärmen u. des zeitlich abklingenden Stromes bei der therm. Freisetzung einer „eingefrorenen" Ladungsmenge. Die grundlegende Annahme dabei ist, daß die Ladungsmenge, die durch Erwärmung eines Dielektrikums mit „eingefrorenen" Ladungen freigesetzt werden kann, nur vom Zustand des Syst. bei Beginn der Erwärmung abhängt; Vf. bezeichnet diese Annahme als Ladungserhaltung. Die Relaxationszeit läßt sich dann durch einen zeit- u. temperaturunabhängigen Verteilungsparameter ausdrücken, auch die verallgemeinerte Verteilungsfunktion ist dann temperaturunabhängig. Im Rahmen der Theorie der abs. RG wird die Relaxationszeit explizit durch die Temp. u. die Aktivierungsenergie ausgedrückt. Die extrem starke Temp.-Abhängigkeit des Stromes wird auf eine starke Überbesetzung der Zustände mit hoher Aktivierungsenergie zurückgeführt. P. Weiland 132

0478 **Elektret-Verhalten und ionische thermisch bedingte Ströme in Alkalimetallhalogeniden.** N. Januzzi und S. Mascarenhas. (J. electrochem. Soc. **115** (1968) 4, 382–85; Phys., Dep., Fac. de Cien., Rio Claro, Sao Paulo; engl.) — Das Verh. von Alkalimetallhalogenid-Elektreten (*KCl/Sr* u. zweifach dotiertes *KCl/Ca, OH*) wird mit Hilfe der Meth. der *Glow-Peaks* von Fieschi, Bucci et al. (vgl. Phys. Rev. **148** (1966) 816) untersucht. Mit diesem Verf. ist eine vollständige quant. Best. der eingefangenen Polarisation möglich. Die Elektret-Polarisation wird durch verunreinigungsbedingte Leerstellen-Dipole hervorgerufen. Aus dem Elektret-Verh. lassen sich wichtige Schlüsse über die Wanderung von Defekten im Festkörper ziehen. Mit Hilfe einer geeigneten therm. Behandlung wird so z. B. die Diffusion von Dipolen u. die damit verbundenen Bldg. von höheren Dipol-Aggregaten untersucht; es bilden sich hauptsächlich aus drei Dipolen bestehende Aggregate. Diese Bldg. ist eine Rk. dritter Ordnung, die Aktivierungsenergie für die Defektbewegung ergibt sich dabei zu 0,71 eV. Die Dipol-Relaxationsfrequenz beträgt 10^{-13} s^{-1} bei 0°K. Diese Ergebnisse stimmen sehr gut mit auf anderem Wege gewonnenen Resultaten überein u. bestätigen auch die Messungen von Dryden u. Cook (vgl. Proc. Phys. Soc.

80 (1962) 479). Bei zweifach dotierten Syst. gestattet die Unters.-Meth. die quant. Best. der Rk. zwischen Ca u. OH im Festkörper. Es wurde außerdem ein Zusammenhang zwischen der Bldg. von F-Zentren durch Röntgenbestrahlung u. dem Elektret-Verh. gefunden. Vermutlich wird vorzugsweise $Ca(OH)_2$ gebildet, was zu einer Vernichtung der Dipole u. zur Unterdrückung der Erzeugung von F-Zentren führt. P. Weiland 132

0479 **Untersuchungen an HF-dotierten Eis-Thermoelektreten.** S. Mascarenhas und C. Arguello. (J. electrochem. Soc. **115** (1968) 4, 386—88; Phys. Dep., Escola Engenharia, Sao Carlos, Sao Paulo; engl.) — Es wurden reine u. dotierte Eis-Thermoelektrete bei Polarisationstemp. von —10 bis —135° hergestellt. Die in den Proben enthaltene Ladungsmenge wurde nach der Glow-Peak-Meth. bestimmt. Bei —50° wurde ein Hauptband gefunden mit einer totalen Ladungsdichte von $10^{-6}-10^{-8}$ Cb/cm³, je nach Dotierung. Die gesamte während des Glow-Vorganges freigesetzte Ladungsmenge variierte wie die Quadratwurzel aus der HF-Konz., d. h. der Effekt wird durch OH^-- u. H_3O^+-Ionen hervorgerufen. Ferner wurde der Zusammenhang zwischen dem Elektretverh. u. der Bldg. von Raumladungen untersucht, wobei der Einfl. der Probendicke auf die Polarisation sowie der Einfl. der Polarisationstemp. auf die Temp., bei der das Max. des Glow-Peaks auftritt, beobachtet wurden. P. Weiland 132

0480 **Kontaktaufladung von Isolatoren und ihre Bedeutung für Elektrete.** D. K. Donald. (J. electrochem. Soc. **115** (1968) 3, 270—72; Xerox Corp., Rochester, N.Y.; engl.) — Vf. beschreibt eine Vorrichtung zur Kontaktaufladung unter Verw. eines Quecksilbertropfens. Je nach Reinheit u. Behandlung der Probe wurden Oberflächenladungsdichten (nC/cm²) für folgende Materialien bestimmt: *Paraffin* 0,003—1; *Octacosan* 0,025 bis 0,7; *Polystyrol* 0,005—10; *Polyäthylen* 0,5—10; *Tetradecanol* —1 bis +1; *Carnaubawachs* 1—16; *Mylar* 5—50. Xerograph. Abb. ermöglichen eine Aussage über Vorgänge bei der Kontakttrennung (Luftdurchschlag, lokale Verunreinigungen). E. Bomke 132

0481 **Dynamische Polarisation und Verluste in ferroelektrischen Substanzen.** V. V. Dem'janov und S. P. Solov'ev. (Ž. èksper. teoret. Fiz. **54** (1968) 5, 1542—53; russ., Auszug: engl.) — Entw. eines Modells mit Anwendung auf $BaTiO_3$. E. Otto 134

0482 **Mikrobeugungsuntersuchung der Bereichsstruktur von Bariumtitanatschichten.** V. V. Šakmanov und G. V. Spivak. (Fiz. tverdogo Tela **10** (1968) 4, 1016—21; Mosk. gos. univ. im. Lomonosova; russ.) — Elektronenmkr. Unters. zeigen für die ferroelektr. a-Bereiche rechteckige, für c-Bereiche quadrat. Netzstrukturen. K. Jaeger 134

0483 **Änderung der Krümmung ferroelektrischer Plättchen bei der Polarisation.** E. V. Bursian und O. I. Zajkovskij. (Fiz. tverdogo Tela **10** (1968) 5, 1413—17; Leningradskij gos. ped. inst. im. Gercena; russ.) — An $BaTiO_3$-Einkrist.-Plättchen ($10^{-3} \lesssim d \lesssim 10^2\,\mu m$) wird ein neuer elektromechan. Effekt beobachtet: Krümmung des Plättchens in Richtung auf die positive Elektrode in Ggw. eines senkrecht zur Fläche der Probe liegenden elektr. Felds. Die Krümmung σ beträgt 150 m⁻¹ bei $d = 2{,}5\,\mu m$ ($\sigma = k \cdot d^{-2}$). σ nimmt mit zunehmender Temp. bis zum Curie-Punkt zu u. verschwindet im paraelektr. Bereich. Ein Modell des Effektes wird diskutiert. K. Jaeger 134

0484 **Temperaturen der seignetteelektrischen Phasenumwandlungen in $BiBi_2TiNbO_9$ und $BiBi_2TiTaO_9$.** I. G. Ismailzade und V. I. Nesterenko. (Izvest. Akad. Nauk SSSR, Neorg. Mater. **4** (1968) 5, 760—64; Inst. teoret. problem chim. technol. AN AzSSR; russ.) — Von $BiBi_2TiTaO_9$ (**I**) u. $BiBi_2TiNbO_9$ (**II**) wurden die Gitterparameter, die opt. u. die dielektr. Eig. in Abhängigkeit von der Temp. untersucht. Bei ca. 640 u. 875 bzw. ca. 740 u. 925° zeigen **I** bzw. **II** seignetteelektr. Phasenübergänge. **I** u. **II** besitzen nach $LiNbO_3$ die höchsten Curie-Temp. (875 ± 5 bzw. 915 ± 5). Nach den Hochtemp.-Röntgen- u. den opt. Unters. ist der Vektor der spontanen Polarisation parallel zur (001)-Ebene gerichtet. Nach den Röntgenunters. erfolgt die Umwandlung der rhomb. in die tetragonale Symmetrie bei den unteren Temp., nach den opt. Unters. bei den Curie-Temperaturen. Die Unstimmigkeit ist durch den geringen rhomb. Charakter (b/a < 1,0009) erklärbar. U. Strobel 134

0485 **Seignetteelektrischer Übergang der Orthotantalate mit Rutilstruktur.** E. I. Krylov, F. A. Roždestvenskij, O. G. Potechin und V. K. Solomennikov. (Izvest. Akad. Nauk SSSR, Neorg. Mater. **4** (1968) 3, 477—78; Ural'skij politechn. inst. im. Kirova; russ.) — $TiTaO_4$, $VTaO_4$, $CrTaO_4$ u. $FeTaO_4$, mit Curie-Punkten bei 107, 118, 570 bzw. 170°, wurden aus den Oxiden dargestellt. Die Gitterparameter sind für verschiedene Temp. angegeben. Die Rutilstruktur bleibt bei höheren Temp. erhalten. Oberhalb des Curie-Punktes werden die Gitterparameter merklich größer. c/a hat am Curie-Punkt den kleinsten Wert. U. Strobel 134

0486 **Natur der Phasenumwandlungen in $PbCd_{0,5}W_{0,5}O_3$.** Ju. M. Poplavko, V. G. Cykalov, V. I. Molčanov und V. A. Isupov. (Fiz. tverdogo Tela **10** (1968) 5, 1542—44; Kievskij politechn. inst.; russ.) — Messungen von tgδ u. der DK (—120 bis +680°; 105 kHz —37 GHz) an polykrist. Proben. Die Umwandlung bei 420° wird als Curie-Punkt gedeutet, die Umwandlungen im Bereich 130—400° werden Umwandlungen von einer in eine andere ferroelektr. Phase zugeschrieben. K. Jaeger 134

0487 **Einfluß der Bereichsstruktur auf die Erzeugung der zweiten Harmonischen in Triglycinsulfatkristallen.** A. S. Sonin und V. S. Suvorov. (Fiz. tverdogo Tela **10** (1968) 4, 1031—35; russ.) — Theorie des Einfl. von 180°-Bereichen auf die Intensität der zweiten harmon. opt. Laseranregung in ferroelektr. Kristallen. Experimentelle Bestätigung durch Messung der Winkelabhängigkeit der harmon. Anregung von TGS-Einkrist. (29—53 °C). K. Jaeger 134

0488 **Ferroelektrische Eigenschaften von Triglycinselenat bei hohen hydrostatischen Drücken.** I. N. Polandov, V. P. Mylov, B. A. Strukov und V. M. Varikaš. (Fiz. tverdogo Tela **10** (1968) 5, 1377—82; Mosk. gos. univ. im Lomonosova; russ.) — Messungen bei 15—55° u. ≤ 8000 kg/cm². Der Druckkoeff. der Curie-Temp. T_c beträgt $+3{,}7 \cdot 10^{-3}$ Grad/atm. Die DK bei T_c nimmt ab mit zunehmendem Druck; bei 7500 kg/cm² verschwindet die anomale DK. Im Bereich 6000—8000 kg/cm² wird eine neue Umwandlungslinie 1. Ordnung mit der Steigung 32,8 Grad/atm beobachtet. Diese Linie schneidet den Tripelpunkt bei 7500 kg/cm² u. 49,6°. Die Druckabhängigkeit der spontanen Polarisation wird bis zum Tripelpunkt bestimmt. K. Jaeger 134

0489 **Temperaturabhängigkeit der Dielektrizitätskonstanten von Seignettesalz orthogonal zur ferroelektrischen Achse.** K. Forsch und H. E. Müser. (Z. Naturforsch. **23a** (1968) 8, 1231; Inst. für Experimentalphys. II der Univ. Saarbrücken; dt.) — Vf. finden, daß zur vollst. Beschreibung des dielektr. Verh. von Seignettesalz in der freien elast. Enthalpie noch 2 zusätzliche Glieder vierter Ordnung berücksichtigt werden müssen. Herbert Weber 134

0490 **Spinwellentheorie von Verunreinigungszuständen in einem Heisenberg-Antiferromagneten. 1. Mitt. Positive Austauschkopplung zwischen Verunreinigung und Wirtsgitter.** S. W. Lovesey. (J. Physics, C (Proc. physic. Soc.) [2] **1** (1968) 1, 102—17; Dep. of Theoret. Phys., Univ., Oxford; engl.) — Die lineare Spinwellentheorie einer magnet. Verunreinigung in einem raumzentrierten Heisenberg-Antiferromagneten wird entwickelt. Die Wechselwrkg. zwischen Wirtsgitter u. Verunreinigung wird als positiv angenommen. Damit ist im Grundzustand der Verunreinigungsspin ausgerichtet mit den Spins des gleichen Untergitters. Es erfolgt die Entw. der entsprechenden Greenschen Funktionen für die Untergitter. Aus den Polen dieser Funktionen erhält man Kriterien für die Verunreinigungsmoden. Berechnungen für Energien, Breiten u. Spinkontraktionen dieser Zustände werden durchgeführt. Da der unelast. Neutronenquerschnitt durch Spin-Spin-Korrelationsfunktionen darstellbar ist,

ergibt sich eine Rechenmöglichkeit aus den Greenschen Funktionen. Bes. Aufmerksamkeit wird dem diffusen Beitrag zum Querschnitt geschenkt.
D. Scherbaum 136

0491 **Spinwellentheorie von Verunreinigungszuständen in einem Heisenbergschen Antiferromagneten.** 2. Mitt. **Negative Austauschkopplung zwischen Verunreinigung und Wirtsgitter.** S. W. Lovesey. (J. Physics, C (Proc. physic. Soc.) [2] **1** (1968) 1, 118–24; engl.) – 1. vgl. vorst. Referat. – Es wird das l. c. entwickelte Schema zur Diskussion des Falles einer negativen Austauschwechselwrkg. zwischen Verunreingung u. Wirtsgitter benutzt. Die p-, d- u. f-Zustände bleiben die gleichen, wogegen nur ein s-Zustand entgegengesetzt zum vorhergehenden Fall erscheint. Vf. ber. Energien u. Breiten dieses Zustandes für einen großen Bereich der Störungsparameter. Der diffuse unelast. Neutronenquerschnitt wird ebenfalls berechnet. Er besitzt exakt die gleiche Form wie für eine „antiferromagnet. Verunreinigung" in einem Ferromagneten, zeigt jedoch nicht das gleiche Energieverh. wegen der Differenz der Spinwellenspektren von ferromagnet. u. antiferromagnet. Wirtsgittern.
D. Scherbaum 136

0492 **Spinwellenspektrum von Antiferromagnetika in starken Magnetfeldern.** V. G. Bar'jachtar, E. V. Zaročincev und V. A. Popov. (Fiz. Metallov Metallovedenie **25** (1968) 1, 3–14; Char'kovskij gosuniv. im Gor'kogo; russ.) – Theoret. Untersuchung.
H. Roschkowski 136

0493 **Gleichzeitiges paralleles Pumpen von Kern- und Elektronenspinwellen.** F. Ninio und F. Keffer. (Physic. Rev. [2] **165** (1968) 2, 735–50; Dep. of Phys., Univ. of Pittsburgh, Pittsburgh, Pa.; engl.) – In magnet. Substanzen, deren Kerne ein magnet. Moment haben, existiert bei niedrigen Temp. neben dem bekannten Elektronenspinwellenspektrum ein Kernspinwellenspektrum. Die Möglichkeit gleichzeitiger Anregung von Kern- u. elektron. Magnonen durch paralleles Pumpen (magnet. Wechselfeld parallel zur Magnetisierungsrichtung) wird untersucht. Es wird ein einfacher Ferromagnet, das ferrimagnet. $MnFe_2O_4$ u. das kub., antiferromagnet. $RbMnF_3$ betrachtet. Der Prozeß ist in Substanzen mit positiver Hyperfeinwechselwrkg.-Konst. möglich. Es können Kernspinwellen mit beliebiger Wellenzahl k (in der üblichen NMR nur k = 0) angeregt werden. Die untere Grenze des Pumpfeldes liegt bei ca. 36 Oe. B. Stender 136

0494 **Spin-Gitter-Schwingungen in einem Paramagnetikum.** M. N. Aliev und B. I. Kočelaev. (Izvest. vysšich učebnych Zavedenij [Tomsk], Fiz. **11** (1968) 2, 7–10; Kazanskij gosuniv. im. Ul'janova-Lenina; russ.) – Das Spektrum der Elementaranregungen eines Syst. wechselwirkender Spins u. Phononen in einem Festkörper wird theoret. untersucht u. ein Dispersionsgesetz für die Spin-Gitter-Wellen abgeleitet. H. Roschkowski 136

0495 **Instabilitäten und Streuung elektromagnetischer Wellen in einem Ferromagnetikum mit einer Anisotropie vom Typ leichter Richtung.** Ju. L. Bolotin. (Ukraïns'kyj fiz. Ž. **13** (1968) 3, 405–14; Fiz.-techn. inst. AN URSR, Charkiv; ukrain., Auszug: engl.) – Korrelationsfunktionen unter Berücksichtigung der magneto-elast. Kopplung werden aufgestellt. Der Einfl. der magnetoakust. Resonanz auf die Streuspektren wird untersucht.
K. Jaeger 136

0496 **Untersuchung des Debye-Waller-Faktors und Messungen der thermischen Mössbauer-Verschiebung.** 2. Mitt. **Thermische Verschiebung für Fe.** R. M. Housley und F. Hess. (Physic. Rev. [2] **164** (1967) 2, 340–44; North American Aviat. Sci. Center, Thousand Oaks, Calif.; engl.) – 1. vgl. C. **1967**, 48-0272. – Nach der l. c. beschriebenen Meth. wird der Doppler-Beitrag 2. Ordnung von den gemessenen therm. Verschiebungen für reines Fe u. Fe in *Cu, Rh, Pd, Pt* u. *Au* subtrahiert. Daraus läßt sich die auf die Elektronendichte am Kern zurückzuführende Temp.-Abhängigkeit der Isomerieverschiebung klar erkennen. Sie ist nicht nur auf therm. Ausdehnung zurückzuführen. In reinem Fe ist ein mit der Magnetisierung zusammenhängender Beitrag nachweisbar. Neben diesem u. dem der therm. Ausdehnung ist ein weiterer Beitrag, der auf Grund der Theorien zur Erklärung der Temp.-Abhängigkeit der Hyperfeinkopplungskonst. diskutiert wird, vorhanden. H. Liepack 136

0497 **Magnetostriktion in einem System gemischter Ba–Co–Fe-Ferroplane (Typ W).** S. P. Kuncevyč, Ju. O. Mamaluj und A. S. Mil'ner. (Ukrains'kyj fiz. Ž. **13** (1968) 4, 543–46; Charkivs'kyj deržuniv. im. Gor'kogo; ukrain., Auszug: engl.) – Die Magnetostriktion von Ferriten des vorst. Syst. (Typ W = $A^{2+}Me_2{}^{2+}B_{16}{}^{3+}O_{27}$ mit A = Ba, Me = Co, B = Fe) verschiedener Zus. wird gemessen u. der Zusammenhang mit der Anisotropierenergie ermittelt. H. Roschkowski 136

0498 **Temperaturabhängigkeit der Magnetisierung von Ferriten.** E. I. Aksel'rod und I. I. Višnevskij. (Fiz. Metallov Metallovedenie **25** (1968) 4, 753–55; Ukrainskij NII agneuporov; russ.) – Die Temp.-Abhängigkeit der Magnetisierung von $MgFe_2O_4$ wird untersucht. Zwischen 100 u. 300°K liegt eine Temp.-Abhängigkeit nach $T^{3/2}$ vor. Der Einfl. des Inversionsgrades der Spinellstruktur auf die Magnetisierung wird besprochen.
H. Roschkowski 136

0499 **Magnetische Eigenschaften des Systems der Orthoferriteinkristalle $Sm_{1-x}Tm_xFeO_3$.** K. P. Belov, A. M. Kadomceva, T. S. Kon'kova, T. M. Ledneva, T. L. Ovčinnikova, V. A. Timofeeva und V. V. Uskov. (Kristallografija **13** (1968) 1, 179–81; Mosk. gos. univ. im. Lomonosova; russ.) – Die Drehmoment- u. Magnetisierungskurven von $Sm_{1-x}Tm_xFeO_3$-Einkrist. mit x = 0; 0,25; 0,5; 0,75 u. 1 wurden aufgenommen. Die Umorientierungstemp. verschiebt sich für die untersuchten Zus. wahrscheinlich infolge der Lanthanidenkontraktion. H. Roschkowski 136

0500 **Bestimmung der Molekülfeldkoeffizienten aus der Temperaturabhängigkeit der Sättigungsmagnetisierung.** A. S. Chlystov. (Izvest. vysšich učebnych Zavedenij [Tomsk], Fiz. **11** (1968) 4 (71), 129–30; Sibir. fiz.-techn. inst. im. Kuznecova; russ.) – Rechner. Unters. für Ferrite der allg. Zus. $Fe_xMe_{1-2x}[Fe_{2-2x}Me_{2x}]O_4$.
H. Roschkowski 136

0501 **Einfluß von hydrostatischem Druck auf die magnetische Anisotropie von Antiferromagnetika mit schwachem Ferromagnetismus.** 1. Mitt. **Seltenerdmetallorthoferrite.** A. S. Pachomov. (Fiz. Metallov Metallovedenie **25** (1968) 4, 595–604; Mosk. gosuniv. im. Lomonosova; russ.) – Auf der Grundlage einer thermodynam. Theorie des Phasenübergangs 1. Ordnung wird für $LnFeO_3$ (Ln = La–Lu) der Einfl. hydrostat. Drucks auf die magnet. Anisotropie untersucht.
H. Roschkowski 136

0502 **Einfluß von hydrostatischem Druck auf die magnetische Anisotropie von Antiferromagnetika mit schwachem Ferromagnetismus.** 2. Mitt. **Haematit.** A. S. Pachomov. (Fiz. Metallov Metallovedenie **25** (1968) 5, 769–76; russ.) – 1. vgl. vorst. Referat. – Auf der Basis thermodynam. Vorstellungen wird für Haematit der Einfl. von Druck auf die magnet. Anisotropie sowie der krit. Druck ber., bei dem Haematit aus dem schwach ferromagnet. in den antiferromagnet. Zustand übergeht. Dieser beträgt bei –295°K ca. 9 kbar. H. Roschkowski 136

0503 **Interpretation des mittelbar induzierten magnetischen Feldes an nicht magnetischen Atomen in Yttriumeisengranaten.** I. B. Bersuker und I. Ja. Ogurcov. (Teoret. ėksper. Chim. **4** (1968) 1, 48–52; Inst. chim. AN Mold. SSR, Kišinev; russ.) – Zur Interpretation der an unmagnet. Sn(IV)-Ionen, die Fe(III) in Oktaederlagen von Y-Ferritgranat $(Y_{3-x}Ca_x)[Fe_{2-x}Sn_x](Fe)_3O_{12}$ substituieren, mittelbar induzierten Magnetfelder werden in einer halbempir. MO LCAO-Näherung mit selbstkonsistenten Ladungen an den Atomen Berechnungen für ein Krist.-Fragment durchgeführt, das sowohl Sn(IV)- als auch magnet. Fe(III)-Ionen (in Tetraederlage) enthält, die untereinander durch O^{2-}-Ionen verbunden sind. Die Berechnungen erklären sowohl die Größe des induzierten Feldes als auch seine Richtung.
H. Roschkowski 136

0504 **Einfluß von Si-, Ti-, Co- und Cu-Zusätzen auf die Alterung einiger hochkoerzitiver Legierungen des Systems**

Fe–Ni–Al. L. A. Kučerenko und V. A. Troškina. (Vestnik Moskovskogo Univ., Ser. II **28** (1968) 2, 102—08; russ., Auszug: engl.) — Unters. des Einfl. geringer Zusätze von Si, Ti, Co u. Cu auf die Alterung des übersättigten β-Mischkrist. des Syst. Fe–Ni–Al im Bereich der Zus. Fe_2NiAl. Die Zusätze in einer Menge von 1 u. 3 Atom-% wurden auf Kosten aller drei Komponenten der Leg. Fe_2NiAl eingeführt, wobei die Zus. der untersuchten Leg. wie folgt waren: 1. Typ $Fe_2Ni(A. + X)$ mit 50 (Atom-%) Fe, 25 Ni, 24 Al oder 22 Al, 2. $Fe_2(Ni + X)\cdot$ Al mit 50 Fe, 24 bzw. 22 Ni, 25 Al, u. 3. $(Fe_2 + X)NiAl$ mit 49 bzw. 47 Fe, 25 Ni, 25 Al, wobei X Si, Ti, Fe, Co oder Cu bedeutet. Die Alterung wird bei 600—900° nach einem Abschrecken der Leg. von 1250° in W. durchgeführt. Alle Leg. erfahren im Alterungstemp.-Bereich von 700—750° einen maximalen Zuwachs an Koerzitivkraft (H_c), nur der Zusatz von Cu führt zu einer unbedeutenden Verschiebung dieses Max. in den Bereich niedrigerer Temp. von 680—720°. Eine Härteveränderung mit der Alterungstemp. tritt analog der Veränderung von H_c ein. In den meisten Fällen führt der größere Zusatz (3 Atom-%) zu einer Verschlechterung des H_c-Wertes. Ein Zusatz von 3 Ti (Al) zeigt einen positiven Einfl. auf die Alterung bei 700—750°, aber einen negativen Einfl. auf die Alterung bei 800°. Bei einer Darst. der Abhängigkeit von H_c von der Zeit zeigt sich, daß im ersten Stadium der Alterung H_c nicht verändert wird, im zweiten Stadium erfährt die Leg. ihre größte Zunahme an H_c u. im dritten Stadium bleibt H_c konstant. Parallel mit den Veränderungen von H_c in Abhängigkeit von der Alterungszeit ändert sich auch die Mikrohärte.
H. Hochstein 136

0505 **Einfluß einer elastischen Dehnung auf die Domänenstruktur der Kristalle von siliciumhaltigem Eisen und von Kobalt.** Ju. N. Dragošanskij, V. A. Zajkova und Ja. S. Šur. (Fiz. Metallov Metallovedenie **25** (1968) 2, 289—97; Inst. fiz. metallov AN SSSR; russ.) — Mit Pulverfiguren werden die Veränderungen des Aussehens der Domänenstruktur von Einkrist. einer Fe–Si-Leg. mit ca. 3% Si u. von Co untersucht, die beim elast. Dehnen parallel der Achse der leichtesten Magnetisierung entstehen. Ein solches Dehnen in diesen ferromagnet. Stoffen führt zu einer qual. unterschiedlichen Änderung der Weite der 180°-Domänen; in der Fe–Si-Leg. nimmt sie nach Maßgabe einer Erhöhung der Streckbelastung wesentlich ab, jedoch im Co etwas zu. Auf Grund einer Analyse der erhaltenen Ergebnisse wird gefolgert, daß der starke Einfl. der Dehnung auf das Aussehen der Domänenstruktur der Fe–Si-Leg. mit dem Vorhandensein von 3 Achsen leichter Magnetisierbarkeit zusammenhängt.
H. Hochstein 136

0506 **Temperaturabhängigkeit der Domänenstruktur in Einkristallen von siliciumhaltigem Eisen.** I. E. Starceva und Ja. S. Šur. (Fiz. Metallov Metallovedenie **25** (1968) 2, 298—306; Inst. fiz. metallov AN SSSR; russ.) — Mittels des magnetoopt. Kerr-Effektes wird der Einfl. einer Erwärmung einer Probe im Temp.-Bereich von 20—650° auf das Aussehen der Domänenstruktur der Einkrist. einer Fe–Si-Leg. mit 3—4% Si, die eine unterschiedliche kristallograph. Orientierung der Oberflächen besitzen, untersucht. H. Hochstein 136

0507 **Domänenstruktur gereckter Proben einer sich in verschiedenen Strukturzuständen befindenden Vicalloy-Legierung.** N. N. Jagovkina, M. G. Lužinskaja und Ja. S. Šur. (Fiz. Metallov Metallovedenie **25** (1968) 3, 439—44; Inst. fiziki metallov AN SSSR; russ.) — Unters. der Domänenstruktur an gereckten Proben einer Vicalloy-Leg. mit 11(%) V, 52 Co, Rest Fe, die verschiedenen mechan. u. therm. Behandlungen unterworfen war. Der Typ der Domänenstruktur wird durch den Strukturzustand der Leg. bestimmt. Die Zunahme der Koerzitivkraft bei der Anlaßtemp.-Erhöhung wird von einer Verfeinerung der Domänenstruktur begleitet. Es wird auf eine Zunahme der Anisotropiekonst. der Leg. bei einer Erhöhung der Anlaßtemp. geschlossen. Nach einem Anlassen bei einer Temp. über 640° ist eine Domänenstruktur nicht sichtbar, was mit einer weiteren Zunahme der Anisotropie sowie mit einer Phasenzusammenballung zusammenhängen kann. H. Hochstein 136

0508 **Magnetische Hochfrequenz-Permeabilität feiner Pulver einer Fe–Co-Legierung im Frequenzbereich von 400—40000 MHz.** I. A. Derjugin und M. A. Sigal. (Fiz. Metallov Metallovedenie **25** (1968) 3, 555—57; Kievskij gosuniv. im. Ševčenko; russ.) — Messung der Magnetspektren zweier Pulver der beiden Vieldomänen-Leg. Fe–Co-2 mit 52,1% Fe u. Fe–Co-3 mit 54,5% Fe. Der effektive Durchmesser dieser Teilchen beträgt nach röntgenograph. Messungen 210 u. 310 Å. Sofern die Drehungsprozesse der Domänenmagnetisierbarkeit durch ein weites Spektrum der Resonanzfrequenzen gekennzeichnet werden, das im Falle der Fe–Co-Teilchen mit geringer kristallograph. Anisotropie den Bereich bis 40000 MHz umfaßt, kann gefolgert werden, daß der Beitrag der Drehungsprozesse zur dynam. Permeabilität offenbar dem stat. Fall entspricht, u. daß der Hauptbeitrag der Vieldomänenteilchen zum erzeugten Spektrum durch den Einfl. der Verschiebungsprozesse bedingt ist.
H. Hochstein 136

0509 **Strukturumwandlungen und magnetische Eigenschaften von Fe–Pd-Legierungen.** L. M. Magat, G. M. Makarova und Ja. S. Šur. (Fiz. Metallov Metallovedenie **25** (1968) 3, 431—38; Inst. fiz. metallov AN SSSR; russ.) — Unters. der Veränderung der magnet. Eig. u. der Phasenzus. hochkoerzitiver Fe–Pd-Leg. mit ca. 30 Atom-% Pd während des Anlassens. Dabei wird der Einfl. einer dem Anlassen voraufgehenden plast. Verformung auf die Strukturumwandlungen u. die magnet. Eig. ermittelt. Es zeigt sich, daß die Zunahme der Koerzitivkraft beim Anlassen mit der Bldg. der tetragonalen γ_1-Phase zusammenhängt. Der Einfl. einer plast. Vorverformung auf die maximale Höhe der Koerzitivkraft nach dem Anlassen wird durch eine Reihe von Faktoren, so durch Erhöhung des Fernordnungsgrades u. durch Erhöhung des Verteilungsgrades der Strukturbestandteile, bestimmt. Auf Grund von Angaben über die Textur der Leg. wird der Charakter der Veränderungen der Remanenz beim Anlassen bestimmt. In stark verformten Proben gibt es eine magnet. Textur, die während des Anlassens allmählich zerstört wird, was auch zur Abnahme der Remanenz längs der Verformungsrichtung beiträgt. Nach 8—10std. Anlassen bei 500° besitzen alle Proben mit 31,2; 32,7 u. 33,5 Atom-% Pd unabhängig vom Vorverformungsgrad ähnliche Remanenz-Werte, die offenbar dem Fehlen einer magnet. Textur entsprechen. H. Hochstein 136

0510 **Strukturbildung der Legierung JuNDK35T5 (Ticonal) im Magnetfeld.** B. G. Livšic, Ja. L. Lineckij, E. G. Knižnik und V. S. Krapošin. (Fiz. Metallov Metallovedenie **25** (1968) 3, 425—30; Moskovskij inst. stali i splavov; russ.) — Unters. der Einkrist.-Struktur einer Ticonalleg. mit 14,9 (%) Ni, 35,5 Co, 7,0 Al, 5,2 Ti, 3,7 Cu, 0,02 C, Rest Fe nach einer thermomagnet. Behandlung bei 800° nach einer vorangegangenen Erhitzung der Leg. auf 1250°. Im Anfangsstadium des Zerfalls der festen Lsg. im Magnetfeld bilden sich in der Struktur parallele Ketten aus gleichachsigen Teilchen. Die elast. Wechselwrkg. zwischen ihnen bewirkt eine tetragonale Verzerrung der Krist.-Gitter, bei der die Achsen aus beiden Phasen längs der Kette ausgerichtet werden. Zur Erzielung hoher magnet. Eig. muß das Magnetfeld bei der thermomagnet. Behandlung im Augenblick der Erreichung der krit. Temp. des Mischkrist.-Zerfalls angelegt u. solange beibehalten werden, bis die Bldg. homogener stabförmiger Ausscheidungen vollendet ist. H. Hochstein 136

A-4. Thermodynamik, Mechanik der Gase und Flüssigkeiten, Gleichgewichte

0511 **Beziehung zwischen Schmelzwärme, Schmelzpunkt, elektronischer Polarisierbarkeit und Ionenradienverhältnis bei den Alkalimetallhalogeniden.** Hitoshi Kanno. (Nature [London] **218** (1968) 5143, 765—66; Tokyo, Japan, Univ. of Tokyo, Dep. of Chem.; engl.) — An Hand der Verb. LiX, NaX, KX, RbX u. CsX (X = F, Cl, Br, J) wird graph. gezeigt, daß zwischen den Ionenradienverhältnissen r^+/r^- u. der Größe $H_f/R \cdot T_m \cdot \alpha^{1/3}$ bei konst. Alkalimetall prakt. lineare Beziehungen existieren

(H_f = Schmelzwärme; R = Gaskonst.; T_m = F.; α = elektron. Polarisierbarkeit); lediglich die Verb. des Typs CsX fallen auf Grund der verschiedenen Krist.-Strukturen aus der Systematik heraus. G. Gattow 142

0512 **Konstanten der Gleichung von Karapet'janc.** K. A. Šarifov. (Ž. fiz. Chim. **42** (1968) 2, 494–96; Inst. fiz. AN Azerbajdž. SSR, Baku; russ.) — Für gasf. Substanzen kann in die Karapet'janc-Gleichung $S_2^{T0} = A_3S_1^0 + B_3$ für A_3 ca. 1 u. B_3 ca. (S/2) · n/R ln(T_2/T_1) eingesetzt werden. Für feste u. fl. Substanzen sind diese A_3- u. B_3-Werte nur bei kleinen Temp., d. h. bei (T_2/T_1) ca. 1 richtig. Die Richtigkeit dieser Aussagen wird an Hand der Daten von *Cu, Ag, Au, BeO, MgO, CaO, SrO, BaO,* BaF_2, $BaCl_2$, CaF_2, $CaCl_2$, MgF_2, $MgCl_2$, $SrCl_2$, SrJ_2, AlF_3, UCl_3, VCl_3, $CrCl_3$, Bi_2O_3, Al_2O_3, B_2O_3, Cr_2O_3, Fe_2O_3, Mn_2O_3, Ti_2O_3, V_2O_3, Nb_2O_5, Ta_2O_5, V_2O_5, *LiF, LiCl, NaF, NaCl, KF* u. *KCl* demonstriert. J. J. Pohl 142

0513 **Wechselwirkung von Massen- und Ladungsströmen.** A. V. Pamfilov, A. I. Lopušanskaja und L. B. Cvetkova. (Ž. fiz. Chim. **42** (1968) 1, 238–41; Černovickij gos. univ.; russ.) — Die phänomenolog. Gleichungen für Diffusions- u. Ladungsströme in kontinuierlichen u. nichtkontinuierlichen Syst. erlauben die Best. von Koeff., die ebenso wie Überlagerungseffekte durch Zustandsparameter u. thermodynam. Funktionen ausgedrückt werden. J. J. Pohl 142

0514 **Molekulare Thermodynamik von einfachen Flüssigkeiten.** Chen-hwa Chiu und Frank B. Canfield. (Ind. Engng. Chem., Fundamentals **7** (1968) 2, 332–34; Norman, Okla., Univ. of Okla., School of Chem. Engng. and Mater. Sci.; engl.) — Einige unklar erscheinende Punkte in der Arbeit von Renon et al. (ibid. **6** (1967) 52) über die thermodynam. Eig. einfacher Fl. u. Fl.-Gemische werden klargestellt u. diskutiert. E. Schulte 142△

0515 **Molekulare Thermodynamik von einfachen Flüssigkeiten.** C. A. Eckert, H. Renon und J. M. Prausnitz. (Ind. Engng. Chem., Fundamentals **7** (1968) 2, 334; Dep. of Chem. and Chem. Engng., Univ. of Ill., Urbana, Ill.; engl.) — Vf. diskutieren die Anmerkungen von Chiu u. Canfield (vgl. vorst. Ref.) zu der eigenen früheren (ibid. **6** (1967) 52) Arbeit. E. Schulte 142△

0516 **Molekulare Thermodynamik von einfachen Flüssigkeiten. Dampfdrücke.** H. Renon, C. A. Eckert und J. M. Prausnitz. (Ind. Engng. Chem., Fundamentals **7** (1968) 2, 335–36; Paris, Inst. Franc. du Petrole; engl.) — In einer früheren Arbeit der Vf. (ibid. **6** (1967) 58) wurde eine Trennfunktion angegeben, die auf Fl.-Gemische angewandt wurde. Nach einer Mitt. von Miller liefert eine Modifizierung dieser Funktion die korrekten Dampfdrücke für einfache Fl. (die Ergebnisse für Ne, N_2, CO, Ar, O_2, CH_4, Kr, Xe, CF_4, C_2H_4, C_2H_6, CO_2, Propylen, Propan u. Neopentan werden angegeben); das Modifizierungsverf. wird mitgeteilt. Die Ergebnisse der früheren Arbeit für Fl.-Gemische werden durch diese Modifizierung nicht beeinflußt. E. Schulte 142△

0517 **Thermodynamische Analyse subregulärer Lösungen.** A. N. Men', A. A. Ščepetkin und G. I. Čufarov. (Doklady Akad. Nauk SSSR **180** (1968) 1, 147 bis 149; Inst. metallurg. Ural'skogo fil. AN SSSR; russ.) — Ableitung von Beziehungen für die Freie Energie u. die Aktivitäten der Komponenten subregulärer Lösungen. J. J. Pohl 142

0518 **Molekulare Dynamik und thermodynamische Eigenschaften von Lösungen.** A. M. Evseev. (Ž. fiz. Chim. **42** (1968) 3, 584–87; Mosk. gos. univ. im. Lomonosova, chim. fak.; russ.) — Die Meth. von Bragg-Williams, die von Kirkwood, die quasichem. u. die Monte Carlo-Meth., sowie die der mol. Dynamik werden als Näherungsmeth. für die Berechnung der statist. Zustandssummen des dreidimensionalen Gitters bei strukturierten Leg. diskutiert. J. J. Pohl 142

0519 **Thermodynamik von Dreikomponenten-Einlagerungsphasen.** Ž. C. Cndrievskij. (Ž. fiz. Chim. **42** (1968) 3, 603–08; russ.) — Gleichungen für die partielle Freie Energie u. die Konfig.-Entropie von Dreikomponenten-Einlagerungsphasen folgenden Typs werden vorgeschlagen: Phasen, die aus zwei Metallen u. einem Nichtmetall bestehen, z. B. Ta_2C–V_2C, HfN–TiN, TiH_2–ZrH_2 usw.; Phasen, die aus einem Metall u. zwei Nichtmetallen in einem Untergitter bestehen, z. B. NbC–NbN, TiC–TiO usw. u. Phasen, die zwei Nichtmetalle in zwei Untergittern enthalten, wie z. B. TiN–TiH_2, ZrC–ZrH_2 usw. Die Möglichkeit der Verw. dieser Ausdrücke in Verb. mit Daten von Überschußentropie u. Mischungswärmen wird erläutert. J. J. Pohl 142

0520 **Automatische Bestimmung der Zusammensetzung des thermodynamischen Gleichgewichtes in einem komplizierten Gemisch.** Pierre Sutre und Jean-Pierre Malengé. (C. R. hebd. Séances Acad. Sci., Sér. C **267** (1968) 3, 196–99; École Nat. Sup. des Ind. chim., Nancy, Meurthe-et-Moselle; franz.) — Verbesserte Berechnungsmeth., Grobblockdiagramm des verwendeten IBM 1130-Programms in Fortran IV. J. J. Pohl 142

0521 **Bestimmung der Assoziation von gesättigtem Dampf durch Differentialanalyse der Tensionskurven.** G. Kollár. (Z. physik. Chem. [Leipzig] **235** (1967) 3/4, 281–85; Anorg. Inst., Techn. Univ. Budapest, Müegyetem; dt.) — Es wird eine Meth. zur Best. des Assoziationsgrades von in der Dampfphase assoziierten Lsgm. beschrieben. Dabei ist nur die Kenntnis der Gleichung der Dampfdruckkurve bzw. der Antoineschen Konst. u. der experimentell bestimmten Verdampfungswärme nötig. Die Meth. wird zur Best. der Assoziationszahl von *HCOOH*, CH_3COOH, CH_3CH_2COOH, $CH_3(CH_2)_2 \cdot COOH$, P_4 u. As_4O_6 angewendet. A. Jaeschke 142

0522 **Verwendung der Methode der vergleichenden Berechnung für die physikalisch-chemischen Eigenschaften auf Grund der Verallgemeinerung von Löslichkeitsdaten von Substanzen im Wasserdampf.** D. G. Cchvirašvili. (Soobšč. Akad. Nauk Gruz. SSR **49** (1968) 3, 653–58; Gruz. inst. energetiki; russ.) — Theoret. Überlegungen zur Verw. von Löslichkeitsdaten in Kombination mit anderen Eig. (Kationenradien, Verteilungskoeff.) bei der Berechnung beliebiger physikal.-chem. Daten im Vgl.-Verfahren. J. J. Pohl 142

0523 **Graphische Interpolation von Versuchsergebnissen in quaternären Systemen.** Ju. I. Malenko. (Ž. neorg. Chim. **13** (1968) 4, 1119–21; russ.) — Eine graph. Konstruktionsmeth. von Isolinien einer Eig. in einem beliebigen Tetraederschnitt des Zus.-Diagrammes auf Grund von Daten der Lage dieser Linien in einer Reihe von Schnitten bei Konstanthaltung entweder der Konz. der einen Komponente oder des Konz.-Verhältnisses mehrerer Komponenten wird bestimmt. J. J. Pohl 142

0524 **Verwendung von galvanischen Zellen zur Gewinnung genauer thermodynamischer Daten.** Ju. D. Tret'jakov. (Vestnik Moskovskogo Univ., Ser. II **23** (1968) 2, 88–97; Kaf. obšč. chim.; russ., Auszug: engl.) — Mögliche Vers.-Fehler bei EMK-Messungen an Zellen mit festem Elektrolyt u. mit gemeinsamen u. getrennten Gasraum über den Elektroden werden analysiert. Neue Konstruktionen mit getrenntem Gasraum werden vorgeschlagen. — 46 Literaturangaben. J. J. Pohl 142

0525 **Verwendung der Verteilungs-Gaschromatographie zur Bestimmung thermodynamischer Eigenschaften.** C. L. Young. (Chromatographic Reviews [Amsterdam] **10** (1968) 2, 129–58; Dep. of Pure and Appl. Chem., Univ. of Strathclyde, Glasgow; engl.) — Übersicht bes. zur Best. von Virialkoeff., Aktivitätskoeff. u. Mischungswärmen auf der Basis verteilungsgaschromatograph. Daten, an Hand von 169 Literaturangaben. H. Roschkowski 142

0526 **Korrelation in Flüssigkeiten mit großen Molekülabständen.** F. M. Kuni. (Doklady Akad. Nauk SSSR **179** (1968) 1, 129–32; Leningradskij gos. univ. im. Ždanova; russ.) — Die Asymptotik der korrelativen Funktionen wird im Rahmen der klass. statist. Gleichgew.-Mechanik für Fl. mit großen Abständen zwischen den Mol. theoret. diskutiert. J. J. Pohl 144

0527 **Bestimmung von Diffusionskoeffizienten getrennter Komponenten in ihrem Gemisch.** A. M. Čerkasov, S. I. Klenin und Ju. Ju. Ejzner. (Ukraïns'kyj fiz. Ž. **13** (1968) 4, 656—60; Inst. vysokomol. spoluk AN SRSR, Leningrad; ukrain., Auszug: engl.) — Beschreibung eines Verf. zur Best. von Diffusionskoeff. in Lsg. durch Auswertung der Gradienten des Brechungsindex. Anwendung auf die Diffusion von Polystyrolfraktionen verschiedenen Mol.-Gewichts. H. Roschkowski 146

0528 **Schallabsorption in der Nähe des kritischen Punkts.** V. P. Romanov und V. A. Solov'ev. (Akustičeskij Ž. **14** (1968) 2, 262—67; Leningradskij gos. univ.; russ.) — Der Schallabsorptionskoeff. in Gasen in der Nähe des krit. Punkts wird berechnet. In der Reihenentw. der Freien Energie nach Potenzen der Abweichung der D. vom Mittelwert mit Hilfe von SCF-Meth. werden Glieder 4. Ordnung berücksichtigt. H. Roschkowski 146

0529 **Hochtemperaturwärmeleitfähigkeit von Argon.** James A. Fay und Douglas Arnoldi. (Physics of Fluids **11** (1968) 5, 983—85; Dep. of Mechan. Engng., MIT, Cambridge, Mass.; engl.) — Durch Messung der Temp.-Erhöhung auf der inneren Oberfläche eines Saphir-Fensters in der Wand eines konventionellen Stoßrohrs mit Hilfe einer kalibrierten IR-Photozelle, die die Temp. einer dünnen Schicht aus pyrolyt. C auf dieser Fläche angibt, werden ältere Meßwerte der Wärmeleitfähigkeit von Ar bei etwa 12000°K korrigiert. Mit den erhaltenen Meßwerten stimmt der Wert $(8{,}4 \pm 2{,}0) \cdot 10^{-7}\ (T)^{3/4}$ cal/cm · s · °K am besten überein. Die Abweichung von der Theorie von Fay u. Kemp wird auf Änderungen der Wärmeleitung der Meßsonde mit zunehmender Tiefe zurückgeführt. H. U. Borgstedt 146

0530 **Messung der Wärmeleitfähigkeit von Argon unter Verwendung von Heißdraht-Diffusionssäulen.** V. K. Saxena und S. C. Saxena. (Chem. Physics Letters [Amsterdam] **2** (1968) 1, 44—46; Phys. Dep., Rajasthan Univ., Jaipur, Rajasthan, India; engl.) — Die zwischen 350 u. 1500°K bestimmten Werte genügen der Beziehung $10^6\lambda = 1{,}355 + 1{,}091 \cdot 10^{-2}T - 1{,}876 \cdot 10^{-6}T^2$, λ in cal cm^{-1} grad^{-1} s^{-1}, T in °K. H. Liepack 146

0531 **Wärmeleitfähigkeit von Gasen in einem größeren Temperaturbereich.** P. Correia, B. Schramm und K. Schäfer. (Ber. Bunsenges. physik. Chem. **72** (1968) 3, 393—99; Phys.-Chem. Inst., Univ., Heidelberg; dt.) — Die Wärmeleitfähigkeit der Gasgemische NH_3-Ar, H_2S-Ar, SO_2-Ar, CH_3Cl-Ar, CH_3Cl-C_2H_5Cl, CH_3Br-C_2H_5Cl, CH_3Cl-Ne u. NH_3-Ne wurde von 273—1173°K bzw. bis zur Temp., bei der die Dissoziation nicht mehr vernachlässigbar ist, nach der Hitzdrahtmeth. gemessen. Die Meßwerte für die reinen Gase NH_3, H_2S, SO_2 u. CH_3Cl wurden mit den theoret. Werten verglichen, die man aus den zwischenmol. Kräften u. den Molwärmen mit Hilfe der Ausdrücke erhält, die durch Lsg. der Uhlenbeckschen Stoßgleichung für mehratomige Gase erhalten wurde. Die Relaxationszeit für die Rotation u. der Unterschied zwischen dem Diffusions-Koeff. für die Energie der inneren Freiheitsgrade u. dem Diffusionskoeff. für die Mol. selbst (Translationsbewegung) wurde untersucht. D. Hoene 146

0532 **Einfluß eines Magnetfeldgradienten auf die Wärmeleitfähigkeit von Sauerstoff.** L. L. Gorelik und V. V. Sinicyn. (Ž. ėksper. teoret. Fiz.-Pis'ma v Redakciju **7** (1968) 2, 45—48; russ.) V. Burjan 146△

0533 **Zweiter Virialkoeffizient von atomarem Stickstoff und Sauerstoff.** P. M. Kessel'man, A. S. Bestužev und Ju. I. Blank. (Teplofiz. vysokich Temperatur **6** (1968) 2, 348—50; Odesskij technol. inst. im. Lomonosova; russ.) — Die Kurve des Potentialverlaufs für den Grundzustand des Sauerstoffs ist wiedergegeben. Der 2. Virialkoeff. wurde für O-Atome bei 2000—8000°K u. ebenso für N-Atome berechnet. M. Wiedemann 146

0534 **Wärmeleitfähigkeit von Luft bei mäßigen und hohen Drücken.** Daniel L. Carroll, Hing Y. Lo und Leonard I. Stiel. (J. chem. Engng. Data **13** (1968) 1, 53—57; Syracuse Univ., Syracuse, N.Y.; engl.) — Vf. stellen aus Literaturwerten eine Gleichung für die Wärmeleitfähigkeit von Luft auf u. ber. damit die Wärmeleitfähigkeit von 160—800°K u. 1—1000 atm (Tabelle). K. Bohmhammel 146

0535 **Schwingungsrelaxation in CO_2/D_2O-Mischungen.** F. Douglas Shields und James Alton Burks. (J. acoust. Soc. America **43** (1968) 3, 510—15; Univ. of Miss., Univ., Miss.; engl.) — Messungen der Schallabsorption u. -geschw. bei 300—500°K in CO_2 mit Zusätzen von bis zu 0,6 Mol-% D_2O zeigen, daß D_2O erheblich weniger wirksam in der Reduzierung der Relaxationszeit des CO_2 ist als H_2O. Für die reziproke Relaxationszeit wird bei den drei Meßtemp. die erwartete lineare Abhängigkeit von der Konz. an D_2O gefunden. Das unterschiedliche Relaxationsverh. der Mischungen von CO_2 mit D_2O u. H_2O läßt an der Theorie, nach der die chem. Affinität des H_2O zum CO_2 die Änderung der Relaxationszeit verursachen sollte, Zweifel aufkommen. Näherungsweise Rechnungen der Übergangswahrscheinlichkeit deuten an, daß eine Wechselwrkg. zwischen der CO_2-Schwingung u. der Rotation von H_2O oder D_2O möglich ist. Die quant. Lsg. des Problems ist nicht ohne die Lsg. als Vielkörperproblem erreichbar. H. U. Borgstedt 146

0536 **Eigenschaften von ^{3}He und seinen Lösungen in ^{4}He.** V. P. Peškov. (Usp. fiz. Nauk **94** (1968) 4, 607—40; Inst. fiz. problem im. Vavilova AN SSSR; russ.) — Übersicht. — 147 Literaturangaben. H. Roschkowski 146

0537 **Akustische Impedanz von flüssigem ^{4}He.** I. J. Kirby und J. Wilks. (J. Physics, C (Proc. physic. Soc.) [2] **1** (1968) 3, 555—64; Clarendon Labor., Oxford, England; engl.) — Zur Sicherung der aus Impedanz- u. Schallgeschw.-Messungen erhaltenen Werte des Übergangs vom normalen zum Nullschall werden bei Frequenzen von 122 u. 124 MHz Impedanzmessungen in fl. ^{3}He vorgenommen. Die Übergangstemp. wurde zu $0{,}035 \pm 0{,}002$°K u. das Verhältnis Z/ϱ zu 13 ± 3 m/s bestimmt. Damit ist die Existenz des Nullschalls erneut bestätigt u. eine qual. Übereinstimmung der Meßergebnisse mit der Theorie von Landau sowie Bekarevich u. Khalatnikov erreicht worden. Eine Diskrepanz verbleibt darin, daß nach den Messungen der Schallgeschw. im Temp.-Bereich unter der Übergangstemp. eine geringere Änderung der Impedanz zu erwarten war. Es liegen jedoch noch keine Messungen von Schallgeschw. u. Impedanz bei gleicher Frequenz vor, weshalb die vorliegenden Vers.-Ergebnisse um Schallgeschw.-Messungen ergänzt werden. H. U. Borgstedt 146

0538 **Thermodynamischer Zustand von Wasser im elektrostatischen Ionenfeld. 1. Mitt. Thermodynamik eines inhomogenen Heterophasensystems.** V. M. Vdovenko, Ju. V. Gurikov und E. K. Legin. (Ž. fiz. Chim. **42** (1968) 1, 33—39; russ.) — 2. vgl. C. **1969**, 1-0583. — Die Verschiebung des Strukturgleichgew. zwischen den eisähnlichen u. den dichtgepackten Strukturen unter der Einw. eines elektrostat. Ionenfeldes wird auf Grund des Zweistrukturenmodells diskutiert. Ausdrücke für die thermodynam. Eig. von angeregtem W. wurden mit einer quasithermodynam. Meth. unter Berücksichtigung der Umverteilung der Dichte des W. im nichthomogenen äußeren Feld aufgestellt. Zur Beschreibung des mechan. Gleichgew. im inhomogenen Feld müssen die lokalen Drücke, die sich vom äußeren Druck unterscheiden, mit einbezogen werden. Die erhaltenen allg. Gleichungen wurden für das spezielle Modell eines nicht komprimierbaren, hochpolaren Lsgm. verwendet. Die Struktur eines solchen Lsgm. bleibt bei der Einführung von Ionen in die Lsg. unverändert. J. J. Pohl 146

0539 **Viskosität von flüssigem D_2O.** S. C. Jain und R. C. Bhandari. (Chem. Physics Letters [Amsterdam] **2** (1968) 1, 33—34; Phys. Dep., Univ. of Rajasthan, Jaipur, India; engl.) — Das Zwei-Zustände-Modell ergibt im Vgl. mit experimentellen Ergebnissen aus Ultraschallabsorptionsmessungen bessere Übereinstimmung als das Freies-Vol.-Modell. H. Liepack 146

0540 **Ultraschallgeschwindigkeitsmessungen in Wasser bei Drücken bis zu 10000 kg/cm².** Gerald Holton,

M. Paul Hagelberg, Samuel Kao und Walter H. Johnson jun. (J. acoust. Soc. America **43** (1968) 1, 102–07; Harvard Univ., Cambridge, Mass.; engl.) – Die Ergebnisse von Messungen der Geschw. von Ultraschallimpulsen von 15 MHz in W. unter hohen Drücken in einer weiterentwickelten Bridgman-App. stimmen bis zu 6000 kg/cm² gut mit älteren Messungen überein. Bei 10000 kg/cm² wird bei 80° ein Wert von 2712,9 m/s angegeben. Die Druckfunktion der Schallgeschw. in W. lautet $v = C_0 + B(1)P + B(2)P^2 + B(3)P^3 + B(4)P^4$. Die Koeff. der Gleichung werden für Temp. von 0–80° unter Berücksichtigung der Ungenauigkeit aus einer großen Zahl von Meßpunkten berechnet. Der Temp.-Koeff. der Schallgeschw., der für W. anomalerweise positiv ist, wird bei sehr hohen Drücken negativ. Ungenauigkeiten in den Messungen verhindern jedoch noch die Festlegung des Umkehrpunkts.
H. U. Borgstedt 146

0541 **Spezifische Volumina von Wasser bei hohen Drücken aus Ultraschallausbreitungsmessungen.** Rajagopalan Vedam und Gerald Holton. (J. acoust. Soc. America **43** (1968) 1, 108–16; engl.) – Vgl. vorst. Referat. – Die von Holton et al. gemessenen Ultraschallgeschw. in W. bis 80° u. 10000 kg/cm² werden mit Hilfe einer neu entwickelten Meth. mit Hilfe von Computern in spezif. Vol. umgerechnet. Die Schallgeschw. über den interessierenden Bereich liegen als polynominale Ausdrücke vor, mit denen mit der Meth. der endlichen Differenzen Berechnungen vorgenommen werden. Für Drücke im Abstand von 500 kg/cm² (bis 10000) werden die Ergebnisse der Rechnungen bei Temp. von 30, 40, 50, 60, 70 u. 80° tabelliert angegeben. Neben dem spezif. Vol. wird die isotherme Kompressibilität, die therm. Ausdehnung, die spezif. Wärme bei konst. Druck u. das Verhältnis $C_p/C_v = \gamma$ angeführt. Die Ergebnisse dürften eine Genauigkeit von 0,05% erreichen.
H. U. Borgstedt 146

0542 **Akustische Absorption in Mischungen von Glycerin und Wasser unter 1 MHz.** R. P. Singh und G. S. Verma. (Nuovo Cimento, B [10] 55/144 (1968) 1, 40–50; Dep. of Phys., Univ., Allahabad, India; engl.) – Mit einer Impulsmeth. wird die Schallabsorption in *Glycerin–W.*-Gemischen bei 30–60° unter 1 MHz gemessen. Max. der Absorption u. der Schallgeschw. treten bei Mischungsverhältnissen 1:1 auf. Die Ergebnisse bestätigen die Existenz der *Glycerin–W.*-Komplexe 1:1. Die Differenz der Freien Energie des Zustands der Komplexform u. der nicht komplexen Koexistenz beträgt etwa 1 kcal/Mol, was darauf deutet, daß der Komplex über Wasserstoff gebunden ist. Die Relaxationsfrequenzen werden zu 2,784 kHz bei 40° u. 6,91 kHz bei 60° bestimmt. Da bei Frequenzen oberhalb 0,6 MHz keine weiteren Absorptionsmax. gefunden werden, können Komplexe des Typs AB_6 wohl nur unterhalb dieser Frequenz beobachtet werden. Wegen der hohen Absorption bei niedrigen Frequenzen sind Vers. mit Schall von kleiner 0,5 MHz äußerst schwierig. H. U. Borgstedt 144

0543 **Schallabsorption in einem Aceton–Wasser-Gemisch.** Dž. M. Davenport, Dž. F. Dill, V. A. Solov'ev und K. Frič. (Akustičeskij Ž. **14** (1968) 2, 288–91; Leningradskij gos. univ.; russ.) – Die Schallabsorption wss. Acetonlsg. bei einem Molenbruch des Acetons von 0,35 wird bei 19 ± 2° u. Frequenzen von 20–5000 MHz gemessen. Die Ergebnisse werden hinsichtlich der Exzeß-Schallabsorption von Lsg. ausgewertet.
H. Roschkowski 146

0544 **Thermodiffusion in geschmolzenen binären Mischungen von Silbernitrat mit Alkalimetallnitraten.** Villy Backlund, Josette Dupuy, Silas Gustafsson und Arnold Lundén. (Z. Naturforsch. **22a** (1967) 4, 471–76; Dep. of Phys., Chalmers Univ. of Technol., Göteborg, Schweden; engl.) – Die Thermodiffusion (Soret-Effekt) wurde in den geschmolzenen Syst. $LiNO_3$–$AgNO_3$, KNO_3–$AgNO_3$, $RbNO_3$–$AgNO_3$ u. $CsNO_3$–$AgNO_3$ chem. analyt. untersucht. In allen Syst. wurde $AgNO_3$ an der kalten Seite angereichert. Auch Isotopeneffekte (^6Li–^7Li, ^{39}K–^{41}K) wurden gemessen.
A. Jaeschke 146

0545 **Selbstdiffusion von Indium in der geschmolzenen Verbindung InSb.** N. Petrescu, St. Žamîrcă, Lucia Ganovici und I. Ganovici. (Rev. roum. Chim. **13** (1968) 7, 865–77; Bucharest, Phys. Chem. Res. Centre; engl.) – Die Selbstdiffusion von *In* in geschmolzenem *InSb* wurde mit Hilfe der Kapillar-Reservoir-Meth. mit ^{114}In als radioakt. Tracer untersucht. App. u. Meth. werden beschrieben u. mit verschiedenen Meth. zur Messung von Diffusionskoeff. verglichen. Die Ergebnisse lassen sich durch die Gleichung $D = 3{,}02 \cdot 10^{-4} \exp \cdot (-2{,}903/RT)$ darstellen. E. Schulte 146△

0546 **Beweglichkeit von Quecksilber und Thallium in flüssigem Natrium.** S. I. Drakin, A. M. Borisova und T. N. Sergeeva. (Ž. Fiz. Chim. **42** (1968) 4, 1007–10; Mosk. chim.-technol. inst. im. Mendeleeva; russ.) – Die Beweglichkeit von Hg u. Tl in fl. Na geht durch ein Max. bei ca. 210° u. ist um ca. 2 Größenordnungen höher als die von Metallen in Amalgamen. Aus der gemessenen Beweglichkeit u. früheren Werten für die Elektrodiffusion wird der Diffusionskoeff. von Hg in fl. Na zu $D = 0{,}195 \cdot \exp(-3870/RT)$ bestimmt. H. Roschkowski 146

0547 **Ultraschallgeschwindigkeit und Kompressibilität in einigen flüssigen, binären Metallsystemen.** V. I. Stremousov, A. S. Rubcov und V. A. Škol'nikov. (Ž. fiz. Chim. **42** (1968) 1, 69–71; Volgogradskij ped. inst. im. Serafimova; russ.) – Die Schallgeschw. in den Syst. *Pb–Cd*, *Sn*–Cd u. Pb–Sn hängt von der Temp. bis 900° linear ab. Die Isothermen der Geschw. für Sn–Cd u. Pb–Sn zerfallen in zwei geradlinige Teilstücke, die sich im Eutektikum schneiden. Die Isothermen des Syst. Cd–Pb stellen Kurven dar, die bei der eutekt. Zus. einen Knickpunkt enthalten. Die Konz.-Isothermen der adiabat. Kompressibilität gehen in den untersuchten Syst. durch ein breites Minimum im Bereich der eutekt. Zusammensetzung. Die Raosche Regel ist im ganzen untersuchten Temp.-Bereich gültig. Die Raosche Konst. stellt eine additive Funktion der Zus. der Leg. dar.
J. J. Pohl 146

0548 **Dichten von flüssigem Zinn, Blei und Zinn-Blei-Legierungen.** H. R. Thresh, A. F. Crawley und D. W. G. White. (Trans. metallurg. Soc. AIME **242** (1968) 5, 819–22; Cleveland, O., Chase Brass and Copper Co.; engl.) – Die Dichten ϱ von fl. *Sn*, *Pb* u. *Sn–Pb*-Leg. wurden bei Temp.-Bereich oberhalb der Liquidustemp. gemessen. In allen Fällen können die Daten durch eine Gleichung vom Typ $\varrho = a + bT$ ausreichend dargestellt werden. Für reines *Sn* betragen die Werte für a u. b 7,139 bzw. $7{,}125 \cdot 10^{-4}$, für reines *Pb* 11,060 bzw. $12{,}220 \cdot 10^{-4}$. Bei konst. Temp. ändern sich die molaren Vol. im Syst. Sn–Pb linear mit der Zusammensetzung.
E. Schulte 146△

0549 **Bestimmung der Dichte von In–Bi- und In–Pb-Mischkristallen.** N. L. Pokrovskij, P. P. Pugacevic und N. A. Golubev. (Ž. fiz. Chim. **42** (1968) 6, 1544–47; Mosk. gos. univ. im. Lomonosova; russ.) – Das Modell eines Zweikapillaren-Vakuumpyknometers ist beschrieben. Das neue Modell wurde fl. an In–Bi- u. In–Pb-Leg. im Konz.-Bereich 0–100% u. 250–500° ausprobiert, die D. der fl. Leg. ändert sich linear mit der Temperatur. Die Isothermen zeigen kleinere Abweichungen von der Additivität. J. J. Pohl 146

0550 **Diffusion in flüssigen Wismut-Zinn-Legierungen.** R. D. Stover und F. O. Shuck. (Trans. metallurg. Soc. AIME **242** (1968) 5, 768–70; Independence, Mo., Amer. Oil Co.; engl.) – Die Änderung der bin. Diffusionskoeff. mit der Zus. im fl. Syst. Bi–Sn wurde bei 300° mit Hilfe der Kapillarreservoirtechnik gemessen. Die experimentellen Koeff. zeigen keine einfache Abhängigkeit von der Zusammensetzung. Es wurde eine Anzahl von Vers. zur Best. des Einfl. der Dichteänderung mit der Zus. bei Konvektion in den Kapillaren durchgeführt. Die Vers. zeigen, daß die aus Zus.-Veränderungen folgenden Dichteänderungen zu zu hohen Diffusionskoeff. führen, wenn nicht Vorsorge getroffen wird, um eine stabile Konfig. beizubehalten. E. Schulte 146△

0551 **Diffusion von Wasserstoff in flüssigem Eisen.** Orvar Nyquist. (Jernkontorets Ann. **152** (1968) 2,

61—66; Surahammars Bruks AB; engl.) — Der Diffusions-Koeff. von H_2 in fl. Fe wurde von 1550—1640° durch Messung der Geschw., mit der eine ruhende Fe-Schmelze H_2 aus $Ar-H_2$-Gemischen mit bestimmtem H_2-Potential aufnimmt, bestimmt. Nach dem Ende der Diffusionszeit wurden die Schmelzen in W. abgeschreckt u. die H_2-Konz. bestimmt. Der Diffusionskoeff. beträgt bei 1600° $D = (1,5 \pm 0,2) \cdot 10^{-3}$ cm²/s, die Temp.-Abhängigkeit im untersuchten Gebiet: $D = 1,86 \cdot 10^{-3}$ exp. (—9370 cal pro Mol/RT). W. Gauster 146

0552 **Kompensationseffekt bei der Diffusion von Metallen in geschmolzenem Kupfer.** P. M. Šurygin und V. D. Šantarin. (Ž. fiz. Chim. **42** (1968) 2, 463—65; Ural'skij politechn. inst. im. Kirova; russ.) — Der Diffusionskoeff. von Metallen wurde durch Messung der Auflsg.-Geschw. einer rotierenden Probe bestimmt. Die in fl. *Cu* erhaltenen Daten sind *Si* (D_0, cm²/s) $4,0 \cdot 10^{-5}$, (E, kJ/Mol) 19,0; *Ti* $1,7 \cdot 10^{-2}$; 69,0; *Cr* $5,6 \cdot 10^{-5}$; 33,4; *Fe* $5,7 \cdot 10^{-3}$; 50,0; *Co* $2,4 \cdot 10^{-4}$, 37,6; *Ni* $4,7 \cdot 10^{-3}$, 41,8. Der Diffusionskoeff. D_0 u. die Aktivierungsenergie E des Diffusionsprozesses zeigen einen linearen Zusammenhang. J. J. Pohl 146

0553 **Thermodynamik chemisch reagierender Mischungen. 20. Mitt. Thermodynamische Überschußfunktionen von assoziierten Gemischen.** H. Kehiaian. (Bull. Acad. polon. Sci., Sér. Sci. chim. **16** (1968) **3**, 165—70; Inst. of Phys. Chem., Pol. Acad. of Sci.; engl.) — 19. vgl. ibid. **16** (1968) **2**, 71; 15. vgl. C. **1967**, **38-0499**. — Die thermodynam. Zusammenhänge für Gemische, in denen chem. Rk. stattfinden, sowie für assoziierte Gemische, werden diskutiert. Gleichungen zur Best. thermodynam. Funktionen (c_p, H, G, Aktivitäten, S) werden abgeleitet. J. J. Pohl 148

0554 **Thermodynamik chemisch reagierender Mischungen. 21. Mitt. Überschußenthalpie und -Entropie von athermisch assoziierten Gemischen des Typs $A + A_i + B$.** A. Treszczanowicz und H. Kehiaian. (Bull. Acad. polon. Sci., Sér. Sci. chim. **16** (1968) 3, 171—75; engl.) — 20. vgl. vorst. Referat. — Ableitung entsprechender Beziehungen. J. J. Pohl 148

0555 **Wahre spezifische Wärme von Seltenerdmetallchalkogeniden bei niedrigen Temperaturen. 2. Mitt. Wahre spezifische Wärme von Nd_2Se_3 im Temperaturbereich 12,1—299 °K, Standardentropie und -enthalpie.** V. V. Nogteva, I. E. Paukov und E. I. Jarembaš. (Ž. fiz. Chim. **42** (1968) 1, 232—35; Novosibir. labor. fiz. tverdogo tela; russ.) — 1. vgl. C. **1968**, **6-0551**. — Die spezif. Wärme von pulverförmigem Nd_2Se_3 bei konst. Druck zeigt in den Temp.-Bereichen 68—73 u. 160 bis 240 °K einen anomalen Gang der Temp.-Abhängigkeit. Die im Bereich 12,1—299 °K erhaltenen Daten ergeben die Standardcharakteristiken $S^0_{298,15} = 53,55 \pm 0,18$ Clausius u. $H^0_{298,15}-H_0 = 7128,0 \pm 17$ cal/Mol. J. J. Pohl 148

0556 **Wahre spezifische Wärme von Seltenerdmetallchalkogeniden bei niedrigen Temperaturen. 3. Mitt. Wahre spezifische Wärme bei tiefen Temperaturen, Entropie und Enthalpie von Nd_2Te_3.** I. E. Paukov, V. V. Nogteva und E. I. Jarembaš. (Ž. fiz. mim. Chim. **42** (1968) 4, 998 1000; russ.) — 2. vgl. vorst. Referat. — Im adiabat. Vakuumkalorimeter wird die wahre spezif. Wärme von Nd_2Te_3 bei 12,0—300 °K gemessen. Aus den Daten wird die abs. Entropie $S^0_{298,15}$ u. $H^0_{298,15}-H_0{}^0$ ber., die Werte werden tabellar. angegeben. Ein Sprung von C_p bei ca. 199 °K hängt mit einem Strukturübergang, ein weiterer bei 26—28 °K mit einer magnet. Umwandlung zusammen. H. Roschkowski 148

0557 **Mischungswärme in flüssigen Legierungen.** Shigeru Tamaki und Ichiro Shiota. (Physik kondens. Materie **7** (1968) 5, 383—89; Res. Inst. for Iron, Steel and other Metals, Tohoku Univ., Sendai, Japan; engl.) — Die Mischungswärmen von flüssigen *Alkalimetall*-Leg. wurde berechnet. Dabei wurde die Paarkorrelationsfunktion verwendet. Der theoret. Wert stimmt gut überein mit den Meßwerten am Syst. Na-K. D. Hoene 150

0558 **Wärmekapazität und spezifische Wärme von metallisches Plutonium enthaltenden Brennstoffen für schnelle Reaktoren.** H. Savage. (J. nuclear Mater. [Amsterdam] **25** (1968) 3, 249—59; Argonne Nat. Labor., Argonne, Ill.; engl.) — Die Enthalpien von U-10 (Gew.-%) Pu, U-10 Pu-10 Fz, U-15 Pu-15 Zr u. U-15 Pu-6 Ti werden in einem Fallkalorimeter bis ca. 1200° gemessen (Fz: Fizzium, synthet. Spaltprod.-Gemisch mit Mo, Rh, Ru, Pd u. Zr). Bis ca. 1000° sind die Enthalpien (bezogen auf die Loschmidtsche Zahl der Leg.-Atome) für alle Leg. etwa gleich der von unlegiertem U (außer U-15 Pu-10 Zr mit einer um 10% kleineren Enthalpie im γ-Gebiet). Die Leg. unterscheiden sich voneinander in der Art der Wärmeabgabe in der Nähe der Phasenumwandlungen. Die Schmelzwärme nimmt von 2,9 (kcal/g · Atom) für unlegiertes U auf 2,4 für U-10 Pu u. auf 2,0 für Pu-10 Fz ab. M. Frenzel 150

0559 **Hydratationswärmen und absolute Bildungswärmen von wäßrigen Ionen.** T. Thomas Myers. (O. J. Sci. **68** (1968) 2, 123—27; Dep. of Chem., Kent State Univ., Kent, O.; engl.) — Die Hydratationswärmen der Alkalimetallhalogenide wurden ber., die erhaltenen Werte bei 25° sind: *LiF* —243,4 (kcal/Mol), *LiCl* —210,6, *LiBr* —202,4, *LiJ* —195,8, *NaF* —217,1, *NaCl* —184,4, *NaBr* —176,2, *NaJ* —169,6, *KF* —197,1, *KCl* —164,3, *KBr* —156,2, *KJ* —149,5; *RbF* —191,1, *RbCl* —158,2, *RbBr* —150,2, *RbJ* —143,5, *CsF* —183,3, *CsCl* —150,5, *CsBr* —142,3, *CsJ* —35,6. Die ber. Hydratationsenergien der Ionen sind: Li^+ 130,8, Na^+ 104,6, K^+ 84,6, Rb^+ 78,6, Cs^+ 70,8, F^- 113,4, Cl^- 79,6, Br^- 71,5, J^- 64,8. Die abs. Bldg.-Enthalpie von hydratisiertem H^+ beträgt 98,6 kcal/g-Äqu. Die Hydratationswärme eines beliebigen Ions kann, wenn die Enthalpie des gasf. Iones bekannt ist, mit Hilfe des Haber-Born-Kreisprozesses ber. werden. J. J. Pohl 150

0560 **Massenspektrometrische Untersuchung der Verdampfungsprodukte im System Cäsium–Sauerstoff.** A. V. Gusarov, L. N. Gorochov und A. G. Efimova. (Teplofiz. vysokich Zemperatur *5* (1967) 4, 584—90; Inst. vysokich temp. Akad. nauk SSSR; russ.) — Das Syst. Cs-O wurde, ausgehend von Cs_2O_2, massenspektrometr. nach der Effusionsmeth. untersucht. Im Dampf treten neben den Elementen die Mol. Cs_2O u. Cs_2O_2 auf, deren Bldg.-Enthalpien wie folgt bestimmt wurden: $\Delta F^0_{f,0}[Cs_2O(g)] = -34 \pm 3$; $\Delta H^0_{f,0}[Cs_2O_2(g)] = -55 \pm 5$ kcal/Mol. Die Dissoziationsenergie des CsO wird zu $D_0 = 70 \pm 6$ kcal/Mol abgeschätzt. A. Blaschette 150

0561 **Massenspektrometrische Untersuchung des Systems $BeO-BeF_2$ bei hohen Temperaturen.** J. Efimenko. (J. Res. nat. Bur. Standards, Sect. A **72** A (1968) 1, 75—80; Inst. for Mater. Res., NBS, Washington, D.C.; engl.) — Durch Unters. der Dampfphase über BeF_2(f) zwischen 400 u. 500° wird die Subl.-Wärme des BeF_2 zu 55,56 ± 0,43 kcal/Mol bestimmt. In der Dampfphase über Gemischen von BeF_2 u. BeO wird zwischen 1300 u. 1900° die Verb. Be_2OF_2 festgestellt. Die Rk.-Enthalpie $\Delta H_0{}^0$ für die Rk. $BeO(f) + BeF_2(g) \rightarrow Be_2OF_2(g)$ wird zu 42,6 kcal/Mol bestimmt, die Bldg.-Wärme des Be_2OF_2 zu —288,3 kcal/Mol. H. Tulhoff 150

0562 **Phasenzusammensetzung binärer und ternärer, aus SiO_2, CaO, Na_2O und B_2O_3 zusammengesetzter Systeme.** 1. Mitt. T. A. Tišura. (Ukrainskij chim. Ž. **34** (1968) 3, 257—62; Inst. obšč. i neorg. chim. AN Ukr. SSR; russ.) — Die Syst. $CaO-SiO_2$, Na_2O-SiO_2 u. $Na_2O-CaO-SiO_2$ wurden thermodynam. analysiert. Im Syst. $CaO-SiO_2$ (SiO_2 als β-Quarz) betragen die ΔG-Werte für $CaO + SiO_2 \rightleftharpoons \beta\text{-}CaSiO_3$ —21,4 kcal/Mol, für $3\,CaO + 2\,SiO_2 \rightleftharpoons Ca_3Si_2O_7$ —46,12 u. für $2\,CaO + SiO_2 \rightleftharpoons \gamma\text{-}Ca_2SiO_4$ —30,5. Im Syst. Na_2O-SiO_2 wurde für $2\,Na_2O + SiO_2 \rightarrow Na_4SiO_4$ —114,2, für $Na_2O + SiO_2 \rightarrow Na_2SiO_3$ —58,6 u. für $Na_2O + 2\,SiO_2 \rightleftharpoons \beta\text{-}Na_2Si_2O_5$ —66,4 erhalten. J. J. Pohl 150

0563 **Bildungsenthalpie von Aluminiumtellurid.** H. A. Joël und A. Schneider. (Naturwissenschaften **54** (1967) 22, 587; Anorg.-Chem. Inst., TH Clausthal, Clausthal-Zellerfeld; dt.) — Mit Hilfe eines Kalorimeters nach Kubaschewski u. Dench wurde die Bldg.-Enthalpie von festem Al_2Te_3 neu bestimmt uz $\Delta H^0_{f,298} = -76,2 \pm 1,0$ kcal/Mol. A. Jaeschke 150

0564 **Dampfdruck und Widerstand von Selen bei hohen Temperaturen.** E. H. Baker. (J. chem. Soc. [London], Sect. A **1968**, 5, 1089–92; London, Imp. Coll. of Sci. and Technol., Nuffield Res. Group in Extract. Metallurgy; engl.) – Nach der Kp.-Meth. wurden die Dampfdrücke von fl. Se (Kp. 685° bei 1 atm) im Druckbereich von 0,01–161,5 atm (432,5–1380°) bestimmt; es gilt die Temp.-Funktion (P in atm; T in °K) log P = –5043/T + 5,265. Die mittlere Verdampfungsenthalpie von Se beträgt 23,1 kcal/Mol. Die zwischen 390 u. 1420° ermittelten elektr. spezif. Widerstände (ESW) von fl. Se sind graph. wiedergegeben. Die ESW lassen sich für den Temp.-Bereich von 390–550° durch die lineare Beziehung log ϱ = 600/T – 3,80 beschreiben (ϱ in Ohm · cm; T in °K); die Aktivierungenergie beträgt 2,37 eV. Über die Vorgänge bei Temp. > 550° wird diskutiert. Für Temp. von 1700° läßt sich ein ESW von etwa 10^{-2} Ohm · cm extrapolieren. Mit steigender Temp. wandelt sich fl. Se von einem elektr. Halbleiter in einen metall. Leiter um. G. Gattow 152

0565 **Als Kondensationskeime für Schwefeldampf wirkende Substanzen.** M.-J. Toye. (Bull. Soc. franc. Minéralog. Cristallogr. **91** (1068) 2, 215–16; franz.) – Die Kondens. von S-Dampf an kub. u. hexagonalem AgJ, PbJ_2, Hopcalith, Quarz, ZnO, Al_2O_3, MgO, CuO, NiO, Co_3O_4, ThO_2, Fe_3O_4, Haematit, Fe, FeS, ZnS, SnS, Sb_2O_3 u. CdS wird untersucht. Die Verb. begünstigen teilweise die Bldg. von α- u. z. T. die von β-S. C. Gottfried 152△

0566 **Verdampfung eines lichtabsorbierenden Metalls.** S. I. Anisimov. (Teplofiz. vysokich Temperatur **6** (1968) 1, 116–20; Inst. teoret. fiz. AN SSSR; russ.) – Die Verdampfungskinetik eines Metalls, auf dessen Oberfläche ein Lichtstrahl einfällt, wird theoret. untersucht. Es wird vorausgesetzt, daß die Strahlungsdichte derart ist, daß die kinet. Energie der Atome in der Gasphase kleiner ist als die Verdampfungswärme. Bei einer gegebenen absorbierten Energie existiert eine Impulsdauer, bei der das Vordringen der Verdampfungsfront in die Tiefe des Metalls maximal ist. Berechnungen für *Cu*, *Cd*, *Sn* u. *Pb*. H. Roschkowski 152

0567 **Kalorimetrische Untersuchung des Schmelzens gefrorener wäßriger Elektrolytlösungen.** G. M. Mrevlišvili und P. L. Privalov. (Ž. strukturnoj Chim. **9** (1968) 1, 8–11; Inst. fiz. AN Gruz. SSR, Tbilisi; russ.) – Kalorimetr. wird an wss. *NaCl-*, *$CaCl_2$-*, *$MgCl_2$-*, *LiCl-*, *HCl-*, *NaOH-* u. *KOH*-Lsg. gezeigt, daß sich die Schmelzwärmen wss. Elektrolytlsg. von der des reinen W. mehr oder weniger unterscheiden. Der therm. Elektrolyteffekt wird zurückgeführt auf die positive oder negative Hydratation der Ionen. H. Roschkowski 152

0568 **Schmelzenthalpie von Cristobalit.** J. L. Holm. (Acta chem. scand. **22** (1968) 1, 361–63; Trondheim, Techn. Univ. of Norway; Inst. of Inorg. Chem.; engl.) – Diskussion über die Literaturangaben der Schmelzenthalpie von Cristobalit (**I**), die nach der Meth. der Gefrierpunktserniedrigung von **I** bei Zusatz von Li_2O, Na_2O, K_2O, Rb_2O, Cs_2O, Al_2O_3 u. TiO_2 auf experimentellem Wege ermittelt wurden. G. Gattow 152

0569 **Phasenumwandlung $\alpha \rightleftharpoons \beta$ der Varietät „Phosphoquarz" des Aluminiumorthophosphates, $AlPO_4$.** Michel Troccaz, Colette Berger, Marc Richard und Lucien Eyraud. (Bull. Soc. chim. France **1967**, 11, 4256–59; Lyon, Inst. Nat. des Sci. Appl.; franz.) – Dargestellt wurde die Verb. nach der von Huttenlocher (1945) beschriebenen Methode. Bei steigenden Temp. liegt die stabile Übergangstemp. bei 581 ± 1°, bei absteigender Temp. bei 574 ± 1°. Die latenten Umwandlungswärmen bei steigenden oder fallenden Temp. betragen 2,45 ± 0,15 u. 2,64 ± 0,16 cal/g; dies entspricht molaren latenten Umwandlungswärmen von 300 ± 18 u. 322 ± 20 cal/Mol. Tabellar. werden die Parameter a u. c der trigonalen Phase für den Temp.-Bereich 20–594° u. die der hexagonalen Phase von 586 bis 638° angegeben. Die Vol.-Änderung beim Übergang von der α- zur β-Phase ist von einer relativen Vol.-Zunahme von 1,1 ± 0,08% begleitet. C. Gottfried 152△

0570 **Extraktion mit Tributylphosphat aus salzsauren Lösungen.** 1. Mitt. **Berechnung der Verteilungskoeffizienten von Salzsäure.** V. I. Levin. (Radiochimija **10** (1968) 1, 88–90; russ.) – Vf. ber. die Verteilung von HCl zwischen Tributylphosphat (TBP) u. wss. Lsg. von HCl im Konz.-Bereich 1,08–10,4 Mol/Liter HCl in der wss. Phase. Dabei wird von folgenden Annahmen ausgegangen: Die organ. Phase ist ideal, HCl bildet drei unterschiedliche Solvate mit einem, 2 oder 3 Mol. TBP, bei kleiner HCl-Konz. werden mit einem Mol. HCl 4 Mol. H_2O extrahiert u. bei > 5 n HCl wird reines HCl extrahiert. Bestimmt wurde die HCl-Konz. in der organ. Phase in Abhängigkeit von der HCl-Konz. der wss. Phase. Dabei wurden die früher durch Vf. für kleine HCl-Konz. (< 4 Mol/Liter) bestimmten Extraktionskonst. K (für das Monosolvat) u. $\alpha = K_2/K = K_3/K_2$ (K_2 u. K_3 – Extraktionskonst. des Di- u. Trisolvats) benutzt. Die ber. Werte wurden mit experimentellen Werten von Morris u. Bell verglichen. Die mittlere Abweichung dieser Werte von den ber. Daten beträgt 7,5%. G. Ewald 154

0571 **Wechselwirkung von Seltenerdmetall- und Nitrationen in Lösung.** 2. Mitt. **Relative Wechselwirkungsstärken mit Wasser und Nitrat in organischen Lösungsmitteln.** I. Abrahamer und Y. Marcus. (J. inorg. nuclear Chem. **30** (1968) 6, 1563–75; Inorg. Chem. Dep., Soreq Nucl. Res. Centre, Yavne, Israel; engl.) – 1. vgl. C. **1968**, 41-0547. – Durch Unters. der Absorptionsspektren (Abb.) von *$Rb_2Ln(NO_3)_5$* (Ln = *Pr*, *Nd*, *Sm*, *Eu*, *Tb*, *Dy*, *Ho*, *Er*, *Tm*) in *Dimethylformamid* (DMF), *Tributylphosphat* (TBP), *Äthanol* u. *Dioxan* (D) bei unterschiedlichem Geh. an NO_3^- u. W. wird folgende Affinitätsserie von Liganden u. Lsgm. für Seltenerdmetallionen beobachtet: DMF > TBP > NO_3^- ∼ H_2O > A. > D. Des weiteren werden der Einfl. von W. auf die Extraktion der Seltenerdmetallnitrate durch TBP u. *Tri-isooctylammoniumnitrat* untersucht u. die spektroskop. Eig. dieser Lsg. diskutiert (Tabelle). K. J. Zwietasch 154

0572 **Solvatation extrahierter komplexer Metallsäuren.** 4. Mitt. **System $HAuCl_4$–Nitrobenzol.** Stephen L. Law und R. L. McDonald. (J. physic. Chem. **72** (1968) 5, 1617–20; Honolulu, Univ. of Hawaii, Dep. of Chem.; engl.) – 3. vgl. C. **1968**, 5-0580. – Unters. der Au(III)-Verteilung zwischen wss. HCl u. benzol. Nitrobenzollsg. in Abhängigkeit von der Nitrobenzol-, Metall- u. Säurekonzentration. Die Nitrobenzol-Solvatationszahl von extrahiertem, undissoziiertem $HAuCl_4$ ist 11. Ferner ergab sich, daß 6 Mol. Nitrobenzol bei der Dissoziation extrahierter HCl-Ionenpaare beteiligt sind. Diese Ergebnisse stützen die Ansicht, daß die in Nitrobenzol beobachteten hohen Solvatationszahlen zumindest teilweise von der bei der Ionenpaar-Dissoziation auftretenden Solvatation herrühren. D. Ertel 154

0573 **Lösungsmittelextraktion aus Salzschmelzen.** 7. Mitt. **Bildung anionischer Zink-Mischhalogenid-Komplexe.** M. Zangen. (Inorg. Chem. [Washington] **7** (1968) 6, 1202 bis 1204; Inorgan. Chem. Dep., Soreq Nucl. Res. Center, Yavne, Israel; engl.) – 6. vgl. C. **1968**, 41-0462. – Bei den Vers. zur Verteilung von Zn-Halogeniden (**I**) zwischen einem eutekt. Polyphenylen-Gemisch u. einer eutekt. $LiNO_3$–KNO_3-Schmelze wurden gemischte K-Halogenide in unterschiedlicher Menge, aber mit großem Überschuß gegenüber (**I**) zugesetzt. Das Verteilungsverhältnis D für Zn wurde radiometr. bestimmt [D = (Zählimpulse/min · g der Polyphenylenphase)/(Zählimpulse/min · g der Salzschmelze)]. Aus den Resultaten lassen sich die Komplex-Bldg.-Konst. $\alpha_{ij} = [ZnA_iB_j^{(i+z-2)-}]/[ZnA_2][A^-]^{i-2}[B^-]^j$ u. die Liganden-Misch-Konst. $X_{ij} = [ZnA/B_j^{(i+j-2)-}]^2/[ZnA_{i-1}B_{j+1}^{(i+j-2)-}][ZnA_{i+1}B_{j+1}^{(i+j-2)-}]$ errechnen (A^- u. B^- = Cl^-–Br^-; Cl^-–J^-; Br^-–J^-). Anhaltspunkte für die Ggw. von Komplexen mit mehr als zwei Jodid- oder drei Bromidionen wurden nicht gefunden. Die Stabilität der Mischkomplexe ist bei 150° niedrig u. wächst mit der Temperatur. E. Schrage 154

0574 **Schwefel in flüssigen Eisen-Legierungen.** 1. Mitt. **Binäres System Fe–S.** Shiro Ban-ya und John Chipman. (Trans. metallurg. Soc. AIME **242** (1968) 5, 940

bis 946; Cambridge, Mass., MIT, Dep. of Metallurg. and Mater. Sci.; engl.) — Das Gleichgew. der Rk. S (in Fe) + H_2 → H_2S [1] wurde bei 1500°, 1550° u. 1600° für S-Geh. bis zu 7,2 Gew.-% untersucht. Bei der thermodynam. Behandlung der Daten wurde die Zus.-Variable $z_S = n_S/(n_{Fe}-n_S)$ u. der Aktivitätskoeff. $\Psi_S = a_S/z_S$ benutzt. Die Daten bei 1500° u. 1550° erfüllen die Gleichung log $\Psi_S = -2{,}30\, z_s$. Innerhalb der experimentellen Fehlergrenzen ist der gleiche Koeff. für die Daten bei höheren Temp. anwendbar. Es werden Gleichungen für die Änderung der freien Enthalpie bei der Rk. [1] u. für die Lsg. von S_2-Gas im Metall angegeben. Die Lsg.-Wärme von $1/2 S_2$ beträgt $-32{,}28 \pm 2{,}5$ kcal.
E. Schulte 154△

0575 **Löslichkeit im System $Na_4P_2O_7$–$Na_2H_2P_2O_7$–NaCl–H_2O.** 2. Mitt. **System $Na_2H_2P_2O_7$–NaCl–H_2O.** K. S. Zotova und M. L. Čepeleveckij. (Ž. prikl. Chim. **41** (1968) 4, 729—34; russ.) — 1. vgl. C. **1968,** 7-0539. — $Na_2H_2P_2O_7 \cdot 6\,H_2O$ stellt bei 30° im gesamten untersuchten Bereich des tern. Syst. $Na_2H_2P_2O_7$–NaCl–H_2O eine metastabile Phase dar. Die Entwässerung des Hexahydrats findet infolge des kleinen Löslichkeitsunterschiedes des Hydrats u. der entwässerten Verb. bei 30° nicht statt. Die Zus. des Eutektikums von NaCl mit dem Hexahydrat ist bei 30° 1,35 Gew.-% $Na_2H_2P_2O_7$, 26,15% NaCl u. 72,50% H_2O, die des Eutektikums von $Na_2H_2 \cdot P_2O_7$ u. NaCl 0,30%, 26,40% u. 73,30%. Bei 40° ist das Hexahydrat im tern. Syst. extrem instabil, der Löslichkeitsunterschied ist bei dieser Temp. groß. Der Temp.-Koeff. der Löslichkeit des wasserfreien Salzes ist immer positiv. Die Zus. der festen Phasen im euton. Punkt beim Gleichgew. des wasserfreien Salzes mit NaCl bei 40°: 0,50%, 26,65% u. 72,85%. J. J. Pohl 154

0576 **Auflösungserscheinungen bei Erdalkalimetallcarbonaten.** 4. Mitt. **Calciumcarbonat $CaCO_3$ und Dolomit $CaMg(CO_3)_2$.** F. Halla und R. Van Tassel. (Radex-Rdsch. **1968,** 1, 27—30; Wien, Martinstr. 28; dt.) — 3. vgl. C. **1968,** 5-0583. — Die Löslichkeit von $CaCO_3$ wird nach einer Schnellmeth., die des Dolomits nach einer Gabelmeth. erneut bestimmt u. die Löslichkeitsprod. berechnet. Für die Bldg. der festen Carbonate aus den Ionenstandardzuständen folgt $\Delta G_c^{21,5} = -11074$ cal, $\Delta G_c^{\circ} = -11230$ cal, $\Delta G_D^{21,5} = -23450$ cal. Für die Bldg. des Dolomits aus den festen Komponenten Calcit u. Magnesit folgt $\Delta G^{21,5} = -3050 \pm 100$ cal. Aus früheren Messungen der Auflsg.-Wärmen ergibt sich der bisher unberücksichtigt gebliebene Wert $\Delta H^{\circ} = -2840 \pm 450$ cal, woraus $\Delta G^{\circ} = -2570 \pm 450$ cal folgen würde, in Übereinstimmung mit dem ersteren Wert innerhalb der Fehlergrenzen. Die Literaturangabe $\Delta H^{70} = -1600$ cal kann daher nicht richtig sein. M. Frenzel 154

0577 **Auflösungserscheinungen bei Erdalkalimetallcarbonaten.** 5. Mitt. **Huntit, $CaMg_3(CO_3)_4$.** F. Halla und R. Van Tassel. (Radex-Rdsch. **1968,** 3, 194—99; dt.) — 4. vgl. vorst. Referat. — Die Löslichkeit des Huntits in CO_2-gesätt. W. bei 21,5° wird zu $28{,}65 \pm 0{,}15 \cdot 10^{-3}$ Mol/l gemessen. Daraus wird das Löslichkeitsprod. zu $2{,}71 \cdot 10^{-30}$ ber. u. die Freie Rk.-Enthalpie $\Delta G^{21,5}$ bei Bldg. des Huntits aus Calcit u. Magnesit zu −770 cal/Mol. Aus dem Vgl. des letzteren Wertes mit dem für Dolomit wird auf die Unstabilität des Huntits geschlossen. In den 3-Phasen-Syst. Lsg.–Huntit–Calcit oder Magnesit treten keine echten Gleichgew.-Zustände ein, was Vf. als Hinweis auf irreversible Rk.-Anteile deuten. H. Tulhoff 154

0578 **Thermodynamik der Löslichkeit von Quecksilber.** 3. Mitt. **Dimethylcyclohexane und Alkohole als Lösungsmittel.** James N. Spencer und Adolf F. Voigt. (J. physic. Chem. **72** (1968) 6, 1913—17; Inst. for Atom. Res. and Dev. of Chem., Ia. State Univ., Ames, Ia.; engl.) — 2. vgl. C. **1969,** 12-0615. — Die Löslichkeit von metall. Hg wird zwischen 15 u. 35° bestimmt in *cis-* u. *trans-1.2-* u. *1.4-Dimethylcyclohexan* sowie in *Methanol* u. *Propanol-(2).* Die Löslichkeit folgt der Gleichung log x = A · log T + B (x = Molenbruch des Hg im jeweiligen Lsgm.). Werte für die Konst. A u. B werden angegeben. Werte für Mischungswärme, Entropie u. Freie Energie werden berechnet. H. Tulhoff 154

0579 **Metallnitrate in Lösungsmittelmischungen.** 1. Mitt. **Systeme Uranylnitrathexahydrat–Aceton–Tetrachlorkohlenstoff; Uranylnitratdihydrat–Aceton–Tetrachlorkohlenstoff.** Raluca Ripan, I. Eger und N. Bojan. (Rev. Chim. [Bucarest] **13** (1968) 4, 421—24; Inst. de Chim. del' Acad., Filiale de Cluj; franz.) — Es wurde die Löslichkeit (L) von $UO_2(NO_3)_2 \cdot 6$ bzw. $2H_2O$ (**I** bzw. **II**) in den Lsgm.-Mischungen 10, 20...100% Aceton (A) + CCl_4 (T) bei 25° bestimmt. Mit zunehmendem Geh. an A steigt L von **I** u. **II.** Von einer bestimmten Konz. ab findet eine Trennung der Phasen statt. Die Phasentrennung ergibt sich aus der Wechselwrkg. von Salz u. Lsgm.; die Grenzen von L für **I** u. **II,** für welche die Lsgm.-Mischung noch homogen bleibt, wurde ermittelt. Unabhängig von der Lsgm.-M ist L von **II** größer als die von **I.** Der L-Unterschied ist am größten bei 30—40% Aceton. G. Schatz 154

0580 **Verwendung von Alkylammoniumsalzen zur Auflösung anorganischer Verbindungen.** 1. Mitt. **Selektive Auflösung von Niederschlägen gemischter U(IV)- und Ce(III)-Oxalate.** A. A. Lipovskij und M. G. Kuzina. (Radiochimija **10** (1968) 1, 109—10; russ.) — Zur Auflsg. wurde eine Lsg. von Trioctylammoniumoxalat (2 Mol TOA : 1 Mol $H_2C_2O_4$) in CCl_4 bzw. Bzl. verwendet. 0,5 g Nd. wurden 30—40 Min. lang bis zur Einstellung eines Gleichgew. geschüttelt. Der Nd. wurde durch Zugabe einer $(NH_4)_4U(C_2O_4)_4$-Lsg. zu einer $Ce(NO_3)_3$-Lsg. oder durch Fällung einer entsprechenden Nitratlsg. mit $H_2C_2O_4$ erhalten. U wurde gravimetr., Ce nach dem Leitisotop ^{144}Ce bestimmt. Bei der Auflsg. wurde die Komplexverb. $[(C_8H_{17})_3NH]_4U(C_2O_4)_4$ gebildet, deren Ggw. zu einer U-Löslichkeit von **33,3** g/Liter bei einer 0,28 m TOA-Lsg. führt. Die Löslichkeit von Ce beträgt in einer so gesätt. U-Lsg. nur 0,008 g/Liter. Bei Verw. einer 0,33 m TOA-Lsg. wurde nach Einstellung des Gleichgew. unter optimalen Bedingungen im Nd. 60 g U u. in der Lsg. 210000 g U pro g Ce gefunden. Das entspricht einem Trennungskoeff. von 3500. Bei Berührung der organ., U-haltigen Phase mit wss. Mineralsäurelsg. erfolgt eine Zers. des Komplexes unter Bldg. eines U(IV)-Oxalat-Niederschlages. G. Ewald 154

0581 **Kupferdoppelsalze.** 2. Mitt. **System $CuBr_2$–NH_4Br–H_2O bei 20°. Bestimmung des Dissoziationsdruckes von Ammoniumkupferbromiddihydrat.** René Perret und Hubert d'Escrienne. (Bull. Soc. chim. France **1968,** 6, 2379—82; Labor. de Rech. sur la Réactivité des Solides ass. au C.N.R.S., Fac. des Sci., Gabriel, Dijon; franz.) — Im Titelsyst. entsteht bei 20° das Doppelsalz $CuBr_2 \cdot 2NH_4Br \cdot 2H_2O$, das isomorph mit dem analogen Chlorid ist u. sich bei 0—45° kongruent löst, Lsg.-Enthalpie $\Delta H_{296} = 3{,}450 \pm 0{,}250$ kcal/Mol, log P (atm.) = 8,140 −(3187/T), (t < 95°), Dissoziationsenthalpie u. -entropie, $\Delta H_{298} = 14{,}600 \pm 0{,}250$ kcal/Mol W.; $\Delta S_{298} = 37{,}2 \pm 0{,}5$ Entropieeinheiten/Mol. Wasser. Die analogen Werte für $CuCl_2 \cdot 2NH_4Cl \cdot 2H_2O$ betragen $2{,}500 \pm 0{,}250$; log P (atm.) = 3,970−(1650/T) (t > 95°); $15{,}800 \pm 0{,}250$; $33{,}9 \pm 0{,}5$. — 1. vgl. C. **1967, 46-0549.** J. J. Pohl 154

0582 **Gleichgewichte unter Beteiligung von Alkalimetallen und ihren Verbindungen.** 4. Mitt. **Schmelzdiagramm des ternären reziproken Systems K, Na‖OH, Cl.** A. G. Moračevskij und N. I. Berdičevskij. (Ž. prikl. Chim. **41** (1968) 4, 759—63; Leningradskij politechn. inst. im. Kalinina; russ.) — 3. vgl. C. **1969,** 6-0531. — Das Schmelzdiagramm des Syst. K, Na‖OH, Cl wurde auf Grund von therm.-analyt. Daten konstruiert. Das Syst. ist irreversibel-reziprok, der Schnitt KCl–NaOH ist stabil. Der Wärmeeffekt der Rk. KOH + NaCl ⇌ NaOH + KCl beträgt −6,50 kcal. Die Rk. ist exotherm. J. J. Pohl 154

0583 **Chemische Reaktion bei hoher Temperatur und hohem Druck.** 4. Mitt. **Hochdruckphasen im System Ge–P.** Jiro Osugi, Ryosuke Namikawa und Yoshiyuki Tanaka. (Rev. physic. Chem. Japan **37** (1967) 2, 81—93; Labor. of Phys. Chem., Dep. of Chem., Fac. of Sci., Kyoto Univ., Kyoto; engl.) — 3. vgl. C. **1968,** 9-0688. — Bei der Rk. zwischen Ge u. rotem P unter hohen Temp. (600—1500°) u. hohem Druck (10—50 kb) wird eine Reihe neuer Hochdruckphasen gefunden. Die

Verb. GeP mit verzerrter ZnS-Struktur (Gitterkonst. a = 5,581 Å) u. GeP mit ZnS-Struktur (a = 5,463 Å) entsprechen den unter gleichen Bedingungen darstellbaren Phasen SiP u. SnP. Eine Hochdruckphase, die dem SiP_2 mit Pyritstruktur vollkommen entspricht, wird nicht beobachtet, dafür eine ähnliche kub. Phase (a = 5,619 Å) der vermutlichen Zus. GeP_2. Die Phasen im Syst. Ge–P sind komplizierter als die des Syst. Si–P unter hohem Druck, was mit dem stärker metall. Charakter des Ge zusammenhängen dürfte. H.-D. Schenke 154

0584 **Kristalline Phase des Systems Rhodium–Beryllium. 1. Mitt. Rhodiumberyllid.** A. A. Kruhlych, M. M. Matjušenko und H. P. Tychins'kyj. (Ukrains'kyj fiz. Z. **13** (1968) 7, 1107–10; Fiz.-techn. inst. AN URSR, Charkiv; ukrain., Auszug: engl.) — Durch Röntgen- u. metallograph. Unters. wird die Existenz der isotropen kub. Phase *RhBe* (8,05% Be) mit a = $0{,}2739_7{+}_5$ nm, der Mikrohärte 13700 MN/m² sowie die anisotrope Phase $RhBe_2$ (14,3% Be) mit D. = $6{,}8_2{+}_5$ g/cm³ u. der Mikrohärte 9300 MN/m² nachgewiesen. I. Zoll 154

0585 **Reaktionen von Uran und den Platinelementen. 1. Mitt. System Uran–Ruthenium.** John J. Park. (J. Res. nat. Bur. Standards, Sect. A **72** A (1968) 1, 1–10; Inst. for Mater. Res., NBS, Washington, D.C.; engl.) — Das Syst. wird mit DTA, röntgenograph. u. metallograph. Meth. untersucht, das Phasendiagramm wird aufgestellt. Ru löst in fester Lsg. maximal 1,3 Atom-% U, γ-U löst maximal 7,5% Ru u. β-U 2% Ru. Durch Ru wird die Umwandlungstemp. von β- zu γ-U auf 691° erniedrigt u. von α- zu β-U auf 625°. Eutektika liegen bei 886° u. 18,5 Atom-% Ru u. bei 1148° u. 49 Atom-% Ru. Es existieren 5 bei Zimmertemp. beständige intermetall. Phasen. β-URu schmilzt kongruent bei 1158° u. geht bei 795° in α-URu über. In peritekt. Rk. werden gebildet: U_2Ru bei 937°, U_3Ru_4 bei 1163°, U_3Ru_5 bei 1182° u. URu_3 bei 1850°. H. Tulhoff 154

0586 **Reaktionen von Uran und den Platinelementen. 2. Mitt. System Uran–Rhodium.** John I. Park. (J. Res. nat. Bur. Standards, Sect. A **72** A (1968) 1, 11–17; engl.) — 1. vgl. vorst. Referat. — Das Syst. wird mit DTA, metallograph. u. röntgenograph. Meth. untersucht, das Phasendiagramm wird aufgestellt. Durch Rh wird die Transformationstemp. von α- zu β-U auf 625° u. von β- zu γ-U auf 683° gesenkt. Die feste Löslichkeit von U in Rh beträgt maximal 3 Atom-%, γ-U löst 8, β-U 1,5 u. α-U 0,2 Atom-% Rh. In peritekt. Rk. werden folgende Phasen gebildet: U_4Rh_3 bei 1155°, U_3Rh_4 bei 1450° u. U_3Rh_5 bei 1550°. U_4Rh_3 zeigt einen nicht näher identifizierten Transformationspunkt bei 720°. Bei 1700° wird die kongruent schmelzende Phase URh_3 gebildet. Eutektika liegen bei 865° u. 24,5 Atom-% Rh u. bei 1393° u. 87 Atom-% Rh. H. Tulhoff 154

0587 **Reaktionen von Uran und den Platinelementen. 3. Mitt. System Uran–Iridium.** John J. Park und Lyle R. Mullen. (J. Res. nat. Bur. Standards, Sect. A **72** A (1968) 1, 19–25; engl.) — 2. vgl. vorst. Referat. — Das Syst. wird mit DTA, röntgenograph. u. metallograph. Meth. untersucht, das Phasendiagramm wird aufgestellt. γ-U nimmt in fester Lsg. maximal 5,5 Atom-% Ir auf, β-U 0,5 u. α-U weniger als 0,3%. Ir löst maximal 3 Atom-% U. Ir senkt die γ-β-Transformationstemp. des U auf 681° u. die β-α-Temp. auf 565°. In peritekt. Rk. entsteht bei 945° U_3Ir, das sich bei 758° eutekt. wieder zersetzt. Ebenfalls peritekt. werden bei 1121° U_3Ir_2 u. bei etwa 1850° UIr_2 gebildet. Die Phasen *UIr* u. UIr_3 schmelzen kongruent bei 1470 bzw. oberhalb 2000°. Ein Eutektikum liegt bei 914° u. 15 Atom-% Ir. 2 weitere Eutektika liegen wahrscheinlich bei etwa 1450 (UIr–UIr_2) u. 1950 (UIr_3–Ir). H. Tulhoff 154

0588 **Zusammenhang der thermodynamischen Aktivität von Borfluorid mit der Indikatorfunktion des Säuregrades seines Ätheraddukts.** É. Z. Utjanskaja und M. I. Vinnik. (Ž. fiz. Chim. 42 (1968) 2, 384–89; Inst. chim. fiz. AN SSSR; russ.) — In $BF_3 \cdot$ Ae. verläuft die Dissoziation der sauren Indikatoren der Nitroanilinreihe unter Verb.-Bldg. mit BF_3-Molekülen. Das Verhältnis der Aktivitätskoeff. des Indikators bzw. seines Komplexes BF_3 u. der BF_3-Gleichgew.-Druck über der Lsg. zeigen den Zusammenhang $f_B/f_{B \cdot BF_3} = p_{BF_3}^{a-1}$, wobei die Konst. a unabhängig vom Indikator ist. Für Lsg. mit DK > 30 wurde die Gültigkeit der Hammettschen Hypothese im Falle von Indikatoren, die bei der Dissoziation mit BF_3 in Verb. treten, diskutiert. Im Konz.-Bereich 28 bis 99,5% ist die Beziehung $f_{Äther}/f_{B \cdot BF_3}/f_{Ätherat}/f_B$ = konst. gültig. Als Indikatoren wurden *o-Nitroanilin, 5-Chlor-2-nitroanilin, 2.4-Dichlor-6-nitroanilin* u. *2.4-Dinitroanilin* untersucht. J. J. Pohl 156

0589 **Komplexe in Calciumphosphatlösungen.** A. Chughtai, R. Marshall und G. H. Nacollas. (J. physic. Chem. **72** (1968) 1, 208–11; Chem. Dep., State Univ. of Buffalo, Buffalo, N.Y.; engl.) — Potentiometr. Messungen ergeben folgende Assoziationskonst. für die Bldg. der Komplexe $CaH_2PO_4^+$, $CaHPO_4$ u. $CaPO_4^-$ in Calciumphosphatlsg. bei 25,0 ± 0,02°, 25,6 ± 1,7 (Liter · Mol⁻¹), 548 ± 2,8 u. (2,9 ± 0,1) · 10⁶. Die Rk. $Ca^{2+} + H_2PO_4^-$ hat bei 25° −ΔG, kcal · Mol⁻¹) 1,92 ± 0,04, (ΔH, kcal · Mol⁻¹) 3,4 ± 1,7 u. (ΔS, cal · Grad⁻¹ · Mol⁻¹) 18 ± 6, die Rk. $Ca^{2+} + HPO_4^{2-}$ 3,7 ± 0,01, 3,3 ± 0,6 u. 23 ± 0,5, die Rk. $Ca^{2+} + PO_4^{3-}$ 8,81 ± 0,03, 3,1 ± 2,0 u. 40 ± 4. J. J. Pohl 156

0590 **Umsetzung von Aluminium mit Quercetin und Rutin.** V. A. Nazarenko, E. A. Birjuk und R. V. Ravickaja. (Ukrainskij chim. Ž. **34** (1968) 4, 408–11; Inst. obšč. i neorg. chim. AN Ukr. SSR, Labor v Odesse; russ.) — Die Umsetzung von Al mit Quercetin u. Rutin wurde in wss. äthanol. Lsg. bei pH 2–10 u. 25° spektrophotometr. im Bereich 300–500 nm untersucht. Mit Quercetin bildet Al zwei Komplexe, die beide das Komponentenverhältnis 1:1 haben. Einer der Komplexe fluoresziert bei pH > 5. Mit Rutin bildet Al einen bei pH > 5 nicht fluoreszierenden Komplex. In den Rk. mit Polyhydroxyflavonen tritt bei pH < 5 das Kation Al^{3+} als koordinierendes Ion auf, während bei pH > 5 $Al \cdot (OH)^{2+}$ diese Rolle übernimmt. Die Polyhydroxyflavone werden in Form ihrer einwertigen Anionen angelagert. J. J. Pohl 156

0591 **Spektrophotometrische Untersuchung ternärer Komplexe im System Indiumion–Acetat–Thiooxin.** V. I. Šuprunovič und Ju. I. Usatenko. (Ukrainskij chim. Ž. **34** (1968) 2, 120–25; Dnepropetrovskij chim.-technol. inst.; russ.) — Die Eig. tern. In-Komplexe im Syst. In^{3+}–CH_3COO^-–$C_9H_6NS^-$ wurden spektrophotometr. bei 240–500 nm untersucht. Die Verb. haben ein Absorptionsmax. bei 368 nm. In wird durch 8-Mercaptochinolin im Bereich pH 3,5–8 gefällt. Das Max. der amperometr. Titrationskurve u. der Lichtabsorption liegt bei pH 3,5 bei $[In^{3+}]:[C_9H_6NS^-]$ = 1:4. J. J. Pohl 156

0592 **Untersuchung der Wechselwirkung von Scandium mit Oxalationen durch Ionenaustausch.** R. K. Gridasova, I. V. Kolosov und B. N. Ivanov-Emin. (Radiochimija **10** (1968) 1, 37–42; russ.) — Vf. untersuchten die Komplexbldg. von Sc^{3+} mit $C_2O_4^{2-}$ unter Verw. des Ionenaustauschers KU-2. 0,02 g des Austauschers wurden mit 2 ml der zu untersuchenden Lsg. 4 Std. lang bei 25, 35 u. 45 ± 0,2° gerührt. Gemessen wurde die Aktivität des ^{46}Sc in der Lsg. vor u. nach dem Versuch. Mit Vergrößerung der Oxalationenkonz. verringert sich der Verteilungskoeff. für Sc, K_d, weil die gebildete Komplexverb. durch den Austauscher nicht sorbiert wird. Die Instabilitätskoeff. für die Rk. $Sc^{3+} + C_2O_4^{2-} \rightleftharpoons ScC_2O_4^+$ (β_1) u. $Sc^{3+} + 2C_2O_4^{2-} \rightleftharpoons Sc(C_2O_4)_2^-$ (β_2) wurden nach einem Näherungsverf. für 25° zu β_1 = 4,7 · 10⁶ u. β_2 = 1,3 · 10¹¹ bestimmt. Die Stufenkonst. der Rk. $ScC_2O_4^+ + C_2O_4^{2-} \rightleftharpoons Sc(C_2O_4)_2^-$ wurde zu K_2 = 2 · 10⁴ bestimmt. Vf. bestimmt für die beiden erstgenannten Rk. die Freie Enthalpie ΔG zu −9,1 u. −13, kcal/Mol, die Enthalpie ΔH zu −24,1 u. −1,17 kcal u. die Entropie ΔS zu −50 u. +39,6 kcal/Mol · Grad. Graph. wird der prozentuale Anteil der einzelnen Sc-Komplexionen bzw. der Sc^{3+}-Ionen in der Lsg. bei gegebener $C_2O_4^{2-}$-Konz. angegeben. G. Ewald 156

0593 **Stabilität der Seltenerdmetallchelate mit 5-Sulfosalicylsäure.** C. R. Kanekar, N. V. Thakur und S. M. Jogdeo. (Bull. chem. Soc. Japan 41 (1968) 3, 759–62;

Tata Inst. of Fund. Res., Colaba, Bombay, India; engl.) – Bei 20° u. μ = 0,1 m werden die Stabilitätskonst. (SK) der 1:1- u. 1:2-Komplexe von Ln (Ln = *Ce, Pr, Nd, Sm, Eu, Gd, Tb, Dy, Ho, Er, Tm, Yb, Lu*) mit 5-Sulfosalicylsäure potentiometr. u. spektrophotometr. bestimmt (Tabelle). Die Stabilität der Komplexe nimmt allg. mit abnehmendem Ionenradius zu. Vf. diskutieren die SK an Hand der Bindungsverhältnisse.
K. J. Zwietasch 156

0594 **Beständigkeitskonstanten der Citratkomplexe der Seltenerdmetalle.** Vikt. I. Spicyn, L. I. Martynenko, Z. M. Rivina, K. N. Rivin, N. A. Dobrynina und A. V. Nemuchin. (Doklady Akad. Nauk SSSR **179** (1968) 6, 1348–50; Mosk. gos. univ. im. Lomonosova; russ.) – Nach den Ergebnissen der pH-metr. Titration wurden die Beständigkeitskonst. der Citratkomplexe der Seltenerdmetalle LnCit u. $LnCit_2^{3-}$ bestimmt (in Klammern log K_1 u. lg β): *La* (5,20 ± 0,06, 9,32 ± 0,25), *Pr* (5,51 ± 0,12, 9,97 ± 0,25), *Nd* (5,73 ± 0,08, 10,16 ± 0,25), *Sm* (5,73 ± 0,11, 10,42 ± 0,25), *Gd* (5,94 ± 0,10, 10,49 ± 0,28), *Tb* (6,04 ± 0,10, 10,72 ± 0,28), *Dy* (6,25 ± 0,12, 11,10 ± 0,29), *Ho* (6,23 ± 0,12, 11,20 ± 0,29), *Er* (6,48 ± 0,12, 11,65 ± 0,29), *Tm* (6,47 ± 0,14, 11,55 ± 0,31), *Yb* (6,66 ± 0,15, 11,98 ± 0,31), *Lu* (6,72 ± 0,15, 12,02 ± 0,30), *Y* (6,45 ± 0,12, 11,50 ± 0,29).
K. Karos 156

0595 **Komplexbildung von Ce(III) mit Hexamethylendiamintetraessigsäure.** I. A. Lebedev, A. B. Šalinec und G. N. Jakovlev. (Radiochimija **10** (1968) 1, 98 bis 102; russ.) – Nach der Ionenwanderungsmeth. wurde unter Verw. von ^{144}Ce die Komplexbldg. von Ce(III) mit Hexamethylendiamintetraessigsäure (6MDTA, H_4A) untersucht. Bei 25,0° wurde im pH-Bereich 1–10 die Abhängigkeit der mittleren Ionenbeweglichkeit, u_c, vom pH-Wert aufgenommen. Die 6MDTA-Konz. betrug $1 \cdot 10^{-3}$ Mol/Liter, die Ce-Konz. $1 \cdot 10^{-5}$, $5 \cdot 10^{-6}$ u. $1 \cdot 10^{-6}$ Mol/Liter. Die Ionenbeweglichkeit des hydratisierten Ce^{3+}-Ions wurde zu 42,6 $cm^2/V \cdot s$ bestimmt. Bei pH 9,5 existiert eine Ionenform mit der Ladungszahl –1. Diese Ladung wurde dem Ion $[CeA]^-$ zugeordnet. Im pH-Bereich 6,0–9,0 existieren die Formen $[CeA]^-$ u. $CeHA^0$, im pH-Bereich 3,5–6,3 die Formen $CeHA^0$ u. $[CeH_2A]^+$, im pH-Bereich 2,7–3,3 die Formen $[CeH_2A]^+$ u. $[CeH_3A]^{2+}$ gemeinsam nebeneinander. Bei pH < 2,7 tritt auch das Ion Ce^{3+} auf. Die Instabilitätskonst. β der Komplexverb. $[CeH_3A]^{2+}$, $[CeH_2A]^+$, $CeHA^0$ u. $[CeA]^-$ wurden zu $(3,4 \pm 0,9) \cdot 10^4$, $(2,0 \pm 0,3) \cdot 10^4$, $(5,4 \pm 0,6) \cdot 10^9$ u. $5,4 \pm 0,4) \cdot 10^{13}$ bestimmt. Die vorst. Formen dominieren in folgenden pH-Bereichen: 1,4–2,0 (CeH_3A^{2+}), 2,0–3,5; 3,5–6,3 u. 6,3–9,5 (CeA^-). Bei einer Ce-Konz. von $\geqq 5 \cdot 10^{-6}$ Mol/Liter werden auch mehrkernige Komplexverb. gebildet. G. Ewald 156

0596 **Bestimmung der Zusammensetzung und der Stabilitätskonstante von Nd-Komplexverbindungen mit organischen Liganden.** V. A. Smirnova und E. D. Romanenko. (Ž. neorg. Chim. **13** (1968) 2, 461–66; Inst. chim. AN Moldv. SSR; russ.) – Spektroskop. Unters. im Bereich 430 nm ($^4I_{9/2} \rightarrow {}^2P_{1/2}$-Übergang) in 0,01 m wss.-methanol. Lsg. mit 20, 40, 50, 60 u. 80 Vol.-% Methanol zeigen, daß bei Konz.-Verhältnissen $NdCl_3$: Phenanthrolin = 1:1 bis 1:6 Komplexe der Zus. 1:1 u. 1:2 entstehen. Die Stabilitätskonst. in 20%ig. Methanol sind log K_1 = 1,78 ± 0,13, log K_2 = 0,85 ± 0,13. Die Komplexe des Nd mit 2.2'-Dipyridyl sind wesentlich weniger beständig, eine merkliche Komplexbldg. erfolgt erst in 80%ig. Methanol in 0,1 m $NdCl_3$-Lösungen. Bei Metall-Ligand-Verhältnissen 1:1–1:10 entsteht ein 1:1-Komplex, log K_1 = –0,14 ± 0,03. J. J. Pohl 156

0597 **Spektroskopische Untersuchung der Umsetzung von Neodymchlorid und Glycin.** L. S. Suchanova, L. I. Martynenko und Vikt. I. Spicyn. (Doklady Akad. Nauk SSSR **179** (1968) 2, 389–92; Mosk. gos. univ. im. Lomonosova; russ.) – Das Elektronenabsorptionsspektrum des Nd-Ions in Ggw. verschiedener Glycinmengen wurde bei pH 5,9–7,7 u. bei Komponentenverhältnissen $NdCl_3$:Glycin = 1:1–1:12 aufgenommen. Unters. zeigen die Bldg. von NdX^{2+} (HX = Glycin) mit der Stabilitätskonst. 3,5 ± 0,1 u. von NdX_2^+ mit 6,9 ± 0,1. In neutralen Lsg. bei hohen Glycingeh. wird die Bldg. saurer Komplexe angenommen.
J. J. Pohl 156

0598 **Untersuchung der Umsetzung von Ti-Ionen mit Phenanthrolin mit der Metall-Indikator-Methode.** M. I. Štokalo. (Ukrainskij chim Ž. **34** (1968) 6, 630–34; Inst. obšč. i neorg. chim. AN Ukr. SSR; russ.) – Ti-Komplexe mit Phenanthrolin wurden bei pH 4 u. 5 im Gleichgew. mit dem Metall-Indikator-Reagens 4-[Pyridyl-(2)-azo]-resorcin untersucht. Bei diesen Bedingungen entsteht der Komplex $[TiO(phen)]^{2+}$, mit der Gleichgew.-Konst. bei pH 4 u. 5 $1,1 \cdot 10^{-8}$ bzw. $2,1 \cdot 10^{-9}$.
J. J. Pohl 156

0599 **Untersuchung des Äpfelsäurekomplexes von Ti mit der Extraktionsmethode.** K. I. Grigalašvili und I. V. Pjatnickij. (Ukrainskij chim. Ž. **34** (1968) 4, 402–07; Tbilisskij gos. univ.; russ.) – Die Zus. u. Stabilität der Äpfelsäurekomplexe von Ti wurde in sauren u. alkal. Medien durch Einstellung des Gleichgew. zwischen Ti-Hydroxychinolatlsg. in $CHCl_3$ u. wss. Lsg. der Hydroxysäure untersucht. Bei pH 3,8–5,8 u. $H_2C_4 \cdot H_4O_5$-Konz. von 0,01–0,4 Mol/Liter überwiegt in der Lsg. der Komplex $TiOC_4H_4O_5$, dessen Instabilitätskonst. $(6,5 \pm 1,8) \cdot 10^{-6}$ beträgt. Bei pH 10,5–12,5 verläuft eine Komplexbldg. über die Hydroxygruppe, während der Komplex gleichzeitig hydrolysiert. Es entsteht dabei das Komplexanion $[TiO(OH)C_4H_3O_5]^{2-}$.
J. J. Pohl 156

0600 **Spektrophotometrische Untersuchung des Titan(III)-Chromotropsäure-Komplexes.** M. M. Khan und N. Ahmad. (J. inorg. nuclear Chem. **29** (1967) 12, 2961–64; Dep. of Chem., Muslim Univ., Aligarh, India; engl.) – Die Rk. von $TiCl_3$ mit Chromotropsäure wird spektrophotometr. untersucht. Der rote Komplex zeigt ein Absorptionsmax. bei 440 nm in wss. Medium bei pH 7 u. gehorcht dem Lambert-Beerschen Gesetz im Konz.-Bereich $0,666 \cdot 10^{-3}$–$0,333 \cdot 10^{-4}$ m. In wss. Lsg. bei pH 7 liegt ein 1:1-Komplex vor. Die Bldg. des Komplexes ist stark vom pH-Wert der Lsg. abhängig. Bei pH 1; 2,2; 4,4 u. 5,5 entstehen Komplexe mit einem Verhältnis 1:2, 1:1, 1:2 u. 1:3 (Ti^{3+}: Ligand). Der log der Bldg.-Konst. u. die Freie Energie der Bldg. der Komplexe im wss. Medium bei pH 7 wurden zu 3,0 ± 0,3 u. –4,0 ± 0,4 kcal/Mol bei 25° gefunden.
H. Markert 156

0601 **Umsetzung von Titansalzen mit Quercetin.** V. A. Nazarenko, E. A. Birjuk, R. V. Ravickaja und V. P. Antonovič. (Ukrainskij chim. Ž. **34** (1968) 2, 115–20; Inst. obšč. i neorg. chim. AN Ukr. SSR, Labor v Odesse; russ.) – Spektrophotometr. Unters. bei 400 bis 600 nm zeigen, daß Ti mit Quercetin bei pH 3–7 einen Komplex mit dem Komponentenverhältnis 1:2 bildet. Einfach geladene Quercetinanionen sind in diesem Komplex an $Ti(OH)_2^{2+}$ koordiniert, der Komplex ist neutral. Die Dissoziationskonst. des Quercetins betragen in 40%ig. A. $K_1 = (3,37 \pm 0,19) \cdot 10^{-8}$ u. $K_2 = (2,27 \pm 0,15) \cdot 10^{-9}$.
J. J. Pohl 156

0602 **Chemismus der Umsetzung von 2.2'.4'-Trihydroxyazoverbindungen mit Zirkonium.** O. V. Mandžgaladze und V. A. Nazarenko. (Soobšč. Akad. Nauk Gruz. SSR **50** (1968) 1, 103–08; AN Ukr. SSR, Inst. obscej i neorg. chim., Odessa; russ.) – Die spektrophotometr. Unters. der Umsetzung von $Zr(ClO_4)_4$ mit *2.4-Dihydroxybenzolazo-2'-naphthol-4'-sulfonsäure* (**I**) u. *2.2'.4'-Trihydroxyazobenzol* (**II**) ergab die Bldg. von 1:1- (pH 1) u. 1:2-Komplexen (pH 4–5). In den Komplexen sind die Kationen $Zr(OH)^{3+}$ u. $Zr(OH)_2^{2+}$ die koordinierenden Ionen. **I** u. **II** reagieren mit Zr in der tautomeren Chinonhydrazonform. B. Karos 156

0603 **Untersuchung von Zirkoniumkomplexen mit Pyramidon mit der Metallindikatormethode.** M. I. Štokalo. (Ž. neorg. Chim. **13** (1968) 3, 748–55; Inst. obšč. i neorg. chim. AN Ukr. SSR; russ.) – Die Komplexbldg. von Zr mit Pyramidon bei pH 4 wurde unter Verw. des gefärbten Komplexes von Zr mit 4-[Pyridyl-(2)-azo]-resorcin (**I**) als Indikatorsyst. untersucht. Die mit der Gleichgew.-Verschiebungsmeth. bestimmte Zus. des Zr-Komplexes mit Pyramidon beträgt 1:1. Elektromigrationsvers. zeigen die Anwesenheit des kation. Komplexes

$[Zr(OH)_3(Pyramidon)]^+$, dessen Instabilitätskonst. $(2,6 \pm 0,5) \cdot 10^{-7}$ beträgt. Zr reagiert mit **I** in einem breiten pH-Bereich. Das Absorptionsmax. des Komplexes liegt bei pH 4 bei 520 nm, der mol. Absorptionskoeff. beträgt $1,53 \cdot 10^{-4}$. Die Zus. des Zr:**I**-Komplexes ist nach der Meth. der isomol. Reihen u. der Gleichgew.-Verschiebung 1:1, die Instabilitätskonst. beträgt $(3,6 \pm 0,2) \cdot 10^{-17}$.
J. J. Pohl 156

0604 **Relative Stabilität von Dithiolverbindungen mit Zinnkationen.** E. V. Vasil'eva und T. K. Nedopekin. (Ukrainskij chim. Ž. **34** (1968) 4, 319—23; Kievskij inst. farm. i toks. MZ Ukr. SSR; russ.) — Die relative Stabilität der Komplexe folgender Thiole mit Sn(II) wurde mit der Metallindikatormeth. bestimmt: *8-Mercaptochinolin*, C_9H_6NSH, *Na-Diäthyldithiocarbamat*, $(C_2H_5)_2NCSSNa$, *o-(1.3-Dimercaptoisopropylmercapto)-benzoesäure*, $(HSCH_2)_2CHS \cdot C_6H_4COOH$, *3-(1'.3'-Dimercaptoisopropylmercapto)-propansulfonsäure, Na-Salz*, $(HSCH_2)_2CHSCH_2CH_2CH_2SO_3Na$, *Dimercaptobernsteinsäure* $(HSCHCOOH)_2$, *3-(1'.2'-Dimercaptopropylmercapto)-2-hydroxypropansulfonsäure, Na-Salz*, $CH_2SHCHSHCH_2 \cdot SCH_2CHOHCH_2SO_3Na$, *Hydrochinondimercaptoisopropylester* $(HSCH_2)_2CHOC_6H_4OH$, *α-Mercaptobernsteinsäure*, $(HSCHCOOH)(CH_2COOH)$, *2.3-Dimercaptopropylthiopropylenglykol*, $CH_2SHCHSHCH_2SCH_2CHOHCH_3$; *N-(2.3-Dimercaptopropylamino)-äthansulfonsäure, Na-Salz*, $CH_2 \cdot SHCHSHCH_2NH(CH_2)_2SO_3Na \cdot H_2O$, *Brenzcatechindimercaptoisopropylester*, $(HSCH_2)_2CHOC_6H_4OH$; *1.2-Dimercaptopropylthioäthylenglykol*, $CH_2SHCHSHCH_2S \cdot (CH_2)_2OH$, *N-(2.3-Dimercaptopropyl-bis-[β-natriumsulfoäthyl]-amin*, $CH_2SHCHSHCH_2N(CH_2CH_2SO_3Na)_2$, *2.3-Dimercaptopropylphosphinsäurediäthylester*, $CH_2SHCH \cdot SHCH_2PO(OC_2H_5)_2$, *1.3-Dimercaptoisopropylbenzylsulfid*, $(HSCH_2)_2CHSCH_2C_6H_5$; *N-(2.3-Dimercaptopropyl)-p-aminobenzoesulfonsäure, Na-Salz*, $C_6H_4NHCH_2CH \cdot SHCH_2SHSO_3Na$; *1.3-Dimercaptoisopropylmercaptoessigsäure*, $(HSCH_2)_2CHSCH_2COOH$, *2.3-Dimercaptobutansulfonsäure, Na-Salz*, $CH_3CHSHCHSHCH_2SO_3Na$, *3-(2'.3'-Dimercaptopropylmercapto)-2-brompropansulfonsäure, Na-Salz*, $CH_2SHCHSHCH_2SCH_2CHBrCH_2 \cdot SO_3Na$; *1.3-Dimercaptoisopropoxybenzol* $(HSCH_2)_2CHOC_6H_5$, *2.3-Dimercaptopropylbenzol*, $CH_2SHCHSHCH_2C_6H_5$, *2.3-Dimercaptopropanol*, $CH_2SHCHSHCH_2OH$, *2.3-Dimercaptopropyl-2-natriumsulfoäthylsulfon*, $CH_2SHCHSHCH_2SO_2 \cdot CH_2CH_2 \cdot SO_3Na$, *Unithiol*, $CH_2SHCHSHCH_2SO_3Na \cdot H_2O$, *2.3-Dimercaptopropylmalonsäurediäthylester*, $CH_2 \cdot SHCHSHCH_2CH(COOC_2H_5)_2$, *1.3-Dimercaptoisopropoxy-o-methoxybenzol*, $(HSCH_2)_2CHOC_6H_4OCH_3$, *1.3-Dimercaptoisopropylhexylsulfid*, $(HCSH_2)_2CHSC_6H_{11}$, *2.3-Dimercaptopropyl-o-tolylsulfid*, $CH_2SHCHSHCH_2SC_6H_4CH_3$, *1.3-Dimercaptoisopropyl-p-nitrophenolat* $(HSCH_2)_2CHO \cdot C_6H_4NO_2$, *Äthandithiophosphonsäure, Di-Na-Salz*, $C_2H_5 \cdot PO(SNa)_2 \cdot 4H_2O$, *p-(1.3-Dimercaptoisopropyl)-kresolester* $(HSCH_2)_2CHOC_6H_4CH_3$, *1.3-Dimercaptoisopropoxybenzoesäuremethylester*, $(HSCH_2)_2CHOC_6H_4COOCH_3$, *1-Methyl-3-(1'.3'-dimercaptoisopropoxy)-4-isopropylbenzol*, $(HSCH_2)_2CHOC_6H_3CH(CH_3)_2CH_3$, *Äthylpropyl-2.3-dimercaptopropylmalonsäurediäthylester*, $CH_2SHCHSHCH_2C \cdot (COOC_2H_5)_2 \cdot CH_2CH_2CH_3$, *Na-3-mercapto-2-hydroxypropansulfonat*, $CH_2SHCHOHCH_2SO_3Na$, *3-Mercaptopropyl-p-tolylsulfid*, $CH_2SHCH_2CH_2SC_6H_4CH_3$. Von den untersuchten Thiolen bilden Dimercaptobernsteinsäure u. die Dimercaptoalkylsulfonatrium-Salze die stabilsten Verb. mit Sn(II), die in ihrer Struktur sulfid. S enthalten, sowie Dimercaptoalkylaryläther u. -thioäther, die Carboxyl- oder Hydroxylgruppen im Benzolring aufweisen. Die Stabilität dieser Verb. ist nur wenig kleiner als die der analogen Komplexe von Thiooxin, AeDTE u. Diäthyldithiocarbamat, jedoch größer als die der Komplexe mit Unithiol.
J. J. Pohl 156

0605 **Einfluß der Temperatur auf die Bildung von Bromoblei(II)-Komplexen in wäßrigen Lösungen.** V. A. Fedorov, N. P. Samsonova und V. E. Mironov. (Ž. neorg. Chim. **13** (1968) 2, 382—88; Sibirskij technol. inst.; russ.) — Die Bldg. von Bromoblei(II)-Komplexen wurde potentiometr. mit Hilfe von Amalgam-Pb-Elektroden in 3 m $Li(ClO_4, Br)$-Lsg. bei 5, 15, 25, 35, 45, 55 u. 65° u. pH ca. 3 untersucht. Die Ledensche Meth. zeigt bei allen untersuchten Temp. die Bldg. von $PbBr_n^{2-n}$, $n = 1-4$, deren Stabilitätskonst. ber. wurden. Die Abhängigkeit $\log \beta_n - 1/T$ stellt für $PbBr_n^{2-n}$, $n = 1-3$, Kurven dar, die bei 40° über ein Minimum gehen. Die Bldg.-Enthalpie u. -Entropie der $PbBr_n^{2-n}$-Ionen, $n = 1-4$, wurden auf Grund der Stabilitätskonst. bei den genannten Temp. berechnet. Die Änderung der Bldg.-Entropie der Ionen $PbBr_n^{2-n}$, $n = 1-3$, ist von der Temp. linear abhängig, auch die Enthalpiewerte ändern sich mit der Temperatur. Steigende Temp. erhöhen die Entropiekomponente der Freien Enthalpie von $PbBr_n^{2-n}$. Zwischen -10 u. $+15°$ gilt für die $PbBr_n^{2-n}$-Ionen mit $n = 1-3$ in 3 m $Li(ClO_4, Br)$-Lsg. $\Delta G = \Delta H$, bei ca. 40° ist $\Delta G = T \cdot \Delta S$.
J. J. Pohl 156

0606 **Oxalatoniob(V)-Komplexe.** A. K. Babko, E. A. Mazurenko und B. I. Nabivanec. (Ž. neorg. Chim. **13** (1968) 3, 718—26; Inst. obšč. i neorg. chim. AN Ukr. SSR; russ.) — Das Syst. Nb(V)-Oxalsäure wurde durch Best. der Löslichkeit, durch Extraktion mit Tri-n-octylamin, pH-potentiometr. u. elektrodialyt. untersucht. Lösl. Nb-Oxalatkomplexe bilden sich bei pH < 5. Im Bereich pH 0—2,5 dominieren die Dioxalationen $[NbO \cdot (C_2O_4)_2]^-$, deren Instabilitätskonst. $(1,3 \pm 0,4) \cdot 10^{-36}$ beträgt. In weniger sauren Lsg. nimmt die Löslichkeit infolge Verdrängung der Oxalationen durch OH^--Ionen ab, es bildet sich das Monooxalat $[NbO(OH)_2C_2O_4]^-$ mit der Instabilitätskonst. $(8,3 \pm 0,4) \cdot 10^{-10}$. In stärker saurem Medium wird der Dioxalatkomplex unter Bldg. von $NbO(OH)_3$ u. $[NbO(OH)_2]^+$ zerstört. Die Bldg. eines Trioxalatokomplexes $[NbO(C_2O_4)_3]^{3-}$ konnte im ganzen untersuchten Bereich nicht beobachtet werden.
J. J. Pohl 156

0607 **Extraktionsuntersuchung von Tartratoniob-Komplexen.** I. V. Pjatnickij und E. S. Sereda. (Ukrainskij chim. Ž. **34** (1968) 6, 620—25; Kievskij gos. univ.; russ.) — Das Gleichgew. zwischen $CHCl_3$-Lsg. von Nb-Hydroxychinolat u. Na-Tartratlsg. wurde im Bereich pH 4—9 u. bei Tartratkonz. von 0,05—1 m untersucht. Die Zus. der gebildeten Komplexe im sauren Medium beträgt Nb:Tartrat = 1:2, bei nahezu neutralen oder alkal. Lsg. 1:1. Bei pH 1—4 liegt überwiegend das Komplexanion $NbO(C_4H_4O_6)_2^-$ vor, das sich bei der Umsetzung von NbO^{3+} mit Carboxylgruppen der Weinsäure bildet. Bei wachsendem pH verläuft eine stufenweise Hydrolyse von Nb, die H-Ionen der Hydroxygruppe werden abgespalten, bei pH 4—7 überwiegen die Formen $[NbO \cdot (C_4H_3O_6)_2]^{3-}$ u. $[NbO(OH)_2C_4H_3O_6]^{2-}$. Bei pH 7—9 reagiert das Kation $[NbO(OH)_2]^+$ mit den Hydroxygruppen des Tartrats unter Bldg. von $[NbO(OH)_2C_4H_2 \cdot O_6]^{3-}$.
J. J. Pohl 156

0608 **Umsetzung von Thorium, Niob und Tantal mit Quercetin.** E. A. Birjuk, V. A. Nazarenko, V. P. Antonovič und R. V. Ravickaja. (Ukrainskij chim. Ž. **34** (1968) 3, 291—96; Inst. obšč. i neorg. chim. AN Ukr. SSR, Labor. v Odesse; russ.) — Spektrophotometr. Unters. bei 400—500 nm zeigen, daß Th mit Quercetin einen Komplex der Zus. 1:2 unter Beteiligung von $Th(OH)_2^{2+}$ bildet. Nb u. Ta reagieren im sauren Medium (0,5—9 n H_2SO_4) unter Bldg. von 1:1-Komplexen, die $Nb(OH)_4^+$ u. $Ta(OH)_4^+$ enthalten. Quercetin tritt in Form eines einwertigen Anions in den Komplex ein. Die entstandenen Komplexe sind elektroneutral. Es wurden $1 \cdot 10^{-2}$ m Lsg. von Nb in 1 n H_2SO_4 + 15% Weinsäure, von Ta in 1 n H_2SO_4 + 2% Oxalsäure u. von Th in 1 n HCl mit $2 \cdot 10^{-3}$ m wss.-äthanol. Quercetinlsg. umgesetzt.
J. J. Pohl 156

0609 **Komplexbildung von Protactinium mit Thenoyltrifluoraceton in Perchloratlösungen.** R. A. D'jačkova, V. P. Chlebnikov und V. I. Spicyn. (Ž. neorg. Chim. **13** (1968) 3, 836—41; russ.) — Die Extraktion von Pa aus Perchloratlsg. mit Theonyltrifluoraceton (HA) in Bzl. wurde bei $\mu = 1$ verfolgt. Pa wird in Form des Komplexes $MA_2(HA)_2$ extrahiert. In der wss. Lsg. entstehen die Verb. MA^+ u. MA_2, wobei M^{2+} ein zweifach geladenes hydrolysiertes Pa-Ion darstellt. Die Stabilitätskonst. von MA^+ u. MA_2 betragen nach der Meth. der zwei Parameter $\beta_1 = 1,97 \cdot 10^8$, $\beta_2 = 2,75 \cdot 10^{15}$ u. nach der Bjerrumschen Meth. $\beta_1 = 1,55 \cdot 10^8$ u. $\beta_2 = 0,95 \cdot 10^{15}$.

Die Gleichgew.-Konst. der Rk. $M_{wss}^{2+} + 4HA_{wss} \rightleftharpoons MA_2(HA)_{2org} + 2H_{wss}^+$ beträgt $K = (8,0 \pm 0,6) \cdot 10^{10}$.
J. J. Pohl 156

0610 **Komplexbildung von Protactinium mit Acetylaceton in Perchlorsäurelösungen.** R. A. D'jačkova, V. P. Chlebnikov und Vikt. I. Spicyn. (Radiochimija **10** (1968) 1, 21–26; russ.) — Die Komplexbldg. wurde nach dem Verf. der „umgekehrten Extraktion" (Reextraktion aus der organ. Phase Bzl./Acetylaceton) untersucht. Verwendet wurde ^{233}Pa. T = 20°, Kontaktdauer: 15 h bei intensiver Vermischung, Ionenstärke $\mu = 1$. Aufgenommen wurde die Abhängigkeit des Verteilungskoeff. K_p für Pa von der Konz. der Acetylacetonionen, [A], vom pH-Wert u. von der Konz. des Acetylacetons (I), [HA], in der organ. Phase. lg K_p vergrößert sich mit der Vergrößerung von [A] u. erreicht etwa bei pA = 3 einen konst. Wert. Mit der Erhöhung von [HA] wurde ebenfalls eine Vergrößerung von K_p beobachtet. Pa wird als Komplexverb. der Zus. $MA_2(HA)_2$ extrahiert. In der wss. Phase bilden sich die Ionen MA^+ u. MA_2 (M^{2+} = zweiwertiges hydrolysiertes Pa-Ion). Die Instabilitätskonst. von MA^+ u. MA_2 wurden zu $\beta_1 = 6,8 \cdot 10^8$ u. $\beta_2 = 2,5 \cdot 10^{16}$ (nach Sillen u. Dyrssen) bzw. zu $\beta_1 = 9,2 \cdot 10^8$ u. $\beta_2 = 2,7 \cdot 10^{16}$ (nach Bjerrum) berechnet. Als Mechanismus der Extraktionsrk. wurde folgende Gleichung vorgeschlagen: $M_w^{2+} + 4HA_w \rightleftharpoons MA_2(HA)_{2org} + 2H_w^+$. Die Gleichgew.-Konst. dieser Rk. wurde zu $K = 1,79 \pm 0,31$ berechnet.
G. Ewald 156

0611 **Untersuchung von Chrom(III)-Chlorid-Komplexen unter Verwendung von Chrom-51 als Tracer.** D. F. C. Morris und S. D. Hammond. (Electrochim. Acta [London] **13** (1968) 3, 545–55; Dep. of Chem., Brunel Univ., London; engl.) — Verteilungs- (Dinonylnaphthalinsulfonsäure in n-Heptan/$HClO_4$) u. spektrophotometr. Unters. bestätigen die Existenz des outer-sphere-Ionenpaares $[Cr(H_2O)_6]^{3+}Cl^-$ in wss., Cr(III) u. Cl^- enthaltendem $HClO_4$. Stabilitätskonst. des vorst. Ionenpaares u. die Bldg.-Konst. von $[CrCl(H_2O)_5]^{2+}$ bei 40° werden bestimmt.
M. Frenzel 156

0612 **Umsetzung zwischen Phosphor(V), Molybdän(VI) und Aluminium(III) in schwach sauren wäßrigen Lösungen.** L. I. Lebedeva und Kam Kyong. (Vestnik Leningradskogo Univ., Ser. fiz. Chim. **23** (1968) 4, Ser. Nr. 1, 127–31; russ., Auszug: engl.) — In schwach sauren P(V), Mo(VI) u. Al(III) enthaltenden wss. Lsg. bilden sich Dodekamolybdatophosphorsäure u. Hexamolybdatoaluminiumsäure (I). Tern. Heteropolyverb. konnten nicht nachgewiesen werden. Die Zerfallskonst. von I ist K_{Zers} 10^{-20}.
K. Karos 156

0613 **Extraktionsuntersuchung der Tartratkomplexe von Molybdän.** I. V. Pjatnickij und L. F. Kravcova. (Ukrainskij chim. Ž. **34** (1968) 3, 231–39; Kievskij gos. univ. im. Ševčenko; russ.) — Mo bildet in wss. Lsg. bei Tartratkonz. von 0,01–0,3 m Komplexe der Zus. 1:1. Die pH-Grenzen, bei denen die Komplexbldg. stattfindet, sind für $[MoO_2(C_4H_3O_6)]^-$ 1–4 u. für $[MoO_2 \cdot (C_4H_2O_6)]^{2-}$ 4–12. Die Instabilitätskonst. der beiden Komplexe betragen $2,9 \cdot 10^{-23}$ bzw. $1,2 \cdot 10^{-34}$.
J. J. Pohl 156

0614 **Extraktive Untersuchung von Molybdän-Citrat-Komplexen.** I. V. Pjatnickij und L. F. Kravcova. (Ukrainskij chim. Ž. **34** (1968) 1, 86–92; russ.) — Vgl. vorst. Referat. — Die Komplexbldg. von MoO_2^{2+} mit Citrat wurde beim Molverhältnis 1:1, bei Citratkonz. von 0,01–0,1 m u. pH 1,2–11,1 durch Verteilungsbest. von Mo zwischen einer Lsg. von 8-Hydroxychinolin in $CHCl_3$ u. der wss. Citratphase untersucht. Bei pH 1–4 entsteht $[MoO_2(C_6H_5O_7)]^-$, bei pH 4–6 $[MoO_2(C_6H_4O_7)]^{2-}$, bei pH 6–10 $[MoO_2(OH)(C_6H_4O_7)]^{3-}$, die Instabilitätskonst. betragen $8 \cdot 10^{-16}$, $2 \cdot 10^{-22}$ u. $4 \cdot 10^{-30}$.
J. J. Pohl 156

0615 **Komplexbildung in den Systemen Wolfram-Brenzcatechinviolett und Niob-Brenzcatechinviolett.** V. F. Mal'cev, É. N. Paščenko, A. S. Turovskaja und N. P. Volkova. (Ž. neorg. Chim. **13** (1968) 2, 483–86; VNI i konstruktorsko-technol. inst. trubnoj prom.; russ.) — Die Umsetzung von W u. Nb mit Brenzcatechinviolett (3.3'.4-Trihydroxyfuchson-2'-sulfonsäure) wurde spektrophotometr. u. photokolorimetr. verfolgt. W(VI) bildet mit Brenzcatechinviolett (H_4Z) einen Komplex der Zus. 1:1 im pH-Bereich 1,5–2,5, der bei 560 nm ein Absorptionsmax. aufweist. Die Extinktion gehorcht dem Lambert-Beerschen Gesetz im Bereich 0,02–0,25 mg/50 ml. Die scheinbare Stabilitätskonst. des Komplexes bei W-Konz. von $1 \cdot 10^{-5}$–$2 \cdot 10^{-5}$ m wurde mit der Meth. der isomol. Reihen, der Verd. u. der Sättigung bestimmt u. beträgt im Mittel $3 \cdot 10^{-6}$. Der Komplex stellt ein positiv geladenes Ion dar. Mit Nb bildet H_4Z bei 20–50° u. pH 1,5–4,7 einen Komplex mit dem Absorptionsmax. bei 600 nm. Die Lichtabsorption ist nach 23 Min. maximal u. dann 3–4 Std. konstant. Im Syst. findet eine stufenweise Komplexbldg. statt, in der zweiten Min. nach der Vermischung der Rk.-Partner liegt ein 1:1-Komplex mit der scheinbaren Instabilitätskonst. $3,1 \cdot 10^{-6}$, in der 25. Min. ein 2:1-Komplex mit $4,24 \cdot 10^{-6}$ vor.
G. J. Pohl 156

0616 **Uranylionkomplexe in konzentrierten Chlorid-, Perchlorat- und Nitratlösungen.** J. Čeleda, V. Jedináková und F. Šmirous. (Chem. Zvesti **22** (1968) 2, 93 bis 101; Vys. šk. chem.-technolog., Praha; tschech.) — Mit der Meth. der scheinbaren Ionen-Molvol. u. der Papieriontophorese wurde die Bldg. der *UO_2^{2+}-Komplexe* in 1–10 m Cl^--, ClO_4^-; u. NO_3^--Lsg. untersucht, wobei durch Kombination beider Meth. die inneren Acidokomplexe von den Ionenassoziaten unterschieden u. ihre Stabilitätskonst. (K) abgeschätzt werden konnten. In sämtlichen untersuchten Lsg. bindet UO_2^{2+} in der 1. Koordinationssphäre 4 Liganden. In ≤ 5 m $HClO_4$ sind komplexe Kationen $[UO_2(H_2O)_4]^{2+}$ zugegen, ohne daß ClO_4^--Ionen selbst in höchsten Konz. in der 1. Koordinationssphäre auftreten bzw. elektroneutrale Assoziate mit UO_2^{2+} bilden. Analog verhält sich UO_2^{2+} auch in ≤ 1 m HNO_3; bei zunehmender NO_3^--Konz. setzt jedoch die Bldg. der Ionen $[UO_2(H_2O)_3NO_3]^+$ ein, die in 4 m NO_3^--Lsg. bereits vorwiegen. Bei > 4 m NO_3^--Konz. ist überdies auch der Komplex $[UO_2(H_2O)_2(NO_3)_2]$ vorhanden, dessen K 10^{-2} beträgt. In < 1 m HCl liegt $[UO_2(H_2O)_4]^{2+}$ vor; bei höheren Cl^--Konz. geht dieses Ion in $[UO_2(H_2O)_3C.]^+$ stufenweise über. In 5 m Cl^--Lsg. liegt auch das elektroneutrale Assoziat $[UO_2(H_2O)_3Cl]Cl$ vor. Bei den höchsten Cl^--Konz. bildet UO_2^{2+} das negativ geladene Assoziat $UO_2Cl^+ \cdot 2\,Cl^-$.
K. Kámen 156△

0617 **Kryoskopische Untersuchung von Eis-Elektrolyt-Eutektika zur Verfolgung der Polymerisation und Komplexbildung von Zr- und U(VI)-Ionen in wäßriger Lösung.** E. V. Komarov, V. N. Krylov und M. F. Pušlenko. (Ž. neorg. Chim. **13** (1968) 2, 467–71; russ.) — Salzkryoskop. Unters. im Syst. Eis-KNO_3 wurden in Ggw. von 0,10–0,25 Mol $ZrO(NO_3)_2$ pro kg H_2O u. 0, 0,4, 0,7 bzw. 1,0 Mol HNO_3 pro kg H_2O durchgeführt. In der wss. Lsg. beträgt der mittlere Polymerisationsgrad von Zr 20. Mit wachsendem Säuregrad (0,4, 0,7, 1,0) sinkt der mittlere Polymerisationsgrad bis 9,1, 7,7 bzw. 7,7. In $UO_2(NO_3)_2$-Lsg. (0,05–0,2 Mol/kg H_2O) bei pH 3,30 bis 3,70 beträgt der mittlere Polymerisationsgrad der UO_2^{2+}-Ionen 2,6, bei pH 3,74–4,05 5,0.
J. J. Pohl 156

0618 **Komplexbildung von Americium, Curium, Cer und Promethium mit Diäthylentriaminpentaessigsäure.** I. A. Lebedev, V. T. Filimonov, A. B. Šalinec und G. N. Jakovlev. (Radiochimija **10** (1968) 1, 93–96; russ.) — Vf. bestimmten die Zus. u. die Instabilitätskonst. von Komplexverb. der Ionen Am^{3+}, Cm^{3+}, Ce^{3+} u. Pm^{3+} mit Diäthylentriaminpentaessigsäure (DTPA, H_5A) in wss. Lösungen. Angewendet wurden zwei Meth.: 1. Extraktionsmeth. unter Verw. einer 0,1 m Lsg. von Bis-[2-äthylhexyl]-phosphorsäure (D2EHPA, HY) in n-Decan als Extraktionsmittel u. 2. Ionenwanderungsmethode. Es fanden die Nuklide ^{241}Am, $^{242-244}Cm$, ^{144}Ce u. ^{147}Pm Verwendung. Aufgenommen wurde die Abhängigkeit des Verteilungskoeff. q für die Nuklide vom pH-Wert im Bereich 1,0–2,0 der wss. Phase bei konst. DTPA-Konz. ($1 \cdot 10^{-3}$ Mol/Liter). Ionenstärke $\mu = 0,5$; Temp. 25,0 ± 0,2°. Auch bei der Ionenwanderungsmeth. wurde im pH-Bereich 1,0–2,7 die Abhängigkeit der mittleren Ionenbeweglichkeit u_c des untersuchten Elementes vom pH-Wert, bestimmt. Im pH-Bereich 1,0—1,3 wird eine nur geringe Komplexbldg. beobachtet. Hier verläuft die Extraktion gemäß $M^{3+} + 3\,(HY)_2 \rightleftharpoons M(HY_2)_3 + 3\,H^+$. Die Gleichgew.-Konst. dieser Rk. wurde für Am zu 0,74 ± 0,03; für Cm zu 0,75 ± 0,01 u. für Pm zu 3,64 ± 0,05 bestimmt. Für Am u. Cm ergibt bei höheren pH-Werten die Existenz der Ionen AmA^{2-} u. CmA^{2-}, deren Instabilitätskonst. zu $\lg \beta_1$ = 22,47 (Am) u. $\lg \beta_1$ = 13,03 bestimmt wurden. Im untersuchten Bereich wurde für Pm nur die Bldg. des Ions $PmHA^-$ beobachtet, dessen Instabilitätskonst. zu $\log \beta_1{}^H$ = 13,03 bestimmt wurde. Die Ionenbeweglichkeit verringert sich im angegebenen pH-Bereich schnell u. erreicht bei pH 2,5 eine konst. negative Größe, die einem einfach bzw. zweifach geladenen Komplexion entspricht (Bldg. von MA^{2-} u. MHA^-). Die entsprechenden Instabilitätskonst. der Komplexionen haben folgende Werte: $\log \beta_1$; Am 22,74; Cm 22,83, Ce 21,2; $\log \beta_1{}^H$: Am 14,3; Cm 14,35; Ce 12,1. G. Ewald 156

0619 **Untersuchung der Komplexbildung von Am(III), Cm(III) und Ce(III) mit Äthylendiamin-bis-[methylphosphonsäure] nach der Ionenwanderungsmethode.** A. B. Šalinec und V. V. Vorob'eva. (Radiochimija **10** (1968) 1, 102—05; russ.) — Unter Benutzung der Ionenwanderungsmeth. im Quarzsand untersuchten Vf. bei 25,0° u. einer Ionenstärke von μ = 0,1 die Komplexbldg. von Am, Cm u. Ce mit *N.N'-Äthylendiamin-bis-[methylphosphonsäure]* [$(HO)_2PO\text{-}CH_2\text{-}NH\text{-}(CH_2)_2\text{-}NH\text{-}CH_2\text{-}PO(OH)_2$, H_4A, EDMPA]. Aufgenommen wurde die Abhängigkeit der mittleren Ionenbeweglichkeit, u_c, von Indikatormengen von $^{241}Am(III)$, $^{244}Cm(III)$ u. $^{144}Ce(III)$ vom pH-Wert im Bereich pH 1—9 (Ce: pH 1—5) bei konst. EDMPA-Konz. von $5 \cdot 10^{-4}$ Mol/Liter. Die Ionenbeweglichkeit der hydratisierten Ionen Am^{3+}, Cm^{3+} u. Ce^{3+} wurde zu 37,5; 36,8 u. $37,5 \cdot 10^{-5}\ cm^2/V \cdot s$ bestimmt. Im pH-Bereich 5—7,5 existieren die Formen MA^- u. MHA^0 gemeinsam, im pH-Bereich 3,7—6,0 dominiert die Form MHA^0, im pH-Bereich 2,7—3,0 die Form $M(H_2A)^-$ u. im Bereich 1,3—2,7 die Form $M(H_3A)^{2+}$. Die entsprechenden Instabilitätskonst. β der Formen $M(H_3A)^{2+}$, $M(H_2A)^+$, $M(HA)^0$ u. MA^- wurden für Am zu $(2{,}0 \pm 0{,}3) \cdot 10^6$, $(3{,}0 \pm 0{,}2) \cdot 10^8$, $(2{,}0 \pm 0{,}3) \cdot 10^{12}$ u. $(3{,}4 \pm 0{,}6) \cdot 10^{16}$; für Cm zu $(1{,}4 \pm 0{,}2) \cdot 10^6$, $(8 \pm 2) \cdot 10^7$, $(1{,}7 \pm 0{,}2) \cdot 10^{12}$ u. $(3{,}7 \pm 0{,}6) \cdot 10^{16}$ u. für Ce zu $(1{,}0 \pm 0{,}1) \cdot 10^6$, $(1.2 \pm 0{,}3) \cdot 10^7$, $(6 \pm 1) \cdot 10^{11}$ u. — bestimmt. Somit führt der Austausch von 2 Paar Acetatgruppen im Mol. Äthylendiamintetraessigsäure durch 2 Methylphosphongruppen zu keiner wesentlichen Vergrößerung der Stabilität der einfachen Komplexverb.; die Zahl der protonenhaltigen Komplexverb. erhöht sich jedoch. G. Ewald 146

0620 **Instabilitätskonstante von 5-Sulfo-8-mercaptochinolinsalzen.** Ja. V Ašaks und Ju. A. Bankovskij. (Izvest. Akad. Nauk Latv. SSR, Ser. chim. **1968,** 1, 122; Inst. neorg. chim. AM Latv. SSR; russ.) — Die Stabilität der Innerkomplexsalze von 5-Sulfo-8-mercaptochinolin (HR) wächst in der Reihenfolge *TlR* (pK_1) 4,6, (pK_2) —, (pK_3) —, MnR_2 5,2, 4,6, —, VOR_2 7,8, —, —, NiR_2 8,6, —, —, ZnR_2 8,9, 8,4, —, CdR_2 9,2, 8,4, —; PbR_2 9,6, 6,1, —, GaR_2 10,0, 9,5, —; $W_2O_5R_2$ 10,6, 9,1, —; InR_3 11,6, 11,1, 7,2; BiR_3 13,4, 10,5, 7,2; SbR_2 13,7, 12,4, —. J. J. Pohl 156

0621 **Umsetzung von Eisen(III) mit Natriumtriphosphat in wäßrigen Lösungen.** I. A. Šeka und L. P. Andrusenko. (Ž. neorg. Chim. **13** (1968) 2, 347—50; Inst. obšč. i neorg. chim. AN Ukr. SSR; russ.) — Die Komplexbldg. von Eisen(III) mit Natriumtriphosphat wurde bei pH 0,8—4,0 spektrophotometr. im Bereich 220 bis 320 nm verfolgt. Bei 0,8—2,3 entsteht der Komplex $FeH_3P_3O_{10}{}^+$, bei pH 2,3—4,0 bildet sich $FeH_2P_3O_{10}$. Die bei der Ionenstärke μ = 1,0 u. 0,0 bestimmte Stabilitätskonst. der beiden Komplexe betragen $\log \beta\ (FeH_3P_3O_{10}{}^+)$ = 5,04; $\log \beta^0\ (FeH_3P_3O_{10}{}^+)$ = 6,37 ± 0,08; $\log \beta \cdot (FeH_2P_3O_{10})$ = 5,10; $\log \beta^0\ (FeH_2P_3P_{10})$ = 7,15 ± 0,21. J. J. Pohl 156

0622 **Komplexverbindungen im System Eisen(II)–Dimethylglyoxim–Pyridin.** A. K. Babko, P. B. Michel'son und S. A. Romanenko. (Ž. neorg. Chim. **13** (1968) 3, 731—37; Kievskij gos. univ. im. Ševčenko; russ.) — Spektrophotometr. (300—600 nm), präparative sowie Extraktionsunters. der Komplexbldg. im Syst. Fe(II)–Dimethylglyoxim(HA)–Amin zeigen, daß in wss. Lsg. Ammoniak u. Py. nicht nur die Rolle von Basen spielen, sondern auch in die Zus. der sich bildenden Komplexe eingehen. Im Syst. entstehen Komplexe der Zus. [$Fe \cdot (NH_3)(H_2O)(A)_2$] u. [$Fe(py)_2(A)_2$]. Der Ammoniakkomplex wird mit organ. Lsgm. nicht extrahiert, sein Absorptionsspektrum hat ein Max. bei 530 nm. Der Py.-haltige Komplex wird durch organ. Lsgm., am besten mit $CHCl_3$, extrahiert. Das Spektrum der wss. Lsg. hat zwei Max. bei 380 u. 510 nm, das der $CHCl_3$-Lsg. bei 410 u. 510 nm. In der wss. Lsg. befinden sich beide Komplexe im Gleichgew., wie auch bei der Extraktion mit Isobutanol u. Cyclohexanon. Bei der Extraktion mit $CHCl_3$ entsteht ein sehr intensiv gefärbter Komplex, der mit Ammoniak nicht reextrahiert wird. Die Instabilitätskonst. von $[Fe(NH_3)]^{2+}$ u. $[Fe(NH_3)_2]^{2+}$ betragen $4 \cdot 10^{-2}$ bzw. $6{,}4 \cdot 10^{-3}$. J. J. Pohl 156

0623 **Mehrkernige Eisen(III)-acetate.** B. P. Nikol'skij, M. S. Zachar'evskij und I. N. Kuznecova. (Ž. neorg. Chim. **13** (1968) 3, 738—41; russ.) — Die Anwesenheit dreikerniger Fe-Komplexe in stark bas. Lsg. im gemischten Lsgm. wird diskutiert. Spektrophotometr. u. potentiometr. Daten zeigen die Anwesenheit von dreikernigen Fe(III)-Komplexen in gemischten Lsg. mit < 70,2 Gew.-% CH_3COOH bei Na-Acetatkonz. bis 1,46 Mol/kg Lösungsmittel. J. J. Pohl 156

0624 **Ternärer Komplex Eisen–ÄDTA–H_2O_2.** A. K. Babko und V. N. Lorija. (Z. neorg. Chim. **13** (1968) 2, 506—10; Inst. obšč. i neorg. chim. AN Ukr. SSR; russ.) — Spektrophotometr. Unters. im Bereich 400—600 nm zeigen die Bldg. eines tern. Fe–H_2O_2-Komplexes mit ÄDTE (H_4Y). Der Komplex entsteht nur in Ggw. eines großen H_2O_2-Überschusses u. bei pH 10—12. Mit der Meth. der isomol. Reihen wurde gezeigt, daß der Komplex die Zus. [Fe]:[H_2O_2] = 1:1 hat. Der Mittelwert der ber. Stabilitätskonst. ist $[FeY(OH)^{2-}][HO_2{}^-]/[FeY(OH) \cdot (HO_2)^{3-}] = 1{,}0 \cdot 10^{-4}$. J. J. Pohl 156

0625 **Komplexverbindungen von Eisen(III) mit Hydroxysäuren.** V. V. Grigor'eva und S. M. Cimbler. (Ž. neorg. Chim. **13** (1968) 2, 492—97; Kievskij gos. univ. im. Ševčenko; russ.) — Die Komplexbldg. von Fe(III) mit Ionen der Trihydroxyglutar-, Wein-, Citronen- u. Apfelsäure wurde im schwachsauren u. alkal. Bereich spektrophotometr. u. photokolorimetr. verfolgt. In allen Syst. entstehen Komplexverb. der Zus. 1:1. Ionenaustauschunters. zeigen, daß die Ladung der Tartrat-, Trihydroxyglutarat- u. Citratkomplexionen des Eisens bei pH6 +1 beträgt. Im alkal. Medium entsteht ein Trihydroxyglutaratkomplexion des Eisens mit einer Ladung von —2 bzw. je ein Citrat- u. Tartratkomplex mit der Ladung —1. Folgende Trihydroxyglutaratkomplexe wurden im festen Zustand isoliert: bei pH 1—3 $FeC_5H_5O_7$, bei pH 6 $NaFeC_5H_4O_7$ u. bei pH 12,5 $Na_2FeC_5H_3O_7$. J. J. Pohl 156

0626 **Umsetzung von Kobalt(II)- und Nickel(II)-Verbindungen mit einigen Hydroxysäuren.** V. V. Grigor'eva und S. M. Cimbler. (Ž. neorg. Chim. **13** (1968) 2, 498 bis 505; russ.) — Vgl. vorst. Referat. — Die Umsetzung von Co(II) u. Ni(II) mit Trihydroxyglutar-, Wein-, Apfel- u. Citronensäure wurde in schwachsaurem u. alkal. Medium opt., mit der Ionenaustauschmeth. u. präparativ untersucht. Bei pH 6 sind die entstandenen Citrate die stabilsten, die Malate am wenigsten stabil. Im alkal. Medium nimmt die Komplexbldg.-Fähigkeit der Hydroxysäure in der Reihenfolge Trihydroxyglutar- > Wein- > Citronen- > Apfelsäure ab. Die Bldg. folgender Komplexanionen wurde festgestellt: pH 6 $[Ni(C_5H_6O_7)_2]^{2-}$, $[Ni \cdot (C_4H_4O_6)_2]^{2-}$, $[Ni(C_6H_6O_7)_2]^{2-}$ u. $[Ni(C_4H_4O_5)_2]^{2-}$ pH 12,5, $[NiC_5H_4O_7]^{2-}$, $[NiC_4H_2O_6]^{2-}$ u. $[NiC_6H_4O_7]^{2-}$, sowie alle analogen Co-Komplexionen. Die Zus. der im festen Zustand erhaltenen Komplexe: $CoC_5H_6O_7$ bei pH 1, bei einem Co- bzw. Ni-Nitrat-Verhältnis zur Hydroxysäure im Ausgangsgemisch von 1:1, $NaCoC_5H_5O_7$, pH 6,1:1; $Na_2Co(C_5H_6O_7)$, pH 6, 1:2, $Na_2CoC_5H_4O_7$, pH 12,5, 1:1, $NiC_5H_6O_7$, pH 1, 1:1, $NaNiC_5H_5O_7$, pH 6, 1:1, $Na_2Ni \cdot (C_5H_6O_7)_2$, pH 6, 1:2, $Na_2NiC_5H_4O_7$, pH 12,5, 1:1,

$CoC_4H_4O_6$, pH 1, 1:1, $NaCoC_4H_3O_6$, pH 6, 1:1, $Na_2Co \cdot (C_4H_4O_6)_2$, pH 6, 1:2, $Na_2CoC_4H_2O_6$, pH 12,5, 1:1, $CoC_6H_6O_7$, pH 1, 1:1, $NaCoC_6H_5O_7$, pH 6, 1:1, $Na_2 \cdot (CoC_6H_6O_7)_2$, pH 6, 1:2, $Na_2CoC_6H_4O_7$, pH 12,5, 1:1, $NaCoC_4H_3O_5$, pH 6, 1:1, $Na_2Co(C_4H_4O_5)_2$, pH 6, 1:2, $NiC_4H_4O_6$, pH 1, 1:1, $NaNiC_4H_3O_6$, pH 6, 1:1, $Na_2Ni \cdot (C_4H_4O_6)_2$, pH 6, 1:2, $Na_2NiC_4H_2O_6$, pH 12,5, 1:1, $NiC_6H_6O_7$, pH 1, 1:1, $NaNiC_6H_5O_7$, pH 6, 1:1, $Na_2Ni \cdot (C_6H_6O_7)_2$, pH 6, 1:1, $Na_2NiC_6H_4O_7$, pH 12,5, 1:1, $NaNiC_4H_3O_5$, pH 6, 1:1 u. $Na_2Ni(C_4H_4O_5)_2$, pH 6, 1:2.

J. J. Pohl 156

0627 **Zusammensetzung und Stabilität von Fe(III)–Salicylat- und Al–Oxalat-Komplexen.** V. K. Zolotuchin. (Ž. neorg. Chim. **13** (1968) 3, 702–05; L'vovskij gos. univ.; russ.) — Fe(III)–Na-Salicylatgemische im Verhältnis 1:100 u. 1:7,5 wurden mit 0,1 n NaOH u. KOH pH-potentiometr. titriert. Fe-Hydroxysalicylatkomplexe entstehen bei verschiedenen pH-Werten der Fe-Salicylatlsg. in Abhängigkeit vom Salicylatüberschuß. Die mit der Bjerrumschen Meth. bestimmte Stabilitätskonst. von $[Fe(sal)_2]^-$ u. $[Fe(sal)_3]^{3-}$ betragen $1 \cdot 10^{8,58}$ bzw. $1 \cdot 10^{6,87}$. Al-Hydroxysalicylatkomplexe entstehen im pH-Bereich 7,8–9,1. Bei einem Fe:Salicylat-Verhältnis von 1:100 ist die Bldg. von $[Fe(sal)_2]^-$ bei pH 6,8, von $[Fe(sal)_3]^{3-}$ bei 9,8 beendet. Beim Titrieren eines Gemisches von 5 ml 0,1 m $KAl(SO_4)_2 \cdot 12\,H_2O$ u. 60 ml 0,1 m $Na_2C_2O_4$ mit Alkali entsteht nur ein Nd. von Al-Oxidhydrat bei pH 9,35. Das Ausbleiben einer Nd.-Bldg. im Bereich pH 7,8–9,15 wird der Bldg. von Hydroxooxalatkomplexen zugeschrieben.

J. J. Pohl 156

0628 **Hydroxylderivate von Chromon als analytische Reagentien. 4. Mitt. Beständigkeitskonstante des Eisen-(III)-5-hydroxychromon-Komplexes.** Akira Murata, Takushi Ito und Tetsuo Suzuki. (J. chem. Soc. Japan, pure Chem. Sect. [Nippon Kagaku Zasshi] **89** (1968) 1, 54–57; Dep. of Ind. Chem., Fac. of Engng., Shizuoka Univ., Johoku, Hamamatsu-shi; jap., Auszug: engl.) — 3. vgl. C. **1968**, 40-1801. — Fe(III) reagiert mit 5-Hydroxychromon (HR) zwischen pH 1 u. 1,8 zum violetten Komplex mit λ_{max} 565 nm; mit steigendem pH verschiebt sich das Absorptionsmax. zu kürzeren Wellenlängen, bis bei pH > 4,5 rötlichbraunes $FeR_3 \cdot HR$ (**I**) ausfällt. Für die zwei lösl. Komplexe FeR^{2+} u. FeR_2^+ wurden spektralphotometr. bei $\mu = 0,1$ u. 20° die Beständigkeitskonst. $K_1 = 5,4_7 \cdot 10^{12}$ u. $K_2 = 3,2_2 \cdot 10^{10}$ bestimmt. **I** geht beim 10std. Erhitzen auf 150° oder beim Schütteln mit wenig Bzl. in FeR_3 über; die thermogravimetr. Analyse zeigt, daß **I** ein Mol HR zwischen 130 u. 170° absublimiert u. die Zers. zu Fe_2O_3 bei ca. 200° beginnt.

G. Heller 156

0629 **Komplexbildung in Salzsystemen Ni(II)–HCl–H$_2$O.** S. N. Andreev, V. G. Chaldin, M. F. Smirnova und N. M. Karpinskaja. (Ž. neorg. Chim. **13** (1968) 2, 374 bis 376; Leningradskij inst. tekstil'noj i legkoj prom. im. Kirova; russ.) — Die stufenweise Substitution von W. in der inneren Koordinationssphäre der Aquokomplexe $[Ni(H_2O)_6]^{2+}$ durch Cl^--Ionen im wss. Medium wird mit der Bldg. des Komplexes $[Ni(H_2O)_2Cl_4]^{2-}$ beendet. Bei hohen HCl-Konz. in der Lsg. überwiegen Rk., die zu einer Änderung der Koordinationszahl der Ni^{2+}-Ionen führen. Die Komplexbldg. im Syst. Ni(II)–HCl–H$_2$O verläuft nach $[Ni(H_2O)_6]^{2+} \rightleftharpoons [Ni(H_2O)_5Cl]^+ \rightleftharpoons [Ni(H_2O)_4Cl_2] \rightleftharpoons [Ni(H_2O)_3Cl_3]^- \rightleftharpoons [Ni(H_2O)_2Cl_4]^{2-} \rightleftharpoons [NiCl_4]^{2-} \rightleftharpoons [NiCl_6]^{4-}$. Ni wird aus Ni(II)–HCl–H$_2$O-Lsg. durch Anionenaustauschharze nicht sorbiert, die Aktivität der anion. Ni(II)-Komplexe ist im Vgl. zu der von Cl^--Ionen sehr klein. Die Absorptionsspektren der Krist. von $Ni(ClO_4)_2 \cdot 6\,H_2O$, $NiCl_2 \cdot 6\,H_2O$, $NiCl_2 \cdot 2\,H_2O$, $NiCl_2$, $RbNiCl_3$, $CsNiCl_3$, $Cs_2(Ni, Zn)Cl$, $[(CH_3)_4N]_2NiCl_4$, $[(C_2H_5)_4N]_2 \cdot NiCl_4$, $[(C_6H_5)_3CH_3As]_2NiCl_4$ u. $[(C_6H_5)_3CH_3P]_2NiCl_4$ wurden im Bereich 400–1200 nm zum Vgl. mit den Spektren der gebildeten Komplexe aufgenommen.

J. J. Pohl 156

0630 **Komplexbildung in den Systemen Ni(ClO$_4$)$_2$–HBr–H$_2$O und NiJ$_2$–HJ–H$_2$O.** S. N. Andreev, V. G. Chaldin, M. V. Andreeva und M. F. Smirnova. (Ž. neorg. Chim. **13** (1968) 2, 389–94; russ.) — Vgl. vorst. Referat. — Das Syst. Ni(ClO$_4$)$_2$–HBr–H$_2$O wurde durch Vgl. der Elektronenabsorptionsspektren bei HBr-Konz. 0,1–18 m mit den Spektren der krist. Ni(II)-Komplexe, sowie mit der Meth. der Molverhältnisänderung untersucht. Die Komplexbldg. verläuft nach $[Ni(H_2O)_6]^{2+} \rightleftharpoons [Ni(H_2O)_5 \cdot Br]^+ \rightleftharpoons [Ni(H_2O)_4Br_2] \rightleftharpoons [Ni(H_2O)_3Br_3]^- \rightleftharpoons [Ni(H_2O)_2 \cdot Br_4]^{2-} \rightleftharpoons [NiBr_4]^{2-} \rightleftharpoons [NiBr_6]^{4-}$. Die Komplexbldg. im Syst. NiJ$_2$–HJ–H$_2$O verläuft bis zur Bldg. von $[NiJ_4]^{2-}$ auf analogem Wege. Die Bldg. der Komplexanionen wird durch Anionenaustauschunters. bestätigt.

J. J. Pohl 156

0631 **Indirekte polarographische Bestimmung der Instabilitätskonstante in Lösungen auf Grund der katalytischen Ströme in Nickel–Thiocyanat- und –Pyridinkomplexen.** Ja. I. Tur'jan und O. E. Ruvinskij. (Doklady Akad. Nauk SSSR **179** (1968) 1, 148–50; Naučno-issl. inst. monomerov dlja sint. kaučuka; russ.) — Die Instabilitätskonst. von $[Co(CNS)]^+$ u. $(Co(py)]^{2+}$ wurden auf Grund von Messungen in Lsg. von 0,05 bis 0,2 m $Co(ClO_4)_2$ oder $Co(NO_3)_2$ in $1 \cdot 10^{-3}$ m $Ni(NO_3)_2$ + $(0,2-2,0) \cdot 10^{-2}$ m KCNS + 1 m KNO_3 + HNO_3 bei pH 3 bzw. in $1 \cdot 10^{-3}$ m $Ni(NO_3)_2$ + $(0,2-2,5) \cdot 10^{-3}$ m Py. + 1 m $NaClO_4$ + 0,02 m CH_3COONa + CH_3COOH bei pH 6,5 bei 25° bestimmt, sie betragen bei $\mu = 1,0$ $K_1 = (9,0 \pm 0,4) \cdot 10^{-4}$ bzw. $(4,4 \pm 0,4) \cdot 10^{-2}$.

J. J. Pohl 156

0632 **Polarographische Untersuchung der Zerfallskonstanten von Thiocyanatonickelkomplexen in wäßrigen Lösungen.** O. N. Maljavinskaja und Ja. I. Tur'jan. (Ž. fiz. Chim. **42** (1968) 1, 269–70; russ.) — Vgl. vorst. Referat. — Es wurden die Komplexzerfallskonst. von $[Ni(CNS)]^+$ in wss. Lsg. durch Messung der Erniedrigung des katalyt. polarograph. Red.-Stromes des Ti(IV)–SCN$^-$-Komplexes durch Ni^{2+} bestimmt u. zu $K_1 = (4,6 \pm 0,2)\ 10^{-2}$ bei 15°, $K_1 = (5,7 \pm 0,2)\ 10^{-2}$ bei 25° u. $K_1 = (6,7 \pm 0,2)\ 10^{-2}$ bei 35° gefunden. Die Ionenstärke ist 0,62–0,68 ($HClO_4$). Für die Bldg. von $[Ni(CNS)]^+$ gilt $\Delta H = -3,45$ kcal/Mol u. $\Delta S_{298} = -5,8$ Clausius. Indirekt wurde bewiesen, daß HCNS in wss. Lsg. eine bedeutend stärkere Säure ist, als es aus einigen Literaturangaben hervorgeht.

J. Tutschku 156

0633 **Bildung gemischter Aminnickelkomplexe in wäßriger Lösung.** Ja. D. Fridman und M. G. Levina. (Ž. neorg. Chim. **13** (1968) 2, 516–21; Inst. neorg. i fiz. chim. AN Kirg. SSR; russ.) — Die Bldg.-Konst. folgender gemischter Ni-Verb. mit o-Phenanthrolin, Äthylendiamin u. Ammoniak bei 20° in wss. Lsg. wurden durch Ermittlung der Verteilung der Liganden zwischen der wss. Phase u. CCl$_4$ oder Hexan bestimmt: $[Ni(en)]^{2+}$ (log) 7,45, $[Ni(en)_2]^{2+}$ 13,66, $[Ni(en)_3]^{2+}$ 18,1, $[Ni(phen)]^{2+}$ 8,81, $Ni(phen)_2]^{2+}$ 17,1, $[Ni(phen)_3]^{2+}$ 24,8, $[Ni(phen)(py)]^{2+}$ 10,61, $[Ni(phen)(py)_2]^{2+}$ 11,63, $[Ni(phen)(py)_3]^{2+}$ 12,23, $[Ni(phen)_2(py)]^{2+}$ 18,42, $[Ni(phen)_2(py)_2]^{2+}$ 19,20, $[Ni \cdot (phen)_2NH_3(py)]^{2+}$ 19,87, $[Ni(phen)_2(NH_3)_2]^{2+}$ 20,02, $[Ni \cdot (py)]^{2+}$ 1,78, $[Ni(py)_2]^{2+}$ 3,12, $[Ni(py)_3]^{2+}$ 3,69, $[Ni(py)_4]^{2+}$ 4,3, $[Ni(py)_5]^{2+}$ 4,42, $[Ni(en)(py)]^{2+}$ 8,89, $[Ni(en)(py)_2]^{2+}$ 9,53, $[Ni(en)(py)_3]^{2+}$ 9,85, $[Ni(en)_2(py)]^{2+}$ 14,33, $[Ni(en)_2 \cdot (py)_2]^{2+}$ 14,68, $[Ni(en)_2NH_3(py)]^{2+}$ 16,95, $[Ni(en)(NH_3)_2]^{2+}$ 17,77. Die gemischten Komplexe des Ni mit heterocycl. u. aliphat. Aminen sind in Lsg. weniger beständig als die mit zwei Aminen, die zu ein- u. derselben Verb.-Klasse gehören.

J. J. Pohl 156

0634 **Vielzähnige Koordinationsverbindungen. Chelateigenschaften von aliphatischen Aminen mit α-Pyridylresten und anderen aromatischen Ringsystemen als Donatorgruppen.** Dieter W. Gruenwedel. (Inorg. Chem. [Washington] **7** (1968) 3, 495–501; Physiol.-chem. Inst., Eberhard Karls-Univ., Tübingen; engl.) — *2.6-Dimethylen-bis-[N-2-picolylamino]-pyridin* (DMPAP), *Di-[2-picolylamin]* (DPA), *N.N'-Bis-[2-picolyl]-äthylendiamin* (BPEDA), *N.N'-Bis-[4-(5)-imidazolylmethyl]-äthylendiamin* (BIMEDA), *N.N'-Bis-[o-aminobenzyl]-äthylendiamin* (ABEDA) u. *N.N'-Bis-[o-hydroxybenzyl]-äthylendiamin* (HYBEDA) wurden dargestellt. Folgende Protonenassoziationskonst. log K wurden bestimmt (25°; 0,1 m KCl): *DMPAP* (K_{HL} =) 7,55; ($H_{H_2}L$ =) 6,86; *DPA* 7,27; 2,41; ($K_{H_3}L$ =) 1,75; *BPEDA* 8,28; 5,47; 2,0 u. ($K_{H_4}L$ =) 1,8; *ABEDA* 9,00; 5,90; 2,32 u. 2,00; *BIMEDA* 9,05; 6,56; 4,26 u. 3,21; *HYBEDA* 10,50;

9,80; 8,37 u. 6,17. Ebenfalls durch pH-Titration (25°; 0,1 m KCl) wurden folgende Stabilitätskonst. für die 1:1-Metallchelatkomplexe bestimmt: *HYBEDA*, log K_{ZnL} =) 11,97; (log K_{CoL} =) 12,78; (log K_{NiL} =) > 13 (pH-abhängig) u. log K_{CuL} =) 20,5; *BIMEDA* 10,39; 11,43; 14,02 u. 16,5; *DMPAP* 12,0; 14,8; zu langsame Komplexbldg. u. 18,4; *ABEDA* 7,17; 7,00 (leichte Ox. zu Co^{III}); 10,00; *BPEDA* 11,4; 12,0; 14,4; *DPA* 6,8; 5,2; 8,5. Das Chelatverh. dieser Liganden wird diskutiert.

Versuche: *DMPAP · 4HCl*, F. 224°, Red. von 2-Picolylamin (**I**) u. Pyridin-2.6-dialdehyd (2:1) in A. mit durch H_2 aktivierten Pd-C-Katalysator, Abfiltrieren, längeres Durchleiten von HCl durch das Filtrat, mehrtägiges Kühlen, Abfiltrieren, Lösen der Krist. in wenig W., Schütteln der Lsg. mit Aktivkohle, Entfernen des W. im Vakuum (W.-Bad) u. Behandeln der viskosen Fl. mit heißem A. bis zur Kristallisation; *DPA · 3HCl*, F. 204°, analoge Red. von **I** u. Pyridin-2-aldehyd (1:1) in Methanol (**II**) u. Zugabe von Aceton nach dem Durchleiten von HCl; *BPEDA · 4HCl*, F. 223° (Zers.), 1–2std. Red. von Bis-[2-pyridinal]-äthylendiamin in A., Abfiltrieren, Verdampfen des Lsgm. im Vakuum, Lösen der viskosen Fl. in Ae., Durchleiten von HCl u. Umkrist. aus **II**/Ae. (8:2), Krist.; *Bis-[imidazol-4-(5)-aldehyd]-äthylendiamin*, F. 225° (Zers.), 45 Min. langes Rückflußkochen von Imidazol-4-(5)-aldehyd u. Äthylendiaminmonohydrat (**III**) (2:1) in W., Kühlen, Umkrist. aus heißem W. u. Trocknen unter Vakuum über P_2O_5, blaßgelbe Krist.; *BIMEDA · 4HCl*, F. 241°, 1–2std. Red. vorst. Verb. in A., Abfiltrieren, Eindampfen, Durchleiten von HCl, mehrstd. Kühlen u. Umkrist. aus **II**; *Bis-[o-nitrobenzaldehyd]-äthylendiamin*, F. 110–112°, kurzes Rückflußkochen von o-Nitrobenzaldehyd u. **III** (2:1) in A., Kühlen u. Umkrist. aus A./PAe., beigefarbene, am Tageslicht leicht zersetzliche Krist.; *ABEDA · 4HCl*, Zers. > 250°, Red. vorst. Verb. in Äthylacetat mit H_2/Pd-C, Abfiltrieren, Eindampfen im Vakuum, Lösen in Ae., Durchleiten von HCl u. Umkrist. aus A./W., lichtempfindliche Krist.; *HYBEDA*, F. 122°, 5std. Red. von Bis-[salicylaldehyd]-äthylendiamin in A., aus A./PAe. Kristalle. G. Heller 156

0635 **Zusammensetzung weniger bekannter Cyanometallkomplexe. 1. Mitt. Durch elektrometrische Methoden bestimmte Zusammensetzung von Cu(I)- und Cr(II)-Hexacyanocobaltaten(III).** M. A. Beg, M. Ajmal und S. M. A. Naqvi. (J. Indian chem. Soc. **45** (1968) 1, 55–58; Aligarh Muslim Univ., Alligarh, Indien; engl.) — Durch potentiometr. u. amperometr. Titrationen von CuCl bzw. $CrCl_2$ mit $K_3[Co(CN)_6]$ u. umgekehrt, die jeweils nur einen Knickpunkt ergeben, wurde gezeigt, daß sich ausschließlich die Komplexe $K_2Cu[Co(CN)_6]$ bzw. $KCr[Co(CN)_6]$ bilden. Eine gleichzeitig stattfindende Redox-Rk. ist wegen der Lage der Redoxpotentiale auszuschließen. Hanspeter Schulz 156

0636 **Einfluß der sterischen Hinderung in 1.1.7.7-Tetraäthyldiäthylentriaminkomplexen von Kupfer(II).** Dale W. Margerum, Barbara L. Powell und J. A. Luthy. (Inorg. Chem. [Washington] **7** (1968) 4, 800–04; Dep. of Chem., Purdue Univ., Lafayette, Ind.; engl.) — Die Säurestabilitätskonst., z. B. $K_1 = [HL^+]/[L] \cdot [H^+]$, von 1.1.7.7-Tetraäthyldiäthylentriamin (L) sind nach potentiometr. Titrationen bei 25° u. $\mu = 0,1$ (KCl) mit log $K_1 = 9,66$; log $K_2 = 8,62$ u. log $K_3 = 3,55$ nur wenig kleiner als die von Diäthylentriamin (L') mit 9,94; 9,13 u. 4,34. Dagegen ist die Stabilität von $[CuL]^{2+}$ bei $\mu = 0,1$ ($NaClO_4$) nach spektralphotometr. u. potentiometr. Messungen mit log $K_1 = 10,1$ sehr viel geringer als die von $[CuL']^{2+}$ mit log $K_1 = 16,0$, was bes. auf eine Blokkierung der Koordination von W. in den axialen Positionen des Cu^{2+}-Ions zurückgeführt wird. Die Äthylgruppen von L behindern also stark die Koordination an den nichtebenen Positionen. Für $[CuL(OH)]^+$ beträgt log K 6,0 gegenüber log K = 4,9 für $[CuL'(OH)]^+$; dies beweist wachsende Bindung des koordinierten W. in der vierten ebenen Position gemäß verringerter Koordination von W. in den axialen Positionen. G. Heller 156

0637 **Stabilitätskonstanten von Ruthenium(III)-sulfatkomplexen.** L. N. Lazarev und Ja. S. Chvorostin. (Ž. neorg. Chim. **13** (1968) 2, 598–600; russ.) — Die Verschiebung des Halbwellenpotentials von Ru(III) + e^- → Ru(II) beim Ersetzen von $HClO_4$ gegen H_2SO_4 wurde bei $\mu = 2,00$, H^+-Konz. von 0,100 g-Ion/Liter u. 25,0° polarograph. untersucht. Die Stabilitätskonst. der Ru(III)-Sulfatkomplexe betrugen bei Vers.-Bedingungen $\beta_1 = (1,10 \pm 0,23) \cdot 10^2$, $\beta_2 = (3,7 \pm 1,5) \cdot 10^3$. J. J. Pohl 156

A-5. Elektrochemie

0638 **Neuberechnung der nach der Jod-Methode erhaltenen Faradayschen Zahl.** A. J. Zielen. (J. electroanalyt. Chem. Interfacial Electrochem. [Lausanne] **18** (1968) 1/2, 89–92; Chem. Div., ANL, Argonne, Ill.; engl.) — Aus Messungen von Bates u. Vinal mit einem Jod-Coulometer wird unter Ausscheidung von Meßergebnissen, die mit experimentellen Ungenauigkeiten behaftet sind, das mittlere elektrochem. Äquivalent des Jod mit 1,315255 + 0,000031 mg/abs. C berechnet. Daraus wird zusammen mit dem neuesten Atomgew. des J = 126,9044 ± 0,0005 von 1961 die Faradaysche Zahl zu 96486,5 ± 2,3 C/g-Äquivalent berechnet. Als gewogener Mittelwert aus diesem u. nach anderen Meth. erhaltenen Werten wird 96486,95 ± 0,57 (bester Wert) angegeben. J. Bardeleben 161

0639 **Thermodynamik der Phasengrenze Metall/Elektrolyt reversibler Elektroden.** W. J. Plieth und K. J. Vetter. (Ber. Bunsenges. physik. Chem. **72** (1968) 6, 673–80; Inst. für Physik. Chem., FU, Berlin; dt.) — Aus der Gibbsschen Adsorptionsisotherme wird die allg. Elektrokapillargleichung reversibler Elektroden abgeleitet. Die Gleichung beschreibt die Abhängigkeit der Oberflächenspannung von den chem. Potentialen der Elektrolyt- u. Metallkomponenten. Sie gilt für Redox- u. Metallionenelektroden. Am Beispiel der V^{2+}/V^{3+}- u. der *Hg*, $Zn/ZnCl_2$-Elektrode wird sie erläutert. Experimentell ist aus der Gleichung die Summe der relativen Oberflächenüberschüsse der red. u. ox. Substanzen $\Gamma_{r(8)} + \Gamma_{ox(8)}$ bestimmbar. Näherungsweise können auch $\Gamma_{r(8)}$ u. $\Gamma_{ox(8)}$ ermittelt werden. Dagegen kann über die Ladung der reversiblen Elektrode im allg. aus der Gleichung nichts ausgesagt werden. Die experimentelle Anwendung der Gleichung ist von der Verw. einer bestimmten Bezugselektrode unabhängig. Die Bedeutung des relativen Oberflächenüberschusses u. der Grenzflächenkonz. wird diskutiert. D. Hoene 161

0640 **Aktivitätskoeffizienten und Überführungszahlen in Salzschmelzen.** Joachim Richter. (Ber. Bunsenges. physik. Chem. **72** (1968) 6, 681–91; Inst. für Physik. Chem., Rhein.-Westfäl. TH, Aachen; dt.) — Es werden mittlere Aktivitätskoeff. (AK) für Salze in Salzschmelzen mit zwei oder mehreren Komponenten definiert, wobei die Komponenten gemeinsame Kat- oder Anionen oder bei mehr als zwei Komponenten beides gemeinsam haben können. Es wird eine geeignete Normierung eingeführt, die sich von derjenigen bei wss. Elektrolytlsg. wesentlich unterscheidet. Die Definitionsgleichung ist so definiert, daß sie den AK jeder Komponente in jeder beliebig zusammengesetzten Salzschmelze beschreibt. Die Widerspruchsfreiheit der gewählten Definition wird bewiesen, indem die log der AK in Reihen dargestellt werden, die den allg. Sätzen der Thermodynamik genügen. Mit diesen Reihenentw. werden die Grenzgesetze der Gefrierpunktserniedrigung u. des Dampfdrucks verifiziert, die mit dieser Definition eine einfache Form erhalten. Für die Syst. *LiCl* + $PbCl_2$ (650°), *KCl* + $MgCl_2$ (825°), KCl + $PbCl_2$ (525 u. 825°) sowie KCl + $CaCl_2$ (825°) werden die mittleren AK für das Alkalimetallchlorid berechnet. Weiter werden Überführungszahlen u. Beweglichkeiten im Hittorfschen Bezugssyst. für Salzschmelzen abgeleitet u. die EMK für Konz.-Ketten ohne u. mit Überführung angegeben. D. Hoene 161

0641 **Elektrisches Potential einer Punktladung in einem inhomogenen Medium.** K. Hoch. (Z. Naturforsch. **23a** (1968) 4, 504–06; Inst. für Phys. Chem., TH Aachen; dt.) — Zur theoret. Beschreibung von Transportvorgängen (bes. Thermodiffusion) in verdünnten Elektrolytlsg. wird das elektr. Potential einer Punktladung, die sich in einem Medium mit einem Gradienten der DK befindet, berechnet. Das Potential läßt sich mit einer Integral- oder Reihendarst. angeben. M. Frenzel 162

0642 **Ionensolvatation in nichtwäßrigen Lösungsmitteln und in ihren Mischungen mit Wasser. 9. Mitt. System Methanol–Wasser. Weitere Diskussion der Säure–Base-Theorie bei Ionen-Solvatation; der „nichtelekrolytische" Effekt.** A. L. Andrews, H. P. Bennetto, D. Feakins, K. G. Lawrence und R. P. T. Tomkins. (J. chem. Soc. [London], Sect. A **1968**, 7, 1486–93; Dep. of Chem., Birkbeck Coll., Malet Street, London; engl.) — 8. vgl. C. **1968**, 44-0498. — Für *HCl, HBr, HJ, LiCl, NaCl, KCl, RbCl* u. *CsCl* wird die Änderung der Freien Enthalpie ΔG^0 bei Überführung aus wss. Lsg. in Methanol–W.-Gemische zwischen 20 u. 90 Gew.-% Methanol bestimmt. Aus dem Vgl. der Werte für die Halogenwasserstoffsäuren mit denen für die Edelgase ergeben sich Hinweise auf eine starke nichtelektrolyt. Wechselwrkg. des J^--Ions mit den Mol. des Lösungsmittels. H. Tulhoff 162

0643 **Ionensolvatation in nichtwäßrigen Lösungsmitteln und in ihren Mischungen mit Wasser.** 10. Mitt. **Änderung der Freien Energie bei Überführung der Alkalimetallchloride aus wäßriger Lösung in eine Mischung von Wasser mit 20 Gew.-% Dioxan bei 25°. Amalgam-Elektroden und Digitalvoltmeter.** H. P. Bennetto, D. Feakins und K. G. Lawrence. (J. chem. Soc. [London], Sect. A **1968**, 7, 1493–99; engl.) — 9. vgl. vorst. Referat. — Aus Messungen der EMK der Doppelkette Ag-AgCl/MCl, W., 20% Dioxan/M-Amalgam/MCl, W./AgCl-Ag (M = Alkali-Ion bzw. Metall) mit einem Digitalvoltmeter wird die Änderung der Freien Energie, Enthalpie u. Entropie bei Überführung der Salze *LiCl, NaCl, KCl, RbCl* u. *CsCl* berechnet. Die Ergebnisse werden mit anderen Elektrolyten verglichen. Die Wechselwrkg. zwischen gelöstem Stoff u. Lsgm. wird diskutiert. H. Tulhoff 162

0644 **Selbstdiffusion von Calcium in Na_2SiO_3-Lösungen.** 1. Mitt. S. G. Babajan, K. A. Petrosjan und M. G. Manveljan. (Armjanskij chim. Ž. **21** (1968) 2, 89–98; Erevanskij NII; russ.) — Die Viskosität u. der pH-Wert von Na_2SiO_3-Lsg., sowie der Koeff. der Selbstdiffuison von Ca-Ionen wurden in Abhängigkeit von der Na_2SiO_3-Konz. bestimmt. Ca wird an Glas nicht adsorbiert. Die Berechnung des Ionenradius von Ca mit Hilfe der Stokes-Einstein-Gleichung zeigt, daß die Ca-Ionen in einem breiten Konz.-Bereich nicht hydratisiert werden. Die anomale Beweglichkeit der Ca-Ionen dürfte mit der Struktur der Silicatlsg. im Zusammenhang stehen. J. J. Pohl 162

0645 **Selbstdiffusion in geschmolzenem Zinkchlorid.** C.-A. Sjöblom und A. Behn. (Z. Naturforsch. **23a** (1968) 4, 495–97; Dep. of Phys., Chalmers Univ. of Technol., Gothenburg, Sweden; engl.) — Die Selbstdiffusionskoeff. (Meth. mit poröser Fritte) betragen D (Zn) = $5{,}85 \cdot 10^{-2} \exp[(-15400 \pm 1000)/RT]$ (329 bis 530°) u. D (Cl) = $13{,}7 \cdot 10^{-2} \exp[(-16300 \pm 800)/RT]$ (330–526°). M. Frenzel 162

0646 **Hochdruckuntersuchungen geschmolzener Salzsysteme. Aktivierungsvolumen der elektrischen Leitfähigkeit geschmolzener Alkalimetallnitrate.** A. F. M. Barton, B. Cleaver und G. J. Hills. (Trans. Faraday Soc. **64** (1968) 541 Part 1, 208–20; Univ. Southampton; engl.) — Die Abhängigkeit der spezif. Leitfähigkeit $\varkappa$ von fl. $MeNO_3$ (Me = *Li, Na, K, Rb, Cs*) vom Druck p (bis 1500 atm) bei konst. Temp. (bis 450°) u. im entgasten Zustand wurde in Diagrammen $\log \varkappa$–p aufgezeichnet. Die Werte für $-RT\,(d\ln\varkappa/dp)_T$ (Aktivierungsvolumen) von $\varkappa$ ($\Delta V_\varkappa$) für $LiNO_3$ bis $CsNO_3$ betrugen: −0,8, 2,6, 5,7, 6,5 ml Mol^{-1} für 400° u. 6,9 ($CsNO_3$) für 450°. In allen Fällen wurde eine leichte Temp.-Abhängigkeit von ca. −0,005 ml Mol^{-1} $Grad^{-1}$ festgestellt. Ferner wurde $\varkappa$ als Funktion der Temp. bei 1 atm u. $\Delta V_\varkappa$ für $NaNO_3$ bei 369° unter Sättigung der Schmelze mit Ar, He, N_2 u. gasfrei bestimmt. $\Delta V_\varkappa$ fällt in der genannten Reihenfolge ab. Die isochore u. isobare Aktivierungsenergie wurde berechnet. Für $LiNO_3$ ist die Ionenwanderung vorwiegend energieabhängig, während bei $CsNO_3$ die Volumenabhängigkeit vorherrscht. G. Schatz 164

0647 **Elektrische Leitfähigkeit von reinen geschmolzenen Alkalimetallsulfaten und geschmolzenen äquimolaren Alkalimetallsulfatgemischen.** Arnold Kvist. (Z. Naturforsch. **22a** (1967) 4, 467–70; Dep. of Phys., Chalmers Univ. of Technol., Göteborg; engl.) — Die elektr. Leitfähigkeit der reinen Salze Na_2SO_4, Rb_2SO_4 u. Cs_2SO_4 u. der äquimolaren Mischungen *LiNaSO₄, LiRbSO₄, LiCs · SO₄, NaKSO₄, NaRbSO₄, NaCsSO₄, KRbSO₄, KCsSO₄* u. *RbCsSO₄* wurde bis zu 1145° gemessen. Daraus wurde die Anzahl der wandernden Ionen abgeschätzt. Die Beziehung zwischen dem Cobolsky-Parameter u. den Leitfähigkeiten sind diskutiert. A. Jaeschke 164

0648 **Transport-Vorgänge in Salzen mit niedrigem Schmelzpunkt. Thallium(I)-nitrat.** A. Timidei und G. J. Janz. (Trans. Faraday Soc. **64** (1968) 541, Part 1, 202 bis 207; Rensselaer Polytechn. Inst., Troy, N.Y.; engl.) — Vf. bestimmten im Temp.-Bereich 210–281° die spezif. elektr. Leitfähigkeit ($\varkappa$), die D. u. Viskosität (η) von $TlNO_3$ (F. 206°). Die verwendeten Leitfähigkeitszellen, Viskosimeter u. Dilatometer werden beschrieben. Aus den ermittelten Daten wurden Gleichungen für die Temp.-Abhängigkeit von D., $\varkappa$, η u. die Äquivalentleitfähigkeit λ erhalten. Für die Aktivierungsenergien E_λ E_η wurden 3,35 u. 3,65 kcal/Äquivalent erhalten. Diese Werte werden mit denen der Alkalimetallnitrate u. -Chloride u. den bekannten spektralen Schwingungsbanden verglichen u. diskutiert. Vf. nehmen an, daß die Wechselwrkg. Anion–Kation bei den NO_3^- so stark ist, daß die Unterschiede in der Beweglichkeit der Kationen überdeckt wird. G. Schatz 164

0649 **Elektrische Leitfähigkeit und Dichte von Schmelzen von reinem Thallium(I)-sulfat und von äquimolaren Mischungen zwischen Thallium(I)-sulfat und Alkalimetallsulfaten.** Arnold Kvist und Kjell Schroeder. (Z. Naturforsch. **23a** (1968) 5, 676–79; Dep. of Phys., Chalmers Univ. of Technol., Göteborg; engl.) — Elektr. Leitfähigkeit u. D. von Tl_2SO_4 u. von *TlMeSO₄* (Me = Li, Na, K, Rb, Cs) werden bei 700–1150° gemessen; ebenso die D. von *LiMeSO₄* (Me = Na, K, Tl) u. *NaKSO₄* bzw. der entsprechenden Komponenten (Überschußvol. < 0,5%). D. (K_2SO_4) liegt um > 3% höher als Literaturwerte. Abweichungen vom idealen Verh. der Leitfähigkeiten u. ihrer Arrhenius-Energien werden mit denen bei anderen Sulfatsyst. verglichen. Die Leitfähigkeit im Falle eines reinen Metall(I)-sulfats hängt von Radius u. Masse des Kations ab. Bei Kationen unterschiedlicher Größe in gemischten Syst. treten stark negative Überschußleitfähigkeiten u. positive Überschußaktivierungsenergien auf. M. Frenzel 164

0650 **Eichverfahren für das System Glas-/Kalomelelektrode in wäßrigen organischen Lösungsmitteln.** Gérard Douhéret und Marie-Colette Rambour. (C. R. hebd. Séances Acad. Sci., Sér. C **264** (1967) 25, 1997–98; Clermond-Ferrand, Fac. des Sci. Labor. de Chim. generale; franz.) — Der für die Eichung der Kette AgCl; Ag/Glas/HCl (in wss. organ. Lsgm.); $HgCl_2$; Hg notwendige Faktor δ, der die Differenz zwischen dem Potential der Grenzschicht Lsg./Kalomelelektrode (bzw. KCl-Brücke) u. dem Aktivitätskoeff. der H-Ionen in der Lsg. angibt, wird für verschiedene Mischungen von W. mit Alkoholen [CH_3OH, n- u. *iso-Propanol, 2-Methylpropanol-(2), 2-Äthoxyäthanol, DMSO, CH₃CN, DMF, Äthandiol-(1.2)*] bestimmt. Um die Abhängigkeit von der Ionenstärke der Lsg. auszuschalten, werden die δ-Werte bei gegebener Zus. des Lsgm. auf die Ionenstärke O extrapoliert. F. Haenschke 166

0651 **Elektromotorische Eigenschaften eines Gallium-Silicium-Kalium-Glases zur Messung von Kaliumionen-Aktivitäten.** Z. Štefanac und W. Simon. (Helv. chim. Acta **51** (1968) 3, 74–78; Org.-Chem. Labor., ETH, Zürich; dt.) — Aus dem Glas 75 Mol.-% SiO_2, 20 Mol.-% K_2O u. 5 Mol.-% Ga_2O_3 wurden meßfertige, kugelförmige Glaselektroden hergestellt u. das Ansprechen einer Meßkette für verschiedene einwertige Kationen in 0,1 m Lsg. als Funktion des pH-Wertes des Meßgutes untersucht. Es wurde folgende Ansprechreihenfolge gefunden: $H^+ > K^+ > Rb^+ > NH_4^+ > Cs^+ > Na^+ > Li^+ > Ag^+ >$

$Ca^{2+} > Mg^{2+}$. Weiter wurden die zeitliche Stabilität des Elektrodenpotentials u. die Ansprechgeschw. untersucht. Im K^+-Konz.-Bereich von $10^{-1}-10^{-4}$ m u. pH-Werten von 2,5—6,7 bleiben die Potentiale über 24 Std. innerhalb ± 0,3 mV konstant. G. Malow 166

0652 **Thermodynamische Eigenschaften von Salzlösungen in gemischten, nicht wäßrigen Lösungsmitteln.** 2. Mitt. **EMK einer Kette ohne Überführung und Aktivitätskoeffizienten von Kaliumjodid in Methanol-Dioxan-Gemischen.** A. M. Škodin und L. Ja. Šapovalova. (Izvest. vysšich učebnych Zavedenij [Ivanovo], Chim. i chim. Technol. **11** (1968) 3, 269—73; Char'kovskij gos. univ. im. Gor'kogo; russ.) — 1. vgl. C. **1967**, 45-0511. — In 9 verschiedenen Methanol-Dioxan-Gemischen (DK 29 bis 14) wurde die EMK der Kette $K(Hg)_xKJ/AgJ-Ag$ ([KJ] 0,5—4 · 10^{-4} m) bei 25° bestimmt u. aus der Konz.-Abhängigkeit der EMK das molare Standardpotential E_m^0, die Aktivitätskoeff. $\gamma_\pm$ u. die Änderung der Energie der Ionenüberführung lg γ_0 ermittelt. Im DK-Bereich 29 bis 17 geht die $\gamma_\pm-\sqrt{m}$-Abhängigkeit durch ein Minimum. E. Bomke 166

0653 **Oberflächenpotentialdifferenzen von Elektrolytlösungen in Methylalkohol und Methylcyanid, bestimmt nach der Kondensator- und der Strömungsmethode.** Stefan Minc, Irwina Zagórska und Zbigniew Koczorowski. (Roczniki Chem. [Ann. Soc. chim. Polonorum] **41** (1967) 11, 1983—91; Warszawa, Univ.; engl.) — Messungen an *NaBr-*, *NaJ-* u. $NaClO_4$-Lsg. wurden im Konz.-Bereich $10^{-3}-1$ m durchgeführt, wobei in erster Linie die Kondensatormeth. angewandt wurde. Im Vgl. zu wss. Lsg. wurden geringere u. in negativer Richtung verlaufende Änderungen beobachtet. Dieser Trend wird der Doppelschichtstruktur des gelösten Elektrolyten (positive Seite zur Phasengrenze) u. einer Reorientierung der Lsgm.-Mol. infolge Zerstörung von H-Brückenbindungen zugeschrieben. C. Herold 166

0654 **Austauschstrom von Zinkamalgam- und Zinkelektroden in Oxalatelektrolyten.** V. I. Kravcov und V. N. Čamaev. (Vestnik Leningradskogo Univ., Fiz., Chim. **23** (1968) 10, Ser. Nr. 2, 80—86; russ., Auszug: engl.) — Die Austauschstromdichte i_0 von gesätt. Zn-Amalgam im Oxalatelektrolyt wurde ausgehend von den linearen Bereichen der i-φ- u. von den anod. φ- log i-Kurven berechnet. Der Dissoziationsmechanismus des Zn-Amalgams in Oxalatelektrolyten ist bei Gleichgew.-Potentialwerten u. bei starker anod. Polarisation der gleiche. Die Abhängigkeit $\log i_0-\log[C_2O_4^{2-}]$ wurde für Zn-Amalgam u. festes Zn bestimmt. J. J. Pohl 166

0655 **Redoxpotentiale von Cu(II)-Cu(I)-Systemen in Acetonitril.** H. C. Mruthyunjaya und A. R. Vasudeva Murthy. (J. electroanalyt. Chem. Interfacial Electrochem. [Lausanne] **18** (1968) 1/2, 200—04; Dep. of Inorg. and Phys. Chem., Indian Inst. of Sci., Bangalore, Indien; engl.) — Die Potentiale wurden gegen eine gesätt. Kalomel- u. gegen eine $Ag/AgNO_3$-Elektrode in Ggw. von Nitraten, Perchloraten oder Chloriden gemessen, da die Potentiale vom Anion abhängig sind. Das Potential wird bei Zusatz von $NaClO_4$ zu Acetonitrillsg. von Cu-Nitrat bzw. -Chlorid konz.-abhängig erhöht. J. Bardeleben 166

0656 **Thermoelektrische Kraft des geschmolzenen Systems Silbernitrat-Lithiumnitrat.** Kerstin Wallin und Arnold Lundén. (Z. Naturforsch. **22a** (1967) 4, 591; Dep. of Phys., Chalmers Univ. of Technol., Gothenburg, Sweden; engl.) — Die Thermospannung der Zelle $Ag(T_1)/(Ag + Li)NO_3/Ag(T_2)$ (T_1 u. T_2 = Temp.) wurde im Bereich 250—286° untersucht. Mit steigenden Temp. wird ein leichter Anstieg (0,05%/grad) der Thermokraft gefunden. A. Jaeschke 166

0657 **Thermoelektrische Kraft des geschmolzenen Systems (Ag + K)Cl.** Cesare Sinistri und Elisabetta Pezzati. (Z. Naturforsch. **22a** (1967) 4, 590—91; Inst. of Phys. Chem., Univ. of Pavia, Italy; engl.) — Die Thermokraft des Syst. $Ag(T_1)/(Ag + K)Cl$ (geschmolzen)/$Ag(T_2)$ (T_1 u. T_2 Temp.) wurde im gesamten Mischungsbereich (Ag + K)Cl zwischen 600 u. 850° gemessen. Das Verh. ist nahezu ideal. A. Jaeschke 166

0658 **Elektroosmose in der inneren Kette eines galvanischen Elements.** 1. Mitt. **Konvektive Überführung in der porösen Trennwand des Elements.** A. S. Okunev und D. A. Fridrichsberg. (Vestnik Leningradskogo Univ., Fiz., Chim. **23** (1968) 10 Ser. Nr. 2, 110—14; russ., Auszug: engl.) — Die Bewegung der Fl. durch die poröse Trennwand (Quarzdiaphragma) eines geschlossenen galvan. Elementes trägt elektroosmot. Charakter u. fällt in der Richtung mit dem Gegenionenstrom im elektr. Feld zusammen. Die Geschw. der konvektiven Überführung ist der Größe der Elektroosmosegeschw. im äußeren elektr. Feld gleich. Der Einfluß der Teilchengröße von Quarz. u. des Potentialgradienten auf die Fl.-Geschw. wurde an einem Element der Art $Zn/ZnSO_4$, Quarzdiaphragma, $CuSO_4/Cu$ bestimmt. J. J. Pohl 166

0659 **Bildungsmechanismus von Chloraten bei ihrer chemischen Darstellung.** 2. Mitt. V. A. Šljapnikov und T. S. Filippov. (Élektrochimija **4** (1968) 1, 20—23; Moskva; russ.) — 1. vgl. C. **1967**, 49/50-0560. — Vf. untersuchten die Abhängigkeit der Stromausb. von der Konz. an Chlorid, Temp. u. Vermischung des Elektrolyten bei Verw. von Graphitelektroden in schwach saurem Milieu. Eine Verminderung der NaCl-Konz. führt zu einer Verringerung der Stromausb. an Chlorat. Die Konz.-Polarisation an Cl^- nimmt dabei zu; die zunehmende Entladung der OH^--Ionen unter Bldg. von O_2 u. Ox. der Anoden führt zu Stromverlusten. Temp.-Steigerung hat eine geringere Chlorausb. u. stärkere Abnutzung der Graphitanoden zur Folge. Dieser Effekt ist um so stärker, je geringer die Cl^--Konz. in der Lsg. ist. Auf Grund dieser Tatsache kann auf einen vorwiegend elektrochem. Bldg.-Mechanismus von $NaClO_3$ geschlossen werden, der von einem chem. Mechanismus begleitet wird. Die Stromausb. wird durch intensives Rühren noch verbessert, da durch Verringerung der Konz.-Polarisation die anod. Ox. von Cl^- u. ClO^- erleichtert wird. H. Berge 168

0660 **Neue Analyse der durch galvanostatische und coulostatische Impulse erhaltenen Werte.** D. J. Kooijman. (J. electroanalyt. Chem. Interfacial Electrochem. [Lausanne] **18** (1968) 1/2, 81—87; Anal. Chem. Labor., State Univ. of Utrecht, Niederlande; engl.) — Es wird die Analysenmeth. angegeben, durch die es möglich ist, die 3 im Elektrodenprozeß enthaltenen Parameter, Doppelschichtkapazität, kinet. u. Diffusionsparameter, in Ggw. der elektrochem. aktiven Stoffe zu bestimmen. Diese Meth. verlangt nicht so starre Bedingungen für das Laden der Doppelschicht mit dem coulostat. Pulsverf., wie andere Analysenmeth. von Meßergebnissen. J. Bardeleben 170

0661 **Theoretische Strom-Zeit-Kurven bei konstantem Potential mit linearer Adsorption des Depolarisators an kugelförmigen und ebenen Elektroden.** Rolando Guidelli. (J. electroanalyt. Chem. Interfacial Electrochem. [Lausanne] **18** (1968) 1/2, 5—19; Inst. of Anal. Chem., Univ. of Florence, Italien; engl.) — Unter der Annahme, daß die Adsorptionskoeff. unabhängig vom Potential sind, ist theoret. ein Max. der voltammetr. Kurven sowohl für langsame als auch für schnelle Ladungsübergänge zu erwarten. — 6 Diagramme. J. Bardeleben 170

0662 **Aussagemöglichkeiten und Grenzen instationärer elektrochemischer Verfahren für die Untersuchung der Adsorption und Adsorptionskinetik von Reaktanden und Reaktionsprodukten.** F. Möllers und W. Jaenicke. (J. electroanalyt. Chem. Interfacial Electrochem. [Lausanne] **18** (1968) 1/2, 61—80; Inst. für phys. Chem., Univ. Erlangen-Nürnberg; dt.) — An der ruhenden Hg-Elektrode wird die Adsorption von Hydrochinon u. von Chinon mit galvanostat. Impulsen, mit doppelten Impulsen mit Stromumkehr u. potentiostat. untersucht. Die Adsorption hängt von der Stromdichte des Impulses ab. Die Abhängigkeit der Adsorption wird als kinet. Hemmung gedeutet. Die quant. Erfassung der Relaxationszeit ermöglicht, die Adsorptionsisothermen zu bestimmen. J. Bardeleben 170

0663 **Gleichzeitige spezifische Anionen- und Kationen-Adsorption an einer ideal polarisierten Elektrode. Thermo-**

dynamische Analyse für Thallium(I)-nitrat. B. Baron, P. Delahay und D. J. Kelsh. (J. electroanalyt. Chem. Interfacial Electrochem. [Lausanne] 18 (1968) 1/2, 184—87; Dep. of Chem., New York Univ., New York, N.Y.; engl.) — Die Mengen der spezif. adsorbierten Ionen (Hg-Elektrode), die mittels der angewendeten Meth. (Messung der Grenzflächenspannungen) erhalten werden, sind größer als die, die mit nichtthermodynam. Meth. auf Grund eines einfachen elektrostat. Modells für die Potentialverteilung in der starren Doppelschicht errechnet werden. Es tritt eine starke gegenseitige Erhöhung der spezif. Adsorption von Tl^+ u. NO_3^- auf.
J. Bardeleben 170

0664 **Berechnung der Menge von spezifisch adsorbierten Ionen. Anwendung auf Kaliumjodid im Bereich 10^{-2} bis 10^{-3} m.** P. Delahay und D. L. Kelsh. (J. electroanalyt. Chem. Interfacial Electrochem. [Lausanne] 18 (1968) 1/2, 194—97; engl.) — Vgl. vorst. Referat. — Eine von Graham (1954) entwickelte Meth. wird in veränderter Form benutzt unter Verw. von Differentialkapazitäten, die mit einer coulostat. Meth. (Best. der adsorbierten Menge KJ in Abhängigkeit von den Konz. u. der Ladungsdichte an der Hg-Elektrode) gemessen wurden. Es ist eine gute Übereinstimmung mit den Ergebnissen von Graham zu beobachten. J. Bardeleben 170

0665 **Disproportionierung von elektrochemisch hergestelltem Uran(V) bei 500° in geschmolzenem $LiF-BeF_2-ZrF_4$.** D. L. Manning und Gleb Mamantov. (J. electroanalyt. Chem. Interfacial Electrochem. [Lausanne] 18 (1968) 1/2, 137—41; Analyt. Chem. Div., ORNL, Tenn.; engl.) — Die elektrochem. Ox. von U(IV) wurde in geschmolzenem $LiF-BeF_2-ZrF_4$ (65,6-29,4-5,0 Mol.-%) voltammetr., chronopotentiometr. u. chronoamperometr. untersucht. Es treten keine voltammetr. Ströme auf Grund der Wiederred. des Prod. bei $v \ll 1$ V/s auf. Die Stromspitzen für Ox. u. Wiederred. sind fast gleich für $v \gg 1$ V/s. Die Stromspitzen für die Red. U(IV) → U(III) u. für die Ox. von U(IV) sind gleich. Bei $v <$ 1 V/s wächst $i_p/v^{1/2}$ (i_p = Spitzenstromstärke). Die Reproduzierbarkeit der voltammetr. u. der chronopotentiometr. Messungen ist schlecht. An Pt-10% Rh-Elektroden wurde die Adsorption von U(IV) nachgewiesen. J. Bardeleben 170

0666 **Kinetik und Mechanismus der Adsorption von Glykolaldehyd an einer glatten Pt-Elektrode.** S. Trasatti und L. Formaro. (J. Electroanalyt. Chem. Interfacial Electrochem. [Lausanne] 17 (1968) 3/4, 343—64; Labor. of Electrochem. and Metallurg., Univ. of Milan, Italien; engl.) — Die Messungen wurden in 1 m $HClO_4$ mit galvanostat. Stromstößen hoher Stromdichte durchgeführt. Die Ladungen q_{ox}, die zur Ox. des Adsorbates, u. q_H, die zum Besetzen von freien Oberflächenplätzen mit H-Atomen verbraucht werden, werden graph. bestimmt. Bei 0,4 V wird Glykolaldehyd gemäß der Elovich-Gleichung adsorbiert. Bis zu 70% Bedeckung gibt der adsorbierte Glykolaldehyd 3 H-Atome ab u. besetzt 3 Oberflächenplätze. Oberhalb 70% gibt er 2 H-Atome ab u. besetzt 2 Plätze. Die Aktivierungsenergie nimmt mit steigender Bedeckung zu, von 12,80 ± 0,05 (Kcal/mol) für $\Theta = 0$ bis 15,95 ± 0,05 für $\Theta = 1$. Der Einfl. des Elektrodenpotentials auf die Struktur der Ad-Schicht wird dargestellt. Die Adsorption stimmt mit der Temkinschen logarithm. Isotherme überein. Desorptionserscheinungen konnten nicht beobachtet werden. — 19 Diagramme, 26 Literaturangaben.
J. Bardeleben 170

0667 **Nulladungspotential von Quecksilber in N.N-Dimethylformamid-Lösungen.** Stefan Minc und Maria Brzostowska. (Roczniki Chem. [Ann. Soc. chim. Polonorum] 42 (1968) 2, 369—70; Warszawa, Univ.; engl.) — Mit der Meth. der vibrierenden Hg/Lsg.-Grenzfläche wurde das Hg-Nulladungspotential in KCl-, LiCl-, CsCl- u. KJ-Lsg. in Dimethylformamid bestimmt. Mit steigender Konz. eines Salzes wurden negativere Werte erhalten. Das Nulladungspotential in J^--Lsg. lag im Vgl. zu Cl^--Lsg. bei negativeren Werten. C. Herold 170

0668 **Radiochemische Untersuchungen zur Kavitationskorrosion.** 1. Mitt. **Adsorptionsmessungen mit markiertem Thioharnstoff.** M. Hollnagel und K. Siegler. (Isotopenpraxis 4 (1968) 4, 125; DAW zu Berlin, Forsch.-Gemeinschaft, Inst. für Phys. Chem., Berlin-Adlershof; dt.) — Unters. der Adsorption von ^{14}C- u. ^{35}S-markiertem Thioharnstoff (L) aus wss. Lsg. an Cu-Elektroden ergeben reproduzierbare Ergebnisse nur für Lsg. mit $[CuL_3]J$. Pro Oberflächenatom Cu werden 1 C- u. 3 S-Atome adsorbiert. Das C-Atom gehört offenbar unverändertem L an, der unter Einfl. des Ultraschalls mit gelöstem inakt. L austauscht. Eine Ultraschalldesorption tritt nicht ein, auch nicht in reinem H_2O.
M. Frenzel 170

0669 **Potentiostatische Methode zum elektrolytischen Ätzen von U-Nb-Legierungen.** A. Mihajlović und A. Mance. (J. nuclear Mater. [Amsterdam] 26 (1968) 3, 267—72; Reactor Mater. Dep., Boris Kidrič Inst. of Nuclear Sci., Vniča, Belgrade; engl.) — Das elektrochem. Verh. von U mit 3 bzw. 4 Gew.-% Nb in konz. wss. Citronensäure wird potentiostat. untersucht. Polarisationskurven, das Potential als Funktion der Stromdichte, Tafel-Steigung, Durchtrittsfaktor u. Grenzstromdichte werden bestimmt. Die Meth. ist zum selektiven Ätzen von U-Nb-Leg. mit streifigem α-Martensit geeignet. M. Frenzel 170

0670 **Anodische Auflösung von hoch dotiertem, n-leitendem Ge in wässerigen Lösungen.** R. Gereth und M. E. Cowher. (J. electrochem. Soc. 115 (1968) 6, 645—49; IBM Watson Res. Center, Yorktown Heights, N.Y.; engl.) — Vf. beobachten die anod. Auflsg. von n-Ge in wss. Lösungen. Für den Fall von hochdotiertem Ge mit $2 \cdot 10^{18}$ Donatoren/cm^3 (Sb, Ga oder As) kann kein Nachw. für eine elektrolyt. Stromdichtebegrenzung erbracht werden, wie sie als Folge eines Fehlens von Löchern an der Halbleiter-Elektrolyt-Grenzfläche bei niedrigeren Donatorenkonz. beobachtet wird. Es wird vermutet, daß die anod. Auflsg. im hochdotierten n-Ge durch einen Leitungsbandmechanismus bedingt ist, z. B. $Ge \rightarrow Ge^{4+} + 4e^-$, der keine Löcher für den Lsg.-Mechanismus benötigt. Diese Hypothese ist mit den kürzlich gemachten Beobachtungen konsistent, daß hochdotiertes n-Ge auch ohne Beleuchtung elektropoliert werden kann.
K. H. Härdtl 170

0671 **Anodische Auflösung von Blei in wässerigen Lösungen.** J. W. Johnson, C. K. Wu und W. J. James. (Corrosion Sci. 8 (1968) 5, 309—15; Dep. of Chem. Engng. and Chem., Univ. of Mo., Rolla; engl.) — Die anod. Auflsg. von Pb in 1 m KNO_3- NH_4-Acetat-, $Pb(NO_3)_2$- u. Pb-Acetat-Lsg. wird bei 25 u. 50° untersucht. Der Metallverlust der Elektrode ist größer, als sich aus der Anwendung des Faradayschen Gesetzes für Pb(II) ergibt. Ein schwarzer Film, der sich auf der Oberfläche der Elektroden bildet, besteht aus einer Mischung von *Pb* u. *PbO*. Seine Bldg. wird als Ergebnis einer Zers. der Metallphase gedeutet. Auf der Grundlage von Stromdichte-Potential-Kurven u. anderen beobachteten Erscheinungen wird ein Auflsg.-Mechanismus vorgeschlagen.
M. Frenzel 170

0672 **Elektrodenüberspannung in geschmolzenen Fluoriden.** 4. Mitt. **Elektrochemisches Verhalten von Eisen in geschmolzenen Alkalimetallfluoriden.** S. Pizzini, E. Roemer und R. Morlotti. (Electrochim. Metallorum 3 (1968) 2, 151—63; Comm. des Communautés Europ., Direct. CCR Petten (Euratom); engl.) — 3. vgl. C. **1967**, 46-0617. — In der eutekt. Mischung LiF-NaF-KF wurden im Temp.-Bereich 500—750° an spektralreinem Fe kathod. u. anod. Überspannungsbest. durchgeführt u. zwar auf galvanostat., potentiostat. u. potentiodynam. (0,1 V/Min.) Wege. An der oxidfreien Elektrodenfläche erfolgt die anod. Metallauflsg. u. kathod. -abscheidung ohne ersichtliche Überspannung. Bei sehr niedriger FeF_2- oder hoher FeF_3-Konz. sowie in Ggw. von Spuren von Oxid (z. B. infolge von Hydrolyse durch W.-Reste) wird die Fe-Elektrode passiviert. Die Struktur der Passivierungsschicht wird diskutiert. Die Kinetik des Elektronenaustausches an der Fe-Elektrode zwischen den Paaren Fe^0/Fe^{2+}, Fe^{2+}/Fe^{3+} wird untersucht; dsgl. die Elektroden-Rk.: $Fe + 2O^{2-} + Li^+ \rightarrow FeLiO_2 + 3e$ (E_0), $2Fe_3O_4 + O^{2-} \rightarrow 3Fe_2O_3 + 2e$ (E_1 = 251 mV bezogen auf E_0 = 0), E_2 = +305, Rk. ungeklärt), Fe +

$O^{2-} \rightarrow FeO + 2e$ ($E_3 = +161$), $3FeO + O^{2-} \rightarrow Fe_3O_4 + 2e$ ($E_4 = +197$). G. Schatz 170

0673 **Spannungsrißkorrosion weicher Stähle in konzentrierter Natronlauge.** Konrad Bohnenkamp. (Arch. Eisenhüttenwes. **39** (1968) 5, 361–68; MPI für Eisenforsch., Düsseldorf; dt.) — Die interkrist. Spannungsrißkorrosion weicher Stähle in konz. NaOH ist auf einen engen Potentialbereich beschränkt. Daneben sind eine hinreichende Zugspannung u. zumindest für die Bldg. der Risse auch eine merkliche plast. Verformung notwendige Bedingungen. Hinsichtlich der Rolle von C u. N bestätigen die Vers. an verschiedenen Stählen, daß beide Elemente zur Anfälligkeit gegen interkrist. Spannungsrißkorrosion führen, daß sich aber an normalgeglühten Proben mit hinreichend hohen C-Geh. u. hinreichend kleinen Geh. an nichtabgebundenem N keine Risse mehr bilden. M. Frenzel 170

0674 **Aktivierungspotentiale von Nickel und Eisen in alkalischen Halogenidlösungen.** M. Paul. (Z. physik. Chem. [Leipzig] **237** (1968) 3/4, 225–34; Inst. für Elektrochem. u. Phys. Chem., TU Dresden; dt.) — Die Abhängigkeit der Aktivierungspotentiale von der Konz. der aktivierenden u. passivierenden Komponente wird auf Grund der Chemisorptionstheorie quant. erklärt. Best. des Aktivierungspotentials von Ni u. Fe in 0,05 n NaOH mit Zusatz von Cl^- u. Br^- bzw. Cl^-, Br^- u. J^-. M. Frenzel 170

0675 **Einfluß von Chloridionen auf passives Nickel.** R. Gressmann. (Corrosion Sci. 8 (1968) 5, 325–39; Inst. für Elektrochem. u. phys. Chem., TU Dresden; dt.) — Der Einfl. von Cl^- auf passives Ni in schwefelsauren Elektrolyten wird an Hand potentiostat. Stromdichte–Zeit-Kurven untersucht. Es ergibt sich ein Zusammenhang zwischen Stromdichte j u. Aktivierungszeit t von $j \sim t^3$. Die t-Abhängigkeit von Cl^-- u. SO_4^{2-}-Konz., pH-Wert, Potential u. Temp. wird bestimmt. Steigende Werte von Cl^--Konz., Potential u. Temp. erniedrigen t, während eine Erhöhung der SO_4^{2-}-Konz. t vergrößert. Mit steigendem pH-Wert werden die t bis ca. pH 2 erhöht, bei pH 2–7 ist dagegen eine Abnahme von t mit zunehmendem pH-Wert zu beobachten. M. Frenzel 170

0676 **Anodisieren in einem Gas und in Methylcyanid — eine Analogie.** A. Aladjem. (J. Mater. Sci. **3** (1968) 3, 328; Israel Atom. Energ. Comm., Toreq Res. Center, Yavne; engl.) — Durch Anodisieren einer Ta-Folie in Methylcyanid, dem einige Tropfen konz. HCl zugesetzt wurden, wird nur an der kathodenzugewandten Seite ein Oxidfilm erhalten. Die Ergebnisse entsprechen den von Jackson (ibid. 2 (1967) 1, 12) beim Anodisieren von Ta in einer Gasphase mit geringem O_2-Geh. erhaltenen Daten. H. Roschkowski 170

0677 **Die Mangandioxidelektrode mit stabilem Potential.** 2. Mitt. **Strukturuntersuchungen.** V. N. Dam'e und É. A. Mendžerickij. (Élektrochimija 4 (1968) 2, 162–66; Moskva; russ.) — Die Ursachen des ungewöhnlichen elektrochem. Verh. einiger synthet. MnO_2-Sorten, bei denen schon im Anfangsstadium der kathod. Red. die Entladungsprod. eine bes. Phase ($ZnO \cdot Mn_2O_3$) bilden, werden untersucht. Es konnte gezeigt werden, daß dieses Verh. nicht mit der Anwesenheit von Verunreinigungen, den Krist.-Gitter- oder anderen Vol.-Eig. zusammenhängt. Als Erklärung werden unterschiedliche Oberflächeneig., bes. bez. des Ionenaustauschverh., angegeben. C. Herold 170

0678 **Orientierung verschiedener Stoffe in Lösungen an Quecksilberelektroden.** Jiří Volke. (Chem. Listy **62** (1968) 5, 497–519; Praha, ČSAV, Polarografický ústav J. Heyrovského; tschech.) — Übersicht. — 47 Literaturangaben. L. Bartovská 172△

0679 **Photopolarographie.** 21. Mitt. **Bestimmung des Halbstufenpotentials der Reduktion angeregter Moleküle.** E. Stutter. (Élektrochimija 4 (1968) 2, 151–61; Jena, DAW, Inst. für Mikrobiol. u. exper. Therapie; russ.) — Die Bedingungen für eine direkte experimentelle Best. des Halbstufenpotentials angeregter Mol. durch gewöhnliche Gleichstrompolarographie werden theoret. untersucht. Dabei wird das Rk.-Schema $A + ze^- \underset{k_-}{\overset{k_+}{\rightleftharpoons}} A^{z-}$; $A^* + ze^- \underset{k_-^*}{\overset{k_+^*}{\rightleftharpoons}} A^{z-}$ für $E_{1/2}^* > E_{1/2}$ behandelt u. eine Berechnung von Polarogrammen für verschiedene Bedingungen vorgenommen. In graph. Darstellung wird der mittlere Strom mit dem mittleren Strom bei Fehlen des Photodepolarisators A* u. dem mittleren Strom alleiniger Beteiligung des Depolarisators A verglichen. C. Herold 172

0680 **Theorie des Faradayschen Stroms in der Photopolarographie.** E. Stutter. (Mber. dtsch. Akad. Wiss. Berlin **10** (1968) 1, 36–39; dt.) — Vgl. vorst. Referat. — An Hand theoret. Überlegungen werden die in früheren Mitt. (ibid. **7** (1965) 869) angegebenen Differentialgleichungen. (DG) für den Massentransport durch Diffusion beim Ablauf dunkel- u. photochem. Rk. bei monochromat. Einstrahlung, auf den Fall polychromat. Strahlung erweitert. Aus den gewonnenen DG für polychromat. Strahlung ergibt sich der Fall monochromat. Strahlung durch Verw. der Diracschen Deltafunktion. Die Polychromasie hat Einfl. auf die Art u. Menge nur der kurzlebigen Zwischenprodukte. G. Schatz 172

0681 **Polarographie von Arsen.** 4. Mitt. **Die anodische Stufe des dreiwertigen Arsens in alkalischen Lösungen.** E. G. Vasil'eva, S. I. Ždanov und T. A. Krjukova. (Élektrochimija 4 (1968) 4, 439–41; Moskva, NII po udobrenia i insektofungizidam im. Ssamojlova; russ.) — 1. vgl. C. **1969, 7**-0643. — Vf. zeigen, daß die anod. Stufe bei der Polarographie von Arsenitlsg. der Bldg. von schwerlöslichen Hg-Salzen des dreiwertigen As entspricht. J. J. Heinrich 172

0682 **Polarographisches Verhalten von Nickel(II)-xanthogenat in Äthanol und Äthanol–Wasser.** P. S. Shetty und Q. Fernando. (J. inorg. nuclear Chem. **30** (1968) 2, 535–44; Dep. of Chem., Univ. of Ariz., Tucson, Ariz.; engl.) — Ni(II) wird in Ggw. kleiner Mengen Xanthogenat katalyt. an der tropfenden Hg-Elektrode bei einem positiveren Potential red. als Ni(II) allein. In A.–W. (40:60) sind eine katalyt. u. eine Ni(II)-Stufe getrennt zu beobachten, wenn [Ni(II)] > [Xanthogenat]. Die Verschiebung des Red.-Potentials kann auf die Bldg. eines schwachen Komplexes oder auf eine Adsorption des Xanthogenats an der Elektrodenoberfläche zurückgeführt werden. Der Rk.-Mechanismus wird diskutiert. K. J. Zwietasch 172

A-6. Kolloidchemie, Grenzflächen

0683 **Kinetik der Bildung und des Kornwachstums kolloidaler Silberbromidteilchen.** 3. Mitt. **Versuche bei kurzen Reaktionszeiten.** E. J. Meehan und Jerry K. Miller. (J. physic. Chem. **72** (1968) 6, 2168–73; School of Chem., Univ. of Minn., Minneapolis, Minn.; engl.) — 2. vgl. C. **1967**, 26-0623. — Nach Mischung von etwa 0,01 m $AgNO_3$- u. KBr-Lsg. wird die Teilchengröße des gebildeten AgBr-Koll. in Abhängigkeit von der Zeit durch Best. der Lichtstreuung gemessen. Die Messungen setzen schon 0 12 Sek. nach der Mischung ein u. werden bei 3, 25 u. 50° durchgeführt. Während der Mischung u. einige Sek. danach erfolgt Kornvergrößerung durch Agglomeration beim Zusammenstoß der Teilchen, später durch einen Aufwachsprozeß. Bei Ggw. von AeDTE, NH_3 oder A. erfolgt schnelleres Kornwachstum. Die Aktivierungsenergie für das Kornwachstum in W. u. bei Ggw. von NH_3 wird in Abhängigkeit von der Zeit gemessen. H. Tulhoff 182

0684 **Darstellung eines amorphen Aluminiumhydroxidgels.** Alain Baumer und Max Ganteaume. (C. R. hebd. Séances Acad. Sci. Sér. C **264** (1967) 25, 2048–49; Marseille C.N.R.S., Centre de Rech. de Microcalorimétrie et de Thermochim.; franz.) — In eine stark verd. Na-Aluminat-Lsg. (1 g Al_2O_3/l, $Na_2O:Al_2O_3$ = 1:1,95) wird CO_2 in raschem Strome (3 l pro Min. u. Liter Lsg.) bis zur Entfärbung von Phenolphthalein eingeleitet. Das ausgefallene amorphe Aluminiumhydroxidgel wird abfiltriert, mehrmals mit dest. W. gewaschen u. schließlich 15 Std. bei 100° u. 24 Std. bei 300° getrocknet. So

dargestellte Prod. sind erheblich reiner als nach den bisher beschriebenen Meth. erhaltene.
F. Haenschke 182

0685 **Verhalten von Metallseifen in organischen Lösungsmitteln.** G. Rudakoff. (Z. physik. Chem. [Leipzig] **235** (1967) 3/4, 317–24; Inst. für phys. Chem., Friedrich-Schiller-Univ. Jena; dt.) — Die Bldg. gelöster Seifenübermol. wird auf Grund kryoskop. u. ebullioskop. Unters. beim Li-, Mg-, Ca-, Al-, Si- u. Pb-Stearat diskutiert. Die Assoziation verläuft unter Bldg. von Dimeren oder Trimeren, wobei die Assoziationskonst. in weniger polaren Lsgm. größere Werte annimmt. Der Unterschied in der Lsgm.-Polarität führt zum Fälligkeitswechsel.
A. Jaeschke 182

0686 **Verwendung des Solkonzentrations-(Suspensions)-effektes zur Bestimmung des isoelektrischen Punktes.** Ju. M. Černobereżskij, A. I. Janklovič und A. B. Zel'cer. (Vestnik Leningradskogo Univ., Fiz., Chim. **23** (1968) 10 Ser. Nr. 2, 100–04; russ., Auszug: engl.) — Der isoelektr. Punkt von Gelatine wurde durch potentiometr. Titration (pH 4,95) opt. nach dem Trübungsmax. der Lsg. (4,95), viskosimetr. (4,94) u. nach Fehlen des Solkonz.-Effektes (4,95) bestimmt. Die gute Übereinstimmung der Werte zeigt die Verwendbarkeit der vorgeschlagenen Solkonz.-Methode. J. J. Pohl 186

0687 **Elektrische Feldstärke zwischen zwei kugelförmigen Emulsionstropfen, die sich im äußeren homogenen quasistationären elektrischen Feld befinden.** G. M. Pančenkov und L. K. Cabek. (Ž. fiz. Chim. **42** (1968) 5, 1244–48; Mosk. inst. neftichim. i gazovoj prom. im. Gubkina; russ.) — Ein allg. gültiger Ausdruck zur Angabe der elektr. Feldstärke zwischen leitenden kugelförmigen Emulsionströpfchen wurde erhalten. Die Spannung des Feldes auf der Tropfenoberfläche geht in Abhängigkeit vom Tropfenabstand durch ein Maximum. Bei der Annäherung der Tropfen entstehen starke elektr. Felder, die zum Durchschlag des dispersen Mediums zwischen den Tropfen ausreichen. J. J. Pohl 186

0688 **Kritische Stärke eines äußeren, homogenen, quasistationären elektrischen Feldes, das Emulsionstropfen zerstört.** G. M. Pančenkov und L. K. Cabek. (Ž. fiz. Chim. **42** (1968) 5, 1249–52; russ.) — Vgl. vorst. Referat. — Eine allg. Gleichung zur Best. der krit. Stärke eines äußeren, homogenen, quasistationären, elektr. Feldes für dielektr. u. leitende Emulsions- u. Nebeltropfen wird vorgeschlagen. Der Zahlenwert der krit. Spannung für verschiedene Prozentgeh. der Emulsion vom Typ W. im Öl wurde bestimmt. Er wächst mit wachsendem Prozentgeh. der Emulsion. J. J. Pohl 186

0689 **Elektrochemische Aktivität konzentrierter Emulsionen, die mit festen Emulgatoren stabilisiert wurden.** O. N. Grigorov und N. S. Sverdlova und A. V. Baženova. (Vestnik Leningradskogo Univ., Fiz., Chim. **23** (1968) 10 Ser. Nr. 2, 94–99; russ., Auszug: engl.) — Die elektrochem. Aktivität von Kerosin–W.-Emulsionen bei Verw. von $BaSO_4$, $CaCO_3$, Al_2O_3 u. Bentonit als feste Emulgatoren, sowie die der wss. Suspensionen dieser Substanzen wurden mit der Membranpotentialmeth. bestimmt. Die untersuchten Emulsionen haben eine höhere Aktivität als die entsprechenden Suspensionen, die elektrochem. Aktivität wächst mit steigender Konz. der Emulsion. Emulsionen aus hochreinem Kerosin u. n-Hexan zeigen keine Unterschiede der Aktivität der Emulsion bzw. der entsprechenden Suspension. Die Beimengungen der oberflächenakt. Stoffe der Ölphase ist also hierbei ausschlaggebend. J. J. Pohl 186

0690 **Struktur von Eisenhydroxidmizellen.** M. F. Talina. (Izvest. vysšich učebnych Zavedenij [Ivanovo], Chim. i chim. Technol. **11** (1968) 5, 613–14; Permskoe vysšee komando-inz. ucilisce, Kaf. fiz. i chim.; russ.) — Ein durchsichtiges, rotbraunes Sol wurde nach $2FeCl_3 + 3(NH_4)_2CO_3 + H_2O \rightleftharpoons 2FeO(OH) + 6NH_4Cl + 3CO_2$ erhalten. Der pH-Wert des Sols beträgt zunächst 2,5, sinkt dann bis 2,1 u. steigt später bis 3,6. Die Mizellen dürften nach dem Schema $\{\langle[FeO(OH)]_m nH^+\rangle(n-x)Cl^-\} \cdot xCl^-$ aufgebaut sein. Das Koll. ist lyophil u. neigt zur Gelatinierung unter starker Hydratation. In der Adsorptionsschicht befinden sich entweder Oxoniumionen mit drei Wasserdipolen oder Protonen mit vier Wasserdipolen in Tetraederform. Andere analog aufgebaute Koll. haben statt eines FeO(OH)-Kernes einen $Fe(OH)_3$-Kern. Das potentialbestimmende Ion des Fe-Hydroxids ist das H^+-Ion. J. J. Pohl 188

0691 **Einfluß von Natriumhumat auf die Strukturbildung und den Entstehungsmechanismus von Deformationen in wäßrigen Montmorillonit-Dispersionen.** N. N. Kruglickij, A. M. Mamatkanov, F. D. Ovčarenko, V. Ju. Tretinnik und T. A. Kucharenko. (Ukrainskij chim. Ž. **34** (1968) 6, 558–65; Inst. obsc. i neorg. chim. AN Ukr. SSR; russ.) — Die Wrkg. von bei pH 7–10 erhaltenen Na-Humaten auf die dispersen Syst. wurde mit der Meth. der phys.-chem. Mechanik verfolgt. Zunehmende Zusätze von oberflächenakt. Substanzen bewirken eine Ab-, dann eine Zunahme der strukturmechan. Konst., des Stabilitätskoeff. u. der Stabilität der Koagulationsstruktur, wobei keine Änderung des strukturmechan. Typs auftritt. Die Rolle der funktionellen Gruppen des Humats bei den Deformationsprozessen in Montmorillonitdispersionen wird diskutiert.
J. J. Pohl 188

0692 **Oberflächenbeweglichkeit von Lösungen oberflächenaktiver Substanzen.** 8. Mitt. **Durchflußmessungen.** Emil Chifu und Iosif Albu. (Studia Univ. Babeş-Bolyai [Cluj], Ser. Chem. **13** (1968) 1, 99–109; rum.) — 7. vgl. C. **1967**, 32-0626. — Vom Vf. früher veröffentlichte theoret. Berechnungen werden experimentell bestätigt. Die Vers. werden mit Tensiden von verschiedener Konz. durchgeführt. (Wss. Lsg. von farblosem, bzw. mit Methylenblau gefärbtem *Butanol*). Auftretende Differenzen entstehen durch das Dreiecksprofil des offenen Kanals, in dem sich der lösl. Film bewegt. Sie betreffen die Größenordnung des Durchflusses u. die Grenzen des Gebietes der konvektiven Bewegung, ein Gebiet, in dem der Oberflächen- u. der Vol.-Durchfluß entgegengesetzt orientiert sind. Die Messungen stimmen mit Gleichgew.-Messungen des Oberflächendrucks u. hydrostat. Drucks überein. M. Bromilski 188△

0693 **Hydrothermale Alterung von synthetischen Alumosilicat-Gelen.** C. R. De Kimpe. (Clay Minerals **7** (1967) 2, 203–14; Labor. de Phys.-Chim. Minérale, Inst. des Sci. de la Terre, Heverlee-Louvain, Belgium; engl.) — Amorphe Alumosilicat-Gele verschiedener Zus. ($Al_2O_3/Al_2O_3 + SiO_2$ = 52,7; 100; 89; 72; 60; 36; 24 u. 12,5 Gew.-%) wurden bei 175° (10 atm) unter sauren u. bas. Bedingungen gealtert. Bei hohen pH-Werten wurde die Kristallisation von zwei Zeolithen (Phillipsit u. Chabasit) festgestellt. Unter sauren oder neutralen Bedingungen fand eine Entmischung in Böhmit u. ein stabileres Alumosilicat-Gel statt. IR-Spektren bis 15 μm.
G. Malow 192

0694 **Wolframoxid-Aerosol.** G. Chusanov und M. I. Rudenok. (Vestnik Leningradskogo Univ., Fiz. Chim. **24** (1968) 10 Ser. Nr. 2, 141–43; russ., Auszug: engl.) — Die Abhängigkeit der Verteilung eines W-Oxidrauches bei der Abscheidung im elektr. Feld vom Potentialbild der Unterlage wurde untersucht. Bei der Ablagerung während einiger Std. an Al-Folien entstehen Ketten der Aerosolteilchen in der Feldrichtung zwischen der Anode u. der Kathode. Die meisten Teilchen sind positiv geladen u. lagern sich auf der Kathode ab. Das Aerosol kann zur Veranschaulichung von Mikropotentialreliefs (z. B. an Halbleiter–Metall-Kontakten) verwendet werden.
J. J. Pohl 196

0695 **Einfluß der Konstitution thermischer SiO_2-Oberflächen auf die Haftung von Photoprotektivschichten.** Robert O. Lussow. (J. electrochem. Soc. **115** (1968) 6, 660–64; IBM Components Div., East Fishkill Facility, Hopewell Junction, N.Y.; engl.) — Vf. findet, daß die Haftung bestimmter kommerzieller Photoprotektivschichten auf therm. SiO_2 von der Oberflächenbeschaffenheit des SiO_2 abhängt. Die SiO_2-Oberflächen wurden dahingehend behandelt, daß sie adsorbierte H_2O-Mol., beträchtliche Mengen von Silanol-Gruppen oder vorwiegend Siloxanstrukturen enthielten. Die Haftung von Kodak-Photoprotektivschichten KPR-2, KTFR u. KMER auf jeder dieser Oberflächen wird untersucht.
K. H. Härdtl 198

0696 **Darstellung und Eigenschaften von physikalisch reinen Oberflächen.** G. P. Upit. (Doklady Akad. Nauk SSSR **179** (1968) 6, 1318—21, 1 Tafel; Inst. fiz. AN Latv. SSR; russ.) — Physikal. reine Oberflächen von *Cu, Fe, Sn, Pb, Pb–Sn*-Eutektikum u. *Messing* wurden durch Entgasen der Proben, Benetzen mit entgastem Pb u. Zerreißen erhalten. Beim Zerreißen entsteht ein geschlossener Raum, der einer Einw. des umgebenden Mediums nicht ausgesetzt wird. Eine weitere Darst.-Meth. physikal. reiner Oberflächen durch Extrusion wird beschrieben. J. J. Pohl 200

0697 **Sorptionsdynamik in der stationären Schicht unter Berücksichtigung der sich entwickelnden Wärme.** Ju. S. Lezin. (Ž. fiz. Chim. **42** (1968) 7, 1762—67; Kaspiskoe vyssee voennomorskoe učilišče im. Kirova, Baku; russ.) — Ein Differentialgleichungssyst. der Sorptions- u. Desorptionsdynamik für die elektron. Berechnung wird vorgeschlagen. Ein Programm für die Errechnung des Prozeßparameters wurde erstellt. Die Rechenergebnisse wurden im Falle der Sorption u. Desorption von C_6H_6 an Aktivkohle AG mit Vers.-Daten verglichen. J. J. Pohl 204

0698 **Adsorption von potentialbestimmenden Ionen aus der Phasengrenze Siliciumdioxid-wäßrige Elektrolytlösung und das Verhalten einiger Kationen.** Th. F. Tadros und J. Lyklema. (J. electroanalyt. Chem. Interfacial Electrochem. [Lausanne] **17** (1968) 3/4, 267—75; Labor. for Phys. and Coll. Chem., Wageningen, Niederlande; engl.) — Die Oberflächenladungsdichte von SiO_2-Proben mit bekannter Größe der Oberfläche wurde in Ggw. von *LiCl, NaCl, KCl, CsCl* u. $(C_2H_5)_4NCl$ gemessen. Ein Gleichgew. Gegenionenladung–Oberflächenladung wurde eingestellt u. analyt. geprüft. Oberhalb pH $\approx$ 7 ist die Oberflächenladung viel größer als auf AgJ oder Hg. Bei festgelegter Ionenstärke steigt die Ladung in der Reihenfolge: $(C_2H_5)_4N^+ < Li^+ < Na^+ < K^+ < Cs^+$. Trotz der großen Oberflächenladung ist das Potential $\Psi\delta$ der diffusen Doppelschicht nicht bes. hoch. Diese Meßergebnisse werden durch Ggw. von negativen Gruppen u. Eindringen von Kationen in die Poren der Gelschicht erklärt. Das Ausmaß des Eindringens hängt vom Kationenvol. u. von der Porengröße ab. J. Bardeleben 204

0699 **Hydroxyldeckschicht an γ-Al_2O_3 und ihre Umsetzung mit Wasser.** L. A. Ignat'eva, G. D. Čukin und G. V. Bondarenko. (Doklady Akad. Nauk SSSR **181** (1968) 2, 393—96; Mosk. gos. univ. im. Lomonosova; russ.) — Die Wechselwrkg. der OH-Oberflächenschicht auf γ-Al_2O_3 mit H_2O u. D_2O wurde IR-spektroskop. bei 1000—4000 cm^{-1} untersucht. γ-Al_2O_3 wurde im Vakuum während 1 Std. bei 400° entwässert. W. dürfte an entwässertem γ-Al_2O_3 nach einem Koordinationsmechanismus adsorbiert werden. Die Entwässerung zerstört die Koordinationssättigung der Oberflächen-Al-Atome, die Rk.-Fähigkeit der Oberfläche gegenüber W. ist dadurch erhöht. Die entstandene stabile Koordinationsbindung an den stärksten ungesätt. Al-Atomen führt zu Dissoziation der W.-Mol. unter Bldg. von OH-Gruppen, es entsteht eine Hydroxyldeckschicht. Im weiteren wird dann W. in mol. Form adsorbiert. J. J. Pohl 204

0700 **Adsorption von Wasserstoff an Hydrierungskatalysatoren in Lösungen.** 1. Mitt. **Adsorptionswärme von Wasserstoff an Pt-Schwarz in H_2SO_4-Lösungen.** Ju. A. Podvjazkin und O. R. Sergutkina. (Ž. fiz. Chim. **42** (1968) 7, 1740—43; Voronežskij technol. inst.; russ.) — Die auf Grund von Ladungskurven ber. Adsorptionswärme bei Sättigungsgraden der Oberfläche von 0,05—0,9 ist graph. angegeben. Die auf Pt-Schwarz erhaltenen Werte der Adsorption von Wasserstoff werden mit Literaturdaten für glattes u. platiniertes Pt verglichen. J. J. Pohl 204

0701 **Adsorption wenig löslicher Substanzen aus $TiCl_4$. Zusammenhang zwischen Adsorption und Löslichkeit.** I. G. Syrkina und Ju. M. Martynov. (Ž. fiz. Chim. **42** (1968) 7, 1744—46; russ.) — Die Löslichkeit von $CaCl_2$ in $TiCl_4$ beträgt bei 0° 9 · 10^{-4} u. bei 135° 6,65 · 10^{-2} Gew.-%. Die Adsorption von $CaCl_2$ u. $SbCl_3$ aus $TiCl_4$ an Silicagel wurde bei stat. Bedingungen bei —20, 0 u. 20° ermittelt. Die Temp.-Abhängigkeit der Adsorptionskoeff. beträgt für $CaCl_2$ log G = (1200/T) —2,85, für $SbCl_3$, log G = (2060/T) —6,67. J. J. Pohl 204

0702 **Lösung von Problemen der Dynamik der Ionenaustauschchromatographie mit Hilfe elektronischer Rechenmaschinen in Anwendung auf die Technologie seltener Elemente.** 1. Mitt. **Einfluß der Austauschkoeffizienten auf die Gleichgewichts-Trennungsdynamik der Trennung zweier Ionen mit Hilfe eines dritten.** I. A. Legenčenko. (Ž. fiz. Chim. **42** (1968) 7, 1773—78; Inst. obšč. i neorg. chim. AN Ukr. SSR, Odessa; russ.) — Beschreibung eines geeigneten Computer-Programmes, das die Schichtberechnungsmeth. verwendet. J. J. Pohl 206

0703 **Ermittlung von bei experimentellen Messungen und Berechnungen der thermodynamischen Größen in Ionenaustauschsystemen entstehenden Fehlern.** 1. Mitt. **Fehler in der Bestimmung der Konzentrationskonstanten des Ionenaustauschgleichgewichts.** V. S. Soldatov und R. M. Suchover. (Ž. fiz. Chim. **42** (1968) 7, 1798—1800; Inst. obšč. i neorg. chim. AN BelorussSSR, Minsk; russ.) — Die relativen Fehler bei der Best. der rationellen Konz.-Konst. des Ionenaustauschgleichgew., die durch Ungenauigkeiten der Analyse hervorgerufen werden, werden diskutiert. Die Fehler haben bei mittleren Werten der Sättigung des Ionits mit Austauschionen ein Minimum u. wachsen stark bei zunehmendem Geh. an einer Ionenart in der Ionitphase. Der Einfluß der Lsg.-Konz., der Ioniteinwaage, der Größe des analysierten aliquoten Vol., der Lsg.-Vol. u. der Größe der Konz.-Konst. auf die Genauigkeit wird diskutiert. Die Größe der Fehler für die Austauschsyst. Ag^+–H^+ an KU-2Ux2, Na^+–H^+ an SKS u. Mg^{2+}–H^+ an Dowex-50x10 ist angegeben. J. J. Pohl 206

0704 **Ermittlung von bei experimentellen Messungen und Berechnungen der thermodynamischen Größen in Ionenaustauschsystemen entstehenden Fehlern.** 2. Mitt. **Fehler bei Berechnungen thermodynamischer Größen.** V. S. Soldatov und R. M. Suchover. (Ž. fiz. Chim. **42** (1968) 7, 1801—04; russ.) — 1. vgl. vorst. Referat. — Die Fehlergröße u. -wahrscheinlichkeit bei der Berechnung der thermodynam. Funktionen aus der Temp.-Abhängigkeit der Konz.-Konst. des Ionenaustauschgleichgew. wird an einem Modellfall bestimmt. Die Wahrscheinlichkeit eines Fehlers, dessen Größe den Mittelwert nicht übersteigt, ist $^2/_3$. J. J. Pohl 206

0705 **Durch die Theorie regulärer Lösung interpretierter Kationenaustausch in Tonen.** A. H. Truesdell und C. L. Christ. (Amer. J. Sci. **266** (1968) 5, 402—12; Menlo Park, Calif., U.S. Geol. Surv.; engl.) — Die Theorie regulärer Lsg. wird zur Berechnung der Werte für die thermodynam. Austausch-Konst. aus experimentell ermittelten Kurven angewandt. Die Kurven wurden aus den Ergebnissen der Titration von den H-gesätt. Tonen Beidellit, Illit, Kaolinit u. Bentonit mit wss. KOH-, NaOH- oder NH_3-Lsg. aufgestellt. In Übereinstimmung mit den Ergebnissen von Garrels u. Christ (1956) sowie von Blackmon (1958) wurde gefunden, daß sich ein einzelner H-Ton wie eine Mischung von zwei verschiedenen schwachen Säuren verhält. Jeder Ton enthält zwei Sätze von energet. unterschiedlichen homogenen Austauschplätzen, wobei die äquivalente Austauschkapazität der ersten Art von Plätzen eine sehr viel größere ist als die der zweiten Art von Plätzen. E. Schulte 206△

0706 **Darstellung kationensubstituierter Formen von Tonmineralien.** V. E. Poljakov, Ju. I. Tarasevič und O. L. Alekseev. (Ukrainskij chim. Ž. **34** (1968) 5, 526—28; Inst. obšč. i neorg. chim. AN Ukr. SSR; russ.) — *Montmorillonit, Vermiculit* u. *Palygorskit* in Co^{2+}-Form wurden mit $CaCl_2$- u. NaCl-Lsg. bei einem Verhältnis der festen u. fl. Phase von 1:20 bearbeitet. Im Falle von Palygorskit werden nur 80% der Vol.-Kapazität an Co^{2+}-Ionen verdrängt. Zur Darst. von homoion. Formen der Tonmineralien ist eine einmalige Behandlung mit 1 n Elektrolytlsg. ungenügend. Unter den gewählten Vers.-Bedingungen war eine 5—6malige Behandlung zur vollständigen Verdrängung des Co^{2+} notwendig. Das

Konz.-Verhältnis $[Co^{2+}/[CoOH]^{+}$ ändert sich von $4 \cdot 10^{4,1}$ bis $4 \cdot 10^{3,1}$. Ein analoges Verhältnis gilt auch für Cu^{2+}, Zn^{2+}, Mn^{2+}, Al^{3+}, Cr^{3+} u. Fe^{3+} u. ihrer hydrolysierten Formen. J. J. Pohl 206

0707 **Ionenaustausch an der Wasserstoff- und Aluminiumform von Kaolinit.** E. T. Uskova, N. G. Vasil'ev und I. A. Uskov. (Kolloidnyj Ž. **30** (1968) 1, 159 bis 164; Kievskij univ. im. Ševčenko; russ., Auszug: engl.) — Die Adsorptionsisothermen von Alkali- u. Erdalkalimetallkationen an den H^+- u. Al^{3+}-Formen von Kaolinit wurden ermittelt. Der Ionenaustauschprozeß kann formal durch die Langmuir-Gleichung beschrieben werden. Die Adsorptionsfähigkeit der Kationen kann mit Hilfe der Konst. b dieser Gleichung quant. charakterisiert werden. Die Adsorbierbarkeit der Kationen am H-Kaolinit ist für Alkalimetall um eine, für Erdalkalimetalle um zwei Größenordnungen höher als am Al-Kaolinit. Die Adsorbierbarkeit der Kationen sinkt an der H^+-Form nach $Ba^{2+} > Sr^{2+} \geq Ca^{2+} > Cs^+ \geq Rb^+ > K^+ > Na^+ = Li^+$, an der Al^{3+}-Form nach $Cs^+ > Rb^+ > Ba^{2+} > Sr^{2+} > Ca^{2+} > K^+ > Na^+ > Li^+$. Die H^+-Ionen im Austauschstadium am Kaolinit zeigen kein anomales Verhalten. J. J. Pohl 206

0708 **Kinetik des Kationenaustausches von Zirkonium aus salpetersauren Lösungen.** I. V. Vinarov und A. N. Grinberg. (Ukrainskij chim. Ž. **34** (1968) 5, 428—33; Inst. obšč. i neorg. chim. AN Ukr. SSR, Labor v Odesse; russ.) — Die Kinetik der Kationenaustauschsorption von Zr aus HNO_3-Lsg. wurde bei ZrO_2-Konz. von 0,01 bis 0,0025 m untersucht. Bei 0,01 m verläuft der Prozeß anfangs im Bereich der inneren Diffusion u. verschiebt sich dann in den gemischten Bereich. Bei 0,0025 m durchschreitet der Prozeß die Bereiche der inneren Diffusion, den gemischten Bereich u. den der äußeren Diffusion. Die Aktivierungsenergie des Diffusionsprozesses beträgt 3230 cal/Mol. Der Diffusionskoeff. von Zr an KU-2 beim Austausch gegen H^+-Ionen ist von der gleichen Größenordnung wie der Koeff. der Selbstdiffusion dieses Metalles. Die Vers. wurden mit Zirkonylnitrat in 2 n HNO_3 durchgeführt. J. J. Pohl 206

0709 **Einfluß des Kristallisationsgrades auf die Anionenaustauschgeschwindigkeit des Wismuthydroxids.** Takuji Ito und Tadao Kenjo. (J. chem. Soc. Japan, pure Chem. Sect. [Nippon Kagaku Zasshi] **89** (1968) 2, 162 bis 166; Dep. of Chem., Tokyo Inst. of Technol., Meguro-ku, Tokyo; jap., Auszug: engl. S. A9.) — Es wurde die Reversibilität des Anionenaustausches des nach drei Meth. hergestellten Wismuthydroxids untersucht. Beim Austausch der Cl^--Ionen gegen OH^--Ionen nimmt die Reversibilität mit steigendem Kristallisationsgrad des Wismut-Oxidchlorids ab, während beim Austausch der Br^--Ionen gegen J^--Ionen u. der Cl^--Ionen gegen J^--Ionen die Reversibilität mit steigendem Kristallisationsgrad zunimmt. Beim Austausch von Cl^- gegen Br^- ist die Reversibilität vom Kristallisationsgrad unabhängig. Aus den Messungen der Anionenaustauschgeschw. folgt, daß diese Unterschiede in der Reversibilität auf unterschiedliche Austauschgeschw. zurückzuführen sind. Röntgenograph. Unters. zeigen, daß das Oxidchlorid beim Behandeln mit KJ-Lsg. teilweise in Oxidjodid übergeht. G. Malow 206

0710 **Neutralisationskurven von Harzen und Ionenaustauschmembranen.** 2. Mitt. Eric Sélégny, Emmanuel Korngold und Yves Merle. (Bull. Soc. chim. France **1968**, 5, 2252—56; Labor. de Chim. Macromol., Fac. des Sci. de Rouen, 76-Mont-Saint-Aignan; franz.) — 1. vgl. J. chim. physique Physico-Chim. biol. **64** (1967) 5, 897. — Die vereinfachte Gleichung der Abhängigkeit des pH vom Neutralisationsgrad eines Harzes oder Membrans im Gleichgew.-Zustand hat eine für die Stärke der Austauschgruppe charakterist. Form u. ändert sich mit der Wertigkeit des Gegenions. Die Vol.-Austauschkapazität ist von der Ionenstärke abhängig. Die Verwendbarkeit des Näherungsweges wird durch Vers. an Cellulose-, Amberlite- u. bas. APVA-Austauschern gezeigt, die Grenzen der Gültigkeit der Gleichungen werden diskutiert. J. J. Pohl 206

0711 **Ionenbeweglichkeit in organischen Austauschern.** Jean-Pierre Menin und Tivadar Kikindai. (C. R. hebd. Séances Acad. Sci., Sér. C **264** (1967) 25, 1993—96; École centrale des Arts et Manufact., Labor. de Chim. nucl. appl., Paris; franz.) — Die spezif. Leitfähigkeit von H^+ u. Mg^{2+} an Dowex 50X2 hängt deutlich von der Konz. der umgebenden Lsg. ab. Mit steigender Konz. in der Lsg. wird ein Punkt erreicht, an dem die Leitfähigkeiten im Austauscher u. in der Lsg. gleich sind. Im Bereich dieses Punktes gleicher Leitfähigkeit erreicht die Ionenbeweglichkeit im Austauscher ein Maximum. Über die Äquivalentleitfähigkeiten wird ber., daß die Ionenbeweglichkeit im Harz bei H^+ 2—3mal, bei Mg^{2+} ca. viermal kleiner ist als in wss. Lsg.; die Koeff. für die Diffusion von H^+ u. Mg^{2+} ins Korninnere des Austauscherharzes sind $D_R(H^+) = 5{,}53 \cdot 10^{-5}$ u. $D_R\ (Mg^{2+}) = 3{,}45 \cdot 10^{-6}$ cm/sec. F. Haenschke 206

0712 **Poröse phosphororganische Kationite, Korrelation zwischen Sorptionseigenschaften und Kationitdichte.** I. N. Gribanova, I. D. Chol'kina und A. V. Nikolaev. (Doklady Akad. Nauk SSSR **179** (1968) 6, 1336—39; Inst. neorg. chim. SO AN SSSR; russ.) — Die statist. Austauschkapazität von phosphororgan. Kationiten in bezug auf Na^+ u. UO_2^{2+} wurde in bezug auf die D. der Kationite in verschiedenen Salzformen bestimmt. 40 phosphorylierte Kopolymere von Styrol mit Divinylbenzol verschiedener Porosität wurden als Kationite, 0,025 m $UO_2(NO_3)_2$ in 2 n HNO_3 u. ohne Säure, 0,025 m UO_2SO_4, 0,1 n NaOH, 0,1 n NaOH + 0,025 m $UO_2(NO_3)_2$ u. 0,025 m UO_2SO_4 + $UO_2(NO_3)_2$ wurden als Sorptionslsg. verwendet. Die D. von Kationiten einer beliebigen Salzform kann mit Hilfe der linearen Abhängigkeit zwischen D. u. statist. Austauschkapazität mit Hilfe von Eichgeraden ermittelt werden. Die Austauschrk. verläuft vollständig u. ermöglicht andererseits eine Vorausberechnung der Sorptionseig. von Kationiten. J. J. Pohl 206

0713 **Einfluß der Entschwefelung auf die Eigenschaften von Sulfostyrolioniten.** V. S. Soldatov, A. I. Pokrovskaja und L. I. Cukurova. (Ž. fiz. Chim. **42** (1968) 5, 1258—62; Inst. obšč. i neorg. chim. AN BelorussSSR, Minsk; russ.) — Entschwefelte KU2X2-, KU-2X8- u. Dowex-50-BX16-Proben wurden durch Behandlung mit überhitztem Dampf gewonnen. KU-2 quillt bei abnehmender Kapazität weniger, Dowex 50BX16 mehr. Dieser Effekt ist bei entschwefelten KU-2-Proben bes. stark. Bei 200—300° findet neben der Abspaltung von Sulfogruppen die Bldg. zusätzlicher Querbindungen u. eine beginnende Depolymerisation statt. Durch Lenkung des Entschwefelungsprozesses können Proben mit verschiedenen Eig. erhalten werden. J. J. Pohl 206

0714 **Verteilung organischer Ionen zwischen Ionit und konzentrierten Elektrolytlösungen.** B. V. Moskvičev und G. V. Samsonov. (Ž. fiz. Chim. **42** (1968) 5, 1215 bis 1218; Inst. vysokomol. soed. AN SSSR, Leningrad; russ.) — Die Spezifität der Sorption von Triäthylbenzylammoniumionen wächst bei zunehmender Ionenstärke der äußeren Lsg. (NaCl) beim Ionenaustausch an KU-1 u. Dowex-50-Bx2. An KU-1 wird der Ionenaustausch von einer anomal hohen Nichtaustauschadsorption des organ. Elektrolyts begleitet. Der hohe Wert des Verteilungskoeff. des organ. Ions bestätigt die Ähnlichkeit der Mechanismen der spezif. Ionenaustauschsorption u. der Nichtaustauschabsorption von Elektrolyten, die organ. Ionen enthalten. Zwischen der Harzmatrix u. den organ. Ionen bilden sich Nichtelektrovalenz-Bindungen aus. J. J. Pohl 206

0715 **Verteilung von Jod im System RJ (Anionit AV-17)-KJ–J_2–H_2O.** A. I. Vulich, E. G. Dubinina und V. L. Bogatyrev. (Ž. fiz. Chim. **42** (1968) 5, 1184—88; Novosibirskij zavod. chim. reaktivov, Inst. neorg. chim. SO AN SSSR; russ.) — Der Verteilungskoeff. von Jod ändert sich von Kp $> 10^5$ in Syst. mit $\leqq 10^{-2}$ m KJ u. $<$ 1 mg-Mol J_2 pro 1 mg-Äqu. Austauschkapazität des Ionits bis Kp ca. 10 in Syst. mit 2 m KJ u. 10 mg-Mol J_2 pro 1 mg-Äqu. Ionitkapazität. Kp ist zur KJ-Konz. umgekehrt, zum Austauschkoeff. K_0 direkt proportional. K_0 hängt von der Zus. des Ionits nach $\log K_0 = 3{,}5/n$ ab, wobei n die Anzahl sorbierter mg-Mol. J_2 an 1 mg-Äqu.

Ionit ist. Der Maximalwert Kp ca. 10^7 wurde bei der Adsorption von Jodspuren aus wss. KJ-Lsg. unter Bldg. von KJ · $(J_2)_{4,75}$ beobachtet. J. J. Pohl 206

0716 **Ionenaustausch in binären wäßrig-organischen Systemen. 1. Mitt. Verteilung der Komponenten einer binären Lösung zwischen den Phasen und Selektivität des Ionenaustauschs.** G. L. Starobinec, L. V. Novickaja und L. I. Sevost'janova. (Ž. fiz. Chim. **42** (1968) 5 1098—1103; Belorusskij gos. univ. im. Lenina Minsk; russ.) — Der Austausch von Li^+- Na^+- u. K^+-Ionen gegen Protonen im wss.-aceton. Medium am Kationit KU-2x6 u. der Austausch Na^+–H^+ am Kationit Dowex-50x8 in wss.-methanol. Medium wurde in einem breiten Bereich der Zus. der bin. Lsg. u. bei allen Sättigungsgraden des Ionits untersucht. Zwischen den relativen Aktivitätskoeff. u. des Koeff. zwischen der spezif. Adsorption von W. wurde eine einfache Abhängigkeit beobachtet. Die Gleichungen von Gibbs-Donnan u. Gupta können zur Beschreibung der Austauschspezifität in wss.-organ. Medien herangezogen werden. Die durchgeführten Berechnungen zeigen, daß der vom relativen Aktivitätskoeff. abhängige Addend einen dominierenden Beitrag zur Größe der Spezifität des Selektivitätskoeff. liefert. Die parallele Unters. des Ionenaustausches u. die Verteilung der Komponenten bin. wss.-organ. Medien zwischen der Ionit- u. Lsg.-Phase erlaubt Aussagen über die Art des Ionenaustauschprozesses. J. J. Pohl 206

0717 **Einfluß des gegenseitigen Verhältnisses und der Art der Gegenionen auf die Quellung von Ioniten.** A. M. Koganovskij und Ja. M. Zagraj. (Ukrainskij chim. Ž. **34** (1968) 5, 446—49; Inst. obšč. i neorg. chim. AN Ukr. SSR; russ.) — Die Abhängigkeit des Quellungsgrades der Kationite KU-2 u. KB-4p2 von der Gegenionenzus. der Harzphase beim Austausch zweiwertiger Metallionen gegen Na^+ oder H^+ wurde untersucht. Die erhaltenen Abhängigkeitskurven der Menge des Quellwassers von der Zus. der Harzphase sind angegeben. Die Abweichung von der Additivität in den Extrema der Kurven wurde bestimmt, der Unterschied der Quellwassermenge in den Anfangs- u. Endpunkten der Kurven wurden berechnet. Die Änderung der Quellwassermenge beim Übergang von einer Form des Kationits in die andere ist mit der Selektivität des Ionenaustausches symbatisch. Der Unterschied der Übertragungsarbeit des Gegenions in die Ionitphase bei der Einstellung des Ionenaustauschgleichgew. stellt einen der wesentlichsten energet. Faktoren der Selektivität des Ionenaustausches dar. J. J. Pohl 206

0718 **Sorptionskinetik von Lanthan, Neodym, Zirkonium und Hafnium am Kationit KU-1.** I. A. Legenčenko und S. L. Striženjuk. (Z. fiz. Chim. **42** (1968) 5, 1224—27; Labor. inst. obsc. i neorg. chim. AN Ukr. SSR, Odessa; russ.) — Die Geschw. der Sorption von La, Nd, Zr u. Hf am KU-1 ist bei niedrigen Konz. der Lsg. stark von der Teilchengröße des Kationits u. der Rührgeschw. abhängig, die innere Massenübertragung ist ausschlaggebend. Die Vers.-Daten können mit dem zweiten Fickschen Gesetz beschrieben werden. Die Sorptiongeschw. von La u. Nd wächst bei einer Temp.-Zunahme von 10° um 20—25%, im Falle von Zr u. Hf um 30—40%. J. J. Pohl 206

0719 **Untersuchung von Carbonatoscandium-Komplexen mit Hilfe eines Ionenaustauschers.** Francine Fromage. (C. R. hebd. Séances Acad. Sci., Sér. C **264** (1967) 25, 2052—54; Reims, Fac. des Sci., Labor. de Chim. miner.; franz.) — Aus der Verteilung von Sc^{3+} zwischen dem Anionenaustauscher Dowex 1-X 8 in der Carbonatform u. wss. K_2CO_3-Lsg. verschiedener Konz. (Carbonat stets im Überschuß) wird geschlossen, daß in der Lsg. $[Sc(CO_3)_4]^{5-}$ als einziger Komplex vorliegt. F. Haenschke 206

0720 **Reinigung von Plutonium durch Anionenaustausch in Salpetersäure.** Akira Kaya, Hisao Kudo, Junji Shirahashi und Susumu Suzuki. (J. nuclear Sci. Technol. [Tokyo] **4** (1967) 6, 289—92; Atom. Fuel Corp., Takai-mura, Ibaraki-ken u. Sumitomo Atom. Energy Ind., Higashiku, Osaka; engl.) — $Pu(NO_3)_3$-Lsg. (I), die nach Trennung von U u. anderen Spaltprod. durch Ionenaustausch (Dowex-1 × 4) mit $NH_2OH \cdot HCl$ als Lsgm. getrennt u. 1 Jahr aufbewahrt wurden, lassen sich nach Ox. zu Pu(IV) mit 7,2 n HNO_3 bei 60° Dowex-1 × 2 auf 97% Reinheit bringen. Das Verhältnis $(^{239}Pu + ^{240}Pu)/(^{241}Am + ^{238}Pu)$ wurde auf Grund der α-Aktivität zu $99{,}9_7/0{,}03$ bestimmt. R. Blank 206

0721 **Theorie der konvektiven Diffusion von Salzen in porösen Medien. 5. Mitt. Theorie der Elutionschromatographie in endlichen sorbierenden Systemen.** L. B. Dvorkin. (Ž. fiz. Chim. **42** (1968) 6, 1452—58; Nižnevolžskij NII geol. i geofiz., Saratov; russ.) — 4. vgl. C. **1969**, 11-0719; 2 vgl. C. **1969**, 1—0675. — Die Theorie der Elutionschromatographie wurde zur genauen Berechnung des linearen Diffusionstransports in endlichen sorbierenden Medien angewendet. J. Eliassaf 208

0722 **Elektroosmose in Abhängigkeit von den elektrischen Feldbedingungen und den Strukturparametern des Systems.** K. P. Tichomolova. (Kolloidnyj Ž. **30** (1968) 1, 144—49; Leningradskij univ. im. Ždanova; russ., Auszug: engl.) — Die elektroosmot. Bewegungsgeschw. einer nichtkomprimierbaren Fl. in einer zylindr. Kapillare u. in einem Kapillarenbündel bei teilweiser Überlagerung eines äußeren elektr. Feldes wurde theoret. diskutiert. Die elektroosmot. Übertragungsgeschw. bleibt bei Änderungen der Porengröße des Syst. unabhängig von den elektr. Feldbedingungen konstant. Vers.-Daten der Abhängigkeit der elektroosmot. Übertragung von Fl. vom Längen-Verhältnis der passiven u. aktiven Teilchen u. von der Größe der Diaphragmenteilchen stimmen mit Rechenergebnissen überein. J. J. Pohl 208

0723 **Korrekturen für Relaxation und Oberflächenleitfähigkeit in der Theorie der Elektrophorese nichtleitender, fester, kugelförmiger Teilchen.** M. Sengupta und Amal K. Bose. (J. electroanalyt. Chem. Interfacial Electrochem. [Lausanne] **18** (1968) 1/2, 21—31; Dep. of Chem., Sci. Coll., Calcutta, Indien; engl.) — Der Vgl. der zwei Korrekturen ergibt für Beweglichkeiten verschieden großer Teilchen in Lsg. mit konst. Elektrolytkonz. Übereinstimmung. Bei der Berechnung der Relaxationskorrektur ist ein konst. Wert des charakterist. Zeta-Potentials für jedes Syst., wie es die Theorie fordert, nicht erreichbar. Bei der Korrektur der Oberflächenleitfähigkeit stimmen Theorie u. Experiment überein. — 5 Diagramme. J. Bardeleben 208

0724 **Elektrophoretische Fällung aus Suspensionen von ternärem Carbonat im Gemisch Isopentanol-Aceton.** I. S. Lavrov, A. N. Lazarev und G. A. D'jačkova. (Ž. prikl. Chim. **41** (1968) 6, 1336—38; russ.) — Die Fällung von Ba-, Sr- u. Ca-Carbonat wurde in Abhängigkeit von der Zus. des dispersen Mediums u. der Konz. der festen Phase untersucht. Durch die Variation dieser beiden Parameter können elektrophoret. Überzüge beliebiger Dichte erhalten werden. J. J. Pohl 208

A-7. Kinetik, Katalyse

0725 **Einfache Lösung eines speziellen Systems von Reaktionsgleichungen für zweiatomige Moleküle.** J. Friedrich und W. Pilz. (Z. physik. Chem. [Leipzig] **238** (1968) 3/4, 257—61; Math.-Stat. Abt. der OSRAM GmbH, München; dt.) — Für den Zerfall eines zweiatomigen Mol. AB auf gleichzeitig zwei verschiedene Weisen wird für die gleichzeitig ablaufenden Dissoziationsrk. $AB \rightleftharpoons A + B$ u. $AB \rightleftharpoons A_1 + B_1$ das Gleichungssyst. zur Ermittlung des Dissoziationsgrades aufgestellt u. durch Transformation auf ein Syst. zurückgeführt, das eine einfache exakte Lsg. ermöglicht. R. Blank 211

0726 **Ultraschall- und Relaxationsspektroskopie schneller Reaktionen. 3. Mitt. Charakteristiken des Ultraschallspektrums.** Daisaku Tabuchi. (Mem. Inst. sci. ind. Res., Osaka Univ. **25** (1968) 29—34; Osaka, Japan, Univ.; engl.) — 2. vgl. C. **1968**, 16-0678. — Die Charakteristiken des Ultraschallspektrums u. der Wärmekapazität schneller chem. Rk. in Gasen u. fl. Medien werden in Fortführung früherer theoret. Analysen untersucht. Die früher angegebenen komplexen Formeln für die Schall-Geschw. bei Rk. in Gasen u. Fl. werden benutzt, vereinfachte Ausdrücke für die Geschw. u. Absorption abzuleiten. In ähnlicher Weise lassen sich einfachere Ausdrücke für die spezif. Wärmen aus den komplexen Gleichungen der in einen imaginären u. einen reellen Teil zerfallenden Wärmekapazitäten ableiten. In einfacheren Fällen führt die Analyse zur richtigen Zuordnung der Max. der Absorption u. Dispersion zur Relaxationszeit. H. U. Borgstedt 211

0727 **Dissoziation von Ammoniak in der stillen elektrischen Entladung.** I. A. Semiochin, Ju. P. Andreev, K. M. Salimova und F. Ju. Gorvat. (Ž. fiz. Chim. **42** (1968) 4, 909–14; Mosk. gos. univ. im. Lomonosova, Chim. fak.; russ.) – Die Dissoziation von NH_3 in der stillen elektr. Entladung bei 50–450 Torr u. bei Temp. der Ozonisatorwand von 5–91° wurde in Abhängigkeit von der Zirkulationsgeschw. des Gases untersucht. Die Dissoziation ist bei 50–200 Torr vollständig, bei 300 bis 450 Torr 96–98%ig., die Temp.-Änderung u. die Entladungsleistung sind ohne Einfl. auf den Dissoziationsgrad. Die kinet. Analyse zeigt, daß die Zers. von NH_3 bei 50 u. 70 Torr nach nullter u. bei 300 u. 450 Torr nach erster Ordnung abläuft. Bei niedrigen Temp. dürfte die Rk. an der Wand verlaufen. Die Rk. wird durch Elektronenstoß aktiviert. J. J. Pohl 212

0728 **Reaktion von atomarem Stickstoff mit Kohlendioxid.** John T. Herron und Robert E. Huie. (J. physic. Chem. **72** (1968) 6, 2235–36; NBS, Washington, D.C.; engl.) – Obige Rk. wird zwischen 330 u. 550 °K massenspektrometr. untersucht, wobei die Partialdrücke der Rk.-Partner kontinuierlich verfolgt werden. Für die Teilrk. $N + CO_2 \rightarrow NO + CO$ wird die RGK bei 550 °K zu $k \leq 10^6$ cm³/Mol · s bestimmt. Mindestens bis 550 °K ist der Rk.-Mechanismus bimolekular. H. Tulhoff 212

0729 **Chemische Reaktionen in geschlossenen CO_2-Laser-Entladungsrohren.** E. N. Lotkova, V. I. Makarov, L. S. Polak und N. N. Sobolev. (Chim. vysokich Energ. **2** (1968) 3, 278–83; Inst. neftechim. sint. im. Topčieva AN SSSR; russ.) – Die Bldg. von Dissoziationsprod. des CO_2 in Gemischen CO_2 : He = 1 : 10 wurde im geschlossenen Syst. in der elektr. Glühentladungszone in Abhängigkeit von der Entladungsdauer bei einem Gesamtdruck des Gases von 8,2 Torr u. unter den Bedingungen des Entstehens von Laserlicht mit $\lambda' = 10{,}6\,\mu$ untersucht. Die Leistungskurven der entstehenden Strahlung wurden registriert. In Abwesenheit eines Gasstromes im Glasrohr dissoziiert das Arbeitsgas nach kurzer Zeit vollständig, das Entstehen des Laserlichtes klingt rasch ab. Der große Dissoziationsgrad von CO_2 ist durch das Entweichen von Sauerstoff wahrscheinlich in Form von O-Atomen durch die Wand des Entladungsrohres oder durch Verschiebung des Gleichgew. $CO_2 \rightleftharpoons CO + O$ nach einem Adsorptions- oder Chemosorptionsmechanismus nach rechts bedingt. Die Art des Materials u. die Behandlung der Wände u. Elektroden des Entladungsrohres spielen also eine große Rolle. J. J. Pohl 212

0730 **Thermische Zersetzung von Triäthylaluminium.** W. L. Smith und T. Wartik. (J. inorg. nuclear Chem. **29** (1967) 3, 629–45; Dep. of Chem., Pa. State Univ., University Park, Pa.; engl.) – Die Kinetik der therm. Zers. von gasf. $Al(C_2H_5)_3$ wurde in stat. Syst. bei 162 bis 192° durch komplette Analyse der Prod. verfolgt. Je nach Rk.-Phase wurden nachgewiesen: C_2H_4, C_2H_6, 1-C_4H_8, 2-C_4H_8, H_2, metall. Al sowie kleinere Mengen von CH_4, C_4H_{10} u. C_6H_{12}. Behandlung der nichtflüchtigen Rückstände mit D_2O lieferte C_2H_5D, C_4H_9D, $C_6H_{13}D$, HD, D_2 u. CH_xO_{4-x} mit x = 0, 1, 2 oder 3. Die kinet. Daten deuten auf eine heterogene Rk. 1. Ordnung. Bezogen auf das Verschwinden von Al–C_2H_5-Bindungen ergibt sich das Geschw.-Gesetz $k_1 = 10^{8,2}\,e^{-29\,000/RT}$. Es wird ein Rk.-Mechanismus vorgeschlagen, bei dem Mol.- u. Radikal-Rk. miteinander konkurrieren. Es wird wahrscheinlich gemacht, daß sich im Syst. $Al(C_2H_5)_3$–$AlH(C_2H_5)_2$–C_2H_4 ein Gleichgew.-Zustand auszubilden vermag. U. Geisler 212

0731 **Kettenreaktion bei Diffusionsflammenbedingungen.** B. V. Pavlov, L. Ju. Rusin und B. L. Tarnopol'skij. (Kinetika i Kataliz **9** (1968) 2, 418–21; Inst. chim. fiz. AN SSSR, Moskva; russ.) – Das Syst. von Differentialgleichungen zweiter Ordnung einer nichtverzweigten Kettenreaktion wurde integriert, die effektive Rk.-Geschw.-Konst. hängt bei Diffusionsflammenbedingungen vom Druck im Rk.-Gefäß (ca. $p^{1/3}$) ab. Bei großen Werten der Parameter nähert sich das Integrationsergebnis dem Ergebnis der Thomas-Fermi-Gleichung. J. J. Pohl 214

0732 **Bestimmung der Grundkonstanten der Reaktionsgeschwindigkeit von Deuteriumatomen mit Ammoniak und einigen einfachen Aminen.** Z. G. Dzocenidze, K. T. Oganesjan und A. B. Nalbandjan. (Soobšč. Akad. Nauk Gruz. SSR **50** (1968) 2, 379–84; Tbilisskij gos. univ.; russ.) – Der Verbrennungsmechanismus eines Gemisches $3\,D_2 + O_2 + x\,NH_3$ wurde in stat. Vakuum bei 570–670° untersucht. Die untere Grenze der Selbstentflammung wurde in Abhängigkeit der Temp. bestimmt. Die Grenze liegt bei größeren NH_3-Geh. höher, analog verhalten sich auch die Amine CH_3NH_2, $C_2H_5NH_2$ u. n-$C_3H_7NH_2$. Die effektive Aktivierungsenergie beträgt für $D + NH_3$ 12,9 (kcal/Mol), die Geschw.-Konst. bei 650° ($K \cdot 10^{14}$ cm³/Mol · sec) 6,7, für $D + CH_3NH_2$ 9,6, 7,4, für $D + C_2H_5NH_2$, 8,4; 22,0 u. für $D +$ n-$C_3H_7NH_2$ 7,5; 29,0. J. J. Pohl 214

0733 **Photometrische Messungen an Abweichungen vom Gleichgewichtszustand in Flammen.** Tj. Hollander. (AIAA Journal **6** (1968) 3, 385–93; Univ. of Calif., Santa Barbara, Calif.; engl.) – Vf. diskutiert einige Abweichungen vom Gleichgew.-Zustand in laminaren, vorgemischten Flammen bei Atmosphärendruck, u. zwar wird das Gebiet oberhalb der prim. Rk.-Zone untersucht. Untersuchte Flammen sind $CO/O_2/N_2$-, $H_2/O_2/N_2$- u. $C_2H_2/O_2/N_2$-Flammen mit Temp. von 2000°–2500 °K u. mit Anstiegsgeschw. von 5–15 m/s. Dem Flammenzentrum werden Metalldämpfe (*Li, Na, K, Rb, Ca, Sr, Ba*) zugesetzt. Eingegangen wird auf den Begriff der Flammentemp., das chem. Nichtgleichgew. (langsame Rekombination überschüssiger Radikale, Abweichungen vom anfänglichen Temp.-Anstieg, supratherm. Chemilumineszenz des OH u. blauen K-Dubletts, Beitrag dieser Strahlung zum Flammenhintergrund), die Nichtgleichgew.-Strahlung in Flammen, Abweichungen vom Saha-Ionisationsgleichgew. des Metalldampfes in der Flamme u. den Dissoziationsmechanismus der Erdalkalimetalloxide in CO-Flammen. W. Pusch 214△

0734 **Ionisations- und Rekombinationsprozesse in einer Acetylen–Luft-Flammenentladung mit Zusätzen von Blei und Wismut.** E. N. Taran und V. I. Tverdochlebov. (Teplofiz. vysokich Temperatur **6** (1968) 3, 395–99; Dnepropetrovskij gornyj inst.; russ.) – Mittels zweier Sonden wurden Konz. der positiven Ionen u. Elektronentemp. in Abhängigkeit der Entfernung von der Brenneröffnung in einer Acetylen–Luft-Flamme mit Zusätzen von Pb u. Bi bestimmt. Der Anteil der Molekül- u. Atomionen wurde abgeschätzt u. der scheinbare Rekombinationskoeff. bestimmt. In der Flamme der Gasmischung mit Metallzusätzen kommt es zur Elektronen–Ionen-Rekombination durch Dreierstöße. M. Wiedemann 214

0735 **Einfluß des Komponentenverhältnisses auf die Verbrennungsgeschwindigkeit kondensierter Gemische. 3. Mitt. Einfluß der Zusammensetzung des Gemischs auf die Abhängigkeit der Verbrennungsgeschwindigkeit vom Druck.** S. A. Cyganov und N. N. Bachman. (Ž. fiz. Chim. **42** (1968) 6, 1428–35; Inst. chim. fiz. AN SSSR, Moskva; russ.) – 2. vgl. C. **1968, 34**-0740. – Die Verbrennung von Modellgemischen des NH_4Cl u. KCl mit Polystyrol, Polymethylmetacrylat, Polyformaldehyd u.a., sowie von Gemischen des $KClO_4$ mit Graphit u. Wolfram wurde bei verschiedenen Verhältnissen des Brennstoffes u. des Ox.-Mittels untersucht. Die Abhängigkeit der Brenngeschw. u vom Druck p ändert sich mit dem Komponentenverhältnis. Mit zunehmendem Überschuß des organ. Brennstoffes wächst ν aus $u = bp^{\nu}$ bis zum Wert 1,6–1,7. Im Falle feindisperser Gemische u. sehr flüchtiger Brennstoffe sinkt ν von 0,5 bis ≤ 0, bes. bei hohen Drücken. Im Falle von $KClO_4$-Gemischen mit W u. Graphit geht ν bei wachsendem Brennstoffüberschuß über ein Maximum. Die Brenngeschw. wird nicht durch die ganze Verbrennungszone der Komponente, sondern nur durch einen Teil der Zone bestimmt.

J. J. Pohl 214

0736 **Erweiterung des „Bandmodells" auf die Inner-Schalen-Mechanismen von Elektronenübertragungsreaktionen.** I. Ruff. (J. physik. Chem. 72 (1968) 5, 1792–97; L. Eötvös Univ., Inst. of Inorg. and Anal. Chem., Budapest, Hungary; engl.) – Das zur Interpretation des kinet. Verh. von Außenschalen-Elektronenübertragungsrk. entwickelte Bandmodell [vgl. Acta Chim. Acad. Sci. Hung. **52** (1967) **364**] wird bez. der Innerschalenmechanismen modifiziert. Der Brückenligand eines zweikernigen aktivierten Komplexes kann ein bevorzugter Elektronenträger sein, der die Höhe der Energiebarriere durch sein Ox.-Red.-Potential u. die Barrierenbreite durch seine Komplexbldg.-Fähigkeit erniedrigt. Dadurch steigt die Aktivierungsentropie u. resultiert in einem katalyt. Effekt. Außerdem kann der Brückenligand die Aktivierungsenergie erniedrigen, wenn die Bldg.-Enthalpie des zweikernigen Komplexes größer als die elektrostat. Abstoßungsenergie ist. Anwendung auf Halogenid-Ionen in folgenden Syst.: Elektronenübertragung: $Cr(II)$-F-$[Cr(III)(NH_3)_5]$, $Cr(II)$-Cl-$[Cr(III)(NH_3)_5]$, $Cr(II)$-Cl-$[Co(III)(NH_3)_5]$, $Eu(II)$-Cl-$[Co(III)(NH_3)_5]$, $Eu(II)$-Br-$[Co(III)(NH_3)_5]$, $V(II)$-Cl-$[Co(III)(NH_3)_5]$, Löcherübertragung: $V(II)$-Br-$[Co(III)(NH_3)_5]$, $Fe(II)$-Cl-$Fe(III)$, $Fe(II)$-Cl-$[Fe(III)Cl]$, $Fe(II)$-F-$Fe(III)$ u. $Fe(II)$-F-$Fe(III)F$.

R. Blank 216

0737 **Stabilität wäßriger Xenondifluoridlösungen.** V. A. Legasov, V. N. Prusakov und B. B. Čajvanov. (Ž. fiz. Chim. 42 (1968) 5, 1167–71; russ.) – Die Zers. von wss. XeF_2-Lsg. erfolgt nach $XeF_2 + H_2O \rightarrow Xe + 1/2\ O_2 + 2\ HF$ u. einer Kinetik erster Ordnung mit der Geschw.-Konst. $k'[Min^{-1}] = 1{,}2 \cdot 10^{12} \exp -18400/RT$. Die Zers.-Geschw. wurde bei 10–40° bestimmt, ein möglicher Mechanismus der Vorgänge wird vorgeschlagen.

J. J. Pohl 216

0738 **Isotopenuntersuchung der Ozon-Bildung bei der Zersetzung schwefelsaurer Peroxodisulfat-Lösungen.** A. Ja. Blum, V. A. Lunenok-Burmakina und Ja. Ja. Sauka. (Ž. neorg. Chim. 12 (1967) 11, 2927–30; Inst. fiz. chim. im. L.V. Pisarževskogo Akad. nauk Ukrain. SSSR; russ.) – Mit Hilfe von ^{18}O-markiertem H_2O_2 bzw. $K_2S_2O_8$ bzw. H_2O wurde gezeigt, daß das aus wss. $K_2S_2O_8$–H_2O_2-Lsg. in 1,5- bzw. 13,5%ig. H_2SO_4 sich entwickelnde O_3 jeweils zwei O-Atome aus dem H_2O_2 u. ein O-Atom aus der Peroxogruppe von $S_2O_8^{2-}$ enthält. Beide O-Atome eines H_2O_2-Mol. werden demnach in ein O_3-Mol. übergeführt, ohne daß vorher Zerfall in O_2 erfolgt. An der O_3-Bldg. sind die Spezies H_2SO_4 oder SO_4^- nicht beteiligt.

A. Blaschette 216

0739 **Einfluß von Eisenoxiden, Cellulose und Chromionen auf die Ozon-Bildung im System Kaliumperoxodisulfat ($K_2S_2O_8$)–H_2SO_4.** A. Ja. Blum, und Ja. Ja. Sauka. (Izvest. Akad. Nauk Latv. SSR, Ser. chim. **1967**, 2, 135–38; russ.) – Vgl. vorst. Referat. – Der Einfl. von α-Fe_2O_3, γ-FeO(OH) bzw. Cellulose auf die O_3-Entw. im Syst. $K_2S_2O_8$–H_2SO_4 wurde untersucht. Die Eisenoxide beeinflussen die O_3-Bldg. nicht merklich. Cellulose beschleunigt die Hydrolyse von $H_2S_2O_8$, wodurch O_3-Bldg. bereits bei H_2SO_4-Konz. unterhalb 3–4% ermöglicht wird. Die O_3-Erzeugung hängt von der gleichzeitigen Ggw. von $H_2S_2O_8$ u. H_2O_2 in den Lsg. ab, gleichgültig ob man von $K_2S_2O_8$-konz. H_2SO_4 oder H_2O_2-konz. H_2SO_4 ausgeht. Cr^{3+} steigert in beiden Syst. die Geschw. der O_3-Bldg. u. der Zers. des peroxid. Sauerstoffs um den Faktor 6.

A. Blaschette 216

0740 **Untersuchung der Oxydation anorganischer Ionen durch Wasserstoffperoxid und Ozon mittels Isotopen.** V. A. Lunenok-Burmakina, T. M. Kusakovskaja und A. G. Mirošničenco. (Isotopenpraxis 3 (1967) 4, 146–48; russ.,) – Vgl. vorst. Referate. – Zusammenfassender Vortrag über Ergebnisse bei der Unters. nachst. Rk. mit Hilfe von $H_2^{18}O_2$ bzw. ^{18}O-markiertem Ozon: Ox. von $HSeO_3^-$ bzw. H_2SeO_3 mit H_2O_2; Ox. von H_3PO_3 mit Fenton-Reagens; Ox. von NO_2^-, SeO_3^{2-}, AsO_3^{3-}, PO_3^{3-}, Ag^+ u. Mn^{2+} mit O_3. – 13 Literaturangaben.

A. Blaschette 216

0741 **Reaktion von Wasserstoffperoxid mit Cer(IV) in oxalathaltigen Lösungen.** V. A. Matjucha, V. B. Milov, N. N. Krot und P. A. Perminov. (Ž. neorg. Chim. 12 (1967) 12, 3331–36; russ.) – Die Kinetik der Red. von Ce(IV) durch H_2O_2 wurde in schwach saurer u. neutraler $(NH_4)_2C_2O_4$-Lsg. spektrophotometr. verfolgt. Die Red. zu Ce(III) ist vollständig, wobei der Prozeß über zwei Einelektronschritte mit intermediärer Bldg. des HO_2-Radikals verläuft: $Ce(IV) + H_2O_2 \rightleftharpoons Ce(III) + HO_2 + H^+$, $Ce(IV) + HO_2 \rightarrow Ce(III) + O_2 + H^+$. Das HO_2-Radikal vermag nicht nur Ce(IV) zu reduzieren, sondern auch Ce(III) zu oxydieren. Die Geschw. dieser beiden Rk. sind unter den hier untersuchten Bedingungen ungefähr gleich. Näher geprüft wurde der Einfl. des pH-Wertes (3–5,6), der Temp. ($10^3/T = 3{,}1-3{,}3$), der Anfangskonz. an Ce(IV) ($2{,}46 \cdot 10^{-5})-1{,}10 \cdot 10^{-4}$ m) u. der $(NH_4)_2C_2O_4$-Konz. ($3{,}45 \cdot 10^{-2}-0{,}275$ m) auf die Rk.-Geschwindigkeit.

A. Blaschette 216

0742 **Einfluß von Cu^+-Ionen auf die thermische Zersetzung von Kaliumperoxodisulfat.** A. N. Mamjan und A. M. Kešišjan. (Armjanskij chim. Ž. **20** (1967) 4, 257 bis 263; Erevanskij gos. univ.; russ.) – Der Einfl. von Cu^+, Cu^{2+} bzw. $C_2O_4^{2-}$ auf die Geschw. der therm. $S_2O_8^{2-}$-Zers. wurde bei 61,7° in Ggw. von Allylacetat untersucht. Die Zers. wird durch Cu^+ beschleunigt, durch $C_2O_4^{2-}$ verlangsamt, durch Cu^{2+} prakt. nicht verändert. Die Rk. ist in Ggw. u. in Abwesenheit von Cu^{2+} von erster Ordnung, unabhängig davon, ob außerdem $C_2O_4^{2-}$ vorhanden ist oder nicht. In Ggw. von $Cu^+ + C_2O_4^{2-}$ wird ebenfalls eine kinet. Gleichung erster Ordnung befolgt, nicht aber in Ggw. von Cu^+ allein.

A. Blaschette 216

0743 **Katalytische Eigenschaften von Mangankomplexverbindungen mit α,α'-Dipyridyl bei der Zersetzung von Wasserstoffperoxid.** A. Ja. Syčev und Ja. D. Tiginjanu. (Ž. fiz. Chim. 42 (1968) 5, 1124–30; Kišinevskij gos. univ.; russ.) – Die katalyt. Zers. von H_2O_2 unter der Einw. von Mn^{2+}-dipy-Komplexen wurde volumetr., pH-metr. u. spektrophotometr. im Bereich 220–320 nm untersucht. Die Geschw.-Konst. der Prozesse wurde bei verschiedenen Temp. (7–100°) bestimmt, die thermodynam. Charakteristiken der Zers. wurden berechnet. Ein möglicher Mechanismus der katalyt. Zers. unter Annahme der intermediären Bldg. eines aktivierten Mn-Komplexes mit H_2O_2 wird vorgeschlagen, der einen Radikal-Ketten-Prozeß einschließt u. zur teilweisen Ox. des Mn^{2+} zu Mn^{3+} führt. Die Katalyse wird durch die Ionenstärke, durch den pH-Wert, durch die Konz. des Katalysators sowie seine Struktur beeinflußt. Die Aktivierungsenergie der Zers. von H_2O_2 in Ggw. von $[Mn \cdot (dipy)]^{2+}$ beträgt 8,4 kcal/Mol, $\Delta H^* = 7{,}8$ kcal/Mol, $\Delta S^* = -9{,}7$ Clausius.

J. J. Pohl 216

0744 **Katalytische Oxydation des Wassers durch Ce^{4+}-Ionen.** T. S. Glikman und I. S. Ščegoleva. (Kinetika i Kataliz 9 (1968) 2, 461–62; Inst. fiz. chim. im. Pisarčervskogo AN USSR, Kiev; russ.) – Durch Anwesenheit von pulverförmigem MnO_2, CoO, Pt- bzw. Pd-Mohr wird die Ox. von H_2O durch Ce^{4+}-Ionen beschleunigt u. ist auch in der Dunkelheit nach 30–240 Min. prakt. abgeschlossen. TiO_2, ZrO_2, PbO_2, SnO_2, NiO haben nur geringen Einfl. auf die Rk.-Geschwindigkeit. Mit steigender Ce^{4+}-Ionenkonz. steigt die Rk.-Geschw. bis zu 0,1 Mol/Liter Ce^{4+}-Ionen linear, dann nur noch langsam. Bei Katalyse durch UV-Licht wird die Rk.-Geschw. durch Erhöhung der H^+-Ionenkonz. herab-, bei Katalyse durch Metalloxidzusatz heraufgesetzt.

H. Kijewski 216

0745 **Kinetik und Mechanismus der Oxydation von Nitrit mit Permanganat.** K. B. Jacimirskij und A. N. Budarina. (Kinetika i Kataliz **9** (1968) 2, 422–24; Inst. obščej i neorg. chim. AN USSR; Kiev; russ.) – Es wurde die Rk. von $KMnO_4$ mit dem 20fachen Überschuß an Nitrit in schwefelsaurem Medium mit einem Sekundärelektronenvervielfacher u. Oszillographen opt. verfolgt. ($\lambda_{eff} = 508$ nm). Die Rk.-Zeiten lagen zwischen $3 \cdot 10^{-2}$ u. 10^{-1}s. Die scheinbare Aktivierungsenergie wurde zu 11,5 kcal/Mol, die Entropie zu –9,9 Clausius bestimmt.

H. Kijewski 216

0746 **Kompensationseffekt bei der Reaktion von Lanthanidionen und Temperaturlöschung ihrer Lumineszenz in**

Lösungen. V. P. Kazakov. (Teoret. èksper. Chim. 4 (1968) 3, 424–28; Inst. teplofiz. SO AN SSSR, Novosibirsk; russ.) — Der kinet. u. thermodynam. Kompensationseffekt bei der Red. von Ce(IV) mit Methanol, A. oder Propanol in Ggw. komplexbildender Liganden wird auf Grund von Literaturdaten diskutiert. Die durch Temp.-Änderungen bewirkte Lumineszenzlöschung in Lsg. wird als Folge der Verschiebung des chem. Gleichgew. besprochen. J. J. Pohl 216

0747 **Verhalten von Cer(IV) in Oxalatlösungen.** P. S. Perminov, S. G. Fedorov, V. A. Matjucha, V. B. Milov und N. N. Krot. (Ž. neorg. Chim. **13** (1968) 2, 472–78; Inst. fiz. chim. AN SSSR; russ.) — Die Kinetik der Red. von Cer(IV) wurde in verd. Oxalatlsg. bei pH 1–5,5 spektrophotometr. im Bereich 380–400 nm untersucht. Die Rk.-Ordnung der Red. ist nicht ganzzahlig, sondern ändert sich zwischen 1 u. 2. Ein möglicher Rk.-Mechanismus wird vorgeschlagen. Der molare Absorptionskoeff. von Ce(IV) ist bei pH 3–6 u. $(NH_4)_2C_2O_4$-Konz. 0,03–0,35 m prakt. konstant. Die Red. verläuft bei pH 3–6 bei 60° mit genügender Geschwindigkeit. In sauren Medien erleiden die Ce(IV)-Oxalat-Komplexe eine Dissoziation. Die scheinbare Aktivierungsenergie der direkten Red.-Rk. beträgt bei $(NH_4)_2C_2O_4$-Konz. von 0,14 bzw. $5 \cdot 10^{-3}$ m bei pH 5,20 bzw. 1,0, 21,5 bzw. 25,1 kcal/Mol. J. J. Pohl 216

0748 **Kinetik der Hydrolyse von Titansulfatlösungen bei hohem Säurefaktor in Gegenwart von Ammoniumsulfat.** N. N. Kozačok, Ja. G. Goroščenko, E. P. Lykov und L. A. Parachnevič. (Ukrainskij chim. Ž. **34** (1968) 2, 140–43; Inst. obšč. i neorg. chim. AN Ukr. SSR; russ.) — Die Hydrolysekinetik von Ti-Sulfat in technol. Lsg., die durch die Zers. von Ilmenit durch $H_2SO_4 + (NH_4)_2 \cdot SO_4$ erhalten wurden, wurde untersucht. Die Hydrolysekinetik kann durch eine Gleichung erster Ordnung beschrieben werden. Durch die Verw. von Keimlsg. kann die Rk. im Anfangsstadium stark aktiviert werden, die Geschw.-Konst. der Rk. nimmt 10^1–10^2fach zu. Bei einer TiO_2-Konz. von 85 g/Liter, einer Ti-Keimmenge von 3%, einer Kochdauer von 4 Std. u. einem Geh. an akt. H_2SO_4 von 270–290 g/Liter beträgt die TiO_2-Ausb. 95%. Das Prod. hat die Zus. 97,12(%) TiO_2; 2,32 Fe_2O_3, 0,014 MnO; 0,008 Cr_2O_3 u. 0,008 V_2O_5. J. J. Pohl 216

0749 **Kinetische Untersuchung der Oxydation von Ti(III) zu Ti(IV) in Flußsäure-Lösungen.** J. W. Johnson, K. S. Shen und W. J. James. (J. less-common Metals [Lausanne] **15** (1968) 2, 177–82; Dep. of Chem. Engng. and Chem., Univ. of Mo. at Rolla, Rolla, Mo.; engl.) — Die Ox. von Ti(III) zu Ti(IV) in HF wurde bei 25, 34,5 u. 41,5°, anfänglichen Ti(III)-Konz. von 0,05–0,5 m u. HF-Konz. von 0,25–2,0 m untersucht. Die Ox.-Geschw. ist in Lsg., in denen 1 < HF:Ti(III) < 10, bez. Ti(III) u. HF von erster Ordnung. Abweichungen von dieser Ordnung werden während der Induktionsperiode bei HF:Ti(III) > 10 bei tieferen Temp. u. bei HF:Ti(III) < 2 beobachtet. Die verschiedenen Ti(III)-Fluorid-Komplexe werden offenbar verschieden schnell oxydiert. Die Aktivierungsenergie der Ox. beträgt ca. 6 kcal. P. Scharner 216

0750 **Oxydations-Reduktions-Katalyse der Chrom(III)-Substitution. Kinetik der Reaktion von Vanadium(II)- und Chlorochrom(III)-Ionen und deren Umkehrung. Ein Beispiel für die Nichtgleichgewichtszustandskinetik.** James H. Espenson und O. Jerry Parker. (J. Amer. chem. Soc. **90** (1968) 14, 3689–95; Inst. for Atomic Res. and Dep. of Chem., Ia. State Univ., Ames, Ia.; engl.) — Unters. der Kinetik der Zweistufenrk.: 1. $CrCl^{2+} + V^{2+} \rightleftharpoons Cr^{2+} + Cl^- + V^{3+}$, 2. $Cr^{2+} + V^{3+} \rightleftharpoons Cr^{3+} + V^{2+}$ mit der Nettork. $CrCl^{2+} \rightleftharpoons Cr^{3+} + Cl^-$ in Lsg. mit Cl^-- u. ClO_4^--Ionen. V^{2+} u. $CrCl^{2+}$ reagieren nach zweiter Ordnung mit $k_1 = e + f/[H^+]$. In Chlorid-Lsg. ist die Geschw.-Konst. der Rk. dritter Ordnung $V^{3+} + Cr^{2+} + Cl^-$, bei der $[CrCl(H_2O)_5]^{2+}$ gebildet wird, $k_2 = g + h/[H^+]$. In Perchlorat-Lsg. ist die Rk. $V^{3+} + Cr^{2+}$ von zweiter Ordnung mit $k_3 = q/(r + [H^+])$ (e, f, g, h, q u. r = Konst.). Die Rk. 1. folgt keiner Gleichgew.-Kinetik, da die Folgerk. 2. relativ langsam ist. Der genaue Mechanismus, bes. die Frage der Elektronenübertragung von innerer u. äußerer Schale, wird eingehend diskutiert. R. Blank 216

0751 **Kinetik und Mechanismus der Substitutionsreaktionen von Komplexen.** 7. Mitt. **Solvolyse von $[Cr(SCN)_4 \cdot (C_6H_5NH_2)_2]^-$ in Äthanol–Wasser-Gemischen.** J. Zsakó, Cs. Várhelyi und I. Gănescu. (Rev. roum. Chim. **13** (1968) 5, 581–90; Fac. of Chem., Babeş-Bolyai Univ., Cluj; engl.) — 6. vgl. C. **1968**, 40-0549. — Aus Konz.-Messungen des freien SCN^--Ions (I) u. des nicht umgesetzten $[Cr(SCN)_4(C_6H_5NH_2)_2]^-$-Ions (II) wurden die RGK des Solvolyseprozesses bei 32, 42, 47 u. 52° in *A./W.*-Gemischen mit 6,7, 13,6, 27,6, 42,5 u. 95,5 Gew.-% *A.* berechnet. Danach erfolgt die Solvolyse in zwei Parallelrk., nämlich Substitution eines einzelnen **I**. Diese Rk. ist erster Ordnung bez. **II** mit der Aktivierungsenergie 31,5 kcal/Mol. Anschließend wird rasch ein zweites **I** substituiert. Die parallele Substitution von Anilin (**III**) ist dritter Ordnung, und zwar erster Ordnung bez. **II** u. zweiter Ordnung bez. A. mit der Aktivierungsenergie von 27 kcal/Mol. Darst. von $NH_4[Cr(SCN)_4(C_6H_5NH_2)_2] \cdot H_2O$ durch Erwärmen des wasserfreien $K_3[Cr(SCN)_6]$ bei 80–90° für 4–5 h mit Überschuß von **III** im Molverhältnis 1:4. $C_6H_5NH_3[Cr(SCN)_4(C_6H_5NH_2)_2)$, wird mit verd. Essigsäure isoliert u. das Ammoniumsalz durch konz. NH_4Cl-Lsg. als rotvioletter Nd. mit 80–85% Ausb. erhalten. R. Blank 216

0752 **Umsetzung von p-Benzochinon mit $FeCl_3$.** R. M. Davydov und G. V. Fomin. (Ž. fiz. Chim. **42** (1968) 4, 925–30; Inst. chim. fiz. AN SSSR, Moskva; russ.) — Die auf Grund von spektroskop. Daten bei 200–400 nm bestimmte Geschw. der Rk. von Fe^{2+} mit p-Benzochinon in saurer wss. Lsg. unter Bldg. von Fe^{3+} u. Hydrochinon wächst mit steigender Konz. der Cl^--, SO_4^{2-}- u. H^+-Ionen, wahrscheinlich infolge der Änderung der Konz. der reaktionsfähigen Fe-Komplexe $FeCl^+$ u. $FeSO_4$. Die Umsetzungsgeschw. von p-$C_6H_4O_2$ mit Fe-Komplexen wächst nach $Fe^{2+}(H_2O)_6 < FeSO_4 < FeCl^+$. J. J. Pohl 216

0753 **Mechanismus der oktaedrischen Substitution in nichtwäßrigen Medien.** 6. Mitt. **Geschwindigkeit der Solvolyse der trans-Dichloro- und trans-Chloronitro-bis-[äthylendiamin]-kobalt(III)-Ionen in Formamid. Geschwindigkeit der Substitution von Chlorid durch Thiocyanat im Chloronitro-Komplexion in Sulfolan.** S. Ašperger und M. Pribanič. (J. chem. Soc. [London], Sect. A **1968**, 7, 1503–07; Dep. of Phys. Chem. Inst. Rudjer Bošković Zagreb; engl.) — 5. vgl. ibid **1968**, 4, 769; 4. vgl. C. **1968**, 19-0773. — Die Solvolysegeschw. von trans-Dichloro- u. trans-Chloronitro-Komplexionen in Formamid wurde bestimmt. Zunehmende Polarität des Lsgm. führt zu einer Zunahme der Substitutionsgeschw. des Chlorids in den beiden Komplexionen. Die Geschw. der Substitution des Chlorids durch Thiocyanat im Chloronitro-Komplexion in Sulfolan ist bei hohen SCN^--Konz. von dieser unabhängig. Die Konst. der Assoziation der Ionen u. die Geschw.-Konst. der Ionenaggregatbldg. wurden bestimmt. J. J. Pohl 216

0754 **Anlagerung des Hydroxid-Ions an das Tris-[äthylendiamin]-kobalt(III)- und -chrom(III)-Kation in Dioxan-Wasser und Dioxan-Deuteriumoxid.** S. C. Chan. (J. chem. Soc. [London], Sect. A **1967**, 12, 2103–06; Dep. of Chem., Univ., Hong Kong; engl.) — Die Gleichgew.-Konst. (K) der Rk. $(Men_3)^{3+} + OH^- \rightleftharpoons [(Men_3)OH]^{2+}$ mit M = Co^{3+} (**I**) oder Cr^{3+} (**II**) wurde für 25° bestimmt, indem die Änderung des UV (550–250 nm)-Extinktionkoeff. der Komplexe als Funktion der OH^--Konz. verfolgt wurde. Bei konst. Ionenstärke zeigt K nur eine geringe Abhängigkeit von der Temp. ($K_{Co} > K_{Cr}$). In Ggw. von Dioxan ist die Assoziation für **I** u. **II** größer; K ändert sich exponentiell mit der DK des Lösungsmittels. Der Austausch von W. gegen D_2O ist für **I** vernachlässigbar; für **II** vergrößert sich K um das 2–3fache. Deuterierung des Komplexes besitzt keinen merklichen Einfluß. G. Schatz 216

0755 **Thermographische Untersuchung der Entwässerung von Kupferhydroxid in alkalischen Lösungen.** M. Z. Ugorec, E. A. Buketov und K. M. Achmetov. (Ž. neorg. Chim. **13** (1968) 6, 1525–29; russ.) — Die Verwendbarkeit der DTA-Meth. im Autoklaven zur Verfolgung heterogener chem. Prozesse in wss. Lsg. wird am Beispiel der Zers. von $Cu(OH)_2$ gezeigt. Der Zers.-Prozeß verläuft auf zwei Wegen: durch unmittelbare Dissoziation bei trockener Zers. an der Luft oder durch Lösen in wss. Lsg. bei nasser Zersetzung. In alkal. Lsg. beträgt die Aktivierungsenergie der Zers. 23 kcal/Mol, der die Geschw. bestimmende Schritt ist die Auflsg. von Kupferhydroxid. Bei zunehmender NaOH-Konz. sinkt die Zers.-Temp., sie beträgt in W. 124° u. in 15 n Lsg. 31°. Der OH^--Ionengeh. im Cu-Komplex beträgt bei 0,1 n NaOH zwei, entsprechend $Cu(OH)_2$, bei 0,1—1,0 n NaOH drei, entsprechend $[Cu(OH)_3]^-$ u. bei höheren NaOH-Konz. vier, entsprechend $[Cu(OH)_4]^{2-}$. J. J. Pohl 216

0756 **Kinetik einiger Reaktionen der Tetramminpalladium-(II)- und Chlorotriamminpalladium(II)-Ionen in saurer Lösung.** J. S. Coe, M. D. Hussain und A. A. Malik. (Inorg. chim. Acta [Padova] 2 (1968) 1, 65—73; engl.) — Spektrophotometr. Best. der RGK u. Aktivierungsparameter für die W.- u. Chlorid-Substitutionsrk. von $Pd(NH_3)_4^{2+}$ u. $Pd(NH_3)_3Cl^+$ in saurer Perchlorat-Lsg. zwischen 15 u. 35°. Für diese Rk. gilt das Rk.-Geschw.-Gesetz $k = k_{H_2O} + k_{Cl}[Cl^-]$. Die kinet. Parameter k, ΔH u. ΔS von folgenden Rk. sind tabelliert: a) $[Pd(NH_3)_{4-x}Cl_x]$ (I) + X → $[Pd(NH_3)_{3-x}Cl_xX] + NH_3$ mit den Spezies I = $Pd(NH_3)_4^{2+}$, $Pd(NH_3)_3Cl^+$, cis- u. trans-$Pd(NH_3)Cl_2$ u. $PdNH_3Cl_3^-$ u. X = Cl^- u. H_2O, b) $[Pt(NH_3)_{4-x}Cl_x]$ (II) + Y → $[Pt(NH_3)_{4-x}Cl_{x-1}Y]$ + Cl mit den Spezies II = $Pt(NH_3)_3Cl^+$, cis- u. trans-$Pt(NH_3)_2Cl_2$, $PtNH_3Cl_3^-$ u. $PtCl_4^{2-}$ sowie Y = Cl^-, H_2O u. NH_3. Die cis- u. trans-Effekte werden diskutiert. R. Blank 216

0757 **Durch Rhodium katalysierte Reaktionen von Olefinen als Beispiel für die Katalyse durch Übergangsmetalle.** Richard Cramer. (Accounts chem. Res. 1 (1968) 6 186 bis 191; E. I. du Pont de Nemours and Co., Wilmington, Del.; engl.) — Übersicht (Addition, Dimerisation, Isomerisierung; Koordination des Olefins an Rh; Mechanismus). — 28 Literaturangaben. D. Hoene 216

0758 **Thermische Stabilität der Salze der Chlorsauerstoffsäuren in fester Phase. 4. Mitt. Kinetik und Mechanismus der thermischen Zersetzung von Alkalimetallperchloraten.** Frigyes Solymosi. (Acta chim. Acad. Sci. hung. **57** (1968) 1, 11—33; Szeged, Hungarian Acad. of Sci., Reaction Kinetical Res. Group; engl.) — 3. vgl. C. **1968**, 33-0776. — Vf. untersuchte die therm. Zers. von *$LiClO_4$* (**I**; bei 411—430,5°), *$NaClO_4$* (**II**; 490—515°), *$KClO_4$* (**III**; 549—575°), *$RbClO_4$* (**IV**; 547—569°), *$CsClO_4$* (**V**; 528 bis 558°) u. der Mischungen von **I**—**V** mit den entsprechenden Chloriden als Funktion der Zeit; die Geschw.-Konst. der Zers., die Aktivierungsenergien u. Frequenzfaktoren sind tabelliert. Die Zers. von **I**—**V** finden nach $MClO_4 \rightarrow MCl + 2O_2$ statt; bei **I** tritt die Nebenrk. $2I \rightarrow Li_2O + Cl_2 + 3{,}5\,O_2$ auf. Die DTA- u. DTG-Kurven von **I**—**V** sind graph. wiedergegeben. Über den Zers.-Mechanismus wird diskutiert. G. Gattow 218

0759 **Thermische Beständigkeit von Salzen der Chlorsauerstoffsäuren im festen Zustand. 5. Mitt. Thermische Zersetzung einiger Metall(II)-perchlorate.** Frigyes Solymosi. (Acta chim. Acad. Sci. hung. **57** (1968) 1, 35—50; Szeged, Reaction Kinet. Res. Group of the Hung. Acad. of Sci.; engl.) — Vgl. vorst. Referat. — Bei der therm. Zers. von *$Ba(ClO_4)_2$* u. *$Cd(ClO_4)_2$* entstehen neben dem Clorid u. O_2 weitere gasförmige Prod., während im Falle von *$Zn(ClO_4)_2$*, *$Mg(ClO_4)_2$* u. *$Pb(ClO_4)_2$* sich nur die Hauptprod. $MeCl_2 + 4O_2$ bilden. Die Stabilität der Perchlorate sinkt in der Reihenfolge Ba > Mg > Cd > Pb > Zn, sie wird durch die Feldstärke der Kationen durch den ion. Charakter der Verb. bestimmt. Die Geschw.-Konst. u. die Aktivierungsenergie der einzelnen Rk.-Schritte wurden ermittelt. J. J. Pohl 218

0760 **Thermische Zersetzung von Lithiumazid.** E. G. Prout und V. C. Liddiard. (J. physic. Chem. **72** (1968) 6, 2281—83; Dep. of Chem., Univ., Cape Town, South Africa; engl.) — LiN_3 ist sehr empfindlich gegen Licht, so daß es schwierig ist, reproduzierbare Zers.-Kurven bei unbestrahlten Präp. zu erhalten. Die Zers. beginnt mit einer Induktionsperiode nach $p = k_1 \cdot t^3$, danach verläuft sie mit $(1-\alpha)^{1/3} = k_2t + c$ (α = zersetzter Anteil). Nach Bestrahlung mit γ-Strahlen (^{60}Co) oder UV wird die Induktionsperiode verkürzt, verschwindet bei einer γ-Strahlung von 15000 rads, u. die Zers.-Geschw. steigt. Es gelten dieselben Zers.-Gleichungen wie für das unbestrahlte Salz, die Aktivierungsenergien sinken aber gegenüber diesem. W.-Dampf hebt den Effekt der Bestrahlung wieder auf. Es wird angenommen, daß die Rk. an einer bestimmten Zahl vorhandener Keime abläuft, deren Zahl durch Bestrahlung steigt. Später berühren sich diese Keime u. die Rk. läuft an den Keimgrenzflächen ab, die mit dem weiteren Rk.-Fortschritt abnehmen. W. Gauster 218

0761 **Reaktionsfähigkeit von radioaktivem Natriumhydrogencarbonat $NaH^{14}CO_3$. Thermischer Zerfall in Stickstoffatmosphäre.** M. M. Pavljučenko, S. A. Slyškina und E. A. Prodan. (Doklady Akad. Nauk Beloruss. SSR **12** (1968) 4, 348—52; Inst. obščej i neorg. chim. AN BSSR; russ.) — Es wurde der zeitliche Verlauf des Zerfalls von ^{14}C-markiertem (**I**), fein- (**II**) bzw. grobkörnigem (**III**) $NaHCO_3$ bestimmt u. folgende Geschw.-Konst. berechnet: $K = 10^{10,9} \exp(-20500/RT) min^{-1}$ für **I** bei 40—100°, $K = 10^{13,3} \exp(-24600/RT) min^{-1}$ für **II** bei 50—90°, $K = 10^{9,8} \exp(-22200/RT) min^{-1}$ für **III** bei 110—160°. Ferner wurden die Aktivierungsenergien für die drei Proben in Abhängigkeit vom Zerfallsgrad bestimmt. A. Pinkowski 218

0762 **Einfluß der Darstellungsmethode auf die Reaktionsfähigkeit von Bariumazid.** V. R. Pai Verneker. (Inorg. nuclear Chem. Letters 4 (1968) 6, 327—30; Suppl. zu: J. inorg. nuclear Chem. Explosives Labor., Picatinny Arsenal, Dover, N.J.; engl.) — Wasserfreies festes $Ba(N_3)_2$ gleicher Krist.-Struktur wurde hergestellt a) durch Eindampfen einer gesätt. wss. Lsg. bei 65°, b) durch Zusatz von A. u. c) durch Zusatz von Methanol zu einer wss. Lsg. des Salzes. Die drei Präp. zeigten bei gleichem Geh. an Verunreinigungen, gleicher Teilchengröße (37 bis 49 μm) u. gleichem Alter (25 Tage) Unterschiede in der Geschw. der langsamen therm. Zers. bei 120°. Die Reaktivität sank in der Reihenfolge a > b > c; im ersten Abschnitt der Druck–Zeit-Kurve (2—3% Zers.) tritt allerdings die Reihenfolge b > a > c auf. — Diskussion. A. Blaschette 218

0763 **Peroxidmechanismus der Zersetzung von Hydroxiden.** D. I. Oželel'ev und M. E. Krasnjanskij. (Ž. neorg. Chim. **13** (1968) 6, 1530—34; Doneckij politechn. inst. chim. technol. fak., Kaf. obšč. chim.; russ.) — Die therm. Dissoziation von B-, Al-, Cd-, Zn- u. Pb-Hydroxid wurde in Ggw. von Alkalimetallhalogeniden, die von Bi-Hydroxid in Ggw. von Bi-Sulfid untersucht. Bei der Rk. entsteht freies Halogen bzw. Schwefel infolge der Ox. der negativ geladenen Halogenid- bzw. Sulfidionen durch die Prod. der therm. Zers. der Hydroxide. Mögliche Mechanismen der therm. Zers. werden diskutiert. J. J. Pohl 218

0764 **Kinetisches Modell für die Zersetzung von Ammoniummetavanadat.** Alfred Deschanvres und Gérard Nouet. (C. R. hebd. Séances Acad. Sci., Sér. C **264** (1967) 25, 2041—44; Caen, Fac. des Sci., Labor. de Chim. miner. ind.; franz.) — Die Thermolyserk. $6\,NH_4VO_3 \rightarrow (NH_4)_2 \cdot V_4O_{16} + 4\,NH_3 + 2H_2O$ wird massenspektrometr. verfolgt. Die Ergebnisse lassen sich befriedigend durch das kinet. Modell einer sich mit konst. Geschw. kontrahierenden Kugel unreagierten Materials erklären. Für das Fortschreiten der Rk. gilt $1-(1-\alpha)^{1/3} = kt/a$ (α = Zers.-Grad, k = Geschw.-Konst., a = Radius der Kugel). Die bei feinkrist. Ausgangsprod. (10 μ Durchmesser) beobachtete Verlangsamung am Ende der Rk. wird auf den nun geschw.-bestimmenden Einfl. der Diffusion von NH_3 u. H_2O durch die umgebende Rk.-Schicht erklärt. Dafür sprechen in dieser Phase sehr deutliche Unterschiede bei der Abspaltung von H_2O u. dem schneller diffundierenden NH_3 sowie der merkliche Einfl. von überschüssigem NH_3 oder H_2O in der Gasphase. Bei stark zerklüftetem grobkrist. Material wird die Diffusionsetappe am Ende der Zers.-Rk. erwartungsgemäß nicht beobachtet. F. Haenschke 218

0765 **Thermische Zersetzung und Reduktion von Ammoniumperrhenat.** Ju. E. Ratner, Ju. V. Cvetkov und L. G. Berezkina. (Ž. neorg. Chim. **13** (1968) 6, 1516 bis

1519; Inst. metallurg. im. Bajkova AN SSSR; russ.) — Die therm. Dissoziation von NH_4ReO_4 beginnt, wie thermograph., röntgenograph. u. elektr. Leitfähigkeitsdaten zeigen, bei 175° u. verläuft bei 250° mit einer merklichen Geschwindigkeit. Die therm. Zers. erfolgt nach $NH_4 \cdot ReO_4 \rightarrow ReO_2 + {}^1/_2 N_2 + 2H_2O$. Die therm. Zers. von NH_4ReO_4 beeinflußt den Prozeß seiner Red. mit Wasserstoff nicht wesentlich. Die Red. läuft nach $2NH_4ReO_4 + 7H_2O \rightarrow 2NH_3 + 2Re + 8H_2O$ ab. Die Aktivierungsenergie der Red. beträgt 79,5, die der therm. Dissoziation 151 kJ/Mol. J. J. Pohl 218

0766 **Einfluß homogener Zusätze auf den thermischen Zerfall von Ammoniumperchlorat.** E. N. Gareeva und V. V. Boldyrev. (Kinetika i Kataliz **9** (1968) 2, 425 bis 428; Inst. chim. kinetiki i gorenija SO AN SSSR; russ.) — Kobaltperchlorat beschleunigt viel stärker den katalyt., therm. Zerfall von Ammoniumperchlorat als Nickel- u. Eisenperchlorat. Verb., die therm. stabiler als NH_4ClO_4 sind, beeinflussen die Rk.-Geschw. des Zerfalls von $NH_4 \cdot ClO_4$ nicht. H. Kijewski 218

0767 **Thermischer Zerfall einiger Chelate des Acetylacetons.** K. Scherzer, Chr. Popp und G. Geiseler. (Z. physik. Chem. [Leipzig] **238** (1968) 3/4, 245—51; Physik.-Chem. Inst. der Karl-Marx-Univ., Leipzig; dt.) — Unters. der Kinetik des therm. Zerfalls von *Co(II)*-, *Co(III)*- u. *Cr(III)-Acetylacetonat* unter stat. Bedingungen im Temp.-Bereich 390—440°. Auf Grund der kinet. u. analyt. Daten üben die entstehenden metallhaltigen Nd. einen starken katalyt. Einfl. auf den komplexen Zerfallsmechanismus aus. R. Blank 218

0768 **Kinetik der Dissoziation von Kupfer(II)-oxid in der Nähe des Gleichgewichts.** M. A. Rigdon und R. E. Grace. (Trans. metallurg. Soc. AIME **242** (1968) 5, 822—25; Lafayette, Ind., Purdue Univ., School of Mater. Sci. and Metallurg. Engng.; engl.) — Die Dissoziation von *CuO* zu *Cu_2O* u. $^1/_2 O_2$ wurde mit Hilfe einer Mikrowaage bei 700—750° untersucht. In diesem Temp.-Bereich war der Dissoziationsdruck der Rk. $2CuO \rightleftharpoons Cu_2O + {}^1/_2O_2 \cdot \ln P(10^{-3}\,\text{Torr}) = 32400/T + 36{,}66$. Die Theorie der Rk.-Geschw. in der Nähe des Gleichgew. sagt eine lineare Beziehung zwischen der Rk.-Geschw. u. der Änderung der Gibbsschen Freien Enthalpie für kleine Werte $\Delta G/RT$ voraus. Es wurde gefunden, daß diese Beziehung für $\Delta G/RT \cong 0{,}1$ gültig ist. E. Schulte 218△

0769 **Oxydation von Tellur in Gegenwart von Calciumoxid.** R. N. Knjazeva und A. S. Guščina. (Ž. neorg. Chim. **13** (1968) 6, 1703—05; Ural'skij gos. univ. im. gor-kogo; russ.) — DTA, chem. u. röntgenograph. Daten der Ox. von Te in Ggw. von CaO im Gew.-Verhältnis 1:5 durch Luftsauerstoff bei 100—800° deuten auf das Ablaufen folgender Rk.: $Te + O_2 \rightleftharpoons TeO_2$, $TeO_2 + CaO \rightleftharpoons CaTeO_3$, $2CaTeO_3 + O_2 \rightleftharpoons 2CaTeO_4$ u. $CaTeO_4 + 2CaO \rightleftharpoons Ca_3TeO_6$. Zwei exotherme Effekte liegen bei 400 bis 770°, ein endothermer Effekt bei 580°. Bei 100—450° entsteht vorwiegend TeO_2. Die $CaTeO_3$-Konz. ist bei 500° mit 2,68% maximal. $CaTeO_4$ zersetzt sich bis 900° nicht, bei 800° liegt 100% des Te in Form von $CaTeO_4$ vor. J. J. Pohl 218

0770 **Berechnung der Oxydationsgeschwindigkeit von α-Zirkonium.** C. J. Rosa. (J. less-common Metals [Lausanne] **15** (1968) 1, 35—41; Metallurgy Div., Univ. of Denver Res. Inst., Denver, Colo; engl.) — Die RG wird an Hand eines eindimensionalen Diffusionsmodells für 2-Phasen-Syst. berechnet. Die RG ist direkt proportional der Wurzel aus der Rk.-Zeit. Meßwerte der RG bei 750, 800 u. 850° stehen in guter Übereinstimmung mit den ber. Werten. H. Tulhoff 218

0771 **Reduzierende Chlorierung von Calciumvanadat.** I. A. Gluchov und A. Tursunov. (Doklady Akad. Nauk Tadž. SSR **11** (1968) 2, 40—43; Inst. chim. AN Tadž. SSR; russ.) — $Ca_2V_2O_7$ setzt sich mit einem Gemisch von gasförmigem S_2Cl_2 u. Cl_2 nach $4Ca_2V_2O_7 + 5S_2Cl_2 + 15Cl_2 \rightarrow 8CaCl_2 + 8VOCl_3 + 10SO_2$ um. Die Rk. beginnt bei 90—100° u. ist bei 350—400° maximal. Die Geschw. der Rk. wächst proportional mit der Zeit, nur gegen das Ende des Prozesses sinkt sie infolge einer Blockierung der Vanadatoberfläche durch $CaCl_2$. J. J. Pohl 218

0772 **Analyse des Oxydationsprozesses von metallischem Uran auf Grund der Temperaturabhängigkeit der Reaktionsgeschwindigkeit.** A. F. Bessonov und V. G. Vlasov. (Ž. fiz. Chim. **42** (1968) 4, 900—02; Ural'skij politechn. inst. im. Kirova, Sverdlovsk; russ.) — Die Änderung der Aktivierungsenergie bei der Ox. von metall. Uran an der Luft, in O_2 u. in CO_2 wird an Hand von Literaturdaten diskutiert. Graph. bestimmte Werte der Aktivierungsenergie stimmen zwar mit den wahren Werten nicht überein, geben jedoch über den Mechanismus der Prozesse Aufschluß. J. J. Pohl 218

0773 **Einfluß einiger Faktoren auf die kinetischen Charakteristiken der Reduktion von UO_3 mit Wasserstoff.** I. V. Čazov, V. G. Vlasov und V. P. Evseev. (Ž. prikl. Chim. **41** (1968) 6, 1314—16; russ.) — Die Rk.-Aktivität von UO_3-Modifikationen sinkt bei der Red. mit Wasserstoff nach: amorphes $UO_3 > \beta\text{-}UO_3 > \alpha\text{-}UO_3 > \varepsilon\text{-}UO_3 > \gamma\text{-}UO_3$. Die Wrkg. von γ-Bestrahlung ist von der Modifikation abhängig, es treten im Gitter der festen Substanz Teilchen einer neuen Phase auf. Die Rk.-Fähigkeit der UO_3-Modifikationen hängt von den Darst.-Bedingungen infolge von bei der Darst. auftretenden Änderungen der Gitterstruktur der Ausgangssubstanz ab. J. J. Pohl 218

0774 **Kinetische Untersuchung der Reaktion von pyrophorem Eisen mit Wasser in Abwesenheit von Sauerstoff.** Jorge Alberto Bonilla Melendez, Jean-Fabien Meroc und Pierre Dugleux. (C. R. hebd. Séances Acad. Sci., Sér. C **266** (1968) 12, 869—72; Labor. de Chim., Ecole Nat. Sup. des Mines, Paris; franz.) — Die Rk. läuft zunächst entlang einer Rk.-Zone ab, die sich mit konst. linearer Geschw. k (E = 12 kcal/Mol) gegen das Kornzentrum bewegt. Hierauf wird die Diffusion des W. durch die gebildete Oxidschicht geschwindigkeitsbestimmend. Die Berechnung von k erlaubt eine genaue Best. der Reaktivität des Fe, wodurch die verschiedenen pyrophoren Fe-Sorten, bes. die durch kathod. Red. von Magnetit hergestellten, charakterisiert werden können. W. Gauster 218

0775 **Mechanismus der Bildung dünner Oxidschichten auf Nickel.** K. Hauffe, L. Pethe, R. Schmidt und S. Roy Morrison. (J. electrochem. Soc. **115** (1968) 5, 456—61; Inst. für phys. Chem., Univ., Göttingen; engl.) — Mit Hilfe einer Vakuummikrowaage wird die Bldg. von 330—1510 Å dicken NiO-Schichten auf mechan. polierten Blechen aus 99,9%ig. Ni bei 400 u. 500° sowie O_2-Drücken p zwischen 50 u. 700 Torr untersucht. Zu Beginn der Ox. folgt die Gew.-Zunahme $\Delta m/A$ der Proben bei beiden Temp. der Beziehung $\Delta m/A = k_1 \ln(t + t_0) + \text{const.}$ mit $0{,}1 \leq t_0 \leq 0{,}2$ Std. u. $3{,}0 \leq k_1 \leq 10\ \mu g/cm^2$; bei 500° steigt k_1 mit p an. Nach ca. 5 Std. bei 400° sowie 1 Std. bei 500° wird die Zeitabhängigkeit der Ox. mit $(\Delta m/A)^4 = k_0(t + t_0)$ u. $3{,}5\ 10^2 \leq k_0 \leq 10^4\ [(\mu g/cm^2)^4/\text{Std.}]$ bei 400° sowie $10^5 \leq k_0 \leq 1{,}5 \cdot 10^6$ bei 500° beschrieben. Der bei charakterist. Dicken der NiO-Schicht erfolgende Wechsel des Ox.-Mechanismus kann mit der Annahme gedeutet werden, daß in der NiO-Schicht durch Ni^{2+}-Leerstellen eine negative Raumladung aufgebaut wird, deren elektr. Feld die Transportgeschw. von Ni^{2+}-Leerstellen von der Phasengrenze zur Ni/NiO-Grenzfläche bestimmt. Herbert Müller 218

0776 **Hochtemperaturoxydation von Eisenlegierungen mit Germanium.** Ju. D. Kozmanov und L. A. Filatova. (Fiz. Metallov Metallovedenie **25** (1968) 5, 957—59; Ural'skij politechn. inst. im. Kirova; russ.) — Untersucht wird die Ox. von Fe-Leg. mit 1,0—20% Ge in Sauerstoff bzw. in Fe_2O_3-Pulver. Unter O_2 bilden sich die Oxidphasen $\alpha\text{-}Fe_2O_3$, Fe_3O_4, FeO u. wenig $FeGeO_3$, die röntgenograph. nachgewiesen wurden. Bei der Ox. in $Fe_2 \cdot O_3$-Pulver bildet sich hauptsächlich FeO, Ge wird nicht angegriffen. H. Roschkowski 218

0777 **Verbrennungsbedingungen von Kohlenstoff in Metallen und Legierungen ohne die Verwendung von Schmelzen.** A. I. Oržechovskaja, P. Ja. Jakovlev, L. L. Kunin, E. F. Jakovleva und Ju. N. Surovoj. (Zav. Labor. **34** (1968) 5, 518—21; CNII černoj metallurg. im. Bardina; russ.) — Eine vollständige Verbrennung von C kann auch dann stattfinden, wenn die Ox.-Prod. des

Metalles während der Verbrennung nicht in den fl. Zustand übergehen. Das quant. Ausbrennen von C aus Stahl, Ni, Co u. Chromstählen wurde bei 1250—1300° verfolgt, es wurden kinet. Kurven des Typs Menge des verbrannten Kohlenstoffes (Gew.-%)-Verbrennungszeit konstruiert. Die Diffusion des C übt einen starken Einfl. auf die Verbrennungskinetik aus. Mit wachsendem Cr-Geh. in der Lsg. sinkt die Verbrennungsgeschw. des C, gebildetes Cr_2O_3 u. $FeCrO_4$ wirken hemmend auf die Verbrennung. J. J. Pohl 218

0778 **Katalytische Fixierung von Stickstoff in Gegenwart von Übergangsmetallverbindungen.** M. E. Vol'pin, M. A. Ilatovskaja, L. V. Kosjakova und V. B. Šur. (Doklady Akad. Nauk SSSR **180** (1968) 1, 103—05; Inst. ėlementoorgan. soed. AN SSSR; russ.) — Die Rk. im Syst. aus N_2, Al, Al-Halogeniden u. einer der Verb. $TiCl_4$, $Ti(OR)_4$, $ZrCl_4$, $CrCl_3$, $MoCl_5$, WCl_6, $CoCl_2$, $FeBr_3$, $FeCl_3$, $NiBr_2$, $CoCl_2$ in der Schmelze oder in benzol. Lsg. wurden untersucht. Die größte Aktivität zur Fixierung von Stickstoff weisen Syst. in Ggw. von Ti-Verb. auf. Stickstoff reagiert mit Gemischen von $TiCl_4$, Al u. $AlBr_3$ bei 50 bis 140°, $TiCl_4$ katalysiert die Red. von N_2 durch Al. $AlBr_3$ bewirkt dabei die Fixierung des Stickstoffs, die Menge des festgehaltenen N_2 wächst mit steigendem $AlBr_3$-Geh. im System. Ein mögliches Schema der katalyt. Red. von N_2 unter intermediärer Bldg. von Prod. mit Ti–N- u. Al–N-Bindungen wird vorgeschlagen. Endprod. der Rk. ist NH_3. J. J. Pohl 218

0779 **Gas-Festkörper-Austauschreaktionen: Zinkdampf und polykristallines Zinkselenid.** E. A. Secco und Chien-huo Su. (Canad. J. Chem. **46** (1968) 10, 1621—24; Chem. Dep., St. Francis Xavier Univ., Antigonish, Nova Scotia; engl.) — Unter stat. Bedingungen wurde die Kinetik des Austausches zwischen Zn-Dampf u. polykrist. ZnSe zwischen 720 u. 800° untersucht. Die Austauschgeschw. wird im Gegensatz zu analogen Austauschrk. von ZnO u. ZnS durch einen Diffusionsprozeß bestimmt, dessen Diffusionskoeff. $D = 10^3 \exp(-79{,}5 \pm 5\,kcal/RT)\,cm^2s^{-1}$ beträgt. W. Laqua 218

0780 **Kinetik des Gleichgewichtes radioaktiver Niederschläge von Strontiumsulfat in Wasser.** Vikt. I. Spicyn, V. V. Gromov und T. N. Bespalova. (Doklady Akad. Nauk SSSR **179** (1968) 1, 144—47; Inst. fiz. chim. AN SSSR; russ.) — Die Auflsg. von $SrSO_4$ im kinet. Bereich ist durch die Struktur der Substanz bedingt, durch Bestrahlung hervorgerufene Fehlstellen beeinflussen die Lsg.-Geschwindigkeit. Die Auflsg. wurde durch Best. der elektr. Leitfähigkeit der Lsg., sowie radiometr. verfolgt. Die Auflsg.-Geschw. ist bei Rührgeschw. > 1000 U/Min. konstant. Die Auflsg. radioaktiver $SrSO_4$-Proben verläuft viel langsamer als die von nichtbestrahlten Proben. Proben mit 10, 50, 100 u. 400 mC/g ^{35}S lösen sich mit der gleichen Geschwindigkeit. J. J. Pohl 218

0781 **Umsetzung von Metallen mit geschmolzenen Chloriden. 1. Mitt. Reduktion von Eisen(III)-chlorid mit metallischem Aluminium.** B. G. Rabovskij und V. M. Kogan. (Ž. fiz. Chim. **42** (1968) 4, 889—92; russ.) — DTA-Unters. zeigen, daß die Rk.-Geschw. von $FeCl_3$ mit Al stark vom Zustand der Al-Oberfläche abhängt. Bei Verw. von Al mit passivierter Oxidschicht hat der Prozeß autokatalyt. Charakter. $AlCl_3$ hat eine katalyt. Wrkg., $FeCl_2$ eine inhibierende. Die hemmende Wrkg. von $FeCl_2$ beruht auf der Bldg. eines Fe-Filmes auf der Al-Oberfläche. J. J. Pohl 218

0782 **Umsetzung von Metallen mit geschmolzenen Chloriden. 2. Mitt. Inhibitorfunktion von Aluminiumchlorid beim Reduktionsprozeß von Eisenchlorid mit Aluminium.** V. M. Kogan und B. G. Rabovskij. (Ž. fiz. Chim. **42** (1968) 5, 1147—50; russ.) — 1. vgl. vorst. Referat. — Bei der Red. von $FeCl_3$ mit Al auftretendes $AlCl_3$ zeigt bei einer Konz. in der Schmelze von $> 3{,}5\%$ eine starke hemmende Wrkg., die durch die Bldg. einer dichten Subchloridschicht auf der Al-Oberfläche bedingt sein dürfte. J. J. Pohl 218

0783 **Auflösungsgeschwindigkeit von Aluminiumoxid in geschmolzenem Eisenoxid.** R. G. Olsson, T. F. Perzak und V. Koump. (Trans. metallurg. Soc. AIME **242** (1968) 5, 776—79; Monroeville, Pa., U.S. Steel Corp., Res. Center; engl.) — Die Auflsg.-Geschw. von rekrist. Al_2O_3 in einer Schmelze von Eisenoxid im Gleichgew. mit Fe wurde bei 1450° an rotierenden Al_2O_3-Scheiben in der Schmelze untersucht. Die Auflsg.-Geschw. wurde als proportional der Quadratwurzel aus der Rotationsgeschw. gefunden u. es wurde geschlossen, daß der Auflsg.-Prozeß durch die Diffusion in der Fl.-Grenzschicht begrenzt wird. Der Diffusionskoeff. für die Auflsg. in reinem geschmolzenem FeO wurde auf ca. $3 \cdot 10^{-5}\,cm^2s^{-1}$ geschätzt. E. Schulte 218△

0784 **Kinetik der Reaktion Al_2O_3–MgO.** D. Cismaru und Veronica Necea. (Rev. roum. Chim. **13** (1968) 5, 541—46; Inst. of Phys. Chem. of the Acad. of the Socialist Republic of Romania, Bucharest; engl.) — Messung der Rk.-Kinetik zwischen Al_2O_3 (I) u. MgO (II) bei Temp. zwischen 1050° u. 1250°. Danach sind bei der Spinellbldg. Diffusionsprozesse bestimmend. An der Pulverkontaktfläche wird prim. $MgOAl_2O_3$ gebildet, in dem sich I mit steigender Temp. rasch löst u. mit II durch nachfolgenden Kationenaustausch den Spinell $MgAl_2O_4$ bildet. R. Blank 218

0785 **Einbau von Fremdionen in γ-Al_2O_3. 4. Mitt. Einfluß von Ca^{2+}, Sr^{2+} und Ba^{2+} in γ-Al_2O_3 auf Spinellbildungsreaktionen.** H. Krischner, K. Torkar, R. Hoffmann und D. Donnert. (Mh. Chem. **99** (1968) 3, 1080—89; Graz, TH, Inst. für Phys. Chem.; dt.) — 3. vgl. C. **1968,** 45-0603. — Mit Hilfe der dynam. Differentialkalorimetrie u. röntgenograph. Meth. wurde der Einfl. geringer Mengen Ca^{2+}, Sr^{2+} u. Ba^{2+} in γ-Al_2O_3 auf die Bldg.-Geschw. von $ZnAl_2O_4$ (I), $MgAl_2O_4$ (II) u. $NiAl_2O_4$ (III) untersucht. Ca^{2+} verlangsamen die Bldg. von I u. II stärker als Sr^{2+} u. Ba^{2+}. Die Bldg. von III wird durch Ca^{2+}, Sr^{2+} u. Ba^{2+} nur geringfügig beeinflußt. G. Gattow 218

0786 **Bildungskinetik von Magnesiumspinell.** S. B. Tocenko, E. V. Degtjareva und I. S. Kajnarskij. (Izvest. Akad. Nauk SSSR, Neorg. Mater. **4** (1968) 4, 563—67; Ukrain. NII ogneuporov, Char'kov; russ.) — Die Bldg. von $MgAl_2O_4$ (I) aus stöchiometr., gepreßten Mischungen von γ-Al_2O_3 (II) + MgO (III, besonders fein), α-Al_2O_3 (IV) + (III), II + Periklas (V), IV + V wird bei 1300, 1400 u. 1500° untersucht. Die Rk.-Geschw. (RG) ist abhängig von der Aktivität der Oxide, der Temp. u. der Korngröße. Die Kinetik der Bldg. kann nicht durch die Gleichung von Jander, wohl aber durch die von Žuravlev beschrieben werden. Die RG-Konst. ist nach der Gleichung von Arrhenius von der Temp. abhängig. Die Aktivierungsenergie beträgt für die Rk. IV + V : 49 u. II + V : 30 kcal/Mol. Die RG wird von der Korngröße der Al_2O_3-Teilchen am intensivsten beeinflußt, d. h. vorwiegend die Mg^{2+}-Ionen diffundieren u. I wird auf den Al_2O_3-Teilchen gebildet. U. Strobel 218

0787 **Einfluß eines exothermen Reaktionseffektes auf den Ablauf einer topochemischen Umwandlung.** G. D. Mazaleckij, V. A. Rjabin und R. S. Bajtakova. (Ž. prikl. Chim. **41** (1968) 6, 1345—46; russ.) — Der topochem. Prozeß der Red. von FeO mit Cr wurde verfolgt. Die Zus. einer stark ox. kohlenstoffhaltigen Ferrochrom-Leg. wurde vor u. nach einer therm. Behandlung bestimmt. Die kinet. Zusammenhänge bei 1000 u. 1300° wurden diskutiert. J. J. Pohl 218

0788 **Gerät zur Bestimmung des Potentials von pulverförmigen Katalysatoren in dielektrischen Medien.** G. V. Taneeva und A. B. Fasman. (Izvest. vysšich učebnych Zavedenij [Ivanovo], Chim. i chim. Technol. **11** (1968) 2, 243—45; Kaf. kataliza i techn. chim., Kaz. gos. univ. im. Kirova; russ.) — Ein Gerät zur Best. des Potentials von pulverförmigen metall. Katalysatoren in nichtleitenden Medien (Bzl., n-Heptan) ist beschrieben. Es kann zur potentiometr. Unters. der katalyt. Hydrierung von ungesätt. Verb. in nichtleitenden Medien verwendet werden. Die kinet. u. potentiometr. Kurven der Hydrierung von Crotonaldehyd in n-Heptan bzw. Bzl. bei 20° sind angegeben. Im Gerät können auch Prozesse in Dielektrika untersucht werden. J. J. Pohl 220

0789 **Katalytische Funktionen von Metallionen und ihren Komplexen.** Ei-Ichiro Ochiai. (Coordinat. Chem. Rev. [Amsterdam] **3** (1968) 1, 49–89; Dep. of Ind. Chem., Univ. of Tokyo, Bunkyo-ku, Tokyo; engl.) — Übersicht (Elektronenübergangsrk., Säure-Base-Rk., Komplexe weicher Säuren, Template-Effekt, Stickstoff-Fixierung). — 130 Literaturangaben. D. Hoene 220

0790 **Gaschromatographische Untersuchung physikalisch-chemischer Eigenschaften von Katalysatoren und Adsorbenten.** Tadeusz Paryjczak. (Wiadomości chem. **22** (1968) 7 (253), 481–511; Kat. Chem. Ogóln., Politechn., Łódź; pol.) — Übersicht u. theoret. Grundlagen der gaschromatograph. Unters. der physikal.-chem. Eig. von Festkörpern. Unters. der Adsorptionsisothermen, Katalysator- u. Adsorbentenoberflächen, Adsorptionswärme u. der Oberflächenacidität. — 167 Literaturangaben. R. Heyer 220

0791 **IR-spektroskopische Untersuchungen an Katalysatoren.** 2. Mitt. **Oberflächenchemie „amorpher“ und „kristalliner“ Kieselsäure.** (Vorl. Mitt.). D. Kunath. (Mber. dtsch. Akad. Wiss. Berlin **10** (1968) 2, 117–20; Arbeitsber. für phys. Meth. der analyt. Chem. am Inst. für physikal. Chem., DAW; dt.) — 1. vgl. C. **1967, 25**-0708. — Chem. Eig. der Oberfläche von krist. Schichtkieselsäure (**I**; C. **1958,** 11162) u. amorphen Aerosils (**II**) werden aus ihren IR-Spektren bei der Sorption bzw. Desorption von W. u. CD_3OH abgeleitet. **I** besitzt Oberflächenhydroxylgruppen, die sämtlich in einer H-Brückenform vorliegen (3695 cm^{-1}). Diese kondensieren leicht unter Austritt von W. u. Aufhebung der Lepidoidstruktur. Freie Oberflächenhydroxylgruppen (**3749** cm^{-1}) besitzt **II**, wobei gleichzeitig auch eine geringe Menge einer H-Brückenform (3680 cm^{-1}) anwesend ist. W. sorbiert monomol. (Desorption bei ca. 400° u. 10^{-3} Torr) an Oberflächenhydroxylgruppen mit H-Brückenform (**959** u. ca. 3200 cm^{-1} bei **I** bzw. 980 u. ca. 3200 cm^{-1} bei **II**. Außerdem kann W. über H-Brücken als Mehrschichtenadsorbat vorliegen (1638 u. **3480** cm^{-1})-Desorption bei ca. 100° u. 10^{-3} Torr. Die Reaktivität freier Oberflächenhydroxylgruppen des **II** ist so groß, daß bei 400° mit CD_3OH keine chemisorbierte Esterform entsteht, sondern sie deuteriert werden (2758 cm^{-1}); dagegen ist die sich bei 100° bildende $CD_3OSi\equiv$ Sorptionsspezies (2082 u. 2235 cm^{-1}) bei 400° stabil. Freie, deuterierte Oberflächenhydroxylgruppen tauschen im **II** mit Oberflächenhydroxylgruppen mit H-Brückenform Deuterium gegen Wasserstoff aus (2758 → 2730 cm^{-1}). **I** sorbiert CD_3OH bei 100° als auch 400° als nicht desorbierbare Estersorptionsspezies (2082 u. 2235 cm^{-1}). D. Kunath 220

0792 **Einfluß von Alkalimetallionen auf die sauren und katalytischen Eigenschaften von Silicatkatalysatoren.** N. S. Kocarenko, L. G. Karakčiev und V. A. Dzis'ko. (Kinetika i Kataliz **9** (1968) 2, 319–25; Inst. katal. SO AN SSSR, Novosibirsk; russ.) — Der Einfl. von Li auf die katalyt. Aktivität u. sauren Eig. von 2,5 Gew.-% Al_2O_3 + 97,5% SiO_2, 10% Al_2O_3 + 90% SiO_2, 25% Al_2O_3 + 75% SiO_2, 1% ZrO_2 + 99% SiO_2, 7% ZrO_2 + 93% SiO_2, 20% ZrO_2 + 80% SiO_2, 20% MgO + 80% SiO_2 wurde bei der Dehydratation von Isopropanol bei 325° untersucht. Die sauren Eig. wurden an Hand der Elektronenabsorptionsspektren der der Lsg. zugesetzten Indikatoren Anthrachinon, Benzalacetaphenon u. Diphenylcarbinol verfolgt. Die Zunahme des Li-Geh. bewirkt eine Abnahme der Konz. der sauren Zentren u. damit der Rk.-Geschwindigkeit. Die Wrkg. des Alkalimetalles ist im Falle der Alumosilicate weniger selektiv als bei Zr- u. Mg-Silicatkatalysatoren. J. J. Pohl 220

0793 **Abhängigkeit der transversalen Relaxationszeit von der Struktur kristalliner Alumosilicate und vom Bau des Kohlenwasserstoffes nach Daten der Spin-Echo-Methode.** I. M. Kolesnikov, G. M. Pančenkov und N. N. Borisenko. (Ž. fiz. Chim. **42** (1968) 4, 994–95; Mosk. inst. neftechim. i gazovoj prom. im. Gubkina; russ.) — Die transversale (Spin–Spin-)-Relaxationszeit T_2 von Protonen von adsorbiertem Bzl., Toluol, Isopropylbenzol u. Methylcyclohexan wächst in der Reihenfolge Andalusit > Cyanit > Sillimanit. Die PMR-Spektren an den Mineralproben wurden bei 25 ± 0,01° aufgenommen. Die katalyt. Aktivität der Mineralien ändert sich antibat. mit der Änderung von T_2 der an den Alumosilicaten absorbierten KW-Stoffe. J. J. Pohl 220

0794 **ESR-Nachweis der CO-Oxydation durch mehr als eine an ZnO sorbierte Sauerstoffspezies.** Kenneth M. Sancier. (J. Catalysis **9** (1967) 4, 331–35; Stanford Res. Inst., Menlo Park, Calif.; engl.) — Die Natur von an einer Halbleiterkatalysator-Oberfläche sorbierten O-Spezies wurde untersucht u. ihre relative Reaktivität bei einer heterogenen Ox.-Rk. wurde bestimmt. Auf Grund von ESR- u. CO-Sorptionsmessungen an ZnO · O_2 (O_2 adsorbiert an ZnO) bei 20° ergab sich, daß bei der Sorption von CO an ZnO · O_2 die Intensität der Linie bei 1,96, die mit den Leistungselektronen verbunden ist, schnell ansteigt u. die der Linie bei 2,010, die mit den sorbierten O-Spezies verbunden ist, sich langsam vermindert. Bei Abwesenheit von O_2 bewirkt die Sorption von CO an ZnO keine Änderung im ESR-Spektrum von ZnO. Demnach reagiert CO mit 2 verschiedenen an ZnO sorbierten O-Spezies, deren Natur diskutiert wird. A. Jaeschke 220

0795 **Einbau von Lithium- und Galliumdotierungen in Zinkoxidkatalysatoren.** Heinrich Bremer, Fritz Vogt und Klaus-Peter Wendlandt. (Z. Chem. **7** (1967) 11, 441–42; Inst. für Anorg. Chem., TH für Chem. „Carl Schorlemmer“, Merseburg; dt.) — Mischungen von ZnO mit Li_2CO_3 bzw. β-Ga_2O_3 wurden in Ar-Atmosphäre 8 Std. bei 850° getempert. Dann wurden die Li- bzw. Ga-Konz. sowie die Zn-Konz. auf Zwischengitterplätzen (Z) bestimmt. Außerdem wurden röntgenograph. u. katalyt. Unters. (Ispropanoldehydrierung) durchgeführt. Aus der Abnahme der Zn-Konz. auf Z bei steigendem Li_2 · O-Geh. folgt, daß Li_2CO_3 bis zu 0,23 Mol-% ins ZnO-Gitter eingebaut wird. Dem entspricht auch die katalyt. Aktivität. Bei Ga-dotierten Proben trat keine Veränderung der Zn-Konz. auf Z auf. Röntgenograph. ergab sich die quant. Bldg. der neuen Phase $ZnGa_2O_4$ (Zinkgalliumspinell). Die katalyt. Aktivität erhöhte sich bei Ga-Dotierung. A. Jaeschke 220

0796 **Änderung der Selektivität des Neodymoxids bei Neutronenbestrahlung in der Zersetzungsreaktion von Isopropanol.** Vikt. I. Spicyn, G. N. Pirogova und R. I. Korosteleva. (Doklady Akad. Nauk SSSR **179** (1968) 5, 1152–54; Inst. fiz. chim. AN SSSR; russ.) — Der Einfluß einer Neutronenbestrahlung auf die katalyt. Aktivität von Nd-Oxid bei der Zers. von Isopropanol wurde in Abhängigkeit der Temp., auch nach Erhitzen des Katalysators bis 600 bzw. 900° untersucht. Die Proben wurden während 22 Std. mit 1,2 · 10^{13} n/cm^2 · s bestrahlt, es entstehen ^{147}Nd u. ^{149}Nd. Die scheinbare Aktivierungsenergie der Dehydrierung sinkt nach Erhitzen der bestrahlten Katalysatoren bis 900°, die der Dehydratation wächst. Die Bestrahlung mit langsamen Neutronen ändert den Umwandlungsgrad des Alkohols kaum, die Selektivität ändert sich merklich. J. J. Pohl 220

0797 **Chrom(II) als wirksamer Bestandteil des Phillips-Katalysators zur Äthylen-Polymerisation.** H. L. Krauss und H. Stach. (J. nuclear Chem. Letters **4** (1968) 7, 393–97; Suppl. zu: J. inorg. nuclear Chem. Anorg.-chem. Labor., TH, München; dt.) — Es wird gezeigt, daß als Primärschritt der C_2H_4-Polymerisation am Phillips-Katalysator eine Redoxrk. zwischen Chrom hoher Ox.-Zahl u. C_2H_4 unter Bldg. von Cr(II) als katalyt. akt. Spezies auftreten kann. Von entscheidender Bedeutung sind bei diesem Vorgang die Ox.-Zahl des Chroms im ox. Kontakt, die Art des Trägermaterials u. die Natur des reduzierenden Agens. Die unter sonst gleichen Bedingungen erzielbare Red. nimmt in der Reihe CO > CH_4 > H_2 > C_3H_8 ab. A. Blaschette 220

0798 **Änderung der Elektronenaustrittsarbeit von Ammoniakkatalysatoren bei der Adsorption von Wasserstoff und Gemischen von Wasserstoff mit Stickstoff.** T. Ju. Kagan und A. V. Krylova. (Kinetika i Kataliz **9** (1968) 2, 440–42; Inst. chim. fiz. AN SSSR, Moskva; russ.) — Bei der Adsorption von Wasserstoff an Fe-Katalysatoren der NH_3-Synth. nimmt die Austrittsarbeit um 0,1–0,35 eV ab, während die Adsorption von N_2 ohne Einfl. bleibt. N_2–H_2-Gemische haben die gleiche Wrkg. wie H_2 allein. Die Änderung der Austrittsarbeit bei der Adsorption von H_2 hängt linear vom Anfangspotential der Katalysatoren ab. Der Einfl. von Verunreinigungen, wie Al_2O_3, K_2O u. Y_2O_3 wurde in H_2, N_2 u. $H_2 + N_2$ ermittelt. J. J. Pohl 220

0799 **Katalytische Eigenschaften des Ni-Katalysators, der bei der Zersetzung von Amalgam entsteht.** A. E. Agronomov und N. G. Javkina. (Vestnik Moskovskogo Univ., Ser. II **23** (1968) 2, 47–51; Kaf. org. kataliza; russ., Auszug: engl.) — Aus Amalgam erhaltene Ni-Katalysatoren sind bei der Hydrierung von Bzl. hochakt., während ihre Aktivität bei der Dehydrierung von Cyclohexan klein ist. Die starke Adsorption des Cyclohexans auf der Katalysatoroberfläche bewirkt eine rasche Vergiftung des Nickels. Bei der Dehydrierung von Cyclohexen u. Cyclohexadien wurde nur eine starke Harzbldg., jedoch keine Vergiftung beobachtet. Die Aktivität des Katalysators wächst bei 100–150°, ist bei 150–170° am größten u. klingt bei 230° prakt. vollständig ab. J. J. Pohl 220

0800 **Aktivität von Platinschwarz im naszenten Zustand bei Hydrierungsreaktionen.** A. N. Mal'cev, N. I. Kobozev und E. M. Bikbulatova. (Ž. fiz. Chim. **42** (1968) 5, **1297**–1300; Mosk. gos. univ. im. Lomonosova, Chim. fak.; russ.) — Platinschwarz zeigt im naszenten Zustand eine 50fach erhöhte Aktivität bei Hydrierungsrk. gegenüber üblichem Platinschwarz. Die Bldg. von Platinschwarz bei der Red. von H_2PtCl_6 mit H_2 in Lsg. mit organ. Substraten erfolgt über eine Induktionsperiode, während der die Rk.-Lsg. eine Lichtstreuung zeigt, die auf das Entstehen einer mikroheterogenen Phase deutet. Diese Periode ist bei Maleinsäure u. Benzochinon als organ. Substrat groß, im Falle von Acryl- u. Crotonsäure klein. Die erhöhte Aktivität im naszenten Zustand dürfte durch die Zunahme der Gesamtoberfläche der Keime bedingt sein. Jeder atomare oder subkrist. Keim erlaubt das Ablaufen mehrerer Rk.-Zyklen, bevor er sich in ein Strukturelement des gewöhnlichen Platinschwarz umwandelt. J. J. Pohl 220

0801 **Mechanismus der Tieftemperaturumwandlung von ortho-Wasserstoff in para-Wasserstoff an der Oberfläche eines Katalysators.** A. V. Golovin und R. A. Bujanov. (Kinetika i Kataliz **9** (1968) 2, 464; Inst. kataliza SO AN SSSR, Novosibirsk; russ.) — Im Zusammenhang mit Ergebnissen von Lefler (J. Chem. Physics **43** (1965) 4410) wird der „magnet." Mechanismus der o-p-Konversion von Wasserstoff diskutiert. H. Roschkowski 220

0802 **Kinetik der Rekombination von Wasserstoffatomen an verschieden orientierten Flächen von Siliciumeinkristallen.** V. A. Lavrenko, V. L. Tikuš, I. N. Frančevic, L. I. Dacenko und A. A. Čechovskij. (Doklady Akad. Nauk SSSR **179** (1968) 5, 1149–51, 1 Tafel; Inst. problem materialoved. AN Ukr. SSR; russ.) — Die Geschw. der Umsetzung von H-Atomen an den Flächen (111), (110) u. (100) von einkrist. p-Si mit dem spezif. Widerstand $\varrho_0 = 2{,}86–2{,}91\ \Omega \cdot$ cm wurde bestimmt. Die ber. Rekombinationskoeff. nach verschiedener Vorbehandlung der Oberfläche sind tabelliert. Die Wahrscheinlichkeit der Rekombination von Atomen eines Gases wächst an der Kristalloberfläche bei zunehmender Bindungsenergie bei der Chemosorption. J. J. Pohl 220

0803 **Rekombination von atomarem Wasserstoff an der Oberfläche von Siliciumcarbid-Einkristallen und -Polykristallen.** V. O. Lavrenko, V. L. Tikuš, V. A. Kravec' und A. O. Čechovs'kyj. (Dopovidi Akad. Nauk Ukr.SSR, Ser. B-Geologija, Geofiz., Chim. Biol. **1968**, **3**, 262–65; Inst. problem. materialoznavstva AN URSR; ukrain., Auszug: engl.) — Der Rekombinationskoeff. von atomarem Wasserstoff an der Oberfläche von SiC-Einkrist. mit verschiedener Versetzungskonz. sowie an polykrist. Proben wurde bestimmt. Versetzungen stellen nicht die einzigen akt. Zentren der Oberflächenrk. dar, die Rk.-Geschw. wächst jedoch mit steigender Versetzungsdichte. J. J. Pohl 220

0804 **Katalytische Zersetzung von Wasserstoffperoxid an Fe-Phthalocyaninen.** A. A. Balandin, Vikt. I. Spicyn, A. P. Rudenko und N. P. Dobrosel'skaja. (Kinetika i Kataliz **8** (1967) 4, 808–13; Inst. fiz. Chim. AN SSSR, Moskovskij gos. univ. im. M. V. Lomonosova; russ.) — Die Kinetik der Zers. von H_2O_2 an krist. Fe-Phthalocyanin (**I**) u. **I**-$BaSO_4$-Mischkatalysatoren wurde im stat. Syst. bei 20–60° untersucht. Im einzelnen wurden Geschw.-Konst., Aktivierungsenergien u. Präexponentialfaktoren für die verschiedenen Katalysatoren bestimmt. Die H_2O_2-Zers. ist nullter Ordnung u. erfolgt nach einem Kompensationsmechanismus, indem der katalyt. Effekt infolge Zerstörung von **I** desaktiviert wird; dabei hängt die Beständigkeit des Katalysators jeweils von den Herst.-Bedingungen ab. Die spezif. katalyt. Aktivität von **I** ist fast in allen Fällen niedriger als die der Mischkatalysatoren. A. Blaschette 220

0805 **Katalytische Oxydation von Ammoniak in nichtwäßrigen Medien. 4. Mitt. Magnetische Suszeptibilität und Aktivität der Katalysatoren.** S. I. Papko. (Ž. fiz. Chim. **42** (1968) 5, 1264–66; Vtoroj mosk. gos. med. inst. im. Pirogova; russ.) — 3. vgl. C. **1966**, 28-0542. — Die magnet. Suszeptibilität von festen, pulverförmigen Katalysatoren (Cu_2S, CuS, V_2O_3, MoO_2, CuO, Cu_2O) der Ox. von Ammoniak mit Sauerstoff in CCl_4 wurde mit der Gouy-Meth. mit einer Genauigkeit von $\pm$ 1% bestimmt. Sie hängt bei gleicher chem. Zus. der Proben von der Darst.-Meth. ab. Die magnet. Suszeptibilität von CuO ist der spezif. Aktivität umgekehrt proportional. Die spezif. u. Gesamtaktivität von leerstellenhaltigem Halbleiter-Cu_2O sind bei einer magnet. Suszeptibilität von ca. 0 maximal. Der Charakter der elektr. Leitfähigkeit der Katalysatoren deutet auf eine Abhängigkeit der Gesamtaktivität der Proben von der magnet. Suszeptibilität. J. J. Pohl 220

0806 **Photochemie des Ferrocens.** John H. Richards. (J. Paint Technol. **39** (1967) 513, 569–75; Gates and Crellin Labor. of Chem., CIT, Pasadena, Calif.; engl.) — Erläuterung der Grundlagen der Photochemie organ. Mol. (Singulett- u. Triplett-Zustände, Photosensibilisierung, Löschung) u. kurze Schilderung der von Vf. durchgeführten Unters. über die durch Ferrocen photosensibilisierte Einstellung des Gleichgew. *cis-Piperylen* $\rightleftharpoons$ *trans-Piperylen* (Bestrahlung mit $\lambda \leq 313$ nm; Lsgm. Bzl.; photochem.-stationärer Zustand: 54,5% trans-/45,5% cis-Isomeres; Quantenausb. 0,3) sowie über die durch Ferrocen katalysierte photochem. Dimerisierung von *Isopren* (Bldg. von 92% Cyclobutan- + Cyclooctadien-Deriv. u. 8% Cyclohexan-Deriv.). Der Mechanismus dieser Vorgänge wird diskutiert. Prim. tritt ein Ferrocen-Dien-Komplex auf, der sich im Fall des Piperylens UV- u. ^{1}H-NMR-spektroskop. nachweisen ließ. — 16 Literaturangaben. A. Blaschette 222

0807 **Strahlenchemische Untersuchungen mit Strahlungen schwerer Ionen.** Robert H. Schuler. (J. physic. Chem. **71** (1967) 11, 3712–13; Pittsburgh, Pa., Mellon Inst., Radiat. Res. Labor.; engl.) — Beschreibung strahlenchem. Unters. bei hohen LET-Werten mit 120-MeV-C^{6+}-Ionen aus dem Yale University Heavy Ion Linear Accelerator (HILAC). Vf. beschreibt einige Detailprobleme (Messung des integralen Ionenstroms, sek. Elektronenemission, Ladungsaustausch im Ionenstrahl). Vers. mit $FeSO_4$-Lsg. (0,01 m Fe^{2+} in lufthaltigem 0,8 n H_2SO_4; Cl^- abwesend) ergaben, daß quant. Unters. mit Strahlungen im LET-Bereich von 25 eV/Å möglich sind. Wahrscheinlich sind bei Anwendung noch schwererer Ionen strahlenchem. Experimente bei LET-Werten der Größenordnung 100 eV/Å möglich. D. Ertel 222

A–8. Darstellung und Reaktionen von Elementen und anorganischen Verbindungen

Nichtmetalle

0808 **Neue Synthese der Additionsverbindung $XeF_2 \cdot XeF_4$.** Paul Allamagny, Michel Langignard und Paul Dognin. (C. R. hebd. Séances Acad. Sci., Sér. C **266** (1968) 10, 711–13; Soc. l'Air Liquide, Labor. Centraux L.C.G., Paris; franz.) — Nach getrenntem Zer-

kleinern äquimol. Mengen XeF_2 u. XeF_4 mit einem Mörser in einer Drybox unter N_2 u. Mischen der beiden Pulver in einem Teflongefäß bei Raumtemp. erhält man in spontaner u. reproduzierbarer Rk. $XeF_2 \cdot XeF_4$. Radiokristallograph. u. chem. Analysen stimmen mit Literaturangaben bzw. mit der Summenformel überein.
D. Gerlatzek 235

0809 **N.N-Difluor-O-fluorcarbonylhydroxylamin, FC(O)·ONF₂, und N.N-Difluor-O-trifluormethylhydroxylamin, CF₃ONF₂.** W. B. Fox, G. Franz und L. R. Anderson. (Inorg. Chem. [Washington] **7** (1968) 2, 382–84; Morristown Labor., Industrial Chem. Div., Allied Chem. Corp., Morristown N.S.; engl.) — Durch Rk. des NF_2-Radikals mit den aus den Peroxiden FC(O)OOC(O)F (I) u. CF_3OOCF_3 (II) durch homolyt. Spaltung gebildeten Sauerstoffradikalen können FC(O)ONF_2 (III) bzw. $CF_3 \cdot ONF_2$ (IV) erhalten werden. I ist gegenüber NF_2 reaktionsfreudiger als II. Therm. Zers. von III führt zur Spaltung der C–O-Bindung, photochem. Zers. zur Trennung der N–O-Bindung. Die Ergebnisse von NMR-, IR- u. massenspektrometr. Unters. an III werden diskutiert.

Versuche: *N.N-Difluor-O-fluorcarbonylhydroxylamin* (III), CF_2NO_2, Kp. vermutlich nahe 0°, aus N_2F_4 (150 Torr, 25°) durch Rk. in einem (unbenutzten!) Pyrexgefäß nach Zusatz einer gleichen Menge I. Nach 1 Min. wurde auf −78° gekühlt u. flüchtige Prod. durch Abpumpen u. Ausfrieren getrennt. Bei −111° wurde III, bei −196° eine Mischung aus NF_3, CO_2, COF_2 u. SiF_4 gesammelt. III wird mit geringen Verunreinigungen an NO_2 u. I erhalten, 10–15%. — *N.N-Difluor-O-trifluormethylhydroxylamin* (IV), CF_5NO, durch Rk. äquimolekularer Mengen N_2F_4 u. II während 10 Tagen bei 130°. Die Prod. wurden durch Vakuumfraktionierung getrennt, bei der bei −130 u. 142° II u. −196° eine Mischung von IV, N_2F_4, NF_3-Spuren u. COF_2 gesammelt wurden. Erneute Fraktionierung ergab bei −158° IV + COF_2 u. −196° die restlichen Bestandteile. Nach Abtrennung des COF_2 durch Adsorption an feinem CsF 36% Ausb. an IV.
D. Gerlatzek 243

0810 **Darstellung und Identifizierung von B₁₂C₂S.** Jean-Claude Rosso. (C. R. hebd. Séances Acad. Sci., Sér. C **266** (1968) 2, 114–16; Fac. des Sci. de Luminy, Labor. de Chim. P. C., Marseille; franz.) — $B_{12}C_2S$ wurde bei 1700–1750° in einem Induktionsofen direkt aus den Elementen oder auch durch Einw. von S auf $B_{13}C_2$ synthetisiert. Die Verb. wurde chem. u. röntgenograph. identifiziert, sie ist therm. beständig u. zersetzt sich über 1500° unter Bldg. von Borcarbid. $B_{12}C_2S$ wird durch Säuren u. Basen nicht angegriffen. J. J. Pohl 258

0811 **Reaktionen zwischen Alkylamino-bis-[trifluormethyl]-phosphinen und Bortrihalogeniden.** N. N. Greenwood und B. H. Robinson. (J. chem. Soc. [London], Sect. A **1968**, 2, 226–29; Dep. of Inorg. Chem., Univ. of Newcastle upon Tyne; engl.) — Die Rk. von RN(H)P·$(CF_3)_2$ mit BX_3 sind komplex, die Prod. sind von den Rk.-Bedingungen u. der Natur der Alkylgruppe sowie des B-Halogenids abhängig. Während bei tiefen Temp. 1:1-Addukte gebildet werden, herrscht bei Raumtemp. die Spaltung der N–P-Bindung unter Bldg. von $(CF_3)_2PX$ u. $RN(H)BX_2$ (A) (R = tert.-C_4H_9 u. X = F oder Cl) vor. Bei R = CH_3 oder C_2H_5 disproportioniert A in $RNH_2 \cdot BX_3$ u. das korrespondierende Borazin $(RNBX)_3$. Bei R = CH_3 oder tert.-C_4H_9 besteht eine weitere Rk.-Folge in der Eliminierung von HCl u. Bldg. von Alkyl-(bis-[trifluormethyl]-phosphino)-aminobordichloriden $(CF_3)_2 \cdot PN(R)BCl_2$. Diese Verb. sind instabile farblose Fl. (Kp. ca. 90 bzw. 60°). Sie werden durch Analyse, Molgew., IR-, ^{1}H-, ^{11}B- u. ^{31}P-NMR-Spektren charakterisiert. Die Methylverb. ist dimer, die tert.-Butylverb. monomer. Mögliche Strukturen werden diskutiert u. die Durchführung aller Vers. beschrieben. D. Gerlatzek 258

0812 **Oxydationsmechanismus von Trialkylboranen.** Stanley B. Mirviss. (J. org. Chemistry **32** (1967) 6, 1713–17; Esso Res. and Engng. Co., Linden, N.J.; engl.) — Die Luftox. von Trialkylboranen führt über eine intermol. an Stelle einer intramol. Reaktion. Dabei reagiert eine Boralkylbindung mit einer Alkylperoxyborgruppe zu zwei Boralkoxygruppierungen. Zum Beweis wird angeführt, daß die Ox. von Trialkylboranen zu Borsäureestern über die Zwischenstufe von Boronatestern läuft. Durch Aufnahme von O_2 gehen sie in Peroxyverb. über, die in einer intermol. Rk. von einer unumgesetzten Boralkylverb. zum Borsäureester red. werden.

Versuche: *Diäthylbutylboronat* (I), $C_8H_{19}BO_2$, Kp.$_{100}$ 92–96°, aus 1 Mol Triäthylborat in 1 l abs. Ae. unter Rühren bei −60 bis −55° durch Zutropfen von 1 Mol n-Butyllithium in n-Hexan. Das Gemisch wird nach einer weiteren Stunde mit 0,97 Mol konz. HCl hydrolysiert u. die äther. Schicht destilliert; 50% I, n_D^{20} 1,3987; bei Hydrolyse mit W. nur 11% I u. 35% Butylborsäure. — *Dibutylbutylboronat*, $C_{12}H_{27}BO_2$, Kp.$_{10}$ 100–103°, aus einer Mischung von 1 Mol Tri-n-butylboran u. 2 Molen Tri-n-butylborat durch Rühren bei 120° u. anschließende Dest. mit 87% Ausbeute. E. Hengge 258

0813 **Darstellung und Eigenschaften von faserigem Siliciummonosulfid.** Hans-Heinz Emons und Siegfried Möhlhenrich. (Z. Chem. **8** (1968) 1, 31–32; Inst. für Anorgan. techn. Chem. der TH für Chem. „Carl Schorlemmer", Leuna-Merseburg; dt.) — Feingepulvertes Si (< 0,06 mm) u. S, im Molverhältnis 1:1,1 sorgfältig gemischt, werden in einem Glasrohr erhitzt. Kurz unterhalb des Erweichungspunktes des Glases setzt sich das Gemisch zu einem grauweißen Rohprod. aus SiS_2 u. ca. 22% $(SiS)_n$ um. Durch Erhitzen auf 850° bei 10^{-2}–10^{-3} Torr wurde ein etwa 80%ig. Umsatz zu glasigem $(SiS)_n$ (I) erreicht. Schreckt man das gasförmige SiS an einem Kühlfinger ab, so erhält man ein rot bis rotbraunes, faseriges $(SiS)_n$ (II), das eine bevorzugte Spaltrichtung u. D. 2,29 g/cm³ (22°) aufweist. II hat höhere Rk.-Fähigkeit als I. Es kann spontan unter Aufglühen disproportionieren. W. zersetzt II zu SO_2 u. H_2S. Mit Säuren reagiert es heftig, mit Laugen zersetzt es sich unter H_2-Entwicklung zu Silikaten u. Sulfiden. Röntgenograph. erweist sich II als amorph. Ergebnisse von ESR-Unters. deuten auf eine Radikalkettenpolymerisation des gasförmigen SiS hin. Gegenüber $(SiO)_n$ ist eine deutliche Abnahme des Spincharakters festzustellen.
E. Schrage 261

0814 **Tris-[o-arylendioxo]- und Bis-[arylendioxo]-organokieselsäuren mit sechs- und fünffach koordiniertem Silicium.** H. Meyer, G. Nagorsen und A. Weiss. (Angew. Chem. **80** (1968) 20, 849; dt.; int. Edit. **7** (1968) 10, 826; engl.; Inst. für anorg. Chem., Univ., München.) — Bei der Umsetzung von geschmolzenem Brenzcatechin mit Halogensilanen unter N_2 bilden sich komplexe o-Phenylendioxokieselsäuren mit hexa- u. pentakoordiniertem Si: $3C_6H_4(OH)_2 + SiCl_4 \rightarrow H_2[Si(O_2C_6H_4)_3] + 4HCl$, $2C_6H_4(OH)_2 + RSiCl_3 \rightarrow H[SiR(O_2C_6H_4)_2] + 3HCl$ (R = CH_3, C_6H_5). Die Formeln werden gestützt durch chem. Analysen, die Best. der Molmassen u. ^{1}H-NMR-Spektren. Autorreferat 261△

0815 **Darstellung einiger Polymetallphenylsiloxane.** Michel Bartholin und Alain Guyot. (C. R. hebd. Séances Acad. Sci., Sér. C **264** (1967) 21, 1694–96; Inst. de Rech. sur la Catalyse, CNRS, Villeurbanne, Rhône; franz.) — Eine allg. Meth. zur Darst. polykondensierter Metallphenylsiloxane wird beschrieben. Sie besteht darin, daß ein in W. lösl. Metallsalz (M = Mg, Cu, Co, Ni, Fe, Cr, Ti, Mn, Sn, Sb u. Al) mit den Hydrolyseprod. von *Phenyltrichlorsilan* reagiert, das in W. in Form seines Na-Salzes lösl. ist. P. Schmidt 261

0816 **N-Silylderivate von cyclischen sekundären Aminen.** B. J. Aylett und J. Emsley. (J. chem. Soc. [London], Sect. A **1967**, 12, 1918–21; Chem. Dep., Westfield Coll., London; engl.) — Jodsilan reagiert mit Pyrrolidin u. Piperidin unter Bldg. von *N-Silylpyrrolidin* (I) bzw. *N-Silylpiperidin* (II). Die Ausb. beträgt 93 bzw. 68%. Die neuen Verb. werden durch chem. Analyse u. IR-Spektrum identifiziert; ferner werden Dampfdruckkurven mitgeteilt. Beide Verb. bilden mit Trimethylboran 1:1-Addukte. Die Si–N-Bindung kann bei Raumtemp. mit HCl sehr leicht gespalten werden. Die Pyrolyse von I u. II ergibt hauptsächlich Silan u. $SiH_2(NC_nH_{2n})_2$ (n = 4 bzw. 5). Vers., N-Silylaziridin u. N.N'-Disilylpiperazin darzustellen, gelangen nicht. R. Braun 261

0817 **Reaktion von Halogenboranen mit N-silylierten Hydrazinen.** K. Niedenzu, P. Fritz und W. Weber. (Z. Naturforsch. **22b** (1967) 2, 225; Dep. of Chem., Duke Univ., Durham, N.C.; dt.) — Di-n-butylchlorboran reagiert mit N-Trimethylsilyl-N′-dimethylhydrazin (**I**) unter Bldg. von *N-Di-n-butylboryl-N′N′-dimethylhydrazin*, $Kp._3$ 57°. In analoger Weise wurde aus Diphenylchlorboran u. **I** das *N-Diphenylboryl-N′N′-dimethylhydrazin*, $Kp._3$ 123°, mit 83% Ausb. erhalten. Bei der Umsetzung von Dialkylhalogenboranen mit symm. Bis-[trimethylsilyl]-hydrazin (**II**) im Molverhältnis 2:1 wurde $R_2B–NH–NH–BR_2$ (R = CH_3, Kp. 94—97°; C_2H_5; $Kp._{16}$ 79—80; $n\text{-}C_4H_9$, $Kp._3$ 132°) erhalten. Bei der Umsetzung von $(n\text{-}C_4H_9)_2B–NH–NH–B(n\text{-}C_4H_9)_2$ mit Ox.-Mitteln wie PbO_2, HgO, S, Halogen oder Chinon konnten keine Azoborane isoliert werden. Ferner wurden die Rk. von **II** mit $ClB[N(CH_3)_2]_2$ (**III**) u. $(CH_3)_2N–BCl(C_6H_5)$ sowie die Rk. zwischen **III** u. **I** untersucht. In sämtlichen Fällen konnte zwar das $(CH_3)_3SiCl$ nachgewiesen werden, doch es gelang nicht, die Hydrazinboranderiv. aus den Rk.-Gemischen zu isolieren. R. Braun 261

0818 **Darstellung und Eigenschaften von Organocyclosilazanen.** K. A. Andrianov und G. V. Kotrelev. (J. organometallic Chem. [Amsterdam] 7 (1967) 2, 217—25; M. V. Lomonosov Inst. of Fine Chem. Technol., Moscow; engl.) — Durch Ammonolyse von Dialkyldichlorsilanen u. Alkyltrichlorsilanen in abs. Bzl. wurden eine Reihe von Dialkylpolycyclosilazanen u. Alkylsilsesquiazanen dargestellt. Die IR-Spektren u. die Reaktivität gegenüber nucleophilen Reagenzien deuten darauf hin, daß derartige Verb. einen gewissen aromat. Charakter besitzen, der von der Anzahl der Ringatome abhängig ist. Im einzelnen wurden dargestellt: $(CH_3C_2H_5SiNH)_3$, $Kp._3$ 91 bis 93° (n_D^{20} =) 1,4570, ($D._4^{20}$ =) 0,9258 g/cm³, (Ausb.) 75%; $(CH_3C_2H_5SiNH)_4$, $Kp._3$ 136—139°; 1,4688; 0,9511; 2,1%; $(CH_3C_4H_9SiNH)_3$, $Kp._1$ 126—128°; 1,4600; 0,9074; 73%; $(CH_3C_4H_9SiNH)_4$, $Kp._1$ 162—165°; 1,4677; 0,9215; 22%; $(CH_3C_6H_{13}SiNH)_3$, $Kp._1$ 171—173°; 1,4642; 0,8938; 68%; $(CH_3C_6H_{13}SiNH)_4$, $Kp._1$ 220—224°; 1,4689; 0,9057; 25%; $(CH_3C_8H_{17}SiNH)_3$, $Kp._1$ 185—189°; 1,4654; 0,8942; 60%; $(CH_3C_9H_{19}SiNH)_3$, $Kp._1$ 203—207°; 1,4680; 0,8896; 53%; $(C_2H_5C_8H_{17}SiNH)_3$, $Kp._1$ 224 bis 228°; 1,4710; 0,8970; 53%; $HN(C_2H_5C_8H_{17}SiNH_2)_2$, $Kp._1$ 169—171°; 1,4620; 0,8790; 41%; $[CH_3Si(NH)_{1,5}]_6$, F. 260°, 11%; $[C_2H_5Si(NH)_{1,5}]_6$, F. 146—147°, 15%; $[C_6H_{13}Si(NH)_{1,5}]_6$, $Kp._2$ 314—320°; 1,5005; 1,0028; 52%; $[C_7H_{15}Si(NH)_{1,5}]_6$, $Kp._{1,5}$ 324—330°; 1,4978; 0,9830; 43%; $[C_8H_{17}Si(NH)_{1,5}]_8$, $Kp._1$ 345—350°; 1,2929; 0,9712; 56%; $[C_9H_{19}Si(NH)_{1,5}]_6$, $Kp._2$ 330—347°; 1,4940; 0,9629; 53%. R. Braun 261

0819 **Durch Metalle der VIII. Gruppe katalysierte Reaktionen von Organosiliciumhydriden mit Aminen, Halogenwasserstoffen und Schwefelwasserstoff.** Leo H. Sommer und Joel D. Citron. (J. org. Chemistry **32** (1967) 8, 2470—72; Dep. of Chem., Univ. of Calif., Davis, Calif.; engl.) — Die Stereochemie u. synthet. Verwendbarkeit der durch Platinmetalle katalysierten Rk. von Si–H-Bindungen mit hydroxylfreien, aber akt. Wasserstoff enthaltenden Verb. wurde untersucht. Diese Rk. eignen sich zur schnellen u. einfachen Darst. von Silylaminen, Silanthiolen u. Halogensilanen. Ausgehend von opt. akt. *α-Naphthylphenylmethylsilan* (R_3Si^*H) wurden Rk. mit Pyrrolidin (HPyr), iso-$C_4H_9NH_2$, CH_3NH_2, HF, HCl, H_2S u. CH_3SH (keine Umsetzung); ausgehend von $(C_2H_5)_3SiH$ Rk. mit HF, HCl, H_2S u. CH_3SH (keine Umsetzung) durchgeführt. Die chem. Ausb. an den Rk.-Prod. R_3SiPyr, $R_3SiNH\text{-iso-}C_4H_9$, $R_3SiNHCH_3$, R_3SiF, R_3SiCl u. R_3SiSH u. die Stereospezifität im Fall von R_3Si^*H sind tabellar. angegeben. Als Katalysatoren wurden benutzt: 5% Pd–Al_2O_3, 10% Pd–C, 5% Pd–C, 5% Pt–C, 5% Rh–C, 5% Rh–Al_2O_3, 5% Ru–C, Raney-Ni, H_2PtCl_6. A. Blaschette 261

0820 **Natriumperoxoarsenate.** Z. N. Dymova und G. A. Bogdanov. (Izvest. vysšich učebnych Zavedenij [Ivanovo], Chim. i chim. Technol. **10** (1967) 9, 1010—13; Moskovskij tekstil'nyj inst., Kaf. obščej i neorg. chim.; russ.) — Vgl. Bogdanov et al., ibid. **10** (1967), 39. — Es wird an Hand analyt. u. thermograph. Unters. gezeigt, daß es sich bei den l.c. beschriebenen Prod. der formalen Zus. $Na_3AsO_4 \cdot H_2O_2 \cdot 2H_2O$, $Na_3AsO_4 \cdot 2H_2O_2 \cdot 1{,}5H_2O$ u. $Na_3AsO_4 \cdot 3H_2O_2 \cdot H_2O$ (**I**) um Arsenatperoxohydrate mit Krist.-H_2O_2 u. Krist.-W. handelt. Die Geschw. der Zers. dieser Verb. nimmt mit zunehmender H^+-Konz. ab (näher untersucht mit **I** bei 55°). Der katalyt. Effekt von Na_3AsO_4 bei der H_2O_2-Zers. beruht auf der Bldg. derartiger Peroxoverbindungen. A. Blaschette 265

Metalle

0821 **Strontiumoxidhalogenide.** Bernard Frit, Mohamed Moakil Chbany, Bernard Tanguy und Paul Hagenmuller. (Bull. Soc. chim. France **1968**, 1, 127—30; Serv. de Chim. Min. Struct. de la Fac. des Sci. de Bordeaux; franz.) — Die Syst. SrX_2–SrO, X = Cl, Br u. J wurden röntgenograph. untersucht, Verb. der Zus. Sr_4OCl_6, Sr_4OBr_6, Sr_4OJ_6 u. $Sr_9O_5J_8$ wurden charakterisiert. Sr_4OCl_6 krist. hexagonal mit a = 9,44 (±0,01Å), c = 7,18, Raumgruppe D_{6h}^4–$P6_3/mmc$, D_{3h}^4–P62c oder C_{6v}^4–$P6_3mc$, Z = 2, $D._R$ = 3,47, $D._{exp}$ = 3,44 (±0,001), Sr_4OBr_6 hat a = 9,82, c = 7,51, d_R = 4,47, $D._{exp}$ = 4,38, Sr_4OJ_6 a = 10,45, c = 8,01, $D._R$ = 4,94, $D._{exp}$ = 4,79. Die mit der DTA-Meth. bestimmten Schmelzpunkte der drei Verb. betragen 990 (±10°), 890 u. 675. Infolge ihrer Isotypie bilden Sr_4OCl_6 u. Sr_4OBr_6, Sr_4OBr_6 u. Sr_4OJ_6, Ba_4OCl_6 u. Ba_4OBr_6 sowie Ba_4OBr_6 u. Ba_4OJ_6 unbegrenzt Mischkristalle. Die Mischkristallbldg. von Sr_4OCl_6 mit Sr_4OJ_6 u. Ba_4OCl_6 mit Ba_4OJ_6 ist sehr begrenzt. $Sr_9O_5J_8$ ist mit $Ba_9O_5J_8$ u. $Ba_9O_5Br_8$ isotyp., Sr_4OJ_6 wird ab 320°, $Sr_9O_5J_8$ ab 360° ox. nach $10Sr_4OJ_6 + 43O_2 \rightarrow 8Sr_5(JO_6)_2 + 22J_2$ bzw. $10Sr_9O_5J_8 + 83O_2 \rightarrow 18Sr_5(JO_6)_2 + 22J_2$. Alle untersuchten Oxidhalogenide sind hygroskopisch. J. J. Pohl 284

0822 **Reaktion von Nitrosyltetrachloroaluminat mit Alkalimetallhalogeniden.** Bernard Vandorpe und Pierre Barbier. (C. R. hebd. Séances Acad. Sci., Sér. C **266** (1968) 5, 332—33; Fac. des Sci., Lille-Gare, Nord; franz.) — $LiAlCl_4$ wurde auf 2 Wegen dargestellt, $AlCl_3$ + LiCl, $NOAlCl_4$ (**I**) + LiCl. Die Rk. wurde mittels TG, IR (NOCl) u. röntgenograph. verfolgt. Nach Verf. 2 erhält man auch $KAlCl_4$ u. $NaAlCl_4$. **I** reagiert mit MX (M = Alkalimetall, X = Br, J) unter Bldg. von $MAlCl_4$. Die Rk. bestätigen die Dissoziation von **I** in NO^+ u. $AlCl_4^-$ im geschmolzenen Zustand. I/I_0 u. d(Å) der Röntgendiagramme von $LiAlCl_4$ u. $KAlCl_4$ werden angegeben. G. Schatz 294

0823 **Alkalimetalldichlorosulfatoaluminate.** Bernard Vandorpe und Pierre Barbier. (C. R. hebd. Séances Acad. Sci., Sér. C **266** (1968) 6, 379—81; franz.) — Vgl. vorst. Referat. — $NOAlCl_4$ reagiert zwischen 75 u. 200° mit den Sulfaten oder Hydrogensulfaten der Alkalimetalle unter Bldg. von $M[AlCl_2SO_4]$ (M = K, Na, Li). Eine zweite Darst.-Möglichkeit besteht in der Rk. von $MAlCl_4$ mit $NOHSO_4$. Die Verb. sind bis etwa 500° stabil. Ihre Röntgendiagramme werden angegeben. W. Gauster 294

0824 **Umsetzung von Seltenerdmetallnitraten mit Kalium- und Ammoniumfluorid in Ammonium- und Kaliumnitratschmelzen.** A. K. Kuprijanova, V. K. Val'cev und L. R. Bacanova. (Izvest. sibirskogo Otd. Akad. Nauk SSSR, Ser. chim. Nauk **1968**, 1, 45—49; Inst. neorg. chim. SO AN SSSR, Novosibirsk; russ.) — Pr-, Nd- u. Er-Nitrat wurden mit KF in geschmolzenem KNO_3 unter Verw. einer stationären Pt-Elektrode amperometr. titriert. Der Äquivalenzstrom der Titrationskurve der Seltenerdmetallnitrate entspricht der Bldg. von Trifluoriden. In KNO_3- oder NH_4NO_3-Schmelzen entstehen hierbei PrF_3, NdF_3 u. ErF_3, sowie in Ggw. eines Fällungsmittelsüberschusses $2ErF_3 \cdot KF$ u. $3ErF_3 \cdot 2NH_4F$. J. J. Pohl 303

0825 **Einfache Darstellung von Europium(II)-fluorid.** H. Pink. (Z. anorg. allg. Chem. **356** (1968) 5/6, 319—20; München, Siemens A.G., Forsch.-Labor.; dt.) — EuF_2 wird aus $EuSO_4$ u. NaF durch doppelte Umsetzung dargestellt. Das erhaltene phasenreine Prod. zeigt analoge Analysenwerte u. Röntgenbeugungsinterferenzen wie das durch Red. von EuF_3 erhaltene Material.

Versuche: EuF_2, durch 2std. Rühren von feinverteiltem $EuSO_4$ in NaF-haltiger 0,4 n NaOH unter Ar, hellgelber Feststoff, Gitterkonst. 5,820 Å.

M. Steidinger 309

0826 **Neue Oxoterbate(IV).** Rudolf Hoppe und Klaus Seeger. (Naturwissenschaften **55** (1968) 6, 297; Inst. für Anorg. u. Analyt. Chem. der Univ. Gießen; dt.) — Aus Mischungen von $8CsO_{0,6}$ bzw. $8RbO_{0,6}$ u. „Tb_4O_7" konnten bei 450—480° in Ar die Verb. Cs_2TbO_3 u. $Rb_2 \cdot TbO_3$ dargestellt werden. Die rotbraunen, extrem feuchtigkeitsempfindlichen Verb. zersetzen sich oberhalb 500° thermisch. Die Verb. sind isotyp mit Rb_2PbO_3 bzw. Cs_2PbO_3. Aus Mischungen von $4Na_2O_2$ u. „Tb_4O_7" bildete sich bei 720° in O_2 nach Abschrecken hellgelbes Na_2TbO_3, das dem α-$NaFeO_2$ isotyp ist u. die hexagonalen Gitter-Konst. a = 3,35 u. c = 16,41 Å mit Z = 2 besitzt. Die Verb. Rb_2TbO_3 (μ = 7,9 BM, Θ = −57°), Cs_2TbO_3 (μ = 7,3 BM, Θ = −64°) u. Na_2TbO_3 (μ = 7,8 BM, Θ = −62°) befolgen das Curie-Weiss-Gesetz.

W. Laqua 311

0827 **Koordinationskomplexe von Titan(II).** G. W. A. Fowles, T. E. Lester und R. A. Walton. (J. chem. Soc. [London], Sect. A **1968**, 5, 1081—85; Univ., Whiteknights, Reading, Berkshire; engl.) — Nichtion., in nichtpolaren Lsgm. unlösl., wahrscheinlich durch Halogenbrücken verbundene Polymere des Typs $[TiX_2 \cdot 2L]_n$ (X = Cl, Br; L = Pyridin, Tetrahydrofuran, Tetrahydropyran; 2 L = 2.2'-Bipyridyl oder 1.10-Phenanthrolin) wurden aus dem leicht zugänglichen Komplex $[TiX_2 \cdot 2CH_3CN]_n$ [X = *Cl* (**I**), *Br* (**II**)] dargestellt. Mit L = $P(C_6H_5)_3$, 1.4-Dioxan oder Bis-[phenylthio]-äthan wurden keine Komplexe erhalten. **I** ist in einer sd. Lsg. von CH_3CN (**III**) nach Molgew.-Best. mindestens dimer. Die Rk. von $TiCl_4$, Na_2TiCl_4 (**IV**) oder $TiBr_4$ gibt mit py in der Hauptsache $Ti^{III}X_3 \cdot 3py$ (X = Cl, Br); die Rk. von **II** mit py ein schwarzes lösl. u. ein braungrünes unlösl. Prod. (1,06 BM); auch hierbei wird Ti(II) offensichtlich oxydiert. Die Rk. von **IV** mit $N(CH_3)_3$ gibt einen blauen Ti(III)-Komplex. Die Rk. von **II** mit phen ist ebenfalls erfolglos. In den Komplexen sind, wie IR-Spektren beweisen, die Liganden koordiniert; ihre Strukturen werden diskutiert.

Versuche: (alle Handhabungen im Vakuum): $TiCl_2$, durch Erhitzen von $TiCl_3$ im Pyrex-Glasrohr auf 495°; $TiBr_2$, analog aus $TiBr_3$ bei 400°; **I**, a) zweitägiges Erhitzen von $TiCl_2$ mit überschüssigem **III** unter Rückfluß, schwarzes Pulver, (μ =) 1,07 (BM), hohe Ausb.; b) eintägige Rk. von **IV** mit **III** bei Raumtemp.; $[TiCl_2 \cdot phen]_n$, durch einwöchige Rk. von **I** u. phen (Molverhältnis 1:1,5) in **III**, Abfiltrieren des unlösl. Prod., Waschen mit **III** u. Vakuumtrocknen, dunkelblau, 1,11; $[TiCl_2 \cdot bipy]_n$, durch einwöchiges Rückflußkochen von **I** u. bipy (1:2) in Bzl., 1,09; $[TiCl_2 \cdot 2py]_n$, aus **I** u. py (1:4) in Bzl., 8std. Abpumpen bei 50°, schwarz, 1,14; $[TiCl_2 \cdot 2THF]_n$, viertägige Rk. von **I** u. THF bei Raumtemp., schwarz, 1,21; $[TiCl_2 \cdot 2THP]_n$, analog, schwarz, 0,99; **II**, fünftägige Rk. von $TiBr_2$ u. **III** bei Raumtemp. u. 12std. Abpumpen im Vakuum bei 85°, schwarz, 1,11; $[TiBr_2 \cdot bipy]$, 4std. Rückflußkochen von **II** u. bipy in Bzl., das etwas **III** enthält, dunkelblau, 1,10.

G. Heller 321

0828 **Reaktion von Titan(IV)-oxiddichlorid mit Stickstoff- und Sauerstoff-Donatormolekülen, Untersuchung der Komplexanionen $[TiOCl_4]^{2-}$ und $[TiOCl_5]^{3-}$.** G. W. A. Fowles, D. F. Lewis und R. A. Walton. (J. chem. Soc. [London], Sect. A **1968**, 7, 1468—73; engl.) — Vgl. vorst. Referat. — $TiOCl_2 \cdot 2C_4H_8O$, $TiOCl_2 \cdot 2C_5H_{10}O$, $TiOCl_2 \cdot 1{,}5C_4H_8O_2$, $TiOCl_2 \cdot C_4H_{10}O_2$, $TiOCl_2 \cdot 2CH_3CN$, $TiOCl_2 \cdot 2{,}5py$, $TiOCl_2 \cdot 2\alpha$-*Picolin*, $TiOCl_2 \cdot bipy$ u. $TiOCl_2 \cdot 2N(CH_3)_3$ entstehen bei der Umsetzung von $TiOCl_2$ mit THF, Tetrahydropyran, 1.4-Dioxan, 1.2-Dimethoxyäthan, Methylcyanid, Py., α-Picolin, 2.2'-Dipyridyl bzw. Trimethylamin u. Entfernen des Lsgm.-Überschusses im Vakuum. Alle Verb. wurden IR-spektroskop. charakterisiert. Die Spektren zeigen nur im Falle von $TiOCl_2 \cdot 2\alpha$-Picolin u. $TiOCl_2 \cdot 2N(CH_3)_3$ die Anwesenheit endständiger Ti=O-Gruppen. $[N(C_2H_5)_4]_2TiOCl_4$, $[(C_6H_5)_4As]_2TiOCl_4$, $[(n-C_4H_9)_2NH_2]_2TiOCl_4$, $[(n-C_4H_9)NH_3]_2TiOCl_4$ u. $[N(CH_3)_4]_3TiOCl_5$ wurden durch die Rk. von $TiOCl_4$ mit Tetraäthylammoniumchlorid, Tetraphenylarsoniumchlorid, Di-n-butylammoniumchlorid, n-Butylammoniumchlorid bzw. Tetramethylammoniumchlorid in Methylcyanid-Dichlormethan-Suspensionen beim Schütteln dargestellt. Die IR-Charakteristiken sind angegeben. Die Struktur der Verb. wird diskutiert, die Elektronenspektren der $TiOCl_4^{2-}$- u. $TiOCl_5^{3-}$-Anionen eingehend besprochen.

J. J. Pohl 321

0829 **Darstellung sowie magnetische und spektroskopische Eigenschaften einiger antiferromagnetischer Thioäther-Komplexe von Titan(III).** G. W. A. Fowles, T. E. Lester und R. A. Walton. (J. chem. Soc. [London], Sect. A **1968**, 1, 198—204; engl.) — Vgl. vorst. Referate. — Titan(III)-halogenide TiX_3 reagieren mit L = Dimethylsulfid (DMS) u. Tetrahydrothiophen (THT) zu den 1:2-Addukten $TiX_3 \cdot 2L$. Mit X = Cl entstehen stark antiferromagnet. Verb., die wahrscheinlich eine direkte Metall—Metall-Bindung aufweisen, während die Bromide u. Jodide über Halogenbrücken zu sechsfach koordinierten Ti(III)-Komplexen dimerisiert sind.

Versuche: $TiCl_3 \cdot 2DMS$ durch 2tägiges Kochen von $TiCl_3$ mit überschüssigem C_2H_6S am Rückfluß, Filtrieren u. Evakuieren zur Trockene. Braune, nur in C_2H_6S lösl. Verb., Neél-Temp. ca. 320°K, bei Raumtemp. instabil, $TiBr_3 \cdot 2DMS$ u. $TiJ_3 \cdot 2DMS$ entstehen analog als braune bzw. schwarze Kristalle. — $TiCl_3 \cdot 2THT$ analog, graue, antiferromagnet. Verb. (Neél-Temp. ca. 320°K), nur lösl. in Tetrahydrothiophen. — $TiBr_3 \cdot 2THT$ u. $TiJ_3 \cdot 2THT$ entstehen analog als rotbraune bzw. schwarze Verbindungen.

Hanspeter Schulz 321

0830 **Mechanismus zur Kontrolle der Reaktivität von Bleiazid.** V. R. Pai Verneker und A. C. Forsyth. (J. physic. Chem. **72** (1968) 1, 111—15; Explosives Labor., Picatinny Arsenal, Dover, N.Y.; engl.) — Die Reaktivität von α-PbN_6 nimmt mit abnehmender Teilchengröße zu. Wird Fe^{3+} eingebaut, so nimmt sie bis zu $1 \cdot 10^{-2}$ Mol.-% an eingebautem Fe^{3+} ab, um bei höheren Fe-Konz. wieder anzusteigen. Es wird angenommen, daß dabei $[Fe(N_3)]^{2+}$ eingebaut wird. Die Reaktivität hängt auch vom pH-Wert ab, bei dem aus der Fe^{3+}-haltigen Lsg. das α-PbN_6 gefällt wird. Dotierung mit $[Fe(N_3)]^{2+}$ bewirkt eine Verschiebung der Absorptionskante zu 680 nm. α-PbN_6, das aus Pb-Nitrit u. HN_3 hergestellt wird, ist am wenigsten reaktionsfreudig. Seine Absorptionskante liegt bei 300 im Gegensatz zu 420 nm, die bei den nach anderen Meth. hergestellten α-PbN_6-Proben gefunden wurde.

W. Gauster 328

0831 **Chemie des Dicyanamid- und des Tricyanmethanid-Ions. 10. Mitt. Pseudohalogeno-Metallverbindungen. 23. Mitt. Triphenylgermanium-, -zinn- und -bleidicyanamid.** H. Köhler und W. Beck. (Z. anorg. allg. Chem. **359** (1968) 5/6, 241—45; Halle, Martin-Luther-Univ., Inst. für Anorg. Chem., München, TH, Anorg.-Chem. Inst.; dt.) — 9. vgl. ibid. **354** (1967) 354; 11. vgl. C. **1968**, 59-0066; 22. vgl. C. **1969**, 1-0749. — Umsetzung benzol. Lsg. von Triphenylmetallhalogeniden (**I**) mit Silberdicyanamid (**II**) liefert nach einer Metall-Halogen-Austausch-Rk. entsprechende *Triphenylmetalldicyanamide* (**III**), die in polaren organ. Lsgm. gut lösl. u. durch W. hydrolyt. spaltbar sind. Die Bindungsstruktur, sowie Isomeriemöglichkeiten, werden, ebenso wie die tabellar. angeführten IR-Spektren diskutiert.

Versuche: Triphenylmetalldicyanamide, durch mehrstd. Ausschütteln bzw. Rühren des entsprechenden **I** mit **II** in Bzl., Filtrieren u. Umfällen, evtl. Extrahieren des Nd. mit PAe. bzw. THF, sowie Trocknen im Hochvakuum: (Metall =) *Ge*, $(C_6H_5)_3GeN(CN)_2$, F. 145°; in 5 Stunden. — *Sn*, $(C_6H_5)_3SnN(CN)_2$, F. 169 bis 170°; in 20 Std.; 80% (Ausb.). — *Pb*, $(C_6H_5)_3PbN \cdot (CN)_2$, F. 240° (Zers.), wie vorst.; 44%.

H. Gleinig 328△

0832 **Bequeme Methode zur Darstellung von Vanadinoxidchlorid.** S. K. Anand, R. K. Multani und B. D. Jain. (Chem. and Ind. **1968**, 23, 743; Dep. of Chem., Univ. of Delhi, Delhi, India; engl.) — $VOCl_3$ entsteht aus V_2O_5 u. $SOCl_2$ unter SO_2-Entw. in 72%ig. Ausbeute.

H. J. Schönherr 330

0833 **Darstellung von kristallinen Vanadincarbonitriden im System kubisches δ-V(C–N).** M. Roubin und J. M. Paris. (J. less-common Metals [Lausanne] **15** (1968) 2, 227–33; Chaire de Chim. Minér. de la Fac. des Sci. de Lyon, Villeurbanne, France; franz.) — δ-V(C–N)-Zus. wurden durch Behandlung der Ausgangssubstanzen mit einem Gasstrom von N_2, CH_4 u. H_2 bei 800–1000° durch kontrollierte Stickstoffabgabe u. teilweise Substitution des abgegebenen Stickstoffs während der partiellen Dissoziation des Nitrids durch Kohlenstoff aus dem KW-Stoff erhalten. Auf Grund der aufgestellten Isothermen u. Isobaren der Carbonitrierung können die Bedingungen der Darst. einzelner Zus. des Typs VC_yN_{1-y} bei $0 < y < 1$ abgelesen werden. J. J. Pohl 330

0834 **Umsetzung von $VOCl_3$ mit Alkalimetallchloriden im salzsauren Medium.** N. K. Chalilova und I. S. Morozov. (Ž. neorg. Chim. **13** (1968) 4, 988–91; Inst. obšč. i neorg. chim. im. Kurnakova AN SSR; russ.) — Bei der Rk. von gesätt. salzsauren $VOCl_3$-Lsg. mit MeCl-Lsg., Me = K, Cs, Rb, NH_4 u. gasförmigem HCl bei 0° entstehen Verb. des Typs $Me_2VOCl_5 \cdot 2H_2O$, $Cs_2VOCl_5 \cdot 2H_2O$ (I) hat n = 1,660, $Rb_2VOCl_5 \cdot 2H_2O$ (II) 1,640, $K_2VOCl_5 \cdot 2H_2O$ (III), 1,656 u. $(NH_4)_2VOCl_5 \cdot 2H_2O$ (IV) 1,633. I–IV wurde bei 20–850° im trockenen HCl-Strom thermograph. untersucht. III u. IV geben bei 140°, II bei 160° u. I bei 165 u. 270° W. ab, I, II u. III schmelzen bei 440°, 420 u. 470°. IV zersetzt sich bei 320° unter Abgabe von NH_4Cl, es bleibt V_2O_3 zurück. I–IV wurden röntgenograph. untersucht. IR-spektroskop. Daten zeigen die Anwesenheit von Vanadylgruppen V=O in den Verbindungen. Die Löslichkeit von I u. IV ist bei einer HCl-Konz. von ca. 44% minimal u. beträgt 0,75 bzw. 1,03% V_2O_5. Die Stabilität der Verb. sinkt mit abnehmender HCl-Konz. in der Lösung. J. J. Pohl 330

0835 **Vanadin(II)–Vanadin(III) mit Polypyridylliganden.** Larry E. Bennett und Henry Taube. (Inorg. Chem. [Washington] **7** (1968) 2, 254–61; Stanford Univ., Stanford, Calif.; engl.) — $V(dipy)_3^{2+}$ ist ein viel langsamer reduzierendes Agens als $Cr(dipy)_3^{2+}$. V(III)-Komplexe mit Bipyridyl oder Terpyridyl entstehen bei der Ox. von V(II)-Verbindungen. Sie geben rasch die Liganden ab u. disproportionieren oder werden weiteroxydiert. Als Endprod. entstehen VO^{2+}-Polypyridylkomplexe. Die Ox. von $V(dipy)_3^{2+}$ durch $Fe(AeDTE)^-$ u. $Co(AeDTE)^-$ wurde untersucht. J. J. Pohl 330

0836 **IR-spektroskopische Bestimmung der Alterung und der Reinheit von hydratisiertem Niobpentoxid.** Michèle Dartiguenave und Yves Dartiguenave. (Bull. Soc. chim. France **1968**, 1, 171–73; Labor. de Chim. Min. et Struct., Strasbourg; franz.) — IR-spektroskop. u. thermogravimetr. Unters. zeigen, daß die Alterung von hydratisiertem Nb_2O_5 durch die Bldg. von Hydroxobrücken (schwache Banden bei 1050 u. 1180 cm^{-1}) u. durch Bldg. krist. Bereiche (Bande bei 1120 cm^{-1}) verläuft. J. J. Pohl 331

0837 **Nioboxidtellurid.** Marcel Chaigneau und Monique Santarromana. (C. R. hebd. Séances Acad. Sci., Sér. C **266** (1968) 5, 325–27; Labor. des Gaz du CNRS, Paris; franz.) — Die Darst. von $Nb_2Te_3O_2$ (I) aus Nb_2O_5 + MgTe wird beschrieben, D_4^{20} 6,0; es wird nur wenig angegriffen von HCl, HNO_3, konz. NH_3; mit H_2SO_4 (1,83), NaOH oder KOH erfolgt Zers.; ebenso mit $K_2S_2O_7$ in der Schmelze unter Te-Verlust, die Zers. mit konz. H_2SO_4 bedingt keinen Te-Verlust, bei der H_2-Red. bildet sich H_2Te. Die Umsetzung von Ta_2O_5 mit MgTe liefert Ta_2Te_4O.

Versuche: Nb_2O_5 wird mit Te u. Mg vermischt u. 3 Std. auf 480° in einem unter Vakuum abgeschmolzenen Rohr erhitzt. Nb_2O_5 + 5MgTe liefert auf Grund der Debye-Scherrer-Aufnahmen das am besten der Formel I entsprechende Prod., der Überschuß an Te, Mg u. Oxid wird durch Behandeln mit HCl (10%) u. HNO_3 (1,14) entfernt. G. Schatz 331

0838 **Propyl-3.4.5-trihydroxybenzoatoniob(V)-Komplexe in Lösung.** J. E. Land und C. M. Stillwell. (J. less-common Metals [Lausanne] **14** (1968) 2, 231–35; School of Chem., Auburn Univ., Ala.; engl.) — Durch spektrophotometr. Messungen wird die Komplexbldg. zwischen $Nb(n\text{-}C_3H_7O)_5$ u. *Propyl-3.4.5-trihydroxybenzoat* (I) in gepufferter Lsg. (pH 10,5) untersucht. Es bildet sich bei Ligandenkonz. $1 \cdot 10^{-5}$–$5{,}5 \cdot 10^{-5}$ m u. Nb-Konz. $5 \cdot 10^{-7}$ m ein *1:1-Komplex.* Die stöchiometr. Bldg.-Konst. für diesen Komplex beträgt $3{,}04 \cdot 10^3$.

Versuche: $NH_4[NbO(C_{10}H_{10}O_5)_2]$, durch Rk. von 5 g I in 50 ml konz. wss. NH_3-Lsg. mit 2 g frisch gefälltem Nb_2O_5, Erhitzen zum Sd. u. Durchleiten von N_2 durch die Rk.-Mischung, Kühlen u. Trocknen bei 95°; gelbe Kristalle. K.-J. Zwietasch 331

0839 **Zwei neue Tantalnitride.** Jean-Claude Gilles. (C. R. hebd. Séances Acad. Sci., Sér. C **266** (1968) 8, 546–47; Centre d'Et. de Chim. metallurg., CNRS, Vitry-sur-Seine, Val-de-Marne; franz.) — Ausgehend von Ta_3N_5 wird durch Zers. bei 900° Ta_4N_5 (I) u. bei 950° in Ammoniakatmosphäre Ta_5N_6 (II) gebildet. Die Krist.-Struktur der beiden Nitride wird beschrieben. I krist. tetragonal, a = $6{,}831_3$; c = $4{,}269_6$ Å; Z = 2; C_{4h}^5–I4/m; II hexagonal mit a = $5{,}17_6$; c = 10,353 Å; D_{6h}^3–P6$_3$/mcm. O. Rösner 332

0840 **Magnetismus, Elektronenspektren und Struktur von Übergangsmetallalkanolaten.** 6. Mitt. **Chrom(III)-chloridalkanolate.** L. Dubicki, G. A. Kakos und G. Winter. (Austral. J. Chem. **21** (1968) 6, 1461–72; Dep. of Inorg. Chem., Univ. of Melbourne, Parkville, Vic.; engl.) — 5. vgl. C. **1968**, 51/52-0599. — Das durch Umsetzung von $CrCl_3$ in methanol. $NaOCH_3$-Lsg. darstellbare, grüne $Cr(OCH_3)Cl_2 \cdot 2CH_3OH$ (I), F. 84–86°, hydrolysiert rasch in feuchter Luft. Es löst sich in *Aceton, Acetonitril* u. *Dioxan*, wobei nach Absaugen der Lsgm. die grünen Salze $Cr(OCH_3)Cl_2 \cdot CH_3OH \cdot CH_3COCH_3$ (II; F. 74–75°), $Cr(OCH_3)Cl_2 \cdot CH_3OH \cdot CH_3CN$ (III; F. 98 bis 100°) u. $Cr(OCH_3)Cl_2 \cdot CH_3OH \cdot C_4H_8O_2$ (IV; F. 56 bis 58°) durch Ersatz einer CH_3OH-Gruppe durch das Lsgm. zurückbleiben. I gibt bei 100° unter vermindertem Druck ein CH_3OH unter Bldg. von $Cr(OCH_3)Cl_2 \cdot CH_3OH$ (V) ab. ΔH^0 ist für diese Rk. 18 kcal/Mol. Die Reflexionsspektren zwischen 250 u. 1250 nm weisen für I bis V die typ. Banden des oktaedr. *Chroms* auf: 15000 cm^{-1} ($^4A_{2g} \rightarrow {}^4T_{2g}$) u. 21000 cm^{-1} ($^4A_{2g} \rightarrow {}^4T_{1g}$ (F)). Eine Bande bei 37500 cm^{-1} ($^4A_2 \rightarrow {}^4T_{1g}$ (P)) tritt nur bei I u. V auf. Der LF-Parameter 10 Dq (~ 15000 cm^{-1}) liegt in Übereinstimmung mit der spektrochem. Serie zwischen den Werten von $Cr(H_2O)_6^{3+}$ u. $CrCl_6^{3-}$. Nach Mol.-Gew.-Best. u. Suszeptibilitätsdaten sind I, II, III u. IV dimer u. V tetramer. Die IR-Daten zwischen 4000 u. 800 cm^{-1} werden bez. ihrer Zuordnung diskutiert. R. Blank 335

0841 **Wolfram(V)-oxidtrichlorid und -oxidtribromid.** 2. Mitt. **Reaktionen mit Donatormolekülen, Ähnlichkeit des Verhaltens von Molybdän(V)-oxidtribromid.** P. C. Crouch, G. W. A. Fowles, P. R. Marshall und R. A. Walton. (J. chem. Soc. [London], Sect. A **1968**, 7, 1634 bis 1638; Dep. of Chem., Univ. of Reading, Whiteknights Park, Reading, Berkshire; engl.) — 1. vgl. C. **1969**, 1-0756. — Die Oxidhalogenide $MoOBr_3$, $WOCl_3$ u. $WOBr_3$ reagieren mit L = CH_3CN, Py., $(CH_3)_3N$, bipy, $C_4H_{10}O_2$, $C_4H_8O_2$, $C_4H_8S_2$, C_2H_5CN, phen, Pyrazin, C_4H_8O u. a. unter Bldg. von Verb. des Typs $MOX_3 \cdot 2L$, die in Form von Monomeren vorliegen u. endständige Mo=O bzw. W=O-Gruppen enthalten. Die Verb. wurden durch Redox.-Titration, IR- u. elektronenspektroskop. charakterisiert, die magnet. Eig. wurden bei 80–320°K bestimmt. Die direkte Rk. von $WOCl_3$ mit Py. oder $(CH_3)_3N$ ergibt dunkelblaue Addukte der Zus. 1:1, deren magnet. Eig. denen von $WOCl_3$ selbst sehr ähnlich sind u. die oktaedr. Polymere mit W–O–W-Brücken darstellen dürften. J. J. Pohl 337

0842 **Bis-[phthalocyaninato]-thorium(IV) und -uran(IV).** F. Lux, D. Dempf und D. Graw. (Angew. Chem. **80** (1968) 19, 792–93; dt.; int. Edit. **7** (1968) 10, 819–20; engl.; Inst. für Radiochem., TH, München) — $ThCl_4$ reagiert mit Phthalsäuredinitril bei 230–250° unter HCl-Entwicklung. Das Elektronenspektrum des Rk.-Prod. in Chinolin ist für Phthalocyanin-Metall-Komplexe charakterist., die HCl-Entw. u. das Th–Chlor-Verhältnis sprechen für eine teilweise Chlorierung des

Liganden. Beim Subl.-Vers. Zers. des Produktes. Durch Umsetzung von ThJ_4 bzw. UJ_4 mit Phthalsäuredinitril bei 240° u. anschließende Subl. bei 550°/10^{-5} Torr (Jod-entw.) erhält man ohne Halogenierung des Liganden jeweils dunkelviolette Krist. von *Bis-[phthalocyaninato]-thorium(IV)* (**I**) bzw. *Bis-[phthalocyaninato]-uran(IV)* (**II**). **I** u. **II** sind luftbeständig, schwerlösl. in Bzl. u. THF, besser lösl. in Py., Chinolin, 1.2.4-Trichlorbenzol, 1-Chlornaphthalin u. Hexamethylphosphorsäuretriamid; sie lassen sich aus konz. H_2SO_4 nicht umkristallisieren. Die IR-Spektren (KBr-Preßlinge, Tabellen) von **I** u. **II** sind untereinander nahezu ident. u. für Phthalocyanin-Metall-Komplexe charakteristisch. Die Elektronenspektren (in Py. 700—300 nm) entsprechen ebenfalls der Erwartung. **I** ist diamagnet. (bei Raumtemp.) u. **II** paramagnet. mit ca. 3,1 BM zwischen 100 u. 239 °K. Für **I** u. **II** wird eine antiprismat. oder bipyramidale Struktur angenommen.

Versuche: **I**, durch 30 Min. Rühren von 1,83 g ThJ_4 u. 6,3 g Phthalsäuredinitril in Inertgasatmosphäre bei 240° (Entweichen von Jod), Extraktion des erkalteten, pulverisierten Schmelzkuchens mit Bzl. u. Entfernen von Jod durch Absubl. bei 200°, Reinigung durch Subl., 43% (Ausb., bezogen auf Th). — Zur Darst. von **II** 1,3 g U-Späne in Uranhydrid überführen, Hydrid bei 350° zersetzen, zum gebildeten Uranpulver 4,2 g Jod geben. Gemisch in geschlossenem Gefäß 1 Std. auf 530° erhitzen, nach Abkühlen das hochsublimierte Jod von Gefäßwand abkratzen u. Gemisch nochmals ≈ 12 Std. auf 530° erhitzen. Das so erhaltene Prod. mit Phthalsäuredinitril umsetzen. Weiterverarbeitung wie bei Thorium. Ausb. 38% bezogen auf eingesetztes Uran.

Autorreferat 339△

0843 **Natur und Eigenschaften von Manganviolett.** J. D. Lee und L. S. Browne. (J. chem. Soc. [London], Sect. A **1968**, 3, 559—61; Chem. Dep., Loughborough Univ. of Technol., Loughborough, Leicestershire; engl.) — *Ammoniummangan(III)-diphosphat* (**I**, „Manganviolett") wird durch Umsetzung von MnO_2 mit H_3PO_4 u. $NH_4H_2 \cdot PO_4$ erhalten. Analyse, Chromatographie, IR- u. magnet. Messungen bestätigen für **I** die Formel $NH_4MnP_2O_7$. **I** ergibt beim Erhitzen unter N_2-Entw. ein Gemisch von Mangan(II)-trimeta- (**II**) u. -tetrametaphosphat. In bis zur Schmelze erhitzten Proben wurde vorwiegend **II** gefunden. Die Röntgenpulverdaten von **I** werden angegeben. W. Feldmann 350

0844 **Organoschwefelderivate von Metallcarbonylen.** 11. Mitt. **Äthylendithiol-(1.2)-ato-Derivate von Mangancarbonyl und verwandten Verbindungen.** R. B. King und C. A. Eggers. (Inorg. Chem. [Washington] 7 (1968) 6, 1214—18; Univ. of Ga., Athens, Ga.; engl.) — 10. vgl. C. **1969**, 1-0772. — Ein neuer Verb.-Typ wurde mit $(A)Mn_2(CO)_6$ [**I**, H_2A = cis-Äthylendithiol-(1.2), $C_2H_4S_2$] dargestellt. **I** reagiert mit verschiedenen Lewis-Basen L entweder zu rotbraunen Substitutionsprod. des Typs $(A)Mn_2(CO)_4L_2$ oder gelben Additionsprod. des Typs $(A)Mn_2(CO)_6L$. Die Struktur von **I** wird auf Grund von Molgew.-Best. in Chlf., der Spektren im IR-, sichtbaren u. UV-Gebiet, von PMR- u. Massenspektren sowie einer vorläufigen Röntgenkrist.-Analyse diskutiert, ebenso wie die Strukturen der Verb. mit L. Bei der Rk. zwischen $Fe_2(CO)_9$ u. Na_2A in Methanol (**II**) wird die C=C-Bindung hydriert u. das gesätt. Deriv. $(H_2A)Fe(CO)_6$ erhalten, das kürzlich aus $Fe(CO)_5$ u. H_2A dargestellt wurde. Alle versuchten Deuterierungen waren erfolglos.

Versuche (unter N_2): **I**, F. 147—148°, durch 24std. Rühren von $Mn(CO)_5Br$ u. Na_2A (Molverhältnis 1:2) in Aceton/**II** (Vol.-Verhältnis 1:1) bei Raumtemp., Eindampfen bei 25°/25 Torr, Absublimieren von $Mn_2 \cdot (CO)_{10}$ bei 40—50°/0,1 Torr, Sublimieren bei 70—80°/0,2 Torr (35—54% Ausb.) u. ein zweitesmal bei 75—80°/0,07 Torr, tiefrotes Sublimat; $(A)Mn_2(CO)_6L$, (L =) $P(C_6H_5)_3$, F. 105—107°, Rühren von **I** mit L (1:3) in CH_2Cl_2 bei Raumtemp., Eindampfen, Fällen mit PAe. (Kp. 30—60°), Umkrist. aus Ae./Hexan, gelb; $^1/_2(C_6H_5)_2 \cdot PCH_2CH_2P(C_6H_5)_2$, F. 111—113°, 3std. Rühren von **I** u. L (1:2) in Hexan/Bzl. (2:1), gelb (67%); NH_3, Behandeln einer Lsg. von **I** in CH_2Cl_2 mit überschüssigem gasförmigen NH_3 bei Raumtemp., nur unter NH_3 beständiges gelbes Pulver (77%); $(A)Mn_2(CO)_4L_2$, (L =) $P(C_6H_5)_3$, F. 170—177° (Zers.), Rühren von **I** u. L (1:4) in Hexan/Bzl. (2:1) bei Raumtemp., 4,2std. Kochen unter Rückfluß, Eindampfen bei 40°/40 Torr, Lösen in wenig Bzl., Fällen mit viel Hexan u. dreimaliges Wiederholen des Umkrist., rotbraunes Pulver (10%); $P[N \cdot (CH_3)_2]_3$, F. 138—141°, analog 21,5std. Rühren in Hexan/Bzl. (3:2), Eindampfen bei 40°/25 Torr, Trocknen bei 25°/0,1 Torr, tiefrotbraune Krist. (38%); $(H_2A)Fe_2 \cdot (CO)_6$, F. 77—78°, 10—15 Min. langes Rühren von $Fe_2 \cdot (CO)_9$ u. Na_2A (1:1) in **II**, Eindampfen bei 25°/40 Torr u. Subl. bei 40—50°/0,2 Torr; rote Krist. (27%).

G. Heller 350

0845 **Reaktivität von Metall-Metall-Bindungen.** 4. Mitt. **Reaktion von Schwefeldioxid mit Sn–Sn- und Sn–Mn-Bindungen enthaltenden Verbindungen.** N. A. D. Carey und H. C. Clark. (Canad. J. Chem. **46** (1968) 4, 643 bis 647; Dep. of Chem., Univ. of Western Ontario, London, Ontario; engl.) — 3. vgl. C. **1967**, 51/52-0666. — SO_2 reagiert mit den Verb. vom Typ R_6Sn_2 u. $R_3SnMn(CO)_5$ (R = CH_3 oder C_6H_5) unter Spaltung der Metall–Metall-Bindung zu den neuen Verb. $R_3Sn \cdot SO_2$ u. $R_3Sn \cdot 2\,SO_2$, bzw. $R_3SnMn(CO)_5 \cdot 2{,}5\,SO_2$ u. $R_3SnMn(CO)_5 \cdot 1{,}5\,SO_2$. IR-Spektren vgl. Original. NMR-Daten sind angegeben.

Versuche: *Hexamethyldizinn* (**V**), aus Trimethylzinnchlorid (**I**) u. Na/fl. NH_3. — *Triphenylzinnmanganpentacarbonyl* (**IV**), aus Triphenylzinnchlorid u. Dimangandekacarbonyl-Na-salz in abs. THF. — *Trimethylzinnmanganpentacarbonyl* (**II**), analog aus **I**. — $(CH_3)_3Sn \cdot SO_2$, $C_3H_9O_2SSn$, Zers. > 110°, aus **V** u. fl. SO_2, Abdampfen des SO_2 bei Raumtemp. im Vakuum. Mit SO_2 stellt sich ein Gleichgew. ein. — $(CH_3)_3SnMn(CO)_5 \cdot 2{,}5\,SO_2$, Zers. bei 150°, aus **II** u. fl. SO_2; daneben $(CH_3)_3 \cdot SnMn(CO)_5 \cdot 1{,}5\,SO_2$. — $(C_6H_5)_3Sn \cdot SO_2$ (**III**), $C_{18}H_{15} \cdot O_2SSn$, aus Hexaphenyldizinn u. fl. SO_2 in 75 Std. bei Raumtemp., Extrahieren mit Ae.; daneben unlösl. $(C_6H_5)_3Sn \cdot 2\,SO_2$, $C_{18}H_{15}O_4S_2Sn$, Zers. bei 201°, das auch aus **III** u. überschüssigem SO_2 in 48 Std. bei Raumtemp. entsteht. — $(C_6H_5)_3SnMn(CO)_5 \cdot 2{,}5\,SO_2$, Zers. > 200°, aus **IV** u. fl. SO_2 bei Raumtemp., Einengen, Extraktion mit Ae., Erhitzen auf 100° im Vakuum (→ *gelbe Verb.*); mit SO_2 geht die gelbe Verb. in eine *weiße Verb.* über, die mehr SO_2 enthält. H. J. Schönherr 350

0846 **Metall-Stickoxid-Komplexe.** 23. Mitt. **Verhalten zweizähniger schwefel- und stickstoffhaltiger Liganden gegenüber Dinitrosyleisenbromid.** W. Hieber und K. Kaiser. (Z. anorg. allg. Chem. **358** (1968) 5/6, 271 bis 281; München, TH; dt.) — 22. vgl. C. **1967**, 1-0738. — $[Fe(NO)_2Br]_2$ (**I**) bildet mit koordinativ zweizähnigen S- u. N-haltigen Liganden (L_2) paramagnet. Komplexe des Typs $[(ON)_2Fe(L_2)]^+Br^-$ (**II**) oder $[(ON)_2Fe(L_2)_2]^+Br^-$ (**III**). Die Leitfähigkeit dieser Komplexe in THF ist infolge starker Ionenpaarbldg. nur gering. **II** mit L_2 = o-Aminothiophenol (**IV**) kann mit Zn zum diamagnet. $[(ON)_2FeHSC_6H_4NH_2]$ (**V**), mit Na-Amalgam zu $Na^+ \cdot [(ON)_2FeHSC_6H_4NH_2]^-$ (**VI**) red. werden. Mit 1.4-Dithian entsteht aus **I** zweikerniges $Br(ON)_2Fe(SC_4H_8S)Fe(NO)_2 \cdot Br$ (**VII**). Thiosalicylsäure bildet mit **I** einen diamagnet. „Roten Roussinschen Ester", $[(ON)_2FeSC_6H_4COOH]_2$ (**VIII**) mit freien COOH-Gruppen, die durch die IR–CO-Bande u. durch Salzbldg. nachzuweisen sind. Die NO-Frequenzen der IR-Spektren der Verb. zwischen 1600 u. 1850 cm^{-1} werden diskutiert.

Versuche (in trockener N_2-Atmosphäre, F. im allg. unter Zers.): **II**, (L_2 =) *Thiobenzamid*, F. 107°, durch Zutropfen von L_2 in THF zu einer Lsg. von **I** (Molverhältnis 2:1) in THF unter Rühren, tiefschwarze Prismen; (μ =) 1,9 (BM), 60—80% (Ausb.); analog: *Thioacetamid*, F. 51°, schwarze Blättchen, 2,0; *Dithiooxamid*, F. 76°, aus Ae./Bzl.; ohne HV-Trocknen als *Di-THF-Addukt*, F. 54°, schwarze Nadeln, 2,9; *Thioharnstoff*, F. 91°, rotbraune Mikrokrist., 2,0; *Benzaldehydthiosemicarbazon*, ohne HV-Trocknen als *Mono-THF-Addukt*, F. 65°, violettschwarze Nadeln, 1,9; *Thiosemicarbazid*, 1,9; *2-Mercaptobenzthiazol*, F. 113°, 1,9; *o-Aminothiophenol*, F. 122°, braun, 1,9; *Tetramethyldiphosphindisulfid*, F. 111°, rotviolette Nadeln, 2,0; *Tetramethyläthylendiamin*, F. 77°, tiefschwarz, 2,0; *Piperazin*, F. 133°, tiefschwarz, 2,0; analog ohne Fällen mit PAe.: **VII**, F. 122°, schwarzrot, 2,8; *Guanidin*, F. 145°, Rk. von **I** mit Guanidiniumcarbonat in der Schmelze; dunkelrot, 1,9. — Wie bei **II**, aber im Molverhältnis 4:1 :**III**, (L_2 =) *o-Aminothiophenol*, F. 132°, moosgrün, 0,9; *o-Phenylendiamin*, F. > 220°, dunkelbraun, 2,0. — **V**, durch Zugabe von Zn-Pulver zu einer Lsg. von **IV** in THF, grünschwarze Krist., die im Hochvakuum oberhalb 160° sublimieren. — *Lsg. von* **VI**, Zugabe von 1%ig. Na-Amalgam zu einer Lsg. von **IV** in THF, kräftiges Schütteln, Abfiltrieren von Hg u. Filtrieren, gelb, 1,6 BM; *Tetraphenylarsoniumsalz*, F. 128°, Zugabe einer Lsg. von $(C_6H_5)_4AsCl$ (1:1) in THF mit 10% W. zu vorst. Lsg.; **VIII**, Zers. > 300°, 5std. Schütteln von **I** in THF mit Thiosalicylsäure (1:2), diamagnet., dunkelbraune, körnige Krist.; $[As(C_6H_5)_4]_2 \cdot [(ON)_2FeSC_6H_4COO]_2$, F. 178° (Zers.), Zugabe von 1%ig. KOH in Methanol zu einer Lsg. von **VIII** in THF, Zugabe einer wss. Lsg. von $(C_6H_5)_4AsCl$ (1:2) zu vorst. Lsg., dunkelbraune Kristalle. G. Heller 354

0847 **Bildung einiger zweikerniger μ-Peroxokobaltkomplexe und ihre Beziehungen zueinander.** 1. Mitt. Masayasu Mori und John A. Weil. (J. Amer. chem. Soc. **89** (1967) 15, 3732—44; Chem. Div., ANL, Argonne, Ill.; engl.) — Die Säure–Base- u. Redoxbeziehungen zwischen den von Werner beschriebenen Salzen $[(en)_2Co(NH_2) \cdot (O_2)Co(en)_2](NO_3)_4$ (**I**; grün; paramagnet.) u. $[(en)_2Co \cdot (NH_2)(O_2)Co(en)_2]H(NO_3)_4 \cdot 2\,H_2O$ (**II**; rot; diamagnet.) wurden erneut untersucht. Aus ammoniakal. Lsg. von **I** wurde ein neuer Komplex $[(en)_2Co(NH_2)(O_2)Co(en)_2] \cdot (NO_3)_3 \cdot 2{,}5\,H_2O$ (**III**; braun; diamagnet.) erhalten. **III** ist auch ausgehend von **II** isolierbar. Es wird als red. Form von **I** angesehen u. nicht als Salz des von Werner formulierten Kations $[(en)_2Co^{III}(NH)(O_2)Co^{IV}(en)_2]^{3+}$. Aus quant. opt. Messungen der Umwandlungsgeschw. u. Gleichgew.-Konz. ergibt sich, daß **II** nicht das prim. Protonierungsprod. von **III**, sondern eher ein (wahrscheinlich isomeres) Folgeprod. der protonierten Form darstellt.

Versuche: *μ-Amido-μ-peroxo-bis-[bis-(äthylendiamin)-kobalt]-(4+)-nitrat* (**I**), nach Werner [1910] aus μ-Amido-μ-peroxo-bis-[tetramminkobalt]-(4+)-nitrat durch 90 Min. Digerieren mit Äthylendiamin bei 60° u. Behandeln mit HNO_3 bei 20°. — *μ-Amido-μ-peroxo-bis-[bis-(äthylendiamin)-kobalt]-(3+)-nitrat-2.5-Wasser* (**III**), durch Versetzen einer Mischung von 3 g **I** u. 10 ml W. mit 10 ml 15 m wss. NH_3, langsames Zufügen von 150 ml Aceton unter Rühren, Abfiltrieren des Nd., Waschen mit Aceton, Lösen in 10 ml W./10 ml 15 m wss. NH_3, Filtrieren u. langsames Versetzen des Filtrats mit Aceton unter Kühlen; **1,4 g**. — *μ-Amido-μ-hydrogenperoxo-bis-[bis-(äthylendiamin)-kobalt]-(4+)-tetranitratdihydrat* (**II**), nach Thompson u. Wilmarth [1952]. — *μ-Amido-μ-hydrogenperoxo-bis-[bis-(äthylendiamin)-kobalt]-(4+)-tetrabromidmonohydrat*, aus einer Lsg. von 1 g **III** in 10 ml Eiswasser durch Versetzen mit einer eiskalten Mischung von 2,5 ml 48%ig. HBr u. 2,5 ml W., dann mit 5 g NH_4Br, 30 Min. Stehen im Eisbad, Abfiltrieren des Nd., Lösen in 10 ml einer 1:10-Mischung von 15 m NH_3 u. W., Kühlen mit Eis, Versetzen mit einer Mischung von 2,5 ml 48%ig. HBr u. 2,5 ml W., Kühlen, Abfiltrieren u. Waschen mit 2—3%ig. HBr-Lsg., A. u. Äther. *Wasserfreies Salz*, bei 57° im Vakuum. — *μ-Peroxo-bis-[pentamminkobalt]-(4+)-sulfatdihydrat*, nach Fremy [1852] durch Luftox. einer kalten Lsg. von $CoSO_4$ in wss. NH_3. — *μ-Hydrogenperoxo-bis-[pentamminkobalt]-(5+)-trihydrogentetrasulfat*, durch langsames Eintragen von 5 g der vorst. Verb. in 50 ml eiskaltes 3 m H_2SO_4, Verreiben, Filtrieren des Nd., Waschen mit kaltem 3 m H_2SO_4, einmal mit Aceton, dann mit Aceton/PAe. (1:1); 5 g.
A. Blaschette 355

0848 **Bildung einiger zweikerniger μ-Peroxokobaltkomplexe und ihre Beziehungen zueinander.** 2. Mitt. Masayasu Mori, John A. Weil und Mibuo Ishiguro. (J. Amer. chem. Soc. **90** (1968) 3, 615—21; engl.) — 1. vgl. vorst. Referat. — Durch Luftox. von $Co(NO_3)_2$ in einer Lsg. von NH_3 in ^{18}O-markiertem W. (1,17% $H_2{}^{18}O$) wird diamagnet. $[(NH_3)_5Co(O_2)Co(NH_3)_5](NO_3)_4$ erhalten, dessen μ-$O_2{}^{2-}$-Gruppe ausschließlich aus dem Luft-O_2 stammt. Die Einführung einer zusätzlichen μ-$NH_2{}^-$-Gruppe in dieses Komplexion wurde näher untersucht. In wss.-ammoniakal. Lsg. bei 35°, bes. in Ggw. einer kleinen Menge Alkalimetallhydroxid, erfolgt in 90 Min. ca. 30%ig. Umwandlung in $[(NH_3)_4Co(NH_2) \cdot (O_2)Co(NH_3)_4]^{3+}$, das als *Nitrat* bzw. *Perchlorat* isoliert wurde (braun, diamagnet.). In saurer Lsg. erleidet der Di-μ-Komplex isomere Umwandlungen, wie sie l.c. für den analogen Äthylendiamin-Komplex beschrieben wurden. Die IR-Spektren von $[(NH_3)_4Co(NH_2)(O_2)Co \cdot (NH_3)_4](ClO_4)_3 \cdot H_2O$ (dunkelbraun, diamagnet.), $[(NH_3)_4 \cdot Co(NH_2)(HO_2)Co(NH_3)_4](ClO_4)_4 \cdot 2\,H_2O$ (rot, diamagnet.), $[(NH_3)_4Co(NH_2)(O_2)Co(NH_3)_4](ClO_4)_3 \cdot NaClO_4$ (dunkelbraun, diamagnet.) u. $[(NH_3)_4Co(NH_2)(O_2)Co(NH_3)_4] \cdot (ClO_4)_4 \cdot n\,H_2O$ (grün, paramagnet.) werden diskutiert (Tabelle).

Versuche: Diamagnet. Komplexe: *μ-Peroxo-bis-[pentamminkobalt]-(4+)-tetranitratdihydrat* (**Ia**), nach der (leicht modifizierten) Meth. von Gibbs [1876]. *Wasserfreies Salz* (**Ib**), aus **Ia** durch Entwässerung im Vakuumexsikkator. — *μ-Amido-μ-peroxo-bis-[tetramminkobalt]-(3+)-natriumtetraperchlorat* (**II**), a) Rohprod. aus 10 g **Ib** durch langsames Eintragen in 100 ml 15 m wss. NH_3 unter Rühren, Zugabe von 1 g KOH in wenig W., 90 Min. Stehenlassen bei 32—35°, Kühlen auf < 10°, Versetzen mit 70 g NH_4NO_3 u. 200 ml Methanol; 5—6 g; b) reines Prod. aus **IV** mit $NaClO_4$ in 5 m wss. NH_3. — *μ-Amido-μ-peroxo-bis-[tetramminkobalt]-(3+)-triperchloratmonohydrat* (**III**), aus 1 g **II** durch Lösen in 30 ml 5 m wss. NH_3, Filtrieren u. Versetzen mit 1 g $NaClO_4$ u. 40 ml Methanol. — *μ-Amido-μ-peroxo-bis-[tetramminkobalt]-(3+)-ammoniumtetranitrathemihydrat* (**IV**), a) aus 5—6 g **II** (Rohprod.) durch Lösen in 100 ml 6 n NH_3 bei 20°, Filtrieren, Versetzen mit 40 g NH_4NO_3 u. 200 ml Methanol; b) aus 2,3 g **X** durch Lösen in 5 ml W. + 5 ml 15 m NH_3 bei 20°, nach 5 Min. Versetzen mit 1 g NH_4NO_3, Filtrieren, Versetzen des Filtrats mit 10 g NH_4NO_3 u. 15 ml Methanol. — $[(NH_3)_4Co(NH_2)(O_2) \cdot Co(NH_3)_4](NH_4)_3(NO_3)_6$ (?), bei vorst. Darst. (Meth. a u. b) bei Verw. von mehr NH_4NO_3. — *μ-Amido-μ-peroxo-bis-[tetramminkobalt]-(3+)-trinitratmonohydrat* (**V**), durch Lösen von 1 g **IV** in 23 ml 15 m NH_3, Filtrieren u. Versetzen mit 23 ml Methanol. — *μ-Amido-μ-hydrogenperoxo-bis-[tetramminkobalt]-(4+)-tetraperchloratdihydrat* (**VI**), aus 0,5 g **III** durch 15 Min. Verrühren mit 10 ml eiskaltem 3 m $HClO_4$, Abfiltrieren, Lösen in wenig kaltem 0,1 m $HClO_4$, Filtrieren u. Ausfällen aus dem Filtrat mit dem halben Vol. eiskaltem 10 m $HClO_4$. — *μ-Amido-μ-hydrogenperoxo-bis-[tetramminkobalt]-(4+)-tetranitratmonohydrat* (**VII**), durch Verrühren von 0,5 g **V** während 15 Min. mit 10 ml eiskaltem 3 m HNO_3, Abfiltrieren, Lösen in wenig 0,1 m HNO_3, u. sofortiges Fällen mit dem halben Vol. eiskaltem 10 m HNO_3. — Paramagnet. Komplexe: *μ-Amido-μ-peroxo-bis-[tetramminkobalt]-(4+)-disulfatdihydrat* (**VIII**), aus frisch hergestelltem **I** durch Lösen in 15 m NH_3, Versetzen mit etwas KOH, 90 Min. Erhitzen auf 35°, Eingießen bei 5° in konz. $HNO_3/(NH_4)_2[Ce(NO_3)_6]$/Eis, Abfiltrieren des Nd., Dispergieren in verd. HNO_3, Filtrieren u. Versetzen des Filtrats mit 3 m H_2SO_4 (Einzelheiten vgl. Original). — *μ-Amido-μ-peroxo-bis-[tetramminkobalt]-(4+)-tetranitrat* (**IX**), aus **VIII** in wss. Suspension durch Zusatz von konz. HNO_3 unter Kühlen. — *μ-Amido-μ-peroxo-bis-[tetramminkobalt]-(4+)-tetrachloriddihydrat* (**X**), aus **VIII** in W. durch Versetzen mit konz. HCl u. Alkohol.
A. Blaschette 355

0849 **Phosphorverbindungen.** 23. Mitt. **Flüchtige Übergangsmetall-alkanfluorodithiophosphonate.** H. W. Roesky. (Angew. Chem. **80** (1968) 20, 844—45; dt.; int. Edit. **7** (1968) 10, 815—16; engl.; Göttingen, Univ., Anorg.-chem. Inst.) — 22. vgl. J. Amer. chem. Soc. **90** (1968) 3758; 15. vgl. C. **1969**, 1-0009. — Alkanfluorodithiophosphonsäuren R(F)P(S)SH (R = CH_3, C_2H_5) reagieren mit Übergangsmetallen unter H_2-Entw. zu Alkanfluorodithiophosphonaten, die sich durch beträchtliche Flüchtigkeit auszeichnen. IR-, ^{19}F- u. ^1H-NMR-Daten vgl. Original.

Versuche: Alkanfluorodithiophosphonate, durch Zutropfen der Säure zu überschüssigem Metallpulver unter gereinigtem trockenem N_2: $Ni(CH_3PS_2F)_2$, braunschwarz, F. 133°; $Ni(C_2H_5PS_2F)_2$, braunschwarz, F. 78°; $Co(C_2H_5PS_2F)_2$, grün, Kp.$_{0,05}$ 105°; $Mn(C_2H_5 \cdot$

$PS_2F)_2$, blaßrosa, F. 91°; $Cr(C_2H_5PS_2F)_3$, violett, Kp.$_{0,2}$ 195°; $Zn(C_2H_5PS_2F)_2$, weiß, F. 78–80,5°; $Cd(C_2H_5PS_2 \cdot F)_2$, weiß, F. 148–148,5°. Autorreferat 356△

0850 **Reduktion von Kupfer(II)-oxid mit Aluminium beim Sintern des Systems Al–CuO.** A. P. Savickij und L. S. Marcunova. (Izvest. vysšich učebnych Zavedenij [Tomsk], Fiz. 11 (1968) 5 (72), 157–59; Sibir. fiz.-techn. inst. im. Kuznecova; russ.) — Red. von CuO in Gemischen mit 94 oder 80 Gew.-% Al tritt beim Sintern schon unterhalb des F. von Al ein. Röntgenograph. läßt sich die Red. bei Temp. > 550° nachweisen. H. Roschkowski 358

0851 **Bildung hydratisierter Komplexe aus Uran(IV)- und Uran(V)-fluorid und hydratisierten Kobalt-, Nickel- und Kupferdifluoriden.** François Montoloy, Simone Maraval und Michel Capestan. (C. R. hebd. Séances Acad. Sci. Sér. C **266** (1968) 11, 787–89; Dep. de Physicochim., CEN de Saclay, Gif-sur-Yvette; franz.) — Durch Rk. von UF_4 u. UF_5 mit $CoF_2 \cdot 4\,H_2O$, $NiF_2 \cdot 4\,H_2O$ u. $CuF_2 \cdot 2\,H_2O$ in 40%ig. HF bei Raumtemp. bilden sich plattenförmige Einkrist. vom Typ $MU_2F_{10} \cdot 8\,H_2O$ bzw. $MU_2F_{12} \cdot 4\,H_2O$. DTA u. TG-Analysen werden angegeben. Die Krist. wurden außerdem IR-spektroskop. u. mittels Debye-Scherrer-Aufnahmen untersucht. Die Komplexe von Cu, Ni u. Co sind isotyp. W. Gauster 358

0852 **Eine Verbindung zwischen Anilin und Kupfersulfat.** R. I. MacGregor, T. W. Crowston und T. J. Phillips. (Chem. and Ind. **1968**, 29, 976–77; Dep. of Maths and Sci., Peterborough Techn. Coll., Peterborough Northamptonshire; engl.) — Bei Umsetzung von in dest. W. gelöstem $CuSO_4$ mit in A. gelöstem Anilin bildete sich ein Nd., der bei 100° getrocknet wurde. Das IR-Spektrum dieses Nd. wurde mit dem eines von Barvinck untersuchten Cu-Nitrat–Anilin-Komplexes verglichen. Die Komplexbldg. führt zu einer Erniedrigung der antisymm. Valenzschwingungsbande (N–H). Anionen beeinflussen danach die Schwingungen der N–H-Bindung. E. Otto 358

0853 **Eigenschaften und thermisches Verhalten einiger Metallhalogenid-Addukte des 1.2-Dimethoxyäthans.** W. Ludwig und H.-P. Schröer. (Z. anorg. allg. Chem. **357** (1968) 1/2, 74–77; Jena, Inst. für Anorg. Chem. der Friedrich-Schiller-Univ.; dt.) — Das therm. Verh. einiger Metallhalogenid-Addukte des 1.2-Dimethoxyäthans der allg. Zus. $MX_2 \cdot nL$ ($M = Co$, $X = Cl, Br$, $n = 1$; $M = Fe$, $X = Cl$, $n = 1$; $M = Ni$, $X = Br$, $n = 2$; $M = Cu$, $X = Cl$, $n = 0{,}5$; $M = Cd$, $X = J$, $n = 1$) sowie von $FeCl_3 \cdot L$ ($L = CH_3OCH_2CH_2OCH_3$) wird mittels TGA u. DTA untersucht. Die Addukte des CdJ_2, $FeCl_2$ u. $NiBr_2$ spalten den Äther bereits bei Temp. unterhalb des F. des Äthers (82–83°) ab. Die Addukte des $CoCl_2$, $CoBr_2$ u. $CuCl_2$ spalten den Äther bei Temp. oberhalb 100° ab. $FeCl_3 \cdot L$ unterliegt erst bei 170° der Zers., wobei neben L auch Cl_2 abgespalten wird. M. Steidinger 358

0854 **Komplexverbindungen von Adipinsäuredinitril mit CuCl.** N. V. Lappo, K. I. Petrov, O. N. Temkin und R. M. Flid. (Ž. neorg. Chim. **13** (1968) 6, 1710–11; Mosk. inst. tonkoj chim. technol. im. Lomonosova; russ.) — Aus einer gekühlten Lsg. von CuCl in Adipinsäuredinitril (RH) fällt ein Nd. von $CuCl \cdot RH$, F. 85°, aus, wenn die CuCl-Konz. 2–30% beträgt. $Cu \cdot 2\,RH$, F. 96°, entsteht bei der Umsetzung einer 1%ig. CuCl-Lsg. mit RH. In diesem Komplex liegt wahrscheinlich Cu(O) vor, das durch die Nitrilgruppen stabilisiert ist. Beide Nd. sind in RH schwer lösl., in den üblichen organ. Lsgm. meist unlöslich. Die IR-Spektren der beiden Verb. wurden mit denen von RH im Bereich 2000–2500 cm^{-1} verglichen. J. J. Pohl 358

0855 **Sulfamide, Benzamide und Benzohydrazide. 20. Mitt. Darstellung von Komplexverbindungen der Salze von Cu(II) und Hg(II) mit o-, m-, p-Aminobenzamid.** Constantin Gh. Macarovici und Rodica Micu-Semeniuc. (Studia Univ. Babeş-Bolyai [Cluj], Ser. Chem. **12** (1967) 1, 33–37; rum.) — 19. vgl. ibid. **11** (1966) 1, 103; 21. vgl. C. **1969**, 2-0540. — Die Darst. nachst. Verb. wird beschrieben (AB = Aminobenzamid): $[CuCl_2 \cdot (o\text{-}AB)_2]$, grün; $[CuCl_2(o\text{-}AB)]$ (I), ziegelfarben; $[CuCl_2 \cdot (m\text{-}AB)_2]$ (II), braun oder dunkelgrün; $[CuSO_4(o\text{-}AB)_2]$, olivgrün; $[HgCl_2(o\text{-}AB)]$, blaßgelb; $[HgCl_2(o\text{-}AB)_2]$, blaßgelb; $[HgCl_2(m\text{-}AB)]$, rosa; $[HgCl_2(m\text{-}AB)_2]$, rosa. Die Cu-Komplexe werden aus $CuCl_2 \cdot 2\,H_2O$-Lsg. u. methanol. AB-Lsg. erhalten; die Darst. der Hg-Verb. geht von $HgCl_2$ aus. Bei der Darst. von I in Methanol entsteht prim. ein grüner Nd., der sich in der Wärme wieder auflöst, worauf aus der eingeengten Lsg. I ausfällt; bei dem grünen Prod. handelt es sich wahrscheinlich um den 1:2-Komplex. II wird in zwei verschiedenen, wahrscheinlich isomeren Formen erhalten (braun aus Methanol, dunkelgrün aus A.). M. Bromilski 358△

0856 **Darstellung von Komplexen der o-Hydroxyphenyliminodiessigsäure mit einer Reihe von Metallen und ihre IR-Absorptionsspektren.** V. Ja. Temkina, N. M. Djatlova, B. V. Žadonov und M. N. Rusina. (Ž. neorg. Chim. **13** (1968) 6, 1570–73; russ.) — Durch Umsetzung von äquimol. Mengen der o-Hydroxyphenyliminodiessigsäure (H_3L) u. von Metallchloriden in 0,1 n Lsg. bei 20° unter Rühren wurden folgende Komplexverb. erhalten: $CuHL \cdot H_2O$, dunkelgrün, $CoHL \cdot 2\,H_2O$, rosafarben, $CaHL$, hellrosafarben, $NiHL \cdot H_2O$, hellgrün, $CdHL \cdot 2\,H_2O$, weiß, $ZnHL \cdot H_2O$, weiß, $MnHL$, hellbeige, u. $LaL \cdot LaH_3L_2$, weiß. Die Wellenzahlen der charakterist. Absorptionsmax. der genannten Komplexe u. von Na_2HL u. Na_3L sind tabelliert. Die IR-Spektren wurden im Bereich 400–4000 cm^{-1} aufgenommen. An der Komplexbldg. dürfte das Sauerstoffatom des nicht dissoziierten phenol. Hydroxyls teilnehmen. Die Bindung der Carboxylgruppe mit den komplexbildenden Metallatomen trägt ion. Charakter. J. J. Pohl 358

0857 **Acrylnitrilkomplexe von Rutheniumchlorid, die die Dimerisierung von Acrylnitril zu 1.4-Dicyanbuten-(1) katalysieren.** A. Misono, Y. Uchida, M. Hidai und H. Kanai. (Chem. Comm. **1967**, 7, 357; Dep. of Ind. Chem., Univ., Hongo, Tokyo; engl.) — Bei der Rk. von $RuCl_3 \cdot 3\,H_2O$ (I) u. Acrylnitril (II) in A. oder Methanol werden 2 verschiedene gelbe Komplexe isoliert; unter N_2 in Ggw. eines großen Überschusses an II entsteht $(CH_2{=}CH{-}CN)_3RuCl_2$; unter H_2 entsteht der Komplex, der auf Grund von IR-Daten eine Cyanäthylgruppe enthält, dessen Struktur jedoch noch nicht eindeutig geklärt ist. Beide Komplexe katalysieren die Dimerisierung von II zu *1.4-Dicyanbuten-(1)*. H. Markert 363

0858 **Neue Synthese eines π-Crotylrhodium-Komplexes.** Harold E. Swift und Robert J. Capwell jun. (Inorg. Chem. [Washington] 7 (1968) 3, 620–21; Gulf Res. & Dev. Comp., Pittsburgh, Pa.; engl.) — Durch Zugabe von 5 g Butadien zu 1,2 g $RhCl_3 \cdot 3\,H_2O$ in 150 ml abs. A. u. 35 g granuliertem Zn in der Kälte (Trockeneis-Aceton), nach 30 Min. Erwärmen auf Raumtemp., Abtrennen des braunen Nd., Waschen mit abs. A. u. Trocknen bei 70° im Vakuum entstehen 0,45 g eines Komplexes, der auf Grund der Analysen u. der IR-Daten als π-Crotylrhodium(III)-Komplex (I) identifiziert wird. I ist unlöslich in den herkömmlichen Lsgm. u. zersetzt sich oberhalb 240°. Die Rk. von I mit 10%ig. KOH u. konz. HCl werden untersucht u. die mögliche Struktur diskutiert. K. J. Zwietsch 364

0859 **NMR-Untersuchungen an Metallkomplexen.** 5. Mitt. **Dimethylphenylphosphin- und Dimethylphenylarsinkomplexe von Rhodium(III).** P. R. Brookes und B. L. Shaw. (J. chem. Soc. [London], Sect. A **1967**, 7, 1079–84; School of Chem., Univ., Leeds; engl.) — 4. vgl. C. **1967**, 49/50-0159. — Die im Vers.-Teil beschriebenen Verb. wurden dargestellt u. wurden im Hinblick auf ihre Stereochemie ^{1}H-NMR- u. FIR-spektroskop., ferner auch durch Leitfähigkeitsmessungen charakterisiert. Bes. untersucht wurden die Ligandeinfl. auf die τ-Werte der Methylresonanzen u. die Rh–Cl-Valenzfrequenzen. Im Monothiocyanatokomplex erfolgt die Koordination über das N-Atom, doch bewirkt Erwärmung eine Umwandlung in das S-gebundene Isomere.

Versuche (L = Dimethylphenylphosphin): *mer*-$[RhCl_3L_3]$ (I), F. 218–225° (Zers.), orange Prismen, aus $RhCl_3 \cdot 3\,H_2O$ u. L in sd. W./A.; daneben *fac*-$[RhCl_3L_3]$,

F. 215–226° (Zers.), gelbe Prismen, u. $[HL][RhCl_4L_2]$ (II), F. 226–232° (Zers.), rote Prismen. – $[(C_6H_5)_4As]\cdot[RhCl_4L_2]$, F. 225–231° (Zers.), rote Prismen, aus II u. $[(C_6H_5)_4As]Cl$ in A. in Ggw. von HCl. – $[RhBrCl_2L_3]$, F. 206–224°, orange Prismen, aus I u. LiBr in sd. Aceton (10 Min.). – *mer*-$[RhBr_3L_3]$, F. 195–201°, dunkelorange Prismen, aus I u. LiBr in sd. A. (60 Std.). – $[RhJCl_2L_3]$, F. 175,5–179°, dunkelbraune Prismen, aus I u. NaJ in A. bei 60° (5 Min.). – *mer*-$[RhJ_3L_3]$, F. 179–182°, dunkelbraune Prismen, aus I u. NaJ in sd. A. (5 Std.). – $[RhCl_2(NCO)L_3]$ (N-gebunden), F. 158–165°, gelbe Prismen, aus I u. KOCN in sd. Aceton/W. (1 Min.). – $[Rh(NCO)_3L_3]$ (N-gebunden), F. 159–161°, blaßgelbe Nadeln, aus I u. KOCN in sd. Aceton/W. (2 Std.). – $[RhCl_2(NCS)L_3]$ (N-gebunden), F. 134–138°, aus I u. KSCN in sd. A. (6 Min.). – $[RhCl_2(SCN)L_3]$ (S-gebunden), F. 85–89°, gelbe Prismen, aus vorst. Komplex nach 30 Min. Erhitzen auf 157° unter N_2. – *mer*-$[Rh(SCN)_3L_3]$ (S-gebunden), F. 196–202°, gelbe Plättchen, aus I u. KSCN durch 3,5std. Rk. in sd. A. u. 14std. Stehen der Lsg. bei 20°. – $[RhCl_2(N_3)L_3]$, F. 150–155° (unter Gasentw.), blaßorange Prismen, aus I u. NaN_3 in sd. Aceton/W. (5 Min.). – *mer*-$[Rh(N_3)_3L_3]$, F. 139–140° (heftige Gasentw.), gelbe Prismen, aus I u. NaN_3 in sd. Aceton/W. (24 Std.). – $[RhCl_2(NO_2)L_3]$, F. 138° (Zers.), blaßorange Platten, aus I u. $NaNO_2$ in Aceton/W. (15 Min. schütteln). – *mer*-$\{RhCl_3[P(n\text{-}C_3H_7)_2(C_6H_5)]_3\}$, F. 184–186°, orange Nadeln, durch 3tägiges Stehen einer Lsg. von $RhCl_3\cdot 3H_2O$ u. $P(n\text{-}C_3H_7)_2(C_6H_5)$ in Alkohol. – $[RhBr\cdot Cl_2L'_3]$ (L' = Dimethylphenylarsin), F. 191–195° (Zers.), orange Prismen, aus mer-$[RhCl_3L'_3]$ (III) u. LiBr in sd. Aceton (20 Min.). – *mer*-$[RhBr_3L'_3]$ (IV), F. 192 bis 200° (Zers.), rote Nadeln, aus III u. LiBr in sd. A. (36 Std.). – $[RhCl_2JL'_3]$, F. 167–173° (Zers.), blutrote Prismen, aus III u. NaJ in A. durch Erhitzen bis zum Siedebeginn u. Abkühlen auf 20°. – *mer*-$[RhJ_3L'_3]$ (V), F. 192–201° (Zers.), rotbraune Prismen, aus III u. NaJ in sd. A. (5 Std.). – fac-$[RhCl_3L'_3]$ wird durch Einw. von LiBr in sd. Aceton (60 Std.) partiell in IV, durch NaJ in sd. Aceton (15 Std.) partiell in V umgewandelt.
R. Blank 364

0860 **Schwache Bindung in Übergangsmetallkomplexen: Wechselwirkungen von Methylthiocyanat und Methylisothiocyanat.** A. O. S. Maczek. (J. inorg. nuclear Chem. **30** (1968) 2, 583–89; School of Chem., Univ. of Leeds; engl.) – Vf. untersucht gaschromatograph. die Einw. von CH_3SCN (I) bzw. CH_3NCS (II) auf die axiale Position von *Ni(II)*- u. *Pd(II)-Komplexen*. Es werden *Bis-[methyl-n-octyl-glyoximato]-nickel(II)*, *Bis-[methyl-n-octyl-glyoximato]-palladium(II)* u. *Na-Salz* des *n-Heptadecyl-n-hexadecyl-monoxims* als fl. Phase untersucht. Die Ergebnisse zeigen, daß mit Ausnahme des Syst. Ni(II)–II eine schwache axiale Bindung eintritt. Folgende ΔH-Werte (kcal/Mol) werden gemessen: Ni(II)–I 0,79 ± 0,21; Pd(II)–I 0,71 ± 0,35 u. Pd(II)–II 1,03 ± 0,36.
K. J. Zwietasch 365

0861 **Koordination und Oxydation von Schwefel- und Stickstoffoxiden durch Komplexe einiger Platinmetalle.** J. J. Levison und S. D. Robinson. (Inorg. nuclear Chem. Letters **4** (1968) 7, 407–09; Suppl. zu: J. inorg. nuclear Chem., Dep. of Chem., King's Coll., London; engl.) – Die Komplexe $[RhX(Pph_3)_2]_2$ (X = Cl, Br, J; ph = C_6H_5) reagieren mit fl. SO_2 zu krist., braunen, luftbeständigen Verb. der Zus. $RhX(SO_2)(Pph_3)_2$ (A). Die gleichen Komplexe entstehen bei der Einw. von gasf. SO_2 auf Suspensionen von $RhX(Pph_3)_3$ in n-Alkanen; in diesem Fall enthalten die Verb. mit X = Br u. J ca. 30% eines zweiten, mit A isomeren Komplexes (B). Bei A u. B handelt es sich wahrscheinlich um die cis- u. trans-Formen quadrat.-planarer Rh(I)-Komplexe (IR-Spektren). In Lsg. reagieren diese Verb. mit O_2 zu Rh(III)-Sulfatokomplexen, z. B. $RhCl(SO_4)(Pph_3)_2\cdot H_2O$ (orange, Zers. 275°). Umgekehrt entstehen aus Komplexen von Pd, Pt u. Ir mit mol. O_2 durch Rk. mit SO_2 u. in einigen Fällen mit NO bzw. N_2O_4 die entsprechenden Sulfato-, Nitro- bzw. Nitratokomplexe, so aus $Pd(Pph_3)_2O_2$ die Verb. $Pd(SO_4)(Pph_3)_2\cdot H_2O$, $Pd(NO_2)_2(Pph_3)_2$ u. $Pd\cdot(NO_3)_2(Pph_3)_2$. Auf diese Weise wurden ferner erhalten: $IrCl(SO_4)(CO)(Pph_3)_2$ (braungelb, Zers. 300°), $IrCl(NO_3)_2\cdot(CO)(Pph_3)_2$ (F. 172–174°, orangebraun), $IrCl(SO_4)(CO)\cdot(Asph_3)_2$ (grün, Zers. 300°), $IrCl(NO_3)_2(CO)(Asph_3)_2$ (braungelb, Zers. 200°), $IrJ(SO_4)(CO)(Pph_3)_2$ (orange, Zers. 275°), $[Ir(SO_4)(ph_2PCH_2CH_2Pph_2)_2]Cl\cdot H_2O$ (F. 217°, weiß). – Instabile gelbe *Kupfer–SO_2-Komplexe* entstehen aus $CuX(Pph_3)_3$ (X = Cl, Br) u. fl. SO_2.
A. Blaschette 367

0862 **Amide als Liganden.** 8. Mitt. **Anorganische Komplexe von γ-Butyrolactam und N-Methyl-γ-butyrolactam.** S. K. Madan und J. A. Sturr. (J. inorg. nuclear Chem. **29** (1967) 7, 1669–83; Dep. of Chem., State Univ. of N.Y., Binghamton, N.Y.; engl.) – 7. vgl. C. **1968**, 3-0703. – Eine Reihe von Metallkomplexen mit γ-Butyrolactam (BuL; I) u. N-Methyl-γ-butyrolactam (NMBuL; II) wurden synthetisiert. Die Koordination erfolgt über das Sauerstoffatom. Die Perchlorate dieser komplexen Kationen haben die Zus. $[M(BuL)_6]^{n+}(ClO_4)_n$ u. $[M(NMBuL)_{4\,oder\,6}]^{n+}(ClO_4)_n$ ($M = Cr^{3+}, Al^{3+}, Fe^{2+}, Mn^{2+}, Co^{2+}, Ni^{2+}, Cu^{2+}, Cd^{2+}, Zn^{2+}, Ca^{2+}, Mg^{2+}$). Die Halogenidkomplexe von Co^{2+}, Cu^{2+}, Mn^{2+} u. Fe^{3+} zeigen eine andere Struktur als die Perchlorate. Die Co^{2+}-Halogenidkomplexe haben die allg. Formel $[Co(BuL)_6]\cdot[CoX_4]$ (X = Cl, Br, J, SCN) u. sind kation.-oktaedr. u. anion.-tetraedrisch. Die Cu(II)- u. Mn(II)-Chloride haben die Formeln: $[M(BuL)_2Cl_2]$ u. $[M(BuL)Cl_2]$. Auch ein Komplex $[Mn(NMBuL)Cl_2]$ wurde isoliert. Die Fe(III)-Chlorid-Komplexe haben die Struktur $[Fe(BuL)_4Cl_2]\cdot[FeCl_4]$ oder $[Fe(NMBuL)_4Cl_2][FeCl_4]$. Die Komplexe wurden durch Spektren u. magnet. Messungen charakterisiert. Die Ligandenfeldparameter Dq, B' u. β wurden für den oktaedr. Kobalt(II)-perchloratkomplex u. die tetraedr. $[CoX_4]^{2+}$ Komplexe berechnet.
H. Markert 369

A-9. Geochemie

0863 **Rechenprogramme für die Berechnung von Niggli-Daten, C.I.P.W.-Normen und Variationsdiagrammdaten.** W. R. Morgan. (Mineralog. Mag. J. mineralog. Soc. **36** (1968) 282, 891–92; Townsville, Queensland, Australia, Univ. Coll. of Townsville, Dep. of Geol. and Miner.; engl.) – Die in Fortran II geschriebenen Rechenprogramme sind einzeln oder zusammen beim Autor erhältlich.
E. Schulte 376△

0864 **Thermische Ausdehnung von Mineralien der Sodalith-Gruppe.** D. Taylor. (Mineralog. Mag. J. mineralog. Soc. **36** (1968) 282, 761–69; Univ. of Manchester, Dep. of Geol.; engl.) – Durch Röntgenpulvermeth. ermittelte Daten (bis 920°) werden für vier Noseane, fünf Hauyne u. einen Sodalith mitgeteilt. Der Grad der therm. Ausdehnung ist zuerst hoch u. nimmt mit der Temp. zu. Oberhalb einer bestimmten Temp., die vom Mineral u. seiner Zus. abhängt, ist die therm. Ausdehnung kleiner u. linear von der Temp. abhängig. Unterhalb 920° zeigt Sodalith diesen zweiten Zustand nicht. Das therm. Ausdehnungsverh. anderer Gerüstsilicate wird in Analogie zu dem der Sodalith-Gruppe interpretiert.
E. Schulte 380△

0865 **Homogenität in Alkalifeldspaten.** Ian Parsons. (Mineralog. Mag. J. mineralog. Soc. **36** (1968) 282, 797–804; Aberdeen, Marischal Coll., Dep. of Geol. and Miner.; engl.) – Kurven, die die 201 Abstände, die Or-Geh. u. die strukturellen Zustände von Alkalifeldspaten in Beziehung setzen, wurden überprüft. Diskrepanzen zwischen den Zus. von erhitzten natürlichen, perthit. Alkalifeldspaten, die nach dieser Meth. u. durch chem. Analysen bestimmt wurden, werden diskutiert u. gezeigt, daß sie mit unvollständiger Homogenisierung im Einklang sind.
E. Schulte 380△

0866 **Die Phasen des Kalifeldspates.** E. Onorato und F. Sgarlata. (Periodico Mineralog. **36** (1967) 1, 325–53; ital.) – Vf. untersuchten krit. die opt. u. therm. Literaturdaten über die natürlich vorkommenden K-Feldspate. Es existieren nur 2 mineralog. Arten von K-Feldspat, u. zwar eine monokline (*Sanidin u. Orthoklas*) u. eine trikline (*Mikroklin*).
C. Gottfried 380△

0867 **Mikrosondenbestimmung der Schwefelkoordination in Mineralien.** J. F. Lovering und J. R. Widdowson. (Lithos [Oslo] **1** (1968) 3, 264–67; Canberra, Australian

Nat. Univ., Dep. of Geophys. and Geochem.; engl.) — Durch Messung der SK_α-Wellenlängenverschiebung mit der Mikrosonde wurde bestätigt, daß stark S-haltige, mejonit. *Skapolithe* SO_4^{2-}-Ionen u. *Helvite* S^{2-}-Ionen enthalten. Der S-Geh. des neuen Ba-reichen Sprödglimmers *Anandit* liegt in Form von S^{2-}-Ionen im Krist.-Gitter vor. E. Schulte 380△

0868 **Mikrosondenanalyse von Anandit.** J. F. Lovering und J. R. Widdowson. (Mineralog. Mag. J. mineralog. Soc. **36** (1968) 282, 871–74; engl.) – Vgl. vorst. Referat. — Für Anandit, einen Ba-reichen Sprödglimmer der Magnetitzone des Wilagedera-Erzkörpers, Nordwest Ceylon, wird eine neue Mikrosondenanalyse mitgeteilt: SiO_2 25,04; Al_2O_3 0,67 ± 0,08; TiO_2 0,05 ± 0,02; MnO 1,21 ± 0,03; MgO 2,95; CaO < 0,07; BaO 20,84; Na_2O 0,20 ± 0,04; K_2O 0,36 ± 0,08; S 3,05; Cl 0,63, H_2O nicht bestimmt, Gesamt Fe als FeO 42,04. Anandit enthält *S* u. *Cl* im Krist.-Gitter; die S- u. Cl-Geh. sind nicht auf Verunreinigungen, wie bei früheren Unters. angenommen, zurückzuführen. E. Schulte 380△

0869 **Bedeutung von Titan und der Einfluß von TiO_2 auf die Zellgröße, den Brechungsindex und das spezifische Gewicht in der Andradit–Melanit–Schorlomit-Serie.** R. A. Howie und A. R. Woolley. (Mineralog. Mag. J. mineralog. Soc. **36** (1968) 282, 775–90; London, Kings Coll., Dep. of Geol.; engl.) — Neue chem. Analysen, Gitterkonst. u. D. werden für 12 Granate u. TiO_2-Werte, Gitterkonst. u. Brechungsindizes werden für weitere 33 Granate der Andradit–Melanit–Schorlomit-Serie mitgeteilt. Die Zunahme der Brechungsindices, der Elementarzellen u. der D. mit zunehmendem TiO_2-Geh. ist graph. dargestellt. Aus der graph. Darst. Ti- gegen Si-Atome pro Elementarzelle wird geschlossen, daß Ti eher Si als Fe^{3+} in der Struktur ersetzt, während Mikrosondenergebnisse zeigen, daß Si oder (Si + Fe) durch Ti ersetzt werden. Die strukturelle Rolle von Ti in den Granaten wird diskutiert, aus chem. u. IR-Daten wird auf das Vorliegen von Ti^{4+} u. Ti^{3+} geschlossen. E. Schulte 380△

0870 **Gratonit aus der Lagerstätte Rio Tinto, Südspanien.** I. Burkart-Baumann, J. Ottemann und B. Nuber. (Neues Jb. Mineralog., Mh. **1968**, 7, 215–24; Heidelberg, Univ., Miner.-Petrograph. Inst.; dt.) — Neben der Hauptvererzung von Pyrit, Kupferkies, Zinkblende, Bleiglanz, Arsenkies u. Enargit führt die Kieslagerstätte Rio Tinto ein seltenes Mineral aus der Reihe der Pb–As-Spießglanze. Die morpholog. u. opt. sowie die röntgenograph. Eig. des Minerals entsprechen einem *Gratonit.* Die chem. Zus. dieser Phase weicht von den bekannten Daten für Gratonit ab. Mehrere Analysenmeth. führten zu einem übereinstimmenden Ergebnis, das im chem. Bereich eines Jordanits liegt. E. Schulte 380△

0871 **Kristallstruktur von Joesmithit.** P. B. Moore. (Mineralog. Mag. J. mineralog. Soc. **36** (1968) 282, 876–79; Chicago, Ill., Univ. of Chicago, Dep. of Geophys. Sci.; engl.) — Joesmithit, ein neues Mineral von Långban krist. monoklin, P2/a; a = 9,88 (Å), b = 17,87, c = 5,277, β = 105°40′. D_{exp} 3,83 gcm^{-3}. Aus der dreidimensionalen Strukturanalyse (R_{hkl} = 0,15 für 1774 unabhängige F_{hkl}) wird auf die Formel $(Pb, Ca, Ba)_2Ca_4 \cdot Fe^{3+}_2(Mg, Fe)_8[Si_2O_6]_4[Si(O, OH)_4]_4(OH)_8$ für dieses Mineral geschlossen. Die Struktur weist große Ähnlichkeit mit der von Klinoamphibol auf. E. Schulte 380△

0872 **Kaersutit aus dem Minverit von Cornwall.** D. R. C. Kempe. (Mineralog. Mag. J. mineralog. Soc. **36** (1968) 282, 874–76; London, British Museum (Natural History) Dep. of Miner.; engl.) — Für die dunkelbraune als Kaersutit bezeichnete Hornblende aus dem Minverit, Mt-Minver, Cornwall, werden eine chem. Analyse, Gitterkonst. u. opt. Daten mitgeteilt. Die Analyse ergab die Formel $Ca_{2,2}(Na, K)_{0,8}(Mg, Fe^{2+}, Fe^{3+})_{3,9}Ti_{1,1}[Si_{5,7} \cdot Al_{2,3}O_{23,7}](OH, F)_{0,3}$. E. Schulte 380△

0873 **Oxydation von Krokydolith aus Bolivien.** W. E. Addison und D. A. White. (Mineralog. Mag. J. mineralog. Soc. **36** (1968) 282, 791–96; Nottingham, Univ., Dep. of Chem.; engl.) — In einer früher aufgestellten Hypothese wurde postuliert, daß das Vorliegen von Mg-Ionen die Elektronenwanderung blockieren würde, die für die vollständige Ox. von Fe^{2+} in Krokydolith im Temp.-Bereich 400–500° erforderlich ist. Neue Daten für die Ox. von Krokydolith aus Bolivien, der einen sehr viel höheren Mg-Geh. aufweist als südafrikan. Proben, werden mitgeteilt. Die Hypothese wird durch die Ergebnisse gestützt. E. Schulte 380△

0874 **Verfeinerte Muskovit-Struktur.** John C. Birle und Rodney Tettenhorst. (Mineralog. Mag. J. mineralog. Soc. **36** (1968) 282, 883–86; Columbus, O., O. State Univ., Dep. of Minerl.; engl.) — Die Struktur des $2M_1$-Polymorphen von Muskovit wurde nach der Meth. der kleinsten Quadrate unter Verw. der Daten von Radoslovich (vgl. Acta Cryst. **13**, 1960, 919–32) zu R = 12% verfeinert (früher R = 17%). Die verfeinerten Atomkoordinaten, Bindungslängen u. -winkel werden tabellar. angegeben. E. Schulte 380△

0875 **Struktur des Pyrostilpnits (Feuerblende), Ag_3SbS_3.** A. Kutoglu. (Neues Jb. Mineralog. Mh. **1968**, 5, 145–60; Miner. Inst. der Univ. Marburg; dt.) — Der Pyrostilpnit krist. in $P2_1/c$ mit a_0 = 6,84 Å, b_0 = 15,84 Å, c_0 = 6,24 Å, β = 117°09′. Z = 4 Ag_3SbS_3, R = 15,1%. Die Strukturaufklärung erfolgte mit Hilfe der dreidimensionalen Patterson-Synth., der Superpositionsmeth. u. der Fourier-Synthese. Es wurden 683 aus Weissenberg-Aufnahmen geschätzte Intensitäten verwendet. Die Atomparameter wurden nach der Meth. der kleinsten Quadrate verfeinert. Die Baueinheiten der Struktur sind Sb–S-Pyramiden, Ag–S-Ketten u. Ag–S-Netze, die über gemeinsame Schwefelatome miteinander verknüpft werden. Die Ag-Atome in den Ag–S-Ketten haben darüber hinaus fünf nächste Ag-Nachbarn im Abstand von 3,03–3,15 Å. Ein kristallchem. Vgl. mit anderen Ag-haltigen Sulfiden wird gegeben. G. Malow 380

0876 **Zur Kenntnis des Germanits, Reniérits und Briartits.** Willy Viaene und Jules Moreau. (Ann. Soc. géol. Belgique **91** (1968) 1, 127–43; Louvain, Univ., Labor. de Mineralogie; franz.) — Die Zus. des Germanits entspricht der Formel $Cu_{2,8}Fe_{0,6}Ge_{0,6}S_4$, die des Renierits der Formel $Cu_{2,4}Fe_{1,2}Ge_{0,4}S_4$ u. für Briartit Cu_2FeGeS_4. Germanit zersetzt sich bei 500–600° in Briartit u. Bornit. Renierit geht bei 400–500° in feine Verwachsungen von Kupferkies u. Germanit über. Zwischen 500 u. 600° kommen nebeneinander Kupferkies, Briartit, Bornit u. eine S-reiche Schmelze vor. Briartit ist bis 800° beständig. Es werden die möglichen Paragenesen nach dem Diagramm Cu–Fe–Ge–S aufgeführt. F. Ensslin 380

0877 **Serpierit von Ecton, Staffordshire.** J. R. Knight. (Mineralog. Mag. J. mineralog. Soc. **36** (1968) 282, 882; Manchester, Univ. of Manchester, Inst. of Sci. and Technol., Chem. Dep.; engl.) — Ein neues Vork. für das seltene Mineral Serpierit, $(Cu, Zn, Ca)_5(SO_4)_2(OH)_6 \cdot 3H_2O$, wird von Ecton Hill, Wetton, Staffordshire, beschrieben. E. Schulte 380△

0878 **Zur Kenntnis der Columbotantalite und der Tapiolite.** A. Beugnies und Ch. Mozafari. (Ann. Soc. géol. Belgique **91** (1968) 1, 35–91; Mons, Fac. polytechnique; franz.) — Die chem. u. physikal. Eig. der Columbotantalite u. Tapiolite werden angegeben. Die ersteren liegen alle in dem durch die Endglieder $FeNb_2O_6$, $(Fe_{0,5}, Mn_{0,5})Nb_2 \cdot O_6$, $Mn(Ta_{1,2}, Nb_{0,8})O_6$ u. $(Fe_{0,87} Mn_{0,13})Ta_2O_6$ umgrenzten Gebiet. Da das Reflexionsvermögen R linear mit dem Verhältnis 100 $Ta_2O_5/(Ta_2O_5 + Nb_2O_5)$ wächst u. die maximale Doppelbrechung linear mit dem Gew.-Verhältnis Ta_2O_5/Nb_2O_5 zunimmt, können die Geh. an Nb_2O_5 u. Ta_2O_5 errechnet werden. Die Tapiolite gehören in das durch die Endglieder $FeTa_2O_6$, $Fe(Ta_{1,7}Nb_{0,3})O_6$, $(Fe_{0,85}Mn_{0,15})Ta_2O_6$ u. $(Fe_{0,85}Mn_{0,15})(Ta_{1,7}Nb_{0,3})O_6$ begrenzte Gebiet. Beide Mineralgruppen unterscheiden sich im nahen IR u. im sichtbaren Auflicht. Der Tapiolit hat außerdem eine wesentlich höhere Vickers-Mikrohärte. Im Dünnschliff ist er opt. einachsig mit geringer Dispersion, die Columbotantalite sind opt. zweiachsig mit starker Dispersion. F. Ensslin 380

0879 **Todorokit in der deuterischen Phase eines Basalts.** L. J. Lawrence, P. Bayliss und Paul Tonkin.

(Mineralog. Mag. J. mineralog. Soc. **36** (1968) 282, 757—60; Univ. of New South Wales, Australia, School of Appl. Geol.; engl.) — Ein Vork. von Todorokit der Formel (Mn^{2+}, Ca)$Mn_5^{4+}O_{11} \cdot 4H_2O$ von Ardglen, N.S.W., wird beschrieben. Die Zus. dieses Minerals ist einfacher als die früher beschriebener Vork., die sich meistens in Mn-Erz-Lagerstätten finden. Die einfachere Zus. wird hinsichtlich ihres Vork. als ein spät deuter. Mineral erklärt, das mit Manganocalcit u. Zeolithen in einem veränderlichen Basalt des Tertiär assoziiert ist. Es wird angenommen, daß sich das Mn von der deuter. Veränderung des Augits in dem Basalt ableitet. E. Schulte 380△

0880 **Hatchit, Lengenbachit und Vrbait.** 42. Mitt. Werner Nowacki. (Neues Jb. Mineralog. Mh. **1968**, 3/4, 69—75; Miner.-Petrograph. Inst. der Univ. Bern; dt.) — Auf der Stufe L 1268 in Lengenbach wurden neben Realgar u. Rathit II auch Hatchitkrist. gefunden. Lengenbachit ist triklin C_1^1–P1 oder C_i^1–P$\bar{1}$ mit einer Subzelle von $a_0' = 35{,}10 \pm 0{,}03$, $b_0' = 5{,}755 \pm 0{,}01$, $c_0' = 36{,}92 \pm 0{,}03$ Å, $\alpha' \approx 90°$, $\beta \approx 92°35'$, $\gamma \approx 90°$. Die Lengenbachitstruktur ist mit der PbS-Struktur sehr eng verwandt. Der Chemismus der verschiedenen Lengenbachite scheint im Verhältnis Pb/Ag/Cu etwas variabel zu sein. Auf einer Stufe mit Realgar u. Lorandit von Allchar befand sich ein winziger Vrbaitkristall. G. Malow 380

0881 **Diadochie von Al^{3+}, Cr^{3+} und Fe^{3+} in $3CaO \cdot Al_2O_3 \cdot 6H_2O$ oberhalb 50°.** H.-J. Kuzel. (Neues Jb. Mineralog. Mh. **1968**, 3/4, 87—96; Miner. Inst. der Univ. Frankfurt/M., Inst. für Kristallographie; dt.) — Die Diadochie von Al^{3+}, Cr^{3+} u. Fe^{3+} in $3CaO \cdot Al_2O_3 \cdot 6H_2O$ wurde oberhalb 50° unter H_2O-Sättigungsdruck untersucht. Zustandsdiagramme der pseudobin., nicht isobaren Syst. $3CaO \cdot Al_2O_3 \cdot 6H_2O$–$3CaO \cdot Cr_2O_3 \cdot 6H_2O$–$H_2O$ u. $3CaO \cdot Al_2O_3 \cdot 6H_2O$–$3CaO \cdot Fe_2O_3 \cdot 6H_2O$–$H_2O$ werden angegeben. Eine Verb. der Zus. $Ca_3Cr_2[(OH)_4]_3$ mit $a_0 = 12{,}700 \pm 0{,}002$ Å hat Granatstruktur. $Ca_3Al_2[(OH)_4]_3$ u. $Ca_3Cr_2[(OH)_4]_3$ sind über 50° nicht vollständig miteinander mischbar. Ein $Ca_3Fe_2[(OH)_4]_3$ wurde nicht beobachtet. Zwischen 100° u. 218° läßt sich nur wenig Al^{3+} durch Fe^{3+} ersetzen. Unter 100° krist. Fe-reichere wahrscheinlich metastabile Mischkristalle. G. Malow 382

0882 **Verkieselung von Brucit, $Mg(OH)_2$.** Georges Pedro und Jeannine Berrier. (C. R. hebd. Séances Acad. Sci., Sér. D **266** (1968) 26, 2369—71; Versailles, Yvelines, C.N.R.A. Labor. des Sols; franz.) — Beim Durchlauf von 3 l W./Tag (SiO_2-angereichert) bei 65° durch mikrokrist. Brucit entsteht in 140 Std. eine amorphe Phase eines gemischten Mg-Silicatgels. Das erhaltene Prod. enthält nur noch 62% Brucit. Die DTA gibt eine endotherme Spitze bei 110° sowie eine starke dem Brucit gehörende endotherme bei 400° u. eine exotherme Spitze bei 820°, die Forsterit Mg_2SiO_4 entspricht u. bei festen Gemischen von Brucit mit Silicagel nicht auftritt. F. Ensslin 382

0883 **Stabilitätsbeziehungen zwischen Chlorit, Cordierit und Almandin bei der Metamorphose.** Achim Hirschberg und Helmut G. F. Winkler. (Contr. Mineralog. Petrol. [Berlin] **18** (1968) 1, 17—42; Göttingen, Univ., Miner.-Petrolog. Inst.; dt.) — Die Bldg.-Bedingungen von Cordierit (**I**) u. Almandin (**II**) bei der Metamorphose toniger Gesteine wurden experimentell untersucht. Ausgehend von einem Gemenge von Chlorit (**III**), Muskovit (**IV**) u. Quarz (**V**) wurden Syst. mit stark unterschiedlichen Fe^{3+}/Fe^{2+} + Mg-Verhältnissen untersucht, dabei wurde als **III** einerseits Thuringit, andererseits Ripidolith verwendet. Das Auftreten von **I** in diesen beiden Ausgangssubstanzen ist bedingt durch die Rk.: **III** + **IV** + **V** ⇌ **I** + Biotit + Al_2SiO_5 + H_2O. Diese Rk. kennzeichnet bei niederen Drücken den Übergang von der Albit–Epidot–Hornfelsfazies zur Hornblende–Hornfelsfazies, bei mittleren Drücken den Beginn der **I**-Amphibolitfazies. Die entsprechende Gleichgew.-Kurve wurde reversibel untersucht. Die ermittelte Phasengrenze verläuft im P,T-Diagramm durch die Punkte: 505(°)/500 (Bar), 513/1000, 527/2000 u. 557/4000. Die Daten gelten sowohl für Fe-reiche als auch für Mg-reichere Ausgangssubstanz (mit Thuringit bzw. Ripidolith, Gemenge A bzw. B). Bei 6000 Bar ergab sich für das Gemenge B eine Gleichgew.-Temp. von 587°. Ausgehend von Gemenge A war bei 6 kb u. ca. 500° die Bldg. von **II** zu erwarten, nachgewiesen wurde die Bldg. von **II** erst bei Temp. > 600°. In Vers. mit Gemenge A wurde unter genügend hohem Druck folgende Rk. nachgewiesen: Thuringit + **IV** + **V** ⇌ **II** + Biotit + Al_2SiO_5 + H_2O. Bei niedrigen Drücken bildete sich aus der gleichen Ausgangssubstanz **I**, Biotit, Al-Silicat u. H_2O. Ab 625° tritt ein P,T-Bereich auf, in dem **II** neben **I**, Biotit u. Sillimanit gebildet wird. Bei Verw. des Gemenges A ergaben sich drei Zustandsfelder. Aus dem Gemenge B bildete sich bis 7 kb u. Temp. zwischen 600 u. 700° noch kein Granat, sondern **I** neben Biotit u. Sillimanit, erst bei höheren Drücken entsteht **II**. Die Rk.: Ripidolith + **IV** + **V** ⇌ **II** + Biotit + Sillimanit + H_2O konnte im „simple squeezer" nachgewiesen werden, ohne das die erforderlichen Drücke genauer bekannt sind. E. Schulte 382△

0884 **Zusammensetzung des Delafossits.** H. Wiedersich, J. W. Savage, A. H. Muir jun. und D. G. Swarthout. (Mineralog. Mag. J. mineralog. Soc. **36** (1968) 281, 643—50; North Amer. Aviat. Sci. Center, Thousand Oaks, Calif.; engl.) — Oxide des Syst. Cu–Fe–O wurden durch Festkörperrk. bei 1000—1200° dargestellt u. mit Hilfe von Röntgen-, Mössbauer- u. chem.-analyt. Unters. identifiziert. Im Gegensatz zu Buist et al., die die Formel $Cu_6Fe_3O_7$ vorschlugen, wurde die Zus. $Cu \cdot FeO_2$ für Delafossit bestätigt. Das Fe ist im $CuFeO_2$ dreiwertig. C. Gottfried 382△

0885 **Zusammensetzung von natürlichem Delafossit.** M. H. Hey. (Mineralog. Mag. J. mineralog. Soc. **36** (1968) 281, 651—53; Dep. of Mineral., British Museum, London; engl.) — Vgl. vorst. Referat. — Mit Hilfe von Mikroanalysen von 2 natürlichen Delafossiten aus verschiedenen Vork. wurde einwandfrei die Zus. $CuFeO_2$ bestätigt. C. Gottfried 382△

0886 **Mischkristallbildung von Lepidokrokit–Böhmit.** J. M. de Villiers und T. H. van Rooyen. (Clay Minerals **7** (1967) 2, 229—35; Dep. of Soil Sci., Univ. of Natal, Pietermaritzburg, South Africa; engl.) — Ein Zusatz von Al zu einer $FeSO_4$-Mutterlsg. zur Synth. von Lepidokrokit, γ-FeOOH, liefert eine substituierte (Fe, Al)OOH-Struktur. Neben einer geringeren Röntgen-Kristallinität war der hauptsächliche Einfl. des isomorphen Einschlusses des Al in das Lepidokrokit-Gitter eine Verschiebung der Röntgenpeaks zu höheren Werten bei der Temp., bei welcher die Dehydratation des Lepidokrokits zu Maghemit vollständig war. Die Zunahme der therm. Stabilität des substituierten Lepidokrokits wird auf die Ggw. einer Böhmit-Komponente im Mischkrist. zurückgeführt. G. Malow 382

0887 **Verteilung der Spurenelemente zwischen Leucit, Orthoklas und hydrothermalen Lösungen. Rubidium bei 600°.** Martine Lagache. (C. R. hebd. Séances Acad. Sci., Sér. D **267** (1968) 2, 141—44; Paris 5_e, Ecole Nat. Supérieur, Labor. de Géol.; franz.) — Bei der hydrothermalen Synth. von Leucit u. Orthoklas in Autoklaven bei 600° u. einem Druck von 800 bar in Ggw. wechselnder Konz. von KCl- u. RbCl-Lsg. ergab sich, daß Rb vorzugsweise im Leucit mit Geh. zwischen $0{,}1 \cdot 10^{-6}$ bis 4% angereichert wurde. Der Verteilungskoeff. Rb/K in Atommengen beträgt 8 zwischen Leucit u. Orthoklas, 3,3 zwischen Leucit u. Lsg. u. 0,42 zwischen Orthoklas u. Lösung. F. Ensslin 382

0888 **Zustandsgleichung von Periklas und die Beziehung von Birch zwischen Geschwindigkeit und Dichte.** Chi-Auen Wang. (Nature [London] **218** (1968) 5136, 74 bis 76; Berkeley, Calif., Univ. of Calif., Dep. of Geol. and Geophys.; engl.) — Das Postulat von Birch, daß für die Geschw. von Kompressionswellen in isotropen Oxid- u. Silicataggregaten der D. (für Substanzen mit ähnlichem mittlerem Atomgew.) proportional ist, wurde durch die Aufstellung der adiabat. Zustandsgleichung für Periklas bestätigt. Ultraschall-Daten für 13 Gesteinsproben mit mittleren ähnlichem Atomgew. bei 10 kb werden verglichen. E. Schulte 382△

0889 **Veränderungen in Phlogopiten während der chemischen Behandlung.** A. C. D. Newman. (Clay Minerals **7** (1967) 2, 215—27; Rothamsted Exper. Stat., Harpenden, Herts.; engl.) — Nach dem Behandeln von nur wenig Fe enthaltendem Phlogopit mit Na-Tetraphenylboratlsg. bei 60° enthält das Vermiculit-ähnliche Prod. weniger Zwischenschichtkationen als die Ausgangssubstanz. Die Strukturformeln wurden aus der chem. Analyse u. der IR-Knickschwingungsbande des W. bei 1650 cm^{-1} zur Unterscheidung zwischen Hydratwasser u. Hydroxylgruppen berechnet. Die Formeln stimmen mit den Gew.-Verlustkurven überein. Die Substanz enthält mehr als 4(OH, F) pro Formeleinheit. G. Malow 382

0890 **Rekognoszierung des Stabilitätsfeldes von Prehnit.** R. G. J. Strens. (Mineralog. Mag. J. mineralog. Soc. **36** (1968) 282, 864—67; Newcastle upon Tyna, Univ., School of Phys.; engl.) — Ergebnisse von Hydrothermalansätzen mit Prehnit (feingemahlener Prehnit 5 Mol.-% Fe^{3+} enthaltend (< 20 μ) + 1% Zoisit (< 5 μ) + W. im Überschuß; 29—92 Tage, bei 300—598° u. 10,6—2,03 kb) werden mitgeteilt u. die Stabilitätsgrenzen von Prehnit diskutiert. E. Schulte 382△

0891 **Zersetzung von Struvit.** A. Whitaker. (Mineralog. Mag. J. mineralog. Soc. **36** (1968) 282, 820—24; London, Brunel Univ., Dep. of Phys.; engl.) — Die Zers. von Struvit an der Luft bei Raumtemp. (21 ± 2°) wurde untersucht. Zers.-Prod. ist Newberyit. Indizierte d-Werte von synthet. Newberyit sind angegeben. E. Schulte 382△

0892 **Darstellung von Silicatzusammensetzungen mit einer Gelbildungsmethode.** D. L. Hamilton und C. M. B. Henderson. (Mineralog. Mag. J. mineralog. Soc. **36** (1968) 282, 832—38; Manchester, Univ., Dep. of Geol.; engl.) — Die Darst. von chem. homogenen Silicat-Pulvern mit Hilfe einer Wägungs- u. Geltechnik wird beschrieben. E. Schulte 382△

B. Physikalische organische Chemie

0893 **Nomenklatur der Lipide.** Anonym. (Chem. Physics Lipids [Amsterdam] **2** (1968) 2, 156—67; engl.) — Die Regeln der IUPAC-IUB-Kommission werden diskutiert u. an Beispielen erläutert. D. Schmitt 400

B–1. Optische, elektrische und magnetische Eigenschaften, Spektren

0894 **Optische Anisotropie von Kettenmolekülen. Theorie der Depolarisierung von gestreutem Licht und Anwendung auf n-Alkane.** R. L. Jernigan und P. J. Flory. (J. chem. Physics **47** (1967) 6, 1999—2007; Dep. of Chem., Univ., Stanford, Calif.; engl.) — Die Theorie wird über den Polarisierbarkeitstensor (Summe von Substituenten- u. Bindungsbeiträgen) u. dessen Anisotropie abgeleitet u. durch Berechnungen an *n-Butan, n-Pentan, n-Hexan, n-Heptan, n-Octan, n-Nonan, n-Decan, n-Undecan, n-Dodecan, n-Hexadecan, n-Trikosan* u. *n-Dotrikontan* demonstriert. W. Sobieski 402

0895 **Messung der Relaxationszeiten von Konzentrationsschwankungen mittels des elektrischen Feldeffektes auf die kritische Opaleszenz.** C. C. Gravatt. (Physic. Rev. Letters **18** (1967) 22, 948—50; Ithaca, N.Y., Cornell Univ., Dep. of Chem.; engl.) — Es werden Relaxationszeiten von Konz.-Schwankungen in der bin. fl. Mischung *Nitrobenzol/Isooctan* durch Messen gestreuter Strahlen im Winkelbereich 30—135° u. Temp.-Bereich 0,60 bis 0,01° oberhalb der krit. Lsg.-Temp. bestimmt. H. Pehlmann 402

0896 **Feinstruktur der Rayleigh-Linie von Licht, das von Lösungen mit kritischem Schmelzpunkt gestreut wird.** Ju. G. Šorošev, M. I. Šachparonov und L. V. Lanšina. (Vestnik Moskovskogo Univ., Ser. II **22** (1967) 5, 147—51; Kaf. fiz. chimii; russ.) — Untersucht wird die Streuung einer He–Ne-Laser-Strahlung an *Nitroäthan-Isooctan*-Lsg. von verschiedener Konzentration. Aus der Feinstruktur der Rayleigh-Linie werden die Ultraschallgeschw. in den Lsg. bestimmt u. die Konz.-Fluktuationen diskutiert. J. Tůmová 402△

0897 **Molekülschwingungen einer Flüssigkeit und Flügel der Rayleigh-Linien.** P. T. Nikolaenko, A. I. Prorvin. (Izvest. vysšich učebnych Zavedenij [Tomsk], Fiz. **10** (1967) 8 (63), 107—11; Kemerovskij pedinst.; russ.) — Von *Bzl., Chlor-, Brom-, o-Dichlor-, m-Dichlorbenzol; Toluol, Py.; o-, m-* u. *p-Xylol; Anisol, p-Bromanisol, Fluorphenol, Phenol, Benzaldehyd, Acetophenon* u. *o-Kresol* werden bei 20° die Rayleigh-Intensitäten untersucht, u. es wird eine Formel abgeleitet, die die Intensitätsverteilung im Rayleigh-Flügel beschreibt. Ferner wird das Modell der Mol.-Schwingungen in Fl. erörtert. P. Šimak 402

0898 **Experimentelle Ergebnisse über die stimulierte thermische Reflexion.** François Gires. (C. R. hebd. Séances Acad. Sci., Sér. A et B **266** (1968) 10, B 596—98; Corbeville, Orsay, Comp. gén. de télégr. Sans Fil; franz.) — Vf. weisen eine Intensitätsverstärkung in einem absorbierenden Medium (*Bzl.*, CCl_4) nach, das mit monochromat. Licht (Rubin-Laser) bestrahlt wurde. E. Daltrozzo 402

0899 **Messung der Dispersion der Kerrkonstante an Benzol und Kohlenstofftetrachlorid.** R. J. W. Le Fèvre und S. C. Solomons (geb. Paul). (Austral. J. Chem. **21** (1968) 7, 1703—10; School of Chem., Univ. of Sydney; engl.) — Die elektr. Doppelbrechung wird photometr. zwischen 375 u. 625 mμ gemessen. D. Schmitt 402

0900 **Flügel der Rayleigh-Linien in Flüssigkeiten bei verschiedenen Temperaturen.** G. I. Zajcev und V. S. Starunov. (Optika i Spektroskopija **22** (1967) **3**, 409—13; russ.) — Untersucht wird die Intensität des gestreuten Lichts im Bereich 10—20 cm^{-1} von CS_2, $CHCl_3$ u. Essigsäure. T. Tęcza 402△

0901 **Gebiet der Rayleigh-Linien in viskosen Flüssigkeiten.** G. I. Zajcev. (Optika i Spektroskopija **23** (1967) 2, 325—27; russ.) — Es wurde die Intensitätsverteilung im Spektrum der depolarisierten Lichtstreuung zwischen 30—130 cm^{-1} von *Salol, Triacetin* u. *Benzophenon* bei Temp. zwischen —50 bis 87° untersucht. J. Tůmová 402△

0902 **Stabile Lösungen zur Fluoreszenzumformung, die das „optische Pumpen" in das visuelle Gebiet erhöhen.** W. W. Wladimiroff. (Photochem. and Photobiol. **6** (1967) 8, 543—56; Uppsala, Sweden, Univ., Inst. of Phys. Chem.; engl.) — Untersucht werden die Eig. von 13 Fluoreszenzumwandlerlsg., welche die Strahlungsintensität von Blitzlichtlampen zwischen 4000 u. 6000 Å um den Faktor $R_\lambda \sim 1{,}5-3$ erhöhen. Die Transmissions- u. Fluoreszenzemissionsspektren nachst. gegenüber hohen Strahlungsintensitäten im UV- u. visuellen Bereich stabiler Syst. sind graph. wiedergegeben: *9.10-Diphenylanthracen*/Cyclohexan (CH), *2-[Naphthyl-(1)]-5-phenyloxazol* (I)/H_2SO_4/A., *9-Aminoacridin*/H_2SO_4/A., *Perylen*/CH, *Acridon*/NaOH/A., *Acridin*/H_2SO_4/A., *Fluoreszein*/NaOH/A., *2.7-Dichlorfluoreszein*/NaOH/A., *Rhodamin 6 GL* (II)/A., I/II/A., II/DMF, *Eosin*/DMF u. *Rhodamin B extra*/A./NaOH. G. O. Jäger 408△

0903 **Quantenausbeute der antistokesschen Fluoreszenz.** L. Kozma. (Acta Univ. Szegediensis, Acta physica chem. [N.S.] **13** (1967) 1—2, 21—24; Inst. für Exper. Fiz. der Univ. Szegedin; russ., Auszug: engl.) — Untersucht wird das Absorptions- u. Lumineszenzspektrum von Uranylglas (I) bei 263 u. 363 °K sowie die Quantenausb. von I u. der äthanol. Lsg. von nachst. Phthalimiden: *3-Amino-, 3-Methylamino-* u. *3-Dimethylamino-* in Abhängigkeit von der Wellenlänge des Erregerlichts (450—550 nm) u. der Temp. (263—338 °K). J. Tůmová 408△

0904 **Hängt die Intensitätsverteilung innerhalb der Photolumineszenzbande von der Frequenz des Anregungslichtes ab?** A. Jabłoński. (Bull. Acad. polon. Sci., Sér. Sci. math., astronom. physiques **15** (1967) 12, 885—88; Toruń, Nicolas Copernicus Univ., Physics; engl.) — Es werden allg. Beziehungen abgeleitet, welche die Abhängigkeit der Lage von Photolumineszenzbanden u. der Intensitätsverteilung innerhalb dieser Banden von der Frequenz des Anregungslichts beschreiben. G. O. Jäger 408△

0905 **Lumineszenzlöschung gemischter Exzimerer durch nicht angeregte Moleküle einer der Gemischkomponenten.** I. E. Obyknovennaja und A. S. Čerkasov. (Doklady Akad. Nauk SSSR **178** (1967) 1, 129—31; russ.) — Vf. untersuchen die Quantenausb. der Fluoreszenz u. der fluometr. Phase der O-freien Lsg. in Toluol von *9.10-Di-n-propylanthracen* in Abhängigkeit von der Konz. nachst. Zusätze: *9-Methyl-*, *9-n-Propyl-*, *9-Acetoxy-*, *9-[α-Hydroxyäthyl]-* u. *1-[α-Hydroxyäthyl]-anthracen* u. erörtern theoret. die Fluoreszenzlöschung. T. Tęcza 408△

0906 **Chemilumineszenzreaktion von Tetracyanäthylen und Trichloracetylchlorid mit Wasserstoffperoxid. Eine naheliegende mechanistische Beziehung.** L. J. Bollyky, R. H. Whitman, R. A. Clarke und M. M. Rauhut. (J. org. Chemistry **32** (1967) 5, 1663—66; Chem. Dep., Central Res. Div., Am. Cyanamid Co., Stamford, Conn.; engl.) — Eine Reihe von Verb. werden von Vf. im Syst. H_2O_2/1.2-Dimethoxyäthan/9.10-Diphenylanthracen oder Rubren im neutralen Medium (a), in Ggw. von KOH (b) u. in Ggw. von Methansulfonsäure (c) auf ihre Chemolumineszenzfähigkeit untersucht. Während bei *Äthylenoxid*, *Tetramethyläthylenoxid*, *Dimethylcarbonat*, *Phosgen*, *Diacetyl*, *Benzil*, *Triphenylacetylchlorid*, *Bis-[triphenylessigsäure]-kohlensäureanhydrid*, *Trifluoracetanhydrid* u. *Trichloressigsäure* keine Chemolumineszenzerscheinungen beobachtet werden, zeigen *Tetracyanäthylen* (Meth. b), *Tetracyanäthylenoxid* (Meth. b), *Carbonyldicyanid* (Meth. b) u. *Trichloracetylchlorid* (Meth. a u. b) eine mittelstarke, sowie *Hexachloraceton* (Meth. b) u. *Trichloressigsäureäthylester* (Meth. b) eine schwache Lumineszenz. Der Mechanismus der Chemolumineszenzrk. wird aufgeklärt. G. O. Jäger 408△

0907 **Synthese und Chemilumineszenz eines Aminoderivates und eines Schwefelanalogons von Luminol.** Emil H. White und Kohtaro Matsuo. (J. org. Chemistry **32** (1967) 6, 1921—26; Dep. of Chem., Johns Hopkins Univ., Baltimore, Md.; engl.) — Um den Einfl. elektronenspendender Substituenten auf die Lichtausb. der Chemilumineszenzrk. von Phthalsäurehydraziden zu untersuchen synthetisierten Vf. ausgehend von 4-Chlor-5-nitrophthalimid in einer siebenstufigen Rk.-Folge *1.2.3.4-Tetrahydrochinoxalindicarbonsäure-(6.7)-N-methylimid* (**II**). Vers. zur Darst. von **II** aus 5.6-Dimethylbenzimidazol (**III**) waren erfolglos. Bei der $KMnO_4$-Ox. von **III** entsteht ausschließlich *5-Methyl-6-carboxybenzimidazol* (**IV**); die Bldg. der *Benzimidazoldicarbonsäure-(5.6)* [vgl. Morgan, J. Chem. Soc., 2343 (1961)] wird nicht beobachtet. Analog liefert die Ox. von 6.7-Dimethylchinoxalin neben zwei Prod. unbekannter Konstit. vorwiegend *6-Methyl-7-carboxychinoxalin*. Die Konstit. von **IV** ist durch Überführung in *4.5-Diacetylamino-2-methylbenzoesäure*, *3.5-Dimethyl-* u. *5-Methyl-6-methoxycarbonylbenzimidazol*, sowie durch das NMR-Spektrum gesichert. *6-Dodecylthio-2.3-dihydrophthalazindion-(1.4)* wird durch Rk. von 4-Dodecylthiophthalsäuredimethylester mit N_2H_4 dargestellt. Im Verlauf dieser Unters. wurden folgende neue Verb. synthetisiert: Phthalsäuren: *4-Dodecylthio*, $C_{20}H_{30}O_4S$, F. 110—110,5° (Bzl.); *Dimethylester*, $C_{22}H_{34}O_4S$, F. 35—36° (Ligroin). Phthalimide: *4-Chlor-5-nitro-N-methyl-*, $C_9H_5ClN_2O_4$, F. 171 bis 172° (CH_3OH); *4-Amino-5-nitro-N-methyl-*, $C_9H_7N_3O_4$, F. 255—262° (Zers.; A.); *4.5-Diamino-N-methyl-*, $C_9H_9 \cdot N_3O_2$, Zers. bei 258° (CH_3OH); *4-Amino-3.5-dinitro-N-methyl-*, $C_9H_6N_4O_6$, F. 228—228,5° (Zers.; Bzl.); *3.4.5-Triamino-N-methyl*, $C_9H_{10}N_4O_2$, Zers. bei 280° (CH_3OH). Chinoxalindicarbonsäure-(6.7)-N-methylimide: *Unsubstituiert*, $C_{11}H_7N_3O_2$, F. 211—212° (Zers.; A.); *1.2.3.4-Tetrahydro-*, $C_{11}H_{11}N_2O_3$, F. 286° (A.), Zers. bei 294—296°; *1.4-Dimethyl-1.2.3.4-tetrahydro-*, $C_{13}H_{15}N_3O_2$, F. 170—172° (CH_3OH); *5-Amino-*, $C_{11}H_8N_4O_2$, F. 272 bis 275° (Zers.; Bzl.); *1.2.3.4-Tetrahydro-5-amino-*, $C_{11} \cdot H_{12}N_4O_2$, F. 255—260°; Pyridazino-[4.5:g]-chinoxalindione-(6.9): *1.2.3.4.7.8-Hexahydro-1.4-dimethyl-*, $C_{12}H_{14}N_4O_2$, Zers. bei 310°; *1.2.3.4.7.8-Hexahydro-*, *Essigsäuresolvat*, $C_{10}H_{10}N_4O_5 \cdot 2CH_3COOH$, F. 310°. — Benzimidazole: *5-Methyl-6-carboxy-*, *Hydrochlorid*, $C_9H_8N_2O_2 \cdot HCl$, F. 305—308° (Zers.; 50%ig. HCl); *3.5-Dimethyl-6-methoxy-carbonyl-*, $C_{11}H_{12}N_2O_2$, F. 86,5—87°; *5-Methyl-6-methoxy-carbonyl-*, $C_{10}H_{10}N_2O_2$, F. 144—145° (W.); *4.5-Di-acetyl-amino-2-methylbenzoesäure*, $C_{12}H_{14}N_2O_4$, F. 258—259° (W.). — Chinoxaline: *6.7-Dimethyl-*, $C_{10}H_{10}N_2$, F. 95 bis 98°; *6-Methyl-7-carboxy-*, $C_{10}H_8N_2O_2$, F. 238—244° (Zers.; CH_3OH), daneben Prod. unbekannter Konstit. vom F. 160—164° u. vom F. 120—122°. — *6-Dodecylthio-2.3-dihydrophthalazindion-(1.4)*, $C_{20}H_{30}N_2O_2S$, F. 186 bis 188,5° (CH_3COOH). G. O. Jäger 408△

0908 **Fluoreszenzausbeuten von Benzol bei Drücken unterhalb 0,1 Torr.** A. E. Douglas und C. Weldon Mathews. (J. chem. Physics **48** (1968) 10, 4788—89; Div. of Pure Phys., Nat. Res. Council, Ottawa, Ontario, Canada; engl.) — Die relative Fluoreszenzausb. wird als Funktion des Druckes im Bereich $0{,}3 \cdot 10^{-3}$ bis 0,12 Torr bestimmt. D. Strauch 408

0909 **Chemilumineszenz von CH bei der Reaktion O + C_2H_2. Rotationsrelaxation und Löschung.** W. Brennen und Tucker Carrington. (J. chem. Physics **46** (1967) 1, 7—18; Washington, D.C., Nat. Bureau of Standard; engl.) G. O. Jäger 408△

0910 **Elektrochemilumineszenz von Phenanthren-Lösungen.** C. A. Parker und G. D. Short. (J. physic. Chem. **72** (1968) 8, 3071; Roy. Naval Sci. Serv., Admiralty Mater. Labor., Holton Heath, Poole, Dorset; engl.) — Kurze Anm. zu Literaturdaten. D. Strauch 408

0911 **Direkte Lebensdauer-Messung im psec-Bereich.** Richard I. Scarlet, Joseph F. Figueira und Herbert Mahr. (Appl. Physics Letters **13** (1968) 2, 71—73; Labor. of Atomic and Solid State Phys., Cornell Univ., Ithaca, N.Y.; engl.) — Unter Verw. eines Q–Ne–Glas-Lasers wird die Lebensdauer eines strahlungslos gedämpften Elektronenübergangs des Farbstoffs Eastman 2860 bestimmt. D. Schmitt 408

0912 **Dielektrische Dispersion einer Lösung organischer Ionen in einem wenig polaren Lösungsmittel.** Maxime Hanss und Paul Rabette. (J. Chim. physique Physico-Chim. biol. **65** (1968) 6, 1177—79; Centre de Rech. du Serv. de Santé des Armées, Lyon; franz.) — Lsg. von *Tetra-n-butylammoniumpikrat* weisen in einem 1:1-Gemisch von Bzl./o-Dichlorbenzol eine dielektr. Dispersion zwischen 20 kHz u. 3 MHz auf. Verschiedene Relaxationsmechanismen (bes. ein diffusionskontrollierter) werden diskutiert. J. Richter 410

0913 **Hauptmolekülpolarisierbarkeiten von Diphenyl.** R. J. W. Le Fèvre und D. S. N. Murthy. (Austral. J. Chem. **21** (1968) 7, 1903—04; School of Chem., Univ. of Sydney; engl.) — Die magnet. Doppelbrechung wurde von 5 Lsg. der Titelverb. in CCl_4 gemessen. D. Schmitt 410

0914 **Dielektrische Eigenschaften von Thiazin-Derivaten.** F. Gutmann und H. Keyzer. (Electrochim. Acta [London] **13** (1968) 4, 693—704; Jet Propulsion Labor., Pasadena, Calif.; engl.) — *Promethazin*, *Chlorpromazin* (**I**), *Trimeprazin*, *Prochlorperazin*, *Trifluoperazin*, *Methotrimeprazin* u. *Thioproperazin* haben ähnliche dielektr. Eig. u. zeigen (abgesehen von letzteren beiden) starke Unterkühlungstendenz. Die dielektr. Unters. zeigen, daß diese Verb. zumindest im unterkühlten Zustand assoziiert sind. Ein Übergangsprozeß von **I** bei ca. 32° steht mit unterkühlten mkr. fl. Bereichen in einer scheinbar festen Matrix in Zusammenhang. **I**-Einkrist. weisen keinen Übergang auf. F., Brechungsindices, $D.^{25}$, Glasbldg.-Temp., Polarisierbarkeiten, Dipolmomente, makroskop. u. mol. dielektr. Relaxationszeiten u. die Aktivierungsenergien dieser Eig. werden mitgeteilt. M. Frenzel 410

0915 **Dielektrische Untersuchung des Systems Chloroform–Triäthylamin.** André Weisbecker und Chantal Ginet. (J. Chim. physique Physico-Chim. biol. **65** (1968) 6, 1079–83; Équipe de Rech. Associé au CNRS No. 22, Labor. de Chim. Théor., Nancy; franz.) — Das Syst. wurde in Cyclohexan untersucht, u. die Assoziationskonst. wurden für verschiedenen Konz. bestimmt.
J. Richter 410

0916 **Dielektrische Eigenschaften einiger Alkohol–CCl_4-Mischungen.** Phillip I. Gold und Richard L. Perrine. (J. chem. Engng. Data **12** (1967) 1, 4–8; Univ. of Calif., Los Angeles, Calif.; engl.) — DK, D. u. die Fröhlich-Parameter der Mischungen von CCl_4 mit nachst. Alkoholen sind angegeben: *Methanol, n-Propanol, Isopropanol, n-Butanol, Isobutanol, sek.-Butanol, n-Pentanol, Isopentanol, tert.-Pentanol, n-Heptanol* u. *n-Octanol.*
A. Kratochwill 410

0917 **Polarisationserscheinungen in Methyljodid und Cyclohexanon.** P. K. Mickevič und L. S. Kazackaja. (Élektronnaja Obrabottka Materialov **1967,** 1(13), 76 bis 79; g. Dnepropetrovsk; russ.) — Die Volumenpolarisation der Titelverb. wird mit Hilfe der elektr. Leitfähigkeit untersucht. G. Praßler 410

0918 **Untersuchung des Tschitschibabinschen Kohlenwasserstoffs in benzolischer Lösung mit Hilfe der Parawasserstoffmethode.** H. Hartmann, H. D. Brauer und H. Schäfer. (Z. physik. Chem. [Frankfurt/M.] [N.F.] **61** (1968) 1–4, 119–32; Inst. für phys. Chem. der Univ. Frankfurt am Main; dt.) — Der Prozentsatz der paramagnet. Mol. wird zu 10% bestimmt.
D. Schmitt 412

0919 **Kern-Quadrupol-Relaxation von ^{79}Br in wäßrigen Lösungen quaternärer Ammoniumbromide.** Björn Lindman, Sture Forsén und Erik Forslind. (J. physic. Chem. **72** (1968) 8, 2805–13; Div. of Phys. Chem., Lund Inst. of Technol., Lund, Sweden; engl.) — Der Einfl. der Kettenlänge, Salzkonz. u. Temp. auf die Kernrelaxation von ^{79}Br wird bei *Tetramethyl-, Tetraäthyl-, Tetra-n-propyl-, Tetra-n-butyl-, Tetraallyl-* u. *Tetra-n-pentylammoniumbromid* untersucht.
W. Sobieski 412

0920 **Optische Kernspin-Polarisation in Anthracen-Kristallen.** G. Maier, U. Haeberlen, H. C. Wolf und K. H. Hausser. (Physics Letters [Amsterdam] **25 A** (1967) 5, 384–85; 1. u. 3. Phys. Inst. der Univ. Stuttgart; dt.) B. Stender 412

0921 **Symmetrie-Eigenschaften des Tensors der Hyperpolarisierbarkeit vierter Ordnung und einige seiner Anwendungen.** L. D. Ievleva und T. Ja. Karagodova. (Optika i Spektroskopija **23** (1967) 6, 991–92; russ.) — Vf. untersuchen die Transformationseig. des Tensors der Hyperpolarisierbarkeit 4. Ordnung u. leiten die Auswahlregeln für das inverse Raman-Spektrum von *Bzl.* ab.
M. Wiedemann 415

0922 **Berechnung und Zuordnung der Schwingungsspektren von Naphthenen. cis- und trans-1.2-Dimethylcyclopropan.** E. P. Krajnov und L. M. Sverdlov. (Izvest. vysšich učebnych Zavedenij [Tomsk], Fiz. **10** (1967) 6, 31–35; Saratovskij politechn. Inst.; russ.) — Die Resultate werden mit den experimentell ermittelten IR- u. Raman-Daten aus der Literatur verglichen. Auf Grund der Berechnungen werden für die Raman-Spektren von nachst. cis- u. trans-1-Methylcyclopropanen: *-2-Äthyl-* u. *-2-Propyl-* die charakterist. Frequenzen bestimmt. E. Gey 415

0923 **Kraftfeld, Verkleinerungseffekt der mittleren Schwingungsamplituden, Coriolis-Kopplungskonstanten und thermodynamische Eigenschaften von Butatrien.** K. Venkateswarlu, K. V. Rajalakshmi und A. Natarajan. (Bull. Soc. roy. Sci. Liège **36** (1967) 5–6, 347–56; Dep. of Phys., Kerala Univ., Alwaye, India; engl.) — Nach der FG-Matrix-Meth. von Wilson wird auf der Grundlage eines allg. Valenz- u. Urey-Bradley-Kraftfeldes eine Normalkoordinatenanalyse durchgeführt.
W. Sobieski 415

0924 **Berechnung und Zuordnung von Schwingungsspektren von Naphthenen. Spiropentan.** E. P. Krajnov und L. M. Sverdlov. (Izvest. vysšich učebnych Zavedenij [Tomsk], Fiz. **10** (1967) 6, 36–39; Saratower Polytechnisches Institut; russ.) — Die Ergebnisse werden mit den IR- u. Raman-Frequenzen aus der Literatur verglichen. Die dem quartären C-Atom entsprechenden charakteristischen Frequenzen werden ermittelt.
E. Gey 415

0925 **Gruppenschwingungen und Schwingungsanalyse von Molekülen mit Methylengruppen.** 1. Mitt. **Grundgleichungen und Anwendung der Methode auf Methylendichlorid und Cyclopropan.** J. M. Freeman und T. Henshall. (Canad. J. Chem. **46** (1968) 12, 2129–34; Dep. of Chem., Univ., Salford, Großbritannien; engl.)
D. Schmitt 415

0926 **Gruppenschwingungen und Schwingungsanalyse von Molekülen mit Methylengruppen.** 2. Mitt. **Äthylenoxid, D_4-Äthylenoxid und Äthylensulfid.** J. M. Freeman und T. Henshall. (Canad. J. Chem. **46** (1968) 12, 2135 bis 2139; engl.) — 1. vgl. vorst. Referat.
D. Schmitt 415

0927 **Ionisierungspotential und Autoionisationszustände von CH_4 im ultraweichen Röntgen-Gebiet.** H.-U. Chun. (Z. Naturforsch. **23a** (1968) 9, 1415–16; Inst. für phys. Chem., Univ. Frankfurt/M.; dt.) — Die Absorptionslinien u. die Photonenenergie im Bereich der C_K-Kante bei ca. 43 Å sind tabelliert. D. Schmitt 416

0928 **„Kontakt"-Ladungsübertragungsspektren von Jod in einigen KW-Stoff-Lösungsmitteln.** Larry M. Julien und Willis B. Person. (J. Physic. Chem. **72** (1968) 8, 3059–61; Dep. of Chem., Univ. of Ia., Iowa City, Ia.; engl.) — Es wurden die UV-Absorptionsspektren von J_2 in n-Heptan, Cyclohexan u. Isooctan sowie die Ladungsübertragungsbanden der losen Kontaktpaare untersucht.
D. Strauch 418

0929 **Methode zur Bestimmung der Absorptionsspektren gemischter photochromer Isomerer ohne deren Trennung.** Joseph Blanc und Daniel L. Ross. (J. physic. Chem. **72** (1968) 8, 2817–24; RCA Labor., RCA, Princeton, N.J.; engl.) — Die Meth. beruht auf der Änderung der Absorptionsspektren bei Bestrahlung u. der Änderung der Fluoreszenzintensität von Lsg. eines Paars reversibler photochem. Isomerer, deren eines fluoresziert. W. ermöglicht es, den Extinktionskoeff. beider Isomerer als Funktion der Wellenlänge zu berechnen. Die Meth. wird auf *cis-* u. *trans-Thioindigo, cis-* u. *trans-N.N'-Diacetylindigo* angewandt. W. Sobieski 418

0930 **Kristallspektren von Anthracen- und Pyren-Komplexen mit Tetrahalogen-p-benzochinonen.** Bireswar Chakrabarti und Sadhan Basu. (J. Chim. physique Physico-Chim. biol. **65** (1968) 6, 1006–08; Dep. of Chem., Univ., Coll. of Sci., Calcutta; engl.) — Vf. untersuchten die Energie u. die Polarisation der Ladungsübertragungsbande der Komplexe mit *Chlor-, Brom-* u. *Jodanil* (nur Anthracen).
J. Richter 418

0931 **Spektren von p-, m- und o-Terphenyl im fernen UV.** Giulio Milazzo und Pietro de Gasperis. (J. Chim. physique Physico-Chim. biol. **65** (1968) 6, 1171 bis 1176; Roma, Ist. Super. di Sanitá, Labor. di Chim.; franz.) — Die Verb. wurden als polykrist. dünne Schichten untersucht. J. Richter 418

0932 **Fluoreszenz dotierter Kristalle von Anthracen, Naphthalin und Phenanthren bei hohen Drücken: die Rolle der Exzimeren beim Energietransport zu den Gastmolekülen.** Peter F. Jones und Malcolm Nicol. (J. chem. Physics **48** (1968) 12, 5457–64; Aerospace Corp., El Segundo, Calif.; engl.) — Die Fluoreszenzspektren der mit *Tetracen* u. mit *Anthracen* dotierten Krist. werden untersucht. D. Schmitt 418

0933 **Elektronenspektrum des Cyclooctatetraen-Radikalanions.** Paul I. Kimmel und Herbert L. Strauss. (J. physic. Chem. **72** (1968) 8, 2813–17; Dep. of Chem., Univ. of Calif., Berkeley, Calif.; engl.) — Das Spektrum des Anions (durch Elektrolyse in fl. NH_3) wird gemessen u. mit nach verschiedenen Meth. ber. Werten verglichen. Dem Anion wird die Symmetrie D_{8h} zugeschrieben.
W. Sobieski 418

0934 **Elektronenspektren von 1.3.5-trisubstituierten Δ^2-Pyrazolinen und einigen ihrer Strukturanalogen.**

R. N. Nurmuchametov und V. G. Tiščenko. (Optika i Spektroskopija 23 (1967) 1, 83—88; russ.) — Untersucht wurde die Beziehung zwischen Elektronenabsorptionsspektrum u. Konstit. bzw. Elektronenkonfig. von nachst. Δ^2-Pyrazolinen: *5-Methyl-1.3-diphenyl-*, *1.3.5-Triphenyl-* (I), *1-Methyl-3.5-diphenyl-*, *3-Methyl-1.5-diphenyl-*, *5-[4-Nitrophenyl]-1-phenyl-3-[4-methoxyphenyl]-* (II; F. 159°), *3-Phenyl-1-[4-nitrophenyl]-5-[4-methoxyphenyl]-* (III; F. 165°), *5-Phenyl-1-[4-nitrophenyl]-3-[4-methoxyphenyl]-* (IV; F. 218°), *1-Phenyl-3-[4-nitrophenyl]-5-[4-methoxyphenyl]-* (V; F. 168°) u. *5-Phenyl-1-[4-methoxyphenyl]-3-[4-nitrophenyl]-* (VI; F. 145°); nachst. 1-Benzylidenhydrazinen: *2-Phenyl-* u. *2-Methyl-*; *Styrol* u. *Benzylidenmethylamin*. Von I wurden bei 20° u. von VI u. V bei 20° u. 77°K in Heptan die Fluoreszenzspektren untersucht. II gibt keine Fluoreszenz, III u. IV nur im krist. Zustand. H. Bajor 418

0935 **Einfluß der Temperatur auf die Quasilinien und Banden (Untergrund) des Phosphoreszenzspektrums von Chinolin in Paraffinen.** Ch. I. Mamedov und R. Z. Lajpanov. (Optika i Spektroskopija 22 (1967) 3, 491 bis 493; russ.) T. Tęcza 418△

0936 **Elektronenabsorptionsspektren von hydrierten Chinolinen in verschiedenen Lösungsmitteln.** R. P. Vorob'eva, L. P. Zalukaev und E. N. Ivanova. (Ž. prikl. Spektroskopii 6 (1967) 3, 366—69; russ., Auszug: engl.) — Untersucht wird der Lsgm.-u. Substituenteneinfl. auf die Lage u. Intensität der K- u. B-Bande (220—380 nm) von nachst. 2.2.4-Trimethyl-1.2.3.4-tetrahydrochinolinen: *unsubstituiert*, *6-Methyl-*, *6-Methoxy-* u. *6-Äthoxy-* sowie von nachst. 2.2.4-Trimethyl-1.2-dihydrochinolinen: *unsubstituiert*, *6-Methyl-*, *6-Methoxy-* u. *6-Äthoxy-*. Th. Tuchscheerer 418

0937 **Sterische und elektronische Effekte funktioneller Gruppen und Substituenten auf die Ultraviolettabsorptionsspektren einiger konjugierter heteroenoider Verbindungen.** D. J. Currie, C. E. Lough, R. F. Silver und H. L. Holmes. (Canad. J. Chem. 45 (1967) 13, 1567—80; Ralston, Alberta, Suffield Experimental Station Chem. Sect.; engl.) — Untersucht wurde die Lage der langwelligen Max. in den UV-Spektren von: *β-Nitrostyrol*, *β-Cyan-*, *β-Chlor-*, *β-Brom-*, *2-Fluor-5-nitro-*, *4-Fluor-3-nitro-*, *2-Chlor-5-nitro-*, *2-Brom-5-nitro-*, *2.4-*, *2.6-* u. *3.4-Dichlor-*, *3-Methoxy-4-hydroxy-*, *4-Methoxy-3-hydroxy-*, *2.3-*, *2.4-*. *2.5-* u. *3.4-Dimethoxy-*, *3.4-Methylendioxy-*, *2-* u. *4-Methyl-*, *4-Isopropyl-*, *2-*, *3-* u. *4-Fluor-*, *2-*, *3-* u. *4-Chlor-*, *2-*, *3-* u. *4-Brom-*, *3-* u. *4-Hydroxy-*, *2-*, *3-* u. *4-Methoxy-*, *4-Dimethylamino-*, *2-*, *3-* u. *4-Nitro-β-nitrostyrol*, *1-[β-Nitrovinyl]-*, *1-* u. *2-[β-Nitropropenyl]-naphthalin*, *β-Nitropropenylbenzol*, *2-Fluor-*, *3-Methoxy-*, *3-* u. *4-Cyan-*, *2-Methoxy-5-chlor-*, *2-Methoxy-5-brom-*, *3-Methoxy-4-hydroxy-*, *3.4-Dimethoxy-* u. *3.4-Dimethoxy-5-brom-β-nitropropenylbenzol*, *1-Phenylbutadien-(1.3)*, *β-Nitrobutenylbenzol*, *3-Methoxy-*, *3-Methoxy-4-hydroxy-* u. *3.4-Dimethoxy-β-nitrobutenylbenzol*, *Zimtaldehyd*, *α-Phenylzimtsäuremethylester*, *-amid* u. *-nitril*, *Zimtsäure*, *Zimtsäureäthylester*, *-nitril*, *-amid*, *-N-phenylamid* u. *-N.N-diphenylamid*, *Benzal-*, *2-Äthylbenzal-*, *2-Isopropylbenzal-*, *2-Fluorbenzal-*, *3-Aminobenzal-*, *4-Amino-α-methylbenzal-*, *3-* u. *4-Nitrobenzal-*, *3-Cyanbenzal-*, *2-Carboxybenzal-*, *2-* u. *4-Methoxycarbonylbenzal-*, *3-Hydroxy-4-methoxy-α-methylbenzal-*, *2.3-Dimethoxybenzal-*, *p-Phthalylidendi-* u. *Cinnamalmalonsäuredinitril*, *Cinnamalessigsäureäthylester* u. *-acetaldehyd*, *Benzalmalonsäurediphenylester*, *-diamid*, u. *-dianilid*, *Benzalacetessigsäureanilid*, *2-Benzal-1.3-diphenylpropandion-(1.3)* u. *2-Benzal-1-phenylpropanon*, *Cinnamal-* u. *Benzalcyanessigsäuremethylester*, *3-Nitrobenzal-*, *p-Phthalylidendi-*, *Cinnamal-* u. *Benzalcyanessigsäureäthylester*, *α-Benzoylstilben*, *2.2-Dimethyl-5-benzal-1.3-dioxandion-(4.6)*, *β.β'-Dicyanvinylbenzolsulfonsäure-(2)* (*Na-Salz*), *Benzal-*, *3-Methylbenzal-*, *2.4-Dimethoxybenzal-*, *p-Phthalylidendi-* u. *Cinnamalacetessigsäureäthylester*, *2-Nitrobenzal-*, *Benzal-*, *Cinnamal-*, *Benzal-N.N-diphenyl-*, *Benzal-N-phenyl-* u. *Cinnamal-N-phenylcyanacetamid*, *Cinnamal-*, *Benzal-*, *4-Chlorbenzal-* u. *4-Methoxybenzalacetophenon*, *Benzal-* u. *Cinnamalaceton*, *p-Phthalylidendi-*, *Cinnamal-* u. *Benzalacetylaceton*, *Cinnamal-* u. *Benzalcyanaceton*, *2-[4-Chlorbenzal]-*, *2-[4-Methoxybenzal]-*, *2-Cinnamal-* u. *2-Benzalindandion-(1.3)*, *p-Phthalylidendi-*, *Cinnamal-* u. *Benzalmalonsäurediäthylester*. G. O. Jäger 418△

0938 **Untersuchungen an Dithiocarbamaten.** 6. Mitt. **Polarer Substituenteneffekt auf die Absorptionsspektren von Azorhodaninen.** P. B. Talukdar und S. K. Sengupta. (J. Indian chem. Soc. 45 (1968) 4, 291—97; Calcutta, East India Pharm. Works Ltd.; engl.) — 5. vgl. C. 1968, 47-1061. — Untersucht werden die Absorptionsspektren folgender, aus 3-Benzylrhodanin u. den entsprechenden diazotierten Anilinen dargestellten Verb. im UV- u. visuellen Bereich: *5-[p-Tolylazo]-* [$C_{17}H_{15}N_3 \cdot OS_2$, F. 192° ($CH_3OH$/Aceton)], *5-[p-Hydroxyphenylazo]-* [$C_{16}H_{13}N_3O_2S_2$, F. 240° (Zers.; Aceton)], *5-[m-Hydroxyphenylazo]-* [$C_{16}H_{13}N_3O_2S_2$, F. 243° (Zers.; CH_3OH/Aceton)], *5-[p-Methoxyphenylazo]-* [$C_{17}H_{15}N_3O_3S_2$, F. 170° (CH_3OH/Aceton)], *5-[p-Äthoxyphenylazo]-* [$C_{18}H_{17}N_3O_2S_2$, F. 167° (CH_3OH/Aceton)], *5-[p-Chlorphenylazo]-* [$C_{16}H_{12} \cdot ClN_3OS_2$, F. 180° ($CH_3OH$/Aceton)], *5-[m-Chlorphenylazo]-* [$C_{16}H_{12}ClN_3OS_2$, F. 186—187° (CH_3OH/Aceton)], *5-[p-Bromphenylazo]-* [$C_{16}H_{12}BrN_3OS_2$, F. 182—183° (CH_3OH)], *5-[p-Jodphenylazo]-* ($C_{16}H_{12}JN_3OS_2$, F. 175° (CH_3OH/Aceton)], *5-[p-Aminosulfonylphenylazo]-* (*Hemihydrat*, $C_{16}H_{14}N_4O_3S_3 \cdot 0{,}5\ H_2O$, F. 132—133°), *5-[p-Nitrophenylazo]-* [$C_{16}H_{12}N_4O_3S_2$, F. 210—212° (CH_3OH/Aceton)] u. *5-[p-Carboxyphenylazo]-3-benzylrhodanin* [*Hydrat*, $C_{17}H_{13} \cdot N_3O_3S_2 \cdot H_2O$, F. 267° (Zers.; CH_3OH/Aceton)]. Für einen ausgeprägten elektron. Substituenteneffekt auf den angeregten Mol.-Zustand spricht die gute Korrelation zwischen $1/\lambda_{max}$ (vis.) u. den Substituentenkonst. σ. G. O. Jäger 418△

0939 **Spektroskopische Untersuchungen an Purinen.** 3. Mitt. **Eigenschaften von in 6- und 9-Stellung substituierten Purinen.** Vladimír Kleinwächter, Jaroslav Drobník und Leroy Augenstein. (Photochem. and Photobiol. 6 (1967) 2, 133—46; East Lansing, Mich., Michigan State Univ., Biophysics Dep.; engl.) — 2. vgl. ibid. 5 (1966) 1, 83. — Zur Best. der Art der niedrigsten angeregten Zustände substituierter Purine werden die Einfl. von Lsgm. u. pH auf die Absorptions- u. Emissionseig. folgender Verb. untersucht: *6-Jod-*, *6-Chlor-*, *6-Riboso-*, *6-Methoxy-*, *6-Dimethylamino-*, *6-Hexylamino-* u. *6-Piperidinopurin*, *Hypoxanthin*, *9-Methyl-* u. *8-Azahypoxanthin*, *Inosin*, *Adenin*, *9-Methyl-* u. *8-Azaadenin*, *Adenosin* u. *Desoxyadenosin*. Die Absorptions-, Fluoreszenz- u. Phosphoreszenzdaten dieser Verb. sind tabelliert. G. O. Jäger 418△

0940 **Spektroskopische Untersuchungen an Purinen.** 4. Mitt. **Polarisation der Emission von Purin und einigen seiner Derivate.** Jaroslav Drobník, Vladimír Kleinwächter und Leroy Augenstein. (Photochem. and Photobiol. 6 (1967) 2, 147—54; engl.) — 3. vgl. vorst. Referat. — Die durch die Emission aus π,π^*-Singulett u. Triplettzuständen nachst. Purinderiv. hervorgerufene Fluoreszenz- u. Phosphoreszenzpolarisation wird mittels der Photoselektionsmeth. gemessen: *Purin*, *Desoxyguanosin*, *8-Azaadenin*, *2.6-Di-[diäthylamino]-*, *6-Dimethylamino-*, *6-n-Hexylamino-*, *6-Chlor-* u. *6-Jodpurin*. G. O. Jäger 418△

0941 **Veränderungen charakteristischer Valenz-Frequenzen zweiatomiger organischer Gruppen bei Übergang vom Dampf in die flüssige Phase.** R. Ulbrich. (Z. Naturforsch. 23a (1968) 9, 1323—33; Dt. Kunststoff-Inst., Darmstadt; dt.) — Als Grundlage der theoret. Behandlung werden die Frequenzverschiebungen charakterist. Valenzschwingungen beim Übergang von Dampf in die fl. Phase benutzt. Die ν(C=O) u. ν(C=S) werden an Hand von experimentellen Daten (Literatur) diskutiert. D. Schmitt 420

0942 **Stoßinduzierte Absorption in gasförmigem CH_4 und CD_4 im fernen IR.** G. Birnbaum und A. Rosenberg. (Physics Letters [Amsterdam] 27 A (1968) 5, 272—73; Sci. Center, North Amer. Rockwell Corp., Thousand Oaks, Calif.; engl.) — Es wurden aus den Daten durch das Kramers-Kronig-Integral Octopolmomente bestimmt. D. Schmitt 420

0943 **Raman-Bandenbreite der C–J-Streckschwingung von Methyljodid in flüssiger Phase.** G. Döge. (Z. Naturforsch. 23a (1968) 9, 1405—07; Inst. für phys. Chem. und

Elektrochem., TU Braunschweig; dt.) — Die Bandenbreite zeigt Beiträge, die auf lokale Felder (von Nachbarmol. erzeugt) zurückzuführen sind. D. Schmitt 420

0944 **Einfluß von Molekülwechselwirkungen auf die Schwingungsfrequenzen von Chloroform $CHCl_3$ und $CDCl_3$. Berechnung der Störung des Kraftfeldes.** James Devaure, Georges Turrell, Pham Van Huong und Jean Lascombe. (J. Chim. physique Physico-Chim. biol. **65** (1968) 6, 1064—71; Labor. de Spectroscopie Infrarouge, Dép. de Chim. Phys., Fac. des Sci. de Bordeaux, Talence; franz.) J. Richter 420

0945 **Veränderungen des IR-Spektruns von p- und m-Chlorphenol unter dem Einfluß der Molekülassoziation.** Nicole Le Calvé und Chantal Garrigou-Lagrange. (J. Chim. physique Physico-Chim. biol. **65** (1968) 6, 1017 bis 1021; Labor. de Spectroscopie Infrarouge, Dép. de Chim. Phys., Fac. des Sci. de Boedeaux, Talence; franz.) — Vf. untersuchten die Spektren der reinen Fl. u. ihrer OD-Deriv. sowie der Lsg. in Lsgm. mit Protonenakzeptoreigenschaften. J. Richter 420

0946 **Niedrige Schwingungsfrequenzen einiger Organotrichlorsilane.** J. R. Durig und K. L. Hellams. (Appl. Spectroscopy **22** (1968) 3, 153—60; Dep. of Chem., Univ. of S.C., Columbia, S.C.; engl.) — Die IR- (33 bis 500 cm^{-1}) u. Raman-Spektren (0—600 cm^{-1}) nachst. Trichlorsilane sind tabelliert: *Vinyl-* (**I**), *Äthyl-* (**II**), *Allyl-*, *n-Propyl-*, *n-Butyl-*, *n-Pentyl-* u. *α-Chlorvinyl-*. Von **I** u. **II** werden außerdem Werte der Rotationsbarriere u. thermodynam. Funktionen bestimmt. D. Schmitt 420

0947 **IR-Spektren von ^{16}O-Pyridon-(2) und ^{18}O-Pyridon-(2).** G. H. Keller, L. Bauer und C. L. Bell. (Canad. J. Chem. **46** (1968) 15, 2475—79; Dep. of Chem., Coll. of Pharm., Univ. of Ill., Chicago, Ill.; engl.) D. Strauch 420

0948 **IR-Absorptionsspektren der Äthanolamide von Fettsäuren.** I. A. Kozlov, I. K. Šelomov und O. A. Osipov. (Ž. prikl. Spektroskopii **6** (1967) 2, 269—71; russ., Auszug: engl.) — Untersucht werden nachst. Laurinsäureamide: N-[β-Hydroxyäthyl]- (**I**), N.N-Bis-[β-hydroxyäthyl]- (**II**), N-[β-(Dodecanoyloxy)-äthyl]- u. N.N-Bis-[β-(dodecanoyloxy)-äthyl]-. **I** u. **II** sind über intermol. H-Brücken assoziiert. Von **I** wird die trans-Konfig. bestätigt. Th. Tuchscheerer 420

0949 **Beziehung zwischen Struktur und UV- bzw. IR-Spektren substituierter Kohlensäureester, -amide und -hydrazide.** E. P. Nesynov und P. S. Pel'kis. (Ž. obšč. Chim. **37**(**99**) (1967) 5, 1051—55; Inst. org. chimii AN Ukr. SSR; russ.) — Vf. untersuchen die IR-Spektren (3800—400 cm^{-1}) von nachst. Isocarbonohydraziden: *1-Phenyl-3-O-methyl-5-[4-nitrobenzoyl]-* (**I**), *1-Benzoyl-3-O-[4-nitrophenyl]-5.5-dimethyl-*; *1.5-Diphenyl-3-[4-chlorphenoxy]-formazan* u. diskutieren sie bez. der Carbonohydrazide sowie die UV-Spektren von [4-Nitrophenyl]-estern nachst. Säuren: *Kohlensäure-bis-*, *Thionkohlensäure-bis-*, Kohlensäuremorpholid-, Thionkohlensäuremorpholid-, N.N-Diäthylthioncarbaminsäure-, 3-Benzoylcarbazinsäure-, 3-Benzoylthioncarbazinsäure-, 3-Phenylcarbazinsäure-; Carbono-[3.6-dioxotetrahydropyridazinid], 1-[4-Sulfamoylphenyl]-semicarbazid; nachst. Carbonohydraziden: 1.5-Diphenyl-, 1.5-Bis-[4-n-butoxyphenyl]-, 1.5-Bis-[2-chlorphenyl]-, 1.5-Bis-[cyanacetyl]-, 1-Benzoyl-, 1-Benzoyl-5-phenyl-, 1.5-Dibenzoyl-; 1.5-Bis-[naphthoyl-(1)]-3-O-[4-nitrophenyl]-isocarbonohydrazid u. 1.5-Diphenylcarbazon. I. Uhlig 420

0950 **IR-spektroskopische Untersuchung von Percarbonsäure-tert.-butylestern.** Ju. N. Anisimov, S. S. Ivančev und A. I. Juržanko. (Ž. prikl. Spektroskopii **6** (1967) 2, 239—43; russ., Auszug: engl.) — Untersucht werden (Bereich 1800—600 cm^{-1}) nachst. Percarbonsäure-tert.-butylester: *Peressigsäure-*, *Perisobuttersäure-*, *Pertrimethylessigsäure-*, *Pervaleriansäure-*, *Percaprylsäure-*, *Perlaurinsäure-* u. *Perbenzoesäure-* sowie zum Vgl. nachst. Carbonsäure-tert.-butylester: *Essigsäure-*, *Caprylsäure-*, *Benzoesäure-* sowie *n-Butylcaprylat* u. *Di-tert.-butylperoxid*. Die Kraftkonst. der C=O- u. C-O-Bindung werden näherungsweise berechnet. Zur analyt. Anwendung werden einige charakterist. Banden der Persäureester vorgeschlagen. T. Tęcza 420△

0951 **Polarisierte IR-Spektren von Einkristallen unter der Verwendung einer Hochdruckzelle mit einem Diamant-Fenster.** Robert J. Jakobsen. (Spectroscopy Letters **1** (1968) 2, 61—65; Batelle Memorial Inst., Columbus, O.; engl.) — Die verschieden polarisierten Spektren von *trans-trans-trans-Cyclododecatrien-(1.5.9)* werden untersucht. D. Schmitt 420

0952 **Sensibilisierende Wirkung von Cyaninfarbstoffen auf die erzwungene Raman-Streuung in Nitrobenzol.** Ja. S. Bobovič und A. V. Bortkevič. (Optika i Spektroskopija **23** (1967) 5, 837—39; russ.) — Untersucht wird die von einem Rubinlaser angeregte erzwungene Raman-Streuung von Nitrobenzol (**I**), *Bzl.* u. Schwefelkohlenstoff sowie eines **I**/CS_2-Gemischs ohne u. in Ggw. von *3.3'-Diäthylthiacarbocyaninjodid*, *[5-(1-Äthyldihydrochinolylidenäthyliden)-4-oxo-3-allylthiazolin-(2)]-[5.6-dimethyl-3-äthylbenzoxazol-(2)]-cyaninbromid* u. *Kryptocyanin*. M. Wiedemann 420

0953 **Absorption im Ultramikrowellen- und fernen IR-Bereich von starren polaren Molekülen in flüssiger Phase.** Eugène Constant, Louis Galatry, Yves Leroy und Daniel Robert. (J. Chim. physique Physico-Chim. biol. **65** (1968) 6, 1022—29; Labor. de Radioelectr. et électron., Fac. des Sci. de Lille; franz.) — Vf. untersuchten *Bromoform*, *Chloroform*, *Chlorbenzol*, *Brombenzol*, *tert.-Butylbromid*, *-chlorid* sowie *Trichloräthan* u. weisen experimentell eine Zusatzabsorption im Submikrowellenbereich nach, deren Deutung versucht wird. J. Richter 422

0954 **Das Kernquadrupolresonanz-Spektrum des Oktachlorpropans.** Werner Zeil und Bernhard Haas. (Z. Naturforsch. **23a** (1968) 8, 1225—26; Lehrstuhl für Phys. Chem. der Univ. Ulm; dt.) — Die Ergebnisse lassen eine Unterscheidung der CCl_2- von der CCl_3-Gruppe nicht zu. D. Schmitt 422

0955 **Analyse der Torsionsfeinstruktur im Rotationsspektrum schwingungsangeregter Zustände des Methylthiocyanats.** H. Dreizler und A. M. Mirri. (Z. Naturforsch. **23a** (1968) 9, 1313—22; Phys. Inst., Univ. Freiburg; dt.) — Die Linien des Mikrowellenspektrums wurden zugeordnet. Aus dem Spektrum werden außerdem Rotationskonst., Dipolmoment u. Quadrupolkopplungskonst. abgeleitet. Eine r_0-Struktur wird angegeben. D. Schmitt 422

0956 **Berechnung des NMR-Spektrums von Doppelbindungsprotonen in aliphatischen Systemen.** K. Schaumburg und H. J. Bernstein. (Lipids [Chicago] **3** (1968) 3, 193—98; Div. of Pure Chem., Nat. Res. Council, Ottawa, Ontario; engl.) — Die Rechnungen werden für die Syst. RCH_2–CH=CH–CH_2R u. RCH_2–CH=CH–CH_2R' durchgeführt. Als Beispiele werden die Spektren der Methylester der *Olein-*, *Elaidin-*, *Eruca-* u. *Linolsäure* berechnet. D. Schmitt 424

0957 **Anwendung der NMR-subspektralen Analyse auf Polyfluorbenzole $C_6H_nF_{6-n}$. 2. Mitt. 1.2.3.4-Tetrafluorbenzol.** Ernest Lustig, Nicholas Duy, Peter Diehl und Hanspeter Kellerhals. (J. chem. Physics **48** (1968) 11, 5001—07; Food and Drug Adm., Washington, D.C.; engl.) — 1. vgl. ibid. **44** (1966) 8, 2974. — Das ^1H- u. ^{19}F-NMR-Spektrum wird als AA'MM'XX'-Syst. analysiert. D. Schmitt 424

0958 **Chemische ^1H-Verschiebung in substituierten Benzolen.** John C. Schug. (J. chem. Physics **46** (1967) 6, 2447—48; Dep. of Chem., Va. Polytechn. Inst. Blacksburg, Va.; engl.) — Auf der Grundlage von Streitwieser-HMO-Parameter werden die Daten ber. für *Acetophenon*, *Anilin*, *Fluorbenzol*, *Toluol*, *Benzaldehyd* u. *Benzonitril*. D. Schmitt 424

0959 **^1H-NMR-Spektren von methylierten Biphenylen.** V. A. Koptjug, A. I. Rezvuchin, A. P. Krysin und I. S. Isaev. (Ž. strukturnoj Chim. **8** (1967) 4, 622—26; Inst. organ. chimii CO AN SSSR, Novosibirsk; russ.) — Untersucht wurde die Beziehung zwischen Konstit. u. chem. Verschiebung δ der Methylprotonen (P) von nachst.

Methylbiphenylen: *4-* (F. 46,5–47°), *4.4'-Di-* (F. 119–120°), *3-* (Kp. 273°), *2-* (I, $Kp._5$ 98°), *2.2'-Di-* (II, $Kp._7$ 118°), *2.2'.3.3'.4.4'.5.5'-Okta-* [*Biprehnityl* (III), F. 138,5–139,5° (Essigsäure); aus Bromprehnitol], *2.3.4.5.6-Penta-* (F. 72–73°), *2.2'.4.4'.6.6'-Hexa-* [*Bimesityl* (IV), F. 98,5–99°)], *Deka-* [(V), F. 252,5–254,4°]. Unter Berücksichtigung des Winkels zwischen den beiden Ringebenen werden von I–V die δ der P der $o\text{-}CH_3$-Gruppen berechnet. Auf Grund der Berechnung wird die an Al_2O_3 aus 4.4'-Dihydroxybiphenyl u. CH_3OH erhaltene Verb. $C_{20}H_{24}$ als *1.2.3.4.6.7.8-Heptamethylfluoren* (F. 226,8 bis 227°) identifiziert. H. Bajor 424

0960 **Untersuchung der Reaktionsprodukte von Dialkylaminosilanen mit Keten und Diketen mit Hilfe hochaufgelöster ¹H-NMR-Spektren.** L. I. Petrovskaja, È. I. Fedin, V. D. Šeludjakov und V. P. Kozjukov. (Ž. strukturnoj Chim. 8 (1967) 1, 51–56; Inst. èlement-org. soedin. AN SSSR; russ.) — Die Prod. der Rk. von Diketen mit den entsprechenden N.N-Dialkylaminotrimethylsilanen: *β-[Trimethylsilyloxy]-crotonsäure-N.N-dimethylamid* (I), *-N.N-diäthylamid* (II), *-N.N-di-n-butylamid* (III); *β-[Trimethylsilyloxy]-vinylessigsäure-N.N-dimethylamid, -N.N-diäthylamid, -N.N-di-n-butylamid; α-[Trimethylsilyl]-acetylessigsäure-N.N-dimethylamid, -N.N-diäthylamid, -N.N-di-n-butylamid; α-[Trimethylsilyl]-β-hydroxycrotonsäure-N.N-dimethylamid, -N.N-diäthylamid* u. *-N.N-di-n-butylamid* werden mit Hilfe von ¹H-NMR identifiziert. Die chem. Verschiebungen werden diskutiert. I–III treten als cis- u. als trans-Isomere auf; ihre Kopplungskonst. J_{CH_3-H} beträgt 3,1 Hz. A. Zschunke 424

0961 **Meisenheimer-Salze. 2. Mitt. Stabilitäten und Spektren einiger Metallmethylat-Addukte mit Anisolen.** J. E. Dickson, L. K. Dyall und V. A. Pickles. (Austral. J. Chem. **21** (1968) 5, 1267–78; Newcastle, New South Wales, Univ., Dep. of Chem.; engl.) — Es werden die NMR-Spektren der Meisenheimer-Komplexe (A), die bei der Zugabe von Li-, Na- oder K-Methylat zu 4-Chlor-3.5-dinitropyridin (I), 4-Cyan-2.6-dinitro- (II) u. 2.6-Dinitroanisol in CH_3OH u. D_6-DMS gebildet werden, vermessen u. bez. der Struktur u. der Stabilität der A diskutiert. *Na-4-Aza-* (III) bzw. *K-4-Cyan-1.1-dimethoxy-2.6-dinitrocyclohexadienat* (IV) konnten in krist. Form isoliert werden. Die Elektronenspektren von III u. IV werden untersucht. 2-Methoxypyrimidin bildet mit Methylat kein Addukt.

Versuche: *2.5-Dinitroanisol*, F. 116–117° ($CH_3 \cdot OH$), aus 2.6-Dinitrochlorbenzol u. CH_3ONa in CH_3OH. — *4-Cyan-2.6-dinitroanisol* (II), F. 114° (CH_3OH), aus Anisonitril u. wasserfreier HNO_3; 87% (Ausb.). — *2-Methoxypyrimidin*, $Kp._4$ 96°, aus 2-Chlorpyrimidin u. CH_3ONa in CH_3OH; 78%. — *4-Chlor-3.5-dinitropyridin* (I), F. 67° (Petroleum), aus 3.5-Dinitropyridon u. $POCl_3$ in DMF. — *N-Methyl-3.5-dinitropyridon, Hydrat*, $C_6H_5 \cdot N_3O_5 \cdot H_2O$, F. 218,5° (W.), aus 265 mg I u. CH_3ONa in CH_3OH bei 20° u. Ansäuern mit CH_3COOH; 106 mg. — 1.1-Dimethoxy-2.6-dinitrocyclohexadienate: *4-Aza-, Na-Salz* (III), $C_7H_8N_3NaO_6$, aus I u. CH_3ONa in CH_3OH bei 5°, 39%. — Analog: *4-Cyan-, K-Salz* (IV), $C_8H_8KN_3O_6$, aus II; 58%. — *Verb. unbekannter Konstit.* vom Zers.-Punkt ∼ 135°, durch Einleiten von CO zu III in CH_3OH. G. O. Jäger 424△

0962 **Abhängigkeit der geminalen sp³-Kopplungskonstanten in Acetal und einigen Halogenacetalen vom Lösungsmittel und der Konzentration.** Lana S. Rattet, Ashley D. Williamson und J. H. Goldstein. (J. physic. Chem. **72** (1968) 8, 2954–58; Dep. of Chem., Emory Univ., Atlanta, Ga.; engl.) — Zur Best. der Effekte wurden die NMR-Spektren von Acetal, *Chlor-, Brom-, Dichlor-, Dibrom-* u. *Trichloracetal* analysiert. D. Strauch 424

0963 **NMR-Untersuchung der Micellenbildung in Na-Perfluorcaprylat und -propionat.** Rizwanul Haque. (J. physic. Chem. **72** (1968) 8, 3056–59; Oreg. State Univ., Corvallis, Oreg.; engl.) — Bestimmt wird die chem. F-Verschiebung u. die CMC. D. Strauch 424

0964 **NMR-Relaxation in einigen Phthalaten.** Florina Lehact. (Physics Letters [Amsterdam] **27 A** (1968) 6, 385–86; Inst. of Atomic Phys., Bucharest, Roumania; engl.) — Untersucht wurde *n-Butyl-* u. *Äthylphthalat.* Aus den Unters. folgt, daß mit fallender Temp. in Fl. die Mol.-Rotation gehemmt wird. D. Schmitt 424

0965 **Photochemische Zweiquantenreaktionen des Elektronenübergangs. Konkurrierende Zweiquantenreaktionen.** Ch. S. Bagdasar'jan und Z. A. Sinicyna. (Doklady Akad. Nauk SSSR **175** (1967) 3, 627–30; Fiz.-chim. inst. im. Karpova; russ.) — Bei 77°K wird mit Hilfe von Absorptionsspektren (500–700 mμ) u. EPR im Syst. von *Diphenylamin* (I) u. *Benzophenon* (II) in Lsg. von A. die UV-photolyt. Bldg. von I-*Kationradikalen*, II-*Anion-* u. *Ketylradikalen* u. von *1-Hydroxyäthyl* in Abhängigkeit von der Konz. (mit EPR auch in Abhängigkeit von der UV-Intensität) untersucht. Eine analoge Radikalbldg. wird auch im Syst. *Triphenylamin* oder *N.N-Dimethyl-p-phenylendiamin* u. *Acetophenon* in A. beobachtet. K. Vaček 426

0966 **EPR einiger bestrahlter ungesättigter Verbindungen.** Rodica Istrăţoiu, Malvina Fărcaşiu und Cl. Nicolau. (Rev. roum. Chim. **12** (1967) 12, 1429–34; Centre of Radiobiol. and Mol. Biol. Bucharest; engl.) — Nachst. Verb. werden synthetisiert, mit ^{60}Co-γ-Strahlen bestrahlt u. die entstandenen Radikale EPR-spektroskop. untersucht: *Maleamidsäure*, F. 172–173°; *N-Äthyl-*, F. 126°; *N-Butyl-*, F. 81–83°; *N-Phenyl-*, F. 196–198° u. *N-Cyclohexylmaleamidsäure*, F. 87–89°; sowie die Maleinimide: *N-p-Methoxyphenyl-*, F. 150 bis 152°; *N-Cyclohexyl-*, F. 87–89° u. *N-Benzyl-*, F. 75°. P. W. Kittner 426

0967 **ESR-Untersuchung des Paarbildungstheorems für alternierende KW-Stoffe. 2. Mitt. ¹³C-Hyperfeinaufspaltungen in den positiven und negativen Ionen von Biphenylen.** Peter R. Hindle, Jorge dos Santos Veiga und James R. Bolton. (J. chem. Physics **48** (1968) 10, 4703–08; Dep. of Chem., Univ. of Minn., Minneapolis, Minn.; engl.) D. Strauch 426

0968 **ESR-Untersuchung von Methylradikalen in wäßriger Lösung.** D. Mickewich und J. Turkevich. (J. physic. Chem. **72** (1968) 8, 2703–06; Frick Chem. Labor., Univ., Princeton, N.J.; engl.) — Untersucht wird in einem Fließsyst. die Rk. von $TiCl_3$ u. tert.-Butylhydroperoxid durch ESR, die Rk. der Methylradikale mit zugesetzten anorgan. u. organ. Verb. sowie die Kinetik des Radikalzerfalls (pseudo 1. Ordnung). W. Sobieski 426

0969 **ESR von fluorierten Benzophenon-Anionradikalen.** P. H. H. Fischer und H. Zimmermann. (Z. Naturforsch. **23a** (1968) 9, 1339–42; Max-Planck-Inst., Heidelberg; engl.) — Die ESR-Spektren der Anionenradikale von *4-Fluor-*, *2-Fluor-*, *4.4'-Difluor-*, *3.3'-Difluor-* u. *Dekafluorbenzophenon* wurden untersucht. D. Schmitt 426

0970 **ESR des angeregten Triplettzustands von Porphyrinen.** Z. P. Gribova, L. P. Kajušin und V. A. Umrichin. (Doklady Akad. Nauk SSSR **175** (1967) 2, 378–80; Inst. biofiz. AN SSSR; russ.) — Untersucht werden die ESR-Spektren des opt. angeregten Triplett-Zustandes von nachst. Porphyrinen: *Ätio-*, *Mg-Ätio-*, *Zn-Ätio-*, *Tetraphenyl-*, *Zn-Tetraphenyl-*, *Proto-*, *Zn-Proto-*, *Hämato-* u. *Mesoporphyrin* bei 77°K in äthanol. Matrix unter Zusatz von Py. oder HCl. K. Vaček 426

0971 **Wechselwirkungen zwischen Chlorophyll und Wasser in festem Zustand: ESR.** Gwendolyn Sherman und Eiji Fujimori. (Nature [London] **219** (1968) 5152, 375–77; Photochem. Sect., Energetics Branch, Space Phys. Labor., Air Force Cambridge Res. Labor., Bedford, Mass.; engl.) — Es wurden die ESR-Spektren von *Chlorophyll a* in Luft, im Vakuum, mit O_2, mit H_2O u. mit $O_2 + H_2O$ aufgenommen u. verglichen. D. Strauch 426

0972 **Bildung des Tropyliumions in den Massenspektren der stereoisomeren Pentacyclo-[8.2.1.1^{4,7}.0^{2,9}.0^{3,8}]-tetradecane.** G. G. Meisels und D. R. Arnold. (J. physic. Chem. **72** (1968) 8, 3061–63; Union Carbide Corp., Res. Center, Tuxedo, N.Y.; engl.) — Es wurden die Massenspektren bei 70 eV der *endo-trans-exo-*, *endo-trans-endo-*, *exo-trans-exo-* u. [5.6.11.12-D_4]-endo-trans-exo-Deriv. untersucht u. bez. der Bldg. von Tropylium-Ionen bei der Fragmentierung diskutiert. D. Strauch 428

B-2. Strukturforschung

0973 **Anmerkung zur Mulliken-Näherung und ihre mögliche Erweiterung.** G. W. Parker. (J. chem. Physics **46** (1967) 6, 2446–47; N.C. State Univ., Raleigh, N.C.; engl.) — Vgl. ibid. **36** (1962) 1256. — Eine Erweiterung der Mulliken-Näherung für die Überlappung von Atomorbitalen wird diskutiert. W. Sobieski 432

0974 **Semiempirische uneingeschränkte SCF-MO-Methoden für Valenzelektronensysteme.** Teijiro Yonezawa, Hiroshi Nakatsuji, Takashi Kawamura und Hiroshi Kato. (Bull. chem. Soc. Japan **40** (1967) 9, 2211; Fac. of Engng., Kyoto Univ., Sakyo-ku, Kyoto; engl.) — Ber. werden Hyperfeinkopplungskonst. u. Spindichten des *Allyl-*, *Vinyl-* u. *NO_2*-Radikals. W. Sobieski 432

0975 **Numerische Lösung der eindimensionalen Schrödinger-Gleichung für verzweigte π-Elektronensysteme mit einem Digitalrechner.** W. Stratmann und F. F. Seelig. (Z. Naturforsch. **22a** (1967) 7, 998–1005; Phys.-Chem. Inst., Univ. Marburg; dt.) — Die Lsg. der Schrödinger-Gleichung als Differenzengleichung u. der Aufbau des Rechenprogramms in FORTRAN II u. FORTRAN IV wird am Modell des *Styrol*-Mol. diskutiert. W. Sobieski 432

0976 **Anmerkung zu: „Theoretische Berechnungen an Ionen und Radikalen.** 1. Mitt. **Eingeschränkte Hartree-Fock-Störungsmethode zur Berechnung von Spindichten".** James R. Bolton. (J. physic. Chem. **71** (1967) 9, 3099–3100; Dep. of Chem., Univ. of Minn., Minneapolis, Minn.; engl.) — Vgl. ibid. **70** (1966) 1457. W. Sobieski 432

0977 **Erwiderung auf die Anmerkung zu „Theoretische Berechnungen an Ionen und Radikalen.** 1. Mitt. **Eingeschränkte Hartree-Fock-Störungsmethode zur Berechnung von Spindichten".** J. E. Bloor und B. R. Gilson. (J. physic. Chem. **71** (1967) 9, 3100–02; Cobb Chem. Labor., Univ. of Va., Charlottesville, Va.; engl.) — Vgl. vorst. Referat. W. Sobieski 432

0978 **Zwei-Zentren-Berechnungen am Acetylen-Molekül.** James R. Hoyland. (J. chem. Physics **48** (1968) 12, 5736–37; Batelle Memorial Inst., Columbus, O.; engl.) — Mit Hilfe der Hartree-Fock-Roothaan-Näherung werden die Rechnungen durchgeführt. D. Schmitt 432

0979 **Theoretische Analyse der Hydrierungseffekte in KW-Stoffen: Exakte SCF-MO-Wellenfunktionen für C_2H_2, C_2H_4 und C_2H_6.** Robert J. Buenker, Sigrid D. Peyerimhoff und Jerry L. Whitten. (J. chem. Physics **46** (1967) 6, 2029–39; Dep. of Chem., Mich. State Univ., East Lansing, Mich.; engl.) W. Sobieski 432

0980 **Elektronenstruktur von Acepleiadylen und Fluoranthen.** Philippe François und André Julg. (J. Chim. physique Physico-Chim. biol. **65** (1968) 6, 1180 bis 1182; Labor. de Chim. Théor., Fac. des Sci., Marseille; franz.) J. Richter 432

0981 **Vergleichende Untersuchung von SCF-MO-Berechnungen an alternierenden und nicht alternierenden KW-Stoffen.** J. E. Bloor, B. R. Gilson und N. Brearley. (Theoret. chim. Acta [Berlin] 8 (1967) 1, 35–53; Cobb Chem. Labor., Univ. of Va., Charlottesville, Va.; engl.) — Nach einer semiempir. SCF-LCAO-π-MO-Meth. mit Bindungslängen-Bindungsordnung-Korrelation werden nachst. Mol. ber. u. die Ergebnisse mit denen anderer Meth. verglichen: *Naphthalin, Anthracen, Phenanthren, Pyren, Azulen, Butadien, Hexatrien, Perylen, Biphenylen, Fulven, Heptafulven, Tetracen, Pentacen, Triphenylen, Coronen, Äthylen, Bzl., Styrol, Stilben, Octatetraen, Tetradecaheptaen, Eikosadekaen, Dokosaundekaen, Lycopen; 6-Vinyl-, 1.2-Benzo-, Dibenzofulven, 8-Vinyl-, 3.4-Benzoheptafulven, Acenaphthylen, Fulvalen, Sesquifulvalen* u. *Heptafulvalen.* W. Sobieski 432

0982 **Physikalische Eigenschaften und chemische Reaktivität alternierender Kohlenwasserstoffe und verwandter Verbindungen.** 13. Mitt. **Experimentelle und theoretische Untersuchung des Phenalenylsystems.** R. Zahradník, M. Tichý, P. Hochmann und D. H. Reid. (J. physic. Chem. **71** (1967) 9, 3040–46; Prague, Czechoslovakia, Czechoslovak Acad. of Sci., Inst. of Phys. Chem.; engl.) — 14. vgl. C. **1968**, 61-0064. — Die Elektronenabsorptionsspektren des *unsubstituierten, 1-Hydroxy-4.8-dimethoxy-, 1-Hydroxy-4.5-dimethyl-, 1-Hydroxy-, 1.4.7-Trimethyl-, Benzo-[a]-, 8-Hydroxybenzo-[a]-* u. *Tribenzo-[a.e.i]-phenaleniumkations* sowie des *Benzo-[cd]-* (I), *5-* u. *6-Hydroxybenzo-[cd]-pyreniumkations* werden vermessen u. mittels ihrer HMO u. HMO-LCI-Charakteristika diskutiert. Vom *Dibenzo-[a.d]-*, *-[a.f]-*, *-[a.e]-*, *Benzo-[a]-naphtho-[1.2:f]-* u. *Benzo-[e]-naphtho-[1.2:a]-phenaleniumkation* werden die HMO-Daten ermittelt. Disproportionierung der Pseudobase von I führt zu *Benzo-[cd]-pyron-(6)* u. *-(5)*. G. O. Jäger 432△

0983 **Von kristallinen Kohlenwasserstoffen abgeleitete nichtbindende Potentialparameter.** Donald E. Williams. (J. chem. Physics **47** (1967) 11, 4680–84; Inst. for Atomic Res. and Dep. of Chem., Ia. State Univ., Ames, Ia.; engl.) — Für die Berechnungen werden die Krist.-Daten für *n-Pentan, n-Hexan, n-Octan, Cuban, Adamantan, Congressan* u. *Polyäthylen* benutzt. Angegeben werden auch Daten für *Bzl., Naphthalin* u. *Anthracen.* R. Kirchlechner 432

0984 **Grundzustände von σ-gebundenen Molekülen.** 1. Mitt. **Semiempirische SCF-MO-Behandlung von KW-Stoffen.** Michael J. S. Dewar und Gilles Klopman. (J. Amer. chem. Soc. **89** (1967) 13, 3089–98; Dep. of Chem., Univ. of Tex., Austin, Tex.; engl.) — Ber. werden die Bldg.-Wärmen aus den Atomen in der Gasphase bei 25° von *Äthan** (II), *Propan** (V), *n-Butan**, *n-Pentan, Isobutan** (VI), *Isopentan, Cyclopropan, Cyclohexan**, *Äthylen** (III), *Propen, trans-* u. *cis-Buten-(2)** (VII), *trans-* u. *cis-Butadien-(1.3)** (VIII), *Bzl.**, *Allen, Acetylen** (IV) u. *Methylacetylen*; Ionisationspotentiale u. Orbitalenergien von *Methan* (I) u. den mit * gekennzeichneten Verb., Daten der Populationsanalyse von I–IV sowie Dipolmomente von V–VIII werden angegeben. W. Sobieski 432

0985 **Elektronenstruktur und Reaktivität von aliphatischen Kleinringverbindungen.** Teijiro Yonezawa, Kiyoshi Shimizu und Hiroshi Kato. (Bull. chem. Soc. Japan **40** (1967) 3, 456–60; Fac. of Engng., Kyoto Univ., Sakyo-ku, Kyoto; engl.) — Ber. wurden Elektronenstrukturdaten, Dipolmoment u. relative Reaktivität der Ringspaltung von *Cyclopropan, -butan, -pentan, -hexan, Methylcyclopropan, -pentan, n-Butan,* äquatorialem u. axialem *Methylcyclobutan, -hexan, Chlorcyclobutan, -hexan* sowie Dipolmomente von *Chlorcyclopropan* u. *-pentan.* W. Sobieski 432

0986 **Vergleich von berechneten Elektronendichten mit EPR-Kopplungskonstanten von σ-Radikalen.** Russell S. Drago und Harold Petersen jun. (J. Amer. chem. Soc. **89** (1967) 23, 5774–80; William A. Noyes Labor., Univ. of Ill., Urbana, Ill.; engl.) — Die Daten vom *Vinyl-, Cyclopropyl-, Cyclobutyl-* u. *Cyclopentyl*-Radikal sind angegeben. W. Sobieski 432

0987 **F-Spin-Rotation-Kopplung und Spin-Gitter-Relaxation in Fluorbenzol.** Sunney I. Chan. (J. chem. Physics **47** (1967) 3, 1191–92; Gates and Crellin Labor. of Chem., Calif. Inst. of Technol., Pasadena, Calif.; engl.) W. Sobieski 432

0988 **Vergleich der bei der Deutung der π-Elektronenspektren azacyclischer aromatischer Verbindungen nach der FE(MO)- und der MO LCAO-Methode erhaltenen Resultate.** V. I. Berezin und S. K. Potapov. (Izvest. vysšich učebnych Zavedenij [Tomsk], Fiz. **10** (1967) 7, 20–23; Saratovskij gos. univ. im. Černyševškogo; russ.) — Nachst. Verb. werden ber.: *Pyrazin, Pyrimidin, Pyridazin, symm.-Triazin* u. *symm.-Tetrazin.* E. Gey 432

0989 **Untersuchungen der intramolekularen Wechselwirkung in Nitroanilinen u. Nitrophenolen mittels der SCF-Methode in der Zwei-Konfigurationen-Näherung.** L. B. Zubkova und V. I. Danilova. (Izvest. vysšich učebnych Zavedenij [Tomsk], Fiz. **10** (1967) 7, 152–53; Sibir. fiz.-techn. inst. im Kuznecova; russ.) — Vf. berechnen für nachst. Mol. mit einer intramol. H-Bindung die Singulett–Singulett-Übergangsenergien: *o-*, *m-* u. *p-Nitrophenol* sowie *o-*, *m-* u. *p-Nitranilin*.
E. Gey 432

0990 **Effekt der Koordinationsstabilisierung unbeständiger Konformationen.** N. S. Zefirov und N. M. Šechtman. (Doklady Akad. Nauk SSSR **177** (1967) 4, 842 bis 845; Mosk. gos. univ. im Lomonosova; russ.) — Vf. untersuchen mit Hilfe von ^{1}H-NMR die Konform. nachst. 2-Methoxytetrahydropyrane: *unsubstituiert* u. 3-Chlormercuri-. H. Walther 434

0991 **Bevorzugte „symmetrische" Cyclopropylkonformationen bei Kohlenwasserstoffanionradikalen.** N. L. Bauld, R. Gordon und J. Zoeller jun. (J. Amer. chem. Soc. **89** (1967) 15, 3948–49; Austin, Tex., Univ. of Texas, Dep. of Chem.; engl.) — Aus der Größe des ESR-spektroskop. bestimmten Quotienten der Hyperfeinaufspaltkonst. $C = \alpha_\beta(R)/\alpha_\beta(CH_3)$ für die Radikalanionen (RA) von *9-Methyl-*, *9-Äthyl-*, *9-Isopropyl-* u. *9-Cyclopropylanthracen* (I), *1.4-Dimethyl-* u. *1.4-Dicyclopropylnaphthalin* (II) können Vf. zeigen, daß im Gegensatz zum Radikalkation von I ($C < 1$) bei den RA von I u. II ($C > 1$) die „symm." Cyclopropylkonform. bevorzugt ist.
G. O. Jäger 434△

0992 **Stereochemie von Dekahydroisochinolinen und verwandten Verbindungen.** 6. Mitt. **Konformationen von 2-Methyldekahydroisochinolinol-(5), -(6), -(7) und -(8).** Shoshichiro Kimoto und Masao Okamoto. (Chem. pharmac. Bull. [Tokyo] **15** (1967) 7, 1045–51; Kyoto Coll. of Pharmac.; engl.) — 5. vgl. ibid. **15** (1967) 7, 1045; 4. vgl. C. **1968**, 29-1180. — Konfig. u. Konform. nachst. 5-, 6-, 7- u. 8-Hydroxy-2-methyl-trans- bzw. -cis-dekahydroisochinoline werden durch IR- u. NMR-spektroskop. Unters., sowie durch Best. der pKa'-Werte u. der RG der CrO_3-Ox. ermittelt (α bzw. β: relative Lage der OH-Gruppe zum H in 10-Stellung): *5β*-[$Kp._4$ 111–112°; *Methojodid*(MJ) F. 260–262°;], *5α*- (F. 130–131°, *MJ*, F. 187–188,5°; *6β*- [F. 68°, *MJ*, F. 263°. *Pikrat* (P), F. 228°; *6α*- (F. 64°, *MJ*, F. 259°. *P*, F. 180–181°; *7β*- (F. 70–71° *MJ*, F. 268 bis 269°, *P*, F. 206–207,5°; *7α*- (F. 45°, *MJ*, F. 251 bis 253°, *P*, F. 189–191°; *8β*- (F. 115°, *MJ*, F. 183–185°, *P*, F. 235°; u. *8α-Hydroxy-2-methyl-trans-dekahydroisochinolin* (F. 84°, *MJ*, F. 235, *P*, F. 147–150°; *5α*- (F. 90–92°, *MJ*, F. 210–212°; *6β*- ($Kp._4$ 85–86°, *MJ*, F. 282°, *P*, F. 178°; *6α*- ($Kp._5$ 115–117°. *MJ*, F. 251°, *P*, F. 190 bis 191°; *7β*- ($Kp._5$ 117,5–118,5°, *MJ*, F. 279–280°, *P*, F. 173,5–175,5°; *7α*- ($Kp._4$ 95°, *MJ*, F. 264–266°, *P*, F. 154 bis 156°; u. *8α-Hydroxy-2-methyl-cis-dekahydroisochinolin* (F. 78–80°, *MJ*, F. 229–231°, *P*, F. 181–183°).
G. O. Jäger 434△

0993 **Chemie der Dimethylketendimeren.** 7. Mitt, **Dimere vom Dimethylthioketen.** Edward U. Elam und Herman E. Davis. (J. org. Chemistry **32** (1967) 5, 1562 bis 1565; Tennessee Eastman Comp., Div. of Eastman Kodak Comp., Kingsport, Tenn.; engl.) — 6. vgl. ibid. **32** (1967) 210. — Tetramethyl-cyclobutandion-(1.3) reagiert in Py. mit überschüssigem P_2S_5 zum *Tetramethylcyclobutandithion-(1.3)* (II, F. 123,5–125°; → 2.4-Dinitrophenylhydrazon, F. 154–156°; → Bis-[2.4-dinitrophenylhydrazon, F. 320–322°) neben wenig *Tetramethylcyclobutanon-(1)*, -thion-(3) (III, Kp. 162–167°, → 2.4-Dinitrophenylhydrazon F. 157–158°) u. *2-Isopropyliden-1.1.7.7.9.9-hexamethyl-3.5.10.11-tetrathiadispiro-[3.1.3.2]-undecanthion-(8)* (F. 129–130°). Beim Erhitzen von II u. III in Ggw. von Basen bilden sich die ungesätt. β-Lactone *3-Mercapto-2.2.4-trimethyldithio-3-pentensäure-β-thiolacton* (IV), $Kp._{20}$ 112–116°) u. *3-Mercapto-2.2.4-trimethyl-3-pentensäure-β-thiolacton* (V, $Kp._8$ 72–73°). Die Struktur von V wird wie die aller übrigen Verb. ^{1}H-NMR-spektroskop. untersucht. Mit Hydrazin geht IV in *3-Isopropyl-4.4-dimethyl-2-pyrazolinon-(5)-hydrazon* (F. 272°) über, dessen saure Hydrolyse zum *3-Isopropyl-4.4-dimethyl-2-pyrazolinon-(5)* (F. 77 bis 79°) führt. Die Pyrolyserk. von II bei 485° oder in einer modifizierten Ketenlampe ergibt als drittes Dimethylthioketen-Dimerisationsprod. das *2.4-Diisopropyliden-1.3-dithietan* (F. 170–172°). K. Jaschke 434△

0994 **Konformation von Acetylcholin.** Cyrus Chothia und Peter Pauling. (Nature [London] **219** (1968) 5159, 1156–57; William Ramsay and Ralph Forster Labor., Univ. College, Univ. of London; engl.) — Die Ergebnisse der Röntgenstrukturanalyse der Einkrist. von *DL-Lactoylcholinjodid* werden mit denen anderer Autoren vergl. u. bez. der Konform. diskutiert.
D. Schmitt 434

0995 **Vergleich der Konformationscharakteristika von Arabinose und Ribose enthaltenden Dinucleosidphosphaten.** J. C. Maurizot, W. J. Wechter, J. Brahms und C. Sadron. (Nature [London] **219** (1968) 5152, 377–79; Centre de Biophys. Mol., La Source, Orelans, France; engl.) — Es werden CD u. UV-Spektren von *Cytidinmonophosphat*, *Cytosinarabofuranosyl-(5')-phosphat*, *Adenylyl-(3'.5')-cytidin*, *Adenylyl-(3'–5')-arabofuranosylcytosin*, *Cytidylyl-(3'–5')-adenosin* u. *Cytosin-(3'–5')-arabofuranosyladenosin* untersucht. D. Strauch 434

0996 **Korrelation der spezifischen Drehung mit der Konformation. Neuer Weg zur Untersuchung von Konformationsgleichgewichten.** R. U. Lemieux und A. A. Pavia. (Canad. J. Chem. **46** (1968) 8, 1453–55; Edmonton, Alberta, Univ. of Alberta, Dep. of Chem.; engl.) — Es werden die NMR-Spektren u. die opt. Drehung von *3-Desoxy-β-L-erythro-methylpentopyranosid* (I) in verschiedenen Lsgm. vermessen u. zueinander in Beziehung gesetzt.

Versuche: *3-Desoxy-β-L-erythro-methylpentopyranosid* (I), durch Rk. von 4-O-Acetyl-2.3-anhydro-β-L-methylribopyranosid mit NaJ [→ *4-O-Acetyl-3-desoxy-3-jod-β-L-methylxylopyranosid*], Hydrogenolyse, Desacetylierung u. Reinigung über das *Di-O-p-nitrobenzoat*, F. 123,5–124,5°. G. O. Jäger 434△

0997 **Berechnung der Molekülrotation durch Summierung partieller Konformationsbeiträge. Rotationen der acht 1.6-Anhydro-β-D-hexopyranosen und deren Triacetate.** Derek Horton und Joseph D. Wander. (J. org. Chemistry **32** (1967) 12, 3780–83; Columbus, O., Ohio State Univ., Dep. of Chem.; engl.) — Vf. beschreiben eine Meth. zur Berechnung der Rotationen von *1.6-Anhydro-β-D-allo-*, *-altro-*, *-gluco-*, *-manno-*, *-gulo-*, *-ido-*, *-galacto-* u. *-talopyranose* u. deren *Triacetaten*. Die ber. Werte stehen in guter Übereinstimmung mit den Meßdaten. Rotationen von *1.6-Anhydro-3-* u. *-4-desoxy-β-hexopyranosen* bzw. von deren *Diacetaten* u. von *2.7-Anhydro-β-heptulopyranosen* können unter Verw. geeigneter zusätzlicher Terme in analoger Weise ermittelt werden. G. O. Jäger 434△

0998 **Einfluß von Kernreaktionen und radioaktiven Umwandlungen auf die Kavitationsschwelle.** P. G. Gorodenko, V. I. Obrazcov und E. S. Filatov. (Doklady Akad. Nauk SSSR **177** (1967) 3, 629–32; Mosk. gos. univ. im. Lomonosova; russ.) — Untersucht wird der Einfl. von Neutronenbestrahlung (mit einer Po–Be-Quelle) auf die Ultraschallkavitation in *Propylbromid*. Die durch die Neutronenbestrahlung beobachtete Herabsetzung der Kavitationsschwelle wird durch die gebildeten C- u. Br-Rückstoßatome verursacht.
M. Wiedemann 436

0999 **Über H–D-Isotopeneffekte an kristallin-flüssigen Alkoxybenzoesäuren.** A. Kolbe und D. Demus. (Z. Naturforsch. **23a** (1968) 8, 1237; Inst. für Phys. Chem. mit Metall- u. Werkstofflabor. der Univ. Halle; dt.) — Es werden die krist.-fl.-Eig., bez. eines H–D-Isotopeneffekts untersucht. Nachst. p-n-Alkoxybenzoesäuren wurden zur Unters. benutzt: *n-Butyloxy-*, *n-Pentyloxy-*, *n-Hexyloxy-*, *n-Heptyloxy-*, *n-Octyloxy-*, *n-Nonyloxy-*, *n-Decyloxy-* u. *n-Dodecyloxy-*. D. Schmitt 436

1000 **Habitusänderungen in Mischkristallen von Phenazin und N-Hydroxyphenazin.** A. M. Glazer und S. Pramatus. (Nature [London] **218** (1968) 5148, 1246; Dep. of Chem., Univ. Coll., Univ. of London; engl.) — Eine

Diskontinuität im Bereich 0—30 Mol.-% N-Hydroxyphenazin (I) u. ein mögliches Eutektikum bei ca. 28 Mol.-% I wird diskutiert. D. Strauch 438

1001 **Struktur von CH_3 und CF_3.** K. Morokuma, L. Pedersen und M. Karplus. (J. chem. Physics **48** (1968) 10, 4801—02; Dep. of Chem., Harvard Univ., Cambridge, Mass.; engl.) — Die Geometrie u. Elektronenstruktur der Radikale wird berechnet. D. Strauch 439

B-3. Thermodynamik

1002 **Zwischenmolekulare Kräfte von kugelförmigen Molekülen.** 5. Mitt. **Transport-Kollisionsintegrale.** A. G. De Rocco, T. S. Storvick und T. H. Spurling. (J. chem. Physics **48** (1968) 3, 997—1005; Inst. for Molecular Phys., Univ. of Md., College Park, Md.; engl.) — 4. vgl. C. **1968,** 18-0087. — Kollisions-Integrale für das Kugelschalenpotential werden im Bereich der red. Temp. von 0,2 bis 10 sowie für die Rumpfgrößen von 1,2 bis 4 berechnet u. mit denen verglichen, die nach anderen bireziproken Potentialmodellen u. nach dem Rumpfmodell von Kihara erhalten wurden. Aus den Viskositätswerten der Gase werden Potentialparameter für *Methan, Tetrafluorkohlenstoff, Bzl., Neopentan,* SF_6 u. $SiCl_4$ ermittelt. W. Senf 441△

1003 **Zwischenmolekulare Kräfte von kugelförmigen Molekülen.** 6. Mitt. **Oktopolmomente von tetraedrischen Molekülen.** T. H. Spurling, A. G. De Rocco und T. S. Storvick. (J. chem. Physics **48** (1968) 3, 1006—08; engl.) — 5. vgl. vorst. Referat. — Die Oktopolmomente von *Methan* u. CF_4 werden aus der Temp.-Abhängigkeit der zweiten Virialkoeff. abgeschätzt. Aus der Temp.-Abhängigkeit der Gasviskosität werden die Konst. für das Kugelschalenpotential bestimmt. Die nach verschiedenen Modellen berechneten Oktopolmomente von Methan werden verglichen. W. Senf 441△

1004 **Dichteschwankungen in Flüssigkeiten mit einem inneren Freiheitsgrad.** Raymond D. Mountain. (J. Res. nat. Bur. Standards, Sec. A **72 A** (1968) 1, 95—100; Inst. for Basic Standards, Nat. Bur. of Stand., Washington, D.C.; engl.) — Das Frequenzspektrum der Dichteschwankungen wird aus linearisierten hydrodynam. Gleichungen u. eine Bewegungsgleichung für den inneren Freiheitsgrad abgeleitet. Die Ergebnisse werden mit denen aus Rechnungen der Frequenzabhängigkeit der Vol.-Viskosität verglichen. Strukturelle u. therm. Relaxation werden unterschieden u. an CCl_4 u. CS_2 diskutiert. D. Schmitt 442

1005 **Untersuchung der charakteristischen Temperatur von Molekülkristallen. Tensorableitungen der charakteristischen Temperatur.** B. D. Koreškov und A. I. Kitajgorodskij. (Fiz. tverdogo Tela **9** (1967) 7, 2137 bis 2138; Inst. AN SSSR, Moskau, Inst. elemento-ėlementoorg. soedin. AN SSSR, Moskva; russ.) — Die Berechnungen werden für *Naphthalin*-Krist. für den Temp.-Bereich 150—300°K durchgeführt. H. Richter 442

1006 **Physikalische Eigenschaften aromatischer Kohlenwasserstoffe.** 3. Mitt. **Überprüfung des Adam-Gibbs Relaxationsmodells für Glasbildner an den Wärmekapazitätsdaten von 1.3.5-Tri-α-naphthylbenzol.** J. H. Magill. (J. chem. Physics **47** (1967) 8, 2802—07; Pittsburgh, Pa., Mellon Inst.; engl.) — Die spez. Wärmen der Verb. werden zwischen 200 u. 500°K kalorimetr. gemessen u. die glasigen, fl. u. krist. Phasen untersucht. Die Schmelzwärme u. -entropie wird bestimmt. Aus den C_p-Daten wird nach der Theorie von Adam u. Gibbs die Temp.-Abhängigkeit der Viskosität berechnet. — 2. vgl. C. **1968,** 40-0809. B. I. 442△

1007 **Zustandsgleichung des Trinitrotoluols.** G. V. Beljakov und G. G. Vilenskaja. (Doklady Akad. Nauk SSSR **177** (1967) 5, 1050—53; Inst. fiziki Zemli AN SSSR; russ.) — Die Zustandsgleichung wird nach Debye, Einstein u. Grüneisen für die krist. Titelverb. abgeleitet. E. Hientzsch 442

1008 **Zweite Virialkoeffizienten binärer Gemische von Benzol mit Methanol, Äthanol, Aceton und Diäthyläther.** D. H. Knoebel und W. C. Edmister. (J. chem. Engng. Data **13** (1968) 3, 312—17; Okla. State Univ., Stillwater, Okla.; engl.) — Die Viralkoeff. werden aus PVT-Daten im Temp.-Bereich 40—100° ermittelt. D. Strauch 442

1009 **Volumetrische Eigenschaften von gasförmigem Aceton.** L. N. Anderson, A. P. Kudchadker und P. T. Eubank. (J. chem. Engng. Data **13** (1968) 3, 321—27; Dep. of Chem. Engng., Tex. A & M Univ., College Station, Tex.; engl.) — Die Kompressibilität wurde bei 25—150° u. 1—105 p.s.i.a. bestimmt. D. Strauch 442

1010 **Untersuchung des isochoren Verhaltens im flüssigen Zustand nach der Loch-Theorie.** Yoshiichi Fukuda und Riki Kobayashi. (J. chem. Physics **46** (1967) 7, 2661—66; William Marsh Rice Univ., Houston, Tex.; engl.) — Die Isochoren von *Methan* werden nach einer quasichem. Näherung der Loch-Theorie von Fl. ber. u. mit experimentellen Befunden verglichen. W. Schramm 444

1011 **Thermodynamische Funktionen von Oxazol und Isoxazol.** B. Šoptrajanov. (Croat. chem. Acta **40** (1968) 2, 79—85; Dep. of Chem., Fac. of Sci., Univ. of Skopje, Macedonia, Yugoslavia; engl.) — Tabelliert sind Rotationskonst. u. Trägheitsmomente, Bandenzuordnung der Schwingungen sowie die thermodynam. Funktionen $H^0-E_0^0/T$, $-[G-E_0^0/T]$, S^0 u. Cp^0. Die Werte werden mit denen von Thiazol u. Isothiazol verglichen. D. Schmitt 444

1012 **Freie Energie von gasförmigen Kohlenwasserstoffen.** G. M. Šljapnikov und M. F. Sviščev. (Geol. Nefti Gaza **11** (1967) 8, 53—57; Orenburgskaja kompleksnaja labor. VNIGNI; russ.) — Zur Anwendung für erdölgeol. bzw. erdölgeochem. Unters. werden für die freie Energie ΔZ vereinheitlichte Umrechnungsverf. vorgeschlagen u. von *Methan, Äthan, Propan, Butan, Pentan* u. CO_2 werden die Diagramme $\Delta Z = f$ (Druck, Temp.) angeführt. E. Hientzsch 446

1013 **Genaue Atomisierungswärmen und genaue Bindungslängen.** 1. Mitt. **Aromatische KW-Stoffe.** Donald H. Lo und M. A. Whitehead. (Canad. J. Chem. **46** (1968) 12, 2027—40; Quantum Chem. Labor., Dep. of Chem., McGill Univ., Montreal, Quebec; engl.) — Nach einer semiempir. PPP-SCFMO-Meth. wurden die Atomisierungswärmen bei 25°, die Bindungslängen u. Resonanzenergien nachst. Verb. bestimmt: *Bzl., Naphthalin, Anthracen, Phenanthren, Pyren, 3.4-Benzphenanthren, 1.2-Benzanthracen, Chrysen, Naphthacen, Triphenylen, Perylen, 1.12-Benzperylen, Anthanthren, Pentacen, Picen, 1.2;5.6-* u. *1.2;3.4-Dibenzanthracen, Pentaphen, Coronen, 1.2;6.7-Dibenzpyren, Zethren, Hexacen, 1.2;3.4;5.6;7.8-Tetrabenzanthracen* u. *Ovalen.* D. Strauch 446

1014 **Genaue Atomisierungswärmen und genaue Bindungslängen.** 2. Mitt. **Polyene und Polyphenyle.** Donald H. Lo und M. A. Whitehead. (Canad. J. Chem. **46** (1968) 12, 2041—51; engl.) — 1. vgl. vorst. Referat. — Analog l.c. wurden untersucht: *Äthylen, cis-* u. *trans-Butadien-(1.3), 2-Vinylbutadien, Hexatrien, Octatetraen, Decapentaen, Styrol, o-, m-* u. *p-Divinylbenzol, 1.3.5-Trivinylbenzol, 2-Phenylbutadien, 8.8-Divinylstyrol, 1.1-Diphenyläthylen, Stilben, 1.2-Bis-[styrylbenzol], 1.4-Diphenylbutadien, 1.6-Diphenylhexatrien, 1.8-Diphenyloctatetraen, 1.10-Diphenyldecapentaen, Biphenyl, m-* u. *p-Terphenyl, p.p'-Diphenylbiphenyl, 1.3.5-Triphenylbenzol, 1-* u. *2-Phenylnaphthalin, 2.2'-* u. *1.2'-Binaphthyl.* D. Strauch 446

1015 **Berechnung der Bildungsenthalpie der H-Bindung in Lösungen von Alkoholen in nicht-polaren Lösungsmitteln aus thermodynamischen Daten.** R. H. Stokes. (Austral. J. Chem. **21** (1968) 5, 1343—48; Dep. of Phys. Chem., Univ. of New England, Armidale, N.S.W.; engl.) — Als Beispiele werden die Daten für *A.* in *Toluol,* A. in *Bzl., n-Propanol* u. *Isopropanol* in *n-Heptan* berechnet. D. Schmitt 446

1016 **Verbrennungswärme von Resorcin und Isomerisierungsenthalpie der Dihydroxybenzole.** Pramod D. Desai, Randolph C. Wilhoit und Bruno J. Zwolinski. (J. chem. Engng. Data **13** (1968) 3, 334—35; Thermodynamics Res. Center, Dep. of Chem., Tex. A & M

Univ., College Station, Tex.; engl.) — Die Verbrennungswärme wurde bei 25° gemessen, die Isomerisierung diskutiert. D. Strauch 446

1017 **Viskoelastische Relaxation unterkühlter Flüssigkeiten.** 1. Mitt. A. J. Barlow, J. Lamb, A. J. Matheson, P. R. K. L. Padmini und J. Richter. (Proc. Roy. Soc. [London], Ser. A **298** (1967) 1455, 467—80; Dep. of Electr. Engng. Univ., Glasgow; engl.) — Es wird eine vollständige Unters. des viskoelast. Verhaltens von *n-Propylbenzol, Isopropylbenzol, sek.-Butylbenzol, Di-(n-butyl)-phthalat, Diisobutylphthalat* u. *Di-(2-äthylhexyl)-phthalat* im unterkühlten Zustand durchgeführt. S. Lampenscherf 448

1018 **Viskoelastische Relaxation unterkühlter Flüssigkeiten.** 2. Mitt. A. J. Barlowa, A. Erginsav und J. Lamb. (Proc. Roy. Soc. [London], Ser. A **298** (1967) 1455, 481 bis 494; engl.) — 1. vgl. vorst. Referat. — In Ergänzung zu l.c. wurden untersucht: *Squalan, Tris-[β-chloräthyl]-phosphat, Tris-[o-tolyl]-phosphat, Tris-[2-äthyl-hexyl]-phosphat, Tetrakis-[2-äthylhexyl]-silicat, m-Bis-[m-phenoxyphenoxy]-benzol* u. *Bis-[m-(m-phenoxyphenoxy)-phenyl]-äther*. Ein neues theoret. Modell wird entwickelt, das die viskoelast. Eig. der reinen Fl. im unterkühlten Bereich innerhalb der experimentellen Fehler wiedergibt. S. Lampenscherf 448

1019 **Vergleich von Leucht- und chemischen Effekten, die durch hochfrequenten Ultraschall in einer Emulsion von Äthyljodid in Wasser in Gegenwart von Sauerstoff, Argon oder Wasserstoff hervorgerufen werden.** Henri Gueguen. (Bull. Soc. chim. France **1968,** 2, 556—61; Paris, Fac. des Sci., Labor. de Spectroscopie Mol.; franz.) Die Intensität der Sonolumineszenz u. die Freisetzung von Jod aus C_2H_5J hängen von der Art des gelösten Gases ab. H. U. Borgstedt 448

B-4. Phasengleichgewichte, chemische Gleichgewichte und ihre Energetik

1020 **Interpretation des isothermen Dampf-Flüssigkeits-Phasengleichgewichtes binärer Systeme mit einer zur Dimerisation neigenden Komponente.** E. Remoli und H. Schuberth. (Z. physikal. Chem. [Leipzig] **234** (1967) 1/2, 113—31; Berlin, Deutsche Akad. der Wissensch.; dt.) — Zusammenfassung. U. Feist 454

1021 **Normales Erstarren organischer Mischungen mit Eutektikum.** C. S. Cheng, David A. Irvin und B. G. Kyle. (A. I. Ch. E. Journal **13** (1967) 4, 739—44; Kan., Manhattan, Kan. State Univ.; engl.) — Das normale Erstarren organ. Syst. mit einfachem eutekt. Verh. wurde durch Best. der Konz.-Profile u. Mikrophotographie der Phasengrenzfläche bei verschiedenen Erstarrungsgeschw. an Lsg. von *Cyclohexan* (**I**), *n-Heptan, Hexadecan* u. *Chloroform* in *Bzl.* sowie von *Bzl.* in **I** untersucht. Waldemar Köhler 454

1022 **Eine neue Methode zur Vorhersage von Gas-Gas-Gleichgewichten.** Richard Kaplan. (A. I. Ch. E. Journal **13** (1967) 1, 186—188; Yale Univers. New Haven, Conn.; engl.) — Nachst. Verb. werden als Mischungskomponenten benutzt u. ihre Werte diskutiert: *Octan, Hexan, Butan, Propan, Methan, Bzl., Äthylen, Methanol, He,* H_2, N_2, *Ar,* O_2, *Xe,* CO_2, SO_2, NH_3 u. H_2O. U. Karnstedt 454

1023 **Kritische Temperaturen und Drücke des Systems Äthan-n-Butan-n-Heptan.** Okan Ekiner und George Thodos. (J. chem. Engng. Data **13** (1968) 3, 304—06; Northwestern Univ., Evanston, Ill.; engl.) D. Strauch 454

1024 **Flüssigkeit-Dampf-gleichgewicht im System Benzol-Thiophen.** V. A. Sapunov. (Koks i Chim. **1967, 8,** 28—29; Makejevskij koksochim. zavod; russ.) — E. Hientzsch 454

1025 **Freie Überschußenergien der Systeme Tetrachlorkohlenstoff-Pyridin und Pyridin-Tetrachloräthylen.** Vojtech Fried, Donald R. Franceschetti und Gary B. Schneier. (J. chem. Engng. Data **13** (1968) 3, 415—18; Dep. of Chem., Brooklyn Coll. of the City Univ. of N.Y., Brooklyn, N.Y.; engl.) — Die Dampf-Fl.-Gleichgew.-Daten der Syst. bei 50° werden bestimmt. D. Strauch 454

1026 **Druck-Volumen-Temperatur — Verhalten einer Mischung von Difluormethan und Pentafluorchloräthan.** W. H. Mears, J. V. Sinka, P. F. Malbrunot, P. A. Meunier, A. G. Dedit und G. M. Scatena. (J. chem. Engng. Data **13** (1968) 3, 344—47; Ind. Chem. Div., Allied Chem. Corp., Morristown, N.J.; engl.) — PVT-Daten werden von Refrigerant 504 (73,5 Mol-% CH_2F_2 + 26,5 Mol-% CF_3CF_2Cl) zwischen —15 u. +60°, Dampfdrücke zwischen —57,72 u. +66,1° u. D. zwischen —32,28° u. +60° bestimmt. D. Strauch 454

1027 **Dampf-Flüssigkeits-Gleichgewicht von Wasser-Diisopropylamin und Wasser-Di-n-propylamin.** R. R. Davison. (J. chem. Engng. Data **13** (1968) 3, 348—51; Tex. A & M Univ., College Station, Tex.; engl.) — Die Gleichgew.-Daten u. Dampfdrücke über den ges. Zus.-Ber. zwischen +10 u. +39,59° werden bestimmt. D. Strauch 454

1028 **Zustandsdiagramm des Systems p-Nitrochlorbenzol-p-Nitrobrombenzol.** S. A. Remyga, R. M. Mjasnikova und A. I. Kitajgorodskij. (Ž. fiz. Chim. **41** (1967) 7, 1826—27; Inst. elementorg. Soedin. AN SSSR, Moskva; russ.) H. Will 454

1029 **Physikalisch-chemische Untersuchung ternärer Systeme aus drei Kresolisomeren.** I. M. Bochovkin, Ju. I. Bochovkina und V. F. Česnokov. (Ž. obšč. Chim. **37**(99) (1967) 10, 2155—57; Archangelskij lesotechn. inst.; russ.) — Vf. untersuchen die Schmelzpunktdiagramme nachst. Syst.: o-Kresol (**I**)-p-Kresol (**II**), m-Kresol (**III**)-**II**, **III**-**I** u. **I**-**II**-**III**. Folgende Verb. treten auf: **I** · 2 **II**, **II** · 2 **III** u. **I** · 2 **III**. E. Hientzsch 454

1030 **Dampf-Flüssigkeit-Gleichgewicht im System n-Octan-p-Kresol.** Z. L. Taylor jun. und R. E. Wingard. (J. chem. Engng. Data **13** (1968) 3, 301—04; Dep. of Chem. Engng., Univ., Auburn, Ala.; engl.) D. Strauch 454

1031 **Mischungswärme von n-Alkoholen bei 25°.** H. D. Pflug, A. E. Pope und G. C. Benson. (J. chem. Engng. Data **13** (1968) 3, 408—10; Div. of Pure Chem., National Res. Council of Canada, Ottawa; engl.) — Die Mischungswärmen folgender Syst. wurde bestimmt: *Methanol* (**I**)-*A.*, **I**- *n-Propanol* (**II**), **I**- *n-Hexanol* (**III**), **I**-*n-Decanol* (**IV**), A.-**II**, A.-**III**, A.-**IV**, **II**-**III**, **II**-**IV** u. **III**-**IV**. D. Strauch 454

1032 **Volumenänderung beim Mischen von Lösungen von K-Halogeniden und symmetrischen Tetraalkylammoniumhalogeniden. Beweis für Kation-Kation-Wechselwirkung. Berichtigung und weitere Anmerkungen.** Wen-Yang Wen, Kenichi Nara und R. H. Wood. (J. physic. Chem. **72** (1968) 8, 3048—49; Chem. Dep., Clark Univ., Worcester, Mass.; engl.) — Vgl. ibid. **71** (1967) 3907. — Neben der Berichtigung von in l. c. angegebenen Werten werden solche von *Tetramethyl-, Tetraäthyl-* u. *Tetra-n-propylammoniumbromid* sowie *Tetra-n-butylammoniumchlorid* mit *KBr* u. *KCl* tabelliert. D. Strauch 454

1033 **Schmelzpunktdiagramme des ternären Systems Harnstoff-Adipinsäure-Phenol.** A. G. Palobekov und A. G. Bergmann. (Ž. obšč. Chim. **37**(99) (1967) 10, 2157—60; Rostovskij-na-Donu filial. inst. sov. torgovli; russ.) — Außerdem werden nachst. Syst. untersucht: Harnstoff (**I**)-Adipinsäure (**II**), **I**-Phenol (**III**) u. **II**-**III**. Folgende Verb. treten auf: **II** · 2 **I** u. **I** · 2 **III**. E. Hientzsch 454

1034 **Flüssigkeit-Dampf-Phasengleichgewicht im System Methylacetat-Wasser-Essigsäure bei atmosphärischem Druck.** M. I. Balasov und L. A. Serafimov. (Izvest. vysšich učebnych Zavedenij [Ivanovo], Chim. i chim. Technol. **10** (1967) 8, 867—71; Mosk. inst. tonk. chim. technol. im. Lomonosova; russ.) — Mit Hilfe des refraktometr. Verh. wird außer dem Titelsyst. auch das bin. Syst. W.-Methylacetat untersucht. E. Hientzsch 454

1035 **Schwarze Lipidmembranen in wäßrigen Medien: Messung der freien Grenzflächenenergie und Einfluß von Tensiden auf die Filmbildung und die Stabilität.** H. T. Tien. (J. physic. Chem. **71** (1967) 11, 3395—3401; Dep. of Biophys., Michigan State Univ., East Lansing, Mich.; engl.) — *Cholesterol*-Filme in *n-Dodecan* wurden durch

saures Dodecylphosphat, Dioctadecylphosphit bzw. *Hexadecyltrimethylammoniumbromid* stabilisiert.
K. Strenge 456

1036 **Adsorptionsgeschwindigkeit von Netz- und Waschmitteln.** Pasupati Mukerjee. (Nature [London] **217** (1968) 5133, 1046; School of Pharm., Univ. of Wisconsin, Madison, Wisc.; engl.) — Das unterschiedliche Verh. von *Natrium-octyl-α-sulfopelargonat* u. *Natrium-methyl-α-sulfopalmitat* wird unter Berücksichtigung einer Arbeit von Zettlemoyer (Nature **216** (1967), 683) diskutiert.
K. Strenge 456

1037 **Korrekturfaktor für die elektrostatische freie Energie der Micellbildung.** Fumikatsu Tokiwa und Kenji Ohki. (Bull. chem. Soc. Japan **41** (1968) 1, 253—54; Res. Labor., Kao Soap Co., Minato-Yakushubata, Wakayama-shi; engl.) — Ein Korrekturfaktor wird untersucht, der die Linearität der Beziehung zwischen dem Logarithmus der krit. Micellkonz. u. dem der Gegenionkonz. für *Na-Decylbenzosulfonat* herstellt.
K. Strenge 456

1038 **Adsorption an der Festkörper–Flüssigkeit-Grenzfläche. 4. Mitt. Adsorption von Äthanol, n-Octanol und n-Dodecanol an definierten Rutiloberflächen aus binären flüssigen Mischungen mit p-Xylol und n-Heptan.** R. E. Day und G. D. Parfitt. (Trans. Faraday Soc. **64** (1968) 543, 815—22; Chem. Dep., Univ. of Nottingham, Nottingham; engl.) — 3. vgl. C. **1968,** 28-0670. — Die Einfl. der Alkoholkettenlänge, der chem. Natur des Lsgm. u. der Ggw. von mol. W. auf der Festkörperoberfläche auf die Adsorption wurden untersucht. K. Strenge 456

1039 **Untersuchung an Adsorptionsschichten aus Gelatine und deren Einfluß auf die Stabilität einzelner Kohlenwasserstofftropfen.** A. F. El-Shimi und V. N. Izmailova. (Abh. dtsch. Akad. Wiss. Berlin, Kl. Chem., Geol. Biol. **1966** (1967) 6b, 868—80; Abt. für Kolloidchem., Univ. Moskau; engl.) — Die Stabilität von KW-Stofftropfen (*n-Heptan, Cyclohexan, Bzl., Cyclohexanon*) an einer ausgedehnten Phasengrenze u. die Grenzflächenviskosität werden als Funktion der Gelatinekonz. in der wss. Phase, des pH-Wertes u. des Elektrolytgeh. des W. gemessen. K. Strenge 456

1040 **Spreitungsdrücke und -koeffizienten, Grenzflächenspannungen und Adhäsionsenergien der niedrigen Alkane, Alkene und Alkylbenzole auf Wasser.** Philip Pomerantz, W. C. Clinton und W. A. Zisman. (J. Colloid Interface Sci. **24** (1967) 1, 16—28; US Naval Res. Labor., Washington, D.C.; engl.) — Die Unters. werden an folgenden Substanzen angestellt: *n-Pentan, 2-Methyl-, 2.2-Dimethyl-, 2.3-Dimethyl-, 2.2.3-Trimethylbutan, n-Hexan, n-Heptan, 3-Methyl-, 3-Äthyl-, 2.4-Dimethyl-, 2-Methyl-3-äthyl-, 2.2.4-Trimethyl-, 2.3.4-Trimethylpentan, n-Octan, Octen-(1), Hexen-(1), 3-Methyl-, 3-Äthylhexan, n-Nonan, 3-Methylheptan, 4-Methyl-, 3-Methyl-, 2-Methyl-, 2.2.4-Trimethylpenten-(1), cis-* u. *trans-4-Methylpenten-(2), 2.2.4-Trimethylpenten-(2), 4-Methylhexen-(2), Bzl., Toluol, Äthyl-, n-Propyl-, n-Hexyl-, n-Butyl-, 1.3.5-Trimethyl-, 1.3.5-Triäthylbenzol, o-, m-* u. *p-Xylol.* Die Darst. des Spreitungsdrucks als Funktion des Kp. ergibt für jede homologe Reihe eine Gerade. K. Strenge 456

1041 **Absorption von Jod durch Perylen.** Carolus M. Cobb und Elbridge B. Wallis. (J. physic. Chem. **72** (1968) 8, 2986—93; American Sci. and Engng., Cambridge, Mass.; engl.) — Aus den Absorptionsdaten folgt die Existenz einer Reihe Ladungsübertragungskomplexe der Titelverbindungen. D. Schmitt 456

1042 **Adsorptionswärme von Diäthyläther an Rutil.** A. A. Isirikjan und I. A. Kazmenko-Polotnjuk. (Ž. fiz. Chim. **41** (1967) 8, 2104—04; Mosk. gos. univ. im. Lomonosova, Chim. fak.; russ.)
Th. Tuchscheerer 456

1043 **Sorption von Acetaldehyd an Silicagelen.** E. Robinson und R. A. Ross. (J. chem. Soc. [London], Sect. A **1968,** 9, 2137—41; Dep. of Chem., Coll. of Technol., Belfast; engl.) — Die Ad- u. Desorptionsisothermen (21—51°), der Einfl. der Trägergas-Zus. u. die IR-Spektren von an SiO_2 u. Al_2O_3 adsorbiertem Acetaldehyd werden untersucht. D. Strauch 456

1044 **Micelleigenschaften geradkettiger Natriumalkylbenzolsulfonate.** Fumikatsu Tokiwa und Kenji Ohki. (Kolloid-Z. Z. Polymere **223** (1968) 1, 38—42; Res. Labor., Kao Soap Co., Wakayama-shi, Japan; engl.) — Alkylbenzolsulfonate mit 10 bis 16 C-Atomen in der Alkylkette u. verschiedenen Stellungen des Phenylrests werden dargestellt. Aus der Dichte, der Sedimentation u. Diffusion wss. Lsg. oberhalb der CMC sowie aus dem Löslichkeitsdiagrammen u. dem elektrophoret. Verh. der Micellen werden deren Eig. ermittelt. Aus den elektrophoret. Daten werden die Oberflächenladungen der Micellen berechnet. K. Strenge 456

1045 **Kinetik des Ionenaustauschs großer organischer Ionen an Carboxylkationiten. 3. Mitt. Abhängigkeit der Diffusionskoeffizienten von Streptomycin von der Zusammensetzung des Ionenaustauschers.** É. S. Vajsberg, L. F. Jachontova und B. P. Bruns. (Ž. fiz. Chim. **41** (1967) 4, 892—95; VNII antibiotikov; russ.) — 2. vgl. ibid. **40** (1966) 12, 2953; 1. vgl. C. **1968,** 26-0927. — Aus den Sorptionsgeschw. an *Wofatit CP* u. *Zerolit 226* (mit 4,5% Divinylbenzol) in Abhängigkeit vom Grad des Austauschs von Na^+ gegen Streptomycin u. von der Temp. bestimmen Vf. die Diffusionskoeff. von Streptomycin beim wirklichen u. scheinbaren Gleichgewicht.
J. Eliassaf 456

1046 **Gespreitete Mischfilme von Senegin und Seneginin mit Cholesterin an der Wasser-Luft-Grenzfläche.** P. Joos und R. Ruyssen. (Bull. Soc. chim. belges **76** (1967) 5—6, 308—15; Rijksuniv. te Gent (Belgium), Labor. of Phys. Biochem.; engl.) K. Strenge 456

1047 **NMR- und IR-Untersuchungen der Wechselwirkung von Verbindungen mit OH-Gruppen mit Äthylenen.** C. L. Khetrapal, M. M. Dhingra, K. Venkata Ramiah und P. Usha Bai. (Proc. Indian Acad. Sci., Sect. A **67** (1968) 6, 322—27; Tata Inst. of Fundamental Res., Bombay, India; engl.) — Die Wechselwrkg. von *Methanol* u. von *p-Chlorphenol* mit *Acrylnitril* u. *Allylcyanid* u. von Methanol mit *Allylchlorid, -bromid* u. *-jodid* sowie mit *2.3-Dichlorpropen* wird untersucht u. eine OH...N-Bindung entdeckt. Die Gleichgew.-Konst. der OH...N-Bindung wird berechnet. D. Schmitt 458

1048 **Berechnung verschiedener aliphatischer Komplexe in der Zwei-Konfigurationen-Näherung.** A. F. Terpugova und L. V. Orlovskaja. (Izvest. vysšich učebnych Zavedenij [Tomsk], Fiz. **10** (1967) 8 (63), 112—117; Sibir. fiz.-techn. inst. im. Kuznecova; russ.) — Mittels der MO LCAO SCF-Meth. nach Pariser-Parr werden von H-Brückenkomplexen von *Acetaldehyd* mit prim. aliphat. Aminen u. aliphat. Alkoholen (**A**), von *Acetamid* mit **A** u. von Ladungsübertragungskomplexen von **I** u. **A** vom Typ CO...NH_2 die Energieniveaus der intermol. Bindungen berechnet. E. Gey 458

1049 **Messung von organischen Komplexbildungskonstanten durch Gas-Flüssigkeit-Chromatographie.** D. F. Cadogan und J. H. Purnell. (J. chem. Soc. [London], Sect. A **1968,** 9, 2133—37; Dep. of Chem., Univ. Coll., Swansea; engl.) — Es wurden die Bldg.-Konst. u. thermodynam. Parameter der Komplexe von *Bzl., Toluol, o-, m-, p-Xylol* mit *Tetrachlorphthalsäuredi-n-propylester* im Bereich 60—80° sowie die Aktivitätskoeff. bei unendlicher Verdünnung der Aromaten in Squalan bestimmt.
D. Strauch 458

1050 **Ladungsübertragungskomplex zwischen Schwefeldioxid und Trimethylamin in der Gasphase und in Heptan.** Sherril D. Christian und Just Grundnes. (Nature [London] **214** (1967) 5093, 1111—12; Norway, Blindern-Oslo, Univ. of Oslo, Dep. of Chem.; engl.) — Der Komplex $(CH_3)_3N \cdot SO_2$ wurde UV-spektroskop. in der Gasphase bei 15—60° u. in Heptan-Lsg. bei 13—40° untersucht u. die Bldg.- u. Sublimations-Enthalpie bestimmt, sowie die Bldg.-Entropie, die RGK u. die Dissoziationsenthalpie berechnet. Waldemar Köhler 458

1051 **UV-spektroskopische Untersuchung der Komplexe von Tetranitromethan mit ungesättigten Verbindungen..** V. A. Gorodyskij und V. V. Perekalin. (Doklady Akad. Nauk SSSR **178** (1967) 1, 123—26; Leningradskij

gos. pedagog. inst. im. Gercena; russ.) — Untersucht wird die Beziehung zwischen UV-Absorption u. Ionisationspotential des Donators in den tern. Syst. von Tetranitromethan (**I**) mit *Heptan* u. nachst. Donatoren: *n-Hexen-(1)* (**II**) u. *-(2)* (**III**), *n-Hepten-(3)* (**IV**), *Cyclohexen* (**V**), *Tri-* (**VI**) u. *Tetramethyläthylen* (**VII**), *Isopren* (**VIII**), *Bzl.*, *Toluol* (**IX**), *p-* (**X**) u. *o-Xylol* (**XI**), *Mesitylen* (**XII**), *Styrol* (**XIII**) *Py.*, *γ-Picolin* u. *Äthylvinyläther*. Von den bin. Komplexen von **I** mit **II**—**XIV**, Py. u. Bzl. sowie von Bzl. mit nachst. Nitroformen: unsubstituiert, Brom- u. Fluor- werden die Assoziationskonst. berechnet. Von den bin. Komplexen von **I** mit **II**, **IV**, **V**, Bzl., **IX**, **X** u. **XII** wird die Lsgm.-Abhängigkeit der UV-Spektren untersucht u. von den bin. Komplexen von **I** mit **II**—**V**, **VIII** bis **X**, **XII** u. Bzl. werden die Oszillatorstärken u. die Dipolübergänge der Absorptionsbanden berechnet.
Th. Tuchscheerer 458

1052 **IR-Absorptionsspektren und Enolisierung einiger β-Diketone.** É. Ja. Gren, A. K. Grinvalde und G. Ja. Vanag. (Ž. prikl. Spektroskopii **6** (1967) 3, 382—87; russ., Auszug: engl.) — Vf. untersuchen den Einfl. der Konstit. auf die Enolbildung von Benzoylaceton, Dibenzoylmethan, 8a-Phenyl-1.2.3.5.6.7.8.8a-oktahydroazulendion-(1.3), 2-Phenylbenzo-[4.5]-cycloheptendion-(1.3), 2-Phenyl-5.6.7.7a-tetrahydroindandion-(1.3), Phenyldibenzoylmethan, 2-Formyl-5.5-dimethylcyclohexandion-(1.3) u. Tetraacetyläthan.
Th. Tuchscheerer 460

1053 **IR-Spektren und Enolisierung von einfachen 1.3-Diketonen.** É. Ja. Gren, A. K. Grinvalde und G. Ja. Vanag. (Z. prikl. Spektroskopii **6** (1967) 2, 226—31; russ., Auszug: engl.) — Auf Grund eigener IR-Unters. von Acetylaceton u. nachst. Dionen-(1.3): *5.5-Dimethylcyclohexan-*, *Cyclopentan-*, *Cyclobutan-* u. *Cycloheptan-* sowie der IR-Daten aus der Literatur von *Hexahydroindandion-(1.3)*, *2-Äthoxycyclobutenon-(1)*, nachst. $\Delta^{5,6}$-Tetrahydroindandionen-(1.3): *unsubstituiert* u. *3-Methoxy-* sowie nachst. α.γ-[n-Methylen]-propandionen-(1.3): *-Pentamethylen-*, *-Hexamethylen-*, *-Heptamethylen-*, *-Oktamethylen-*, *-Nonamethylen-*, *-Dekamethylen-*, *-Undekamethylen-* u. *-Tetradekamethylen-* wird die Enolisierbarkeit der genannten Verb. diskutiert.
T. Tęcza 460△

1054 **Enolgehalt einiger β-Diketone.** George K. Schweitzer und Edmund W. Benson. (J. chem. Engng. Data **13** (1968) 3, 452—53; Dep. of Chem., Univ. of Tenn., Knoxville, Tenn.; engl.) — Folgende Verb. wurden dargestellt u. mit Hilfe der NMR-Daten Keto-Enol-Gleichgew. bestimmt: *Pentandion-(2.4)*, *Hexandion-(2.4)* (Kp.$_{1-5}$ 28—31°), *5-Methylhexandion-(3.5)* (Kp. 27—28°), *2.2-Dimethylhexandion-(3.5)* (Kp.$_{16}$ 68—70°), *Heptandion-(3.5)* (Kp.$_{7-10}$ 48—53°) *2-Methyl-* (Kp.$_5$ 57°), *2.2-Dimethyl* (Kp.$_6$ 65—66°), *2.6-Dimethyl-* (Kp.$_1$ 54—55°), *2.2.6-Trimethyl-* (Kp.$_{7-8}$ 71—72°) u. *2.2.6.6-Tetramethylheptandion-(3.5)* (Kp.$_{3-4}$ 58—62°). D. Strauch 460

1055 **Polarographische Aciditätsskala der C—H-Bindung in organischen Verbindungen.** K. P. Butin, I. P. Beleckaja, A. N. Kašin und O. A. Reutov. (Doklady Akad. Nauk SSSR **175** (1967) 5, 1055—58; Mosk. gos. univ. im. Lomonosova; russ.) — Aus den Halbstufenpotentialen E/2 bei der Red. nachst. symm. Hg-Verb.: *Divinyl-*, *Diphenyl-*, *Dibenzyl-*, *Bis-[pentachlorphenyl]-*, *Bis-[trans-β-chlorvinyl]-*, *Diallyl-*, *Bis-[phenyläthinyl]-*, *Bis-[pentafluorphenyl]-*, *Bis-[carbomethoxymethyl]-*, *Bis-[trichlorvinyl]-*, *Dicyclopentadienyl-*, *Bis-[α-carbäthoxybenzyl]-*, *Bis-[acetylcarbäthoxymethyl]-*, *Bis-[pivaloylmethyl]-quecksilber* u. *Hg(CN)$_2$* werden die pK$_a$-Werte der in entsprechender Reihenfolge nachst. angeführten C—H Säuren bestimmt: *Äthylen*, *Bzl.*, *Toluol* (α-Stellung), *Pentachlorbenzol*, *Chloräthylen*, *Propylen* (3-Stellung). *Phenylacetylen*, *Pentafluorbenzol*, *Methylacetat*, *Trichloräthylen*, *Cyclopentadien*, *Phenylessigsäureäthyl-* u. *Acetessigester*, *tert.-Butylmethylketon* u. HCN von *Methylformiat*, *Äthan*, *Propan* (1- u. 2-Stellung) u. *n-Butan* (1-Stellung) werden die pK$_a$-Werte aus früheren E/2-Messungen angeführt.
G. Praßler 462

1056 **Thermodynamik der Protonendissoziation des o-Toluidiniumions in wäßrigen Natriumchloridlösungen: Lösungsmittelextraktion.** Abdel-Latif Aboul-Seoud, Ibrahim Mansour und Mahmoud El-Sherif. (Ann. Chimica **57** (1967) 8—9, 1035—44; Fac. of Engng., Univ. of Alexandria, Alexandria, Egypt.; engl.) — Die Verteilung von o-Toluidin zwischen PAe. u. wss. NaCl-Lsg. wird bei Temp. von 10—40° gemessen u. die Aktivitätskoeff. u. Salzeffekte berechnet. Mit einer modifizierten Verteilungsmeth. wird die Protonendissoziation des o-Toluidiniumions untersucht u. ebenfalls die Aktivitätskoeff. u. die thermodynam. Parameter der Dissoziation berechnet. K. Strenge 462

1057 **Stark basische Systeme. 8. Mitt. Die H-Funktion für Dimethylsulfoxid-Wasser-Tetramethylammoniumhydroxyd.** Douglas Dolman und Ross Stewart. (Canad. J. Chem. **45** (1967) 9, 911—24; Dep. of Chem., Univ. of British Columbia, Vancouver; engl.) — 6. vgl. C. **1967**, 3-0976. — pK$_{HA}$-Werte wurden bestimmt für: *2.4-Dinitro-*, *3.4'-Dinitro-*, *4-Nitro-3'-trifluormethyl-*, *4-Nitro-*, *2-Nitro-*, *4-Methyl-sulfonyl-*, *3-Nitro-*, *3.4'-Dichlor-*, *3-Trifluormethyl-*, *3-Chlor-*, *4-Chlor-*, *3-Methoxy-*, *4-Methyl-*, *4-Methoxydiphenylamin*, *Diphenylamin*, *4-Chlor-2-nitro-*, *2.3.5.6-Tetrachlor-*, *4-Cyan-*, *3.4.5-Trichlor-*, *3.5-Dichlor-*, *3.4-Dichlor-*, *3-Cyan-*, *3-Trifluormethyl-* u. *3-Chloranilin*. Die H$_-$-Funktion von 0,011 m $(CH_3)_4NOH$-Lsg. liegt zwischen 12 in W. u. 26,2 in 99,6 Mol.-%ig. Dimethylsulfoxid-W.-Mischung. Die Basizität wächst auf Grund der anwachsenden Aktivität der OH-Ionen, welche in die an Anionen armen DMSO-Lsg. gebracht worden sind. Demnach besitzt das OH-Ion die größte Löslichkeit in Wasser. M. Knaack 462

B-5. Elektrochemie

1058 **Synthese sauerstoffhaltiger organischer Verbindungen durch elektrische Entladungen. 2. Mitt. Bestimmung der optimalen Bedingungen der Reaktion von Methan mit CO_2 bei der stillen elektrischen Entladung.** V. B. Luk'janov, Ju. M. Emel'janov und V. V. Kovalenko. (Ž. fiz. Chim. **41** (1967) 8, 2025—29; Lomonossov-Univ., Mosk. gos. univ. im. Lomonosova, chim. fak.; russ.) — 1. vgl. ibid. **41** (1967) 1, 170.
K.-H. Heckner 468

1059 **Synthese sauerstoffhaltiger organischer Verbindungen durch elektrische Entladungen. 3. Mitt. Zusammensetzung der bei der Reaktion von Methan mit CO_2 bei der stillen Entladung entstehenden Carbonylderivate.** V. B. Luk'janov. (Ž. fiz. Chim. **41** (1967) 8, 2030—33; russ.) — 2. vgl. vorst. Referat. — Die Rk.-Prod. (C_1—C_6-Carbonylverb.) werden papierchromatograph. analysiert; ihre Bldg. hängt nur von der Spannung u. von der Zus. des CO_2–CH_4-Gemischs ab. K.-H. Heckner 468

1060 **Synthese sauerstoffhaltiger organischer Verbindungen durch elektrische Entladungen. 4. Mitt. Bestimmung der optimalen Bedingungen der Reaktion von Methan mit Kohlenmonoxid bei der stillen elektrischen Entladung.** V. B. Luk'janov, An. N. Nesmejanov und V. G. Badinin. (Ž. fiz. Chim. **41** (1967) 10, 2657—62; russ.) — 3. vgl. vorst. Referat. K. H. Heckner 468

1061 **Resonanzeinfang von langsamen Elektronen in Äthan.** B. Huber. (Z. Naturforsch. **23a** (1968) 8, 1228 bis 1229; Inst. für Angew. Phys. der Univ. Hamburg; engl.) — Es wird die Elektronenwanderungsgeschw. in Abhängigkeit von Druck, Dichte u. Feldstärke gemessen. Aus den Daten wird auf einen Elektroneneinfang geschlossen. D. Schmitt 468

1062 **Wanderung von Triplet-Excitonen in geschmolzenem Naphthalin.** H. Baessler. (Molecular Crystals **4** (1968) 1—4, 201—12; Phys. Dep., TH München; engl.) — Der bei Bestrahlung von geschmolzenem Naphthalin u. *Pyren* beobachtete Photostrom wird gemessen u. seine Abhängigkeit vom bestrahlten Volumen untersucht.
D. Schmitt 468

1063 **Struktur und Reaktionsfähigkeit stickstoffhaltiger Derivate von Carbonylverbindungen. 21. Mitt. Polarographisches Verhalten von Nitrophenylhydrazinen.** Ju. P. Kitaev und I. M. Skrebkova. (Ž. obšč. Chim. **37(99)** (1967) 6, 1198—1203; Inst. org. i fiz. chimii ANad. SSSR, Kasan'; russ.) — 19. vgl. C. **1969**, 15-1104. — Vf. unter-

suchen *2-Nitro-*; *4-Nitro-*; *2.4-Dinitro-* u. *2.4.6-Trinitrophenylhydrazin* in methanol. wss. Lsg. im Bereich pH 2 bis 11,5 u. diskutieren den Red.-Mechanismus.
K. H. Heckner 468

1064 **Struktur und Reaktionsfähigkeit stickstoffhaltiger Derivate von Carbonylverbindungen. 22. Mitt. Polarographisches Verhalten von Nitrophenylhydrazonen.** Ju. P. Kitaev und I. M. Skrebkova. (Ž. obšč. Chim. **37**(99) (1967) 6, 1204—08; russ.) — 21. vgl. vorst. Referat. — Im Bereich pH 2—11 untersuchen Vf. den Substituenteneinfl. auf die polarograph. Red. von *Aceton-4-nitrophenylhydrazon, -2-nitrophenylhydrazon, -3-nitrophenylhydrazon, -2.4-dinitrophenylhydrazon* u. *-2.4.6-trinitrophenylhydrazon*; *Methyläthylketon-4-nitrophenylhydrazon, -2-nitrophenylhydrazon, -3-nitrophenylhydrazon-* u. *2.4.6-trinitrophenylhydrazon*; *Propionaldehyd-4-nitrophenylhydrazon, -3-nitrophenylhydrazon* u. *-2.4.6-trinitrophenylhydrazon*; *Formmaldehyd-4-nitrophenylhydrazon, -2-nitrophenylhydrazon, -2.4-dinitrophenylhydrazon* u. *-2.4.6-trinitrophenylhydrazon*; *Acetaldehyd-4-nitrophenylhydrazon, -2-nitrophenylhydrazon, -2.4-dinitrophenylhydrazon* u. *-2.4.6-trinitrophenylhydrazon.* Der Red.-Mechanismus wird diskutiert.
K. H. Heckner 468

1065 **Elektrische Leitfähigkeit des Molekülkomplexes von Bortrichlorid mit Anisol.** L. I. Pečalin und G. M. Pančenkov. (Ž. fiz. Chim. **41** (1967) 3, 682—84; Mosk. gos. univ., Chim. fak.; russ.) Heinz Vogel 468

1066 **Elektrische Leitfähigkeit quaternärer Ammoniumsalze in Aceton. 1. Mitt. Druck- und Temperatureffekte.** W. A. Adams und K. J. Laidler. (Canad. J. Chem. **46** (1968) 12, 1977—88; Dep. of Chem., Univ., Ottawa; engl.) — Die Äquivalenzleitfähigkeit sowie die Dissoziationskonst. der Ionenpaare von *Tetramethyl-*, *Tetraäthyl-* u. *Tetra-n-propylammoniumjodid* wurden bei 25—55° u. 1 bar—1,1 kbar bestimmt.
D. Strauch 468

1067 **Elektrische Leitfähigkeit quaternärer Ammoniumsalze in Aceton. 2. Mitt. Transportmechanismen.** W. A. Adams und K. J. Laidler. (Canad. J. Chem. **46** (1968) 12, 1989—2003; engl.) — 1. vgl. vorst. Referat. — Die l. c. bestimmten Daten von *Tetramethyl-*, *Tetraäthyl-* u. *Tetra-n-propylammoniumjodid* werden nach der Theorie des aktivierten Komplexes gedeutet, Aktivierungsenergie u. -vol. der Leitfähigkeit berechnet. D. Strauch 468

1068 **Elektrische Leitfähigkeit quaternärer Ammoniumsalze in Aceton. 3. Mitt. Ionenpaarbildung.** W. A. Adams und K. J. Laidler. (Canad. J. Chem. **46** (1968) 12, 2005—11; engl.) — 2. vgl. vorst. Referat. — Es wurden die Enthalpie, die innere Energie bei konst. Vol., die Entropie u. das Vol. der Dissoziation von Ionenpaaren von *Tetramethyl-*, *Tetraäthyl-* u. *Tetra-n-propylammoniumjodid* aus den im vorvorst. Ref. berichteten Daten berechnet. D. Strauch 468

1069 **Leitfähigkeit von Tetraäthyl- und Tetrabutylammoniumperchlorat in Wasser-Dioxan-Mischungen bei 25°.** Raymond Bury und Jean-Claude Justice. (J. Chim. physique Physico-Chim. biol. **64** (1967) 10, 1491—98; Fac. des Sci. de Paris, Labor. d'Électrochim.; franz.) — Aus den experimentellen Daten wurde mit Hilfe der Fuoss-Onsager-Gleichung die Äquivalentgrenzleitfähigkeit sowie die Assoziationskonst. bestimmt. Aus der Änderung des Walden-Prod. in Abhängigkeit von der Zus. der Gemische werden Rückschlüsse auf die Ion-Lsgm.-Wechselwrkg. gezogen. G. Schatz 468

1070 **Ionengrenzleitfähigkeit von Tetraphenylborat-, Tetrabutylammonium- und Triisoamylbutylammoniumionen in Nitromethan bei 25°.** Michael A. Coplan, Marie-Claude Justice und Marguerite Quintin. (J. Chim. physique Physico-Chim. biol. **65** (1968) 6, 1152—54; Labor. d'Électrochim. de la Fac. des Sci., Paris; franz.) — Untersucht wurden $(C_4H_9)_4NBr$, $(C_4H_9)_4(C_6H_5)_4B$ u. $(C_5H_{11})_3(C_4H_9)(C_6H_5)_4B$.
J. Richter 468

1071 **Chemische Injektionsmechanismen von positiven Ladungsträgern in Einkristalle.** A. K. Hoffmann. (Nature [London] **218** (1968) 5147, 1157—58; Stamford, Conn., Amer. Cyanamid Co., Stamford Res. Labor.; engl.) — Es werden zwei neue Mechanismen der Löcherinjektion aus der Lsg. in festes *Anthracen* vorgeschlagen, wobei der erstere über Charge-Transfer-Komplexe u. der zweite über eine potentialunabhängige chem. Rk. geht. Für die folgenden Lsg. von Charge-Transfer-Komplexen wurde eine Löcherinjektion beobachtet (in Klammern das Lsg.-Mittel): $FeCl_3 \cdot 6\,H_2O$ (CH_3NO_2), $SbCl_3$ (CH_2Cl_2), *TiCl* (CH_2Cl_2) u. *das Triphenylmethylkation* (CH_2Cl_2).
J. M. Spaeth 470

1072 **Die Anisotropie der Übertragungskoeffizienten in organischen Halbleitern.** S. I. Kubarev und I. D. Michajlov. (Teoret. ėksper. Chim. **3** (1967) 4, 463—70; Inst. chim. fiziki AN SSSR, g. Moskva; russ.) — Mit Hilfe der Einführung eines vom Quasiimpuls unabhängigen Relaxationstensors wird die Anisotropie der Lochbeweglichkeit u. der Thermo-EMK von *Anthracen* u. *Naphthalin* berechnet. J. Tůmová 470△

1073 **Einführung von Stromträgern aus der Lösung in das Anthracen.** V. Ju. Litvinenko und V. M. Fridkin. (Ž. fiz. Chim. **41** (1967) 11, 2938—41; Rostovskij gos. univ., Inst. Kristallografii AN SSSR, Moskva; russ.) — Vf. untersucht die Dunkelleitfähigkeit von Anthracen-Einkrist. unter Verw. einer mit sichtbaren Licht bestrahlten Lsg. von J_2 in wss. HJ. G. Praßler 470

1074 **Elektrische und photoelektrische Eigenschaften des Pyrens.** A. A. Avdeenko und Ju. V. Nabojkin. (Électrochimija **3** (1967) 7, 904—96; fiz.-techn. inst. nizkich temp. AN Ukr. SSR, Char'kov; russ.) — Vf. untersuchen die elektr. u. Photoleitfähigkeit, die opt. Dichte im nicht polarisierten UV-Licht u. die Photoempfindlichkeit $S = I_F/(eNE)$ im UV-Bereich (wobei I_F = Photostrom, e = Elementarladung, N = Anzahl der absorbierten Lichtquanten pro 1 cm² Oberfläche u. E angelegtes elektr. Feld). G. Praßler 470

1075 **Excitonendiffusion in Naphthalin-Aufdampfschichten.** G. Gallus und H. C. Wolf. (Z. Naturforsch. **23a** (1968) 9, 1333—39; 3. Phys. Inst., Univ. Stuttgart; dt.) — Es wird die Diffusion an Doppelschichten aus reinem Naphthalin (**I**) u. mit Jodbenzol dotiertem **I** beobachtet.
D. Schmitt 470

1076 **Einfluß von Verunreinigungen auf die elektrische Leitfähigkeit und die Aktivierungsenergie der Leitfähigkeit von N.N'-Diphenyl-p-phenylendiamin.** V. Hádek. (Solid State Commun. **6** (1968) 6, 337—40; Suppl. zu: J. Physics Chem. Solids; Inst. of Macromol. Chem., Chech. Acad. of Sci., Prague; engl.) — Die Temp.-Abhängigkeit der Leitfähigkeit wird bis zu 130° untersucht.
K. H. Härdtl 470

1077 **Untersuchung von Phenotiazin- und Chlorpromazin-Jod-Komplexen.** F. Gutmann und H. Keyzer. (J. chem. Physics **46** (1967) 5, 1969—74; Dep. of Phys. Chem., Univ. of New South Wales, Kensington, N.S.W., Australia; engl.) — Bestimmt wurden von den 2:3-Phenothiazin-J_2- u. (1:2 bis 2:3)-Chlorpromazin-J_2-Komplexen die Leitfähigkeitskurven, ESR-Signale u. IR-Spektren. W. Wesly 470

1078 **Photoleitfähigkeit, Leitungsband und Excitonen aromatischer Kristalle.** Paul Pesteil, Jean-Pierre Danoy und Louise Pesteil. (C.R. hebd. Séances Acad. Sci., Sér. A et B **265** (1967) 8, B502—05; Labor. de Phys., Fac. des Sci., Marseille; franz.) — An *Anthracen* u. an *Naphthalin* wurde die Photoleitfähigkeit untersucht u. mit der Hypothese der Excitonen nach Wannier erklärt. M. Wiedemann 472

1079 **Sensibilisierte Photoleitfähigkeit von Anthracenkristallen.** V. A. Benderskij und T. S. Rudenko. (Élektrochimija **3** (1967) 6, 705—10; Moskva, Inst. chim. fiziki AN SSSR; russ.) Heinz Vogel 472

1080 **Autoionisation in Anthracen.** Martin Pope. (J. chem. Physics **47** (1967) 6, 2197—98; Chem. Dep., New York Univ., New York, N.Y.; engl.) — Berechnungen des durch ein einzelnes Photon wie durch einen Exciton-Exciton-Prozeß hervorgerufenen äußeren photoelektr. Effektes ergeben, daß bei Anregungsenergien bis zu

6,3 eV die Autoionisation bei beiden Prozessen über die innere Erzeugung von Eigenleitungsträgern verläuft. W. Schramm 472

1081 **Elektronenabsorptionsspektrum von Löchern in Anthracen.** B. J. Mulder und J. de Jonge. (Solid State Commun. 5 (1967) 4, 203—05; Suppl. zu: J. Physics Chem. Solids; Eindhoven, Netherlands, Philips Res. Labor.; engl.) — Bei der Bestrahlung eines dünnen Anthracen(I) Krist. mit sichtbarem Licht wird ein Photoleitfähigkeitsspektrum erhalten, das dem Elektronenabsorptionsspektrum von I-Kationen entspricht. Die beobachtete Photoleitfähigkeit wird auf die Lichtabsorption an Ladungsträgern (Löchern) in der Oberfläche des I-Krist. zurückgeführt. G. O. Jäger 472△

1082 **Photoelektrische Eigenschaften polykristalliner p-Quaterphenyl-Schichten.** A. Lipiński, J. Piotrowski und A. Szymański. (Bull. Acad. polon. Sci., Sér. Sci. math., atronom. physiques 15 (1967) 11, 833—38; Techn. Univ., Łódź; engl.) — An polykrist. p-Quaterphenylschichten mit Pt-, Au-, Al- bzw. In-Elektroden wird die Abhängigkeit der Photospannung u. des -stromes vom Elektrodenmaterial, von der Temp. u. der Wellenlänge untersucht. G. Kirsten 472△

1083 **Wahl des Lösungsmittels für elektrochemische Untersuchungen eines binären Systems in einer dritten Komponente.** F. N. Kozlenko. (Ukrainskij chim. Ž. 33 (1967) 10, 1028—32; L'vovskij gos. med. inst.; russ.) — Zur Wahl eines geeigneten Lsgm. untersucht der Vf. den Einfl. der DK des Lsgm. sowie der Konz. der Lsg. auf die Temp.-Abhängigkeit der EMK u. die Leitfähigkeit des bin. ionogenen Syst. *Diäthylamin*–Allylsenföl in verschiedenen Lsg.-Mitteln. G. Praßler 474

1084 **Kinetik der elektrochemischen Oxydation von Pyridin im Temperaturbereich 70 bis 300°.** A. M. Aboimov und S. V. Gorbačev. (Ž. fiz. Chim. 41 (1967) 9, 2307—12; Inst. für phys. Chem., Mosk. chim.-technol. inst. im. Mendeleeva; russ.) K. H. Heckner 476

1085 **Mechanismus der Oxydation von Methanol der Pt–Ru-Elektrode.** V. S. Ėntina und O. A. Petrij. (Ėlektrochimija 3 (1967) 10, 1237—40; Mosk. gos. univ. im. Lomonosova; russ.) K. H. Heckner 476

1086 **Einfluß von Fremdanionen auf Reaktionen vom Kolbe-Typ in alkoholischem Medium.** M. Ja. Fiošin und I. A. Avruckaja. (Ėlektrochimija 3 (1967) 10, 1288—91; Mosk. chim.-technol. inst. im. Mendeleeva; russ.) — Vf. untersuchen den Einfl. von *Cyclohexen* (I), Na_2SO_4, NaCl, NaBr, NaJ, NaCl + NaBr mit u. ohne I auf die anod. Ox. von *Monomethyladipinat* in methanol. Lsg. zu *Sebacinsäure* u. *Formaldehyd.* K. H. Heckner 476

1087 **Kinetik der elektrochemischen Reduktion von Maleinsäure an einer platiniertem Pt-Elektrode.** I. V. Kudrjašov und V. L. Kočetkov. (Ž. fiz. Chim. 41 (1967) 9, 2313—20; Mosk. chim.-technol. inst. im. Mendeleeva; russ.) K.-H. Heckner 476

1088 **Kinetik der elektrochemischen Reduktion von Maleinsäure an der platiniertem Pt-Elektrode.** I. V. Kudrjašov und V. L. Kočetkov. (Ž. fiz. Chim. 41 (1967) 7, 1712—16; Mosk. chim.-technol. inst. im. Mendeleeva; russ.) K.-H. Heckner 476

1089 **Adsorption von Methan an der Pt-Elektrode in phosphorsaurer Lösung.** O. A. Petrij, R. V. Marvet und Ž. N. Malyševa. (Ėlektrochimija 3 (1967) 9, 1141 bis 1143; Mosk. gos. Univ. im. Lomonosova; russ.) G. Praßler 478

1090 **Hochspannungspolarisation in polaren flüssigen Dielektrika.** L. S. Kazackaja und P. K. Mickevič. (Elektronnaja Obrabotka Mater. **1967,** 3(15), 47—50; g. Dnepropetrovsk; russ.) — Die Vf. untersuchen die Polarisationserscheinungen u. die Leitfähigkeit von *Jodbenzol, Brombenzol* u. *Chlorbenzol.* G. Praßler 478

1091 **Solvatochromieeffekt und elektrochemische Reduktion von p-Aminoazobenzolen an der Hg-Tropfelektrode.** A. V. Finkel'štejn, V. L. Pogrebnaja und A. I. Jarošenko. (Izvest. vysšich učebnych Zavedenij [Ivanovo], Chim. i chim. Technol. 10 (1967) 8, 944—45; Sibir. technol. inst.; russ.) — Vf. untersuchen die Beziehung zwischen den Halbstufenpotentialen u. der Verschiebung der K-Bande zwischen den Lsg. in n-Heptan u. A. sowie den Hammettschen σ-Konst. von nachst. p-Aminoazobenzolen: *unsubstituiert, p-Methyl-, m-Methyl, p-Brom-, p-Chlor-, m-Nitro-* u. *p-Nitro.* G. Praßler 478

1092 **Solvatochromieeffekt und Halbstufenpotential einiger aromatischer Verbindungen.** A. V. Finkel'štejn, A. I. Jarošenko und E. Ju. Beljaev. (Doklady Akad. Nauk SSSR **175** (1967) 3, 651—53; Sibir. technol. inst., Krasnojarsk; russ.) — Auf Grund der Unters. der Halbstufenpotentiale E/2 u. der Lsgm.-Verschiebung der K-Bande $\Delta\nu_{1,2}$ in A. u. n-Heptan von nachst. N-Nitroso-N-methylanilinen: *unsubstituiert, o-, m-* u. *p-Brom-; o-, m-* u. *p-Chlor-; m-* u. *p-Methoxy-, m-* u. *p-Methyl-,* nachst. p-Dimethylaminoazobenzolen: *unsubstituiert, m-Methyl-, o'-, m'-* u. *p'-Brom-* sowie *p'-Chlor-* ermitteln die Vf. eine quant. Beziehung zwischen E/2 u. $\Delta\nu_{1,2}$ für beide Verb.-Klassen. G. Praßler 478

1093 **Natur der Polarisation bei der Reduktion von Nitromethan mit Zusätzen von Alkali- und Erdalkalikationen.** V. V. Belik und S. V. Gorbačev. (Ž. fiz. Chim. 41 (1967) 5, 1139—43; Chim.-technol. inst. im. Mendeleeva; russ.) — Die Vf. untersuchen den Einfl. von Zusätzen von *LiCl, NaCl, KCl, CsCl,* $MgCl_2$, $CaCl_2$, $SrCl_2$ u. $BaCl_2$ auf die kathod. Red. von Nitromethan. G. Praßler 478

1094 **Solvatochromieeffekt und Halbstufenpotentiale von Paradimethylaminoazobenzolen.** A. V. Finkel'štejn, A. I. Jarošenko und V. P. Kumarev. (Ž. fiz. Chim. 41 (1967) 8, 2079—81; Sibir. technol. inst., Krasnojarsk; russ.) — Die Vf. untersuchen die Beziehung zwischen den Halbstufenpotentialen u. der Lsgm.-Verschiebung der K-Bande in n-Heptanol u. A. von nachst. p-Dimethylaminoazobenzolen: *unsubstituiert, p'-Methyl-, p'-Chlor-* sowie *o'-, m'-* u. *p'-Brom-.* G. Praßler 478

1095 **Polarographische Untersuchung von 1-Hydroxyisoindolinen.** N. P. Šimanskaja, L. A. Pavlova und V. D. Bezuglyj. (Ž. obšč. Chim. 37(99) (1967) 5, 974—77; Inst. ėlektrochimii AN SSSR; russ.) — Die Vf. untersuchen die polarograph. Red von nachst. 1-Hydroxy-2-phenyl-3.3-dimethylisoindolinen: *1-Phenyl-, 1-[p-Tolyl]-* u. *1-[p-Methoxyphenyl]-.* G. Praßler 478

1096 **Polarographische Reduktion von Dihydrodioxotrypticen und Dihydrodioxodibenzotrypticen in Dimethylformamid.** R. Ju. Mamedzade, E. I. Klabunovskij und A. A. Balandin. (Izvest. Akad. Nauk SSSR, Ser. chim. **1967,** 5, 1009—12; Inst. org. chimii im. Zelinskogo AN SSSR; russ.) — Untersucht werden *13.16-Dihydro-13.16-dioxotrypticen* u. *13.16-Dihydro-13.16-dioxo-[2.3; 6.7]-dibenzotrypticen.* G. Praßler 478

1097 **Beziehung zwischen den Halbstufenpotentialen substituierter Benzaldehyde mit der Größe des Solvatochromieeffekts.** A. V. Finkel'štejn, V. V. Ivanov und A. I. Jarošenko. (Ėlektrochimija 3 (1967) 10, 1245 bis 1247; Sibir. technol. inst., Krasnojarsk; russ.) — Vf. untersuchen die Beziehung zwischen den Halbstufenpotentialen u. der Lsgm.-Verschiebung der K-Bande in n-Heptan u. A. von nachst. Benzaldehyden: unsubstituiert, p-Brom-, p-Hydroxy-, o-Hydroxy-, m-Hydroxy-, o-Methoxy-, m-Methoxy- u. p-Dimethylamino-. G. Praßler 478

1098 **Polarographisches Verhalten von 2-Arylindandionen-(1.3).** Ja. P. Stradyn' und I. K. Tutane. (Ž. obšč. Chim. 37(99) (1967) 9, 1956—61; Ist. org. sinteza AN Latv. SSR; russ.) — Vf. untersuchen die Beziehung zwischen dem Verh. bei der polarograph. Red. u. der Konstit. von nachst. Indandionen-(1.3): 2-Phenyl-, 2-[p-Methoxyphenyl]-, 2-[p-Chlorphenyl]-, 2-[p-Nitrophenyl]-, 2-[p-Aminophenyl]-, 2-[p-Dimethylamino]-, 2-[p-Bromphenyl]-, 2-[p-Jodphenyl]-, 2-[p-Äthylphenyl]- u. dem Kation von 2-[p-Trimethylammoniophenyl]-. G. Praßler 478

1099 **Polarographische Untersuchung ungesättigter Ketone. 4. Mitt. Struktur und Reaktionsfähigkeit heterocyclischer Propenonderivate.** G. G. Belous, V. F. Lavrusin und V. D. Bezuglyj. (Ž. obšč. Chim. **37**(**99**) (1967) 10, 2169–75; Char'kovskij gos. univ. im. Gor'kogo; russ.) — Vf. untersuchen den Mechanismus der polarograph. Red. u. die Beziehung zwischen den Halbstufenpotentialen E/2 u. de n Taftschen Konst. $\Sigma\varrho^0\sigma^0$ von nachst. 1-[α-Furyl]-propenonen-(3): *3-Phenyl-*, *3-[α-Furyl]-*, *3-[4-Methoxyphenyl]-*, *3-[2.4-Dimethoxyphenyl]-*, *3-[4-Nitrophenyl]-*; nachst. 3-[α-Furyl]-propenonen-(3): *1-Phenyl-*, *1-[4-Methoxyphenyl]-*, *1-[2.4-Dimethoxyphenyl]-*, *1-[4-Nitrophenyl]-*; nachst. 1-[α-Thienyl]-propenonen-(3): *3-Phenyl-*, *3-[α-Thienyl]-*, *3-[4-Methoxyphenyl]-*, *3-[2.4-Dimethoxyphenyl]-*, *3-[4-Nitrophenyl]-*; 3-[α-Thienyl]-propenonen-(3): *1-Phenyl-*, *1-[4-Methoxyphenyl]-*, *1-[2.4-Dimethoxyphenyl]-*, *1-[4-Nitrophenyl]-*; nachst. Chalkonen: *4-Nitro-*, *4'-Nitro-*, *4-Nitro-4'-methoxy-*, *4'-Nitro-4-methoxy-*, *unsubstituiert*, *4'-Brom-*, *4-Methoxy-*, *4'-Methoxy-* u. *4.4'-Dimethoxy-*. Bei den letzten 5 Verb. werden die E/2 der Literatur entnommen. G. Praßler 478

1100 **Kathoden-Spannungs-Strom-Kurven von 2-Brom-2-arylindandionen-(1.3) und ihre Reaktionsfähigkeit.** L. Ja. Zaul, A. Ju. Karklin', A. K. Aren und A. R. Vejs. (Izvest. Akad. Nauk Latv. SSSR, Ser. chim. **1967**, **4**, 418–21; Rižskij politechn. inst.; russ., Auszug: engl.) — Vf. untersuchen den Substituenteneinfl. auf die kathod. Red. von nachst. 2-Bromindandionen-(1.3): *2-[4-Methoxyphenyl]-*, *2-[3.4-Dimethoxyphenyl]-*, *2-[4-Nitrobenzyl]-*, *2-Phenyl-*, *2-[Fluorphenyl]-*, *2-[Bromphenyl]-*, *2-[4-Chlorphenyl]-*, *2-[3-Fluorphenyl]-*, *2-Brom-*, *2-[3-Chlorphenyl]-* u. *2-[4-Nitrophenyl]-*. Es besteht ein Zusammenhang zwischen den Kathodenpotentialen der Red. der 2-Brom-2-arylindandione-(1.3), ihren pK_k-Werten u. ihrer Rk.-Fähigkeit mit Aminen. G. Praßler 478

1101 **Polarographisches Verhalten einiger Verbindungen der 2-Arylindandion-Reihe.** I. K. Tutane und Ja. P. Stradyn'. (Ž. obšč. Chim. **37**(**99**) (1967) 9, 1962–67; Inst. org. sinteza AN Latv. SSR; russ.) — Vf. untersuchen die Beziehung zwischen Konstit. u. Verh. bei der polarograph. Red. von nachst. Verb. mit fixierter Dion-, Enol- bzw. Enolatanionstruktur: Indandione-(1.3): *2-Methyl-2-phenyl-*, *2-Methyl-2-[p-chlorphenyl]-*, *2-Benzyl-2-phenyl-*; Indanone-(1): *3-Methoxy-*, *3-Pentyloxy-* u. vom *Enolatanion* des *2-Phenylindandion-(1.3)*. G. Praßler 478

1102 **Anoden-Strom–Spannungs-Kurven von 2-Arylindandionen-(1.3) in verschiedenen Medien.** A. Ju. Karklin', I. O. Pelčere, L. Ja. Zaul, O. Ja. Nejland und A. R. Vejs. (Izvest. Akad. Nauk Latv. SSR, Ser. chim. **1967**, **2**, 139–45; Rižskij polytechn. inst.; russ., Auszug: engl.) — Vf. untersuchen in CH_3COOH u. A. die anod. Ox. von nachst. Indandionen-(1.3): *2-Phenyl-*, *2-[p-Methoxyphenyl]-*, *2-[p-Jodphenyl]-*, *2-[p-Bromphenyl]-*, *2-[p-Chlorphenyl]-*, *2-[m-Bromphenyl]-*, *2-[m-Jodphenyl]-*, *2-[p-Trimethylammoniophenyl]-*, *2-[p-Nitrophenyl]-*, *2-[o-Methoxyphenyl]-* u. *2-[o-Chlorphenyl]-*. Die aus den Strom–Spannungs-Diagrammen ermittelten pK-Werte u. Halbstufenpotentiale werden mit den Hammettschen σ-Konst. der Substituenten verglichen. G. Praßler 478

1103 **Struktur und Reaktionsfähigkeit stickstoffhaltiger Derivate der Carbonylverbindungen. 18. Mitt. Polarographische Untersuchung einiger Isonicotinoylhydrazone.** Ju. P. Kitaev und G. K. Budnikov. (Izvest. Akad. Nauk SSSR, Ser. chim. **1967**, **3**, 554–61; Chim. inst. im. Arbuzowa AN SSSR; russ.) — 17. vgl. ibid. **1967**, **1**, 17. — Vf. untersuchen die Beziehung zwischen Konstit. u. polarograph. Red. von *Metazid*, *Isonicotinamid* (F. 153 bis 153,5°), *Isonicotinoylhydrazin* (F. 170°) u. von nachst. Isonicotinoylhydrazonen: *Aceton-* (F. 159–160°), *Diisobutylketon-* (F. 125–126,5°), *Cyclohexanon-* (F. 167 bis 168°), *Phenylbenzylketon-* (F. 149–150,5°) u. *Benzyläthylketon-* (F. 123,5–124°). Ferner wird der Einfl von Zusätzen von *KCl*, NH_4Cl u. von oberflächenakt. Ketonen wie *Campher* auf das polarograph. Verh. untersucht. G. Praßler 478

1104 **Struktur und Reaktionsfähigkeit stickstoffhaltiger Derivate von Carbonylverbindungen. 19. Mitt. Polarographische Untersuchung von Isonicotinoylhydrazonen aromatischer Aldehyde.** Ju. P. Kitaev und G. K. Budnikov. (Izvest. Akad. Nauk SSSR, Ser. chim. **1967**, **3**, 562–67; russ.) — 18. vgl. vorst. Referat. — Die Vf. untersuchen die Substituenteneinfl. auf das polarograph. Verh. nachst. Isonicotinoylhydrazone: *Benzaldehyd-*, *Cuminaldehyd-*, *p-Dimethylaminobenzaldehyd-*, *m-Nitrobenzaldehyd-*, *p-Nitrobenzaldehyd-*, *Salicylaldehyd-*, *m-Methoxy-p-hydroxybenzaldehyd-*, *2-Carboxy-3.4-dimethoxybenzaldehyd-* u. *Furfurylidenaceton-*. G. Praßler 478

1105 **Azomethinbasen. 14. Mitt. Polarographie von Bisazomethinderivaten des 2.7-Diaminofluorens.** V. N. Dmitrieva, A. I. Nazarenko, B. M. Krasovickij und V. D. Bezuglyj. (Ž. obšč. Chim. **37**(**99**) (1967) 9, 1967–69; VNII monokrist., scintilljac. materialov, osobo čistych chim. veščestv, Char'kov; russ.) — 13. vgl. ibid. **37**(**99**) (1967) 372. — Vf. untersuchen die Beziehung zwischen Konstit. u. Verh. bei der polarograph. Red. von nachst. Benzidinen: *N.N'-Dibenzyliden-*, *N.N'-Bis-[p-chlorbenzyliden]-*, *N.N'-Bis-[o-hydroxybenzyliden]-*; nachst. Fluorene: *2.7-Bis-[benzylidenamino]-*, *2.7-Bis-[p-chlorbenzylidenamino]-*, *2.7-Bis-[o-chlorbenzylidenamino]-*, *2.7-Bis-[p-methoxybenzylidenamino]-*, *2.7-Bis-[o-methoxybenzylidenamino]-*, *2.7-Bis-[o-hydroxybenzylidenamino]-*, *2.7-Bis-[m-hydroxybenzylidenamino]-*, *2.7-Bis-[p-dimethylaminobenzylidenamino]-*, *2.7-Bis-[α-naphthylmethylenamino]-*, *2.7-Bis-[β-naphthylmethylenamino]-*, *2.7-Bis-[2-hydroxynaphthylmethylenamino]-*; *2.7-Bis-[o-hydroxybenzylidenamino]-carbazol* u. *-fluorenon*, *3.8-Bis-[o-hydroxybenzylidenamino]-5H-phenanthridon-(6)*, *3.7-Bis-[o-hydroxybenzylidenamino]-dibenzothiophen-S.S-dioxid* sowie nachst. Benzo[c]cinnoline: *3.8-Bis-[o-hydroxybenzylidenamino]-* u. *3.8-Bis-[2-hydroxynaphthylmethylenamino]-*. G. Praßler 478

1106 **Polarographisches Verhalten von Azomethinderivaten des Phenyl- und Furyl-(2)-glyoxals.** Ja. P. Stradyn', I. Ja. Kravic und N. O. Saldabol. (Ž. obšč. Chim. **37**(**99**) (1967) 5, 977–82; Inst. org. sinteza AN Latv. SSR; russ.) — Vf. untersuchen den Mechanismus der polarograph. Red. von *1-[Furyl-(2)]-1-oximinoäthan* (F. 104–105°), *Benzoyl-* (**I**, F. 126–127°) u. *[Furoyl-(2)]-oximinomethan* (**II**, F. 115–116°), sowie die Phenylhydrazone von *Phenylglyoxal* (F. 126–127°) u. *[Furyl-(2)]-glyoxal* (F. 150–151°). **I** u. **II** liegen in der cis-Form vor u. bilden starke intramol. H-Bindungen. G. Praßler 478

1107 **Über den Mechanismus der Reduktion α.β-ungesättigter Sulfone an der tropfenden Quecksilber-Elektrode.** A. A. Pozdeeva, S. G. Majranovskij und L. K. Gladkova. (Élektrochimija **3** (1967) 9, 1127–29; Inst. organ. chimii Baškirskogo gos. univ. im. 40-letija Oktjabrja, Ufa; russ.) — Vf. untersuchen den Einfl. der Konstit. u. der Konz. auf die polarograph. Red. in alkohol. Lsg. von nachst. Vinylsulfonen: *Methyl-*, *Äthyl-*, *Propyl-*, *Isopropyl-*, *tert.-Isobutyl-*, *n-Pentyl-*, *tert.-Isopentyl-*, *sek.-Isopentyl-*, *n-Octyl-*, *sek.-Octyl-* u. *Decyl-*. K.-H. Heckner 478

1108 **Anodische Reaktionen des Acetations in Methanol und Eisessig an verschiedenen Anodenmaterialien.** Norio Sato, Taro Sekine und Kiichiro Sugino. (J. electrochem. Soc. **115** (1968) 3, 242–46; Tokyo, Dep. of Applied Electrochem., Tokyo Inst. of Technol.; engl.) — Vf. untersuchen die anod. Kolbe-Rk. des Acetations an *Pt*, *Au*, *Pd*, PbO_2 u. *Graphit* in Abhängigkeit von Potential u. Stromdichte. In methanol. Lsg. entsteht an Pt, Au u. Pd C_2H_6 u. CO_2, daneben CH_4 u. HCHO. An Graphit bildet sich vorwiegend Methylacetat u. HCHO, an PbO_2 Methylformiat u. HCHO. J. J. Heinrich 478

B–6. Kinetik, Katalyse

1109 **Stereoselektionsregeln für elektrocyclische Wechselwirkungen.** Kenichi Fukui und Hiroshi Fujimoto. (Bull. chem. Soc. Japan **40** (1967) 9, 2018–25; Fac. of Engng., Kyoto Univ., Sakyo-ku, Kyoto; engl.) —

Nachst. Rk. werden diskutiert: Ringschluß von Polyenen, die Diels-Alder-Rk., 1.4- u. 1.3-dipolare Addition, die Cope- u. die Claisen-Umlagerung, H u. H^+-Wanderung, Ringöffnung bei cycl. Olefinen, die Desaminierung von cycl. ungesätt. Iminen, die 1.2-Nichtcycloaddition, 1.2-Eliminieren, der nucleophile Ersatz mit allyl. Umlagerung u. a. — 32 Literaturangaben. D. Schmitt 481

1110 **Reaktionsgeschwindgkeiten in binären gemischten Lösungen.** 2. Mitt. Yasuhiko Kondo und Niichiro Tokura. (Bull. chem. Soc. Japan **40** (1967) 6, 1433—38; Dep. of Appl. Chem., Fac. of Engng., Osaka Univ., Higashinoda, Miyakojima-ku, Osaka; engl.) — 1. vgl. ibid. **37** (1964) 1148. — Um den Lsgm.-Effekt auf die RG zu untersuchen, wird in die Gleichung für die RGK die Henry-Konst. eingeführt, die aus thermodynam. Daten ber. wird. Folgende Gemische in Bzl./Nitrobenzol wurden untersucht: *Methyljodid-Triäthylamin, Isopropyljodid-Py.* u. *m-Nitroanilin-Benzoylchlorid.* D. Schmitt 481

1111 **Reaktionsgeschwindigkeiten in binären gemischten Lösungen.** 3. Mitt. Yasuhiko Kondo und Niichiro Tokura. (Bull. chem. Soc. Japan **40** (1967) 6, 1438—42; engl.) — 2. vgl. vorst. Referat. — Die Gleichungen für die Aktivierungsenergien in bin. gemischten Lsgm. werden aus Gleichungen für die RG (l.c.) abgeleitet. Untersucht wurde die Benzoylierung von *m-Nitroanilin* bzw. *m-Chloranilin* in Bzl./Nitrobenzol sowie die Rk. zwischen *Triäthylamin* u. *Äthylbromid* in Bzl./Aceton. D. Schmitt 481

1112 **Einfluß des Lösungsmittels auf chemische Reaktionen in flüssiger Phase.** 2. Mitt. **Druckabhängigkeit der Geschwindigkeitskonstanten der Reaktion zwischen Triäthylamin und Äthyljodid in verschiedenen Lösungsmitteln** H. Hartmann, H. D. Brauer und G. Rinck. (Z. physik. Chem. [Frankfurt/M.] [N.F.] **61** (1968) 1/4, 47 bis 52; Inst. für phys. Chem., Univ. Frankfurt/Main; dt.) — 1. vgl. C. **1966**, 8-0801. — Die Rk. wird bei 50° u. im Druckbereich von 1—2000 kp/cm² in n-Hexan, Bzl., Chlorbenzol, Aceton, Methanol u. Nitrobenzol gemessen. Die Vol.-Änderungen $\Delta V^{\neq}$ bei 1 kp/cm² werden bestimmt. D. Schmitt 481

1113 **Einfluß des Lösungsmittels auf chemische Reaktionen in flüssiger Phase.** 3. Mitt. **Einfluß des Lösungsmittels auf Menschutkin-Reaktionen.** H. Hartmann, H. D. Brauer, H. Kelm und G. Rinck. (Z. physik. Chem. [Frankfurt/M.] [N.F.] **61** (1968) 1—4, 53—62; dt.) — 2. vgl. vorst. Referat. — Die Rk. zwischen *Methyljodid* u. *Py.* sowie zwischen *Äthyljodid* u. *Triäthylamin* wird untersucht. Zur Deutung des Lsgm.-Einfl. wird ein Kreisprozeß herangezogen u. das Vol. als Zustandsgröße betrachtet. D. Schmitt 481

1114 **Direkte Prozesse bei Molekülreaktionen mit negativen Ionen.** D. Vogt und H. Neuert. (Z. Naturforsch. **23a** (1968) 9, 1411—12; I. Inst. für Experimentalphys., Hamburg; dt.) — Es werden die Rk. von Äthylendichlorid mit Cl_2^- u. $C_2H_2Cl^-$ massenspektroskop. unter Einsatz von ^{35}Cl u. ^{37}Cl untersucht. D. Schmitt 482

1115 **Geschwindigkeit der H-Ablösung mittels OH von Kohlenwasserstoffen.** D. G. Horne und R. G. W. Norrish. (Nature [London] **215** (1967) 5108, 1373—74; Dep. of Phys. Chem. Univ. of Cambridge; engl.) — Es wird die Kinetik des Zerfalls der OH-Radikale, die bei der Blitzphotolyse von W./Ar-Mischungen entstehen, gemessen. Analoge Versuche wurden in Ggw. von *Äthan* u. *Methan* durchgeführt u. die RGK für die Rk. $OH + RH \rightarrow H_2O + R$ bestimmt. K. J. Lucas 482

1116 **Chlorfluorcarben und Dichlorcarben. Reaktivitäten bei der Addition an Olefine.** Robert A. Moss und Robert Gerstl. (J. org. Chemistry **32** (1967) 7, 2268—72; Wright Labor., School of Chem., Rutgers, The State Univ., New Brunswick, N.J.; engl.) — Die relativen Additionsgeschw. von Chlorfluorcarben an *Tetramethyläthylen, Trimethyläthylen, Isobuten, cis-* u. *trans-Buten-(2)* u. *Buten-(1)* wurden bei —10° ermittelt. Analoge Messungen wurden für die Addition von *Dichlorcarben* an cis- u. trans-Buten-(2) u. Buten-(1) durchgeführt. NMR- u. IR-Daten folgender Verb. sind angegeben: *1-Chlor-1-fluor-2-äthyl-, 1.1-Dichlor-2.2-dimethyl-, 1.1-Dichlor-cis-2.3-dimethyl-, 1.1-Dichlor-trans-2.3-dimethyl-* u. *1.1-Dichlor-2-äthylcyclopropan.* K. J. Lucas 482

1117 **Geschwindigkeit der Reaktion von schnellen Wasserstoffatomen (1—2 eV) mit angeregten Äthylradikalen im System HJ–C_2H_4.** B. G. Dzantiev und A. P. Švedčikov. (Doklady Akad. Nauk SSSR **174** (1967) 4, 876—79; Inst. chim. fiziki AN SSSR; russ.) K.-P. Thomas 482

1118 **Reaktionsfähigkeit elektronisch angeregter Stickoxidradikale und -biradikale.** A. L. Bučačenko und M. S. Chlopljankina. (Kinetika i Kataliz 8 (1967) 4, 737 bis 741; Inst. chim. fiziki AN SSSR; russ.) — Vf. untersuchen EPR-spektroskop. die Kinetik der Rk. von UV-angeregtem *2.2.6.6-Tetramethylpiperin-N-oxyl* u. *4.4'-Bis-[2.2.6.6-Tetramethylpiperidin-N-oxyl]* mit *Cyclohexan.* K.-H. Heckner 482

1119 **Wechselwirkung des freien Radikals von 5-Methylphenaziniummethylsulfat mit dem lichtinduzierten freien Radikal von Rhodospirillium rubrum Chromatophoren.** Konstantine Cost, James R. Bolton und Albert W. Frenkel. (Proc. nat. Acad. Sci. USA **57** (1967) 4, 868 bis 875; Dep. of Botany, Univ. of Minn., Minneapolis, Minn.; engl.) — Die Wechselwrkg. von ***Rhodospirillim rubrum*** Chromatophoren (RC) mit *5-Methylphenazinium-methylsulfat* (**I**) wird in nichtbiolog. Syst. untersucht. Bei der Inkubation von RC mit **I** im Dunkeln u. in Abwesenheit von Elektrondonatoren wird die Bldg. u. die RGK des freien Radikals von **I** ESR-spektroskop. untersucht. G. O. Jäger 482△

1120 **Freiradikalische Neuverteilung von Phenoldimeren.** Donald A. Bolon. (J. org. Chemistry **32** (1967) 5, 1584 bis 1590; General Electric Res. and Development Center, Schenectady, N.Y.; engl.) — Phenoxyphenole (dimere Phenole) lagern sich bei freiradikal. Initiierung zu monomeren, trimeren u. tetrameren Phenolen um. Als Radikalinitiator zur Erzeugung der dimeren Phenoxyradikale wird das 2.4.6-Tri-tert.-butylphenoxyl benutzt. Abgestoppt wird die Umordnungsrk. durch Silylierung der Phenole. Die Geschw. der Umordnung wird bei einer Reihe dimerer Phenole untersucht, welche durch Kupplung von K-Phenolat mit dem entsprechenden p-Bromanisol u. Entmethylierung mit HJ erhalten werden: *4-[2.6-Dimethylphenoxy]-2.6-dimethylanisol*, F. 58—60°. — *4-Methoxy-4'-[2.5-dimethylphenoxy]-2.6.2'.6'-tetramethyldiphenyläther*, F. 102°. — *4-[2.4.6-Trimethylphenoxy]-2.6-dimethylanisol*, F. 92,5—93°. — *4-[2-Methylphenoxy]-*, $Kp._{0,1}$ 130°. — *4-[4-Methylphenoxy]-*, F. 29—30°. — *4-Phenoxy-*, $Kp._{0,8}$ 120°. — *4-[2.6-Dimethylphenoxy]-2-methylanisol*, F. 70—71°. — *4-[2.6-Dimethylphenoxy]-anisol*, F. 42—45°. — *4-Methoxy-4'-phenoxydiphenyläther*, F. 76—77°. — *4-[2-Methyl-6-isopropylphenoxy]-anisol*, $Kp._{1,4}$ 117°. — *4-[4-Methylphenoxy]-pyrogalloltrimethyläther*, F. 73—75°. — *2-[2.6-Dimethylphenoxy]-2.6-dimethylanisol*, $Kp._{0,5}$ 109°. — *4-[2.6-Dimethylphenoxy]-2.6-dimethylphenol*, F. 110—111°. — *4-Hydroxy-4'-[2.5-dimethylphenoxy]-2.6.2'.6'-tetramethyldiphenyläther*, F. 112—113°. — *4-[2.4.6-Trimethylphenoxy]-2.6-dimethylphenol*, F. 133—135°. — *4-[2-Methylphenoxy]-*, F. 54—55°. — *4-[4-Methylphenoxy]-*, F. 60—61°. — *4-Phenoxy-*, Öl. — *4-[2.6-Dimethylphenoxy]-2-methylphenol*, F. 154—155°. — *4-[2.6-Dimethylphenoxy]-phenol*, F. 84°. — *4-Hydroxy-4'-methoxydiphenyläther*, F. 87 bis 89°. — *4-Hydroxy-4'-phenoxydiphenyläther*, F. 103 bis 104°. — *4-[2-Methyl-6-isopropylphenoxy]-phenol*, F. 82 bis 83°. — *4-[4-Methylphenoxy]-2.6-dimethoxyphenol*, F. 96°. — *2.6-Dimethylphenoxy]-2.6-dimethylphenol*, F. 89°. — Trimethylsilylierung: Durch Erhitzen des Phenols mit $(CH_3)_3SiCl$ u. Hexamethyldisilazan in Ggw. eines Aminkatalysators: *4-[2.6-Dimethylphenoxy]-2.6-dimethylphenoltrimethylsilyläther*, F. 60°. — *4-Trimethylsilyloxy-4'-[2.5-dimethylphenoxy]-2.6.2'.6'-tetramethyldiphenyläther*, F. 66—68°. *4-[4-Methylphenoxy]-2.6-dimethylphenoltrimethylsilyläther*, $Kp._{4,7}$ 180°. — *4-Trimethylsilyloxydiphenyläther*, $Kp._{1,7}$ 137°. — *4-Trimethylsilyloxy-4'-phenoxydiphenyläther*, $Kp._{2,5}$ 117°. K. Jasche 482 △

1121 **Reaktionen von Halogenfettsäuren mit freien Radikalen in wäßriger Lösung.** 1. Mitt. **Reaktion mit H-**

Atomen. M. Anbar und P. Neta. (J. chem. Soc. [London] Sect. A **1967**, 5, 834—37; The Weizmann Inst. of Science, Rehovoth, Israel; engl.) — Halogenfettsäuren (**A**) u. ihre Anionen reagieren mit H-Atomen nebeneinander unter Halogenid- u. unter H_2-Abspaltung. Die Halogenideliminierung könnte sowohl nach einem Ladungsübertragungsmechanismus als auch durch Atomübertragungsrk. erklärt werden. Mit dem Ziel, zwischen beiden Möglichkeiten zu unterscheiden, wird die Rk. einer Reihe homologer **A** (*Chloressigsäure*, *α*- u. *β-Chlorpropionsäure*, *Bromessigsäure* u. *α*- u. *β-Brompropionsäure* sowie die entsprechenden Anionen u. Fluoracetat) mit H-Atomen, OH-Radikalen u. hydratisierten Elektronen kinet. untersucht. Die beobachtete Korrelation zwischen der Reaktivität von **A** gegenüber den drei genannten Agenzien zeigt, daß vorwiegend die Nucleophilität des angreifenden Zentrums u. die Resonanzstabilisierung des gebildeten Radikals die Rk.-Fähigkeit bestimmt.
K. Jasche 482△

1122 **Reaktionen von Halogenfettsäuren mit freien Radikalen in wäßriger Lösung.** 2. Mitt. **Reaktionen mit aliphatischen freien Radikalen.** M. Anbar und P. Neta. (J. chem. Soc. [London], Sect. A **1967**, 5, 837—41; engl.) — 1. vgl. vorst. Referat. — Halogenfettsäuren (**A**) u. die entsprechenden Anionen ergeben bei Rk. mit OH-Radikalen unter H-Abspaltung halogenhaltige Radikale, welche die **A**-Dehalogenierung einleiten. Die Reaktivität der untersuchten freien Radikale folgt der Reihe $BrCH_2\cdot\dot{C}HOH \cong ClCH_2\dot{C}HOH > (CH_3)_2\dot{C}OH > CH_3\dot{C}HOH > \dot{C}H_2OH > \dot{C}Br_2COOH > CH_3\dot{C}BrCOOH > Br\dot{C}HCOOH \cong CH_3\dot{C}HCOOH \cong CH_2\dot{C}OOH$. Die letzten beiden Radikale induzieren keinerlei Dehalogenierungen. Als Substrate wurden verwendet: Chlor-, Brom- u. Tribromessigsäure u. *β*-Chlor-, *β*-Brom- u. *α*-Brompropionsäure. Es wurden der Mechanismus u. die G-Werte untersucht.
K. Jasche 482△

1123 **Reaktionen von Halogenfettsäuren mit freien Radikalen in wäßrigen Lösungen.** 3. Mitt. **Reaktionen mit anorganischen freien Radikalen.** M. Anbar und P. Neta. (J. chem. Soc. [London], Sect. A **1967** 5, 841—42; engl.) — 2. vgl. vorst. Referat. — Die Ionen CO_2^-, Cd^+, Ni^+, Co^+, Al^+, Zn^+ u. Mn^+ induzieren die Dehalogenierung von $ClCH_2COO^-$, $ClCH_2CH_2OH$, u. $BrCH_2COO^-$, wobei die Reaktivität von RCl nach RBr zunimmt. N_2O^-, O_2^-, NO_3^{2-} u. Cu^+ bewirken keine Dehalogenierung. Während CO_2^- nach einem Ladungsübertragungsmechanismus reagiert, scheinen die Metallionen in ihrem niedrigsten Ox.-Zustand nach einem „innersphär." Mechanismus, der eine Halogenübertragung von der aliphat. Halogenverb. einschließt, zu reagieren. K. Jasche 482△

1124 **Rolle der Kationen quartärer Ammoniumsalze bei der kathodischen Hydrodimerisierung.** A. P. Tomilov, E. V. Krjukova, V. A. Klimov und I. N. Brago. (Elektrochimija **3** (1967) 12, 1501—02; Moskva; russ.) — Vf. untersuchen den Einfl. von K^+ u. von *Tetraäthy. ammoniumtoluolsulfonat* auf die Hydrodimerisierung von *Acrylnitril*, *Methylacrylat*, *Mesityloxid*, *Acetophenon* u. *Aceton.* G. Praßler 483

1125 **Hydrierung von Acetophenon an Ni-, Pt- u. Pd-Katalysatoren.** N. S. Barinov, D. V. Mušenko, É. G. Lebedeva und A. A. Balandin. (Doklady Akad. Nauk SSSR **172** (1967) 5, 1109—12; VNII neftechim. processov; russ.) — Vf. untersuchen die Rk. an Pt/Al_2O_3, Pd/Al_2O_3 u. Raney-Ni. Nachst. Rk.-Prod. treten auf: Methylcarbinole: Phenyl- u. Cyclohexyl-, Äthylbenzol, Methylcyclohexylketon u. Äthylcyclohexan. Es werden die Adsorptionsenergien der C=O-, C-O- u. C-C-Gruppe ber. u. der Mechanismus wird diskutiert.
T. Tęcza 483△

1126 **Hydrierung von α-Phenylzimtsäurementhylester an auf optisch aktive Polymere aufgetragenen Pd-Katalysatoren.** Ju. I. Petrov, E. I. Klabunovskij und A. A. Balandin. (Kinetika i Kataliz **8**, (1967) 6, 1384—86; Inst. org. chimii im. Zelinskogo AN SSSR; russ.) — Vf. untersuchen die asymmetr. Hydrierung von *α-Phenylzimtsäure-(—)-menthylester* an Pd auf nachst. Polyalkylmethacrylaten: *-menthyl-*, *-2-methylbutyl-* u. *-methyl-* sowie auf SiO_2. In allen Fällen tritt als Hauptprod. L-(—)-*α*-Phenylhydrozimtsäure-(—)-menthylester auf.
D. Radeck 483

1127 **Photosensibilisierte Oxydation und die Rolle von Singulett-Sauerstoff.** Christopher S. Foote. (Accounts chem. Res. **1** (1968) 4, 104—110; Dep. of Chem., Univ. of Calif., Los Angeles, Calif.; engl.) — Vf. gibt einen Überblick über die Ox. durch mol. Singulett-O_2 u. die photosensibilisierte Ox. von Olefinen. Es werden die Stereoselektivität mit einer Reihe von Akzeptoren, Verhältnisse von RGK, Zerfall von Zwischenprod., relative Reaktivitäten von Akzeptoren u. Substituenteneffekte auf die Prod.-Zus. u. RG erörtert. Untersucht wurden u. a. *2.3.4-Trimethylpenten-(2)*, *2-Methylpenten-(2)*, *2-Methylbuten-(2)*, *Methylcyclohexen-(1)*, *2-Methylpenten-(3)*, *1.2-Dimethylcyclohexen* u. *Limonen.* K.-J. Lucas 484

1128 **Chemismus der Tief- und Hochtemperaturoxydation von Kohlenwasserstoffen.** B. G. Gavrilov. (Ž. prikl. Chim. **40** (1967) 7, 1544—47; Leningradskij gos. univ. im. Ždanova; russ.) — Diskutiert werden: 2.3-Dimethylbutan, 2.2.4-Trimethyl-, n- u. Isopentan, Cyclohexan, nachst. n-Hexane: unsubstituiert, 2-Methyl-, 2.5-Dimethyl-, 3-Äthyl-, 2.2-Dimethyl-, 2.4-Dimethyl- u. 2-Methyl-; nachst. n-Heptane: unsubstituiert, 3-Methyl- u. 4-Methyl-; nachst. n-Octane: unsubstituiert, 2-Methyl- u. 2.2.4-Trimethyl-; n-Nonan, n-Decan, n-Undecan, n-Dodecan, n-Tridecan, n-Tetradecan, n-Pentadecan, n-Hepten-(1), Cyclohexen, n-Hexen-(1), 2-Methyl- u. 2.5-Dimethylhexen-(2) sowie Octen-(1). H. Will 484

1129 **Sterische Einflüsse von Neopentylgruppen bei der Reaktion von Olefinen mit Persäuren.** Melvin S. Newman, Narinder Gill und David W. Thomson. (J. Amer. chem. Soc. **89** (1967) 9, 2059—62; Evans Chem. Labor., O. State Univ., Columbus O.; engl.) — Synth. u. Kinetik der Rk. von *cis-* u. *trans-1.2-Dineopentyläthylen* mit m-Chlorperbenzoesäure u. von *Penten-(1)*, *4-Methylpenten-(1)* u. *Neopentyläthylen* mit Perbenzoesäure werden beschrieben.

Versuche: Octine-(4): *2.2.7.7-Tetraäthoxycarbonyl-* (**VI**), $C_{20}H_{30}O_8$, Kp.$_{0,5}$ 148,0—148,1°, aus Methylmalonsäurediäthylester (**IV**) mit Na-Äthylat u. 1.4-Dichlorbutin-(2) (**V**); 72% (Ausb.). — *2.2.7.7-Tetrakis-[hydroxymethyl]-* (**VII**), $C_{12}H_{22}O_4$, F. 150—151° (Bzl./A.), aus **VI** mit $LiAlH_4$; 86%. *Tetramesylat* (**VIII**), $C_{16}H_{30}\cdot O_{12}S_4$, F. 121—122° ($CHCl_3/CH_3OH$), aus Collidin u. **VII**; 92%. — *2.2.7.7-Tetrakis-[jodmethyl]-* (**IX**), $C_{12}H_{18}J_4$, F. 63—64° (Bzl./CH_3OH), aus NaJ u. **VIII**; 91%. — *1.4-Bis-[1-methyl-3-thiacyclobutyl]-butin-(2)* (**III**), $C_{12}H_{18}S_2$, Kp.$_{0,3}$ 129—131°, aus Na_2S u. vorst. Verb.; 85%. — *1.2-Dineopentyläthylen* (**I**), *cis-*, $C_{12}H_{24}$, aus **III** mit Raney-Ni; 66—72%, daneben trans-**I** u. 1.2-Dineopentyläthan (**II**). — *trans*-**I**, $C_{12}H_{24}$, analog cis-**I** aus **III** u. unter A. gealtertem Raney-Ni; 37%, daneben cis-**I** u. **II**, F. 25—26°. — *Dineopentylacetylen*, Kp.$_{80}$ 100—103°, aus **III** mit Raney-Ni sehr geringer Aktivität; 1,2 g. — *3.8-Bismercaptomethyl-3.8-dimethyldecin-(5)-disäure*, *Bis-[γ-Thiolacton]*, $C_{14}H_{18}S_2O_2$, F. 105—107° ($CHCl_3$), aus **III** mit Raney-Ni; 15%. G. O. Jäger 484△

1130 **Katalytische Oxydation von Hydrochinon in wäßrigen Zinkoxidsuspensionen.** Karl Hauffe und Hermann Pusch. (Ber. Bunsenges. physik. Chem. **72** (1968) 6, 669—72; Inst. für Phys. Chemie, Univ., Göttingen; dt.) — Der katalyt. Einfl. von ZnO in wss. Suspension im Bereich pH 4,7 u. der inhibierende Einfl. von 3650 Å-Belichtung auf die Ox. wird untersucht.
D. Strauch 484

1131 **Vorläufige Untersuchung des Mechanismus der Autoxydation von Phenylhydrazonen.** W. F. Taylor, H. A. Weiss und T. J. Wallace. (Chem. and Ind. **1968**, 36, 1226—27; Esso Res. and Engng. Co., Government Res. Labor., Linden, N.J.; engl.) — Untersucht wurden *Cyclopentanon-* u. *Cyclohexanonphenylhydrazon.*
D. Strauch 484

1132 **Anwendung experimenteller Faktoren bei kinetischen Untersuchungen. (Am Beispiel der Vinylierung von Triäthanolamin).** A. G. Pogorelov, V. N. Pisarenko, S. A. Ostrovskij, V. V. Zaruckij, N. F. Kononov,

I. A. Čekulaeva und I. B. Bystrova. (Ž. fiz. Chim. **41** (1967) 7, 1643–47; Inst. org. chimii AN SSSR, Moskva; russ.) H. Will 486

1133 **Perhydroindanderivate.** 7. Mitt. **Stereochemie der Brückenkopfalkylierung.** Herbert O. House und C. John Blankley. (J. org. Chemistry **32** (1967) 6, 1741 bis 1748; Dep. of Chem., Mass. Inst. of Technol., Cambridge, Mass.; engl.) — 6. vgl. C. **1968,** 33-1239. — Vf. untersuchen die Stereochemie der Brückenkopfalkylierung der aus *Perhydro-* (I) bzw. *Δ⁵-Tetrahydroindanon-(1)* (II) dargestellten Li-Enolatanionen mit Bromessigsäuremethylester. Dabei wurden folgende Verb. synthetisiert: Tetrahydroindanone: *7a-Methoxycarbonylmethyl-$\Delta^{3a,4}$-*, $C_{12}H_{16}O_3$; *2-Butylmercaptomethylen-Δ^5-*, Isomerengemisch, *Reines Stereoisomeres* unbekannter Konfig., $C_{14}H_{20}OS$, F. 50,5–51,5° (PAe.); *Δ^5-, Enolacetat*, $C_{11}H_{14}O_2$, Kp.$_7$ 116°; *7a-Acetyl-Δ^5-tetrahydroindanon-(1)*, $C_{11}H_{14}O_2$, F. 73–74,5° (CH_3OH); *cis-* u. *trans-7a-Methoxycarbonylmethyl-Δ^5-*, $C_{12}H_{16}O_3$, *cis-7a-Carboxymethyl-Δ^5-*, $C_{11}H_{14}O_3$, F. 114–115,8° (Bzl./PAe.); Perhydroindanone-(1): *Unsubstituiert*, → *Enolacetat*, $C_{11}H_{16}O_2$, Kp.$_6$ 103°; *7a-Acetylperhydroindanon*, $C_{11}H_{16}O_2$, Kp.$_{10}$ 132–134°; *cis-1-Methoxycarbonylmethyl-*, $C_{12}H_{18}O_3$, F. 39–40,5° (PAe.); → *Dithioäthylenketal*, $C_{14}H_{22}O_2S_2$, F. 73,5–74,5° (Cyclohexan/PAe.); *cis-7a-Carboxymethyl-*, $C_{11}H_{16}O_3$, F. 100,5–102,5° (Bzl./PAe.); *2.7a-Bis-[methoxycarbonylmethyl]-*, *reines Stereoisomeres* unbekannter Konfig., $C_{15}H_{22}O_5$, F. 95,5 bis 99,5° (CH_3OH); *7a-Carboxymethyl-$\Delta^{3a,4}$-tetrahydroindanol-(1)*, *Lacton*, $C_{11}H_{14}O_2$, Kp.$_{0,1}$ 70–170°; *cis-7a-Carboxymethylperhydroindanol-(1)*, *Lacton*, $C_{11}H_{16}O_2$, F. 63–66° (Hexan). G. O. Jäger 486△

1134 **Verzweigte Kettenreaktion des Fluors mit Methyljodid.** L. Ju. Rusin, A. M. Čajkin und A. E. Šilov. (Kinetika i Kataliz **8** (1967) 4, 731–36; Inst. chim. fiziki AN, SSSR; russ.) — Es wird der Mechanismus der Titelrk. in der Gasphase auf Grund der Abhängigkeit der Zus. der Rk.-Prod. J_2, CH_2F_2 u. CH_3F vom Druck u. vom F_2–CH_3F-Verhältnis, der auftretenden Chemilumineszenz u. der ESR-Spektren von J untersucht. K.-H. Heckner 487

1135 **Substitution energetischer Chloratome gegen H-Atome in Butylchloriden.** Chine M. Wai und F. S. Rowland. (J. physic. Chem. **72** (1968) 8, 3049–52; Dep. of Chem., Univ. of Calif., Irvine; engl.) — Es wurden die relativen Ausb. an Dichlorbutanen bei der Rk. von ^{38}Cl-Atomen mit *1-* u. *2-Chlorbutan* bestimmt. D. Strauch 487

1136 **Mechanismus der Chlorierung von Kresol durch Chloramin-T über Dichloramin-T.** T. Higuchi und A. Hussain. (J. chem. Soc. [London], Sect. B **1967,** 5, 549; School of Pharmacy, Univ. of Wis., Madison, Wis., engl.) — Die Kinetik der Rk. wird bei verschiedenen pH-Werten u. Reaktantenkonz. in u. ohne Ggw. von Toluolsulfonamid bestimmt. K. J. Lucas 487

1137 **Kinetik der Chlorierung von Essigsäure.** 1. Mitt. W. Richarz und A. Mathéy. (Chimia [Aarau, Schweiz] **21** (1967) 7, 388–95; Techn. Chem. Labor., ETH Zürich; dt.) — Der Einfl. der Rk.-Bedingungen auf die Kinetik der Chlorierung von CH_3COOH mit gasf. Cl_2 unter Atmosphären- u. mit fl. Cl_2 unter Hochdruck (Temp. –150°) wird untersucht. Rk.-Prod. wurden bestimmt, Rk.-Mechanismen diskutiert. K. J. Lucas 487

1138 **Einfluß der cis-trans-Isomerie auf die Kinetik der Vinyläther Hydrolyse.** Pentti Salomaa und Pekka Nissi. (Acta chem. scand. **21** (1967) 5, 1386–89; Dep. of Chem., Univ. of Turku, Turku, Finland; engl.) — Die RG der Hydrolyse in Ggw. saurer Katalysatoren wurde spektrophotometr. von *cis-α-Propenylmethyläther*, Kp.$_{764,2}$ 43,5–44,0; *trans-α-Propenylmethyläther*, Kp.$_{771,2}$ 48,0–48,5°; *cis-α-Butenylmethyläther* (**II**), Kp.$_{736,2}$ 71,0; *trans-α-Butenylmethyläther*, Kp.$_{765}$ 76,0° u. von *Isobutenylmethyläther*, Kp.$_{758}$ 71,5° gemessen. RGK, E, $\Delta S\#$, $\Delta G\#$ u. die der Methylsubstitution am sp^2-C entsprechenden Stabilisierungsenergien sind tabelliert. Die unterschiedlichen RG der cis- u. trans-Form werden durch Konform.-Energieunterschiede zwischen den Übergangszuständen erklärt. K.-J. Lucas 488

1139 **Hydrolyse einiger Monomethylcarbamate in menschlichen Sera.** E. Reiner und M. Škrinjarić-Špoljar. (Croat. chem. Acta **40** (1968) 2, 87–90; Inst. for Med. Res., Yugoslav. Acad. of Sci. and Arts, Zagreb, Croatia, Yugoslavia; engl.) — In 12 Sera wurde die Kinetik der Hydrolyse von *Naphthyl-(1)-*, *3-Isopropylphenyl-* u. *2-Isopropoxyphenyl-N-methylcarbamat* (**I**) bestimmt. I hydrolysiert unter den gegebenen Bedingungen nicht. D. Schmitt 488

1140 **Kinetische Isotopeneffekte bei der Hydrolyse von Pyridinarylboranen.** Robert Earl Davis und Robert E. Kenson. (J. Amer. chem. Soc. **89** (1967) 6, 1384–89; Dep. of Chem., Purdue Univ., Lafayette, Ind.; engl.) — Die RGK der Hydrolyse von *Pyridinphenyl-*, *-4-chlorphenyl-*, *-4-methylphenyl-* u. *-4-methoxyphenylboran* u. deren am B dideuterierten Deriv. zu den entsprechenden Arylborsäuren (unsubstituiert, 4-Chlor-, 4-Methyl-, 4-Methoxy-) u. Py. werden durch UV-spektroskop. (275–280 mμ) Verfolgung des Rk.-Ablaufs bestimmt u. die kinet. Isotopeneffekte ermittelt. G. O. Jäger 488△

1141 **Beteiligung benachbarter N-Carboxyalkylgruppen bei der Hydrolyse von Phthalimid.** Peter D. Hoagland und Sidney W. Fox. (J. Amer. chem. Soc. **89** (1967) 6, 1389–92; Chem. Dep., Florida State Univ., Tallahassee, Fla.; engl.) — Es wird der Einfl. von N-Carboxyalkylsubstituenten auf die intramol. Hydrolyse von Phthaloyl- bzw. 3- u. 4-Nitrophthaloyl-ω-aminosäuren zwischen pH 2 u. 7 untersucht. Folgende Verb. (dargestellt durch Erhitzen des Phthalsäureanhydrids mit der Aminosäure auf 150° im Vakuum) werden untersucht: *Glycine*: *Phthaloyl-*, F. 194–195° (A.). *3-Nitrophthaloyl-*, $C_{10}H_6N_2O_6$, F. 211–213°; 33% (Ausb.). *4-Nitrophthaloyl-*, $C_{10}H_6N_2O_6$, F. 195–197°; 51%. — *β-Alanine*, *Phthaloyl-*, F. 150–152°. *3-Nitrophthaloyl-*, $C_{11}H_8N_2O_6$, F. 145 bis 148°; 53%. *4-Nitrophthaloyl-*, $C_{11}H_8N_2O_6$, F. 207–209°; 52%. — *γ-Aminobuttersäuren*: *Phthaloyl-*, F. 115–117°. *3-Nitrophthaloyl-*, $C_{12}H_{10}N_2O_6$, F. 134,5–136°; 68%. *4-Nitrophthaloyl-*, $C_{12}H_{10}N_2O_6$, F. 165–167°; 59%. — *ε-Aminocapronsäuren*, *Phthaloyl-*, F. 107–108°. *3-Nitrophthaloyl-*, $C_{14}H_{14}N_2O_6$, F. 152–154°; 83%. — *3-Nitrophthaloyl-α-aminoisobuttersäure*, $C_{12}H_{10}N_2O_6$, F. 205 bis 207°; 50%. G. O. Jäger 488△

1142 **Kinetik der Säurehydrolyse von Phenylacetat in Dioxan-Wasser-Mischungen.** Hussein Sadek und F. Y. Khalil. (Z. physik.-Chem. [Frankfurt/M.] [N.F.] **61** (1968) 1–4, 63–72; Chem. Dep., Fac. of Sci., Alexandria, U.A.R.; engl.) — Tabelliert sind die RGK u. Aktivierungsenergien in Abhängigkeit von der Zus. des Lsgm. u. der DK, der Radius des aktivierten Komplexes, thermodynam. Daten u. Frequenzfaktoren. D. Schmitt 488

1143 **Anwendung von Oxiden der Seltenen Erden bei der katalytischen Synthese.** M. B. Turova-Poljak, Ngo Tchi Tchuan und T. V. Meščerjakova. (Vestnik Moskovskogo Univ., Ser. II **22** (1967) 3, 68–72; Kafedra org. kataliza; russ.) — Vf. untersuchen den Einfl. nachst. Faktoren: *Dy_2O_3*-Geh. des Katalysators, seine therm. Behandlung, Trägermaterial (*Asbest* bzw. *Quarz*), Temp. u. Struktur von Alkohol bzw. Säure auf die Bldg. nachst. Butyrate: *Methyl-*, *Äthyl-*, *Propyl-*, *Butyl-*, *Pentyl-* u. *Hexyl-* u. auf die Bldg. nachst. Ketone aus den entsprechenden Säuren: *Aceton*, *Diäthyl-*, *Dipropyl-*, *Dibutyl-* u. *Diisobutyl-* sowie den Temp.-Einfl. auf die Bldg. nachst. Amylester an Dy_2O_3/Asbest: *Essigsäure-*, *Chloressigsäure-* u. *Phenylessigsäure-*. J. Eliassaf 488

1144 **Kinetik der Esterhydrolyse.** 17. Mitt. **Saure und alkalische Hydrolyse von Diäthylmaleat und Diäthylfumarat.** Sekharipuram V. Anantakrishnan und R. V. Venkataratnam. (Proc. Indian Acad. Sci., Sect. A **65** (1967) 5, 298–302; Dep. of Chem. Madras Christian Coll. Tambaram East, Madras; engl.) — 16. vgl. C. **1968,** 41-0978. — Außerdem sind die RGK der Hydrolyse von *Cyclohexan-cis-* u. *-trans-1.2-dicarbonsäuredimethylester*, *Bernstein-* u. *Phthalsäurediäthylester* angegeben. K.-J. Lucas 488

1145 **Polarographische Untersuchung der Kinetik der Hydrolyse von Salpetersäureestern.** 2. Mitt. M. S. Rusakova, V. A. Podgornova, B. F. Ustavščikov und Ja. I. Tru'jan. (Kinetika i Kataliz 8 (1967) 4, 903—06; Jaroslavskij technol. inst.; russ.) — 1. vgl. ibid. 5 (1964) 552. — Untersucht wird die säurekatalysierte Hydrolyse von α-Nitratopriopion- u. α-Nitratobuttersäure in Ggw. von HCl, H_3PO_4 bzw. H_2SO_4. Der Mechanismus wird diskutiert. K.-H. Heckner 488

1146 **Sterische Effekte bei der Desacylierung von Acyl-Chymotrypsinen.** Thomas H. Fife und Julie B. Milstien. (Biochemistry [Washington] 6 (1967) 9, 2901—07; Dep. of Biochem., Univ. of Southern Calif., Los Angeles, Calif.; engl.) — RGK in Abhängigkeit vom pH-Wert u. von der Temp., Aktivierungsparameter sowie pK_A-Werte für *Acetyl-*, *Propionyl-*, *Butyryl-*, *Hexanoyl-*, *Isobutyryl-*, *Isovaleryl-*, *Trimethylacetyl-* u. *3.3-Dimethylbutyryl-α-Chymotrypsin* wurden ermittelt. O. Sellemond 488

1147 **Molekülumlagerungen. 23. Mitt. Mechanismus der Hydridverschiebung bei der Hydrolyse einiger substituierter Norbornyltosylate.** Clair J. Collins und Ben M. Benjamin. (J. Amer. chem. Soc. 89 (1967) 7, 1652—61; Chem. Div., Oak Ridge Nat. Labor., Oak Ridge, Tenn.; engl.) — 21. vgl. C. **1967**, 36-1085. — Es wird die alkal. Hydrolyse von *2-exo-Hydroxy-2-endo-phenyl-3-exo-tosyloxynorbornan* (**I**) u. seines *5.6-exo-D_2-Deriv.* untersucht. Aus **I** entsteht dabei ein chromatograph. trennbares Gemisch aus *7-anti-Phenylnorbornan-exo, syndiol-(2.7)* (**II**), *7-syn-Phenylnorbornan-exo, anti-diol-(2.7)* (**III**), *2-exo-Phenylnorbornan-endo, exo-diol-(2.6)* (**IV**), *2-endo-Phenylnorbornan-exo, exo-diol-(2.5)* (**V**) u. *3-Phenylnortricyclanol-(3)* (**VI**). Konstit. u. Konfig. der Rk.-Prod. sind durch unabhängige Synth. (**IV** u. **VI**) sowie durch ihre IR- u. NMR-Spektren u. chem. Rk. (Ox. von **II** bzw. **III** zu *7-anti-Phenylnorbornanon-(2)-syn-ol-(7)* (**VII**) bzw. *7-syn-Phenylnorbornanon-(2)-anti-ol-(7)* (**VIII**) u. nachfolgende $LiAlH_4$-Red. zu *7-anti-Phenylnorbornan-endo, syn-diol-(2.7)* bzw. **III**) gesichert. *5-D-3-Phenylnortricyclanol-(3)* entsteht aus 5.6-exo-D_2-I durch stereospezif. Eliminierung des 5-exo-D. Folgende Verb. wurden synthetisiert: **I**, $C_{20}H_{22}O_4S$, F. 122°; *5.6-exo-D_2*-**I**; **II**, $C_{13}H_{16}O_2$, F. 101°; **V**, $C_{13}H_{16}O_2$, F. 155°; *2-exo-Phenylnorbornen-(5)-endo-ol-(2)*, $C_{13}H_{14}O$, $Kp._{0,1}$ 99°; **IV**, $C_{13}H_{16}O_2$, F. 162°; *2-exo-Phenylnorbornan-endo-exo-diol-(2.6)*, $C_{13}H_{16}O_2$, F. 128°; **VII**, $C_{13}H_{14}O_2$, F. 155°; **VIII**, $C_{13}H_{14}O_2$, F. 109°; *7-anti-Phenylnorbornan-endo, syn-diol-(2.7)*, F. 158°; **III**, $C_{13}H_{16}O_2$, F. 98°. G. O. Jäger 488△

1148 **Solvolysen von fünf- und sechsgliedrigen Sultonen.** E. T. Kaiser und O. R. Zaborsky. (J. Amer. chem. Soc. 89 (1967) 6, 1393—95; Dep. of Chem., Univ. of Chicago, Chicago, Ill.; engl.) — Vgl. ibid. 88, 3084 (1966). — Durch Best. der RGK für die durch OH^- katalysierte Hydrolyse der *Sultone* von *1-Hydroxynaphthalinsulfonsäure-(8)* (**I**) u. *β-[o-Hydroxyphenyl]-äthansulfonsäure* (**II**) in CH_3CN–W.-Gemischen können Vf. zeigen, daß die große Labilität gegen einen alkal. Angriff nur eine Eig. der fünfgliedrigen Sultone ist. Aus den durch UV-spektroskop. (325 bzw. 290 mμ) Verfolgung des Hydrolyseverlaufs ermittelten RGK pseudo-erster Ordnung werden die RGK zweiter Ordnung für die OH^--Katalyse (extrapoliert auf 0% CH_3CH) für **I** u. **II** errechnet. G. O. Jäger 488△

1149 **Untersuchungen über Nebenreaktionen und den sterischen Verlauf bei der Direkt-Markierung einfacher Verbindungen mit Tritium-Gas.** Helmut Simon, Klaus Schmidt, Gerhard Müllhofer, Walter Eder und Ramiro Medina. (Z. Naturforsch. **23b** (1968) 6, 778 bis 784; Weihenstephan, TH München, Fak. für Landwirtschaft u. Gartenbau, Chem. Inst.; dt.) — Untersucht wird die T-Markierung von *meso-* u. *L-Weinsäure*, *K-Hydrogentartrat*, *Ca-meso-Tartrat*, *Ca-* u. *Cu-L-Tartrat*, *meso-Weinsäuredimethylester*, *L-Weinsäurediäthylester*, *DL-Äpfelsäure*, *Hydroxymaleinsäure*, *Fumarsäure*, *Asparaginsäure* u. *Propandiol-(1.2)* nach der Wilzbach-Methode. G. O. Jäger 489△

1150 **Bestimmung der Gleichgewichtskonstanten des Isotopenaustauschs durch NMR-Messungen.** A. Neszmélyi, M. Simonyi und F. Tüdös. (Acta. chim. Acad. Sci. hung. 53 (1967) 4, 369—73; Budapest, Hungarian Acad. of Sci., Central Res. Inst. for Chem.; engl.) — Die Messungen wurden im Syst. *Hydrochinon–deuteriertes Hydrochinon–H_2O–D_2O–Aceton* vorgenommen. G. O. Jäger 489△

1151 **Mechanismus der photochemischen Alkoholaddition an α.β-ungesättigte Ketone.** B. J. Ramey und P. D. Gardner. (J. Amer. chem. Soc. 89 (1967) 15, 3949—50; Dep. of Chem., Univ. of Tex., Austin, Tex.; engl.) — Die Bestrahlung von *1-Acetylcyclohexen* (**I**) in *Methanol*, *Ä.* u. *tert.-Butylalkohol* gibt die cis u. trans-Addukte. 1-Acetyl-2-methoxy- bzw. -2-äthoxy- u. -2-tert.-butoxycyclohexan. Bestrahlung einer O_2-gesätt. Lsg. von **I** in tert.-Butylalkohol, gefolgt von Hydrierung der Hydroperoxidzwischenprod. gab 2-tert.-Butoxycyclohexanon u. trans- u. cis-1-Acetyl-2-tert.-butoxycyclohexan-1-ol. K. J. Lucas 490

1152 **Carbalkoxylierungsreaktion. 6. Mitt. Einfluß einiger Bedingungen der zweiten Stufe auf die Hydrocarbalkoxylierung von Olefinen mit Ameisensäure.** M. B. Ordjan und Ja. T. Ėjdus. (Armjanskij chim. Ž. **20** (1967) 1, 34—38; Inst. org. chimii im. Zelinskogo AN SSSR; russ.) — 5. vgl. ibid. **19** (1966) 10, 765; 3. vgl. C. **1967**, 36-0994. — An den Rk.-Gemischen aus der 1. Stufe: *H_2SO_4*-Ameisensäure–*Penten-(1)* wird in der 2. Rk.-Stufe (Zugabe von Methanol) der Einfl. von Temp., der CH_3OH-Mengen, der beim Abkühlen zugesetzten Eis- u. W.-Mengen sowie der zwischen den beiden Stufen liegenden Zeitdauer auf die Zus. der Rk.-Prod. untersucht; solche sind höhere Carbonsäuren, α.α-Dimethyl- u. α-Äthylbuttersäure u. deren Methylester. Der Temp.-Einfl. wird auf die analoge Rk. mit *Cyclohexen* untersucht. Als Rk.-Prod. treten höhere Carbonsäuren, Cyclohexancarbonsäure u. deren Methylester auf. T. Tęcza 490△

1153 **Umwandlung von Alkoholen an Europiumoxid.** A. A. Tolstopjatova, A. A. Balandin und V. A. Naumov. (Kinetika i Kataliz 8 (1967) 6, 1265—69; Mosk. gos. univ. im. Lomonosova; Chim. fak.; russ.) — An 2 bei verschiedenen Temp. behandelten Eu_2O_3-Katalysatoren wird die Kinetik der Dehydratisierung (W) u. Dehydrierung (B) von *Ä.*, *n-* (**I**) u. *Isopropanol*, *n-* (**II**), *tert.-* (**III**) u. *Isobutanol* (**IV**) untersucht. An **I**, **II** u. **IV** findet keine W u. an **III** keine B statt. D. Radeck 490

1154 **Chronopotentiometrische Messungen chemischer Reaktionsgeschwindigkeiten. 2. Mitt. Kinetik und Mechanismus der Dehydratation von p-Hydroxyphenylhydroxylamin.** Henry N. Blount und Harvey B. Herman. (J. physic. Chem. 72 (1968) 8, 3006—12; Dep. of Chem., Univ. of Ga., Athens, Ga.; engl.) — 1. vgl. ibid. **70** (1966) 2, 396. — Der Einfl. von pH-Wert, Pufferkonz. u. Katalysatoren auf die RGK der Dehydratation wird untersucht; thermodynam. Parameter der Rk. sind angegeben. Dargestellt wurden: *p-Nitrosophenol* (F. 133 bis 133,5°), *2-Chlor-* (F. 145—146°), *2-Brom-* (F. 155 bis 156°), *2-Methyl-* (F. 134—135°), *2-Methoxy-* (F. 169 bis 170°) u. *2.6-Dimethyl-p-nitrosophenol* (F. 170—171°). D. Strauch 490

1155 **Kondensation von Toluol mit Methanol an synthetischen Zeolithen mit austauschbaren Kationen der Alkalimetalle.** Ju. N. Sidorenko, P. N. Galič, V. S. Gutyrja, V. G. Il'in und I. E. Nejmark. (Doklady Akad. Nauk SSSR **173** (1967) 1, 132—34; Inst. chimii vysokomol. sojedin. AN USSR; russ.) — Vf. untersucht bei 425 u. 475° die Titelrk. an Zeolithen vom Na–X-bzw. NaY-Typ mit $SiO_2:Al_2O_3$ = 2,4 bzw. 4,1 mit verschiedenem Austauschgrad von Na gegen Li, K, Rb bzw. Cs. Als Rk.-Prod. treten auf Äthylbenzol, o-, m- u. p-Xylol, Styrol, C_9- u. höhere KW-Stoffe sowie gasf. Zers.-Prod. des Methanols. T. Tęcza 491△

1156 **Kinetik der Polykondensation kernsubstituierter Bisphenole mit dem Säurechlorid von Terephthalsäure.** V. V. Koršak, S. V. Vinogradova, P. M. Valeckij und A. N. Baskakov. (Doklady Akad. Nauk SSSR **174** (1967) 4, 849—51; Inst. ėlementoorg. sojedin. AN SSR; russ.) — Vf. untersuchen die Kinetik u. bestimmen die Arrhenius-Parameter der Rk. von *Terephthalylchlorid* (**I**) mit *2.2-Bis-[4-hydroxy-3-isopropylphenyl]-* (*Diisopropyldian*), *2.2-Bis-[4-hydroxy-3-methylphenyl]-* (*Di-*

methyldian) u. *2.2-Bis-[4-hydroxy-3-chlorphenyl]-propan* (*Dichlordian*). Alle Ergebnisse werden mit den Literaturdaten der Rk. von Dian mit I verglichen.
K.-P. Thomas 491

1157 **Benzidinumlagerung.** 8. Mitt. **Umlagerung und Disproportionierung von 4.4'-Di-tert.-butylhydrazobenzol und 4-tert.-Butyl-1'-chlorhydrazobenzol.** H. J. Shine und J. T. Chamness. (J. org. Chemistry **32** (1967) 4, 901—05; Dep. of Chem., Tex. Technol. Coll., Lubbock, Tex.; engl.) — 7. vgl. C. **1967, 43**-0967. — Die Prod. u. die Geschw. der Abnahme der Konz. der Titelverb. bei der Rk. bei 0 bzw. 25° in saurem 95% A. wurden untersucht. A. Kratochwill 492

1158 **Benzidinumlagerung.** 9. Mitt. **p.p'-Hydrazobiphenyl. Mechanismus der Umlagerung und Disproportionierung.** H. J. Shine und J. P. Stanley. (J. org. Chemistry **32** (1967) 4, 905—10; engl.) — 8. vgl. vorst. Referat. — In saurer wss. A.-Lsg. wird die Kinetik der Disproportionierung von p.p'-Hydrazobiphenyl zu *4-Aminobiphenyl* u. *p-Azobiphenyl* u. die der Umlagerung zu *4-Amino-3-[biphenylyl-(4)-amino]-biphenyl* untersucht.
A. Kratochwill 492

1159 **Azepinone.** 5. Mitt. **Mechanismen der Ringkontraktionen von 5-substituierten 6H-4.5-Dihydro-3.7-diphenyl-1.2-diazepinen.** R. G. Amiet und R. B. Johns. (Austral. J. Chem. **21** (1968) 5, 1279—89; Parkville, Melbourne, Univ., Dep. of Organ. Chem.; engl.) — 4. vgl. ibid. **21** (1968) 257. — Der Umlagerungsmechanismus der Titelverb. u. deren *5-Methyl-* u. *5-Phenylderiv.* in 4-subst. *3.6-Diphenylpyridazine* bei Einw. von N-Chlorsuccinimid (NCS) wurde mit Hilfe der UV-, NMR- u. MS-Spektrometrie untersucht. Die Rk. verlaufen über eine stereospezif. 1.3-Dehydrohalogenierung unter Bldg. von *Diazanorcaradien* als Zwischenprodukt. — 3. vgl. C. **1969, 15**-1275.

Versuche: 6H-4.5-Dihydro-3.7-diphenyl-1.2-diazepine: unsubstit. (**I**), F. 163°, aus 1.3-Dibenzoylpropan u. Hydrazinhydrat. — *5-Methyl-* (**II**), F. 94°, analog aus 1.3-Dibenzoyl-2-methylpropan; 90%; *5-Phenyl-* (**III**), F. 159° (A.), analog aus 1.3-Dibenzoyl-2-phenylpropan; 90—95%. — *3.6-Diphenyl-4-(α-chlorbenzyl)-pyridazin*, F. 115—119°, aus **III** u. NCS; 26%. — *3.6-Diphenyl-4-(α-chloräthyl)-pyridazin*, F. 107—109° (Bzl.), analog aus **II**; 26%. — *4-Methyl-3.6-diphenylpyridazin*, F. 134°, analog aus **I**. — *exo-2.5.7-Triphenyl-3.4-diazanorcaradien*, F. 235° (Zers.), aus **III** u. NCS; auch aus cis-1.2-Dibenzoyl-trans-3-phenylcyclopropan u. Hydrazinhydrat; 90%. — *2.6-Diphenyl-7-methyl-3.4-diazanorcaradien*, F. 175—180°, aus **II** u. **NCS**. — *2.5-Diphenyl-3.4-diazanorcaradien*, F. 195° (Zers.), analog aus **I**; 81%. B. I. 492△

1160 **Mechanismus der Anomerisierung von D-Methylglucopyranosiden und D-Methylglucofuranosiden.** B. Capon und D. Thacker. (J. chem. Soc. [London], Sect. B **1967,** 10, 1010—13; Chem. Dep., Birkbeck Coll., Univ. of London; engl.) — Der Mechanismus der säurekatalysierten Anomerisierung von *β-D-* (F. 108—109°) u. *α-D-Methylglucopyranosid* (**I**; F. 165—166°) bzw. *β-D-Methylglucofuranosid* (**II**) wird NMR-spektroskop. in CD_3OD in Ggw. von CH_3SO_3H untersucht.
G. O. Jäger 492△

1161 **Einflüsse der Ringgröße auf die Neophylumlagerung.** 6. Mitt. **1-Phenylcycloheptylcarbinylsystem.** James W. Wilt, Joseph F. Zawadzki und David G. Schultenover. (J. org. Chemistry **31,** 876—84, 1966; Chicago, Ill., Loyola Univ., Dep. of Chem.; engl.) — 5. vgl. C. **1966,** 9-0980. — Es wird die Synth. von *[1-Phenylcycloheptyl-(1)]-acetaldehyd* (**I**), *1-Tosyloxymethyl-1-phenylcycloheptan* (**II**) u. *1-Phenylcycloheptancarbaldehydtosylhydrazon* (**III**) beschrieben u. die über Radikal- (Decarbonylierung) bzw. Kationen-(Acetolyse) bzw. Carbenzwischenstufen (aprot. Bamford-Stevens-Rk.) verlaufenden Umlagerungen von **I** bzw. **II** bzw. **III** untersucht. Bei der Decarbonylierung von **I** durch Erhitzen mit Di-tert.-butylperoxid wird ein Gemisch aus *1-Methyl-1-phenyl-* u. *Benzylcycloheptan*, neben geringen Mengen olefin. Prod. erhalten. Acetolyse von **II** liefert als Umlagerungsprod. *Benzylidencycloheptan* (**IV**) u. *1-Benzylcyclohepten* (**V**). Die aprot. Bamford-Stevens-Rk. von **III** liefert neben **IV** u. **V** noch *1-Phenylcycloocten*. Folgende Verb. wurden synthetisiert: Cycloheptanone: *2-Allyl-2-phenyl-* (**VI**), $C_{16}H_{20}O$, Kp.$_{0,9}$ 119°; 2.4-Dinitrophenylhydrazon (DNP), F. 159—164°. (Huang-Minlon-Red. von **VI** liefert ein nicht identifiziertes bas. Prod. vom Kp.$_{ca.1}$ 138—142°). — *2-Allyl-2-phenyl-7-hydroxymethylen-*, F. 58—61°; → *DNP*, $C_{23}H_{24}N_4O_5$, F. 193,7—195,3° (Äthylacetat); *2-Allyl-2-phenylcycloheptanol, Isomerengemisch*, $C_{16}H_{22}O$, Kp.$_{0,6}$ 126—129°; *3.5-Dinitrobenzoat*, $C_{23}H_{24}N_2O_6$, F. 133,5 bis 135° (A.); *2-Phenyl-2-[β-cyanäthyl]-cycloheptanon*, $C_{16}H_{19}\cdot NO$, Kp.$_{1,7}$ 184°; *2-Phenyl-2-[β-carboxyäthyl]-cycloheptanon*, $C_{16}H_{20}O_3$, F. 109,8—110,3° (wss. CH_3OH), → *S-Benzylisothiouroniumsalz*, $C_{24}H_{30}N_2O_3S$, F. 145—146,5° (Aceton); *β-[1-Phenylcycloheptyl-(1)]-propionsäure*, $C_{16}\cdot H_{22}O_2$, F. 102,5—103,7° (Hexan); (DÄG) → *S-Benzylisothiouroniumsalz*, $C_{24}H_{32}N_2O_2S$, F. 158—160° (A.); *[1-Phenylcycloheptyl-(1)]-essigsäure*, $C_{15}H_{20}O_2$, F. 92—93,2°, (A.); → *[Äthylester*, $C_{17}H_{24}O_2$, Kp.$_{1,4}$ 165°; n_D^{26} 1,5197; D_4^{24} 1,050;]; → *S-Benzylisothiouroniumsalz*, $C_{23}H_{30}N_2O_2\cdot S$, F. 142—144° (wss. A.); **I**, $C_{15}H_{20}O$, Kp.$_{0,85}$ 122°; → *DNP*, $C_{21}H_{24}N_4O_4$, F. 165—166,5° (A./Äthylacetat); *α-Brom-β-[1-Phenylcycloheptyl-(1)]-propionsäure*, $C_{16}H_{21}\cdot BrO_2$, F. 110,3—111,3° (Hexan); *1.1-Diphenyl-2-[1-phenylcycloheptyl-(1)]-äthylen*, $C_{27}H_{28}$, F. 73—73,5° (CH_3OH); *Cycloheptylphenylketon*, Kp.$_{35}$ 135°, → *Oxim*, $C_{14}H_{19}NO$, F. 99—101°. *Tosylhydrazon*, $C_{21}H_{26}N_2O_2S$, F. 100—100,5° (wss. CH_3OH); *1-Phenylcycloheptancarbonsäure*, $C_{14}H_{18}O_2$, F. 127,5—128,5° (95%ig. A.); → *Säurechlorid*, Kp.$_{1,1}$ 145—155°; *1-Phenylcycloheptylcarbinol*, $C_{14}H_{20}O$, Kp.$_{1,1}$ 145—155°; → **II**, $C_{21}H_{26}O_3S$, F. 79,5—80,5° (Bzl./PAe.); *1-Phenylcycloheptancarbaldehyd*, $C_{14}H_{18}O$, Kp.$_{2,1}$ 122 bis 123°; → *DNP*, $C_{20}H_{22}N_4O_4$, F. 165—165,5° (A./Äthylacetat); → **III**, $C_{21}H_{26}N_2O_2S$, F. 128,5—129,5° (Zers.; A.). Cycloheptane: *1-Methyl-1-phenyl-*, $C_{14}H_{20}$, Kp.$_{1,25}$ 63°; *Hydrazon* (?), F. 80—90°.
G. O. Jäger 492△

1162 **Chemische Reaktionen bei der Stoßpyrolyse organischer Moleküle.** B. P. Levitt, A. Parsons und N. Wright. (Trans. Faraday Soc. **63** (1967) 537, 2190—95; London, Imp. Coll. of Sci. and Technol., Dep. of Chem.; engl.) — Es wird die Stoßpyrolyse von C_2H_4 u. CH_4 in einer Ar-Artmosphäre untersucht. G. O. Jäger 493△

1163 **Thermische Zersetzung von Perfluorpropen.** Richard A. Matula. (J. physic. Chem. **72** (1968) 8, 3054—56; Fluid Dynamics Labor., Dep. of Mech. Engng., Univ. of Mich., Ann Arbor., Mich.; engl.) — Die Kinetik der Rk. wird untersucht.
D. Strauch 493

1164 **Isomerisierung des Propylradikals und heterogene Effekte bei der Pyrolyse von Propan unterhalb 500°.** D. A. Leathard und J. H. Purnell. (Proc. Roy. Soc. [London], Ser. A **306** (1968) 1487, 553—67; Dep. of Chem., Univ. Coll., Swansea; engl.) — Die Prod.-Bldg. im Primärprozeß der C_3H_8-Pyrolyse wird in einem stat. Syst. bei Drücken zwischen 26 u. 416 Torr u. Temp. zwischen **441** u. 503° untersucht. D. Strauch 493

1165 **Quantitative Produktanalyse und kritische Betrachtung der thermischen Zersetzung von Benzylperoxid in Benzol.** DeLos F. DeTar, R. A. J. Long, Jacob Rendleman John Bradley und Patrick Duncan. (J. Amer. chem. Soc. **89** (1967) 16, 4051—57; Dep. of Chem. Fla. State Univ. Tallahassee, Fla.; engl.) — Ebenso wurde p-Chlorbenzoylperoxid untersucht.
K. J. Lucas 493

1166 **Mechanistische Studien in starken Basen.** 5. Mitt. **Kinetik und Mechanismus der Bifluorenylidenbildung aus 2-substituiertem 9-Halogenfluoren in tert.-Butanol.** D. Bethell, A. F. Cockerill und D. B. Frankham. (J. chem. Soc. [London], Sect. B **1967,** 12, 1287—94; Liverpool, The Univ., The Robert Robinson Labor.; engl.) — **4.** vgl. ibid. **1966, 9,** 920. — Die Geschw. der Umwandlung verschiedener 2-substituierter *9-Bromfluorene* (**A**) in *Bifluorenylidene* durch Benzyltrimethylammoniumhydroxid bzw. K- oder Na-tert.-Butylat in tert. Butanol wurde bestimmt, wobei folgende **A** eingesetzt wurden: 9-Bromfluorene: *2-Brom-*, *2-Cyan-*, *2-Methoxy-* *2-Nitro-*, *2-Methyl-*, *2-Chlor-*, (F. 126—128°). 9-Chlorfluorene: *Unsubstituiert, 2-Brom-, 2-Cyan-*. Es entstanden folgende Bifluorenylidene: *Unsubstituiert, 2.2'-Dibrom-, 2.2'-Dichlor-*, $C_{26}H_{14}Cl_2$ (F. 258—261°), *2.2'-Dicyan-*, $C_{28}H_{14}N_2$ (F. > 330°), *2.2'-Dimethoxy-*, $C_{28}H_{20}O_2$ (F. 147—148°), *2.2'-Dimethyl-*, $C_{28}H_{20}$, (F. 141 bis 144°) u. *2.2'-Dinitro-*, F. > 300°. Axel Jochum 494

1167 **Photolyse von Bullvalen.** Maitland Jones jun. (J. Amer. chem. Soc. **89** (1967) 16, 4236—38; Dep. of Chem. Princeton, Univ., Princeton N.J.; engl.) — Bestrahlung von Bullvalen mit einer Hanovia-Hg-Lampe führt zu den Prod. *Tricyclo-[5.3.0.0*^{4,8}*]-decatrien-(2.5.9)* (I), Tetracyclo-[4.4.0.0^{2,8}.0^{5,7}]-decadien-(3.9) (II) u. den schon bekannten. Tricyclo-[4.2.2.0^{2,5}]-decatrien-(3.7.9) u. Bicyclo-[4.2.2]-decatetraen-(2.4.7.9). I u. II lassen sich durch Erhitzen auf 280° bzw. 120° in *cis-9.10-Dihydronaphthalin* (III) umwandeln. Die NMR-Spektren von I, II u. III sind angegeben. K. J. Lucas 498

1168 **Vakuum-UV-Photolyse von Acetylen in inerten Matrizen. Spektroskopische Untersuchung der C_2-Spezies.** Dolphus E. Milligan, Marilyn E. Jacox und Luce Abouaf-Marguin. (J. chem. Physics **46** (1967) 12, 4562—70; NBS, Washington, D.C.; engl.) — Die Vakuum-UV-Photolyse von in Ar, Ne u. N_2 eingefrorenem Acetylen bei 4 u. 14°K wird untersucht. Sie führt zum Auftreten einer Anzahl Absorptionsbanden im Sichtbaren u. UV, die C_2-Spezies, u. zu einer 1848 cm^{-1} IR-Absorption, die mit Hilfe von C_2H_2/C_2D_2- u. ^{13}C-Unters. dem freien Radikal HC_2 zugeordnet werden. Die verschiedenen Banden werden (0,0)-Mulliken-, (2,0)-, (3,0)- u. (4,0)-Phillips-Banden bzw. Elektronenübergänge von C_2 identifiziert. K. J. Lucas 498

1169 **Mechanismus der Bildung und Zersetzung von Benzocyclopropenen. ESR-spektroskopische und chemische Beweise für das Auftreten von Diradikalzwischenstufen im Triplettzustand.** G. L. Closs, Louise Riemenschneider, Kaplan und Victor I. Bendall. (J. Amer. chem. Soc. **89** (1967) 13, 3376—77; Dep. of Chem., Univ. of Chicago, Chicago, Ill.; engl.) — Die bei der Photolyse von *3-Cyan-3-methyl-* (I), *3-Methoxycarbonyl-3-methyl-* (II) u. *3-Methoxy-3-methyl-3H-indazol* (III) zu *1-Cyan-1-methyl-* (IV), *1-Methoxycarbonyl-1-methyl-* (V) u. *1-Methoxy-1-methylbenzocyclopropen* (VI) auftretenden Zwischenstufen können Vf. durch ESR-spektroskop. Unters. der Photolyseprod. bei 77°K als Diradikale (A) identifizieren. Als chem. Existenzbeweis der A wird die Bldg. von je 2 stereoisomeren *1-Cyan-1-methyl-*, bzw. *1-Methoxycarbonyl-1-methyl-2-vinylindanen* bei der Photolyse von I bzw. II in Butadien bei —70° gewertet. Die Zers. von IV zu Polymeren bzw. von V zu *2-Methoxy-3-methylbenzofuran* u. *α-Methoxycarbonylstyrol* bzw. von VI zu *α-Methoxystyrol* bei Raumtemp. verläuft ebenfalls über die A. G. O. Jäger 498△

1170 **γ-Radiolyse von Cyclohexan und einem Gemisch von Cyclohexan und Benzol.** Kent H. Jones. (J. physic. Chem. **71** (1967) 3, 709—11; Albuquerque, Sandia Labor.; engl.) G. O. Jäger 498△

1171 **Bildung von Phenol und N_2 durch eine negative Ionen-Molekül-Kettenreaktion bei Bestrahlung gasförmiger Benzol-N_2O-Mischungen.** Stefan J. Rzad und John M. Warman. (J. physic. Chem. **72** (1968) 8, 3013—17; Radiation Res. Labor., Mellon Inst., Carnegie-Mellon Univ., Pittsburgh, Pa.; engl.) — Ein Mechanismus für die durch ^{60}Co-γ-Bestrahlung induzierten u. durch CO_2 inhibierten Rk. wird aufgestellt. D. Strauch 498

1172 **H_2-Bildung bei der Radiolyse von flüssigem Buten-(1) und trans-Buten-(2).** Yoshihiko Hatano und Shoji Shida. (J. chem. Physics **46** (1967) 12, 4784—88; Labor. of Physic. Chem., Tokyo Inst. of Technol., Ookayama, Tokyo; engl.) — Der Einfl. von Temp. u. Elektronen- u. Kationenfängern auf die ^{60}Co-γ-Radiolyse (8,21 · 10^{19} eV/gh) von fl. H_8- u. D_8-Buten-(1), H_8- u. D_8-trans-Buten-(2) wird untersucht. K. J. Lucas 498

1173 **Radiolyse von Chloroform durch einen intensiven Strahlungsimpuls aus einer Kernexplosion.** N. E. Bibler und M. L. Hyder. (Nature [London] **219** (1968) 5152, 374—75; Savannah River Labor., E. I. du Pont de Nemours and Co., Aiken, S.C.; engl.) — Die Unters. wurden bei einer hohen Dosisleistung von 10^{12}—10^{13} rads/s durchgeführt. D. Strauch 498

1174 **Photochemie von Nitrobenzol in konzentrierter H_2SO_4.** Hiroyasu Sato, Nobuhiko Fuga und Hiroshi Tsubomura. (Bull. chem. Soc. Japan **40** (1967) 5, 1282—83; Dep. of Chem., Fac. of Engng. Sci., Osaka Univ., Toyonaka, Osaka; engl.) — Das Absorptionsspektrum vor u. nach UV-Bestrahlung wird untersucht u. bez. des photochem. Verh. der Titelverb. diskutiert. K. J. Lucas 498

1175 **Primärprozesse bei der Photolyse von gasförmigem Azomethan.** Shuang-Ling Cheng, Joseph Nimoy und Sidney Toby. (J. physic. Chem. **71** (1967) 9, 3075—77; School of Chem., Rutgers, State univ., New Brunswick, N.J.; engl.) — Die bei der Photolyse von Azomethan mit Licht von 3130, 3340 u. 3660 Å u. in Ggw. u. Abwesenheit von CO_2 u. SF_6 auftretenden Prod. CH_4, C_2H_6 u. N_2 wurden gaschromatograph. bestimmt u. die Quantenausb. ermittelt. Ein aus 11 Teilrk. bestehender Mechanismus wird aufgestellt u. gezeigt, daß die Anlagerungs- u. Ablösungsgeschw. von Methylradikalen an Azomethan gleich groß ist. K. J. Lucas 498

1176 **Relative Bedeutung primärer ionischer Prozesse bei der γ-Radiolyse von n-Propanol.** H. J. van der Linde und R. A. Basson. (J. South African chem. Inst. **20** (1967) 2, 149—160; Raad op Atoomkrag, Pretoria; afrikaans) — Bei γ-Bestrahlung von n-Propanol in Abwesenheit bzw. in Ggw. von O_2 entstehen H_2, *Propionaldehyd, Hexandiol-(3.4), HCHO* u. C_2H_6. Die Abhängigkeit der Ausb. von der Strahlungsdosis u. der Einfl. von $FeCl_3$ u. $CrCl_3$ als H-Fänger werden untersucht. Der Mechanismus wird diskutiert. G. Kirsten 498△

1177 **Photochemie.** 10. Mitt. **Photolyse von 2.3-Diphenylchinoxalin-N-oxid zu 2.4-Diphenylbenz[d][1.3.6]-oxadiazepin. NMR-Untersuchung.** O. Buchardt und J. Feeney. (Acta chem. scand. **21** (1967) 5, 1399—1400; Chem. Labor. II, Univ. of Copenhagen; engl.) — 9. vgl. C. **1967**, 60-0415. — Durch Unters. des NMR-Spektrums wird die Struktur der Photoprod. ermittelt. K.-J. Lucas 498

1178 **Beziehungen zwischen der Photozersetzung und der Molekularstruktur bei den Carbonylverbindungen n-C_3H_7COR.** Charles H. Nicol und Jack G. Calvert. (J. Amer. chem. Soc. **89** (1967) 8, 1790—98; Evans Chem. Labor., O. State Univ., Columbus, O.; engl.) — Die Gasphasen-Photolyse nachst. Verb. wurde in Abhängigkeit von Temp. u. Druck untersucht: *n-Butyraldehyd*, sowie die n-Propylketone: *Methyl-, Äthyl-, n-Propyl-, Isopropyl-, n-Butyl-, Isobutyl-, sek.-Butyl-* u. *tert.-Butyl-*. A. Kratochwill 498

1179 **Primärprozeß bei der Photolyse von Hexafluoraceton-Dampf.** 1. Mitt. **Photozersetzung.** D. A. Whytock und K. O. Kutschke. (Proc. Roy. Soc. [London], Ser. A **306** (1968) 1487, 503—10; Div. of Pure Chem., Nat. Res. Council, Ottawa, Canada; engl.) — Der Einfl. der Keton-Konz., der Temp. (24—78°), der Anregungswellenlänge u. der Konz. an zugesetztem CO_2 auf die Quantenausb. wird untersucht. Mechanismen werden diskutiert. D. Strauch 498

1180 **Primärprozeß bei der Photolyse von Hexafluoraceton-Dampf.** 2. Mitt. **Fluoreszenz und Phosphoreszenz.** A. Gandini und K. O. Kutschke. (Proc. Roy. Soc. [London], Ser. A **306** (1968) 1487, 511—28; engl.) — 1. vgl. vorst. Referat. — Die relative Quantenausb. der ges. u. der Fluoreszenzemission wird über einen großen Bereich des Keton-Druckes bei Anregung zwischen 254 u. 366 nm bestimmt. D. Strauch 498

1181 **Primärprozeß bei der Photolyse von Hexafluoraceton-Dampf.** 3. Mitt. **Wirksamkeit der strahlungslosen Interkombination.** A. Gandini, D. A. Whytock und K. O. Kutschke. (Proc. Roy. Soc. [London], Ser. A **306** (1968) 1487, 529—36; engl.) — 2. vgl. vorst. Referat. —

Der Mechanismus der Photolyse wird durch Best. der Sensibilisierung der cis-trans-Isomerisierung von *Buten-(2)* u. der Sensibilisierung der Phosphoreszenz von *Biacetyl* untersucht. D. Strauch 498

1182 **Primärprozeß bei der Photolyse von Hexafluoraceton-Dampf.** 4. Mitt. **Nachweis von Singulett-Löscher-Zusätzen.** A. Gandini, D. A. Whytock und K. O. Kutschke. (Proc. Roy. Soc. [London], Ser. A **306** (1968) 1487, 537–40; engl.) — 3. vgl. vorst. Referat. — Es wird die Kinetik des Löschens des Singulettzustandes von CF_6COCF_6 durch *cis-Buten-(2)* u. *Biacetyl* bestimmt. D. Strauch 498

1183 **Primärprozeß bei der Photolyse von Hexafluoraceton-Dampf.** 5. Mitt. **Mechanismus.** A. Gandini, D. A. Whytock und K. O. Kutschke. (Proc. Roy. Soc. [London], Ser. A **306** (1968) 1487, 541–51; engl.) — 4. vgl. vorst. Referat. D. Strauch 498

1184 **Molekulare Photochemie.** 5. Mitt. **Photocycloaddition von Alkylketonen an elektronenverarmten Doppelbindungen.** Nicholas J. Turro, Peter Wriede, J. Christopher Dalton, Donald Arnold und Anita Glick. (J. Amer. chem. Soc. **89** (1967) 15, 3950–52; Chem. Dep. Columbia Univ., N.Y.; engl.) — 4. vgl. C. **1967,** 54-0128. — UV-Bestrahlung von *Aceton, Pentanon-(2), Hexanon-(2)* u. *Cyclopentanon* in Ggw. von *trans-1.2-Dicyanoäthylen* (I) führt zur stereospezif. Bldg. entsprechender Oxetane. Der Mechanismus der Bldg. wird diskutiert. K.-J. Lucas 498

1185 **Durch Hg photosensibilisierte Zersetzung von Acetaldehyd. Beweis für einen Zwei-Quanten-Prozeß.** A. S. Buchanan und J. A. Mc Rae. (J. physic. Chem. **72** (1968) 8, 3052; Dep. of Chem., Univ. of Melbourne, Parkville, Victoria; engl.) D. Strauch 498

1186 **Einfluß der Umgebung auf die Spaltung von Cystin durch UV-Licht.** Sergio Risi, Klaus Dose, T. K. Rathinasamy und Leroy Augenstein. (Photochem. and Photobiol. **6** (1967) 6, 423–36; East Lansing, Mich., Mich. State Univ., Biophys. Dep.; engl.) — Untersucht wird der durch UV-Einstrahlung (254 nm) hervorgerufene Zerfall von *Cystin* (**I**), sowie der **I** enthaltenden Proteine *Glutathion* (**II**), *Insulin* (**III**), *Ribonuclease* (**IV**), *Lysozym* (**V**) u. *Trypsin* (**VI**) unter verschiedenen Bedingungen. Die Quantenausb. für die Zerfallsprod. werden bestimmt. G. O. Jäger 498△

1187 **Hauptdesaminierungsprodukt der UV-Photolyse wäßriger O_2-gesättigter Cystinlösungen.** C. J. Dixon und D. W. Grant. (Biochem. J. **105** (1967) 1, 80–90; Dep. of Pure and Appl. Chem., Huddersfield Coll. of Technol.; engl.) — Als Haupt-Rk.-Prod. wird *α-Amino-α'-oxo-β.β'-dithiodipropionsäure* isoliert u. identifiziert. K.-J. Lucas 498

1188 **pH-Abhängigkeit der Disproportionierungsgeschwindigkeit des Rhodamin B-Semichinons in wäßrig-alkoholischer Lösung.** B. Stevens, R. R. Sharpe und W. S. Bingham. (Photochem. and Photobiol. **6**(1967) 1, 83–89; Sheffield, Univ., Dep. of Chem.; engl.) — Es werden die Zerfallsgeschw. der bei der Blitzbelichtung verd. sauerstofffreier Lsg. von *Rhodamin B* (**I**) in wss. A. gebildeten *Semichinonradikals* (**II**) zwischen pH 5,5 u. 7,0 mittels spektralphotometr. Meth. bestimmt. Die RGK zweiter Ordnung zeigen näherungsweise eine lineare Abhängigkeit von der H^+-Konzentration. Für **I** u. **II** sind die Absorptionsspektren zwischen 250 u. 600 nm graph. wiedergegeben. G. O. Jäger 498△

1189 **Impulsradiolyse.** 12. Mitt. **Kinetik und Spektren von Cyclohexadienyl-Radikalen in wäßriger Benzoesäurelösung.** R. Wander, P. Neta und Leon M. Dorfman. (J. physic. Chem. **72** (1968) 8, 2946–49; Dep. of Chem., O. State Univ., Columbus, O.; engl.) — Es wurden die UV-Absorptionsbanden u. Extinktionskoeff. sowie die Kinetik der Bldg. u. des Zerfalls des in wss. Benzoesäure nach Impulsradiolyse gebildeten *Carboxyhydroxycyclohexadienyl*-Radikals bestimmt. D. Strauch 498

1190 **Spektroskopische Untersuchungen zur photochemischen Zersetzung von dinitrophenylierten Aminosäure (DNP-AS)** 1. Mitt. B. Rüstow und S. Böhm. (Studia biophysica, Berlin **2** (1967) 5, 375–82; Berlin, Humboldt-Univ., Inst. für Biochem. der vet. med. Fak.; dt.) — Es wird die photochem. Zers. von *2.4-Dinitrophenyl-DL-alanin* u. *-DL-leucin* (**I**) in 1%ig. wss. $NaHCO_3$-Lsg., in Dioxan u. $CHCl_3$ sowie von *N-Äthyl-2.4-dinitroanilin* als Modellsubstanz in $CHCl_3$ durch Vermessung der UV-Spektren in Abhängigkeit von der Wellenlänge des eingestrahlten Lichts u. der Bestrahlungsdauer untersucht. *4-Nitro-2-nitrosoanilin* (**II**) kann als Photolyseprod. von **I** ($CHCl_3$; 365 nm) nachgewiesen werden; gegenüber Licht < 290 nm ist **II** unbeständig. G. O. Jäger 498△

C. Präparative organische Chemie, Naturstoffe

1191 **Thermolyse und Photolyse von ungesättigten Ketonen.** 4. Mitt. **Strukturelle Bedingungen und Mechanismus der thermischen Cyclisierung von α.β;ε.ζ-Diäthylenketonen.** Jean-Marie Conia und Pierre Le Perchec. (Bull. Soc. chim. France **1966,** 287–92; franz.) — 3. vgl. C. **1967,** 36-0991. — Die dargestellten Verb. geben bei 250–300° weder die Umlagerung nach Cope noch therm. Cyclisation; es treten lediglich Umlagerungen der Doppelbindungen auf. Im Licht dieser negativen u. früheren positiven Ergebnisse werden die strukturellen u. Rk.-mechan. Bedingungen des therm. Ringschlusses diskutiert.

Versuche: *2-Oxo-3.7-octadien,* $Kp._{18}$ 93–95°, durch Rk. von 7 g Mg u. 30 g 4-Brombuten-(1) in Ae. mit einigen Krist. J, 1std. Kochen, allmähliche Zugabe von 10 g 1-Diäthylamino-3-oxobuten-(1) in abs. Ae., 3std. Kochen, Aufarbeitung u. Chromatographie; 45% (Ausb.). *2.4-Dinitrophenylhydrazon,* $C_{14}H_{16}N_4O_4$, F. 101°; rote Kristalle. — *2-Oxo-4.7-octadien,* durch 40 Min. langes Erhitzen vorst. Verb. im geschlossenen Rohr auf 300° u. Chromatographie. — *2-[Δ^4-Pentenyliden]-cyclohexanon,* durch Rk. von 2-[Pyrrolidinomethylen]-cyclohexanon mit 3-Butenyl-MgBr, Aufarbeitung u. Chromatographie; 80%. *2.4-Dinitrophenylhydrazon,* $C_{17}H_{20}N_4O_4$, F. 100°; aus $CHCl_3$ rote Kristalle. — *2-[$\Delta^{1.4}$-Pentadienyl]-cyclohexanon,* durch 0,5std. Erhitzen vorst. Verb. auf 300°. — *1-Acetyl-1-allyl-2-methyl-cyclohexen-(2),* $Kp._{13}$ 105°, durch Rk. von 1-Acetyl-2-methyl-cyclohexen-(2) u. Allylbromid, Na-tert.-Amylat in Ae.; n_D^{20} 1,4905; 85%. *2.4-Dinitrophenylhydrazon,* $C_{18}H_{22}N_4O_4$, F. 135°. — *1-Acetyl-2-methyl-3-allyl-cyclohexen-(1),* durch 0,5std. Erhitzen vorst. Verb. im geschlossenen Rohr auf 200°; n_D^{20} 1,4981; ca. 100°. *2.4-Dinitrophenylhydrazon,* $C_{18}H_{22}N_4O_4$, F. 78°. — *1-Acetyl-2-methyl-3-allyl-cyclohexen-(2),* durch Erhitzen vorst. oder vorvorst. Verb. auf 280° u. Chromatographie. — *1-Acetyl-3-allyl-2-methyl-cyclopenten-(1),* $Kp._{760}$ 218°, durch Rk. von 1-Acetyl-2-methyl-cyclopenten-(1), Allylbromid u. Na-tert.-Amylat in benzol. Lsg. in abs. Ae.; n_D^{19} 1,4781. *2.4-Dinitrophenylhydrazon,* $C_{17}H_{20}N_4O_4$, F. 159°. — *1-Acetyl-1-allyl-2-methylcyclopenten-(2)* (**I**), analog vorst. Verb. aus 1-Acetyl-2-methyl-cyclopenten-(2). — *1-Acetyl-2-methyl-3-allyl-cyclopenten-(1)* (**II**), $Kp._{760}$ 245°, durch 40 Min. langes Erhitzen vorst. Verb. auf 240°; n_D^{18} 1,4980. *2.4-Dinitrophenlyhydrazon,* $C_{17}H_{20}N_4O_4$, F. 106°. — *1-Acetyl-2-methyl-3-allyl-cyclopenten-(2),* $Kp._{760}$ 228°, a) durch Erhitzen von **I** bzw. **II** im geschlossenen Rohr auf 240°; 20%; b) analog a) durch Erhitzen auf 320°; 85%; n_D^{26} 1,4801. *2.4-Dinitrophenylhydrazon,* $C_{17}H_{20}N_4O_4$, F. 99°. — IR-, UV- u. NMR-Spektren s. Original. B. Pollok 520△

C–1. Acyclische Verbindungen

1192 **Reaktion von β-Brom-β-nitroalkenen mit Nitroalkanen.** N. I. Aboskalova, A. S. Poljanskaja, V. V. Perekalin, N. K. Golubkova und T. Ja.

Paperno. (Ž. org. Chim. **2**, 2132—37, 1966; Leningrad, gos. pedagog. inst.; russ.) — Durch Rk. von 1-Brom-1-nitropropen-(1) (**I**), 1-Brom-1-nitrobuten-(1) u. 1-Brom-1-nitro-2-phenyläthylen mit Nitromethan (**II**), Nitroäthan, 1-Nitro- u. 2-Nitropropan oder 1.1-Dinitroäthan (**III**) wurden die entsprechenden *1-Brom-1.3-dinitro-* oder *1-Brom-1.3.3-trinitroalkane* dargestellt. *1-Brom-1.3.3-trinitro-2-phenylbutan* wurde auch durch Bromierung des Na-Salzes von 1.3.3-Trinitro-2-phenylbutan (**IV**) erhalten, die Darst. von **IV** erfolgte aus 1-Nitro-2-phenyläthylen (**V**) u. **III**. Die Dehydrobromierung von 1-Brom-1.3-dinitro-2.3-dimethylbutan (**VI**) u. 1-Brom-1.3-dinitro-3-methyl-2-phenylbutan (**VII**) mit Triäthylamin (**VIII**) lieferte die entsprechenden *1.3-Dinitrobutene-(1)*. Erhitzen von 1-Brom-1.3-dinitro-2-methylpropan (**IX**) mit HCl lieferte *Methylmalonsäure.*

Versuche: 1-Brom-1.3-dinitropropane: *2-Methyl-* (**IX**), $C_4H_7BrN_2O_4$, Kp.$_{0,5}$ 97°, durch Zutropfen von **I** zur Suspension von **II**-Na-Salz in abs. CH_3OH bei 6—7°, 7 Min. langes Rühren, Zugabe von Eiswasser, Neutralisieren mit Eisessig u. Extrahieren mit Ae.; n_D^{18} 1,4990; 32% (Ausb.). — Analog durch 5—120 Min. langes Rühren bei —8 bis +10°: *2-Äthyl-*, $C_5H_9BrN_2O_4$, Kp.$_{0,5}$ 94°; n_D^{18} 1,4977; 40%. — *2-Phenyl-*, $C_9H_9BrN_2O_4$, F. 98° (Aceton); 13%. — Analog folgende 1-Brom-1.3-dinitrobutane: *2-Methyl-*, $C_5H_9BrN_2O_4$, Kp.$_1$ 94°; n_D^{18} 1,4930; 52%. — *2.3-Dimethyl-* (**VI**), $C_6H_{11}BrN_2O_4$, Kp.$_{0,5}$ 102°; n_D^{18} 1,4960; 41%. — *2-Äthyl-*, $C_6H_{11}BrN_2O_4$, Kp.$_{0,5}$ 96°; n_D^{18} 1,4941; 71%. — *2-Äthyl-3-methyl-*, $C_7H_{13}BrN_2O_4$, Kp.$_2$ 126°; n_D^{18} 1,4936; 44%. — *2-Phenyl-*, $C_{10}H_{11}BrN_2O_4$, F. 124° (CH_3OH); 95%. — *2-Phenyl-3-methyl-* (**VII**), $C_{11}H_{13}BrN_2O_4$, F. 118° (A.); 25%. — 1-Brom-1.3-dinitropentane: *2-Methyl-*, $C_6H_{11}BrN_2O_4$, Kp.$_1$ 98°; n_D^{18} 1,4870; 45%. — *2-Äthyl-*, $C_7H_{13}BrN_2O_4$, Kp.$_5$ 143°; n_D^{18} 1,4917; 56%. — *2-Phenyl-*, $C_{11}H_{13}BrN_2O_4$, F. 81° (CH_3OH); 74%. — *1-Brom-1.3.3-trinitro-2-phenylbutan*, $C_{10}H_{10}BrN_3O_6$, F. 102° (A.), a) analog vorst. Verb.; 32%; b) durch Zutropfen von **IV** zu CH_3ONa in CH_3OH bei 0—5° u. Zugabe von Br_2 bei —3°; 82,7%. — 1.3-Dinitrobutene-(1): *2.3-Dimethyl-*, $C_6H_{10}N_2O_4$, Kp.$_{0,5}$ 77°, durch Zugabe von **VIII** zu **VI** in Bzl. unter Kühlung u. 24std. Stehen; n_D^{18} 1,4802; 30%. — *2-Phenyl-3-methyl-*, $C_{11}H_{12}N_2O_4$, F. 99,5—100° (CH_3OH), durch 24std. Kochen von **VII** u. **VIII** in Bzl.; 62%. — *Methylmalonsäure*, F. 120—125°, durch 6std. Kochen von **IX** mit 18%ig. HCl; 80%.

N. Kucharczyk 560△

1193 **Darstellung von trans-1.ω-Di-H-perchlorpolyenen.** G. Köbrich und H. Büttner. (Naturwissenschaften **54** (1967) 18, 491; Inst. für Organ. Chemie der Univ. Heidelberg; dt.) — Monomeres trans-Dichloräthylen in Form der Li-Verb. liefert bei der oxydativen Verknüpfung mittels $FeCl_3$ *Chlorpolyene* **A** über verschiedene Zwischenstufen (vgl. Orig.).

A 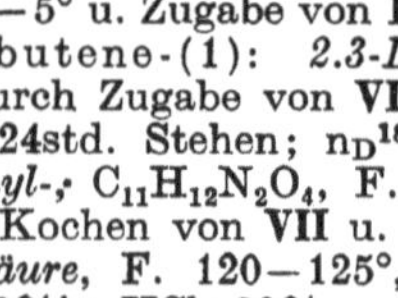 n = 4, 6, 8, 12, 16

Versuche: *cis-cis-1.2.3.4-Tetrachlorbutadien* (**I**), aus trans-Dichlorvinyl-Li in THF in $FeCl_3$ bei —110° u. Erwärmen auf Raumtemp.; 81% (Ausb.). *1.4-Dilithium-Verb.* (**II**), aus 1 Mol **I** u. 2 Mol Butyl-Li. *1.4-Dicarbonsäure*, F. 207—208°, aus **II** u. CO_2; 91%. — *Oktachloroktatetraen*, aus vorst. Verb. u. Butyl-Li in THF bei —110° u. Zusatz von $FeCl_3$. — *Hexadekachlor-hexadekaoktaen*, analog aus vorst. Verbindung.

G. Westphal 570△

1194 **Synthese äthoxymethylsubstituierter tert. Alkohole.** E. Taeger und H. Küchler. (Z. Chem. **6**, 149, 1966; Halle, Martin-Luther-Univ., Halle-Wittenberg, Inst. f. Techn. Chem.; dt.) — α-Chloräther werden mit Mg in die entsprechenden Grignard-Verb. übergeführt, die mit Carbonsäureestern in Methylal (**II**) u. nachfolgender Hydrolyse *äthoxymethylsubstituierte tert. Alkohole* (T.) ergeben. Einige T. werden mit HCl zu den entsprechenden *1-Chlorverb.* umgesetzt.

Versuche: 1.1-Bis-[äthoxymethyl]-äthanole: *Unsubstituiert* (**IV**), $C_8H_{18}O_3$, Kp.$_{25}$ 76°, mit 2 Mol Mg in ketyltrockenem **II** aus 1 Mol Essigsäureäthylester u. 2 Mol Chlormethyläthyläther (**III**) (Meth. **A**); n_D^{20} 1,4163; 60,5% (Ausb.). — *2-Phenyl-*(**V**), $C_{14}H_{22}O_3$, Kp.$_6$ 142°, aus Phenylessigsäureäthylester nach **A**; n_D^{20} 1,4959; 68%. — *2-Chlor-*, $C_8H_{17}ClO_3$, Kp.$_7$ 90°, mit 3 Mol Mg, 2 Mol **III** u. 0,35 Mol Chloressigsäureäthylester in **II** bei 0 bis —50° (Meth. **B**); n_D^{20} 1,4432; 25%. — *2.2.2-Trichlor-*, $C_8H_{15}Cl_3O_3$, Kp.$_5$ 97°, aus Trichloressigsäureäthylester nach **B**; n_D^{20} 1,4506; 13%. — *1.1-Bis-[äthoxymethyl]-propanol* (**VI**), $C_9H_{20}O_3$, Kp.$_8$ 65°, aus Propionsäureäthylester nach **A**; n_D^{20} 1,4206; 65,5%. — *1.1-Bis-[äthoxymethyl]-n-butanol* (**I**), $C_{10}H_{22}O_3$, Kp.$_2$ 61°, aus Buttersäureäthylester nach **A**; n_D^{20} 1,4221; 62,5%. — Bis-[äthoxymethyl]-methanole: *Phenyl-*, $C_{13}H_{20}O_3$, Kp.$_4$ 113°, aus Benzoesäureäthylester nach **A**; n_D^{20} 1,4968; 68%. — *Unsubstituiert*, $C_7H_{16}O_3$, Kp. 190°, aus Ameisensäureäthylester nach **B**; n_D^{20} 1,4182; 37,5%. — *Äthoxymethyl-*, $C_{10}H_{22}O_4$, Kp.$_6$ 86°, aus Kohlensäurediäthylester nach **B**; n_D^{20} 1,4262; 27,5%. — *1.1.2.2-Tetrakis-[äthoxymethyl]-äthandiol*, $C_{14}H_{30}O_6$, Kp.$_{10}$ 115°, aus Oxalsäurediäthylester analog **B** (0,2 Mol; 0 bis —5°; Meth. **C**); n_D^{20} 1,4392; 20%. — *1.1.3.3-Tetrakis-[äthoxymethyl]-propandiol-(1.3)*, $C_{15}H_{32}O_6$, Kp.$_6$ 105°, aus Malonsäurediäthylester nach **C**; n_D^{20} 1,4290; 27,5%. — *α.α'-Bis-[hydroxy-bis-äthoxymethyl]-o-xylol*, $C_{20}H_{34}O_6$, Kp.$_{10}$ 157°, aus Phthalsäurediäthylester nach **C**; n_D^{20} 1,4989; 27,5%. — 1.1-Bis-[äthoxymethyl]-1-chloräthane: *Unsubstituiert*, $C_8H_{17}ClO_2$, Kp.$_{11}$ 59°, mit HCl aus **IV** in konz. HCl/Eisessig (Meth. **D**); n_D^{20} 1,4237; 70%. — *2-Phenyl-*, $C_{14}H_{21}ClO_2$, Kp.$_{12}$ 152°, aus **V** nach **D**; n_D^{20} 1,4964; 65%. — *1.1-Bis-[äthoxymethyl]-1-chlorpropan*, $C_9H_{19}ClO_2$, Kp.$_5$ 74°, aus **VI** nach **D**; n_D^{20} 1,4331; 65%. — *1.1-Bis-[äthoxymethyl]-1-chlor-n-butan*, $C_{10}H_{21}ClO_2$, Kp.$_5$ 77°, aus **I** nach **D**; n_D^{20} 1,4340; 75%.

K.-P. Hilgetag 630△

1195 **Gesetzmäßigkeiten der Anlagerung an Diacetylene. 12. Mitt. Nucleophile Anlagerung von Mercaptanen an Alkylmercaptoalkadiine-(1.5).** A. A. Petrov und M. P. Forost. (Ž. org. Chim. **2**, 1358—62; 1966; Leningradskij technol. inst. im. Lensoveta; russ.) — 11. vgl. C. **1969**, **4**-1194. — Mercaptane werden an 1-Alkylmercaptoalkadiine-(1.5) in Ggw. von KOH unter Bldg. von 1.2-Bis-alkylmercaptoalken-(1)-inen-(5) angelagert. Die gleichen Verb. entstehen auch durch Rk. der Mercaptane mit 1-Alkylmercapto-6-trimethylsilylalkadiinen-(1.5) unter Spaltung der C-Si-Bindung. IR- u. NMR-Spektren s. Original.

Versuche: *1-Methylmercapto-2-äthylmercaptohexen-(1)-in-(5)* (**I**), $C_9H_{14}S_2$, Kp.$_{1,5}$ 100—101°, a) durch 10std. Erhitzen von 1-Methylmercaptohexadiin-(1.5) (**III**) mit Äthylmercaptan u. KOH in CH_3OH auf 80°; b) analog mit 1-Methylmercapto-6-trimethylsilyl-hexadiin-(1.5) (**II**) D_4^{20} 1,0320; n_D^{20} 1,5590; 70% (Ausb.). — Analog *1.2-Bis-äthylmercaptohexen-(1)-in-(5)*, $C_{10}H_{16}S_2$, Kp.$_2$ 107 bis 108°; a) 70%; b) D_4^{20} 1,0093; n_D^{20} 1,5482. — *1-Methylmercapto-2-äthylmercaptoocten-(1)-in-(5)*, $C_{11}H_{18}S_2$, Kp.$_{1,5}$ 118—119°, nach a); D_4^{20} 1,0012; n_D^{20} 1,5502; 70%. — *1-Methylmercapto-6-trimethylsilyl-hexadiin-(1.5)* (**II**), $C_{10}H_{16}SSi$, Kp.$_1$ 77—78°; D_4^{20} 0,9239; n_D^{20} 1,5058; 60—65%. — *1-Äthylmercapto-6-trimethylsilyl-hexadiin-(1.5)*, $C_{11}H_{18}SSi$, Kp.$_2$ 91—92°; D_4^{20} 0,9477; n_D^{20} 1,5040; 60—65%. — *1-Chlor-1-methylmercapto-6-trimethylsilyl-hexen-(1)-in-(5)*, $C_{10}H_{17}ClSSi$, Kp.$_2$ 99—100°, durch Einleiten von HCl in eine Lsg. von **II** in Ae. bei —60°; D_4^{20} 0,9952; n_D^{20} 1,5034. — *1-Chlor-1-äthylmercapto-6-trimethylsilyl-hexen-(1)-in-(5)*, $C_{11}H_{19}ClSSi$, Kp.$_{1,5}$ 103—105°; D_4^{20} 0,9900; n_D^{20} 1,5008.

Heidrun Kühn 640

1196 **Einige Reaktionen der Glycidylester von Sulfonsäuren.** Nobuo Nakabayashi, Eiichi Masuhara und Yoshio Iwakura. (Bull. chem. Soc. Japan **39**, 413—17, 1966; Tokyo, Bunkyo-ku, Tokyo Med. and Dental Univ., Res. Inst. of Dental Materials; engl.) — Sulfonsäureglycidylester (**A**) reagieren mit HCl bei Raumtemp. zu *Sulfonsäure-3-chlor-2-hydroxypropylestern*, die durch Rk. mit HCl bei 100° *1.3-Dichlorpropanol-(2)* bzw. durch Rk. mit Basen *Epichlorhydrin* ergeben. Na-Salze von Carbonsäuren reagieren mit **A** unter Bldg. von *Carbonsäureglycidylestern*. Amine liefern mit **A** die entsprechenden *Additionsverb.* (**B**), die durch Einw. von NaOH *Glycidyl-*

amine ergeben. Isomerisierung oder Erhitzen bzw. längeres Stehen der **B** führt zur Bldg. von *N.N-[2-Hydroxytrimethylen]-ammoniumsulfonaten*, aus denen mit NaOH *1.4-Dioxane* synthetisierbar sind. IR-Maxima s. Original.

Versuche: Sulfonsäurenglycidylester (**A**): *Methan-* (**I**), $Kp._1$ 109—110°, nach Ichikawa [Yûki Gôsei Kagaku Kyôkai Shi **22** (1964) 553]; n_D^{25} 1,4497; 74,5% (Ausb.). — *Propan-2-* (**II**), $Kp._2$ 113—115°, durch Zutropfen von Propan-2-sulfonylchlorid ($Kp._{25}$ 83°) zu einem Gemisch aus 1-Hydroxy-2.3-epoxypropan, Triäthylamin u. abs. Toluol unter Kühlen, 3std. Rühren; Filtrieren u. Einengen im Vakuum; n_D^{25} 1,4493; 69,2%. — *n-Butan-* (**III**), $Kp._1$ 122—123°, aus n-Butansulfonylchlorid ($Kp._{16}$ 96°) wie **II**; n_D^{25} 1,4522; 70,9%. — *p-Toluol-* (**IV**), $Kp._2$ 167—172°, nach Ichikawa (l. c.); n_D^{25} 1,5243; 45%. — Sulfonsäure-3-chlor-2-hydroxypropylester, durch 2std. Rühren der **A** mit konz. HCl bei Raumtemp. u. Einengen: *Methan-*, $Kp._1$ 140—141°; n_D^{25} 1,4711, 67%. — *Propan-2-*, $Kp._{1,5}$ 148—150°; n_D^{25} 1,4680; 91%. — *Propen-(2)-*, $Kp._1$ 154—156°; n_D^{25} 1,4667; 86%. — *n-Butan-1-*, $Kp._1$ 150—152°; n_D^{25} 1,4680; 95%. — *Essigsäureglycidylester*, $Kp._{17}$ 71°, a) durch 0,5std. Kochen von **I**, Na-Acetat u. Triäthylbenzylammoniumchlorid in abs. Toluol u. Einengen des Filtrats (Meth. **C**); b) mit überschüssigem **I** bei 110° nach **C**; 26%; c) in 11,5std. Rk. bei Raumtemp. nach **C**; 13%; d) aus **II** nach **C**; 17%; e) aus Δ^2-Propensulfonsäureglycidylester nach **C**; 13%; f) aus **III** nach **C**; 13%; g) aus **IV** nach **C**; 8,6%; h) aus **IV** in 4 Std.; 13%. — *Methacrylsäureglycidylester*, $Kp._{15}$ 84 bis 85°, aus **I** u. Na-Methacrylat nach **C**; 42%. — *4-Glycidylmorpholin*, $Kp._{12}$ 93—97°, a) durch Zugabe von Morpholin (**V**) zu **I** unter gelegentlicher Kühlung mit Trockeneis in Methanol (< 30°), 1std. Stehen bei 25°, Zugabe von wss. NaOH, 1std. Rühren bei 25° u. Ausäthern; 70%; b) durch $^1/_2$std. Stehen von **I** u. **V** in wss. NaOH bei —5° (Meth. **D**); 53%; c) nach **D** bei 0°; 39% neben 25% **VI**; d) nach **D** bei 80°; 17% neben 35% **VI**. — 1.4-Dioxane: *2.5-Bis-morpholinomethyl-* (**IV**), F. 107 bis 108° (Ae.), a) durch $^3/_4$std. Rühren von **I** u. **V** in W. bei 25°, Zugabe von NaOH u. Erhitzen für 20 Min. auf 75°; 45%; b) analog aus **I** u. **V** (20 Min. bei 80°) u. Rühren mit NaOH (20 Min. bei 80°) (Meth. **E**); 56%; c) aus **II** nach **E**; 53%; d) aus **IV** nach **E**; 53%. — *2.5-Bis-pyrrolidinomethyl-*, F. 106—108°, aus Pyrrolidin u. **I** nach **E**; 32%. — *2.5-Bis-piperidinomethyl-*, F. 102—104°, aus Piperidin u. **I** nach **E**; 39%. — *N-Glycidyldiäthylamin*, $Kp._{19}$ 58—58,5°, aus Diäthylamin u. **I** nach **E**; 27%. — *1-Glycidylpyrrolidin*, $Kp._{11}$ 61—63°, aus Pyrrolidin u. **I** nach **E**; 20%. K.-P. Hilgetag 640△

1197 **Kampfstoffe von Hemiptera-Wanzen.** S. K. Mukerji und H. L. Sharma. (Tetrahedron Letters [London] **1966,** 2479—81; Jaipur, India, Univ. of Rajastan, Dep. of Chem.; engl.) — Durch Extrahieren von 24 g schwarzen Hemiptera-Wanzen mit PAe. u. Verteilen zwischen PAe./W./CH_3OH werden 0,9 g *trans-Δ^4-Heptenal* (**I**; $C_7H_{12}O$, Kp. 112—113°. *2.4-Dinitrophenylhydrazon*, $C_{13} \cdot H_{16}N_4O_4$, F. 120°, aus A. orangefarbene Nadeln) isoliert u. durch direkten Vgl. mit synthet. Verb. identifiziert. **I** wird durch Rk. von Vinyl-MgBr mit Propionaldehyd, Umäthern von *Δ^1-Pentenol-(3)* mit Äthylvinyläther/Hg-Acetat u. Claisen-Umlagerung in 70%ig. Ausb. erhalten. F. Heller 670

1198 **Synthese von ^{14}C-Methylglyoxal.** Victor C. Brum. (J. pharmac. Sci. **55,** 351—52, 1966; Gen. Med. Res. Labor., Veterans Adm. Center, Togus, Maine; engl.) — Durch Ox. von $^{14}C_{(1,3)}$-Aceton bzw. $^{14}C_{(2)}$-Aceton mit SeO_2 in Dioxan/W. bei 100° u. Einengen im Vakuum unter N_2 werden 45,6% (Ausb.) *$^{14}C_{(1,3)}$-Methylglyoxal* bzw. 16,6% *$^{14}C_{(2)}$-Methylglyoxal* erhalten. Beide Verb. liefern mit 2.4-Dinitrophenylhydrazin das entsprechende *2.4-Dinitrophenylhydrazon* (F. 297—298°). — R_F-Werte s. Original. R. Gnauck 740△

1199 **Gemischte Carbonsäureanhydride.** 7. Mitt. **Synthese einiger gemischter Ameisensäureanhydride.** R. Schijf und W. Stevens. (Recueil Trav. chim. Pays-Bas **85,** 627—28, 1966; Leiden, Univ.; engl.) — 6. vgl. Rec. Trav. Chim. **84** (1965) 1247. — Vf. synthetisierten *gemischte Anhydride der Ameisensäure mit anderen Carbonsäuren* aus Na-Formiat u. Acylhalogeniden. IR-Banden vgl. Original.

Versuche: Ameisensäureanhydride: *Essigsäure-*, $Kp._{24}$ 35°. — *Propionsäure-*, $Kp._{11}$ 32°. — *Buttersäure-*, $Kp._{12}$ 45°. — *Isobuttersäure-*, $Kp._9$ 32°. — *Trimethylessigsäure-*, $Kp._{12}$ 38°. K. Gröbe 810△

1200 **Darstellung von α-Halogenalkylestern.** Erkki K. Euranto, Asko Noponen und Tauko Kujanpää. (Acta chem. scand. **20,** 1273—80, 1966; Dep. of Chem., Univ., Turku; engl.) — Die Synth. einer Reihe teilweise neuer aliphat. *Carbonsäure-α-halogenalkylester* wird beschrieben.

Versuche: Chlormethylester: *Fluoressigsäure-*, $Kp._{21}$ 59,5°, $Kp._{25}$ 59—60°, durch Chlorierung von Fluoressigsäuremethylester im UV-Licht (Meth. **A**). — *Trichloressigsäure-*, $Kp._{10}$ 68°, nach Meth. **A**. — *α-Chlorpropionsäure-*, $Kp._4$ 46,5°, aus dem Säurechlorid u. **I** in Ggw. von $ZnCl_2$ (Meth. **B**); 25% (Ausb.); daneben 50% *Methylen-bis-α-chlorpropionat* [$Kp._{11}$ 158°]. — *β-Chlorpropionsäure-*, $Kp._7$ 77—78°, nach Meth. **B**; 29%; daneben 22% *Methylen-bis-β-chlorpropionat* [$Kp._7$ 160°]. — Essigsäuren: *-α-chlorpropylester*, $Kp._{20}$ 49°, a) nach Meth. **B**; b) nach Meth. **A** neben nachst. Isomeren im Verhältnis 21:41:38; 42% (Gesamtausb.). — *-β-chlorpropylester*, Kp. 153°. — *-γ-chlorpropylester*, Kp. 168°. — *-α-chlorbutylester*, $Kp._{44}$ 81°, nach Meth. **B**. — *-α-chlorisobutylester*, $Kp._{44}$ 76°, nach Meth. **B**; 35%. — *-α-chlorpentylester*, $Kp._{20}$ 82°, nach Meth. **B** ohne Katalysator. — *-α-chlorneopentylester*, $Kp._{18}$ 65°, nach Meth. **B** ohne Katalysator. — *-jodmethylester*, $Kp._{14}$ 49—50°, nach Meth. **B** ohne Katalysator; 68%. — *-α-jodäthylester*, $Kp._{3-4}$ 28°, nach Meth. **B**; 43%. — *Ameisensäuredichlormethylester*, $Kp._{105}$ 55°, aus Phenyl-[bromdichlormethyl]-Hg (aus Phenyl-HgCl, Bromdichlormethan u. K.-tert.-Butoxid) u. HCOOH. — Chloressigsäuren: *-dichlormethylester*, $Kp._3$ 52°, analog vorst. Verb.; 86%. — *-α.β-dichloräthylester*, $Kp._{4,5}$ 71,5—72°, aus Cl_2 u. Chloressigsäurevinylester; 45%. — *-brommethylester*, $Kp._{3,5}$ 57,2°, nach Meth. **B**; 10%. — Trichloressigsäuren: *-α-chlorisopropylester*, $Kp._{7,5}$ 73,5°, nach Meth. **A**; 21%. — *-α-dichlormethylester*, $C_3HCl_5O_2$, $Kp._{20}$ 82°, nach Meth. **A**. — *-trichlormethylester*, $Kp._{22}$ 93°, F. 33,5° (Hexan), nach Meth. **A**. K. Stühmer 810

1201 **Synthese von neuen α.ω-Oxaalkandisäuren mit langen Methylen-Kettengliedern.** Kazuo Saotome und Kenichiro Sato. (Bull. chem. Soc. Japan **39,** 485—89, 1966; Tokyo, Itabashi-ku, Nakadai, Asahi Chem. Ind. Co., Techn. Res. Labor.; engl.) — Vf. synthetisieren eine Reihe von *symm. α.ω-Oxaalkandisäuren* durch katalyt. Dehydratisierung von ω-Hydroxyalkansäuren oder durch Kondens. von α-Chloralkansäuren in Ggw. von Alkalihydroxid. Die entsprechenden *unsymm. Disäuren* werden durch Umsetzung von γ-Butyro- (**I**) bzw. δ-Valerolacton (**II**) mit Alkalialkoholaten von ω-Hydroxyalkansäuren erhalten. Der Rk.-Mechanismus wird diskutiert.

Versuche: α.ω-Disäuren: *6-Oxaundecan-*, $C_{10} \cdot H_{18}O_5$, $Kp._1$ 200—230°, F. 89,5—90° (Essigester), a) durch Erhitzen von **II** mit NaOH auf 200°, Zugabe von aktiviertem Al, 9std. Erhitzen auf 260—265°, Lösen in W., Ansäuern mit H_2SO_4 u. Extrahieren mit Ae. (Meth. **A**); 53% (Ausb.); b) aus **II** nach **A**, jedoch mit KOH u. 4std. Erhitzen auf 255—260°; 70%; c) durch Zugabe von NaOH in W. zu **II** unter Kühlen, Abdampfen des W., 3std. Erhitzen auf 220°/1 mm Hg, Zugabe von **II**, Kochen unter N_2 u. 8std. Erhitzen auf 255—260° (Meth. **B**); 74%; d) durch $4^1/_2$std. Erhitzen von **II** mit Na_2CO_3 auf 260° u. dann nach **B**; 51%. — *5-Oxaundecan-*, $C_{10} \cdot H_{18}O_5$, F. 34—35° (Ae./PAe.), Kp. 200—215°, aus ε-Caprolacton (**III**) u. **I** nach **B**, jedoch in KOH/W. (Meth. **C**); 71%. — *5-Oxadodecan-*, $C_{11}H_{20}O_5$, F. 57,5—58° (Ae./PAe.), $Kp._1$ 200—220°, aus ω-Chlorönanthsäure (**IV**) in wss. KOH (4std. Kochen) u. Rk. mit **I** nach **C**; 58%. — *6-Oxadodecan-*, $C_{11}H_{20}O_5$, $Kp._1$ 200—220°, F. 52,5—53° (Ae./PAe.), aus **III** u. **II** nach **C**; 65%. — *5-Oxatetradecan-*, $C_{13}H_{24}O_5$, $Kp._{0,4-0,8}$ 220—250°, F. 64,5—65° (Ae./PAe.), durch Zugabe von ω-Hydroxypelargonsäure (**V**) zu Na-Methylat in Methanol, 3std. Erhitzen auf 220°/1 mm Hg, Zugabe von **I**, 2std. Kochen u. Einengen im Vakuum

(Meth. **D**); 59%. — *5-Oxahexadecan-*, $C_{15}H_{28}O_5$, F. 74 bis 74,5° (Ae./PAe.), aus ω-Hydroxyundecansäure (**VI**) u. **I** nach **D**; 52%. — *6-Oxatridecan-*, $C_{12}H_{22}O_5$, Kp.$_1$ 200 bis 225°, F. 57,5—58° (Ae./PAe.), aus **IV** u. **II** nach **C**; 68%. — *7-Oxatridecan-*, $C_{12}H_{22}O_5$, Kp.$_1$ 210—250°, F. 90—91° (W./A.), aus **III** in KOH/W. nach **A**; 53%. — *6-Oxapentadecan-*, $C_{14}H_{26}O_5$, Kp.$_{0,5-1}$ 210—240°, F. 64,5 bis 65° (Ae./PAe.), aus **V** u. **II** nach **D**; 62%. — *8-Oxapentadecan-*, $C_{14}H_{26}O_5$, Kp.$_{0,5-1}$ 210—250°, F. 95,5—96° (W./A.), durch Erhitzen eines Gemisches aus **IV** u. wss. KOH auf 240° im Vakuum, Einengen u. 8std. Erhitzen auf 250—260°; 61%. — *6-Oxaheptadecan-*, $C_{16}H_{30}O_5$, F. 84,5—85° (Ae./PAe.), aus **VI** u. **II** nach **D**; 63%. — *10-Oxanonadecan-*, $C_{18}H_{34}O_5$, F. 99—99,5° (Toluol), aus ω-Chlorpelargonsäure nach **C**; 51%. — *5-Oxaazelainsäure*, F. 81°, aus **I** in KOH nach **A** (in Ggw. von Na_2CO_3). — *5-Oxasebacinsäure*, $C_9H_{16}O_5$, Kp.$_2$ 180—210°, F. 67° (Ae./PAe.), a) durch 3std. Erhitzen von **II** mit wss. NaOH auf 250° im Vakuum, Zugabe von **I**, 8std. Erhitzen auf 250—260° unter N_2 u. Einengen im Vakuum; 71%; b) aus **I** u. NaOH analog a) u. Zugabe von **II**; 61%.
K.-P. Hilgetag 850△

1202 **Enaminchemie.** 8. Mitt. **Synthese von Dienaminen.** Peter Madsen und Sven-Olov Lawesson. (Recueil Trav. chim. Pays-Bas **85, 753—56, 1966**; Aarhus, Univ., Chem. Inst.; engl.) — 5. vgl. C. **1967, 19-1099.** — Durch Rk. von n-Alkylmethylketonen mit Morpholin (**I**) wurden *Dienamine* dargestellt. UV- u. KMR-Daten vgl. Original.

Versuche: *6-Methyl-4-morpholino-3.5-decadien* (**II**), $C_{14}H_{25}NO$, Kp.$_{10}$ 138—140°, aus Methyl-n-propylketon in **I** in Ggw. von p-Toluolsulfonsäure; 49% (Ausb.). — *7-Methyl-5-morpholino-4.6-undecadien* (**III**), $C_{16}H_{29}NO$, Kp.$_{10}$ 160°; analog **II**; 45%. — *8-Methyl-6-morpholino-5.7-dodecadien*, $C_{17}H_{31}NO$, Kp.$_{0,2}$ 112°; analog **II**; 36%. — *8-Methyltridecen-(7)-on-(6)*, $C_{14}H_{26}O$, Kp.$_{0,3}$ 85—87°, durch Hydrolyse vorst. Verb. mit wss. HCl; 72%. — *7-Methylundecen-(6)-on-(5)*, $C_{12}H_{22}O$, Kp.$_{10}$ 111°; analog vorst. Verb. aus **III**; 57%. — *6-Methylnonen-(5)-on-(4)*, $C_{10}H_{18}O$, Kp.$_{10}$ 82°; analog vorvorst. Verb. aus **II**; 50%.
K. Gröbe 910△

1203 **Chromatographische Spaltung von Racematen.** 4. Mitt. **Camphersulfonsäuren, Diphensäuren und Aminosäuren.** Heinz Krebs und Wilhelm Schumacher. (Chem. Ber. **99, 1341—46, 1966**; Labor. für Anorgan. Chem., TH, Stuttgart; dt.) — 5. vgl. C. **1967, 45-0716.** — N-Acylierte DL-Alanine lassen sich durch Chromatographie an Stärke umso besser opt. aktivieren, je größer der Acylrest ist. Ebenso gelingt die Trennung rac. Deriv. von Campher bzw. rac.-Diphensäurederiv. um so besser, je größer die Asymmetrie des entsprechenden Mol. ist. Opt. reine Fraktionen wurden von *3-Brom-DL-campher-7-sulfonsäure, 6.6'-Dinitrodiphensäure* u. *4.6.4'.6'-Tetranitrodiphensäure* erhalten. UV-Spektraldaten u. Aktivierungsangaben s. Original.

Versuche: L-Alanine, durch Schotten-Baumann-Rk.: *N-Acetyl-*, F. 126°; $[\alpha]_D^{20}$ —65,6° (W.). *Na-Salz*, $[\alpha]_D^{20}$ —33,1° (W.). — *N-Chloracetyl-*, F. 93°; $[\alpha]_D^{20}$ —45,2° (W.). *Na-Salz*, $[\alpha]_D^{20}$ —19,6° (W.). — *N-Dichloracetyl-*, F. 175° (Zers.); $[\alpha]_D^{20}$ —45,3° (W.). *Na-Salz*, $[\alpha]_D^{20}$ —25° (W.). — *N-Pivaloyl-*, F. 136°; $[\alpha]_D^{20}$ —49,4° (W.). *Na-Salz*, $[\alpha]_D^{20}$ —15,4° (W.).
R. Gnauck 950△

1204 **Synthesen radioaktiv markierter Verbindungen.** 15. Mitt. **Synthese von γ-Amino-[¹⁵N]-α-hydroxybuttersäure und [¹⁵N]-Metylanthranilsäure.** S. Johne und D. Gröger. (Z. Chem. **6**, 149—50, 1966; Halle, Dtsch. Akad. d. Wiss., Inst. f. Biochem. der Pflanzen; dt.) — 14. vgl. ibid. **5** (1965) 385. — [¹⁵N]-Phthalimid-K (**I**) wird nach Talbot et al. [Canad. J. Chem. **36** (1958) 593] mit γ-Butyrolacton (**II**) zu [¹⁵N]-γ-Phthalimidobuttersäure umgesetzt. Anschließende Bromierung in α-Stellung, alkal. Hydrolyse mit $BaCO_3$ u. Abspaltung des Phthalylrestes aus dem erhaltenen *Ba-Salz* der [¹⁵*N*]-*γ-Phthalimido-α-hydroxybuttersäure* liefert [¹⁵*N*-]*γ-Amino-α-hydroxybuttersäure*-[¹⁵N]-Anthranilsäure (**III**) wird mit Dimethylsulfat (**IV**) in [¹⁵*N*]-*Methylanthranilsäure* übergeführt. — **13.** vgl. C. **1968, 38-1197.**

Versuche: [¹⁵N]-Buttersäuren: *γ-Phthalimido-*, F. 115°, durch Kochen von **I** u. **II** in DMF; 73% (Ausb.). — *γ-Phthalimido-α-brom-*, F. 155°, durch Zugabe von Br_2 zu einem Gemisch aus vorst. Verb. u. rotem P; 88%. — *γ-Phthalimido-α-hydroxy-*, *Ba-Salz*, aus vorst. Verb. in W. mit $BaCO_3$; 83%. — *γ-Amino-α-hydroxy-*, F. 192°, aus vorst. Verb. mit 25%ig. HCl; 79%. — [¹⁵*N*]-*Methylanthranilsäure*, F. 178° (wss. A.), aus **III** in wenig Eisessig mit **IV**; 68%.
K.-P. Hilgetag 950△

1205 **Reaktion von Organodisilanen mit N-Bromsuccinimid.** Hideki Sakurai, Akira Hosomi, Jun-ichi Nakajima und Makoto Kumada. (Bull. chem. Soc. Japan **39**, 2263—65, 1966; Dep. of Synth. Chem., Kyoto Univ., Sakyo-ku, Kyoto; engl.) — Die Rk. von N-Bromsuccinimid (**I**) mit Hexamethyldisilan (**II**) in CCl_4 oder $CHCl_3$ führt zu *Trimethylbromsilan* (**III**) u. *N-Trimethylsilylsuccinimid* (**IV**) u. nicht zu Brommethylpentamethyldisilan. 1.2-Diphenyltetramethyldisilan (**V**) gibt mit **I** *Phenyldimethylbromsilan* (**VI**), geringe Mengen *Brombenzol* (**IX**) u. *Succinimid* (**VIII**) als Zers.-Prod. der N-Silylverbindung. Aus Phenylpentamethyldisilan (**VII**) u. **I** entstehen **VI**, **III**, **VIII** u. geringe Mengen **IX**. Die Rk. verlaufen nicht unter vorheriger Bldg. von Brom aus **I**, sondern die Disilane reagieren direkt mit **I** über einen Vier-Zentren-Übergangszustand.

Versuche: *Trimethylbromsilan* (**III**), Kp. 80°, a) durch Zutropfen von **II** zu **I** in $CHCl_3$; 82,9% (Ausb.); daneben **IV**; b) analog a) in CCl_4 neben **IV**; 100%; c) aus **I** u. **VII** in CCl_4 unter leichtem Erwärmen neben **VI**, **VIII** u. **IX**; 67,4%. — *Trimethylsilylsuccinimid* (**IV**), $C_7H_{13}NO_2Si$, Kp.$_{18}$ 120°, a) aus **I** u. **II** in $CHCl_3$ neben **III**; n_D^{20} 1,4732; $D._4^{20}$ 1,0684; 79,5%; b) aus **I** u. **II** in CCl_4 neben **III**; 73,5%. — *Phenyldimethylbromsilan* (**VI**), Kp.$_{31}$ ~ 63°, a) aus **V** u. **I** in CCl_4 neben **VIII** u. **IX**; 76,6%; b) aus **VII** u. **I** in CCl_4 neben **III**, **VIII** u. **IX**; 12,3%. — *Succinimid* (**VIII**), F. 123—125°, Kp.$_2$ 148°, a) aus **IV** u. W. neben **X**; b) aus **I** u. **V** neben **VI** u. **IX**; 67,7%; c) aus **I** u. **VII** neben **VI**, **III** u. **IX**; 77,1%. — *Brombenzol* (**IX**), a) aus **I** u. **V** neben **VI** u. **VIII**; b) aus **I** u. **VII** neben **III**, **VI** u. **VIII**. — *Hexamethyldisiloxan* (**X**), aus **IV** u. W. neben **VIII**.
M. Naumann 980△

1206 **Reaktion der Monoäthylenimide von Säuren des 5wertigen Phosphors mit Thioessigsäure.** I. A. Nuretdinov und N. P. Grečkin. (Izvest. Akad. Nauk SSSR, Ser. chim. **1966**, 1466—67; Inst. organ. i. fiz. chim. im. Arbuzova AN SSSR; russ.) — *N-[β-Acetylmercaptoäthyl]-amidophosphorsäureester* werden durch Rk. der Monoäthylenimide von Säuren des 5wertigen Phosphors mit Thioessigsäure dargestellt.

Versuche: *N-[β-Acetylmercaptoäthyl]-amidophosphorsäureester*, durch Rk. des entsprechenden Äthylenimids mit Thioessigsäure. Zunächst bei 40—50°, dann 1 Std. bei 100°: *Diäthylester*, Kp.$_{0,09}$ 132—133°; $D._4^{20}$ 1,1716; n_D^{20} 1,4757; 79,7% (Ausb.). *Dipropylester*, Kp.$_{0,1}$ 143—144°; $D._4^{20}$ 1,1179; n_D^{20} 1,4706; 81,7%. *Di-n-butylester*, Kp.$_{0,05}$ 146—147°; $D._4^{20}$ 1,0861; n_D^{20} 1,4700; 76,4%. *Diisobutylester*, Kp.$_{0,03}$ 137—138°; $D._4^{20}$ 1,0818; n_D^{20} 1,4663; 79,6%. — *N-[β-Acetylmercaptoäthyl]-amidothiophosphorsäure*, *Di-O-äthylester*, Kp.$_{0,08}$ 125°; $D._4^{20}$ 1,1742; n_D^{20} 1,5102; 73,2%. *Di-O-propylester*, Kp.$_{0,04}$ 114—115°; $D._4^{20}$ 1,1167; n_D^{20} 1,4952; 78,1%. *Bis-[dimethylamid]*, Kp.$_{0,5}$ 149—150°; $D._4^{20}$ 1,1587; n_D^{20} 1,5453; 75,3%.
Renate Marquardt 980

C-2. Isocyclische Verbindungen

1207 **Reduktion von o-Chinolen mit Komplexhydriden.** Rune Magnusson. (Acta chem. scand. **20**, 2215—18, 1966; Inst. för organ. kemi, Chalmers Tekniska Högskola, Göteborg, Sweden; engl.) — **3.5.6**-Trimethyl- (**I**) bzw. 4.6-Di-tert.-butyl-2-acetonyl-o-benzochinol (**II**) werden durch Red. mit $LiAlH_4$ oder $NaBH_4$ in die entsprechenden *1.2-Dihydroxy-2-[2-hydroxypropyl]-cyclohexadiene-(3.5)* übergeführt, die zu den entsprechenden Phenolen dehydratisiert werden. IR-Maxima vgl. Original.

Versuche: *1.2-Dihydroxy-2-[2-hydroxypropyl]-3.5.6-trimethylcyclohexadien-(3.5)*, $C_{12}H_{20}O_3$, F. 113 bis 120°, a) durch 6std. Rk. eines Gemisches aus 210 mg **I** u. $NaBH_4$ in W. u. Extrahieren mit Ae., aus Ligroin Prismen; 126 mg (Ausb.); daneben durch Ansäuern der wss. Phase mit 5 n HCl u. Extrahieren mit Ae. 71 mg *2-[2-Hydroxypropyl]-3.5.6-trimethylphenol* u. *3.4.6-Trimethylbrenzcatechin.* — *1.2-Dihydroxy-2-[2-hydroxypropyl]-4.6-di-tert.-butylcyclohexadien-(3.5)*, $C_{17}H_{30}O_3$, F. 139—141°, durch 10 Min. lange Rk. von 1,5 g **II** mit $LiAlH_4$ in Ae., Zugabe von wss. Ae., Filtrieren u. Einengen; aus Hexan Platten; 600 mg. — *2-[2-Hydroxypropyl]-3.5.6-trimethylphenol*, $C_{12}H_{18}O_2$, F. 83—84°, a) durch Ansäuern einer wss. Lsg. von 50 mg vorvorst. Verb. mit 5 n HCl u. Extrahieren mit Ae.; aus Hexan Prismen; 30 mg; b) durch 3std. Red. von 130 mg 2-Acetonyl-3.5.6-trimethylphenol mit $NaBH_4$ in wss. Lsg. u. Extrahieren mit Ae.; 92 mg. — *2-[2-Hydroxypropyl]-4.6-di-tert.-butylphenol*, $C_{17}H_{28}O_2$, F. 89—91°, a) aus vorvorst. Verb. analog vorst. nach a); aus Hexan Prismen; b) aus 3,7 g 2-Acetonyl-4.6-di-tert.-butylphenol analog vorst. nach b); 2,1 g. — *3.4.6-Trimethylbrenzcatechin*, F. 112°, durch Zugabe von Zn-Pulver u. einer 10%ig. Na_2CO_3-Lsg. zu 0,5 g **I** in W. unter Rühren, 0,5std. Rk. u. Extrahieren mit Ae.; 0,18 g.

K.-P. Hilgetag 1050△

1208 **Alkylierung von Isopropylphenyläther mit Olefinen.** E. V. Alisova und S. V. Zargorodnij. (Ž. org. Chim. **2**, 1652—56, 1966; Kiev, Polytechn. Inst.; russ.) — Isopropylphenyläther (**I**) wurde mit Propen, Isobuten, Penten-(1) u. Cyclohexen in Ggw. von BF_3-Ätherat u. $BF_3 \cdot H_3PO_4$ umgesetzt. Es erfolgte Bldg. von *p-Alkylphenylisopropyläthern* [mit Propen *o-Isopropylphenylisopropyläther* (**II**)], Spaltung der Alkylierungsprod. zu *p-Alkylphenolen*, Bldg. von p-Alkylphenolen durch Alkylierung von gebildetem Phenol u. Isomerisierung von **I** zu *o-Isopropylphenol.*

Versuche: *o-Isopropylphenylisopropyläther* (**II**), $C_{12}H_{18}O$, Kp.$_4$ 93—96°, durch Rk. von **I** mit Propen in Ggw. von $BF_3 \cdot H_3PO_4$ (3:1:0,2 Mol) bei 40—60°; $D._4^{20}$ 0,9446; n_D^{20} 1,5085; 84—89% (Ausb.). — *p-tert.-Butylphenylisopropyläther*, $C_{13}H_{20}O$, Kp.$_5$ 92—94°, durch Rk. von **I** mit Isobuten in Ggw. von BF_3-Ätherat (4:1:0,2 Mol) bei 40°; $D._4^{20}$ 0,9122; n_D^{20} 1,4920; 47%. — *p-sek.-Amylphenylisopropyläther* (**III**), $C_{14}H_{22}O$, Kp.$_4$ 98—100°, durch Rk. von **I** mit Penten-(1) u. BF_3-Ätherat (3—4:1:0,2—0,5 Mol) bei 40—60°; $D._4^{20}$ 0,9186; n_D^{20} 1,4925; 1,9—33,6%. — *p-Cyclohexylphenylisopropyläther*, $C_{15} \cdot H_{22}O$, Kp.$_6$ 130—132°, durch Rk. von **I** mit Cyclohexen u. BF_3-Ätherat (3:1:0,2 Mol) bei 40—80°; $D._4^{20}$ 0,9585; n_D^{20} 1,5115; 14%. — *p-sek.-Amylphenol* (**IV**), $C_{11}H_{16}O$, Kp.$_4$ 104—106°, durch Erhitzen von **III** mit HBr; $D._4^{20}$ 0,9760; n_D^{20} 1,5170. — *p-sek.-Amylphenoxyessigsäure*, $C_{13}H_{18}O_3$, F. 77—78°, aus **IV** u. Chloressigsäure; 55,5%. *Amid*, $C_{13}H_{19}NO_2$, F. 87—88° (PAe.), aus **IV** u. Chloracetamid; 20%.

Heidrun Kühn 1060

1209 **Reaktion von Benzol mit Aluminiumchlorid.** G. E. Hall und E. A. Johnson. (J. chem. Soc. [London], Sect. C **1966**, 2043—47; Nat. Inst. f. Med. Res., Mill Hill, London; engl.) — Vf. identifizieren die aus der Umsetzung von Bzl. mit $AlCl_3$ erhaltenen flüchtigen Prod. als *Mono-* u. *Diphenylalkane* oder *-cyclohexane*. Die Struktur des ebenfalls erhaltenen *Ketons $C_{18}H_{16}O$* wird diskutiert. IR- u. UV-Maxima sowie NMR-Daten vgl. Original.

Versuche: *Phenylcyclohexan*, in 5std. Rk. aus Bzl. u. gepulvertem $AlCl_3$ bei 90°; daneben *Naphthalin*; *Biphenyl*; *Diphenylmethan*; *1.4-Diphenylcyclohexan* (**I**; $C_{18}H_{20}$, F. 171—172°); *1.3-Diphenylcyclohexan* (**II**); *Verb. $C_{18}H_{18}$* (Kp.$_{0,2}$ 130°) u. *Keton $C_{18}H_{16}O$* [F. 83—84° (Methanol). *Oxim*, $C_{18}H_{17}NO$, F. 196—198° (Methanol) {*p-Brombenzoylderiv.*, $C_{25}H_{20}BrNO_2$, F. 172—174° (A.)}. *Acetoxim*, *p-Brombenzoylderiv.*, F. 101—103,5°. *p-Brombenzoylhydrazon*, $C_{25}H_{21}BrN_2O$, F. 232—235°].

K.-P. Hilgetag 1160△

1210 **Modifizierte Methode zur Darstellung von ω.p-Dihydroxyacetophenon.** J. S. Chadha und G. K., Sharma. (Bull. chem. Soc. Japan **39**, 398, 1966; Delhi Univ., Dep. of Chem.; engl.) — Chloracetylchlorid u. Anisol wurden in Ggw. von $AlCl_3$ in der Kälte zu *ω-Chlor-p-methoxyacetophenon* umgesetzt, dieses mit K-Acetat in die *ω-Acetoxyverb.* umgewandelt, dann demethyliert u. deacetyliert zum *ω.p-Dihydroxyacetophenon* [$C_8H_8O_3$, F. 177—178° (Sintern ab 170°; W.); 80% (Ausb.)].

K. Gröbe 1180△

1211 **Thiohydroxamsäuren und ihre Metallchelate.** 1. Mitt. **Synthesen von Thiohydroxamsäuren und O-Methylthiohydroxamsäuren.** Satoshi Mizukami und Kōichi Nagata. (Chem. pharmac. Bull. [Tokyo] **14**, 11, 1249—55, 1966; Shionogi Res. Labor., Shionogi & Co., Ltd., Sagisukami, Fukushima-ku, Osaka; engl.) — Aus Thionocarbonsäure- (**A**) oder Dithiocarbonsäureäthylestern (**B**) u. Hydroxylaminhydrochlorid (**I**) werden in Ggw. von Na-Methylat (**II**) die *Na-Salze* (**C**) von *Thiohydroximsäuren* dargestellt, u. zwar aliphat. **C** in ca. 40 u. aromat. **C** in ca. 70%ig. Ausbeute. Der Einfl. der Rk.-Bedingungen auf die Bldg. der *Na-Salze* von *Aceto-* u. *Benzothiohydroximsäure* wird untersucht (Tabelle s. Orig.). Bei Verw. von O-Methylhydroxylaminhydrochlorid (**III**) erhält man analog die *Na-Salze* (**D**) von *O-Methylthiohydroximsäuren.* Im Gegensatz zu den stabilen **D** lagern sich die **C** bei längerem Stehen in *1.3-disubstituierte Thioharnstoffe* um. Aus einigen **C** u. **D** lassen sich die *freien Säuren* in krist. Form gewinnen.

Versuche: Äthylester (**A**), durch Behandeln von Imidsäureäthylesterhydrochloriden mit H_2S in Py. u. Dest. oder Krist. aus Methanol: *Thionoisobuttersäure-*, $C_6H_{12}OS$, Kp. 145°; 77% (Ausb., bezogen auf das Nitril). — *Thiono-m-toluylsäure-*, $C_{10}H_{12}OS$, Kp.$_{70}$ 138—140°; 86%. — *p-Chlorthionobenzoesäure-*, C_9H_9ClOS, F. 36°; 45%. — *m-Chlorthionobenzoesäure-*, C_9H_9ClOS, Kp.$_{14}$ 117°; 57%. — *p-Hydroxythionobenzoesäure-*, $C_9H_{10}O_2S$, F. 48—50°, Kp.$_{70}$ 187—188°; 22%. — *m-Hydroxythionobenzoesäure-*, $C_9H_{10}O_2S$, Kp.$_{17}$ 166—168°; 61%. — *Thionosalicylsäure-*, $C_9H_{10}O_2S$, Kp.$_{70}$ 168—169°; 24%. — *o-Methoxythionobenzoesäure-*, $C_{10}H_{12}O_2S$, Kp.$_8$ 131—133; 24%. — *m-Nitrothionobenzoesäure-*, $C_9H_9NO_3S$, F. 63 bis 65°; 69%. — *p-Carboxythionobenzoesäure-*, $C_{10}H_{10}O_3S$, F. 168—169°; 58%. — *Thiono-α-furoesäure-*, $C_7H_8O_2S$, Kp.$_8$ 94—95°; 75%. — *Thiono-α-thenoesäure-*, $C_7H_8OS_2$, Kp.$_9$ 115—116°; 73%. — Dithiocarbonsäureäthylester (**B**), analog **A** aus Thioimidsäureäthylesterhydrochloriden u. H_2S. — Thiohydroximsäuren, durch Fällen der **C** in W. mit verd. HCl u. vorsichtige Krist. aus CCl_4; Na-Salze (**C**), durch Zugabe von 1 Val **A** oder **B** zum Filtrat aus 2 Val **I** in Methanol u. 2,9 Val methanol. **II**, Stehen über Nacht (für aliphat. **C** Zugabe von 1 Val **A** zum eiskalten Filtrat aus 1 Val **I** u. 1,9 Val **II** in Methanol, $^1/_2$std. Stehen bei 0° u. 3 Std. bei 20°), Einengen im Vakuum < 40°, Lösen in wenig A., Einengen des Filtrats, Fällen mit Ae. (bei Ölen Dekantieren) u. mehrfaches Umfällen aus Aceton/Ae.; Ni-Salze, durch Fällen der **C** in W. mit Ni-Acetat u. Krist. aus A.: *Aceto-*, bildet bei Hochvakuumdest. *Acetonitril. Na-Salz, Dihydrat*, $C_2H_4N \cdot NaOS \cdot 2H_2O$; 40%. — *Propion-*, *Na-Salz*, C_3H_6NNaOS; 7%. — *Butyro-*, *Na-Salz*, C_4H_8NNaOS; 16%. — *Benzo-*, gibt bei Hochvakuumdest. *Benzonitril. Na-Salz*, $C_7H_6N \cdot NaOS$; 72%. — *p-Toluyl-*, *Na-Salz*, C_8H_8NNaOS; 71%. — *m-Toluyl-*, Na-Salz, C_8H_8NNaOS, hygroskop.; 67%. — *p-Chlorbenzo-*, C_7H_6ClNOS, F. 99—100°, Nadeln. *Na-Salz*, $C_7H_5ClNNaOS$; 72%. — *m-Chlorbenzo-*, C_7H_6ClNOS, F. 47°, durch Ausäthern u. Krist. aus PAe. bei —20°; Nadeln. *Na-Salz, Monohydrat*, $C_7H_5ClNNaOS \cdot H_2O$; 72%. — *p-Methoxybenzo-*, $C_8H_9NO_2S$, F. 115—116°, Prismen. *Na-Salz*, $C_8H_8NNaO_2S$; 72%. — *m-Nitrobenzo-*, $C_7H_6N_2O_3S$, F. 105—106°, gelbe Prismen. *Na-Salz*, $C_7H_5N_2NaO_3S$, orangefarbene; 80%. — *β-Naphthoe-*, $C_{11}H_9NOS$, F. 87°, gelbliche Blättchen. *Na-Salz, Monohydrat*, $C_{11}H_8NNaOS \cdot H_2O$; 75%. — *α-Furoe-*, *Na-Salz*, $C_5H_4NNaO_2S$; 76%. — *α-Thenoe-*, *Na-Salz*, $C_5H_4NNaOS_2$; 86%. — *Isobutyro-*, *Na-Salz*; 13%. *Ni-Salz*, $C_8H_{16}N_2NiO_2 \cdot S_2$, rötlichbraune Nadeln. — *p-Hydroxybenzo-*, Na-Salz; 15%. *Ni-Salz*, $C_{14}N_{12}N_2NiO_4S_2$, rötlichbraun. — *m-Hydroxybenzo-*, *Na-Salz*; 56%. *Ni-Salz*, $C_{14}H_{12}N_2NiO_4S_2$, gelbliche Blättchen. — *o-Hydroxybenzo-*, *Na-Salz*; 20%. *Ni-Salz*, $C_{14}H_{12}N_2NiO_4S_2$, orangegelb. — *o-Methoxybenzo-*, *Na-Salz*; 14%. *Ni-Salz*, $C_{16}H_{16}N_2NiO_4S_2$, orangebraun. — *p-Carboxybenzo-*, *Na-Salz*; 80%. *Ni-Salz*, $C_{16}H_{12}N_2NiO_6S_2$, grünlichgelb. — O-Methylthiohydroxamsäuren, Na-Salze (**D**), Monohydrate, durch Umsetzung der **A** oder **B** mit **III** (analog **C**) u. Krist. aus Aceton/Ae. (Meth. **E**); freie Säuren, durch Zugabe von verd. HCl zu **D** in W.: *Aceto-*, $C_3H_8NNaO_2S$; 52%. — *Benzo-*, $C_8H_{10}NNaO_2S$, a) nach **E**; 62%; b) durch 2std. Kochen von 2,2 g **IV** in ca. 10%ig. alkohol. KOH, Einengen u. Fällen mit Ae.;

0,3 g. — *p-Methylbenzo-*, $C_9H_{12}NNaO_2S$; 65%. — *p-Chlorbenzo-*, $C_8H_9ClNNaO_2S$; 50%. — *p-Methoxybenzo-*, $C_9H_{12} \cdot NNaO_3S$; gelb; 57%. — *m-Nitrobenzo-*, $C_8H_9N_2NaO_4S$; gelb; 67%. *Freie Säure*, $C_8H_8N_2O_3S$, F. 61°, aus PAe. schwach orangefarbene Nadeln. — *S-Guanyl-O-methylbenzothiohydroximsäure, Hydrochlorid* (**IV**), $C_9H_{12}ClN_3OS$, F. 115—117°, durch Zugabe von 8,4 g O-Methylbenzohydroximsäurechlorid in A. zu Thioharnstoff in sd. A. unter Rühren u. 6std. Kochen; Platten aus Aceton/PAe.; 7,5 g. — *Benzamid*, durch 3std. Rühren von **IV** in A. mit 1 Val NaHS oder Na_2S_2 bei Raumtemp. oder beim Kp., Eindampfen u. Ausäthern; fast 100%; daneben wenig *Benzoesäure*. G. Fischer 1200△

1212 **Thiohydroxamsäuren und ihre Metallchelate. 3. Mitt. Synthesen einiger Thiohydroxamsäurderivate und ihre Strukturen.** Kōichi Nagata und Satoshi Mizukami. (Chem. pharmac. Bull. [Tokyo] **14,** 11, 1263—72; engl.) — 2. vgl. ibid. **14,** [1966], 1255; 1. vgl. vorst. Referat. — Thiohydroxamsäuren reagieren in wss. Lsg. in der Thiolform u. bilden durch Alkylierung, Acylierung u. Ox. *S-Alkyl*u. *S.O-Dialkylderiv.*, *Dibenzoylderiv.* bzw. *Disulfide* (**A**). Monobenzoylderiv. treten wegen ihrer Instabilität nicht auf. Die **A** lassen sich an der S–S-Bindung durch Alkali spalten, so daß ihre *Diacylderiv.* leicht in die entsprechenden *Senföle* u. *1.3-Dialkylthioharnstoffe* umgelagert werden. Im Mechanismus scheint diese Umlagerung der von Lossen zu ähneln. — 4. vgl. C. **1968,** 26-0807.

Versuche: Thiohydroximsäuremethylester (**B**), durch Zugabe von CH_3J in geringem Überschuß zum Na-Salz (**D**) der Thiohydroxamsäure in A., Stehen über Nacht u. Krist. aus PAe.: *Aceto-*, C_3H_7NOS, F. 92—93°; Platten. — *Butyro-*, $C_5H_{11}NOS$, F. 71—72°; Nadeln. — *Benzo-* (**I**), C_8H_9NOS, F. 83°; Prismen. — *p-Methylbenzo-*, $C_9H_{11}NOS$, F. 77—78°; Nadeln. — *p-Chlorbenzo-*, $C_8H_8Cl \cdot NOS$, F. 71—72°; amorph. — — *p-Methoxybenzo-*, $C_9H_{11} \cdot NO_2S$, F. 88°; amorph. — *α-Furoe-*, $C_6H_7NO_2S$, F. 45 bis 46°; Nadeln. — Thiohydroximsäurebenzylester (**C**), durch mehrstd. Rk. von je 1 Val **D** u. Benzylbromid (**II**) bei 60—70° u. Krist. aus PAe.: *Aceto-*, $C_9H_{11}NOS$, F. 136—137°; Nadeln. — *Benzo-*, $C_{14}H_{13}NOS$, F. 120 bis 121°; Nadeln. — *p-Methylbenzo-*, $C_{15}H_{15}NOS$, F. 143 bis 144°; Nadeln. — *m-Chlorbenzo-*, $C_{14}H_{12}ClNOS$, F. 89—90°; Prismen. — *β-Naphthoe-*, $C_{18}H_{15}NOS$, F. 107—108°; Nadeln. — *α-Furoe-*, $C_{12}H_{11}NO_2S$, F. 111—112°; Nadeln. — S.O-Dialkylthiohydroxamsäuren, a) durch 2std. Rühren der **B** oder **C** in 50%ig. NaOH mit einem geringen Überschuß an Dimethylsulfat (**III**) bei Raumtemp. u. $^1/_2$std. Erhitzen auf 40—50° (bzw. durch 1std. Erhitzen von je 1 Val **B** oder **C** u. **II** auf 100°) u. Krist. aus wss. Methanol oder (bei öligen Prod.) Chromatographie (Chr.) an Al_2O_3 u. Eluieren mit PAe./Ae. (8:2) (Meth. **E**); b) durch Stehen von 1 Val des Na-Salzes der O-Alkylthiohydroxamsäure über Nacht mit 1 Val **III** in A. bei Raumtemp. (bzw. durch mehrstd. Erwärmen mit 1 Val **II** auf 60—70°) u. weiter analog a) (Meth. **F**): *S.O-Dibenzylaceto-*, $C_{16}H_{17}NOS$, F. 61°, nach **E**; amorph. — *S.O-Dimethylbenzol-*, $C_9H_{11}NOS$, F. 41—42°, a) nach **F**; Prismen; b) durch 2std. Rühren von je 1 Val **VIII** u. **III** in 20%ig. NaOH bei 40°, Ausäthern, Eindampfen der organ. Phase, Chr. an Al_2O_3 u. Eluieren mit PAe./Ae. (8:2); daneben durch Ansäuern der wss. Phase mit verd. HCl u. Ausäthern **I**. — *S-Benzyl-O-methylbenzo-*, $C_{15}H_{15}NOS$, F. 27 bis 28°, nach **E** oder **F** u. Chr.; Prismen. — *S.O-Dibenzylbenzo-*, $C_{21}H_{19}NOS$, F. 76°, nach **E**; Nadeln. — *S.O.p-Trimethyl-benzo-*, $C_{10}H_{13}NOS$, F. 34—35°, nach **E** oder **F**; Nadeln. — *O-Benzyl-S.p-dimethylbenzo-*, $C_{16}H_{17}NOS$, F. 42°, nach **E** u. Chr.; Nadeln. — *S-Benzyl-O.p-dimethylbenzo-*, $C_{16}H_{17}NOS$, F. 89—90°, nach **E** oder **F**; Nadeln. — *S.O-Dimethyl-p-chlorbenzo-*, $C_9H_{10}Cl \cdot NOS$, F. 32—33°, nach **E** oder **F**; Prismen. — *S-Methyl-O-benzyl-p-chlorbenzo-*, $C_{15}H_{14}ClNOS$, F. 82°, nach **E**; Nadeln. — *S-Benzyl-O-methyl-m-chlorbenzo-*, $C_{15}H_{14}Cl \cdot NOS$, nach **E** u. Chr.; ölig. — *S.O-Dimethyl-p-methoxybenzo-*, $C_{10}H_{13}NO_2S$, F. 35—36°, nach **F** u. Chr.; Nadeln. — *S-Benzyl-O-methyl-β-naphthoe-*, $C_{19}H_{17}NOS$, nach **E** u. Chr.; ölig. — *S-Methyl-O-benzyl-α-furoe-*, $C_{13}H_{13}NO_2S$, nach **E** u. Chr.; ölig. — *S-Methyl-O-acetylbenzothiohydroxamsäure*, $C_{10}H_{11}NO_2S$, F. 71°, durch Zugabe von Acetylchlorid (**IV**) zu **I** in Py. unter Kühlen mit Trockeneis/Aceton, Erwärmen von 0° auf Raumtemp. in ca. 1 Std. u. Fällen mit W.; Nadeln aus 70%ig. A.; 95% (Ausb.); bildet durch 1std. Rühren mit 5%ig. Soda-Lsg. bei 60°, Neutralisieren mit verd. HCl u. Ausäthern fast 100% **I** zurück. — S.O-Dibenzoylthiohydroxamsäuren, durch portionsweise Zugabe von 2 Val Benzoylchlorid (**V**) zur Lsg. von 1 Val **D** in eiskalter 10%ig. NaOH unter kräftigem Schütteln u. Krist. des Nd. aus Aceton/W. (Meth. **G**): *-aceto-*, $C_{16}H_{13}NO_3S$, F. 78; amorph. — *-butyro-*, $C_{18}H_{17}NO_3S$, F. 69—70°; Prismen. — *-benzo-* (**VI**), $C_{21}H_{15} \cdot NO_3S$, F. 98—99°, a) nach **G**; Prismen; b) durch Zugabe von 1 Val **V** in Aceton zu 1 Val des Na-Salzes (**VIIa**) von Benzothiohydroxamsäure (**VII**) in Aceton in 1 Std. u. 1std. Rühren; 20%. — *-p-methylbenzo-*, $C_{22}H_{17}NO_3S$, F. 110°; Nadeln. — *-m-methylbenzo-*, $C_{22}H_{17}NO_3S$, F. 131°, a) nach **G**; Nadeln; b) nach **J** oder **K** aus **IX**. — *-p-chlorbenzo-*, $C_{21}H_{14}ClNO_3S$, F. 117°; Nadeln. — *-m-chlorbenzo-*, $C_{21}H_{14}ClNO_3S$, F. 82—83°; Nadeln. — *-p-benzoyloxybenzo-*, $C_{28}H_{19}NO_5S$, F. 158°; Nadeln. — *-m-benzoyloxybenzo-*, $C_{28}H_{19}NO_5S$, F. 122°; Nadeln. — *-β-naphthoe-*, $C_{25}H_{17}NO_3 \cdot S$, F. 161—162°; Platten. — *-α-furoe-*, $C_{19}H_{13}NO_4S$, F. 97—98°, a) nach **G**; Platten; b) nach **J** aus **X**. — *-α-thenoe-*, $C_{19}H_{13}NO_3S_2$, F. 116—117°; Prismen. — *p-Methoxybenzonitril*, durch Zugabe von **IV** zu 0,5 g des Na-Salzes von p-Methoxybenzothiohydroxamsäure in Py. unter Kühlen mit Aceton/Trockeneis, Erwärmen von 0° auf Raumtemp., nach 1 Std. Zugabe von wenig W., Ausäthern, Eindampfen u. Extrahieren mit A. (als Rückstand 70 mg *S*); 93%. — *Dibenzoyldisulfid*, F. 127—128° Methanol), analog **VI** nach b) aus **V** u. **VIIa**, aber in abs. Äther. — Diacyldisulfiddioxime (**A**), durch Zugabe von 0,1 n J_2-Lsg. oder verd. H_2O_2 zu **D** in W. unter Rühren, Lösen des Nd. in wenig kaltem A., Zugabe von W. bis zur Trübung, Stehen bei 0° u. nötigenfalls Krist. aus Ae./PAe. (Ausb. 80—90%): *Diacetyl-*, $C_4H_8N_2O_2S_2$, F. 129°, amorph. — *Dipropionyl-*, $C_6H_{12}N_2O_2S_2$, F. 132°; Nadeln; instabil. — *Dibutyryl-*, $C_8H_{16}N_2O_2S_2$, F. 124 bis 125°; Schuppen; instabil. — *Dibenzoyl-* (**VIII**), $C_{14}H_{12}N_2 \cdot O_2S_2$, F. 123—124°; Prismen. — *Bis-p-methylbenzoyl-*, $C_{16}H_{16}N_2O_2S_2$, F. 137—138°; Prismen. — *Bis-m-methylbenzoyl-* (**IX**), $C_{16}H_{16}N_2O_2S_2$, F. 121—122°; Prismen. — *Bis-p-chlorbenzyl-*, $C_{14}H_{10}Cl_2N_2O_2S_2$, F. 129—130°; Nadeln. — *Bis-m-chlorbenzoyl-*, $C_{14}H_{10}Cl_2N_2O_2S_2$, F. 137 bis 138°; Nadeln. — *Bis-p-methoxybenzoyl-*, $C_{16}H_{16}N_2O_4S_2$, F. 122°; amorph. — *Bis-o-methoxybenzoyl-*, $C_{16}H_{16}N_2O_4S_2$, F. 174°; Prismen. — *Bis-m-nitrobenzoyl-*, $C_{14}H_{10}N_4O_6S_2$, F. 134°; amorph. — *Bis-p-carboxybenzoyl-*, $C_{16}H_{12}N_2O_6S_2$, F. 226—227°; amorph. — *Di-β-naphthoyl-*, $C_{22}H_{16}N_2O_2S_2$, F. 139—140°; Platten. — *Di-α-furoyl-*, $C_{10}H_8N_2O_4S_2$, F. 128°; Nadeln. — *Di-α-thenoyl-*, $C_{10}H_8N_2O_2S_4$, F. 123 bis 124°; Nadeln. — Diacyldisulfiddioximdimethyläther, analog **A** durch Ox. der Na-Salze von O-Methylthiohydroxamsäuren u. Kristallisation der Prod. aus PAe.: *Dibenzoyl-*, $C_{16}H_{16}N_2O_2S_2$, F. 61—62°; Nadeln. — *Bis-p-methylbenzoyl-*, $C_{18}H_{20}N_2O_2S_2$, F. 88—89°; Prismen. — *Bis-p-methoxybenzoyl-*, $C_{18}H_{20}N_2O_4S_2$, F. 115 bis 116°; Prismen. — *Bis-m-nitrobenzoyl-*, $C_{16}H_{14}N_4O_6S_2$, F. 131°; amorph. — *Benzothiohydroxamsäure* (**VII**), *Zn-Salz*, a) durch Rühren von **VIII** u. Zn-Pulver in Eisessig bei 50—60° u. Kristallisation aus Aceton; b) aus **VIIa** u. Zn-Acetat. — Diacyldisulfiddi-O-benzoyldioxime, a) durch portionsweise Zugabe von **V** in geringem Überschuß zu **A** in 7%ig. NaOH bei 0° unter starkem Schütteln u. Kristallisation aus Essigester/A. (Ausb. 50—80%; Meth. **J**); b) analog a) in 5%ig. Sodalsg. (Meth. **K**): *Diacetyl-*, $C_{18}H_{16}N_2O_4S_2$, F. 165—166°, nach **J**; Nadeln. — *Dibutyryl-*, $C_{22}H_{24}N_2O_4S_2$, F. 95—96°, nach **J**; Prismen. — *Dibenzoyl-* (**X**), $C_{28}H_{20}N_2O_4S_2$, F. 173—174°, nach **J**; Prismen. — *Bis-p-methylbenzoyl-*, $C_{30}H_{24}N_2O_4S_2$, F. 194—195°, nach **J**; Schuppen. — *Bis-p-chlorbenzoyl-*, $C_{28}H_{18}Cl_2N_2O_4S_2$, F. 175°, nach **J**; Schuppen. — *Di-α-furoyl-*, $C_{24}H_{16}N_2O_6S_2$, F. 137—139°, nach **K**; Prismen. — *Dibenzoyldisulfiddi-O-acetyldioxim* (**XI**), $C_{18}H_{16}N_2O_4S_2$, F. 112—113°, durch Zugabe von 1 Val **IV** zu **VIII** in Py. unter Kühlen mit Aceton/Trockeneis, Erwärmen auf Raumtemp. in ca. 1 Std., Zugabe von W. u. Ausäthern; Prismen aus Ae.; 50%. — *Benzonitril*, a) durch 1std. Rühren von 0,48 g **XI** in 5%ig. wss. Soda bei 80°, Ausäthern, Eindampfen der äther. Phase, Extrahieren mit CCl_4, Chr. an Al_2O_3 u. Eluieren mit PAe./Ae. (8:2);

10 mg im Gemisch mit 120 mg **XII**; daneben durch Chr. des in CCl_4 unlösl. Teils u. Eluieren mit PAe. bzw. Ae. *Thiocarbanilid* (F. 150°) u. *Carbanilid* (F. 235–240°) sowie durch Ansäuern der wss. Phase, Ausäthern, Eindampfen u. Extrahieren mit wenig CCl_4 **VII** [identifiziert als *Ni-Salz* (**XIII**)]; b) im Gemisch mit **XII** durch 1std. Rühren von 0,25 g **X** in 10%ig. Sodalsg. bei 60°, 1std. Rühren mit Ni-Acetat u. Extrahieren mit $CHCl_3$; 70 mg; daneben aus der wss. Phase durch Ansäuern etwas **XIII** u. *Benzoesäure*; c) durch 2std. Erhitzen von 0,7 g **VIII** in 10%ig. wss. Soda auf 100°, Ausäthern, Chr. an Al_2O_3 u. Eluieren mit PAe.; 160 mg; daneben als 2., mit PAe./Essigester (8:2) eluierte Fraktion etwas *Anilin* sowie aus der wss. Phase 440 mg **VII** (isoliert als **XIII**); d) durch 8std. Erhitzen von 0,9 g **VIIa** in 5%ig. wss. Soda auf 100° u. weiter analog c); 0,2 g; daneben etwas *Anilin* u. 0,54 g **VII**; e) durch 3½std. Erhitzen von 0,4 g **X** in Eisessig mit Zn-Staub auf 100°, Zugabe von W. u. Ausäthern; 0,03 g. — *Phenylsenföl* (**XII**), a) durch Suspendieren von 0,5 g **X** in A., Zugabe von K_2S in wenig W., ½std. Rühren bei 40–50°, Eindampfen im Vakuum, Extrahieren mit Ae., Chr. an Al_2O_3 u. Eluieren mit PAe.; 150 mg; daneben etwas *Benzoesäureäthylester* sowie durch Extraktion des in Ae. unlösl. Rückstandes mit Aceton 80 mg *K-Salz* von **VII** u. aus dem in Aceton unlösl. Teil *S* u. *K-Benzoat*; b) analog a) durch Verw. von $NaBH_4$ oder $LiAlH_4$ an Stelle von K_2S. — *S-Benzoyl-O-methyl-m-nitrobenzothiohydroxamsäure*, $C_{15}H_{12}N_2O_4S$, F. 61° (PAe., dann Methanol), durch Zugabe von **V** in geringem Überschuß zur Suspension des Na-Salzes von O-Methyl-m-nitrobenzothiohydroxamsäure in abs. Bzl., 1std. Rühren bei 60° u. Eindampfen im Vakuum; 65%. G. Fischer 1200△

1213 **Studien über Fungizide. 13. Mitt. Synthese und biologische Aktivität von halogensubstituierten Phenylhydrazinderivaten und verwandten Verbindungen.** Yoshiro Usui und Chikashi Matsumura. (J. pharmac. Soc. Japan [Yakugakuzasshi] 87 (1967) 1, 43–65; Technol. Res. Labor., Res. and Dev. Div., Takeda Chem. Ind. Ltd.; jap.) — 12. vgl. C. **1969**, 1-1280. — Unter der Annahme, daß das Gerüst (**A**) für eine biolog. Aktivität verantwortlich ist, wurden über 200 Verb. gegenüber *Piricularia oryzae, Colletotrichum lagenarium, Xanthomonas oryzae, Fusarium oxysporum, Alternaria kikuchiana, Glomerella cingulata, Gibberella fujikuroi, Phytophthora infestans, Candida albicans, Trichophyton mentagrophytes, Corticium sasakii, Ophiobolus miyabeanus, Bacillus subtilis, Staphylococcus aureus* u. *Saccharomyces cerevisiae* getestet u. die Zusammenhänge zwischen Struktur u. Aktivität gegenüber dem Reismehltau diskutiert. Die untersuchten Verb. sind vorzugsweise am Benzolkern halogensubstituiert u. lassen sich einteilen in 1. *Phenylhydrazine*, 2. *Phenylhydrazone* u. *Osazone*, 3. *Phenylhydrazide*, 4. *1-Phenylthiosemicarbazide*, 5. *1-Phenylsemicarbazide*, 6. *1.5-Diphenylcarbohydrazide*, 7. *N²-Phenylhydrazincarbonsäureester*, 8. *N²-Phenylhydrazindithiocarbonsäureester*, 9. *Anilinoguanidine*, 10. *Azobenzolderiv.*, 11. *Diazoaminobenzolderiv.*, 12. *2-(Di-O-alkylphosphoryl)-phenylhydrazine*, 13. *heterocycl. Verb.* mit dem Strukturelement **A**, 14. *Anilide*, 15. *Benzylhydrazide*. Außer den im Vers.-Teil aufgeführten Verb. sind es im einzelnen aus der Gruppe 1: *Phenylhydrazinhydrochlorid, 2-Chlor-, 2.3-Dichlor-, 2.4-Dichlor-* u. *4-Jodphenylhydrazin, 3.4-Dichlorphenylhydraziniumoxalat, 4-Chlorphenylhydraziniumnitrat* u. *-sulfat*, aus der Gruppe 2: *Aceton-(p-bromphenylhydrazon)-hydrobromid, Hexose-(4-chlorphenylosazon), Hexose-(3.4-dichlorphenylosazon), Phenylmercaptoaceton-(phenylhydrazon)* u. *Cyclohexandion-(1.2)-bis-(phenylhydrazon)*, aus der Gruppe 3: *1-(4-Chlorphenyl)-* u. *1-(2.5-Dichlorphenyl)-2-formylhydrazin, 2-Acetylphenylhydrazin, 2-Succinylphenylhydrazin, 1-(2-Chlorphenyl)-, 1-(3-Chlorphenyl)-, 1-(4-Chlorphenyl)-, 1-(4-Bromphenyl)-, 1-(4-Jodphenyl)-, 1-(3.4-Dichlorphenyl)-, 1-(2.3-Dichlorphenyl)-, 1-(2.5-Dichlorphenyl)-, 1-(2.6-Dichlorphenyl)-, 1-(2.4-Dichlorphenyl)-, 1-(2.6-Dibromphenyl)-, 1-(2.4.6-Trichlorphenyl)-, 1-(2.4.5-Trichlorphenyl)-, 1-(4-Nitrophenyl)-* u. *1-(2.4-Dinitrophenyl)-2-acetylhydrazin* u. *1-(4-Chlorphenyl)-2-lauroylhydrazin*, aus der Gruppe 4: *1-Phenyl-, 1-(2-Chlorphenyl)-, 1-(4-Chlorphenyl)-, 1-(2.4-Dichlorphenyl)-, 1-(2.5-Dichlorphenyl)-* u. *1-(2.6-Dibromphenyl)-thiosemicarbazid*, aus der Gruppe 5: *1-(2-Chlorphenyl)-, 1-(4-Chlorphenyl)-* u. *1-(2.5-Dichlorphenyl)-semicarbazid*, aus der Gruppe 8: *N²-Phenylhydrazindithiocarbonsäurebenzylester* u. *Bis-(N²-phenylhydrazinothiocarbonyl)-disulfid*, aus der Gruppe 9: *1-Anilinoguanidinsulfat*, aus der Gruppe 12: *2-(Di-O-äthylphosphoryl)-phenylhydrazin*, aus der Gruppe 13: *1-(2-Chlorphenyl)-, 1-(3-Chlorphenyl)-, 1-(4-Chlorphenyl)-, 1-(2.4-Dichlorphenyl)-, 1-(2.5-Dichlorphenyl)-, 1-(2.6-Dichlorphenyl)-, 1-(3.4-Dichlorphenyl)-, 1-(2.4-Dichlorphenyl)-, 1-(2.4.5-Trichlorphenyl)-, 1-(4-Bromphenyl)-* u. *1-(4-Jodphenyl)-3-methyl-Δ²-pyrazolinon-(5), 1-(4-Chlorphenyl)-3.4-tetramethylen-Δ²-pyrazolinon-(5), 2-(4-Chlorphenyl-3.4-tetramethylen-Δ³-pyrazolinon-(5), 1-(4-Chlorphenyl)-3-amino-Δ²-pyrazolinon-(5), 2-(4-Chlorphenyl)-, 2-(3-Chlorphenyl)-, 2-(2-Chlorphenyl)-, 2-(2.3-Dichlorphenyl)-, 2-(2.4-Dichlorphenyl)-, 2-(2.5-Dichlorphenyl)-, 2-(2.6-Dichlorphenyl)-, 2-(3.4-Dichlorphenyl)-, 2-(2.4.6-Trichlorphenyl)-, 2-(2.4.5-Trichlorphenyl)-, 2-(4-Bromphenyl)-, 2-(4-Jodphenyl)-* u. *2-Phenyl-3-methyl-Δ³-pyrazolinon-(5), N-(4-Chloranilino)-maleinimid, 1-Phenyl-3.5-diamino-1H-1.2.4-triazol* u. sein *Hydrochlorid, 1-(4-Chlorphenyl)-3.5-diamino-1H-1.2.4-triazol* u. sein *Hydrochlorid, 1-(3.4-Dichlorphenyl)-3.5-diamino-1H-1.2.4-triazol, 2-Mercapto-4-phenyl-5.6-dimethyl-4H-1.3-thiazin, 3-Anilino-4-methyl-Δ⁴-1.3-thiazolinthion-(2), 3-(4-Chloranilino)-4-phenyl-Δ⁴-1.3-thiazolinthion-(2), 2-Amino-4-phenyl-5.6-tetramethylen-4H-1.3.4-thiadiazin, 1-Phenyl-3.6-dihydropyridazindion-(3.6), 2-(N²-Phenylhydrazino)-, 2-[N²-(2.5-Dichlorphenyl)-hydrazino]-, 2-[N²-(2.4.5-Trichlorphenyl)-hydrazino]-* u. *2-[N²-(2-Chlorphenyl)-hydrazino]-4.5-tetramethylen-1.3-thiazol, 5-Hydroxycarbonylmethyl-1.3-thiazolidindion-(2.4)-[2.3-dichlorphenylhydrazon-(2)], -[2.5-dichlorphenylhydrazon-(2)], -[2.6-dichlorphenylhydrazon-(2)]* u. *-[phenylhydrazon-(2)]-hydrochlorid, 2-Phenyl-4-(1.2.3.4-tetrahydroxybutyl)-* u. *2-Phenyl-4-formyl-2H-1.2.3-triazol*, aus der Gruppe 14: *3.4-Dichloranilin, Essigsäure-(2.5-dichloranilid), -(3.4-dichloranilid), -(2-chloranilid), -(4-chloranilid), Ameisensäure-(4-chloranilid), -(3.4-dichloranilid), -(2.5-dichloranilid), -(2-chloranilid), Propionsäure-(3.4-dichloranilid), Buttersäure-(3.4-dichloranilid), (2.4-Dichlorphenoxy)-essigsäure-(3.4-dichloranilid)*, aus der Gruppe 15: *1.1-Bis-(4-chlorbenzyl)-2-acetylhydrazin, 1-Benzyl-, 1.1-Bis-benzyl-, 1-(4-Chlorbenzyl)-2-benzoylhydrazin, 1.1.2-Tris-benzylhydrazinhydrochlorid.*

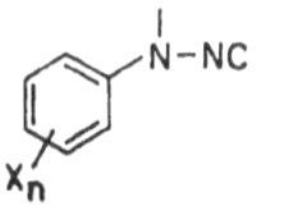

A

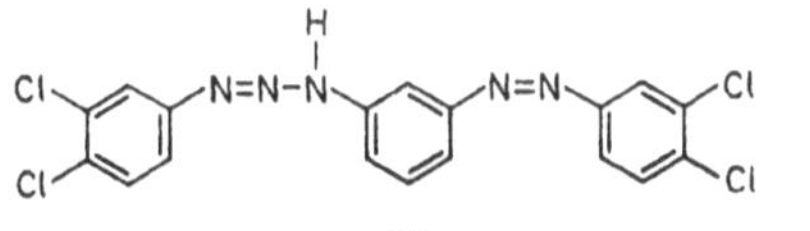

IV

Versuche: *3.4-Dichlorphenylhydrazin* (**I**). *Nitrat*, $C_6H_7Cl_2N_3O_3$, F. 182° (Zers.) (A.); farblose Nadeln; 86% (Ausb.). — *Sulfat*, $C_6H_6Cl_2N_2 \cdot {}^1/_2H_2SO_4$, F. 198° (Zers.) (W.); hellbraune Blättchen; 44%. — *5-Nitrofurfural-(3.4-dichlorphenylhydrazon)*, $C_{11}H_7Cl_2N_3O_3$, F. 199 bis 200° (Zers.) (A.), aus 5-Nitrofurfuraldiacetat u. 3.4-Dichlorphenylhydrazin in Ggw. von HCl; rötlich-purpurnes Granulat; 77%. — *Glucose-(4-chlorphenylhydrazon)*, $C_{12}H_{17}ClN_2O_5$, F. 151–152° (wss. A.); farblose Blättchen; 54%. — *Glucose-(3.4-dichlorphenylhydrazon)*, $C_{12}H_{16}Cl_2N_2O_5$, F. 168–169° (Zers.) (wss. A.); graues Pulver; 63%. — *1-(2-Chlorphenyl)-2-formylhydrazin*, $C_7H_7ClN_2O$, 148–149° (A.); farblose Nadeln; 80%. — *1-(3.4-Dichlorphenyl)-2-formylhydrazin*, $C_7H_6Cl_2N_2O$, F. 136–137° (A.); farblose Nadeln; 67%. — *1-(4-Chlorphenyl)-2-lauroylhydrazin*, $C_{18}H_{29}ClN_2O$, F. 97–99° (Methanol); farblose Nadeln; 51%. — *1-(4-Chlorphenyl)-1.2-dilauroylhydrazin*, $C_{30}H_{51}ClN_2O_2$, F. 86–88° (Methanol); farblose Nadeln; 97%. — 1-Acylsubstituierte *2-(3.4-Dichlorphenyl)-hydrazine*: — *1-Propionyl-*, $C_9H_{10}Cl_2N_2O$, F. 149–150° (Bzl.); farblose Nadeln; 78%. — *1-Butyryl-*, $C_{10}H_{12}Cl_2N_2O$, F. 119–120° (Ligroin); farblose Nadeln; 57%. — *1-Valeryl-*, $C_{11}H_{14}Cl_2N_2O$, F. 120–121° (Bzl.); farblose Nadeln; 72%. — *1-Pentylcarbonyl-*, $C_{12}H_{16}Cl_2 \cdot N_2O$, F. 108–109° (Bzl.); farblose Nadeln; 82%. — *1-Hexylcarbonyl-*, $C_{13}H_{18}Cl_2N_2O$, F. 94–95° (Ligroin);

farblose Nadeln; 33%. — *1-Heptylcarbonyl-*, $C_{14}H_{20}Cl_2N_2O$, F. 92—93° (Methanol); farblose Nadeln; 74%. — *1-Octylcarbonyl-*, $C_{15}H_{22}Cl_2N_2O$, F. 86—87° (Ligroin); farblose Nadeln; 84%. — *1-Nonylcarbonyl-*, $C_{16}H_{24}Cl_2N_2O$, F. 86—87° (Ligroin); farblose Nadeln; 46%. — *1-Undecylcarbonyl-*, $C_{18}H_{28}Cl_2N_2O$, F. 84—87° (Ligroin); farblose Nadeln; 77%. — *1-Tridecylcarbonyl-*, $C_{20}H_{32}Cl_2N_2O$, F. 91—92° (A.); farblose Nadeln; 70%. — *1-Pentadecylcarbonyl-*, $C_{22}H_{36}Cl_2N_2O$, F. 97—98° (A.); Nadeln; 67%. — *1-Heptadecylcarbonyl-*, $C_{24}H_{40}Cl_2N_2O$, F. 90 bis 91° (A.); Nadeln; 56%. — *1-Chloracetyl-*, $C_8H_7Cl_3N_2O$, F. 149—150° (A.); gelbe Nadeln; 72%. — *1-(4-Oxovaleryl)-*, $C_{11}H_{12}Cl_2N_2O_2$, F. 135—136° (Bzl.); farblose Blättchen; 61%. — *1-[(3-Hydroxycarbonyl)-propionyl]-*, $C_{10}H_{10}Cl_2N_2O_3$, F. 167—168° (W.); graue Nadeln; 87%. — *1-[(5-Hydroxycarbonyl)-valeryl]-*, $C_{12}H_{14}Cl_2N_2O_3$, F. 133 bis 135° (Zers.) (Äthylacetat/Bzl.); farblose Nadeln; 52%. — *1-Benzoyl-*, $C_{13}H_{10}Cl_2N_2O$, F. 176—177° (A.); farblose Nadeln; 86%. — *1-(2.4-Dichlorbenzoyl)-*, $C_{13}H_8Cl_2N_2O$, F. 205—206° (A.); farblose Nadeln; 53%. — *1-(4-Nitrobenzoyl)-*, $C_{13}H_9Cl_2N_3O_3$, F. 222—223° (A.); gelbe Nadeln; 74%. — *1-(2-Hydroxybenzoyl)-*, $C_{13}H_{10}Cl_2N_2O_2$, F. 153—154° (Bzl.); farblose Nadeln; 44%. — *1-(2.4-Dichlorphenoxymethylcarbonyl)-*, $C_{14}H_{10}Cl_4N_2O_2$, F. 199—200° (A.); farblose Nadeln; 73%. — *1-(p-Toluolsulfonyl-*, $C_{13}H_{12}Cl_2N_2O_2S$, F. 153° (Zers.) (A.); farblose Nadeln; 18%. — *1-(N-Benzyloxycarbonyl-L-β-asparagyl)-*, $C_{18}H_{17}Cl_2N_3O_5$, F. 155—158° (Zers.) (Äthylacetat/Ligroin); farblose Nadeln; 82%. — *1-(N-Benzyloxycarbonyl-L-γ-glutamyl)-*, $C_{19}H_{19}Cl_2N_3O_5$, F. 169—170° (Zers.) (A./Ligroin); farblose Nadeln; 55%. — *1.2-Bis-pentadecylcarbonyl-2-(3.4-dichlorphenyl)-hydrazin*, $C_{38}H_{66}Cl_2N_2O_2$, F. 78—79° (A.); Nadeln; 34%. — *1.2-Bis-tridecylcarbonyl-2-(3.4-dichlorphenyl)-hydrazin*, $C_{34}H_{58}Cl_2N_2O_2$, F. 78—81° (A.); Nadeln; 26%. — *1-substituierte Thiosemicarbazide*: *1-(2.6-Dichlorphenyl)-*, $C_7H_7Cl_2N_3S$, F. 223° (Zers.) (Methanol); farblose Blättchen; 75%. — *1-(3.4-Dichlorphenyl)-*, $C_7H_7Cl_2N_3S$, F. 197—198° (Zers.) (A.); braune Prismen; 62%. — *1-(2.3-Dichlorphenyl)-*, $C_7H_7Cl_2N_3S$, F. 200° (Zers.) (A.); blaßrosa Nadeln; 58%. — *1-(2.4.6-Trichlorphenyl)-*, $C_7H_6Cl_3N_3S$, F. 211° (Zers.) (A.); farblose Blättchen; 74%. — *1-(2.4.5-Trichlorphenyl)-*, $C_7H_6Cl_3N_3S$, F. 226° (Zers.) (A.); farblose Blättchen; 72%. — *1-substituierte Semicarbazide*: *1-(3.4-Dichlorphenyl)-*, $C_7H_7Cl_2N_3O$, F. 162—163° (A.); gelbe Nadeln; 51%. — *1-(2.5-Dichlorphenyl)-*, $C_7H_7Cl_2N_3O$, F. 224° (Zers.) (A.); farblose Nadeln; 93%. — *4-substituierte 1-(4-Chlorphenyl)-semicarbazide*: *4-Methyl-*, $C_8H_{10}ClN_3O$, F. 184 bis 185° (Methanol); farblose Nadeln; 89%. — *4-Äthyl-*, $C_9H_{12}ClN_3O$, F. 162—163° (Methanol); farblose Nadeln; 90%. — *4-Phenyl-*, $C_{13}H_{12}ClN_3O$, F. 192—193° (Methanol); farblose Nadeln; 94%. — *4-(4-Methoxyphenyl)-*, $C_{14}H_{14}ClN_3O_2$, F. 174—175° (Methanol); farblose Nadeln; 96%. — *4-(4-Äthoxyphenyl)-*, $C_{15}H_{16}ClN_3O_2$, F. 172—173° (Methanol); farblose Nadeln; 95%. — *4-(4-Methylcarbonyloxyphenyl)-*, $C_{15}H_{14}ClN_3O_3$, F. 175—176° (Methanol); farblose Nadeln; 89%. — *4-Benzyl-*, $C_{14}H_{14}ClN_3O$, F. 162 bis 163° (Methanol); farblose Nadeln; 84%. — *4-α-Naphthyl-*, $C_{17}H_{14}ClN_3O$, F. 245—246° (Zers.) (Methanol); farblose Nadeln; 90%. — *4-(2-Chlorphenyl)-*, $C_{13}H_{11}Cl_2N_3O$, F. 181—182° (Methanol); farblose Nadeln; 97%. — *4-(3-Chlorphenyl)-*, $C_{13}H_{11}Cl_2N_3O$, F. 174—175° (Methanol); farblose Nadeln; 88%. — *4-(4-Chlorphenyl)-*, $C_{13}H_{11}Cl_2N_3O$, F. 213—214° (Methanol); farblose Nadeln; 97%. — *1-(4-Chlorphenyl)-1-anilinocarbonyl-4-anilinosemicarbazid*, $C_{20}H_{18}ClN_5O_2$, F. 194—195° (Äthylacetat); farblose Nadeln; — *4-substituierte 1-(3.4-Dichlorphenyl)-semicarbazide*: *4-Methyl-*, $C_8H_9Cl_2N_3O$, F. 192—193° (Methanol); farblose Nadeln; 86%. — *4-Äthyl-*, $C_9H_{11}Cl_2N_3O$, F. 170—171° (Methanol); farblose Nadeln; 89%. — *4-Phenyl-*, $C_{13}H_{11}Cl_2N_3O$, F. 202—203° (Methanol); farblose Nadeln; 94%. — *4-(4-Methoxyphenyl)-*, $C_{14}H_{13}Cl_2N_3O$, F. 192—193° (Methanol); farblose Nadeln; 92%. — *4-(4-Äthoxyphenyl)-*, $C_{15}H_{15}Cl_2N_3O$, F. 207—208° (Methanol); farblose Nadeln; 91%. — *4-(4-Methylcarbonyloxyphenyl)-*, $C_{15}H_{13}Cl_2N_3O_3$, F. 221—222° (Methanol); farblose Nadeln; 92%. — *4-Benzyl-*, $C_{14}H_{13}Cl_2N_3O$, F. 181,5 bis 182,5° (Methanol); farblose Nadeln; 90%. — *4-α-Naphthyl-*, $C_{17}H_{13}Cl_2N_3O$, F. 242—243° (Zers.) (Methanol); farblose Nadeln; 95%. — *4-(2-Chlorphenyl)-*, $C_{13}H_{10}Cl_3N_3O$, F. 195—196° (Bzl.); farblose Nadeln; 94%. — *4-(4-Chlorphenyl)-*, $C_{13}H_{10}Cl_3N_3O$, F. 205—206° (Bzl.); farblose Nadeln; 94%. — *4-(3-Chlorphenyl)-*, $C_{13}H_{10}Cl_3N_3O$, F. 203—204° (Bzl.); farblose Nadeln; 91%. — *1.5-disubstituierte Carbohydrazide* (**B**), aus den entsprechenden Phenylhydrazinen u. Chlorkohlensäureäthylester: *1.5-Bis-(2-chlorphenyl)-*, $C_{13}H_{12}Cl_2N_4O$, F. 231° (Zers.) (A.); farblose Nadeln; 21%. — *1.5-Bis-(3.4-dichlorphenyl)-*, $C_{13}H_{10}Cl_4N_4O$, F. 215° (Zers.) (wss. A.); farblose Nadeln; 13%. — *1.5-Bis-(2.4-dichlorphenyl)-*, $C_{13}H_{10}Cl_4N_4O$, F. 240° (Zers.) (A.); farblose Nadeln; 27%. — *1.5-Bis-(2.5-dichlorphenyl)-*, $C_{13}H_{10}Cl_4N_4O$, F. 263—264° (Äthylacetat); farbloses Pulver; Spuren. — *N^2-(chlorsubstituierte Phenyl)-hydrazincarbonsäureäthylester*, analog **B**: *N^2-(2-Chlorphenyl)-*, $C_9H_{11}ClN_2O_2$, F. 78 bis 79° (Ligroin); farblose Nadeln; 49%. — *N^2-(4-Chlorphenyl)-*, $C_9H_{11}ClN_2O_2$, F. 88—89° (Ligroin); farblose Nadeln; 39%. — *N^2-(2.5-Dichlorphenyl)-*, $C_9H_{10}Cl_2N_2O_2$, F. 77—79° (Ligroin); farblose Nadeln; 85%. — *N^2-(3.4-Dichlorphenyl)-*, $C_9H_{10}Cl_2N_2O_2$, F. 108—110° (Ligroin); farblose Nadeln; 37%. — *N^2-(2.4-Dichlorphenyl)-*, $C_9H_{10}Cl_2N_2O_2$, F. 68—69° (Ligroin); farblose Nadeln; 38%. — *1-(3.4-Dichlorphenyl)-1-äthoxycarbonyl-2-methylcarbonylhydrazin*, $C_{11}H_{12}Cl_2N_2O_3$, F. 99—100° (wss. A.); rosa Pulver; 21%. — *N^2-(chlorsubstituierte Phenyl)-hydrazindithiocarbonsäureäthylester*, aus den aus den entsprechenden Phenylhydrazinen, CS_2 u. KOH erhaltenen K-Salzen der Hydrazindithiocarbonsäure (**C**) u. Äthylchlorid: *N^2-(2-Chlorphenyl)-*, $C_9H_{11}ClN_2S_2$, F. 123—124° (A.); hellgraue Nadeln; 27%. — *N^2-(4-Chlorphenyl)-*, $C_9H_{11}ClN_2S_2$, F. 133—134° (Ligroin); farblose Nadeln; 68%. — *N^2-(2.5-Dichlorphenyl)-*, $C_9H_{10}Cl_2N_2S_2$, F. 145—146° (Ligroin); farblose Nadeln; 82%. — *N^2-(3.4-Dichlorphenyl)-*, $C_9H_{10}Cl_2N_2S_2$, F. 113—114° (wss. A.); gelbe Nadeln; 41%. — *N^2-(2.6-Dichlorphenyl)-*, $C_9H_{10}Cl_2N_2S_2$, F. 128 bis 129° (Ligroin); farblose Nadeln; 84%. — *N^2-(4-Chlorphenyl)-hydrazindithiocarbonsäurephenacylester*, $C_{15}H_{13}ClN_2OS_2$, F. 177° (Zers.) (A.), aus **C** u. Phenacylchlorid; farblose Nadeln; 82%. — *N^2-(3.4-Dichlorphenyl)-hydrazindithiocarbonsäurephenacylester*, $C_{15}H_{12}Cl_2N_2OS_2$, F. 158 bis 159° (Zers.) (wss. A.), analog vorst. Verb.; gelbe Nadeln; 4%. — *1-(4-Chloranilino)-guanidin* aus 3-Methylisothioharnstoff (**II**) u. 4-Chlorphenylhydrazin (**III**). *Sulfat*, $C_7H_9ClN_4 \cdot {}^1/_2H_2SO_4$, F. 218—219° (Zers.) (wss. A.); farblose Nadeln; 48%. — *1-(3.4-Dichloranilino)-guanidin*, aus **II** u. **I**. *Sulfat*, $C_7H_8Cl_2N_4 \cdot {}^1/_2H_2SO_4$, F. 235—237° (Zers.) (W.); farblose Nadeln; 55%. — *2-[2-(4-Chlorphenyl)-hydrazino]-Δ^2-imidazolinhydrojodid*, $C_9H_{12}ClJN_4$, F. 192—193° (Äthylacetat/A.); aus **III** u. 2-Methylmercapto-Δ^2-imidazolinhydrojodid; hellgelbe Nadeln; 29%. — *2.4-Bis-(3.4-dichlorphenylazo)-phenol*, $C_{18}H_{10}Cl_4N_4O$, F. 229—230° (Zers.) (A.); gelbes Pulver; Spuren. — *1-(3.4-Dichlorphenylazo)-2-hydroxynaphthalin*, $C_{16}H_{10}Cl_2N_2O$, F. 155—156° (A.); rote Nadeln; 66%. — *4-Chlor-2-(3.4-dichlorphenylazo)-phenol*, $C_{12}H_7Cl_3N_2O$, F. 146—148° (A.); dunkelgelbe Nadeln; 61%. — *4-Methyl-2-(3.4-dichlorphenylazo)-phenol*, $C_{13}H_{10}Cl_2N_2O$, F. 125 bis 126° (A.); gelbe Nadeln; 65%. — *4-Methyl-2.6-bis-(3.4-dichlorphenylazo)-phenol*, $C_{19}H_{12}Cl_4N_4O$, F. 211—213° (A.); dunkelgelbes Pulver; 13%. — *4-Phenyl-2-(3.4-dichlorphenylazo)-phenol*, $C_{18}H_{12}Cl_2N_2O$, F. 162—163° (A.); dunkelgelbes Pulver; 66%. — 3-substituierte 1-(3.4-Dichlorphenyl)-triazene: *3-Phenyl-*, $C_{12}H_9Cl_2N_3$, F. 93—95° (A.); gelbe Nadeln; 68%. — *3-(3-Chlorphenyl)-*, $C_{12}H_8Cl_3N_3$, F. 134—135° (Zers.) (A.); dunkelgelbe Nadeln; 70%. — *3-(2-Chlorphenyl)-*, $C_{12}H_8Cl_3N_3$, F. 103—104° (A.); gelbe Nadeln; 85%. — *3-(4-Chlorphenyl)-*, $C_{12}H_8Cl_3N_3$, F. 142° (Zers.) (A.); gelbe Nadeln; 71%. — *3-(4-Bromphenyl)-*, $C_{12}H_8BrCl_2N_3$, F. 141° (Zers.) (A.); hellbraune Nadeln; 72%. — *3-(2.3-Dichlorphenyl)-*, $C_{12}H_7Cl_4N_3$, F. 154° (Zers.) (A.); gelbe Nadeln; 70%. — *3-(2.5-Dichlorphenyl)-*, $C_{12}H_7Cl_4N_3$, F. 146—147° (A.); dunkelgelbe Nadeln; 85%. — *3-(2.4-Dichlorphenyl)-*, $C_{12}H_7Cl_4N_3$, F. 118—120° (Zers.) (A.); gelbe Nadeln; 79%. — *3-(2.5-Dichlorphenyl)-*, $C_{12}H_7Cl_4N_3$, F. 128—130° (A.); braune Nadeln; 66%. — *3-(3.4-Dichlorphenyl)-*, $C_{12}H_7Cl_4N_3$, F. 151° (A.); gelbe Nadeln; 74%. — *3-(2.4.5-Trichlorphenyl)-*, $C_{12}H_6Cl_5N_3$, F. 164° (Zers.) (A.); gelbe Nadeln; 57%. — *3-(3.4-Dichlorphenyl)-1-(2.6-dichlorphenyl)-triazen*, $C_{12}H_7Cl_4N_3$, F. 107—108° (A.);

farblose Nadeln; 62%. — *Verb.* **IV**, $C_{18}H_{11}Cl_4N_5$, F. 175 bis 176° (Zers.) (A.); gelbes Pulver; Spuren. — *1-(Di-O-äthylphosphoryl)-2-(4-chlorphenyl)-hydrazin*, $C_{10}H_{16}ClN_2 \cdot O_3P$, F. 135—136° (Ligroin), aus Di-O-äthylphosphorylchlorid (**V**) u. **III**; hellgelbe Nadeln; 34%. — *1-(Di-O-äthylphosphoryl)-2-(3.4-dichlorphenyl)-hydrazin*, $C_{10}H_{15}Cl_2 \cdot N_2O_3P$, F. 105—107° (Ligroin), aus **V** u. **I**; farbloses Pulver; 27%. — *2-Methyl-4-(3.4-dichlorphenyl)-1.3.4-oxadiazolon-(5)*, $C_9H_6Cl_2N_2O_2$, F. 136—139° (A.), aus Phosgen u. 1-(3.4-Dichlorphenyl)-2-acetylhydrazin; farblose Nadeln; 55%. — *Bernsteinsäuremethylester-(3.4-dichloranilid)*, $C_{11}H_{11}Cl_2NO_3$, F. 119—120° (A.); farblose Prismen; 92%. — *1-halogenbenzylsubstituierte 2-Benzoylhydrazine*, aus *Benzoesäurehydrazid* u. den entsprechenden chlorsubstituierten Benzylchloriden: *1-(4-Chlorbenzyl)-*, $C_{14}H_{13}ClN_2O$, F. 140—141° (A.); farblose Nadeln; 20%. — *1.1-Bis-(4-chlorbenzyl)-*, $C_{21}H_{18}Cl_2N_2O$, F. 180—182° (A.); farblose Nadeln; 8,3%. — *1.1-Bis-(2-chlorbenzyl)-*, $C_{21}H_{18} \cdot Cl_2N_2O$, F. 154—155° (A.); farblose Nadeln; 31%. — *1.1-Bis-(3.4-dichlorbenzyl)-*, $C_{21}H_{16}Cl_4N_2O$, F. 145—146° (A.); farblose Nadeln; 12%. — *1.1.2-Tris-(4-chlorbenzyl)-hydrazinhydrochlorid*, $C_{21}H_{20}Cl_4N_2$, F. 119—120° (A.), aus **III** u. Hydrazinhydrat; farblose Nadeln; 2,8%; daneben die 1.2-Bis-Verbindung. — *1.1-Bis-(2-chlorbenzyl)-2-acetylhydrazin*, $C_{16}H_{16}Cl_2N_2O$, F. 128—129° (Bzl.), aus Essigsäurehydrazid (**VI**) u. 2-Chlorbenzylchlorid; farblose Nadeln; 8,9%. — *1-(3.4-Chlorbenzyl)-2-acetylhydrazin*, $C_9H_{10}Cl_2N_2O$, F. 140—141° (A.), aus **VI** u. 3.4-Dichlorbenzylchlorid; farblose Nadeln; 8,6%.
R. Becker 1310△

1214 **Synthese und einige Eigenschaften von Vinyl-2-aminophenylsulfid.** G. G. Skorvorcova, Z. V. Stepanova und S. M. Tyrina. (Z. org. Chim. **2**, 1656—59, 1966; Iruktsk, Inst. für organ. Chemie; russ.) — 2-Aminothiophenol (**I**) reagiert mit C_2H_2 in Ggw. von Alkali unter Druck zu *Vinyl-2-aminophenylsulfid* (**II**). Es wurde das Verh. von **II** bei Hydrierung u. saurer Hydrolyse sowie die Polymerisation von **II** untersucht.

Versuche: *2-Aminothiophenol* (**I**), C_6H_7NS, Kp.$_2$ 80—81°, durch 4std. Erhitzen von 150 g 2-Mercaptobenzthiazol mit 300 g NaOH auf 200—205° im Autoklaven, Filtrieren, Ansäuern des Filtrats mit konz. HCl u. Extrahieren mit 1 Dichloräthan; n_D^{20} 1,6371; 38,6% (Ausb.). — *Vinyl-2-aminophenylsulfid* (**II**), C_8H_9NS, Kp.$_{10}$ 119,5°, durch 1std. Erhitzen von 28 g **I** mit 11,2 g KOH in 6 ml W. u. 100 ml Dioxan u. Acetylen im Autoklaven auf 150—155°/30 at; D_4^{20} 1,1165; n_D^{20} 1,6258; 70%. *Pikrat*, F. 104°. Hydrolyse von **II** mit 2%ig. H_2SO_4 im Rohr bei 96—98° ergibt *Acetaldehyd*. — *Äthyl-2-aminophenylsulfid*, $C_8H_{11}NS$, Kp.$_3$ 86°, durch Hydrierung von **II** in abs. A. in Ggw. von Raney-Ni; D_4^{20} 1,0864; n_D^{20} 1,6056; 64,5%. — *Vinyl-2-acetylaminophenylsulfid*, $C_{10}H_{11}NOS$, F. 46,5° (wss. A.), durch Rk. von 0,89 g **II** mit 0,6 ml Acetanhydrid; 53%. Hydrolyse mit 2%ig. H_2SO_4 bei 98° ergibt ebenfalls Acetaldehyd; 48,32%. — Die Polymerisation von **II** in Ggw. von Azodiisobutyronitril (5 Tage bei 60° im zugeschmolzenen Rohr) ergibt *polymeres* **II**, Erweichungspunkt 207°, Molgew. 1800; 10%. In Ggw. von $SnCl_2$ entsteht *trimeres* **II**, Erweichungspunkt 169°; 11%.
Heidrun Kühn 1320

1215 **Molekülumlagerungen. 7. Mitt. N.N-Diacylaniline.** Saeed Abdalla Abbas und W. J. Hickinbottom. (J. chem. Soc. [London], Sect. C **1966**, 1305—06; Dep. of Chem., Univ. of Khartoum; engl.) — 6. vgl. ibid. **1961**, 2616. — Durch Kochen entsprechender Arylamine mit den entsprechenden Säureanhydriden werden in 60- bis 80%ig. Ausb. nachst. Verb. erhalten: *N.N-Diacetyl-o-chloranilin* (**II**; $C_{10}H_{10}ClNO_2$, Kp.$_4$ 136°; $n_D^{20,5}$ 1,5460), *N.N-Dipropionyl-o-toluidin* ($C_{13}H_{17}NO_2$, Kp.$_5$ 135°) bzw. *N.N-Diacetyl-p-xylidin* (**I**; $C_{12}H_{15}NO_2$, Kp.$_4$ 129°; $n_D^{20,5}$ 1,5265). Beim 1std. Erhitzen von N.N-Diacetylanilin (**III**) mit p-Toluolsulfonsäure (**IV**), Methansulfonsäure bzw. konz. H_3PO_4 auf 170—200° erfolgt Umlagerung unter Bldg. von *p-Acetylaminoacetophenon*, aus dem nach Rk. mit warmer äthanol. HCl, Alkalisieren u. Wasserdampfdest. *4-Aminoacetophenon* (F. 107°; *2.4-Dinitrophenylhydrazon*, F. 197°) erhalten wird. Analog entstehen *4-Amino-3-methylacetophenon* (F. 104°; *2.4-Dinitrophenylhydrazon*, F. 240°), *4-Aminopropiophenon* (F. 138°; *2.4-Dinitrophenylhydrazon*, F. 167°) bzw. *4-Amino-3-methylpropiophenon* ($C_{10}H_{13}NO$, F. 64°. *Semicarbazon*, F. 115°. *2.4-Dinitrophenylhydrazon*, F. 170—172°). Durch 2std. Kochen von **I** mit Anisol u. **IV** bzw. konz. H_3PO_4 wird neben *Acetyl-p-xylidin p-Methoxyacetophenon* (F. 36—37°, Kp.$_4$ 115—116°; *2.4-Dinitrophenylhydrazon*, F. 224°). *Semicarbazon*, F. 194°) gebildet, das auch durch analoge Rk. aus **II** bzw. **III** entsteht.
R. Gnauck 1340△

1216 **Organosiliciumverbindungen. 37. Mitt. Optische Trennung von p-[Äthylmethylphenylsilyl]-benzoesäure.** C. Eaborn und C. G. Pitt. (J. chem. Soc. [London], Sect. C **1966**, **1524**—27; Univ. of Leicester; engl.) — 36. vgl. J. organometallic. Chem. [Amsterdam] **4** (1965) 291. — Durch frakt. Kristallisation des (—)-*Chininsalzes der Titelverb.* konnte diese in ihre opt. Isomeren getrennt werden. Die (+)-*Säure* racemisiert weder bei 6std. Erhitzen auf 100° noch während 25 Std. in einer wss./methanol. KOH-Lsg. bei Raumtemperatur. Neben der Titelverb. wurden *p-(Äthylmethyläthoxysilyl)-N.N-dimethylanilin* u. die entsprechende *Isopropylmethyläthoxysilyl-Verb.*, sowie deren *Hydroxyanaloge*, *Butylisopropylmethylchlorsilan*, *Butylisopropylmethyl-sec.-butoxysilan*, *Äthylmethyl-γ-tolyl-fluorsilan* u. *p-[Methyldifluorsilyl]-benzoesäure* hergestellt.

Versuche: *Äthylmethylphenylfluorsilan*, $C_9H_{13} \cdot FSi$, Kp. 183,5°, aus Phenyl-MgBr u. Äthyl-MgBr mit Methyltrichlorsilan u. Umsetzung des hydrolysierten Rk.-Prod. mit NaF; n_D^{20} 1,4785; 53% (Ausb.). — *Äthylmethylphenyl-p-tolylsilan*, $C_{16}H_{20}Si$, Kp.$_{3,5}$ 152—153°, aus p-Tolyl-Li u. vorst. Verb.; n_D^{20} 1,5585; 94%. — *rac. p-[Äthylmethylphenylsilyl]-benzoesäure*, $C_{16}H_{18}O_2Si$, F. 99,5° (A./W. u. PAe.), durch Ox. vorst. Verb. mit $KMnO_4$; 56%, *Chinin-Salz* (**I**), F. 196°; $[\alpha]_D^{20}$ —104° (c = 2,1; $CHCl_3$); 82%. *Diastereomeres* **II**, F. 209,5°; $[\alpha]_D^{20}$ —104,1° (c = 2,1; $CHCl_3$); 39%. *Diastereomeres* **III**, F. 196°; aus 18 g **I**; $[\alpha]_D^{20}$ —104,3° (c = 2,1; $CHCl_3$); 2,6 g. (+)-*Säure*, F, 99,5° (A./W.), aus **II**; $[\alpha]_D^{20}$ +2,75 ± 0,2° (c = 2,8; Bzl.); 93%. (—)-*Säure*, F. 99,5°, aus **III**; $[\alpha]_D^{20}$ —1,65 ± 0,2° (c = 3,2; Bzl.); 84%. *Brucin-Salz*, FF. 87—92° u. 117°, $[\alpha]_D^{20}$ —8,74° (c = 8,1; Aceton). *Strychnin-Salz*, F. 230°. — *p-[Äthylmethyläthoxysilyl]-N.N-dimethylanilin*, $C_{13}H_{23}NOSi$, Kp.$_{10}$ 157°; aus p-N.N-Dimethylaminophenyl-MgBr (**IV**) u. Äthylmethyldiäthoxysilan; n_D^{20} 1,5241; 65%. *Methojodid*, $C_{14}H_{26}JNOSi$, F. 164°. — *p-[Äthylmethylhydroxysilyl]-N.N.N-trimethylanilinium-salze*: (+)-*Campher-β-sulfonat*, F. 162°, aus vorst. Methojodid mit dem Ag-Salz der (+)-Campher-β-sulfonsäure (**V**) u. Hydrolyse des Rk.-Prod.; $[\alpha]_D^{20}$ +10,75° (c = 2,0; W.). *Jodid*, $C_{12}H_{22}JONSi$, F. 144°, aus dem Sulfonat mit NaJ. — *p-[Methylisopropyläthoxysilyl]-N.N-dimethylanilin*, $C_{14}H_{25}NOSi$, Kp.$_{10}$ 153—164°, aus **IV** u. Methylisopropyldiäthoxysilan; n_D^{20} 1,5188; 76%. *Methojodid* (**VI**), $C_{15}H_{28}JNOSi$, F. 173° (A.); 88%. — *γ-[Methylisopropylhydroxysilyl]-N.N.N-trimethylaniliniumsalze*, (+)-*Campher-β-sulfonat*, $C_{23}H_{39}NO_5SSi$, F. 191°; $[\alpha]_D^{20}$ +11,25° (c = 4,0; W.). aus **VI** mit **V** u. Hydrolyse des Rk.-Produktes. *Jodid*, $C_{13}H_{24}JNO$, F. 151°, a) aus dem Sulfonat mit NaJ; b) aus **VI** mit wss. Aceton. *α-Brom-(+)-campher-π-sulfonat*, F. 176°; $[\alpha]_D^{25}$ +51,25° (c = 2,0; W.). — *n-Butylisopropylmethylchlorsilan*, $C_8H_{19}ClSi$, Kp. 180,5—181,5°, aus Methyltrichlorsilan u. Butyl-MgBr u. Rk. des erhaltenen *Butylmethyldichlorsilans* (Kp. 148 bis 152°, 52%) mit Isopropyl-MgCl; n_D^{20} 1,4350; 14%. — *Butylisopropylmethyl-sek.-butoxysilan*, $C_{12}H_{28}OSi$, Kp.$_2$ 77—79°, aus vorst. Verb. u. Na-sek.-Butylat; n_D^{20} 1,4251; 55%. — *Äthylmethyl-p-tolylfluorsilan*, $C_{10}H_{15}FSi$, Kp. 200 bis 201°, aus p-Tolyl-MgBr u. Äthylmethyldiäthoxysilan u. Umsetzung des Rk.-Prod. mit NaF; 66%. — *symm.-Diäthyldimethyldi-p-tolyldisiloxan*, durch Kondens. von 30 g vorst. Verb. in alkohol. K_2CO_3 u. W.; 30 g.— *p-[Methyldifluorsilyl]-benzoesäure*, $C_8H_8F_2O_2Si$, F. 146° ($CHCl_3$/PAe.), aus vorst. Verb. durch Ox. mit $KMnO_4$ u. Umsetzung des Rk.-Prod. mit wss. HF. — 40. vgl. C. **1969**, 4-1145.
R. Becker 1380△

1217 **Beweis für eine stereospezifische Michaelis-Arbusow-Umlagerung im 4-tert.-Butylcyclohexyldiphenylphosphinit, einem konformatiohomogenen System.** 3. Mitt. K. D. Berlin, D. M. Hellwege, M. Nagabhushanam und E. T. Gaudy. (Tetrahedron [London] **22**, 2191 bis 2201, 1966; Dep. of Chem., Okla. State Univ., Stillwater,

Okla.; engl.) — 2. vgl. C. **1967**, 30-0943. — Die Rk. von trans-4-tert.-Butylcyclohexyldiphenylphosphinit (I) mit Benzylchlorid liefert ein Gemisch, aus dem *cis-4-tert.-Butylcyclohexylchlorid*, jedoch kein trans-Isomeres isoliert werden konnte. Aus dem Ergebnis wird auf einen stereospezif. S_{N^i}-Mechanismus für die Zerlegung von quasi-Phosphoniumsalzen in der 2. Stufe der Michaelis-Arbusow-Rk. geschlossen. Einen weiteren Beweis für diesen Mechanismus erbringt die Rk. von **I** mit CCl_4 u. mit p-Toluolsulfonsäuremethylester (**VII**), bei denen nur *cis-substituierte Cyclohexan-Deriv.* erhalten werden.

Versuche: (F. korr.): *Cyclohexyldiphenylphosphinit* (**III**), $C_{18}H_{21}PO$, Kp.$_{0,3}$ 160—162°, aus 25 g Cyclohexanol u. 55 g Diphenylphosphinigsäurechlorid (**II**) in Bzl. bei 45°; 56,5 g (Ausb.). — *trans-4-tert.-Butylcyclohexyldiphenylphosphinit* (**I**), $C_{22}H_{29}OP$, Kp.$_{0,1}$ 175—178°, F. 30—55°, aus 39 g 4-tert.-Butylcyclohexanol, Triäthylamin u. 55,1 g **II** in Bzl.; 30,5 g. — *cis-4-tert.-Butylcyclohexanol*, F. 81—82°, nach Winstein u. Holness, J. Amer. chem. Soc., **77** (1955) 5562; daneben *4-tert.-Butylcyclohexanon* [F. 49—50°]. — *cis-4-tert.-Butylcyclohexyldiphenylphosphinat*, aus vorst. Verb. u. **II** in Bzl. in Ggw. von Triäthylamin. — *Gemisch aus cis-* (**VI**) *u. trans-4-tert.-Butylcyclohexylchlorid*, Kp.$_{0,4}$ 53—58°, analog Green u. Mitarb., J. org. Chemistry **29** (1964) 1285; daneben *4-tert.-Butylcyclohexen* [**IV**; Kp.$_{0,6}$ 32—40]. *cis-Isomeres* (**VI**), aus **I** u. Benzylchlorid; daneben **IV**, *trans-4-tert.-Butylcyclohexyloxybenzyldiphenylphosphoniumchlorid* [F. 268—270° (Zers.)] u. *Benzyldiphenylphosphinoxid* [**V**; F. 193 bis 194°]. — *Cyclohexyloxybenzyldiphenylphosphoniumchlorid*, F. 267—268°, aus **III** u. Benzylchlorid in o-Dichlorbenzol bei 180°; daneben **V**. — *1.2-Bis-diphenylphosphinyl]-1.1.2.2-tetrachloräthan*, $C_{26}H_{20}Cl_4O_2P_2$, F. 197 bis 198° (Methanol), aus 2,5 g **I** u. CCl_4; 0,15 g; daneben *trans-4-tert.-Butylcyclohexyldiphenylphosphinat*, **VI** u. **IV**. — *p-Toluolsulfonsäurecyclohexylester*, nach Tippon [1944]. — *p-Toluolsulfonsäure-trans-4-tert.-butylcyclohexylester*, F. 87—89° (PAe./Essigester), aus 4-tert.-Butylcyclohexanol u. p-Toluolsulfochlorid in Py.; 76,3%. *cis-Isomeres*, F. 79—80°. — *Methyldiphenylphosphinoxid*, a) aus **III** u. **VII** bei 135°; daneben vorvorst. Verb.; b) aus **I** u. **VII** in Xylol; daneben **IV** u. vorst. *cis-Isomeres*.

K.-P. Hilgetag 1380△

1218 **Einfluß einiger funktioneller Substituenten auf die Geschwindigkeit der Wittig-Reaktion.** L. V. Šubina, L. Ja. Malkes, B. A. Zadorožnyj und I. K. Iščenko. (Ž. obšč. Chim. **36**(98), 1991—94, 1966; russ.) — Mit Hilfe von IR-Unters. wird festgestellt, daß in Phosphinmethylenen vom Typ $p\text{-}RC_6H_4CH{=}CHC_6H_4CHP(C_6H_5)_3$ elektronenanziehende Substituenten ($R{=}NO_2$) die Geschw. der Rk. mit Benzaldehyd gegenüber der unsubstituierten Verb. (R=H) erhöhen. Geschw.-Konst. sind angegeben.

Versuche: *[p-Brommethylbenzyl]-triphenylphosphoniumbromid*, F. 240°, durch Zugabe von $(C_6H_5)_3P$ zu 1.4-Bis-[brommethyl]-benzol in abs. DMF, ½std. Kochen, Filtrieren (→ Diphosphoniumsalz, F. > 360°) u. Abkühlen auf —10°; 79% (Ausb.). — *p-Brommethyl-p'-methoxystilben*, $C_{16}H_{15}BrO$, F. 176° (Dichloräthan u. Bzl.), durch Zugabe von methanol. CH_3OLi zu vorst. Verb. u. Anisaldehyd in CH_3OH, 12std. Stehen u. Abkühlen auf —10°. — *p-(p-Methoxystyryl)-benzyl]-triphenylphosphoniumbromid* (**I**), $C_{34}H_{30}BrOP$, F. 390° (Zers.; CH_3OH u. Bzl.), durch 3std. Kochen vorst. Verb. mit $(C_6H_5)_3P$ in abs. DMF; 79%. — *p-Nitro-p'-methylstilben*, $C_{15}N_{13}NO_2$, F. 144° (Bzl. u. Dichloräthan), durch 5std. Kochen von p-Nitrobenzylbromid mit Triäthylphosphit in p-Xylol, Eindampfen, Zugabe von p-Methylbenzaldehyd in DMF, Zugabe von methanol. CH_3ONau. 12std. Stehen; 21%. — *p-Nitro-p'-brommethylstilben*, $C_{15}H_{12}BrNO_2$, F. 126° (Isopropanol u. Bzl.), durch 6std. Kochen vorst. Verb. mit N-Bromsuccinimid in Ggw. von wenig Dibenzoylperoxid in abs. CCl_4; 59%. — *p-(p-Nitrostyryl)-benzyl]-triphenylphosphoniumbromid*, $C_{33}H_{27}\cdot BrNO_2P$, F. 240—242°, analog **I** mit vorst. Verb.; 69%.

H.-J. Graubaum 1380△

1219 **Synthese von Alkyl(Dialkyl)brenzcatechinphosphiten.** P. A. Kirpičnikov, L. M. Popova und G. Ja. Ričmond. (Ž. obšč. Chim. **35**(98), 1143—47, 1966; Kazanskij chim.-technolog. inst.; russ.) — Folgende Verb. werden dargestellt: *3.5-Bis-[tert.-butyl]-brenzcatechin*, F. 99—99,5° (PAe.), durch Zugabe von Brenzcatechin zu 70%ig. H_2SO_4 bei 50°, Zugabe von tert.-Butanol, 1std. Erhitzen auf 50—60° u. 1std. Stehen bei Raumtemp.; 80% (Ausb.). — *3.5-Bis-[tert.-pentyl]-brenzcatechin*, Kp.$_1$ 135—137°, F. 69,5—70,5° (PAe.), analog bei 60°, Verdünnen mit W. u. Extrahieren mit PAe.; 93%. — Verb. vom Typ **A**: $R^1 = CH_3$, $R^2 = H$,

A 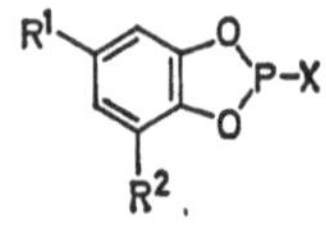

X = *Cl* (**I**), $C_7H_6ClO_2P$, Kp.$_9$ 87,5—88°, durch 1std. Erhitzen von 4-Methylbrenzcatechin mit PCl_3 u. wenig W. auf dem W.-Bad u. 2std. Erhitzen auf 140°; D_4^{20} 1,3308, n_D^{20} 1,5635; 80%. — Analog: R^1 = *tert.-C_4H_9*, R^2 = *H*, X = *Cl*, $C_{10}H_{12}ClO_2P$, Kp.$_{13}$ 134—135°; D_4^{20} 1,2085, n_D^{20} 1,5415; 81%. — R^1 = *tert.-C_5H_{11}*, R^2 = *H*, X = *Cl*, $C_{11}H_{14}ClO_2P$, Kp.$_{13}$ 144—145,5°; D_4^{20} 1,1890, n_D^{20} 1,5364; 88%. — $R^1 = R^2$ = *tert.-C_4H_9*, X = *Cl*, $C_{14}H_{20}\cdot ClO_2P$, Kp.$_{16}$ 157°, 20std. Erhitzen auf 180°; D_4^{20} 1,1183, n_D^{20} 1,5258; 56%. — $R^1 = R^2$ = *tert.-C_5H_{11}*, X = *Cl*, $C_{16}H_{24}ClO_2P$, Kp.$_{13}$ 157,5—158°, 6std. Erhitzen auf 120°; D_4^{20} 1,0950, n_D^{20} 1,5240; 31%. — R^1 = *CH_3*, R^2 = *H*, X = *2.4.6-Tris-[tert.-butyl]-phenoxy*, $C_{25}H_{35}O_3P$, Kp.$_2$ 188—188,5°, durch Zugabe von **I** zu 2.4.6-Tris-[tert.-butyl]-phenol u. Py. in Bzl., 6std. Erhitzen auf dem W.-Bad u. Eindampfen der benzol. Lsg.; 43%. — Analog: R^1 = *tert.-C_4H_9*, R^2 = *H*, X = *2.4.6-Tris-[tert.-butyl]-phenoxy*, $C_{28}H_{41}O_3P$, Kp.$_2$ 200—201°; 50%. — R^1 = *tert.-C_5H_{11}*, R^2 = *H*, X = *2.4.6-Tris-[tert.-butyl]-phenoxy*, $C_{29}H_{43}O_3P$, Kp.$_1$ 197—198°; 39%. — R^1 = *tert.-C_4H_9*, R^2 = *H*, X = *2.6-Bis-[tert.-butyl]-4-methylphenoxy*, $C_{25}H_{35}O_3P$, Kp.$_2$ 188—189°; 33%. — R^1 = *CH_3*, R^2 = *H*, X = *[Naphthyl-(1)-oxy]*, $C_{17}H_{13}O_3P$, Kp.$_{1,5}$ 171—172°; 50%. — R^1 = *tert.-C_4H_9*, R^2 = *H*, X = *[Naphthyl-(1)-oxy]*, $C_{20}H_{19}O_3P$, Kp.$_2$ 192—194°; 87%. — R^1 = *tert.-C_5H_{11}*, R^2 = *H*, X = *[Naphthyl-(1)-oxy]*, $C_{21}H_{21}O_3P$, Kp.$_1$ 184—185°; 46,5%. — R^1 = *tert.-C_4H_9*, R^2 = *H*, X = *Phenoxy*, $C_{16}H_{17}O_3P$, Kp.$_9$ 172—173,5°; D_4^{20} 1,1391, n_D^{20} 1,5505; 73,5%. — R^1 = *tert.-C_5H_{11}*, R^2 = *H*, X = *Phenoxy*, $C_{17}H_{19}O_3P$, Kp.$_3$ 148—149°; D_4^{20} 1,1443, n_D^{20} 1,5490; 60%. — $R^1 = R^2$ = *tert.-C_4H_9*, X = *2.4.6-Tris-[tert.-butyl]-phenoxy*, $C_{32}H_{49}O_3P$, Kp.$_{1,5}$ 210—214°; 35%. — $R^1=R^2$=tert.-C_4H_9, X = *2.6-Bis-[tert.-butyl]-4-methylphenoxy*, $C_{29}H_{43}O_3P$, Kp.$_2$ 199—200°; 25%. — $R^1 = R^2$ = *tert.-C_4H_9*, X = *[Naphthyl-(1)-oxy]*, $C_{24}H_{27}\cdot O_3P$, Kp.$_3$ 202—204°; 53,5%. — $R^1 = R^2$ = *tert.-C_4H_9*, X = *[Naphthyl-(2)-oxy]*, $C_{24}H_{27}O_3P$, Kp.$_3$ 190—193°; 79%. — $R^1 = R^2$ = *tert.-C_4H_9*, X = *Phenoxy*, $C_{20}H_{25}O_3P$, Kp.$_2$ 124°; 50%.

H. Berger 1380△

1220 **Phosphinmethylenchemie.** 15. Mitt. **Reaktion von Tetraarylphosphoniumbromid mit Vinylorganolithiumreagenzien.** Dietmar Seyferth, Joseph Fogel und James K. Heeren. (J. Amer. chem. Soc. **88**, 2207—12, 1966; Dep. of Chem., Mass. Inst. of Techn., Cambridge, Mass.; engl.) — 12. vgl. C. **1968**, 8-0986 — Die Rk. von Vinyl-Li mit Tetraphenylphosphoniumbromid u. nachfolgende Umsetzung mit Ae., Aceton oder THF führt zu einem *Gemisch aus Styrol* (**I**, 65% Ausb.) u. *Triphenylphosphin* (**II**; 80%). Zur Identifizierung wird **I** in *1.2-Dibrom-1-phenyläthan*, **II** in *Methyltriphenylphosphoniumjodid* (F. 187—189°; 82%) bzw. *Tetraphenylphosphoniumtetraphenylborat* (F. 304—306°) umgewandelt. Weitere Unters. zeigten, daß die Rk. über Vinyltetraphenylphosphoran als Intermediäres verläuft. In analoger Weise entsteht bei der Umsetzung von Isopropenyl-Li *α-Methylstyrol* (C_9H_{10}; 70%), während die Umsetzung von cis- oder trans-Propen-(1)-yl-Li in geringer Ausb. *cis-u. trans-Propenylbenzol* ergibt. Wird letztere Rk. in Ggw. von Benzaldehyd durchgeführt, so werden weiterhin *1-Phenylbutadien-(1.3)* u. *1.3-Diphenylbuten-(1)* nachgewiesen. Die Rk. von Vinyl-Li mit Tetra-p-tolylphosphoniumbromid liefert *p-Methylstyrol* (61%).

Versuche: *Tetra-p-tolylphosphoniumbromid*, $C_{28}\cdot H_{28}BrP$, F. 325–327°, aus Tri-p-tolylphosphin mit p-Bromtoluol; 32% (Ausb.). – *Propen-(1)-ylbenzol*, C_9H_{10}, Kp.$_{16}$ 65–67°, aus Äthyltriphenylphosphoniumbromid mit Phenyl-Li; 41%. – *1-Phenylbutadien-(1.3)*, $C_{10}H_{10}$, Kp.$_{0,5}$ 120°, aus Allyltriphenylphosphoniumbromid u. Phenyl-Li; 32%. – *p-Methylstyrol*, C_9H_{10}, Kp.$_{0,6}$ 135°; 61%. W. Hampel 1410△

1221 **Die Chemie von Hopfen-Bestandteilen.** 28. Mitt. **Die Struktur eines Autoxydationsprodukts von Humulon.** P. R. Ashurst und J. A. Elvidge. (J. chem. Soc. [London], Sect. C **1966**, 675–76; Brewing Ind. Res. Found., Nutfield, Surrey; engl.) – 27. vgl. J. chem. Soc., [London] **1965**, 6543; 29. vgl. C. **1968**, 46-1036. – Humulon (I) wird sowohl im Hopfen als auch in Lsg. durch Luft schnell zu *3-Hydroxy-3-[3.4-dihydroxy-4-methylpentanoyl]-5-isovalerylcyclopentan-1.2.4-trion* oxydiert. Vorst. Verb. wird an Hand von NMR-Spektren sowie durch Perjodat-Abbau identifiziert. IR-Maxima u. NMR-Daten vgl. Original.

Versuche: *3-Hydroxy-3-[3.4-dihydroxy-4-methylpentanoyl]-5-isovalerylcyclopentan-1.2.4-trion*, $C_{16}H_{22}O_8$, F. 83–87° (wss. Methanol), a) aus 3 g **I** u. O_2 in PAe.; 2,2 g (Ausb.); b) aus 23,7 g aus Hopfen erhaltenem Harz u. n NaOH; 4,1 g. – *Aceton, 2.4-Dinitrophenylhydrazon*, F. 124°, aus 1 g vorvorst. Verb. u. Na_5JO_6 in A./W. bei Siedetemp. u. Rk. mit 2.4-Dinitrophenylhydrazin; 570 mg. K.-P. Hilgetag 1980△

1222 **Synthese von Estern und anderen Carbonsäurederivaten unter den Bedingungen der sauren Katalyse aus Kohlenoxid, Olefinen und acylierenden Verbindungen.** 23. Mitt. **Carbalkoxylierung von Methylcyclohexan und Hydrocarbalkoxylierung von Cyclohexen mit Ameisensäure und den gesättigten Alkoholen C_1–C_5.** Ja. T. Ejdus, M. B. Ordjan, L. I. Šokina und M. A. Kanevskaja. (Ž. org. Chim. **2**, 266–70, 1966; Inst. org. chim. im. Zelinskogo AN SSSR; russ.) – Die 2stufige Rk. von Cyclohexen mit H_2SO_4 u. HCOOH (1:6:2) bei 3° u. dann aliphat. C_1–C_5-Alkoholen liefert mit 81–85% Gesamtausb. *Ester* der *Cyclohexan-* (**I**) u. *1-Methylcyclopentancarbonsäure* (**II**) neben freier **I** + **II**; zunehmende Kettenänge des Alkohols führt zu verringertem Esteranteil u. zu erhöhtem Anteil an **II**(-Estern) im Rk.-Produkt. Aus Methylcyclohexan (in Ggw. von tert.-Butanol als Hydridionenakzeptor) werden hauptsächlich *1-Methylcyclohexancarbonsäureester* erhalten. – 26. vgl. C. **1968**, 58-0368.

Versuche: *Cyclohexancarbonsäure* (**I**), *Methylester*, Kp. 181,1–181,3°, D.$_4^{20}$ 0,9785, n_D^{20} 1,4438. *Äthylester*, Kp. 196–196,2°, D.$_4^{20}$ 0,9549, n_D^{20} 1,4413. *n-Propylester*, Kp.$_{17}$ 94–94,5°, D.$_4^{20}$ 0,9443, n_D^{20} 1,4434. *Isopropylester*, Kp.$_8$ 72–73°, D.$_4^{20}$ 0,9348, n_D^{20} 1,4373. *n-Butylester*, Kp.$_8$ 99,5–100,5°, D.$_4^{20}$ 0,9353, n_D^{20} 1,4454. *sek.-Butylester*, Kp.$_8$ 84,5–85,5°, D.$_4^{20}$ 0,9286, n_D^{20} 1,4422. *n-Amylester*, Kp.$_3$ 94–95°, D.$_4^{20}$ 0,9280, n_D^{20} 1,4472. Daneben: *1-Methylcyclopentancarbonsäure*, *Methylester*, Kp. 162,7–163,2°, D.$_4^{20}$ 0,9654, n_D^{20} 1,4364. *Äthylester*, Kp. 176,6–177,2°, D.$_4^{20}$ 0,9393, n_D^{20} 1,4327. *n-Propylester*, Kp.$_8$ 67–67,5°, D.$_4^{20}$ 0,9297, n_D^{20} 1,4355. *Isopropylester*, Kp.$_8$ 60–60,5°, D.$_4^{20}$ 0,9145, n_D^{20} 1,4282. *n-Butylester*, Kp.$_8$ 87–88°, D.$_4^{20}$ 0,9223, n_D^{20} 1,4382. *sek.-Butylester*, Kp.$_8$ 71–72°, D.$_4^{20}$ 0,9129, n_D^{20} 1,4331. *n-Amylester*, Kp.$_6$ 93–94°, D.$_4^{20}$ 0,9171, n_D^{20} 1,4403. – *1-Methylcyclohexancarbonsäure*, *Methylester*, Kp. 183 bis 183,7°, D.$_4^{20}$ 0,9631, n_D^{20} 1,4444. *Äthylester*, Kp.$_9$ 67 bis 67,5°, D.$_4^{20}$ 0,9420, n_D^{20} 1,4409. *n-Propylester*, Kp.$_8$ 81–81,5°, D.$_4^{20}$ 0,9326, n_D^{20} 1,4428. *Isopropylester*, Kp.$_8$ 72–73°, D.$_4^{20}$ 0,9220, n_D^{20} 1,4351. *n-Butylester*, Kp.$_9$ 100–101°, D.$_4^{20}$ 0,9251, n_D^{20} 1,4445. *sek.-Butylester*, Kp.$_8$ 88–89°, D.$_4^{20}$ 0,9175, n_D^{20} 1,4405. *n-Amylester*, Kp.$_9$ 111–112°, D.$_4^{20}$ 0,9194, n_D^{20} 1,4458. H.-E. Toussaint 2010

1223 **Brückenringsysteme.** 9. Mitt. **Ein neuer Weg zu Cycloheptencarbonsäuren.** G. L. Buchanan und G. W. McLay. (Tetrahedron [London] **22**, 1521–25, 1966; Dep. of Chem., Univ., Glasgow; engl.) – 8. vgl. J. chem. Soc. [London] **1965**, 833; 11. vgl. C. **1968**, 42-0953. – Über die Synth. von *Cyclohepten-5-carbonsäure* u. *Cyclohepten-1.5-dicarbonsäure* (**III**) wird berichtet. Maxima der IR-Spektren vgl. Original.

Versuche: *2-Äthoxycarbonyl-2-[β-formyläthyl]-cyclopentanon* (**IV**), $C_{11}H_{16}O_4$, Kp.$_{0,02}$ 75–78°, aus Acrolein u. 2-Carbäthoxycyclopentanon in Ggw. von Triäthylamin; 73,7% (Ausb.). – *4-Hydroxybicyclo-[3.2.1]-octanon-(8)-carbonsäureäthylester*, a) neben **IV**; b) aus **IV** mit Triäthylamin; 62,5%. *äquatoriale Form, Acetylderiv.*, $C_{13}H_{18}O_5$, Kp.$_{0,8}$ 122–128°. *Tosylderiv.* (**I**), $C_{18}H_{22}O_6S$, F. 96° (A.). *axiale Form, Acetylderiv.*, $C_{13}\cdot H_{18}O_5$, F. 77–77,5° (Bzl./PAe.). *Tosylderiv.* (**II**), $C_{18}H_{22}\cdot O_6S$, F. 95–96°. – *Cyclohepten-5.5-dicarbonsäurediäthylester*, $C_{13}H_{20}O_4$, Kp.$_{0,6}$ 120°, aus 1,83 g **I** mit Na-Äthylat; 1,6 g (im Gemisch mit **III**-Diäthylester). – *Cyclohepten-5-carbonsäure*, $C_8H_{12}O_2$, F. 66,5–69,5° (PAe.), aus vorst. Verb. über *Cyclohepten-5.5-dicarbonsäure* ($C_9H_{12}O_4$, F. 152–159° (Zers.; A.); 81%); 83,3%. – *Cyclohepten-1.5-dicarbonsäure* (**III**), $C_9H_{12}O_4$, F. 162–165° (A.), a) aus **II** über den Diäthylester ($C_{13}H_{20}O_4$, Kp.$_{0,5}$ 95°) durch Hydrolyse; b) aus **IV** mit methanol. KOH; 50%. W. Hampel 2020△

1224 **Halogenarylierung ungesättigter Verbindungen mit aromatischen Diazoverbindungen.** 29. Mitt. **Chlorarylierung von Divinyl, Isopren und Piperylen mit Biphenyl-p.p'-diazoniumchlorid und einige Umwandlungen der Reaktionsprodukte.** N. I. Ganuščak, K. G. Zolotuchina und A. V. Dombrovskij. (Ž. org. Chim. **2**, 1066–70, 1966; Černovickij gos. univ.; russ.) – Biphenyl-p.p'-bis-diazoniumchlorid (I) reagiert mit Butadien-(1.3) u. Isopren unter Bldg. von *p.p'-Bis-[4-chlorbuten-(2)-yl]-* (**II**) bzw. *p.p'-Bis-[4-chlor-2-methylbuten-(2)-yl]-biphenyl* (**III**). An Piperylen wird **I** sowohl in 1.4- als auch 1.2-Stellung angelagert. Die Struktur der dargestellten, nicht destillierbaren Rk.-Prod., die beim Erwärmen oder beim Behandeln mit Alkalien unter HCl-Abspaltung polymerisieren, geht aus den Ox.-Prod. hervor. – 32. vgl. C. **1967**, 58-0236.

Versuche: Biphenyle: *p.p'-Bis-[4-chlorbuten-(2)-yl]-* (**II**), $C_{20}H_{20}Cl_2$, durch Zutropfen einer wss. Lsg. von **I** zu Butadien-(1.3) u. Cu-Chlorid in Aceton bei 0–5°; n_D^{20} 1,6020; 64% (Ausb.). Daneben *p.p'-Dichlorbiphenyl*, F. 148–149°. – *p.p'-Bis-[4-chlor-2-methylbuten-(2)-yl]-* (**III**), $C_{22}H_{24}Cl_2$, analog aus **I** u. Isopren; n_D^{20} 1,5897; 60%. – *p.p'-Bis-[4-chlorpenten-(2)-yl]-*, $C_{22}H_{24}Cl_2$, aus **I** u. Piperylen; n_D^{20} 1,5893; 60%. – *p.p'-Bis-[4-piperidinobuten-(2)-yl]-*, $C_{30}H_{40}N_2$, fl., durch 8–10std. schwaches Erwärmen von **II** mit Piperidin u. W.; 90%. *Dihydrochlorid*, F. 231–232°; ca. 100%. *Dimethojodid*, $C_{32}H_{46}J_2N_2$, F. 102–104° (Aceton), durch 20 Min. langes Kochen mit CH_3J in abs. Ae.; ca. 100%. – *p.p'-Bis-[4-piperidino-2-methylbuten-(2)-yl]-*, $C_{32}H_{44}N_2$, fl., analog vorst. Verb. aus **III**; 90%. *Dihydrochlorid*, F. 153–154°; ca. 100%. *Dimethojodid*, $C_{34}H_{50}J_2N_2$, F. 96 bis 98° (Aceton); ca. 100%. – *p.p'-Bis-[4-(β.β'-Dichlordiäthylamino)-buten-(2)-yl]-*, $C_{28}H_{36}Cl_4N_2$, aus nachst. Dihydrochlorid; n_D^{20} 1,5890; 80%. *Dihydrochlorid*, F. 85–87° (Aceton oder abs. A.), durch 12std. Erhitzen von **II** mit Diäthanolamin auf dem W.-Bad, Verrühren mit W., Extrahieren mit $CHCl_3$ u. Rk. mit $SOCl_2$; 42%. – *p.p'-Bis-[4-(β.β'-dichlordiäthylamino)-2-methylbuten-(2)-yl]-*, $C_{30}H_{40}Cl_4N_2$; n_D^{20} 1,5896; 85%. *Dihydrochlorid*, F. 110–113° (Aceton oder abs. A.), analog vorst. Verb. aus **III**; 57%. L. Berseck 2510△

1225 **Stereoselektive Totalsynthese von rac. γ-Eudesmol.** James A. Marshall und Myron T. Pike. (Tetrahedron Letters [London] **1966**, 4989–92; Dep. of Chem., Northwestern Univ., Evanston, Ill.; engl.) – 4.8a-Dimethyl-7-oxo-Δ^4-octalin ergibt durch Rk. mit NaH in Diäthylcarbonat *4.8a-Dimethyl-7-oxo-Δ^4-octalincarbonsäure-(6)-äthylester* [**I**; Kp.$_{0,05}$ 118° (Badtemp.)], der mit KBH_4 zum *4.8aβ-Dimethyl-7β-hydroxy-Δ^4-octalincarbonsäure-(6β)-äthylester* reduziert werden kann. Mit äthanol. KOH wird daraus die *Säure* [**II**; F. 140–142°; 60% (Ausb., bezogen auf **I**] erhalten. **II** gibt mit einer äther. Lsg. von Methyl-Li *4.8aβ-Dimethyl-7β-hydroxy-6-methylcarbonyl-Δ^4-octalin*, das durch Kochen mit wss./äthanol. KOH in *4.8a-Dimethyl-6-methylcarbonyl-1.2.3.5.8.8a-hexahydronaphthalin* [**III**; Kp.$_{0,05}$ 95° (Badtemp.)] übergeht. Durch Hydrierung von **III** in äthanol. KOH in Ggw. von Pd–Kohle entsteht *4.8aβ-Dimethyl-6β-methylcarbonyl-Δ^4-octalin* [**IV**; Kp.$_{0,05}$ 110° (Badtemp.); daneben 8% des *C-6-Epimeren(?)*; gibt bei Äquilibrierung in sd. methanol.

Na_2CO_3 ein 10:1-Gemisch von **IV** u. epimeren Ketonen], das durch Addition von äther. Methyl-Li die *Titelverb.* [Kp.$_{0,04}$ 100° (Badtemp.); 40% (bezogen auf **II**)] ergibt. R. Becker 2700△

1226 **Struktur von Diospyrin.** A. K. Ganguly und T. R. Govindachari. (Tetrahedron Letters [London] **1966**, 3373–76; Goregaon, Bombay, CIBA Res. Centre; engl.) — Für das aus *Diospyros montana* Roxb. isolierte *Diospyrin* (**I**; $C_{22}H_{14}O_6$, F. 286–288°, orangerote Würfel. *Dimethyläther*, $C_{24}H_{18}O_6$, F. 330°. *Diacetat*, $C_{26}H_{18}O_8$, F. 160°) wird die Konstit. des *1.4.1'.4'-Tetraoxo-5.8'-dihydroxy-7.6'-dimethyl-1.4.1'.4'-tetrahydrobinaphthyls-(2.2')* durch UV-, KMR- u. Massenspektrum wahrscheinlich gemacht. **I** gibt bei reduktiver Acetylierung ein *Leukohexaacetat* ($C_{34}H_{30}O_{12}$) u. beim Abbau des Dimethyläthers mit alkal. H_2O_2 *3-Methoxy-5-methylphthalsäureanhydrid.* F. Heller 2700

1227 **Reaktionen von Carbenen mit Diazoalkanen.** 4. Mitt. H. Reimlinger. (Chem. and Ind. **1966**, 1682 bis 1683; Union Carbide European Res. Associates, Brussels; engl.) — 3. vgl. C. **1965**, 35-0904. — Die Rk. von Diphenyldiazomethan (**I**) bzw. 9-Diazofluoren (**II**) mit dem aus Phenylchlormethyl- (**III**) bzw. Phenyldichlormethylsulfid (**IV**) gebildeten *Phenylmercaptocarben* bzw. *Phenylmercaptochlorcarben* wird untersucht. Durch Zutropfen von **III** in Cyclohexan zu **I** in Cyclohexan in Ggw. von K-tert.-Butylat bei 0–5° u. Zers. von restlichem **I** mit Säure wird neben *1.2-Bis-[phenylmercapto]-äthylen, Benzophenonazin* u. Spuren von *1.1-Diphenyl-2-phenylmercaptoäthan* (F. 76–78,5°) *1.1-Diphenyl-2-phenylmercaptoäthylen* (F. 71,5–73°) erhalten. **II** u. 2 Mol **III** liefern in analoger Rk. neben *Fluorenonazin* u. *cis-1.2-Bis-[phenylmercapto]-äthylen o.o'-Biphenylen-2.3-bis-[phenylmercapto]-cyclopropan* (F. 163–165°), wobei in geringen Mengen das Zwischenprod. *9-Phenylmercaptomethylenfluoren* nur bei Anwendung sehr verd. Lsg. isolierbar ist. **I** bzw. **II** liefern mit **IV** neben den entsprechenden *Azinen* u. *cis-1.2-Bis-[phenylmercapto]-1.2-dichloräthylen 1.1-Diphenyl-2-phenylmercapto-2-chloräthylen* (F. 98,5–100°) bzw. *9-[Phenylmercaptochlormethylen]-fluoren* (F. 134 bis 136°). — 2. vgl. C. **1968**, 2-0966. K. Stühmer 2750

1228 **Ozonolyse polycyclischer Aromaten.** 14. Mitt. **Ozonolyse von Pentaphen und Benzo-[rst]-pentaphen.** Emil J. Moriconi und Ludwig Salce. (J org. Chemistry **32** (1967) 9, 2829–37; Dep. of Chem., Fordham Univ., New York; engl.) — 13. vgl. C. **1968**, 21-1130. — Es wird der Umsatz von *Pentaphen* (**II**) mit äquimol. u. überschüssigen Mengen an O_3 beschrieben. Die Struktur der Ozonidspaltprod. wird durch Gegensynth. sowie durch IR- u. NMR-Spektren (Max., Signale u. Kopplungskonst. vgl. Orig.) gesichert. Angaben über cancerogene Wrkg. der Polycyclen vgl. Original.

Versuche: *5.8.13.14-Tetraoxo-5.8.13.14-tetrahydropentaphen*, F. 333–335°, aus 25 g 5.8-Dioxobenzo-[rst]-5.8-dihydropentaphen (**I**) u. CrO_3 in sd. Eisessig; 18,56 g (Ausb.). — *Pentaphen* (**II**), F. 262–263° (Bzl.), aus Al in sd. Cyclohexanol in Ggw. von $CCl_4/HgCl_2$ u. 15 g vorst. Verb. sowie Versetzen des Rohprod. mit 5%ig. NaOH u. $NaHSO_3$; 8,61 g. — *Benzo-[rst]-pentaphen* (**IV**), F. 280–281° (Toluol), aus 27 g **I** u. Zn in W. in Ggw. von $NaCl/ZnCl_2$ bei 310–315° sowie Eintragen in verd. HCl; 12,42 g. — *2.2'-Binaphthyl-3.3'-dicarbonsäure*, $C_{22}H_{14}O_4$, F. 307–309° (A.), a) aus 1,4 g **II** u. äquimol. Menge O_3 in CH_2Cl_2 bei –78° sowie Umsatz mit 30%ig. H_2O_2 in 10%ig. NaOH; 0,275 g; daneben 0,234 g **III** u. 0,017 g Phthalsäure; b) aus 9,35 g 2-Amino-3-carboxynaphthalin in sd. Na_2CO_3-Lsg., Diazotierung u. Verkochen in Ggw. von Cu_2O; 6,05 g; c) aus 0,31 g **III** u. CrO_3 in Aceton in Ggw. von H_2SO_4; 0,018 g. — *2.2'-Dinaphthyl-3.3'-dialdehyd* (**III**), $C_{22}H_{14}O_2$, F. 203 bis 205° (Ae.), a) analog vorst. Verb. durch Umsatz des Ozonidansatzes mit NaJ in Eisessig; 0,391 g; b) aus 100 mg **VI** in sd. wss. Methanol u. $NaJO_4$; 0,034 g. — *2.2'.4.4'.5.5'-Hexacarboxybiphenyl*, $C_{18}H_{10}O_{12}$, F. 332 bis 334° (W.), analog vorvorst. Verb. nach a) mit O_3-Überschuß; 1,2 g; daneben 0,071 g *Phthalsäureanhydrid* (**V**). *Hexamethylester*, $C_{24}H_{22}O_{12}$, F. 211–212° (Methanol), a) aus 1,5 g **VII** in sd. DMF in Ggw. von aktiv. Cu; 0,17 g; b) aus 0,209 g der Stammverb. u. CH_2N_2 in Ae./abs. A.; 0,17 g. — *2-[o-Carboxyphenyl]-phenanthren-1.10-dicarbonsäure. Anhydrid*, $C_{22}H_{12}O_5$, F. 282–286°, aus 0,912 g **IV** u. O_3 in CH_2Cl_2 bei –78° sowie Umsatz mit 30%ig. H_2O_2 in 10%ig. NaOH u. Aufarbeitung über das *Acetonat* ($C_{22}H_{12}O_5 \cdot C_3H_6O$, F. 160–170°, 180–200° u. 282 bis 286° (Aceton); 0,521 g) durch Erhitzen auf 180°; daneben 1,45 g *p-Terphenyl-2.2'.3'.2''-tetracarbonsäure-2'.3'-anhydrid* [F. 305,5–308° (Acetonitril)], 0,134 g **I** [$C_{24}H_{12}O_2$, F. 381–383° (Bzl.)] u. 0,258 g **V**. *Trimethylester*, $C_{26}H_{20}O_8$, F. 132–134° (Ae./Hexan), aus 0,303 g des vorst. Acetonats u. methanol. HCl; 0,16 g. — *cis-6.7-Dihydroxy-6.7-dihydropentaphen* (**VI**), $C_{22}H_{16}O_2$, F. 234 bis 236°, aus 2,11 g **II** u. OsO_4 in Bzl. in Ggw. von Py. bei Raumtemp. über das Methanolat [$C_{22}H_{16}O_2 \cdot CH_4O$, F. 234–236° (Methanol); 0,522 g] durch Trocknen bei 110° über P_4P_{10}. *6.7-Diacetyl-deriv.*, $C_{26}H_{20}O_4$, F. 213–214° (Bzn.), aus 0,053 g **VI** in sd. Essigsäureanhydrid in Ggw. von Py.; 0,038 g. — *3-Hydroxymethyl-3'-carboxy-2.2'-binaphthyl. ε-Lacton*, $C_{22}H_{14}O_2$, F. 234–235°, aus 0,312 g **III** in sd. 10%ig. äthanol. NaOH sowie Ansäuern mit 6 n HCl über nachst. Verb. (0,293 g) durch Kochen in Bzl. in Ggw. von p-Toluolsulfonsäure; 0,186 g. — *3-Hydroxymethyl-3'-carboxy-2.2'-binaphthyl*, $C_{22}H_{16}O_3$, F. 150–165°, aus 111 mg vorst. Verb. u. 5%ig. NaOH in sd. A.; 89 mg. — *5-Brom-1.2.4-tricarboxybenzol*, $C_9H_5BrO_6$, F. 203 bis 208° (n-Hexan/Essigsäureäthylester), aus 10 g 5-Brom-1.2.4-trimethylbenzol u. $KMnO_4$ sowie Na_2CO_3 in sd. W.; 9,83 g. *Trimethylester* (**VII**), $C_{12}H_{11}BrO_6$, F. 49–51°, aus 2 g der Stammverb. u. CH_2N_2 in Ae.; 1,8 g. G. Westphal 2910△

1229 **Aromatische Kohlenwasserstoffe.** 31. Mitt. **Synthese von 1.2;3.4-Dibenzanthracenen.** V. R. Skvarčenko, V. A. Pučnova, Ž. I. Aksel'rod und R. Ja. Levina. (Ž. org. Chim. **2**, 1809–11, 1966; Moskva, Gos. univ. im. Lomonosova; russ.) — Addukte von β-Benzoylacrylsäuren mit 1.1'-Bicyclohexenyl werden durch Rk. mit Alkylmagnesiumbromiden in *2-[α-Hydroxybenzyl]-3.4;5.6-dicyclohexano-1.2.3.6-tetrahydrobenzoesäurelactone* übergeführt. Daraus erhält man durch Red. mit Zn in Ameisensäure u. abs. A. die entsprechenden Säuren, die beim Erhitzen mit P_2O_5 u. S zu *9-Alkyl-1.2;3.4-dibenzanthracenen* cyclisiert werden. — 36. vgl. C. **1968**, 53-0307.

Versuche: 3.4;5.6-Dicyclohexano-1.2.3.6-tetrahydrobenzoesäuren, durch 10std. Erhitzen von 1.1'-Bicyclohexenyl mit der entsprechenden β-Aroylacrylsäure in abs. A.: *2-Benzoyl-* (**I**), F. 246–257° (Äthylacetat); 50% (Ausb.). *Methylester*, $C_{23}H_{28}O_3$, F. 152 bis 153°; 96,3%. — *2-[p-Toluyl]-*, $C_{23}H_{28}O_3$, F. 202–204°; 57%. — 2-[α-Hydroxy-α-alkylbenzyl]-3.4;5.6-dicyclohexano-1.2.3.6-tetrahydrobenzoesäure-lactone: *-α-methyl-*, $C_{23}H_{28}O_2$, F. 162–163° (A.), durch 2std. Rk. von **I** in abs. Ae./abs. Bzl. mit CH_3MgJ; 10%. — *-α-äthyl-* (**II**), $C_{24}H_{30}O_2$, F. 150–151° (A.), analog mit C_2H_5MgBr; 61,5%. — *2-[α-Äthylbenzyl]-3.4;5.6-dicyclohexano-1.2.3.6-tetrahydrobenzoesäure*, $C_{24}H_{32}O_2$, F. 146° (wss. A.), durch 8std. Kochen von **II** mit Zn in 85%ig. Ameisensäure, Zugabe von W. u. 4std. Kochen; 11,5%. — *9-Äthyl-1.2;3.4-dibenzanthracen*, $C_{24}H_{18}$, F. 180–180,5° (Zers.), durch 1std. Erhitzen vorst. Verb. mit P_2O_5 u. S auf 210–320°; 12%. Renate Marquardt 2910

1230 **Brückenringverbindungen.** 6. Mitt. **Cyclisierung von 4-Acetyl-1-dialkylaminocyclohexenen-(1) zu 4-[Dialkylamino]-bicyclo-[2.2.2]-octanonen-(2).** Ken-ichi Morita und Tsuneo Kobayashi. (J. org. Chemistry **31**, 3106–08, 1966; Bas. Res. Labor., Toyo Rayon Comp., Ltd., Kamakura, Japan; engl.) — 4. vgl. C. **1967**, 33-1072. — Über die säurekatalysierte Cyclisierung von 4-Acetyl-1-dialkylaminocyclohexenen-(1) zu *4-[Dialkylamino]-bicyclo-[2.2.2]-octanonen-(2)* wird berichtet. pK_a-Werte vgl. Original.

Versuche: *4-Acetyl-4-methyl-1-morpholinocyclohexen-(1)*, $C_{13}H_{21}NO_2$, Kp.$_{1,5}$ 131–132°; n_D^{20} 1,5070. — *4-Acetyl-1-morpholino-cyclohexen-(1)*, $C_{12}H_{19}NO_2$, Kp.$_2$ 137 bis 138°, aus 4-Acetyl-cyclohexanon-(1) mit Morpholin; n_D^{20} 1,5190; 87,5% (Ausb.). — Bicyclo-[2.2.2]-octanone-(2), durch Cyclisierung entsprechender 4-Acetyl-1-dialkylaminocyclohexene-(1) mit Essigsäure oder p-Toluolsulfonsäure: *1-Methyl-4-morpholino-*, F. 64–66° (PAe./Ae.), aus vorvorst. Verb. mit Eisessig bei 180–205°; 71%. *Pikrat*, $C_{19}H_{24}N_4O_9$, F. 216–218° (abs. Methanol). — *4-Morpholino-*, F. 106–107° (Ae.); 82%. *Pikrat*,

$C_{18}H_{22}N_4O_9$, F. 207,9—209° (abs. Methanol). — *4-Piperidino-*, F. 58—64° (PAe.); 44%. *Pikrat*, $C_{19}H_{24}N_4O_8$, F. 199—200° (abs. Methanol). — *4-Pyrrolidino-*, F. 63—65° (PAe.); 55%. *Pikrat*, $C_{18}H_{22}N_4O_8$, F. 204,5—205,5° (abs. Methanol). — *1-Methyl-4-piperidino-*, F. 68° (PAe.); 90%. *Pikrat*, $C_{20}H_{26}N_4O_8$, F. 228—229° (Methanol). — *1-Methyl-4-pyrrolidino-*, F. 56—59° (PAe.); 61%. *Pikrat*, $C_{19}H_{24}N_4O_8$, F. 220° (abs. Methanol). — *1-Phenyl-4-morpholino-*, F. 164—165,5° (Ae.); 75%. *Pikrat*, $C_{24}H_{26} \cdot N_4O_9$, F. 228° (abs. Methanol). — *1-Phenyl-4-piperidino-*, F. 164—165° (Ae.); 62%. *Pikrat*, $C_{25}H_{28}N_4O_8$, F. 164 bis 165° (abs. Methanol). — 4-Morpholino-bicyclo-[2.2.2]-octane, durch Wolff-Kishner-Red. der entsprechenden vorst. Ketone: *Unsubstituiert*, $C_{12}H_{21}NO$, F. 78—79°. *Pikrat*, $C_{18}H_{24}N_4O_8$, F. 236—237° (abs. Methanol). — *1-Methyl-*, $C_{13}H_{23}NO$, F. 59,5—61°. *Pikrat*, $C_{19}H_{26}N_4O_8$, F. 219,5—220° (abs. Methanol). — *1-Phenyl-*, $C_{18}H_{25}NO$, F. 171—172°. *Pikrat*, $C_{26}H_{28}N_4O_8$, F. 233 bis 236° (abs. Methanol). W. Hampel 2950△

C–3. Heterocyclische Verbindungen

1231 **Azetidinenamine.** Teng-Yueh Chen, Hiroshi Kato und Masaki Ohta. (Bull. chem. Soc. Japan **39**, 1618, 1966; Labor. of Organ. Chem., Tokyo Inst. of Techn., Ookayama, Meguro-ku, Tokyo; engl.) — Azetidin reagiert mit Acetylenderiv. oder Acetessigester sowie Cyclopentanon u. Cyclohexanon in exothermer Rk. unter Bldg. von *Azetidinenaminen*. Stärker saure Ketone wie Benzoylessigsäureäthylester, Dibenzoylmethan oder Acetylaceton ergeben einen Nd., der wahrscheinlich ein Azetidiniumsalz darstellt. Kondens.-Prod. konnten dabei nicht isoliert werden. Die Max. der IR- u. KMR-Spektren der Verb. vgl. Original.

Versuche: *α-[Azetidinyl-(1)]-maleinsäuredimethylester*, F. 66,5—67°, aus Acetylendicarbonsäuredimethylester. — *trans-β-[Azetidinyl-(1)]-acrylsäuremethylester*, F. 46,5—47°, aus Propiolsäuremethylester. — *3-[Azetidinyl-(1)]-buten-(2)-säuremethylester*, $Kp._2$ 110—113°, aus Acetessigsäureäthylester; n_D^{25} 1,5068. — *1-[Azetidinyl-(1)]-cyclopenten-(1)*, $Kp._{15}$ 60—66°, aus Cyclopentanon; n_D^{25} 1,4835. — *1-[Azetidinyl-(1)]-cyclohexen-(1)*, $Kp._4$ 51—53°, aus Cyclohexanon; n_D^{25} 1,4840. W. Hampel 3030△

1232 **Infrarotspektren von Sulfonamidderivaten.** 2. Mitt. **Thiophen-, Thiadiazol- und Isoxazolderivate.** Toyozo Uno, Katsunosuke Machida und Kazuhiko Hanai. (Chem. pharmac. Bull. [Tokyo] **14**, 756—62; 1966; Kyoto, Univ., Fac. of Pharmaceut. Sci.; engl.) — 1. vgl. C. **1967**, 8-0905. — Mit Hilfe der IR-Spektren wird die Amid–Imid-Tautomerie der *Sulfonamid-Deriv.* von *Thiadiazol* u. *Isoxazol* untersucht, wobei 2-Benzolsulfonamidothiophen (**I**) als Modellverb. für die Amidform dient. Aus den spektralen Veränderungen bei der N-Deuterierung u. dem spektralen Vgl. mit den entsprechenden Carbonsäureamiden zwischen 1650 u. 1500 cm^{-1} ergibt sich, daß *2-Sulfonamido-1.3.4-thiadiazole* in der *Imidoform*, *3-* u. *5-Sulfonamidoisoxazole* dagegen in der *Amidoform* vorliegen (Festkörper). Bei den meisten Verb. liegen die Frequenzen der symm. Valenzschwingungen von SO_2 in der Imidoform tiefer als in der Amidoform. Die Banden sind teilweise tabellar. angegeben; IR-Spektren von **I**—**IV** u. ihren *N-deuterierten Deriv.* sind abgebildet.

Versuche: *2-Nitrothiophen*, F. 42—43,5°, durch Nitrieren von 28 g Thiophen in Acetanhydrid (**V**) mit HNO_3 (D. 1,52) in Eisessig; Nadeln aus PAe.; 39,2 g (Ausb.). — *2-Aminothiophen, Hydrochlorid, $SnCl_4$-Addukt* (**VI**), durch Red. von 13 g vorst. Verb. mit Sn u. HCl; 18,6 g. — *2-Benzolsulfonamidothiophen* (**I**), $C_{10}H_9NO_2S_2$, F. 84,5—85°, durch Zugabe von Benzolsulfochlorid in Ae. zu 6 g **VI** in W., Einrühren von 40%ig. NaOH bei 0° u. Ansäuern mit HCl; Nadeln aus CCl_4; 1,3 g. — *5-Methyl-2-benzolsulfonamido-1.3.4-thiadiazol* (**II**), $C_9H_9N_3O_2S_2$, F. 179,5—180,5° (40%ig. A.), analog. — 5-Methylisoxazole: *3-Methansulfonamido-*, $C_5H_8N_2O_3S$, F. 130,5 bis 131,5° (Bzl.), analog. — *3-Benzolsulfonamido-* (**III**), $C_{10}H_{10}N_2O_3S$, F. 112,5° (Isopropanol). — *3.4-Dimethyl-5-benzolsulfonamidoisoxazol* (**IV**), $C_{11}H_{12}N_2O_3S$, F. 157,5 bis 158,5° (Zers.; Bzl.). — *1-Acetylaminothiophen*, C_6H_7NOS, F. 160,5—161° (Bzl.), durch Zugabe von **V** in Ae. zu 9 g **VI** in W. bei 0°, Einrühren von 50%ig. NaOH bei 0° u. Neutralisieren des Filtrats mit HCl; 3,7 g. — *2-Benzoylaminothiophen*, $C_{11}H_9NOS$, F. 174,5—175° (Bzl.), durch Zutropfen von Benzoylchlorid u. ca. 16%ig. NaOH zu 9 g **VI** in W. u. Ae. unter Rühren bei 0° u. Eindampfen der äther. Phase; 2,5 g. — *2-Acetylaminothiazol*, $C_5H_6N_2OS$, F. 204—205° (Subl.), analog. — *2-Benzoylaminothiazol*, $C_{10}H_8N_2OS$, F. 152—153° (A.). — 5-Methyl-1.3.4-thiadiazole: *2-Acetylamino-*, $C_5H_7N_3OS$, F. 297—297,5° (Zers.; A.), analog. — *2-Benzoylamino-*, $C_{10}H_9N_3OS$, F. 245—246° (A.). — 5-Methylisoxazole: *3-Acetylamino-*, $C_6H_8N_2O_2$, F. 179,5—181° (A.). — *3-Benzoylamino-*, $C_{11}H_{10}N_2O_2$, F. 162—163° (Bzl.). — 3.4-Dimethylisoxazole: *5-Acetylamino-*, $C_7H_{10}N_2O_2$, F. 113 bis 113,5° (CCl_4). — *5-Benzoylamino-*, $C_{12}H_{12}N_2O_2$, F. 97 bis 97,5° (CCl_4). — *2-Acetylaminopyrimidin*, $C_6H_7N_3O$, F. 146—147° (Essigester). — *2-Benzoylaminopyrimidin*, $C_{11}H_9N_3O$, F. 140,5—141,5° (Bzl.), analog. — *N-Deuterierte Verb.*, durch H/D-Austausch der Amide mit D_2O in Dioxan oder Aceton. G. Fischer 3050△

1233 **Untersuchungen über Heteroaromatizität.** 1. Mitt. **Synthesen von Acylaziridin-Derivaten die den Furanring enthalten.** Tadashi Sasaki und Toshiyuki Yoshioka. (J. Soc. org. synth. Chem., Japan **25** (1967) 8, 658—64; Fac. of Engng., Nagoya Univ., Furocho, Chikusa-ku, Nagoya, Japan; jap.) — Durch Rk. der entsprechenden Acylchloride mit Aziridin (Äthylenimin) in Ggw. von Triäthylamin werden α-substituierte *β-[5-Nitrofuryl-(2)]-acrylsäure-aziridide* synthetisiert. Mit β-[Furyl-(2)]- (**VI**) u. β-[5-Nitro-furyl-(2)]-acrylsäure-aziridid (**IV**) werden Isomerisierungs- u. Ringöffnungs-Rk. durchgeführt. Auch Furan-2-carbonsäure-aziridid läßt sich therm. zu *2-[Furyl-(2)]-Δ^2-oxazolin* isomerisieren.

Versuche: *β-[5-Nitro-furyl-(2)]-acrylsäureaziridid* (**I**), F. 131—133° (Bzl.), durch langsames Zutropfen von 20 ml einer benzol. Lsg. die 1,5 ml Aziridin u. 3,8 ml Triäthylamin enthält zu einer Lsg. von 5 g β-[5-Nitrofuryl-(2)]-acrylsäurechlorid in 50 ml Bzl. unter Rühren bei 0—5°, je 1std. Rühren bei 0—5° bzw. bei Raumtemp., Absaugen von *Triäthylaminhydrochlorid* (F. 230—239°) u. Eindampfen bei vermindertem Druck; 85% (Ausb.) — Analog **I** werden dargestellt: *β-[5-Nitro-furyl-(2)]-α-phenyl-acrylsäure-aziridid*, F. 124—126°; 25%. — *β-[5-Nitro-furyl-(2)]-α-cyan-acrylsäure-aziridid*, F. > 300°; 61%. — *β-[5-Nitro-furyl-(2)]-α-[furyl-(2)]-acrylsäure-aziridid*, F. 76—78°; 65%. — *Polymeres der Zus.* **II**, Erweichung bei 76—83°, durch Zutropfen von 0,1 ml BF_3-Ätherat zu 0,5 g **I** in 20 ml Toluol bei —70° (→ gelber Nd.), Dekantieren, 3maliges Digerieren mit je 20 ml Bzl., Waschen mit 6 n HCl u. W., Lösen in Aceton u. Ausfällen mit Petroläther. — *Polymeres der Zus.* **III**, Erweichung bei 98—105°, durch Zutropfen von 0,5 ml Essigsäure unter Rühren zu 0,35 g **I** in 12 ml Bzl. bei 0°, 4wöchiges Stehen bei Raumtemp., Waschen des dunkelroten viscosen Prod. mit W., Lösen in Bzl., Trocknen, Eindampfen u. Liegenlassen bis zur Verfestigung. — *β-[5-Nitro-furyl-(2)]-acrylsäure-[β-brom-äthyl]-amid*, $C_9H_9 \cdot BrN_2O_4$, F. 139—141° (A.), durch Zutropfen einer Lsg. von 0,5 ml 47%ig. HBr in 5 ml Aceton zu 0,7 g **I** in 20 ml Aceton bei 0° unter Rühren, 1std. weiteres Rühren bei 0° u. Eindampfen des Filtrats bei vermindertem Druck; 98%. — *β-[5-Nitro-furyl-(2)]-acrylsäure-[β-chlor-äthyl]-amid*, $C_9H_9ClN_2O_4$, F. 145—147° (Methanol oder Bzl.), a) durch Zugabe von 0,2 g $AlCl_3$ in Aceton zu 0,4 g **I** in 20 ml Bzl., 4wöchiges Stehen bei Raumtemp., Schütteln mit 20 ml W. u. Eindampfen der Bzl.-Schicht bei vermindertem Druck; 64%; b) durch Zugabe von 0,2 g $AlCl_3$ in 4 ml Aceton zu 0,53 g **I** in 30 ml Bzl., 5 Min. langes Erhitzen auf 70°, Behandeln mit W. u. Aufarbeitung; 76%. — *2-{2-[5-Nitro-furyl-(2)]-vinyl}-Δ^2-oxazolin* (**IV**), $C_9H_8N_2O_4$, F. 137—139° (A.), a) durch 8std. Kochen von 0,78 g **I** mit 0,4 g p-Toluidin in 30 ml Bzl., Filtrieren, Eindampfen bei vermindertem Druck, Lösen in Chlf. u. Chromatographie an SiO_2; 5% (als Pikrat); b) durch 17std. Kochen von 0,63 g **I** mit 0,325 g NaJ in 40 ml Aceton; 74%; c) durch 12std. Kochen von 0,34 g **I** mit 0,41 g NaJ in 20 ml Acetonitril; 0,29 g (roh); d) durch 19std. Kochen von 0,41 g **I** mit 0,32 g NaJ in 20 ml Bzl.; 0,2 g (roh); e) durch 1tägige Einw. von 7 ml konz. H_2SO_4

auf 0,39 g **I** bei Raumtemp.; 5% (als Pikrat). *Pikrat*, $C_{15}H_{11}N_5O_{11}$, F. 180—182° (A.). — *N-[β-(p-Toluidino)-äthyl]-β-[5-nitro-furyl-(2)]-acrylsäureamid*, neben **IV** nach a); Öl. *Pikrat*, $C_{22}H_{20}N_6O_{11}$, F. 168—170° (Methanol); 15% (bezogen auf **I**). — *Verb.* **V**, $C_{25}H_{25}N_5O_8$, F. 227 bis 228° (A.), neben **IV** nach a); 11%. *Pikrat*, $C_{31}H_{28}N_8O_{15}$, F. 192° (A.). — *β-[Furyl-(2)]-acrylsäure-aziridid* (**VI**), durch 3std. Zutropfen einer äther. Lsg. aus 3,6 ml Aziridin u. 8,6 ml Triäthylamin zu 10 g β-[Furyl-(2)]-

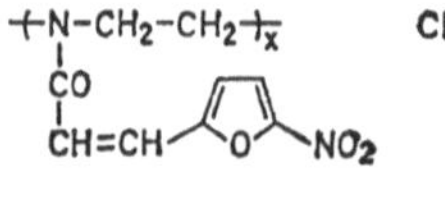
II

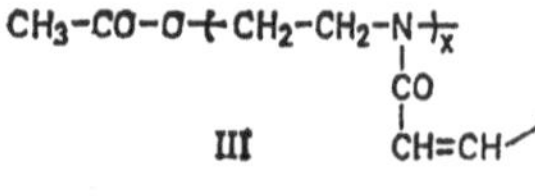
III

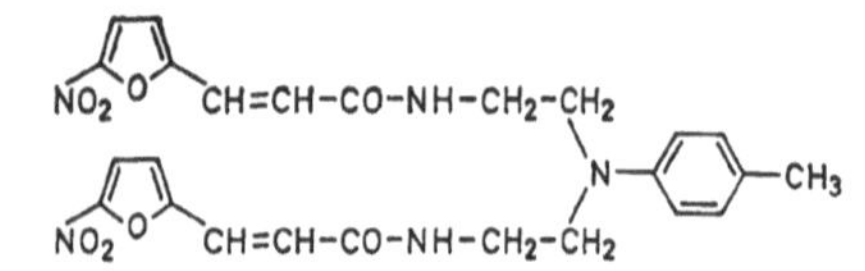
V

acrylsäurechlorid in 100 ml Ae. unter Rühren u. Eis-Kochsalz-Kühlung, Absaugen von *Triäthylaminhydrochlorid*, Eindampfen bei vermindertem Druck unter +5° u. Kühlen auf —20°. — *2-{2-[Furyl-(2)]-vinyl}-Δ^2-oxazolin*, Kp.$_2$ 126°, F. 96—97,5°, a) durch Dest. von **VI**; 59%; b) durch 8std. Kochen einer Lsg. von 0,1 g **VI** in 10 ml Toluol unter N_2; 50%; c) durch 8std. Kochen einer Lsg. von 0,257 g **VI** u. 0,19 g KSCN in 10 ml Aceton; 16% (als Pikrat); d) durch 4std. Kochen einer Lsg. von 0,52 g **VI** in 0,1 ml Tributylamin; 23,5%. *Pikrat*, $C_{15}H_{12}\cdot N_4O_9$, F. 188—189° (A.). — *Furan-2-carbonsäure-aziridid*, durch langsames Zutropfen von 25 ml einer benzol. Lsg. aus 3,5 ml Aziridin u. 8,5 ml Triäthylamin zu 7 g Furan-2-carbonsäurechlorid in 50 ml Bzl. unter Rühren bei 0—5°, 1std. weiteres Rühren bei 0—5°, Filtrieren, Eindampfen bei vermindertem Druck u. Kühlen auf —20°; Nadeln. — *2-[Furyl-(2)]-Δ^2-oxazolin*, $C_7H_7NO_2$, Kp.$_4$ 89—90°, F. 80—82°, durch Dest. vorst. Aziridids. *Pikrat*, F. 140—142°. L. Lamza 3061△

1234 **Chemie der Indenothiophene.** 1. Mitt. **8H-Indeno-[2.1:b]-thiophen.** D. W. H. MacDowell und Timothy B. Patrick. (J. org. Chemistry **32** (1967) 8, 2441—45; Dep. of Chem. W.Va. Univ., Morgantown, W.Va.; engl.) — Durch Rk. von [Indanyliden-(1)]-cyanessigsäureäthylester (**I**) mit S in Ggw. von Diäthylamin wurde *2-Amino-8H-indeno-[2.1:b]-thiophen-3-carbonsäureäthylester* erhalten, der sich weder verseifen noch diazotieren ließ. Kondens. von Phenylglyoxal (**II**) mit Thiodiglykolsäurediäthylester (**III**) u. Verseifung lieferten *3-Phenylthiophen-2.5-dicarbonsäure*, deren Chlorid mit $AlCl_3$ zu *8-Oxo-8H-indeno-[2.1:b]-thiophen-2-carbonsäure* (**IV**) cyclisiert wurde. Die Red. von **IV**-Methylester mit $NaBH_4$ gab den entsprechenden *8-Hydroxyester*, bei dessen Behandlung mit $SnCl_2$ u. HCl kein charakterisierbares Prod. erhalten werden konnte. Die Decarboxylierung von **IV** lieferte *8-Oxo-8H-indeno-[2.1:b]-thiophen* (**V**) u. dessen $NaBH_4$-Red. die entsprechende *8-Hydroxyverbindung*. Durch Wolff-Kishner-Red. von **V** wurde *8H-Indeno-[2.1:b]-thiophen* (**VI**) erhalten, das in besserer Ausb. direkt aus **IV** unter gleichzeitiger Decarboxylierung entstand. Die Metallierung von **VI** mit n-Butyl-Li erfolgte ausschließlich an der Methylengruppe, da bei der nachfolgenden Rk. mit CO_2 nur die *8-Carbonsäure* (**VII**) erhalten wurde. **VII** u. ihr *Methylester* wurden durch ihre NMR-Spektren charakterisiert. Die zum Vgl. vorgenommene Metallierung von 2-Benzylthiophen mit nachfolgender Rk. mit CO_2 ergab ausschließlich *2-Benzylthiophen-5-carbonsäure*.

Versuche: *2-Amino-8H-indeno-[2.1:b]-thiophen-3-carbonsäureäthylester*, $C_{14}H_{13}NO_2S$, F. 131—132° (Subl.), aus **I** mit S u. $(C_2H_5)NH$ in A.; UV, NMR, IR; 95% (Ausb.). *N-Acetylderiv.*, $C_{16}H_{15}NO_3S$, F. 188,5—189° (Subl.); IR, NMR; 100%. — *3-Phenylthiophen-2.5-dicarbonsäure*, $C_{12}H_8O_4S$, F. 296—297° (Zers.; Ae.-Hexan), aus **II** u. **III** mit $NaOC_2H_5$ in A.; UV, NMR, IR; 57%. *Dichlorid*, $C_{12}H_6Cl_2O_2S$, F. 137—138° (CCl_4), mit $SOCl_2$; 81%. — *8-Oxo-8H-indeno-[2.1:b]-thiophen-2-carbonsäure* (**IV**), $C_{12}H_6O_3S$, F. 245—247° (Zers.; Bzl.-Hexan), aus vorst. Dichlorid mit $AlCl_3$ in CS_2; UV, NMR, IR; 59%. *Methylester*, $C_{13}H_8O_3S$, F. 173—174,5° (Subl. bei 120 bis 150°/0,3 mm), mit CH_3OH u. konz. HCl; 68%. — *8-Hydroxy-8H-indeno-[2.1:b]-thiophen-2-carbonsäure-methylester*, $C_{13}H_{10}O_3S$, F. 147—148° (Subl. bei 130—140°/1 mm), aus vorst. Ester mit $NaBH_4$ in A.; UV, NMR, IR; 72%. — *8-Oxo-8H-indeno-[2.1:b]-thiophen* (**V**), $C_{11}H_6OS$, F. 109—110° (Subl. bei 90—100°/0,5 mm), aus **IV** mit Cu-Pulver u. Chinolin bei 220°; UV, NMR, IR; 51%. — *8H-Indeno-[2.1:b]-thiophen* (**VI**), $C_{11}H_8S$, F. 66—67° (Subl. bei 60°/1 mm), a) aus **IV** mit KOH, N_2H_4 u. Diäthylenglykol bei 200°; 64%; b) aus **V** mit N_2H_4 bei 200°; 10%; c) aus **V** analog a); 37%; UV, NMR, IR. — *8H-Indeno-[2.1:b]-thiophen-8-carbonsäure* (**VII**), $C_{12}H_8O_2S$, F. 205—206° (Zers.; Bzl.), aus **VI** mit n-C_4H_9Li in Ae. unter N_2, dann Rk. mit festem CO_2; IR, NMR; 70%. *Methylester*, $C_{13}H_{10}O_2S$, F. 79—80,5° (Hexan), mit CH_3OH u. konz. HCl; IR, NMR; 64%. — *2-Benzylthiophen*, Kp.$_{0,2}$ 81—84°, aus 2-Benzoylthiophen analog **VI** nach a); IR, NMR; 59%. — *2-Benzylthiophen-5-carbonsäure*, $C_{12}H_{10}O_2S$, F. 129—131° (Bzl.), aus vorst. Verb. analog **VII**; NMR, IR; 77%. I. Spaeth 3071

1235 **Enole in der Pyrrolidinreihe. Angriffsstelle und Stereoselektivität bei Reaktionen gewisser Aluminium- und Borhydride mit α,β-ungesättigten Ketonen und ihren enolischen Reduktionsprodukten.** Philip L. Southwick, Nazih Latif, Berenice M. Fitzgerald und Norbert M. Zaczek. (J. org. Chemistry **31**, 1—13, 1966; Pittsburgh, Pa., Carnegie Inst. of Technol., Dep. of Chem.; engl.) — Die Unters. der Einw. verschiedener Hydrid-Red.-Mittel u. Grignard-Reagentien auf die α,β-ungesätt. Ketonstruktur von 4-Benzyliden-2.3-dioxopyrrolidinen (**J**) führt zu folgenden Schlußfolgerungen: (1) Die prim. Rk. des Diborans greift an der olefin. Doppelbindung an u. führt (ebenso wie die katalyt. Hydrierung) zu *3-Hydroxy-4-benzyl-Δ^3-pyrrolinonen-(2)* (**K**). Zum Vgl. wird Chalkon sowohl mit Li-tri-tert.-butoxyaluminiumhydrid (**V**) als auch mit Diboran ebenfalls zu einem erheblichen Teil durch Angriff an der Olefinbindung zum gesätt. *Keton* reduziert. (2) Die prim. Rk. von **V**, $NaBH_4$, Phenyl-MgBr (**I**), Methyl-MgJ (**II**) u. wahrscheinlich $LiAlH_4$ greift am $C_{(3)}$-CO der **J** an u. führt zu *4-Benzyliden-3-hydroxy-2-oxo-* (**M**) bzw. *-3-hydroxypyrrolidinen*. Die **M** werden bei Raumtemp. mit NaOH, **V** oder $NaBH_4$ rasch zu **K** isomerisiert. Bei 0° ist diese Rk. zu langsam, um die Isolierung der durch Red. mit **V** oder $NaBH_4$ gebildeten **M** nennenswert zu beeinträchtigen. (4) **K** werden mit $LiAlH_4$ u. $NaBH_4$, nicht aber mit **V** oder Diboran reduziert. (5) Bei den Hydrid-Red. der **K** werden bevorzugt *trans-4-Benzyl-3-hydroxypyrrolidinone-(2)* gebildet. Die gleichen Stereoisomeren werden bei der Red. von 4-Benzyliden-3-hydroxypyrrolidinen mit $LiAlH_4$ bei hoher Temp. bevorzugt. — UV-, IR- u. KMR-Maxima sind teilweise angegeben.

Versuche (F. korr.): 4-Benzyliden-2.3-dioxopyrrolidine (**J**), aus 1-substituierten 4-Carbäthoxy-2.3-dioxopyrrolidinen u. aromat. Aldehyden in HCl u. A. (Meth. **A**): *1-Methyl-p-chlor-*, $C_{12}H_{10}ClNO_2$, F. 210 bis 212° (A.); 34% (Ausb.). — *1-Benzyl-p-chlor-*, $C_{18}H_{14}CNO_2$, F. 228—231° (A.); 58%. — *1-Phenäthyl-p-chlor-*, $C_{19}H_{16}\cdot ClNO_2$, F. 167—168° (A.); 37%. — *1-Cyclohexyl-p-chlor-*, $C_{17}H_{18}ClNO_2$, F. 198—200° (A.); 54%. — *1-Cyclohexyl-p-methoxy-*, $C_{18}H_{21}NO_3$, F. 187—188° (A.); 40%. — *1-Cyclohexyl-p-dimethylamino-*, $C_{19}H_{24}N_2O_2$, F. 228—229° (A.), a) nach **A**; 32%; b) analog a) in HCl; 67%. — 4-Benzyliden-3-hydroxy-2-oxopyrrolidine (**M**), aus **J** mit **I** bzw. **II** in Ae. oder Ae./Bzl. [Krist. aus Bzl./Skellysolve B (SKS-B), Bzl./Cyclohexan oder Bzl./Ae.]: *1-Cyclohexyl-3-phenyl-*, $C_{23}H_{25}NO_2$, F. 144—145°; 72%. — *1-Phenäthyl-3-phenyl-*, $C_{25}H_{23}NO_2$, F. 158—159°. — *1-Benzyl-3-phenyl-*, $C_{24}H_{21}NO_2$, F. 184—186°. — *1-Cyclohexyl-3-methyl-*, $C_{18}H_{23}NO_2$, F. 150—151°; 73%. — 4-Benzyl-3-hydroxy-Δ^3-pyrrolinone-(2) (**K**), a) durch Hydrieren von **J** in A. an PtO_2 u. Krist. aus A. (Meth. **B**); b) analog a) durch Hydrieren an 10%ig. Pd–$CaCO_3$ (Meth. **C**); c) durch

Isomerisieren von **M** in 40%ig. NaOH/A. (Meth. **D**): *1-Cyclohexyl-p-chlor-*, $C_{17}H_{20}ClNO_2$, F. 190—192° (Zers.), nach **B**; 59%. — *1-Phenäthyl-p-chlor-*, $C_{19}H_{18}ClNO_2$, F. 175—176° (Zers.), nach **B**; 45%. — *1-Cyclohexyl-p-methoxy-*, $C_{18}H_{23}NO_3$, F. 171—173° (Zers.), a) nach **C**; 80%; b) nach **D**; 80%. — *1-Cyclohexyl-p-dimethylamino-*, $C_{19}H_{26}N_2O_2$, F. 200—202° (Zers.), a) nach **C**; 74%; b) nach **D**; 90%. — *1-Cyclohexyl-* (**III**), $C_{17}H_{21}NO_2$, F. 196—197° (Zers.), a) durch Red. von 1-Cyclohexyl-4-benzyliden-2.3-dioxopyrrolidin (**IV**) mit **V** in Ae.; 92%; b) analog a) in THF; 74%; c) durch 10std. Red. von **IV** mit $NaBH_4$ in abs. Py.; 23% neben 27,5% **VII**; d) durch Red. von **IV** mit Diboran in THF; 58%; e) aus **VI** nach **D**; 80%; f) durch Isomerisieren von **VI** mit **V** in Ae.; 75%. — (3R)-1-Cyclohexyl-4-benzyliden-3-hydroxy-2-oxopyrrolidine (**M**), durch Red. von **J** mit **V** in THF (Meth. E): *unsubstituiert* (**VI**), $C_{17}H_{21}NO_2$, F. 100—101° (Essigester), a) aus **IV** nach **E**; 87%; b) durch Red. von **IV** mit $NaBH_4$ in A.; 55%; c) analog b) in Diglyme; 44%. — *p-Methoxy-*, $C_{18}H_{23}NO_3$, F. 160—161° (Essigester), nach **E**; 93%. — *p-Dimethylamino-*, $C_{19}H_{26}\cdot N_2O_2$, F. 177—179° (Essigester), nach **E**; 56%. — trans-4-Benzyl-3-hydroxy-2-oxopyrrolidine (**L**), durch Red. von **J** mit $NaBH_4$ in A. u. Krist. aus n-Heptan oder n-Heptan/abs. A. (Meth. **F**): *1-Cyclohexyl-* (**VII**), $C_{17}H_{23}\cdot NO_2$, F. 128—130°, a) aus **IV** nach **F**; 72%; b) durch Red. von **IV** mit $NaBH_4$ in abs. Diglyme u. Zers. mit Propionaldehyd, dann W.; 83%; c) durch Red. des Na-Salzes von **III** mit $NaBH_4$ in abs. Diglyme; 67—89%; d) aus **III** nach **F**; 83%; e) durch Red. von **VI** in A. an 10%ig. Pd–$CaCO_3$; 74%. — *1-Methyl-p-chlor-*, $C_{12}H_{14}ClNO_2$, F. 132—133°, nach **F**; 65%. — *1-Cyclohexyl-p-methoxy-*, $C_{18}H_{25}NO_3$, F. 95—96°, nach **F**; 62%. — *1-Cyclohexyl-p-dimethylamino-*, $C_{19}H_{28}N_2O_2$, F. 132—134°, nach **F**; 70%. — cis-4-Benzyl-3-hydroxy-2-oxopyrrolidine (**N**), durch Hydrieren von **M** in A. an PtO_2 nach Adams u. Krist. aus A. (Meth. **G**): *1-Cyclohexyl-*, $C_{17}H_{23}\cdot NO_2$, F. 134—135°; 88%. — *1-Cyclohexyl-p-methoxy-*, $C_{18}H_{25}NO_3$, F. 138—139°; 80%. — *1-Cyclohexyl-p-dimethylamino-*, $C_{19}H_{28}N_2O_2$, F. 163—164°; 73%. — *cis-1-Cyclohexyl-4-cyclohexylmethyl-3-hydroxy-2-oxopyrrolidin* (**VIII**), $C_{17}H_{29}NO_2$, F. 161—162°, nach **G** aus **X**; 88%. *trans-Verb.* (**IX**), $C_{17}H_{29}NO_2$, F. 138—139°, nach **G** aus **VII**; 88%. — (3R)-4-Benzyliden-3-hydroxypyrrolidine, durch Red. von **J** mit $LiAlH_4$ in abs. Ae.; *1-Cyclohexyl-* (**X**), $C_{17}H_{23}NO$, F. 131—133° (n-Heptan); 59%. — *1-Methyl-*, $C_{12}H_{15}NO$, F. 109—110° (n-Hexan); 24%. — *1-Phenäthyl-*, $C_{19}H_{21}NO$, F. 141—142° (n-Heptan); 38%. — *1-Benzyl-*, $C_{18}H_{19}NO$, F. 99—101° (n-Hexan); 42%. — *1-Cyclohexyl-p-chlor-*, $C_{17}H_{22}ClNO$, F. 151—152° (n-Heptan); 45,5%. — *1-Methyl-p-chlor-, p-Toluolsulfonat*, $C_{19}H_{22}ClNO_4S$, F. 177—179° (abs. A.); 38%. — *1-Phenäthyl-p-chlor-*, $C_{19}H_{20}ClNO$, F. 88—90° (n-Hexan); 51%. — *1-Benzyl-p-chlor-, p-Toluolsulfonat*, $C_{25}H_{26}ClNO_4S$, F. 195—197° (abs. A.); 70%. — *1-Cyclohexyl-p-methoxy-*, $C_{18}H_{25}NO_2$, F. 126—127° (abs. Essigester); 71%. — *1-Cyclohexyl-p-dimethylamino-*, $C_{19}H_{28}\cdot N_2O$, F. 159—160° (abs. Essigester); 52%. — trans-4-Benzyl-3-hydroxypyrrolidine, durch Red. von **J** (oder **L**) mit $LiAlH_4$ in abs. Ae. oder Di-n-butyläther (Meth. **H**): *1-Cyclohexyl-*, $C_{17}H_{25}NO$, F. 94—95°, a) nach **H** aus **IV**; 56%; b) nach **H** aus **X**; 85%; c) durch Red. von **III** mit $LiAlH_4$ in Ae.; 44%; d) durch Red. von **XII** mit $LiAlH_4$ in Ae.; 50%. — *1-Methyl-, p-Toluolsulfonat*, $C_{19}H_{25}NO_4S$, F. 131—133° (abs. A. oder abs. A./Essigester); 29%. — *1-Phenäthyl-, p-Toluolsulfonat*, $C_{26}H_{31}\cdot NO_4S$, F. 134—135°; 55%. — *1-Benzyl-, p-Toluolsulfonat*, $C_{25}H_{29}NO_4S$, F. 132—134°; 63%. — *1-Cyclohexyl-p-methoxy-*, $C_{18}H_{27}NO_2$, F. 110° (n-Heptan/Aceton), a) nach **H** aus **J**; 76%; b) nach **H** aus **L**; 70%. — *1-Cyclohexyl-p-dimethylamino-*, $C_{19}H_{30}N_2O$, F. 129—131° (Essigester), a) nach **H** aus **J**; 19%; b) nach **H** aus **L**; 81%. — *1-Methyl-p-chlor-, p-Toluolsulfonat*, $C_{19}H_{24}ClNO_4S$, F. 171 bis 172° (Heptan/abs. A.), nach **H** aus **L**; 70%. — *1-Benzyl-p-chlor-, p-Toluolsulfonat*, $C_{25}H_{28}ClNO_4S$, F. 196—198°; 20%. — cis-1-Cyclohexyl-4-benzyl-3-hydroxypyrrolidine, nach **H** aus **N**: *Unsubstituiert*, $C_{17}H_{25}NO$, F. 100—101° (SKS-B); 91%. — *p-Methoxy-*, $C_{18}H_{27}NO_2$, F. 79—80° (SKS-B); 71%. — *p-Dimethylamino-*, $C_{19}H_{30}\cdot N_2O$, F. 99—101° (SKS-B); 88%. — *cis-1-Cyclohexyl-4-cyclohexylmethyl-3-hydroxypyrrolidin*, $C_{17}H_{31}NO$, F. 121 bis 122° (SKS-B), nach **H** aus **VIII**; 81%. *trans-Verb.*, $C_{17}H_{31}NO$, F. 100—101° (SKS-B), nach **H** aus **IX**; 87%. — *1.3-Diphenylpropanon-(1)*, F. 69—71° (abs. A.), a) durch Red. von 0,02 Mol Chalkon mit 0,04 Mol **V** in THF; 44% neben 49% *1.3-Diphenylpropen-(2)-ol-(1)* (**XI**); b) analog a) durch Red. von 0,01 Mol Chalkon mit 0,0165 Mol **V**; 48% neben ca. 30% **XI**; c) durch Red. von Chalkon mit Diboran in THF; 29%. *DNP*, F. 182—186°. *Oxim*, F. 79—81°. — 1-Cyclohexyl-3-äthoxycarbonyloxy-2-oxo-Δ^3-pyrroline, aus **K** u. Chlorameisensäureäthylester in $CHCl_3$ in Ggw. von Triäthylamin: *4-Benzyl-* (**XII**), $C_{20}H_{25}NO_4$, F. 95—96° (n-Hexan); 80%. — *4-p-Chlorbenzyl-*, $C_{20}H_{24}ClNO_4$, F. 89—91° (n-Hexan); 75%. G. Fischer 3081△

1236 **Synthese von 1.4.5.8-Tetramethylporphyrin und 1.4.5.8-Tetramethyl-2.3.6.7-tetrabromporphyrin.** A. A. Chačatur'jan, R. P. Evstigneeva und N. A. Preobraženskij. (Ž. obšč. Chim. **36**(98), 808—10, 1966; Moskovskij inst. tonkoj chim. technol. im. Lomonosova; russ.) — Die Eigenkondens. von 2-Brommethyl-3-brom-4-methyl-5-carbäthoxypyrrol (**I**) in W. in Ggw. 48%ig. HBr liefert *4.4'-Dimethyl-3.3'-dibrom-5.5'-dicarbäthoxy-bis-[pyrryl-(2)]-methan* (**II**), dessen Verseifung *4.4'-Dimethyl-3.3'-dibrom-5.5'-dicarboxy-bis-[pyrryl-(2)]-methan* (**III**) ergibt. Bei der Hydrierung in alkal. wss.-alkohol. Lsg. an Skelett-Ni geht **II** in *4.4'-Dimethyl-5.5'-dicarboxy-bis-[pyrryl-(2)]-methan* (**IV**) über. Da die Reindarst. von **III** u. **IV** schwierig ist, werden sie mit CH_2N_2 in *4.4'-Dimethyl-3.3'-dibrom-5.5'-dicarbomethoxy-* (**V**) bzw. *4.4'-Dimethyl-5.5'-dicarbomethoxy-bis-[pyrryl-(2)]-methan* (**VI**) übergeführt. Durch Kondens. von **IV** in sd. Ameisensäure in Ggw. von Natriumformiat wird *1.4.5.8-Tetramethylporphyrin* (**VII**) dargestellt. Bei der analogen Kondens. von **III** erfolgt teilweise Bromabspaltung unter Bldg. eines Gemisches von Bromderiv. von **VII**, das durch nachfolgende Bromierung in *1.4.5.8-Tetramethyl-2.3.6.7-tetrabromporphyrin* übergeführt wird.

Versuche: Bis-[pyrryl-(2)]-methane: *4.4'-Dimethyl-3.3'-dibrom-5.5'-dicarbäthoxy-* (**II**), $C_{17}H_{20}Br_2\cdot N_2O_4$, F. 174,5—175° (A.), durch 2std. Kochen von **I** mit 48%ig. HBr in W.; 73% (Ausb.). — *4.4'-Dimethyl-3.3'-dibrom-5.5'-dicarboxy-* (**III**), durch 2std. Kochen von **II** in CH_3OH mit wss. KOH; 87%. — *4.4'-Dimethyl-3.3'-dibrom-5.5'-dicarbomethoxy-* (**V**), $C_{15}H_{16}Br_2N_2O_4$, F. 207,5 bis 208,5° (Zers.; CH_3OH), aus **III** mit CH_2N_2 in Ae.; 92,5%. — *4.4'-Dimethyl-5.5'-dicarboxy-* (**IV**), durch $2^1/_2$std. Erhitzen von **II** mit Skelett-Ni in wss. KOH. — *4.4'-Dimethyl-5.5'-dicarbomethoxy-* (**VI**), $C_{15}H_{18}N_2O_4$, F. 200—201,5° (Bzl.), analog **V** aus **IV**; 62,3%. — *1.4.5.8-Tetramethylporphyrin* (**VII**), $C_{24}H_{22}N_4$, F. > 300° ($CHCl_3$ + CH_3OH), durch Lösen von Natriumformiat in 85%ig. Ameisensäure, Erwärmen unter Schutzgas zum Sieden, Eintragen von **IV** (aus **II**), 2std. Kochen u. Chromatographieren über eine Al_2O_3-Säule, Eluieren mit Bzl.; 5,2% (bezogen auf **II**). — *1.4.5.8-Tetramethyl-2.3.6.7-tetrabromporphyrin*, $C_{24}H_{18}Br_4N_4$, durch Zugabe von 150 ml 85%ig. Ameisensäure zu 700 mg **III**, 3std. Kochen, Aufarbeitung analog **VII** u. nachfolgendes Bromieren des Rk.-Prod. in $CHCl_3$; 17,8 mg. V. Hagen 3081△

1237 **6-Trifluormethylindol.** A. Kalir und Z. Pelah. (Israel J. Chem. **4**, 155—59, 1966; Israel Inst. for Biological Res. Ness-Ziona; engl.)

Versuche: *2-Nitro-4-trifluormethylchlorbenzol*, durch Zugabe von 4-Trifluormethylchlorbenzol zu HNO_3 u. H_2SO_4 bei 55—60° unter Rühren, 0,5std. Rühren bei 60—65° u. Gießen auf Eis; 97% (Ausb.). — *α-Cyan-2-nitro-4-trifluormethylphenylessigsäure, Äthylester*, $C_{12}H_9\cdot F_3N_2O_4$, F. 61—62° (Methanol), durch Erhitzen vorst. Verb. mit DMF u. K_2CO_3 auf 154°, Zugabe von Cyanessigsäureäthylester bei 110—120°, 3std. Rühren u. Gießen in W.; 70—78%. *Methylester*, $C_{11}H_7F_3N_2O_4$, F. 101—102° (Methanol). — *2-Nitro-4-trifluormethylbenzylcyanid*, $C_9H_5F_3\cdot N_2O_2$, F. 37—38° (CH_2Cl_2), $Kp._{0,5}$ 134—138°, durch 12std. Kochen von 1 Mol vorst. Verb. mit 50%ig. Essigsäure u. H_2SO_4; daneben 8—10 g *2-Nitro-4-trifluormethylphenylessigsäure* [$C_9H_6F_3NO_4$, F. 146—148° (THF/PAe.). *Methylester* (**I**), $C_{10}H_8F_3NO_4$, F. 106,5—107,5° (Methanol), durch 3tägige Rk. der Säure mit methanol. H_2SO_4]. —

2-Amino-4-trifluormethylphenylessigsäuremethylester, $C_{10} \cdot H_{10}F_3NO_2$, F. 82–83° (PAe.), durch Lösen von I in A. u. Hydrierung an Pd–Kohle; 91%. — *6-Trifluormethylindol*, $C_9H_6F_3N$, F. 109–110°, durch Hydrieren vorvorst. Verb. in einer Parr-App. bei 4 atm H_2 in 90%ig. A. an Pd–Kohle, Filtrieren nach 20–30 Min., Konzentrieren, Kristallisieren aus Hexan u. Sublimieren; 67%. — *6-Trifluormethylindol-3-aldehyd*, $C_{10}H_6F_3NO$, F. 241–242° (A.), durch Rühren vorst. Verb. mit $POCl_3$ in DMF unter Kühlen, 2std. Rühren bei 36–38°, Gießen auf Eis u. Zugabe von NaOH; 98%. — *6-Trifluormethylindol-3-carbonsäure*, $C_{10}H_6F_3NO_2$, F. 218–220°, durch Ox. vorst. Verb. mit $KMnO_4$ in Aceton bei 38–40°; 70%.
P. Westermann 3081△

1238 **Imidacyanine mit schwach negativen Substituenten im Benzimidazolkern.** A. V. Stecenko und L. I. Fílileeva. (Ukrainskij chim. Ž. **32**, 853–56, 1966; Kievskij gos. univ. im. Ševčenko; russ.) — Folgende Verb. werden dargestellt (Angaben über Elektronenspektren vgl. Orig.): *1-Phenyl-2-methylbenzimidazoläthojodid* (**I**), $C_{16} \cdot H_{17}JN_2$, F. 210° (W.), aus dem entsprechenden Ätho-p-toluolsulfonat mit KJ; 87% (Ausb.). — *2-Amino-4'-fluordiphenylamin*, $C_{12}H_{11}FN_2$, F. 62–63°, durch Zugabe von 2-Nitro-4'-fluordiphenylamin in A. zu $SnCl_2$ in konz. HCl, 1std. Kochen, Eindampfen, Verdünnen mit W., Abkühlen, Filtrieren, Lösen des Nd. in heißem W., Aufarbeiten mit konz. HCl, Filtrieren, Lösen des Nd. in A., Aufarbeiten mit heißem 25%ig. NH_4OH, Filtrieren u. Verdünnen mit W.; 50%. — *1-[p-Fluorphenyl]-2-methylbenzimidazol* (**II**), $C_{14}H_{11}FN_2$, F. 77°, durch 1std. Kochen vorst. Verb. mit Acetanhydrid u. 4 n HCl u. Aufarbeiten mit NH_3; 55%. *Äthojodid* (**III**), $C_{16}H_{16}FJN_2$, F. 225 bis 226° (W.), durch 1std. Erhitzen der Base mit p-Toluolsulfonsäureäthylester auf 150° u. Aufarbeiten mit KJ in wss. Lsg.; 60%. — *2-Nitro-3'-fluordiphenylamin*, $C_{12}H_9 \cdot FN_2O_2$, F. 74° (A.), durch 15std. Erhitzen von o-Nitrobrombenzol mit m-Fluoranilin u. Na-Acetat auf 215°, Dest. mit W.-Dampf u. Aufarbeiten des Rückstandes mit konz. HCl; 40%. — *2-Amino-3'-fluordiphenylamin*, $C_{12}H_{11}FN_2$, F. 83° (wss. A.), durch 2std. Kochen vorst. Verb. mit Na_2S in A., Verdünnen mit W., Ansäuern mit HCl, Kochen u. Aufarbeiten des Filtrats mit NH_3; 55%. — *1-[m-Fluorphenyl]-2-methylbenzimidazol*, $C_{14}H_{11} \cdot FN_2$, F. 128–130° (A.), analog **II** aus vorst. Verb.; 44%. *Äthojodid*, $C_{16}H_{16}FJN_2$, F. 243° (W.); 56%. — *1-Phenyl-2-methyl-5-benzoylbenzimidazol*, $C_{21}H_{16}N_2O$, F. 104°, analog **II** aus 3-Amino-4-phenylaminobenzophenon; 72%. *Äthojodid* (**IV**), $C_{23}H_{21}JN_2O$, F. 161° (W.), durch 2std. Erhitzen der Base mit C_2H_5J in Nitrobenzol auf 140°;

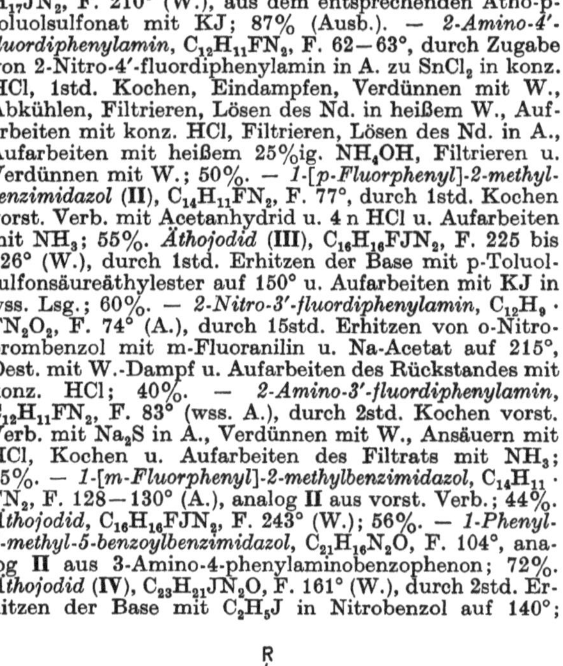

68,7%. — Verb. vom Typ **A** (krist. aus A.): R = *p-FC₆·H₄*, R¹ = R³ = *H*, R² = *C₂H₅*, Y = *N-C₆H₄F-p*, X = *J*, $C_{33}H_{29}F_2JN_4$, F. 186°, durch 1½std. Kochen von **III** mit Orthoameisensäureester in Nitrobenzol u. Fällen mit Ae. 26,5%. — Analog: R = *m-FC₆H₄*, R¹ = R³ = *H*, R² = *C₂H₅*, Y = *N-C₆H₄F-m*, X = J, $C_{33}H_{29}F_2JN_4$, F. 120°; 15,6%. — R = *C₆H₅*, R¹ = R³ = *C₆H₅CO*, R² = *C₂H₅*, Y = *N-C₆H₅*, X = *J*, $C_{47}H_{39}JN_4O_2$, F. 156°; 6,5%. — Verb. vom Typ **A** (R³ = H) (krist. aus A.): R = *C₆H₅*, R¹ = *C₆H₅CO*, R² = *CH₃*, Y = *C(CH₃)₂*, X = *J*, $C_{36}H_{34} \cdot JN_3O$, F. 234°, durch 1std. Kochen von **IV** mit 2-[β-Acetanilidovinyl]-3.3-dimethyl-3H-indolmethojodid, Acetanhydrid u. wenig Triäthylamin u. Fällen mit Ae.; 29,5%. — Analog: R = *CH₃*, R¹ = *H*, R² = *C₂H₅*, Y = *O*, X = *ClO₄*, $C_{22}H_{24}ClN_3O_5$, F. 230–231°; 12%. — R = *C₆H₅*, R¹ = *C₆H₅CO*, R² = *C₂H₅*, Y = *O*, X = *J*, $C_{34}H_{30}JN_3O_2$, F. 160°; 9,3%. — R = *C₆H₅*, R¹ = *H*, R² = *C₂H₅*, Y = *S*, X = *J*, $C_{27}H_{26}JN_3S$, F. 260–262°; 7,5%. — R = *p-FC₆H₄*, R¹ = *H*, R² = *C₂H₅*, Y = *S*, X = *J*, $C_{27}H_{25}FJN_3S$, F. 304–305°; 24,5%. — R = *m-FC₆H₄*, R¹ = H, R² = *C₂H₅*, Y = *S*, X = *J*, $C_{27}H_{25}FJN_3S$, F. 215 bis 217°; 8%. — R = *C₆H₅*, R¹ = *C₆H₅CO*, R² = *C₂H₅*, Y = *S*, X = *J*, $C_{34}H_{30}JN_3OS$, F. 293–294°; 35%. — R = *C₆H₅*, R¹ = *C₆H₅CO*, R² = *CH₃*, Y = *Se*, X = *J*, $C_{33}H_{28}JN_3OSe$, F. 264°; 23%. — R = *CH₃*, R¹ = *H*, R² = *C₂H₅*, Y = *CH=CH*, X = *ClO₄*, $C_{24}H_{26}ClN_3O_4$, F. 240°; 16%. — R = *C₆H₅*, R¹ = *H*, R² = *C₂H₅*, Y = *CH=CH*, X = *J*, $C_{29}H_{28}JN_3$, F. 220–222°; 2%. — R = *p-FC₆H₄*, R¹ = *H*, R² = *C₂H₅*, Y = *CH=CH*, X = *J*, $C_{29}H_{27}FJN_3$, F. 130–132°; 8%. — R = *m-FC₆H₄*, R¹ = *H*, R² = *C₂H₅*, Y = *CH=CH*, X = *J*, $C_{29}H_{27}FJN_3$, F. 132 bis 134°; 11,6%. — R = *C₆H₅*, R¹ = *C₆H₅CO*, R² = *C₂H₅*, Y = *CH=CH*, X = *J*, $C_{36}H_{32}JN_3O$, F. 282 bis 283°; 50%. — Verb. vom Typ **B** (krist. aus A.) analog: R = *C₆H₅*, R¹ = *H*, X = *J*, $C_{31}H_{28}JN_3S$, F. 210–212°; 3,5%. — R = *p-FC₆H₄*, R¹ = *H*, X = *J*, $C_{31}H_{27}FJN_3S$, F. 262–264°; 3,5%. — R = *C₆H₅*, R¹ = *C₆H₅CO*, X = *J*, $C_{38}H_{32}JN_3OS$, F. 304–305°; 16,5%. — *3-Phenyl-5-{β-[1-phenyl-3-äthylbenzimidazolinyliden-(2)]-äthyliden}-thiazolidinthion-(2)-on-(4)*, $C_{26}H_{21}N_3OS_2$, F. 224–225° (A.), durch 1std. Kochen von **I** mit 5-Acetanilidomethylen-3-phenylrhodanin in abs. Py. u. Fällen mit Ae.; 8,7%. — Analog: *3-Äthyl-5-{β-[1-phenyl-3-äthyl-5-benzoylbenzimidazolinyliden-(2)]-äthyliden}-thiazolidinthion-(2)-on-(4)*, $C_{29} \cdot H_{25}N_3O_2S_2$, F. 204–205° (A.); 42,7%. — *3-Phenyl-5-{β-[1-phenyl-3-äthyl-5-benzoylbenzimidazolinyliden-(2)]-äthyliden}-thiazolidinthion-(2)-on-(4)*, $C_{33}H_{25}N_3O_2S_2$, F. 274 bis 275° (A.); 37%.
H. Berger 3100△

1239 **Kondensation von 3-Äthyl-3.4-epoxypentin-(1) mit Ketonen im sauren und alkalischen Medium.** M. S. Malinovskij, A. G. Judasina, T. S. Skrodskaja und V. G. Larinova. (Ž. org. Chim. **2**, 2142–48, 1966; russ.) — Die Kondens. von 3-Äthyl-3.4-epoxypentin-(1) (**I**) mit Dialkyl- oder cycloaliphat. Ketonen in Ggw. von $FeCl_3$ liefert *2.2-Dialkyl-* (*bzw.* *2.2-Polymethylen-4-äthyl-4-äthinyl-5-methyl-1.3-dioxolane*. In Ggw. von KOH entstehen *1-[1-Hydroxyalkyl]-* oder *1-[1-Hydroxycycloalkyl]-3-äthyl-3.4-epoxypentine-(1)*, die in Ggw. von $FeCl_3$ mit Ketonen die entsprechend 2-substituierten *4-Äthyl-4-[3-hydroxyalkin-(1)-yl]-5-methyl-1.3-dioxolane* geben. Die gleichen Verb. wurden auch aus den entsprechenden 4-Äthinyl-1.3-dioxolanen durch Anlagerung an Ketone im alkal. Medium erhalten.

Versuche: 4-Äthyl-4-äthinyl-5-methyl-1.3-dioxolane: *2.2-Dimethyl-*, $C_{10}H_{16}O_2$, Kp.$_{80}$ 89–91°, durch Zutropfen von **I** in Aceton (**III**) zu **III** u. $FeCl_3$ bei < 40°; n_D^{20} 1,4410; D_4^{20} 0,9375; 73% (Ausb.). — Analog: *2.2-Diäthyl-* (**II**), $C_{12}H_{20}O_2$, Kp.$_{50}$ 101–103°; n_D^{20} 1,4475; D_4^{20} 0,9324; 49%. — *2.2-Dipropyl-*, $C_{14}H_{24}O_2$, Kp.$_{45}$ 128–129°; n_D^{20} 1,4510; D_4^{20} 0,9268; 36%. — *2.2-Dibutyl-*, $C_{16}H_{28}O_2$, Kp.$_{16}$ 122–123°; n_D^{20} 1,4522; D_4^{20} 0,9218; 21%. — *2.2-Tetramethylen-*, $C_{12}H_{18}O_2$, Kp.$_{80}$ 131–132°; n_D^{20} 1,4630; D_4^{20} 0,9754; 66%. — *2.2-Pentamethylen-*, $C_{13}H_{20}O_2$, Kp.$_{82}$ 142–143°; n_D^{20} 1,4695; D_4^{20} 0,9803; 62%. — 3-Äthyl-3.4-epoxypentine-(1): *1-[1-Hydroxyisopropyl]-*(**IV**), $C_{10}H_{16}O_2$, Kp.$_{35}$ 133–134°, aus **I**, **III** u. KOH in abs. Ae., 48 Std. Stehen; n_D^{20} 1,4591; D_4^{20} 0,9514; 62%. — Analog: *1-[3-Hydroxypentyl-(3)]-* $C_{12}H_{20}O_2$, Kp.$_{30}$ 147–148°; n_D^{20} 1,4623; D_4^{20} 0,9449; 65%. — *1-[4-Hydroxyheptyl-(4)]-*, $C_{14}H_{24}O_2$, Kp.$_{16}$ 146–147°; n_D^{20} 1,4640; D_4^{20} 0,9427; 48%. — *1-[5-Hydroxynonyl-(5)]-*, $C_{16}H_{28}O_2$, Kp.$_6$ 161 bis 162°; n_D^{20} 1,4645; D_4^{20} 0,9273; 25%. — *1-[1-Hydroxycyclohexyl]-*, $C_{13}H_{20}O_2$, Kp.$_{35}$ 172–173°; n_D^{20} 1,4902; D_4^{20} 1,0151; 65%. — *1-[1-Hydroxy-2-methylcyclohexyl]-*, $C_{14}H_{22}O_2$, Kp.$_{35}$ 173–174°; n_D^{20} 1,4870; D_4^{20} 0,9996; 21%. — 4-Äthyl-5-methyl-1.3-dioxolane: *2.2-Diäthyl-4-[3-hydroxy-3-methylbutin-(1)-yl]-*, $C_{15}H_{26}O_3$, Kp.$_{11}$ 137–138°, a) aus **II** u. **III** in Ggw. von KOH durch 10std. Stehen bei < 35° u. Dest.; n_D^{20} 1,4638; D_4^{20} 0,9809; 49%; b) aus **IV** u. Diäthylketon in Ggw. von $FeCl_3$ in Ae., 10 Std. bei Raumtemp.; n_D^{20} 1,4632; D_4^{20} 0,9802; 54%. — Analog: *2-Methyl-2-äthyl-4-[3-hydroxy-3-methylbutin-(1)-yl]-*, $C_{14}H_{24}O_3$, Kp.$_{20}$ 146–147°; n_D^{20} 1,4746; D_4^{20} 0,9774; a) 45%. — *2.2-Diäthyl-4-[3-*

hydroxy-3-äthylpentin-(1)-yl]-, $C_{17}H_{30}O_3$, Kp.$_{13}$ 153–154°; n_D^{20} 1,4722; D.$_4^{20}$ 0,9723; a) 37%, b) 49%. — *2-Methyl-2-äthyl-4-[3-hydroxy-3-propylhexin-(1)-yl]-*, $C_{18}H_{32}O_3$, Kp.$_{10}$ 154–155°; n_D^{20} 1,4700; D.$_4^{20}$ 0,9503; b) 56%. — *2.2-Dimethyl-4-[1-hydroxycyclohexyl]-äthinyl-*, $C_{16}H_{26}O_3$, Kp.$_{15}$ 157–158°; n_D^{20} 1,4830; D.$_4^{20}$ 1,0091; a) 46%, b) 64%. — *2.2-Diäthyl-4-[1-hydroxycyclohexyl]-äthinyl-*, $C_{18}H_{30}O_3$, Kp.$_9$ 160–161°; n_D^{20} 1,4867; D.$_4^{20}$ 1,0028. — *2.2-Dipropyl-4-[3-hydroxy-3-methylbutin-(1)-yl]-*, $C_{17}H_{30}O_3$, Kp.$_{12}$ 144–145°; n_D^{20} 1,4648; D.$_4^{20}$ 0,9912. — Analog folgende 4-Äthyl-5-methyl-1.3-dioxolan-2-spirocycloalkane: *4-[1-Hydroxy-2-methylcyclohexyl]-*, *-2-spirocyclopentan*, $C_{19}H_{30}O_3$, Kp.$_{15}$ 185–186°; n_D^{20} 1,4993; D.$_4^{20}$ 1,0432; a) 53%, b) 61%. — *4-[1-Hydroxycyclohexyl]-*, *-2-spirocyclopentan*, $C_{18}H_{28}O_3$, Kp.$_{12}$ 182 bis 184°; n_D^{20} 1,4989; D.$_4^{20}$ 1,0465; 51 bzw. 67%. — *4-[1-Hydroxycyclohexyl]-*, *-2-spirocyclohexan*, $C_{19}H_{30}O_3$, Kp.$_9$ 186–187°; n_D^{20} 1,5020; D.$_4^{20}$ 1,0460; 53 bzw. 60%.
N. Kucharczyk 3102△

1240 **Addition von Carbenen an Furane. 2. Mitt. Reaktion von Carbenen mit ungesättigten Carbonylverbindungen in Gegenwart von CuCl.** Yukio Noichi. (J. chem. Soc. Japan, pure Chem. Sect. [Nippon Kagaku Zasshi] 88 (1967) 5, 565–69; Takata Kogyo Co., Ltd., Amagasaki-shi, Japan; jap.) — 1. vgl. J. chem. Soc. Japan, ind. Chem. Sect. [Kagyo Kagaku Zasshi] **69**, 1491, 1966. — Furfural (**I**) gibt in Ggw. von CuCl mit Methyldiazoacetat (**II**) zwei Stereoisomere des *2.4-Difuryl-5-methoxycarbonyl-1.3-dioxolans* ($C_{13}H_{12}O_6$ · **IIIa**; F. 75–76°; **IIIb**; F. 65–66°). Mit Diazomethan (**IV**) entstehen aus **I** in Ggw. von CuCl je zwei Stereoisomere des *2.4-* (**Va** u. **Vb**;

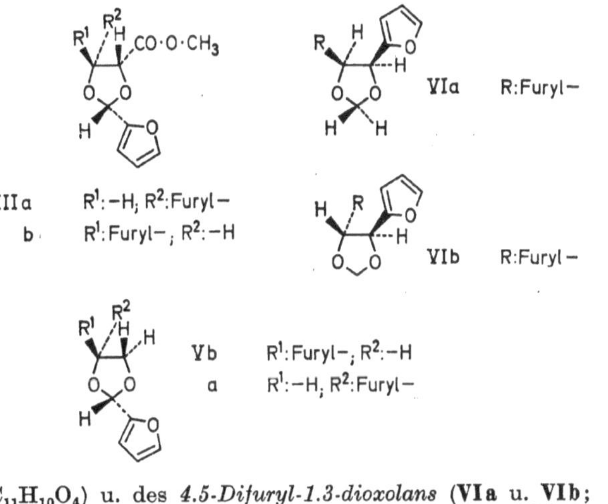

$C_{11}H_{10}O_4$) u. des *4.5-Difuryl-1.3-dioxolans* (**VIa** u. **VIb**; $C_{11}H_{10}O_4$) im Verhältnis 8:16:43:33. Aus Crotonaldehyd entstehen in Ggw. von CuCl mit **II** bzw. **IV** je zwei Stereoisomere des *2.4-Diallyl-1.3-dioxolans* ($C_9H_{14}O_2$) u. des *4.5-Diallyl-1.3-dioxolans* ($C_9H_{14}O_2$). Aus Benzaldehyd entstehen in Ggw. von CuCl mit **II** bzw. **IV** *2.4-* u. *4.5-Dibenzyl-1.3-dioxolane*. Der Bldg.-Mechanismus der Verb. wird diskutiert. R. Becker 3102△

1241 **Reaktionen von 3-Methyl-4H-benzo-1.4-thiazin-2-carbonsäureäthylester mit Hydrazinderivaten.** Yoshifumi Maki, Mikio Suzuki und Tomiyasu Yamada. (Chem. pharmac. Bull. [Tokyo] **14**, 770–72, 1966; Sakanoshita, Mitahora, Gifu, Coll. of Pharmacy; engl.) — Vf. untersuchen die von Graff u. Unger (1897) beschriebene Rk. von 3-Methyl-4H-benzo-1.4-thiazin-2-carbonsäureäthylester (**I**) mit Phenylhydrazin (**II**) zu *1-Phenyl-3-methyl-4-phenylazo-Δ²-pyrazolon-(5)*. **I**, das nach IR- u. KMR-spektroskop. Daten in der 4H-Form vorliegt, reagiert mit p-Chlor- (**III**) u. p-Nitrophenylhydrazin (**IV**), nicht aber mit p-Tolylhydrazin. Mit Hydrazinhydrat (**V**) entsteht *3-Methyl-4-[o-aminophenylmercapto]-Δ³-pyrazolon-(5)* bzw. bei längerem Erhitzen *3-Methyl-Δ³-pyrazolon-(5)* u. *2.2'-Diaminodiphenyldisulfid* (**VI**). Der Mechanismus der Rk. wird untersucht. UV-, IR u. KMR-Max. sind angegeben.

Versuche: *3-Methyl-4H-benzo-1.4-thiazin-2-carbonsäureäthylester* (**I**), F. 144–145°, durch ½std. Kochen von 3,8 g o-Aminothiophenol u. 5 g 2-Chloracetessigester in A. u. Gießen in W.; gelbe Platten aus Methanol; 4,6 g (Ausb.). — 1-Phenyl-3-methyl-4-phenylazo-Δ²-pyrazolone-(5): *Unsubstituiert*, F. 156–157°, durch 4std. Kochen von 0,3 g **I** u. 1 g **II** in A. u. Einengen im Vakuum; rote Nadeln aus Methanol; 0,15 g; daneben durch Eindampfen der Mutterlauge u. Chromatographie in $CHCl_3$ an SiO_2 *2.2'-Diaminodiphenyldisulfid* (**VI**; F. 93°). — *p.p'-Dichlor-*, $C_{16}H_{12}Cl_2N_4O$, F. 238,5–239°, analog aus **I** u. **III**; orangefarbene Nadeln aus Essigester. — *p.p'-Dinitro-*, $C_{16}H_{12}N_6O_5$, F. ca. 300°, aus **I** u. **IV**; orangefarbene Nadeln aus Essigester. — *3-Methyl-4-[o-aminophenylmercapto]-Δ³-pyrazolon-(5)*, $C_{10}H_{11}N_3OS$, F. 241–242°, durch ½std. Kochen von 1 g **I** u. 80%ig. **V** bei 60–70°, Einengen im Vakuum u. Gießen in W.; Prismen aus Methanol; 0,6 g. — *3-Methyl-Δ³-pyrazolon-(5)*, F. 224–225°, a) analog vorst. Verb. in 5 Std.; daneben **VI**; b) durch 5std. Kochen von 0,3 g vorst. Verb. u. 80%ig. **V** in A.; Nadeln aus A.; 0,18 g neben **VI**.
G. Fischer 3122△

1242 **Synthese von 2-Nitrobenzimidazol („Benzazomycin").** A. F. Požarskij, E. A. Zvezdina und A. M. Simonov. (Ž. org. Chim. **2**, 1900–01, 1966; Rostov na Dony, gos. univ.; russ.) — Bei Rk. von 1-Benzyl-2-aminobenzimidazol mit Na in fl. NH_3 bilden sich in Ggw. von O_2 *2-Nitrobenzimidazol* [$C_7H_5N_3O_2$, F. 258° (Zers.); 43% (Ausb.)] u. *2.2'-Azobenzimidazol* [F. > 350°; 55%], die sich auf Grund ihrer verschiedenen Acidität trennen lassen. Renate Marquardt 3122

1243 **Verbindungen mit potentieller antituberkulöser Aktivität.** 13. Mitt. **N-[Benzoxazolyl-(2)]-N'-phenylthioharnstoffe.** T. P. Syčevam, I. D. Kiseleva und M. N. Ščukina. (Chim. geterocikličeskich Soedinenij **1966**, 687–89; VNI chim.-farmacevt. inst. im. Ordzonikidze, Moskva; russ.) — Durch Rk. von 2-Aminobenzoxazolderiv. an Phenyl- u. p-Alkoxyphenylisothiocyanate werden nachst. N-[Benzoxazolyl-(2)]-N'-phenylthioharnstoffe dargestellt: *6-Äthoxy-4'-butoxy-*, $C_{20}H_{23}N_3O_3S$, F. 158–162° (A.), durch 34std. Erhitzen von 6-Äthoxy-2-aminobenzoxazol mit p-Butoxyphenylisothiocyanat in abs. Toluol auf 125°; 41% (Ausb.). — Analog: *Unsubstituiert*, $C_{14}H_{11}N_3OS$, F. 186–186,5° (A.), 25 Std. (Erhitzungsdauer); 53%. — *4'-Methoxy-*, $C_{15}H_{13}N_3O_2S$, F. 188–189° (Äthylacetat), 22 Std.; 56,9%. — *4'-Äthoxy-*, $C_{16}H_{15}N_3O_2S$, F. 179–180° (A.), 30 Std.; 33%. — *4'-Butoxy-*, $C_{18}H_{19}N_3O_2S$, F. 179–180° (A.), 20 Std.; 16%. — *6-Brom-*, $C_{14}H_{10}BrN_3OS$, F. 206–207° (Isobutanol), 28 Std.; 34%. — *6-Brom-4'-äthoxy-*, $C_{16}H_{14}BrN_3O_2S$, F. 209–211° (A.), 54 Std.; 35%. — *6-Äthoxy-*, $C_{16}H_{15}N_3O_2S$, F. 178,5–180° (A.), 52 Std.; 38%. — *6-Methoxy-*, $C_{15}H_{13}N_3O_2S$, F. 188,5–189,5° (A.), 15 Std.; 32,2%. H.-J. Graubaum 3132△

1244 **Synthese von 3-Phenyl- und 3-Phenyl-1-methylimidazo-[5.1:b]-benzoxazol.** T. P. Syčeva, I. D. Kiseleva und M. N. Ščukina. (Chim. geterocikličeskich Soedinenij **1966**, 690–93; VNI chim.-farmacevt. inst. im. Ordžonikidze, Moskva; russ.;) — Bei der Formylierung oder Acetylierung von 2-[α-Aminobenzyl]-benzoxazol (**I**) entstehen *2-[α-Formamidobenzyl]-* (**II**) u. *2-[α-Acetamidobenzyl]-benzoxazol* (**III**), die unter Einw. von $POCl_3$ zu *3-Phenyl-* u. *3-Phenyl-1-methylimidazo-[5.1:b]-benzoxazol* cyclisiert werden. — UV-Spektren sind angegeben.

Versuche: Benzoxazole: *2-[α-Aminobenzyl]-* (**I**), $C_{14}H_{12}N_2O$, F. 83,5–86° (PAe.), durch Zugabe von NH_4-Acetat, Zn u. wss. NH_3 zu 2-[α-Hydroxyiminobenzyl]-benzoxazol bei 60° u. Erhitzen auf 80° unter wiederholter Zugabe von Zn u. wss. NH_3; Nadeln; 67% (Ausb.). — *2-[α-Formamidobenzyl]-* (**II**), $C_{15}H_{12}N_2O_2$, F. 131–133° (wss. CH_3OH), durch 3½std. Erhitzen von **I** mit Äthylformiat auf 100°. — *2-[α-Acetamidobenzyl]-* (**III**), $C_{16}H_{14}N_2O_2$, F. 156,5–158° (wss. CH_3OH), durch 1½std. Erhitzen von **I** mit Eisessig u. Acetanhydrid auf 100°; Nadeln; ≈ 100%. — *3-Phenylimidazo-[5.1:b]-*, $C_{15}H_{10}N_2O$, F. 179,5–180,5° (CH_3OH), durch 6std. Kochen von **II** mit $POCl_3$ in abs. Bzl., Stehen über Nacht u. Eindampfen im Vakuum; 62,5%. — *3-Phenyl-1-methylimidazo-[5.1:b]-*, $C_{16}H_{12}N_2O$, F. 144,5–146,5° (50%ig. A.), durch ≈ 4std. Kochen von **III** mit $POCl_3$ in abs. Bzl.;

Nadeln; 88%. — *1-{α-[Benzoxazolyl-(2)]-benzyl}-3-phenylthioharnstoff, Butanol-Solvat,* $C_{21}H_{17}N_3OS \cdot C_4H_9OH$, F. 197,5—199° (Butanol), durch 4std. Kochen von I mit Phenylisothiocyanat in abs. Bzl.; gelblich; 85%. — *1-{α-[Benzoxazolyl-(2)]-benzyl}-3-[p-butoxyphenyl]-thioharnstoff,* $C_{25}H_{25}N_3O_2S$, F. 191—194° (50%ig. A.), analog vorst. Verb.; ≈ 100%. — *2-[α-Formamido-phenylacetamido]-phenol,* $C_{15}H_{14}N_2O_3$, Zers. 192,5° (wss. CH_3OH), durch 3std. Erhitzen von I mit 88%ig. HCOOH auf 100°; hell-rosafarbene Nadeln. H.-J. Graubaum 3132△

1245 **Peptide.** 23. Mitt. **Experimente über die Oxydation von Thiostrepton.** Moira A. Barton, G. W. Kenner und R. C. Sheppard. (J. chem. Soc. [London], Sect. C **1966,** 2115—19; Robert Robinson Labor., Univ. of Liverpool; engl.) — 21. vgl. C. **1969,** 6-1202 — Vf. untersuchen die Dehydrierung von *Thiostrepton* (I) mit MnO_2, wobei sich keine Hinweise auf das Vorhandensein eines Thiazolin-Systems im Antibioticum ergeben. Ox. von I mit Perameisensäure liefert *2-[1-Amino-2-carboxyäthyl]-thiazol-4-carbonsäure,* deren Struktur durch weitere Ox. zu *2-Carbamoylthiazol-4-carbonsäure* bzw. durch Red. zu *Asparaginsäure, Alanin* u. *Glycin* sichergestellt wird. IR-Maxima sowie NMR-Daten u. R_F-Werte vgl. Original.

Versuche: *2-[1-Amino-2-carboxyäthyl]-thiazol-4-carbonsäure,* $C_7H_8N_2O_4S$; F. 231—232° (W.), a) aus I u. MnO_2 in Dioxan u. nachfolgende Hydrolyse mit 11 n HCl bei 110°; daneben *Threonin, Alanin, Isoleucin, Thiostreptin, 2-Aminomethylthiazol-4-carbonsäure, Thiostreptonsäure* u. *Cysteinsäure;* b) aus 2 g I, 98%ig. Perameisensäure u. 30%ig. H_2O_2 bei Raumtamp. u. nachfolgende Hydrolyse mit 11 n HCl bei 110°; 113 mg (Ausb.). — *2-Carbamoylthiazol-4-carbonsäuremethylester,* F. 173 bis 178° ($CHCl_3$/PAe.), aus 68 mg vorst. Verb. u. 2%ig. $KMnO_4$ in 0,1 n NaOH bei Raumtemp. u. Rk. der erhaltenen *Säure* [9 mg] mit Diazomethan; 3 mg. — *2-Acetylthiazol-4-carbonsäure,* $C_6H_5NO_3S$, F. 193—195°, aus DL-2-[1-Aminoäthyl]-thiazol-4-carbonsäure–Hydrochlorid analog vorst. Meth.; 56%. — *Asparaginsäure,* aus vorvorst. Verb. u. Na in fl. NH_3 u. nachfolgende Hydrolyse mit 6 n HCl bei 110°; daneben *Glycin* u. *Alanin.*

K.-P. Hilgetag 3142△

1246 **Addition von Trialkylphosphiten an Acrolein.** B. A. Arbuzov, O. D. Zolova, V. S. Vinogradova und Ju. Ju. Samitov. (Doklady Akad. Nauk SSSR **173** (1967) 2, 335—38; Chim. inst. im. Butlerova pri Kazanskom gos. univ. im. Ul'janova-Lenina; russ.) — Folgende Verb. werden dargestellt (IR- u. NMR-Spektren vgl. Orig.): I (R = CH_3), $C_6H_{13}O_4P$, Kp.$_{10-2}$ 21—22°, durch

I 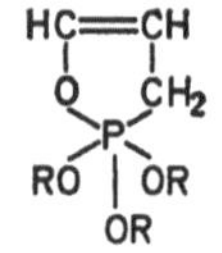

langsames Zusammengießen äquimol. Mengen an Acrolein u. Trimethylphosphit unter trockener Atmosphäre 24std. Stehen u. Dest. unter N_2; D_4^{20} 1,1713, n_D^{20} 1,4485; 24% (Ausb.). — I (R = C_2H_5), $C_9H_{19}O_4P$, Kp.$_{10-2}$ 48—50°, analog; D_4^{20} 1,0607, n_D^{20} 1,4352; 11%. — *β-[Di-O-methylphosphono]-propionaldehyddimethylacetal,* $C_7H_{17}O_5P$, Kp.$_{1,5}$ 114—115°, durch Zugabe von abs. CH_3OH zu vorvorst. Verb. unter trockener Atmosphäre bei < 44,5°; D_4^{20} 1,1465, n_D^{20} 1,4310. — *β-[Di-O-äthylphosphono]-propionaldehyddiäthylacetal,* $C_{11}H_{25}O_5P$, Kp.$_4$ 116—118°, analog; D_4^{20} 1,0344, n_D^{20} 1,4295. Hydrolyse mit 3%ig. HCl → freier Aldehyd. H. Berger 3142△

1247 **Chinoidstrukturen.** 7. Mitt. **Reaktion von Benzonitriloxid mit o-Chinonen.** William Ibrahim Awad, Sayed Mohamed Abdel, Rahman Omran und Michel Sobhy. (J. org. Chemistry **31,** 331—33, 1966; Cairo, A'in Shams Univ., Fac. of Sci., Chem. Dep.; engl.) — 6. vgl. C. **1964,** 28-0889. — Durch Umsetzung von o-Chinonen mit Benzonitril-N-oxid (I) entstehen unter Rk. einer Carbonylgruppe *1.3.4-Dioxazole,* aus o-Chinoniminen u. I *1.2.4-Oxadiazole.* Die dargestellten Prod. sind stabil gegenüber konz. H_2SO_4 u. reagieren nicht mit o-Phenylendiamin. Durch CrO_3-Ox. werden die entsprechenden *o-Chinone* zurückerhalten.

Versuche: *5'-Phenyl-1'.3'.4'-dioxazol-[2'-spiro-9]-phenanthron-(10),* $C_{21}H_{13}NO_3$, F. 178—180° (Bzl.), aus Phenanthrachinon u. I; 90% (Ausb.). *2.4-Dinitrophenylhydrazon,* $C_{27}H_{17}N_5O_6$, F. 304° (Bzl.). — *4'.5'-Dihydro-3'-phenyl-1'.2'.4'-oxadiazol-[5'-spiro-9]-phenanthron-(10),* $C_{21}H_{14}N_2O_2$, F. 156° (Bzl.), aus Phenathronchinonimin u. I; 80%. *2.4-Dinitrophenylhydrazon,* F. 190—192° (Bzl.). — *5'-Phenyl-1'.3'.4'-dioxazol-[2'-spiro-9(10)]-1.2-benzophenanthron-(10 bzw. 9)],* $C_{25}H_{15}NO_3$, F. 215° (Bzl.), aus Chrysenchinon u. I; 90%. *2.4-Dinitrophenylhydrazon,* $C_{31}H_{19}N_5O_6$, F. 192—194° (Bzl.). — *4'.5'-Dihydro-3'-phenyl-1'.2'.4'-oxadiazol-[5'-spiro-9(10)]-1.2-benzophenanthron-(10 bzw. 9),* $C_{25}H_{16}N_2O_2$, F. 201—205° (Toluol), aus 1 g Chrysenchinonimin u. I; 0,8 g. *2.4-Dinitrophenylhydrazon,* $C_{31}H_{20}N_6O_5$, F. 294° (Bzl.). G. Engler 3150△

1248 **Benzodiazine.** 6. Mitt. **Synthese von 2-substituierten 4-Hydrazinochinazolinen, 5-substituierten 1.2.4-Triazolo-[4.3:c]- und Tetrazolo-[1.5:c]-chinazolinen.** I. Ja. Postovskij, N. N. Vereščagina und S. L. Mercalov. (Chim. geterociklič eskich Soedinenij **1966,** 130—35; Ural'skij politechn. inst. im. Kirova, Sverdlovsk; russ.) — Die aus 4-Chlorchinazolinen (A) zugänglichen *4-Hydrazinochinazoline* (B) werden durch Orthoameisensäuretriäthylester (I) zu *1.2.4-Triazolo-[4.3:c]-chinazolinen* cyclisiert. Die Rk. der A mit NaN_3 in der Hitze führt zu *Tetrazolo-[1.5:c]-chinazolinen,* die zu den Chinazolinonen-(4) hydrolysiert werden. — 7. vgl. C. **1967,** 9-1132.

Versuche: *2-[γ-Pyridyl]-chinazolinon-(4),* $C_{13}H_9N_3O$, F. 250° (Dioxan), durch 1std. Erhitzen von Isonicotinsäurethioamid mit Anthranilsäure auf 150—160°; 37% (Ausb.). — 4-Chlorchinazoline (A; F. aus n-Heptan): *2-[γ-Pyridyl]-,* $C_{13}H_8ClN_3$, F. 164—166°, durch 4std. Kochen vorst. Verb. mit PCl_5 u. $POCl_3$; Blättchen; 80%. — *2-Methyl-* (II), F. 86—88°. — *2-Phenyl-,* F. 124 bis 126°. — *2-[α-Furyl]-,* $C_{12}H_7ClN_2O$, F. 122—124°. — 4-Hydrazinochinazoline (B), durch 2std. Rühren der A mit $N_2H_4 \cdot H_2O$ in Bzl.: *2-Methyl-,* $C_9H_{10}N_4$, F. 180 bis 182° ($CHCl_3$); 80%. — *2-Phenyl-,* $C_{14}H_{12}N_4$, F. 214 bis 215° ($CHCl_3$); 81%. — *2-[γ-Pyridyl]-,* $C_{13}H_{11}N_5$, F. 249—250° (Dioxan); 76%. — *2-[α-Furyl]-,* $C_{12}H_{10}N_4O$, F. 200—202° (A.); 97%. — *N.N'-Bis-[2-methylchinazolinyl-(4)]-hydrazin,* $C_{18}H_{16}N_6$, F. 280° (Isopropanol), aus II u. $N_2H_4 \cdot H_2O$ in A.; zitronengelbe Nadeln; 50%. — 1.2.4-Triazolo-[4.3:c]-chinazoline, durch 1std. Kochen der **B** mit **I** (F. aus A.): *5-Methyl-,* $C_{10}H_8N_4$, F. > 280°; 50%. — *5-Phenyl-,* $C_{15}H_{10}N_4$, F. 204—206°; 97%. — *5-[γ-Pyridyl]-,* $C_{14}H_9N_5$, F. 260—262°; 98%. — *5-[α-Furyl]-,* $C_{13}H_8N_4O$, F. 206—207°; 80%. — Tetrazolo-[1.5:c]-chinazoline (F. aus A.), a) durch Kochen der **A** mit NaN_3 in A.; b) durch Rk. der **B** mit $NaNO_2$ in verd. HCl bei 3—5°: *5-Methyl-,* $C_9H_7N_5$, F. 163 bis 165° [bei der Darst. nach b) fällt zunächst eine *Verb.* $C_9H_9N_5O$, F. 197—198° (A.), hellgelbe Prismen, an, die erst beim Erhitzen über den F. W. abspaltet]. — *5-Phenyl-,* $C_{14}H_9N_5$, F. 162—163°; 70%. — *5-[γ-Pyridyl]-,* $C_{13}H_8N_6$, F. 194—196°; 73%. — *5-[α-Furyl]-,* $C_{12}H_7N_5O$, F. 200—202°; 80%. — Chinazolinthione-(4): *2-Methyl-,* F. 217—218° (A.), durch 1std. Kochen von **II** mit Thioharnstoff. Lösen des erhaltenen *Isothiuroniumhydrochlorids* ($C_{10}H_{10}N_4S \cdot HCl$) in NaOH u. Ansäuern mit CH_3COOH — Analog: *2-Phenyl-,* $C_{14}H_{10}N_2S$, F. 216 bis 218° (A.); 63%. — *2-[γ-Pyridyl]-,* $C_{13}H_9N_3S$, F. 219 bis 220° (Dioxan); 85%. H.-E. Toussaint 3184

1249 **Halogenierung von 4-Hydroxyflavan.** B. J. Bolger, K. G. Marathe und E. M. Philbin. (Chem. and Ind. **1966,** 1304; Dep. of Chem., Univ. College, Belfield, Dublin, Ireland; engl.) — Durch Bromierung von 4β-Hydroxyflavan entsteht entgegen den Angaben von Fischer u. Gros [Z. Chem. **4** (1964) 3, 101] *4α.6-Dibromflavan* (F. 125°), dessen Behandlung mit Ag-Acetat *4α-Acetoxy-6-bromflavan* (F. 125—127°; im Original irrtümlich: *4α-Acetoxy-3-bromflavan.* Der Referent.) liefert. Dieses gibt durch Red. mit $NaBH_4$ *6-Brom-4α-hydroxyflavan,* welches durch Ox. in *6-Bromflanon-(4)* übergeht. R. Gnauck 3211△

1250 **Synthetisches Proanthocyanidin.** T. A. Geissman und N. N. Yoshimura. (Tetrahedron Letters [London]

1966, 2669–73; Los Angeles, Univ. of Calif.; engl.) — Durch Kondens. von 3'.4'.5.7-Tetramethoxyflavan-diol-(3.4) (I) u. Phloroglucin werden 2 epimere Verb. erhalten, deren eine durch Subl. des *Tetrakis-trimethylsilyläthers* rein abgetrennt wird. Das KMR-Spektrum macht dafür die Konstit. des *4-[2.4.6-Trihydroxyphenyl]-3'.4'.5.7-tetramethoxyflavanols-(3)* wahrscheinlich. Analog werden aus I u. (+)-Catechin 2 als Acetate chromatograph. trennbare *Verb.* $C_{42}H_{46}O_{14}$, *SD-1* (Zers. bei 122 bis 128°) u. *SD-2* (Zers. bei 138–146°) erhalten; für *SD-1-Diacetat* wird auf Grund des KMR-Spektrums die Konstit. des *3'.4'.5.7.3'''.4'''.5''.7''-Octamethoxy-3.3''-diacetoxybiflavanyls-(4.8'')* vorgeschlagen.
F. Heller 3211

1251 **Carboxylierung von β-Dicarbonylverbindungen durch Dicarbanionen. Cyclisierung zu 4-Hydroxy-pyronen-(2).** Thomas M. Harris und Constance M. Harris. (J. org. Chemistry **31,** 1032–35, 1966; Nashville, Tenn., Vanderbilt Univ., Dep. of Chem.; engl.) — Durch Rk. von CO_2 mit Di-Na-Verb. von β-Diketonen entstehen *β.γ-Dioxosäuren*, die durch HF zu *4-Hydroxy-pyronen-(2)* cyclisiert werden können.

Versuche: *5-Phenyl-3.5-dioxopentansäure*, F. 93 bis 94,5°, durch 30 Min. langes Rühren von Benzoylaceton mit einer Suspension von $NaNH_2$ in fl. NH_3, Dest., Zugabe von Ae. u. Trockeneis u. 45 Min. langes Rühren (Meth. **A**); 74%. — *6-Phenyl-4-hydroxy-2H-pyranon-(2)*, $C_{11}H_8O_3$, F. 254–256°, durch 24–48std. Stehen vorst. Dioxosäure in fl. HF bis zur völligen Verflüchtigung des HF (Meth. **B**); 89%. — *3.5-Dioxohexansäure*, $C_6H_8O_4$, F. 37,5–39° (Ae./Hexan), nach **A** aus Pentandion-(2.4); 44%. — *6-Methyl-4-hydroxy-2H-pyranon-(2)*, $C_6H_6O_3$, F. 186–187°, aus vorst. Verb. nach **B**; 90%. — *7-Phenyl-3.5-dioxoheptansäure*, $C_{13}H_{14}O_4$, F. 70–73° (Ae./Bzl./Hexan), aus 6-Phenylhexandion-(2.4) nach **A**; 48%. — *6-Phenäthyl-4-hydroxy-2H-pyranon-(2)*, $C_{13}H_{12}O_3$, F. 137,5 bis 138,5° (Ae.), aus vorst. Verb. nach **B**; 95%. — *7-Methyl-3.5-dioxo-octansäure*, $C_9H_{14}O_4$, aus 7-Methylheptandion-(2.4) nach **A**; Öl; 31%. — *6-Isobutyl-4-hydroxy-2H-pyranon-(2)*, $C_9H_{12}O_3$, F. 107–108°, aus vorst. Verb. nach **B**; 72%. — *7-Phenyl-3.5-dioxohepten-(6)-säure*, $C_{13}H_{12}O_4$, F. 107–108° (Ae./Hexan), aus 6-Phenylhexen-(5)-dion-(2.4) nach **A**; 52%. — *6-Styryl-4-hydroxy-2H-pyranon-(2)*, $C_{13}H_{10}O_3$, F. 242–245°, aus vorst. Verb. nach **B**; 86%. — *7.7-Diphenyl-3.5-dioxohepten-(6)-säure*, $C_{19}H_{16}O_4$, F. 89–90° (Bzl./Hexan), aus 6.6-Diphenylhexen-(5)-dion-(2.4) nach **A**; 41%. — *6-[2.2-Diphenylvinyl]-4-hydroxy-2H-pyranon-(2)*, $C_{19}H_{14}O_3$, F. 234–236°; aus vorst. Verb. nach **B**; 91%. — *Acetondicarbonsäuremonoäthylester*, $C_7H_{10}O_5$, F. 29,5–30,5°, aus Acetessigsäureäthylester nach **A**; 55%. — *3-[1-Hydroxynaphthyl-(2)]-3-oxopropionsäure*, $C_{13}H_{10}O_4$, F. 142 bis 143° (A.), aus 2-Acetyl-α-naphthol nach **A**; 61%. — *Naphtho-[1.2:b]-4-hydroxy-2H-pyranon-(2)*, $C_{13}H_8O_3$, F. 279–284°, aus vorst. Verb. nach **B**; 81%.
G. Ziebarth 3211△

1252 **Stereochemie von 3.4-Diamino-chromanen.** Ichiro Isaka, Kazuo Kubo, Mutsuo Takashima und Masuo Murakami. (J. pharmac. Soc. Japan [Yakugakuzasshi] 87 (1967) 12, 1556–59; Central Res. Labor., Yamanouchi Pharmaceut. Co., Ltd.; jap.) — Es wurden dargestellt: *Chromanon-(4)-oxim*, F. 138 bis 140° (A.), durch Zugeben einer Lsg. von 7 g Hydroxylamin-hydrochlorid u. 8,2 g Na-Acetat in 20 ml W. zu 12,1 g Chromanon-(4) in 60 ml Methanol u. Stehen über Nacht bei Raumtemp.; 12,3 g (Ausb.). *O-Tosylderiv.*, $C_{16}H_{15}NO_4S$, F. 112° (80%ig. A.), durch langsame Zugabe von 5 g p-Tosylchlorid zu einer Lsg. von 3,2 g des Oxims in 12 ml Py. < 5° unter Rühren, 2,5std. Rühren bei der gleichen Temp. u. Gießen auf Eis; 5,6 g. — *3-Amino-chromanon-(4)-hydrochlorid* (**I**), $C_9H_{10}ClNO_2$, F. 196° (Zers.; A.), durch Zutropfen einer K-Äthylat-Lsg. (aus 0,7 g K u. 30 ml A.) zu 5,4 g vorst. Tosylats in 20 ml Bzl. bei 0° unter Rühren, 6std. Rühren bei 0°, 2tägiges Aufbewahren im Kühlschrank, Filtrieren, Versetzen des Filtrats mit 100 ml A., 5maliges Extrahieren mit je 20 ml 2 n HCl u. Eindampfen bei vermindertem Druck; 3,1 g. — *Verb.* **II**, $C_{18}H_{14}N_2O_2$, F. 265° (Zers.; $CHCl_3$), durch Lösen von 1 g **I** in 10%ig. wss. $NaHCO_3$-Lsg. u. Stehen über Nacht bei Raumtemp.; 0,5 g. — *3-Ureido-chromanon-(4)*, $C_{10}H_{10}N_2O_3$, F. 186–187° (Zers.; wss. A.), durch Zugabe von 0,24 g KCNO in 1 ml W. zu 0,5 g **I** in 2 ml W., Einstellen auf pH 5–6 mit 2 n HCl u. 1std. Stehen bei Raumtemp.; 0,15 g. — *3-Acetamido-chromanon-(4)*, durch 1std. Kochen von 1 g **I** u. 0,5 g Na-Acetat in 5 ml Acetanhydrid u. Eindampfen bei vermindertem Druck; 1,1 g. *Oxim*, $C_{11}H_{12}N_2O_3$, F. 206° (20%ig. A.), durch 1std. Kochen des Ketons mit 0,7 g Hydroxylaminhydrochlorid u. 0,85 g Na-Acetat in 10 ml A. u. 3 ml W.;

II 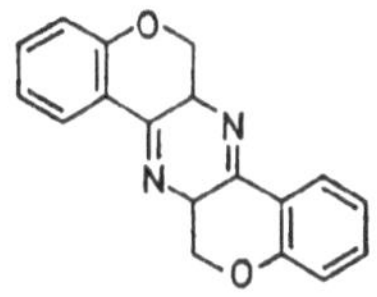

V 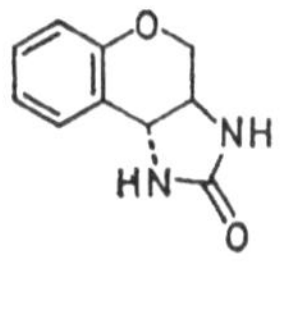

VI 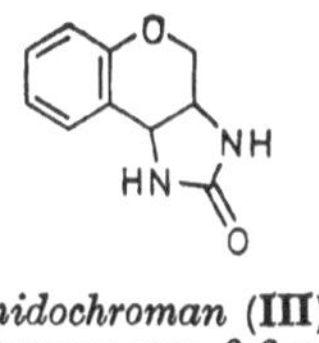

0,7 g. — *trans-3.4-Diacetamidochroman* (**III**), $C_{13}H_{16}N_2O_3$, F. 253° (W.), durch Hydrierung von 6,6 g vorst. Oxims in 100 ml A. u. 2 ml Essigsäure an 5 g 5%ig. Pd–Kohle bei 760 Torr u. 25° bis zur Aufnahme von 1400 ml H_2, Filtrieren, Eindampfen, 1std. Kochen des Rückstands mit 20 ml Acetanhydrid, Eindampfen u. Krist. aus W.; 1,5 g; daneben durch Eindampfen der Mutterlauge, Erwärmen des Rückstands (5,2 g) in 100 ml Essigester, Filtrieren u. Kühlen des Filtrats: *cis-3.4-Diacetamidochroman* (**IV**), $C_{13}H_{16}N_2O_3$, F. 216° (Essigester); 1,2 g. — *trans-2-Oxo-1.2.3.3a-4.9b-hexahydro-[1]-benzopyrano-[3.4:d]-imidazol* (**V**), $C_{10}H_{10}N_2O_2$, F. 258–260° (Zers.; A.), durch 2std. Kochen von 1 g **III** in 10 ml A. u. 5 ml konz. HCl, Eindampfen, Suspendieren in einer Lsg. von 1,7 g K_2CO_3 in 10 ml W. u. Einleiten von Phosgen unter Eiskühlung bis zum Umschlag von Thymolblau; 0,3 g. — *cis-2-Oxo-1.2.3.3a.4.9b-hexahydro-[1]-benzopyrano-[3.4:d]-imidazol* (**VI**), $C_{10}H_{10}N_2O_2$, F. 269–270° (Zers.; A.), analog **V** aus 1 g **IV**; 0,35 g. — *trans-3.4-Diamino-chroman-di-hydrochlorid*, $C_9H_{14}Cl_2N_2O$, F. 295–300° (Zers.; A.–Ae.), durch 0,5std. Kochen von 100 mg **V** in 0,1 n HCl unter N_2 u. Eindampfen bei vermindertem Druck; 70 mg. — *cis-3.4-Diamino-chroman-dihydrochlorid*, F. 269–270° (Zers.), durch 0,5std. Kochen von 100 mg **VI** in 0,1 n HCl u. Kühlen; 90 mg.
L. Lamza 3211△

1253 **Chemie der ungesättigten Äther. 23. Mitt. Diensynthese von 1-Alkoxydienen-(1.3) mit Aldehyden.** O. A. Savrygina und S. M. Makin. (Ž. org. Chim. **2,** 1354–57, 1966; Moskovskij inst. tonkoj chim. technol. im. Lomonosova; russ.) — 22. vgl. ibid. 2 (1966), 1349. — Die Dienkondens. von 1-Alkoxyalkadienen-(1.3) mit Paraformaldehyd, Chloral u. Glyoxylsäureäthylesteräthylacetal ergab die entsprechenden substituierten *2-Alkoxy-Δ^3-dihydropyrane* (**A**). Im sauren Medium wurden aus den **A** in Ggw. von 2.4-Dinitrophenylhydrazin die 2.4-Dinitrophenylhydrazone der entsprechenden α.β-ungesätt. δ-Hydroxyaldehyde dargestellt. Die Red. von 2-Äthoxy-6-carbäthoxy-Δ^3-dihydropyran mit $LiAlH_4$ ergab *2-Äthoxy-6-hydroxymethyl-Δ^3-dihydropyran.*

Versuche: 2-Äthoxy-Δ^3-dihydropyrane: *Unsubstituiert*, $C_7H_{12}O_2$, Kp.$_{30}$ 63°, durch 16std. Rk. von Paraformaldehyd mit 1-Äthoxybutadien-(1.3) (**I**) in Ggw. von Hydrochinon bei 180° im Rohr; n_D^{20} 1,4390; 31,1% (Ausb.). — *5-Methyl-*, $C_8H_{14}O_2$, Kp.$_{32}$ 71°, analog mit 1-Äthoxypentadien-(1.3); n_D^{20} 1,4410; 42,3%. — *3-Methyl-*, $C_8H_{14}O_2$, Kp.$_{32}$ 71°, mit 1-Äthoxy-2-methylbutadien-(1.3); n_D^{20} 1,4415; 35,2%. — *2-Methyl-*, $C_8H_{14}O_2$, Kp.$_{36}$ 76°, mit 1-Äthoxy-3-methylbutadien-(1.3); n_D^{20} 1,4310; 52,8%. — *6-Trichlormethyl-* (**II**), $C_8H_{11}Cl_3O_2$, Kp.$_{0,2}$ 68–70°, durch 1½std. Rk. von Chloral mit **I** bei 60° u. Stehen über Nacht; n_D^{20} 1,4910; 57%. — *5-Methyl-6-trichlormethyl-*, $C_9H_{13}Cl_3O_2$, Kp.$_{2,0}$ 68–70°; n_D^{20} 1,4850; 22,6%. — *3-Methyl-6-trichlormethyl-*, $C_9H_{13}Cl_3O_2$, Kp.$_{0,05}$ 76°; n_D^{20} 1,4870; 42%. — *6-Carbäthoxy-*, $C_{10}H_{16}O_4$, Kp.$_{1,5}$ 79–80°, aus **I** u. Glyoxylsäureäthylesteräthylacetal im Rohr bei 120—130°; n_D^{20} 1,4540; 80%. — *5-Methyl-6-carbäthoxy-*, $C_{11}H_{18}O_4$, Kp.$_{1,5}$ 85—88°; n_D^{20} 1,4540; 50%. — *6-Hydroxymethyl-*, $C_8H_{14}O_3$, Kp.$_{1,5}$ 69 bis 70°, durch tropfenweise Zugabe vorvorst. Verb. in Ae. zu $LiAlH_4$ bei —60°, 1std. Rk. bei —30° u. $^1/_2$std. Rk. bei 0°; n_D^{20} 1,4672; 78%. — *6.6.6-Trichlor-5-hydroxy-hexen-(2)-al*, $C_6H_7Cl_3O_2$, Kp.$_{0,2}$ 113°, durch 5std. Rk. von II mit 10%ig. H_3PO_4 bei 80°; n_D^{20} 1,5260; 47%. — Die nachst. Aldehyde werden in Form der 2.4-Dinitrophenylhydrazone isoliert: 5-Hydroxypenten-(2)-ale: *Unsubstituiert*, $C_{11}H_{12}N_4O_5$, F. 156—157°. — *4-Methyl-*, $C_{12}H_{14}N_4O_5$, F. 137—138°. — *2-Methyl-*, $C_{12}\cdot H_{14}N_4O_5$, F. 179—180°. — 6.6.6-Trichlor-5-hydroxy-hexen-(2)-ale: *Unsubstituiert*, $C_{12}H_{11}Cl_3N_4O_5$, F. 197°. — *3-Methyl-*, $C_{13}H_{13}Cl_3N_4O_5$, F. 187—188°. — *2-Methyl-*, $C_{13}H_{13}Cl_3N_4O_5$, F. 178—179°. — *5-Hydroxy-5-carbäthoxy-4-methylpenten-(2)-al*, $C_{15}H_{18}N_4O_8$, F. 125—126°. — *5.6-Dihydroxyhexen-(2)-al-(I)*, $C_{12}H_{14}N_4O_6$, F. 158 bis 159° (A.). Heidrun Kühn 3211

1254 **Desoxydation von Pyridin-1-oxid mit Benzylalkohol.** Seiji Miyano. (Chem. pharmac. Bull. [Tokyo] **14**, 6, 663—65, 1966; Fac. of Pharmaceut. Sci., Kumamoto, Univ.; engl.) — Vf. wendet die Red. mit heißem benzylalkohol. KOH auf Pyridin- (**I**) u. Chinolin-1-oxid (**II**) an. Eine therm. Red. von **I** durch KOH allein bei 180° wird ausgeschlossen.

Versuche: *Pyridin*, Kp. 113—117°, a) durch Erhitzen von KOH in 51 g Benzylalkohol (**III**) auf 140 bis 150°, Zutropfen von 15 g **I** in 22 g **III** bei 160—170° unter Dest. u. Fraktionieren; n_D^{20} 1,5072; 64,2% (Ausb.). *Pikrat*, F. 164—165°. Daneben durch Lösen des Dest.-Rückstandes in W. u. Neutralisieren mit verd. HCl 6,3 g *Benzoesäure* (F. 120—121,5°; b) analog a) durch Red. von 3,8 g **I** mit KOH in 2-Hydroxymethylpyridin innerhalb 20 Min. u. Dest.; 57%; daneben durch Lösen des Dest.-Rückstandes in W., Neutralisieren mit verd. HCl, Einengen, Zugabe von gesätt. wss. Cu-Acetat-Lsg., Suspendieren des Nd. (*Cu-Salz*, blaue Plättchen) in A., Einleiten von H_2S, Filtrieren, Einengen u. Vakuumsublimation des Nd. 1,2 g *Picolinsäure* (F. 136—137°). — *Chinolin*, Kp.$_{40}$ 137—139°, durch Zutropfen von 9 g **II** in 19 g **III** zu KOH in 15 g **III** bei 160—170° unter Dest. von W., Gießen des Rückstandes in W., Extrahieren mit $CHCl_3$, Ausschütteln mit 10%ig. HCl, Neutralisieren mit Soda u. Extrahieren mit $CHCl_3$; n_D^{25} 1,62327; 68,8%. *Pikrat*, F. 202—203°. G. Fischer 3231△

1255 **Indol-Chemie.** 5. Mitt. **1-Alkyl-5-[pyridyl-(4)]-indoline.** A. N. Kost, A. K. Šejnkman und N. F. Kazarinova. (Chim. geterocikličeskich Soedinenij **1966**, 722—28; Moskovskij gos. univ. im. Lomonosova; russ.) — Es wird der Einfl. verschiedener Lewis-Säuren auf die Pyridylierung von Dimethylanilin (**I**) mit Benzoylpyridiniumchlorid (**II**) im Zusammenhang mit der Pyridylierung von 1-Alkylindolinen untersucht. Die beste Ausb. an *4-[p-Dimethylaminophenyl]-pyridin* (**III**) wurde mit $TiCl_4$ u. $AlCl_3$ erhalten. Die Alkylierung von 2.3-Dihydroindol (**IV**) mit Alkylhalogeniden in Ggw. von Na_2CO_3 lieferte *1-Alkylindoline*, die durch Einw. von **II** in *1-Alkyl-5-[pyridyl-(4)]-indoline* übergeführt wurden; als Nebenprod. entstand wenig an *1-Alkyl-5-benzoylindolinen*. Die Pyridylierung von **IV** oder 1-Acylindolin gelang nicht. 1-Methyl-5-[pyridyl-(4)]-indolin (**V**) wurde mit $CuCl_2$ zu *1-Methyl-[5-pyridyl-(4)]-indol* dehydriert. UV-Spektren von **III**, **V**, **III**-Brombenzylat u. **V**-Chlorbenzylat vgl. Original.

Versuche: *2.3-Dihydroindol* (**IV**), Kp.$_{15}$ 108°, durch Zutropfen von verd. HCl zu Indol u. Zn-Amalgam in Butanol; 26—34% (Ausb.). — Indoline: Durch 6std. Rühren von **IV** mit Na_2CO_3 u. dem entsprechenden Alkylhalogenid bei 100° u. Zugabe von 20%ig. NaOH in 50—60%ig. Ausb.: *1-Äthyl-*, $C_{10}H_{13}N$, Kp.$_8$ 99—102°; n_D^{20} 1,5603. *Pikrat*, $C_{16}H_{16}N_4O_7$, F. 101—102°. — *1-Isopropyl-*, $C_{11}H_{15}N$, Kp.$_{10}$ 112—115°; n_D^{20} 1,5585. *Pikrat*, $C_{17}H_{18}N_4O_7$, F. 165—166°. — *1-Butyl-*, $C_{12}H_{17}N$, Kp.$_{12}$ 128—132°; n_D^{20} 1,5529. *Pikrat*, $C_{18}H_{20}N_4O_7$, F. 167—168°. — *1-Benzyl-*, $C_{15}H_{15}N$, Kp.$_8$ 173—175°, F. 21,5—22°; n_D^{20} 1,6070. *Hydrochlorid*, F. 144—146°; *Pikrat*, $C_{21}H_{18}N_4O_7$, F. 158—160° (Zers.). — 5-[Pyridyl-(4)]-indoline: Durch 2std. Erhitzen von Benzoylchlorid u. Py. auf 100°, Abkühlen mit Eiswasser, Zugabe des Alkylindolins u. $AlCl_3$, 2std. Erhitzen auf 100° u. Zerlegen mit konz. HCl: *1-Methyl-*, $C_{14}H_{14}N_2$, F. 129 bis 129,5°; 60%. *Pikrat*, $C_{20}H_{17}N_5O_7$, F. 232—234°. — *1-Äthyl-*, $C_{15}H_{16}N_2$, F. 75—76°; 58%. *Pikrat*, $C_{21}H_{19}N_5O_7$, F. 199—200°. — *1-Isopropyl-*, $C_{16}H_{18}N_2$, F. 72—72,5°; 82%. *Pikrat*, $C_{22}H_{21}N_5O_7$, F. 184—186°. *Chlorbenzylat*, $C_{23}H_{25}ClN_2$, F. 168—170°. — *1-Butyl-*, $C_{17}H_{20}N_2$, Kp.$_1$ 220—230°, F. 48—50°; 45%. *Pikrat*, $C_{23}H_{23}N_5O_7$, F. 170 bis 171°. — *1-Benzyl-*, $C_{20}H_{18}N_2$, F. 125,5—126°; 41%. *Pikrat*, $C_{26}H_{21}N_5O_7$, F. 178—180°. — *1-Methyl-5-benzoyl-indolin*, $C_{16}H_{15}NO$, F. 115—116°, aus dem rohen **V** durch Extrahieren mit Petroläther. — *1-Methyl-5-[pyridyl-(4)]-indol*, $C_{14}H_{12}N_2$, F. 200—201°, durch 15std. Kochen von **V** u. $CuCl_2$ in Py.; 47%. *Pikrat*, $C_{20}H_{15}N_5O_7$, F. 236—237°. N. Kucharczyk 3231△

1256 **Stereogerichtete Synthese von 2-Perhydropyrindinen.** M. A. Volodina, G. V. Kirjuškina und A. P. Terent'ev. (Doklady Akad. Nauk SSSR **173** (1967) 2, 342—45; Mosk. gos. univ. im. Lomonosova; russ.) — Folgende Verb. werden dargestellt: *[2-Oxocyclopentyl]-essigsäureäthylester*, $C_9H_{14}O_3$, Kp.$_{20}$ 120—122°, nach K. Sisido, K. Utimoto, T. Isida, J. org. Chemistry **29** (1964); 2781; n_D^{20} 1,4560; 50% (Ausb.). — Analog: *[2-Oxo-3-methylcyclopentyl]-essigsäuremethylester*, $C_9H_{14}O_3$, Kp.$_3$ 90—92°; n_D^{20} 1,4550; 65%. — *α-[2-Oxo-3-methylcyclopentyl]-propionsäuremethylester*, $C_{10}H_{16}O_3$, Kp.$_3$ 96 bis 98°; n_D^{20} 1,4579; 70%. — Aus vorst. Verb. mit Methoxymethylentriphenylphosphoran: *[2-Methoxymethylencyclopentyl]-essigsäureäthylester*, $C_{11}H_{18}O_3$, Kp.$_{11}$ 110 bis 112°; n_D^{20} 1,4760; 42%. — *[trans-2-Methoxymethylen-3-methylcyclopentyl]-essigsäuremethylester*, $C_{11}H_{18}O_3$, Kp.$_3$ 93—95°; n_D^{20} 1,4712; 80%. — *α-[trans-2-Methoxymethylen-3-methylcyclopentyl]-propionsäuremethylester*, $C_{12}\cdot H_{20}O_3$, Kp.$_3$ 98—100°; n_D^{20} 1,4712; 83%. — Durch Red. vorst. Verb. mit $LiAlH_4$: *1-Methoxymethylen-2-[β-hydroxyäthyl]-cyclopentan*, $C_9H_{16}O_2$, Kp.$_2$ 90—93°; n_D^{20} 1,4850; 85%. — *trans-1-[β-Hydroxyäthyl]-2-methoxymethylen-3-methylcyclopentan*, $C_{10}H_{18}O_2$, Kp.$_{1,5}$ 93—96°; n_D^{20} 1,4850; 80%. — *trans-1-[1-Hydroxypropyl-(2)]-2-methoxymethylen-3-methylcyclopentan*, $C_{11}H_{20}O_2$, Kp.$_3$ 106—108°; n_D^{20} 1,4873; 90%. — Rk. vorst. Verb. mit mit $HClO_4$ gesätt. Ae. ergibt entsprechende 1t-Hydroxyalkyl-(3c-methyl)-cyclopentan-2r-carbaldehyde (**B**); analoge Rk. mit den Tosylderiv. führt zu den Tosylderiv. von **B**, die mit HCONHY folgende Verb. vom Typ **A** ergeben: X =

A 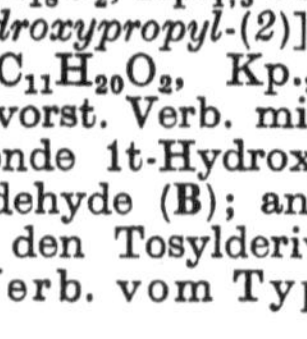

Z = *H*, Y = CH_3, $C_9H_{17}N$, Kp.$_{10}$ 60—66°; D_4^{20} 0,9200, n_D^{20} 1,4750; 40%. — Z = *H*, X = Y = CH_3, $C_{10}H_{19}N$, Kp.$_{14}$ 89—90°; D_4^{20} 0,8786, n_D^{20} 1,4721; 50%. — X = CH_3, Y = $CH_2C_6H_5$, Z = *H*, $C_{16}H_{23}N$, Kp.$_8$ 157—158°; D_4^{20} 0,9654, n_D^{20} 1,5272; 51%. — X = Y = Z = CH_3, $C_{11}H_{21}N$, Kp.$_8$ 90—93°; D_4^{20} 0,9723, n_D^{20} 1,4760; 39%. H. Berger 3231△

1257 **Tertiäre Aminoxide.** 26. Mitt. **Nitrierung 6-substituierter Chinolin-1-oxide.** Masatomo Hamana und Tsuyoshi Nagayoshi. (Chem. pharmac. Bull. [Tokyo] **14**, 4, 319—23, 1966; Fac. of Pharmaceut. Sci., Kyushu Univ., Katakasu, Fukuoka; engl.) — 25. vgl. C. **1967**, 34-1094. — Vf. untersuchen die Nitrierung von Chinolin-1-oxiden (**A**), u. zwar der 6-Chlor- (**Ia**), 6-Brom- (**Ib**), 6-Methyl- (**Ic**), 6-Methoxy- (**Id**) u. der unsubstituierten Verb. (**Ie**), mit KNO_3 in H_2SO_4 unter Variation der Säurekonz. u. der Rk.-Temperatur. Die Orientierung der Rk. hängt stärker von der Säurekonz. als von der Temp. ab; die Aktivität der 4-Stellung ist gegenüber der Nitrierung bei Verw. von 75- bis 85%ig. H_2SO_4 am stärksten.

Versuche: *5-Nitro-6-chlorchinolin*, F. 127 bis 128° (Hexan), aus **Ia**; daneben *4-Nitro-6-chlor-chinolin-1-oxid* [F. 193° (Aceton)] u. *5-Nitro-6-chlor-chinolin-1-oxid* [F. 213° (Aceton)]. — *4-Nitro-6-brom-chinolin-1-oxid*, F. 200—202° (Aceton), aus **Ib**; daneben *5-Nitro-6-brom-*

chinolin-1-oxid [F. 215° (Aceton)]. — *4-Nitro-6-methyl-chinolin-1-oxid*, F. 183° (Aceton), aus **Ic**; daneben *5-Nitro-6-methyl-chinolin-1-oxid* [F. 184—185° (Aceton)]. — *4-Nitro-6-methoxy-chinolin-1-oxid* (**II**), $C_{10}H_8N_2O_4$, F. 204 bis 205° (A.), aus **Id**; daneben *5-Nitro-6-methoxy-chinolin-1-oxid* [F. 182—184° (Aceton)]. — *4-Nitro-chinolin-1-oxid*, aus **Ie**; daneben *5-Nitro-chinolin-1-oxid* u. *8-Nitro-chinolin-1-oxid*. — *4-Chlor-6-methoxy-chinolin-1-oxid*, F. 172—175° (Aceton), aus **II** u. konz. HCl. — *4-Chlor-6-methoxy-chinolin*, F. 71—72° (PAe.), durch Hydrieren von vorst. Verbindung. G. Fischer 3231△

1258 **Heterocyclische Verbindungen. 179. Mitt. Alkylierung von tert.-Aminen mit Salicylsäurealkylestern.** Tetsuji Kametani, Kazuo Kigasawa, Hiroshi Sugahara, Mineharu Hiiragi, Tetsutaro Hayasaka, Takehiko Iwata und Haruhide Ishimaru. (Chem. pharmac. Bull. [Tokyo] **15** (1967) 5, 613—18; Pharm. Inst., Tohoku Univ., School of Med., Sandai; engl.) — 178. vgl. ibid. **15** (1967) 5, 608. — Rk. von Salicylsäuremethylester (**I**) mit 2-Dimethylaminoäthanol (**II**) führt zu *Salicylsäuresalzen*. — 181. vgl. C. **1969**, 3-0917.

Versuche: Salze der Salicylsäure: *N-[2-Hydroxyäthyl]-N-trimethylammonium-Salz*, F. 50—52°, a) aus 15,2 g **I** u. 8,9 g **II**; aus Aceton–Ae. Nadeln; 21,8 g (Ausb.); b) aus 19,9 kg **I** u. 11,6 kg **II**; 24,4 kg; daneben 5 g *Salicylsäuredimethylaminoäthylester* [Kp.$_5$ 125—127°. *Hydrochlorid*, $C_{11}H_{16}ClNO_3$, F. 155—157°; aus A. Nadeln]. *Pikrat*, F. 243—244°; aus A. gelbe Nadeln. — *N-Diäthyl-N-[2-hydroxyäthyl]-N-methylammonium-Salz*, F. 194 bis 196°, aus 1,5 g **I** u. 1,1 g 2-Diäthylaminoäthanol; aus Aceton/Ae. Nadeln; 2 g. *Pikrat*, $C_{13}H_{20}N_4O_8$, F. 240°; aus A. gelbe Nadeln. — *N-Triäthyl-N-methylammonium-Salz*, aus **I** u. Triäthylamin; 44%. *Triäthylammonium-pikrat*, F. 172—173°. *Jodid*, F. > 260°; 31,2%. *Pikrat*, F. 266—269°; aus A. gelbe Nadeln. — *N-Methylpyridinium-Salz*, aus **I** u. Py.; 76%. *Pyridiniumpikrat*, F. 165—166°; aus A. gelbe Nadeln. *Jodid*, F. 116°; aus Methanol Nadeln. — *N-Methylisochinolinium-Salz*, aus **I** u. Isochinolin (**IV**); 67,6%. *Pikrat*, $C_{16}H_{12}N_4O_7$, F. 163 bis 166°; aus Methanol gelbe Nadeln. — *N-Äthyliso-chinolinium-Salz*, aus Salicylsäureäthylester (**III**) mit **IV**; 30,7%. *Pikrat*, $C_{17}H_{14}N_4O_7$, F. 179—180°; aus Methanol gelbe Kuben. — *N-n-Propylisochinolinium-Salz*, aus Salicylsäure-n-propylester mit **IV**; 22,5%. *Pikrat*, $C_{18}H_{16}N_4O_7$, F. 167—168° (Methanol). — *N-n-Butylisochinolinium-Salz*, aus **IV** mit Salicylsäure-n-butylester; 5,3%. *Pikrat*, $C_{19}H_{18}N_4O_7$, F. 178—179° (W./Methanol). — *N-Benzyl-[2-hydroxyäthyl]-N-dimethylammonium-Salz*, aus **II** mit Salicylsäurebenzylester (**V**); 54,7%. *Pikrat*, $C_{17}H_{20}N_4O_8$, F. 98—100°; aus A. gelbe Prismen. — *N-Benzyl-N-triäthylammonium-Salz*, aus **V** mit Triäthylamin; 4,6%. *Pikrat*, F. 124° [A./Bzl. (1:3)]. — *N-Benzylpyridinium-Salz*, aus **V** mit Py.; 51,6%. *Pikrat*, F. 118°; aus A. gelbe Prismen. — *N-Benzylisochinolinium-Salz*, aus **V** mit **IV**; 33,9%. *Jodid*, F. 175—176°; aus A. gelbe Kuben; 79,1%. — *Tetramethylammonium-Salz*, aus **III** u. Triäthylamin; 6,3%. *Pikrat*, F. 154°. — *N-Äthylpyridinium-Salz*, aus **III** mit Py.; 44,5%. *Pikrat*, F. 91—92°. — *Cyanessigsäure-N-methylpyridinium-Salz*, durch 10std. Kochen von Cyanessigsäuremethylester mit Py.; 51,4%. *Pikrat*, F. 116 bis 117°; aus A. gelbe Nadeln. K.-P. Hilgetag 3231△

1259 **Stereochemie der Dekahydroisochinoline und verwandter Verbindungen. 5. Mitt. Synthesen von Decahydro-2-methyl-8-hydroxyisochinolinen.** Masao Okamoto. (Chem. pharmac. Bull. [Tokyo] **15** (1967) 5, 596 bis 598; Kyoto Coll. of Pharm., Nakaudi-ko, Yamashina-misasagi, Higashiyama-ku, Kyoto; engl.) — 4. vgl. J. pharmac. Soc. Japan [Yakugaku Zasshi **85** (1965) 371; weitere 5. vgl. C. **1969**, 13-1368. — Es werden dargestellt: Isochinoline: *5-Chlor-8-acetylamino-*, $C_{11}H_9ClNO_2$, F. 208—210°, aus 5-Chlor-8-aminoisochinolin (**I**) u. Acetanhydrid; aus verd. Methanol. Nadeln; 95% (Ausb.). *Methojodid*, F. 245° (A.); 90%. — *2-Methyl-5-chlor-8-acetylamino-1.2.3.4-tetrahydro-*, $C_{12}H_{15}ClN_2O$, F. 190 bis 191°, aus vorst. Verb. u. $NaBH_4$; aus Aceton Nadeln; 87,8%. — *2-Methyl-5-chlor-8-amino-1.2.3.4-tetrahydro-*, F. 80—82°, aus vorst. Verb. mit 10%ig. HCl; aus PAe. Prismen; 85%. — *2-Methyl-5-chlor-8-hydroxy-1.2.3.4-tetrahydro-* (**IV**), $C_{10}H_{12}ClNO$, F. 171,5—172,5° ($CHCl_3$), aus wss. $NaNO_2$ u. vorst. Verb. in 10%ig. H_2SO_4 bei 0°, Gießen in eine sd. Lsg. von Na_2SO_4 in wss. H_2SO_4 u. Kochen bis zur Gasentw.; 75,8%. — *2-Methyl-8-hydroxy-1.2.3.4-tetrahydro-*, $C_{10}H_{13}NO$, F. 177—178°, a) durch Hydrieren vorst. Verb. an Raney-Ni; aus Bzl. Kuben; 52%; b) aus wss. $NaNO_2$ u. 2-Methyl-8-amino-1.2.3.4-tetrahydroisochinolin; 70%. — *8-Acetylamino-*, F. 166 bis 168°, aus Hydrazinhydrat u. **I** in abs. A. in Ggw. von Pd–Kohle u. Rk. des erhaltenen *8-Aminoisochinolins* [F. 168—170°; aus Bzl. gelbe Nadeln; 88%] mit Acetanhydrid; Nadeln; 100%. *Methojodid* (**II**), F. 252—254°. — *2-Methyl-8-acetylamino-1.2.3.4-tetrahydro-*, $C_{12}H_{16}N_2O$, F. 122—123°, aus **II** u. $NaBH_4$; aus Bzl. Nadeln; 80%. — *2-Methyl-8-amino-1.2.3.4-tetrahydro-*, Kp.$_3$ 120—122°, aus vorst. Verb. mit 10%ig. HCl; 81%. — *cis-2-Methyl-8-hydroxydecahydro-*, F. 78—80°, durch Hydrieren von 1 g 2-Methyl-8-hydroxy-1.2.3.4-tetrahydroisochinolin (**III**) an $PtO_2 \cdot H_2O$; aus PAe. Prismen; 0,8 g. *Pikrat*, F. 181 bis 183°; aus A. gelbe Nadeln. *Methojodid*, $C_{11}H_{22}JNO$, F. 229 bis 231°; aus A. Platten. — *trans-2-Methyl-8-hydroxy-decahydro-*, F. 115°, a) durch Hydrieren von 4,9 g **III** an Raney-Ni; aus Ae./PAe. Prismen; daneben 1,3 g *cis-Isomeres* [**VI**; F. 78—80°; aus Ae./PAe. Prismen] u. ein weiteres *trans-Isomeres* (**V**) *vom F. 84°* (Ae./PAe.) [*Pikrat*, F. 147—150° (A./Ae.). *Methojodid*, $C_{11}H_{22}JNO$, F. 235°; Nadeln]; b) analog aus **IV** an Raney-Ni/KOH; daneben *cis-Isomeres* u. **V**; c) durch Hydrieren nachst. Verb.; 100%; d) aus nachst. Verb. u. $NaBH_4$. *Methojodid*, F. 183 bis 185°, aus abs. A. Nadeln. *Pikrat*, $C_{16}H_{22}N_4O_8$, F. 235° (abs. A.). — *trans-2-Methyl-8-oxo-dekahydro-*, Kp.$_{11}$ 114—116°, a) aus 800 mg **VI**, H_2SO_4 u. $Na_2Cr_2O_7$; 400 mg; b) analog aus vorst. Verb. u. **V**. *Methojodid*, $C_{11}H_{20}JNO$, F. 288—290°; Nadeln. — *trans-2-Methyl-8-oxo-dekahydro-, Dithioäthylenketal*, F. 55 bis 57°, aus vorst. Verb., Dithioäthylenglykol, HCl u. Essigsäure. *Methojodid*, $C_{12}H_{21}JNS$, F. 232 bis 234°. — *trans-2-Methyldecahydro-*, Kp.$_{10}$ 100° (Badtemp.), aus vorst. Verb. u. Raney-Ni. *Pikrat*, F. 232°. K.-P. Hilgetag 3231△

1260 **Quaternisierungs-Reaktionen. 1. Mitt. Selbstquaternisierung von 3-Chlor-6-methylpyridazin.** Henning Lund und Steffen Gruhn. (Acta chem. scand **20**, 2637—48, 1966; Dep. of Organ. Chem., Univ. Aarhus, Denmark; engl.) — 3-Chlor-6-methylpyridazin bildet unter saurer Katalyse ein Selbstkondens.-Prod., das an Hand von chem. Abbaurk. u. spektroskop. Unters. als *3-Methyl-8-chlor-6.7-dihydrodipyridazino-[2.3:a; 4.3:d]-pyrrol* (**I**) identifiziert wird. IR- u. UV-Maxima sowie NMR- u. R_F-Werte vgl. Original. — 2. vgl. C. **1968**, 53-0445.

Versuche: 3-Methyl-dipyridazino-[2.3:a; 4.3:d]-pyrrole: *8-Chlor-6.7-dihydro-* (**I**), $C_{10}H_9ClN_4$, F. 208° (Zers.; Bzl.), durch Zugabe von W. zu 3-Chlor-6-methylpyridazin in Phosphorylchlorid, 4std. Kochen, Einengen im Vakuum, Gießen auf Eis, Alkalisieren mit konz. NaOH u. Extrahieren mit $CHCl_3$; 40% (Ausb.); daneben *nachst. Verbindung*. *Methojodid*, $C_{11}H_{12}ClJN_4$, F. 225° (Zers.; abs. A.), durch Rk. mit CH_3J in Acetonitril. — *8-Chlor-*, $C_{10}H_7ClN_4$, F. 208° (Bzl.), durch 7std. Kochen von 1 g **I** mit 10%ig. Pd-Kohle in Dichlorbenzol unter N_2, Kühlen, Filtrieren u. Extrahieren mit $CHCl_3$; 0,51 g. — *5-Brom-8-chlor-6.7-dihydro-*, $C_{10}H_8BrClN_4$, F. 160° (Zers.), durch Zutropfen von Br_2 zu 1 g **I** in $CHCl_3$ unter Rühren, Filtrieren, Zugabe von $NaHCO_3$ u. Extrahieren mit $CHCl_3$ (Meth. **A**); 1,09 g. — *5-Brom-8-chlor-*, $C_{10}H_6BrClN_4$, F. 233°, aus vorvorst. Verb. analog **A**; 100%. — *6.7-Dihydro-*, $C_{10}H_{10}N_4$, F. 158° (Bzl.), durch Red. von 2 g **I** in A./konz. NH_4OH mit 10% Pd-Kohle, Filtrieren u. Einengen im Vakuum; 1,03 g; daneben 0,62 g *3-Methyl-6-[β-cyanäthyl]-7H-pyrrolo-[2.3:c]-pyridazin* (**II**), $C_{10}H_{10}N_4$, F. 186° (Bzl.). — *5-Brom-6.7-dihydro-*, $C_{10}H_9BrN_4$, F. 165—170° (Zers.), aus vorst. Verb. analog **A**; 100%. — *Unsubstituiert*, $C_{10}H_8N_4$, F. 163 bis 164° (Bzl.), durch 1std. Kochen von 0,3 g vorst. Verb. in o-Dichlorbenzol, Kühlen, Zugabe von Ae., Filtrieren, Neutralisieren mit $NaHCO_3$ u. Extrahieren mit $CHCl_3$; 0,18 g. — *4.4a.5.5a.6.7-Hexahydro-8-chlor-*, $C_{10}H_{13}ClN_4$, F. 179°, durch elektrolyt. Red. von 1 g **I** in einer gepufferten Citronensäurelsg. vom pH 2,5, Alkalisieren mit Na_2CO_3, Filtrieren u. Extrahieren mit $CHCl_3$; 0,5 g. —

8-Chlor-6.7-dihydro-, *N-Oxid*, $C_{10}H_9ClN_4O$, F. 226–228° ($CHCl_3$/Ae.), durch Zugabe von 1 g m-Chlorbenzoepersäure zu 0,5 g **I** in $CHCl_3$, 24std. Rk. bei 35° u. Zugabe von Ae.; 425 mg. — *3-Methyl-6-[β-äthoxycarbonyläthyl]-7H-pyrrolo-[2.3:c]-pyridazin*, $C_{12}H_{15}N_3O_2$, F. 157° (Bzl.), durch 6std. Kochen von 0,71 g **II** mit n NaOH, Neutralisieren mit HCl, Einengen im Vakuum, Extrahieren mit abs. A./HCl, 1std. Kochen u. Einengen im Vakuum; 0,67 g. — *3-Methyl-5-brom-6-[β-äthoxycarbonyläthyl]-7H-pyrrolo-[2.3:c]-pyridazin*, $C_{12}H_{14}BrN_3O_2$, F. 202° (Bzl.), durch 3std. Kochen vorst. Verb. mit Br_2 in Eisessig. — *3-Äthyl-5-methyl-8-chlor-6.7-dihydrodipyridazino-[2.3:a; 4.3:d]-pyrrol*, $C_{12}H_{13}ClN_4$, F. 183° (Bzl.), durch 8std. Erhitzen einer Lsg. aus 1 g 3-Chlor-6-äthylpyridazin in Nitrobenzol/HCl im geschlossenen Gefäß auf 120°, Kühlen, Zugabe von Ae., Filtrieren, Lösen in W., Alkalisieren mit Na_2CO_3 u. Extrahieren mit $CHCl_3$; 0,4 g. — *1-[3'-Phenylpyridazino-(6')]-3-phenylpyridazinon-(6)*, $C_{20}H_{14}N_4O$, F. 190° (Bzl.), durch 48std. Erhitzen eines Gemisches aus 3-Chlor-6-phenylpyridazin u. dessen Hydrochlorid in Nitrobenzol im geschlossenen Gefäß auf 120° unter N_2, Kühlen u. Extrahieren mit $CHCl_3$.

K.-P. Hilgetag 3272△

1261 **Synthese substituierter Pyridazino-[4.5:c]-pyridazine.** Gary M. Singerman und Raymond N. Castle. (J. heterocyclic Chem. 4 (1967) 3, 393–98; Dep. of Chem., Univ. of N.Mex., Albuquerque, N.Mex.; engl.) — Aus 6-Methylpyridazin- (**I**) bzw. Pyridazin-3.4-dicarbonsäurediäthylester (**II**) u. N_2H_4 werden *3-Methyl-5.8-dihydroxy-* (**III**) bzw. *5.8-Dihydroxypyridazino-[4.5:c]-pyridazin* (**IV**) dargestellt. **III** bzw. **IV** lassen sich nicht mit $POCl_3/PCl_5$, $POCl_3$/N.N-Dimethylanilin bzw. PCl_5 bei 140° chlorieren. Es erfolgt entweder keine Rk. oder Zers. unter Bldg. von nicht indentifizierten Produkten. **I** wird durch Ox. von 6-Methyl-4.5-dihydropyridazin-3.4-dicarbonsäurediäthylester (**V**) mit MnO_2 in Aceton erhalten. **I** wird von SeO_2 zu *6-Formylpyridazin-3.4-dicarbonsäurediäthylester* oxydiert. Durch Rk. von **I** mit SeO_2 in sd. 1.4-Dioxan u. anschließende Ox. mit 30%ig. H_2O_2 in sd. Aceton wird **II** gebildet. Aus **II** u. NH_3 in CH_3OH entsteht *3.4-Dicarbamoylpyridazin* (**VI**). **VI** bzw. 6-Methyl-3.4-dicarbamoylpyridazin werden von $POCl_3$ in *3.4-Dicyan-*(**VII**) bzw. *6-Methyl-3.4-dicyanpyridazin* (**VIII**) umgewandelt. **VII** bzw. **VIII** geben mit N_2H_4 in CH_3OH bzw. A. *5.8-Diamino-* bzw. *3-Methyl-5.8-diaminopyridazino-[4.5:c]-pyridazin*. *3-Methyl-5.8-dimercaptopyridazino-[4.5:c]-pyridazin*, das wahrscheinlich in der Dithionform vorliegt, wird aus **III** u. P_2S_5 dargestellt.

Versuche: *6-Methylpyridazin-3.4-dicarbonsäurediäthylester* (**I**), F. 53–54° (Ligroin/Ae.), aus **V** u. MnO_2 in Aceton bei Raumtemp.; 79%. — *6-Formylpyridazin-3.4-dicarbonsäurediäthylester*, $C_{11}H_{12}N_2O_5$, $Kp._{0,2}$ 170°, aus **I** u. SeO_2 in sd. 1.4-Dioxan; 40%. *2.4-Dinitrophenylhydrazon*, $C_{17}H_{16}N_6O_8$, F. 200–201° (95%ig. A.). — *Pyridazin-3.4-dicarbonsäurediäthylester* (**II**), $C_{10}H_{12}N_2O_4$, $Kp._{0,05}$ 117 bis 119°, aus **I** u. SeO_2 in sd. 1.4-Dioxan u. Rk. mit 30%ig. H_2O_2 in sd. Aceton; 83%. — *5.8-Dihydroxypyridazino-[4.5:c]-pyridazin* (**IV**), $C_6H_4N_4O_2$, aus dem Hydrat durch Subl. bei 240–295/0,01 Torr. *Hydrat*, $C_6H_4N_4O_2 \cdot H_2O$, Zers. bei 336–338° (Dunkelfärbung bei 315°; W.), aus **II** u. N_2H_4 in sd. wss. CH_3OH u. Rk. mit verd. HCl bei 80–85°; 86%. — *3-Methyl-5.8-dihydroxypyridazino-[4.5:c]-pyridazin* (**III**), $C_7H_6N_4O_2$, F. 270–274° (Zers.; W. bzw. Subl. bei 190°/0,01 Torr), analog **IV** aus **I**; 73,1%. — *3.4-Dicarbamoylpyridazin* (**VI**), $C_6H_6N_4O_2$, F. 220–221° (Subl. bei 190–200/0,01 Torr), aus **II** u. NH_3-Gas in abs. CH_3OH bei Raumtemp.; 85%. *Hydrat*, $C_6H_6N_4O_2 \cdot H_2O$, F. 221–222° (CH_3OH/W.). — *6-Methyl-3.4-dicarbamoylpyridazin*, $C_7H_8N_4O_2$, F. 244,5–245,5° (Subl. bei 185 bis 190°/0,01 Torr), analog **VI** aus **I**; 83%. — *3.4-Dicyanpyridazin* (**VII**), $C_6H_2N_4$, F. 61–62,5° (Subl. bei 55°/0,01 Torr), aus **VI**-Hydrat u. $POCl_3$; 73%. — *3.4-Dicyan-6-methylpyridazin* (**VIII**), $C_7H_4N_4$, F. 83–84,5° (Subl. bei 50–60/0,05 Torr), analog **VII** aus vorvorst. Verb.; 46%. — *5.8-Diaminopyridazino-[4.5:c]-pyridazin*, $C_6H_6N_6$, kein F. bis 360° (Sintern u. Zers. ab. 165°), aus **VII** u. N_2H_4 in wss. CH_3OH bei –10°; 59%. — *3-Methyl-5.8-diaminopyridazino-[4.5:c]-pyridazin*, $C_7H_8N_6$, kein F. (Rotfärbung u. Zers. ab 164°), analog vorst. Verb. aus **VIII**. — *3-Methyl-5.8-dimercaptopyridazino-[4.5:c]-pyridazin-hydrat*, $C_7H_6N_4S_2 \cdot H_2O$, kein F. (Sintern u. Zers. ab 210°), aus **III** u. P_2S_5 in sd. abs. Py.; 59%.

Hans Köhne/Berlin 3272△

1262 **Untersuchungen über Imidazole. 3. Mitt. Synthese einiger 7.8-Dialkylpurine.** G. E. Trout und P. R. Levy. (Recueil Trav. chim. Pays-Bas **85**, 1254–58, 1966; Dep. of Physiol., Witwatersrand Univ., Medical School, Johannesburg, South Africa; engl.) — 2. vgl. C. **1969**, 8-1288. — Synth. der Titelverb. wird beschrieben.

Versuche: Xanthine: *7-Butyl-8-propyl-*, $C_{12}H_{18}N_4O_2$, F. 212,5–213,5° (wss. A.), a) durch Zugabe von Chlorameisensäureäthylester zu 1-Butyl-2-propyl-4-aminoimidazol-5-carbonsäureamid (**I**) in Dioxan, 0,5std. Erwärmen auf dem W.-Bad, Kühlen, Filtrieren, 0,5std. Erhitzen in Morpholin bei 120°, Einengen im Vakuum u. Zugabe von W. (Meth. **A**); 36% (Ausb.); b) durch 3std. Erhitzen von **I** mit Harnstoff auf 180° im geschlossenen Gefäß, Kühlen, Lösen in n NaOH u. Zugabe von verd. Essigsäure; 18%. — *7-Isobutyl-8-isopropyl-*, $C_{12}H_{18}N_4O_2$, F. 246–247,5°, analog **A**; 45%. — *7-Äthyl-8-propyl-*, $C_{10}H_{14}N_4O_2$, F. 265,5–266,5°, analog **A**; 28%. — *7-Propyl-8-äthyl-*, $C_{10}H_{14}N_4O_2$, F. 224,5–225,5°, analog **A**; 36%. — Hypoxanthine: *7-Isobutyl-8-isopropyl-* (**III**), Hemihydrat, $C_{12}H_{18}N_4O \cdot {}^1/_2\,H_2O$, F. 181,5–182,5° (W.), a) durch Zugabe von Acetanhydrid zu einem Gemisch aus 1-Isobutyl-2-isopropyl-4-aminoimidazol-5-carbonsäureamid (**II**), 98%–100%ig. Ameisensäure u. wasserfreiem Na-Formiat, Erwärmen auf 70° u. Einengen im Vakuum (Meth. **B**); 81%; b) durch 2std. Kochen von **II** mit einem Gemisch aus Acetanhydrid u. Orthoameisensäureäthylester u. Einengen im Vakuum (Meth. **C**); 31%. — *7-Butyl-8-propyl-* (**V**), $C_{12}H_{18}N_4O$, F. 202–202,5°, a) analog **B**; 88%; b) analog **C**; 32%. — *7-Äthyl-8-propyl-*, $C_{10}H_{14}N_4O$, F. 217,4–218,2° (Methyläthylketon/W.), analog **B**; 81%. Purine: *6-Chlor-7-isobutyl-8-isopropyl-* (**IV**), $C_{12}H_{17}ClN_4$, F. 134,4–135,4° wss. A.), durch 6std. Kochen von **III** mit $POCl_3$, Einengen im Vakuum, Zugabe von Eis u. Zutropfen von 40%ig. NaOH; 44%. — *6-Chlor-7-butyl-8-propyl-*, analog vorst. Meth.; gelbes Öl. — *6-Methylamino-7-butyl-8-propyl-*, $C_{13}H_{21}N_5$, F. 129,5–130,5° (wss. Cellosolve), durch 6std. Kochen eines Gemisches aus **IV** u. Methylamin in A. u. Einengen im Vakuum; 82%. — *6-Butylamino-7-butyl-8-propyl-*, $C_{16}H_{27}N_5$, F. 82–82,7° (wss. Aceton), durch 6std. Kochen vorvorst. Verb. mit n-Butylamin in A. u. Einengen im Vakuum; 65%. — *6-Cyclohexylamino-7-isobutyl-8-isopropyl-*, $C_{18}H_{29}N_5$, F. 209–210,5° (wss. Methylcellosolve), aus **IV** u. Cyclohexylamin analog vorst. Meth.; 64%. — *6-[2'-Phenyläthylamino]-7-isobutyl-8-isopropyl-*, $C_{20}H_{27}N_5$, F. 153 bis 155°, aus **IV** u. 2-Phenyläthylamin analog vorvorst. Meth.; 40%. — *6-Mercapto-7-butyl-8-propyl-*, $C_{12}H_{18}N_4S$, F. 262 bis 264,5° (wss. Methylcellosolve), durch Zugabe von Py. zu einem Gemisch aus **V** u. P_2S_5, 4std. Kochen, Abdest. des Py. im Vakuum, Zugabe von W., 3std. Erhitzen auf dem W.-Bad u. Einengen im Vakuum; 68%. — *6-Mercapto-7-isobutyl-8-isopropyl-*, $C_{12}H_{18}N_4S$, F. 244,2–245,5° (DMS/W.), analog vorst. Meth.; 68%. K.-P. Hilgetag 3272△

1263 **Pterinchemie.** 14. Mitt. **Neues Verfahren zur Darstellung und Stabilisierung von Tetrahydrofolsäure und Tetrahydropterinen.** A. Bobst und M. Viscontini. (Helv. chim. Acta **49**, 875–84, 1966; Zürich, Univ., Organ.-Chem. Inst.; dt.) — 13. vgl. ibid. **48** [1965] 816. — Neue Darst.-Meth. für *hydrierte Pterine* wird beschrieben. UV- u. KMR-Spektren sowie pK_a-Werte vgl. Original.

Versuche: *5.6.7.8-Tetrahydropterin, Sulfat* (**I**), $C_6H_{11}N_5O_5S$, durch ${}^1/_4$std. Hydrieren von 62 mg Pterin in Trifluoressigsäure an Pt oder Rh, Filtrieren unter N_2 u. Zugabe zu konz. H_2SO_4/A.; 70 mg (Ausb.). *Dihydrochlorid*, $C_6H_{11}Cl_2N_5O$, analog **I** durch Zugabe von HCl/Methanol; 80 mg. — *5.6.7.8-Tetrahydrofolsäure, Sulfat*, $C_{19}H_{23}N_7O_6 \cdot H_2SO_4$, durch 1std. Hydrieren von 176 mg Folsäure analog **I**; 115 mg. — *N^3-Methyl-5.6.7.8-tetrahydropterin*, durch Hydrieren von N^3-Methylpterin (2-Amino-3-methyl-4-oxo-3.4-dihydropteridin) analog **I**. — 15. vgl. C. **1967**, 39-0986. Gottfried Schreiber 3272△

1264 **Äther des Resazurins.** E. Ružička und J. Juřina. (Mh. Chem. **97**, 129–34, 1966; Olmütz (Olomouc, CSSR), Palacky-Univ., Inst. für org., analyt. u. physikal. Chem.; dt.) — Bei der Alkylierung von Resazurin (**I**) erhält man immer ein Gemisch aus *Resazurin-* u. *Resorufinäthern.* Die Trennung des Gemisches gelingt durch Dünnschicht-Chromatographie an Kieselgel u. Al_2O_3. *Resazurin-β-bromäthyläther* läßt sich wegen seiner Instabilität nicht isolieren. UV-Daten u. Rf-Werte vgl. Original.

Versuche: *Resazurinmethyäther*, $C_{13}H_9NO_4$, F. 275 bis 278° (Zers.; Bzl./PAe.), a) aus Diazomethan u. Resazurin (**I**) u. Resorufin (**II**); daneben *Resorufinmethyläther*, $C_{13}H_9NO_3$, F. 253—254° (A.). — *Resazurinäthyläther*, $C_{14}H_{11}NO_4$, F. 258—259° (Zers.; Bzl./PAe.), aus 2 g eines Gemisches von **I** u. **II** in Na-Äthylat-Lsg. u. C_2H_5J; 110 mg (Ausb.); daneben *Resorufinäthyläther* [$C_{14}H_{11}NO_3$, F. 235—236° (A.); 80 mg]. — *Resazurin-carbäthoxymethyläther*, $C_{16}H_{13}NO_6$, F. 193—196° (Zers.; Bzl./PAe.), aus 2 g **I** u. **II** u. Bromessigsäureäthylester; 160 mg; daneben *Resorufincarbäthoxymethyläther* [$C_{16}H_{13}NO_5$, F. 171—173° (A.); 150 mg]. — *Resorufin-β-bromäthyläther*, $C_{14}H_{10}Br \cdot NO_3$, F. 223—226° (teilweise Zers.; A.), aus 2 g **I** u. **II** u. Äthylenbromid; 65 mg. — *Resazurinacetat*, $C_{14}H_9NO_5$, F. 219—222° (Zers.), aus dem Gemisch von **I** u. **II**; daneben *Resorufinacetat* [F. 225,5—227°]. D. Freytag 3282△

1265 **Sulfostyril. 3. Mitt. Reaktionen.** Bernard Loev und Kenneth M. Snader. (J. heterocyclic Chem. **4** (1967) 3, 407—09; Res. and Dev. Div., Smith Kline and French Labor., Philadelphia, Pa.; engl.) — 2. vgl. C. **1968**, 3-1049. — Sulfostyril (**I**) läßt sich leicht zu *3.4-Dihydrosulfostyril* hydrieren. **I** kann mit Dimethylsulfat in wss. Alkali methyliert werden. Mit Aminoalkylhalogeniden läßt sich **I** nur mittels NaH in DMSO umsetzen. Mit Diphenyljodoniumchlorid (**II**) bildet **I** in alkal. CH_3OH in Ggw. von Cu_2Cl_2 *N-Phenylsulfostyril*. **I** gibt mit N-Bromsuccinimid (**III**) ein *Gemisch*, aus dem nur *6.8.x-Tribromsulfostyril* isoliert werden kann. N-Methylsulfostyril (**IV**) reagiert analog zu *N-Methyl-6-bromsulfostyril*. Aus *N-methylcarbostyril* (**V**) wird so *6-Brom-N-methylcarbostyril* erhalten. Sulfostyrile sind beständig gegen UV-Licht. **IV** gibt mit Dimethylsulfoxoniummethylid (**VI**) ein *Gemisch* von *N.3-Dimethyl-* u. *N.4-Dimethylsulfostyril*.

Versuche (F. korr.): *N-Methylsulfostyril* (**IV**), $C_9H_9NO_2S$, F. 70—71° (Diisopropyläther), aus **I** u. Dimethylsulfat in 10%ig. NaOH; 68% (Ausb.). — *N-β-Dimethylaminoäthylsulfostyrilhydrochloridhydrat*, $C_{12}H_{17} \cdot ClN_2O_2S \cdot 0{,}3\ H_2O$, F. 237,5—241° (A./W.), aus **I** u. NaH in abs. DMSO, Rk. mit β-Dimethylaminoäthylchlorid in sd. Bzl. u. mit HCl-Gas in Ae.; 78%. — Analog: *N-γ-Dimethylaminopropylsulfostyrilhydrochloridhydrat*, $C_{13} \cdot H_{19}ClN_2O_2S \cdot 0{,}3\ H_2O$, F. 161—162°, aus 4 g **I**; 3,4 g. — *N-Phenylsulfostyril*, $C_{14}H_{11}NO_2S$, F. 155,5—156,5° (Essigester), aus 10 g **I**, **II** u. $NaOCH_3$ in sd. CH_3OH in Ggw. von Cu_2Cl_2; 1,8 g. — *N-Methyl-6-bromsulfostyril*, $C_9H_8BrNO_2S$, F. 102—103° (Diisopropyläther), aus 5 g **IV** u. 1 Val **III** in heißem DMF; 2 g. — *6.8.x-Tribromsulfostyril*, $C_8H_4Br_3 \cdot NO_2S$, F. 179—180° (A./W.), aus 5 g **I** u. 2 Val **III** in DMF; 0,5 g. — *N-Methyl-6-bromcarbostyril*, $C_{10}H_8BrNO$, F. 144 bis 146°, aus 3,2 g **V** u. **III** in DMF; 0,9 g; daneben 1 g *Verb. vom F. 142—145°*. — *Gemisch von 1.3-* u. *1.4-Dimethylsulfostyril*, $C_{10}H_{11}NO_2S$, F. 78—112°, aus 9 g **IV**, NaH u. **VI** in DMSO; 9,7 g. Hans Köhne/Berlin 3282△

1266 **Sulfostyrile. 4. Mitt. Reaktionen von 4-Oxo-3.4-dihydrosulfostyril.** Bernard Loev und Kenneth M. Snader. (J. heterocyclic Chem. **4** (1967) 3, 403—06; engl.) — 3. vgl. vorst. Referat. — 4-Oxo-3.4-dihydrosulfostyril (**I**) gibt kein Oxim bzw. Semicarbazon, bildet mit sek. Aminen keine Enamine, läßt sich nicht mit Aldehyden kondensieren u. unter normalen Bedingungen nicht katalyt. hydrieren. Bei 2000 p.s.i. u. 110° wird **I** an Pd–Kohle zu *Perhydrosulfostyril* hydriert. Mit Dimethylsulfat (**II**) gibt **I** *N-Methyl-4-methoxy-* u. *N-Methyl-4-oxo-3.4-dihydrosulfostyril* (**III**). Aus **I**, Acetanhydrid u. Triäthylamin in THF werden *1-Acetyl-4-hydroxy-* u. *1-Acetyl-4-acetoxysulfostyril* erhalten. Mit $PCl_3/POCl_3$ reagiert **I** nicht. Mit Benzoldiazoniumchlorid (**IV**) gibt **I** *4-Hydroxy-3-benzolazosulfostyril*, das sich nicht katalyt. an Pt, Pd bzw. Ni in A. bzw. CH_3COOH red. läßt. Es werden nur teerige Prod. erhalten. **I** bzw. **III** werden von N-Bromsuccinimid (**V**) zu *6-Brom-* bzw. *1-Methyl-6-brom-4-oxo-3.4-dihydrosulfostyril* bromiert. **I**-Phenylhydrazon gibt mit HCl **I**, während mit Polyphosphorsäure (**VI**) *5.11-Dihydroindolo-[3.2:c]-[2.1]-benzothiazin-6.6-dioxid* entsteht, das durch Rk. mit NaH u. 2-Dimethylaminoäthylchlorid (**VII**) in das *5-β-Dimethylaminoäthylderiv.* übergeht. Analog wird die entsprechende *5-γ-Dimethylaminopropylverb.* dargestellt. Mit HNO_2 bilden **I** bzw. **III** *Isatin-* bzw. *N-Methylisatin-β-oxim*.

Versuche (F. korr.): *Perhydrosulfostyril*, $C_8H_{15} \cdot NO_2S$, F. 146,5—148° (W.), durch Hydrieren von 5 g **I** an Pd–Kohle in CH_3COOH bei 2000 p.s.i. u. 110°; 1,5 g (Ausb.). — *N-Methyl-4-methoxysulfostyril*, $C_{10}H_{11}NO_3S$, F. 155—156° (Ae.), aus 20 g **I** u. **II** in 10%ig. NaOH; 1,6 g; daneben *N-Methyl-4-oxo-3.4-dihydrostyril* [**III**, $C_9H_9NO_3S$, F. 122—123° (Ae.); 13 g]. — *1-Acetyl-4-hydroxysulfostyril*, $C_{10}H_9NO_4S$, F. 198,5—200° Essigester), aus 5 g **I**, Acetanhydrid u. Triäthylamin in THF; 1,34 g; daneben *1-Acetyl-4-acetoxysulfostyril* $C_{12}H_{11}NO_5S$, F. 136 bis 138° (Diisopropyläther); 1,2 g. — *4-Hydroxy-3-benzolazosulfostyril*, $C_{14}H_{11}N_3O_3S$, F. 235° (Zers.; Aceton), aus 19,8 g **I** u. **IV** in wss. A. in Ggw. von Na-Acetat; 30,3 g. *1-Methyl-4-oxo-6-brom-3.4-dihydrosulfostyril*, $C_9H_8BrNO_3S$, F. 160—163° (Cyclohexan), aus 4,2 g **III** u. **V** in heißem DMF; 3,8 g. — *4-Oxo-3.4-dihydrosulfostyrilphenylhydrazon*, $C_{14}H_{13}N_3O_2S$, F. 246—249,5° (Diisopropyläther), aus 50 g **I** u. Phenylhydrazin in sd. A./Eisessig; 47,5 g. — *5.11-Dihydroindolo-[3.2:c]-[2.1]-benzothiazin-6.6-dioxid*, $C_{14}H_{10}N_2O_2S$, F. 350—352° (Aceton/W.), aus 33 g vorst. Verb. u. **VI**; 20,5 g. — *5-β-Dimethylaminoäthyl-5.11-dihydroindolo-[3.2:c]-[2.1]-benzothiazin-6.6-dioxidhydrochlorid*, $C_{18}H_{20}ClN_3O_2S$, F. 282—284°, aus 10 g vorst. Verb. u. NaH in abs. DMSO u. Rk. mit **VII** in sd. Bzl.; 8,5 g. — *5-γ-Dimethylaminopropyl-5.11-dihydroindolo-[3.2:c]-[2.1]-benzothiazin-6.6-dioxidhydrochlorid*, $C_{19}H_{22} \cdot ClN_3O_2S$, F. 257—260° (A.), analog vorst. Verb. aus 11,6 g vorvorst. Verb. (→ 5,6 g *Base*) u. Rk. mit äther. HCl; 1,4 g. — *Isatin-β-oxim*, $C_8H_6N_2O_2$, F. 235° (A./W.), aus 10 g **I**, Butylnitrit u. konz. HCl in Methylcellosolve; 2 g. — Analog: *N-Methylisatin-β-oxim*, $C_9H_8N_2O_2$, F. 183 bis 187° (W.), aus **III**. — *4-Oxo-3.4-dihydrosulfostyril, p-Toluolsulfonylhydrazonhemihydrat*, $C_{15}H_{15}N_3O_4S_2 \cdot {}^1/_2 H_2O$, F. 213—214° (A./W.), aus 10 g **I** u. p-Toluolsulfonylhydrazin in sd. A. in Ggw. von konz. HCl; 14,1 g. Analog: *2.4-Dinitrophenylhydrazon*, $C_{14}H_{11}N_5O_6S$, F. 276 bis 277° (A./Essigester). Hans Köhne/Berlin 3292△

1267 **Reaktion der Thiolsulfonatgruppe mit dem aromatischen Kern: Ein neuer Ringschluß.** Joseph E. Dunbar und Betty H. Tarnowski. (J. heterocyclic Chem. **4** (1967) 3, 339—43; Edgar C. Britton Res. Labor., Dow Chemical Co., Midland, Mich.; engl.) — N.N-Bis-[2-(methylsulfonylmercapto)-äthyl]-anilin (**I**) gibt beim Erhitzen in polaren Lsgm. *2.3.5.6-Tetrahydro-[1.4]-thiazino-[4.3.2:d.e]-[1.4]-benzothiazin* (**II**). **II** entsteht direkt aus N.N-Bis-[2-chloräthyl]- (**III**) bzw. N.N-Bis-[2-bromäthyl]-anilin (**IV**) u. 2 Val K-Methanthiolsulfonat (**V**) in sd. Äthanol. Daneben wird *Methanthiolsulfonsäuremethylester* (**VI**) erhalten. Bei der Rk. von **III** mit **V** in heißem DMF wird auch *Methanthiolsulfonsäure-S-2-[3.4-dihydro-2H-1.4-benzothiazinyl-(4)]-äthylester*. In Bzl. reagieren **III** bzw. **IV** nicht mit **V**. N.N-Dimethylanilin bzw. 2.5-Dimethoxyanilin geben mit **VI** in sd. polaren Lgsm. keine Reaktion. N.N-Bis-[2-bromäthyl]-p-methoxyanilin (**VII**) gibt mit **V** in warmem DMF *2.3.5.6-Tetrahydro-9-methoxy-[1.4]-thiazino-[4.3.2:d.e]-[1.4]-benzothiazin.* Analog entstehen aus N.N-Bis-[2-bromäthyl]-m- (**VIII**) bzw. -p-toluidin (**IX**) *8-* (**X**) bzw. *9-Methyl-2.3.5.6-tetrahydro-[1.4]-thiazino-[4.3.2:d.e]-[1.4]-benzothiazin.* N.N-Bis-[2-bromäthyl]-m-nitroanilin u. **V** bilden in DMF bei 90° nur *N.N-Bis-[2-methylsulfonylmercaptoäthyl]-m-nitroanilin.* Läßt man **VIII** mit **V** in DMF bei 90° reagieren, so wird neben **X** *8.8'(9.9')-Thio-bis-[2.3.5.6-tetrahydro-10-methyl-[1.4]-thiazino-[4.3.2:d.e]-[1.4]-benzothiazin]* isoliert. N.N-Bis-[2-bromäthyl]-naphthyl-(2)-amin (**XI**) gibt mit **V** in sd. A. *2.3-Dihydro-4-[2-methylsulfonylmercaptoäthyl]-naphtho-[1.2:b]-[1.4]-thiazin*, das sich durch Erwärmen in DMF auf 90° nicht weiter cyclisieren läßt. **II** liefert mit Triäthyloxoniumtetrafluoroborat (**XII**) in CH_2Cl_2 *2.3.5.6-Tetrahydro-[1.4]-thiazino-[4.3.2:d.e]-[1.4]-benzothiazin-1.7-bis-[äthotetrafluoroborat]*.

Versuche: 2.3.5.6-Tetrahydro-[1.4]-thiazino-[4.3.2:d.e]-[1.4]-benzothiazine: *Unsubstituiert* (**II**), $C_{10}H_{11}NS_2$, F. 121,5—123° (Aceton u. CH_3OH),

a) aus **III** u. **V** in sd. A., 57% (Ausb.); b) aus **IV** u. K-p-Toluolthiosulfonat in sd. A.; 74%; c) aus **I** in sd. A.; 76%. *Hydrochlorid*, $C_{10}H_{12}ClNS_2$, F. 161—163,5°, aus **II** u. trockenem HCl-Gas in CH_2Cl_2; 61%. *1.7-Bis-[äthotetrafluoroborat]*, $C_{14}H_{21}B_2F_8NS_2$, F. 212°, aus **II** u. **XII** in sd. CH_2Cl_2; 69%. — *9-Methoxy-*, $C_{11}H_{13}NOS_2$, F. 93—93,5° (A.), aus **VII** u. **V** in heißem DMF; 89%. — *8-Methyl-* (**X**), $C_{11}H_{13}NS_2$, F. 102,5—103° (A.), a) aus **VIII** u. **V** in sd. A. unter N_2; 92%; b) aus 51 g **VIII** u. **V** in DMF bei 90°; 12,7 g; daneben 7,2% *8.8'(9.9')-Thio-bis-[2.3.5.6-tetrahydro-10-methyl-[1.4]-thiazino-[4.3.2:d.e]-[1.4]-benzothiazin]* [$C_{22}H_{24}N_2S_5$, F. 223,5—224,5° (Bzl.)] — *9-Methyl-*, F. 98—98,5° (A.), aus **IX** u. **V** in DMF bei 90°; 98%. — *N.N-Bis-[2-methylsulfonylmercaptoäthyl]-anilin* (**I**), $C_{12}H_{19}NO_4S_4$, F. 130—132,5° (CH_3OH), aus **IV** u. **V** in sd. A. in 3 Std.; 44%. — *Methanthiolsulfonsäure-S-2-[3.4-dihydro-2H-1.4-benzothiazinyl-(4)]-äthylester*, $C_{11}H_{15}NO_2S_3$, F. 105—107,5° (CH_3OH), aus **III** u. **V** in DMF bei 90° in 9 Std.; 11%. — *N.N-Bis-[2-bromäthyl]-m-nitroanilin*, $C_{10}H_{12}Br_2N_2O_2$, F. 131—132,5° (A.), aus N.N-Bis-[2-hydroxyäthyl]-m-nitroanilin u. PBr_3 in CCl_4; 44%. — *N.N-Bis-[2-methylsulfonylmercaptoäthyl]-m-nitroanilin*, $C_{12}H_{18}N_2O_6S_4$, F. 151—152° (Bzl.), aus vorst. Verb. u. **V** in DMF bei 90°; 97%. — *2.3-Dihydro-4-[2-methylsulfonylmercaptoäthyl]-naptho-[1.2:b]-[1.4]-thiazin*, $C_{15}H_{17}NO_2S_3$, F. 129—130° (PAe. u. A.), aus **XI** u. **V** in sd. A.; 80%. Hans Köhne/Berlin 3292△

1268 **Eine Umlagerung in der Pyrrolidin-Piperidin-Reihe während der thermischen Zersetzung von Phenothiazin-10-carbonsäure-N-alkylpiperidyl-(3)-estern.** Göran Bondesson und Richard Dahlbom. (Acta chem. scand. **20**, 2370—76, 1966; Dep. of Chem., Kungl. Farm. Inst., Stockholm, Sweden; engl.) — Die therm. Zers. von Phenothiazin-10-carbonsäure-N-alkylpiperidyl-(3)-estern führt unter Ringkontraktion zur Bldg. von *10-[N-Alkylpyrrolidinyl-(2)-methyl]-phenothiazinen*. IR-Maxima vgl. Original.

Versuche: *Phenothiazin-10-carbonsäure-[N-methylpyrrolidinyl-(2)-methyl]-ester*, $C_{19}H_{20}N_2O_2S$, F. 81,5 bis 82,5° (PAe.), durch 5std. Kochen eines Gemisches aus Phenothiazin-10-carbonsäurechlorid, [N-Methylpyrrolidinyl-(2)]-methanol, Triäthylamin u. Toluol unter Rühren, Kühlen, Filtrieren, Extrahieren mit n HCl u. Alkalisieren mit n NaOH; 59% (Ausb.). *Hydrochlorid*, F. 192 bis 193° (A./Ae.), durch Zugabe von äther. HCl. — *Phenothiazin-10-carbonsäure-[N-äthylpyrrolidinyl-(2)-methyl]-ester*, $C_{20}H_{22}N_2O_2S$, F. 59—60° (PAe.), analog vorst. Meth.; 66%. *Hydrochlorid*, F. 195—196° (A./Ae.). — *N-Methyl-3-brompiperidin, Hydrobromid*, $C_6H_{13}Br_2N$, F. 132—133° (A./Ae.), durch 10std. Erhitzen von N-Methyl-3-hydroxypiperidin mit 63%ig. HBr auf 150° im Rohr u. Einengen im Vakuum; 38%. — *N-Äthyl-3-brompiperidin, Hydrobromid*, $C_7H_{15}Br_2N$, F. 185—186,5° (A./Ae.), analog vorst. Meth.; 54%. — 10-[N-Alkylpyrrolidinyl-(2)-methyl]-phenothiazine, a) durch 4—6std. Erhitzen der entsprechenden N-Alkylpiperidyl-(3)-ester bei 200—210°/10 Torr; b) durch 6—20std. Kochen des entsprechenden Esters in o-Dichlorbenzol: *N-Methyl-, Hydrochlorid* (**II**), $C_{18}H_{21}ClN_2S$, F. 234—236° (Zers.; A./Ae.), analog a); 94%. — *N-Äthyl-, Hydrochlorid* (**VIII**), $C_{19}H_{23}ClN_2S$, F. 215—217° (A./Ae.), analog a); 78%. — *N.3-Dimethyl-, Maleat* (**III**), $C_{23}H_{26}N_2O_4$, S, F. 163—165° (A./Ae.), analog a); 53%. *Oxalat*, $C_{21}H_{24}N_2O_4S$, F. 208—210° (Zers.; Methanol). — *3-Methyl-N-äthyl-, Maleat* (**IX**), $C_{24}H_{28}N_2O_4S$, F. 171—173° (A./Ae.), analog a); 70%. *Oxalat*, $C_{22}H_{26}N_2O_4S$, F. 178—180° (Zers.; Methanol/A.). — *3-Äthyl-N-methyl-, Oxalat* (**IV**), $C_{22}H_{26}N_2O_4S$, F. 181—183° (Zers.; Methanol/A.), analog a); 35%. — *3.N-Diäthyl-, Hydrochlorid* (**X**), $C_{21}H_{27}ClN_2S$, F. 173—174° (A./Ae), analog a); 66%. — *3-Methoxy-N-methyl-, Hydrochlorid* (**V**), $C_{19}H_{23}ClN_2OS$, F. 196—198° (Aceton/Ae.), analog b); 64%. — *3-Methoxy-N-äthyl-, Hydrochlorid* (**XI**), $C_{20}H_{25}ClN_2OS$, F. 192—194° (Aceton), analog b); 44%. *Oxalat*, $C_{22}H_{26}N_2O_5S$, F. 195—196° (Zers.; Methanol/Ae.). — *3-Chlor-N-methyl-, Hydrochlorid* (**VI**), $C_{18}H_{20}Cl_2N_2S$, F. 208 bis 209° (A./Ae.), analog a); 59%. *Oxalat*, $C_{20}H_{21}ClN_2O_4S$, F. 227—228° (Zers.; Methanol/Ae.). — *3-Chlor-N-äthyl-, Hydrochlorid* (**XII**), $C_{19}H_{22}Cl_2N_2S$, F. 187—189° (A./Ae.), analog b); 79%. *Oxalat*, $C_{21}H_{23}ClN_2O_4S$, F. 194—196° (Zers.; Methanol/Ae.). — *3-Acetyl-N-methyl-, Hydrochlorid* (**VII**), $C_{20}H_{23}ClN_2OS$, F. 225—227° (Zers.; A./Ae.), analog b); 22%. — *3-Acetyl-N-äthyl-, Hydrochlorid* (**XIII**), $C_{21}H_{25}ClN_2OS$, F. 232—233° (Zers.; A./Ae.), analog b); 32%. — *N-Methyl-2-[brommethyl]-pyrrolidin, Hydrobromid*, $C_6H_{13}Br_2N$, F. 150,5—152° (A./Dioxan), a) durch Rk. von N-Methyl-2-[hydroxymethyl]-pyrrolidin (**I**) mit 63%ig. HBr; 61%; b) durch 3std. Kochen von **I**-Hydrobromid mit $SOBr_2$ in Toluol; 42%; c) durch 1,5std. Kochen von **II** mit 63%ig. HBr in W., Kühlen, Zugabe von W. u. Einengen; 38%; d) analog c) aus **III**, **IV**, **V**, **VI** u. **VII**; 50—75%. — *N-Äthyl-2-[brommethyl]-pyrrolidin, Hydrobromid*, $C_7H_{15}Br_2N$, F. 174—175° (A./Ae.), a) analog vorst. Meth. (a); 91%; b) analog vorst. Meth. (c) aus **VIII**, **IX**, **X**, **XI**, **XII** u. **XIII**; 50—75%. — *N-Methyl-2-methylpyrrolidiniumpikrat*, F. 235—237° (A.), durch 3std. Schütteln vorvorst. Verb. mit $LiAlH_4$ in Ae., Filtrieren u. Zugabe von Pikrinsäure. — *N-Äthyl-2-methylpyrrolidiniumpikrat*, F. 192,5—193,5° (A.), aus vorvorst. Verb. analog vorst. Methode.

K.-P. Hilgetag 3292△

1269 **Cyanamid-Derivate. 74. Mitt. Synthese von 4.6-disubstituierten 2-Amino-1.3.5-triazinen.** Hideki Nagasaka, Eiichi Ichikawa und Keijiro Odo. (J. synth. org. Chem., Japan **25** (1967) 11, 1048—51; Fac. of Engng. in Tokyo Inst. of Technol., 21—1, 2-Chome, Ookayama; Meguro-ku, Tokyo; jap.) — 73. vgl. C. **1969**, 1-1209. — Durch Umsetzung von 1-Imidoyl-guanidinen R–C(=NH)–NH–C(=NH)–NH_2 mit Carbonsäurechloriden oder -estern werden in guten Ausb. *4.6-disubstituierte 2-Amino-1.3.5-triazine* erhalten. Bei der Rk. des von Isophthalsäure abgeleiteten Imidoylguanidins **I** mit Isophthalsäuredichlorid (**II**) werden *Oligomere der Zus.* **III** erhalten, die auf Grund ihres IR-Spektrums als Endgruppen vermutlich CN-Gruppen besitzen.

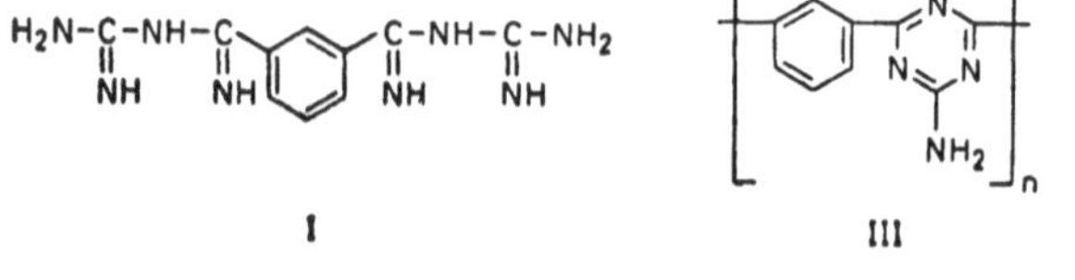

I III

Versuche: *2-Amino-4.6-diphenyl-1.3.5-triazin* (**IV**), F. 172° (Methanol), durch Zugabe von 1 g 1-Benzimidoylguanidin-hydrochlorid (**V**) zu einer Lsg. von 0,48 g NaOH in 3 ml W. u. 3 ml Aceton unter Eiskühlung u. Rühren, Zutropfen einer Lsg. von 0,77 g Benzoylchlorid (**VI**) in 3 ml Aceton, 2std. Rühren bei 0° u. Einengen bei niedriger Temp. im Vakuum; 95% (Ausb.). — Analog **IV** werden dargestellt: *2-Amino-4-methyl-6-phenyl-1.3.5-triazin*, F. 159—160°; 91%. — *2-Amino-4-äthyl-6-phenyl-1.3.5-triazin*, F. 147—148°; 94%. — *2-Amino-4-methyl-6-[p-tolyl]-1.3.5-triazin*, F. 185°; 90%. — *2-Amino-4-phenyl-6-[p-tolyl]-1.3.5-triazin*, F. 173—174°; 95%. — *2-Amino-4-äthyl-6-[p-chlor-phenyl]-1.3.5-triazin*, F. 184 bis 185°; 85%. — *2-Amino-4-phenyl-6-vinyl-1.3.5-triazin*, F. 147°; 88%. — *2-Amino-4-phenyl-6-[p-nitro-phenyl]-1.3.5-triazin* (**VII**), F. 216—217° (A.), durch Zugabe von 1,22 g 1-[p-Nitro-benzimidoyl]-guanidin-hydrochlorid zu einer Lsg. von 0,48 g NaOH in 4 ml W. u. 10 ml Acetonitril unter Eiskühlung u. Rühren, Zutropfen einer Lsg. von 0,77 g **VI** in 5 ml Acetonitril u. Weiterverarbeitung wie bei **IV**; 97%. — Analog **VII** werden dargestellt: *2-Amino-4-äthyl-6-[p-nitro-phenyl]-1.3.5-triazin*, F. 232 bis 233°; 96%. — *2-Amino-4-phenyl-6-[pyridyl-(3)]-1.3.5-triazin*, F. 202—203° (Methanol); 88%. — *2-Amino-4-hydroxy-6-phenyl-1.3.5-triazin*, F. 320—321° (Methanol), a) analog **IV** mit 0,6 g Chlorameisensäureäthylester (an Stelle von **VI**), Abziehen des Acetons u. Neutralisieren mit verd. HCl gegen Phenolphthalein; 82%; b) durch 12std. Rk. von 0,81 g freiem 1-Benzimidoyl-guanidin (**VIII**) u. 0,65 ml Cyanameisensäureäthylester in 6 ml Methanol bei 25°; 0,67 g. — *2-Amino-4-hydroxy-6-[p-chlor-phenyl]-1.3.5-triazin*, F. 336—337°, analog vorst. Verb. nach a); 89%. — *2-Amino-4-phenyl-1.3.5-triazin* (**IX**), F. 205—206° (Methanol), durch Zugabe von 0,5 g K_2CO_3 u. 0,48 g Ameisensäureäthylester zu 0,81 g **VIII** in 6 ml Methanol u. 12std. Stehen bei Raumtemp.; 88%.

— Analog **IX** werden dargestellt: *2-Amino-4-[pyridyl-(3)]-1.3.5-triazin*, F. 226°; 88%. — *2-Amino-4-[p-tolyl]-1.3.5-triazin*, F. 235—236°; 85%. — *2-Amino-4-chlormethyl-6-phenyl-1.3.5-triazin*, F. 146—147°, analog **IX** unter Verw. von Chloressigsäureäthylester; 83%. — *2-Amino-4.6-dimethyl-1.3.5-triazin*, F. 171—172°, analog **IV** oder **VII**; 89%. — *2-Amino-4-methyl-6-äthyl-1.3.5-triazin*, F. 97—98°, analog **IV** oder **VII**; 92%. — *Oligomere der Zus.* **III**, Zers. > 360°, durch Vermischen einer Lsg. von 1,28 g **I**-Dihydrochlorid in 15 ml W. mit einer Lsg. von 0,68 g NaOH in 5 ml W., Zugabe einer Lsg. von 0,81 g **II** in 20 ml CCl_4, 2std. Rühren bei 10°, Eindampfen, Waschen mit W. u. 5std. Trocknen bei 80°.

L. Lamza 3313△

1270 **symm.-Triazine.** 1. Mitt. **Lineare symm.-Triazin-Oligomere mit Schwefelbrücken.** Gerard A. Loughran, Gerhard F. L. Ehlers und Jerald L. Burkett. (J. heterocyclic Chem. **3**, 137—42, 1966; Ohio 45433, Wright-Patterson Air Force Base; engl.) — Durch Rk. von Cyanurchlorid (**I**) mit C_6H_5MgBr werden *2-Phenyl-4.6-dichlor-symm.-triazin* (**II**) u. *2.4-Diphenyl-6-chlor-symm.-triazin* (**III**) dargestellt u. nach bekannten Meth. in *4.6-Dimercapto-2-phenyl-* (**IV**) bzw. *6-Mercapto-2.4-diphenyl-symm.-triazin* (**V**) übergeführt. **IV** u. **V** liegen in festem Zustand in den entsprechenden *Thioxotautomeren* vor. **III** gibt mit dem **V**-*Na-Salz* (**Vb**) in A./Bzl./Aceton ein Gemisch aus *Bis-[4.6-diphenyl-symm.-triazinyl-(2)]-sulfid* (**VI**) u. *-disulfid* (**VII**), während aus **III** u. **V** in sd. Py. oder aus **III** u. $Na_2S \cdot 9H_2O$ in CH_3OH/Dioxan nur **VI** entsteht. **VII** wird durch direkten Vgl. mit einem aus **V** durch Ox. mit HNO_2 dargestellten Präp. identifiziert. Durch H_2O_2/Eisessig oder Cumolhydroperoxid in sd. Xylol wird **VI** nicht verändert; bei der Ox. mit heißer konz. HNO_3 entstehen SO_2 u. *2.4-Diphenyl-6-hydroxy-symm.-triazin*. Beim Zugeben von 2 Mol **II** zu **Vb** in A./Bzl./Aceton werden **VI**, **VII** u. *2.4-Bis-[4.6-diphenyl-symm.-triazinyl-(2)-mercapto]-6-phenyl-symm.-triazin* (**VIII**) erhalten, während aus **II** u. **V** in sd. Py. **VI** u. wenig **VIII** u. aus 2 Mol **III** u. 1 Mol **IV** in Py. nur **VI** gebildet werden. Bei allen Rk. wird H_2S entwickelt, ebenso wird **V** in sd. Py. unter H_2S-Entw. in **VI** übergeführt. Durch Einleiten von H_2S in **III** in sd. Py. werden **V** u. wenig **VI** gebildet u. beim Zugeben von NaSH in W. zu **II** wird an Stelle des erwarteten 2-Phenyl-4-chlor-6-mercapto-symm.-triazins *Bis-[4-phenyl-6-chlor-symm.-triazinyl-(2)]-sulfid* erhalten. **Vb** gibt mit 1 Mol **II** in A./Dioxan *2-[4-Phenyl-6-chlor-symm.-triazinyl-(2)-mercapto]-4.6-diphenyl-symm.-triazin* u. aus **I** u. 3 Mol **Vb** wird *2.4.6-Tris-[4.6-diphenyl-symm.-triazinyl-(2)-mercapto]-symm.-triazin* dargestellt.

Versuche: *6-Mercapto-2.4-diphenyl-symm.-triazin* (**V**), F. 195—198° (A.), durch Einleiten von 0,68 g H_2S in 6 Std. in eine Lsg. von 2,67 g **III** in sd. Py., Gießen in verd. HCl, Trocknen des Nd. bei 120° u. Extrahieren von **VI** mit sd. Bzl.; 2,2 g (Ausb.). — *Bis-[4.6-diphenyl-symm.-triazinyl-(2)]-sulfid* (**VI**), $C_{30}H_{20}N_6S$, F. 225—226° (Bzl.), a) neben **V**; 0,34 g; b) durch $^1/_2$ std. Erhitzen von 1,33 g **V** u. 1,34 g **III** in Py. auf 100° u. Gießen in W.; 1,6 g; c) durch Zutropfen von 5,28 g $Na_2S \cdot 9H_2O$ in CH_3OH zu 10,72 g **III** in Dioxan bei Raumtemp., Eindampfen u. Extrahieren mit Bzl.; 10 g; d) neben **VII** nach b), c) u. d); 0,22, 0,2 bzw. 0,5 g; e) durch $1^1/_2$std. Erhitzen von 5,35 g **III** u. 1,9 g **IV** in Py. auf 90° u. Gießen in W.; 2 g; f) neben **VIII** nach c); 0,9 g. — *Bis-[4.6-diphenyl-symm.-triazinyl-(2)]-disulfid* (**VII**), $C_{30}H_{20}N_6S_2$, F. 275—276° (Zers.; Bzl.), a) durch Zugeben von 1,06 g **V** in Dioxan zu $NaNO_2$ in kalter verd. HCl; 0,99 g; b) durch Zutropfen von 2,68 g **III** in Dioxan zu 2,65 g **V** u. 0,44 g NaOH in sd. A./Bzl./Aceton, mehrstd. Kochen, Eindampfen im Vakuum, Extrahieren mit sd. Bzl. (0,71 g unverändertes **V** bleiben ungelöst) u. Einengen des Extraktes; 0,5 g; c) durch Zutropfen von 1,13 g **II** in Dioxan zu 2,65 g **V** u. 0,44 g NaOH in sd. A./Bzl./Aceton, 3std. Kochen, Auskochen mit Bzl. u. frakt. Krist. des Extraktrückstandes aus Cyclohexan, Bzl. u. Dioxan; 0,2 g; d) durch 24std. Kochen von 2,65 g **V** in Py., Gießen in verd. HCl, Trocknen des Nd. u. frakt. Krist. aus Cyclohexan u. Dioxan; 0,5 g neben 1,3 g **V** u. 0,5 g **VI**. — *6-Hydroxy-2.4-diphenyl-symm.-triazin*, $C_{15}H_{11}N_3O$, F. 292—294°, a) durch kurzes Kochen von 0,5 g **VI** u. konz. HNO_3 u. Gießen in Eiswasser; 0,45 g; b) neben **V**; 0,04 g. — *2.4-Bis-[4.6-diphenyl-symm.-triazinyl-(2)-mercapto]-6-phenyl-symm.-triazin* (**VIII**), $C_{39}H_{25}N_9S_2$, F. 243—244° (Bzl.), a) durch Zutropfen von 2,2 g **II** in Dioxan zu 5,5 g **V** u. C_2H_5ONa in sd. abs. A. u. 1std. Kochen; 3,4 g; b) neben **VII** nach c); 0,8 g; c) durch 3std. Kochen von 1,13 g **II** u. 2,92 g **V** in Py., Gießen in W. u. frakt. Krist. des Nd. aus Bzl.; 0,7 g. — *Bis-[4-phenyl-6-chlor-symm.-triazinyl-(2)]-sulfid*, $C_{18}H_{10}Cl_2N_6S$, F. 199—200° (Bzl.), durch Zutropfen von 1 Mol NaHS in W. zu 22,6 g **II** in Dioxan bei Raumtemp. in 2 Std., Eindampfen, Auskochen mit Toluol u. frakt. Krist.; 9,4 g; daneben 5,1 g **IV**. — *2-[4-Phenyl-6-chlor-symm.-triazinyl-(2)-mercapto]-4.6-diphenyl-symm.-triazin*, $C_{24}H_{15}ClN_6S$, F. 198—199°, durch Zutropfen von 4,5 g **II** in Dioxan zu 5,3 g **V** u. C_2H_5ONa in A. u. frakt. Krist. des Nd. aus Bzl.; 6,9 g neben 0,9 g **VIII**. — *2.4.6-Tris-[4.6-diphenyl-symm.-triazinyl-(2)-mercapto]-symm.-triazin*, $C_{48}H_{30}N_{12}S_3$, F. 156,5—157,5° (Dioxan), durch Zutropfen von 0,625 g **I** in Bzl. zu 4,15 g **V** u. CH_3ONa in sd. CH_3OH, Eindampfen u. Extrahieren mit heißem Chlorbenzol; 1,67 g.

F. Heller 3313

1271 **symm.-Triazine.** 2. Mitt. **Synthese einiger neuer Cyclopoly-symm.-triazinylensulfide und -disulfide.** Gerard A. Loughran, Gerhard F. L. Ehlers und Jerald L. Burkett. (J. heterocyclic Chem. **3**, 143—48, 1966; engl.) — 1. vgl. vorst. Referat. — Beim Zutropfen von 2-Methyl-4.6-dichlor-symm.-triazin (**I**) in Dioxan zu verd. wss. NaHS-Lsg. wird *2-Methyl-4.6-dimercapto-symm.-triazin* (**II**), beim Zugeben von NaHS-Lsg. zur **I**-Lsg. jedoch *Cyclo-tris-[2-methyl-symm.-triazinylen-(4.6)-sulfid]* (**III**) erhalten. Das entsprechende *Cyclopoly-disulfid* (**IV**) wird beim Zutropfen von verd. H_2O_2 zur Lsg. von **II** in verd. NaOH gebildet. Analoga von **III** u. **IV** als Gemische mit den entsprechenden *Cyclotetrameren* werden aus 2-Phenyl-4.6-dichlor(**V**)- bzw. -dimercapto-symm.-triazin (**VI**) dargestellt. Vers. zur Darst. der intermediären linearen trimeren bzw. tetrameren Sulfide waren erfolglos, ebenso ein Vers. zur Darst. von 2-Phenyl-4-chlor-6-mercapto-symm.-triazin.

Versuche: *2-Methyl-4.6-dichlor-symm.-triazin* (**I**), F. 98—100°, Kp. 185—189°, aus Cyanurchlorid u. Methylmagnesiumhalogenid. — *2-Phenyl-4.6-dichlor-symm.-triazin* (**V**), F. 116—119°, aus Cyanurchlorid u. C_6H_5MgBr; 85—95% (Ausb.). — *2-Methyl-4.6-dimercapto-symm.-triazin* (**II**), $C_4H_5N_3S_2$, F. 252—256° (Zers.; Dioxan), durch Zutropfen von **I** in Dioxan zu NaSH in W. bei 15—20°, Ansäuern mit verd. Essigsäure, Eindampfen u. Extrahieren mit heißem Dioxan; 64%. — *2-Phenyl-4.6-dimercapto-symm.-triazin* (**VI**), F. 245—247°. — *Cyclo-tris-[2-methyl-symm.-triazinylen-(4.6)-sulfid]* (**III**), $(C_4H_3 \cdot N_3S)_3$, F. 212—215° (Chlorbenzol), durch Zutropfen von NaSH in W. zu **I** in Dioxan bei Raumtemp. in $1^1/_2$ Std.; 80%. — *Cyclopoly-[2-methyl-symm.-triazinylen-(4.6)-disulfid]* (**IV**), $(C_4H_3N_3S_2)_n$, durch Zutropfen von 3%ig. H_2O_2 zu **II** in verd. NaOH bei Raumtemp.; 92%. — *Cyclo-tris-[2-phenyl-symm.-triazinylen-(4.6)-sulfid]*, $(C_9H_5 \cdot N_3S)_3$, F. 263—264° (Zers.), im Gemisch mit wenig nachst. Verb., a) durch Zutropfen von $Na_2S \cdot 9H_2O$ in W. zu **V** in sd. Dioxan; 92%; b) analog a) bei Raumtemp.; 86%. — *Cyclo-tetrakis-[2-phenyl-symm.-triazinylen-(4.6)-sulfid]*, $(C_9H_5N_3S)_4$, F. 263—264° (Zers.), a) durch frakt. Krist. von 2,1 g vorst. Gemisches nach b) aus Dioxan, dann aus Bzl.; Nadeln; 0,48 g; b) im Gemisch mit wenig vorst. Trimeren durch Zutropfen von 2,26 g **V** in Dioxan zu 4,42 g **VI** u. C_2H_5ONa in A. bei 70° in mehreren Std., Eindampfen u. frakt. Krist.; 2,0 g; daneben 2 g **VI**; c) im Gemisch mit vorst. Trimeren durch Zutropfen von NaSH in abs. CH_3OH zu 5,26 g **V** in Aceton bei 0—5° in 1 Std., Eindampfen bei Raumtemp. u. frakt. Krist. aus PAe. u. Bzl.; 3,0 g; daneben 0,8 g **VI** u. 0,4 g **V**. — *Cyclopoly-[2-phenyl-symm.-triazinylen-(4.6)-disulfid]*, $(C_9H_5N_3 \cdot S_2)_n$, F. 282—283° (Zers.; Dioxan), als Gemisch von Trimeren u. Tetrameren durch Zutropfen von $NaNO_2$ u. **VI** in verd. NaOH zu verd. Essigsäure bei 50°; 96%.

F. Heller 3313

1272 **Substituierte Trimethylentrisulfone.** 7. Mitt. **Reaktion halogensubstituierter Trimethylen- und Tris-[methylmethylen]-trisulfone mit sekundären und tertiären Aminen.** R. G. Dubenko, Ju. V. Tančuk und P. S.

Pel'kis. (Ž. org. Chim. **2**, 270–73, 1966; Inst. org. chim. AN Ukr. SSR; russ.) — Hexachlortrimethylentrisulfon (**I**) gibt mit Py. einen *1:2-Komplex*, für den eine Struktur als *Dipyridiniotetrachlortrimethylentrisulfondichlorid* angenommen wird; ähnliche Prod. werden aus **I**, Hexabrom-, 2.4.6-Trichlortrimethyl- (**II**) u. 2.4.6-Tribromtrimethyltrimethylentrisulfon (**III**) u. Py. bzw. Piperidin erhalten. Mit Morpholin tritt bei **II** u. **III** direkte Substitution ein, was auf den elektropositiven Einfl. der CH_3-Gruppen zurückgeführt wird. — 10. vgl. C. **1968**, 61–0684.

Versuche (Vermischen der Komponenten in abs. Ae. bei 0°): Trimethylentrisulfone: *Dipyridiniotetrachlor-*, *Dichlorid*, $C_{13}H_{10}Cl_6N_2O_6S_3$, F. 140–141°; 69% (Ausb.). — *Tripiperidiniotrichlor-*, *Trichlorid*, C_{18} · $H_{33}Cl_6N_3O_6S_3$, F. 137–138°; 70%. — *Trimorpholiniotrichlor-*, *Trichlorid*, $C_{15}H_{27}Cl_6N_3O_9S_3$, F. 181–183°; 61%. — *Tripyridiniotribrom-*, *Tribromid*, $C_{18}H_{15}Br_6N_3O_6S_3$, F. 179–180°; 83%. — *Tripiperidiniotribrom-*, *Tribromid*, $C_{18}H_{33}Br_6N_3O_6S_3$, F. 198–199°; 81%. — *Brompentamorpholinio-*, *Pentabromid*, $C_{23}H_{45}Br_6N_5O_{11}S_3$, F. 166 bis 167°; 87%. — *Trimorpholinio-*, *Tribromid*, $C_{15}H_{30}$ · $Br_3N_3O_9S_3$, F. 209–210°; 64%. — 2.4.6-Trimethyltrimethylentrisulfone: *Chlordipiperidinio-*, *Dichlorid*, $C_{16}H_{31}Cl_3N_2O_6S_3$, F. 127–128°; 67%. — *Bromdipyridinio-*, *Dibromid*, $C_{16}H_{19}Br_3N_2O_6S_3$, F. 187–188°; 59%. — *Bromdipiperidinio-*, *Dibromid*, $C_{16}H_{31}Br_3N_2O_6S_3$, F. 169 bis 171°; 67%. — *Morpholinodichlor-*, $C_{10}H_{17}Cl_2NO_7S_3$, F. 109 bis 110°; 71%. — *Morpholinodibrom-*, $C_{10}H_{17}Br_2NO_7S_3$, F. 108–110°; 78%. H.-E. Toussaint 3343

1273 **Reaktion zwischen 5-Dimethylaminotetrazol und Sulfonylchloriden.** Kai Arne Jensen, Arne Holm und Schneur Rachlin. (Acta chem. scand. **20**, 2795–2806, 1966; Chem. Labor. II (General and Organ. Chem.), Univ. of Copenhagen, Denmark; engl.) — Sulfonylchloride reagieren mit 5-Dimethylaminotetrazol (**II**) in Py. unter Ringöffnung zu *[Sulfonylhydrazono]-[dimethylamino]-methylpyridiniumchloriden* (**I**). Die Umsetzung der Verb. vom Typ **I** mit W. ergibt *1-Sulfonylsemicarbazide*, Rk. mit H_2S liefert *1-Sulfonylthiosemicarbazide*, Umsetzung mit NH_3 führt zu *1-Sulfonylaminoguanidinen*, während bei Rk. mit NaN_3 *1-Sulfonylaminotetrazole* erhalten werden. **II** reagiert bei tiefer Temp. mit p-Toluolsulfonylchlorid zu *2-[p-Toluolsulfonyl]-5-[dimethylamino]-tetrazol*. IR-Maxima vgl. Original.

Versuche: *N.N-Dimethylguanylazid* (**III**), *Hydrochlorid*, $C_3H_8ClN_5$, F. 112–115° (A./Ae.), durch 1,5std. Schütteln einer wss. Lsg. von 2.2-Dimethyl-1-aminoguanidiniumjodid mit überschüss. AgCl, Filtrieren, Zugabe von 4 n HCl u. $NaNO_2$ unter Kühlen, Einengen im Vakuum u. Extrahieren mit abs. A.; 54% (Ausb.). *Hydrobromid*, F. 135–136° (Zers.), analog aus nachst. Verb. mit HBr u. $NaNO_2$; 60%. — *Dimethylaminoguanidiniumbromid* (**IV**), $C_3H_{11}BrN_4$, F. 212–214°, durch Schütteln eines Gemisches aus S-Äthylthiosemicarbazidiumbromid u. 2 n äthanol. Dimethylamin bis zur Klarheit der Lsg., $^1/_4$std. Kochen u. Kühlen; 82%. — *Thiosemicarbazidiumbromid*, F. 119–120° (Methanol), durch 18std. Kochen von Thiosemicarbazid mit Äthylbromid in A.; 93%. — *N.N-Dimethylcarbamoylazid*, Kp.$_{14-15}$ 58°, durch Zugabe von wss. $NaNO_2$ zu 4.4-Dimethylsemicarbazid in 4 n HCl unter Kühlen u. Extrahieren mit Ae.; 40%. — *5-Dimethylaminotetrazol* (**II**), F. 242–244° (W.), a) durch Zugabe von Na-Acetat zu **III**-Hydrochlorid bis pH 6, Einengen im Vakuum u. Extrahieren mit A.; 40–50%; b) durch Zugabe von $NaNO_2$ zu **IV** in 2 n HCl bei 0–5°, $^3/_4$std. Rühren, Zugabe von 4 n NaOH bei 0° bis pH 4–5, Einstellen auf pH 6 mit Na-Acetat, $^1/_2$std. Rühren bei Raumtemp.; Kochen u. mehrstd. Stehen; 80%; c) durch 48std. Kochen eines Gemisches aus NaN_3, LiCl, 7 g Dimethylcyanamid u. Glykolmonomethyläther, Einengen im Vakuum, Lösen in W. u. Zugabe von konz. HCl; 3 g; d) durch 20tägiges Stehen von Dimethylcyanamid in wss. Hydrazonsäure bei Raumtemp.; 18%. — *[p-Toluolsulfonylhydrazono]-[dimethylamino]-methylpyridiniumchlorid* (**V**), $C_{15}H_{19}ClN_4$ · O_2S, F. 136–136,5° (A.), durch $^1/_4$std. Erwärmen von **II** mit p-Toluolsulfonylchlorid in Py. bei 45°, Kühlen u. Zugabe von Ae.; 57%. — *[Methansulfonylhydrazono]-[dimethylamino]-methylpyridiniumchlorid*, $C_9H_{15}ClN_4OS_2$, aus **II** u. Methansulfonylchlorid analog vorst. Methode. — Semicarbazide: *1-Methansulfonyl]-4.4-dimethyl-*, C_4 · $H_{11}N_3O_3S$, F. 142–143° (A.), durch Kochen vorst. Verb. mit Wasser. — *1-[p-Toluolsulfonyl]-4.4-dimethyl-*, $C_{10}H_{15}$ · N_3O_3S, F. 146–148° (A./W.), a) aus **V** analog vorst. Meth.; 87%; b) durch Zugabe von p-Toluolsulfonylchlorid zu 4.4-Dimethylsemicarbazid in Py. unter Kühlen u. Rühren, $^1/_2$std. Rühren, kurzes Kochen, Einengen im Vakuum u. Zugabe von W. (Meth. **A**); 74%. — *1.1-Dimethyl-4-[p-toluolsulfonyl]-*, $C_{10}H_{15}N_3O_3S$, F. 178–179° (A.); 40%. — *1-Methyl-1-äthyl-4-[p-toluolsulfonyl]-*, C_{11} · $H_{17}N_3O_3S$, F. 136–138° (A./W.); 40%. — *1.1-Diäthyl-4-[p-toluolsulfonyl]-*, $C_{12}H_{19}N_3O_3S$, F. 150–152° (A.); 35%. — *1-Methyl-1-phenyl-4-[p-toluolsulfonyl]-*, $C_{15}H_{17}N_3O_3S$, F. 187–189° (A.); 67%. — *1.2-Dimethyl-4-[p-toluolsulfonyl]-*, $C_{10}H_{15}N_3O_3S$, F. 150–152° (W.); 30%. — *1.1.2-Trimethyl-4-[p-toluol-sulfonyl]-*, $C_{11}H_{17}N_3O_3S$, F. 149–151° (A.); 70%. — *1-Phenyl-4-[p-toluolsulfonyl]-*, $C_{14}H_{15}N_3O_3S$, F. 222 bis 224° (A.); 60%. — 2-[p-Toluolsulfonyl]-hydrazine: *1-Äthoxycarbonyl-*, $C_{10}H_{14}N_2O_4S$, F. 106–107°, aus 1-Äthoxycarbonylhydrazin analog **A**; 80%. — *1-Äthoxythiocarbonyl-*, $C_{10}H_{14}N_2O_3S_2$, F. 97–98°, aus Äthoxythiocarbonylhydrazin analog **A**; 40%. — *1-Methoxythiocarbonyl-*, $C_9H_{12}N_2O_3S_2$, F. 123–125°, aus Methoxythiocarbonylhydrazin analog **A**; 66%. — *1-[p-Toluolsulfonyl]-4.4-dimethylthiosemicarbazid*, $C_{10}H_{15}N_3O_2$ · S_2, F. 146–147° (Zers.; A.), a) durch 2–3std. Durchleiten von H_2S durch eine wss. Lsg. von **V**; 68%; b) aus 4.4-Dimethylthiosemicarbazid analog **A**; 95%. — *1.1-Dimethyl-4-[p-toluolsulfonyl]-thiosemicarbazid*, $C_{10}H_{15}N_3$ · O_2S_2, F. 176–177° (Bzl./PAe.), durch Zugabe von 1.1-Dimethylhydrazin zu einer Lsg. von p-Toluolsulfonylisothiocyanat in Methylenchlorid unter Kühlen u. Rühren, $^1/_2$std. Stehen bei Raumtemp. u. Einengen im Vakuum; 40%. — *1-[p-Toluolsulfonylamino]-3.3-dimethylguanidin*, $C_{10}H_{16}N_4O_2S$, F. 162–164°, durch Zugabe von **V** zu äthanol. NH_3, Zugabe von Ae., 3std. Rühren bei 0° u. Filtrieren; 42%. — *1-[p-Toluolsulfonylamino]-3.3-dimethylguanidin* (**VI**), $C_{10}H_{16}N_4O_2S$, F. 141,5 bis 142° (A.), durch Erhitzen nachst. Verb. mit m äthanol. Hydrazin, 48std. Stehen bei Raumtemp. u. Filtrieren; 78%. — *N.N-Dimethyl-N'-[p-toluolsulfonyl]-S-äthylisothioharnstoff*, $C_{12}H_{18}N_2O_2S_2$, F. 80,5–81° (W./A.; 4:1), durch Zugabe von p-Toluolsulfonylchlorid zu N.N-Dimethyl-S-äthylisothiouroniumbromid in Py., $^1/_2$std. Kochen, Einengen im Vakuum, Zugabe von n HCl u. mehrstd. Kühlen; 37%. — *1-[p-Toluolsulfonylamido]-5-[dimethylamino]-tetrazol*, $C_{10}H_{14}N_6O_2S$, F. 204–205° (Zers.; A./W.), durch Zugabe von NaN_3 in W. zu **V** in W.; 63%. — *N.N-Dimethylamino-N'-[p-toluolsulfonylimido]-carbonimidoylazid*, $C_{10}H_{13}N_5O_2S$, F. 73–73,5° (A./W.), durch Zugabe wss. $NaNO_2$ zu **VI** in 2 n HCl unter Kühlen u. Rühren; 84%. — *S-Äthyl-N-[p-toluolsulfonyl]-iminothiobenzoesäure*, $C_{16}H_{17}$ · NO_2S_2, F. 99–101° (A.), durch Zugabe von p-Toluolsulfonylchlorid zu S-Äthylimidothiobenzoesäure-Hydrochlorid in Py., kurzes Kochen, 1std. Rk. bei Raumtemp. u. Gießen in W.; 63%. — *3.6-Diphenyl-1.2.4.5-tetrazin*, durch Zugabe von Hydrazin zu vorst. Verb. in Äthanol. — *3.5-Diphenyl-1.2.4-triazol*, $C_{14}H_{11}N_3$, F. 190–192° (A.), aus S-Äthyl-N-benzoylthioimidobenzoesäure u. wss. Hydrazin; 95%. K.-P. Hilgetag 3354△

1274 **Azepinone. 2. Mitt. Synthesen von substituierten Pyridazinen.** N. A. Evans, R. B. Johns und K. R. Markham. (Austral. J. Chem. **20** (1967) 4, 713–22; Dep. of Organ. Chem., Univ. of Melbourne; engl.) — 1. vgl. C. **1963**, 5852. — Zwei versuchte Synth.-Wege zu Diphenyldiazatroponen werden beschrieben. Rk. von 2-Hydroxyimino-1.5-diphenylpentandion-(1.5) (**III**) mit N_2H_4 gab substituierte *Pyridazinderiv.*, aber keine Perhydrodiazepine. Eine Oximierung von 5.6-Dihydro-3.7-diphenyl-4H-1.2-diazepin (**I**) war erfolgreich, aber es gelang nicht, den Ring zu dehydrieren. Weitere Rk., z. B. auch Umlagerungen des erhaltenen *4-Hydroxyiminoderiv.* (**II**) von **I**, sind beschrieben.

Versuche: *1.5-Diphenyl-2-hydroxyiminopentandion-(1.5)* (**III**), $C_{17}H_{15}NO_3$, F. 94° (Bzl./PAe.), durch Lösen von 3 g 1.5-Diphenylpentandion-(1.5) in äthanol. Na-Äthylat-Lsg., Kühlen auf 10°, Zugabe von Butylnitrit, 3std. Stehen bei 0° u. Stehen über Nacht bei 20°; 2,6 g (Ausb.). — *6-Benzoyl-3-phenyl-1.4-dihydropyridazin-*

hydrazon (**IV**), $C_{17}H_{16}N_4$, F. 156—157° (A.), aus **III** u. überschüssigem $N_2H_4 \cdot H_2O$ in sd. A. in Ggw. von HCl (2 Std.); 22%; $FeCl_3$-Rk. rot. — *3.6-Diphenyl-vic.-triazolo-[1.5:b]-pyridazin* (**V**), $C_{17}H_{12}N_4$, F. 254° (A./$CHCl_3$), neben **IV**; 45%. — *6-Benzoyl-3-phenylpyridazin* (**VI**), $C_{17}H_{12}N_2O$, F. 126° (Bzl./PAe., Subl. bei 100°/10^{-3} mm), a) aus 3,5 g **III** u. 1 Val $N_2H_4 \cdot H_2O$ in sd. A. in Ggw. von HCl (1,5 Std.; daneben 0,2 g **V**, 0,3 g **III** zurück u. 1,6 g Öle); b) aus 0,08 g **IV** u. K-tert.-Butylat in tert.-Butanol (1std. Stehen unter N_2; 0,07 g). — *1.5-Diphenyl-2.5-bis-[hydroxyimino]-pentanon-(1)*, $C_{17}H_{16}N_2O_3$, F. 158° (Bzl.), aus 0,2 g **III** u. $N_2H_4 \cdot H_2O$ in A. in Ggw. von CH_3COOH (3 Tage Stehen); 0,04 g, daneben 0,04 g **VI**, 0,03 g **V** u. 0,006 g **II**. — *6-Benzoyl-3-phenylpyridazinhydrazon*, $C_{17}H_{14}N_4$, F. 161°, aus **VI** u. $N_2H_4 \cdot H_2O$ in sd. A. (1½ Std.). *Benzalderiv.*, $C_{24}H_{18}N_4$, F. 173° (gelbe Nadeln, wss. A.), aus **IV** oder dem Hydrazon u. C_6H_5CHO in sd. A. (20 Min.) oder aus **VI**, 100%ig. $N_2H_4 \cdot H_2O$ u. C_6H_5CHO. — *3-Benzyl-6-phenylpyridazin*, F. 145° (PAe.), aus 0,1 g **VI** u. $N_2H_4 \cdot H_2O$/Na in sd. Äthylenglykol (10 Std.); 0,005 g. — *3-Phenylpyridazin*, $C_{10}H_8N_2$, F. 105° (Plättchen, PAe.), aus 0,3 g **IV** (bzw. 0,075 g **VI**) u. K-tert. Butylat/O_2 in tert.-Butanol (1½ Std.); 0,17 (bzw. 0,045) g; daneben 0,06 (bzw. 0,025) g *Benzoesäure* (F. 121°). *Pikrat*, F. 130°. — *1.5-Diphenyl-2-hydroxyimino-5-hydrazonopentanon-(1)*, $C_{17}H_{17}N_3O_2$, F. 170° (A.), a) aus 0,2 g **III** u. 100%ig. $N_2H_4 \cdot H_2O$ in sd. A. in Ggw. von Triäthylamin (2½ Std.; 0,2 g); b) aus 0,3 g **III** u. $N_2H_4 \cdot H_2O$ in A./CH_3COOH (15 Std. bei 0°; 0,18 g; daneben 0,04 g **V**); c) aus **III** u. $N_2H_4 \cdot H_2O$ in sd. A. (1½ Std., 80%). — *Bis-[1.5-diphenyl-4-hydroxyimino-5-oxopentyliden-(1)]-hydrazin*, $C_{34}H_{30}N_4O_4$, F. 196° (Zers.; Bzl./A.)- aus 0,2 g **III** u. 100%ig. $N_2H_4 \cdot H_2O$ in sd. A. in Ggw. von KOH (2½ Std.); 0,13 g. — *5.6-Dihydro-4-hydroxyimino-3.7-diphenyl-4H-1.2-diazepin* (**II**), $C_{17}H_{15}N_3O$, F. 238° (Zers.; Bzl.), durch Zugabe von CH_3COCl (bzw. konz. HCl) zu einer Lsg. von 0,73 g **I** in Bzl., Zutropfen von Butylnitrit u. 1std. Rühren; 0,57 g (bzw. 63%). *Acetat*, $C_{19}H_{17}N_3O_2$, F. 176° (A.). — *2.3-Diphenylcyclopenten-(2)-onoxim*, $C_{17}H_{15}NO$, F. 254—258° (Zers.; A.), aus 0,2 g **II** u. sd. 10%ig. wss. NaOH (2½ Std.); 0,125 g. — *6-[α-Hydroxybenzyl]-3-phenylpyridazin* (**VII**), $C_{17}H_{14}N_2O$, F. 161° (PAe./Bzl.), a) aus 0,25 g **II** (oder **II**-Acetat) u. sd. 37%ig. HCl (30 Min.; 0,137 g); b) aus 0,086 g **VI** u. Na in sd. A. (0,02 g). *Acetat*, $C_{19}H_{16}N_2O_2$, F. 158—159°. — Ox. von **VII** mit CrO_3/H_2SO_4 in Aceton gab **VI**. — Ox. von 0,2 g **II** mit Chloranil in sd. Toluol (5 Std.) gab 0,002 g eines Gemisches aus **II** u. einer unbekannten Verb. (massenspektrograph.: Dehydroderiv. von **II**?).
J. Rothe 3370△

1275 **Azepinone.** 3. Mitt. **N-Oxydation und nachfolgende Nitrierung von Dibenzodiazepinon.** R. G. Amiet und R. B. Johns. (Austral. J. Chem. **20** (1967) 4, 723—29; engl.) — 2. vgl. vorst. Referat. — Die Umwandlung von Dibenzo-[c;f]-[1.2]-diazepinon-(11) (**I**) in das entsprechende *N-Oxid* (**IV**), *2-Nitro-6-oxid* (**II**) u. *2.4-Dinitro-6-oxid* (**III**) wird beschrieben. Die Konstit. der Prod. folgte hauptsächlich aus ihren Massen-, IR-, UV- u. NMR-Spektren. Die Ergebnisse zeigen, daß der heterocycl. Ring in **I** nur wenig Troponcharakter zu haben scheint.

Versuche: *Dibenzo-[c;f]-]1.2]-diazepinon-(11)-oxid-(5)* (**IV**), $C_{13}H_8N_2O_2$, F. 204° (A.), aus 0,1 g **I** u. Perbenzoesäure in $CHCl_3$ (10 Std. bei 4°); 0,1 g (Ausb.). — *2-Nitrodibenzo-[c;f]-[1.2]-diazepinon-(11)-oxid-(6)* (**II**), $C_{13} \cdot H_7N_3O_4$, F. 217° (A.), durch portionsweise Zugabe von 0,1 g **I** zu rauchender HNO_3 bei 0°, 1,5std. Stehen u. Gießen auf Eis; 0,075 g; bei Verlängerung der Rk.-Zeit auf 14 Std. wurden je 28% **II** u. **III** erhalten. — *2.4-Dinitrodibenzo-[c;f]-[1.2]-diazepinon-(11)-oxid-(6)* (**III**), $C_{13} \cdot H_6N_4O_6$, F. 266° (gelbe Nadeln, wss. A.), a) durch portionsweise Zugabe von 0,1 g **I** zu rauchender HNO_3 bei 0°, 4std. Stehen bei 0°, Zugabe von konz. H_2SO_4, 18std. Stehen u. Gießen auf Eis (0,1 g); b) durch Zugabe von rauchender HNO_3 zu 0,03 g **II** in H_2SO_4 bei 0° u. 48std. Stehen bei 0° (0,24 g); c) durch Zugabe von HNO_3 (D. 1,40) zu 0,085 g **IV** in H_2SO_4 bei 0° u. 14std. Stehen bei 19° (0,073 g). — *3.3'-Dinitrobenzophenon*, F. 156°, aus 0,156 g Benzophenon u. Nitroniumtetrafluoroborat in Tetramethylensulfon (48 Std. bei 19°); 0,056 g. — Ein analoger Vers. einer Nitrierung von 0,234 g Azobenzol gab 0,003 g einer nitrogruppenhaltigen Substanz vom F. 120—125°.
J. Rothe 3370△

1276 **Azepinone.** 4. Mitt. **Syntheseweg zu einigen Dihydro- und Tetrahydro-1.3-diazepinen.** J. M. Desmarchelier, N. A. Evans, R. F. Evans und R. B. Johns. (Austral. J. Chem. **21** (1968) 1, 257—65; engl.) — 3. vgl. vorst. Referat. — Durch Rk. geeignet substituierter 1.4-Diaminobutane mit Acetamidinhydrochlorid (**II**) unter milden Bedingungen werden *1H-4.5.6.7-Tetrahydro-2-methyl-1.3-diazepin* (**III**), *4H-1.5-Dihydro-3-methylbenzo-[e]-[1.3]-diazepin* (**VI**) u. *3H-4.5-Dihydro-2-methylbenzo-[d]-[1.3]-diazepin* (**VII**) dargestellt, die protonisiert als *Amidiniumsalze* vorliegen. Saure Hydrolyse von **III** gibt *1.4-Diaminobutan* (**I**) zurück. trans-1.4-Diaminobuten-(2) (**V**) liefert nur das offenkettige *Diamidiniumsalz* $[(H_2N \doteq C(CH_3) \doteq NH\text{-}CH_2\text{-}CH=)_2^{++} \cdot 2\,HgCl_3^-$; **IV**). **III** u. **VI** Basizitäten ähnlich den 1.4.5.6-Tetrahydropyrimidinen. IR-, NMR- u. Massenspektren sind für **III**, **VI** u. **VII** angegeben.

Versuche: *1H-4.5.6.7-Tetrahydro-2-methyl-1.3-diazepin* (**III**), $C_6H_{12}N_2$, F. 28—30°, Kp.$_{0,1}$ 57—60°, durch Kochen von 7,2 g **I** u. 7,7 g **II** in abs. A., Lösen in W., Alkalisieren mit NaOH, Ausäthern; 4,6 g (Ausb.). *Pikrat*, $C_{12}H_{15}N_5O_7$, F. 163—165°. *Trichlormercurat*, $C_6H_{13}N_2 \cdot HgCl_3$, F. 105—107° (A.), durch Kochen von **I** u. **II** in abs. A., Zugabe von 7,7 g $HgCl_2$ in W.; 5,6 g. *Hydrochlorid*, $C_6H_{13}ClN_2$, F. 233—235° (Isopropanol/PAe.), durch Einleiten von H_2S in 0,042 g des Trichlormercurats in Methanol; 0,012 g. — *1.4-Diaminobutan* (**I**), *Dihydrochlorid*, durch Lösen von 0,015 g vorst. Hydrochlorids in 2 n HCl, Erhitzen auf 35° u. Gefriertrocknen; 0,016 g. — *N-Acetyl-1.4-diaminobutan, Hydrochlorid*, $C_6H_{14}ClN_2O$, F. 133,5—137° (Isopropanol), durch Einleiten von trockenem HCl in 0,55 g **III** in $CHCl_3$; 0,32 g. — *Diamidiniumsalz* **IV**, $C_8H_{18}N_4 \cdot [HgCl_3]_2$, F. 132—133° (Methanol), durch Alkalisieren von 2,95 g **V** · 2 HCl mit konz. NaOH, Zugabe von 1,65 g **II**; 1,6 g. — *4H-1.5-Dihydro-3-methylbenzo-[e]-[1.3]-diazepin* (**VI**), *Trichlormercurat*, $C_{10}H_{13}N_2 \cdot HgCl_3$, F. 173—174° (Isopropanol), durch Kochen von 1,06 g o-Xylylendiamin in A. mit 0,68 g **II**, Zugabe von $HgCl_2$; 2,6 g. *Hydrochlorid*, $C_{10}H_{13}ClN_2$, F. 281—283° (Zers.; Isopropanol/PAe.), analog **III** · HCl aus 0,6 g des Trichlormercurats; 0,24 g. **VI**, $C_{10}H_{12}N_2$, F. 148—149° (Bzl.), durch Alkalisieren von **VI** · HCl in W. mit wss. NaOH. — *3H-4.5-Dihydro-2-methylbenzo-[d]-[1.3]-diazepin* (**VII**), *Tetrachlormercurat*, $C_{20}H_{26}Cl_4HgN_4$, F. 211—213° (Isopropanol), durch Kochen von N-Acetyl-2-[o-acetamidophenyl]-äthylamin in 10%ig. HCl, Alkalisieren, Kochen mit 0,23 g **II** in A., Zugabe von $HgCl_2$, 0,2 g. *Hydrochlorid*, $C_{10}H_{13}ClN_2$, F. 240—242° (Isopropanol), aus 0,47 g des Tetrachlormercurats; 0,21 g.
H. Miele 3370△

1277 **1.2.2-Trimethylazacyclodecan.** S. W. Breuer und D. Ginsburg. (Israel J. Chem. **4**, 145—47, 1966; Dep. of Chem., Technion-Israel Inst. of Technol., Haifa; engl.)

Versuche: *2-Oxoazacyclodecan*, $C_9H_{17}NO$, F. 144 bis 146° (Essigester), durch Zutropfen der Lsg. von 18,5 g Cyclononanon u. HN_3 in Bzl. zu H_2SO_4 u. Bzl. bei 0°, 0,5std. Rühren, Gießen auf Eis, Extrahieren mit Chlf. u. Eindampfen; 11,8 g (Ausb.). — *2-Methoxyazacyclodecen-(1)*, $C_{10}H_{19}NO$, Kp.$_{21}$ 106—109°, durch 18std. Kochen von Dimethylsulfat mit vorst. Verb. in Bzl., Zutropfen von 50%ig. K_2CO_3, 1std. Rühren, Filtrieren, Ausäthern u. Eindampfen; 48%. — *N-Methyl-2-oxoazacyclodecan*, $C_{10}H_{19}NO$, Kp.$_{0,15}$ 81—82°, durch 100 Min. langes Erhitzen vorst. Verb. mit CH_3J auf 160°; 100%. — *N-Methylazacyclodecan, Pikrat*, F. 203—204° (A.), durch 7std. Red. vorst. Verb. mit $LiAlH_4$ in Ae. u. Zers. mit wss. NH_4Cl. — *1.2.2-Trimethylazacyclodecan*, durch 20std. Kochen vorvorst. Verb. mit CH_3MgJ in Ae., Zers. mit wss. NH_4Cl u. Chromatographie an Al_2O_3 in Bzl.; 31%. *Pikrat*, $C_{18}H_{28}N_4O_7$, F. 167,5—168° (A.).
P. Westermann 3390△

C-4. Naturstoffe

1278 **Potentielle Cytostatica.** 7. Mitt. **N-Nitroso-1-methylamino-1-desoxy-zuckeralkohole.** Helmut Dorn, Giovanni Bacigalupo und Horst Wand. (Chem. Ber. **99**, 1208—10, 1966; Inst. für Organ. Chemie der Dt.

Akad. der Wissenschaften, Berlin-Adlershof; dt.) — 6. vgl. C. **1967,** 6-1012. — Es wurden *N-Nitroso-1-methylamino-1-desoxyzuckeralkohole* dargestellt u. die Beziehungen zwischen der Konfiguration u. der Richtung der opt. Drehung diskutiert.

Versuche: N-Nitroso-1-methylamino-1-desoxy-zuckeralkohole, aus 1-Methylamino-1-desoxyzuckeralkohol u. $NaNO_2$ in 20%ig. Essigsäure: *-D-glucit,* $C_7H_{16}N_2O_6$, F. 147—148° [A./W. (10:1)]; $[\alpha]_D^{20}$ —17,4 ± 0,1° (c = 6,02; W.); 87,1% (Ausb.). — *-D-mannit,* $C_7H_{16}N_2O_6$, F. 141—142° [A./W. (10:1)]; $[\alpha]_D^{20}$ +10,4 ± 0,1° (c = 6,06; W.); 86,5%. — *-D-galaktit,* $C_7H_{16}N_2O_6$, F. 167—168° [A./W. (10:1)]; $[\alpha]_D^{20}$ —23,5 ± 0,1° (c = 6,22; W.); 88,7%. — *-D-ribit,* $C_6H_{14}N_2O_5$, F. 85—86° [A./W. (60:1) oder Essigester/Methanol (5:1)]; $[\alpha]_D^{20}$ —21,5 ± 0,1° (c = 6,32; W.); 83,3%. — *-D-arabit,* $C_6H_{14}N_2O_5$, F. 145—146°, [A./W. (60:1) oder Essigester/Methanol (5:1)]; $[\alpha]_D^{20}$ +21,6 ± 0,1° (c = 6,28; W.); 99,0%. — *-L-arabit,* $C_6H_{14}N_2O_5$, F. 145—146° [A./W. (10:1)]; $[\alpha]_D^{20}$ —21,8 ± 0,1° (c = 6,14; W.); 96,6%. — *-D-xylit,* $C_6H_{14}N_2O_5$, F. 122—123,5°, [A./W. (60:1) oder Essigester/Methanol (5:1)]; $[\alpha]_D^{20}$ —21,5 ± 0,1° (c = 6,30; W.); 89,0%. P. Becker 3400△

1279 **2-Amino-2-desoxy-D-xylose und 2-Amino-2-desoxy-D-ribose und ihre 1-Thioglycofuranoside.** M. L. Wolfrom und M. W. Winkley. (J. org. Chemistry **31,** 1169—73, 1966; Columbus, O., State Univ., Dep. of Chem.; engl.) — Glykol-Spaltung von 2-Acetamido-2-desoxy-3.4-O-isopropyliden-D-glucose-diäthyldithioacetal (**I**), nachfolgende Red. u. saure Hydrolyse ergibt *2-Amino-2-desoxy-D-xylosehydrochlorid.* Das nach einer verbesserten Synth. dargestellte *Äthyl-2-acetamido-2-desoxy-1-thio-α-D-xylofuranosid* wird durch Methylsulfonylierung, Inversion durch Na-Acetat am C-3 u. nachfolgende saure Hydrolyse in *2-Amino-2-desoxy-D-ribosehydrochlorid* übergeführt.

Versuche: *2-Acetamido-2-desoxy-3.4-O-isopropyliden-D-glucosediäthyldithioacetal* (**I**), F. 138—139° $[\alpha]_D^{21}$ —28 ± 2° (c = 2,06; Methanol). — *2-Acetamido-2-desoxy-3.4-O-isopropyliden-D-xylopentodialdose-1-diäthyldithioacetal* (**II**), aus vorst. Verb. in Chlf./Bzl. mit Pb-Tetraacetat (**III**). *5-Thiosemicarbazon,* $C_{15}H_{18}N_4O_3S_3$, F. 124 bis 125° (Essigester/Hexan), aus **II** u. Thiosemicarbazid in A. bei Siedetemp.; $[\alpha]_D^{28}$ +44,5 ± 1° (c = 2,20; Chlf.); 50%. — *2-Acetamido-2-desoxy-3.4-O-isopropyliden-5-O-[p-phenylazobenzoyl]-D-xylose-diäthyldithioacetal,* $C_{27}H_{35}N_3O_5S_2$, F. 55—57° (Bzl./Hexan), aus **I** u. **III**, nachfolgende Red. mit $NaBH_4$ in Methanol u. Rk. der erhaltenen Verb. mit p-Phenylazobenzoylchlorid in abs. Py.; $[\alpha]_D^{21}$ +13 ± 2° (c = 1,15; Chlf.); 42%. — *2-Amino-2-desoxy-α-D-xylose, Hydrochlorid,* $C_5H_{12}ClNO_4$, F. 164—165° [Zers., wss. Propanol-(1)], a) aus **I** u. **III**, Red. mit $NaBH_4$ u. 1std. Rk. mit 6 n HCl bei 95°; $[\alpha]_D^{20}$ +46 ± 2° (c = 1,01; W.); 20%; b) aus **IV** nach Wolfrom u. Anno [J. Amer. chem. Soc. **75** (1953) 1038]. — Furanoside: *Äthyl-2-acetamido-2-desoxy-1-thio-α-D-xylo-* (**IV**), F. 153—155° (A.), aus nachst. Verb. u. Na-Methylat, Rk. mit Na-Perjodat u. $NaBH_4$; $[\alpha]_D^{22}$ +212 ± 3° (c = 6,45; W.); 66%. *3.5-Di-O-methylsulfonylderiv.* (**V**), $C_{11}H_{21}NO_8S_3$, F. 99—103° (A./Ae.), aus **IV** u. Methansulfonylchlorid in Py. bei 0°; $[\alpha]_D^{28}$ +107 ± 2° (c = 2,31; Chlf.); 64%. — *Äthyl-2-acetamido-3.5.6-tri-O-acetyl-2-desoxy-1-thio-α-D-gluco-,* F. 122—123° (A./W.), aus 2-Acetamido-2-desoxy-D-glucose-diäthyldithioacetal u. HgO in W. u. Rk. mit Acetanhydrid/Py.; $[\alpha]_D^{20}$ +139 ± 3° (c = 3,81; Chlf.); 51%. — *Äthyl-2-acetamido-2-desoxy-3.5-di-[O-3.5-dinitrobenzoyl]-1-thio-α-D-ribo-,* $C_{23}H_{21}N_5O_{14}S$, F. 131—132° (Chlf./A.), aus Äthyl-2-acetamido-2-desoxy-3.5-di-O-acetyl-1-thio-α-D-ribofuranosid u. Na-Methylat u. Rk. mit 3.5-Dinitrobenzoylchlorid in Py. bei 5°; $[\alpha]_D^{22}$ +30 ± 2° (c = 2,88; Py.); 35%. — *Äthyl-2-desoxy-2-[2.4-dinitroanilino]-1-thio-α-D-ribo-,* $C_{13}H_{17}N_3O_7S$, F. 159—160° (Methanol), aus Äthyl-2-acetamido-2-desoxy-1-thio-α-D-ribofuranosid u. $Ba(OH)_2$ bei Siedetemp. u. Rk. mit 1-Fluor-2.4-dinitrobenzol in A./W.; $[\alpha]_D^{22}$ —64 ± 1° (c = 1,63; A.); 80%. — *2-Amino-2-desoxy-α-D-ribose, Hydrochlorid,* $C_5H_{12}ClNO_4$, F. 153—155° [konz. HCl/Propanol-(1)], aus **V**, Na-Acetat u. $CaCO_3$ in 95%ig. wss. 2-Methoxyäthanol bei Siedetemp., Rk. mit Acetanhydrid/Py. u. Rk. mit 6 n HCl bei 95°; $[\alpha]_D^{20}$ —6 ± 1° (c = 1,1); W.); 66%. K.-P. Hilgetag 3400△

1280 **Synthese höherer 3.4-Dehydro-3.4-didesoxy-2-oxo-aldonsäuren.** B. A. Dmitriev, N. É. Bajramova, L. V. Bakinovskij und N. K. Kočetkov. (Doklady Akad. Nauk SSSR **173** (1967) 2, 350—53; Inst. chim. prir. soedin. AN SSSR; russ.) — Folgende Verb. werden dargestellt: *Brombrenztraubensäure-tert.-butylester,* C_7H_{11} ·

A 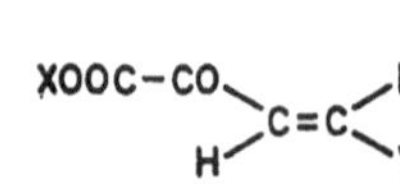

BrO_3, durch Zugabe von 100 ml fl. Isobutylen zu 16,7 g Brombrenztraubensäure u. wenig konz. H_2SO_4 in CH_2Cl_2 bei —70°, 4—5std. Schütteln bei Raumtemp. 3—4 Tage langes Stehen, Gießen in kalte, gesätt. $KCHO_3$-Lsg. u. Extrahieren mit Bzl.; 14,6—16 g (Ausb.; roh). — *[Methoxycarbonylcarbonylmethylen]-triphenylphosphoran,* $C_{22}H_{19}O_3P$, F. 204—205° (CH_3OH/Äthylacetat/Hexan), durch Zugabe von Brombrenztraubensäuremethylester in CCl_4 zu Triphenylphosphin in CCl_4, Stehen, Dekantieren, Lösen in W., Waschen mit Ae. u. Neutralisieren mit konz. NH_4OH; 70%. — *[tert.-Butyloxycarbonylcarbonylmethylen]-triphenylphosphoran,* $C_{25}H_{25}O_3P$, F. 162,5—165° (wss. DMF), analog aus 16 g vorvorst. Verb. unter Lösen des Nd. in CH_3OH, Alkalisieren auf pH 9—10, Eindampfen im Vakuum u. Extrahieren mit Bzl.; 12,63 g. — Verb. vom Typ **A**, durch 15—20std. Kochen vorst. Phosphorane mit entsprechenden Monosaccharidperacetaten (al-Form) in abs. Bzl., Einengen u. Chromatographieren an Kieselsäure oder Florisil: X = CH_3, Y = *L-arabino-1.2.3.4-Tetraacetoxybutyl-,* $C_{17}H_{22}O_{11}$, F. 59 bis 61° (A.); $[\alpha]_D^{20}$ —14,3° (c = 0,98; Chlf.); 60%. — X = CH_3, Y = *D-gluco-1.2.3.4.5-Pentaacetoxypentyl-,* $C_{20}H_{26}O_{13}$, F. 84—86° (A.); $[\alpha]_D^{20}$ +13,4° (c = 4,3; Chlf.); 41%. — X = CH_3, Y = *D-galakto-1.2.3.4.5-Pentaacetoxypentyl-,* $C_{20}H_{26}O_{13}$, F. 158—159° (A./PAe.); $[\alpha]_D^{20}$ +10,2° (c = 2,06; Essigsäure); 46%. — X = *tert.*-C_4H_9, Y = *D-galakto-1.2.3.4.5-Pentaacetoxypentyl-,* $C_{23}H_{32}O_{13}$, F. 102 bis 104° (A./PAe.); $[\alpha]_D^{20}$ +27,2° (c = 4,18; Bzl.); 80%. H. Berger 3400△

1281 **Oxydation von N-Acetyl-N-D-glucopyranosyl-p-anisidin und -p-amino-azobenzol mit Natriummetaperjodat.** Zofia Fiałkiewiczowa und Janusz Sokołowski. (Roczniki Chem. [Ann. Soc. chim. Polonorum] **40,** 817—24, 1966; Kat. Chem. Organ. Wyższej Szkoły Pedagog., Gdańsk; pol.) — Bei der Ox. von N-Acetyl-N-

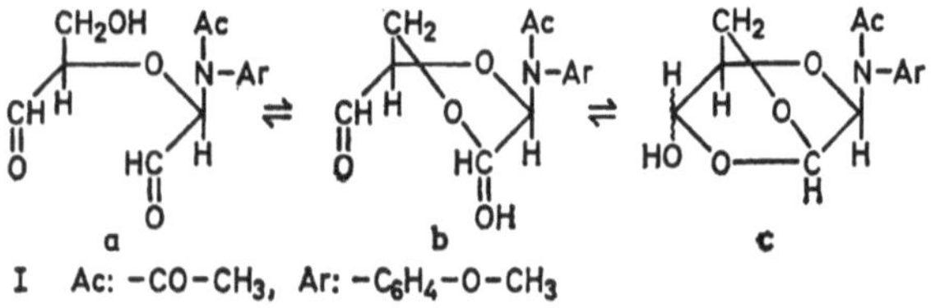

I Ac: $-CO-CH_3$, Ar: $-C_6H_4-O-CH_3$

II Ac: $-CO-CH_3$, Ar: $-C_6H_4-N=N-C_6H_5$

D-glucopyranosyl-p-anisidin (**III**) bzw. -p-aminoazobenzol (**IV**) mit $NaJO_4$ werden die Ox.-Prod. **I** u. **II** erhalten, in denen, wie sich aus den IR-Spektren u. aus dem chem. Verh. ergibt, in der Hauptsache die Form c vorliegt neben geringeren Mengen der Form a. Beide Formen stehen über die Form b im tautomeren Gleichgew. miteinander. Eine weitere Form, die unter Addition von W. gebildet werden könnte, wurde ausgeschlossen.

Versuche: *N-Acetyl-N-[2.3.4.6-tetra-O-benzoyl-D-glucopyranosyl]-p-anisidin,* $C_{43}H_{37}NO_{11}$, F. 100—101° (Isopropanol), durch 24std. Rk. von **III** mit Benzoylchlorid in Py. bei Raumtemp. u. mehrstd. Stehen bei 0°; $[\alpha]_D^{20}$ +61° (c = 0,2112; A.); 22% (Ausb.). — *Verb.* **I**, $C_{14}H_{17}NO_6$, F. 65—67°, durch 15—24std. Stehen von **III** mit $NaJO_4$ in W. bei Raumtemp.; $[\alpha]_D^{20}$ +36° (c = 0,284; A.); 50—80%. *Acetyl-deriv.,* $C_{16}H_{19}NO_7$, F. 110 bis 115° (Methanol + W.), durch 20std. Stehen mit Acetanhydrid in Py. bei Raumtemp.; $[\alpha]_D^{20}$ +42° (c = 0,24; A.); 16%. *Disemicarbazon, Hydrat,* $C_{16}H_{23}N_7O_6 \cdot H_2O$, F. 190—192°, durch 10 Min. langes Erhitzen mit Semicarbazidhydrochlorid u. Na-Acetat in wss. Methanol auf dem W.-Bad; aus wss. A. Nadeln; $[\alpha]_D^{20}$ −35° (c = 0,11; A.); 30%. — *Verb.* **II**, $C_{19}H_{19}N_3O_5$, F. 108—115°, durch 4std. Rk. von **IV** mit $NaJO_4$ in W. bei Raumtemp.; $[\alpha]_D^{20}$ +127° (c = 0,275; A.); 80%. *Acetyl-deriv.*, $C_{21}H_{21} \cdot N_3O_6$, F. 122—126° (Isopropanol); $[\alpha]_D^{20}$ +79° (c = 0,28; A.); 36%. *Disemicarbazon*, $C_{21}H_{25}N_9O_5$, F. 195—196°; aus Methanol orangefarbene Nadeln; $[\alpha]_D^{20}$ −42° (c = 0,143; A.); 6%. P. Golinske 3450△

1282 **6-Desoxy-6-[p-toluolsulfonyl]-D-glucopyranoside.** Bengt Lindberg und Hans Lundström. (Acta chem. scand. **20,** 2423—26, 1966; Träkemiska avdelningen, Svenska Träforskninginst., Stockholm; engl.) — Es werden *Methyl-6-desoxy-6-[p-toluolsulfonyl]-α-* u. *β-D-glucopyranoside* dargestellt u. deren Verh. in alkal. Lsg. untersucht. Die Instabilität dieses Verb.-Typs in alkal. Lsg. u. die Anwendung ähnlicher Deriv. in der Polysaccharid-Chemie werden diskutiert.

Versuche (FF. korr.): *Methyl-2.3.4-tri-O-acetyl-6-desoxy-6-[p-tolylsulfonyl]-α-D-glucosid*, (α-**II**), $C_{20}H_{26}O_{10}S$, F. 166,5—167° (Methanol/W.), durch 2std. Erhitzen eines Gemisches aus 4 g Methyl-2.3.4-tri-O-acetyl-6-desoxy-6-jod-α-D-glucopyranosid (α-**I**) u. 5 g wasserfreiem p-Tolylsulfinsäure–Na-Salz in DMF auf dem W.-Bad, Einengen im Vakuum bei 60° u. Extrahieren mit $CHCl_3$; $[\alpha]_{578}^{20}$ +106° (c = 1,3; $CHCl_3$); 3,1 g (Ausb.). *β-Isomeres*, (*β*-**II**), $C_{20}H_{26}O_{10}S$, F. 194—194,5° (Methanol), analog aus 10 g *β*-**I**; $[\alpha]_{578}^{20}$ −14° (c = 3,8; $CHCl_3$); 6,6 g. — *Methyl-6-desoxy-6-[p-tolylsulfonyl]-α-D-glucopyranosid*, durch mehrstd. Rk. von Methyl-tri-O-acetyl-6-desoxy-6-[p-toluolsulfonyl]-α-D-glucopyranosid (α-**II**) mit wss. methanol. Triäthylamin bei Raumtemp.; $[\alpha]_{578}^{22}$ +79° (c = 0,5; W.); 100%. *β-Isomeres*, $C_{14}H_{20}O_7S$, F. 203—205° (W.), analog aus 5 g *β*-**II**; $[\alpha]_{578}^{22}$ +9° (c = 1,7; W.); 3,3 g. — *6-Desoxy-6-[p-tolylsulfonyl]-D-glucose*, durch 5std. Erhitzen vorvorst. Verb. [α- bzw. β-Isomeres) mit 5 m H_2SO_4 bei 100°, Einstellen auf pH 5 mit wss. BaOH, Filtrieren u. Einengen; $[\alpha]_{578}^{22}$ +46°.

K.-P. Hilgetag 3450△

1283 **Glykosidierungsreaktionen in der Klasse der Aminoflavonoide.** 2. Mitt. **N-Glykoside von 5-Amino-2-hydroxy-acetophenon.** Jerzy Sykulski. (Roczniki Chem. [Ann. Soc. chim. Polonorum] **40,** 809—16, 1966; Kat. Chem. Organ. Akad. Med., Łodź; pol.) — 1. vgl. ibid. **40** (1966) 221. — Folgende Verb. werden dargestellt: *5-Nitro-2-hydroxy-acetophenon*, F. 102—104° (A.), durch Nitrierung von o-Hydroxy-acetophenon; 18,5—20,4% (Ausb.). — *5-Amino-2-hydroxyacetophenon*, $C_8H_9NO_2$, F. 113—115° (W.), durch 7std. Kochen vorst. Verb. mit $SnCl_2$ u. konz. HCl; orangefarbene Platten; 40,9%. *N-β-D-Glucosid* (**I**), $C_{14}H_{19}NO_7$, F. 153—156° (Zers., abs. A.), aus dem Aminohydroxyacetophenon u. dem entsprechenden Zuckern in abs. A. in Ggw. von $ZnCl_2$; 71,8% (roh), 38,3% (rein) [*Pentaacetat*, $C_{24}H_{29}NO_{12}$, F. 127—129°, mit Acetanhydrid/Py.; $[\alpha]_D^{22}$ −99,2° (c = 1; Py.); 60%]. *N-β-D-Galaktosid*, $C_{14}H_{19}NO_7$, F. 159—163° (Zers., abs. A.), analog **I**; $[\alpha]_D^{22}$ −116° (c = 1; Py.); 80,0% (roh), 12,0% (rein) [*Pentaacetat*, $C_{24}H_{29}NO_{12}$, F. 155—157°; 3,1%]. *N-β-D-Mannosid*, $C_{14}H_{19}NO_7$, F. 162—165° (Zers., abs. A.), analog **I**; $[\alpha]_D^{22}$ 111,9° (c = 1; Py.); 80,0% (roh), 28,8% (rein). *N-β-D-Xylosid*, $C_{13}H_{17}NO_6$, F. 159—160° (Zers., abs. A.), analog **I**; $[\alpha]_D^{22}$ −91,6° (c = 1; Pa.); 80,7% (roh), 18,0% (rein) [*Tetraacetat*, $C_{21}H_{25}NO_{10}$, F. 145—147°; 2,5%]. *N-β-L-Arabinosid*, $C_{13}H_{17}NO_6$, F. 138—142° (Zers., abs. A.), analog **I**; $[\alpha]_D^{22}$ −83,5° (c = 1; Py.); 63,6% (roh), 35,3% (rein). *N-β-L-Rhamnosid*, $C_{14}H_{19}NO_6$, F. 164—167° (Zers., abs. A.), analog **I**; $[\alpha]_D^{22}$ +135,9° (c = 1; Py.); 79,0% (roh), 20,2% (rein). — Die N-Glykosid-Struktur ergibt sich aus den IR-Spektren. P. Golinske 3450△

1284 **Reaktive Ester heterocyclischer Alkohole.** 7. Mitt. **Darstellung und Reaktionen von Nucleosid-5'-phosphorsäure-α-pyridylestern.** Wolfgang Kampe. (Chem. Ber. **99,** 593—601, 1966; Göttingen, Max-Planck-Inst. für Experimentelle Med.; dt.) — 6. vgl. ibid. **98** (1965) 1045. — Es wird die Darst. von *Nucleotid-Coenzymen* u. *Nucleosid-5'-pyrophosphorsäuren* aus Nucleosid-5'-phosphorsäure-α-pyridylestern, die aus Nucleosid-5'-[phosphorsäuren] u. α-Pyridon in Ggw. von Dicyclohexylcarbodiimid zugänglich sind, u. Zuckerphosphorsäuren bzw. Orthophosphorsäure beschrieben. Dargestellt werden: Nucleosid-5'-phosphorsäure-α-pyridylester, Morpholinocarbonsäure-[N.N'-dicyclohexylamidin]-Salze (**A**), durch 2—4std. Rk. von Nucleosid-5'-phosphorsäuren mit α-Pyridon in abs. DMF in Ggw. von Dicyclohexylcarbodiimid u. Fällung als Morpholinocarbonsäure-[N.N'-dicyclohexylamidin]- bzw. als Ammonium-Salze; 70—80% (Ausb.): *5'-Adenosin-* (**I**), *Hydrat*, $C_{17}H_{32}N_3O \cdot C_{15}H_{16}N_6O_7P \cdot H_2O$; 82%. — *5'-Cytidin-, Hydrat*, $C_{17}H_{32}N_3O \cdot C_{14}H_{16}N_4O_8P \cdot H_2O$; 85%. — *5'-Guanosin-, Hydrat*, $C_{17}H_{32}N_3O \cdot C_{15}H_{16}N_6O_8P \cdot H_2O$; 83%. — *5'-Uridin-, Hydrat*, $C_{17}H_{32}N_3O \cdot C_{14}H_{15}N_3O_9P \cdot H_2O$; 77,5%. — *Thymidin-5'-phosphorsäure-α-pyridylester, NH_4-Salz*, $NH_4 \cdot C_{15}H_{17}N_3O_8P$; 81%. — Nucleotid-Coenzyme, durch 3 Tage langes Stehen eines **A** in abs. Py. bei 25° mit einer Zuckerphosphorsäure (Mono-tri-n-butylammonium-Salz) u. Anionenaustauschchromatographie: *P-Adenosin-5'-p'-α-D-glucose-1-phosphorsäure, Li-Salzpentahydrat*, $Li_2[C_{16}H_{23}N_5O_{15}P_2] \cdot 5H_2O$, aus **I** u. α-D-Glucose-1-phosphorsäure; 61%. — *P-Uridin-*, 60%. — *P-Guanosin-*; 72,5%. — *P-Thymidin-*; 60,0%. — *P-Cytidin-5'-P'-α-D-glycerinpyrophosphorsäure*; 78,5%. — Nucleosid-5'-pyrophosphorsäuren, analog der Darst. der Coenzyme aus **A** u. Mono-tri-n-butylammoniumphosphat: *Cytidin-*, 82%. — *Uridin-*; 60—65%. — *Adenosin-*; 60—65%. — 5. vgl. **1968,** 20-0938.

G. Ziebarth 3450△

1285 **Buxusalkaloide.** 7. Mitt. **Die Isolierung und die Konstitutionen von zehn neuen Alkaloiden aus den schwach-basischen Fraktionen der Arten B. microphylla Sieb. et Zucc. var. suffruticosa Makino und B. microphylla Sieb. et Zucc. var. suffruticosa Makino forma major Makino.** T. Nakano, S. Terao und Y. Saeki. (J. chem. Soc. [London], Sect. C **1966,** 1412—21; Fac. of Pharmaceut. Sci., Kyoto Univ., Kyoto; engl.) — 6. vgl. C. **1968,** 20-1056. — Die Extraktion der genannten Arten mit wss. Citronensäure liefert die schwach-bas. Fraktionen, die durch Chromatographie aufgetrennt werden. Die starken Basen der letztgenannten Art werden gleichfalls untersucht. Mit Hilfe chem. Rk. wird die Konstit. der neuen Verb. aufgeklärt. IR-, UV- u. KMR-Maxima vgl. Original.

Versuche: *Cyclobuxomicrein* (**I**), $C_{25}H_{39}NO$, F. 195—197° (A.), durch Extraktion von 68 kg Blättern u. Zweigen von *Buxus microphylla Sieb. et Zucc. var. suffruticosa Makino*; $[\alpha]_D$ +37° (c = 1,62; $CHCl_3$); 104 mg (Ausb.). — *Cyclomicrobuxein*, $C_{25}H_{37}NO$, F. 141—142° (Methanol), neben **I**; $[\alpha]_D$ +126° (c = 1,2; $CHCl_3$); 230 mg. — *Cyclomicrobuxin* (**II**), F. 188—190° (Methanol); neben **I**; 760 mg. — *Cyclomicrosin* (**III**), $C_{34}H_{50}N_2O_3$, F. 282—284° (Aceton/Hexan), a) neben **I**; $[\alpha]_D$ −33° ($CHCl_3$); 620 mg; b) aus 40 mg **IV** mit Benzoylchlorid; 25 mg. — *Dihydrocyclobuxomicrein*, $C_{25}H_{41}NO$, F. 157 bis 158° (Methanol), aus 50 mg **I** durch Hydrieren; $[\alpha]_D$ +88° (c = 0,47; $CHCl_3$); 43 mg. — *Cycloeucalenol* (**V**), F. 138—140°, aus 4,1 kg *Eucalyptus microcorys*-Hartholz; 18 g. — *p-Toluolsulfonsäure-[cycloeucalenyl-(3β)]-ester*, $C_{37}H_{56}O_3S$, F. 100—101° (Aceton), aus 1,3 g **V** mit p-Toluolsulfochlorid; $[\alpha]_D$ +51° (c = 2,11; $CHCl_3$); 1,99 g. — *3-Desoxy-3α-azido-cycloeucalenol*, $C_{30}H_{49}N_3$, F. 104 bis 106° (Aceton), aus 1,7 g vorst. Verb. mit NaN_3; $[\alpha]_D$ −23° (c = 1,34; $CHCl_3$); 563 mg; daneben 249 mg Gemisch von *2.3-Anhydro-cycloeucalenol* u. *3.4-Anhydrocycloeucalenol*. [$C_{30}H_{48}$; $[\alpha]_D$ +59° (c = 1,65; Chlf.)] — *N-3-Desoxy-cycloeucalenyl-(3α)-isopropylidenamin*, $C_{33}H_{55}N$, F. 114—115° (Aceton), aus 400 mg vorst. Verb. mit $LiAlH_4$; $[\alpha]_D$ −12° (c = 1,99; $CHCl_3$); 285 mg. — *N-3-Desoxy-cycloeucalenyl-(3α)-dimethylamin*, $C_{32}H_{55}N$, F. 102—104° aus 100 mg vorst. Verb. mit Methyljodid; $[\alpha]_D$ +23° (c = 0,48; $CHCl_3$); 58 mg. — *Cycloeucalenon*, F. 84—85°, aus 700 mg **V** mit CrO_3; 637 mg. *Oxim*, F. 173—174° (A.), aus 500 mg; 487 mg. — *N-3-Desoxy-cycloeucalenyl-(3β)-isopropylidenamin*, $C_{33} \cdot H_{55}N$, F. 127—128° (Aceton), aus 400 mg vorst. Oxim mit $LiAlH_4$; $[\alpha]_D$ +80° (c = 0,78; Chlf.); 153 mg. — *N-3-Desoxy-cycloeucalenyl-(3β)-dimethylamin*, $C_{32}H_{55}N$, F. 112—114° (Aceton), aus 100 mg vorst. Verb. mit Methyljodid; $[\alpha]_D$ +32° (c = 0,73; $CHCl_3$); 54 mg. — *Dihydrocyclomicrobuxin*, $C_{25}H_{41}NO_2$, F. 235—236° (Methanol), durch Hydrieren von 100 mg **II**; $[\alpha]_D$ +92° (c =

1,71; $CHCl_3$); 85 mg. — *Verb.* **VI**, $C_{25}H_{39}NO$, F. 139 bis 141° (Ae.), aus 70 mg vorst. Verb. mit 1%ig. methanol. KOH; $[\alpha]_D$ +44° (c = 1,18; $CHCl_3$); 57 mg. — *Cyclomicrophyllin-C* (**IV**), aus 100 mg **III** mit 3%ig. methanol. NaOH; 75 mg; daneben 7 mg *Benzoesäure.* — *Cyclobuxosuffrin* (**VII**), $C_{25}H_{39}NO$, F. 201—204° (A.), aus 20 kg trocknen *Buxus microphylla Sieb. et Zucc. var.*

VI

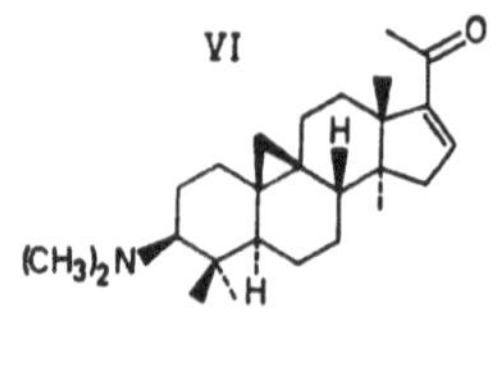

IX

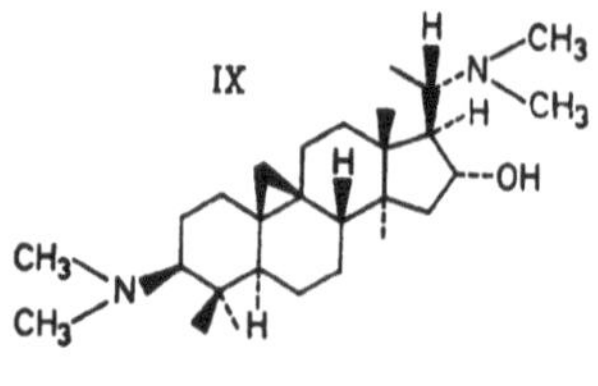

XI

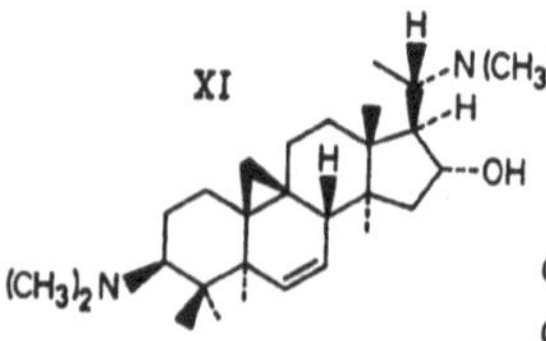

XII

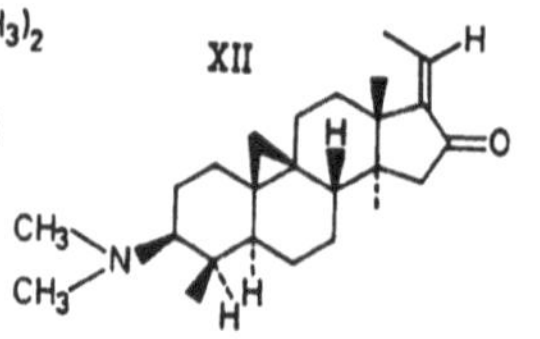

XIII

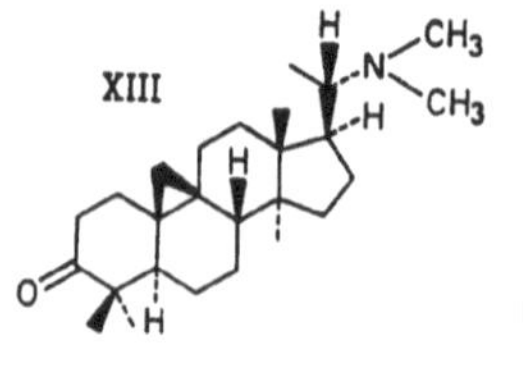

XIV

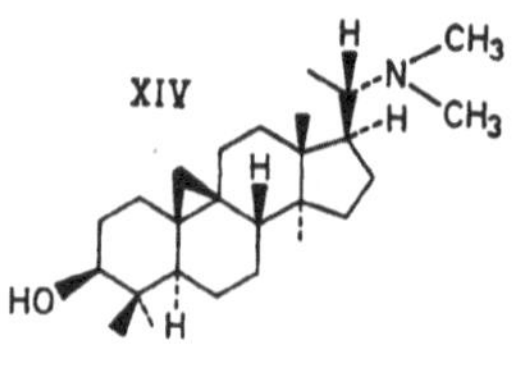

suffruticosa Makino forma major Makino-Blättern u. -Zweigen; $[\alpha]_D$ —62° (c = 0,52; $CHCl_3$); 563 mg. — *Cyclobuxophyllin*, $C_{26}H_{41}NO$, F. 194—196° (Aceton), a) neben **VII**; $[\alpha]_D$ —72° (c = 0,52; $CHCl_3$); 53 mg; b) aus 15 mg **VIII** mit Methyljodid; 10 mg; c) aus 10 mg **IX** mit CrO_3; 5 mg. — *Cyclobuxoviridin*, $C_{26}H_{41}NO$, F. 182 bis 183° (PAe.), neben **VII**; $[\alpha]_D$ +16° (c = 0,4; $CHCl_3$); 325 mg. — *Cyclosuffrobuxin*, $C_{25}H_{37}NO$, F. 167—172° (Methanol), a) neben **VII**; $[\alpha]_D$ —92° (c = 0,42; $CHCl_3$); 372 mg; b) aus 20 mg **X** mit Methyljodid; 15 mg. — *Cyclobuxophyllinin* (**VIII**), $C_{25}H_{39}NO$, F. 181—182° (PAe.), neben **VII**; $[\alpha]_D$ —51° (c = 0,49; $CHCl_3$); 164 mg. — *Cyclomikuranin*, $C_{26}H_{43}NO_2$, F. 209—211° (Methanol), neben **VII**; $[\alpha]_D$ —3° (c = 0,86; $CHCl_3$); 437 mg. — *Cyclosuffrobuxinin* (**X**), $C_{24}H_{35}NO$, F. 144—149° (PAe.), a) neben **VII**; $[\alpha]_D$ —67° (c = 0,64; $CHCl_3$); 105 mg (daneben **VIII**); b) aus 100 mg Cyclobuxin-D mit CrO_3; 42 mg. — *Tetrahydrocyclosuffrobuxin*, $C_{25}H_{41}NO$, F. 147 bis 148° (Aceton), durch Hydrierung von 100 mg; $[\alpha]_D$ —75° (c = 1,64; $CHCl_3$); 62 mg. — *Dihydrocyclobuxosuffrin*, $C_{25}H_{41}NO$, F. 132—133° (Methanol), analog vorst. Verb.; $[\alpha]_D$ —69° (c = 1,75; $CHCl_3$); 98 mg. — *N-Acetylcyclobuxophyllinin*, $C_{27}H_{41}NO_2$, F. 234—235° (A.), aus 50 mg **VIII** mit Essigsäureanhydrid/Py.; $[\alpha]_D$ —114° (c = 1,12; $CHCl_3$); 45 mg. — *Verb.* **IX**, $C_{28}H_{50}\cdot N_2O$, F. 241—242° (Aceton), aus 184 mg des p-Toluolsulfonates von Cyclomicrophyllin-A über *Verb.* **XI** ($C_{28}H_{48}N_2O$, F. 194—197° (Aceton); $[\alpha]_D$ —58° (c = 1,14; $CHCl_3$); 30 mg); $[\alpha]_D$ +44° (c = 0,73; Chlf.); 13 mg. — *Dihydrocyclobuxin-D*, F. 213—214° (Aceton), aus 200 mg Cyclobuxin-D durch Hydrieren; 186 mg. — *Dihydro-N.N'-dimethylcyclobuxin-D*, $C_{27}H_{48}N_2O$, F. 157 bis 158° (Aceton), aus 150 mg vorst. Verb. mit 100%ig. Ameisensäure u. 40%ig. Formaldehyd; $[\alpha]_D$ +31° (c = 0,76; $CHCl_3$); 120 mg. — *Verb.* **XII**, $C_{25}H_{39}NO$, F. 193 bis 197°, aus 100 mg vorst. Verb. mit CrO_3/Essigsäure; $[\alpha]_D$ —64° (c = 0,42; $CHCl_3$); 50 mg. — *Verb.* **XIII**, F. 199—200° (Methylenchlorid/Cyclohexanon), durch Hydrieren von 62 mg Cyclobuxoviridin an PtO_2; $[\alpha]_D$ +12° (c = 0,58; $CHCl_3$); 23 mg. — *Verb.* **XIV**, $C_{26}H_{45}\cdot NO$, F. 178—179° (Aceton), neben **XIII**; $[\alpha]_D$ +44° (c = 0,36; $CHCl_3$); 22 mg. — *Cycloprotobuxin A*, $C_{28}H_{50}N_2$, F. 206—207° (Aceton), neben **VII** aus den stark bas. Anteilen; $[\alpha]_D$ +76° (c = 1,25; $CHCl_3$); 114 mg.

W. Hampel 3500△

1286 **Alkaloide der Früchte von Alstonia venenata R. Br.: Echitovenidin und (+)-Minovincinin.** B. Das, K. Biemann, A. Chatterjee, A. B. Ray und P. L. Majumder. (Tetrahedron Letters [London] **1966,** 2483 bis 2486; Cambridge, Mass., Mass. Inst. of Technol., Dep. of Chem.; engl.) — Aus Früchten von *Alstonia venenata* R. Br. werden 2 neue Alkaloide, *Echitovenidin* [I; $C_{26}H_{32}N_2O_4$, F. 162—163°; $[\alpha]_D$ —580° ($CHCl_3$)] u. (+)-*Minovincinin* [II; $C_{21}H_{26}N_2O_3$; amorph; $[\alpha]_D$ +338° ($CHCl_3$)] isoliert. Die Konstit. von **I** als *O^{20}-[β.β-Dimethylacryloyl]-deriv.* von (—)-*Minovincinin* (**III**) wird durch IR-, KMR- u. Massenspektrum, die Bldg. von *20-Hydroxy-3-carboxyaspidospermidinlacton-(22 → 20)* (**IV**) bei der Rk. mit Zn u. methanol. H_2SO_4 sowie von *β.β-Dimethylacrylsäure* bei saurer Hydrolyse bewiesen. Analog wird für **II** die Konstit. durch Hydrolyse zu **IV**, direkten Vgl. mit **III** sowie durch Vgl. des aus **II** gebildeten *Acetylderiv.* [F. 170—172°; $[\alpha]_D$ +690° ($CHCl_3$)] mit *Echitovenin* festgestellt. F. Heller 3500

1287 **Papaveraceen-Alkaloide.** 55. Mitt. **Ein neues Alkaloid, Eschscholtzidin und seine Struktur.** Richard H. F. Manske und Kju Hi Shin. (Canad. J. Chem. **44,** 1259—60, 1966; Guelph, Ontario, Dominion Rubber Co. Ltd.; engl.) — 53. vgl. C. **1967,** 13-1509; 54. vgl. C. **1968,** 32-1136. — Aus dem Alkaloidgemisch von *Eschscholtzia californica* Cham. wird durch Chromatographie in sehr geringer Menge das amorphe Alkaloid *Eschscholtzidin* (I) isoliert u. seine Konstit. als *2.3-Dimethoxy-8.9-methylendioxy-N-methyl-6.12-epimino-5.6.9.10-tetrahydrodibenzo-[a.e]-cycloocten* durch Überführung in *Argemonin* sowie Unters. des KMR-Spektrums ermittelt. Das l.c. beschriebene phenol. *Alkaloid vom F. 254°* wird durch direkten Vgl. mit einem authent. Präp. als *Bisnorargemonin* erkannt.

Versuche: *Eschscholtzidin* (I), $C_{20}H_{21}NO_4$, Kp.$_{,1}$ 180°, durch Chromatographie der amorphen Alkaloidanteile in Ae. an Al_2O_3; $[\alpha]_D^{24}$ + 194,2° (c = 1,56; CH_3OH). — *Argemonin*, F. 155° (korr.; abs. Ae.), durch 1std. Erhitzen von **I** u. Phloroglucin in 58%ig. H_2SO_4 auf dem Dampfbad, Verdünnen, Alkalisieren des Filtrats mit NH_4OH, Extrahieren mit Ae. u. Rk. des Extraktrückstandes mit CH_2N_2. F. Heller 3500

1288 **Chemische Bestandteile von Galbulimima-Spezies.** 9. Mitt. **Strukturen von Himbadin und dem Alkaloid G. B. 13.** L. N. Mander, R. H. Prager, M. Rasmussen, E. Ritchie und W. C. Taylor. (Austral. J. Chem. **20** (1967) 7, 1473—91; Dep. of Organ. Chem., Univ., Sydney; engl.) — 8. vgl. ibid. **20** (1967) 1029. — Die Strukturen von Himbadin (I) u. seines N-Desmethylderiv., dem Alkaloid G. B. 13, werden auf Grund chem. u. spektralanalyt. Eig. sowie durch Partialsynth. von *Himandrin* ermittelt. IR-, UV- u. NMR-Max. vgl. Original. — 7. vgl. C. **1968,** 48-1492.

Versuche: *Himbadin* (I), *Hemihydrat*, F. 114 bis 115°, a) durch Extraktion von *Galbulimima*-Arten; aus verd. Methanol. Nadeln; b) durch 2std. Erhitzen von 0,2 g des N-Desmethylderiv. mit 90%ig. Ameisensäure in Ggw. von Paraformaldehyd auf 100°, Verdünnen mit H_2O, Zugabe von KOH u. Extrahieren mit Ae.; 0,15 g (Ausb.); c) durch ½std. Kochen von 0,1 g **II** mit MnO_2 in Bzl.; 0,07 g; d) durch 16std. Stehen von **III** mit Benzoylchlorid/Py. bei Raumtemperatur. *Hydrochlorid*, $C_{21}H_{32}ClNO_2$, F. 233—235°; aus A./Ae. Prismen. *Oxim*, $C_{21}H_{32}N_2O_2$, F. 200—204°; aus Aceton Nadeln. *2.4-Dinitrophenylhydrazonperchlorat*, $C_{27}H_{36}ClN_5O_9$, F. 234° (Zers.); aus Bzl./Essigsäureäthylester orangefarbene Tafeln. *2.4-Dinitrophenylhydrazon*, $C_{27}H_{35}N_5O_5$, F. 148°; aus Bzl./PAe. orangefarbene Nadeln. *Acetylderiv.*, $C_{23}\cdot H_{33}NO_3$, F. 120°, durch 4std. Erwärmen von 1 g **I** mit Essigsäureanhydrid in Ggw. von 70%ig. $HClO_4$ auf 95°; $[\alpha]_D^{20}$ —27° (c = 1,51; $CHCl_3$); aus Methanol Nadeln; 0,3 g. *N-Desmethylderiv.* (*Alkaloid G. B. 13*), F. 183 bis 185°, a) aus **I** mit HNO_3; b) aus 0,1 g **IV** durch 30std. Kochen mit 1 n HCl; aus Aceton/Ae. Prismen; 45 mg. *N-Desmethylderiv.-hydrochlorid*, $C_{20}H_{30}ClNO_2$, F. 275 bis 277°; aus A./Ae. Prismen. *N-Desmethylderiv.-N-acetyl-*

deriv., $C_{22}H_{31}NO_3$, F. 220°, a) durch 4std. Stehen mit Essigsäureanhydrid/Py. bei Raumtemp.; $[\alpha]_D^{25}$ −119° (c = 2,4; $CHCl_3$); aus Aceton/Ae. Prismen; b) durch 3std. Kochen von 16 mg **V** mit 1 n H_2SO_4 in Methanol; 3 mg. — *Verb.* **II**, a) durch 3std. Stehen von 0,2 g **I** mit $NaBH_4$ in A.; 0,19 g; b) durch 3std. Kochen von **I**-

II 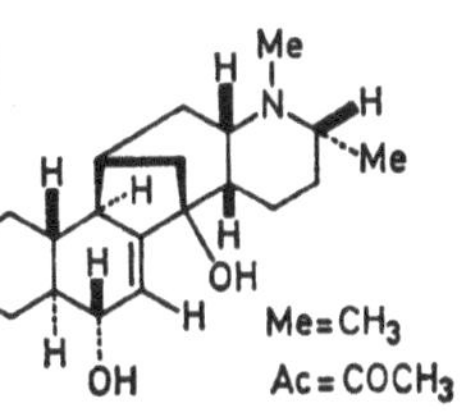

IV 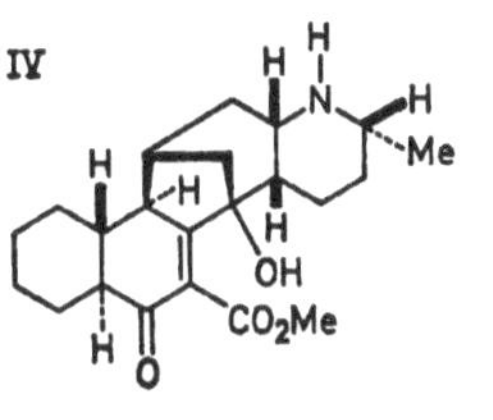

V 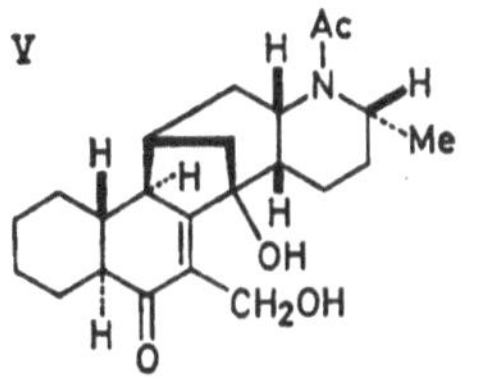

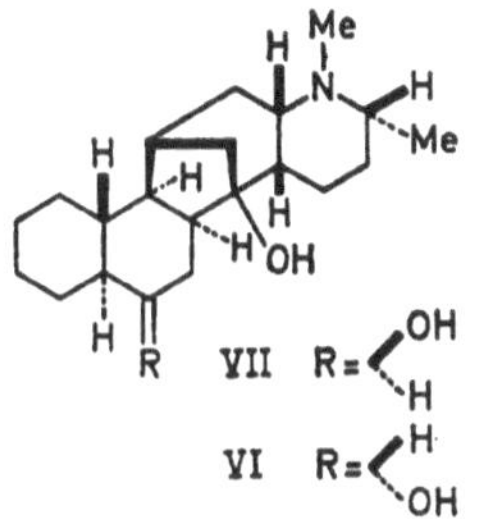

Acetylderiv. mit $LiAlH_4$ in Äther. *Methojodidmonohydrat*, $C_{22}H_{36}JNO_2 \cdot H_2O$, F. 213°; $[\alpha]_D^{20}$ −49° (c = 2,67; Methanol); aus A./Ae. Prismen. — *Dihydro-himbadin*, a) durch 4std. Kochen von 1,67 g **I** mit Zn in verd. Essigsäure; Öl; 1,6 g; b) analog a) aus dem **I**-Acetylderivat. *Perchlorat*, $C_{21}H_{34}ClNO_6$, F. 274−277°; $[\alpha]_D^{20}$ −133° (c = 1,32; Methanol); aus A./Ae. Tafeln. *19-Acetylderiv.*, durch 2std. Erwärmen des Perchlorates mit Essigsäureanhydrid/Py. in Ggw. von Acetylchlorid auf 95°. — *Verb.* **VI**, $C_{21}H_{35}NO_2$, F. 188−189°, a) durch 4std. Stehen von 0,75 g vorst. Verb. mit $NaBH_4$ in A.; aus Cyclohexan Nadeln; 0,14 g; b) durch Red. vorst. Acetylderiv. mit $LiAlH_4$ in Ae./THF. — *Verb.* **VII**, $C_{21}H_{35}NO_2$, F. 206−208°, a) neben **VI** nach a); aus Aceton Tafeln; 0,29 g; b) neben **VI** nach b); Spuren. — *Debenzoyl-himandrin* (**III**), $C_{23}H_{33}NO_5$, F. 183−185°, durch 5 Min. lange Zugabe von 10 n HCl zu 7,5 g **I** in

VIII 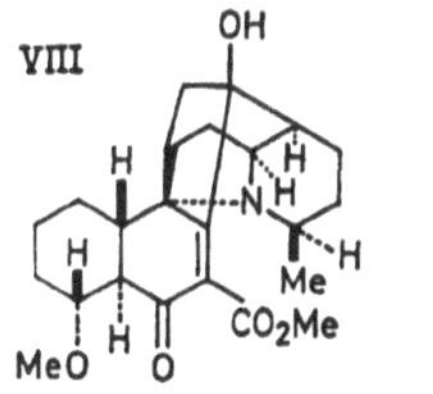

X 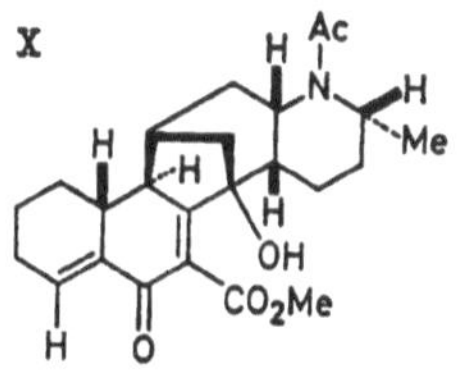

XI 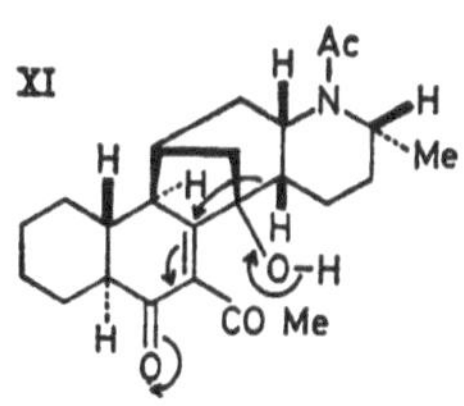

XII 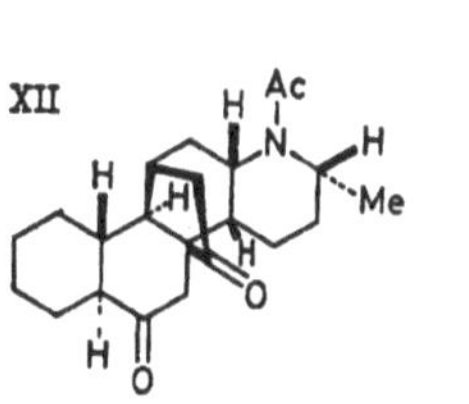

Essigsäure, 2std. Kochen u. Chromatographie; $[\alpha]_D^{25}$ +65° (c = 2,1; $CHCl_3$); 2,1g. — *16-Epi-debenzoyl-himandrin*, $C_{23}H_{33}NO_5$, F. 199−201°, neben **III**; $[\alpha]_D^{25}$ +53° (c = 0,7; $CHCl_3$); aus Aceton Prismen; 1,4 g. *Methyläther*, $C_{24}H_{35}NO_5$, F. 182−184°, neben **III**; $[\alpha]_D^{25}$ +28° (c = 2,2; $CHCl_3$); aus Ae./Hexan Nadeln; 1,5 g. — *Verb.* **VIII**, $C_{23}H_{31}NO_5$, F. 212°, a) durch Umsetzen von 0,2 g **III** mit Jones-Reagenz; $[\alpha]_D^{25}$ + 105° (c = 0,7; $CHCl_3$); aus Aceton/Hexan Nadeln; 0,15 g; b) analog a) aus 0,2 g vorst. Verb.; 0,16 g. — *Verb.* **IX**, $C_{25}H_{35}NO_6 \cdot C_3H_6O$, F. 234−237°, durch Zugabe von $CrCl_2$ zu 0,8 g **VIII**; $[\alpha]_D^{25}$ −68° (c = 0,8; $CHCl_3$); aus Aceton/Hexan Nadeln; 0,5 g (durch Erhitzen auf 160°/0,2 Torr, $C_{25}H_{35} \cdot NO_6$, F. 235−238°). — *Verb.* **X**, $C_{24}H_{31}NO_5$, F. 212°, durch $^1/_4$std. Kochen von 0,22 g **IX** mit konz. H_2SO_4 in Methanol; $[\alpha]_D^{25}$ −50° (c = 1,4; $CHCl_3$); aus Aceton/Ae. gelbe Prismen; 0,11 g. — *Verb.* **XI**, $C_{24}H_{33}NO_5$, F. 251 bis 253°, a) durch Hydrierung von 0,1 g **IX** in A. an Pd/Kohle; $[\alpha]_D^{25}$ −120° (c = 0,7; $CHCl_3$); aus Aceton/Ae. Prismen; 86 mg; b) durch Umsetzen von **IV** mit Essigsäureanhydrid/Py. bei Raumtemperatur. — *Verb.* **XII**, $C_{22}H_{31}NO_3$, F. 212−215°, a) durch 10std. Stehen von

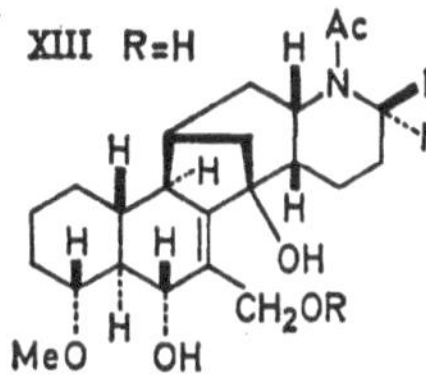

XIV 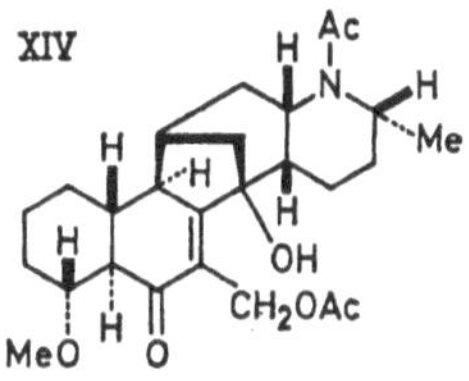

XV 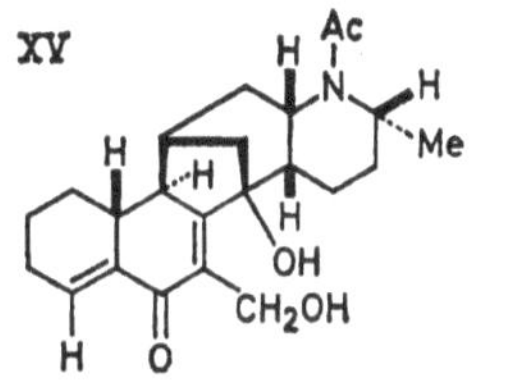

XVI 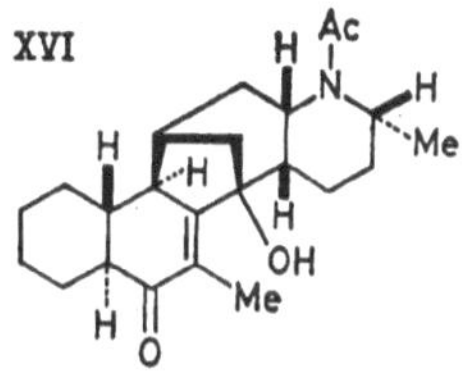

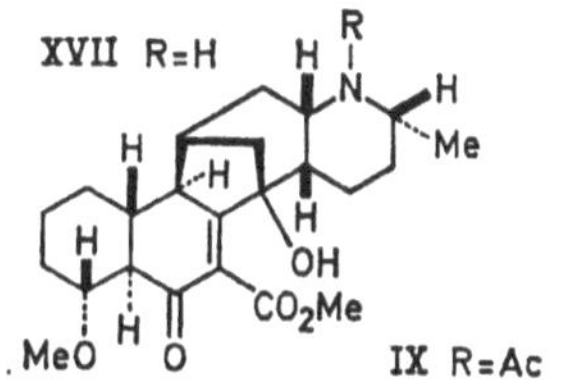

XVIII 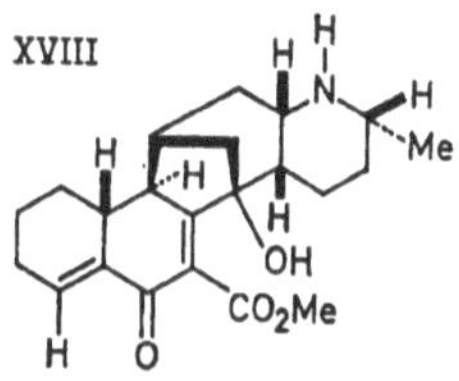

20 mg **XI** mit 2%ig. methanol. NaOH; aus Aceton/Ae. Prismen; 8 mg; b) durch 0,5std. Kochen von **X** mit 2%ig. H_2SO_4 in Methanol; c) durch 2std. Erwärmen von 50 mg **I**-N-Desmethylderiv.-N-acetylderiv. mit 10 n HCl in Glykol auf 120°; 50 mg. — *Verb.* **XIII**, $C_{24}H_{37}NO_5$, F. 275−277°, durch 5 Min. langes Stehen von 0,7 g **IX** mit $LiAlH_4$ in Ae.; $[\alpha]_D^{25}$ −69° (c = 1,6; $CHCl_3$); aus Aceton/Ae. Prismen; 0,45 g. *Monoacetylderiv.*, $C_{26}H_{39}NO_6$, F. 227°, durch 3std. Stehen mit Essigsäureanhydrid/Py.; $[\alpha]_D^{25}$ −54° (c = 1,4; $CHCl_3$); aus Aceton/Hexan Prismen. — *Verb.* **XIV**, $C_{26}H_{37}NO_6$, F. 175°, durch 5 Min. langes Stehen von 0,1 g **XIII**-Monoacetylderiv. mit Jones-Reagenz in Aceton; $[\alpha]_D^{25}$ −99° (c = 0,6; $CHCl_3$); aus Aceton/Hexan Nadeln; 65 mg. — *Verb.* **XV**, $C_{23}H_{31} \cdot NO_4$, F. 253−256°, durch 10 Min. langes Kochen von 47 mg **XIV** mit 2%ig. methanol. H_2SO_4; $[\alpha]_D^{25}$ −106° (c = 0,4; $CHCl_3$); aus Aceton/Ae. Prismen; 21 mg. — *Verb.* **XVI**, $C_{23}H_{33}NO_3$, F. 277−279°, durch Hydrierung von 40 mg **XV** in A. an Pd/Kohle; aus Aceton/Hexan Prismen; 30 mg. — *Verb.* **V**, $C_{23}H_{33}NO_4$, F. 246−249°, durch Hydrierung von 26 mg **XV** in A. an Pd/$CaCO_3$; $[\alpha]_D^{24}$ −131° (c = 0,3; $CHCl_3$); aus Aceton/Ae. Prismen; 22 mg. — *Verb.* **XVII**, durch Red. von **XV** mit $CrCl_2$. — *Verb.* **XVIII**, *Hydrochlorid*, $C_{22}H_{30}ClNO_4$, F. 252°, durch 24std. Stehen von 0,5 g **XV** in 1 n HCl bei Raumtemp.; aus A./Ae. Prismen; 0,25 g. — *Verb.* **IV**, *Hydrochlorid*, $C_{22}H_{32}ClNO_4$, F. 232−236°, durch Hydrierung von 0,2 g **XVIII**-Hydrochlorid in A. an Pd/Kohle; aus A./Essigsäureäthylester Prismen; 0,14 g.

G. Westphal 3500△

1289 **Alkaloide aus Menispermaceous-Pflanzen.** 247. Mitt. **Umwandlung von Cepharanthin in Obaberin (O-Methyloxyacanthin).** Masao Tomita und Yoshiaki Aoyagi. (J. pharmac. Soc. Japan [Yakugakuzasshi] 87 (1967) 11, 1425−26; Fac. of Pharmaceut. Sci., Kyoto Univ.; jap.) — 246. vgl. ibid. 87 (1967) 1285. — Es wurden dargestellt: *Desmethylen-cepharanthin* (**II**), durch

Zugabe von 200 mg Cepharanthin (I)-Bzl.-Addukt (F. 98—101°) u. 400 mg Phloroglucin zu 3 ml 50%ig. H_2SO_4, 2std. Erhitzen auf 95—100°, Gießen in 50 ml Eiswasser, Filtrieren, Alkalisieren mit 10%ig. NaOH, Ausschütteln der nichtphenol. Anteile mit Ae., Versetzen der alkal.

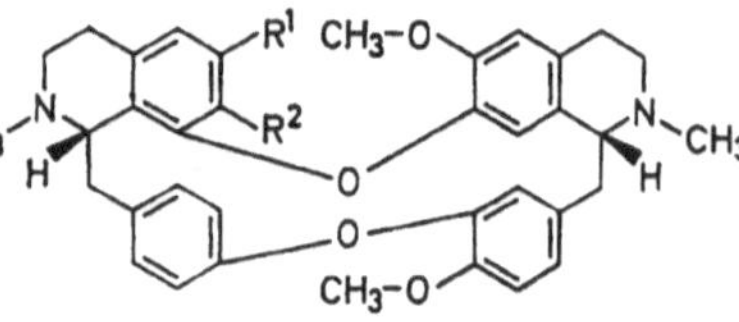

I $R^1 + R^2 = -O-CH_2-O-$

II $R^1, R^2 = -OH$

III $R^1, R^2 = -O-CH_3$

Lsg. mit NH_4Cl u. Extraktion mit $CHCl_3$; 45 mg (Ausb.). — *Obaberin* (III), durch Lösen vorst. Verb. in 5 ml Methanol, Zugabe von 10 ml äther. Diazomethan-Lsg. (aus 3 g Nitrosomethylharnstoff bereitet), Stehen über Nacht bei Raumtemp., Gießen in 100 ml Ae., Waschen mit 2%ig. K_2CO_3Lsg., Extraktion der Base mit 1%ig. HCl, Alkalisieren mit konz. NH_4OH, Extraktion mit Ae., Eindampfen u. Reinigung des Rohprod. (21 mg) durch Chromatographie an Al_2O_3 (Bzl.-Essigester, 7:1); $[\alpha]_D^{20}$ +282 (c = 1; $CHCl_3$); 10 mg. — 244. vgl. C. **1968**, 61-0719. L. Lamza 3500△

1290 **Synthesen in der Carotinoid-Reihe. 21. Mitt. Synthese von 2.2'-Diketo-spirilloxanthin (P 518) und 2.2'-Diketo-bacterioruberin.** U. Schwieter, R. Rüegg und O. Isler. (Helv. chim. Acta **49**, 992—96, 1966; Basel, F. Hoffmann-La Roche & Co. AG., Chem. Forschungsabt.; dt.) — 20. vgl. C. **1969**, 2-1359. — *2.2'-Dioxospirilloxanthin* (I) u. *2.2'-Dioxobacterioruberin* werden über die entsprechenden *15.15'-Dehydroverb.* durch Kondens. von 15.15'-Dehydro-C_{30}-apo-4.4'-carotindial mit 3-Methoxy- bzw. 3-Hydroxy-3-methylbutanon-(2) dargestellt. I ist mit dem aus *Rhodopseudomonas spheroides* u. *R. gelatinosa* isolierten *Carotinoid P 518* u. sehr wahrscheinlich mit dem von Goodwin (vgl. Arch. Mikrobiol. **24** [1956], 313) aus *R. gelatinosa* isolierten *Carotinoid P 512* identisch. IR- u. Massenspektren vgl. Original.

Versuche (alle Vers. unter N_2): *2.2'-Dioxospirilloxanthin (P 518)* (I), $C_{42}H_{56}O_4$, F. 225—227°, a) durch 5std. Rühren von 5 g C_{30}-Apo-4.4'-carotindial mit 3-Methoxy-3-methylbutanon-(2) u. KOH in Py./Methanol auf 100°, Gießen auf kalte 1 n H_2SO_4 u. Extraktion mit CH_2Cl_2; aus Essigester violette Nadeln; 0,6 g (Ausb.); b) durch Hydrieren von 10 g II am Lindlar-Katalysator in CH_2Cl_2/Triäthylamin, Filtrieren, Eindampfen im Vakuum u. 4std. Kochen mit J_2 in Essigester, 8,5 g. — *2.2'-Dioxo-bacterioruberin*, $C_{40}H_{52}O_4$, F. 230—232°, aus 4 g C_{30}-Apo-4.4'-carotindial u. 3-Hydroxy-3-methylbutanon-(2) analog I nach a); aus Essigester violette Nadeln; 0,5 g. — *15.15'-Dehydro-C_{30}-apo-4.4'-carotindial*, $C_{30}H_{34}O_2$, F. 227—229°, durch 18std. Rk. von 100 g [3.7-Dimethyl-8-oxotrien-(2.4.6)-yl]-triphenylphosphoniumbromid mit Orthoameisensäuretrimethylester, p-Toluolsulfonsäure u. 85%ig. H_3PO_4 in Methanol bei Raumtemp., Zugabe von Py., 15.15'-Dehydro-C_{10}-apo-12.12'-carotindial u. $NaOCH_3$ in Bzl./Methanol, 5std. Rühren bei 50°, Gießen auf Eis u. Extraktion mit CH_2Cl_2; aus CH_2Cl_2/A.rotviolette Blättchen; 22,8 g. — *15.15'-Dehydro-P 518* (II), $C_{42}H_{54}O_4$, F. 218—220°, durch 20std. Kochen von 10 g vorst. Verb. mit 3-Methoxy-3-methylbutanon-(2) u. KOH in CH_2Cl_2/Methanol u. Gießen auf kalte 1 n H_2SO_4; aus CH_2Cl_2/A. dunkelrote Nadeln; 11,3 g. — *15.15'-Dehydro-2.2'-dioxobacterioruberin*, $C_{40}H_{50}O_4$, F. 246—248°, analog vorst. Verb.; dunkelrote Nadeln. Gottfried Schreiber 3550

1291 **Zersetzungsmechanismus einiger dreiwertiger Metallsalze des Camphertosylhydrazons.** Robert H. Shapiro. (Tetrahedron Letters [London] **1966**, 3401—07; Boulder, Col., Univ. of Colorado Dep. of Chem.; engl.) — Beim Erhitzen von Camphertosylhydrazon (I) mit 1 Val $LiAlH_4$ in Äthern werden *Camphen* (II) u. *Tricyclen* (III) im Verhältnis 60:40 gebildet, wobei die Ausb. an II/III bei Erhöhung der Temp. ansteigt, vom Lsgm. aber unabhängig ist. Mit $NaBH_4$, NaH, $Al(OC_2H_5)_3$, $NaHAl(OC_2H_5)_3$ bzw. $NaHB(OCH_3)_3$ entstehen II u. III im Verhältnis 48:52, 0,1:99,9, 80:20, 45:55 bzw. 42:58. Das nach der Rk. von I mit $Al(OC_2H_5)_3$ u. Zers. mit D_2O isolierte II enthält kein Deuterium. Bei der Zers. von 3-Tosylhydrazono-4.4-dimethyl-5α-androstan nach Djerassi (vgl. M. Fischer et al., Chem. Ber. **98**, [1965], 3236) werden ca. 30% *4.4-Dimethyl-Δ^2-5α-androsten*, ca. 70% *3-Isopropyliden-A-nor-5α-androstan* u. geringe Mengen *4.4-Dimethyl-5α-androstan* gebildet. Für die durch Lewis-Säuren begünstigte Bldg. von II aus I wird ein Reaktionsmechanismus vorgeschlagen. F. Heller 3600

1292 **Stereospezifische Synthese eines Andrographolidderivates.** S. W. Pelletier, R. L. Chappell und S. Prabhakar. (Tetrahedron Letters [London] **1966**, 3489 bis 3492; Athens, Ga., Univ. of Georgia, Dep. of Chem.; engl.) — Durch Kondens. von 2-Methylcyclohexandion-(1.3) mit Acryloylessigsäuremethylester in Ggw. von KF in abs. CH_3OH wird *2.5-Dioxo-4aα-methyl-$\Delta^{1,8a}$-octalin-1-carbonsäuremethylester* (F. 70—71°) erhalten u. mit Äthylenglykol/p-Toluolsulfonsäure in sd. Bzl. selektiv in das *5.5-Äthylenacetal* (F. 119—120°; 50% Ausb.) übergeführt. Methylierung des Acetals mit CH_3J u. K-tert. Butylat in Bzl. liefert selektiv *2-Oxo-5.5-äthylendioxy-1β.4aα-dimethyl-Δ^8-octalin-1α-carbonsäuremethylester* (F. 121,5—122,5°), der an Pd-Kohle nicht hydriert werden konnte. Red. mit $NaBH_4$ gibt das entsprechende *2-Hydroxyderiv.* (F. 90—91°), das an Pd zu *2α-Hydroxy-5.5-äthylendioxy-1β.4aα-dimethyl-8aβ(H)-decalin-1α-carbonsäuremethylester* (F. 132—134°) hydriert u. mit $LiAlH_4$ zum *1-Hydroxymethylderiv.* (F. 136,5—137°) red. wird; dessen *Diacetat* (F. 117—118°) gibt bei der Abspaltung der Schutzgruppe das *5-Oxoderiv.* (F. 113—114°). Durch Rk. mit Li-Äthoxyacetylid bei —30° zu *1α-Acetoxymethyl-2α-acetoxy-5α-hydroxy-5β-äthoxäthinyl-1β.4aα-dimethyl-8aβ(H)-decalin*, Hydratisieren mit 5%ig. alkohol. H_2SO_4 zur *5-Äthoxycarbonylmethylenverb.* u. Ox. mit SeO_2 in Eisessig wird *2-Oxo-6α-acetoxymethyl-7α-acetoxy-6β.9aα-dimethyl-5aβ(H)-2.3a.4.5.5a.6.7.8.9.9a-decahydro-naphtho-[2.1:b]-furan* (F. 139—140°) gebildet, das mit der durch Abbau von Andrographolid erhaltenen Verb. ident. ist. F. Heller 3600

1293 **Sesquiterpene. 25. Mitt. Synthese von α-Selinen.** G. L. Chetty, G. S. Krishna Rao, Sukh Dev und D. K. Banerjee. (Tetrahedron [London] **22**, 2311—18, 1966; Organ. Chem. Dep., Indian Inst. of Sci., Bangalore, India; engl.) — Vf. beschreiben die Umwandlung von *α-Cyperon* (I) zu *α-Selinen*. — 28. vgl. C. **1968**, 62-0752.

Versuche: *α-Cyperon* (I), $Kp._{0,6}$ 119—120°, aus *Cyperus rotundus*, Rk. mit Semicarbazid in Py. u. Rk. des erhaltenen *Semicarbazons* [F. 214—216°] mit Oxalsäure, W. u. n-Heptan; 96% (Ausb.). — *Dihydro-α-cyperon*, $Kp._{0,3}$ 105—107°, a) aus I u. Li in fl. NH_3/Ae.; $[\alpha]_D^{25}$ —15,1° (c = 1,8; $CHCl_3$); 92%; b) aus 2 g Dihydro-α-cyperol u. CrO_3/Py. bei 0°; 1,6 g. *Semicarbazon*, $C_{16}H_{27}N_3O$, F. 185—186° (A.). *2.4-Dinitrophenylhydrazon*, $C_{21}H_{28}N_4O_4$, F. 169—170° (Eisessig). — *Dihydro-α-cyperol*, $C_{15}H_{26}O$, F. 74°, a) aus vorst. Verb., tert. Butanol u. $LiAlH_4$ in THF bei 0°; $[\alpha]_D^{26}$ —5,1° (c = 5; $CHCl_3$); 90%; b) aus 10,9 g I u. Na in n-Propanol bei 100°; 9,8; c) aus 2 g I u. Li in fl. NH_3/Dioxan; 1,62 g. *3.5-Dinitrobenzoylderiv.*, $C_{22}H_{28}N_2O_6$, F. 156—157° (A.); $[\alpha]_D$ +37,36° (c = 2,6; $CHCl_3$). *Acetylderiv.*, $C_{17}H_{28}O_2$, $Kp._{1,2}$ 128—129°, durch Rk. mit Acetylchlorid/Py.; $[\alpha]_D^{26}$ +13,3° (c = 1,5; $CHCl_3$). — *Dihydro-α-cyperyläthylcarbonat*, $C_{18}H_{30}O_3$, $Kp._{0,5}$ 130—131°, aus vorst. Verb. u. Chlorameisensäureäthylester in abs. Py. bei 0°; 97%. — *α-Selinen*, $C_{15}H_{24}$, $Kp._{10}$ 126—127°, a) aus 2,22 g vorvorst. Verb., Borsäure u. abs. Toluol bei Siedetemp. u. Pyrolyse des erhaltenen m-Borats; $[\alpha]_D$ +15,7° ($CHCl_3$); 0,3 g; daneben 0,12 g *Δ^3-Selinen* [II; $C_{15}H_{24}$, $Kp._{10}$ 124—126°; $[\alpha]_D$ —46,6° ($CHCl_3$)]; b) analog aus vorst. Verb.; daneben II. K.-P. Hilgetag 3600△

1294 **Synthese von DL-Desoxycassasäure.** G. Traverso, G. P. Pollini, F. Fringuelli und A. Taticchi. (Farmaco [Pavia], Ediz. sci. **21**, 728—39, 1966; Perugia, Univ., Ist. die Chim. organ.; ital.) — 13-Methoxy-14-

methyl-$\Delta^{5,8,11,13}$-podocarpatetraen-3-on (I) wird über das *Äthylendithioacetal* zu *13-Methoxy-14-methyl-$\Delta^{5,8,11,13}$-podocarpatetraen* (II) red., das an Pd zum *$\Delta^{8,11,13}$-Trienderiv.* (IIIa) hydriert wird. Birch-Red. von IIIa liefert das *$\Delta^{8,12}$-Dienderiv.*, das durch Hydrolyse in *14α-Methyl-Δ^{8}-podocarpen-13-on* u. weiter durch Isomerisierung in das bekannte *14-Methyl-$\Delta^{8,14}$-podocarpen-13-on* (IV) übergeführt wird. Hydrierung von IV gibt *14α-Methylpodocarpan-13-on* (V), das auch durch Entmethylieren von IIIa zur *13-Hydroxyverb.* (III), dessen katalyt. Hydrierung u. Ox. der epimeren sek. Alkohole neben *14β-Methyl-8α-(H)-podocarpan-13-on* (VI) gebildet wird. Durch Kondens. von V mit Äthoxyacetylen-MgBr, Hydrolyse u. Verseifen des Esters wird *DL-Desoxycassasäure* (VII; *13-Carboxymethylen-14α-methylpodocarpan*) erhalten. Die aus VII durch Hydrieren an Pt gebildete *DL-Cassansäure* ist mit der aus Erythrophleum-Alkaloiden erhaltenen Verb. identisch.

Versuche: *3.3-Äthylendimercapto-13-methoxy-14-methyl-$\Delta^{5,8,11,13}$-podocarpatetraen*, $C_{21}H_{28}OS_2$, F. 152 bis 153° (Aceton), durch Zugeben von BF_3-Ae. zu 6 g I u. Äthandithiol in Eisessig, kurzers Erwärmen u. mehrstd. Stehen bei Raumtemp.; 8 g (Ausb.). — *13-Methoxy-14-methyl-$\Delta^{5,8,11,13}$-podocarpatetraen* (II), $C_{19}H_{26}O$, F. 60° (CH_3OH), durch 12std. Kochen von 5 g vorst. Verb. mit Raney-Ni in entgastem A.; 4 g zers. sich am Licht. — *14-Methyl-$\Delta^{8,11,13}$-podocarpatrien-13-ol* (III), $C_{18}H_{26}O$, F. 130° (PAe.), a) durch 10—12std. Kochen von 3 g IIIa, HBr u. HJ in Eisessig, Gießen in W., Zugeben von $NaHSO_3$ u. Extrahieren mit Bzl.; 1,5 g; b) analog a) aus IIIa u. HJ in Eisessig; c) durch Erhitzen von IIIa u. Pyridinhydrochlorid; d) durch Behandeln des aus der Mutterlauge von IIIa nach a) erhaltenen Öls mit Säure; reagiert nicht mit CH_2N_2. *Methyläther* (IIIa), $C_{19}H_{28}O$, F. 87° (CH_3OH), a) durch 10std. Hydrieren von 6 g II an Pd-Kohle in Eisessig/Cyclohexan bei 5 → 30 atü H_2; 3 g; b) durch Zugeben von NaH zu III in DMF/Bzl., Zugeben von CH_3J u. 3—4std. Kochen. — *14-Methyl-$\Delta^{8,14}$-podocarpen-13-on* (IV), $C_{18}H_{28}O$, F. 84—85° (CH_3OH), a) durch Zugeben von tert.-Amylalkohol u. Li zu 2,5 g IIIa in abs. Äthylamin, Zugeben von fl. NH_3, 12std. Stehen bei Raumtemp., Eindampfen im Vakuum, Zugeben von verd. Säure, Extrahieren mit Ae., Hydrolyse u. Isomerisieren des Extraktrückstandes durch $^3/_4$std. Kochen mit wss.-alkohol. HCl, Extrahieren mit Ae. u. Trennen von nicht isomerisiertem *Δ^{8}-Enon* durch Chromatographie (Chr.) an neutralem Al_2O_3; 0,7 g; b) durch Zugeben von Br_2 in Eisessig zu VI in Eisessig, Stehen bei Raumtemp. für 20 Min., Lösen in Ae., Eindampfen u. $^3/_4$std. Kochen mit Kollidin. *2.4-Dinitrophenylhydrazon* $C_{24}H_{32}N_4O_4$, F. 218—219°, aus Eisessig rot. — *14α-Methylpodocarpan-13-on* (V), $C_{18}H_{30}O$, F. 114° (PAe.), a) durch Hydrieren von IV u. Ox. des sek. Alkohols; b) durch Hydrieren von III an Raney-Ni in wss.-alkohol. KOH bei 150°/160 at, Ox. der sek. Alkohole mit Jones-Reagens, Chr. des Ketongemisches an neutralem Al_2O_3 u. Reinigung über das Dinitrophenylhydrazon. *2.4-Dinitrophenylhydrazon*, $C_{24}H_{34}N_4O_4$, F. 225—226°, aus Äthylacetat orangegelb. — *14β-Methyl-8α(H)-podocarpan-13-on* (VI), $C_{18}H_{30}O$, F. 97—98° (PAe.), neben V nach b) u. Reinigung über das *2.4-Dinitrophenylhydrazon*, $C_{24}H_{34}N_4O_4$, F. 213°, aus Äthylacetat citronengelb. — *DL-Desoxycassasäure* (VII), $C_{20}H_{32}O_2$, F. 222° (Ae.), durch 48std. Stehen des Äthylesters mit methanol. KOH bei Raumtemp., Zugeben von W., Extrahieren mit PAe., Ansäuern u. Extrahieren mit Äther. *Äthylester*, durch Zugeben von 0,15 g V in abs. Ae. zu Äthoxyacetylen-MgBr in abs. Ae., 2std. Kochen, Zers. mit NH_4Cl-Lsg. bei 0°, Isomerisieren durch $^1/_2$std. Stehen mit 3 Tropfen verd. H_2SO_4 in CH_3OH bei Raumtemp., Extrahieren mit Ae. u. Chr. an neutralem Al_2O_3; 0,2 g. — *DL-Cassansäure*, $C_{20}H_{34}O_2$, F. 222—224° (Ae./Hexan), durch Hydrieren von VII an PtO_2 in Alkohol. F. Heller 3600

1295 **Farninhaltsstoffe: Adipedatol, Filicenal und andere Triterpenoide aus Adiantum pedatum.** H. Ageta und K. Iwata. (Tetrahedron Letters [London] **1966,** 6069 bis 6074; Setagaya, Tokyo, Showa Coll. of Pharmacy; engl.) — (Opt. Drehung bei 25° in $CHCl_3$; c = 1,0). Aus *Adiantum pedatum* werden *Isofernen* ($C_{30}H_{50}$, F. 191—192°; 0,02% Ausb.), *Fernen* ($C_{30}H_{50}$, F. 171—172°; 0,40%), *Δ^{7}-Fernen* ($C_{30}H_{50}$, F. 211—213°; 0,015%), *Filicen* ($C_{30}H_{50}$, F. 224—226°; 0,015%) u. *Adianton* (*30-Norhopan-22-on*, $C_{29}H_{48}O$, F. 220—222°; 0,50%) isoliert u. durch direkten Vgl. mit authent. Verb. identifiziert. An neuen Verb. werden *Filicenal* [I; $C_{30}H_{48}O$, F. ca. 272°; $[\alpha]_D$ +76° (c = 0,5); 0,04%] u. *Adipedatol* [II; $C_{29}H_{48}O_2$, F. 185—188°; $[\alpha]_D$ +88° 0,65%] erhalten; ihre Konstit. als *Δ^{3}-Filicen-23-al* bzw. *22-Hydroxy-22.28-epoxy-30-norhopan* wird durch Rk. sowie bes. durch IR-, KMR- u. Massenspektren bewiesen. I gibt nach Wolff-Kishner *$\Delta^{4,23}$-Filicen* (F. 206—209°), das katalyt. zu *Filican* (F. 212—215°) hydriert wird. Mit sd. CH_3OH bzw. A. liefert II den *Methyläther* ($C_{30}H_{50}O_2$, F. 200—204°; $[\alpha]_D$ —107°) bzw. *Äthyläther* ($C_{31}H_{52}O_2$, F. 176—179°; $[\alpha]_D$ +103°); mit sd. alkohol. KOH liefert II *28-Hydroxy-22-oxo-30-nor-21α(H)-hopan* (III; $C_{29}H_{48}O_2$, F. 285—287°; $[\alpha]_D$ +6°. *Acetat*, $C_{31}H_{50}O_3$, F. 191—193°; $[\alpha]_D$ —7°), das auch aus dem II-Methyläther u. H_2SO_4/Eisessig/Bzl. bei Raumtemp. gebildet wird. Red. von III nach Wolff-Kishner liefert *28-Hydroxy-30-nor-21α(H)-hopan* ($C_{29}H_{50}O$, F. 171 bis 172°; $[\alpha]_D$ —4°); das daraus mit CrO_3 gebildete *28-Oxo-30-nor-21α(H)-hopan* ($C_{29}H_{48}O$, F. 162—163°) gibt bei der Red. *30-Nor-21α(H)-hopan* (*Isoadiantan*, $C_{29}H_{50}$ F. 185—187°). Bei der Red. von II mit Li in Äthylamin wird *22α.28-Dihydroxy-30-norhopan* (*Diol A*, $C_{29}H_{50}O_2$, F. 227—230°; $[\alpha]_D$ +28°) u. das *22-Epimere* (*Diol B*, $C_{29}H_{50}O_2$, F. 250° u. F. 264—267°; $[\alpha]_D$ +52°) erhalten u. bei der Red. von III mit $LiAlH_4$ *22α.28-Dihydroxy-30-nor-21α(H)-hopan* ($C_{29}H_{50}O_2$, F. 240—241°; $[\alpha]_D$ +16°) u. sein *22-Epimeres.* F. Heller 3600

1296 **Zwei neue Triterpene mit trans-Diol-Funktion aus Rhododendron linearifolium.** Hiroshi Wada, Giichi Goto, Toshio Goto und Yoshimasa Hirata. (Tetrahedron Letters [London] **1966,** 3461—64; Chikusa, Nagoya, Japan, Nagoya Univ., Fav. of Sci., Chem. Inst.; engl.) — Aus *Rhododendron linearifolium* werden *2α.3β-Dihydroxy-$\Delta^{9,11}$-fernen* (I; $C_{30}H_{50}O_2$, F. 204°; $[\alpha]_D$ —34°) u. *Epigermanidiol* (II; *2α.3β-Dihydroxy-Δ^{18}-oleanen*, $C_{30}H_{50}O_2$, F. 221°; $[\alpha]_D$ —1,4°) isoliert. I gibt ein *Diacetat* ($C_{34}H_{54}O_4$, F. 240°; $[\alpha]_D$ —65°) u. ein *O-Isopropylidenderiv.* ($C_{33}H_{54}O_2$, F. 229°); das *2-Monotosylat* liefert bei der Red. mit $LiAlH_4$ *3β-Hydroxy-$\Delta^{9,11}$-fernen* (III; $C_{30}H_{50}O$, F. 188°; $[\alpha]_D$ —17°. *Acetat*, $C_{32}H_{52}O_2$, F. 221°; $[\alpha]_D$ —10°), dessen 3β-Konfig. durch Methylieren mit CH_3J zum bekannten *II-Methyläther* (*Arundoin*, $C_{31}H_{52}O$, F. 238°) bewiesen wird. Durch Ox. von III mit CrO_3 wird *3-Oxo-$\Delta^{9,11}$-fernen* ($C_{30}H_{48}O$, F. 196°; $[\alpha]_D$ —60°) u. daraus nach Huang-Minlon *$\Delta^{9,11}$-Fernen* ($C_{30}H_{50}$, F. 171°; $[\alpha]_D$ 27°) erhalten. Mit CrO_3/Eisessig wird I-Diacetat zu *2α.3β-Diacetoxy-12-oxo-$\Delta^{9,11}$-fernen* ($C_{34}H_{52}O_5$, F. 214°; $[\alpha]_D$ —52°) oxydiert. II gibt ein *Diacetat* ($C_{34}H_{54}O_4$, F. 171°; $[\alpha]_D$ —13°); die analog III gebildete *Monohydroxyverb.* ($C_{30}H_{50}O$, F. 180°; $[\alpha]_D$ +8°. *Acetat*, F. 278°) u. das entsprechende *Keton* (F. 188°) sind ident. mit *Germanicol* bzw. *Germanicon.* F. Heller 3600

1297 **Die Struktur von Actein.** S. Corsano, H. Linde, G. Piancatelli und L. Panizzi. (Chimia [Aarau, Schweiz] **21** (1967) 3, 130—31; Ist. di Chim. Organ. dell' Univ., Roma; engl.) — Das aus *Actea racemosa* isolierte *Actein* ergibt nach der Hydrolyse *Acetylacteol* (I, $C_{32}H_{48}O_7$, F. 247—249°; $[\alpha]_D$ —80°) als Genin. Die Acetylierung von I führt zu einem *Triacetat* ($C_{36}H_{52}O_9$), während mit Alkohol im sauren Medium das *Acetylacetal* II ($C_{34}H_{52}O_7$) erhalten werden kann. Die Ox. von I mit CrO_3 liefert das *Keto-γ-lacton* III ($C_{32}H_{44}O_7$). Die Red. von III mit $CrCl_2$ führt zum *Lacton* IV ($C_{32}H_{44}O_6$), dessen Ozonolyse *Brenztraubensäure* ergibt, die als *2.4-Dinitrophenylhydrazon* abgetrennt wird. Die Red. von III mit $LiAlH_4$ ergibt V ($C_{30}H_{48}O_5$), dessen Ox. mit CrO_3 zu VI führt. Die milde saure Hydrolyse von dem Triacetat aus I führt zu VII ($C_{34}H_{50}O_8$), dessen Ox. mit CrO_3 VIII ($C_{34}H_{48}O_8$) ergibt. Kochen von VIII mit verd. Alkalien führt zu einem Gemisch aus zwei Verb., dessen Ox. mit $NaJO_4$ das *δ-Lacton* IX ($C_{26}H_{40}O_4$) liefert. Die Ox. von IV mit $KMnO_4$ liefert X ($C_{32}H_{46}O_8$), dessen weitere Ox. mit $KMnO_4$ über zwei Intermediäre XV u. XVI das *δ-Lacton* XI ($C_{28}H_{40}O_5$) ergibt. Zur Lokalisierung der Acetylgruppe wird

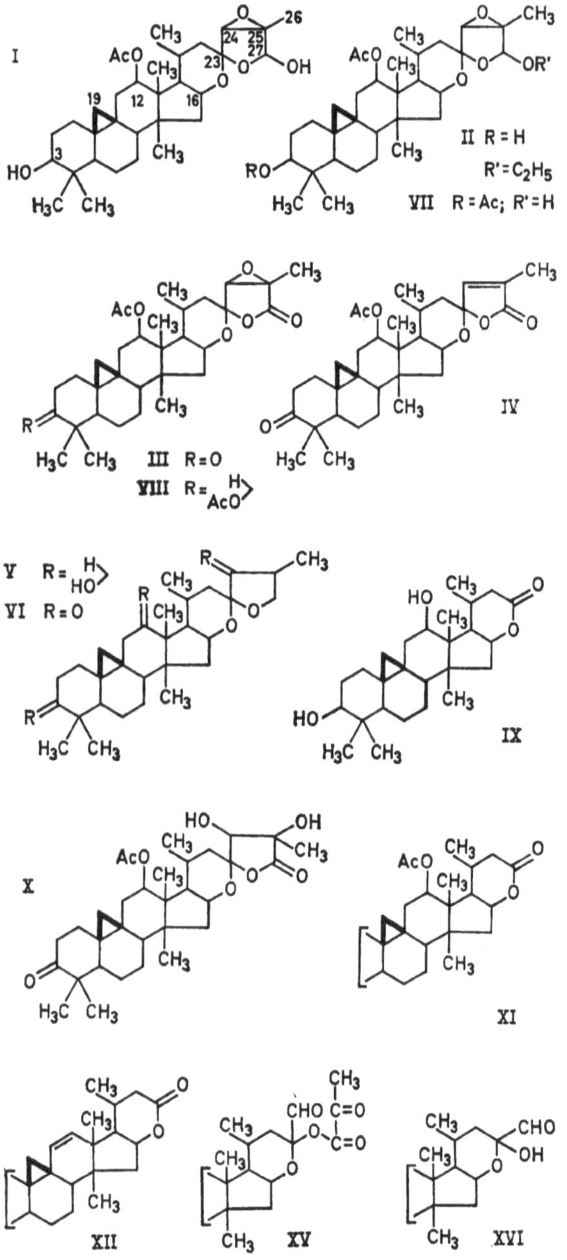

XI bei 280° im Vakuum der Pyrolyse unterworfen, wobei **XII** ($C_{26}H_{38}O_3$) entsteht. Max. der IR-, UV- u. NMR-Spektren vgl. Original. G. Westphal 3600△

1298 **Lycoclavanol und Serratriol.** Y. Tsuda, T. Sano, A. Morimoto und Y. Inubushi. (Tetrahedron Letters [London] **1966,** **5933**; Toyonaka, Osaka, Osaka Univ., Fac. of Pharmaceut. Sci.; engl.) — Die Konstit. von *Lycoclavanol* (**I**) als *Δ¹⁴-Serraten-3α.21β.24-triol* u. von *Serratriol* (**II**) als *Δ¹⁴-Serraten-3β.21α.24-triol* wird durch Überführen von **I** in **II** u. bekannte Serratenderiv., Unters. der NMR-Spektren u. der opt. Rotationsdispersion von Oxoderiv. bewiesen.

Versuche: *Lycoclavanol* (**I**), $C_{30}H_{50}O_3$, F. 308 bis 310°. *24-Monoacetat* (**Ia**), $C_{32}H_{52}O_4$, F. 252—254°, durch $^1/_2$std. Stehen von **I** u. Acetanhydrid/Py. bei 5°. *3.21-Diacetat* (**Ib**), F. 225—227°, aus **Id** durch Methanolyse nach Zemplén. *21.24-Diacetat* (**Ic**), F. 243—245°, neben **Ib**. *Triacetat* (**Id**), $C_{36}H_{56}O_6$, F. 197—198°. *3.24-Acetonid* (**Ie**), $C_{33}H_{54}O_3$, F. 200—204°, aus **I** u. 2.2-Dimethoxypropan in DMF. — *21-Oxo-Δ¹⁴-serraten-3α.24-diolacetonid*, $C_{33}H_{52}O_3$, F. 197—201°, aus **Ie** u. CrO_3/Pyridin. — *24-Acetoxy-Δ¹⁴-serraten-3.21-dion* (**III**), $C_{32}H_{48}O_4$, F. 242 bis 244°, aus **Ia** u. CrO_3. — *24-Nor-Δ¹⁴-serraten* (**IV**), $C_{29}H_{48}$,

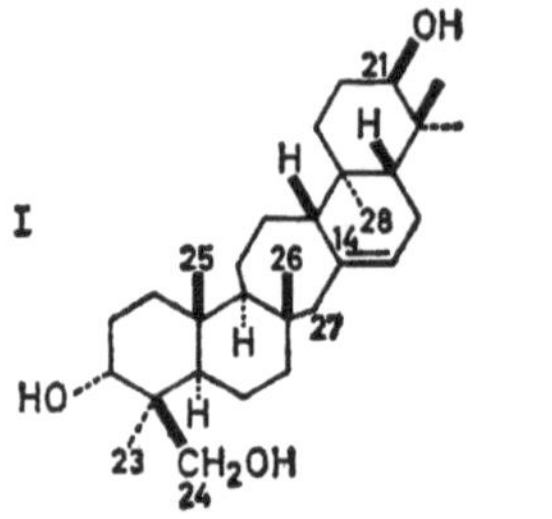

F. 179—182°, aus **III** durch Red. nach Wolff-Kishner. — *3α.21β-Diacetoxy-Δ¹⁴-serraten-24-al*, F. 191—195°, aus **Ib** u. CrO_3. — *21β.24-Diacetoxy-Δ¹⁴-serraten-3-on*, F. 235 bis 237°, aus **Ic** u. CrO_3. — *Δ¹⁴-Serraten-3α.21β-diol* (*Diepiserratendiol*), aus *Lycopodium clavatum*. *Diacetat*, F. 236—239°, durch Red. vorvorst. Verb. nach Wolff-Kishner u. Acetylieren. — *Serratriol* (**II**), $C_{30}H_{50}O_3$, F. 335—336°, a) aus *Lycopodium serratum*; b) durch Red. von **III** mit $LiAlH_4$. *21-Monoacetat* (**IIa**), $C_{32}H_{52}O_4$, F. > 300°, durch Hydrolyse von **IIb** oder **IIf**. *3.24-Diacetat* (**IIb**), $C_{34}H_{54}O_5$, F. 249—251°, durch $^1/_2$std. Kochen von **IId** mit 5%ig. alkohol. HCl. *21.24-Diacetat* (**IIc**), $C_{34}H_{54}O_5$, F. 235—237°, neben **IIb**. *Triacetat* (**IId**), $C_{36}H_{56}O_6$, F. 245—247°, durch Red. von **III** mit $LiAlH_4$ u. Acetylieren. *3.24-Acetonid* (**IIe**), $C_{33}H_{54}O_3$, F. 250—252°, analog **Ie** aus **II**. **IIa**-*Acetonid* (**IIf**), $C_{35}H_{56}O_4$, F. > 300°, aus **IIe** u. Acetanhydrid/Pyridin. **IIa**-*24-p-Tosylat* (**IIg**), $C_{39}H_{58}\cdot O_6S$, F. 188—189°, aus **IIa** u. p-Tosylchlorid in Pyridin. **IIa**-*Bis-p-tosylat*, $C_{46}H_{64}O_8S_2$, F. 185—186°, neben **IIg**. — *21α.24-Diacetoxy-Δ¹⁴-serraten-3-on*, $C_{34}H_{52}O_5$, F. 252 bis 254°, aus **IIc** u. CrO_3. — *3β.24-Diacetoxy-Δ¹⁴-serraten-21-on*, $C_{34}H_{52}O_5$, F. 245—247°, a) durch Ox. von **IIb**; b) durch Hydrolyse des Acetonids u. Acetylieren. — *21-Oxo-Δ¹⁴-serraten-3β.24-diolacetonid*, $C_{33}H_{52}O_3$, F. 213 bis 215°, aus **IIe** u. CrO_3 in Pyridin. — *3β.24-Epoxy-Δ¹⁴-serraten-21α-ol*, $C_{30}H_{48}O_2$, F. 254—256°, neben dem Acetat durch Red. von **IIg** mit $LiAlH_4$. *Acetat*, $C_{32}H_{50}O_3$, F. 273—275°, durch Chromatographie von **IIg** an Al_2O_3. — *Δ¹⁴-Serraten-3β.21α-diol* (*Serratendiol*), durch längere Red. vorst. Alkohols mit $LiAlH_4$. F. Heller 3600

1299 **Stereochemie von Nimbin.** N. S. Narasimhan. (Chem. and Ind. **1966,** 944; Poona, India, Univ. of Poona, Dep. of Chem.; engl.) — Die früher [Indian J. Chem. **2** (1964) 109] vom Vf. vorgeschlagene Sesselform des Ringes A in *Nimbin* u. *Dihydronimbin* sowie die *α-Orientierung* der Carboxylgruppe am $C_{(4)}$ wird durch Unters. des NMR-Spektrums von *Dihydronimbinsäure* u. deren *Diester* sowie durch die γ-Lacton-Bldg. bewiesen (vgl. dagegen C. **1965,** 20-0821). F. Heller 3650

1300 **Stereochemie.** 18. Mitt. **Einige Reaktionen von Steroid-α-bromketonen.** Alfred Hassner und P. Catsoulacos. (J. org. Chemistry **31,** 3149—52, 1966; Dep. of Chem., Univ. of Colorado, Boulder, Colo.; engl.) — 17. vgl. Tetrahedron Letters [London] **1966,** 3119. — 16α-Bromandrostan-3β-ol-17-on (**I**) wird durch Methylationen in das Dimethylketal von 3β.16α-Dihydroxyandrostan-17-on übergeführt. Gleiche Rk. zeigen auch das 16β-Bromepimere von **I** u. das 5.6-Dehydroanalogon. Die Struktur des Ketals kann durch Hydrolyse zum 16α-Hydroxy-17-keton, dessen Acetylierung, seine Red. zum 16α.17β-Diol u. durch Aufnahme des NMR-Spektrums bewiesen werden. Bei der Rk. von **I** mit Methylationen wird 17β-Methoxy-16α.17α-epoxyandrostan-3β-ol als mögliches Intermediäres diskutiert. Bei der Rk. von 2α-Bromcholestan-3-on mit Methylat entsteht ein nicht identifizierbares Öl. Maxima der IR- u. UV-Spektren vgl. Original.

Versuche: *17.17-Dimethoxyandrostan-3β.16α-diol*, $C_{21}H_{36}O_4$, F. 179—180° (Methanol), a) aus 1 g **I** mit warmer Na-Methylatlsg.; 410 mg (Ausb.); b) aus **I** mit sd. methanol. KOH; c) aus 690 mg 16β-Bromandrostan-3β-ol-17-on analog b); 230 mg. *Diacetylderiv.*, $C_{25}H_{40}O_6$,

F. 143–144°, mit Essigsäureanhydrid/Py.; 85%. — *Androstan-3β.17β-diol-16-on*, F. 213–215° (verd. Methanol), a) aus 3 g **I** mit alkohol KOH; 1,1 g; b) aus 200 mg **I** mit alkohol. Na-Äthylatlsg.; 60 mg; c) aus dem Diacetylderiv. nachst. Verb. mit NaOH. — *3β.16α-Dihydroxy-androstan-17-on*, $C_{19}H_{30}O_3$, F. 184–186° (Aceton/PAe.), aus 1 g vorvorst. Verb. mit sd. methanol. HCl; 380 mg. *Diacetylderiv.*, $C_{23}H_{34}O_5$, F. 182–184°, mit Py./Essigsäureanhydrid. — *Androstan-3β-ol-16.17-dion-bis-phenylhydrazon*, $C_{31}H_{40}N_4O$, F. 228–230° (Methanol/Aceton), aus vorvorst. Verb. oder 3β.16α-Dihydroxyandrostan-17-on mit Phenylhydrazin in Essigsäure. — *17.17-Dimethoxy-Δ^5-androsten-3β.16α-diol*, $C_{21}H_{34}O_4$, F. 177–179° (Aceton), aus 5 g 16α-Brom-Δ^5-androsten-3β-ol-17-on mit Na-Methylatlsg.; 1,43 g. — *3β.16α-Dihydroxy-Δ^5-androsten-17-on*, F. 177–180° (verd. Methanol), aus 0,5 g vorst. Verb. mit methanol. HCl; 280 mg. *Diacetylderiv.*, F. 167–168°. — *Δ^5-Androsten-3β.17β-diol-16-on*, aus 40 mg vorst. Verb. mit KOH in wss. Methanol; 35 mg. — *Δ^5-Androsten-3β-ol-16.17-dion-bis-phenylhydrazon*, F. 233 bis 237° (A.), aus vorvorst. oder vorst. Verb. mit Phenylhydrazin in Essigsäure. W. Hampel 3700△

1301 **16-Isopropyliden-6-hydroxyequilenindimethyläther.** M. Harnik und N. Danieli. (Israel J. Chem. **3**, 203–06, 1966; Skapharm Res. Dep., Ramat Gan; engl.) — Beim Einleiten von Acetylen in ein Gemisch von 6-Hydroxyequilenindimethyläther (**I**), K-tert.-butylat u. tert.-Butanol in Toluol (vgl. M. Harnik, ibid. **3** [1965] 183) entsteht neben *17α-Äthinyl-17β-hydroxy-17-desoxo-6-methoxy-equilenin-3-methyläther* die *Titelverb.* [**II**; $C_{23}H_{26}O_3$, F. 241–244° (Dioxan)]. Bei der Rk. von **I** mit dem Li-acetylid-Äthylendiamin-Komplex wird kein **II** gebildet. Hydrierung an Pd/Kohle gab ein Isomerengemisch aus dem ein *Dihydroderiv.* [$C_{23}H_{28}O_3$, F. 175 bis 180°] isoliert wurde. Die 16-Stellung der Isopropylidengruppe von **II** folgt aus dem IR-Spektrum. IR-, KMR- u. Massenspektrum vgl. Original. K. Gröbe 3700△

1302 **Insektenhormone.** 2. Mitt. **Zur Synthese des Ecdysons. Synthesen von 2β.3β-Dihydroxy-6-oxo-A/B-cis-steroiden.** R. Wiechert, U. Kerb, P. Hocks, A. Furlenmeier, A. Fürst, A. Langemann und G. Waldvogel. (Helv. chim. Acta **49**, 1581–91, 1966; Berlin, Hauptlabor. der Schering AG; dt.) — 1. vgl. Tetrahedron Letters [London] **13** (1966) 1387. — Für die Darst. von 2β.3β-Dihydroxy-6-oxo-A/B-cis-steroiden, als Teilproblem für die Herst. von Ecdyson, wurden 3 Synth. überprüft. Die 1. beginnt mit der Umsetzung von (20S)-3-Oxo-Δ^4-pregnen-20-carbonsäuremethylester (**I**) zu der entsprechenden *2β-Acetoxyverb.*, scheiterte jedoch an der Umwandlung dieses Prod. in ein geeignetes Enol. Ausgehend vom 5α-Δ^2-Cholesten-6-on (**II**) führt die 2. Synth. zum *2β-Acetoxy-3β-hydroxy-5α-cholestan-6-on*, das durch alkal. oder saure Behandlung unter teilweiser Isomerisierung *2β.3β-Dihydroxy-5β-cholestan-6-on* (**III**) ergibt. Analog läßt sich aus (20S)-3.3-Äthylendioxy-Δ^5-pregnen-20-carbonsäuremethylester (**VI**) über mehrere Stufen *2α-Brom-3β-acetoxy-6-oxo-5α-pregnan-20-carbonsäuremethylester* gewinnen, welcher mit Ag-Acetat/wss. Essigsäure unter 50%ig. Inversion am $C_{(5)}$ zu den beiden isomeren *2β.3β-Diacetoxy-6-oxo-verb.* führt. Aus beiden lassen sich sauer oder alkal. stets die entsprechenden (20S)-*2β.3β-Dihydroxy-6-oxo-5α-* (**VII**) u. *(20S)-2β.3β-Dihydroxy-6-oxo-5β-Isomeren* (1:1) erhalten. In Hinblick auf die Synth. des Ecdysons läßt sich so zeigen, daß 2β.3β-Dihydroxy-6-oxo-5α-steroide in einem präparativ brauchbaren Ausmaß zu den sonst instabilen 6-Oxo-5β-steroiden isomerisiert werden können. IR-, NMR- u. ORD-Daten sowie Daten des Massenspektrums sind z. T. angegeben.

Versuche: *(20S)-2β-Acetoxy-3-oxo-Δ^4-pregnen-20-carbonsäuremethylester*, $C_{25}H_{36}O_5$, F. 201–202° (Aceton/Hexan), durch $^1/_4$std. Kochen von **I**, N-Bromsuccinimid u. Dibenzoylperoxid in THF sowie 12 Min. lange Umsetzung des Rk.-Prod. mit sd. Eisessig/K-Acetat; 30% (Ausb.). — *(20S)-2β-Acetoxy-3β-hydroxy-Δ^4-pregnen-20-carbonsäuremethylester*, $C_{25}H_{38}O_5$, F. 156–157° (EE/Hexan), durch 1std. Rk. von vorst. Verb. mit LiAlH(tert.-butylat)$_3$ in THF bei Raumtemp.; 60%. *3β-Benzoylderiv.*, F. 214–215° [Essigester (EE)]; 92%. — *5α-Δ^2-Cholesten-6-on* (**II**), F. 109–110° (A.), durch 2std. Kochen von 3β-Tosyloxy-5α-cholestan-6-on u. LiBr in DMF; 80%. — *2β.3β-Dihydroxy-5α-cholestan-6-on* (**IV**), $C_{27}H_{46}O_3$, F. 212–213° (A.), durch Rühren von **V** mit K_2CO_3 in abs. Methanol bei Raumtemp.; 60%. *2β-Acetylderiv.* (**V**), $C_{29}H_{48}O_4$, F. 218–219° (Acetonitril), durch 3std. Rühren von **II** mit Ag-Acetat u. J_2 bei 45°; 62%. *2β.3β-Diacetylderiv.*, $C_{31}H_{50}O_5$, F. 191–192° (PAe.), aus **V** u. Acetanhydrid/Py. bei Raumtemp.; 55%. *3β-Acetylderiv.*, $C_{29}H_{48}O_4$, F. 178–179° (Acetonitril), aus 1 g **IV** u. Acetanhydrid/abs. Py. bei Raumtemp.; 41%; daneben 30 mg *2β.3β-Diacetylderivat*. — *2β.3β-Dihydroxy-5β-cholestan-6-on* (**III**), $C_{27}H_{46}O_3$, F. 167–168° (Acetonitril), aus dem 2β.3β-Diacetylderiv. analog **IV**; 72%. *2β.3β-Diacetylderiv.*, $C_{31}H_{50}O_5$, F. 148–149° (PAe.), durch Umsetzung des nachst. **III**/**IV**-Gemisches mit Acetanhydrid/Py. bei Raumtemp.; 25%. — **III**/**IV**-*Gemisch* (*1:1*), F. 158–159° (Acetonitril), a) durch 4std. Kochen von **V** in A./3 n HCl (4:1); 80%; b) aus **IV** analog a); 80%; c) durch 1std. Kochen von **V** in methanol. KOH; 65%; d) aus **IV** analog c); 75%. — *2β.3β-Dihydroxy-5α-cholestan*, F. 182–183° (Aceton/Methanol), durch $^1/_4$std. Stehenlassen des 2β.3β-Diacetylderiv. von **IV** u. Äthandithiol in Ggw. von BF_3-Ätherat bei Raumtemp. u. 4std. Kochen mit 5 n HCl; 47%. — *2β.3β-Dihydroxy-5β-cholestan*, $C_{27}H_{48}O_2$, F. 139–140° (Aceton), aus dem 2β.3β-Diacetylderiv. von **III** analog vorst. Verb.; 40%. *2β.3β-Diacetylderiv.*, $C_{31}H_{52}O_4$, F. 104–105°. — 5α-Pregnan-20-carbonsäuremethylester: *(20S)-3.3-Äthylendioxy-5.6α-epoxy-*, F. 185,5 bis 186° (Aceton/Hexan), durch 2std. Rühren von 10 g **VI**, 40%ig. Peressigsäure, Na_2SO_4 u. K-Acetat in CH_2Cl_2 bei Raumtemp.; daneben *5.6β-Epoxy-Isomeres* [F. 160–162° (Aceton/Hexan); 11,5 g (als Isomerengemisch, 1:1)]. — *(20S)-3.6-Dioxo-*, $C_{23}H_{34}O_4$, F. 212–214° (EE), durch $3^1/_2$std. Kochen eines Gemisches vorst. Isomeren in THF/3 n $HClO_4$; 85%. — *(20S)-2-Brom-3.6-dioxo-*, F. 161 bis 162° (Zers.; Methanol/CH_2Cl_2), durch tropfenweise Zugabe einer Lsg. Br_2 u. K-Acetat in Eisessig zu vorst. Verb. in THF bei 0–5°; 54%. — *(20S)-2α-Brom-3β-hydroxy-6-oxo-*, F. 211–212° (EE), durch Zugabe von LiAlH(tert.-butylat)$_3$ zu vorst. Verb. in THF bei 0–5°; 68%. *3β-Acetylderiv.*, $C_{25}H_{37}BrO_5$, F. 196–197° (Aceton/Hexan); 80%. — *(20S)-2β.3β-Dihydroxy-6-oxo-* (**VII**), F. 207–208° (CH_2Cl_2/Isopropyläther), a) durch 1std. Kochen von **VIII** in A./3 n HCl; b) durch 1std. Kochen in 10%ig. KOH/Methanol analog a). *2β.3β-Diacetylderiv.* (**VIII**), $C_{27}H_{40}O_7$, F. 222,5–224° (CH_2Cl_2/Methanol), durch 20std. Kochen von 81,2 g vorst. Acetylderiv. mit Ag-Acetat/Eisessig; 29,4 g. *2β.3β-O-Isopropylidenderiv.* (**IX**), F. 210–212° (CH_2Cl_2/Isopropyläther), durch 30 Min. langes Stehenlassen von **VII** mit BF_3-Ätherat in Aceton bei Raumtemp.; 62%. — *(20S)-2β.3β-Dihydroxy-6-oxo-5β-pregnan-20-carbonsäuremethylester*, F. 181,5 bis 183° (CH_2Cl_2/Isopropyläther), neben **VII**. *2β.3β-Diacetylderiv.*, $C_{27}H_{40}O_7$, F. 176,5–177,5° (CH_2Cl_2/Methanol), neben **VIII**. *2β.3β-O-Isopropylidenderiv.*, F. 196,5–198,5° (Isopropyläther/CH_2Cl_2), analog **IX**. G. Engler 3700△

1303 **S-haltige Polypeptide.** 3. Mitt. **S→N-Benzoylgruppenwanderung bei Cysteinderivaten.** Richard G. Hiskey, Tomishige Mizoguchi und Toshishige Inui. (J. org. Chemistry **31**, 1192–95, 1966; Chape Hill, N.C., Univ. of N.C., Venable Chem. Labor.; engl.) — 2. vgl. ibid. **31** (1966) 1188. — Es wurden dargestellt (Benzyloxycarbonyl = Z): *N-Benzoyl-S-[N-Z-S-diphenylmethyl-L-cysteinyl]-L-cysteinylglycinäthylester*, $C_{38}H_{39}N_3O_7S_2$, F. 137 bis 138°, durch Stehen von S-Benzoyl-L-cysteinylglycinäthylesterhydrobromid (**I**) u. N-Z-S-Diphenylmethyl-L-cysteinyl-p-nitrophenylester über Nacht bei Raumtemp. in DMF in Ggw. von Triäthylamin; aus Aceton/PAe. Nadeln; $[\alpha]_D^{23}$ −91,9° (c = 1,03; DMF); 39,7% (Ausb.). — *N.N'-Dibenzoyl-L-cystinyl-bis-[glycinäthylester]*, $C_{28}H_{34}N_4O_8S_2$, F. 210–211° (A.), a) durch 12 Min. langes Stehen vorst. Verb. in A. in Ggw. von Na-Äthylat bei Raumtemp.; $[\alpha]_D^{24}$ −194,9° (c = 1; DMF); 30,6%; daneben 34,4% *N-Z-S-Diphenylmethyl-L-cystein*, isoliert als *Cyclohexylaminsalz* [F. 144–145°]; b) durch Stehen von **I** mit Triäthylamin in $CHCl_3$ über Nacht u. Ox. mit 0,1 n J_2-KJ-Lsg. in 90%ig. A.; 87,4%. — *N-Ben-*

zoyl-L-cysteinmethylester, F. 81—82°, aus S-Benzoyl-L-cysteinmethylester durch 4std. Rühren mit Triäthylamin in $CHCl_3$ bei Raumtemp.; 82%. — *N.N'-Dibenzoyl-L-cystindimethylester*, F. 180—181°, durch Ox. vorst. Verb. mit J_2; $[\alpha]_D^{24}$ —239,8° (c = 0,95; DMF); 88%. — *N-Benzoyl-S-[N-Z-glycyl]-L-cysteinmethylester*, $C_{21}H_{22}N_2O_6S$, F. 157—158° (Essigester), a) aus N-Benzoyl-L-cysteinmethylester u. N-Z-Glycin in $CHCl_3$/THF durch Rühren über Nacht in Ggw. von Dicyclohexylcarbodiimid (DCC); $[\alpha]_D^{23,5}$ —52,1° (c = 1,0; CH_3OH); 81,6%; b) analog a) aus S-Benzoyl-L-cysteinmethylesterhydrochlorid in Ggw. von Triäthylamin; 51,4% (Rohprod.); daneben **II**. — *N-[N-Z-Glycyl]-S-benzoyl-L-cysteinmethylester* (**II**), $C_{21}H_{22}N_2O_6S$, F. 101—101,5° (Bzl./PAe.), aus L-Cysteinmethylesterhydrochlorid u. N-Z-Glycin in $CHCl_3$/THF durch Rühren über Nacht mit DCC bei Raumtemp. u. Umsetzung des Rk.-Prod. mit Benzoylchlorid in Py.; 59%. — *N.N'-Dibenzoyl-L-cystindimethylester*, F. 179 bis 180° (Methanol), durch Methanolyse vorvorst. Verb. in Ggw. von Na-Methylat u. Ox. des Rk.-Prod. mit J_2; $[\alpha]_D^{24}$ —240,9° (c = 1,13; DMF); 91%; daneben wenig *N-Z-Glycin, Cyclohexylaminsalz*, F. 146—147°. — *N-Z-L-Phenylalanyl-S-benzoyl-L-cysteinmethylester*, $C_{28}H_{28}N_2O_6S$, F. 139—140° (Methanol), durch Rk. von N-Z-L-Phenylalanin u. L-Cysteinmethylesterhydrochlorid mit DCC in Ggw. von Triäthylamin in $CHCl_3$ u. Umsetzung des Zwischenprod. (F. 125—127°) mit Benzoylchlorid in Py. bei 0°; $[\alpha]_D^{23}$ —38,5° (c = 1,2; CH_3OH); 34%. — *N-Benzoyl-S-[N-Z-L-phenylalanyl]-L-cysteinmethylester*, $C_{28}H_{28}N_2O_6S$, F. 132,5—133° (Methanol), aus N-Benzoyl-L-cysteinmethylester u. N-Z-L-Phenylalanin durch Stehen über Nacht mit DCC in $CHCl_3$; $[\alpha]_D^{23}$ —91,8° (c = 1,0; CH_3OH); 64%. — *N.N'-Dibenzoyl-L-cystindimethylester*, F. 178,5—179,5°, a) aus vorst. Verb. durch Methanolyse u. Ox. mit J_2; 63%; b) analog aus **III**; 58%. — *N-Z-L-Alanyl-S-benzoyl-L-cysteinmethylester*, $C_{22}H_{24}N_2O_6S$, F. 135 bis 135,5° (Methanol), aus L-Cysteinmethylesterhydrochlorid u. N-Z-L-Alanin mit DCC in Ggw. von Triäthylamin in $CHCl_3$ u. Benzoylierung des *Thiols* (F. 114—116°); $[\alpha]_D^{24}$ —32,1° (c = 1,0; CH_3OH); 48,6%. — *N-Benzoyl-S-[N-Z-L-alanyl]-L-cysteinmethylester* (**III**), F. 115—120°, aus N-Benzoyl-L-cysteinmethylester u. N-Z-L-Alanin mit DCC in $CHCl_3$. — *N.N'-Bis-Z-L-cystindimethylester*, aus S-Z-L-Cysteinmethylester durch Methanolyse in Ggw. von Na-Methylat u. Ox. mit J_2; Nachweis papierchromatographisch. — *N-[N-Z-L-Alanyl]-S-Z-L-cysteinmethylester*, $C_{23}H_{26}N_2O_7S$, F. 95,8—96,2° (Essigsäure/PAe.), aus S-Z-L-Cysteinmethylester u. N-Z-L-Alanin mit DCC in $CHCl_3$ in Ggw. von Triäthylamin; $[\alpha]_D^{24,5}$ —37,4° (c = 1,14; CH_3OH); 87,4%. — *N-Z-S-[N-Z-L-Alanyl]-L-cysteinmethylester*, $C_{23}H_{26}N_2O_7S$, F. 90—91,5° (Essigester/PAe.), aus N-Z-L-Cysteinmethylester u. N-Z-L-Alanin mit DCC in $CHCl_3$; $[\alpha]_D^{24,5}$ —42,3° (c = 1,07; CH_3OH); 83,9%. — *N.N'-Bis-[N-Z-S-diphenylmethyl-L-cysteinyl]-L-cystin-dimethylester*, $C_{56}H_{58}N_4O_{10}S_4$, F. 155—156° (A.), a) aus L-Cysteinmethylesterhydrochlorid u. N-Z-S-Diphenylmethyl-L-cystein u. DCC in Methylenchlorid in Ggw. von Triäthylamin u. Ox. mit J_2; Nadeln; $[\alpha]_D^{23}$ —86,2° (c = 1,125; DMF]; 70,6%; b) analog a) ohne Triäthylamin in DMF, Stehen über Nacht u. Absaugen des Dicyclohexylharnstoffes; 25,7%. G. Ziebarth 3800△

1304 **Synthese von Dianhydroaklavinon.** Zen-ichi Horri, Hideo Hakusui und Takefumi Momose. (Chem. pharmac. Bull. [Tokyo] **14**, 802—04; 1966; Toyonaka, Osaka, Univ., Fac. of Pharmaceut. Sci.; engl.) — Vf. synthetisieren *2-Äthyl-5.7-dihydroxy-6.11-dioxo-6.11-dihydronaphthacen-1-carbonsäuremethylester* u. beweisen seine Identität mit dem von Ollis et al. (Tetrahedron Letters [London] **1960**, 8, 28) gewonnenen *Dianhydroderiv.* von *Aklavinon* (*2.4.5.7-Tetrahydroxy-2-äthyl-5.11-dioxo-1.2.3.4.6.11-hexahydronaphthacen-1-carbonsäuremethylester*). — 5. vgl. C. **1969**, 3-1302.

Versuche: *2-Äthyl-5-hydroxy-6-[2-carboxy-6-methoxybenzoyl]-1-naphthoesäuremethylester*, F. 106 bis 107°, durch Kondens. von 3-Methoxyphthalsäureanhydrid mit 2-Äthyl-5-hydroxy-1-naphthoesäuremethylester in Acetylentetrachlorid in Ggw. von $AlCl_3$. *Methylester-methyläther* (**I**), F. 163—164°, durch Methylieren vorst. Verb. mit CH_3J/K_2CO_3. — *2-Äthyl-5-methoxy-6-[2-carboxy-6-methoxybenzyl]-1-naphthoesäure*, F. 175—176°, durch Red. von **I** mit Zn-Pulver in NaOH. — *2-Äthyl-11-oxo-5.7-dimethoxy-6.11-dihydronaphthacen-1-carbonsäure*, F. 247—248°, durch 10 Min. langes Erhitzen vorst. Verb. mit Polyphosphorsäure auf 100°. *Methylester* (**II**), F. 192 bis 194°, durch Methylieren mit CH_2N_2. — *2-Äthyl-5.7-dimethoxy-6.11-dioxo-6.11-dihydronaphthacen-1-carbonsäuremethylester*, F. 196—197°, durch Ox. von **II** mit überschüssigem CrO_3 in Eisessig; leuchtendgelbe Platten. — *2-Äthyl-5.7-dihydroxy-6.11-dioxo-6.11-dihydronaphthacen-1-carbonsäuremethylester* (*Dianhydroaklavinon*), F. 234 bis 236°, durch Entmethylieren vorst. Verb. mit BBr_3 in CH_2Cl_2 bei —60°; orangefarbene Nadeln. G. Fischer 3900△

1305 **Synthese von Descarbomethoxy-bisanhydro-ε-rhodomycinon.** Hans Brockmann und Reinhard Zunker. (Tetrahedron Letters [London] **1966**, 45—48; Göttingen, Univ., Chem. Inst.; dt.) — Durch Kondens. von 7-Äthyl-naphthol-(1) mit 3-Hydroxy-phthalsäureanhydrid in Ggw. von H_3BO_3, nachfolgende Bromierung sowie Cyclisierung mit konz. H_2SO_4 entstehen *11-Brom-1.6-dihydroxy-8-äthyl-tetracenchinon-(5.12)* (**I**; F. 213°) u. *6-Brom-1.11-dihydroxy-9-äthyl-tetracenchinon-(5.12)* (**II**). Aus **I** wird bei Erhitzen mit konz. H_2SO_4/H_3BO_3 *1.6.11-Trihydroxy-8-äthyltetracenchinon-(5.12)* (**III**; F. 206°) u. aus **II** *1.6.11-Trihydroxy-9-äthyl-tetracenchinon-(5.12)* (**IV**; F. 206°. Auf gleichem Synth.-Weg können **III** u. **IV** aus 6-Äthyl-naphthol gewonnen werden, wobei nach Cyclisierung mit konz. H_2SO_4 *6-Brom-1.11-dihydroxy-8-äthyl-* (F. 217°) u. *11-Brom-1.6-dihydroxy-9-äthyl-tetracenchinon-(5.12)* (F. 178°) als Zwischenprod. erhalten werden. Damit dürfte gesichert sein, daß die zum Ring D gehörende Hydroxylgruppe der 4 Rhodamycinone am $C_{(4)}$-Atom steht. **III** ist laut IR-Spektrum ident. mit Descarbomethoxy-bisanhydro-ε-rhodomycinon. G. Engler 3900△

1306 **Synthese anomerer Sialsäure-methylketoside.** Richard Kuhn, Peter Lutz und Donald L. MacDonald. (Chem. Ber. **99**, 611—17, 1966; Heidelberg, Inst. für Chem., MPI für Med. Forsch.; dt.) — Die Darst. des *2-Methyl-N-acetyl-α-D-neuraminsäuremethylesters* u. seines *β-Anomeren* sowie ihrer durch Verseifung der Estergruppen erhaltenen *Methoxycarbonsäuren* wird beschrieben. Nur die α-Anomeren sind mit Neuraminidase spaltbar. Dargestellt werden: *Lactaminsäure* (**I**), *Methylesters* (**II**), $C_{12}H_{21}NO_9$, F. 179—180° (Zers.), durch 2std. Rühren von **I** mit Dowex-50-H^+ in Methanol; $[\alpha]_D^{20}$ —28° (c = 1; W.); 97% (Ausb.). — *2-Methyl-N-acetyl-β-D-neuraminsäuremethylester*, $C_{13}H_{23}NO_9$, F. 115—130° (Zers.; bei 190° klare Schmelze), durch 24std. Kochen von **I** mit Dowex-50-H^+ in Methanol, Einengen, Ausfällen mit Ae. u. Kristallisieren aus Methanol/Ae. (1:4); $[\alpha]_D^{20}$ —46° (c = 0,67; Methanol); 32%; enzymat. nicht spaltbar. — *2.4.7.8.9-Penta-O-acetyl-lactaminsäuremethylester*, $C_{22}H_{31}NO_{14}$, F. 156—157° (Essigester/Bzn.), durch Zugabe von Acetanhydrid mit wenig $HClO_4$ zu **II** bei 35 bis 40° u. 2std. Rühren bei 40°; $[\alpha]_D^{20}$ —3,3° (c = 1; $CHCl_3$); 61%. — *Tetra-O-acetyl-lactaminsäuremethylester*, $C_{20}H_{29}NO_{13}$, F. 174—175°, analog vorst. Verb. bei 20° aus warmem Essigester durch Ausfällen mit Bzn.; büschelförmige Nadeln; $[\alpha]_D^{20}$ —4,8 bis 5,2° (c = 0,5; $CHCl_3$); 31%. — *4.7.8.9-Tetra-O-benzoyl-lactaminsäuremethylester*, $C_{40}H_{37}NO_{13}$, durch 15 Min. lange Rk. von 0,32 g **II** in Py. mit Benzoylchlorid bei 50°; $[\alpha]_D^{20}$ —0,4° (c = 1; $CHCl_3$). — *Acetochlorlactaminsäuremethylester*, $C_{20}H_{28}ClNO_{12}$, durch Lösen von acetyliertem **II** in Acetylchlorid bei —40 bis —60° im Bombenrohr, Sättigen mit trockenem HCl, 20std. Stehen des geschlossenen Rohres bei Raumtemp. u. Abdampfen bei 20°; $[\alpha]_D^{20}$ —63° (c = 1; $CHCl_3$); 80%. — *2-Methyl-N-acetyl-α-D-neuraminsäuremethylester*, $C_{13}H_{23}NO_9$, durch Zutropfen der methanol. Lsg. vorst. Verb. zu einer 30 Min. lang verrührten u. mit J_2 versetzten Mischung von Ag_2CO_3 u. Drierite in Methanol, Rühren über Nacht unter Lichtausschluß u. Umsetzung des isolierten Sirups mit 2 n K-Methylat in Methanol; $[\alpha]_D^{20}$ —8 bis —10°; 40—45% (bezogen auf **II**); (enzymat. spaltbar). — *2-Methyl-N-acetyl-α-D-neuraminsäure*, $C_{12}H_{21}NO_8$, analog vorst. Verb. mit anschließendem Zusatz von W. u. 2std. Einstellen des pH-Wertes mit 1 n NaOH auf 9—10; $[\alpha]_D^{20}$ —1° (c = 0,5; Methanol); 28—30%; (enzymat. spaltbar). G. Ziebarth 3950△

D. Makromolekulare Chemie

1307 **Vinylpolymerisation.** 178. Mitt. **Copolymerisation von p-substituierten Phenylvinylsulfiden.** Kazuichi Tsuda, Shigeru Kobayashi und Takayuki Otsu. (J. Polymer Sci., Part A-1 **6** (1968) 1, 41—48; Fac. of Engng., Osaka City Univ., Sugimotocho, Sumiyoshi-ku, Osaka; engl.) — Vf. untersuchten die Copolymerisation (Copol.) von *p-Methoxy-* (**I**), *p-Methyl-* (**II**), *p-Chlor-* (**III**), *p-Brom-* (**IV**) u. *unsubstituiertem Phenylvinylsulfid* (**V**) mit *Styrol* (**VI**) u. *Methylmethacrylat* (**VII**) sowie ihre Interpol. bei 60° in Ggw. von Azo-bis-[isobutyronitril], Umsatz 10%, Umfällen der Copolymeren (**CP**) aus Bzl./CH_3OH. Die Copol. zwischen **I**—**V** u. **VI** wies für **V** minimale Geschw. auf. Für die Co- u. Interpol. wurden folgende Parameter ermittelt: **VI/I**: r_{VI} 3,98; r_I 0,18; **VI/II**: r_{VI} 3,65; r_{II} 0,25; **VI/III**: r_{VI} 3,57; r_{III} 0,32; **VI/IV**: r_{VI} 3,42; r_{IV} 0,31; **VI/V**: r_{VI} 3,88; r_V 0,36; **VII/I**: r_{VII} 0,77; r_I 0,04; **VII/II**: r_{VII} 0,81; r_{II} 0,07; **VII/III**: r_{VII} 0,89; r_{III} 0,08; **VII/IV**: r_{VII} 0,85 (?); r_{IV} 0,20 (?); **VII/V**: r_{VII} 0,85; r_V 0,08; **I/II**: r_I 0,96; r_{II} 1,61; **I/III**: r_I 0,58; r_{III} 0,98; **I/IV**: r_I 0,53; r_{IV} 0,93; **I/V**: r_I 0,66; r_V 1,09; **II/III**: r_{II} 0,59; r_{III} 0,78; **II/IV**: r_{II} 0,58; r_{IV} 0,73; **III/IV**: r_{III} 0,98; r_{IV} 1,00; **III/V**: r_V 0,91; r_{III} 0,86; **IV/V**: r_{IV} 0,96; r_V 0,86. Aus den Copol.-Parametern mit **VI** bzw. **VII** errechnen sich folgende Q- u. e-Werte: **I** 0,35—0,46; —1,40 bis —1,47; **II** 0,35—0,47; —1,10 bis —1,29; **III** 0,45; —1,24; **V** 0,45; —1,26. Die stark negativen Q-Werte weisen auf die Bedeutung der Resonanz im 3d-Orbital zwischen S-Atom u. benachbartem C-Atom im Übergangszustand der Copol. hin. Die relative Reaktivität von **I**—**V** gegenüber Polymerradikalen steht in Beziehung zu den Hammettschen σ-Konst. der Substituenten, auch bei der Interpol. folgen die relativen Reaktivitäten annähernd der Hammett-Gleichung.

K. Gröbe 4001△

1308 **Vinylpolymerisation.** 179. Mitt. **Einfluß der Substituenten auf die Kettenübertragungsreaktion substituierter Cumole gegenüber einem Poly-[methylmethacrylat]-Radikal.** Tadahiro Yamamoto und Takayuki Otsu. (J. Polymer Sci., Part A-1 **6** (1968) 1, 49—55; engl.) — Vf. untersuchten die Copolymerisation (Copol.) von *p-Methoxy-* (**I**), *p-tert.-Butyl-* (**II**), *p-Isopropyl-* (**III**), *p-Chlor-* (**IV**), *p-Brom-* (**V**), *p-Cyano-* (**VI**) u. *unsubstituiertem Cumol* (**VII**) mit *Methylmethacrylat* bei 60° in Ggw. von Azo-bis-[isobutyronitril] in Bzl. u. bestimmten die Kettenübertragungskonst. C sowie die Konst. σ u. E_R der modifizierten Hammett-Gleichung $\log (C/C_0) = \rho\sigma + \gamma E_R$: **I** $C \cdot 10^4$: 3,46; σ: —0,268; E_R: 0,11; **II** 2,74; —0,197; 0,03; **III** 5,72; —0,15; 0,03; **IV** 3,07; 0,227; 0,10; **V** 3,71; 0,232; 0,12; **VI** 4,99; 0,660; 0,42. Die C-Werte für die substituierten Cumole waren unabhängig vom Charakter des Substituenten (elektronenanziehend oder -abstoßend) > für **VII**. Einfügen in die modifizierte Hammett-Gleichung ergab eine Gerade mit $\rho = 0,03$ u. $\gamma = 0,9$. Daraus folgt, daß der Substituenteneinfl. auf die Reaktivität von Cumolen in Kettenübertragungsrk. mit einem *Poly-[methylmethacrylat]*-Radikal (**A**) zur Hauptsache dem Resonanzbeitrag im Übergangszustand zuzuschreiben ist. Das gegenüber *Polystyryl*-Radikalen ($\rho = 0,7$; $\gamma = 1,0$) veränderte Verh. wird auf die polarere Natur von **A** zurückgeführt. K. Gröbe 4001△

1309 **Direkte Bestimmung des Viskositäts-Molekulargewichts-Mittels im Theta-Zustand.** Hans-Georg Elias und Rolf Bareiss. (J. macromolecular Sci., Chem. **1** (1967) 7, 1377—79; Swiss Federal Inst. of Technol., Zürich; engl.) — Es wird formelmäßig gezeigt, daß eine direkte Best. des Viskositäts-Molgew. von Polymeren im Falle $a = 0,5$ (Θ-Zustand von statist. Knäuelmakromol.) u. $a = 2,0$ (steife stäbchenförmige Makromol.) möglich ist; dabei ist a durch $[\eta] = KM^a$ definiert.

O. Fuchs 4005△

1310 **Kinetische Deutung der Glasumwandlung: Glastemperaturen von flüssigen n-Alkanen und von Polyäthylen.** A. A. Miller. (J. Polymer Sci., Part A-2 **6** (1968) 1, 249—57; General Electr. Res. and Dev. Center, Schenectady, N.Y.; engl.) — Vf. geht von der Gleichung aus: $\log \eta = \log A + B/(T-T_0)$, wo η = Viskosität. Die Parameter A, B u. T_0 von *n-Alkanen* (**I**) sind bekannt (vgl. C. **1966**, 40-0840, C-Zahl n von **I** zwischen 1 u. 64, insgesamt 23 Alkane). Unter Zugrundelegung des Wertes $\eta_g = 10^{13}$ P bei $T = T_g$ werden hieraus die T_g-Werte von **I** berechnet. Das Verhältnis T_g/T_0 steigt mit wachsendem n an u. erreicht einen Grenzwert von 1,25; die Größe $\Phi_g = (T_g - T_0)/2,3$ B ist prakt. unabhängig von n u. beträgt im Mittel 0,027. Die Extrapolation auf $n = \infty$ (= *Polyäthylen* = **II**) ergibt die Werte: $T_g = 200°K$, $T_0 = 160°K$, $B = 640°K$. Diese Zahlen stimmen mit anderen Schätzungen überein. Es wird schließlich angenommen, daß die Größe $E_0 = 2,3$ RB in polymeren Fl. durch die inneren Rotationsschranken der isolierten Polymerketten bestimmt wird. Hiernach beträgt E_0 (in kcal/Mol^{-1}): 2,9 für **II**, 3,0 für Polystyrol, 5,7 für Polyisobutylen u. 1,9 für Polydimethylsiloxan.

O. Fuchs 4010△

1311 **Cyclo- und cyclisierte Dien-Polymere.** 16. Mitt. **Die Natur der aktiven Spezies — Vorschlag für einen Cyclopolymerisationsmechanismus für Isopren mit Katalysatoren auf Äthylaluminiumhalogenid-Basis.** N. G. Gaylord, I. Kössler, B. Matyska und K. Mach. (J. Polymer Sci., Part A-1 **6** (1968) 1, 125—35; Prag, Czechoslovak Acad. of Sci., Inst. of Phys. Chem.; engl.) — Die Polymerisation von *Isopren* (**I**) mit $C_2H_5AlCl_2$ (**II**) zur Darst. festen Cyclopolyisoprens wird durch Zusatz von $TiCl_4$ (**III**) beträchtlich beschleunigt. Die Polymerausb. zeigt bei Erhöhung der Rk.-Zeit der Katalysator-Bestandteile sowohl in Ggw. als auch bei Abwesenheit von Monomeren ein Max., dessen Lage von der Anfangskonz. der Komponenten abhängig ist. Als akt. Spezies werden die Kationen angesehen, die durch Dissoziation des Rk.-Prod. aus **II** u. **III** entstehen. Die maximale Aktivität der Polymerisation von **I** liegt bei einem Al/Ti-Molverhältnis von 0,75, unabhängig von der Art des Halogens in C_2H_5AlX–$TiCl_4$ (X = F, Br, Cl). Der in vereinfachter Darst. am Beispiel des Butadiens für die Cyclopolymerisation von konjugierten Dienen vorgeschlagene Mechanismus beinhaltet eine Aktivierung des Monomeren, d. h. Umwandlung in ein Radikalkation durch Ein-Elektronen-Transfer an das Katalysatorkation, das dabei neutralisiert wird, eine Addition des kation. Endes des monomeren Radikalkations an eine ungesätt. Stelle der Cyclohexan-Polymerkette u. einen Ein-Elektronen-Transfer vom neutralen Katalysator zum Kation in der Polymerkette, die dadurch in ein Diradikal verwandelt wird, das sich zu einem Cyclohexenring schließt. Die Polymerisation stellt eine „living"-Polymerisation dar, die die Anlagerung eines akt. Monomeren an ein „totes" Polymer umfaßt u. solange andauert, wie Monomere durch den Katalysator aktiviert werden. Die Struktur des nach diesem Mechanismus entstehenden Cyclopolymeren (Perhydroanthracen oder Perhydrophenanthren) konnte noch nicht aufgeklärt werden. B. Meyer 4010

1312 **Modellpolyäther.** 4. Mitt. **Dampfdrücke von Oligomeren des Polytetramethylenoxids.** T. P. Hobin. (Polymer [London] **9** (1968) 2, 65—69; Explosives Res. and Dev. Establ., Waltham Abbey, Essex; engl.) — Von den Oligomeren des *Polytetramethylenoxids* (**I**) der Struktur $H[(CH_2)_4O]_n(CH_2)_4H$ mit n = 2, 3 u. 4 wurden zwischen t = 80 u. 200° die Dampfdrücke p gemessen. log p fällt mit steigendem 1/T linear ab. Daraus ergibt sich die Kohäsionsenergie E_k der Gruppe $(CH_2)_4O$– zu 5,0 kcal · Mol^{-1} u. die E_k-Dichte zu 69 cal · cm^{-3} (nur gültig für **I** mit n = 2 u. 3). Die Verdampfungswärme von **I** mit n = 4 ist aus Konfig.-Gründen kleiner als die von **I** mit n = 3. Die erhaltenen Ergebnisse werden mit den entsprechenden von n-Paraffinen u. von Polymethylenoxid-Oligomeren verglichen (Literaturdaten); Unterschiede werden auf die Kettenkonfig. zurückgeführt.

O. Fuchs 4020△

1313 **Kinetik der ionischen Polymerisation.** 13. Mitt. **IR-Untersuchung der Jod-katalysierten Polymerisation**

von n-Butylvinyläther. D. E. Eley, F. L. Isack und C. H. Rochester. (J. chem. Soc. [London], Sect. A **1968**, 4, 872—77; Dep. of Chem., Univ., Nottingham; engl.) — 12. vgl. ibid. **1965, 7412** — Die Geschw. der J_2-katalysierten Polymerisation von *n-Butylvinyläther* (I) bei 25° in Äthylendichlorid (**II**), Ae. u. CCl_4 wurde durch IR-spektroskop. Unters. der Vinyl-stretching-Bande bei 1614 cm^{-1} u. durch dilatometr. Messungen ermittelt. Beide Meth. geben übereinstimmende Resultate, u. es wird eine näherungsweise gültige Geschw.-Gleichung $R_p \sim k \cdot [M] \cdot [J_2]^2$ (M = Monomeres) erhalten. Die Geschw.-Konst. k steigt mit der Polarität des Lsgm. von 50 l^2 mol^{-2} s^{-1} in CCl_4, 400 in Ae. auf 10^5 in **II**. Aus der Abnahme der J_2-Konz. bei Beginn wird auf Bldg. eines 1:1-I:J_2-Komplexes geschlossen, der aber polymerisationsinakt. ist. Die Bldg.-Konst. dieses Komplexes werden mit 0,7 l/mol in CCl_4 u. 0,2 in **II** abgeleitet.
D. Radeck 4020

1314 **Thermodynamik der Polymerisation von heterocyclischen Verbindungen. 1. Mitt. Spezifische Wärme, Entropie und Enthalpie von Trioxan.** G. A. Clegg, T. P. Melia und A. Tyson. (Polymer [London] **9** (1968) 2, 75—79; Dep. of Chem. and Appl. Chem., Univ., Salford; engl.) — Unter Verw. eines adiabat. Kalorimeters wurde die spezif. Wärme C von *Trioxan* (I) zwischen T = 80 u. 310°K gemessen. Die Ergebnisse lassen sich darstellen durch $C = 0{,}2467 + 3{,}754 \cdot 10^{-3}T - 6{,}192 \cdot 10^{-6}T^2 + 1{,}602 \cdot 10^{-8}T^3$ abs. J. $Grad^{-1}$ g^{-1}. Über die T-Abhängigkeit der daraus berechneten Enthalpie u. Entropie von **I** (s. Tabelle im Orig.). Die Entropie S von gasf. **I** bei 1 at u. für T = 298,16°K berechnet sich zu 68,09 ± 0,82 cal $Grad^{-1}$ Mol^{-1}. Daraus sowie aus dem bekannten S-Wert von krist. Polyoxymethylen (**II**) berechnet sich die Entropieänderung bei der Polymerisation von gasförmigem **I** zu **II** bei 198,16°K zu —37,2 cal $Grad^{-1}$ Mol^{-1}.
O. Fuchs 4020△

1315 **IR-spektroskopische Untersuchung einiger Probleme der Wechselwirkung in Makromolekülen.** Jean Lascombe und Marie-Louise Josien. (J. Chim. physique Physico-Chim. biol. **65** (1968) 1, 152—59; Fac. des Sci. de Bordeaux; franz.) — Die Konform. kleiner Mol., die teilweise die Struktur der Amylose wiedergeben, wie *α-D-Glucopyranose, 3-α-Tetrahydropyranyloxybutanol-(2)* u. *2-α-Tetrahydropyranyloxycyclohexanol*, wurde untersucht u. hieraus Schlüsse auf die Sekundärstruktur des Makromol. gezogen, vor allem auf die H-Brücken- u. Helix-Bildung. Ferner wurde die Solvatation von Polyacrylamid u. verschiedenen kleinen Modellmol., z. B. *Propionopiperidid, Isobutyropiperidid*, in verschiedenen Lsgm. untersucht.
M. Wiedemann 4020

1316 **Cyclopolymerisation von Diallylcyanamid.** K. Uno, K. Tsuruoka und Y. Iwakura. (J. Polymer Sci., Part A-1 **6** (1968) 1, 85—93; Bunkyo-ku, Tokio, Univ. of Tokyo, Fac. of Engng., Dep. of Synth. Chem.; engl.) — Durch radikal. Polymerisation von *Diallylcyanamid* (**I**) wurde ein lösl. Polymeres mit zykl. Struktur erhalten. Eine kinet. Analyse der Polymerisation zeigte, daß die Bruttogeschw. des Syst. im Hinblick auf die Initiatorkonz. von erster Ordnung u. von erster oder zweiter Ordnung je nach verwendetem Lsgm. (Bzl., m-Kresol) in bezug auf die Monomeren-Konz. ist. Die Molmasse des Polymeren ist unabhängig von Initiator- u. Monomerenkonzentration. Die intramol. Abspaltung von Wasserstoff wird als Abbruchrk. vorgeschlagen.

Versuche: I wurde nach E. B. Vliet hergestellt; $Kp._1$ 59° n_D^{30} = 1,4582, $D._4^{30}$ = 0,9026; Reinheit 100%. Polymerisation bei 70 ± 0,01° im geschlossenen Rohr unter N_2-Atmosphäre (Molmasse 912...954).
B. Meyer 4030

1317 **Peptidsynthesen aus Blausäure und Wasser.** Clifford N. Matthews und Robert E. Moser. (Nature [London] **215** (1967) 5107, 1230—34; engl.) — Die durch Katalyse mit Ammoniak aus wasserfreier HCN bei Raumtemp. erhaltenen Polymerisate reagieren mit W. zu Polypeptiden aus wenigstens 12 verschiedenen α-Aminosäuren. Die Vf. diskutieren einen Polymerisationsmechanismus.
K. Heyns 4080

E. Biologische, physiologische und medizinische Chemie

1318 **Markierung einiger biochemisch bedeutsamer Thiopyrimidine und Thiosemicarbazone durch eine Austauschreaktion mit elementarem ^{35}S.** J. Morávek und Z. Nejedlý. (Chem. and Ind. **1967**, 42, 1788—89; Inst. of Organ. Chem. u. Biochem., Czechoslov. Acad. of Sci., Prague; engl.) — Erhitzen von 2-Thiouracil, 2-Thio-6-methyluracil, 2-Thio-6-propyluracil, p-Acetaminobenzaldehyd, Thiosemicarbazon u. Nicotinaldehyd, Thiosemicarbazon mit elementarem ^{35}S in Py. führt zur Bldg. der entsprechend markierten Verbindungen. Der Rk.-Mechanismus wird diskutiert. R_F-Werte vgl. Original.
K.-P. Hilgetag 4100△

1319 **Synthese von Glycerin-1.3-dihexadecyläther.** Ralph Damico, R. C. Callahan und F. H. Mattson. (J. Lipid Res. 8 (1967) 1, 63—65; Procter & Gamble Co., Cincinnati, O.; engl.) — Beschreibung der Darst. von Glycerin-1.3-dihexadecyläther nach einer Meth., die sich auch für die Synth. anderer 1.3-disubstituierter Glycerine eignet, sofern die Substituenten durch Säuren oder katalyt. Hydrierung nicht angegriffen werden.

Versuche: *2-Benzyloxy-1.3-benzylidenglycerin*, aus 1.3-Benzylidenglycerin (2-Phenyl-m-dioxan-5-ol), Benzylchlorid u. KOH in Bzl. nach 17 Std. (Rückfluß) u. azeotroper Abdest. des gebildeten W.; 98% (Rohausb.). — *2-Benzyloxypropandiol-(1.3)*, $Kp._{0,08}$ 140—147°, aus vorst. Verb. durch 4,5std. Erhitzen (Rückfluß) mit Methanol–konz. HCl (10:1) u. Extraktion mit $CHCl_3$; 35%. — *1.3-Dihexadecyloxypropanol-(2)* (*Glycerin-1.3-dihexadecyläther*) $C_{35}H_{72}O_3$, F. 57,5—59° ($CHCl_3$–CH_3OH 1:4), aus vorst. Verb., 1-Bromhexadecan u. KOH durch 16std. Erhitzen (Rückfluß) in Bzl., azeotrope Abdest. des gebildeten W. u. katalyt. Hydrierung des Kondens.-Prod. mit Pd in Essigester; 58%.
G. Zankl 4100

1320 **Alkoxylipide. 4. Mitt. Synthese und Charakterisierung natürlich vorkommender Äther, Ester undÄtherester von Diolen.** W. J. Baumann, H. H. O. Schmid, H. W. Ulshöfer und H. K. Mangold. (Biochim. biophysica Acta [Amsterdam] **144** (1967) 2, 355—65; Austin, Minn., Univ. of Minn., Hormel Inst.; engl.) — Vgl. ibid. **144** (1967) 344. — Diollipide kommen in Mikroorganismen, Pflanzen u. Tieren vor. Aus Alkylglyceryl-(1)-äthern wurden durch Glykolspaltung u. anschließende Red. der gebildeten Alkoxyacetaldehyde langkettige *Alkyläther* des *Glykols* hergestellt. Alkyläther des *Propandiols-(1.3)* ließen sich durch Alkylierung von 3-Trityloxypropanol mit Methansulfonaten u. hydrolyt. Abspaltung der Tritylgruppe synthetisieren. Ferner wurden *Dialkyläther, Ätherester* sowie Mono- u. Diester von Glykol u. Propandiol-(1.3) aufgebaut. Zur Trennung von *Diollipiden* von den entsprechenden von Glycerin sich ableitenden Lipiden eignen sich verteilungschromatograph. Methoden. Zur Unterscheidung der synthet. Verb. sind die krit. Lsg.-Temp. (NO_2CH_3) geeignet.

Versuche: 2-Alkoxyäthanole: *Eicosyloxy-*, $C_{22}H_{46}O_2$, F. 58—58,5° (Aceton, —30°), krist. Lsg.-Temp. 85° (NO_2CH_3), 65,5° (Acetonitril), aus Eicosylglyceryl-(1)-äther u. $NaJO_4$ in trockenem Py. (Raumtemp., 48 Std., N_2), Zusatz von Ae. u. W., Eindampfen der gewaschenen Ae.-Fraktion u. $LiAlH_4$-Red. in abs. Ae.; 78% (Ausb.). — *Dodecyloxy-*, $C_{14}H_{30}O_2$, F. 16—17°, Lsg.-Temp. 41,5°, —; 53%. — *Tetradecyloxy-*, $C_{16}H_{34}O_2$, F. 30,5—31,5°, Lsg.-Temp. 54°, 27°; 74%. — *Hexadecyloxy-*, $C_{18}H_{38}H_2$, F. 76°, Lsg.-Temp. 66°, 42°; 76%. — *Octadecyloxy-*, $C_{20}H_{42}O_2$, F. 51,5—52°, Lsg.-Temp. 76°, 54°; 72%. — *cis-Octadecen-(9)-yloxy-*, $C_{20}H_{40}O_2$, F. 1—2°, Lsg.-Temp. 60,5°, 34°; 44%. *trans*-Verb., $C_{20}H_{40}O_2$, F. 28°, Lsg.-Temp. 64°, 37,5°; 45%. — *cis.cis-Octadecadien-(9.12)-yloxy*, $C_{20}H_{38}O_2$, F. —18°, Lsg.-Temp. 45°, 15°; 55%. — 1.2-Dialkoxyäthane: *1-Hexadecyloxy-2-octadecyloxy-* (**II**), $C_{36}H_{74}O_2$, F. 53—54°, Lsg.-Temp. 163,5°, 171°, aus 2-Hexadecyloxyäthanol durch 1 Std. Kochen in Xylol–KOH unter azeotroper W.-Abtrennung, dann 6–9 Std. Rückfluß mit Octadecylmesylat u. Reinigung durch Silicagel G-Dünnschichtchromatographie; 51%. — *1.2-Bis-[hexadecyloxy]-*, $C_{34}H_{70}O_2$, F. 53,5–54°, Lsg.-Temp. 156,5°, 162°; 52%. — *1.2-Bis-[Octadecyloxy]-*, $C_{38}H_{78}O_2$, F. 60,5–61,5°, Lsg.-Temp. 170°, 180°; 46%. — *1-Octadecyloxy-2-cis-Octadecen-(9)-yloxy-*, $C_{38}H_{76}O_2$, F. 32 bis 32,5°, Lsg.-Temp. 159°, 168°; 47%. — *1.2-Bis-[cis-Octadecen-(9)]-yloxy-*, $C_{38}H_{74}O_2$, F. 14°, Lsg.-Temp. 148°, 155°;51%. — 2-Alkoxy-1-O-acyläthanole: *2-Hexadecyloxy-1-O-octadecanoyl-*, $C_{36}H_{72}O_3$, F. 50,5–51,5° (Aceton), Lsg.-Temp. 139°, 145°, aus 2-Hexadecyloxyäthanol in trocknem Py.–Bzl. durch Zutropfen von Octadecanoylchlorid in Bzl. (3 Std. Raumtemp., 5 Std. Rückfluß); 85%. — *2-Tetradecyloxy-1-hexadecanoyl-*, $C_{32}H_{64}O_3$, F. 47–47,5°, Lsg.-Temp. 122,5°, 124°; 70%. — *2-Hexadecyloxy-1-hexadecanoyl-*, $C_{34}H_{68}O_3$, F. 54–55°, Lsg.-Temp. 131,5–134,5°; 86%. — *2-Octadecyloxy-1-hexadecanoyl-*, $C_{36}H_{72}O_3$, F. 52,5–54°, Lsg.-Temp. 139°, 145°; 69%. — *2-Octadecyloxy-1-octadecanoyl-*, $C_{38}H_{76}O_3$, F. 61,5–62°, Lsg.-Temp. 146,5°, 154°; 74%. — *2-Octadecyloxy-1-cis-octadecen-(9)-oyl-*, $C_{38}H_{74}O_3$, F. 26–27°, Lsg.-Temp. 134,5°, 140,5°; 55%. — *2-[cis-Octadecen-(9)-yloxy]-1-octadecanoyl-*, $C_{38}H_{74}O_3$, F. 30–30,5°, Lsg.-Temp. 134,5°, 140°; 58%. — *1-[cis-Octadecen-(9)-yl]-2-[cis-Octadecen-(9)-oyl]-*, $C_{38}H_{72}O_3$, F. 3–4°, Lsg.-Temp. 124,5°, 128°; 44%. — *1-O-Octadecanoyläthandiol-(1.2)*, F. 59,5–60,5° (Aceton), aus Glykol u. Octadecanoylchlorid in trocknem Bzl.–Py.; 74%. — 1.2-Di-O-acyläthandiole: aus Glykol u. 3 Val Säurechlorid in Bzl.–Py. bzw. aus vorst. Verb. durch Acylierung, Umkrist. aus A. u. aus Aceton oder Silicagel G-Dünnschichtchromatographie (Hexan–Ae., 90:10). — *1.2-Hexadecanoyl-*, $C_{34}H_{66}O_4$, F. 69–70°, Lsg.-Temp. 106°, 107,5°; 86%. — *1-Hexadecanoyl-2-octadecanoyl-*, $C_{36}H_{70}O_4$, F. 67–68°, Lsg.-Temp. 115°, 118,5°; 81%. — *1.2-Bis-[octadecanoyl]-*, $C_{38}H_{74}O_4$, F. 75,5–76°, Lsg.-Temp. 123°, 129°; 93%. — *1-Octadecanoyl-2-[cis-octadecen-(9)-oyl]-*, $C_{38} \cdot H_{72}O_4$, F. 34–35°, Lsg.-Temp. 112°, 116°; 80%. — *1.2-Di-cis-Octadecen-(9)-oyl*, $C_{38}H_{70}O_4$, F. 4–5°, Lsg.-Temp. 100°; 101,5°; 40%. — *3-Trityloxypropanol-*, $C_{22}H_{22}O_2$, F. 118,5–120°, aus Propandiol-(1.3) u. Triphenylchlormethan in Pyridin (100°, 12 Std.), Zusatz von W. u. Ae., Eindampfen der gewaschenen Ae.-Fraktion u. kurzes Erhitzen des Rückstands in Heptan; 75%. — 1-Alkoxy-3-trityloxypropane: *1-Octadecyloxy-* (**III**), $C_{40}H_{58}O_2$, F. 50–51° (A.), aus vorst. Verb. u. Octadecylmethansulfonat analog **II**; 45%. — *1-cis-Octadecen-(9)-yloxy-*, $C_{40}H_{56}O_2$, wie vorst.; 53%. — *3-Octadecyloxypropanol*, $C_{21}H_{44}O_2$, F. 48–49° (Hexan), Lsg.-Temp. 80,5°, 58,5°, aus **III** in sd. CH_3OH unter Durchleiten von HCl-Gas (12 Std.); 80%. — *3-cis-Octadecen-(9)-yloxypropanol-*, $C_{21}H_{42}O_2$, F. 5–6°, Lsg.-Temp. 64,5°, 38,5°, analog wie vorst.; 55%. — *1.3-Bis-[octadecyloxy]-propan-*, $C_{39}H_{80}O_2$, F. 57–58°, Lsg.-Temp. 175°, 185,5°; 57%. — *1-Octadecyloxy-3-[cis-octadecen-(9)-yloxy]-propan-*, $C_{39}H_{78}O_2$, F. 30–31°, Lsg.-Temp. 165°, 175°; 48%. — *3-Octadecyloxy-1-O-octadecanoylpropanol-*, $C_{39}H_{78}O_3$, F. 55–55,5°, Lsg.-Temp. 152°, 160°; 63%. — *3-Octadecyloxy-1-[O-cis-octadecen-(9)-oyl]-propanol-*, $C_{39}H_{76}O_3$, F. 27–28,5°, Lsg.-Temp. 141,5°, 147,5°; 51%. — *1-O-Octadecanoylpropandiol-(1.3)-*, $C_{21}H_{42}O_3$, F. 53,5–54,5°, 56°, —; 63%. — *1-[O-cis-Octadecen-(9)-oyl]-propandiol-(1.3)-*, $C_{21}H_{40}O_3$, F. 3–4°, Lsg.-Temp. 37,5°, —; 52%. — *1.3-Bis-[O-octadecanoyl]-propandiol*, $C_{39}H_{76}O_4$, F. 63–64,5°, Lsg.-Temp. 127,5°, 133,5°, 70%. — *1-O-Octadecanoyl-3-[O-cis-octadecen-(9)-oyl]-propandiol-*, $C_{39}H_{74}O_4$, F. 34–35°, Lsg.-Temp. 116,5°, 120,5°; 59%. K. Maier 4100

1321 **Neues Bis-Guanylhydrazon mit antileukämischen Eigenschaften.** A. Marxer. (Experientia [Basel] **23** (1967) 3, 173–74; Basel, CIBA Ltd.; engl.) — Von mehreren *Bis-Guanylhydrazonen* mit ausgeprägten trypanoziden Eig. erwies sich *4.4'-Diacetyldiphenylharnstoff-bis-[guanylhydrazon]* (**I**) gegen die Leukämieformen L 1210, P 288, P 388, P 534 JS u. L 5178 Y sowie gegen Lymphom AK_4 der Maus als wirksam.

Versuche: *4.4'-Diacetyldiphenylharnstoff*, aus p-Aminoacetophenon in Bzl. durch $COCl_2$-Einw. in Ggw. von $(C_2H_5)_3N$. — *4.4'-Diacetyldiphenylharnstoff-bis-[guanylhydrazon]*, *Dihydrochlorid*, F. 238–242° (Zers.), aus 0,1 Mol vorst. Verb. u. 0,28 Mol Aminoguanidinhydrochlorid in Dimethylsulfoxid–W. mit 0,1 Mol HCl. *Freie Base*, F. 222–225° (Zers.). *Bis-methansulfonat*, F. 247–250°, aus Base in W.–A.-Suspension u. CH_3SO_3H. — *3.3'-Diacetyldiphenylharnstoff-bis-[guanylhydrazon]*, *Dihydrochloriddihydrat*, F. 269–272° (Zers.), analog wie vorstehend. — *4.4'-Diacetyldiphenylthioharnstoff-bis-[guanylhydrazon]*, *Dihydrochloridmonohydrat*, F. 212 bis 214°, aus 4.4'-Diacetyldiphenylthioharnstoff (**II**). — *3.3'-Diacetyldiphenylthioharnstoff-bis-[guanylhydrazon]*, *Dihydrochloridmonohydrat*, F. 200–205° (Zers.), aus 3.3'-Diacetyldiphenylthioharnstoff. — *1.3-Bis-[4-acetylphenyl]-guanidin*, F. 207°, aus **II** mit äquivalenter Menge Na in A., anschließend mit CH_3J u. Einw. von NH_3-Gas auf das S-Methylderivat. — *1.3-Bis-[4-acetylphenyl]-guanidin-bis-[guanylhydrazon]*, *Trihydrochloridmonohydrat*, F. > 310°, aus vorst. Verb. durch Erhitzen mit Aminoguanidinhydrochlorid wie oben. K. Maier 4160

1322 **Aziridinderivate als mögliche Monoaminoxydasehemmer.** J. N. Wells, A. V. Shirodkar und A. M. Knevel. (J. med. Chem. **9**, 195–97, 1966; Dep. of Med. Chem., School of Pharm., Purdue Univ., Lafayette, Ind.; engl.)

Versuche: *1-Methyl-2-phenylaziridin*, $C_9H_{11}N$, $Kp._{0,3}$ 35–37°, durch Erhitzen von Styroloxid u. wss. Methylamin im Bombenrohr, Ausb. 31,8%. — *1-Äthyl-2-phenylaziridin*, $C_{10}H_{13}N$, $Kp._{2,5}$ 68–70°, aus 2-Äthylamino-1-phenyläthanol, durch Behandeln mit Chlorsulfonsäure u. KOH, Ausb. 32,2%. — *1-Isopropyl-2-phenylaziridin* (**I**), $C_{11}H_{15}N$, $Kp._{2,4}$ 70°, aus Styroloxid u. Isopropylamin, dann Verestern mit Chlorsulfonsäure u. Ringschluß mit KOH. — *1-Phenäthyl-2-phenylaziridin* (**II**), $C_{16}H_{17}N$, $Kp._{0,17}$ 110°, aus Styroloxid u. Phenäthylamin nach vorst. Methode, Ausb. 33,5%. — *1-Morpholinomethyl-2-phenylaziridin*, $C_{13}H_{18}N_2O$, $Kp._{0,55}$ 113 bis 116°, aus 2-Phenylaziridin, Morpholin u. Formaldehyd, Ausb. 58%. — *1-β-Hydroxyäthyl-2-phenylaziridin*, $C_{10} \cdot H_{13}NO$, $Kp._{0,19}$ 87–88°, aus 2-Phenylaziridin u. Äthylenoxid, Ausb. 43%. — *1-(2-Hydroxypropyl)-2-phenylaziridin*, $C_{11}H_{15}NO$, $Kp._{0,2}$ 83–84°, aus 2-Phenylaziridin u. Propylenoxid, Ausb. 22,5%. — *1-Phenäthylaziridin*, $C_{10}H_{13}N$, $Kp._{0,4}$ 45°, aus 2-Phenäthylaminoäthanol durch Rk. mit Chlorsulfonsäure, Ausb. 28%. — *2-Phenäthylamino-2-phenyl-äthanol*, $C_{16}H_{19}NO$, F. 122 bis 125°, durch Erhitzen einer Mischung aus 2-Amino-2-phenyläthanol u. 1-Brom-2-phenyläthan, Ausb. 63,5%. — **I** u. **II** hemmen die Monoaminoxydase aus Rattenleberhomogenaten zu 62 u. 64% im Vgl. zu Iproniazid (100%). W. Hiller 4210

1323 **Chemie des Kofermentes Vitamin B_{12}.** V. M. Berezovskij und T. V. Eremenko. (Chim. farm. Ž. **1** (1967) 7, 8–21; Moskva, n.-i. vitaminnyj inst.; russ.) — Übersicht. — 101 Literaturangaben. O. Lebtag 4220△

1324 **Identifizierung von 2-Oxo-cis-hexen-(4)-säure als Spaltprodukt des mikrobiologischen Steroidabbaus.** A. W. Coulter und P. Talalay. (Biochem. biophysic. Res. Commun. **29** (1967) 3, 413–17; Baltimore, Md., Johns Hopkins Univ., School of Med.; engl.) — Zellfreie Extrakte aus steroidinduzierter *Pseudomonas-testosteroni*-Kultur wandelten *$^{14}C_{(1)}$-2-Oxo-cis-hexen-(4)-säure* (**I**), erhalten aus biosynthet. *$^{14}C_{(1)}$-L-2-Amino-cis-hexen-(4)-säure* (**II**) rasch in $^{14}C_{(1)}$-**II**, *Alanin* u. $^{14}CO_2$ um. Dieser Befund spricht dafür, daß **I** eine Zwischenstufe des *Δ^4-Androsten-3.17-dion*(**III**)-Abbaus ist, die zu 2-Oxo-4-hydroxycapronsäure hydroxyliert wird.

Versuche: *2-Acetamido-2-äthoxycarbonylhexin-(4)-säureäthylester*, F. 75–77°, aus 1-Chlorbutin-(2) durch Kondens. mit Acetamidomalonsäurediäthylester; 91% (Ausb.). — *2-Acetamido-2-äthoxycarbonyl-cis-hexen-(4)-säureäthylester*, F. 50–51°, aus vorst. Verb. durch katalyt. Hydrierung mit entaktiviertem Katalysator nach Lindlar; 90%. — *DL-2-Acetamido-cis-hexen-(4)-säure*, F. 114–116°, aus vorst. Verb. durch alkal. Hydrolyse u. Decarboxylierung; 78%. — *DL-2-Amino-cis-hexen-(4)-säure* (**II**), aus vorst. Verb. durch alkal. Hydrolyse; Geh. an *trans*-Form < 2%, an Norleucin 1%. — *Norleucin*, aus vorst. Verb. durch katalyt. Hydrierung mit Pd–Kohle bei 25°. — *N-Trifluoracetyl-II*, F. 89—91°, aus II u. Trifluoracetanhydrid in Bzl. — *2-Trifluormethyl-4-[cis-buten-(2)-yl]-oxazolon-(5)*, $Kp._{0,25}$ 88° (Bad), aus vorst. Verb. durch Cyclisierung mit N.N-Dicyclohexylcarbodiimid in CH_2Cl_2. — *2-Oxo-cis-hexen-(4)-säure* (I), F. 62—92° (Zers.), aus vorst. Verb. in Phosphat-Citrat-Puffer bei pH 6,8; blaugrüne $FeCl_3$-Rk. (Enolform!). — *2-Oxohexansäure*, aus vorst. Verb. durch katalyt. Hydrierung bei 25°. — *2-Oxo-4-äthylbutyrolacton*, aus I mit warmer verd. H_2SO_4. — Angabe von UV- u. IR-Spektren. K. Maier 4320

1325 **Synthese und antifungale Aktivität von 2-Chlor-4-amino-5-[p-halogenphenoxy]-phenylthiocyanat-Verbindungen.** 1. Mitt. Yoshiki Hamada, Hisayoshi Sugihara, Yosio Itō, Kasuke Itō und Sumio Tomomatsu. (J. pharmac. Soc. Japan [Yakugakuzasshi] 87 (1967) 5, 591—96; Nagoya, Univ. of Meijo, Pharmaceut. Fac.; jap.) — Rk. von 2.4-Dichlornitrobenzol mit den K-Salzen von 2.5-Dichlor-, 2.4.5-Trichlor-, p-Fluor- u. p-Jodphenol sowie p-Chlorthiophenol in Ggw. von Cu-Pulver gab *2-Phenoxy-5-chlornitrobenzole* u. *2-[4-Chlorphenylmercapto]-5-chlornitrobenzol*, Red. der Nitroverb. mit $SnCl_2$–konz. HCl die *Aminoderivate*. Einführung des Rhodanrestes in diese Verb., 2-Amino-4-chlorphenyl- u. 2-[p-Chlorphenoxy]-5-chloranilin durch Einw. von NH_4SCN u. Br_2 in Essigsäure lieferte die *Rhodanverbindungen*. Rk. der K-Salze von p-Chlor- u. p-Bromphenol mit 2-Chlor-, 4-Brom-, 2-Chlor-4-fluor- u. 2-Chlor-4-jodnitrobenzol in Ggw. von Cu-Pulver führte zu den *Nitroverb.*, die mit $SnCl_2$–HCl zu den *Aminoverb.* red. u. zu den *Rhodanderiv.* umgesetzt wurden. Keine der Verb. zeigte gegenüber *Candida*-Spezies hohe Wirksamkeit, die Wrkg. auf *Trichophyton*-Spezies war der von *2-Chlor-4-aminophenylthiocyanat* vergleichbar oder günstiger.

Versuche: 2-[substituierte Phenoxy- bzw. -thio]-5-chlornitrobenzole: *2.5-Dichlor-*, $C_{12}H_6Cl_3 \cdot NO_3$, F. 79°, gelbe Nadeln; 80% (Ausb.). — *2.4.5-Trichlor-*, $C_{12}H_5Cl_4NO_3$, F. 86°, braune Nadeln; 80%. — *p-Fluor-*, $C_{12}H_7ClFNO_3$, F. 57°, gelbe Nadeln; 80%. — *p-Jod-*, $C_{12}H_7ClJNO_3$, F. 107°, gelbe Nadeln; 80%. — *p-Chlorphenylthio-*, $C_{12}H_7Cl_2NO_2S$, F. 164°, 80%. — 2-[substituierte Phenoxy- bzw. -thio]-5-chloraniline: *2.5-Dichlor-*, braunes Öl; 0,7 g (aus 1 g Nitroverb.). — *2.4.5-Trichlor-*, $C_{12}H_7Cl_4NO$, F. 74°, braune Nadeln; 0,8 g (aus 1 g). — *p-Fluor-*, ölig; 0,8 g (aus 1 g). — *p-Jod-*, ölig; 0,8 g (aus 1 g). — *p-Chlorphenylthio-*, $C_{12}H_9Cl_2NS$, G. 68°, gelbe Nadeln; 0,7 g (aus 1 g). — *p-Brom-*, $C_{12}H_9BrClNO$, F. 64°, Nadeln; 0,7 g (aus 1 g). — *Nichtsubstituiert*, ölig; 0,7 g (aus 1 g). — *Phenylthio-*, $C_{12}H_{10}ClNS$, F. 48°, Nadeln; 0,8 g (aus 1 g.) — 2-[substituierte Phenoxy- bzw. -thio]-5-chlor-4-rhodananiline: *2.5-Dichlor-*, $C_{13}H_7Cl_3N_2OS$, F. 103°, Nadeln; 80%. — *2.4.5-Trichlor-*, $C_{13}H_6Cl_4N_2O$, F. 178°, Nadeln; 80%. — *p-Fluor-*, $C_{13}H_8ClFN_2OS$, F. 97°, Nadeln; 80%. — *p-Jod-*, $C_{13}H_8ClJN_2OS$, F. 123°, Nadeln; 80%. — *p-Chlorphenylthio-*, $C_{13}H_8Cl_2N_2S_2$, F. 156°, Nadeln; 80%. — *p-Brom-*, $C_{13}H_8BrClN_2OS$, F. 99°, Nadeln; 80%. — *Nichtsubstituiert*, $C_{13}H_9ClN_2OS$, F. 74°, Nadeln; 80%. — *Phenylthio-*, $C_{13}H_9ClN_2S_2$, F. 168°, Nadeln; 80%. — *p-Chlor-*, $C_{13}H_8Cl_2N_2OS$, F. 99°, Nadeln; 80%. — *2-Amino-4-chlor-5-rhodanphenol*, $C_7H_5ClN_2OS$, F. 155°, Nadeln; 80%. — 2-[p-Halogenphenoxy]-5-chlornitrobenzole: *2-[p-Chlorphenoxy]-5-brom-*, $C_{12} \cdot H_7BrClNO_3$, F. 75°, gelbe Nadeln; 80%. — *2-[p-Chlorphenoxy]-5-fluor-*, $C_{12}H_7ClFNO_3$, F. 39°, gelbe Nadeln; 80%. — *2-[p-Chlorphenoxy]-5-jod-*, $C_{12}H_7ClJNO_3$, F. 62°, gelbe Nadeln; 80%. — *2-[p-Bromphenoxy]-5-brom-*, $C_{12}H_7Br_2NO_3$, F. 85°, gelbe Nadeln; 80%. — *2-[p-Bromphenoxy]-5-fluor-*, $C_{12}H_7BrFNO_3$, F. 53°, gelbe Nadeln; 80%. — *2-[p-Bromphenoxy]-5-p-jod-*, $C_{12}H_7BrJNO_3$, F. 111°; gelbe Nadeln; 80%. — 2-[p-Halogenphenoxy]-5-halogenaniline: *2-[p-Chlorphenoxy]-5-brom-*, $C_{12}H_9 \cdot BrClNO$, F. 57°, gelbe Nadeln; 75%. — *2-[p-Chlorphenoxy]-5-fluor-*, $C_{12}H_9ClFNO$, F. 62°, gelbe Nadeln; 75%. — *2-[p-Chlorphenoxy]-5-jod-*, Öl; 75%. — *2-[p-Bromphenoxy]-5-brom-*, Öl; 75%. — *2-[p-Bromphenoxy]-5-fluor-*, $C_{12}H_9BrFNO$, F. 68°; 75%. — *2-[p-Bromphenoxy]-5-jod-*, Öl; 75%. — 2-[p-Halogenphenoxy]-5-halogen-4-rhodananiline: *2-[p-Chlorphenoxy]-5-brom-*, $C_{13}H_8Cl \cdot BrN_2OS$, F. 87°; 80%. — *2-[p-Chlorphenoxy]-5-fluor-*, $C_{13}H_8ClFN_2OS$, F. 108°, Nadeln; 80%. — *2-[p-Chlorphenoxy]-5-jod-*, $C_{13}H_8ClJN_2OS$, F. 82°, Nadeln; 80%. — *2-[p-Bromphenoxy]-5-brom-*, $C_{13}H_8Br_2N_2OS$, F. 103°, Nadeln; 80%. — *2-[p-Bromphenoxy]-5-fluor-*, $C_{13}H_8Br \cdot FN_2OS$, F. 101°, Nadeln; 80%. — *2-[p-Bromphenoxy]-5-jod-*, $C_{13}H_8BrJN_2OS$, F. 104°, Nadeln; 80%. K. Maier 4330

1326 **Neue Fungicide.** 1. Mitt. B. C. Dash und G. N. Mahapatra. (J. Inst. Chemists (India) 39 (1967) 4, 178—82; Dep. of Chem., Ravenshaw College, Cuttack-3; engl.) — Vf. synthetisieren eine Reihe von *Δ^4-Thiazolinen*, durch Umsetzung von p-Bromacetophenon (I) mit verschiedenen symm. Diarylthioharnstoffen in Ggw. von J_2. Die synthetisierten Verb. werden mercuriert u. weisen sodann eine gute fungicide Wrkg. auf.

Versuche: 4-p-Bromphenyl-Δ^4-thiazoline: *2-Phenylimino-3-phenyl-*, $C_{21}H_{15}BrN_2S$, F. 138—139° (A./Essigsäure; 80:20), durch 30std. Kochen eines Gemisches aus I, symm. Diphenylthioharnstoff u. abs. Bzl., mehrstd. Schütteln mit Ae., Abdekantieren, Kochen mit W., Abdekantieren u. Zugabe von konz. NH_4OH; 76% (Ausb.). *Acetoxymercuri-Deriv.*, $C_{23}H_{17}BrHgO_2S$, F. > 250°, durch Zugabe von Hg-Acetat in A./Essigsäure zum Thiazolin in A./Essigsäure, mehrstd. Rühren u. Filtrieren; 70%. — *2-[o-Tolylimino]-3-o-tolyl-*, F. 90°; 70%. Acetoxymercuri-Deriv., F. 225° (Zers.); 65%. — *2-[m-Tolylimino]-3-m-tolyl-*, F. 95—96°; 60%. Acetoxymercuri-Deriv., F. 256° (Zers.); 55%. — *2-[p-Tolylimino]-3-p-tolyl-*, F. 183°; 72%. Acetoxymercuri-Deriv., F. 240° (Zers.); 70%. — *2-[p-Chlorphenylimino]-3-[p-Chlorphenyl]-*, F. 105°; 68°. *Acetoxymercuri-Deriv.*, F. 250°; 70%. — *2-[p-Bromphenylimino]-3-[p-Bromphenyl]-*, F. 200—201°; 70%. *Acetoxymercuri-Deriv.*, F. 240°; 75%. — *2-[m-Nitrophenylimino]-3-[m-nitrophenyl]-*, F. 148°; 60%. *Acetoxymercuri-Deriv.*, F. 246—248°; 62%. — *2-[p-Nitrophenylimino]-3-[p-nitrophenyl]-*, F. 85—87°; 65%. *Acetoxymercuri-Deriv.*, F. 245° (Zers.); 65%. — *2-[α-Naphthylimino]-3-α-naphthyl-*, F. 155—156°; 72%. *Acetoxymercuri-Deriv.*, F. 250°; 64%. — *2-[β-Naphthylimino)-3-β-naphthyl-*, F. 213°; 74%. *Acetoxymercuri-Deriv.*, F. 220° (Zers.); 68%. H. P. Hilgetag 4330△

1327 **Elektronische Gesichtspunkte der antibakteriellen Aktivität von Nitrofuranderivaten.** Koichi Hirano, Shigetaka Yoshina, Kimiko Okamura und Isamu Suzuka. (Bull. chem. Soc. Japan 40 (1967) 10, 2229 bis 2233; Sendai, Tohoku Univ., Fac. of Educat., Dep. of Natural Sci.; engl.) — Zur Deutung der antibakteriellen Aktivität von Nitrofuranderiv. (I), wie *2-Nitrofuran*, *5-Nitrofurfural*, *Fracine*, (*5-Nitrofurfuralsemicarbazon*), *β-[5'-Nitrofuryl-(2')]-acrylamid*, *Furazolidon*, *Miranon-M* (*1.5-Bis-[5'-nitrofuryl-(2')]-pentadien-(1.4)-on-(3)-formmethylamidinohydrazon*), *α-[Furyl-(2')]-β-[5-nitrofuryl-(2')]-acrylamid* (AF-2), in Verbindung mit den elektron. Eig. wurden mittels der HO-Meth. von Hückel Superdelokalisierbarkeit $S_r(N)'$, Grenzelektronendichte fr (N) u. Energie des niedrigsten freien Niveaus, k_{lv}, berechnet. Die Aktivität typ. I stand in enger Beziehung zu den k_{lv}-Werten. Dies deutet darauf hin, daß die bakterizide I-Wrkg. sich durch den Elektronentransfer von einem Biomol. wie NADH auf das I-Mol. deuten läßt. Zwischen NADH u. I erfolgte Mol.-Komplexbildung. Dies spricht dafür, daß I-Mol. mittels ihrer Elektronenaffinität die mit NADH der Atmungskette gekoppelte Elektronenübertragung im Bakterienkörper hemmen. K. Maier 4330

1328 **Isothiocyanate mit anthelmintischer Wirkung.** R. Saxena und R. N. Iyer. (Indian J. Pharmacy 29 (1967) 8, 232—35; Central Drug Res. Inst., Lucknow; engl.) — Vf. synthetisieren eine Reihe von *Diphenylsulfiden, Disulfiden, Sulfoxiden, Sulfonen, Äthern, Methanen, Ketonen* u. *Äthylenen* mit einem Isothiocyanat-Rest an einem oder beiden Phenylringen u. untersuchen die Verb. auf ihre anthelmint. Wirkung. Dabei zeigen *4.4'-Diisothiocyanatodiphenylsulfid* sowie *4.4'-Diisothiocyanatodiphenylsulfon* eine starke Wrkg. gegenüber *Hymenolepis nana* in infizierten Ratten.

Versuche: Diphenylsulfone: *4-Nitro-4'-amino-*, F. 169—170° (A./W.), durch 1std. Kochen von 10 g

4-Nitro-4'-acetamidodiphenylsulfon (I) in konz. HCl, Kühlen u. Alkalisieren mit wss. 10%ig. NaOH, 8,5 g (Ausb.). — *4-Amino-4-acetamino-*, F. 240° (A.), durch Hydrieren von 5 g I in A. in Ggw. von Raney-Ni, Filtrieren u. Einengen im Vakuum; 4,5 g. — *4.4'-Diisothiocyanato-*, $C_{14}H_8N_2O_2S_3$, F. 180°, durch Rk von 4.4'-Diaminodiphenylsulfon in 4 n HCl mit Thiophosgen in $CHCl_3$ u. Einengen der $CHCl_3$-Phase. — *2-Methoxy-4.4'-diisothiocyanato-*, $C_{15}H_{10}N_2O_3S_3$, F. 129°. — *4'-Isothiocyanato-4'-nitro-*, $C_{13}H_8N_2O_4S_2$, F. 145°. — *4-Isothiocyanato-4'-acetamido-*, $C_{15}H_{12}N_2O_3S_2$, F. 176°. — *4.4'-Diisothiocyanatodiphenylsulfid*, $C_{14}H_8N_2S_3$, F. 65°. — *4.4'-Diisothiocyanatodiphenyldisulfid*, $C_{14}H_8N_2O_4$, F. 63°. — *4.4'-Diisothiocyanatodiphenylsulfoxid*, $C_{14}H_8N_2OS_3$, F. 139°. — *4.4'-Diisothiocyanatodiphenyläther*, $C_{14}H_8N_2OS_2$, F. 60°. — *2.2'-Diisothiocyanatodiphenyläther, Hemihydrat*, $C_{14}H_8N_2OS_2 \cdot {}^1/_2\,H_2O$, F. 55—57°. — *4.4'-Diisothiocyanatodiphenylmethan*, $C_{15}H_{10}N_2S_2$, F. 142°. — *2.2'-Dimethyl-4.4'-diisothiocyanatodiphenylmethan*, $C_{17}H_{14}N_2S_2$, F. 120°. — *3.3'-Dimethyl-4.4'-diisothiocyanatodiphenylmethan*, $C_{17}\cdot H_{14}N_2S_2$, F. 95°. — *4.4'-Diisothiocyanatobenzophenon*, $C_{15}H_8N_2OS_2$, F. 130°. — *3.3'-Dimethyl-4.4'-diisothiocyanatobenzophenon*, $C_{17}H_{12}N_2OS_2$, F. 130°. — *1.2-Bis-[4'-isothiocyanatophenyl]-äthylen*, $C_{10}H_{10}N_2S_3$, F. 132°. — *1.2-Bis-[4-isothiocyanatophenyl]-äthan*, $C_{16}H_{12}N_2S_2$, F. 130°. K.-P. Hilgetag 4380△

1329 **Bestandteile gewisser Tabaktypen. 1. Mitt. Wasserdampfflüchtige Phenole aus Latakia.** W. J. Irvine und M. J. Saxby. (Phytochemistry 7 (1968) 2, 277—81; Carreras Ltd., Res. Div., Nevendon Road, Basildon, Essex; engl.) — Ein alkal. Extrakt der ätherlösl. Bestandteile von Blättern von *Latakia tobacco* wird nach W.-Dampfdest. gaschromatograph. in 20 Komponenten zerlegt. Nach Kuppeln mit diazotiertem p-Nitranilin werden dünnschichtchromatograph. in verschiedenen Syst. 10 Farbstoffe getrennt, deren Phenolkomponenten identifiziert werden. Erkannt werden: *Phenol, o-, m-* u. *p-Kresol, 2.3-, 2.4-, 2.5-, 2.6-* u. *3.5-Xylenol, m-* u. *p-Äthylphenol, m-* u. *p-Methoxyphenol, Guajakol, 4-Methyl-, 4-Äthyl-, 4-Propyl-* u. *4-Vinylguajakol, Eugenol* u. *2.6-Dimethoxyphenol.* W. Holland 4420

1330 **Gaschromatographisch - massenspektrometrische Untersuchungen an langkettigen Hydroxysäuren. 1. Mitt. Cutinsäuren als Bestandteile der Apfelschale.** G. Eglinton und D. H. Hunneman. (Phytochemistry 7 (1968) 2, 313—22; Chem. Dep., Univ., Glasgow; engl.) — Durch präp. Dünnschichtchromatographie u. gaschromatograph.-massenspektrometr. Best. der Trimethylsilyläther der Methylester von Cutinsäuren werden diese in ihrer Konstit. bestimmt. Die Lage der Doppelbindungen in den ungesätt. Säuren wird durch Hydroxylierung u. die kombinierte Best. der Trimethylsilyläther festgestellt. Neben den Hauptbestandteilen *10.16-Dihydroxyhexadecan-, threo-* u. *erythro-9.10.18-Trihydroxyoctadecan-, 16-Hydroxyhexadecan-, 18-Hydroxyoctadecen-(9)-* u. *18-Hydroxyoctadecadien-(9.12)-säure* kommt eine Anzahl ein- u. zweibasiger Fettsäuren sowie Di- u. Trihydroxysäuren vor. W. Holland 4420

1331 **Chemische Bestandteile von Rutaceae-Pflanzen. 1. Mitt. Wurzelbestandteile von Poncirus trifoliata Rafinesque.** 1. Mitt. Toshiaki Tomimatsu. (J. pharmac. Sci. Japan [Yakugakuzasshi] 88 (1968) 5, 643—45; Fac. of Pharmaceut. Sci., Univ. of Tokushima, Shomachi, Tokushima; jap.) — Aus den Wurzeln von Poncirus trifoliata wird *Marmesin* [(+)-*6.7-Dihydro-7-(1-hydroxy-1-methyl-äthyl]-furo-[2.3-g]-cumarin*, $C_{14}H_{14}O_4$, F. 185—186° (Methanol; $[\alpha]_D^{30}$ +20° (c = 0,5, $CHCl_3$)] isoliert u. durch Vgl. mit einer authent. Probe identifiziert. L. Lamza 4420△

1332 **Struktur des Roemrefidins.** S. T. Akramov und S. Ju. Junusov. (Chim. prirodnych Soedinenij 4 (1968) 3, 199—200; inst. chimii rastitel'nych veščestv AN UzSSR; russ.) — Aus dem in W. lösl. Anteil der Basen von *Roemeria refracta* wird die neue Base *Roemrefidin* (I) erhalten; F. 223—224° (wss. Methanol). IR- u. UV-Spektren von I u. *l-Isoroemerinmethojodid* sind identisch. I wird als Jodid isoliert u. ist die quatern. Form von *l-Isoroemerin.* O. Lebtag 4420△

1333 **Absolute Konfiguration von Vincamin und einigen anderen Alkaloiden des Eburnamonin-Typs.** J. Trojánek, Z. Koblicová und K. Bláha. (Abh. dtsch. Akad. Wiss. Berlin, Kl. Chem., Geol. Biol. **1966**, Nr. 3, 491—96; Prague, Res. Inst. for Natural Drugs; engl.) — Vorl. Mitt. Chem. and Ind. **1965**, 1261. — (—)-*Eburnamonin* (**III**), erhalten aus *Vincaminsäure* durch Pb-Tetraacetat-Ox., wurde nach Bartlett u. Taylor in (—)-*Diäthylindolochinolizidinbase* (I) umgewandelt (in CH_3OH 1. Extrem des negat. Cotton-Effekts bei 334 mμ). (+)-*1.2.3.4-Tetrahydroharman* (**II**), erhalten durch Spaltung des Razemats mit Dibenzoyl-D-weinsäure, diente zum Vgl. der ORD-Kurven (Max. des positiven Cotton-Effekts bei 330 mμ in CH_3OH, Kurvenform enantiomer zu der von I). Beim Erhitzen mit 100%ig. HCOOH fand Umwandlung in das entsprechende *N-Formylderiv.* statt, das nach Ozonolyse in Chlf.–CH_3OH, Hydrolyse mit verd. HCl u. Chromatographie an Ionenaustauscher *N-Carboxyäthyl-D-alanin*, das Enantiomere des bereits bekannten N-Carboxyäthyl-L-alanin, gab, so daß (+)-**II** R-Konfig. hat. Da die ORD-Kurven von (+)-**II** u. dem Abbauprod. von (—)-**III** enantiomer sind, hat *Vincamin* Konfig. **IV**. *14-Epivinocamin*, dessen Umwandlung in (—)-**III**

IV

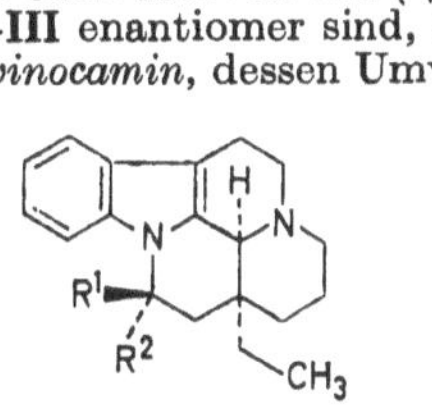

R^1 = OH
R^2 = COO-CH_3

bekannt ist, muß demnach zur gleichen stereochem. Reihe wie **IV** gehören. Andererseits besitzen die *Hunteria eburnea*-Basen (+)-**III**, (—)-*Eburnamin*, (+)-*Isoeburnamin* u. (+)-*Eburnamenin*, die zu **IV** enantiomer sind, alle die entgegengesetzte abs. Konfiguration. **IV** gehört damit in die gleiche stereochem. Reihe wie (+)-*Quebrachamin*, (—)-*Vincadifformine* u. die von diesen abgeleiteten Alkaloide. K. Maier 4420

1334 **Alkaloid-Bestandteile von Peganum harmala und Synthese des Nebenalkaloids Deoxyvascinon.** A. Chatterjee und M. Ganguly. (Phytochemistry 7 (1968) 2, 307 bis 311; Dep. of Chem., Univ. Coll. of Sci., Calcutta; engl.) — Neben dem Hauptbestandteil *Harmin* (I), $C_{12}H_9N_2(OCH_3)$, F. 258°, kommen in den Samen von *P. harmala Harmalin*, $C_{13}H_{14}N_2O$, F. 220—222°, *Hydrojodid*, $C_{13}H_{14}N_2O \cdot HJ$, F. 232—235°, *Methojodid* (**II**), $C_{13}H_{14}N_2O \cdot CH_3J$, u. *Deoxyvascinon* (**III**), sowie ein 2-Alkoxychinolonderiv., F. 192°, vor. Für **III** wird eine Synth. angegeben. **II** wird mit $NaBH_4$ zu *Tetrahydro-N_b-methylharmin*, $C_{14}H_{18}N_2O$, F. 174°, reduziert. **I** kann mit SeO_2 zu *3-Formylnorharmin*, F. 182° (Bzl.), ox. werden.
Versuche: *Deoxyvascinon* (**III**), $C_{11}H_{10}N_2O$, F. 106 bis 107°, durch 3std. Kochen von 200 mg Anthranilsäure, 200 mg γ-Aminobuttersäure u. P_2O_5 in Xylol, Gießen auf Eis, Extraktion mit 5 n HCl, Alkalisieren mit NH_4OH u. Chlf.-Extraktion; 100 mg Ausbeute. — *9-Oxodihydropyrrolo-[2.1-b]-chinazolin-(3)-spiro-(1)-cyclopent-[c]-chinolin (?)*, $C_{22}H_{17}N_3O$, F. 285° (Chlf./Aceton), neben vorst. Verbindung. W. Holland 4420

1335 **Teratogene Verbindungen von Veratrum californicum (Durand). 4. Mitt. Erste Isolierung von Veratramin und Alkaloid Q und eine zuverlässige Methode zur Isolierung von Cyclopamin.** Richard F. Keeler. (Phytochemistry 7 (1968) 2, 303—06; Poisonous Plant Res. Labor., Animal Disease and Parasite Res. Div., Agricult. Res. Service, USDA, Logan, Ut.; engl.) — Aus dem Bzl.-Extrakt der Wurzeln von *V. californicum* wird dünnschichtchromatograph. *Veratramin*, $C_{27}H_{39}NO_2 \cdot H_2O$, F. 203—205°, $[\alpha]_D^{25}$ —59°, *Cyclopamin* (*Alkaloid V*), $C_{27}H_{43}NO_2$, F. 232—234°, $[\alpha]_D^{25}$ —48°, u. eine *Alkaloid Q* genannte Verb. der Steroidreihe, $C_{32}H_{53}NO_4$, F. 209 bis 210°, $[\alpha]_D^{25}$ —95°, isoliert. Ihre IR-Spektren werden angegeben. W. Holland 4420

1336 **Synthese und herbizide Aktivität von Verbindungen mit kleinen Ringen.** T. R. Hopkins, R. P. Neighbors und L. V. Phillips. (J. agric. Food Chem. **15** (1967) 3, 501—07; Merriam, Kan., Gulf Res. &

Development Co.; engl.) — Cycloaliphat. Carbonsäureamide wurden synthetisiert u. auf herbizide Wirksamkeit (Tomate, Alfalfa, Weizen, Flachs, Rettich, Hafer, Zuckerrübe, Mais, Hirse nach dem Auflaufen u. Alfalfa, Flachs, Hafer, Rettich, Zuckerrübe, Mais, Baumwolle, Hirse, Sojabohne, Trespe vor dem Auflaufen) geprüft. Allg. waren Cyclopropancarbonsäureamide aktiver als Homologe mit größeren Ringen. *N-[3.4-Dichlorphenyl]-cyclopropancarbonamid* (*Cypromid*) erwies sich als selektives, nach dem Auflaufen anwendbares Herbizid bei Mais. Die Hemmung der Hill-Rk. isolierter Chloroplasten durch *Cyclopropancarbonsäureanilide*, andere *Acylanilide*, *Harnstoffe*, *Triazine* u. a. Verb. wurde vergleichend untersucht.

Versuche. Synth.: (Meth. A) Addition von Diazoverb., z. B. CH_2N_2, Diazoessigsäureäthylester an Olefine oder α-Olefinester; (B) Addition von Halogencarbenen an α-Olefinester; (C) baseninduzierte Cyclisierung von γ-Halogennitrilen oder γ-Halogenestern; (D) Alkylierung von Benzylcyaniden mit Dihalogenalkanen u. anschließend Cyclisierung u. Hydrolyse zu den Säuren; (E) Spaltung α-substituierter Butyrolactone mit HCl zu γ-Chlorbuttersäuren, Veresterung mit CH_3OH u. Cyclisierung mit Alkali; (F) basenkatalysierte Alkylierung von Monoalkylmalonsäureestern mit Äthylenoxyd zu α-substituierten Butyrolactonen u. Behandlung wie vorst.; (G) Alkylierung von Malonestern mit Dihalogenalkanen u. anschließend Cyclisierung, Hydrolyse u. Decarboxylierung zur Monocarbonsäure; (X) Rk. von Amin oder Anilin mit Säurechlorid in Ggw. von Säureakzeptor; (Y) Rk. von Säure mit aromat. Phosphazoverb.; (Z) Rk. von Estern mit Anilinderiv. u. äquivalenter Menge Na-Alkoxid. — N-mono- u. disubstituierte aromat. Cyclopropancarbonsäureamide: *α-Naphthyl*, F. 174—175,5°, (E, X); 45% (Ausb.); herbizide Gesamtaktivität nach u. vor Auflaufen 0; 16 (= Summe aus Bewertung für jede Pflanze × Zahl der Arten; Bewertung: 0 = ohne Wrkg.; 1,0 = 25% Blattschädigung; 2 = 26—75%, 3 = 76—99%; 4 = Abtötung aller Pflanzen). — *Thiazolyl-(2)*, F. 164—166° (E, X); 24%, 21; 44. — *Pyridyl-(2)*, F. 86—87,5° (E, X); 19%; 15; 14. — *Pyrimidyl-(2)*, F. 130—131,5° (E, X); 29%; 1; 18. — *Phenylmethyl*, F. 69—70° (E, X); 91%; 18; —. — *Phenylallyl*, Kp.$_5$ 120—123° (E, X); 77%; 4; 35. — Cyclopropancarbonsäureanilide mit substituiertem Phenylrest: *2'-Chlor*, F. 110—111° (E, X) 93%; 0; 39. — *2'-Fluor*, F. 116,5—118° (E, X) 76%; 19; —. — *3'-Chlor*, F. 147—148,5° (E, X); 74%; 33; 42. — *3'-Brom*, F. 142—144° (E, X); 93%; 27; 42. — *3'-Fluor*, F. 124—125° (E, X); 84%; 34; 41. — *3'-Jod*, F. 132—134° (E, X); 82%; 20; 32. — *4'-Chlor*, F. 163—165° (E, X); 94%; 35; 44. — *4'-Brom*, F. 192—194° (E, X); 96%; 21; 41. — *4'-Fluor*, F. 160—162° (E, X); 93%; 26; 17. — *2'.3'-Dichlor*, F. 137—138° (E, X); 57%; 8; 21. — *2'.4'-Dichlor*, F. 155—156° (E, X); 83%; 4; 21. — *2'.5'-Dichlor*, F. 163—164° (E, X); 82%; 5; 18. — *3'.5'-Dichlor*, F. 172—174° (E, X); 94%; 10; 8. — *3'.4'-Dichlor*, F. 130—131° (E, X); 90%; 36; 44. — *3'.4'-Dibrom*, F. 126 bis 128° (E, X); 90%; 30/32; 30. — *2'.4'-Difluor*, F. 142 bis 143,5° (E, X); 90%; 4; 6. — *2'.5'-Difluor*, F. 103—104° (E, X); 80%; 24; 25. — *2'.4'.6'-Trichlor*, F. 210—211° (E, X); 94%; 0; 4. — *2'.4'.5'-Trichlor*, F. 170—172° (E, X); 95%; 3; 18. — *2'-Methyl*, F. 128,5—130° (E, X); 82%; 5; 10. — *3'-Methyl*, F. 100—101° (E, X); 79%; 29; 15/44. — *4'-Methyl*, F. 165—166,5° (E, X); 87%; 10; 11. — *3'.4'-Dimethyl*, F. 137—139° (E, X); 80%; 21; 10. — *3'.5'-Dimethyl*, F. 138—140° (E, X); 80%; 1; 26. — *2'.4'.6'-Trimethyl*, F. 160,5—162° (E, X); 69%; 0; 16. — *3'-Chlor-6'-methyl*, F. 164—165° (E, X); 82%; 0; 15. — *3'-Chlor-2'-methyl*, F. 175—176° (E, X); 80%; 0; 5. — *2'-Chlor-5'-methyl*, F. 138—139° (E, X); 53%; 0; 16. — *3'-Nitro-6'-methyl*, F. 202—203,5° (E, X); 68%; 3; 5. — *4'-Nitro-2'-chlor*, F. 180—182° (E, X); 45%; 1; 12. — *2'-Chlor-3'-trifluormethyl*, F. 117,5—119° (E, X); 67%; 0; 22. — *4'-Chlor-3'-trifluormethyl*, F. 121—123° (E, X); 82%; 31; 30. — *3'-Trifluormethyl*, F. 121—122,5° (E, X); 74%; 20; 31. — *4'-Chlor-2'-methyl*, F. 152—154° (E, X); 95%; 27/32; 25. — *3'-Chlor-4'-methyl*, F. 144—145° (E, X); 82%; 29; 30. — *3'.4'-Diformyl*, F. 137—138° (E, X); 47%; 10; 4. — *3'-Chlor-6'-formyl*, F. 97—99° (E, X); 80%; 14; 4. — *3'-Formyl*, F. 105—106° (E, X); 37%; 19; 42. — *3'-Acetamido*, F. 181—183° (A, X); 56%; 4; 0. — *3'-Cyclopropancarbonyloxy*, F. 160—161,5° (A, X); 86%; 3; 9. — *4'-Cyclopropancarbonylamino*, F. 299—301° (A, X); 66%; 3; 6. — *4'-Nitro*, F. 180—182° (A, X); 76%; 5; 38. — *4'-Cyan*, F. 140—141° (A, X); 89%; 18; 40. — *4'-Hydroxy*, F. 208—210° (A, X); 46%; 2; 0. — *4'-Äthoxycarbonyl*, F. 161—162,5° (A, X); 90%; 2; 0. — *3'-Nitro-6'-methoxy*, F. 192—194° (A, X); 50%; 0; 21. — *3'.4'-Dichlor-6'-methyl*, F. 182—183° (A, X); 92%; 0; 3. — *2'.4'.5'-Trimethyl*, F. 166—167,5° (A, X); 50%; 0; 0. — N-substituierte Cyclopropancarbonsäureamide: *Nichtsubstituiert*, F. 124—126°, (E, X); 60%; 5; 15. — *Methyl*, F. 55—57° (E, X); 88%; 0; 28. — *Allyl*, F. 35—36° (E, X); 80%; 2; 0. — *β-Hydroxyäthyl*, F. 43—45° (E, X); 77%; 0; 6. — *tert.-Butyl*, F. 137—139° (E, X); 81%; 0; 0. — *δ-Chlorbutin-(2)-yl*, F. 78,5—80° (E, X); 58%; 14; 32. — *Äthoxycarbonylmethyl*, F. 77—78° (E, X); 29%; 0; 6. — *Cyclopropyl*, F. 111—112° (E, X); 69%; 0; 11. — *Cyclopentyl*, F. 115—116° (E, X); 61%; 4; 0. — *Cyclohexyl*, F. 138—139,5° (E, X); 78%; 2; 7. — *Dibutyl*, Kp.$_5$ 104—107° (E, X); 74%; 9; 11. — *Cyclopropancarbonsäuremorpholid*, F. 42—43° (E, X); 77%; 2; 15. — N- u. ringsubstituierte Cyclopropancarbonsäureamide: *N-[2.6-Dimethylphenyl]-α-methyl*, F. 128—130° (A, X); 70%; 0; 21. — *α-Methyl*, F. 148,5 bis 150,5° (F, X); 60%; 0; 0. — *N-[2.6-Dichlorphenyl]-α-methyl*, F. 147—149° (A, X); 16%; —; 21. — *N-[2.5-Dimethylphenyl]-α-methyl*, F. 84—85° (A, X); 68%; 19; 47. — *N-[2-Methyl-5-chlorphenyl]-α-methyl*, F. 74—76° (A, Z); 27%; 21; 44. — *N-[3-Chlorphenyl]-α-methyl*, F. 118—120° (A, Z); 24%, 31/32; 40. — *N-[3.4-Dichlorphenyl]-α-methyl*, F. 132—134° (F, X); 85%; 36; 45. — *N-[3.4-Dichlorphenyl]-α-äthyl*, F. 97—98,5° (F, X); 71%; 34; 17. — *N-[Phenyl]-α-äthyl*, F. 94—95° (F, X); 65%; 17; 0. — *N-[3-Chlorphenyl]-α-äthyl*, F. 93—94,5° (F, X); 70%; 20; 39. — *N-[2-Methyl-5-chlorphenyl]-α-äthyl*, F. 79—80° (F, X); 65%; 20; 45. — *N-[2.5-Dimethylphenyl]-α-äthyl*, F. 88,5—89,5° (F, X); 60%; 21; 44. — *N-[Pyridyl-(2)]*, Kp.$_2$ 94—95° (F, X); 22%; 8; 2. — *N-Phenyl-α-butyl*, F. 88—89° (F, X); 50%; 3; 0. — *N-[2.5-Dimethylphenyl]-α-butyl*, F. 61,5—63° (F, X); 55%; 5; 33. — *N-[3-Methylphenyl]-α-butyl*, F. 68,5—70° (F, X); 60%; 3; 0. — *N-[2-Methyl-5-chlorphenyl]-α-butyl*, F. 47,5—48,5° (F, X); 65%; 3; 26. — *N-[3-Chlorphenyl]-α-butyl*, F. 97—98° (F, X); 55%; 0; 0. — *N-[3.4-Dichlorphenyl]-α-butyl*, F. 118,5—120° (F, X); 87%; 2/28; 0. — *N-Phenyl-α-methylmercapto*, F. 31—32° (E, X); 60%; 3; 12. — *N-[2-Methyl-5-chlorphenyl]-α-methylmercapto*, F. 86—87° (E, X); 58%; 7; 4. — *N-[2.5-Dimethylphenyl]-α-methylmercapto*, Kp.$_1$ 132—134° (E, X); 62%; 0; 14. — *N-[3.4-Dichlorphenyl]-α-methylmercapto*, F. 99—100° (E, X); 60%; 16; 11. — *N-Phenyl-α-[2.4-dichlorphenoxy]*, F. 73—75° (E, Y); 35%; 0; 0. — *N-[3.4-Dichlorphenyl]-α-[2.4-dichlorphenoxy]*, F. 95—96° (E, X); 33%; 0; 0. — *N-[2-Methyl-5-chlorphenyl]-α-methoxy*, F. 88—89° (C, Z); 43%; 4; 40. — *N-[2.5-Dichlorphenyl]-α-methoxy*, F. 87,5—89° (C, Z); 66%; 0; 0. — *N-[3.4-Dichlorphenyl]-α-methoxy*, F. 89—91° (C, Z), 60%; 23/32; 43. — *N-[2.5-Dimethylphenyl]-β-methyl*, F. 181—182° (A, Z); 17%; 0; 1. — *N-[3-Chlorphenyl]-β-cyan*, F. 136—138° (A, Z); 27%; 0; 0. — *N-[2-Methyl-5-chlorphenyl]-β.β-dimethyl*, F. 132—133° (A, X); 90%; 0; 0. — N-[3.4-Dichlorphenyl]-cyclopropancarbonsäureamide mit Substitution im Cyclopropanring: *α-Chlor*, F. 95—96° (E, X); 79%; 26; 34. — *α-Phenyl*, F. 123—125° (A, E); 48%; 0; 0. — *β-Methyl*, F. 93—94° (C, X); 88%; 30; 25. — *β-Phenyl*, F. 168—170° (D, X); 58%; 0; 0. — *β-[Pyridyl-(4)]*, F. 241—243° (A, Z); 29%; 0; 0. — *β-[Pyridyl-(2)]*, F. 145—146° (A, Z); 17%; 0; 0. — *β.β-Dichlor*, F. 159,5—161° (B, X); 34%; 0; 0. — *β-Neopentyl-β-methyl*, Kp.$_1$ 155—157° (A, X); 40%; 0; 0. — N-substituierte Cyclobutancarbonsäureamide, aus Säurechlorid u. Amin: *δ-Chlorbutin-(2)-yl*, F. 60—61°; 37%; 14; 4. — *Piperidid*, Kp.$_1$ 89—90°; 64%; 3; 0. — *Morpholid*, Kp.$_1$ 96—97°; 55°; 2; 26. — *Cyclohexyl*, F. 113,5—114°; 80%; 7; 4. — *tert.-Butyl*, F. 124—125°; 36%; 0; 1. — *Allyl*, F. 54—55,5°; 52%; 6; 3. — *α-Naphthyl*, F. 147—147,5°; 53%; 4; 2. — *Benzyl*, F. 76 bis 77,5°; 85%; 10; 0. — *Pyrimidyl-(2)*, Kp.$_1$ 126—129°;

30%; —; 21. — *Thiazolyl-(2)*, F. 132—133°; 39%; —; 23. — *3.4-Dichlorphenyl*, F. 102—104°; 75%; 28; 27. — *N-Phenyl-α-brom*, F. 88—90°; 75%; 9; 2. — *N-[3.4-Dichlorphenyl]-α-brom*, F. 97—98°; 72%; 12; 16. — *N-[3.4-Dichlorphenyl]-α-carboxy*, F. 182—183°; 87%; 2; 9. K. Maier 4490

1337 **Totalsynthese und Stoffwechsel von 7.10.13.16-Dokosatetraenat in der Ratte.** Howard Sprecher. (Biochim. biophysica Acta [Amsterdam] **144** (1967) 2, 296—304; Columbus, O., O. State Univ., Dep. of Physiol. Chem.; engl.) — *Dokosatetraen-(7.10.13.16)-säuremethylester* (**I**) wurde synthetisiert. Verfütterung von **I** u. *Arachidonsäuremethylester* (**II**) an Ratten hemmte die Biosynth. mehrfach ungesätt., aus Oleat u. Palmitoleat sich ableitender Fettsäuren. **I** wurde nur in kleiner Menge in Leberlipide eingebaut u. vorzugsweise in **II** durch Eliminierung eines C_2-Bruchstücks oder Überführung in *Dokosapentaen-(4.7.10.13.16)-säure* umgewandelt.

Versuche: *Octin-(2)-ol-(1)*, $Kp._{0,5}$ 73—76°, aus C_2H_5MgBr in Ae. durch Rk. mit Heptin-(1) bei Raumtemp. bis Beendigung der Äthanentw., Einsublimieren von Paraformaldehyd bei 3—4° (N_2-Strom), Eingießen in 1 m H_2SO_4 u. Ae.-Extraktion; n_D^{25} 1,4534; 75% (Ausb.). — *1-Bromoctin-(2)* (**IV**), $Kp._{0,6}$ 55—58°, aus vorst. Verb. in sd. Ae. mit PBr_3 in Ggw. von etwas Py. (4 Std.); n_D^{20} 1,4882; 80%. — *Undecadiin-(2.5)-ol-(1)*, $Kp._{0,2}$ 106—110°, aus C_2H_5MgBr in Tetrahydrofuran (THF) durch Rk. mit Propargylalkohol (**III**) (2 Std. Eisbad, 2 Std. Raumtemp.) u. dann mit vorst. Verb. in Ggw. von CuCl in sd. THF (22 Std.); n_D^{20} 1,4836; 78%. — *1-Bromundecadiin-(2.5)*, $Kp._{0,7}$ 105—110°, analog wie oben; n_D^{20} 1,5107; 69%. — *Tetradecatriin-(2.5.8)-ol-(1)*, F. 29—30°, aus vorst. Verb. durch Kondens. mit 3 Mol Grignard-Komplex von **III**; bräunlichgelbe Krist. (PAe.), extrem oxydationsempfindlich; 51%. — *1-Bromtetradecatriin-(2.5.8)* (**V**), analog wie **IV**. — *1-Chlor-5-jodpentan*, aus 1.5-Dichlorpentan mit NaJ in Aceton. — *1-Chlorheptin-(6)*, $Kp._{15}$ 60—63°, aus vorst. Verb. u. Na-Acetylid in fl. NH_3; n_D^{25} 1,4495; 86%. — *1-Cyanheptin-(6)*, $Kp._4$ 90—93°, aus vorst. Verb. durch Zugabe zu NaCN in Dimethylsulfoxid, vorerhitzt auf 90°; n_D^{20} 1,4470; 86%. — *Octin-(7)-säure*, $Kp._{0,5}$ 95—98°, aus vorst. Verb. durch Hydrolyse mit sd. wss. methanol. KOH (48 Std.); n_D^{25} 1,4500; 70%. — *Dokosatetrain-(7.10.13.16)-säure* (**VI**), $C_{22}H_{28}O_2$, F. 79—80° (PAe.), aus vorst. Verb. durch Rk. mit C_2H_5MgBr in THF unter Eiskühlung, dann 2 Std. bei Raumtemp., Zusatz von CuCN u. **V** (16 Std. Rückfluß), Verdünnen mit 1 m H_2SO_4 u. Ae.-Extraktion; 25%. Durch Red. mit PtO_2 in CH_3OH *Docosansäure*, F. 78—80°. — *Dokosatetraen-(7.10.13.16)-säuremethylester* (**I**), aus **VI** in abs. CH_3OH + 5%ig. Lsg. von synthet. Chinolin in abs. CH_3OH durch Hydrierung mit Lindler-Katalysator bei Normaldruck, 16 Std. Rühren des PAe.-Extrakts aus angesäuertem, eingeengtem Filtrat bei Raumtemp. mit 50%ig. W.-freiem methanol. HCl u. Kieselsäure-Chromatographie; n_D^{20} 1,4806; Reinheit 88%. K. Maier 4596

1338 **Neue tertiäre Aminoalkohole.** M. Melandri, A. Buttini, G. Carminati und P. Galimberti. (Chim. thérapeut. **1966**, 212—20; Milano, Soc. Italiana Prodotti

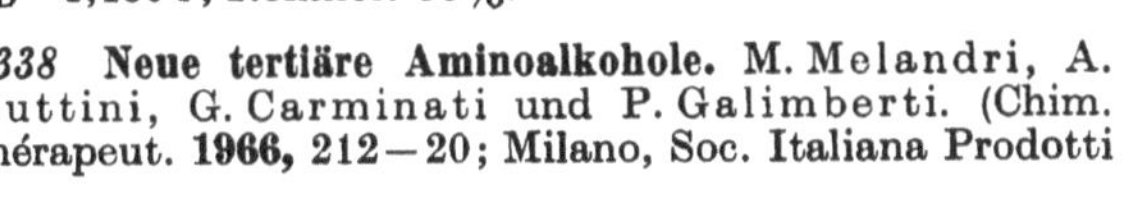

A B C

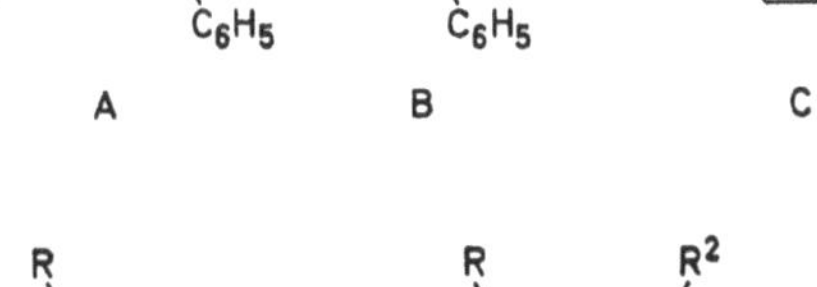

D E

Schering; franz.) — Aus Piperidinoessigsäureester wurden durch doppelte Grignard-Rk. tert. Aminoalkohole (**I**) vom Typ **A** erhalten, analog **B** u. **C**. In manchen Fällen läuft die doppelte Grignard-Rk. nicht vollständig an u. es entsteht als Nebenprod. das Keton **D**. W.-Abspaltung führt die neuen **I** in Äthylenderiv. (**E**) über. **I** unterscheiden sich qual. nicht von Verb. der *4-[N-Methylpiperidyl-(4)]-1.1-diphenyl*-Reihe, wohl aber quant. durch verminderte Toxizität, geringere cholinerg. Wirksamkeit u. ausgeprägtere analget. Aktivität.

Versuche: N-substituierte Amino-1.1-diphenyläthanole: *2-Piperidino*, aus Piperidinoessigsäureäthylester u. C_6H_5MgBr in sd. Ae. (3 Std.). — *2-Amino*, $Kp._{0,5}$ 137—140°. — *2-Diäthylamino*, $Kp._{1,5}$ 175 bis 177°. — *2-tert. Butylamino*, $Kp._1$ 98—99°. — *2-sek. Butylamino*, $Kp._2$ 182—183°. — *2-Pyrrolidino*, F. 59—60°. — *2-Morpholino*, $Kp._{0,4}$ 215—216°, F. 78—79°. — *2-[4-Methylpiperazino]*. — N-substituierte Amino-1.1-diphenylpropanole: *3-Pyrrolidino*, F. 170—171°. — *3-Morpholino*, F. 96—97°. — *3-Piperidino*, *2-Piperidino*, *2-Pyrrolidino*, *2-Morpholino*. — 1.1-substituierte 2-Piperidinoäthanole: *Dimethyl*, $Kp._{0,8}$ 55—56°, Acetat, $Kp._{1,5}$ 57—59° aus dem Hydrochlorid in $CHCl_3$ durch Zugabe von Acetylchlorid u. Kochen. — *Diäthyl*, $Kp._6$ 93°. — *Di-n-amyl*, $Kp._2$ 130°. — *Di-β-naphthyl, Hydrochlorid*, F. 271—273°. — *Di-p-chlorphenyl, Hydrochlorid*, F. 245—247°. — 1.1-substituierte 2-[4-Methylpiperidino]-äthanole: *1.1-Dimethyl*, $Kp._4$ 72 bis 74°. — *1.1-Diäthyl*, $Kp._3$ 73°. — *Di-n-amyl*, $Kp._{1,5}$ 76 bis 78°. — *1.1-Di-[p-chlorphenyl]-2-pyrrolidinoäthanol*, F. 115—116°. — *1.1-Di-[p-chlorphenyl]-2-morpholinoäthanol, Hydrochlorid*, F. 234—235°. — *1.1-Di-[p-methoxyphenyl]-2-pyrrolidinoäthanol, Hydrochlorid*, F. 187—188°. — ω-substituierte Acetophenone. *Morpholino*, $Kp._1$ 167 bis 170°. — *Diäthylamino*, $Kp._{1,5}$ 155—160°. — *Isobutylamino*, $Kp._{10}$ 180—185°. — *α-Morpholinopropiophenon*, $Kp._{0,4}$ 197—200°. — *[Morpholinomethyl]-cyclohexylketon*, $Kp._{0,2}$ 115—119°. — N-substituierte 2-Amino-1.1-diphenyläthylene: *2-Piperidino*, $Kp._{10}$ 126—129°, F. 53—55°, aus dem entspr. Äthanol durch 3 Std. Erwärmen mit 50%ig. H_2SO_4. *Metho-methylsulfat*, F. 158—159°. — *2-Pyrrolidino*, $Kp._{0,4}$ 175—178°. — *2-Piperidino-1.1-[p-chlorphenyl]-äthylen*, $Kp._2$ 133—138°. — N-substituierte 3-Amino-1.1-diphenyl-propylene: *3-Pyrrolidino*, $Kp._{1,5}$ 180—181°. *Metho-methylsulfat*, F. 77—78°. — *3-Piperidino*, $Kp._1$ 185—187°. *Metho-methylsulfat*, Kp. 155—156°. — *3-Morpholino*, F. 72—73°. K. Maier 4607

1339 **Neue Aminoalkylester von Diphenylessigsäure und Benzilsäure.** S. G. Kuznecov und S. M. Strelec. (Chim.-farm. Ž. **2** (1968) 6, 17—20; russ.) — Durch Umsetzung des Diphenylessigsäurechlorids mit *N-Methyl* (**I**)-, *N-Äthyl-N-tert.-butylaminoäthanol* (**II**) bzw. mit *cis-* oder *trans-2-(N.N-Dimethylamino)-cyclopentanol* (**III** bzw. **IV**) u. durch Umesterung des Benzilsäuremethylesters mit **I**, **II**, **III** oder **IV** werden Hydrochloride u. Methojodide der nachstehenden Verb. erhalten: *Diphenylessigsäure-N-methyl-N-tert.-butylaminoäthylester* (**V**), *Diphenylessigsäure-N-äthyl-N-tert.-butylaminoäthylester* (**VI**), *cis-* bzw. *trans-Diphenylessigsäure-N-dimethylaminocycloamylester* (**VII** bzw. **VIII**), *Benzilsäure-N-methyl* (**IX**)- bzw. *Benzilsäure-N-äthyl-N-tert.-butylaminoäthylester* (**X**), *cis-* bzw. *trans-Benzilsäure-N-dimethylaminocyclopentylester* (**XI** bzw. **XII**). Nach den Ergebnissen der vorläufigen pharmakolog. Unters. ist die zentrale cholinolyt. Wrkg. von **V** u. **IX** stärker, die periphere cholinolyt. Wrkg. schwächer als bei den Dimethylaminoäthylestern. Bei **VI** u. **X** sind zentrale u. periphere cholinolyt. Wrkg. geringer als bei den entsprechenden Diäthylaminoestern, wobei die zentrale Wrkg. weniger gesenkt ist. Die Hydrochloride von **V**, **VI**, **IX** u. **X** kommen als selektiv wirkende zentrale Cholinolytika in Betracht. **VII** u. **XI** besitzen eine deutliche cholinolyt. Aktivität, während bei **VIII** u. **XII** diese prakt. fehlt. Vf. nehmen an, daß auch bei den Verb. ohne Cyclogruppe (z. B. Aminoäthanolderiv.) die Transform mit den Cholinorezeptoren stärker reagiert als die Cisform. O. Lebtag 4607△

1340 **Neue synthetische organische Jodverbindungen. Diäthylaminoäthylester von Benzoe- und Phenylessigsäuren.** Mario Covello, Antonio Dini und Enrico Abignento. (Rend. Accad. Sci. fisiche mat., Napoli [4] **33/105** (1966) 319—24; Napoli, Univ., Ist. di Chim.

Farmaceut. e Tossicol.; ital.) — Zur Prüfung auf ihre pharmakolog. Wrkg. werden nach bekannten Meth. *Diäthylaminoäthylester* von *jodsubstituierten Benzoe-* u. *Phenylessigsäuren* dargestellt.

Versuche: *4-Jodsalicylsäure*, F. 228—230° (verd. A.), aus 4-Aminosalicylsäure über die Diazoniumverb.; 80%(Ausb.). — Benzoesäure-2-diäthylaminoäthylesterhydrochloride: *2-Jod-*, $C_{13}H_{18}JNO_2 \cdot HCl$, F. 154 bis 155° (A.), a) durch Zutropfen des mit $SOCl_2$ dargestellten rohen Säurechlorids in Dioxan zu 2-Diäthylaminoäthanol in Dioxan bei Raumtemp.; b) durch 6std. Kochen von 2-Jodbenzoesäure u. 2-Diäthylaminoäthylchlorid in abs. Isopropanol. Analog: *3-Jod-*, $C_{13}H_{18}JNO_2 \cdot HCl$, F. 197—198° (A.). *4-Jod-*, $C_{13}H_{18}JNO_2 \cdot HCl$, F. 172 bis 173° (A.). — *3.4.5-Trijod-*, $C_{13}H_{16}J_3NO_2 \cdot HCl$, F. 217 bis 219° (A.). — *2-Hydroxy-4-jod-*, $C_{13}H_{18}JNO_3 \cdot HCl$, F. 191—192° (A.). — *2-Hydroxy-5-jod-*, $C_{13}H_{18}JNO_3 \cdot HCl$, F. 186—187° (Zers.; A.). — *2-Hydroxy-2.5-dijod-*, $C_{13}H_{17}J_2NO_3 \cdot HCl$, F. 199—200° (Zers.; A.). — *3-Hydroxy-4-jod-*, $C_{13}H_{18}JNO_3 \cdot HCl$, F. 154—155° (A.). *2-Jod-5-hydroxy-*, $C_{13}H_{18}JNO_3 \cdot HCl$, F. 137—138° (A.). — *3-Jod-4-hydroxy-*, $C_{13}H_{18}JNO_3 \cdot HCl$, F. 190—192° (A.). — *3.5-Dijod-4-hydroxy-*, $C_{13}H_{17}J_2NO_3 \cdot HCl$, F. 177,5—178,5° (Zers.; A.). — *2-Amino-5-jod-*, $C_{13}H_{19}JN_2O_2 \cdot HCl$, F. 175 bis 176° (A.). — *3.5-Dijod-4-hydroxy-*, $C_{13}H_{18}J_2N_2O_2 \cdot HCl$, F. 232—234° (A.). — Phenylessigsäure-2-diäthylaminoäthylesterhydrochloride: *4-Jod-*, $C_{14}H_{20}JNO_2 \cdot HCl$, F. 138—139° (A./Aceton). — *3.5-Dijod-4-hydroxy-*, $C_{14}H_{19}J_2NO_3 \cdot HCl$, F. 167—168° (A.).

F. Heller 4607

1341 **Benzoheterocyclische Derivate. 7. Mitt. Synthese und pharmakologische Wirkung von Benzofuran-Derivaten.** 1. Mitt. Shoji Toyoshima, Noriyasu Hirose, Toshiharu Ogo und Atsushi Sugii. (J. pharmac. Soc. Japan [Yakugakuzasshi] 88 (1968) 5, 503—12; Res. Labor., Eisai Co., Ltd., Koishikawa, Bunkyo-ku, Tokyo; jap.) — 6. vgl. ibid. 87 (1967) 1548. — 5- bzw. 7-substituierte *2-[3-Alkoxy-propylaminomethyl]-2.3-dihydrobenzofurane* zeigen analget., sedative, antipyret., Antiadrenalin- u. coronargefäßerweiternde Wirkung. *2-[Monoalkylaminomethyl]-2.3-dihydro-benzofurane* sind starke Analgetika.

Versuche: *1-Acetoxy-2-[2.3-dibrom-propyl]-4-methyl-benzol* (**I**), $C_{12}H_{14}Br_2O_2$, F. 77—78° [Methanol(M)/Ligroin], durch Lösen von 0,3 Mol 1-Acetoxy-2-allyl-4-methyl-benzol in 200 ml CS_2 u. langsames Zutropfen einer Lsg. von 0,35 Mol Br_2 in 200 ml CS_2 < 5° unter Rühren; 72%. — *1-Acetoxy-2-[2.3-dibrom-propyl]-6-methyl-benzol*, $C_{12}H_{14}Br_2O_4$, Kp.$_4$ 158—162°, analog **I**; 75%. — *1-Acetoxy-2-[2.3-dibrompropyl]-4-chlor-benzol*, $C_{11}H_{11}Br_2ClO_2$, F. 63—65° (M/Ligroin), analog **I**; 70%. — *1-Acetoxy-2-[2.3-dibrom-propyl]-6-chlor-benzol*, $C_{11}H_{11}Br_2ClO_2$, F. 78 bis 79° (M/Ligroin), analog **I**; 71%. — *1-Acetoxy-2-[2.3-dibrom-propyl]-4-methoxy-benzol*, $C_{12}H_{14}Br_2O_3$, Kp.$_6$ 155 bis 161°, analog **I**; 73%. — 2-Brommethyl-2.3-dihydro-benzofurane: *5-Methyl-* (**II**), $C_{10}H_{11}BrO$, Kp.$_5$ 118—123°, durch 1std. Kochen von 0,2 Mol **I** mit 0,2 Mol Na-Äthylat in 200 ml abs. A. unter Rühren, Eindampfen, Zugabe von W. u. Extraktion mit Ae.; 48%. — *7-Methyl-*, $C_{10}H_{11}BrO$, Kp.$_{12}$ 135—140°, analog **II**; 50%. — *5-Chlor-*, C_9H_8ClBrO, Kp.$_6$ 138—142°, analog **II**; 41%. — *7-Chlor-*, C_9H_8BrClO, Kp.$_{10}$ 156—159°, analog **II**; 43%. — *5-Methoxy-*, $C_{10}H_{11}BrO_2$, Kp.$_6$ 155—161°, analog **II**; 43%. — *Unsubstituiert* (**III**), C_9H_9BrO, Kp.$_{18}$ 138—140°, analog **II**; 49%. — *2-Phthalimidomethyl-2.3-dihydrobenzofuran*, $C_{17}H_{13}NO_3$, F. 118—119° (A.), durch 10std. Erhitzen von 21,3 g **III** mit 22,2 g Phthalimidkalium in 50 ml DMF unter Rühren auf 140° u. Gießen in Eiswasser; 18 g. — *2-Aminomethyl-2.3-dihydro-benzofuran* (**IV**), Kp.$_{0,3}$ 78—80°, durch 2std. Kochen von 14 g vorst. Verb. u. 3,2 g 80%ig. Hydrazinhydrat in 75 ml A., Zugabe von 13 ml konz. HCl, $^1/_4$std. Kochen, Filtrieren, Konzentrieren bei vermindertem Druck, Alkalisieren mit 50%ig. KOH u. Extraktion mit Ae.; 6,5 g. *Hydrochlorid*, $C_9H_{12}ClNO$, F. 253—255°. — 2.3-Dihydro-benzofurane, durch 6—10std. Erhitzen von 0,05 Mol **III** mit 0,12 Mol des entsprechenden Amins (oder 0,06 Mol u. 0,06 Mol Triäthylamin) in Methanol auf 100—110° im Rohr, Eindampfen bei vermindertem Druck, Zugabe von W., Extraktion mit Ae., Ausschütteln der Ae.-Phase mit 10%ig. HCl, Alkalisieren mit konz. NaOH u. Extraktion mit Ae.: *2-[Methylamino-methyl]-*, Kp.$_{20}$ 126—128°; 56%. *Maleinat*, $C_{14}H_{17}NO_5$, F. 144° (A.). — *2-[Äthylamino-methyl]-*, Kp.$_8$ 120—121°; 42%. *Maleinat*, $C_{15}H_{19} \cdot NO_5$, F. 136° (A.). — *2-[Isopropylamino-methyl]-*, Kp.$_{13}$ 133—135°; 35%. *Maleinat*, $C_{16}H_{21}NO_5$, F. 178—179° (A.). — *2-[Dimethylamino-methyl]-*, Kp.$_{1,3}$ 93—94°; 53%. *Maleinat*, $C_{15}H_{19}NO_5$, F. 122—123° (A.). — *2-[Diäthylamino-methyl]-*, Kp.$_{0,7}$ 106—107°; 47%. *Maleinat*, $C_{17}H_{23}NO_5$, F. 196—197° (A.). — *2-[Di-n-propylamino-methyl]-*, Kp.$_{2,4}$ 130—131°; 40%. *Phenolphthalein-Addukt*, $C_{35}H_{37}NO_5$, F. 176—177°. — *2-[Di-n-butylamino-methyl]-*, Kp.$_1$ 140—141°; 42%. *Phenolphthalein-Addukt*, $C_{37}H_{41} \cdot NO_5$, F. 183—184°. — *2-[Pyrrolidino-methyl]-*, Kp.$_{15}$ 164 bis 165°; 54%. *Maleinat*, $C_{17}H_{21}NO_5$, F. 122—123° (A.). — *2-[Piperidino-methyl]-*, Kp.$_5$ 140—141°; 51%. *Maleinat*, $C_{18}H_{23}NO_5$, F. 118—119° (A.). — *2-[Morpholino-methyl]-*, Kp.$_5$ 144—145°; 48%. *Maleinat*, $C_{17}H_{21}NO_6$, F. 150—151° (A.). — *2-[4-(β-Hydroxy-äthyl)-pyrazidinyl-methyl]-*, Kp.$_5$ 202—203°; 34%. *Maleinat-Monohydrat*, $C_{19}H_{26}N_2O_6 \cdot H_2O$, F. 116—117° (A.). — *2-[4-Methyl-1.4-diaza-cycloheptyl-methyl]-*, Kp.$_{1,3}$ 152—153°; 40%. *Dimaleinat*, $C_{23}H_{30}N_2O_9$, F. 160—162° (A.). — *2-[N-Methyl-N-(1-phenyl-äthyl)-amino-methyl]-*, Kp.$_{2,2}$ 182—183°; 38%. *Maleinat*, $C_{18}H_{23}NO_5$, F. 124—125° (A.). — *2-[N-Methyl-N-(2-phenyl-propyl)-amino-methyl]-*, $C_{19}H_{23}NO$, Kp.$_{1,4}$ 171 bis 174°; 51%. — *2-[N-Methyl-N-(1-benzyl-äthyl)-amino-methyl]-*, $C_{19}H_{23}NO$, Kp.$_{0,7}$ 162—163°; 48%. — *2-[N-Methyl-N-(1-benzyl-1-methyl-äthyl)-amino-methyl]-*, $C_{20} \cdot H_{25}NO$, Kp.$_{0,6}$ 168—170°; 42%. — *2-[3-Methoxy-propylamino-methyl]-5-methyl-2.3-dihydro-benzofuran* (**V**), Kp.$_5$ 152—153°, durch Zugabe von 0,12 Mol 3-Methoxy-propylamin zu 0,05 Mol **II**, 4std. Rühren bei 120—130°, Gießen in 10%ig. HCl, Waschen mit Ae., Neutralisieren der wss. Phase mit 20%ig. NaOH u. Extraktion mit Ae.; 48%. *Maleinat*, $C_{18}H_{25}NO_6$, F. 131—132° [M/Essigester (EE)]. — Analog werden nachst. 2.3-Dihydro-benzofurane dargestellt: *2-[3-Äthoxy-propylamino-methyl]-5-methyl-*, Kp.$_4$ 156—158°; 42%. *Maleinat*, $C_{19}H_{27}NO_6$, F. 107 bis 109° (M/EE). — *2-[3-Isopropyloxy-propylamino-methyl]-5-methyl-*, Kp.$_2$ 161—164°; 50%. *Maleinat*, $C_{20}H_{29}NO_6$, F. 122—124° (M/EE). — *2-[3-Methoxy-propylamino-methyl]-7-methyl-*, Kp.$_3$ 150—152°; 46%. *Maleinat*, $C_{18}H_{25}NO_6$, F. 125—126° (M/EE). — *2-[3-Äthoxy-propylamino-methyl]-7-methyl-*, Kp.$_3$ 158—161°; 49%. *Maleinat*, $C_{19}H_{27}NO_6$, F. 114—115° (M/EE). — *2-[3-Isopropyloxy-propylamino-methyl]-7-methyl-*, Kp.$_2$ 142—144°; 38%. *Maleinat*, $C_{20}H_{29}NO_6$, F. 116—118° (M/EE). — *2-[3-Methoxy-propylamino-methyl]-5-chlor-*, Kp.$_5$ 174—175,5°; 41%. *Maleinat*, $C_{17}H_{22}ClNO_6$, F. 132—134° (M/EE). — *2-[3-Äthoxy-propylamino-methyl]-5-chlor-*, Kp.$_3$ 158 bis 164°; 50%. *Maleinat*, $C_{18}H_{24}ClNO_6$, F. 130—131° (M/EE). — *2-[3-Isopropyloxy-propylamino-methyl]-5-chlor-*, Kp.$_3$ 174—176°; 43%. — *Maleinat*, $C_{19}H_{26}ClNO_6$, F. 148—149° (M/EE). — *2-[3-Methoxy-propylamino-methyl]-7-chlor-*, Kp.$_5$ 168—172,5°; 51%. *Maleinat*, $C_{17}H_{22}ClNO_6$, F. 112—113° (M/EE). — *2-[3-Äthoxy-propylamino-methyl]-7-chlor-*, Kp.$_3$ 158—159°; 48%. *Maleinat*, $C_{18}H_{24}ClNO_6$, F. 111—113° (M/EE). — *2-[3-Isopropyloxy-propylamino-methyl]-7-chlor-*, Kp.$_2$ 154 bis 156°; 47%. *Maleinat*, $C_{19}H_{26}ClNO_6$, F. 139—140° (M/EE). — *2-[3-Methoxy-propylamino-methyl]-5-methoxy-*, Kp.$_3$ 169—170°; 46%. *Maleinat*, $C_{18}H_{25}NO_7$, F. 116—117° (M/EE). — *2-[3-Äthoxy-propylamino-methyl]-5-methoxy-*, $C_{19}H_{27}NO_7$, F. 112—113° (M/EE). — *2-[3-Isopropyloxy-propylamino-methyl]-5-methoxy-*, Kp.$_2$ 177—178°; 39%. *Maleinat*, $C_{20}H_{29}NO_7$, F. 113—115° (M/EE). — *2-[3-Hydroxy-propylamino-methyl]-*, Kp.$_2$ 175—177°. *Maleinat*, $C_{16}H_{21}NO_6$, F. 95—96° (M/EE). — *2-[3-Methoxy-propylamino-methyl]-* (**VII**), Kp.$_5$ 143—144°; 58%. *Maleinat*, $C_{17}H_{23}NO_6$, F. 111—113° (M/EE). — *2-[3-Äthoxy-propylamino-methyl]-*, Kp.$_5$ 151—155°; 48%. *Maleinat*, $C_{18}H_{25} \cdot NO_6$, F. 113—114° (M/EE). — *2-[3-Isopropyloxy-propylamino-methyl]-*, Kp.$_3$ 147—150°. *Maleinat*, $C_{19}H_{27}NO_2$, F. 129—130° (M/EE). — *2-[3-Dimethylamino-propylamino-methyl]-2.3-dihydrobenzofuran* (**VI**), Kp.$_5$ 162—165°, a) durch 4std. Erhitzen von 0,05 Mol **III** mit 0,12 Mol 3-Dimethylamino-propylamin auf 120—140° unter Rühren, Zugabe von 10%ig. HCl, Waschen mit Ae., Neutralisieren der wss. Phase mit 10%ig. NaOH u. Extraktion mit Ae.; 55%; b) durch 10std. Erhitzen von 0,08 Mol 3-Dimethylamino-propylchlorid, 0,08 Mol **IV** u. 0,1 Mol Triäthylamin in 30 ml Toluol auf 110—120° im Autoklav u. analoge Aufarbeitung; 45%. *Maleinat*, $C_{18}H_{26}N_2O_5$, F. 160° (A.). — *2-[3-Diäthylamino-propylamino-methyl]-2.3-dihydro-benzofuran*, Kp.$_4$ 160—162°, analog **VI** nach a); 62%. *Maleinat*, $C_{20}H_{30}N_2O_5$, F. 136—137° (A.). — *2-[3-Di-isopropyloxy-propylamino-methyl]-2.3-dihydro-benzofuran*, Kp.$_4$ 170—171°, analog **VI** nach a); 54%. *Maleinat*, $C_{22}H_{34}N_2O_5$, F. 121° (A.). — *2-[N-Methyl-N-(3-methoxy-propyl)-amino-methyl]-2.3-dihydro-benzofuranhydrobromid*, $C_{14}H_{22}BrNO_2$, F. 151—152° (A.), durch Schütteln von 0,02 Mol **VII** mit 0,06 Mol Methylbromid in 10 ml Ae. im Rohr bis zur Beendigung der exothermen Rk.; 25%. — *2-[N-Methyl-N-(3-äthoxy-propyl)-amino-methyl]-2.3-dihydro-benzofuran-hydrobromid*, $C_{15}H_{24}BrNO_2$, F. 161 bis 163° (A.), analog vorst. Verb.; 34%. — *2-[N-Methyl-N-(3-isopropyloxy-propyl)-amino-methyl]-2.3-dihydro-benzofuran-hydrobromid*, $C_{16}H_{26}BrNO_2$, F. 194—195° (A.), analog vorst. Verb.; 30%. L. Lamza 4607△

1342 **Synthese und pharmakologische Eigenschaften einiger Abkömmlinge von Octahydroacridin.** V. G. Ermolaeva, V. G. Jašunskij, A. I. Poležaeva und M. D. Maškovskij. (Chim.-farm. **2** (1968) 6, 20—23; Moskva, n.-i. chimiko-farmacevtičeskij inst. im. S. Ordžonikidze; russ.) — Durch Red. von *1.2.3.4-Tetrahydroacridin* mit 95%ig. Ameisensäure-Lsg. wird ein Gemisch von *cis-* u. *trans-10-Formyl-1.2.3.4.4a.9.9a.10-octahydroacridin* (**I** bzw. **II**) erhalten. Beim Erhitzen mit HCl fällt **II** aus. Durch Zusatz von Lauge zur Lsg. wird **I** erhalten. Durch Kondens. von **I** bzw. **II** mit Dimethylaminopropylchlorid in Ggw. von $NaNH_2$ werden die Maleate von *cis-* bzw. *trans-10-(γ-Dimethylaminopropyl)-1.2.3.4.4a.9.9a.10-octahydroacridin* (**III** bzw. **IV**) erhalten. Durch Carbäthoxylierung von **IV** wird *trans-10-(γ-methylpropyl)-1.2.3.4.4a.9.9a.10-octahydroacridin* (**V**) hergestellt. **III**, **IV** u. **V** zeigen ähnliche pharmakolog. Eig. wie *Imizin*; ihre Aktivität ist jedoch geringer. **III** u. **IV** besitzen fast die gleiche Aktivität; bei **V** ist sie geringer. Die DL_{50} für die Maus beträgt bei i.v. bzw. s.c. Zufuhr 60 bzw. 390 (mg/kg) für **III**, 52 bzw. 360 für **IV**, 27,5 bzw. 22,6 für **V**. Die räumliche Konfig. ist demnach von keinem Einfl. auf die pharmakolog. Eigenschaften. O. Lebtag 4607△

1343 **Eindringen, Stoffwechsel und synergistische Wirksamkeit einfacher 1.3-Benzodioxid-Derivate mit Carbaryl bei der Stubenfliege.** C. F. Wilkinson. (J. agric. Food Chem. **15** (1967) 1, 139—47; Slough, Großbritannien, Agric. Res. Counc.; engl.) — Vf. gibt nichtresistenten Stubenfliegen top. Zufuhren von *Carbaryl* (**I**; *Naphthyl-(1)-N-methylcarbamat*) zusammen mit 23 Benzodioxol- (**II**) u. 4 *Naphtho-1.3-dioxol*(**III**)-Deriv. in 4 verschiedenen Mengenverhältnissen (1:1; 1:2,5; 1:5; 1:10) u. bestimmt Toxizität (DL_{50}) innerhalb von 24 Std. sowie das Eindringen der synergist. wirksamen Verb. durch Ermittlung ihrer Konz. in Insektenhomogenaten mittels Elektronen-Einfang-Gaschromatographie. **I** an sich ist tox.; **IV** zeigt nur geringe synergist. Wrkg., ebenso wie die **II**-Deriv. mit –CHO; 5-Amino-**II** u. **VII** (Sesamol); diese Verb. scheinen im Stoffwechsel rasch abgebaut zu werden. Die stärksten Synergisten sind die OCH_3-**II**, deren Aktivität durch zusätzliche Einführung von Cl u. Br am Ring noch gesteigert wird. Kombination von $-OCH_3$ mit $-NO_2$ ergibt eine der am stärksten wirksamen Verb. [DL_{50} 0,088 μg/♀ Fliege, Verhältnis 1:10 (**I**:**II**)]. Die NO_2-**II**-Deriv. zeigen unterschiedliche Wrkg.; 2 NO_2 Gruppen im Mol. vermindern die Aktivität infolge zu langsamen Eindringens in den Organismus. Den stärksten Synergismus (0,060) weist *5-Dimethylamino-6-nitro*-**II** auf; auch Deriv. mit $-CH_3NH_2$ bzw. Halogenen u. $-NO_2$ zeigen starke bis mittlere synergist. Wirkungen. Sämtliche halogenhaltigen **II** sind weniger wirksam als Sesamex; die Aktivität steigt jedoch bei den Cl-**II** mit zunehmender Cl-Substitution (bei den Br-**II** nur bis zur Dibrom-Verb.). Von den **III** ist nur *Naphtho-[2.3:d]-1.3-dioxol* am wirksamsten (0,103); die übrigen **III** (*4-Nitro-*, *4.9-Dibrom-*, *4.5.6.7.8.9-Hexachlor-*) zeigen geringeren Synergismus, z. T. wegen ster. Hinderung. Von den **II** werden die 3 aldehyd. u. die halogenierten NO_2-Deriv. am raschesten aus dem Insektenorganismus eliminiert. Die Dichlor-, Dibrom- u. Br–OCH_3-Verb. akkumulieren im Insektengewebe (60—80% Eindringen in $^1/_2$—2 Std.); andere **II**-Deriv. (*5.6-Dinitro-* u. *Tetra-Br*-**II**) u. **III**-Verb. dringen nur sehr langsam (2% der applizierten Dosis) in den Organismus ein. Die übrigen **II** zeigen Penetrationswerte von ≈ 20%. Die aufgenommenen **II** unterliegen z. T. einem oxydativen Abbau durch den Stoffwechsel, eine Spaltung des 1.3-Benzodioxolringes findet jedoch nicht statt.

Versuche: 1.3-Benzodioxole: *1.3-Benzodioxol* (**IV**), K.p 55—59°, durch Deformylierung von Piperonal mit Pd–Kohle; 85% (Ausb.). — *5-Nitro-* (**V**), F. 147 bis 148°, gelbe Nadeln, aus **I** + HNO_3 (D. 1,42). — *5.6-Dinitro-* (**VI**), F. 96—98°, gelbe Nadeln, aus **II** + Eisessig u. rauchender HNO_3. — *5-Methylamino-6-nitro-*, F. 170 bis 171°, rote Nadeln. — *5-Dimethylamino-6-nitro-*, F. 93,5—95°, orangefarbene Platten, durch 5std. Erhitzen von **VI** mit Methylamin bzw. Dimethylamin im Bombenrohr auf 100°. — *5-Amino-*, F. 39—41°, hellbraune Nadeln, durch katalyt. Red. von **V** mit Adams-Katalysator in A. — *5-Hydroxy-* (**VII**; Sesamol), F. 62—64°, aus Piperonal nach Markus. — *5-Methoxy-* (**VIII**), Kp. 108—110°, Öl, aus **VII** Na-Salz u. Dimethylsulfat. — *5-Chlor-6-methoxy-*, $C_8H_7Cl_3O$, F. 95—96,5°, durch Chlorierung von **VIII** in Eisessig. — *5-Brom-6-methoxy-*, $C_8H_7Br_3O$, F. 78—80°. — *5-Methoxy-6-nitro-*, $C_8H_7NO_5$, F. 138,5 bis 139,5°, gelbe Nadeln, durch Versetzen von 50%ig. HNO_3 mit **VIII**. — *5-Chlor-6-formyl-* (**IX**), F. 114,5—115,5°. — *5.6-Dichlor-*, F. 76—77°, durch Chlorierung von Piperonal in Eisessig; — *5-Brom-6-formyl-* (**X**), F. 126—127°. — *5.6-Dibrom-*, F. 84—85°, durch Behandlung von Piperonylsäure mit Br_2 in wss. Na_2CO_3-Lösung. — *5-Formyl-6-nitro-*, F. 96—98°, durch Nitrierung von Piperonal. — *5-Chlor-6-nitro-*, F. 65—66°, gelbe Nadeln, aus **IX** u. HNO_3 (D. 1,42). — *5-Brom-6-nitro-*, F. 84—85°, aus **X** u. HNO_3. — *4.5.6.7-tetrabrom-*, F. 208—210°, aus **X** u. Br_2-Überschuß in Ggw. von 1% $AlBr_3$ am Rückfluß (100°, 3 Std.). — *4.5.6.7-tetrachlor-*, F. 169—171°, durch Ringschluß von Tetrachlorcatechin mit Dibrommethan nach Campbell. — *5-Methyl-*, *5-Chlor-*, durch Ringschluß der Di-K-Salze der entsprechenden Catechine mit Dibrommethan. — *5-Brom-*, Kp.$_{28}$ 112—116°, durch Bromierung von **IV** in Eisessig.

P. Fahrnlaender 4607

1344 **o-Allyloxyphenoxypropanolamin, eine neue Gruppe adrenergischer β-Rezeptoren-Blocker.** M. Wilhelm, P. Hedwall und M. Meier. (Experientia [Basel] **23** (1967) 8, 651—52; Chem.- u. biolog. Forsch.-Labor. der pharm. Abt. CIBA-AG, Basel [Schweiz]; dt.) — Kondens. von Brenzkatechinmonoallyläther mit einem Halogenhydrin führt zu *1-[o-Allyloxyphenoxy]-2.3-epoxypropan*, das durch Umsetzung mit prim. Aminen in *1-[o-Allyloxyphenonoxy]-2-hydroxy-3-alkylaminopropan* übergeführt wird. Anschließende Kondens. mit Aldehyden führt zur Bldg. von entsprechenden *5-[Phenoxymethyl]-oxazolidinen*. Die Zusammenhänge zwischen Struktur u. Wrkg. werden untersucht.

Untersuchte Verb.: *1-[o-Allyloxyphenoxy]-2-hydroxy-3-[isopropylamino]-propan, Hydrochlorid*, $C_{15}H_{24}\cdot ClNO_3$, F. 107—109°. — *1-[o-Allyloxyphenoxy]-2-hydroxy-3-[isobutylamino]-propan, Tartrat*, $C_{20}H_{29}NO_7$, F. 70—72°. — *1-[β-Methylallyloxyphenoxy]-2-hydroxy-3-[isopropylamino]-propan, Hydrochlorid*, $C_{16}H_{26}ClNO_3$, F. 89—91°. — N-Isopropyl-5-[o-allyloxyphenoxymethyl]-oxazolidine: *Unsubstituiert*, $C_{16}H_{23}NO_3$, Kp.$_{0,1}$ 146—149°. —, *2-Phenyl-*, $C_{22}H_{27}NO_3$, Kp.$_{0,1}$ 170—176°. — *2-[γ-Pyridyl]-*, $C_{21}H_{26}N_2O_3$, Kp.$_{0,1}$ 205—210°. — *2-Oxo-*, $C_{16}H_{21}NO_4$, F. 58—60°. — *1-Phenoxy-2-hydroxy-3-[isopropylamino] propan, Hydrochlorid*, $C_{12}H_{20}ClNO_3$, F. 127.°

K.-P. Hilgetag 4620△

1345 **Chemische Konstitution, chemische Reaktivität und Wirkung in homologen Lokalanästhetika-Reihen.** J. Büchi. (Pharmac. Acta Helvetiae **42** (1967) 8/10, 534—70; Zürich, TH, Pharmazeut. Inst.; dt.) — Übersicht über Arbeiten des Verfassers. In der *Procain-* u. *Tetracain*(**I**)-Reihe erhöhen die längeren N-Alkylreste die Elektronendichte der Aminogruppe u. setzen dadurch die chem. Rk.-Fähigkeit des NH_4^+-Ions herab. Die Wirksamkeit nimmt in diesen Reihen mit sinkender chem.

Reaktivität zu. Die Elektronendichte des Äther-O u. der CO-Gruppe wird weder durch die homologen Dialkylaminoalkyl- noch durch die 4-Alkylamino- u. 4-Alkoxy-Reste derart modifiziert, daß die chem. Reaktivität beeinflußt wird. — In der I-, *Paräthoxycain-* u. *Paracain*-Reihe beeinflussen die 4-Substituenten die chem. Reaktivität von CO-Gruppe u. Äther-O stark. Erhöhung der Elektronendichte durch 4-Substituenten mit stark negativen σ-Werten hat ausgeprägten Wirksamkeitsanstieg zur Folge. Die große Bedeutung der Alkylsubstitution geht aus der Beobachtung hervor, daß das Bindungsvermögen an Eiweißstoffe, Phospholipide, Phospholipidfilme u. Phospholipid–Cholesterin-Membranen in den homologen Reihen von I u. *Cinchocain* mit Verlängerung der Alkylgruppen ansteigt. Die Wirkstoffe müssen, um an den Wirkort zu gelangen, ein bestimmtes Hydrophilie–Lipophilie-Gleichgew. haben, das weitgehend durch die Größe der Alkylreste bestimmt ist. Genügende W.-Löslichkeit, gute Lipoidlöslichkeit u. gute Oberflächenaktivität begünstigen das Eindringen der Lokalanästhetika (II) in die Nervenmembran. Der Wrkg.-Mechanismus beruht vermutlich auf Verdrängung der Ca-Ionen aus ihrer Bindung an die Protein–Phosphatid-Komplexe durch die II-Mol. u. dem Eindringen der letzteren in die Phosphatidpalisaden unter Bldg. von II–Phosphatid-Komplexen, wodurch es zu Strukturänderungen der Nervenmembranen, deren Abdichtung u. damit zur Blockierung der Nervübermittlung kommt. — 63 Literaturangaben. K. Maier 4627

1346 **Synthese und grundlegende Pharmakologie N-substituierter und N.N'-disubstituierter Allylbarbiturate.** M. H. Weinswig, A. M. Burkman, W. D. Jones und E. J. Rowe. (J. pharmac. Sci. **56** (1967) 7, 909—11; Indianapolis, Ind., Univ. Coll. of Pharmacy; engl.) — N-substituierte Allylderiv. von *Barbital* (I) usw. wurden durch Adsorption des Barbiturats an ein stark bas. Anionenaustauschharz u. anschließend mechan. Rühren mit äthanol. Lsg. von Benzylchlorid synthetisiert. Kein Deriv. erreichte in der pharmakolog. Wirksamkeit *Phenobarbital.*

Versuche: *Barbiturat-Adsorption*, durch Passage der wss. Lsg. des Na-Barbiturats durch eine Dowex IX4-Säule (OH^--Form) (Styrol–Divinylbenzol-Mischpolymerisat), Waschen mit W. bis phenolphthaleinneutral, dann mit Äthanol. — Barbitale: *N-Allyl-*, $C_{11}H_{16}N_2O_3$, F. 80—81° (CH_3OH–W.), aus Na-I-Adsorbat durch Zugabe äthanol. Allylbromidlsg., 48std. horizontale Rotation der Säule, Elution mit A., Extraktion der äther. Lsg. des Eindampfrückstands mit 1 n NaOH, Ansäuern u. Ae.-Extraktion; 47% (Ausb.). — *N.N'-Diallyl-*, $C_{14}H_{14}N_2O_3$, F. 120,5—121,5° (CH_3OH–W.), wie vorst. mit überschüssigem Allylbromid; 30%. — *N-Allylpheno-*, $C_{15}H_{16}N_2O_3$, F. 73—73,5°; 37%. — *N.N'-Diallylpheno-*, $C_{18}H_{20}N_2O_3$, F. 40°; 35%. — *N-Allylhexo-*, $C_{15}H_{20}N_2O_3$, F. 75—76°; 70%. — *5.5-Diallylbarbitursäure*, $C_{10}H_{12}N_2O_3$, F. 169—170°; 45%. — *5.5-N.N'-Tetraallylbarbitursäure*, $C_{16}H_{20}N_2O_3$, F. 148,5 bis 149°; 25%. K. Maier 4627

F. Pharmazeutische Chemie

1347 **Darstellung einer 18-β-Glycyrrhetinsäure, frei von Begleitstoffen.** Jenő Soltész. (Acta pharmac. hung. **38** (1968) 2—3, 136—44; Debrecen, Biogal Gyógyszergyár; ung.) — Das Hydrolyseprod. des mehrfach gereinigten u. im Papierchromatogramm sich als einheitlich erweisenden *Monoammoniumglycyrrhizinats* ist ein Stoffgemisch, das in Dünnschicht auf Kieselgel G Merck mit n-Butylacetat–Toluol–Eisessig (10:85:5) getrennt werden kann. Die Platte wurde mit 25%ig. H_2SO_4 besprüht, getrocknet u. im UV-Licht betrachtet. *Glycyrrhetinsäure* (I) war auch nach mehrmaligem Umkristallisieren nicht einheitlich. Auch wiederholte Kristallisation von *Acetylglycyrrhetin* (II) mit wechselnden Lsgm. erbrachte keinen Erfolg. Durch Verseifen des beim Eindampfen der Mutterlauge gewonnenen II gelang es eine *18-β-I* darzustellen, die laut dünnschichtchromatograph. Unters. nur 2 Begleitstoffe in Spuren enthielt. — 117 Literaturangaben. G. Ligeti 4846△

1348 **Formamidinderivate mit anthelminthischer Wirkung.** Pál Benkó, László Pallos, Ferenc Ördögh und Júlia R. Kiss. (Acta pharmac. hung. **38** (1968) 2—3, 219—22; Budapest, Egyesült-Gyógyszer-és Tápszergyár; ung.) — Auf der Suche nach neuen Verb. mit chemotherapeut. Wrkg. wurden *Formamidin*(I)*-Deriv.* untersucht. Unter den zahlreichen Möglichkeiten, die zur Synth. derartiger Verb. dienen können, wurde die Rk. von N-substituierten *Formiminoäthern* (II) u. Aminen gewählt. Auf diese Weise konnten neue II u. I-Deriv. mit Alkyl-, Aryl- (bes. Naphthyl-) u. heterocycl. (bes. Pyridyl-) Substituenten synthetisiert werden. Die Unters. in vitro mit Ringelwürmen (*Enchytraeus albidus* u. *Tubifex rivularium*) ergaben anthelminth. Wirksamkeit, die jene der bisher bekannten u. therapeut. gebrauchten Wirkstoffe bedeutend übertrifft. G. Ligeti 4846△

1349 **Synthese potenzieller Coronardilatatoren in der Flavonoidreihe.** Lóránd Farkas, Mihály Nógrádi, János Strelisky und Borbála Vermes. (Acta pharmac. hung. **38** (1968) 2—3, 252—59; Budapest, Müszaki Egyet., Szerves Kémiai Tanszéke; ung.) — Durch voneinander unabhängige Abwandlung der drei Mol. des coronarerweiternden *7-Carbäthoxymethoxyflavons* (Recordil) wurden Flavon(I)-Analoge dargestellt. Die Strukturveränderungen betrafen den O-Substituenten an C_7, die Phenylseitenkette, deren Stellung u. den Charakter des Heterocyclus. Als Substitutionsgruppen wurden 3.4.5-Trimethoxybenzoyl-, N-Methyl-3.4-dimethoxybenzylamino- u. 2-[3.4.5-Trimethoxybenzoyloxy]-äthoxy-Gruppen herangezogen. Aus Resorcin über Resacetophenon bereitetes *4-Carbäthoxymethoxyresacetophenon* wird mit entsprechend substituiertem Benzoesäurechlorid in Py. 2-O-aroyliert. Dieses Prod. wird mittels Baker-Ventkataraman-Umsetzung mit gepulvertem KOH in *1.3-Diarylpropandion-*(*1.3*) übergeführt, in 1—2% H_2SO_4 enthaltendem A. gekocht u. so I gewonnen.

Versuche: 2-Aroyloxy-4-carbäthoxymethoxyacetophenon (II), durch Kochen von 2-Hydroxy-4-carbäthoxymethoxyacetophenon in Py. mit entsprechendem Säurechlorid u. nach Abkühlen Versetzen mit Methanol. *2-[4-Benzyloxybenzoyloxy]-*, $C_{26}H_{24}O_7$, F. 120—121° (Methanol–Aceton), Prismen; 85% (Ausb.). *2-[3.4-Dimethoxybenzoyloxy]-*, $C_{21}H_{22}O_8$, F. 118—119° (Methanol); 82%. *2-[3.4.5-Trimethoxybenzoyloxy]-*, $C_{22}H_{24}O_9$, F. 120—121° (Methanol); 82%. — 1-[2-Hydroxy-4-carbäthoxymethoxyphenyl]-3-arylpropandione-(1.3), durch Behandlung von II-Deriv. mit gepulvertem KOH bei 50—60° u. anschließend Hydrolyse mit 20%ig. Essigsäure. — *3-[4-benzyloxyphenyl]-*, $C_{26}H_{24}O_7$, F. 150—151° (Aceton–Methanol), gelbe Nadeln; 80%. — *3-[3.4-dimethoxyphenyl]-*, $C_{21}H_{22}O_8$, F. 144 bis 146° (Methanol–Aceton), gelbe Nadeln; 60%. — *3-[3.4.5-trimethoxyphenyl]-*, $C_{22}H_{24}O_9$, F. 141° (Aceton), gelbe Prismen; 75%. — 7-Carbäthoxymethoxyflavone: *4'-Benzyloxy-*, $C_{26}H_{22}O_6$, F. 136—136,5° (A.); 67%. *4'-Hydroxy-*, $C_{19}H_{16}O_6$, F. 204—206°, durch Hydrierung vorst. Verb. mit Pd–Kohle in Dioxan, 63%. *3'.4'-Dimethoxy-*, $C_{21}H_{20}O_7$, F. 173—175° (Aceton); 87%. *3'.4'.5'-Trimethoxy-*, $C_{22}H_{22}O_8$, F. 172—174° (Aceton); 82%. — 7-Aroyloxyflavone, aus in Py. gelöstem 7-Hydroxyflavon durch Erhitzen mit entsprechendem Säurechlorid während 10 Min. auf 110°. *7-[3.4-Dimethoxybenzoyloxy]-*, $C_{24}H_{18}O_6$, F. 212—214° ($CHCl_3$–Aceton 2:1); 67%. *7-[3.4.5-Trimethoxybenzoyloxy]-*, $C_{25}H_{20}O_7$, F. 204 bis 205° ($CHCl_3$); 55%. *7-[2-Hydroxymethoxy]-*, F. 158 bis 160° (50%ig. Methanol), durch Kochen von 7-Hydroxyflavon) mit Glykolchlorhydrin u. wasserfreiem K_2CO_3 während 4 Std.; 68%. — 7-2-[Aroyloxy]-äthoxyflavone, durch Kochen von 7-[2-Hydroxy]-äthoxyflavon mit entsprechenden Säurechlorid während 2 Std. u. Gießen in 20%ig. Essigsäure. *7-2-[3.4-Dimethoxybenzoyloxy]-*, $C_{26}H_{22}O_7$, F. 162—164° (Methanol–Aceton); 45%. *7-2-[3.4.5-Trimethoxybenzoyloxy]-*, $C_{27}H_{24}O_8$, F.

167,5–169,5° (Aceton); 65%. — *2-Phenyl-4-oxo-4H-benzopyran-7-yloxy-N-2-[3.4-dimethoxyphenyl]-äthylacetamid*, $C_{28}H_{27}NO_6$, F. 152–154° (Aceton), durch 3std. Kochen von 7-Carbäthoxymethoxyflavon u. Homoveratrylamin, gelbe Nadeln; 56%. — *7-Carbäthoxymethoxyisoflavon*, $C_{19}H_{16}O_5$, F. 108–109° (70%ig. A.), durch 10std. Kochen von 7-Hydroxyisoflavon mit Chloressigsäureäthylester (III) u. K_2CO_3 in wasserfreiem Aceton; 70%. — *2-Benzal-6-carbäthoxymethoxycumaran-3-on*, $C_{19}H_{16}O_5$, F. 107–109° (Methanol–Bzl.–PAe. 4:2:1), aus 2-Benzal-6-hydroxycumaran-3-on u. III, gelblichweiße Prismen; 83,5%. — *2-Benzyl-6-carbäthoxymethoxycumaran-3-on*, $C_{19}H_{18}O_5$, F. 106–107° (A.), durch Hydrierung vorst. Verb. in Aceton mit Pd-Kohle; 82%. — *4.7-Hydroxy-3-phenylcumarin*, F. 283–285° (A.), durch 6std. Kochen von 2.4-Dihydroxyphenylbenzylketon mit Chlorameisensäureäthylester u. K_2CO_3 in wasserfreiem Aceton; 74%. — *4.7-Dicarbäthoxy-3-phenylcumarin*, $C_{23}H_{22}O_8$, F. 139–140°, aus vorst. Verb. mit III; 43%. G. Ligeti 4846△

1350 **Mechanismus der Solvolyse von 3-[2.2-Diphenyläthyl]-5-[2-piperidinoäthyl]-1.2.4-oxadiazol (Libexin).** Egon Pandula, Kálmán Harsányi und István Rácz. (Acta pharmac. hung. **38** (1968) 2–3, 68–70; Budapest, Orvostud. Egyet. Gyógyszerész. Int.; ung.) — Es wurde der Charakter der im W.–A.–Propylenglykol-Syst. erfolgten Veränderungen von *Libexin* (I) geklärt. Eine 2,5%ig. Lsg. von I wurde bei pH 2–5 u. 45–90° gelagert u. der isolierte Wirkstoff analysiert. Das Zers.-Prod. wurde als *3-[2.2-Diphenyläthyl]-5-vinyl-1.2.4-oxadiazol* (II) identifiziert. Im IR-Spektrum ist zwischen 3000–3100 cm^{-1} die Spitze der Vinylgruppe nachweisbar. Papierchromatograph. wurde mit dem Gemisch n-Butanol–Methyläthylketon–W. (8:1:5) I, II u. *Piperidin* (III) gefunden. Da sich unter den Zers.-Prod. III-Hydrochlorid befindet, konnte die Zers. polarograph. nicht verfolgt werden. Im UV-Bereich findet man bei 243 nm ein Max. von II, wobei der Zusammenhang von Konz. u. Extinktion linear ist. Vf. haben mit reaktionskinet. Unters. Anhaltspunkte für den Verlauf des Prozesses u. für die Haltbarkeitszeit gewonnen. G. Ligeti 4846△

1351 **Neue Guanidinderivate mit adrenerg-neuronblockierender Wirkung.** Lajos Toldy, József Reiter, Gézáné Szilágyi, István Gimesi und József Borsy. (Acta pharmac. hung. **38** (1968) 2–3, 63–67; Budapest, Gyógyszerkutató Int.; ung.) — Synthetisiert werden zahlreiche Deriv. von *1-R-4-[β-guanidinoäthyl]-piperazin* (I) u. von *1-R-4-[β-imidazolin-Δ¹-yl-(2)-aminoäthyl]-piperazin* (II). *N-[β-phthalimidoäthyl]-piperazin* wird mit R-halogen bzw. R-sulfonyloxy-Verb. in Rk. gebracht; dabei entstehen *1-R-4-[β-phthalimidoäthyl]-piperazinderiv.*, diese werden mit Hydrazinhydrat bzw. mit HCl dephthalyliert zu *1-R-4-[β-aminoäthyl]-piperazinderiv.* (III). Aus diesen werden mit S-Methylisothiocarbamidsulfat die I-Deriv. bzw. mit 2-Methylmercapto-4.5-dihydroimidazolhydrojodid die II-Deriv. hergestellt. R- ist Arylalkylgruppe mit substituierten oder unsubstituierten aromat. Gruppen bzw. geradkettige oder verzweigte gesätt. oder ungesätt. Alkylketten. Es wurden auch in R einen Heteroring enthaltende Verb. hergestellt wie Benzodioxan-, Benzoxathian-, verschieden gesätt. Pyridin-, Phenthiazin-, 3-Chlorphenthiazinderivate. Unter diesen zeigten mehrere bedeutende adrenergneuronblockierende Eig.: *1-Benzodioxan-yl-(2)-methyl*-I in 0,25–0,5 mg/kg i.v. Dosis, *1-[β-Phenylisopropyl]*-I in 2,5–5 mg/kg, *1-[β-(2.6-Dichlorphenoxy)-äthyl]*-I in 1 mg/kg i. v. Dosis. G. Ligeti 4846△

1352 **Neues Verfahren zur Synthese von 7-[2-Hydroxy-3-(N-methyl-2-hydroxyäthylamino)-propyl]-theophyllinnicotinat.** Dezső Korbonits, Rudolf Szebeni und Kálmán Harsányi. (Acta pharmac. hung. **38** (1968) 2–3, 98–101; Budapest, Chinoin Gyógyszerárugyár; ung.) — 7-[2-Hydroxy-3-(2-hydroxyäthylamino)-propyl]-theophyllin wurde entweder als Base (I) oder als Nicotinat (II; F. 127–130°) mit Ameisensäure u. HCOH einer reduktiven Methylierung unterzogen, wobei *7-[2-Hydroxy-3-(N-methyl-2-hydroxyäthylamino)-propyl]-theophyllin* (III; *Complamin*) bzw. dessen *Nicotinat* (IV) erhalten wurde. IV wurde auch durch reduktive Methylierung von II mit HCOH u. katalyt. Hydrierung dargestellt. Neu an diesem Verf. ist das Ergebnis, daß die reduktive Hydrierung an einem Salz einer Base mit 88% Ausb. vorgenommen werden kann; F. von IV 179 bis 181°. G. Ligeti 4846△

1353 **Quantitative Analyse von Flavonoiden.** Haruo Ogura, Yoko Shikiba und Yukio Yamazaki. (J. pharmac. Sci. **57** (1968) 4, 705–06; Tokyo, Kitasato Univ., Coll. of Pharm. Sci.; engl.) — *Quercetin, Quercitrin* u. *Rutin* werden von Vf. kolorimetr. quant. bestimmt unter Benutzung von Zirkonchlorid oder Diphenylborsäure-β-aminoäthylester als Farbreagens u. geeigneten Pufferlösungen. Diese Meth. ist geeignet zur Best. von Flavonoiden in Drogen u. pharmazeut. Zubereitungen. Ggw. von Hesperidin, Vitamin K oder Carbazochrom gibt keine Störung; in Ggw. von Methylhesperidin, Vitamin-K_4-diacetat u. bzw. oder Extrakten von Coptis Rheum oder Scutellaria werden jedoch große Abweichungen festgestellt. K. Ziegenhorn 4846

1354 **Stabilisierung von durch Biosynthese gewonnenem β-Carotin.** J. Janicki, K. Szebiotko, S. Stawicki, Zb. Grześkowiak und M. Piasecki. (Przemysł spożywczy **21** (1967) 10, 13–16; Poznań; pol.) — In Vgl.-Unters. über die in der Literatur vorgeschlagenen Meth. der Stabilisierung von *β-Carotin* erweisen sich Santoquin, Butylhydroxyanisol (BHA) u. deren Gemische als wirksamste Antioxydantien, die geringste Wrkg. zeigt Octylgallat. Bei höherer Temp. (32°) u. Feuchtigkeit (85–90%) ist die Stabilität geringer. — 29 Literaturangaben. R. K. Müller 4847

1355 **Fungizide Wirkung von Nucleinsäurehemmstoffen. Vermutete Präkursore von 6-Azauracil und 2-Thiouracil.** György Matolcsy. (Acta pharmac. hung. **38** (1968) 2–3, 133–35; Budapest, Növényvédelmi Kut. Int.; ung.) — Die Wirksamkeit von *6-Azauracil* (I) gegen phytopathogene Pilze, sowie die phytotox. Eig. des virusstat. wirksamen *2-Thiouracil* (II) gaben Anlaß zur Steigerung der Selektivität gegen die einzelnen Erreger. Es wird vorgeschlagen, einige Deriv., die als biochem. Vorstufen von I bzw. von II bzw. als verschiedene Thio- u. Aza-Analogstoffe der Uracilbiosynth. angesehen werden können, darzustellen u. auf ihre biolog. Eig. zu prüfen. G. Ligeti 4852△

1356 Boots Pure Drug Co. Ltd., Nottingham, Großbritannien (Erfinder: Bernard John Armitage, John Stuart Nicholson und Stewart Sanders Adams), **4-Substituierte 2-Phenylacrylsäuren und deren Derivate.** Man setzt (190 g) (4-Cyclohexylphenyl)-malonsäurediäthylester mit 415 ml A. u. 415 ml 5 n NaOH 4 Std. bei Raumtemp. um u. säuert mit HCl an → *(4-Cyclohexylphenyl)-malonsäure* (I), $C_{15}H_{18}O_4$, F. 161 bis 165° (Zers.). Zu einer kalten Aufschlämmung von 71 g I in W. gibt man 57 ml 21,6%ig. Dimethylamin in W., kühlt mit Eis, tropft 21 ml 38%ig. HCHO zu, rührt über Nacht bei Raumtemp. u. gibt HCl bis pH 4 zu; der Nd. wird in 150 ml W. suspendiert, mit NaOH neutralisiert u. über Nacht unter Rückfluß erhitzt → *2-(4'-Cyclohexylphenyl)-acrylsäure*, $C_{15}H_{18}O_2$ (II), F. 148–150°. — Ebenso: *2-(4'-Isobutylphenyl)-acrylsäure*, (III) $C_{13}H_{16}O_2$, F. 94–96°. — *2-(4'-tert.-Butylphenyl)-acrylsäure*, $C_{13}H_{16}O_2$, F. 103–108°. — II-*äthylester*, $C_{17}H_{22}O_2$, $Kp._{1,75}$ 168 bis 170°. — III-*äthylester*, $C_{15}H_{20}O_2$, $Kp._{0,3}$ 107–110°. — II-*amid*, $C_{15}H_{19}NO$, F. 229–231° (Zers.). — III-*amid*, $C_{13}H_{17}NO$, F. 210–215° (Zers.). — *Schmerz- u. fiebersenkende, entzündungshemmende Mittel.* (**Brit.P. 1026921** vom 1/4. 1963, ausg. 20/4. 1966.) — 6 S. H.-W. Ebersbach 4846

1357 A/B Bofors, Bofors, Schweden (Erfinder: B. T. af Ekenstam), **Herstellung von 2-Butoxy-4.6-dimethylcarbanilsäurediäthylaminoäthylester.** Durch Rk. von 2-Butoxy-4.6-dimethylcarbanilsäureäthylester mit Diäthylaminoäthanol in Ggw. von metall. Na F. 99–101 (*HCl-Verb.*). — *Lokalanästhetikum.* (**Schwed.P. 204140** vom 21/12. 1963, ausg. 10/5. 1966.) — 2 S. K.-H. Kähler 4846

1358 E. Merck Akt.-Ges., Darmstadt, **4.4-Diphenylcyclohexylamine,** die in 2-Stellung durch Alkyl, Alkenyl,

Alkinyl substituiert u. in der Aminogruppe ggf. alkyliert sind, wobei die Aminogruppe auch Bestandteil eines heterocycl. Ringes sein kann, erhält man durch Red. von 4.4-Diphenylcyclohexylverb., die in 4-Stellung durch den Rest =X(NOH, NR, R, H, NO_2, HNR, R = Alkyl, Alkenyl, Cycloalkyl, Aralkyl) substituiert sind, oder durch Rk. von Diphenylcyclohexylverb., die in 4-Stellung den Rest Y (H, OH, H-Alkoxy, H-Halogen, O) haben, mit einem Amin der allg. Formel $NHRR^1$ (R^1 = R). – Aus 4.4-Diphenylcyclohexen-2-on-oxim durch Hydrierung → *4.4-Diphenylcyclohexylamin, Hydrochlorid*, F. 260°, ähnlich: *4.4-Bis-(p-methoxyphenyl)-cyclohexylamin*, $Kp._{0,03}$ 176–178°, *4.4-Bis-p-tolylcyclohexylamin, Hydrochlorid*, F. 240°, *4.4-Bis-p-isopropylphenylcyclohexylamin-hydrochlorid*, F. 240°, *1-Dimethylamino-4.4-bis-p-tolylcyclohexan-hydrochlorid*, F. 232°; folgende *R-4.4-diphenylcyclohexane*, R = *1-Methylamino*, $Kp._{0,04}$ 151–152°, *Hydrochlorid*, F. 266–268°, *1-Äthylamino*, $Kp._{0,05}$ 160 bis 162°, *Hydrochlorid*, F. 237–238°, *1-Propylamino*, $Kp._{0,05}$ 162–164°, *Hydrochlorid*, F. 210°, *1-n-Butylamino*, $Kp._{0,05}$ 168–170°, *Hydrochloridhemihydrat*, F. 110°, *1-n-Hexylamino*, $Kp._{0,05}$ 178–179°, *Hydrochlorid*, F. 120°, *1-n-Octylamino*, $Kp._{0,05}$ 190–193°, *Hydrochlorid*, F. 128–130°, *1-Isobutylamino*, $Kp._{0,03}$ 171–175°, *Hydrochlorid*, F. 208 bis 209°, *1-Isopropylamino*, $Kp._{0,05}$ 164–165°, *Hydrochlorid*, F. 230°, *1-sek.-Butylamino*, $Kp._{0,05}$ 166–167°, *Hydrochlorid*, F. 170°, 1-*Cyclohexylamino*, *Hydrochlorid*, F. 264–265°, *1-(2-p-Tolyläthylamino)*, *Methansulfonat*, F. 282°, *1-[2-(3-Hydroxy-4-methoxyphenyl)-äthylamino]*, *Hydrochlorid*, F. 214°, *1-(2-Phenylbutylamino)*, *Hydrochlorid*, F. 171°, *1-Isopropylamino-2-methyl*, *Hydrochlorid*, F. 198–200°, *1-Dimethylamino-2-äthyl* (α-Isomeres), *Hydrochlorid*, F. 244–245°, β-Isomeres, *Hydrochlorid*, F. 243°, *1-Dimethylamino-2-n-propyl*, *Hydrochlorid*, F. 243°, *1-Dimethylamino-2-n-butyl*, *Hydrochlorid*, F. 230°, *1-Isopropylamino-2-allyl*, *Hydrochlorid*, F. 238°, *1-Pyrrolidino*, *Hydrochlorid*, F. 244°. Ferner beschrieben die Herst. von *1-Isopropylamino-4.4-bis-p-tolylcyclohexan-hydrochlorid*, F. 261°, *1-Isopropylamino-4.4-bis-(p-isopropylphenyl)-cyclohexan-hydrochlorid*, F. 180°, *1-(N-Methyl-N-isopropylamino)-4.4-diphenylcyclohexan*, $Kp._{0,05}$ 164–165°, *Hydrochlorid*, F. 214–215°, *1-(N-Methyl-N-sek.-butylamino)-4.4-diphenylcyclohexan*, $Kp._{0,05}$ 165–167°, *Hydrochlorid*, F. 188–190°, *Brommethylat*, F. 208–210°, *1-(N-Methyl-N-cyclohexylamino)-4.4-diphenylcyclohexan*, *Hydrochlorid*, F. 234–235°, *Brommethylat*, F. 215–216°, *1-(N-Methyl-N-isopropylamino)-4.4-bis-p-tolylcyclohexan-hydrochlorid*, F. 245°, *1-(N-methyl-N-isopropylamino)-4.4-bis-(p-isopropylphenyl)-cyclohexan-hydrochlorid*, F. 260°, *N-(4.4-Diphenylcyclohexyl)-N.N-dimethyl-N-isopropylammoniumchlorid*, F. 245° (Zers.) *2-Methyl-4.4-diphenylcyclohexylamin*, F. 255–256°; *R-4.4-diphenylcyclohexylamin*, *R* = *2-Isopropyl*, *Hydrochlorid*, F. 300°, *2-Propyl*, *Hydrochlorid*, F. 264–265°, *2-n-Butyl-*, *Hydrochlorid*, F. 217–218°; *R-4.4-diphenylcyclohexen-(2)*, *R* = *1-Allylamino*, *Hydrochlorid*, F. 213°, *1-[2-(3-Dichlorphenyl)-äthylamino]*, *Hydrochlorid*, F. 200°, *1-(N-Methyl-N-isopropylamino)*, *Hydrochlorid*, F. 244–245°, *1-Isopropylamino*, *Hydrochlorid*, F. 258–259°, ferner *1-Dimethylamino-2-methyl-4.4-diphenylcyclohexan-hydrochlorid*, α-Isomeres), F. 230–231°, β-Isomeres, F. 260°, *1-Dimethylamino-2-methyl-4.4-bis-p-tolylcyclohexan-hydrochlorid*, F. 233–235°, *1-Isopropylamino-4.4-bis-p-chlorphenylcyclohexen-(2)-hydrochlorid*, F. 195°. – *Heilmittel*. (**Brit.P. 1051280** vom 9/11. 1965, ausg. 14/12. 1966. D. Prior. 15/12. 1964.) – 15 S.

R. Bollinger 4846

1359 Merck & Co., Inc., Rahway, übert. von: David Taub, Metuchen, und Norman L. Wendler, Summit,

I

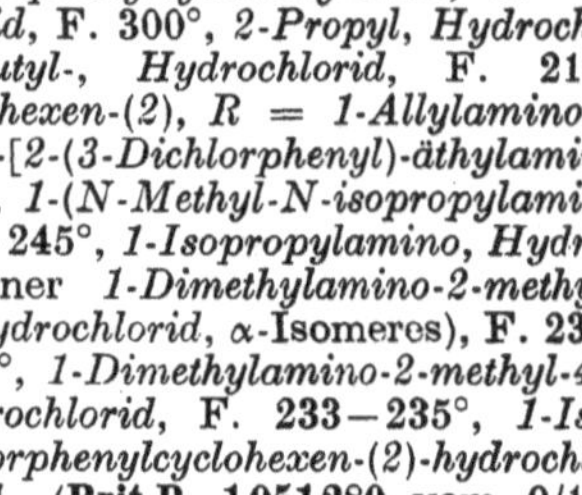

N.J., USA, **Benzophenone** der allg. Formel I (R u. R^2 = H, Cl, F; R^1 = H, Alkyl) erhält man aus dem entsprechenden Benzoesäureester durch Friessche Verschiebung in Ggw. eines Ti-Tetrahalogenids als Katalysator in einem inerten Lsgm. bei 15–30°. – Aus 2-Methoxy-4-hydroxy-6-methylbenzoesäure-(2-chlor-3.5-dimethoxyphenyl)-ester erhält man bei 20° in Ggw. von $TiCl_4$ das *2.4'-Dihydroxy-3-chlor-4.6.2'-trimethoxy-6'-methylbenzophenon*, F. 209 bis 212°. – Zwischenprod. zur Herst. von *Griseofulvin*. (**U.S.P. 3267148** vom 23/7. 1962, ausg. 16/8. 1966.) – 2 S.

R. Bollinger 4846

1360 Biorex Laboratories Ltd., London, Großbritannien (Erfinder: John Cameron Turner), **3-O-[N.N-disubstituierte] Carbamoylglycyrrhetinsäure-Derivate** der allg. Formel **I** (R u. R^1 = Alkyl) erhält man durch

I

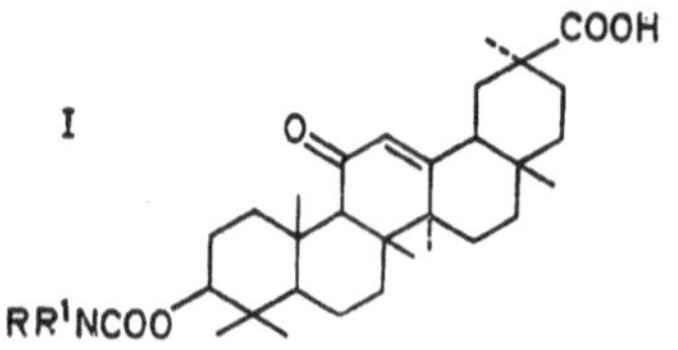

Rk. von Glycyrrhetinsäure mit einem Carbamoylchlorid der allg. Formel RR^1NCOCl in einem inerten wasserfreien Lsgm. in Ggw. eines säurebindenden Mittels bei Temp. ≦ 40°. – Di-[2-chloräthyl]-aminhydrochlorid gibt mit KOH die freie Base, daraus mit $COCl_2$ das Di-[2-chloräthyl]-carbamoylchlorid, daraus mit Glycyrrhetinsäure in Ggw. von Pyridin *3-O-[Di-(2-chloräthyl)-carbamoyl]-glycyrrhetinsäure*, F. 173° $[\alpha]_D^{20}$ +121 ± 1°. – *Entzündungshemmende Mittel*. (**Brit.P. 1046348** vom 5/10. 1964, ausg. 26/10. 1966.) – 3 S. R. Bollinger 4846

1361 Ciba Akt.-Ges., Basel (Erfinder: Paul Schmidt Therwil, Max Wilhelm, Allschwil, und Kurt Eichenberger, Therwil), Schweiz, **Amine** der allg. Formel **I**

I

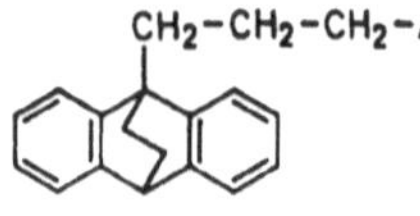

II

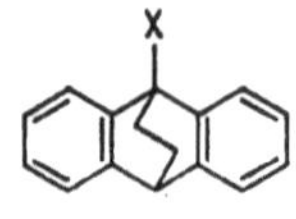

(A = sek.- oder tert.-Aminorest), die mindestens in einer der Stellungen 1–8 oder 10 ein Halogenatom tragen, oder ihre Salze, dad. gek., daß man in einer Verb. der allg. Formel **II**, die mindestens in einer der Stellungen 1–8 u. 10 ein Halogen trägt; X = ein der Gruppe $-CH_2-CH_2-CH_2-A$ entsprechender Rest, in dem ein dem N-Atom benachbartes C-Atom doppelt an das N-Atom gebunden ist, den Rest X zur Gruppe $-CH_2-CH_2-CH_2-A$ reduziert. – Aus β-[2-Chlor-9.10-dihydro-9.10-äthano-(1.2)-9-anthryl]-propionaldehyd erhält man durch Rk. mit Methylamin u. anschließender Hydrierung das *2-Chlor-9-(γ-methylaminopropyl)-9.10-dihydro-9.10-äthano-(1.2)-anthracenhydrochlorid*, F. 223–225°. – Ähnlich: *9-(γ-Dimethylaminopropyl)-10-chlor-9.10-dihydro-9.10-äthano-(1.2)-anthracenhydrochlorid*, F. 225–226°. – *2-Chlor-9-(γ-dimethylaminopropyl)-9.10-dihydro-9.10-äthano (1.2)-anthracenhydrochlorid*, F. 171–173°. – *3-Chlor-9-(γ-dimethylaminopropyl)-9.10-dihydro-9.10-äthano-(1.2)-anthracenmaleat*, F. 154–156°. – *Psych.Beruhigungsmittel*. (**Schwz.P. 452511** vom 10/12. 1965, ausg. 31/5. 1968. **Zusatz zu Schwz.P. 398569; C. 1968, 12-1704.**) – 3 S.

R. Bollinger 4846

1362 Sandoz Soc. An., Schweiz (Erfinder: Ernst Jucker, Anton Ebnöther und André Stoll), **Anthracenderivate.** *9.10-Dihydro-10.10-dimethyl-9-[1'-methylpiperidyl-(2'')-äthyliden-(2')]-anthracen* (*Hydrochlorid*, F. 125–129°) u. das *2-Chlorderiv.*, F. 90,5–92,5°, werden hergestellt aus 10.10-Dimethyl- bzw. 2-Chlor-10.10-dimethylanthron-(9) (F. 110,5–112,5°) über 9.10-Dihydro-9-hydroxy-10.10-dimethyl-9-[1'-methylpiperidyl-(2'')-äthyl-(2')]-anthracen (F. 80–85° [Zers.] mit 1 Mol Aceton) bzw. -2-chloranthracen (2 Diasteroisomere mit FF. 147,5–148,5° bzw. 118–121°) u. werden oral u. parenteral als *Psychorelaxantien* verwendet. (**F.P.[Méd.] 3798** vom 29/10. 1964, veröff. 31/1. 1966. Schwz. Prior. 5/8. 1963.) – 3 S. S. Böttcher 4846

1363 Thiokol Chemical Corp., Bristol, Pa., USA, **Tetraalkylammoniumthiophenoxide** der allg. Formel ($RR^1R^2R^3N$)SAr (R, R^1, R^2, R^3, gleich oder verschieden, bedeuten Alkyl, Ar = ggf. durch Alkyl oder Halogen substituiertes Aryl) erhält man durch Rk. eines Tetraalkylammoniumsalzes mit einem (substituierten) Phenol in inertem Lösungsmittel. Beschrieben ist die Herst. von *Tetramethylammoniumthiophenoxid* u. der *Tetraäthyl-, Tetra-n-propyl-, Tetra-n-butyl-, Tetra-n-pentyl-, Tetra-n-hexyl-, Dimethyldihexyl-, Dimethyldiäthylverbindungen.* — *Therapeutika usw.* (**Brit.P. 1050842** vom 8/5. 1964, ausg. 7/12. 1966. U.S. Prior. 9/5. 1963.) — 7 S.
R. Bollinger 4846

1364 Sandoz Akt.-Ges., Basel (Erfinder: Franz Troxler und Albert Hofmann, Bottmingen), Schweiz, **Herstellung von Indolderivaten** der allg. Formel **I** (R^1 [in

I 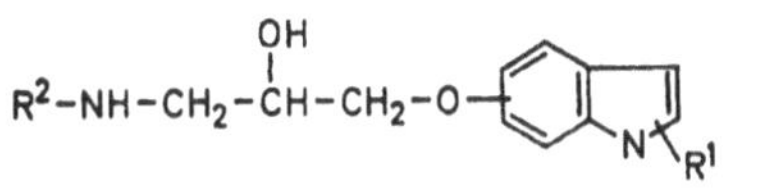

1-, 2- oder 3-Stellung] = H, CH_3; R^2 = Isopropyl, Cyclopropyl, sek.-Butyl, tert.-Butyl) erfolgt durch Rk. eines Hydroxyindols mit Epichlorhydrin u. dann mit einem Amin. — Durch Rk. von 4-Hydroxyindol mit Epichlorhydrin u. dann mit Isopropylamin erhält man das *4-[2-Hydroxy-3-isopropylaminopropoxy]-indol*, F. 171—173°. — Analog folgende [2-Hydroxy-3-isopropylaminopropoxy]-indole (**I**) u. Indole (**II**): *5-I*, F. 182—185°. — 1-Methyl-5-benzyloxy-**II**, F. 125—127°, → 1-Methyl-5-hydroxy-**II**, F. 129—130°, → *1-Methyl-5-I*, F. 76—77°. — 1-Methyl-4-benzyloxy-**II**, F. 71—73°, → 1-Methyl-4-hydroxy-**II**, F. 89—91°, → *1-Methyl-4-I*, F. 79—81°. — 4-Benzyloxygramin, F. 194—198° → 3-Methyl-4-hydroxy-**II**, F. 122 bis 124°, → *3-Methyl-4-I*, F. 95—97°. — 5-Benzyloxygramin, F. 138°, → 3-Methyl-5-hydroxy-**II**, $Kp._{0,05}$ 145 bis 150°; F. 110—112°, → *3-Methyl-5-I*, F. 178—180°. — *6-I*, F. 146—148°. — *4-[2-Hydroxy-3-cyclopropylaminopropoxy]-II*, F. 118—120°. — *4-[2-Hydroxy-3-sek.-butylaminopropoxy]-II*, F. 154—156°. — Mittel gegen *Angina pectoris.* (**Schwz.P. 453363** vom 1/2. 1965, ausg. 14/6. 1968.) — 4 S.
R. Bauereis 4846

1365 Delmar Chemicals Ltd., Lachine, Quebec, Canada, übert. von: Josef Klosa, Berlin, **Substituierte Nitroimidazole.** Eine Suspension von 2-Methyl-4-nitroimidazol (**II**) in n-Propanol (**I**) wird mit einer Lsg. von Styroloxid in **I** u. Tri-n-propylamin 3 Std. gekocht → *1-[β-Hydroxy-β-phenyläthyl]-* **II**, F. 162—164°. — Analog mit Epichlorhydrin → *1-[β-Hydroxy-β-chlormethyl-äthyl]-* **II**, F. 151—153°. — *Therapeutika.* (**U.S.P. 3280139** vom 29/3. 1963, ausg. 18/10. 1966. D. Prior. 6/4. 1962.) — 2 S.
C. Lüttgen 4846

1366 Nippon Shinyaku Co. Ltd., übert. von: Fuyuki Kusuda, Yoshiharu Matsuo und Eisuke Seto, Kioto, Japan, **Imidazolidinonsulfonamide** der allg. Formel **I** (R^1 = Niederalkyl; R^2 u. R^3 = H oder Nieder-

I 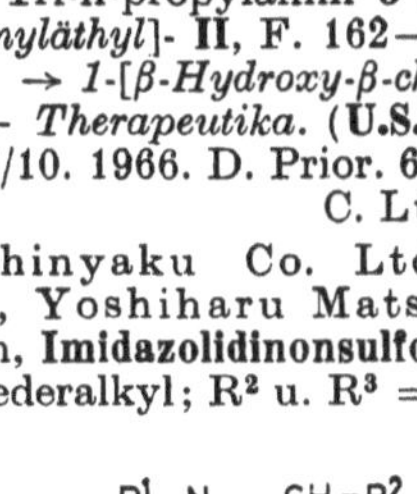

alkyl) erhält man entweder durch Rk. eines 1-[2'-R^3-phenyl]-3-R^1-4-R^2-imidazolidinons-(5) mit überschüssigem $ClSO_3H$ bei —10 bis +5° u. Einw. von NH_3 auf das Zwischenprod., oder durch Rk. eines N-[2'-R^3-Sulfamoylphenyl]-α-R^2-α-[R^1-amino]-acetamids mit CH_2O, bes. in sd. Alkohol. — Man kocht 6 (g) N-[2-Methyl-5-sulfamoylphenyl]-α-methylaminoacetamid, 15 wss. CH_2O (37%ig.) u. 35 ml A. 4 Std. → 4,5 *1-[2-Methyl-5-sulfamoylphenyl]-3-methylimidazolidinon-(5)*, $C_{11}H_{15}N_3O_3 \cdot S$, F. 200—202°. — Analog nachst. Imidazolidinone-(5): *1-[2-Methyl-5-sulfamoylphenyl]-3.4-dimethyl-*, $C_{12}H_{17} \cdot N_3O_3S \cdot {}^1/_2\,H_2O$, F. 203—205°. — *1-[4-Sulfamoylphenyl]-3-methyl-4-isopropyl-*, $C_{13}H_{19}N_3O_3S$, F. 171—174°. — *1-[4-Sulfamoylphenyl]-3-methyl-*, $C_{10}H_{13}N_3O_3S$, F. 206 bis 207°. — *1-[4-Sulfamoylphenyl]-3-methyl-4-butyl-*, $C_{14}H_{21} \cdot N_3O_3S$, F. 182—182.5°. — *Analget.* u. *antiinflammator.* wirksame *Heilmittel.* (**U.S.P. 3284447** vom 7/3. 1966, ausg. 8/11. 1966. Jap. Prior. 31/3. 1965.) — 2 S.
O. Schön 4846

1367 Shionogi & Co. Ltd., Osaka (Erfinder: Hideo Kano, Kamikyo-ku, Kyoto-ken, Ikuo Adachi, Ryonosuke Kido, Toyanoaka-shi, Osaka-ken, und Katsumi Hirose, Nishinomiya-shi, Hyogo-ken), Japan, **Herstellung von Isoxazolen** der allg. Formel **I** (A =

I 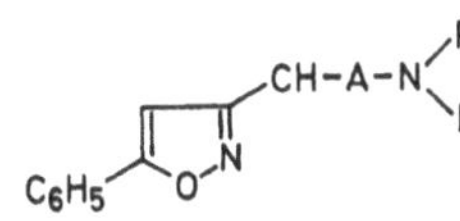

Alkylen; R u. R^1 = H, Alkyl; R + R^1 können zusammen mit dem N-Atom auch einen 5— 7-gliedrigen monocycl., heterocycl. Ring bilden), dad. gek., daß man ein 3-Aminoalkanoyl-5-phenylisoxazol mit einer Metallhydridkomplexverb. in einem inerten Lsgm. reduziert. — 5-Phenylisoxazole: Aus *3-Chlorcarbonyl-* u. CH_2N_2 → *3-Diazoacetyl-*; daraus mit HCl → *3-Chloracetyl-*; daraus mit Piperidin → *3-Piperidinoacetyl-*; daraus mit $LiAlH_4$ nach 6 Std. in sd. abs. Ae. → *3-[2-Piperidino-1-hydroxyäthyl]-*, $C_{16}H_{20}N_2O_2$, F. 107—108°; *Monohydrochlorid*, F. 204 — 206°; *Citrat*, $C_{16}H_{20}N_2O_2 \cdot 0{,}5\ C_6H_8O_7$, F. 143—145°. — Analog: *3-[2-Morpholino-1-hydroxyäthyl]-*, $C_{15}H_{18}N_2O_3$, F. 139—140°; *Monohydrochlorid*, F. 189—190°. — *3-Acetyl-* + CH_2O + Piperidin + HCl → *3-[3-Piperidinopropionyl]-* + $NaBH_4$ in abs. A. nach 1 Std. bei 50° → *3-[3-Piperidino-1-hydroxypropyl]-*; *Hydrochlorid*, $C_{17}H_{22} \cdot N_2O_2 \cdot HCl$, F. 174—176°. — *3-[3-Morpholino-1-hydroxypropyl]-*; *Hydrochlorid*, $C_{16}H_{20}N_2O_3 \cdot HCl$, F. 204—206°. — *Hustenreizverhindernde, entzündungshemmende Heilmittel; Antipyretika* u. *Analgetika.* — Vgl. Port.PP. **42770** u. **42771**; C. **1966, 34-1734.** (**Schwz.P. 449624** vom 30/7. 1964, ausg. 11/4. 1968. Jap. Prior. 31/7. 1963.) — 3 S.
O. Schön 4846

1368 Aziende Chimiche Riunite Angelini Francesco, übert. von: Giuseppe Palazzo, Rom, Italien, **1.2.4-Oxadiazolverbindungen** zu 25g o-Methoxy-O-β-chlorpropionyl-B (B = Benzamidoxim) in $CHCl_3$ (**I**) gibt man langsam 25 ml Diäthylamin (**II**) in **I** unter Einhalten einer Temp. von 30—35° u. kocht 2 Std. → *3-[o-Methoxy]-phenyl-A* (A = 5β-Diäthylaminoäthyl-1.2.4-oxadiazol), F. des *Hydrochlorids* (**IV**) 149—150°. — Analog: *3-p-Nitrophenyl-A* (**III**), F. des **IV** 182°; aus **II** u. O-Chlorpropionyl-p-nitro-B, F. 134—135°, das aus p-Nitro-B u. Chlorpropionylchlorid hergestellt wird. — Aus **III** in A. durch Erhitzen mit $SnCl_2 \cdot 2\,H_2O$ u. konz. HCl → *3-p-Amino-A*, F. des *Citrats* 120°. — p-Acetylamino-B, F. 185°, aus p-Acetamidobenzonitril u. Hydroxylamin, u. Chloracetylchlorid → O-Chloracetyl-p-acetylamino-B, F. 190°, das mit Dimethylformamid 10 Min. auf 152° erhitzt wird → *3-p-Acetylamino-5-chlormethyl-V*, F. 199° (**V** = 1.2.4-Oxadiazol). Dieses Prod. wird in sd. Bzl./Tetrahydrofuran mit Morpholin versetzt u. $2^1/_2$ Std. erhitzt → *3-p-Acetylaminophenyl-5-morpholinomethyl-V*, F. 168°, das durch Behandeln mit 20%ig. H_2SO_4 bei 120° in *3-p-Aminophenyl-5-morpholinomethyl-V*, F. 117°, übergeführt wird. 3-Phenyl-5-chlormethyl-**V** wird in konz. H_2SO_4 bei 0—5° mit H_2SO_4/HNO_3 nitriert → 3-m-Nitrophenyl-5-chlormethyl-**V**, F. 63°, das mit $SnCl_2$ red. wird → *3-m-Aminophenyl-5-chlormethyl-V*, F. 85°, daraus mit **II** → *3-m-Aminophenyl-diäthylaminomethyl-V*, F. des *Dihydrochlorids* 217°. — Analog: *3-p-Nitrophenyl-5-morpholinomethyl-V*, F. 146°, → *3-p-Amino-5-morpholinomethyl-V* (**VI**) mit Buttersäureanhydrid → *3-p-Butyrylaminophenyl-5-morpholinomethyl-V*, F. des **IV** 245°. Aus **VI** u. p-Toluolsulfochlorid in Py., 1 Std. auf 50° erhitzt u. neutralisiert bis pH 7 → *3-p-Tosylaminophenyl-5-morpholinomethyl-V*, F. 117°, das in sd. abs. A. mit Na in A. u. anschließend portionsweise mit Äthyljodid versetzt wird → *3-p-Tosyläthylaminophenyl-5-morpholino-methyl-V*, F. 113°. Dieses Prod. wird in Eisessig mit 48%ig. HBr u. Phenol 1 Std auf 105° erhitzt, abgekühlt, filtriert u. alkal. gestellt →

3-p-Äthylaminophenyl-5-morpholinomethyl-**V**, F. 94°, F. des *Aminhydrochlorids* 216°. – Analog: *3-p-Aminophenyl-5-chlormethyl*-**V**, F. 115°, u. folgende *3-p-Tosylaminophenyl*-**V**: *5-Diäthylaminomethyl-*, F. 110°, dessen *Citrat*, F. 108°, dessen **IV**, F. 181°; *5-Morpholinomethyl-*, F. 118°; *3-m-Tosylaminophenyl-5-morpholinomethyl-*, F. 145°, dessen **IV** F. 188°; *3-m-Nitrophenyl-A.* u. dessen **IV**, F. 164°, *3-[α-Äthyl]-benzyl-5-β-morpholinoäthyl*-**V**, Kp.$_{0,2}$ 145°, **IV**, $C_{17}H_{24}ClN_3O_2$, F. 160–161°; *3-[α-Methyl]-benzyl-A*; folgende *5-Dimethylaminomethyl*-**V**: *3-p-Aminophenyl-*, F. 81°, *Dihydrochlorid*, F. 204°; *3-p-Acetylaminophenyl-*, F. 130°, **IV**, F. 242°; folgende *5-Diäthylaminomethyl-A*: *3-p-Aminophenyl-*, F. des *Citrats* 119°; *3-p-Acetylaminophenyl-*, F. 104°, **IV**, F. 227°; *3-p-Butyrylaminophenyl-*, F. 90°, **IV**, F. 174°; *3-p-Äthylaminophenyl-*, Dihydrochlorid, F. 198°; *3-m-Acetylaminophenyl-*, F. 78°; *3-m-Äthylaminophenyl-*, *Dihydrochlorid*, F. 203°; folgende *5-Morpholinomethyl*-**V**. *3-p-Acetylaminophenyl-*, F. 163°, **IV**, F. 231°; *3-p-Methylaminophenyl-*, F. 112°; *3-p-Äthylaminophenyl-*, F. 94°; *3-m-Acetylaminophenyl-*, **IV**, F. 222°; *3-m-Äthylaminophenyl-*, *Dihydrochlorid*, F. 222°; u. *3-m-Aminophenyl-A*, F. des *Citrat* 129°. – *Pharmazeutika.* (**U.S.P. 3245989** vom 31/5. 1963, ausg. 12/4. 1966. It. Prior. 15/12. 1962.) – **4** S. C. Lüttgen 4846

1369 Cassella Farbwerke Mainkur Akt.-Ges., Frankfurt/M., übert. von: Heinrich Ritter, Dornigheim, Rudi Beyerle und Rolf-Eberhard Nitz, Frankfurt/M., **7-Hydroxycumarinderivate** erhält man durch Rk. von 7-Hydroxycumarinen mit Halogenessigsäurealkylestern mit 2–4 C-Atomen im Alkyl. – Durch Rk. von 4-Phenyl-7-hydroxycumarin mit Bromessigsäureäthylester in Methyläthylketon in Ggw. von K_2CO_3 erhält man das *4-Phenylcumarin-7-äthyloxyacetat*, F. 137 bis 138° in 71,8% (Ausb.). Analog folgende Cumarine (**I**): *3-Butyl-4-methyl*-**I**-*7-äthyloxyacetat*, F. 78°; 83,5. – *4-Methyl*-**I**-*äthyloxyacetat*, F. 98–100°; 72,5%. – *3-Phenyl-4-methyl*-**I**-*7-tert.-butyloxyacetat*, F. 113–115°; 69%. – *3-Phenyl-4-methyl*-**I**-*7-isopropyloxyacetat*, F. 138–140°; 70%. – *3-Äthyl-4-phenyl*-**I**-*7-tert.-butyloxyacetat*, F. 122 bis 123°; 64%. – *3-Äthyl-4-phenyl*-**I**-*7-isopropyloxyacetat*, F. 124–125°; 77%. – *3-Benzyl-4-methyl*-**I**-*7-äthyloxyacetat*, F. 117–120°; 66%. – *3-Allyl-4-methyl*-**I**-*7-äthyloxyacetat*, F. 42–44°. – *3-Carbäthoxymethyl-4-methylcumarin-5.7-di-(äthyloxyacetat)*, F. 110–112°; 57,5%. – *Coronargefäßerweiternde Mittel.* – Wrkg.-Diagramme. – Vgl. D.A.S. 1186078; C. **1966**, 30-1670. (**U.S.PP. 3243441** u. **3243442** vom 26/7. 1962, ausg. 29/3. 1966.) – 5 S. – 6 S. R. Bauereis 4846

1370 Dr. Karl Thomae G. m. b. H., Biberach/Riss, **4-Amino-piperidine** erhält man durch Rk. eines 4-Amino-4-cyanopiperidins oder Piperidinenaminsalzes mit einer Organometallverb. oder durch Alkylierung oder Aralkylierung eines 4-Amino-piperidins. Die 4-Amino-4-cyanopiperidine erhält man durch Rk. eines Piperidons mit einem Alkalicyanid u. einem Amin. Genannt werden: (4-Cyanopiperidine = **I**) *1-Isopropyl-4-pyrrolidino*-**I**, F. 62–63°; *1-Isopropyl-3-methyl-4-dimethylamino*-**I**, Kp.$_{0,6}$ 90°; *1-n-Butyl-4-N-methyl-N-benzylamino*-**I**, Kp.$_{2}$ 187 bis 190°; *1-n-Butyl-4-piperidino*-**I**, F. 44–45°; *1-Allyl-4-morpholino*-**I**, F. 92–93°; *1-Benzyl-4-morpholino*-**I**, F. 122–123°; *1-[2-Phenyläthyl]-4-dimethylamino*-**I**, F. 72 bis 73°; *1-[2-Phenyläthyl]-4-morpholino*-**I**, F. 119–120°; *1-[γ-Phenyl-allyl]-4-dimethylamino*-**I**, F. 106–107°. Rk. von 1-n-Butyl-4-pyrrolidino-**I** mit C_6H_5MgBr → *1-n-Butyl-4-phenyl-4-pyrrolidino-piperidin*, Kp.$_{0,3}$ 140–141°, *Hydrochlorid*, F. 255–257°. Analog folgende Piperidine (**II**): *1-[β-Phenyläthyl]-4-äthyl-4-morpholino*-**II**, F. 66–67°, Ausb. 49%; *1-Benzyl-4-phenyl-4-piperidino*-**II**, Kp.$_{0,4}$ 206–208°, F. 77–78°, *Dihydrochlorid*, F. 216–217°; *1-[β-Phenyläthyl]-4-phenyl-4-morpholino*-**II**, F. 169 bis 170°, Ausb. 34%; *1-[β-Phenyläthyl]-4-dimethylamino-4-phenyl*-**II**, Kp.$_{0,2}$ 165°, F. 85–86°, *Dihydrochlorid*, F. 232 bis 234°; *1-Äthyl-4-phenyl-4-dimethylamino*-**II**, Kp.$_{0,2}$ 110 bis 112°, *Hydrochlorid*, F. 244°; *1-Äthyl-4-phenyl-N-methyl-N-benzylamino*-**II**, Kp.$_{0,3}$ 181–183°; *1-Äthyl-4-benzyl-4-dimethylamino*-**II**, *Hydrochlorid*, F. 215°; *1-n-Propyl-4-phenyl-4-dimethylamino*-**II**, Kp.$_{0,1}$ 112–114°, *Hydrochlorid*, F. 249–250°; *1-Propyl-4-benzyl-4-dimethylamino*-**II**, Kp.$_{0,5}$ 138–139°; *1-Isopropyl-4-äthyl-4-morpholino*-**II**, Kp.$_{0,02}$ 83–84°, *Hydrochlorid*, F. 265–266°; *1-Isopropyl-4-äthyl-4-piperidino*-**II**, Kp.$_{0,02}$ 82°, *Hydrochlorid*, F. 274–275°; *1-Isopropyl-4-äthyl-4-pyrrolidino*-**II**, Kp.$_{0,13}$ 82–83°, *Hydrochlorid*, F. 275–276°; *1-Isopropyl-4-n-propyl-4-piperidino*-**II**, Kp.$_{0,07}$ 92–93°, *Hydrochlorid*, F. 231–232°; *1-Isopropyl-4-n-propyl-4-pyrrolidino*-**II**, Kp.$_{0,04}$ 73–75°, *Hydrochlorid*, F. 259–261°; *1-Isopropyl-4-isopropyl-4-morpholino*-**II**, Kp.$_{0,03}$ 93°; *1-Isopropyl-4-n-butyl-4-morpholino*-**II**, Kp.$_{0,23}$ 122–123°, *Hydrochlorid*, F. 135–136°; *1-Isopropyl-4-n-butyl-4-piperidino*-**II**, Kp.$_{0,16}$ 114–115°, *Hydrochlorid*, F. 231–234°; *1-Isopropyl-4-n-butyl-4-pyrrolidino*-**II**, Kp.$_{0,04}$ 97–99°, *Hydrochlorid*, F. 216–219°; *1-Isopropyl-4-n-hexyl-4-piperidino*-**II**, Kp.$_{0,23}$ 132–134°, *Hydrochlorid*, F. 224–225°; *1-Isopropyl-4-n-hexyl-4-pyrrolidino*-**II**, Kp.$_{0,03}$ 105–106°; *1-Isopropyl-4-n-heptyl-4-morpholino*-**II**, Kp.$_{0,03}$ 129 bis 130°; *1-Isopropyl-4-n-octyl-4-piperidino*-**II**, Kp.$_{0,18}$ 149 bis 151°, *Hydrochlorid*, F. 156–158°; *1-Isopropyl-4-n-octyl-4-pyrrolidino*-**II**, Kp.$_{0,07}$ 129–130°; *1-Isopropyl-4-n-decyl-4-morpholino*-**II**, Kp.$_{0,07}$ 161–163°; *1-Isopropyl-4-n-dodecyl-4-dimethylamino*-**II**, Kp.$_{0,5}$ 185–187°; *1-Isopropyl-4-n-dodecyl-4-morpholino*-**II**, Kp.$_{0,09}$ 186–189°; *1-Isopropyl-4-n-dodecyl-4-piperidino*-**II**, Kp.$_{0,04}$ 167–169°; *1-Isopropyl-4-n-dodecyl-4-pyrrolidino*-**II**, Kp.$_{0,17}$ 173 bis 174°; *1-Isopropyl-4-phenyl-4-dimethylamino*-**II**, Kp.$_{0,2}$ 110 bis 115°, *Hydrochlorid*, F. 246–247°; *1-Isopropyl-4-phenyl-4-N-methyl-N-benzylamino*-**II**, Kp.$_{0,2}$ 177–180°, *Hydrochlorid*, F. 182–184°; *1-Isopropyl-4-phenyl-4-morpholino*-**II**, F. 97–98°; *1-Isopropyl-4-phenyl-4-piperidino*-**II**, F. 68°; *1-Isopropyl-4-phenyl-4-pyrrolidino*-**II**, F. 53 bis 54°; *1-Isopropyl-4-benzyl-4-dimethylamino*-**II**, Kp.$_{0,4}$ 133–134°, *Hydrochlorid*, F. 254°; *1-Isopropyl-4-benzyl-4-N-methyl-N-benzyl*-**II**, F. 104–105°; *1-Isopropyl-4-benzyl-4-morpholino*-**II**, F. 91–92°; *1-Isopropyl-4-phenyl-4-dimethylamino-3-methyl*-**II**, F. 82–83°; *1-n-Butyl-4-äthyl-4-piperidino*-**II**, Kp.$_{0,3}$ 115–117°, *Hydrochlorid*, F. 250–251°; *1-n-Butyl-4-äthyl-4-pyrrolidino*-**II**, Kp.$_{0,13}$ 90 bis 91° *Hydrochlorid*, F. 270–272°; *1-n-Butyl-4-allyl-4-pyrrolidino*-**II**, Kp.$_{0,02}$ 130°, *Hydrochlorid*, F. 197°; *1-n-Butyl-4-n-butyl-4-pyrrolidino*-**II**, Kp.$_{0,06}$ 106–108°, *Hydrochlorid*, F. 211–213°; *1-n-Butyl-4-thienyl-4-piperidino*-**II**, Kp.$_{0,6}$ 168–169°, *Hydrochlorid*, F. 191–193°; *1-n-Butyl-4-phenyl-4-dimethylamino*-**II**, Kp.$_{0,3}$ 147°, *Hydrochlorid*, F. 232–233°; *1-n-Butyl-4-phenyl-4-N-methyl-N-benzyl*-**II**, Kp.$_{0,6}$ 165–168°; *1-n-Butyl-4-phenyl-4-piperidino.* – **II**, Kp.$_{0,2}$ 151–153°, Hydrochlorid, F. 240–242°; *1-n-Butyl-4-benzyl-4-dimethylamino*-**II**, Kp.$_{0,5}$ 154–155°. *Hydrochlorid*, F. 247–248°; *1-n-Butyl-4-benzyl-4-N-methyl-N-benzylamino*-**II**, Kp.$_{0,6}$ 126–128°; *1-n-Butyl-4-benzyl-4-piperidino*-**II**, Kp.$_{0,25}$ 163–170°, *Hydrochlorid*, F. 227–230°; *1-n-Butyl-4-benzyl-4-pyrrolidino*-**II**, Kp.$_{0,3}$ 155–156°, *Hydrochlorid*, F. 178–180°; *1-n-Butyl-4-p-methylbenzyl-4-dimethylamino*-**II**, Kp.$_{0,3}$ 158°, *Hydrochlorid*, F. 237–238°; *1-n-Butyl-4-[2-phenyläthyl]-4-dimethylamino*-**II**, Kp.$_{1}$ 110–114°; *1-Isoamyl-4-dodecyl-4-piperidino*-**II**, Kp.$_{0,03}$ 177–179°; *1-n-Hexyl-4-äthyl-4-piperidino*-**II**, Kp.$_{0,05}$ 118°; *1-n-Hexyl-4-phenyl-4-piperidino*-**II**, F. 39–40°; *1-Allyl-4-äthyl-4-morpholino*-**II**, Kp.$_{0,02}$ 86°; *1-Allyl-4-n-butyl-4-morpholino*-**II**, Kp.$_{0,26}$ 132°; *1-Allyl-4-n-hexyl-4-morpholino*-**II**, Kp.$_{0,47}$ 151–152°; *1-Allyl-4-n-heptyl-4-morpholino*-**II**, Kp.$_{0,07}$ 151–152°; *1-Benzyl-4-äthyl-4-pyrrolidino*-**II**, Kp.$_{0,04}$ 126–129°, *Hydrochlorid*, F. 242–244°; *1-Benzyl-4-n-propyl-4-morpholino*-**II**, Kp.$_{0,1}$ 151° *1-Benzyl-4-n-propyl-4-piperidino*-**II**, Kp.$_{0,06}$ 144–145°, *Hydrochlorid*, F. 259–261°; *1-Benzyl-n-propyl-4-pyrrolidino*-**II**, Kp.$_{0,05}$ 134–136°, *Hydrochlorid*, F. 288–289°; *1-Benzyl-4-n-butylmorpholino*-**II**, Kp.$_{0,02}$ 161–163°, *Hydrochlorid*, 240–242°; *1-Benzyl-4-n-butyl-4-piperidino*-**II**, Kp.$_{0,1}$ 160–163°, *Hydrochlorid*, F. 240 bis 241°; *1-Benzyl-4-n-butyl-4-pyrrolidino*-**II**, Kp.$_{0,07}$ 146 bis 148°, *Hydrochlorid*, F. 236–238°; *1-Benzyl-4-n-hexyl-4-pyrrolidino*-**II**, Kp.$_{0,25}$ 175–177°, *Hydrochlorid*, F. 248–250°; *1-Benzyl-4-n-octyl-4-piperidino*-**II**, Kp.$_{0,02}$ 177–178°, *Hydrochlorid*, F. 130–132°; *1-Benzyl-4-n-octyl-4-pyrrolidino*-**II**, Kp.$_{0,09}$ 180–183°, *Hydrochlorid*, F. 242–244°; *1-Benzyl-4-n-nonyl-4-dimethylamino*-**II**, *Hydrochlorid*, F. 178–179°; *1-Benzyl-4-dodecyl-4-piperidino*-**II**, Kp.$_{0,04}$ 205–208°; *1-Benzyl-4-phenyl-4-dimethylamino*-**II**, Kp.$_{0,2}$ 165°, *Hydrochlorid*, F. 232–234°; *1-Benzyl-4-phenyl-4-morpholino*-**II**, F. 134–135°; *1-Benzyl-*

4-phenyl-4-pyrrolidino-**II**, F. 102—103°; *1-Benzyl-4-p-chlorphenyl-dimethylamino*-**II**, Kp.$_{0,4}$ 188—192°, *Hydrochlorid*, F. 250—252°; *1-Benzyl-4-benzyl-4-morpholino*-**II**, F. 86—87°; *1.4-Dibenzyl-4-piperidino*-**II**, F. 96—97°; *4-Dibenzyl-pyrrolidino*-**II**, F. 101—102°; *1-[2-Phenyläthyl]-4-äthyl-4-pyrrolidino*-**II**, Kp.$_{0,02}$ 130°; *1-[2-Phenyläthyl-4-äthyl-4-[4-methylpiperazino]*-**II**, F. 57—58°; *1-[2-Phenyläthyl]-4-n-propyl-4-morpholino*-**II**, F. 64—65°; *1-[2-Phenyläthyl]-4-n-butyl-4-morpholino*-**II**, F. 51—52°; *1-[2-Phenyläthyl]-4-n-pentyl-4-morpholino*-**II**, F. 57—58°; *1-[2-Phenyläthyl]-4-n-hexyl-4-morpholino*-**II**, F. 46—47°; *1-[2-Phenyläthyl]-4-n-hexyl-4-pyrrolidino*-**II**, Kp.$_{0,04}$ 166—167°; *1-[2-Phenyläthyl]-4-n-heptyl-4-morpholino*-**II**, F. 39—40°; *1-[2-Phenyläthyl]-4-n-octyl-4-morpholino*-**II**, F. 38—40°; *1-[2-Phenyläthyl]-4-n-octyl-4-pyrrolidino*-**II**, Kp.$_{0,17}$ 201 bis 202°; *1-[2-Phenyläthyl]-4-n-decyl-4-morpholino*-**II**, Kp.$_{0,04}$ 205—207°, F. 42—43°; *1-[2-Phenyläthyl]-4-n-dodecyl-4-morpholino*-**II**, F. 39—40°; *1-[2-Phenyläthyl]-4-n-dodecyl-4-piperidino*-**II**, Kp.$_{0,03}$ 177—179°; *1-[2-Phenyläthyl]-4-phenyl-4-dimethylamino*-**II**, F. 84—86°, *Hydrochlorid*, F. 256—258°; *1-[2-Phenyläthyl]-4-phenyl-4-piperidino*-**II**, F. 114°; *1-[2-Phenyläthyl]-4-phenyl-4-pyrrolidino*-**II**, F. 108°; *1-[2-Phenyläthyl]-4-benzyl-4-morpholino*-**II**, F. 122—123°; *1.4-Bis-[2-phenyläthyl]-4-morpholino*-**II**, F. 90—91°; *1-[2-Phenyläthyl]-4-[3-phenylpropyl]-4-morpholino*-**II**, F. 48—49°; *1-[1-Phenyläthyl]-n-octyl-4-piperidino*-**II**, Kp.$_{0,1}$ 199—202°, *Hydrochlorid*, F. 111°; *1-[1-Phenyläthyl]-4-phenyl-4-dimethylamino*-**II**, Kp.$_{0,5}$ 173—179°, *Hydrochlorid*, F. 195—196°; *1-[1-Phenyläthyl]-4-p-methoxyphenyl-4-dimethylamino*-**II**, Kp.$_{0,4}$ 190—195°, *Hydrochlorid*, F. 205—206°; *1-[2-Phenoxyäthyl]-4-phenyl-4-dimethylamino*-**II**, F. 96—97°, *Hydrochlorid*, F. 224—225°; *1-[3-Phenyl-n-propyl]-4-phenyl-4-morpholino*-**II**, Kp.$_{0,03}$ 149°; *1-[3-Phenyl-n-propyl]-4-phenyl-4-dimethylamino*-**II**, Kp.$_{0,3}$ 183—185°, *Hydrochlorid*, F. 228—229°; *1-[3-Phenyl-n-propyl]-4-phenyl-4-morpholino*-**II**, F. 121—122°; *1-[2-Phenyl-n-propyl]-4-phenyl-4-dimethylamino*-**II**, Kp.$_{0,4}$ 179—182°, *Hydrochlorid*, F. 232—233°; *1-[2-Phenyl-isopropyl]-4-phenyl-4-dimethylamino*-**II**, Kp.$_{0,1}$ 172—175°, *Hydrochlorid*, F. 235 bis 236°; *1-[3-Phenyl-allyl]-4-phenyl-4-dimethylamino*- **II**, Kp.$_{0,5}$ 190—195°, *Hydrochlorid*, F. 191—192°; *1-[3-Phenyl-1-methyl-propyl]-4-phenyl-4-morpholino*-**II**, Kp.$_{0,07}$ 161—162°; *1-[3-Phenyl-1-methyl-propyl]-4-phenyl-4-morpholino*-**II**, Kp.$_{0,09}$ 208—209°; *1-n-Hexyl-4-phenyl-4-morpholino*-**II**, F. 42—43°; *1-Allyl-4-methyl-4-morpholino*-**II**, Kp.$_{10}$ 151—152°, F. 30°; *1-Allyl-4-n-propyl-4-morpholino*-**II**, Kp.$_{10}$ 173°; *1-Allyl-4-n-octyl-4-morpholino*-**II**, Kp.$_{0,13}$ 152—154°; *1-Allyl-4-benzyl-4-morpholino*-**II**, F. 72—73°; *1-Benzyl-4-methyl-4-morpholino*-**II**, F. 44—45°; *1-Benzyl-4-n-hexyl-4-morpholino*-**II**, Kp.$_{0,03}$ 175—176°; *1-Benzyl-4-n-heptyl-4-morpholino*-**II**, Kp.$_{0,05}$ 180—182°; *1-Benzyl-4-n-octyl-4-morpholino*-**II**, Kp.$_{0,07}$ 194—196°; *1-Benzyl-4-[2-phenyläthyl]-4-morpholino*-**II**, F. 102—103°; *1-[2-Phenyläthyl]-4-methyl-4-morpholino*-**II**, F. 95—96°; *1-[2-Phenyläthyl]-4-p-toluyl-4-morpholino*-**II**, F. 154—155°; *1-[2-Phenyläthyl-4-p-methoxyphenyl-4-morpholino*-**II**, F. 129 bis 130°; *1-[2-Phenyläthyl]-o-methoxyphenyl-4-morpholino*-**II**, F. 137—138°; *1-[2-Phenyläthyl]-4-p-chlorphenyl-4-morpholino*-**II**, F. 150—151°; *1-[3-Phenyl-n-propyl]-4-methyl-4-morpholino*-**II**, Kp.$_{0,03}$ 162—163°; *1-[3-Phenyl-n-propyl]-4-benzyl-4-morpholino*-**II**, Kp.$_{0,12}$ 223—224°; *1-[2-Phenoxyäthyl]-4-methyl-4-morpholino*-**II**, F. 70—71°; *1-[2-Phenoxyäthyl]-4-äthyl-4-morpholino*-**II**, Kp.$_{0,06}$ 167 bis 169°; *1-[2-Phenoxyäthyl]-4-n-propyl-4-morpholino*-**II**, Kp.$_{0,07}$ 180—182°; *1-[2-Phenoxyäthyl]-4-n-butyl-4-morpholino*-**II**, Kp.$_{0,07}$ 183—184°; *1-[2-Phenoxyäthyl]-4-n-hexyl-4-morpholino*-**II**, Kp.$_{0,09}$ 198—200°; *1-[2-Phenoxyäthyl]-4-phenyl-4-morpholino*-**II**, F. 101—102°; *1.4-Dibenzyl-4-dimethylamino*-**II**, F. 98—100°; *1-Äthyl-4-[2-phenyläthyl]-4-morpholino*-**II**, Kp.$_{0,008}$ 135°; *1-n-Propyl-4-[2-phenyläthyl]-4-morpholino*-**II**, Kp.$_{0,02}$ 158°; *1-Isopropyl-4-[2-phenyläthyl]-4-morpholino*-**II**, Kp.$_{0,008}$ 152°; *1-Allyl-4-[2-phenyläthyl]-4-morpholino*-**II**, Kp.$_{0,02}$ 147°; *1-n-Butyl-4-[2-phenyläthyl]-4-morpholino*-**II**, Kp.$_{0,08}$ 173°; *1-[2-Phenyläthyl]-4-[thienyl-(2)]-4-morpholino*-**II**, F. 171—172°; *1-[3-Phenyl-n-propyl]-4-[2-phenyläthyl]-4-morpholino*-**II**, Kp.$_{0,08}$ 210°; *1-[1-Phenyläthyl]-4-äthyl-4-morpholino*-**II**, Kp.$_{0,008}$ 137°; *1-[1-Phenyläthyl]-4-[2-phenyläthyl]-4-morpholino*-**II**, Kp.$_{0,005}$ 219°; *1-[2-Phenoxyäthyl]-4-n-pentyl-4-morpholino*-**II**, Kp.$_{0,005}$ 167°; *1-[2-Phenoxyäthyl]-4-n-heptyl-4-morpholino*-**II**, Kp.$_{0,005}$ 181°; *1-[2-Phenoxyäthyl]-4-n-octyl-4-morpholino*-**II**, Kp.$_{0,01}$ 202°; *1-[2-Phenoxyäthyl]-4-n-decyl-4-morpholino*-**II**, Kp.$_{0,02}$ 206°; *1-[2-Phenoxyäthyl]-4-n-dodecyl-4-morpholino*-**II**, Kp.$_{0,07}$ 231°; *1-[2-Phenoxyäthyl]-4-[2-phenyläthyl]-4-morpholino*-**II**, Kp.$_{0,05}$ 208°; *1-Allyl-4-phenyl-4-morpholino*-**II**, F. 70—71°; *1-Benzyl-2-äthyl-4-morpholino*-**II**, Kp.$_{0,008}$ 142—144°, *Hydrochlorid*, F. 162—164°; *1-Benzyl-4-äthyl-4-piperidino*-**II**, Kp.$_{0,02}$ 132—133°, *Hydrochlorid*, F. 189—191°; *1-[1-Phenyläthyl]-4-phenyl-4-morpholino*-**II**, F. 119—120°. — *Analgetika, Spasmolytika, Sedativa, Antitussiva, Mittel gegen Angina pectoris.* (**Brit.P. 1052302** vom 15/4. 1964, ausg. 21/12. 1966. D. Prior. 22/4. 1963.) — 20 S.

R. Bauereis 4846

1371 E. Merck Akt.-Ges., Darmstadt, **1.2.3.6.7.11b-Hexahydro-4H-pyrazino-[2.1-a]-isochinolin(I)-Derivate,** die in 2-Stellung durch R substituiert sind, erhält man durch Kondens. von 1-[R-Aminomethyl]-1.2.3.4-tetrahydroisochinolinen mit Verb. der allg. Formel YCH_2CH_2Z oder mit Oxalsäure, Glykolsäure, Glyoxylsäure, Chlor-, Brom-, Jodessigsäure, Glykolaldehyd, Glyoxal, Chlor-, Brom- oder Jodacetaldehyd [R = C_1–C_7-Alkyl- oder -Alkanoyl-, C_7–C_8-Aralkyl-, -Phenyl- oder -Benzoylrest; Y u. Z = Cl, Br, J, OH, > O, -O-CO-O-, -O-SO-O-]. — *2-Methyl*-**I**, Kp.$_{0,005}$ 90°. — *Dihydrochlorid*, F. 293°. — *Bis-methojodid*, F. 250—252°. — *2-[β-Hydroxyäthyl]*-**I**, *Dihydrochlorid*, F. 240—241° (Methanol). — *3.4.5-Trimethoxybenzoesäureester-Dihydrochlorid*, F. 215°. — *Veratrumsäureester-Dihydrochlorid*, F. 268—270°. — *2-Acetyl*-**I**, *Hydrochlorid*, F. 280° (A.). — *2-Äthyl*-**I**, *Dihydrochlorid*, F. 288—290°. — *2-[β-Aminoäthyl]*-**I**, *Trihydrochlorid*, F. 247—249°. — *2-[3′-(4″-Methylpiperazino)-propyl]*-**I**, *Tetra-hydrochlorid*, F. 283—285°. — *2-[3.4.5-Trimethoxybenzoyl]*-**I**, *Hydrochlorid*, F. 242—244° (Methanol). — *2-[3.4-Dimethoxybenzoyl]*-**I**, F. 168—170°. — *Hydrochlorid*, F. 248—250°. — *Methojodid*, F. 257°. — *2-Pyrazinoyl*-**I**, *Hydrochlorid*, F. 238—240°. — *2-Cinnamoyl*-**I**, *Hydrochlorid*, F. 262°. — *2-Dichloracetyl*-**I**, F. 126 bis 128°, *Hydrochlorid*, F. 250°. — *2-[3-(4-Methylpiperazino)-1.3-dioxopropyl]*-**I**. — *2-n-Propyl*-**I**, Kp.$_{0,005}$ 118 bis 119°; *Dihydrochlorid*, F. 267°. — *2-Allyl*-**I**, *Dihydrochlorid*, F. 253—255°. — *2-Propargyl*-**I**, *Dihydrochlorid*, F. 244°. — *2-Isopropyl*-**I**, *Dihydrochlorid*, F. 276—278°. — *2-[β-Methylmercaptoäthyl]*-**I**, *Dihydrochlorid*, F. 248—250°. — *2-[3-Diäthylaminopropyl]*-**I**, *Trihydrochlorid*, F. 266°. — *2-Amino-carbonylmethyl*-**I**, F. 156—158°. — *Dihydrochlorid*, F. 275°. — *2-[β-(3.4-Dimethoxyphenyl)-äthyl]*-**I**, F. 93°. — *2-[2-Dimethylaminoäthyl]*-**I**, *Trihydrochlorid*, F. 260—262°. — *2-Guanyl*-**I**, *Dihydrochlorid*, F. 283—285° (Methanol). — *2-[β-(Guanidino)-äthyl]*-**I**, *Trihydrochlorid*, F. 267°. — *2-[N-Phenylaminocarbonyl]*-**I**, F. 207°. — *2-Aminocarbonyl*-**I**, F. 200° (Methanol). — *Hydrochlorid*, F. 228°. — *2-[1-Iminoäthyl]*-**I**, *Dihydrochlorid*, F. 239 bis 241°. — *2-[β-Acetimidoaminoäthyl]*-**I**, *Trihydrochlorid*, F. 195°. — *2-Cyclohexyl*-**I**, *Dihydrochlorid*, F. 205°. — *2-Benzoyl*-**I**, F. 111—113°. — *2-Isobutyryl*-**I**, *Hydrochlorid*, F. 221°. — *2-Pivaloyl*-**I**, *Hydrochlorid*, F. 205°. — *2-Äthoxycarbonyl*-**I**, Kp.$_{0,05}$ 145°. — *2-Benzyl*-**I**, *Dihydrochlorid*, F. 205—206°. — *2-Isobutyl*-**I**, *Dihydrochlorid*, F. 284°. — *2-Neopentyl*-**I**, *Dihydrochlorid*, F. 312°. — *2-[β-Enanthoyloxyäthyl]*-**I**, *Dihydrochlorid*, F. 226—228°. — *2-Phenyl*-**I**, *Hydrochlorid*, F. 223—224°. — *Methojodid*, F. 270°. — 2-[β-Propargyloxyäthyl]-**I**, *Dihydrochlorid*, F. 206—208° (A.). — *2-Cyclopropylcarbonyl*-**I**, *Hydrochlorid*, F. 228—230°. — *2-Cyclopropylmethyl*-**I**, *Dihydrochlorid*, F. 267—269°. — *Depressive, narkosepotenzierende, sedative, tranquillisierende Mittel.* (**Brit.P. 1050901** vom 11/1. 1965, ausg. 14/12. 1966. D. Prior. 6/2. 1964.) — 12 S.

A. Jahn 4846

1372 G. D. Searle & Co., Chicago, übert. von: John W. Cusic, Skokie, und Peter Yonan, Chicago, Ill., USA, **Hydrazone von 1-Amino-4-(thio)-xanthencarbonylpiperazinen** der allg. Formel **I** (X = O oder S; Y = H oder Cl; Z = Fluoren-9-yliden oder =CHR; R = Phenyl, Tolyl, Halogen, Hydroxy, Methoxy; Methylendioxyphenyl oder Pyridyl) erhält man durch Rk. von **I** (Z = H_2) mit entsprechenden Aldehyden bzw. Kationen, bes. in Isopropanol, das etwas Essigsäure enthält. — (*Piperazin* = **II**). — *2-Chlorthioxanthen* + Li–C_4H_9 + CO_2 → *2-Chlor-*

thioxanthen-9-carbonsäure, F. 225—227°, + $SOCl_2$ (in sd. Toluol) → *2-Chlorthioxanthen-9-carbonylchlorid*, + 1-Nitroso-**II** (in $CHCl_3$ u. in Ggw. von $[C_2H_5]_3N$) → *1-Nitroso-4-[2-chlorthioxanthen-9-carbonyl]-***II**, + Zn +

I

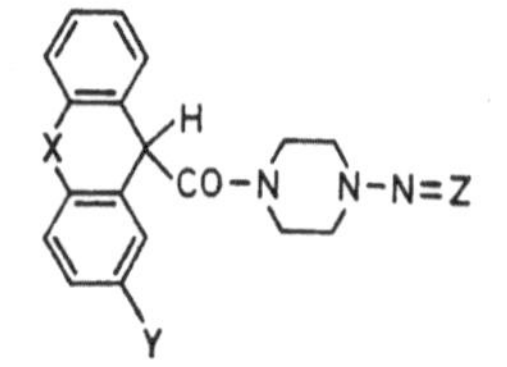

Essigsäure → *1-Amino-4-[2-chlorthioxanthen-9-carbonyl]-***II**, + Benzaldehyd → *1-Benzylidenamino-4-[2-chlorthioxanthen-9-carbonyl]-***II**. — Analog: *1-Nitroso-4-[xanthen-9-carbonyl]-***II**, F. 205—207°, → *1-Amino-4-[xanthen-9-carbonyl]-***II**-, F. 147—150°, + Pyridin-4-aldehyd → *1-[4-Pyridylmethylenamino]-4-[xanthen-9-carbonyl]-***II**, F. 213—214°. — *1-Benzylidenamino-4-[xanthen-9-carbonyl]-***II**, F. 146—147°. — *1-Benzylidenamino-4-[thioxanthen-9-carbonyl]-***II**. — *1-[Fluoren-9-ylidenamino]-4-[xanthen-9-carbonyl]-***II**, F. 193—194°. — *1-Piperonylidenamino-4-[xanthen-9-carbonyl]-***II**, F. 194—195°. — *Heilmittel* gegen *Magengeschwüre*. (**U.S.P. 3284449** vom 29/12. 1964, ausg. 8/11. 1966.) — 2 S. O. Schön 4846

1373 Sahyun Laboratories, übert. von: John Andrew Faust und Melville Sahyun, Santa Barbara, Calif., USA, **Piperazinylalkylthiaxanthene** der allg. Formel **I** (X = H, Halogen, OH, CF_3, Niederalkyl oder

I

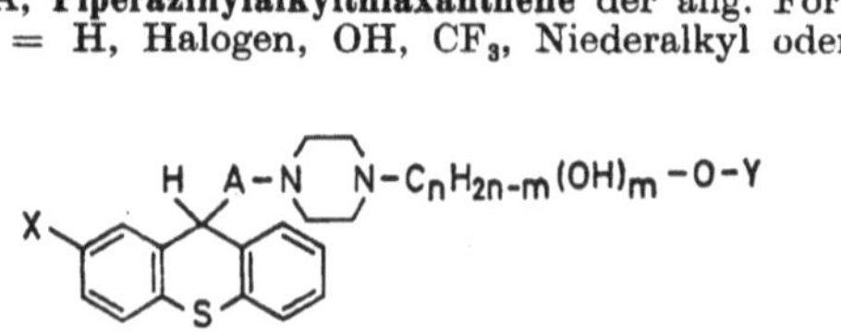

Niederalkoxy; A = Alkylen C_{2-6}; n = 2—4; m = 0 oder 1; Y = H, Niederalkyl, Hydroxniederalkyl, Acyl oder Benzoyl). — (**II** = *thiaxanthen*) Man kocht 0,016 (Mol.) 9-[3-Brompropyl]-**II**, 0,035 1-[3-Hydroxypropyl]-piperazin u. 0,05 K_2CO_3 in 50 ml Toluol 14 Std. → *9-{3-[1-(3-Hydroxypropyl)-4-piperazinyl]-propyl}-***II**, $C_{23}H_{30}N_2OS$, F. 87—89°; Dh (= *Dihydrochlorid*), F. 256—257° (Zers.). — Analog nachst. Prod.: *9-{2-[1-(2-Hydroxyäthyl)-4-piperazinyl]-äthyl}-***II**; *Dh*, $C_{21}H_{26}N_2OS \cdot 2HCl$, F. 263—264° (Zers.). — *9-{5-[1-(3-Hydroxypropyl)-4-piperazinyl]-pentyl}-***II**; *Dh*, $C_{25}H_{34}N_2OS \cdot 2HCl$, F. 229—233° (Zers.). — *2-Chlor-9-{3-[1-(2-hydroxyäthyl)-4-piperazinyl]-propyl}-***II**; *Dh*, $C_{22}H_{27}ClN_2OS \cdot 2HCl$, F. 258—259° (Zers.). — *2-Chlor-9-{3-[1-(3-hydroxypropyl)-4-piperazinyl]-propyl}-***II**; *Dh*, $C_{23}H_{29}ClN_2OS \cdot 2HCl$, F. 247—248° (Zers.); *Biscyclohexylsulfamat*, $C_{35}H_{55}ClN_4O_7S_3$, F. 94—95°. — *2-Chlor-9-{4-[1-(2-hydroxyäthyl)-4-piperazinyl]-butyl}-***II**; *Dimaleat*, $C_{31}H_{37}ClN_2O_9S$, F. 175—175,5°. — *2-Chlor-9-{2-[1-(2-hydroxyäthyl)-4-piperazinyl]-propyl}-***II**; *Dh*, $C_{22}H_{27}ClN_2OS \cdot 2HCl$, F. 254—256° (Zers.). — *9-{2-[1-(2-Hydroxyäthyl)-4-piperazinyl]-propyl}-***II**. — *2-Chlor-9-{4-[1-(3-hydroxypropyl)-4-piperazinyl]-pentyl}-***II**. — *2-Chlor-9-{3-[1-(2.3-dihydroxypropyl)-4-piperazinyl]-propyl}-***II**; *Dh*, $C_{23}H_{29}ClN_2O_2S$, F. 216—220°. — *9-{3-[1-(2.3-Dihydroxypropyl)-4-piperazinyl]-propyl}-***II**. — *2-Brom-9-{3-[1-(1.2-dihydroxyäthyl)-4-piperazinyl]-propyl}-***II**. — *2-Methoxy-9-{3-[1-(2-hydroxyäthyl)-4-piperazinyl]-propyl}-***II**; *Dh*, $C_{23}H_{30}N_2O_2S \cdot 2HCl$, F. 230—232° (Zers.). — *2-Hydroxy-9-{3-[1-(2-hydroxyäthyl)-4-piperazinyl]-propyl}-***II**, F. 233—234° (Zers.); *Dh*, $C_{22}H_{28}N_2O_2S \cdot 2HCl$, F. 255 bis 256° (Zers.). — *2-Chlor-9-{3-[1-(2-methoxyäthyl)-4-piperazinyl]-propyl}-***II**; *Dh*, $C_{23}H_{29}ClN_2OS \cdot 2HCl$, F. 257 bis 258° (Zers.). — *2-Methoxy-9-{3-[1-(2-äthoxyäthyl)-4-piperazinyl]-propyl}-***II**-*dh*. — *9-{3-[1-(2-Hydroxyäthoxyäthyl)-4-piperazinyl]-propyl}-***II**-*dh*. — *2-Chlor-9-{3-[1-(2-hydroxyäthoxyäthyl)-4-piperazinyl]-propyl}-***II**-*dh*, $C_{24}H_{31} \cdot ClN_2O_2S \cdot 2HCl$, F. 220—221°. — *9-{3-[1-(3-Hydroxypropyl)-4-piperazinyl]-propyl}-2-methyl-***II**-*dh*, $C_{24}H_{32}N_2 \cdot OS \cdot 2HCl$, F. 242—243° (Zers.). — *2-Chlor-9-{3-[1-(3-hydroxypropyl)-4-piperazinyl]-2-methylpropyl}-***II**-*dh*, $C_{23} \cdot H_{29}ClN_2OS \cdot 2HCl$, F. 226—229°. — *2-Äthoxy-9-{3-[1-(3-hydroxypropyl)-4-piperazinyl]-propyl}-***II**-*dh*, $C_{25}H_{34}N_2O_2S \cdot 2HCl$, F. 208—210°. — *2-Chlor-9-{3-[1-(4-hydroxybutyl)-4-piperazinyl]-propyl}-***II**-*dh*, $C_{24}H_{31}ClN_2OS \cdot 2HCl$, F. 222 bis 223° (Zers.). — *2-Chlor-9-{3-[1-(2-acetoxyäthyl)-4-piperazinyl]-propyl}-***II**-*dh*, $C_{24}H_{29}ClN_2O_2S$, F. 227—228°. — *2-Chlor-9-{3-[1-(3-acetoxypropyl)-4-piperazinyl]-propyl}-***II**-*dh*, $C_{25}H_{31}ClN_2O_2S \cdot 2HCl$, F. 226—227°. — *2-Chlor-9-{3-[1-(3-propionoxypropyl)-4-piperazinyl]-propyl}-***II**-*dh*, $C_{26}H_{33}ClN_2O_2S \cdot 2HCl$, F. 228—229°. — *2-Chlor-9-{3-[1-(3-benzoyloxypropyl)-4-piperazinyl]-propyl}-***II**-*dh*, $C_{30}H_{33} \cdot ClNO_2S \cdot 2HCl$, F. 229—230°. — *2-Chlor-9-{3-[1-(3-p-chlorbenzoyloxypropyl)-4-piperazinyl]-propyl}-***II**-*dh*, $C_{30} \cdot H_{32}Cl_2N_2O_2S \cdot 2HCl$, F. 232—233°. — *2-Chlor-9-{3-[1-(3-(3.4.5-trimethoxybenzoyloxy)-propyl)-4-piperazinyl]-propyl}-***II**-*dh*, $C_{33}H_{39}ClN_2O_5S \cdot 2HCl$, F. 236—237°. — *9-{2-[1-(2-Valeroxyäthyl)-4-piperazinyl]-äthyl}-***II**-*dh*. — *9-{5-[1-(3-p-Methoxybenzoyloxypropyl)-4-piperazinyl]-pentyl}-***II**-*dh*. — *2-Methoxy-9-{3-[1-(2-p-brombenzoyloxyäthyl)-4-piperazinyl]-propyl}-***II**-*dh*. — Ferner werden folgende Rk.-Komponenten hergestellt: **II** + Li + 1.3-Dibrompropan → *9-[3-Brompropyl]-***II**, $Kp._{0,7}$ 178—182°. — *9-[5-Brompentyl]-***II**, $Kp._{0,6}$ 190—195°. — *9-[2-Chlor]-thiaxenthenon*, $C_{13}H_7ClOS$, F. 151—152°, + J_2 + P + HJ (48 Std. in sd. Essigsäure) → *2-Chlor-***II**, $C_{13}H_9ClS$, F. 102—103°, $Kp._{1,3}$ 165—169°. — 2-Cl-**II** + Butylbromid + Li (in Ae.) + 1.3-Dibrompropan → *2-Chlor-9-[3-brompropyl]-***II**, $C_{16}H_{14}BrClS$, F. 102—103°, $Kp._{0,5}$ 188 bis 190°. — *2-Chlor-9-[3-chlorpropyl]-***II**, F. 90—91°, $Kp._{1,2}$ 186—196°. — *2-Chlor-9-[4-chlorbutyl]-***II**, $Kp._{1}$ 192 bis 205°. — *2-Chlor-9-allyl-***II**, $Kp._{0,5}$ 150—152°. — *2-Chlor-9-[2-jodpropyl]-***II**. — *9-[2-Jodpropyl]-***II**. — *2-Chlor-9-[4-jodpentyl]-***II**. — *2-Methoxythiaxanthenon*. — *2-Äthoxythiaxenthenon*, $C_{15}H_{12}O_2S$, F. 126—127°. — *2-Methoxy-***II**, $C_{14}H_{12}OS$, F. 134—135°. — *2-Äthoxy-***II**, $C_{15} \cdot H_{14}OS$, F. 72—73°. — *9-[3-Brompropyl]-2-methoxy-***II** $Kp._{0,8}$ 200—209°. — *9-[3-Brompropyl]-2-äthoxy-***II**, $Kp._{0,4}$ 188—195°. — *9-[3-Brompropyl]-2-hydroxy-***II**. — *2-Methyl-***II**, F. 80—81°. — *9-[3-Chlor-2-methylpropyl]-2-chlor-***II**, $Kp._{0,6}$ 194—197°. — *2-Chlor-9-[4-chlorbutin-2-yl]-***II**, $Kp._{0,9}$ 195—204°. — Piperazin + 2-Methoxyäthylchlorid → *N-[2-Methoxyäthyl]-piperazin*, $Kp._{20}$ 105 bis 110°; *Dh*, $C_7H_{16}N_2O \cdot 2HCl$, F. 208—210° (Zers.). — *N-[2-Hydroxyäthoxyäthyl]-piperazin*, $C_8H_{18}N_2O_2$, $Kp._{0,5}$ 128—130°; *Dh*, $C_8H_{18}N_2O_2$, F. 111—112°. — *Ataraktika*. (**U.S.P. 3285919** vom 10/5. 1961, ausg. 15/11. 1966.) — 8 S. O. Schön 4846

1374 Sterling Drug, Inc., New York, übert. von: Robert L. Clarke, Bethlehem, N.Y., USA, **Herstellung von 1.2-Diacylhexahydropyridazinen** durch Rk. von Hexahydropyridazin (**I**) mit einem Anhydrid oder Halogenid einer C_{1-10}-Carbonsäure. — Man erhitzt eine Mischung aus 0,0735 (Mol.) **I**-hydrochlorid u. 0,22 Essigsäureanhydrid 1 Std. auf dem W.-Bad → *1.2-Diacetyl-***I**, $C_8H_{14}N_2O_2$, F. 59,9—62,9°. — Analog: *1.2-Diformyl-***I**. — *1.2-Dipropionyl-***I**. — *1.2-Dicaproyl-***I**. — *1.2-Diisobutyryl-***I**. — *1.2-Dibenzoyl-***I**, $C_{18}H_{18}N_2O_2$, F. 131,1—133,2°. — *1.2-Didecanoyl-***I**. — *1.2-Diacryloyl-***I**. — *1.2-Dipropioloyl-***I**. — *1.2-Dicyclohexancarbonyl-***I**. — *1.2-Dicyclopentylacetyl-***I**. — *1.2-Bis-[β-phenylpropionyl]-***I**. — **I** + Bernsteinsäureanhydrid (2 Std. in sd. Bzl.) → *1.6-Diaza-2.5-dioxobicyclo[4.4.0]decan*, Formel **II**, $C_8H_{12} \cdot N_2O_2$, F. 177,8—179,9°. — *3-Methyl-***II**. — *3.4-Dimethyl-*

II

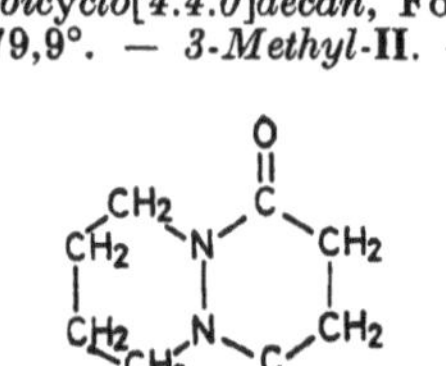

II. — *Diuret*. u. *gegen Viren* wirksame *Heilmittel*. (**U.S.P. 3288791** vom 31/8. 1959, ausg. 29/11. 1966.) — 3 S. O. Schön 4846

1375 Ed. Geistlich Söhne Akt.-Ges. (Erfinder: Albert Aebi), **Herstellung von physiologisch aktiven Derivaten von 2.4-Dihydroxychinazolin und seinen tautomeren Benzoylenharnstoffen** durch Rk. einer Verb. der allg. I [R^2 = Kernsubstituent; n = 0 – 2; X u. Y beide = Halogene oder eines Halogen u. das andere OH oder OR, wobei R = (substituierter) aliphat. Rest. mit 4 – 10 C-Atomen] mit einem Metallalkylat R″OM (M = Metall-

I 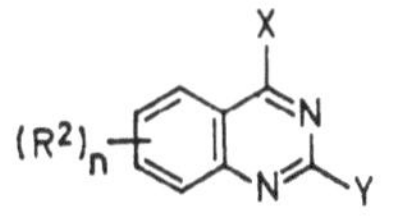

atom), bes. K-Alkylat, in der Lsg. eines Alkohols. — Beispiele: *2.4-Di-(n-amyloxy)-chinazolin*, $C_{18}H_{26}N_2O_2$, Kp.$_{0,07}$ 150 – 152°; *N.N′-Di-(n-hexyl)-benzoylenharnstoff*, $C_{26}H_{30}N_2O_2$, Kp.$_{0,3}$ 191 – 193°; *N.N′-Di-(isoamyl)-benzoylenharnstoff*, $C_{18}H_{26}N_2O_2$, F. 48 – 51°; *6-Nitro-2.4-di-(n-butoxy)-chinazolin*, Kp.$_{0,2}$ 200 – 202°, F. 50 – 52°; *6-Amino-2.4-di-n-butoxy)-chinazolin*, F. 62 – 64°; *6-Chlor-2.4-di-(n-pentoxy)-chinazolin*, F. 38 – 39°; *2.4-Di-(n-butoxy)-chinazolin*, Kp.$_{0,6}$ 154 – 157°; *2.4-Di-(2-methyl-n-butoxy)-chinazolin*, Kp.$_{0,1}$ 148°; *2.4-Di-(n-amyloxy)-chinazolin*, Kp.$_{0,07}$ 150 – 152°; *N.N′-Di-(n-amyl)-benzoylenharnstoff*, Kp.$_{0,7}$ 177 – 179°; *2-(n-Butoxy)-4-oxo-chinazolin*, F. 135 – 136°. (**Aust.P. 271453** vom 28/11. 1961, ausg. 15/12. 1966. Brit. Prior. 1/12. 1960.) — 26 S.
K. Demmler 4846

1376 Takeda Chemical Industries Ltd., Japan, **2-Alkyl-4-alkylamino-6-alkoxy-1.3.5-triazine** werden hergestellt aus 2-Alkyl-4.6-dialkoxytriazinen u. Alkylaminen u. als *Stimulantia* für das *Respirationszentrum* verwendet. — 1.3.5-Triazine: *2-Äthyl-4-äthylamino-6-methoxy-*, *Oxalat*, F. 84 – 85°. — *2-Methyl-4-methylamino-6-methoxy-*, F. 155 – 157°. — *2-Methyl-4-äthylamino-6-methoxy-*, F. 83 – 87°. — *2-Methyl-4-methylamino-6-äthoxy-*, F. 92 – 95°, *-4-äthylamino-6-äthoxy-*, F. 97 – 99°. — *2-Äthyl-4-isopropylamino-6-methoxy-*, F. 40 – 42°. — *2-Äthyl-4-methylamino-6-n-butoxy-*, F. 38 bis 39°, *-6-methoxy-*, F. 95 – 97°, *-6-äthoxy-*, F. 77°. — *2-Methyl-4-dimethylamino-6-methoxy-*, F. 155 – 157°. — *2-Methyl-4-methylamino-6-äthoxy-*, F. 92 – 95°. — *2-Methyl-4-äthylamino-6-äthoxy-*, F. 97 – 99°, u. *-6-n-butoxy-*, F. 48°. — *2-Äthyl-4-äthylamino-6-methoxy-*, F. 55 – 58°, u. *-6-äthoxy-*, F. 55 – 58°. — *2-Äthyl-4-isopropylamino-6-methoxy-*, F. 40 – 42°. — *2-n-Propyl-4-äthylamino-*, u. *-4-methylamino-6-methoxy-*, FF. 37 – 40° bzw. 44 – 46°. (**F.P.[Méd.] 3790** vom 29/7. 1964, veröff. 31/1. 1966. Jap. Prior. 6/5. 1963.) — 4 S. S. Böttcher 4846

1377 Rezsö König und Zoltán Földi, Budapest, Ungarn, **3.4-Dihydro-1.2.4-benzothiadiazin-1.1-dioxide** der allg. Formel I erhält man durch Rk. eines Dichlor-

I 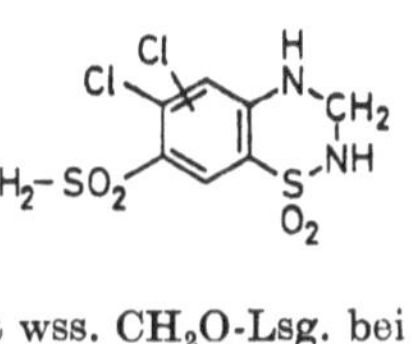

anilindisulfonamids mit wss. CH_2O-Lsg. bei 80 – 100°. — *2.3-Dichloranilin-4.6-disulfonsäurechlorid*, F. 167°, + NH_3 (in A. bei 55 – 60°) → *2.3-Dichlor-anilin-4.6-disulfonamid*, F. 278°; + CH_2O (in sd. wss. Lsg.) → *5.6-Dichlor-7-sulfonamido-1.2.4-benzodihydrothiadiazin-1.1-dioxid*, F. 299° (Zers.). — *Diuretika*. (**U.S.P. 3285910** vom 4/5. 1960, ausg. 15/11. 1966.) — 2 S. O. Schön 4846

1378 Ciba Ltd., Basel, Schweiz, **Neue Benzo-azacycloalkene.** Ein Gemisch aus 5,65 (g) 1-Cyanomethyl-3-phenyl-A (A = 2.3.4.5-Tetrahydro-1-benzazepin) u. 1,7 wasserfreiem Äthylendiamin wird mit einigen Tropfen CS_2 5 Std. auf 130 – 135° erhitzt → *1-[2-Imidazolin-2-ylmethyl]-3-phenyl-A* (**II**), F. 117 – 118°, Hydrochlorid (**I**), F. 280 – 283°. Analog: *1-[2-Imidazolin-2-ylmethyl]-3-phenyl-1.2.3.4-B* (B = Tetrahydrochinolin), **I**, F. 290 bis 294°, *3-[2-Chlorphenyl]-1-[2-imidazolin-2-ylmethyl]-A*, F. 117 – 118°, **I**, F. 212°; *8-Chlor-1-[2-imidazolin-2-ylmethyl]-3-phenyl-A*, **I**, F. 238° (Zers.), *1-[2-Imidazolin-2-yl-methyl]-3-[4-methylphenyl]-A*, **I**, F. 190 – 200° (Zers.), *1-[(1-Methyl-2-imidazolin-2-yl)-methyl]-3-phenyl-A-hydrojodid*, F. 145° (Zers.), aus **II** u. CH_3J, *1-[(4-Methyl-2-imidazolin-2-yl)-methyl]-3-phenyl-A*, F. 110 – 115°, **I**, F. 200 – 220°, *1-[1.4.5.6-Tetrahydro-2-pyrimidylmethyl]-3-phenyl-A*, F. 124 – 128°, **I**, F. 256 – 259°, *1-[2-Imidazolin-2-yl-methyl]-3-[4-chlorphenyl]-A*, **I**, F. 239 – 241°, *1-[2-Imidazolin-2-yl-methyl]-2-phenyl-1.2.3.4-B*, F. 138 – 141°, **I**, F. 220°, aus 1-Cyanomethyl-2-phenyl-2.2.3.4-B. — *Pharmazeutika*. (**Brit.P. 1038344** vom 16/12. 1963, ausg. 10/8. 1966. U.S. Prior. 14/12. 1962 u. 4/11. 1963.) — 13 S.
C. Lüttgen 4846

1379 J. R. Geigy Akt.-Ges., Basel (Erfinder: Walter Schindler, Riehen, und Hans Blattner, Basel), Schweiz, **Herstellung neuer Azepinderivate** der allg. Formel I (X u. Y = H, Cl, Br, niederes Alkyl, R^1 = H,

I 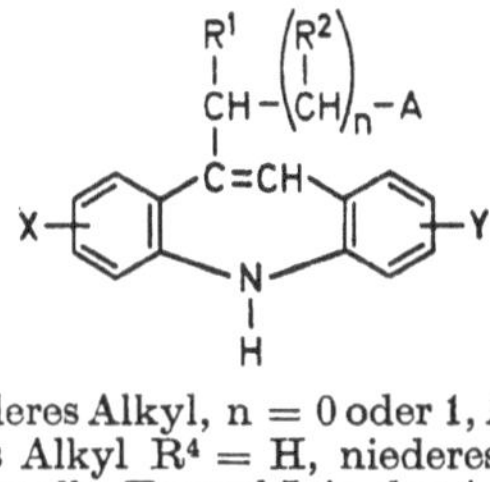

CH_3, R^2 = H, niederes Alkyl, n = 0 oder 1, A = $CH_2NR^3 \cdot R^4$, R^3 = niederes Alkyl R^4 = H, niederes Alkyl) durch Red. einer Verb. der allg. Formel **I**, in der A = $CO-NR^3R^4$, mittels eines komplexen Hydrids in ätherartigem Lsgm., z. B. Tetrahydrofuran (**II**). — 9 g β-Methyl-5H-Dibenz[b.f]-azepin-10-propionsäuredimethylamid in 100 (ml) abs. **II** läßt man zu einer auf 0° abgekühlten Suspension von 2 g $LiAlH_4$ in 75 abs. **II** tropfen, wobei man die Temp. auf 20° steigen läßt, u. dann das Gemisch 16 Std. bei 45 – 50° rührt → 10-[γ-Dimethylamino-β-methylpropyl-5H-dibenz[b.f]azepin, Kp.$_{0,006}$ 172 – 174°. — *Pharmazeutika*. (**Schwz.P. 414643** vom 4/12. 1962, ausg. 30/12. 1966.) — 5 S. C. Lüttgen 4846

1380 F. Hoffmann-La Roche & Co. Akt.-Ges., Basel, Schweiz, **2.3-Dihydro-1H-benzdiaz[1.4]epinderivate** der allg. Formel I erhält man durch Rk. entsprechender 1-Alkalideriv. mit Halogenaminoalkanolen [n = 2 – 7; R = Alkyl; R^1 u. R^2 = H, R; R^3 = H, Halogen; R^4 = R^3, CF_3, NO_2]. — *1-[2-Diäthylaminoäthyl]-7-nitro-5-phenyl-***I**, Öl. — *Dihydrochlorid*, gelbe Platten,

I 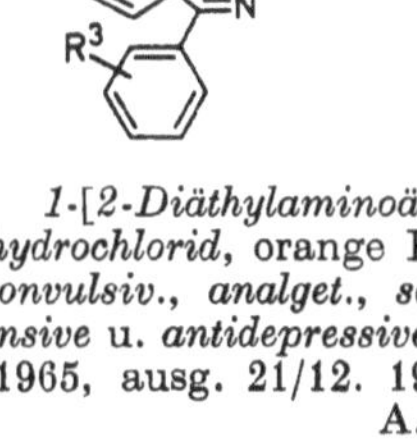

F. 232 – 236°. — *1-[2-Diäthylaminoäthyl]-7-amino-5-phenyl-***I**, Öl. — *Dihydrochlorid*, orange Prismen, F. 234 bis 236°. — *Antikonvulsiv.*, *analget.*, *sedative*, *muskelerschlaffende*, *hypotensive* u. *antidepressive Mittel*. (**Brit.P. 1052144** vom 8/2. 1965, ausg. 21/12. 1966. U.S. Prior. 11/2. 1964.) — 5 S. A. Jahn 4846

1381 Upjohn Co., USA (Erfinder: Arthur Raymond Hanse), **5-Aminoalkyl-[5H]-dibenzo-[b.e][1.4]-diazepin-11(10H)-one** u. ihre Salze werden oral u. parenteral als *Beruhigungsmittel* verwendet. — *5-[2-Diäthylaminoäthyl]-*, F. 132,5 – 133,5°, *5-[3-Dimethylaminopropyl]-*, F. 147,5 – 149°, *5-[3-Diäthylaminopropyl]-*, F. 115,5 bis 117°, *5-[3-Methylaminopropyl]-*, F. 146,5 – 147,5°, u. *5-[3-Dimethylaminopropyl]-3-chlor-[5H]-dibenzo-[b.e][1.4]-diazepin-11(10H)-on*, F. 145,5 – 146,5°. (**F.P.[Méd.] 3747** vom 26/11. 1963, veröff. 17/1. 1966. U.S. Prior. 28/8. 1962.) — 3 S. S. Böttcher 4846

1382 C. F. Boehringer & Soehne G. m. b. H., Mannheim, **Herstellung von Reserpsäureestern** durch Rk. eines Alkalisalzes der Reserpsäure (**I**) in einem inerten Lsgm. bei ≦ 20° mit dem Imidazolid einer Carbon- oder Sulfonsäure u. ≧ 1 (Mol.) eines Alkali-Hydrids (**II**) oder -Imidazolids (**III**) u. anschließendes Ansäuern, oder durch Rk. von **I** mit ≧ 2 **II** oder **III** u. anschließende Umsetzung mit einem Säure-**III**. — 3,5 (g) Na-Salz von **I** u. 4 N-p-Brombenzolsulfonyl-**III** in wasserfreiem Dimethylformamid (**V**) werden bei 5° mit 0,72 einer 50%ig. NaH-Suspension (**IV**) in Paraffinöl versetzt, nach Aufbewahren im Kühlschrank am nächsten Tage mit Bzl. verd. u. mit W. ausgeschüttelt. Die wss. Phase wird mit Essigsäure auf pH 6,3 eingestellt → *18-O-p-Brombenzolsulfonyl*-**I**, $C_{28}H_{31}N_2O_7BrS$, F. 208—210°, $[\alpha]_D^{20}$ —133,3 ± 0,5° (c = ~1 in Py.). — Man löst 3 **I** in **V**, versetzt unter Kühlen mit 0,37 **IV** u. nach 5 Min. mit 3,9 3.4.5-Trimethoxybenzoyl-**III** u. weiteren 0,37 **IV** u. arbeitet auf → *18-O-3'.4'.5'-Trimethoxybenzoyl*-**I**, $C_{22}H_{36}N_2O_9$ · H_2O, F. 225—227°, $[\alpha]_D^{25}$ —146,2 ± 0,5° (c = ~1 in $CHCl_3$). — *Zwischenprod.* für *Therapeutika*. (**Brit.P. 1051235** vom 5/8. 1965, ausg. 14/12. 1966. D. Prior. 6/8. 1964.) — 3 S. C. Lüttgen 4846

1383 C. F. Boehringer & Soehne G. m. b. H., Mannheim, **Verestern von 16-Carbonsäuren der Yohimbanreihe** durch Rk. mit N.N'-Carbonyl-diimidazol (**II**) oder N.N'-Thionyl-diimidazol u. Rk. des entstandenen Yohimban-16-carbonsäureimidazolids mit einem Alkohol, Phenol, Alkalialkoholat oder -phenolat. — 4 (g) *18-epi-Azido-18-desoxyreserpsäure*(**I**)-*hemihydrat*, F. 239—240°, in wasserfreiem Dimethylformamid werden mit 3,1 **II** gemischt, nach 2 Std. mit 5 ml n-Butanol (**IV**) u. 0,95 einer 50%ig. Suspension von NaH im Paraffinöl versetzt u. nach 40 Min. mit 500 ml CH_2Cl_2 verd., mehrmals mit W. gewaschen, eingedampft u. der Rückstand nach Auflösen in Bzl. mit bas. Al_2O_3 chromatographiert → 2,51 **I**-*n-Butylester*, $C_{26}H_{35}N_5O_4$, F. 231°, $[\alpha]_D^{20}$ 31,2 ± 0,6° [c = ~1 in $CHCl_3$ (**III**)]. Das Zwischenprod. **I**-*Imidazolid*, $C_{25}H_{29}N_7O_3$, F. 225°, $[\alpha]_D^{20}$ —22,1 ± 0,6° (c = ~1 in **III**) kann vor der Zugabe von **IV** isoliert werden. — Analog: **I**-*2'-Methoxyäthylester*, $C_{25}H_{33}N_5O_5$, F. 163°, $[\alpha]_D^{20}$ —36,8 ± 0,6° (c = ~1 in **III**); **I**-*Benzylester*, $C_{29}H_{33}N_5O_4$, F. 217°, $[\alpha]_D^{21}$ —47,3 ± 0,5° (c = ~1 in **III**); **I**-*Phenylester*, $C_{28}H_{31}N_5O_4$, F. 241°, $[\alpha]_D^{20}$ —129,8 ± 0,3° (c = ~1 in **III**); *18-epi-O-Methylreserpsäurebenzylester*, C_{30} · $H_{36}N_2O_5$, F. 221—222°; *18-O-p-Brombenzolsulfonylreserpsäure-phenylester*, $C_{34}H_{35}N_2BrO_7S$, F. 220°, $[\alpha]_D^{20}$ —39,7 ± 0,5° (c = ~1 in **III**), u. *-benzylester*, $C_{35}H_{37}N_2O_7BrS$, F. 214°, $[\alpha]_D^{20}$ +8,6 ± 0,5° (c = ~1 in **III**). — *Zwischenprod.* u. *Pharmazeutika*. (**Brit.P. 1041790** vom 18/8. 1965, ausg. 7/9. 1966. D. Prior. 19/8. 1964.) — 5 S. C. Lüttgen 4846

1384 Sandoz Soc. An., Schweiz (Erfinder: Max Kuhn, Albert von Wartburg und Jany Renz), **Lignanderivate.** *Neopodophyllotoxin*, F. 218—230° (Zers.), $[\alpha]_D^{21}$ —52,4°, wird hergestellt aus Podophyllotoxin in CH_3OH durch Kochen mit $ZnCl_2$, daraus *Podophyllsäure*, F. 160—167° (Zers.), $[\alpha]_D^{21}$ —286° (Pyridin), $[\alpha]_D^{21}$ —195,3° (A.). — Mittel zur *Behandlung von Tumoren.* (**F.P[Méd.] 3830** vom 17/8. 1964, veröff. 16/2. 1966. Schwz. Prior. 22/5. 1963.) — 3 S. S. Böttcher 4846

1385 Merck & Co., Inc., Rahway, N.J., USA (Erfinder: Arthur Allen Patchett und Frances Georgina Hoffman), **3-Enoläther der 3.20-Diketo-4-pregnene** erhält man durch Rk. des 17α-Äthers des 4-Pregnen-3.20-dions mit einem Alkylorthoformiat in einem Lsgm. in Ggw. eines sauren Katalysators, wie einer starken Mineralsäure oder einer organ. Sulfonsäure bzw. durch Rk. eines 4-Keto-Steroids mit einem höheren aliphat. Alkohol in Ggw. einer organ. Sulfonsäure. — Aus 17α-Methoxy-4-pregnen-3.20-dion, F. 209—211°, erhält man durch Rk. mit Orthoameisensäureäthylester in A. in Ggw. von H_2SO_4 *3-Äthoxy-17a-methoxy-3.5-pregnadien-20-on*, F. 150—160°. Ferner ist noch beschrieben die Herst. von *5.6α-Oxido-3.20-bis-äthylendioxypregnan-17α-ol*, F. 208—213°; *3.20-Bis-äthylendioxy-6β-methylpregnan-5α.17α-diol*, F. 174—177°; *5α.17α-Dihydroxy-6β-methylpregnan-3.20-dion*, F. 250—258° u. *17α-Hydroxy-6α-methyl-4-pregnen-3.20-dion*, F. 200—210°. Die Herst. einer Reihe ähnlicher Verb. ohne Angabe von Kennzahlen ist noch beschrieben. — *Heilmittel.* (**Brit.P. 1020294** vom 20/2. 1963, ausg. 16/2. 1966.) — 12 S. R. Bollinger 4847

1386 Abbott Laboratories (Erfinder: John Tadanier und John Cole), **Herstellung von gem.-Difluorsteroiden** durch Rk. eines Steroids der allg. Formel **I** (R = O, $\langle^{H}_{COCH_3}$ oder $\langle^{H}_{OCOCH_3}$; R^1 = O oder $\langle^{H}_{OCOCH_3}$) mit SF_4 in Ggw. einer katalyt. Menge HF oder Lewissäuren in inertem, nicht wss. Lösungsmittel. —

I 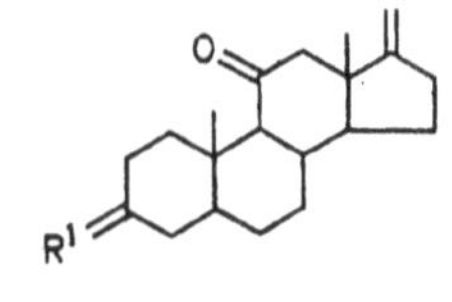

Beispiele: *3.3.20.20-Tetrafluor-5α-pregnan-11-on*, F. 170—171°; *3.3-Difluor-5α-pregnan-11.20-dion*, F. 155—156°; *3.3.20.20-Tetrafluor-5β-pregnan-11-on*, F. 167—168°; *3.3-Difluor-5β-pregnan-11.20-dion*, F. 133—139°; *3.3.17.17-Tetrafluor-5α-androstan-11-on.* Weitere Beispiele ohne physikal. Daten. — *Therapeutika.* (**Aust.P. 270045** vom 28/12. 1962, ausg. 6/10. 1966. U.S. Prior. 19/1. 1962.) — 13 S. K. Demmler 4847

1387 Schering Corp., Bloomfield, übert. von: Richard C. Rausser, Union, und Eugene P. Oliveto, Glen Ridge, N.J., USA, **1.4.9(11)-Pregnatriene** erhält man z. B. durch Rk. von 16α-Methyl-1.4-pregnadien-11β.17α-21-triol-3.20-dion-21-acetat mit Methansulfonylchlorid in Py. → *16α-Methyl-1.4.9(11)-pregnatrien-17α.21-diol-3.20-dion-21-acetat.* — *Diuretika.* (**U.S.P. 3284477** vom 10/7. 1963, ausg. 8/11. 1966.) — 2 S. U. Sievers 4847

1388 Smith, Kline & French Laboratories, Philadelphia, Pa., übert. von: Kenneth G. Holden, Stratford, N.J., USA, **19-Nor-B-nortestosterone** erhält man z. B. durch Rk. von 3β.19-Diacetoxyandrost-5-en-17-on mit m-Chlorperbenzoesäure (**I**) in Chlf. → 3β.19-Diacetoxy-5.6-epoxyandrostan-17-on, F. 128—129°, welches sich durch CrO_3-Ox., nochmalige Rk. mit **I**, Rk. der erhaltenen 3β.19-Diacetoxy-5.17-dioxo-5.6-seco-androstan-6-säure mit Benzoylchlorid u. alkal. Spaltung des erhaltenen Lactons überführen läßt → *3β.19-Dihydroxy-B-norandrost-5-en-17-on*, F. 148—150°; daraus durch Rk. mit $LiCH_3$, CrO_3-Ox., Rk. mit Py. u. dann mit methanol. Na-Methylat → *17α-Methyl-19-nor-B-nortestosteron*, F. 150 bis 151°. — *Antiandrogene* u. Zwischenprod. zur Herst. von *Heilmitteln.* (**U.S.P. 3284505** vom 16/3. 1965, ausg. 8/11. 1966.) — 5 S. U. Sievers 4847

1389 Parke, Davis & Co., Detroit, Mich., übert. von: George W. Moersch und Winifred Ann Neuklis, Ann Arbor, Mich., USA, **3-Chlorsteroid-3.5-diene** erhält man durch Rk. von z. B. 19-Nortestosteronacetat mit Oxalylchlorid in Bzl. → *3-Chlor-17β-acetoxyöstra-3.5-dien*, F. 118—120°. — Analog: *3-Chlor-17α-methyl-17β-acetoxyandrosta-3.5-dien*, F. 125—127°. — *3-Chlor-17α-äthinyl-17β-acetoxyandrosta-3.5-dien*, F. 181—184°. — *3-Chlor-17β-propionoxyandrosta-3.5-dien*, F. 170—172°. — *3-Chlor-17α-äthinyl-17β-acetoxy-19-norandrosta-3.5-dien*, F. 138 bis 140°. — *3-Chlor-17α-hydroxypregna-3.5-dien-20-on*, F. 199—201°. — *3-Chlor-17α-acetoxypregna-3.5-dien-20-on*, F. 182—185°. — *Anabolika*; *Progestatika*; *die Fruchtbarkeit hemmende Heilmittel.* (**U.S.P. 3285939** vom 13/2. 1963, ausg. 15/11. 1966.) — 3 S. U. Sievers 4847

1390 Norman J. Doorenbos, North Linthicum, und Mu Tsu-Wu, Baltimore, Md., USA, **1'.4'.5'.6'-Tetrahydropyrimidino-[a-4.3]-4-aza-5-cholesten** (**VI**). 3-Keto-Δ^4-dehydrosteroide (**I**) ergeben beim Ozonisieren die entsprechenden 3.5-Seco-4-nor-5-ketosteroid-3-säuren (**II**), die mit 1.3-Diaminopropan (**V**) die heterocycl. Deriv. (**IV**) liefern. Ggf. können die Säuren **II** vor Rk. mit **V** zu den entsprechenden Enollactonen **III** dehydratisiert werden. — 2 g Cholestenon, gelöst ist 30 ml Äthylacetat u. 30 ml Eisessig, werden bei —10° mit 2-Äquivalenten O_3 behandelt, worauf 10 ml W. u. 1 ml 30%ig. H_2O_2 zugegeben werden. 2 (g) der isolierten *3.5-Seco-4-norcholestan-5-on-3-säure* werden mit 10 **V** 1 Std. unter N_2-Atmosphäre gekocht → **VI**. — Analog: 17α-Methyltestosteron → *1'.4'.5'.6'-Tetrahydropyrimidino-[a-4.3]-17α-methyl-4-aza-5-androsten-17β-ol.* — Testosteron → *1'.4'.5'.6'-Tetra-*

hydropyrimidino-[*a*-*4.3*]-*4*-*aza*-*5*-*androstan*-*17β*-*ol.* — Androstendion → *1'.4'.5'.6'-Tetrahydropyrimidino*-[*α*-*4.3*]-*4-aza-5-androsten-17-on,* — 3.5-Seco-4-norpregnan-5.20-dion-3-säure → *4-Oxa-5-pregnen-3.20-dion* → *1'.4'.5'.6'-*

I 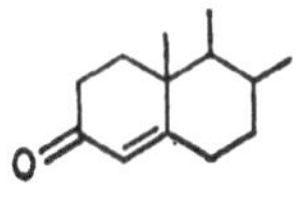 II. 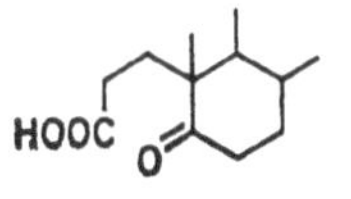

III 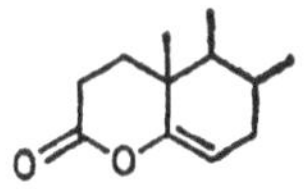 IV 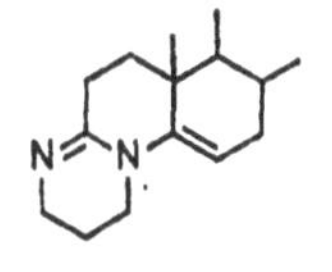

Tetrahydropyrimidino-[*a*-*4.3*]-*4-aza-5-pregnen-20-on.* — 9α-Fluor-16α-methylhydrocortison → *9a-Fluor-16α-methyl-3.5-seco-4-norpregnan-5.20-dion-11β.17α.21-triol-3-säure* → *1'.4'.5'.6'-Tetrahydropyrimidino*-[*a*-*4.3*]-*9α-fluor-16α-methyl-4-aza-5-pregnen-20-on-11β.17α.21*-triol. — Cortison → *1'.4'.5'.6'-Tetrahydropyrimidino*-[*a*-*4.3*]-*4-aza-5-pregnen-11.20-dion-17α.21-diol.* — Cortison-21-acetat → *1.'4'.5'.6'-Tetrahydropyrimidino*-[*a*-*4.3*]-*4-aza-5-pregnen-11.20-dion-17α.21-diol-21-acetat.* — *Entzündungshemmende Heilmittel.* (**U.S.P. 3285918** vom 18/4. 1962, ausg. 15/11. 1966.) — 3 S. O. Schön 4847

1391 Syntex Corp., Panama, Panama, übert. von: Alexander D. Cross, Mexiko, Mexiko, **Tetrahydrofuranyläther von 1.3.5(10)-Östratrienen** erhält man z. B. durch Rk. von Östron (I) mit Dihydrofuran in Bzl. → *I-3-Tetrahydrofuranyläther.* — *Orale Östrogene.* (**U.S.P. 3290297** vom 11/2. 1965, ausg. 6/12. 1966.) — 8 S. U. Sievers 4847

1392 Herchel Smith (Erfinder: Gordon Alan Hughes und Herchel Smith), Wayne, Pa., USA; **13-Alkyl-8.14-secogonanverbindungen** erhält man z. B. durch Rk. von 6-Methoxy-1-vinyl-1-tetralol mit 2-Methylcyclopentan-1.3-dion (I) in Ggw. von methanol. KOH unter Rückfluß → *3-Methoxy-8.13-secoöstra-1.3.5(10).9(11) tetraen-14.17-dion,* $C_{19}H_{22}O_3$, F. 77—78°. — Analog: 6-Methoxy-1-vinyl-1-tetralol + 2-Äthylcyclopentan-1.3-dion → *13-Äthyl-3-methoxy-8.13-secogona-1.3.5(10).9(11)-tetraen-14.17-dion,* $C_{20}H_{24}O_3$, F. 65—67°. — 6-Benzyloxy-1-vinyl-1-tetralol + I → *3-Benzyloxy-8.14-seco-östra-1.3.5(10).9(11)-tetraen-14.17-dion,* Gummi. — Analog: *3-Benzyloxy-13-äthyl-8.14-secogona-1.3.5(10).9(11)-tetraen-14.17-dion,* $C_{26}H_{28}O_3$, F. 64—67°. — *3-(2'-Tetrahydropyranyloxy)-8.14-secoöstra-1.3.5(10).9(11)-tetraen-14.17-dion,* Gummi. — *13-Äthyl-8.14-secogona-1.3.5(17).9(11)-tetraen-14.17-dion,* Gummi. — *13-Äthyl-3-methoxy-7-methyl-8.14-secogona-1.3.5(10).9(11)-tetraen-14.17-dion,* $C_{21}H_{26}O_3$, F. 78,5—80°. — Zwischenprod. zur Herst. von Heilmitteln. (**Brit.P. 1041273** vom 6/5. 1963, ausg. 1/9. 1966. U.S. Piror. 16/5. 1962.) — 5 S. U. Sievers 4847

1393 Bristol-Myers Co., New York, übert. von: Leonard Bruce Crast jun., North Syracuse, N.Y., USA, **Penicillansäure(I)-derivate** der allg. Formel **II** erhält man durch Rk. von 6-Aminopenicillansäure mit entsprechenden Säurechloriden [X u. Y = H, Cl; R = niederes Alkyl]. — *6-[3-(5'-Chlor-2-thiophen)-5-methyl-4-isoxazolcarboxamido]-***I**, *Na-Salz,* Zers. 120°. — *6-[3-(2'-Chlor-3'-thiophen)-5-methyl-4-isoxazolcarboxamido]-***I**, *Na-Salz, Monohydrat,* Zers. 168—170° (Butanol-W.). — *6-[3-(2.5-Dichlor-3-thiophen)-5-methyl-4-isoxazolcarbonamido]*-I, Na-Salz, $C_{17}H_{14}Cl_2N_3O_5S_2Na$, Zers. 100°. — *Bakterizide.* (**U.S.P. 3290291** vom 22/5. 1964, ausg. 6/12. 1966.) — 5 S. A. Jahn 4848

II 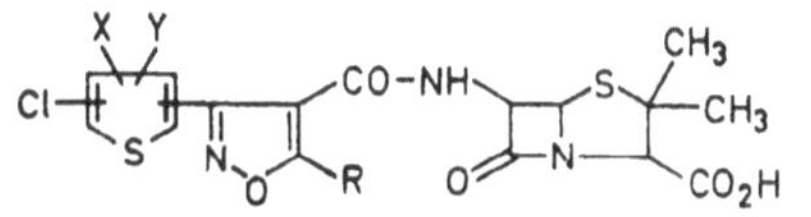

1394 Chas. Pfizer & Co., Inc., New York, N.Y., übert. von: Robert F. Blackwood, Gales Ferry, Hans H. Rennhard, Lyme, John J. Beereboom, Waterford, und Charles R. Stephens jun., Niantic, Conn., USA, **6-Desoxy-6-desmethyl-6-halogenmethylentetracycline und ihre 11a-Chlor- und-Fluor-Derivate** der allg. Formel **I**

I 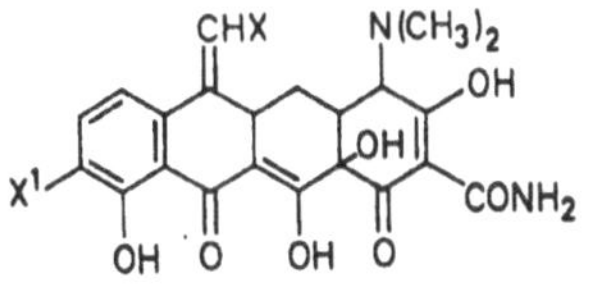

(X = Cl, Br oder J, X^1 = H, Cl, Br, J, NO_2 oder NH_2) erhält man durch Halogenabspaltung aus der 11a-Halogen-Verbindung (**II**). **II** erhält man aus Tetracyclin durch Chlorierung in einem inerten Lsgm., das 11a-Fluortetracyclinketal erhält man aus Tetracyclin durch Rk. mit Perchlorfluorid in Ggw. einer Base, bes. Alkalihydroxid oder Alkalialkoxid. Die 9-Nitro-Verb. erhält man durch Nitrierung mit HNO_3 oder KNO_3/HF, die 5a.6-Anhydro-Verb. (**III**) wird durch Behandeln von 6-Methyllentetracyclin mit einer Säure erhalten. Aus **III** erhält man durch Ox. u. anschließende Red. die 6-Desoxy-6-hydroxytetracyclin-Verb. oder das 5.5a-Dehydrotetracyclin. — Aus 11a-Chlortetracyclin-6.12-hemiketal erhält man durch Rk. mit HF *11a-Chlor-6-desoxy-6-desmethyl-6-methylentetracyclin, Hydrochlorid,* $C_{22}H_{22}Cl_2N_2O_7$; daraus erhält man durch Rk. mit Zn-Staub *6-Desoxy-6-desmethyl-6-methylentetracyclinhydrochlorid,* F. 213,8 bis 214,2°; durch Rk. mit N-Chlorsuccinimid erhält man das p-Toluolsulfonat von *11a-Chlor-6-desoxy-6-desmethyl-6-chlormethylentetracyclin,* $C_{29}H_{28}Cl_2N_2O_{10}S$; ähnlich das *6-Brom-Deriv.*; durch Nitrierung des *11a-Chlor-9-nitro-6-desoxy-6-desmethyl-6-methylentetracyclin.* — Die Herst. weiterer Verb. ohne Angabe von Kennzahlen ist beschrieben. — *Antibiotika.* (**U.S.P. 3250809** vom 6/9. 1962, ausg. 10/5. 1966.) — 13 S. R. Bollinger 4848

1395 Michael Joseph Martell jun., Pearl River, N.Y., und Andrew Stephen Tomcufcik, Old Tappan, N.J., USA, **2-Carboxamido-N-amido-methyl- und 2-Carboxamido-N-imidomethyl-6-desoxytetracycline** der allg. Formel **I** (R^1 = H oder Halogen; R^2 = H oder CH_3;

I 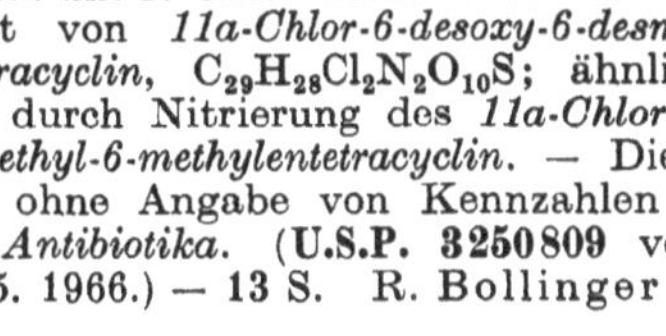

R^3 = H oder OH; R^4 = NHCO-Alkyl, $NHCOC_6H_5$, $NHCOCH_2C_6H_5$, ggf. durch Alkyl substituiertes Succinimid, Pthalimid oder ggf. durch Alkyl substituiertes Phthalimid) erhält man durch Rk. des entsprechenden 2-Decarboximido-2-cyan-6-desoxytetracyclins mit einem N-Hydroxymethylamid oder N-Hydroxymethylimid in einer konz. anorgan. Säure bei 0—50°. — 2-Decarboxamido-2-cyan-6-desmethyl-6-desoxytetracyclin gibt mit N-Hydroxymethylphthalimid in konz. H_2SO_4 *2-Carboxamido-N-phthalimidomethyl-6-desmethyl-6-desoxytetracyclin*; ähnlich das *N-Maleinimidomethyl-Deriv.* — *Heilmittel.* (**U.S.P. 3275652** vom 26/2. 1965, ausg. 27/9. 1966.) — 3 S. R. Bollinger 4848

1396 American Cyanamid Co. Stamford, Conn., übert. von: Philip Andrew Miller, West Nyack,

I 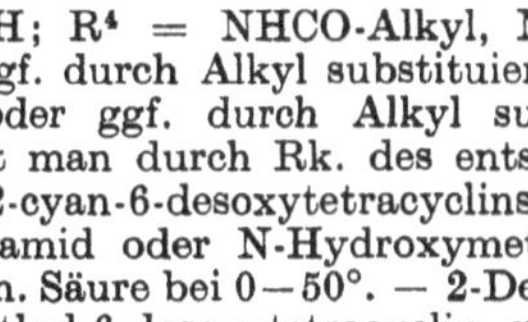

John Henry Edward James Martin, New City, und Lester Allen Mitscher, Pearl River, N.Y., USA,

5a.6-Anhydrotetracycline der allg. Formel **I** (R^1 = H, Cl oder Br; R^2 u. R^3 = H oder CH_3) erhält man aus Kulturen von *Streptomyces*-Spezies unter aeroben Bedingungen. (**U.S.P. 3265732** vom 28/2. 1964, ausg. 9/8. 1966.) — 6 S. R. Bollinger 4848

1397 Olin Mathieson Chemical Corp., New York, N.Y., übert. von: Eugene E. Galantay und Josef Fried, Princeton, N.J., USA, **7-Aminocephalosporansäure(I)-Derivate** der allg. Formel **II** erhält man durch

II 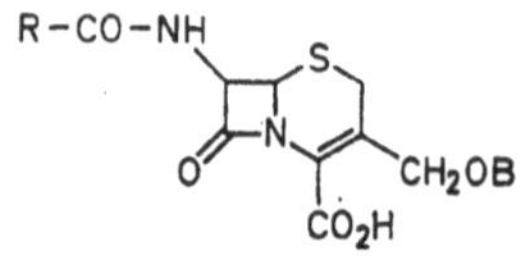

Rk. von **I** mit Verb. der allg. Formel R–CO–Z u. ggf. nachfolgende Hydrolyse (B = H) u. Veresterung (B = Acyl) (B = H oder Acylrest; R = aliphat., ggf. fluorierter KW-Stoffrest; Z = Halogen, N_3 oder p-Nitrophenoxyrest). — Beschrieben werden Verb. der Formel **II**, wobei *R = 1.1-Dimethylbutyl, B = Acetyl-, Na-Salz. — R = 3-Hepten-3-yl, B = Acetyl, Triäthylammoniumsalz. — R = 4.4-Dimethylpentinyl, B = Acetyl. — R = 4.4-Difluorpentyl, B = Acetyl. — R = 2-Fluor-1-propenyl, B = Acetyl. — R = 1.1-Dimethylbutyl, B = H. — R = 4.4-Difluorpentyl, B = H. — R = 1.1-Dimethylbutyl, B = Phenacetyl. — Antibiotika.* (**U.S.P. 3234221** vom 29/10. 1962, ausg. 8/2. 1966.) — 2 S. A. Jahn 4848

1398 Glaxo Laboratories Ltd., übert. von: Brian Richard Cowley, London, Gardon Ian Gregory, Chalfont, St. Peter, John Kevin Lazenby, Grangemounth, und Alan Gibson Long, Greenford, Großbritannien, **7-Aminocephalosporansäure(I)-Derivate** der allg. Formel **II** erhält man durch Rk. von N-substituierten

II 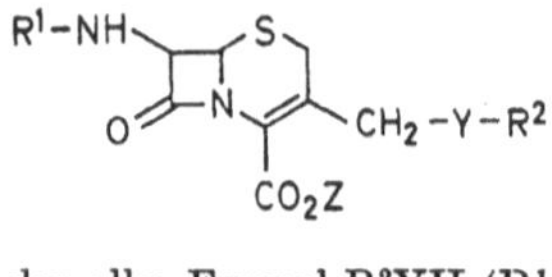

I-Deriv. mit Verb. der allg. Formel R^2YH (R^1 = H oder carbocycl. Acylrest; Y = SO_2, –SSO-$_2$ –S–CS–, –S–CO-; R^2 = aliphat., aromat., araliphat., heterocycl. oder heterocycl. substituierter aliphat. Rest; falls Y = SO_2 oder –S–CO- kann R^2 auch OH oder Alkoxy bedeuten; Z = Kation). — Es wurden erhalten: *3-Picolinoylmercaptomethyl-7-[2'-thienylacetamido]-ceph-3-em-4-carbonsäure,* $[\alpha]_D$ –79,8° (c = 0,8 in Dioxan). — *3-Benzoylmercaptomethyl-7-[2'-thienylacetamido]-ceph-3-em-4-carbonsäure,* $C_{21}H_{18}N_2O_5S_3$, $[\alpha]_D^{26}$ –138° (Dioxan). — *3-Benzoylmercaptomethyl-7-phenylacetamidoceph-3-em-4-carbonsäure,* $C_{23}H_{20}N_2O_5S_2$, $[\alpha]_D$ –132° (c = 0,88. Dioxan). — *4-Carboxy-7-phenylacetamidoceph-3-em-3-ylmethyl-p-toluolsulfon,* $C_{23}H_{22}N_2O_6S_2$. — *3-O-Äthylxanthyl-7-[2'-thienylacetamido]-ceph-3-em-4-carbonsäure,* $C_{17}H_{18}N_2O_5S_4$, F. 153 bis 155° (Äthylacetat), $[\alpha]_D^{25}$ –104° (c = 1,0, Dioxan). — *S-[7-O-5-Amino-5-carboxypentanoylamido-4-carboxyceph-3-em-3-ylmethyl]-thiobenzoat,* $C_{21}H_{23}N_3O_7S_2$. — *S-[7-Amino-4-carboxyceph-3-em-3-ylmethyl]-thiobenzoat,* $C_{15}H_{14}N_2 \cdot O_4S_2$. — *S-[7-Amino-4-carboxyceph-3-em-3-ylmethyl]-thiopicolinat,* $[\alpha]_D^{20}$ –74° (c = 1,00; 3% $NaHCO_3$). — Ferner: 7-[2'-Thienylacetamido]-ceph-3-em-4-carbonsäuren: *3-[p-Nitrobenzoylmercaptomethyl]-. — 3-[p-Cyanbenzoylmercaptomethyl]-. — 3-[o-Nitrobenzoylmercaptomethyl]-. — 3-[o-Methylmercaptobenzoylmercaptomethyl]-. — 3-[o-Methoxybenzoylmercaptomethyl]-. — 3-Thiobenzoylmercaptomethyl-. — 3-Isonicotinoylmercaptomethyl-. — 3-[2'-chinolylcarbonylmercaptomethyl]-. — 3-[2'-Thienylacetylmercaptomethyl]-. — 3-[2'-Furoylmercaptomethyl]-. — Antibiotika.* (**U.S.P. 3243435** vom 9/7. 1964, ausg. 29/3. 1966. Brit. Prior. 15/7. 1963 u. 9/4. 1964.) — 8 S. A. Jahn 4848

1399 Glaxo Laboratories Ltd., Greenford, Großbritannien (Erfinder: Vincent Arkley, Stephen Eardley und Alan Gibson Long), **Cephalosporansäure(I)-Derivate** der allg. Formel **II** erhält man durch Rk. von 7-Amino-**I** oder entsprechend N-substituierten Deriv. mit entsprechenden Pyridinen u. ggf. nachfolgende Thioacetylierung (Z = Carbamyl-, niederer Alkyl-, N-Alkylcarbamyl-, N.N-Dimethylcarbamyl-, Carbalkoxy-, Hydroxyalkyl-, N-Hydroxyalkylcarbamyl- oder Carbamylalkylrest; p = 1–3). — Es wurden erhalten:

II 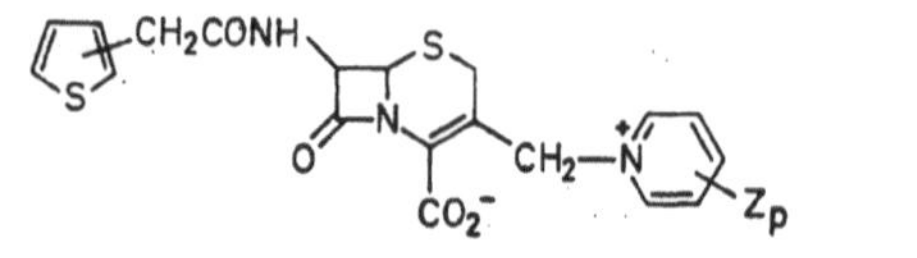

N-[7-(2'-Thienylacetamido)-ceph-3-em-3-yl-methyl](**III**)*-2''-methylpyridinium-4-carboxylat,* $C_{20}H_{19}N_3O_4S_2 \cdot 2{,}5\ H_2O$, $[\alpha]_D$ +82°. — **III**-*2''.4''-Dimethylpyridinium-4-carboxylat,* $C_{21}H_{21}N_3O_4S_2 \cdot 2\ H_2O$, $[\alpha]_D$ +88°. — **III**-*3''-carbamylpyridinium-4-carboxylat,* $C_{20}H_{18}N_4O_5S_2 \cdot 3\ H_2O$, $[\alpha]_D$ +23°. — **III**-*3''-N-Hydroxymethylcarbamylpyridinium-4-carboxylat.* — **III**-*4''-N'-Hydroxymethylcarbamylpyridinium-4-carboxylat.* — **III**-*4''-Methoxycarbonylpyridinium-4-carboxylat.* — **III**-*4''-Carbamylmethylpyridinium-4-carboxylat.* — **III**-*3''-Dimethylcarbamylpyridinium-4-carboxylat.* — **III**-*3''-Methoxycarbonylpyridinium-4-carboxylat.* — **III**-*3''-Äthoxycarbonylpyridinium-4-carboxylat.* — **III**-*3''-Äthylcarbamylpyridinium-4-carboxylat.* — **III**-*2''-Hydroxymethylpyridinium-4-carboxylat. — Bakterizide.* (**Brit.P. 1030630** vom 14/12. 1962, ausg. 25/5. 1966.) — 13 S. A. Jahn 4848

1400 Glaxo Laboratories Ltd., übert. von: Brian Richard Cowley, London, Gordon Ian Gregory, Chalfont St. Peter, und Alan Gibson Long, Greenford, Großbritannien, **Cephalosporinderivate** der allg. Formel **I** erhält man durch Rk. von Verb. der allg. Formel

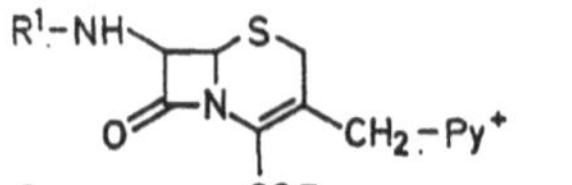
I

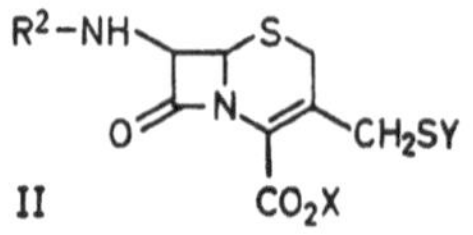
II

II mit einem entsprechenden Pyridin in Ggw. eines lösl. Hg-, Ag- oder Au-Salzes, das zur Bldg. eines Komplexes mit dem –SY-Rest befähigt ist (R^1 = Thienylacetyl- oder Phenacetylrest; Py = ggf. kernsubstituierter Pyridylrest; Y = organ. Rest; X = H, Alkalimetall, NH_4 oder quatern. Ammoniumion; R^2 = H oder R^1) u. ggf. nachfolgende Acylierung. — *N-[7-(2'-Thienylacetamido)-ceph-3-em-3-ylmethyl]-pyridinium-4-carboxylat* aus 3-Benzoylmercaptomethyl-7-[2'-thienylacetamido]-ceph-3-em-4-carbonsäure u. $Hg(ClO_4)_2$. — *Antibiotika.* (**U.S.P. 3261832** vom 9/7. 1964, ausg. 19/7. 1966. Brit. Prior. 15/7. 1963.) — 14 S. A. Jahn 4848

1401 Glaxo Laboratories Ltd., übert. von: Stephen Eardley, Ruiship, Gabrielle Stocker, Berkhampsted, und Alan Gibson Long, Greenford, Großbritannien, **Cephalosporinderivate** der allg. Formel **I** erhält man

I 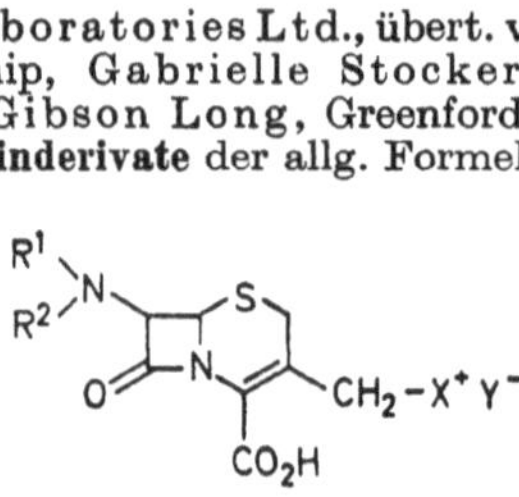

aus den entsprechenden inneren Salzen durch Säureaddition (R^2 = Acyl; R^1 = H oder Acyl; X = quatern. Aminorest). — N-[7-(2'-Thienylacetamido)-ceph-3-em-3-ylmethyl]-pyridinium-4-carboxylat (**II**) + HCl → **II**-*Hydrochlorid,* $C_{19}H_{18}ClN_3O_4S_2 \cdot 2\ H_2O$, D (= $[\alpha]_D$ bestimmt in 1–1,5%ig. Lsg. in W.-Aceton 1:1) –14°. — Analog wurden erhalten: **II**-*Cl_3C–CO_2H,* $C_{21}H_{18}Cl_3N_3O_6S_2 \cdot {}^1/_2\ H_2O$, D –11°. — **II**-*$H_2SO_4$,* $C_{19}H_{19}N_3O_8S_3 \cdot {}^1/_2\ H_2O$, D –28°. — **II**-*HBr,* $C_{19}H_{18}BrN_3O_4S_2 \cdot {}^1/_2\ H_2O$. — **II**-*$HNO_3$,* $C_{19}H_{18}N_4O_7S_2 \cdot {}^1/_4\ H_2O$. — **II**-*$HClO_4$,* $C_{19}H_{18}ClN_3 \cdot O_8S_2 \cdot 2\ H_2O$, D –24°. — **II**-*$HBF_4$,* $C_{19}H_{18}BF_4N_3O_4S_2$ ·

H_2O, D −5°. — II-*HJ*, $C_{19}H_{18}JO_4N_3S_2 \cdot 1/2\,H_2O$. — II-*$H_3PO_4$*, $C_{19}H_{20}N_3O_8PS_2 \cdot 3/4\,H_2O$, D +16°. — *N-[(4-Methoxycarbonyl)-7-(2′-thienylacetamido)-ceph-3-em-3-yl-methyl]-pyridiniumchlorid*, $C_{20}H_{19}ClN_3O_4S_2 \cdot 3\,H_2O$, F. 134—141°, $[\alpha]_D^{20}$ +19° (c = 1,0, W.). — *Antibiotika.* (**U.S.P. 3280118** vom 4/11. 1964, ausg. 18/10. 1966. Brit. Prior. 4/11. 1963.) — 5 S. A. Jahn 4848

1402 Glaxo Laboratories Ltd. (Erfinder: Thomas Walker, Godfrey Basil Webb und Alan Rhodes), **Herstellung von 3′-halogensubstituierten Grisansäuren** durch Rk. einer Grisansäure, die mit Methyl-, Äthyl-, Propyl-, Isopropyl-, Butyl-, Allyl-, Benzyl-, Phenyl-, Methoxy-, Äthoxy-, Propoxy-, Isopropoxy-, Butoxy-, Allyloxy-, Benzyloxy-, Phenoxy- oder Acetoxy-Resten, mit Cl- oder Br-Atomen substituiert sein kann, mit einem Halogenierungsmittel (Cl, Br, J, N-Brom-, N-Chlorsuccinimid, JCl, Perchlorylfluorid) in Ggw. eines säurebindenden Mittels u. eines inerten Lsgm. (Eisessig, $CHCl_3$, CH_2Cl_2, N.N-Dialkylamid, Dimethylformamid, Dimethylacetamid). — Beispiele: *3′-Brom-7-chlor-4.6-dimethoxy-6′-methylgrisan-3.2′.4′-trion*, F. 248—250° (Zers.), $[\alpha]_D^{20}$ +263°; *3′-Brom-7-chlor-4.6.2′-trimethoxy-6′-methylgris-2′-en-3.4′-dion*, F. 187—189°, $[\alpha]_D^{20}$ +250°; *3′-Brom-7-chlor-4.6.4′-trimethoxy-6′-methylgris-3′-en-3.2′-dion*, F. 246—249° (Zers.), $[\alpha]_D^{20}$ +264°; *3′.7-Dichlor-4.6-dimethoxy-6′-methylgris-3.2′.4′-trion*, F. 286—286,5°, $[\alpha]_D^{20}$ +331°; *3′.7-Dichlor-2′.4.6-trimethoxy-6′-methylgris-2′-en-3.4′-dion*, F. 188,5—190°, $[\alpha]_D^{20}$ +278°; *3.7-Dichlor-4′.4.6-trimethoxy-6′-methylgris-3′-en-3.2′-dion*, F. 257—259,5°, $[\alpha]_D^{20}$ +334°; *7-Chlor-3′-jod-4.6-dimethoxy-6′-methylgrisan-3.2′.4′-trion*, F. 209°, $[\alpha]_D^{20}$ +188°; *7-Chlor-3′-jod-2′.4.6-trimethoxy-6′-methylgris-2′-en-3.4′-dion*, F. 193,5—195°, $[\alpha]_D^{20}$ +235°; *7-Chlor-3′-jod-4′.4.6-trimethoxy-6′-methylgris-3′-en-3.2′-dion*, F. 240° (Zers.), $[\alpha]_D^{20}$ +192°; *7-Chlor-2′-äthoxy-3′-jod-4.6-dimethoxy-6′-methylgris-2′-en-3.4′-dion*, F. 174—176,5°; *7-Chlor-4′-äthoxy-3′-jod-4.6-dimethoxy-6′-methylgris-3′-en-3.2′-dion*, F. 229—230°; *7.3′-Dichlor-4′-äthoxy-4.6-dimethoxy-6′-methylgris-3′-en-3.2′-dion*, F. 213—216°, $[\alpha]_D$ +315°; *7.3-Dichlor-2′-äthoxy-4.6-dimethoxy-6′-methylgris-2′-en-3.4′-dion*, F. 149—152°, $[\alpha]_D$ +241°; *3′-Brom-7-chlor-4′-äthoxy-4.6-dimethoxy-6′-methylgris-3′-en-3.2′-dion*, F. 204—207°, $[\alpha]_D$ +199°; *3′-Brom-7-chlor-2′-äthoxy-4.6-dimethoxy-6′-methylgris-2′-en-3.4′-dion*, F. 144—146°, $[\alpha]_D$ +243°; *4-Benzyloxy-7.3′-dichlor-4.6-dimethoxy-6′-methylgris-3′-en-3.2′-dion*, F. 245—247°, $[\alpha]_D$ +251°; *2′-Benzyloxy-7.3′-dichlor-4.6-dimethoxy-6′-methylgris-2′-en-3.4′-dion*, F. 209° (Zers.), $[\alpha]_D$ +190°; *2′-Benzyloxy-3′-brom-7-chlor-4.6-dimethoxy-6′-methylgris-2′-en-3.4′-dion*, F. 211° (Zers.), $[\alpha]_D$ +191°; *4′-Benzyloxy-3′-brom-7-chlor-4.6-dimethoxy-6′-methylgris-3′-en-3.2′-dion*, F. 226 bis 228°, $[\alpha]_D$ +208°; *2′-Benzyloxy-7-chlor-3′-jod-4.6-dimethoxy-6′-methylgris-2′-en-3.4′-dion*, F. 179—181°, $[\alpha]_D$ +138°; *4′-Benzyloxy-7-chlor-3′-jod-4.6-dimethoxy-6′-methylgris-3′-en-3.2′-dion*, F. 188—190°, $[\alpha]_D$ +165°; *7.3′-Dichlor-4.6-dimethoxy-4′-propoxy-6′-methylgris-3′-en-3.2′-dion*, F. 200—201°, $[\alpha]_D$ +309°; *7.3′-Dichlor-4.6-dimethoxy-2′-propoxy-6′-methylgris-2′-en-3.4′-dion*, F. 146 bis 148°, $[\alpha]_D$ +235°; *3′-Brom-7-chlor-4.6-dimethoxy-4′-propoxy-6′-methylgris-3′-en-3.2′-dion*, F. 219°, $[\alpha]_D$ +240°; *3′-Brom-7-chlor-4.6-dimethoxy-2′-propoxy-6′-methylgris-2′-en-3.4′-dion*, F. 160—161°, $[\alpha]_D$ +220°; *7-Chlor-3′-jod-4.6-dimethoxy-4′-propoxy-6′-methylgris-3′-en-3.2′-dion*, F. 225°, $[\alpha]_D^{20}$ +192°; *7-Chlor-3′-jod-4.6-dimethoxy-2′-propoxy-6′-methylgris-2′-en-3.4′-dion*, F. 140 bis 141°, $[\alpha]_D$ +216°; *4′-Butoxy-7.3′-dichlor-4.6-dimethoxy-6′-methylgris-3′-en-3.2′-dion*, F. 182—184°, $[\alpha]_D$ +296°; *2′-Butoxy-7.3′-dichlor-4.6-dimethoxy-6′-methylgris-2′-en-3.4′-dion*, F. 175°, $[\alpha]_D$ +232°; *3′-Brom-4′-butoxy-7-chlor-4.6-dimethoxy-6′-methylgris-3′-en-3.2′-dion*, F. 188—190°, $[\alpha]_D$ +225°; *3′-Brom-2′-butoxy-7-chlor-4.6-dimethoxy-6′-methylgris-2′-en-3.4′-dion*, F. 181—182°, $[\alpha]_D$ +215°; *4′-Butoxy-7-chlor-3′-jod-4.6-dimethoxy-6′-methylgris-3′-en-3.2′-dion*, F. 200—201°, $[\alpha]_D$ +176°; *2′-Butoxy-7-chlor-3′-jod-4.6-dimethoxy-6′-methylgris-2′-en-3.4′-dion*, F. 177—178°, $[\alpha]_D$ +206°. — *Antibiotika.* (**Aust.P. 265041** vom 4/5. 1961, ausg. 24/2. 1966. Brit. Prior. 4/5. u. 11/7. 1960.) — 30 S.
K. Demmler 4848

1403 Scherico Ltd., Luzern, Schweiz, **Herstellung von Gentamycin** u. dessen Deriv., dad. gek., daß Micromonospora purpurea NRRL 2953, Micromonospora echinospora NRRL 2985 Micromonospora echinospora var. ferruginea NRRL 2995 oder var. pallida NRRL 2996 bes. aerob in wss. Nährmedium mit assimilierbarem C u. N bebrütet, das gebildete Antibiotikum aus der Kultur isoliert u. ggf. in eines seiner Deriv., bes. eines seiner Salze mit Säuren, ein N- u./oder O-Acylderiv. oder in sein Umsetzungsprod. mit der Bisulfitadditionsverb. eines Aldehyds oder Ketons übergeführt wird. — Diagramme. (**Oe.P. 246917** vom 12/11. 1962, ausg. 10/5. 1966. U.S. Prior. 14/11. 1961, 23/5. u. 16/7. 1962.) — 29 S.
T. Oppermann 4848

1404 Merck & Co., Inc., Rahway, N.J., USA, **Thiazolderivate.** Man erhitzt 2-Mercaptothiazol-4-carbonsäure (**I**) in Xylol mit SO_2Cl_2 u. setzt das gebildete **I**-Chlorid mit o-Nitroanilin um → 2-Mercaptothiazol-4-carboxy-[2′-nitroanilid] (**II**), F. 232—233°, das mit Fe-Pulver (**III**) in wss. A. 5 Std. u. nach Zugabe von konz. HCl weitere 4 Std. auf 95—97° erhitzt wird → *2-[2-Mercapto-4′-thiazolyl]-benzimidazolhydrochlorid*, F. 266—267°. — Durch Erhitzen von **II** mit **III** in A. erhält man *2-[4′-Thiazolyl]-benzimidazol.* — Analog: 2-Mercaptothiazol-5-carbonsäurechlorid → 2-Mercaptothiazol-5-carboxy-[2′-nitro-4′.5′-dimethylanilid]. — *Mittel gegen Wurminfektionen.* (**Brit.PP. 1043991** u. **1043992** vom 1/7. 1963, ausg. 28/9. 1966. Beide U.S. Prior. 5/7. 1962.) — 6 S. — 5 S.
C. Lüttgen 4852

1405 Burroughs Wellcome & Co. (U.S.A.), Inc., Tuckahoe, übert. von: George H. Hitchings, Yonkers, und Bernard S. Hurlbert, Tarrytown, N.Y., USA, **Herstellung von 2.4-Diamino-6-alkylpyrido-[2.3-d]-pyrimidinen** der allg. Formel **I** (R = C_{3-9}-Alkyl, Phenyl,

I 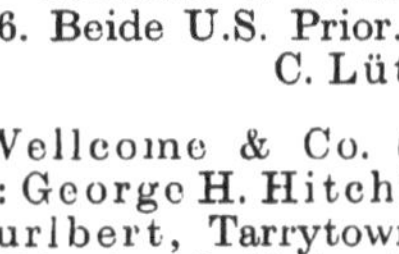

Phenylalkyl oder Alkoxybenzyl), dad. gek., daß man ein in 3-Stellung durch einen tert. Aminorest u. in 2-Stellung durch R substituiertes Acrolein zunächst in Abwesenheit von W. in der Kälte mit $COCl_2$, $POCl_3$ oder $SOCl_2$ umsetzt u. dann mit 2.4.6-Triaminopyrimidin (**II**) auf Temp. ≦ 100° erhitzt. — Man vermischt z. B. langsam unter Eiskühlung eine Lsg. von 0,0187 (Mol.) $COCl_2$ in 20 ml $CHCl_3$ mit einer Lsg. von 0,0187 3-Dimethylamino-2-isobutylacrolein in 20 ml $CHCl_3$, erhitzt auf dem Dampfbad bis das $CHCl_3$ entfernt ist, gibt eine Lsg. von 0,0187 **II** in 50 ml abs. A. zu u. kocht 24 Std. → *2.4-Diamino-6-isobutylpyrido-[2.3-d]-pyrimidinhydrochlorid*, $C_{11}H_{15}N_5 \cdot HCl$, F. 286° (Zers.), *Dihydrat.* — Analog nachst. 2.4-Diaminopyrido-[2.3-d]-pyrimidine: *6-Butyl-*, *Hy* (= *Hydrochlorid*), $C_{11}H_{15}N_5 \cdot HCl$, F. 278° (Zers.); *Is* (= *Isäthionat*). — *6-Propyl-*, *Hy-Hemihydrat*, $C_{10}H_{13}N_5 \cdot HCl \cdot 1/2\,H_2O$, F. 275° (Zers.); *Is.* — *6-Hexyl-*, *Hy*, $C_{13}H_{19}N_5 \cdot HCl$, F. 262° (Zers.); *Is.* — *6-Nonyl-*, *Hy*, $C_{16}H_{25}N_5 \cdot HCl$, F. 265° (Zers.); *Is.* — *6-Benzyl-*, *Hy*, $C_{14}H_{13}N_5 \cdot HCl$, F. 324° (Zers.). — *6-Phenyl-*, F. 385 bis 386°; *Hy*, *Acetat*, *Is.* — *6-Pentyl-*, *Is.* — *6-[p-Methoxybenzyl]-*, *bas. Is-Monohydrat*, F. 280—285°. — *6-[p-Methylbenzyl]-*, bas. *Is*, F. 286—289°. — Gegen *Bakterien* u. *Plasmodien* wirksame *Heilmittel.* (**U.S.P. 3288792** vom 9/4. 1964, ausg. 29/11. 1966.) — 3 S.
O. Schön 4852

1406 **Heinrich Mack Nachf. Chemisch-Pharmazeutische Fabrik** (Erfinder: **E. Tiesler, R. K. Zahn** und **W. Hanske**), *Arzneimittel.* (**Aust.P. 275 027** vom 18/6. 1963, ausg. 1/6. 1967. U.S. Prior. 18/6. 1962. — C. **1968**, 12-1660 [D.A.S. 1 240 868].)

1407 **Smith, Kline & French Laboratories** (Erfinder: **Bernard Lev** und **Edward Macko**), *Arzneimittel.* (**Aust.P. 271 669** vom 16/7. 1963, ausg. 5/1. 1967. U.S. Prior. 8/8. 1962. — C. **1968**, 16-1725 [Brit.P. 1002 665].)

1408 **Soc. Farmaceutici Italia** (Erfinder: **Serevina Coda, Vittorio Colo, Alfredo Glaesser** und **Claudio Pasini**), *Arzneimittel.* (**Aust.P. 274 591** vom 19/11. 1962, ausg. 11/5. 1967. It. Prior. 23/11. 1961. — C. **1967**, 18-1772 [Belg.A.S. 625 179].)

1409 **May & Baker Ltd.** (Erfinder: **Richard B. Arnold, Joseph P. Johnston, William R. Wragg** und **Donald R. Maxwell**), *Alkylamine.* (**Aust.P. 275 112** vom 19/12. 1962, ausg. 1/6. 1967. Brit. Prior. 4/1. u. 26/3. 1962. — C. **1967**, 39-1705 [D.A.S. 1 216 292].)

1410 **Imperial Chemical Industries Ltd.** (Erfinder: **Bernard J. McLoughlin**), *Aminoäthanole*. (**Aust.P. 273 308** vom 19/12. 1962, ausg. 16/3. 1967. Brit. Prior. 22/12. 1961. – C. **1967, 19**-1786 [Brit.P. 990 061].)

1411 **Farbenfabriken Bayer Akt.-Ges.**, Leverkusen (Erfinder: **Siegfried Petersen**, Leverkusen, **Heinrich Gold**, Köln, **Ekkehard Grundmann** und **Lieselotte Jühling**, Wuppertal), *Herstellung von Chinonderivaten*. (**Schwz.P. 454 159** vom 23/4. 1965, ausg. 14/6. 1968. D. Prior. 29/4. 1964 u. 14/1. 1965. – C. **1968, 23**-1873 [Brit.P. 1 047 914].)

1412 **Istituto Biochimico Italiano** (Erfinder: **Luigi Canonica**), *Benzalbuttersäure*. (**Aust.P. 274 941** vom 9/3. 1962, ausg. 1/6. 1967. It. Prior. 18/3. u. 22/7. 1961. – C. **1966, 47**-1812 [F.P.[Méd.] 1 438] u. C. **1967, 51/52**-1626 [F.P. 1 307 101].)

1413 **Boots Pure Drug Co. Ltd.** (Erfinder: **John Stuart Micholson** und **Steward S. Adams**), *Phenylalkancarbonsäureester*. (**Aust.P. 275 691** vom 24/7. 1963, ausg. 29/6. 1967. Brit. Prior. 30/7. 1962. – C. **1966, 29**-1673 [Ung.P. 151 360].)

1414 **Roussel-Uclaf**, Paris (Erfinder: **Jean-Marie Farthouat**, Romainville/Seine, und **François Clemence**, Sarcelles-Lochéres/Seine-et-Oise), Frankreich, *Herstellung von α-Phenyl-β-tert.-aminoalkansäurealkylestern*. (**Schwz.P. 435 310** vom 28/1. 1964, ausg. 31/10. 1967. F. Prior. 28/1. u. 9/12. 1963. – C. **1968, 51/52**-1765 [Brit.P. 1 042 202].)

1415 **Aspro-Nicholas Ltd.** (Erfinder: **Bernard K. Martin** und **Alan J. Cummings**), *Methylbenzoesäure*. (**Aust.P. 275 026** vom 5/6. 1963, ausg. 1/6. 1967. Brit. Prior. 14/6. 1962. – C. **1967, 2**-1791 [Belg.A.S. 633 620].)

1416 **Ciba Ltd.** (Erfinder: **Atso Ilvespää, Max Wilhelm** und **Adrian Marxer**), *Sulfamide*. (**Aust.P. 274 056** vom 19/11. 1963, ausg. 20/4. 1967. Schwz. Prior. 20/11. 1962 u. 2/10. 1963. – C. **1966, 43**-1875 [D.A.S. 1 211 166].)

1417 **J. R. Geigy Akt.-Ges.** (Erfinder: **Markus Zimmermann**), *Sulanilamide*. (**Aust.P. 272 650** vom 5/12. 1963, ausg. 9/2. 1967. Schwz. Prior. 7/12. 1962. – C. **1966, 14**-1672 [D.P.[DDR] 34 810].)

1418 **Baxter Laboratories, Inc.** (Erfinder: **Arthur Berger** und **Edeltraut E. Borgaes**), *Benzylthioharnstoffe*. (**Aust.P. 273 290** vom 7/3. 1963, ausg. 9/3. 1967. – C. **1966, 3**-1665 [U.S.P. 3 090 810].)

1419 **F. Hoffmann-La Roche & Co. Akt.-Ges.** (Erfinder: **Roland Jaunin** und **Paul Zeller**), *Hydrazinverbindungen*. (**Aust.P. 274 860** vom 21/2. 1964, ausg. 25/5. 1967. Schwz. Prior. 4/3. 1963. – C. **1967, 12**-1751 [Brit.P. 999 124].)

1420 **Parke, Davis & Co.** (Erfinder: **John Davoll**), *Therapeutische Aminverbindungen*. (**Aust.P. 272 710** vom 17/1. 1964, ausg. 9/2. 1967. Brit. Prior. 18/1. 1963. – C. **1967, 8**-1800 [Brit.P. 984 092].)

1421 **N. V. Nederlandsche Combinatie voor Chemische Industrie** (Erfinder: **Elzina G. van Proosdij-Hartzema, Gertruida C. van Leeuwen** und **Antony M. Akkerman**), *Aryloxyalkylaminoalkylamine*. (**Aust.P. 273 354** vom 9/11. 1962, ausg. 16/3. 1967. Brit. Prior. 20/11. 1961 u. 7/6. 1962. – C. **1968, 29**-1844 [U.S.P. 3 218 319].)

1422 **Österreichische Stickstoffwerke Akt.-Ges.** (Erfinder: **Karl Wismayr, Otto Schmid** und **Gerhard Zölss**), *Phenylalkanolamine*. (**Aust.P. 274 770** vom 13/8. 1963, ausg. 25/5. 1967. Oe. Prior. 18/8. 1962. – C. **1968, 21**-1861 [Brit.P. 1 031 368].)

1423 **Dr. Karl Thomae G. m. b. H.** (Erfinder: **Johannes Keck**), Biberach/Riss, *Aminohalogenbenzylamine*. (**Schwz.P. 448 120** vom 7/10. 1964, ausg. 29/3. 1968. D. Prior. 14/10. 1963. – C. **1967**, 35-1804 [D.A.S. 1 226 115].)

1424 **Mundipharma Soc. An.**, Rheinfelden, Schweiz (Erfinder: **Mortimer David Sackler**, New York, N. Y., USA), *Herstellung von L-Arginin-L-aspartat*. (**Schwz.P. 433 372** vom 14/9. 1965, ausg. 30/9. 1967. F. Prior. 14/1. 1965. – C. **1968**, 51/52-1761 [Brit.P. 1 045 060].)

1425 **J. R. Geigy Akt.-Ges.** (Erfinder: **Rudolf Pfister** und **Alfred Sallmann**), *Carbostyrilderivate*. (**Aust.P. 275 568** vom 30/8. 1963, ausg. 22/6. 1967. Schwz. Prior. 31/8. 1962. – C. **1966, 4**-1715 [D.P.[DDR] 30 075].)

1426 **Merck & Co., Inc.** (Erfinder: **Edward L. Engelhardt**), *Dibenzocyclohepten*. (**Aust.P. 273 392** vom 5/9. 1962, ausg. 16/3. 1967. U.S. Prior. 25/9. 1961 u. 4/4. 1962. – C. **1968**, 16-1704 [Brit.P. 1 017 696].)

1427 **Sterling Drug, Inc.**, New York (Erfinder: **Royal Anzly Cutler**, New York, und **Johannes Sybrandt Buck**, Albany), N. Y., USA, *4-Hydroxyindan-5-carbonsäure und 7-Chlor-4-hydroxyindan-5-carbonsäure*. (**D.A.S. 1 275 055** Kl. 12o vom 29/6. 1962, ausg. 14/8. 1968. U.S. Prior. 30/6. 1961. – C. **1968**, 23-1866 [U.S.P. 3 207 779, Brit.P. 719 135 u. Schwz.P. 413 866].)

1428 **Ciba Ltd.** (Erfinder: **Charles Ferdinand Hueber** und **William Laszlo Bencze**), *Disubstituierte Dihydronaphthaline*. (**Aust.P. 272 421** vom 4/12. 1962, ausg. 26/1. 1967. U.S. Prior. 18/12. 1961 u. 10/9. 1962. – C. **1963**, 16-1710 [Brit.P. 1 019 459].)

1429 **F. Hoffmann-La Roche & Co. Akt.-Ges.** (Erfinder: **Moses W. Goldberg** und **Richard W. Kierstead**), *Octahydrophenanthronsäuren*. (**Aust.P. 275 142** vom 27/4. 1962, ausg. 8/6. 1967. U.S. Prior. 15/5. 1961. – C. **1965**, 38-1690 [Oe.P. 230 367].)

1430 **Ciba Ltd.** (Erfinder: **Ernst Gaeumann, Vladimir Prelog, Hans Bickel** und **Ernst Vischer**), *Erzeugung von Desferrioxaminen durch Gärung*. (**Aust.P. 271 941** vom 14/6. 1962, ausg. 12/1. 1967. Schwz. Prior. 29/6. 1961 u. 2/3. 1962. – C. **1966**, 49-1836 [U.S.P. 3 158 552].)

1431 **Ciba Ltd.** (Erfinder: **Lincoln H. Werner**), *Benzofurane*. (**Aust.P. 275 725** vom 9/10. 1962, ausg. 29/6. 1967. U.S. Prior. 10/10. 1961 u. 8/8. 1962. – C. **1967**, 45-1664 [F.P. 1 344 997].)

1432 **J. R. Geigy Akt.-Ges.** (Erfinder: **Rudolf Pfister** und **Franz Häfliger**), *Pyrazolidine*. (**Aust.P. 275 176** vom 23/1. 1964, ausg. 8/6. 1967. Schwz. Prior. 24/1. 1963. – C. **1968**, 18-1689 [Schwz.P. 417 607].)

1433 **J. R. Geigy Akt.-Ges.** (Erfinder: **Charles J. Morel** und **Oskar Wacker**), *Imidazolidine*. (**Aust.P. 275 558** vom 17/3. 1964, ausg. 22/6. 1967. Schwz. Prior. 18/3. 1963. – C. **1967**, 4-1726 [D.P.[DDR] 41 587].)

1434 **Ciba Ltd.** (Erfinder: **Hans Ulrich Daeniker**), *Herstellung neuer Sydnonimine*. (**Aust.P. 272 347** vom 6/6. 1962, ausg. 26/1. 1967. Schwz. Prior. 13/6., 22/9. 1961 u. 13/4. 1962. – C. **1966**, 43-1890 [Brit.P. 961 628].)

1435 **Merck & Co., Inc.** (Erfinder: **George Gal** und **Meyer Stetzinger**), *Tetrahydropyranylester von 3-Indolylessigsäuren*. (**Aust.P. 272 314** vom 10/12. 1963, ausg. 26/1. 1967. U.S. Prior. 28/12. 1962. – C. **1967**, 15-1829 [U.S.P. 3 171 841].)

1436 **Boehringer Ingelheim Ltd.** (Erfinder: **Hans-Detlef Schroeder** und **Karl Zeile**), *Piperidinderivate*. (**Aust.P. 275 598** vom 28/11. 1962, ausg. 22/6. 1967. D. Prior. 1/12. 1961 u. 19/2. 1962. – C. **1957**, 6-1738 [Brit.P. 966 682].)

1437 **Pfizer Corp.** (Erfinder: **Joachim Augsten** und **Sheila M. Green**), *Benzodioxanderivate*. (**Aust.P. 272 743** vom 17/5. 1963, ausg. 16/2. 1967. Brit. Prior. 22/5. 1962. – C. **1968**, 20-1662 [U.S.P. 3 247 221].)

1438 **F. Hoffmann-La Roche & Co. Akt.-Ges.** (Erfinder: **André Grussner** und **Otto Schnider**), *Sulfopyrimidine*. (**Aust.P. 271 696** vom 16/1. 1964, ausg. 5/1. 1967. Schwz. Prior. 8/2. 1963. – C. **1967**, 17-1779 [Brit.P. 1 005 737].)

1439 **Schering Akt.-Ges.**, Berlin, *Herstellung von Pyrimidinderivaten*. (**Brit.P. 1 095 217** vom 19/3. 1965, ausg. 13/12. 1967. D. Prior. 19/3., 25/3. u. 29/4. 1964. – C. **1967**, 9-1888 [Port.P. 43 754].)

1440 **Aspro-Nicholas Ltd.** (Erfinder: **Leslie F. Wiggins, John W. James** und **Maurice W. Gittos**), *Barbitursäuren*. (**Aust.P. 273 899** vom 9/9. 1963, ausg. 6/4. 1967. – C. **1967**, 2-1807 [Brit.P. 977 321].)

1441 **American Cyanamid Co.** (Erfinder: **John Thomas Shaw**), *Triazinderivate*. (**Aust.P. 272 264** vom 5/6. 1962, ausg. 19/1. 1967. U.S. Prior. 5/6. 1961 u. 26/4. 1962. – C. **1967**, 12-1772 [Brit.P. 1 001 665].)

1442 **Dr. A. Wander Soc. An.**, Bern, übert. von: **Jean Schmutz**, Muri, und **Fritz Hunziker**, Bern, Schweiz, *5-(basisch substituierte) Dibenzodiazepine*. (**U.S.P. 3 347 849** vom 2/1. 1964, ausg. 17/10. 1967. Schwz. Prior. 22/9. u. 22/9. 1959. – C. **1966**, 5-1740 [Oe.P. 226 721].)

1443 **F. Hoffmann-La Roche & Co. Akt.-Ges.** (Erfinder: **Giles A. Archer, Leo H. Sternbach** und **Marcel Muller**), *Benzodiazepine*. (**Aust.P. 273 361** vom 2/7. 1963, ausg. 16/3. 1967. U.S. Prior. 10/7. 1962. – C. **1966, 41**-1829 [Oe.P. 240 373].)

1444 **J. R. Geigy Akt.-Ges.** (Erfinder: **Karl J. Doebel** und **Heinz A. Pfenninger**), *Benzdiazepinderivate*. (**Aust.P. 274 239** vom 20/12. 1963, ausg. 27/4. 1967. U.S. Prior. 26/12. 1962. – C. **1966**, 42-1697 [D.A.S. 1 207 939].)

1445 **Warner-Lambert Pharmaceutical Co.** (Erfinder: **Heinz M. Wuest**), *Benzodiazepin-4-oxidderivate*. (**Aust.P. 272 933** vom 27/5. 1966, ausg. 23/2. 1967. – C. **1966**, 24-1677 [U.S.P. 3 138 586].)

1446 **American Cyanamid Co.** (Erfinder: **Jay Donald Albright** und **Leon Goldman**), *Yohimbanderivate*. (**Aust.P. 274 798** vom 5/3. 1964, ausg. 25/5. 1967. U.S. Prior. 24/5. 1963. – C. **1968**, 29-1853 [Brit.PP. 1 012 018 u. 1 012 019].)

1447 **Roussel-Uclaf** (Erfinder: **Georges Muller**), *Colchicinderivate*. (**Aust.P. 272 926** vom 15/5. 1963, ausg. 23/2. 1967. F. Prior. 18/5. 1962. – C. **1967**, 32-1769 [Brit.P. 977 696].)

1448 **Roussel-Uclaf** (Erfinder: **Arturo Blade** und **George Muller**), *Colchicine*. (**Aust.P. 273 418** vom 30/10. 1963, ausg. 16/3. 1967. F. Prior. 7/5. 1963. – C. **1967**, 9-1895 [D.A.S. 1 209 122].)

1449 **Soc. Farmaceutici Italia** (Erfinder: **Bruno Camerino, Alfredo Glaesser** und **Bianca Patelli**), Mailand, Italien, *Herstellung von γ-Aminoergolinderivaten I*. (**Schwz.P. 441 354** vom 17/6. 1963, ausg. 15/1. 1968. It. Prior. 18/6. 1962. – C. **1967**, 9-1894 [D.A.S. 1 206 908 u. Brit.P. 985 004].)

1450 **Chemetron Corp.** (Erfinder: **Pierre Luc Georges Eymard**), *Khellinderivate*. (**Aust.P. 275 110** vom 17/12. 1962, ausg. 1/6. 1967. F. Prior. 19/12. 1961 u. 7/12. 1962. – C. **1967, 47**-1646 [Brit.P. 1 024 385].)

1451 **Shionogi & Co. Ltd.**, Osaka-shi (Erfinder: **Akira Takamizawa**, Ibaragi-shi, und **Kentaro Hirai**, Kyoto-shi), Japan, *Herstellung von O.S-Dialkoxycarbonylthiaminen*. (**Schwz.P. 442 323** vom 2/7. 1962, ausg. 31/1. 1968. Jap. Prior. 7/7., 16/12. 1961 u. 19/2. 1962. – C. **1965**, 49-1707 [Brit.P. 944 641].)

1452 **E. Merck Akt.-Ges.** (Erfinder: **Gustav Schorre**), *Vitamin B_6-derivate*. (**Aust.P. 275 555** vom 10/1. 1964, ausg. 22/6. 1967. D. Prior. 12/1. 1963. – C. **1966**, 7-1801 [D.A.S. 1 193 049].)

1453 **Schering Akt.-Ges.** (Erfinder: **Hans-Gunter Lehmann**), *Äthylenketone*. (**Aust.P. 274 755** vom 20/1. 1964, ausg. 18/5. 1967. D. Prior. 22/1. 1963. – C. **1968**, 15-1803 [Brit.P. 1 015 622].)

1454 **Upjohn Co.** (Erfinder: **George B. Spero**), *Steroide*. (**Aust.P. 272 685** vom 22/4. 1963, ausg. 9/2. 1967. U.S. Prior. 31/5. 1962. – C. **1965**, 29-1723 [U.S.P. 3 100 777].)

1455 **Imperial Chemical Industries Ltd.** (Erfinder: **George T. Chapman, Norman Senior, Michael Woodman** und **Jacqueline S. D. Pearce**), *Steroide*. (**Aust.P. 275 230** vom 21/10. 1963, ausg. 8/6. 1967. Brit. Prior. 30/10. 1962. – C. **1967**, 33-1853 [Brit.P. 1 013 180].)

1456 **G. D. Searle & Co.** (Erfinder: **Robert C. Tweit**), *Steroide*. (**Aust.P. 275 104** vom 14/6. 1962, ausg. 1/6. 1967. U.S. Prior. 16/6. 1961. – C. **1965**, 3-1584 [D.A.S. 1 172 673].)

1457 **British Drug Houses Ltd.** (Erfinder: **Suzanne P. Barton, Bernard Ellis** und **Vladimir Petrow**), *Steroide*. (**Aust.P. 275 547** vom 26/7. 1963, ausg. 22/6. 1967. – C. **1963**, 5125 [Brit.P. 884 544].)

1458 **Ortho Pharmaceutical Corp.** (Erfinder: **Irving Scheer**), *Steroide*. (**Aust.P. 272 532** vom 27/6. 1962, ausg. 2/2. 1967. U.S. Prior. 24/7. 1961 u. 6/6. 1062. – C. **1965**, 35-1840 [D.A.S. 1 184 341].)

1459 **Laboratoires Français de Chimiothérapie** (Erfinder: **Georges Muller**), *Steroide*. (**Aust.P. 275 706** vom 2/1. 1963, ausg. 29/6. 1967. – C. **1962**, 13 136 [D.A.S. 1 121 611].)

1460 **Roussel-Uclaf** (Erfinder: **Geneviève Azadian**), *Steroide*. (**Aust.P. 273 584** vom 4/3. 1964, ausg. 23/3. 1967. F. Prior. 5/3. 1963. – C. **1967**, 37-1695 [Brit.P. 1 009 212].)

1461 **Roussel-Uclaf** (Erfinder: **Daniel Bertin** und **Lucien Nedelec**), *Steroide*. (**Aust.P. 275 528** vom 15/5. 1963, ausg. 22/6. 1967. F. Prior. 16/5. 1962. – C. **1966**, 43-1915 [U.S.P. 3 132 072].)

1462 **Roussel-Uclaf** (Erfinder: **Robert Joly** und **Julien Warnant**), *Steroide*. (**Aust.P. 275 649** vom 26/4. 1963, ausg. 29/6. 1967. F. Prior. 25/4. 1962. – C. **1968**, 13-1696 [Niederl.P. 120 202].)

1463 **Sankyo Co. Ltd.** (Erfinder: **Katsumi Tanabe, Rinji Takasaki, Kiyoshi Sakai, Ryozo Hayashi, Yasuhiro Morisawa** und **Teruo Hashimoto**), *Steroide*. (**Aust.P. 275 667** vom 29/1. 1963, ausg. 29/6. 1967. Jap. Prior. 8/2. 1962. – C. **1967**, 3-1838 [F.P. 1 353 691].)

1464 **Herchel Smith**, Wayne (Erfinder: **Gordon Alan Hughes**, Conshohocken, und **Herchel Smith**, Wayne), Pa., USA, *Herstellung von Verbindungen mit Steroid-Struktur*. (**Schwz.P. 454 135** vom 17/10. 1962, ausg. 14/6. 1968. Brit. Prior. 19/10. 1961 u. 8/10. 1962. – C. **1966**, 36-1770 [F.P. 1 341756].)

1465 **Upjohn Co.** (Erfinder: **Robert David Birkenmeyer, Fred Kagan, Barney John Magerlein** und **William Paul Schneider**), Kalamazoo, Mich., USA, *Herstellung von 16α-Chlorsteroiden*. (**Schwz.P. 452 519** vom 12/10. 1962, ausg. 31/5. 1968. U.S. Prior. 13/10. 1961. – C. **1968**, 15-1802 [Brit.PP. 1 026 501, 1 026 502 u. 1 026 503].)

1466 **British Drug Houses Ltd.** (Erfinder: **Colin Michael Burgess, Peter Feather** und **Vladimir Petrow**), London, Großbritannien, *Herstellung von 17α-Chloräthinyl-17β-alkoxysteroiden*. (**D.A.S. 1 249 264** Kl. 12o vom 22/8. 1963, ausg. 7/9. 1967. Brit. Prior. 24/8. 1962 u. 8/8. 1963. – C. **1968**, 51/52-1791 [Brit.P. 1 048 255].)

1467 **British Drug Houses Ltd.** (Erfinder: **Derek Burn, Bernard Ellis** und **Vladimir Petrow**), London, Großbritannien, *Herstellung von 3-Enoläthern von 2-Formyl-3-oxo-5α-steroiden*. (**Schwz.P. 451 126** vom 22/1. 1963, ausg. 15/5. 1968. Brit. Prior. 26/1. 1962. – C. **1967**, 11-1886 [U.S.P. 3 160 643].)

1468 **Schering Akt.-Ges.**, Berlin (Erfinder: **Rainer Philippson,** Werne/Lippe, **Gerhard Hempel,** Lünen, **Emanuel Kaspar,** Kamen, und **Armin K. W. Kutzsche,** Darmstadt), *Herstellung von Steroiden der Pregnanreihe.* **(D.A.S. 1 249 271** Kl. 12o vom 16/1. 1964, ausg. 7/9. 1967. **Brit.P. 1 086 462** vom 18/1. 1965, ausg. 11/10. 1967. D. Prior. 16/1. 1964. – C. **1968,** 51/52-1780 [F.P. 1 421 018].)

1469 **Roussel-Uclaf** (Erfinder: **Daniel Bertin** und **Lucien Nedelec**), *Pregnane.* **(Aust.P. 274 683** vom 21/7. 1966, ausg. 18/5. 1967. – C. **1965,** 5-1798 [U.S.P. 3 056 778].)

1470 **Roussel-Uclaf** (Erfinder: **Daniel Bertin** und **Jacques Perronnet**), *Pregnane.* **(Aust.P. 275 002** vom 8/6. 1962, ausg. 1/6. 1967. F. Prior. 9/6. 1961. – C. **1966, 34**-1770 [D.A.S. 1 203 769].)

1471 **Upjohn Co.**, Kalamazoo (Erfinder: **Donald Emory Ayer, Portage**), Mich., USA, *Herstellung von 16α-Brom-* bzw. *16α-Jod-6α-methyl-17α-acyloxy-4-pregnen-3.20-dionen.* **(Schwz.P. 454 137** vom 7/12. 1964, ausg. 14/6. 1968. U.S. Prior. 11/12. 1963. – C. **1967,** 37-1664 [U.S.P. 3 189 623].)

1472 **Schering Akt.-Ges.**, Bergkamen (Erfinder: **Rudolf Wiechert,** Berlin), *Herstellung von 6-Fluor-1.2α-methylen-Δ⁶-17α-hydroxyprogesteronestern.* **(Schwz.P. 451 132** vom 8/6. 1964, ausg. 15/5. 1968. D. Prior. 14/6. 1963. – C. **1965,** 39-1871 [D.A.S. 1 186 854].)

1473 **Upjohn Co.** (Erfinder: **Robert David Birkenmeyer, Fred Kagan, Daniel Lednicer** und **Barney John Magerlein**), *Aminoäther und Aminothioäther von 3-Hydroxyverbindungen der Androstanreihe.* **(Aust.P. 271 877** vom 10/11. 1961, ausg. 12/1. 1967. U.S. Prior. 9/1. 1961. – C. **1965,** 29-1734 [Brit.P. 937 410].)

1474 **Roussel-Uclaf** (Erfinder: **Robert Joly**), *Östradiol.* **(Aust.P. 275 707** vom 28/3. 1963, ausg. 29/6. 1967. F. Prior. 29/6. 1962. – C. **1967,** 14-1870 [Brit.P. 970 966].)

1475 **Ormonoterapia Richter S. p. A.** (Erfinder: **Pietro de Ruggieri** und **Carmelo Gandolfi**), *Östradienverbindungen.* **(Aust.P. 271 805** vom 22/1. 1963, ausg. 12/1. 1967. It. Prior. 12/5. 1962. – C. **1967,** 3-1844 [F.P. 1 362 733].)

1476 **Farbenfabriken Bayer Akt.-Ges.**, Leverkusen (Erfinder: **Siegismund Schütz, Karlheinz Meyer, Kurt Stoepel** und **Hans-Günther Kroneberg,** Wuppertal), *Herstellung von 1.3.5(10)-Östradien-guanylhydrazonen.* **(D.A.S. 1 257 142** Kl. 12o vom 21/3. 1964, ausg. 28/12. 1967. – C. **1968,** 51/52-1792 [Brit.P. 1 043 796].)

1477 **Farbenfabriken Bayer Akt.-Ges.**, Leverkusen (Erfinder: **Karlheinz Meier, Siegismund Schütz, Hans Krätzer, Hans-Günther Kroneberg** und **Kurt Stoepel,** Wuppertal), *Herstellung von Seco-steroidguanylhydrazonen.* **(D.A.S. 1 250 817** Kl. 12o vom 29/1. 1964, ausg. 28/9. 1967. **Schwz.P. 449 609** vom 21/1. 1965, ausg. 11/4. 1968. D. Prior. 29/1. 1964. – C. **1968,** 51/52-1786 [Brit.P. 1 042 857].)

1478 **Farbenfabriken Bayer Akt.-Ges.**, Leverkusen (Erfinder: **Karlheinz Meyer, Siegismund Schütz, Hans Krätzer, Hans-Günther Kroneberg** und **Kurt Stoepel,** Wuppertal), *Herstellung von Spiro-steroidguanylhydrazonen.* **(D.A.S. 1 257 137** Kl. 12o vom 21/3. 1964, ausg. 28/12. 1967. – C. **1968,** 51/52-1794 [Brit.P. 1 031 550].)

1479 **Løvens Kemiske Fabrik Produktionsaktieselskab** (Erfinder: **Wagn Ole Godtfredsen**), *Dihydrofusidinsäure.* **(Aust.P. 274 132** vom 26/10. 1962, ausg. 20/4. 1967. Brit. Prior. 15/11. 1961. – C. **1966, 33**-1740 [Brit.P. 693 499].)

1480 **Farbenfabriken Bayer Akt.-Ges.** (Erfinder: **Fritz Schultz**), *Kallikrein-Inaktivator.* **(Aust.P. 272 887** vom 13/11. 1963, ausg. 23/2. 1967. D. Prior. 14/11. 1962. – C. **1965,** 24-1676 [D.A.S. 1 179 333].)

1481 **VEB Deutsches Hydrierwerk Rodleben,** Rodleben/Elbe (Erfinder: **Heinz-Joachim Engelbrecht,** Dessau), *Herstellung von Dialkylaminoalkyläthern von Phenolen.* **(D.A.S. 1 269 134** Kl. 12q vom 18/12. 1962, ausg. 30/5. 1968. – C. **1966,** 21-1767 [Brit.P. 961 275].)

1482 **Baxter Laboratories, Inc.** (Erfinder: **Erwin M. Stone**), *Antibiotika.* **(Aust.P. 273 410** vom 6/2. 1963, ausg. 16/3. 1967. – C. **1965,** 51-1850 [Oe.P. 235 471].)

1483 **Eli Lilly & Co.** (Erfinder: **Edwin H. Flynn**), *Antibiotika.* **(Aust.P. 274 149** vom 15/8. 1962, ausg. 20/4. 1967. U.S. Prior. 23/8. 1961. – C. **1966,** 45-1874 [Brit.P. 976 225].)

1484 **Sandoz Patents Ltd.** (Erfinder: **Hartmann Staehlen, Christian Stoll, Christoph Tamm, Dorothea Wiesinger** und **Wolfgang Loeffler**), *Antibiotika.* **(Aust.P. 274 863** vom 11/1. 1963, ausg. 25/5. 1967. Schwz. Prior. 12/1. 1962. – C. **1965,** 29-1760 [Ung.P. 151 218].)

1485 **Roussel-Uclaf** (Erfinder: **Lucien Penasse, Gérard Nominé, Guy Hagemann** und **Pierre Barthelemy**), *Penicillinderivate.* **(Aust.P. 274 191** vom 2/9. 1963, ausg. 27/4. 1967. F. Prior. 31/8. 1962 u. 20/2. 1963. – C. **1966,** 30-1704 [D.A.S. 1 203 274].)

1486 **Eli Lilly & Co.** (Erfinder: **Edwin Harold Flynn**), *Cephalosporine.* **(Aust.P. 272 129** vom 15/8. 1962, ausg. 19/1. 1967. U.S. Prior. 23/8. 1961. – C. **1967,** 8-1818 [Brit.P. 986 210].)

1487 **Eli Lilly & Co.** (Erfinder: **Robert B. Morin**), *Cephalosporine.* **(Aust.P. 273 252** vom 15/8. 1962, ausg. 9/3. 1967. U.S. Prior. 11/9. 1961. – C. **1967,** 11-1895 [Brit.P. 985 747].)

1488 **Takeda Chemical Industries Ltd.**, Osaka (Erfinder: **Hayao Nawa, Koiti Nakazawa,** Amagasaki, **Akira Miyake** und **Takaaki Kamiya,** Nishinomiya), Japan, *Herstellung von wasserlöslichen Rufomycinderivaten.* **(Schwz.P. 445 020** vom 31/1. 1962, ausg. 29/2. 1968. Jap. Prior. 31/1. 1961. – C. **1966,** 46-1764 [D.A.S. 1 181 230].)

1489 **Soc. Farmaceutici Italia** (Erfinder: **Aurelio Di Marco, Graziana Canevazzi, Arpad Grein, Pierguiseppe Orezzi** und **Marcello Gaetani**), Mailand, Italien, *Herstellung des Antibiotikums Daunomycin.* **(Schwz.P. 443 563** vom 15/11. 1963, ausg. 15/2. 1968. It. Prior. 16/11. 1962. – C. **1967,** 12-1794 [Brit.P. 1 003 383].)

1490 **Parke, Davis & Co.** (Erfinder: **Henry Blessing Delvin, Theodore Herbert-Haskell** und **Myron Wolf Fisher**), *Herstellung eines immunogenen Polysaccharids.* **(Aust.P. 272 100** vom 15/5. 1962, ausg. 19/1. 1967. U.S. Prior. 15/5. 1961. – C. **1966,** 38-1779 [Oe.P. 234 906].)

1491 **Wellcome Foundation Ltd.** (Erfinder: **Harry B. G. Epps** und **William G. Orbell**), *Vakzine.* **(Aust.P. 274 631** vom 3/10. 1962, ausg. 18/5. 1967. Brit. Prior. 19/10. 1961. – C. **1966,** 38-1778 [Brit.P. 981 242].)

1492 **Abbott Laboratories** (Erfinder: **Kao Hwang**), *Arzneimittel.* **(Aust.P, 275 248** vom 10/4. 1964, ausg. 8/6. 1967. U.S. Prior. 31/5. 1963. – C. **1967.** 16-1739 [Brit.P. 1 002 878].)

1493 **Løvens Kemiske Fabrik Produktionsaktieselskab** (Erfinder: **Helge Lund-Rasmussen**), *Arzneimittel.* **(Aust.P. 274 568** vom 9/4. 1963, ausg. 11/5. 1967. U.S. Prior. 24/4. 1962. – C. **1967,** 17-1831 [Belg.A.S. 631 482].)

1494 **Soc. d'Applications Chimiques, d'Études et de Recherches S.A.C.E.R.** (Erfinder: **Jean Montandraud**), *Analgetika.* **(Aust.P. 274 244** vom 26/7. 1962, ausg. 27/4. 1967. Brit. Prior. 6/10. 1961. – C. **1967,** 8-1830 [Brit.P. 982 238].)

1495 **Upjohn Co.** (Erfinder: **Leo A. Paquette**), *Hydrazone.* **(Aust.P. 273 542** vom 18/12. 1963, ausg. 23/9. 1967. U.S. Prior. 12/2. 1963. – C. **1967,** 8-1838 [Brit.P. 998 298].)

1496 **Stecker International S. p. A.**, Mailand, Italien (Erfinder: **Herbert Christian Stecker,** Ho-Ho-Kus, N. J., USA), *Bakterizide Mittel.* **(Schwz.P. 449 179** vom 5/4. 1965, ausg. 11/4. 1968. – C. **1966,** 35-1814 [D.A.S. 1 204 777].)

1497 **Farbwerke Hoechst Akt.-Ges. vormals Meister Lucius & Brüning,** Frankfurt/M. (Erfinder: **Günther Seidl,** Frankfurt/M., und **Georg Nesemann,** Lorsbach/Taunus), *Herstellung von Chinonoxim-Verbindungen.* **(Schwz.P. 449 607** vom 16/2. 1965, ausg. 11/4. 1968. D. Prior. 18/2. 1964. – C. **1966,** 7-1832 [D.A.S. 1 194 845].)

1498 **Farbenfabriken Bayer Akt.-Ges.** (Erfinder: **Erwin Müller**), Leverkusen, *Herstellung olefinisch ungesättigter Methylen-carbonamid-sulfonamide.* **(Schwz.P. 438 273** vom 8/1. 1965, ausg. 30/11. 1967. **U.S.P. 3 352 880** vom 23/12. 1964, ausg. 14/11. 1967. Beide D. Prior. 10/1. 1964. – C. **1967,** 9-1921 [D.A.S. 1 215 154].)

1499 **F. Hoffmann-La Roche & Co. Akt.-Ges.** (Erfinder: **Urs Gloor**), *Geraniumsäureverbindungen.* **(Aust.P. 274 217** vom 21/2. 1964, ausg. 27/4. 1967. Schwz. Prior. 7/3. 1963. – C. **1967,** 10-1875 [D.P.[DDR] 33 409].)

1500 **Abbott Laboratories** (Erfinder: **Anne M. von Esch** und **William R. Sherman**), *Furylthioamide.* **(Aust.P. 274 519** vom 14/2. 1964, ausg. 11/5. 1967. U.S. Prior. 1/3. 1963. – C. **1966,** 44-1685 [U.S.P. 3 158 623].)

1501 **Montecatini Soc. Gen. per l'Industria Mineraria e Chemica** (Erfinder: **Agostino Baruffini, Franco Gialdi** und **Riccardo Pondi**), *Benzoisothiazolone.* **(Aust.P. 275 529** vom 17/5. 1963, ausg. 22/6. 1967. It. Prior. 18/5. 1962. – C. **1965,** 51-1864 [Brit.P. 976 028].)

1502 **Norwich Pharmacal Co.** (Erfinder: **Louis Edmond Benjamin**), Norwich, N. Y., USA, *Herstellung von 3-[5-Nitro-2-furyl]-Δ²-1.2.4-triazolinen.* **(Schwz.P. 441 348** vom 18/11. 1963, ausg. 15/1. 1968. U.S. Prior. 27/12. 1962. – C. **1967,** 10-1876 [D.A.S. 1 213 843].)

1503 **Österreichische Stickstoffwerke Akt.-Ges.** (Erfinder: **Kurt Menzl**), Linz/D., Österreich, *Herstellung von 1.2.5.-Thiadiazolsulfonamiden.* **(Schwz.P. 451 168** vom 8/5. 1964, ausg. 15/5. 1968. Oe. Prior. 11/6. 1963. – C. **1966,** 22-1718 [D.A.S. 1 195 322].)

G. Analytische Chemie, Laboratoriumspraxis

G–1. Allgemeine Verfahren und Apparate

1504 **Kryostat mit variabler Temperatur für magnetooptische Untersuchungen.** Albert-Claude Boccara, Pierre Roubeau und Jacques Badoz. (C. R. hebd. Séances Acad. Sci., Sér. A et B **265** (1967) 9, B 513–16; Centre d'Études Nucl., Saclay, Essonne; franz.) – Es wird ein Kryostat mit variabler Temp. (4–300 °K) beschrieben, in welchem die Proben durch einen Kältegasstrom eingefroren werden. Durch Veränderung der Gaszufuhr kann die Temp. geregelt werden. Der Permanentmagnet zur Erzeugung des Magnetfeldes befindet sich im Kryostaten. Es werden die magnet. Rotations- u. Dispersionskurven eines mit Nd^{3+} dotierten CaF_2-Krist. bei verschiedenen Temp. angegeben. G. Richard 5012

1505 **Apparatur zur Zugabe von Feststoffen zu unter Rückfluß kochenden Lösungen.** R. C. Denney. (Chem. and Ind. **1968,** 21, 684; Hopkin Williams Ltd., Chadwell Heath, Essex; engl.) J. Pickardt 5018

1506 **Fraktionierung von Serumproteinen mit flüssigen Phasenpaaren.** 3. Mitt. **Zentrifuge für Gegenstromverteilung.** P. v. Tavel und W. Bollinger. (Helv. chim. Acta **51** (1968) 2, 278–93; Theodor Kocher Inst., Univ., Bern; dt.) – Vf. beschreiben eine Zentrifuge zur schrittweisen Gegenstromverteilung, mit der die Phasentrennung nach jedem Verteilungsschritt beschleunigt werden kann. Sie eignet sich für multiplikative Verteilungen mit nahezu krit. Phasenpaaren u. anderen Syst., deren Phasen sich nur langsam trennen. Dabei sind schrittweiser Transport der spezif. leichteren oder der schwereren Phase oder alternierender Transport beider Phasen im Gegenstrom möglich. Die Trennschärfe eines Craig'schen App. wird erst nach einer höheren Schrittzahl erreicht. Polyäthylenglykol von $\overline{M}_w$ 30000 wird in Fraktionen verschiedener Viskosität zerlegt. H.-D. Schenke 5020

1507 **Mikro-Kolonnenkristallisieren – eine einfache und sehr schnelle Trenn- und Reinigungsmethode für organische und anorganische Substanzen.** Klaus Maas und

Hermann Schildknecht. (Z. analyt. Chem. **236** (1968), 451–61; Org.-chem. Inst., Univ., Heidelberg; dt.) — Für mg- bis g-Mengen kristallisierender, am F. beständiger organ. u. anorgan. Verb. bildet das Mikro-Kolonnenkristallisieren mit hochtourig (500–2000 Umdrehungen/Min.) rotierenden Gewindestäben eine einfache u. sehr schnelle Trenn- u. Reinigungsmethode. Für die Abtrennung von reinem Stilben aus dem Misch-krist.-Syst. Azobenzol/Stilben (Gew.-Verhältnis 1:1, 10 mg) ist mit 20 s Kristallisationsdauer nur $^1/_{100}$ bzw. $^1/_{1000}$ der bei Makro-Kolonnenkristallisieren u. konventionellem Zonenschmelzen üblichen Zeit notwendig. Die Wrkg.-Weise des Verf. („Randkristallisation", Druckverhältnisse, Abtrennen der Gleichgew.-Schmelze) sowie die Kolonnenvorbereitung, die Substanzentnahme u. das Arbeiten unter Schutzgas werden besprochen. Anwendungsgebiet kann die Darst. von Reinsubstanzen u. die Konzentrierung von Verunreinigungen für die Gaschromatographie sein. H.-D. Schenke 5022

1508 **Einfacher Universalextraktor.** H. Trutnovsky. (G-I-T Fachz. Lab. **11** (1967) 6, 580; Graz, Inst. f. Med. Chem. u. Pregl-Labor.; dt.) — Das beschriebene Gerät beruht auf dem Prinzip des Soxhlet-Extraktors, bei dem das Heberrohr jedoch durch zwei Schraub-Quetschverb. abnehmbar gemacht wurde, wodurch die Bruchsicherheit erhöht wird. Außerdem können andere Rohre eingesetzt werden, so daß mit diesem Gerät auch Durchlaufextraktionen sowie Solventextraktionen durchgeführt werden können. Fr. Voigt 5026

1509 **Einfacher Apparat für Solventextraktionen.** F. A. Gunther und J. H. Barkley. (Bull. environment. Contaminat. Toxicol. **2** (1967) 1, 53–56; Dep. of Ent., Univ. of Calif., Citrus Res. Center and Agric. Exp. Stat., Riverside, Calif.; engl.) — Vf. beschreiben einen Extraktionsapp. mit kleinem Durchmesser, aber langem Austauschweg. Die zu extrahierende Lsg. kann auf Kühlwassertemp. oder darunter gehalten werden. Der hohe Wrkg.-Grad der einfachen App. wird am Beispiel von Acetonitril-Extraktionen der Hexanlsg. von Kaffeebohnen-, Baumwollsamenöl u. dgl. demonstriert. H.-D. Schenke 5026

1510 **Gravimetrischer Sorptionsautomat.** E. Robens und G. Sandstede. (Z. Instrumentenkunde **75** (1967) 6, 167–78; Frankfurt/Main, Battelle-Inst.; dt.) — Das Gerät dient zur Wägung im Vakuum u. in verschiedenen Atmosphären, zur Unters. der Gasabgabe von Festkörpern sowie von Rk. fester Stoffe mit Gasen (Chemi- u. Physisorption) sowie zur automat. Messung vollständiger Adsorptions- u. Desorptionsisothermen. Aus bestimmten Isothermen können Oberflächengrößen fester Stoffe bestimmt werden. Das Gerät enthält elektromagnet. Mikrowaage, Hochvakuumanlage, programmgesteuerten Manostaten (1–760 Torr), sowie Thermostat- u. Heizeinrichtungen für –196 bis +1200°. Behandelt werden Messung von Isothermen mit N_2, O_2, H_2, Edelgasen, KW-Stoffen u. W.-Dampf, ferner Best. von spezif. Oberfläche, Korngröße, Rauhigkeit, Porengrößenverteilung, D., Gasabgabe, Feuchtigkeit u. Korrosion. Ergebnisse der Oberflächen- u. Porenbest. an Al_2O_3 werden mitgeteilt. Fr. Voigt 5028

1511 **Genaue Bestimmung von ^{239}Np zur Berechnung des ^{238}U-Auffangquerschnittes bei verschiedenen Neutronenenergien in einem langsamen Nullenergiereaktor.** R. S. Large und L. P. O'Connor. (Analytica chim. Acta [Amsterdam] **40** (1968) 1, 123–30; Atomic Weapons Res. Establ., Aldermaston, Berkshire; engl.) — Bestimmt wird der Geh. von ^{239}Np in Folien von natürlichem U-Metall, die in einem Nullenergiereaktor bestrahlt wurden. Dazu werden die Folien in HNO_3 in Ggw. von ^{237}Np, das zur Best. der Ausb. von ^{239}Np verwendet wird, gelöst. In Ggw. von La u. Zr als Trägerelemente wird dann mit HF als Fluorid ausgefällt u. La u. Th über einen Anionenaustauscher aus salzsaurer Lsg. abgetrennt u. das Np weiterhin über einen Anionenaustauscher aus salpetersaurer Lsg. gereinigt. Die Proben werden zum Zählen der β-Strahlung vom ^{239}Np u. α-Strahlung vom ^{237}Np in einer rostfreien Schale eingedampft u. gezählt. Korrekturen zur Messung der α-Strahlung sind nicht erforderlich. ^{233}Pa braucht nicht vorher abgetrennt zu werden. Die Varianz liegt zwischen 1,4–3,1%. K. Henning 5030

1512 **Erzeugung negativer Ionen in einer Hochfrequenz-Ionenquelle.** E. Reuther und K. Bethge. (Z. angew. Physik **24** (1968) 4, 227–31; II. Phys. Inst., Univ., Heidelberg; dt.) — Der negative Ionenstrom der HF-Quelle wird in Abhängigkeit von den geometr. Größen des Extraktionssyst. u. der elektr. Quellenparameter gemessen. Seine Intensität ist durch diejenigen Betriebsbedingungen begrenzt die eine optimale Fokussierung des positiven Ionenstromes im Extraktionskanal ermöglichen. Die maximalen Ströme negativer Ionen betragen für H^- 2 μA, Li^- 80 nA, C^- 200 nA, O^- 3 μA. H.-D. Schenke 5032

1513 **Spezifische Oberfläche durch Tiefdruckpermeametrie.** Clyde Orr jun. (Analytic. Chem. **39** (1967) 7, 834–36; Ga. Inst. of Technol., Atlanta, Ga.; engl.) — Vf. beschreibt ein Verf., mit dessen Hilfe die spezif. Oberfläche feiner, unregelmäßig geformter Teilchen bestimmt werden kann. Die gefundenen Werte stimmen gut mit den durch Tieftemp.-Gasadsorption erhaltenen überein. H.-D. Schenke 5042

1514 **Thalliumstrahl-Frequenzstandard.** Richard F. Lacey. (Metrologia [Berlin] **3** (1967) 3, 70–78; Hewlett-Packard Co., Beverley, Mass.; engl.) — Prinzip, Konstruktion u. Verw. von Tl-Strahl-Frequenzstandards werden beschrieben. Tl kann, ähnlich wie Cs, in einer Atomstrahlröhre zur Erzeugung einer Referenzfrequenz dienen, wobei der Vorteil darin besteht, daß die relative Empfindlichkeit des Hyperfeinstrukturübergangs von ^{205}Tl im Grundzustand m = o gegenüber Magnetfeldeinfl. um $^1/_{48}$ kleiner ist als bei Cs. Neuere Messungen der Übergangsfrequenz bei einer magnet. Feldstärke von Null unter Verw. verschiedener Frequenzstandards ergeben Werte, die bei 21310833946 Hz in der A.1-Zeitskala liegen. Tl- sollten Cs-Standards überlegen sein, wenn Genauigkeiten von besser als 1 in 10^{12} oder Langzeitstabilitäten besser als 1 in 10^{13} ohne wiederholte C-Feld-Messung gefordert sind. J. Pickardt 5050

1515 **Thermoelektrisches Kryometer.** Kurt Palm. (Chem. Techn. **20** (1968) 2, 114–15; Med. Klinik, Med. Akad., Erfurt; dt.) H.-D. Schenke 5052

1516 **Hochfrequenz-Induktionsmanometer zur Untersuchung von Gasreaktionen.** Iwao Yasumori, Seigo Ohno und Eizo Miyazaki. (Bull. chem. Soc. Japan **40** (1967) 4, 769–73; Dep. of Chem., Tokyo Inst. of Technol., Meguro-ku, Tokyo; engl.) — Das von den Vf. beschriebene korrosionsfreie Manometer mit einem Regelinduktor als Wandler hat folgende Eig.: meßbarer (linearer) Druckdifferenzbereich 0–20 mm Hg, kleinste nachweisbare Druckdifferenz $7 \cdot 10^{-2}$ mm Hg, Temp.-Koeff. der Nullpunktsverschiebung 0,2% des gesamten Bereichs pro Grad, vernachlässigbarer Temp.-Koeff. der Ausgabespannung pro Druckdifferenzeinheit, Grenze der Ansprechzeit 0,6 (unter Atmosphärendruck) – 4 s (bei $1{,}1 \cdot 10^{-3}$ mm Hg). Der Meßbereich kann erweitert werden, so daß Änderungen mit einer Halbwertszeit von wenigen Sek. verfolgt u. registriert werden können. Die katalyt. Zers. von CH_2O an Ni-Draht wird gemessen. H.-D. Schenke 5054

1517 **Eintritts- und Wandeffekte eines Extrusions-Rheometers beim Fließen konzentrierter Suspensionen.** Zbigniew D. Jastrzebski. (Ind. Engng. Chem., Fundamentals **6** (1967) 3, 445–54; Dep. of Chem. Engng., Lafayette Coll., Easton, Pa.; engl.) — Auf Grund theoret. Ableitungen u. Messungen an wss. *Kaolinit*-Suspensionen werden Korrekturen für Eintritts- u. Wandeffekte bei Kapillarviskosimetern abgeleitet. Nach diesen Korrekturen lassen sich die gemessenen Werte in Hinblick auf das wahre Fließverh. interpretieren. Es zeigt sich, daß die Wandeffekte eine größere Rolle spielen als die Eintrittsverluste. F. Langenbucher 5058

1518 **Vorrichtung zur Bestimmung der magnetischen Suszeptibilität.** Károly Payer und Vince Kálmán. (Magyar Kémiai Folyóirat [Ung. Z. Chem.] **74** (1968) 9, 415–18; Budapesti Müszaki Egyetem Szerves-Kém.

Technol. Tanszéke; ung.) — Die nach dem Faraday-Prinzip arbeitende App. ist zur Best. der magnet. Suszeptibilität von para-, dia- u. schwach ferromagnet. Stoffen bei 80—650°K geeignet. Die Reproduzierbarkeit der Meßwerte liegt bei 2%, die Ergebnisse weichen um < 5% von bekannten Werten ab. W. Grimmich 5066

1519 **Neue dynamische Gleichgewichtsapparatur und ihre Testung an den Systemen Methanol/Wasser, Nitromethan–Wasser und Wasser/n-Butanol.** H. Schuberth. (Mber. dtsch. Akad. Wiss. Berlin **9** (1967) 1, 41—49; Inst. für Verf.-Techn. der org. Chem., Leipzig, Dt. Akad. der Wiss.; dt.) — Es wird eine neue App. zur Best. von Druck, Temp. u. Zus. des Phasengleichgew. mehrkomponentiger Syst. beschrieben. Die App. stellt eine Verbesserung bzw. Kombination bisher üblicher App. dar. Sowohl Dampf- als auch fl. Phase können im Kreislauf geführt werden. Das zuverlässige Funktionieren der App. wird an den oben genannten u. schon bekannten Syst. geprüft. H. Tulhoff 5070

1520 **Mechanismus der ungleichen Probenahme.** W. L. Baker, C. W. Gehrke und G. F. Krause. (J. Assoc. off. analyt. Chemists **50** (1967) 2, 407—13; Columbia, Univ. of Mo., Mo. Agric. Exper. Stat.; engl.) — Im Hinblick auf die Entw. besserer Instrumente u. Verf. zur Probenahme wurden die möglichen Mechanismen der ungleichen Verteilung bei Probenahmen von trocken gemischten Kunstdüngern untersucht. H. Rupp 5084

1521 **Festlegung von Wendepunkten bei Titrationskurven für symmetrische Redoxreaktionen.** James A. Goldman. (J. electroanalyt. Chem. Interfacial Electrochem. [Amsterdam] **14** (1967) 4, 373—83; Dep. of Chem., Polytechn. Inst. Brooklyn, N.Y.; engl.) — Die Titrationskurven für Redoxrk. vom Typ $n_2\ Ox_1 + n_1\ Red_2 \rightleftharpoons n_2\ Red_1 + n_1\ Ox_2$ mit $n_1 = n_2 = p$ besitzen zwei Wendepunkte für $p\Delta E^{0\prime} > 85{,}6$ mV bei 25°, wobei $\Delta E^{0\prime} \equiv \frac{RT}{n_1 n_2 F} \ln K$ (K: Gleichgew.-Konst. obiger Rk.) ist. Der Punkt maximaler Steigung (**A**) liegt immer vor dem Äquivalenzpunkt, während der Punkt minimaler Steigung (**B**) dem Halbwegspunkt nachfolgt. Für prakt. Titrationen, bei denen im allg. $p\Delta E^{0\prime} > 300$ mV, sind die Differenzen zwischen den einzelnen Punkten kleiner als die Fehler, die bei ihrer Auffindung gemacht werden. Wenn $p\Delta E^{0\prime} = 85{,}6$ mV, gibt es weder **A** noch **B**, u. die Steigung bleibt konst., wenn etwa 71% titriert worden sind. Wenn $p\Delta E^{0\prime} < 85{,}6$ mV, nimmt die Steigung der Titrationskurve kontinuierlich zu. W. Grimmich 5092

1522 **Methode zur Verschiebung der Empfindlichkeit eines Hochfrequenztitrimeters vom Kondensatortyp in den Bereich höherer Konzentrationen.** Kunio Nakano, Motoya Komiya und Akiko Makino. (J. chem. Soc. Japan, pure Chem. Sect. [Nippon Kagaku Zasshi] **89** (1968) 2, 210—11; Coll. of Sci., Rikkyo Univ., Nishi-Ikebukuro, Toshima-ku, Tokyo; jap., Auszug: engl.) — Durch Einbringen eines Gummiringes in die Zelle zwischen den Elektroden wird der effektive Widerstand erhöht u. dadurch die Empfindlichkeit der Anordnung in den Bereich höherer Konz. verschoben. Die Verschiebung ist um so größer, je kleiner das Loch des Ringes ist. W. Grimmich 5092

1523 **Empfindlichkeitssteigerung in der Tensammetrie.** 1. Mitt. **Einfache, phasenselektive, Differenz-, Oberwellen- und Rechteckwellen-Wechselstrompolarographie an der normalen und quasistationären Tropfelektrode.** H. Jehring, E. Horn, A. Reklat und W. Stolle. (Collect. czechoslov. chem. Commun. **33** (1968) 4, 1038—48; Inst. für Phys. Chem., DAW, Berlin; dt.) — Bei niedrigen Tensidkonz. ist eine Empfindlichkeitssteigerung durch die Zeitabhängigkeit des Bedeckungsgrades möglich. Zur Auswertung werden die Kapazitätserniedrigung u. die Wellenhöhe herangezogen. Die Empfindlichkeit aus der Wellenhöhe läßt sich mit Meth., bei denen der Grundstrom kompensiert wird, steigern. Als Vgl.-Substanz für die tensammetr. Unters. dient *Polyäthylenglykol.* Zur analyt. Auswertung können auch die Inhibitionseffekte herangezogen werden. Bei Tensidmischungen können die Wellenhöhen zur Auswertung benutzt werden, jedoch sind dabei die Auswertungsmöglichkeiten durch die gegenseitige Verdrängung begrenzt. Auf das große Auflsg.-Vermögen eng benachbarter tensammetr. Wellen bei Mischungen wird hingewiesen. M. Frenzel 5098

1524 **Apparatur zur Bestimmung der Relaxationszeit mit der freien Kerninduktionsmethode in schwachen magnetischen Feldern.** V. D. Neretin und E. A. Bylina. (Ž. fiz. Chim. **42** (1968) 8, 2133—36; VNJJ jadernoj geofiz. i geochim., Moskva; russ.) — Konstruktion eines Relaxometers zur Beobachtung der freien Kerninduktion im Erdmagnetfeld. Die Kernrelaxationsparameter von W. mit gelöstem O_2, von reinem W., sowie von an Quarzsand adsorbiertem W. in Relaxationsfeldern von 1,3—400 Gauß wurden bestimmt. J. J. Pohl 5102

1525 **Einfache Einrichtung zum Reinigen und Trocknen von NMR-Probenröhrchen.** O. S. Akkerman. (Chem. and Ind. **1968,** 21, 683; Vrije Univ., Amsterdam; engl.) — Eine Glasapp. zum Reinigen von ca. 50 Röhrchen mit Chromschwefelsäure u. Vakuumtrocknen wird beschrieben. J. Pickardt 5102

1526 **Apparatur zum Nachweis von Sauerstoffspuren in Inertgasströmen.** Gianna L. Petriconi und Henry M. Papee. (Canad. J. Chem. **45** (1967) 18, 2117—20; Rome, Centro Nucleazione Aerosoli; engl.) — Die App. ist zur Best. von O_2 in Inertgas nach der stat. volumetr. Meth. geeignet, bei der $Na_2S_2O_4$-Lsg. zur Absorption verwendet werden. Die App. eignet sich bes. zur Unters. von Rk. in Lsg., bei denen O_2 frei wird. D. Ertel 5104

1527 **Berechnung der elektrischen Feldstärken an einer scharfen Kante.** D. F. Brailsford und A. J. B. Robertson. (Int. J. Mass Spectrometry Ion Physics [Amsterdam] **1** (1968) 1, 75—85; Dep. of Chem., Kings Coll. Strand, London, England; engl.) J. Büttner 5106

1528 **Derivattive Spektroskopie.** Frederic R. Stauffer und Hajime Sakai. (Appl. Optics **7** (1968) 1, 61—65; Southwestern, Memphis, Tenn.; engl.) — Die derivative Spektroskopie wird als wirksames Verf. bei der Filterung unerwünschter Bestandteile des Spektrums diskutiert. Die Übertragungsfunktion wird theoret. abgeleitet u. die Vorteile des Verf. an Hand dieser Funktion ausgewertet. H.-D. Schenke 5116

1529 **Intensivierung der Schwärzung auf Spektralphotoplatten und ihre Anwendbarkeit in der Spektralanalyse.** Z. T. Burgudjiev, A. Petrakev, G. Dimitrov und L. Damyanova. (Doklady bolgarskoj Akad. Nauk **21** (1968) 1, 47—50; Fac. of Phys., Sofia, Univ.; engl.) — Vf. verwenden eine salzsaure $K_2Cr_2O_7$-Lsg. als Bleichlsg. u. einen gewöhnlichen Kontrastentwickler. Unters.-Objekte waren sowjet. Spektralphotoplatten Typ 1 u. 2 (14 Din) mit Aufnahmen von Funkenspektren verschiedener Metalle. Bei Pt konnte eine um eine Zehnerpotenz bessere Nachw.-Empfindlichkeit, als allg. im Spektraltabellen angegeben ist, erreicht werden. K. Worm 5118

1530 **Vorrichtung zur Streckung der Extinktionsskala für das Beckman DK 2-Spektralphotometer.** M. Dixon. (Biochem. J. **104** (1967) 2, 585—87; Dep. of Biochem., Univ., Cambridge; engl.) — Mit Hilfe einer einfachen Schaltung kann man jeden Bereich von 0,1 Extinktionseinheiten genau u. linear auf das 10fache strecken. W. Grimmich 5116

1531 **Verhältnismessendes Zweistrahl-Vakuum-Ultraviolettspektrophotometer mit rotierender Küvette.** Y. Nihei, S. Oda, E. Niki und H. Kamada. (Spectrochim. Acta [Oxford], Part A **24** (1968) 5, 457—64; Univ., Tokyo; engl.) — An Stelle einer Strahlaufspaltung, mit der viele Schwierigkeiten verbunden sind, rotieren Proben- u. Bezugsküvetten durch einen einzigen Strahl. Die Signale des Detektors werden durch einen synchronisierten Gleichrichter getrennt u. als Verhältnisse gemessen. H.-D. Schenke 5116

1532 **Anaerobe Küvettenfülltechnik in der Ultrarotspektroskopie.** Wolfgang Brüser. (Chem. Techn. **20** (1968) 2, 113—14; Chem. Inst., TH Otto von Guericke, Magdeburg; dt.) — Vf. beschreibt eine Meth. zur Füllung von IR-Meßküvetten mit extrem luft- u. feuchtigkeitsempfindlichen Substanzen. H.-D. Schenke 5116

1533 **Reaktionen von wasserfreiem Natriumcarbonat bei der Präparation von Kaliumchlorid-Preßlingen.** R. A. Durie und J. W. Milne. (Spectrochim. Acta [Oxford], Part A **23** (1967) 12, 2885–92; Div. of Coal Res., CSIRO, Chatswood, New South Wales, Australia; engl.) R. Blank 5116

1534 **Untersuchungen zur Fokussierung von Röntgenstrahlen mit gebogenen Kristallen.** K. Feser und A. Faessler. (Z. Physik **209** (1968) 1, 1–12; Sekt. Phys., Univ., München; dt.) – Vf. untersuchen das spektrale Auflösungsvermögen von Quarzkrist., die mit Hilfe eines Biegeverf., bei dem die Krist.-Platte frei zwischen 4 zylindr. Walzen gebogen wird, in eine zylindr. Form übergeführt werden. Die kreiszylindr. Biegung des Krist. ist nach diesem Verf. so genau, daß die Fokussierungsfehler der Johannschen Näherungsmeth. quant. nachgewiesen werden können. Auf gleiche Weise kann der Krist. nach einer logarithm. Spirale gebogen werden. Dadurch werden für eine bestimmte Wellenlänge die Fokussierungsfehler vermieden, so daß sich die Grenze des Auflösungsvermögens eines gekrümmten Krist. bestimmen läßt. H.-D. Schenke 5118

1535 **Einige Besonderheiten der Anwendung von Laserspektren unter Monoimpulsbedingungen für analytische Zwecke.** V. I. Kasatkin und K. I. Taganov. (Ž. prikl. Spektroskopii 8 (1968) 2, 223–26; russ.) – Die Anregung opt. Spektren durch Fokussieren des Lichts eines Rubinlasers auf das zu analysierende Material wird am Beispiel einer Cu-Al-Leg. untersucht. Unter Monoimpulsbedingungen des Lasers ergibt sich ein anomales Verh. der Intensitäten der analyt. Linien. H. Roschkowski 5118

1536 **Anwendung des Industriespektroskops für die Metallkontrolle im Metallager.** Manfred Krauß. (VEB Carl Zeiss Jena Nachr. **10** (1968) 5, 179–214; dt.) – Vf. gibt Arbeitsvorschriften zur Konz.-Best. der wichtigsten Leg.-Elemente von Stahl (Mn, Cr, Mo, Ni, V, W, Co) u. Al (Mg, Cu) mit dem Jenaer Industriespektroskop. Die Intensität der Vgl.-Lampe 12V/50W ist weitestgehend konst. zu halten. Die Standardabweichung beträgt bei Stahlleg. ± 7,2% u. bei Al-Leg. ± 14,5%. H.-D. Schenke 5118

1537 **Einfaches Gerät für Lumineszenz- und Absorptionsmessungen an Hartglas- und polykristallinen Proben bei tiefen Temperaturen.** Marek Płużański. (Roczniki Chem. [Ann. Soc. chim. Polonorum] **42** (1968) 3, 539–42; Inst. of Phys., Polish Acad. of Sci., Warszawa; engl.) – Das Gerät ist eine Modifizierung desRoussetschen Instruments für spektrale Messungen an krist. Lsg. bei der Temp. des fl. N_2. Es können Absorptions-, Fluoreszenz- u. Phosphoreszenzmessungen bei photograph. oder photoelektr. Registrierung durchgeführt werden. H.-D. Schenke 5122

1538 **Vergleichende Messungen an sphärisch gekrümmten Kristallen für das weiche Röntgengebiet.** G. Böhm und K. Ulmer. (Z. angew. Physik **24** (1968) 3, 129–34; Phys. Inst., Univ., Karlsruhe; dt.) – Vf. untersuchen die Eignung von Quarz, Molybdänit (I), Gips, Muskovitglimmer (II), synthet. Glimmer u. Kaliumhydrogenphthalat zur Anwendung als sphär. gekrümmte Krist. für die Röntgenspektroskopie im Gebiet von ca. 3–30 Å. Bei den Messungen werden mit den verschiedenen Krist. erhaltene „Durchlaßkurven" u. Bremsstrahlenisochromaten miteinander verglichen. Für die Isochromatenspektroskopie erweist sich I als sehr geeignet. Die reflektierte Intensität ist unter den gewählten Vers.-Bedingungen gegenüber II bei derselben Quantenenergie u. gleicher Energieauflsg. um eine Größenordnung höher (Faktor 12). Andererseits erscheint II bis jetzt noch für des normalen Spektrometerbetrieb am geeignetsten. H.-D. Schenke 5122

1539 **Technik und Anwendung der Elektronen-Kleinwinkelbeugung.** R. P. Ferrier. (Bull. Soc. Soc. franç. Minéralog. Cristallogr. **90** (1967) 4, 464–78; Cavendish Labor., Univ. of Cambridge,; engl.) – Beschreibung verschiedener opt. Anordnungen mit deren Hilfe ein klass. Elektronenmikroskop als Elektronen-Kleinwinkelbeugungskamera mit sehr großer Winkelauflsg. benutzt werden kann. Diskussion über die Anwendung auf physikal. u. biolog. Gebiet sowie Vgl. mit der Röntgen-Kleinwinkelbeugung. I. Zoll 5126

1540 **Neuartige Röntgenkamera für Strukturuntersuchungen an dünnen Drähten bis zu 500 mm Länge.** K. Feltkamp, W. Oberender, G. Schimmel und K.-J. Schulze. (Messtechnik [Braunschweig] **76** (1968) 4, 87–90; Battelle-Inst., Frankfurt/M.; dt.) – Konstruktion u. Meßprinzip der Kamera, die kontinuierliche röntgenograph. Aufnahmen an extrem dünnen Drähten ermöglicht, werden beschrieben u. die Meßmöglichkeiten diskutiert. J. Pickardt 5126

1541 **Schnellbestimmung der Kristallstruktur eines Alkaloidderivats.** G. Ferguson. (Hilger J. **11** (1968) 3, 55–58; Chem. Dep., Univ., Glasgow; engl.) – Mit Hilfe eines Hilger & Watts-Vierkreisdiffraktometers werden die chem. Struktur sowie die Bindungslängen u. die Winkel im Mol. eines Alkaloidderiv. in vollautomat. Arbeitsweise aufgeklärt. H.-D. Schenke 5126

1542 **Laser-Funkenanregung homogener Pulverproben.** A. B. Whitehead und H. H. Heady. (Appl. Spectroscopy **22** (1968) 1, 7–12; Reno Metallurg. Res. Center, Bur. of Mines, U.S. Dep. of the Interior, Reno, Nev.; engl.) – Zur Best. von Spurenelementen in homogenem Material wird die Laser-Mikrosonde bei gleichzeitiger Funkenanregung des vom Laserstrahl verdampften Materials verwendet. Die Verdampfung aus den mit A. fein vermahlenen BaF_2-, Al_2O_3-, Yb_2O_3- u. WO_3-Proben (Korngröße < 5 μm), die von Hand in eine Kunststoffschale gepreßt wurden, erfolgt mit einem Laser, der bei 3400 V betrieben wird, die Anregung durch eine Funkenentladung zwischen 2 horizontalen Graphit-Elektroden bei $C = 20\ \mu F$, $L = 100\ \mu H$ u. $E = 2000$ V. Der Variationskoeff. von ±11% u. die Nachw.-Empfindlichkeit entspricht der Best. mit dem Gleichstrombogen, die Matrixeinfl. sind wesentlich geringer. Weitere Möglichkeiten der Laserverdampfung werden erörtert. H. Bensch 5126

1543 **Einsatz des Röntgenmikroanalysators zur Klärung von Problemen der metallurgischen Praxis.** Günter Suwalski, Albrecht Karl, Otto Brümmer und Karl-Heinz Brauer. (Neue Hütte **12** (1967) 7, 423–30; Stahlinst., Henningsdorf; dt.) – Nach einem Überblick über die apparative Entw. der Röntgenmikroanalyse wird die Beschreibung eines von Vf. entwickelten Geräts gegeben, mit dem Weitwinkelinterferenzen, Röntgenschattenmikroskopie u. Gitterquelleninterferenzen zusätzlich zur Röntgenmikroanalyse angewendet werden können. Ein spezieller Objektmanipulator ist so ausgelegt, daß der Objektraum für Elektronenbeugungsunters. freigemacht werden kann. H.-D. Schenke 5126

1544 **Eignung der Zählverfahren zur Bestimmung des Oberflächenanteils im Falle nicht normal verteilter Komponenten.** R. Rath und D. Spoerel. (Mikroskopie [Wien] **22** (1968) 9–10, 252–65; Miner. Petrograph. Inst., Univ. Hamburg; dt.) – An einer Ellipse als Modell wird gezeigt, daß Zählapp. (Integrationstisch, Punktzählokular) bei nicht statist. Verteilung im allg. Fehler > 10% liefern u. der visuelle Vgl. des Objekts mit einer Kreisfläche bekannten Inhalts vorzuziehen ist. M. Frenzel 5128

1545 **Materialuntersuchungen mit Polarisationsmikroskopen.** Hans Gause. (Jenaer Rdsch. **13** (1968) 3, 165 bis 173; Labor. für anorgan. Mikroskopie, VEB Carl Zeiss, Jena; dt.) – Kurze Beschreibung einiger Polarisationsmikroskope des VEB Carl Zeiss Jena (Großes Universalforschungsmikroskop Nu 2, Großes Auflichtkameramikroskop Neophot 2, AMPLIVAL pol·d, AMPLIVAL pol·u). H.-D. Schenke 5128

1546 **Elektronenmikroskopie bei hohen Spannungen.** Gareth Thomas. (Philos. Mag. [8] **17** (1968) 150, 1097 bis 1108; Inorgan. Mater. Res. Div., Lawrence Radiat. Labor., Univ. of Calif., Berkeley, Calif.; engl.) – An Folien von einkrist. *Si* u. polykrist. austenit. *Stahl* wurden die Grenzdicken für Elektronendurchstrahlung bestimmt. Es wurden Bezirke mit Stapelfehlern oder Zwillingen ausgewählt, um die wahre Foliendicke aus der Fehlerbreite ermitteln zu können. Als Kriterium für die Grenzdicke wurde die Dicke angenommen, bei der der Kontrast der Beugungssäume durch Absorption verschwand. Es wurde systemat. ⟨111⟩ Reflexion mit Orientierung der Folie zwischen [110] u. [123] gewählt. Experimente bei 100 kV wurden im Siemens-Mikroskop, die bei höherer Spannung im Cambridge-750-kV-Mikroskop u. Toulouse-1,5-MeV-Mikroskop gemacht. Es wurden jeweils 30 μ Objektivaperturblenden u. höchstens 5 μA Strahlstrom verwendet. Die durchstrahlbare Dicke der Krist. nimmt materialabhängig mit der Spannung zu, etwas schneller als dem Gesetz $(v/c)^2$ entspricht. Die Durchstrahlungskraft ändert sich abhängig von den Beugungsbedingungen nur annähernd nach $(v/c)^2$. Oberhalb 300 kV ist das Zusammenwirken vieler Reflexe für das nichtlineare Verh. nach c^2 maßgebend. Die erhaltenen Werte sind nicht abs., sie ändern sich mit den Beugungsbedingungen u. damit verbundenem unterschiedlichen Kontrast der Fehler. Die Grenzdicke nimmt mit steigender Atomnummer ab. Sie liegt bei 1 MeV für Si bei annähernd 9 μ u. Stahl bei 2 μ unter den hier gewählten Vers.-Bedingungen. Die Bildinformation wird durch die chromat. Abweichung auf Grund der unelast. Elektronenstreuung im Präp. begrenzt. Für die prakt. Anwendung der Ultrahochspannungselektronenmikroskopie dicker Folien müssen systemat. Beugungsbedingungen eingehalten werden. R. Zimmer 5128

1547 **Realisierung eines Feldmikroskops. Vorversuche.** Alain Piquet und Robert Uzan. (C. R. hebd. Séances Acad. Sci., Sér. A et B **266** (1968) 6, B 317—20; Villeurbanne, Rhône, I. N. S. A., Faculté des Sciences, Labor. d'Emission électron.; franz.) — Beschreibung einer auseinandernehmbaren App. in Metallbauweise, die als Feldelektronen- u. -ionenmikroskop verwandt werden kann, u. in dem nach Ausheizung Vakua bis 10^{-10} Torr erreicht werden. Einige Emissionsbilder von W-Spitzen nach verschiedener therm. Vorbehandlung werden gezeigt u. diskutiert. Sie demonstrieren den Einfl. der Oberflächenwanderung der W-Atome u. des Restgases. F. Lenz 5128

1548 **Photonenzählung.** G. A. Morton. (Appl. Optics **7** (1968) 1, 1—10; Radio Corp. of America, EC & D, Princeton, N.J.; engl.) — Vf. beschreibt die Grundlagen der Photonenzählung u. die Meth. der Berechnung von Zählfehlern, die unter den verschiedenen Meßbedingungen auftreten können. Diskutiert werden Probleme bei der Best. der Zeitverteilung von Photonen u. bes. die Koinzidenzemission von Photonen, wie sie in Lasern u. bei anderen simulierten Emissionen auftreten können. Eine Photonenzählung mit einfachen Photoleitern ist extrem schwierig oder überhaupt nicht durchzuführen. Jedoch sollte eine Photonenzählung mit Photoleitern durch einen Trägervervielfachung mit photoleitenden Vervielfachern möglich sein. H.-D. Schenke 5130

1549 **Mögliches Vielkanal-Spektralmeßinstrument.** S. Prydz. (Appl. Optics **7** (1968) 1, 211—12; Fys. Inst., Univ. i Oslo, Blindern, Oslo; engl.) — Der Spektraldetektor für niedrigintensive Lichtquellen besteht aus einer normalen Photokathode u. einem Elektronenvervielfacher. Das Detektorsignal wird zur Messung einem Standard-Vielkanalanalysator zugeführt. H.-D. Schenke 5130

1550 **Nachweis extrem ultravioletter Strahlung durch verzögernde Potentialanalysatoren.** L. Heroux, R. G. Newburgh, W. J. McMahon und H. E. Hinteregger. (Appl. Optics **7** (1968) 1, 37—47; Air Force Cambridge Res. Labor., Bedford, Mass.; engl.) — Vf. untersuchen ebene u. kugelförmige verzögernde Potentialanalysatoren als Detektoren für extreme UV-Strahlung (200 bis 1300 Å). Der kugelförmige Analysator ist dem planaren in Bezug auf die spektrale Diskriminierung von Photonen überlegen. Es werden Berechnungen für den Nachw. von UV-Strahlung $<$ 600 Å in Ggw. ungefilterter Sonnenstrahlung durchgeführt. H.-D. Schenke 5130

1551 **Klärung der Einheitsgrößen zur spektralen Charakterisierung für Teilchendetektoren und -emitter.** Irwin Wunderman. (Appl. Optics **7** (1968) 1, 25—28; Hewlett-Packard Labor., Palo Alto, Calif.; engl.) — Vf. diskutiert die Vorteile der spektralen Charakterisierung als Teilchen/s u. Energie/Teilchen für Teilchengeräte. Die Größen werden auf die Vorstellungen der opt. Ströme u. Spannungen übertragen. Als Einheit für 1 V/Teilchen wird 1 Planck vorgeschlagen. H.-D. Schenke 5130

1552 **Praktische Vielfachreflexionstechnik zur Verbesserung der Quantenausbeute von Photomultiplierröhren.** J. B. Oke und Rudolph E. Schild. (Appl. Optics **7** (1968) 4, 617—22; Calif. Inst. of Technol., Pasadena, Calif.; engl.) — Eine Meth. zur Verbesserung der Quantenausb. von Multipliern für rotes Licht u. nahes IR wird beschrieben, mit deren Hilfe Ausb.-Gewinne von 1,8—3,8 möglich sind. J. Pickardt 5130

1553 **Weiterentwicklung des Systems zur automatischen Aktivierungsanalyse (AAAS) mit schnellen Neutronen.** A. Barwiński, L. Górski, J. Janczyszyn, St. Kwieciński, L. Loska und T. Owsiak. (Isotopenpraxis **4** (1968) 2, 52—56; Krakow, Acad. of Mining and Metallurgy, Inst. of Nucl. Techn.; engl.) — Durch Rotation der Analysenprobe um zwei Achsen (parallel u. senkrecht zum Target) während der Bestrahlung erzielen Vf. eine Verbesserung der aktivierungsanalyt. Resultate. Die Konstruktion der App., die Verteilung des Neutronenflusses darin u. eine Anordnung zur automat. Beschickung u. Entleerung werden beschrieben. D. Ertel 5132

1554 **Selektive Abtrennung von Radionatrium aus neutronenaktiviertem Material durch Adsorption an Antimonpentoxidhydrat.** F. Girardi und E. Sabbioni. (J. radioanalyt. Chem. [Budapest] **1** (1968) 2, 169—78; Euratom Joint Nucl. Center, Ispra, Varese; engl.) — Die in 6—12 m HCl gelöste Probe wird über eine Säule mit speziell präpariertem Sb(V)-Oxidhydrat filtriert, wobei Na quant. u. selektiv (Kapazität des Adsorbens 31 mg Na/g) entfernt wird. Von 60 getesteten Elementen werden nur Ta quant. u. F^- teilweise entfernt. Die Meth. wird für spektroskop. Analysen u. Neutronenaktivierungsanalysen biolog. Proben empfohlen, 3 Beispiele (Blut, Harn, Lebensmittel) werden ausführlich beschrieben. W. Dedek 5132

1555 **Isotopenanalyse bei der Herstellung von Tetramethylammoniumjodid.** A. Jovtscheff, D. Djarov, K. Badjoff und D. Paskov. (Isotopenpraxis **4** (1968) 4, 151—52; Lehrstuhl für Pharmakol. des Höheren Med. Inst., Sofia 31; dt.) — Bei der Überprüfung der Herkunft des N in Tetramethylammoniumjodid (**I**), das aus DMF (**II**) u. CH_3J in ammoniakal. Lsg. hergestellt worden war, wurde durch ^{15}N-Tracerunters. festgestellt, daß der NH_3–N sich nicht am Aufbau des I-Mol. beteiligt u. die emissionsspektroskop. Isotopenanalyse ergab, daß der N-Geh. von I der natürlichen Isotopenzus. des N (0,38 Atom-% ^{15}N) entspricht. U. Drehmann 5132

1556 **Radiochemische Trennungen mit Hilfe der Ringofenmethode.** 3. Mitt. **$^{90}Sr/^{90}Y$ und $^{140}Ba/^{140}La$.** D. Klokkow. (Talanta [London] **15** (1968) 6, 541—45; Univ., Freiburg i. Br.; dt.) — 2. vgl. **14** (1967) 7, 817; 1. vgl. C. **1968**, 10-1926. — Mit Hilfe der Ringofenmeth. nach Weisz lassen sich auf Rundfiltern aus Carboxymethyl-Cellulose ^{90}Y von ^{90}Sr u. ^{140}La von ^{140}Ba schnell abtrennen. Unter Verw. von EDTA als Komplexbildner u. W. als Waschfl. werden Ausb. von 99% für ^{90}Y u. 85—95% für ^{140}La erreicht, die Dekontaminationsfaktoren liegen bei $5 \cdot 10^3$—10^4 für ^{90}Y u. $1 \cdot 10^3$ für ^{140}La. Mit einer 1%ig. α-Hydroxyisobuttersäure-Lsg. vom pH 4,8 als Waschfl. läßt sich ^{90}Y selektiv aus einem $^{90}Sr/^{90}Y$–$^{140}Ba/^{140}La$-Gemisch mit 85—90% Ausb. abtrennen. Die Halbwertszeiten der im Ring konz. Tochternuklide wurden bestimmt zu 64,7 ± 0,3 Std. für ^{90}Y u. 40,5 ± 0,2 Std. für ^{140}La. Karl-Heinz Walter/Jülich 5132

1557 **Radiochemische Methode zur Bestimmung der Zusammensetzung von H_2S/H_2-Gemischen.** Nisso Barbouth und Jacques Oudar. (Bull. Soc. chim. France **1968, 3**, 895—96; Labor. de Chim. appl. Paris; franz.) — Vf. beschreiben eine Meth. zur kontinuierlichen Analyse derartiger Gasgemische durch Messung der β-Strahlung des ^{35}S Die Meth. wird zur Unters. des Gleichgew. der Rk. $Cu_2S + H_2 \rightleftharpoons 2Cu + H_2S$ verwendet. J. Pichardt 5134

1558 **Autoklav mit Einsatz zur Untersuchung des Einflusses von Reaktorwänden auf in der flüssigen Phase unter hohem Druck verlaufende Prozesse.** L. K. Kazanceva, V. V. Lipes und M. S. Furman. (Kinetika i Kataliz **9** (1968) 3, 710–12; Gos. N.-I. i projektnyj inst. azotnoj prom., Moskva; russ.) — App.-Beschreibung. H. Will 5134

1559 **Katalytische Reaktionen in der Spurenanalyse und Untersuchung ihrer Mechanismen.** 5. Mitt. **Der Mechanismus des Bromat–Ascorbinsäure–Vanadin-Systems.** János Bognár. (Mikrochim. Acta [Wien] **1968**, 5, 1070–85; Lehrkanzel für anorg. und anal. Chem., TU für die Schwerind., Miskolc, Ungarn; dt.) — 4. vgl. C. **1969**, 14-1616. — Der Mechanismus des katalyt. Bromat–Ascorbinsäure–Vanadin-Syst. besteht aus 2 katalyt. Prozessen, die parallel ablaufen, u. zwar wird die Bromat–Ascorbinsäure-Grundrk. einerseits durch Br^- u. andererseits durch V unter Elektronenübertragung katalysiert. Dabei sind die zeitbestimmenden Schritte beider katalyt. Prozesse die BrO_3^-/Br^- bzw. $BrO_3^-/V(IV)$-Reaktion. Die Geschw. der Rk. zwischen BrO_3^- u. V(IV) ist nicht vom pH abhängig. Eindeutig tritt während der Rk. BrO_2 als freies Übergangsradikal auf. Die Geschw.-Konst. für die Rk. liegt bei $1 \cdot 10^{3}$ l/Mol · Minute. K. Henning 5134

1560 **Gerät zur thermometrischen Untersuchung der Polymerisationskinetik in dünnen Schichten.** E. M. Morozova, A. S. Morozov und V. I. Eliseeva. (Ž. fiz. Chim. **42** (1968) 1, 297–99; Inst. fiz. chim. AN SSSR, Moskva; russ.) — Ein automat. kompensierendes u. registrierendes Kalorimeter zur Unters. der Polymerisationskinetik in Ggw. von Luftsauerstoff wird beschrieben. Als Beispiel wird die Polymerisation von aminosubstituierten Äthylestern der Methacrylsäure in dünner Schicht bei 25–78° untersucht. J. J. Pohl 5134

1561 **Thermometrische Analyse. Schnellmethode zur Bestimmung der prozentualen Zusammensetzung von Silicaten, Schlacken und Elementen.** Krystyna Hubicka. (Cement-Wapno-Gips **23/35** (1968) 1, 1–7; Kraków, AGH, Kat. Material. Wiąż.; pol.) — Im Artikel werden die Grundlagen, gerätetechn. Aufbau u. Arbeitsmeth. der thermometr. Analyse behandelt sowie einige Anwendungsbeispiele zur Best. der Zus. von Schlacken u. a. silicathaltigen Stoffen beschrieben. Eine Analysenvorschrift zur SiO_2- u. Al_2O_3-Best. wird angegeben. — *1* 2 Literaturangaben. G. Niechoj 5136

1562 **Kalorimetrische Untersuchung von Umwandlungen im festen Zustand.** Annie Géry, Gilbert Sinicki, Michel Laurent und Jean-Luc Macqueron. (C. R. hebd. Séances Acad. Sci., Sér. A et B **266** (1968) **3**, B **113** bis 114; Dep. de Phys. de l'Inst. Nat. des Sci. appl. de Lyon, Villeurbanne, Rhône; franz.) — Zur Ermittlung der bei der Martensit-Umwandlung in einer Fe–Ni-Leg. freigesetzten Energie wird ein Differentialkalorimeter entwickelt, seine Wrkg.-Weise u. Konstruktion (Abb.) sowie die Durchführung der Messungen u. deren Auswertung an einem Thermogramm beschrieben. Mit dieser App. können quant. Resultate über Umwandlungsvorgänge bei tiefen Temp. im festen Zustand sowie genaue Erkenntnisse über deren Kinetik erhalten werden. O. Rösner 5136

1563 **Stromteiler in der Flüssigkeitschromatographie.** Eric D. Lund und Chester E. Kunsman. (J. Chromatogr. [Amsterdam] **31** (1967) 2, 549–50; Winter Haven, Fla., U.S. Fruit & Vegetable Prod. Labor.; engl.) — Eine Injektionsnadel wird so in einem das Eluat auffangenden Rohr befestigt, daß ein Teil der Fl. in den Anschlußkonus der Nadel fließt u. durch die Nadelspitze in einen dünnen Teflonschlauch, der durch die Wand des Rohres zum Detektor geleitet wird. L. Kramar 5138

1564 **Fraktionskollektor mit Magazin für Mehrfach-Flüssigkeitschromatographie.** Per Vestergaard, Clinton Witherell und Theodore Piti. (J. Chromatogr. [Amsterdam] **31** (1967) 2, 337–44; Orangeburg, N.Y., Res. Center, Rockland State Hosp.; engl.) — Zur Beschickung eines in einer früheren Arbeit beschriebenen Fraktionskollektors wurde eine App. entwickelt, bestehend aus zwei Türmen, die Behälter mit Proberöhrchen nach Art eines Paternosteraufzuges übereinander angeordnet enthalten. Ein mit dem Zeitgeber des Kollektors synchroner Motor liefert leere Röhrchen aus dem einen Turm, die dann nach Füllung in den anderen Turm zur Speicherung transportiert werden. Die Vorrichtung kann bis zu 1680 Röhrchen aufnehmen. L. Kramar 5138

1565 **Vorrichtung zur Erzeugung eines Lösungsmittelgleichgewichts im Tank beim absteigenden Chromatographieren. Automatisches Aufbringen der mobilen Phase.** M. W. Weg. (J. Chromatogr. [Amsterdam] **28** (1967) 2, 482–84; St. George's Hosp. Med. School, Univ. London; engl.) J. Pickardt 5138

1566 **Formel mit zwei Parametern zur Umrechnung von R_F-Werten bei Verwendung verschiedener Lösungsmittelsysteme.** Clarence R. Perisho. (Analytic. Chem. **40** (1968) 3, 551–55; State Coll., Mankato, Minn.; engl.) — Vgl. ibid. **39** (1967) 7, 737. — Aus der Gleichung $(R_M)_y = \Delta\mu_y/\Delta\mu_x\,(R_M)_x + (\Delta\mu_y/\Delta\mu_x - 1)\log A_M/A_S$ läßt sich eine Beziehung zwischen $(R_F)_x$ u. $(R_F)_y$ ableiten. Die Gleichung gilt für chem. verwandte Verbindungen. ($\Delta\mu$ ist die Änderung der freien Energie eines Stoffes von der stationären zur mobilen Phase, x u. y beziehen sich auf die Lsgm.-Syst. X u. Y.) W. Grimmich 5138

1567 **Chromatographie von mit Ninhydrin nicht reagierenden Verbindungen an Aminosäurenanalysatorsäulen.** Arthur Wainer. (J. Chromatogr. [Amsterdam] **26** (1967) 1, 48–53; Dep. of Biochem., Bowman Gray School of Med., Winston-Salem, N.C.; engl.) — Die Trennung von 30 ^{14}C-markierten, für Stoffwechselunters. interessanten Verb. (darunter Fettsäuren u. Zucker) werden am Typ A „Chromobeads" mit Citratpufferlsg. (pH 2,87) getrennt. Beziehungen zwischen Eluierung u. Mol.-Struktur werden untersucht. Renate Lehmann 5138

1568 **Adsorption von Azaaromaten an Aluminiumoxid; Bemerkung zum Aufsatz von Klemm, Kloppenstein und Kelley.** L. R. Snyder. (J. Chromatogr. [Amsterdam] **28** (1967) 2, 432–38; Union Oil Co. of Calif., Brea, Calif.; engl.) — Klemm et al. [J. Chromatogr. [Amsterdam] **23** (1966) **3**, 428] behaupteten, daß Azaaromaten bevorzugt stufenweise adsorbiert werden. Vf. widerlegt diese Behauptung unter Verw. eines Modells. J. Pickardt 5138

1569 **Verbesserte Durchflußgeschwindigkeit bei der Säulenchromatographie mit superfeinem Sephadex G-200.** Huminori Kawata und Merrill W. Chase. (J. Chromatogr. [Amsterdam] **35** (1968) 4, 565–66; Rockefeller Univ., New York, N.Y.; engl.) — Durch sechsfaches Aufschwemmen mit Ae. können die in Suspension gehaltenen kleinsten Teilchen (2–3% der Gesamtmenge; ⌀ 12–5 μm), die die Durchflußgeschw. herabsetzen, abgetrennt werden. W. Grimmich 5138

1570 **Anwendung der Gelchromatographie auf kleine Moleküle.** Karl J. Bombaugh, William A. Dark und Robert F. Levangie. (Z. analyt. Chem. **236** (1968), 443 bis 451; Waters Assoc., Inc., Framingham, Mass.; engl.) — Trennungen von KW-Stoffen, Alkoholen, Triglyceriden u. oberflächenakt. Substanzen mit Molgew. von 100 bis 1000 werden mit Hilfe von porösen Polymerkörnern (Styragel der Fa. Waters Assoc., Inc., Teilchendurchmesser 35μm) erreicht. Da die Mol. entsprechend ihrer Größe getrennt werden, kann außer der Trennung auch eine Identifizierung erreicht werden. Die Säulen haben eine lange Lebensdauer, weil keine fl. stationäre Phase erforderlich ist. H.-D. Schenke 5138

1571 **Sterilisierung von Sephadex-Kolonnen während der Gel-Filtration.** A. A. Driedger, L. D. Johnson und A. M. Marko. (Analyt. Biochem. [New York] **18** (1967) 1, 177–79; Atomic Energy of Canada Ltd., Chalk River, Ontario; engl.) — Durch Zusatz von 2,5% J_2 in halbgesätt. wss. KJ-Lsg. zur verwendeten 0,02 m K-Citratpufferlsg. (pH 3,20) kann das Wachstum von Mikroben in einer Sephadex-Kolonne verhindert werden. G. Baasch 5138

1572 **Beurteilung des aus inländischem Polycaprolactam gewonnenen Polyamids für die Anwendung in der Dünnschichtchromatographie.** Zdzisław Kowalewski, Kazimierz Samuła und Lutosława Skrzypczakowa. (Chem. analit. [Warszawa] **12** (1967) 1, 33–38; Poznań, Akad. Med., Kat. Farmakogn.; pol.) – Die Brauchbarkeit des hergestellten Polyamids wurde bei der Trennung von Flavonen, Phenolcarbonsäuren (A) u. Anthracen-Verb. kontrolliert. Es verhält sich ähnlich wie das Polyamid Woelm DC. Die A werden vorteilhaft mit $CHCl_3$/Äthyloctan/HCOOH (50:40:10), die anderen Verb. mit $CHCl_3$/CH_3OH/Butanon-(2)/Acetylaceton (25:5:5:1) getrennt. G. Niechoj 5138

1573 **Untersuchungen zur quantitativen Radiodünnschichtchromatographie tritiummarkierter Verbindungen.** Georg Rabitzsch. (J. Chromatogr. [Amsterdam] **37** (1968) 3–4, 476–86; Inst. für Kreislaufforsch., Dt. Akad. der Wiss., Berlin-Buch; dt.) – Vf. berichtet über eine App. zur quant. Radiodünnschichtchromatographie von ^3H u. anderen energiearmen β-Strahlern sowie über die Unters. des Einfl. von chromatograph. u. meßtechn. bedingten Faktoren auf die Zählausb. u. die Reproduzierbarkeit. Es können noch 2 bzw. 0,1 n Ci (^3H bzw. ^{14}C) bei einer Ausb. von 1,5 bzw. 23,5% nachgewiesen werden. Die Fehler liegen je nach Höhe der Aktivität zwischen 10 u. 20%. W. Grimmich 5138

1574 **Farbreaktion und Dünnschichtchromatographie aromatischer Nitrosoverbindungen.** Kenji Yasuda und Kyozo Nakashima. (Japan Analyst **17** (1968) 6, 732 bis 736; Ind. Res. Inst., Osaka Prefecture, Nishi-ku, Osaka-shi; jap., Auszug: engl.) – Aromat. Nitrosoverb. können nach Trennung an Silicagel als rote bis blaue Flecke durch Besprühen mit saurer β-Naphthol-Lsg. [1% β-Naphthol in CH_3OH/Äthylenglykol/50%ig. HCl-Lsg. (10:8:2)] u. Erwärmen auf 105–110° während 10–20 Min. nachgewiesen werden. Die Nachw.-Grenzen für *p-Nitrosophenol, -dimethylanilin, α-Nitroso-β-naphthol* u. *N-Nitrosomethylanilin* betragen 0,2, 0,03, 0,3 bzw. 1 μg. Nitro- u. Aminoverb. sprechen bis auf *p-Phenylendiamin* (I) u. *N.NDimethyl*-I nicht an. Zur Trennung der p-Nitroso- von entsprechenden Nitro- u. Aminoverb. eignet sich das Lsgm.-Syst. Bzl./CH_3OH (8:2), wobei die R_F-Werte in der Reihe p-Amino < p-Nitroso < p-Nitroverb. steigen. N-Nitrosoverb. zeigen im allg. höhere R_F-Werte als ihre C-Nitrosohomologen. W. Grimmich 5138

1575 **Dünnschichtchromatographische Trennung von Diäthyldithiocarbamat-Chelaten.** Mitsuo Kiboku. (Japan Analyst **17** (1968) 6, 722–27; Labor. of Analyt. Chem., Fac. of Engng., Kinki Univ., Hiro-machi, Kure-shi, Hiroshima-ken; jap., Auszug: engl.) – Die R_F-Werte der DDTC-Chelate von Cu^{2+}, MoO_2^{2+}, Ni^{2+}, Cr^{3+}, Co^{2+}, Bi^{3+}, Fe^{2+}, VO^{2+} u. UO_2^{2+} fallen in der angegebenen Reihenfolge beim Chromatographieren an Silicagel mit Bzl. oder Cyclohexan/$CHCl_3$ (30:70). Die entsprechenden Nachw.-Grenzen sind 0,04, 0,05, 0,08, 0,3, 0,04, 0,1, 0,04, 0,05 bzw. 0,02 μg. W. Grimmich 5138

1576 **Dünnschichtchromatographie von Vinylmonomeren auf Undecensäurebasis.** N. G. Kulkarni, N. Krishnamurti, P. C. Chatterjee und J. S. Aggarwal. (J. Chromatogr. [Amsterdam] **34** (1968) 4, 543–45; Regional Res. Labor., Hyderabad, India; engl.) – Allylester (I), Allyläther (II), Vinylester (III), Vinyläther (IV), Acrylester (V) u. Methacrylester (VI) der Undecansäure werden dünnschichtchromatograph. (Silica Gel C der Fa. Merck) getrennt. Bei einem Lsgm.-Syst. n-Hexan/Ae. (94:6, v/v) werden die Paare **I** u. **V** sowie **II** u. **III** nicht aufgetrennt. Eine Trennung zwischen **II** u. **III** kann an siliconsierten Platten mit Acetonitril/Essigsäure/W. (70:15:15) erreicht werden. Auf Grund der konjugierten Doppelbindung in **V** können **I** u. **V** mit n-Hexan/Ae./Br_2 (95:5:1, v/v/v) als Entwickler getrennt werden. H.-D. Schenke 5138

1577 **Peakverbreiterung bei der Papierchromatographie und verwandten Methoden.** 4. Mitt. **Mechanismus des Massenüberganges bei der Papierchromatographie.** C. L. de Ligny und A. G. Remijnse. (J. Chromatogr. [Amsterdam] **35** (1968) 2, 257–68; Labor. for Analyt. Chem., State Univ., Utrecht; engl.) – 3. vgl. ibid. **33** (1968) 1, 242. – Am Beispiel von Aminosäuren mit sehr unterschiedlichen R_F-Werten wird unter Verw. von acht Papiersorten die Peakbreite bei der Papierchromatographie (PC.) mit der bei reiner Diffusion erhaltenen verglichen. Es zeigt sich, das eine Diffusion in Längsrichtung bei der PC. sowohl in der mobilen als auch in der stationären Phase auftritt. Das den Massenübergang in der Van Deemter-Gleichung berücksichtigende Glied beinhaltet Ungleichmäßigkeit im Laufmittelfluß u. die langsame Einstellung des Gleichgew. zwischen stationärer u. mobiler Phase. W. Grimmich 5138

1578 **Peakverbreiterung bei der Papierchromatographie und verwandten Methoden.** 5. Mitt. **Bedingungen für die minimale Trennzeit.** C. L. de Ligny und E. C. M. Kok. (J. Chromatogr. [Amsterdam] **35** (1968) 2, 269–76; engl.) – 4. vgl. vorst. Referat. – Es werden Gleichungen abgeleitet, in denen die Elutionszeit als Funktion der Entfernungen der Lsgm.-Oberfläche vom Startpunkt u. von der Laufmittel-Front ausgedrückt wird u. mit deren Hilfe die minimale Trenndauer berechnet werden kann. Die Gleichungen sind für Papier- u. Dünnschichtchromatographie gültig. W. Grimmich 5138

1579 **Mehrfach-Kurzkeilstreifen- und 28-cm-Langkeilstreifentechnik in der Petrischale.** W. Matthias und R.-D. Schmidt. (J. Chromatogr. [Amsterdam] **27** (1967) 1, 326–28; Inst. für Pflanzenzüchtung Quedlinburg der Dt. Akad. der Landwirtschaftswiss. zu Berlin; dt.) – Es wird eine Vorr. beschrieben, die es ermöglicht, neben den zu untersuchenden Substanzen Testgemische mitzuchromatographieren. I. Klee 5138

1580 **Chromatographische Aufspaltung einer racemischen Substanz an einem mikroporösen Harz.** Timothy S. Stevens und John A. Lott. (J. Chromatogr. [Amsterdam] **34** (1968) 4, 480–84; Univ. of Mich., Flint College, Flint, Mich.; engl.) – Ein mikroporöses Äthylvinylbenzol/Divinylbenzol-Polymerisat wurde chlormethyliert u. mit (–)-α-Phenäthylamin zum Zwecke der Herst. eines opt. akt., schwach bas. Ionenaustauscherharzes aminiert. Mandelsäure konnte bei Verw. von W. u. CH_3OH teilweise, mit A. oder $CHCl_3$ nicht aufgespalten werden. J. Pickardt 5138

1581 **Radiochemische Analyse unter Anwendung von Ionenaustauschharzen in gemischten und nicht wäßrigen Lösungsmitteln.** 2. Mitt. **Trennung ^{234}Th–^{144}Ce, ^{89}Sr am Anionit AV-17 in wäßrig-ketonischen Lösungen von Salpetersäure.** I. O. Bogatyrev und K. B. Zaborenko. (Radiochimija **10** (1968) 2, 250–52; russ.) – 1. vgl. C. **1967,** 13-2091. – Vf. untersuchten nach einer dynam. u. nach einer stat. Meth. das Verh. von Th u. U sowie von ^{137}Cs, ^{144}Ce, ^{89}Sr u. ^{147}Pm in den Gemischen HNO_3–Aceton u. HNO_3–Methyläthylketon verschiedener Zusammensetzung. Als Ionenaustauscher fanden die Anionite AV-17 u. IRA-410 Anwendung. Die Sorption von Sr am Anionit vergrößert sich bei Austausch von Aceton (I) gegen das gleiche Vol. Methyläthylketon (II), die der Seltenerdelemente (SE) u. bes. die von Th verringert sich (für Th-Verteilungskoeff. $D_I = 230$, $D_{II} = 10$). Für die Abtrennung von ^{234}Th von ^{144}Ce u. ^{89}Sr wird ein Gemisch der Zus. 90% **II** + 0,5 n HNO_3 vorgeschlagen, bei dessen Verw. die Sorption von Th (u. U) am Anionit unterbunden wird. Man kann auch die Nuklide ^{234}Th, ^{144}Ce u. ^{89}Sr zunächst zusammen aus einem Gemisch 90% **I** + 0,5 n HNO_3 am Anionit adsorbieren lassen u. anschließend ^{234}Th mit 90% **II** + 0,5 n HNO_3 eluieren. G. Ewald 5138

1582 **Radiochemische Analyse unter Anwendung von Ionenaustauschharzen in gemischten und nicht wäßrigen Lösungsmitteln.** 3. Mitt. **Vergleich der Bedingungen der Trennung von radioaktiven Seltenerdmetallen und ^{91}Y in Salpetersäure oder ein Metallnitrat enthaltenden wäßrig-alkoholischen Lösungen.** I. O. Bogatyrev, K. B. Zaborenko und N. D. Malygina. (Radiochimija **10** (1968) 2, 253–55; russ.) – 2. vgl. vorst. Referat. – Vf. untersuchten nach einer stat. Meth. die Verteilungskoeff. K_D für ^{140}La, ^{144}Ce, ^{143}Pr, ^{147}Pm u. ^{152}Eu sowie für ^{91}Y bei ihrer Verteilung zwischen dem Anionit AV-17 u. wss.-alkohol. Lsg. mit HNO_3 oder $LiNO_3$ bzw. $Al(NO_3)_3$ (+ HNO_3). Die Wirksamkeit des Einfl. des Kations der Nitratverb. auf die Sorption von ^{140}La, ^{144}Ce, ^{143}Pr nimmt in der Reihenfolge $Al^{3+} > Li^+ > H^+$ ab, der Einfl. auf die Sorption von ^{152}Eu u. ^{91}Y in der Reihenfolge $Li^+ + Al^{3+} > H^+$ ab. Als organ. Komponente wurde Propanol (82,5—90%) verwendet. Vf. geben die Trennungskoeff. für die Paare La/Pr, Pr/Pm, Eu/Y u. Pr/Y für verschiedene Vers.-Bedingungen (Propanolgeh., Verw. von H^+-, Li^+- oder Al^{3+}-Nitrat) an. Bei Verw. der Metallnitrate ist der Trennungskoeff. allgemein höher als bei der Verw. von HNO_3. G. Ewald 5138

1583 **Adsorptionschromatographie und lineare Elution von an Siliciumdioxid adsorbierten Kohlenwasserstoffen.** 2. Mitt. **Aktivität von SiO_2 als Funktion des H_2O-Gehaltes: Aktivierung durch Entwässerung.** C. Versino, F. Giaretti und L. Fogliano. (Riv. Combustibili **21** (1967) 4, 193—99; Ist. di Chim.-Fis., Univ., Torino; ital.) — 1. vgl. C. **1968,** 40-1786. — Ein Gemisch von Pentan, Isooctan, Toluol (**I**) u. Naphthalin (**II**) wird auf eine Säule gegeben, die SiO_2 mit 0—5,7% H_2O (hergestellt durch Entwässern von SiO_2 Merck 7733) enthält. Man eluiert mit n-Heptan bei konst. Temp. (25 ± 0,1°). Mit zunehmendem W.-Geh. des SiO_2 nimmt log R^0 (R^0 = spezif. Retentionsvol.) für **I** u. **II** linear ab. W. Grimmich 5138

1584 **Daten zur Theorie der Gaschromatographie mit programmiertem Durchfluß.** László Mázor, Mária Kucseráné, Péter Rajcsányi und József Takács. (Magyar Kémiai Folyóirat [Ung. Z. Chem.] **74** (1968) 10, 465—67; Budapesti Müszaki Egyetem Altálanoo-Kém. Tanszéke; ung.) W. Grimmich 5138

1585 **Programmierte Gaschromatographie.** 3. Mitt. **Doppelt programmierte Gaschromatographie und ihre analytische Anwendung.** L. Mázor und J. Takács. (J. Chromatogr. [Amsterdam] **29** (1967) 1, 24—31; Inst. für allg. u. anal. Chem., Techn. Univ., Budapest; dt.) — 2. vgl. ibid. **25** (1966) 2, 260; 1. vgl. C. **1967,** 51/52-1809. — Kürzere Analysenzeiten u. verbesserte Trennschärfen können bei Gemischen mit weitem Siedebereich dadurch erzielt werden, daß nach Abschluß des Temp.-Programms der Trägergasstrom kontinuierlich bzw. in Etappen vergrößert wird. Es werden Gleichungen zur Berechnung der optimalen Trägergasprogrammierung angegeben. Die Vorteile des Verf. werden an zwei synthet. Gemischen u. einer Lavendelölprobe demonstriert. G. Bock 5138

1586 **Pneumatik in der Gaschromatographie.** 2. Mitt. **Konstante Trägergeschwindigkeit in Kolonnen hohen Strömungswiderstands bei Temperaturprogramm.** K. Hofmann, G. Deininger und I. Halász. (Z. analyt. Chem. **228** (1967) 4, 241—44; Frankfurt/M., Univ. Inst. für Phys. Chem.; dt.) — 1. vgl. ibid. **228** (1967) 2, 81. — Quant. Analysen in der temperaturprogrammierten Gaschromatographie mit Wärmeleitfähigkeitszellen sind nur mit konst. Trägergasgeschw. am Kolonnenausgang möglich. Vf. schlagen vor, parallel zur Trennsäule eine „Hilfskolonne" einzuschalten, durch welche die Zeitverzögerung der pneumat. Regelung vermieden werden kann. I. Lindenhahn 5138

1587 **Pneumatik in der Gaschromatographie.** 3. Mitt. **Gerät zur Programmierung des Eingangsdrucks.** I. Halász und G. Deininger. (Z. analyt. Chem. **228** (1967) 5, 321—32; dt.) — 2. vgl. vorst. Referat. — Vf. entwickelten zwei pneumat. Geräte zur Programmierung des Eingangsdrucks von gaschromatograph. Kolonnen. Der Druck wächst exponentiell oder nach einer Tangens-hyperbolicus-Funktion. Ein Absinken des Drucks mit der Zeit ist ebenfalls möglich. Die Reproduzierbarkeit ist besser ± 1%. Die Berechnung der Druckprogramme ist angegeben. I. Lindenhahn 5138

1588 **Pneumatik in der Gaschromatographie.** 4. Mitt. **Bauelemente für quantitative druckprogrammierte Gaschromatographie.** G. Deininger und I. Halász. (Z. analyt. Chem. **229** (1967) 1, 14—21; dt.) — 3. vgl. vorst. Referat. — Für die druckprogrammierte Gaschromatographie mit hoher Trägergasgeschw. entwickelten Vf. eine pneumat. Regelung für das Splitsyst. vor der Kolonne zur Vermeidung von hohen Trägergasverlusten u. Verhinderung von Eingangsdruckveränderungen. Die Konstruktion einer Misch- u. Splitkammer zwischen Kolonne u. Detektor zur Vermeidung der Trägergasschwankungen im Detektor wird beschrieben. Mit Hilfe dieser Kammer u. der Regelung des Ausgangsdrucks der Kolonne sind quant. Analysen mit massengeschwindigkeitsanzeigenden Detektoren möglich. I. Lindenhahn 5138

1589 **Analyse von Gemischen isomerer Paraffine aus „methylene insertion"- bzw. „methylene-d_2 insertion"-Reaktionen mit einer Kombination Kapillar-Gaschromatographie/Massenspektrometrie.** G. Schomburg und D. Henneberg. (Z. analyt. Chem. **236** (1968) 279—94; Max-Planck-Inst. für Kohleforsch., Mülheim-Ruhr; engl.) — Vf. zeigen an Paraffin-Gemischen, wie aus der wechselseitigen Verw. von Gaschromatographie- u. Massenspektrometrie-Informationen sichere Zuordnungen für die Gewinnung eines verläßlichen Datenmaterials für Retentions- u. Spektralkataloge erzielt werden können. H.-D. Schenke 5138

1590 **Pyrolyse-Gaschromatographie.** 3. Mitt. W. G. Fischer. (G-I-T Fachz. Lab. **11** (1967) 11, 1086—95; Labor. der Fischer-Labortechnik, Bad Godesberg; dt.) — 2. vgl. C. **1968,** 18-1932. — Die in den früheren Mitt. begonnene Zusammenstellung einer Reihe von Pyrolyse-Gaschromatogrammen verschiedener Kunststoffe, die unter Standard-Bedingungen u. Verw. eines Pyromatik-Gerätes aufgenommen sind, wird mit weiteren 27 Chromatogrammen vervollständigt. J. Pickardt 5138

1591 **Verfahren zur kontinuierlichen gaschromatographischen Analyse unter Anwendung der Phasenmodulation.** D. Obst. (J. Chromatogr. [Amsterdam] **32** (1968) 1, 8—16; Akad. Werkstätten für Forschungsbedarf, Berlin-Adlershof; dt.) — Vf. beschreibt ein Verf. mit period. Probendosierung, bei dem die Eingabeintervalle klein sind im Vgl. zur Retentionszeit u. das eine sinusförmige Modulation des Gasmengenstromes gestattet. Als Detektor dient eine Wärmeleitfähigkeitsmeßzelle, mit der ein Frequenzspektrum ähnlich dem der Phasenmodulation in der Nachrichtentechnik erhalten wird. Die Amplituden sind ein Maß für die Konz. der einzelnen Komponenten, die Schwingungen nicht benötigter Komponenten lassen sich durch geeignete Meth. unterdrücken. Das Verf. wird ferner zur Best. der Bandenverbreiterung in der Säule u. der Verdampfungszeit verwendet. G. Bock 5138

1592 **Einfluß der Schwanzbildung auf die Trennbarkeit von Gemischen in der Gaschromatographie.** Kazuharu Takizawa, Teruya Shimbashi und Tadao Shiba. (Analyt. Chem. **39** (1967) 13, 1612—17; Dep. of Chem. Engn., Tokyo Inst. of Technol., Tokyo; engl.) — Ausgehend von Giddings Theorie (vgl. C. **1967,** 7-0677) über die kinet. Ursachen der Schwanzbldg. (stark unterschiedliche Desorptionsgeschw. der Probemol. von den akt. Zentren des Trägers) werden Gleichungen zur Berechnung der durch die Schwanzbldg. bewirkten Verunreinigung einer Komponente durch eine vor ihr eluierte andere Komponente abgeleitet. Durch Unters. der präparativen Trennung von 50 ml-Proben eines aus Buten-(1), trans- u. cis-Buten-(2) bestehenden Gasgemisches in einer 5,46 m langen Säule von 25 mm ⌀ an 38% DMF auf Al_2O_3 bei 25° wird die Richtigkeit der Theorie bewiesen. Es wird gezeigt, daß beim Auftreten von Schwänzen eine optimale Säulenlänge existiert, bei der die Verunreinigung einen Minimalwert annimmt. G. Bock 5138

1593 **Hochschmelzende Aromaten als stationäre Phase in der Gaschromatographie.** F. A. Holdinghausen, D. Freitag, W. Ried und I. Halász. (Angew. Chem. **80** (1968) 18, 754—55, dt.; int. Edit. **7** (1968) 9, 724—25; engl.; Inst. für Phys. Chem., Univ., Frankfurt/M.) — Hochschmelzende aromat. Verb. werden als wärmebeständige stationäre Phasen für schnelle Trennungen in der Gaschromatographie angewandt. Infolge des geringen Dampfdruckes dieser stationären Phasen können Säulen mit langer Lebensdauer gebaut werden, die wegen ihrer therm. u. mechan. Stabilität auch beim temperatur- oder druckprogrammierten Arbeiten eine stabile Basislinie des Chromatogramms ermöglichen. Die analyt. Anwendung von Rubren (Tetraphenylnaphthacen) u. Oktaphenylquinquiphenyl auf graphitiertem Ruß wird für Fettsäureester u. n-Paraffine gezeigt. Bemerkenswert ist dabei die hohe Symmetrie der eluierten Banden auch für polare Stoffe u. bei sehr hohen Kapazitätsverhältnissen. Autorreferat 5138△

1594 **Theoretische Untersuchung gaschromatographischer Trennungen an porösen Polymeren. Polyphenylenoxid.** Jean Tranchant. (Z. analyt. Chem. **236** (1968), 137–48; Serv. des Poudres, Paris; franz.) — Vf. untersucht die Anwendbarkeit von linear polymerisiertem Polyphenylenoxid (I) in Form mikroporöser Körner. Säulen mit diesem Material sind zur Trennung von Permanentgasen u. verschiedenen Dämpfen geeignet, sie weisen hohe Durchlässigkeit u. Wirksamkeit auf. Mit polaren u. unpolaren Verb. werden symm. Peaks erhalten. Unter Verw. eines Ionisationsdetektors können Analysen bis zu 180° ohne Untergrund durchgeführt werden. Die Trennwrkg. wird auf 2 Effekte zurückgeführt: für niedrige Trägergasgeschw. u. Verb., die I nicht lösen, wird ein Adsorptions–Desorptions-Mechanismus, im anderen Fall ein klass. Lsg.-Mechanismus angenommen. J. Pickardt 5138

1595 **Adsorptions-Verteilungsgaschromatographie: Feinverteilte Metallphthalocyanine als Trennmedium.** Robert L. Pecsok und Eva M. Vary. (Analytic Chem. **39** (1967) 3, 289–94; Dep. of Chem., Univ. of Calif., Los Angeles, Calif.; engl.) — Die Phthalocyanine von Fe, Ni, Co, Al, Cr, Zn u. Cu werden als 0,4–2,4%ig. Dispersionen in Siliconöl DC 200 auf Chromosorb T aufgebracht u. in Teflonsäulen bei 45–100° auf ihre Eignung als Trennmaterialien untersucht. Sie zeigen ausgesprochene Selektivität gegenüber O- u. N-haltigen organ. Verb., die Verzögerungsfaktoren als Maß für die Aktivitäten nehmen in oben angegebener Reihenfolge ab. Das Auftreten von Langmuir-Isothermen u. der starke Einfl. ster. Faktoren deuten auf das Vorliegen von Chemisorption hin. Die beschriebene simultane Adsorptions-Verteilungsgaschromatographie ermöglicht sehr selektive Trennungen. G. Bock 5138

1596 **Verwendung von festem Trägermaterial als Subtraktor in der gaschromatographischen Spurenanalyse.** R. Jeltes und R. Veldink. (J. Chromatogr. [Amsterdam] **32** (1968) 2, 413–16; Res. Inst. for Public Health, Delft; engl.) — 20 cm lange Vorsäulen mit Chromosorb P (I; 80–100 mesh) bzw. I mit 0,1% Apiezon L halten kleine Mengen polarer Substanzen (Aceton, Isopropanol, -butylacetat, Äthyl-, Methylacetat, Methyläthylketon, CH_3OH, A.), die als Dämpfe bzw. Lsg. in CS_2 injiziert werden, so stark zurück, daß bei der Chromatographie an 10% Carbowax 1500 auf silanisiertem Chromosorb W kaum Peaks zu beobachten sind. Unpolare Verb. (Pentan, Bzl., Xylole) zeigen nur geringe Verlängerung der Retentionszeiten u. Schwanzbildung. Die Menge der zurückzuhaltenden Komponenten sollte nicht größer sein als jeweils 2 µg. K. Metzner 5138

1597 **Gaschromatographische Analyse unter Verwendung von glasigem Kohlenstoff als Trägermaterial.** Taitiro Fujinaga, Yoshinori Ogino und Shigeo Murai. (Japan Analyst **16** (1967) 5, 492–93; Kyoto-shi, Sakyoku, Kyoto Univ., Fac. of Sci., Chem. Inst.; jap., Auszug: engl.) — In Säulen, die mit glasigem C gefüllt sind, tritt bei Trennung von polaren Verb., wie Alkoholen, W. oder Aminen, keine Schwanzbldg. auf. CH_3OH liefert bei Verw. dieses Trägermaterials u. 1% DOP einen deutlichen symm. Peak. Alkoholgemische können mit diesem Material u. 1% PEG getrennt werden. Glasiger C kann als leicht (< 1%) u. als schwer beladenes (5–10%) Trägermaterial benutzt werden, läßt sich gut abfüllen u. ist auch bei höheren Temp. beständig. I. Degen 5138

1598 **Neue Kaltpackungsmethode zum Füllen von Gaschromatographiesäulen mit Teflonträgermaterial.** H. Jowitt. (Chem. and Ind. **1968**, **21**, 683; BP Chemicals (UK) Ltd., Salt End, Hedon, Hull; engl.) — Säulen mit großer Trennwrkg. (HETP 1–2 mm) können durch Kühlen des Säulenmaterials mit Trockeneis u. Einfüllen mit Hilfe eines Vibrators erhalten werden. J. Pickardt 5138

1599 **Gaschromatographische Trägermaterialien mit phosphorsäurebehandelter Oberfläche.** 2. Mitt. **Analytische Anwendungen.** G. Ewald und H. Zech. (Z. analyt. Chem. **226** (1967) 4, 331–38; Org.-analyt. Labor. der Knapsack AG, Knapsack bei Köln; dt.) — 1. vgl. C. **1967**, 2-2014. — Sterchamol bzw. Chromosorb W werden mit 10–20% H_3PO_4 beladen u. 48–96 Std. auf 200° erhitzt. Nach Imprägnierung des Materials mit 20–33% Trennfl./Dioctylsebacinat bzw. -phthalat, Polyester LAC 446, Trikresylphosphat) werden stabile Säulenfüllungen erhalten, mit denen folgende Best. durchgeführt werden: Essigsäure (I) in Bzl.; Spuren von Ameisensäure in I, I u. Dichlor-I in Monochlor-I; HCN in Gasen. Bei Monomeren, wie 1.1-Dicyanäthylen, Chloropren u. Vinylchlorid, wird keine Polymerisation in den Säulen beobachtet. G. Bock 5138

1600 **Konzentrierung hochsiedender Spurenbestandteile in der Trennsäule zur quantitativen gaschromatographischen Analyse.** Vilhelm J. Jahnsen. (Analytic. Chem. **39** (1967) 1, 141–42; Biosci. Labor., Van Nuys, Calif.; engl.) — 2,5–50 µl der verd. Probelsg. (< $2 \cdot 10^{-7}$ g Cholestan u. Cholesterin pro µl Hexan) werden direkt in die heiße Trennsäule dosiert. Durch 3–5 Sek. langes Öffnen eines Hahnes am Injektorsyst. werden 50–90% des Lsgm. ins Freie gespült. Anschließend wird der Trägergasstrom wieder durch die Trennsäule geleitet. Bei diesem Verf. treten prakt. keine Substanzverluste ein, die Grundlinie des Schreibers stellt sich bei Verw. eines Ar-Ionisationsdetektors rasch wieder ein. Außer dem Lsgm. können auch störende flüchtige Verunreinigungen in biolog. u. klin. Extrakten entfernt werden. G. Bock 5138

1601 **Polyglycerin und dessen Verätherungsprodukte als GC-Trennphasen.** 1. Mitt. **Polyglycerin.** F. Falk und P. Dietrich. (J. Chromatogr. [Amsterdam] **33** (1968) 3–4, 411–21; Inst. für Fettchem., DAW Berlin, Berlin-Adlershof; dt.) — Die aus Glycerin u. Glycid in Ggw. von CH_3ONa hergestellte Trennfl. ist eine viskose, gelbliche Fl., die auf Sterchamol bis 225° beständig u. zur Trennung von n-Alkanolen-(1), -(2) u. -(3) (C_2–C_{24}), n-α.ω-Alkandiolen (C_2–C_{12}), Mono-, Di-, Tri-, Tetra- u. Pentaäthylenglykol u. deren Monododecyläther geeignet ist. Es werden symmetr. Banden erhalten. Die für die einzelnen Trennungen günstigen Arbeitsbedingungen sind angegeben. G. Bock 5138

1602 **Polyglycerin und dessen Verätherungsprodukte als GC-Trennphasen.** 2. Mitt. **Cyanäthyliertes Polyglycerin (PGAN).** F. Falk und P. Dietrich. (J. Chromatogr. [Amsterdam] **33** (1968) 3–4, 422–29; dt.) — 1. vgl. vorst. Referat. — Durch Rk. von Polyglycerin (I) mit Acrylnitril wird eine bis 200° beständige, aber sehr säureempfindliche Trennfl. erhalten, die im Mol. CN- u. OH-Gruppen enthält. Dadurch werden an ihr im Gegensatz zu I sehr gute Trennungen der ungesätt. von den gesätt. Fettalkoholen gleicher Kettenlänge möglich. Die neue Fl. eignet sich auch zur Analyse von Carbonylverb., Fettsäureestern u. Fettalkoholacetaten. G. Bock 5138

1603 **Elektrodenfreie Entladung als Detektor in der Gaschromatographie.** 3. Mitt. **Untersuchung der Interdiffusion von Gasen.** H. J. Arnikar, T. S. Rao und K. H. Karmarkar. (Int. J. Electronics [1] **22** (1967) 4, 381–85; Dep. of Chem., Univ., Poona, India; engl.) — 2. vgl. Indian J. Chem. **5** (1967) 10, 480. — Die elektrodenlose Entladung kann als Ionisationsdetektor für die gaschromatograph. Unters. einer Reihe von Gasen u. Dämpfen benutzt werden. Im Bereich linearer Strömung des Trägergases ist die entsprechende HETP ein Maß für den Interdiffusionskoeff. der Probe in das Trägergas. Die Interdiffusionskoeff. von O_2 u. verschiedenen organ. Dämpfen in N_2 wurden bestimmt. U. Hädicke 5138

1604 **Relative Ansprechbarkeit von organischen Verbindungen in radioaktiven Ionisationsdetektoren.** Tsugio Takeuchi und Kousuke Kobayashi. (J. chem. Soc. Japan, ind. Chem. Sect. [Kōgyō Kagaku Zasshi] **70** (1967) 1, 33—36; Dep. of Synthet. Chem., Fac. of Engng., Univ., Nagoya; jap., Auszug: engl.) — Die relative Ansprechbarkeit (**A**) von organ. Verb. wird mit Hilfe eines radioakt. Ionisationsdetektors gemessen. Der Einfl. des Mol.-Gew. (**M**) u. der Zahl der C-Atome in den Verb. werden untersucht. Nahe verwandte Verb.-Typen besitzen selbst bei unterschiedlichem **M** gleiche **A**. Der Penning-Effekt in der Ionisationskammer u. andere Effekte wie Ionisierungspotential u. -querschnitt, Rekombinationswahrscheinlichkeiten u. die Häufigkeit der Stöße zwischen den Testatomen u. den Ar-Atomen sowie die Änderung der **A** durch Variation der Detektorspannung u. der Strömungsgeschw. des Trägergases.
W. Grimmich 5138

1605 **Anwendung wiederholter Grundlinienveränderung über einen weiten Bereich in der Gaschromatographie.** Ram L. Levy. (J. Chromatogr. [Amsterdam] **34** (1968) 2, 249—50; Midwest Res. Inst., Kansas City, Mo.; engl.) — Bei der Spurenanalyse mit hochempfindlichen Detektoren gibt die Hauptkomponente (**A**) eine sehr breite Bande, von deren langsam abfallender Rückseite ein großer Teil außerhalb des Vollausschlags des Schreibers liegt. Dadurch können Spurenbestandteile, die unmittelbar nach **A** austreten, oft nicht nachgewiesen werden. Vf. schlägt daher vor, die Rückseite der **A**-Bande sofort nach Durchgang des Max. durch Verändern der Grundlinie in den Schreibbereich zu bringen u. dann die Korrektur period. so lange in entgegengesetzter Richtung vorzunehmen, bis die ursprüngliche Grundlinie wieder eingestellt ist. G. Bock 5138

1606 **Berechnung der Retentionszeit der „Luftbande" in Gaschromatogrammen.** Hans Levin Hansen und Kirsten Andresen. (J. Chromatogr. [Amsterdam] **34** (1968) 2, 246—48; Biocentralen, Danish Soc. of Biotechn. Ind. and Res., Copenhagen; engl.) — Aus den Retentionszeiten (t_1, t_2, t_3) dreier homologer n-Alkane kann die Retentionszeit (t_a) von Luft bzw. Inertgasen, die von Ionisationsdetektoren meist nicht angezeigt werden, nach: $t_a = (t_2^2 - t_1 \cdot t_3)/(2t_2 - t_1 - t_3)$ berechnet werden. G. Bock 5138

1607 **Schnellmethode zur Ausbeuteberechnung von Komponenten aus Gaschromatogrammen.** D. A. Forss. (J. Chromatogr. [Amsterdam] **34** (1968) 1, 100—01; Div. of Dairy Res., C.S.I.R.O., Melbourne; engl.) — Die bei der Isolierung von Aromastoffen aus Nahrungsmitteln nach verschiedenen Verf. erhaltenen Fraktionen u. geeignete Standardgemische werden gaschromatograph. untersucht. Mit Hilfe einer graph. Meth. können die Ausb. an einzelnen Komponenten rasch aus den Höhen der Banden ermittelt werden. G. Bock 5138

1608 **Gaschromatographische Bestimmung isotoper Moleküle unter Verwendung einer mit einer graphitisierten dicken Rußschicht belegten Kapillarsäule.** G. C. Goretti, A. Liberti und G. Nota. (J. Chromatogr. [Amsterdam] **34** (1968) 1, 96—100; Ist. di Chim. Analit., Univ., Napoli; engl.) — In ein dickwandiges Glasrohr wird ein dünner Draht eingeführt u. graphitisierter Ruß locker eingefüllt. Das Rohr wird dann zur Kapillarsäule ausgezogen, die an ihrer Innenwand eine ca. 0,55 mm dicke Rußschicht besitzt. In einer derartigen Säule von 9,6 m Länge werden unter Verw. von mit W. gesätt. N_2 als Trägergas folgende Isotopenpaare getrennt (Säulentemp.): Bzl./C_6D_6 (69,5°) u. Toluol/C_7D_8 (98,4) quant. u. Py./C_5D_5N (87,5) u. Aceton/C_3D_6O (52,8) teilweise.
G. Bock 5138

1609 **Gaschromatographie von tautomeren Verbindungen.** Gerhard Hesse. (Z. analyt. Chem. **236** (1968), 192—201; Inst. für Org. Chem., Univ., Erlangen-Nürnberg; dt.) — An der Trennung u. Reindarst. der tautomeren Nitrobutene, Mesityloxide u. Homomesityloxide werden Erfahrungen besprochen, die für die Gaschromatographie sehr ähnlicher sowie leicht veränderlicher Stoffe allgemeinnützlich sein dürften.
H.-D. Schenke 5138

1610 **GLC-Untersuchungen von Elektronen–Donator–Akzeptor-Systemen. 4. Mitt. Di-n-nonyltetrachlorophthalat als elektronenanziehende Trennflüssigkeit.** A. R. Cooper, C. W. P. Crowne und P. G. Farrell. (J. Chromatogr. [Amsterdam] **29** (1967) 1, 1—6; engl.) — 3. vgl. C. **1968**, 45-0909. — Bei 180° werden die Retentionsvol. (**Vg**) einer Anzahl alkylierter Aniline, Benzole, Naphthaline, Chinoline, Isochinoline u. einiger anderer Heteroaromaten an 10—15% Di-n-nonyltetrachlorophthalat (**I**) auf silanisiertem Celite bestimmt. **I** ist eine brauchbare selektive Trennfl. für aromat. Verb. u. verglichen mit 2.4.7-Trinitrofluorenon ein wesentlich schwächerer Elektronenakzeptor. Die **Vg**-Werte werden durch die Bldg. von Charge-Transfer-Komplexen in der Trennsäule beeinflußt. G. Bock 5138

1611 **Apparatur zur Elektrophorese von Proteinen an Polyacrylamidgel.** G. M. Price. (Lab. Pract. **17** (1968) 4, 467—70; Biochem. Dep., Agric. Res. Council, Pest Infestation Labor., Slough, Bucks; engl.) — Vf. beschreibt eine App. zur vertikalen Elektrophorese von Proteinen der Hämolymphe der Schmeißfliegenlarve an Polyacrylamidgel. Er erhält mehrere Banden, deren enzymat. Eig. er mit den Substraten *α-Naphthylacetat, Alanyl-naphthylamid, 1-Naphthylphosphat* u. *2-Naphthylphosphat* untersucht. P. Roth 5138

1612 **Verwendung von kristallisiertem Cyanocobalamin (Vitamin B_{12}) zur fortlaufenden Bestimmung der Elektroendosmose und des elektroendosmotischen Nullpunktes in Trägerelektrophoresen.** Wolfgang Rapp. (Clin. chim. Acta [Amsterdam] **15** (1967) 1, 177—79; Heidelberg, Med. Univ.-Klinik; dt.) — Cyanocobalamin (λ_{max} 550 nm) ist in seinem elektroendosmot. Verh. dem Dextran ident., ist aber wegen seiner Eigenfarbe für immunelektrophoret. Unters. besser geeignet.
M. Gerber 5138

1613 **Papierelektrophoretische Trennungen anorganischer Ionen in N-(2-Hydroxyäthyl)-iminodiessigsäure-Lösungen.** V. Jokl, M. Undeutsch und J. Majer. (J. Chromatogr. [Amsterdam] **26** (1967) 1, 208—14; Dep. of Analyt. Chem., Fac. of Pharmacy, Comenius Univ., Bratislava, ČSSR; engl.) — Für Trennungen erwies sich das pH-Gebiet 2—3 am günstigsten. In saurer Lsg. sind bes. die Trennungen Be/Al/Ga/In, Zn/Ga, Cd/In, Cd/Zn/Cu u. Cu/Th/Zr bemerkenswert. In neutraler Lsg. wird die Trennung von Rb/Sr/Y/Zr/Nb u. Mo beschrieben. Gut werden in alkal. Lsg. As/Se/Br^- u. Sb/Te/J^- getrennt.
R. Stolz 5138

1614 **Durch Verwendung von Saccharinlösungen bei der Elektrofokussierung entstehende Artefakte.** C. Earland und D. B. Ramsden. (J. Chromatogr. [Amsterdam] **35** (1968) 4, 575—76; Postgraduate School of Textile Technol., Univ., Bradford; engl.) — Bei Verw. von Saccharinlsg. (**I**) als pH-Gradient zur Trennung von Proteingemischen durch Konzentrierung der Proteine an ihren isoelektr. Punkten (Elektrofokussierung) wurden schon mit seinen **I** Banden festgestellt, deren Zahl mit steigender Spannung wuchs u. deren Auftreten durch Verreinigung der **I** mit Proteinen erklärt wird. Glykol/Glycerin/W. (50:25:25) zeigt diese Erscheinung nicht.
W. Grimmich 5138

1615 **Extraktion von radioaktivem Gold und Quecksilber und anderen Radioisotopen mit Mesityloxid.** A. Alian. (Mikrochim. Acta [Wien] **1968**, 5, 988—91; Nucl. Chem. Dep., Anal. Chem. Div., Cairo; engl.) — Untersucht wird die Extrahierbarkeit von *Au(III), Hg(II), Ag, Cd, Zn, Fe(III), Sb(V), Pa, Se, Ru, Co, Cr* u. der *Alkalimetalle*, z. T. aus salz-, salpeter- u. schwefelsaurer Lsg. verschiedener Konz. mit unverd. Mesityloxid. Au u. Hg lassen sich von allen anderen Elementen aus ~1 m HNO_3-Lsg. extraktiv entfernen. Teilweise mitextrahiertes Sb, Se u. Zr können aus der organ. Phase durch 3malige Extraktion mit 1 m HNO_3 entfernt werden.
K. Henning 5140

1616 **Extraktion von SO_3H-Gruppen enthaltenden Eisen-(III)-Komplexen mit quaternären Ammoniumionen.** Hitoshi Kohara, Nobuhiko Ishibashi und Akira Yoshida. (Japan Analyst **17** (1968) 5, 616—21; Fac. of Engng., Kyushu Univ., Hakozaki, Fukuoka-shi; jap., Auszug: engl.) — 1:2-, 1:3-, nicht aber 1:1-Komplexe mit o-Dihydroxybenzolen, die SO_3H-Gruppen enthalten, können in Ggw. von Dialkylmonomethylbenzylammoniumchlorid mit organ. Lsgm. extrahiert werden. Trimethylbenzylammoniumchlorid ermöglicht keine Extraktion, bei Verw. von Tetradecyldimethylbenzylammoniumchlorid hängt die Extrahierbarkeit von der Polarität der Lsg. ab u. steigt mit zunehmender Polarität. COOH statt SO_3H verschlechtert, ClO_4^- statt Cl^- verbessert den Extraktionseffekt. Die Ergebnisse von Extraktionsvers. mit anderen Metall-Komplexen können zur Trennung von Mo(VI) von Fe(III), Ti(IV) u. V(V) sowie zur photometr. Best. von Mo(VI) in Ggw. von W(VI) dienen. W. Grimmich 5140

1617 **Bestimmung der Extraktionskonstanten von Metalldiäthyldithiocarbamaten.** Jiří Starý und Karel Kratzer. (Analytica chim. Acta [Amsterdam] **40** (1968) 1, 93–100; Dep. of Nucl. Chem., Fac. of Techn. and Phys., Praha; engl.) – Bestimmt werden die sich bei der Extraktion mit Diäthyldithiocarbamat in CCl_4 ergebenden Extraktionskonst. u. Zweiphasen-Stabilitätskonst. der Ionen Ag^+, Bi^{3+}, Cd^{2+}, Co^{2+}, Cu^{2+}, Fe^{2+}, Hg^{2+}, In^{3+}, Mn^{2+}, Ni^{2+}, Pb^{2+}, Pd^{2+}, Tl^+ u. Zn^{2+}. K. Henning 5140

1618 **Automatisierung in der analytischen Chemie. 7. Mitt. Serienweise automatische Deproteinisierung biologischen Materials im Mikromaßstab.** Břetislav Večerek, Karel Kácl, Vladimír Doležal, Irena Manová, Milan Bartůněk und Lumír Laštovka. (Chem. Listy **61** (1967) 1, 98–106; FVL, Karlova univ., Praha; tschech.) – 6. vgl. ibid. 58 (1964) 1153; 6. vgl. C. **1965**, 32-1918. – Das bereits bewährte Mikroverf. zur Deproteinisierung biolog. Materials (Z. Ges. Inn. Med. Ihre Grenzgebiete **17** (1962) 835; V. Doležal) wurde für Serienanalysen adaptiert u. voll automatisiert. Die Proben werden auf einen Papierstreifen (13 mm) Whatman Nr. 1 aufgetragen; zur Vermeidung des Zerfließens der Probe u. Festigung wird das Papier außerhalb der Probe mit 25%ig. Polystyrollsg. in Bzl. imprägniert. Der Streifen mit der Probe geht durch das mit der Deproteinisierlsg. beschickte Dialysengefäß; die Dialyse wird 2mal durchgeführt, u. ihre Dauer läßt sich auf 1–6 Min. einstellen. Das Dialysat wird in ein im Transporteur angebrachtes Reagenzglas abgelassen u. zur eigentlichen Analyse transportiert. In einigen Fällen (z. B. bei der Glucosebest. in Blut) kann zur Deproteinisierung direkt das betreffende analyt. Reagenz benutzt werden. Zur Automatisierung aller erforderlichen Operationen dient ein elektron. Zeitbetätiger, durch dessen Impulse der entsprechende Mechanismus in Betrieb gesetzt wird. K. Kámen 5142△

1619 **Halbautomatisches Verfahren zur Deutung von Scherinterferogrammen.** David Durton, Alejandro Cornejo und Milton Latta. (Appl. Optics **7** (1968) 1, 125–31; Inst. of Optics, Univ., Rochester, N.Y.; engl.) – Vf. beschreiben als Vorstufe bei der Entw. eines vollautomat. Prüfprogramms für Spiegel u. Linsen ein Syst. aus Scherinterferometer u. Laser-Lichtquelle, aus dessen Meßwerten die Form des Spiegels ber. werden kann. Die Reproduzierbarkeit des Syst. beträgt ca. 0,1 λ. H.-D. Schenke 5144

1620 **Messung der Konzentration von Suspensionen mit Hilfe von Ultraschall.** G. M. Kuznecov und Ju. N. Tjurin. (Zav. Labor. **34** (1968) 2, 201–03; russ.) – Beschreibung des Meßverf. am Beispiel der Konz.-Best. einer kristallisierenden gesätt. wss. $NaNO_3$-Lösung. H. Roschkowski 5144

1621 **Vielseitiges photochemisches Reaktionsgefäß mit konstanter Transmission.** D. Bryce-Smith, J. A. Frost und A. Gilbert. (Nature [London] **213** (1967) 5081, 1121; Whiteknights Park, Reading, Univ. of Reading, Dep. of Chem.; engl.) – Ein photochem. Rk.-Gefäß zur UV-Bestrahlung von organ. oder metallorgan. Verb. in fl. Phase, bei dem die Transmission über lange Perioden konst. gehalten werden kann (auch unter Bestrahlungsbedingungen) wird beschrieben. E. Schulte 5144△

1622 **Verwendung fester Leuchtstoffe in der analytischen Chemie.** Z. Holzbecher und J. Novák. (Collect. czechoslov. chem. Commun. **32** (1967) 8, 2956–71; Inst. für anal. Chem., TH für Chem., Prag; dt.) – Vf. untersuchen die Lumineszenzeig. von 26 unter verschiedenen Bedingungen mit den Ionen von 52 Elementen aktivierten Trägersubstanzen u. stellen fest, daß die am intensivsten fluoreszierenden Stoffe durch Aktivierung mit Ionen von Elementen mit unvollständiger Elektronenhülle gebildet werden. Die empfindlichsten Lumineszenzrk. (pD = 6) geben $CaSO_4$ (Ni, Mn oder Sm), $BaSO_4$ (Bi oder Sm), $SrSO_4$ (Sm), NaBr (Mn), NaJ (W), KJ (Au oder Tl), RbJ (Tl) u. CsBr (Tl). Cu kann halbquant. in ZnS (Ag) bei Mengen von 0,07–10 μg/1 g Trägersubstanz bestimmt werden. Hierbei wird die Lumineszenz des durch Koaktivierung von ZnS + Ag mit Cu entstandenen ZnS (Ag, Cu) durch Vgl. mit einer Standardsubstanzreihe ausgewertet. Die Best. wird durch Ni, Co u. Fe gestört. Eine Meth. zur Best. von Ni u. Co (0,1–5,0 μg/1 g Trägersubstanz) beruht auf dem Verlöschen der ZnS(Ag)-Lumineszenz. Cu u. Fe stören die Bestimmung. H.-D. Schenke 5144

G-2. Analyse der Elemente und anorganischen Verbindungen

1623 **Tüpfelanalysen für Calciumsulfat, Bleisulfat, Silber, Thallium und Formaldehyd auf der Grundlage der Reaktion mit Selenosulfat.** F. Feigl und A. Caldas. (Z. analyt. Chem. **231** (1967) 4, 261–65; Ministério des Minas e Energia, Rio de Janeiro; engl.) – Na_2SSeO_3 (I) erhält man durch Erwärmen von 1%ig. Na_2SO_3-Lsg. mit einem Überschuß an Se-Pulver. $CaSO_4$ läßt sich in Ggw. von $SrSO_4$, $BaSO_4$, CaC_2O_4, $CaCO_3$, $Ca_3(PO_4)_2$ u. $Ca_3 \cdot (AsO_4)_2$ durch die Rk. $CaSO_4 + SSeO_3^{2-} \rightarrow CaSO_3 + SO_4^{2-} + Se$ (rot) nachweisen; die anderen in W. unlösl. Verb. reagieren nicht. Ähnlich reagiert CH_2O mit I unter Bldg. von $CH_2(OH)SO_3^-$ u. rotem Se. $PbSO_4$ sowie Tl^+ u. Ag^+ reagieren mit I unter Bldg. schwarzer Selenide. Die Nachw.-Grenzen betragen: 0,2 mg $PbSO_4$ oder $CaSO_4$, 10 μg Tl^+, 2 μg Ag^+ u. 0,2 μg CH_2O. W. Grimmich 5154

1624 **Spektrochemische Bestimmung des Isotopenverhältnisses im Sauerstoff mit einer Mikrowellen-Entladungsmethode.** Hitoshi Kamada, Shohei Oda und Taleshi Hori. (Japan Analyst **17** (1968) 4, 469–74; Dep. of Ind. Chem., Fac. of Engng., Univ. of Tokyo, Bunkyo-ku, Tokyo; jap., Auszug: engl.) – $^{16}O/^{18}O$ wurde spektrometr. durch Mikrowellen-Entladung u. Messung der Intensitäten der CO^+-Bande ($B^2\Sigma \rightarrow {}^2\Sigma$, 2445,8 Å) u. der verschobenen isotopen Bande ermittelt. Die stabile CO^+-Bande mit der höchsten Intensität wurde für 2% CO in He erhalten. N_2 u. H_2 stören nicht. W. Grimmich G 239

1625 **Fluorbestimmung mit Alfuson in Gegenwart von Aluminium.** Naosuke Shiraishi, Seizi Yoshikawa und Tuneyoshi Hisayuki. (Japan Analyst **17** (1968) 8, 1027–30; Res. Labor. Ube Section, Central Glass Co., Okiube, Ube-shi, Yamaguchi-ken; jap., Auszug: engl.) – Aus AlF_6^{3-}-haltigen Lsg. wird im alkal. Medium (pH > 12) Al(III) freigesetzt u. durch Extraktion mit Oxin/$CHCl_3$ entfernt. μg-Mengen F^- können in der wss. Phase mit einem Überschuß an Alfuson [La(III)-Alizarinkomplexan] photometr. bestimmt werden. In Ggw. von 20 μg Al ließen sich < 504 μg F^- zufriedenstellend bestimmen. D. Gerlatzek G 246

1626 **UV-Spektrophotometrische Fluoridbestimmung mit Hilfe von Chelaten. Cer(III)- oder Lanthan(III)-Alizarinkomplexon in Gegenwart von Dimethylsulfoxid.** M. Hanocq und L. Molle. (Analytica chim. Acta [Amsterdam] **42** (1968) 3, 349–56; Labor. de Chim. Analyt. et de Chim. Pharm. inorg., Inst. de Pharm., Univ. Libre de Bruxelles; franz.) – Proben mit 1–25 μg F^- werden mit 2 ml Pufferlsg. vom pH 3,5, 5 ml 10^{-3} m $Ce(NO_3)_3$- oder $La(NO_3)_3$-Lsg., 25 ml DMSO/W. (1:1) sowie 5 ml 10^{-3} m Alizarinkomplexonlsg. versetzt u. mit W. auf 50 ml aufgefüllt. Nach 10 Min. wird die Extinktion bei 625 oder 283 nm gegen eine Blindlsg. bestimmt. Ein Vgl. des störenden Einfl. von Cl^-, SO_4^{2-}, NO_3^-, HCO_3^-, CO_3^{2-}, PO_4^{3-}, Mg^{2+} u. Ca^{2+} zeigte, daß die Best. bei 625 nm weniger störanfällig ist. D. Gerlatzek G 246

1627 **Destillation und photometrische Fluoridbestimmung nach der Zirkonium-Eriochromcyanin-Methode.**

Zygmunt Marczenko und Łucja Chołuj-Lenarczyk. (Chem. analit. [Warszawa] 13 (1968) 2, 405–12; Katedra Chemii Analitycznej, Politechniki, Warszawa; pol.; Auszug: engl.) – Durch Dest. mit wss. $HClO_4$ ohne Verw. von W.-Dampf wird F^- als HF abgetrennt, wobei am Ende des Dest.-Prozesses die Temp. ca. 160° beträgt. Der Einfl. von Mg, Ca, Fe, Al, Ce, Ti, U, Be, Zr u. Th auf die Dest. wird untersucht. Optimale Bedingungen für die Best. sind pH 1 u. ein Verhältnis Zr:Eriochromcyanin R = 1:4. Die Messung erfolgt bei 540 nm, der Extinktionskoeff. beträgt 27000. In verschiedenen Chemikalien sowie in Leitungswasser wurden F-Geh. zwischen 10^{-5} u. 10^{-2}% bei guter Genauigkeit ermittelt.
D. Gerlatzek G 246

1628 **Fluoridabtrennung durch Schnelldiffusion unter Verwendung von Hexamethyldisiloxan.** Donald R. Taves. (Talanta [London] 15 (1968) 9, 969–74; Dep. of Radiation Biol. and Phys., Univ. of Rochester, School of Med. and Dentistry, Rochester, N.Y.; engl.) – Durch Unters. mit radioakt. $^{18}F^-$ wird gezeigt, daß die Diffusionsabtrennung in Ggw. von $[(CH_3)_3Si]_2O$ so stark beschleunigt wird, daß nach 1 Std. bei Raumtemp. 97% des F^- wiedergefunden werden. Der Einfl. des Rührens sowie der Konz. der sauren u. alkal. Lsg. auf die Diffusionsgeschw. werden ermittelt. Die Anwesenheit von biolog. Material hat nur geringen Einfluß. SO_4^{2-} u. PO_4^{3-} diffundieren unter diesen Bedingungen nicht.
D. Gerlatzek G 246

1629 **Auswertung der Ansprechempfindlichkeit der Lanthanfluoridelektrode in sauren Lösungen. Bestimmung der Dissoziationskonstanten der Fluorwasserstoffsäure.** Nicholas E. Vanderborgh. (Talanta [London] 15 (1968) 10, 1009–13; Analyt. Meth. Div., Sandia Labor., Albuquerque, N.Mex.; engl.) – In wss. NaF-Lsg. der Ionenstärken 0,05, 0,10, 0,20 u. 0,50 Mol/l, die durch Gemische von $NaClO_4$- u. $HClO_4$-Lsg. eingestellt wurden, bestimmte Vf. die H^+- u. F^--Aktivitäten durch Messungen mit einer Glas- bzw. Fluoridelektrode gegen eine ges. Kalomelelektrode. bei 25°. Durch Extrapolation auf die Ionenstärke Null wurde die Dissoziationskonst. von HF zu $6{,}46 \cdot 10^{-4}$ Mol/l bestimmt. Das Ergebnis stimmt mit Literaturwerten überein u. beweist, daß die Fluoridelektrode auch in sauren Lsg. funktioniert.
D. Gerlatzek G 246

1630 **Bestimmung von Mikromengen Jodid durch eine katalytische Reaktion.** Koichiro Oiwa, Taeko Kimura, Hideo Makino und Late Yahei Kinoshita. (Japan Analyst 17 (1968) 7, 805–09; Nagoya City Univ., Mizuho-ku, Nagoya-shi; jap., Auszug: engl.) – 0,01 bis 0,1 ppm J^- können durch katalyt. Wrkg. auf die Entfärbung von Brenzcatechinviolett durch H_2O_2 in verd. HCl/HNO_3-Lsg. durch Messen der Extinktion bei 550 nm nach 60 Min. bestimmt werden. 10facher Überschuß an Fe(II, III), Cu(II) u. Zn(II) sowie 1000facher Überschuß an Al, Ba, Co, Cl^-, ClO_3^-, Ca, F^-, SO_4^{2-}, $H_2PO_4^-$, Li, Mg, Pb(II) u. Sr stört nicht. Br^- u. ClO_4^- stören dagegen sehr stark.
W. Grimmich G 249

1631 **Bemerkungen zur „Bestimmung von Sulfat in Gegenwart von löslichem Silicat".** F. Vláčil und J. Koucký. (Analyst 93 (1968) 1109, 548–49; Dep. of Analyt. Chem., Inst. of Chem. Technol., Praha 6; engl.) – Durch Fällung von $BaSO_4$ in Ggw. von verschiedenen Mengen von lösl. Silicat beweisen Vf., daß DMF keinen lösl., die Fällung von Silicat verhindernden Komplex $Si(OH)_4(DMF)_x$ bildet, wie Azeem [ibid. 92 (1967) 115] annahm. Die Tatsache, daß lösl. Silicat bei der Sulfatbest. nicht stört, wird vielmehr auf die koll. Eig. von SiO_2 zurückgeführt.
W. Grimmich G 253

1632 **Spurenbestimmung von Fluor oder Schwefel durch Röntgenanalyse.** C. L. Luke. (Analytica chim. Acta [Amsterdam] 43 (1968) 2, 245–52; Bell Telephon Labor., Murray Hill, N.J.; engl.) – Es wird eine röntgenspektralanalyt. Meth. zur Best. von 1 μg F oder 0,1 μg S beschrieben. F^- wird aus 75%ig. A. als LaF_3 gefällt u. im Nd. das La über die L_α-Linie bestimmt. Sulfat-S wird als $BaSO_4$ zusammen mit SeO_4^{2-} aus einer mit $BaSO_4$ ges., gepufferten, 50% A. enthaltenden Lsg. gefällt u. im Nd. S (K_α) oder Ba (L_α) bestimmt. Dieses Verf. ist in Ggw. größerer Mengen anderer Elemente nicht anwendbar. Sulfid-S wird als CdS gefällt. Im Nd. wird entweder S (K_α) oder Cd (L_β) bestimmt.
D. Gerlatzek G 253

1633 **Spektrophotometrische Bestimmung von Selenspuren in Sulfat-Reagenzien.** Yoshikazu Hashimoto und Saburô Yanagisawa. (Japan Analyst 17 (1968) 6, 785–86; Fac. of Engng., Keio Univ., Maebara-cho, Koganei-shi, Tokyo; jap., Auszug: engl.) – Zu der Lsg. von 20 g $(NH_4)_2SO_4$ oder Na_2SO_4 in 80 ml W. mit 5 bis 20 μg Se wird Hydraziniumchlorid/HCl-Lsg. gegeben. Das red. Se wird abfiltriert u. nach Lösen in HCl mit 3.3'-Diaminobenzidin-Reagenz nach Cheng [Analytic. Chem. 28 (1956) 1738] versetzt. Die Extinktion wird bei 420 nm gemessen. Die untersuchten Reagenzien enthielten 0,02 bzw. 0,01 ppm Se.
W. Grimmich G 253

1634 **Dünnschichtchromatographische Untersuchungen von Organosiliciumverbindungen.** Klaus Uhle. (J. Chromatogr. [Amsterdam] 34 (1968) 3, 432–34; Inst. für anorgan. Chem., Univ., Rostock; dt.) – Vf. untersucht den Zusammenhang zwischen der Struktur von Monohydridsilanen u. Silanolen u. dem R_F-Wert (500 μm-starke Kieselgelschicht, J_2 in $CHCl_3$ zum Anfärben). In der Gruppe $(C_6H_5)_x(CH_3)_{3-x}SiH$ nehmen die R_F-Werte mit wachsender Zahl der im Mol. enthaltenen Phenylgruppen ab. Das gleiche gilt für Verb. mit substituierten Phenylresten. Die Beobachtungen sprechen für die Annahme von Arylgruppen als Adsorptionszentren. Ein p-substituiertes Monohydridsilan besitzt einen größeren R_F-Wert als die jeweilige m-substituierte Verbindung. In der p- u. in der m-substituierten Reihe der Verb. vom Typ $(X \cdot C_6H_4)_3SiH$ zeigen die R_F-Werte folgende Abhängigkeit von den Substituenten X: $(CH_3)_3Si\text{-} > Cl\text{-} > CF_3\text{-} > F\text{-} > CH_3\text{-} \sim H\text{-} \gg CH_3O\text{-}$. Bei Silanolen wird die Adsorption nur indirekt von den vorhandenen Arylgruppen beeinflußt. Die silanol. Hydroxylgruppe ist im Vgl. zu den Arylgruppen das stärkere Adsorptionszentrum. Die R_F-Werte gleichsubstituierter Arylsilanole nehmen mit abnehmender Zahl der Arylgruppen im Mol. ab. Das Silanol wird um so schwächer adsorbiert, je stärker sauer es ist.
H.-D. Schenke G 261

1635 **Spektrophotometrische Spurenbestimmung von Phosphor durch eine Extraktionsmethode.** P. Pakalns. (Analytica chim. Acta [Amsterdam] 40 (1968) 1, 1–12; Austral. Atomic Energy Commiss., Res. Establ., Lucas Heights, N.S.W., Australia; engl.) – Zur Best. im Bereich von 0,2–20 μg P stellt man mit 9 n H_2SO_4- oder NH_3-Lsg. auf pH 0,35 ein, fügt 10 ml 5%ig. Ammoniummolybdatlsg. hinzu, verd. mit W. auf 50 ml u. extrahiert 1 Min. lang mit 8 ml Isobutylacetat. Nach 5 Min. wird die Extraktion mit 5 ml wiederholt. Anschließend wird die organ. Phase durch Schütteln mit folgender Mischung red.: 1,3 g Ascorbinsäure in 20 ml W., 1,3 ml $SnCl_2$-Lsg. (10 g $SnCl_2 \cdot 2\,H_2O$/25 ml HCl) u. 15 ml 9 n H_2SO_4. Nach dem Ausspülen des Schütteltrichters mit Methanol wird die Extinktion bei 725 nm gemessen. Für die relative Standardabweichung ergibt sich aus 10 Messungen bei 0,4 μg P/ml ein Wert von $\pm$ 0,8%. Die Best. wird gestört durch Ce(IV), Cu(II), F^-, Fe(III), Ti(IV), Th(IV), V(V) u. Zr(IV). Für die verschiedensten Metall- u. Salzproben sind Modifikationen der Meth. beschrieben.
K. Henning G 264

1636 **Phosphatbestimmung mit elektrischer Endpunktanzeige.** 3. Mitt. B. Griepink und J. Slanina. (Mikrochim. Acta [Wien] **1967, 2,** 241–47; Reichsuniv. Utrecht; dt.) – 2. vgl. ibid. **1967,** 1, 27; 1. vgl. C. **1966,** 39-2066. – PO_4^{3-} (2–300 μg P) läßt sich durch Titration mit einer alkal. La_4^+-Maßlsg. mit großer Genauigkeit bestimmen. Mit einer Einstabmaßkette wird der Endpunkt durch pH-Messung festgestellt. Es wird eine ausführliche Berechnung angegeben.
K. Seyfert G 264

1637 **Bestimmung von Arsenik mit der Molybdatoarsenat-Reaktion.** M. R. Castagnou und M. Sylvestre. (Bull. Soc. Pharmac. Bordeaux 107 (1968) 1, 27–30; franz.) – AsO_3^{3-} wird durch Behandeln mit 0,1 n KJ/J_2-Lsg. in AsO_4^{3-} übergeführt, überschüssiges J_2 mit SO_2 red. u. SO_2 durch Erhitzen ausgetrieben. Nach Zugabe von schwefelsaurer Mo(VI)-Lsg. u. salzsaurer $SnCl_2$-Lsg.

entsteht eine blaue Lsg., die mit Amylalkohol extrahiert wird. Die Extinktion der alkohol. Lsg. wird bei 730 nm gemessen. Das Beersche Gesetz gilt für 50–2000 µg As/l. Die Meth. eignet sich auch zur Best. von PO_4^{3-}. Verwendet man Hydrochinonsulfit an Stelle von $SnCl_2$, dann ist die Meth. für AsO_4^{3-} ungeeignet, während PO_4^{3-} auch auf diese Weise bestimmt werden kann.
W. Grimmich G 265

1638 **Abtrennung aus Radiocäsium aus Spaltproduktmischungen.** J. Krtil. (J. radioanalyt. Chem. [Budapest] 1 (1968) 3, 201–09; Nucl. Res. Inst. Řež, CSSR; engl.) – Aus maximal 3 m HNO_3 kann Cs an Vanadylferrocyanid adsorbiert u. mit 10–16 m HNO_3 eluiert werden. Der Einfl. unterschiedlicher Säurekonz. sowie der Trägermenge wurden geprüft. Zr + Nb werden durch Zusatz von 0,5 m HF zur Spaltprod.-Lsg. komplex gebunden, die Elution der Spaltprod. von der Säule erfolgt mit 6 m HCl/0,5 m HF, wobei Cs auf der Säule verbleibt. Mehr als 99% Cs wurden wiedergefunden. Im γ-Spektrum des ^{137}Cs waren keine Verunreinigungen nachweisbar (100 Kanal-Spektrometer). W. Dedek G 277

1639 **Ultramikroanalyse von Alkali- und Erdalkalimetallen durch Wasserstoff-Flammenionisation in Verbindung mit einer chromatographischen Trennung.** Shun Araki, Shigetaka Suzuki, Toshiyuki Hobo, Tsuguchika Yoshida, Kimihiko Yoshizaki und Masaaki Yamada. (Japan Analyst **17** (1968) 7, 847 bis 854; Fac. of Technol., Tokyo Metropolitan Univ., Setagaya-ku, Tokyo; jap., Auszug: engl.) – Zur selektiveren Trennung wurde die von Vf. beschriebene Meth. [ibid. **15** (1966) 27] durch eine Weiterentw. des Detektors u. Kombination mit einer Ionenaustauschchromatographie verbessert. Als Ionenaustauscher diente Zr-Phosphat. Die auf diese Weise bestimmten Werte für Na u. K in menschlichem Serum, in heißem Quellwasser u. in analysenreinem $Ba(OH)_2$ stimmten mit den flammenphotometr. ermittelten überein.
W. Grimmich G 280

1640 **Bestimmung von Alkali- und Erdalkaliionen nebeneinander durch chloridimetrische Fällungstitration in nichtwäßrigen Lösungen.** G. Henrion und E. Pungor; (Analytica chim. Acta [Amsterdam] **40** (1968) 1, 41–48. Univ. für die Chem. Ind., Veszprém, Ungarn; dt.) – Untersucht wird die Fällungstitration der Mischungen von *Na, K, Ba* u. *Sr* in MJBK bzw. Aceton mittels einer LiCl-Lsg. in Ae. bzw. Aceton. Die Indikation erfolgt oszillometrisch. Die Best. Ba/Na, Ba/K u. Sr/K, vorgelegt als J^- (als ClO_4^- nur in MIBK), sind in beiden Lsg.-Mitteln möglich, doch muß beim MIBK zur Gleichgew.-Einstellung jeweils 15 Min. gewartet werden. Parallel dazu werden kinet. Messungen ausgeführt, die zeigen, daß NaCl schneller auskrist., obgleich $BaCl_2$ weniger lösl. ist. K. Henning G 280

1641 **Photometrische Titration von Zink in Cadmium-Zink-Gemischen mit EDTA.** Eikichi Ideno und Kaoru Hozumi. (Japan Analyst **17** (1968) 6, 727–31; Fac. of Engng., Tokai Univ., Shibuya-ku, Tokyo; jap., Auszug: engl.) – Xylenolorange bildet mit Zn u. Cd 1:1-Komplexe (λ_{max} 562 bzw. 575 nm). Bei Zugabe von EDTA schlägt die Farbe der Lsg. nach gelb um. Dadurch kann Zn nach Maskieren von Cd mit 0,5–1 m J^--Lsg. bei pH 4,4–5,6 mit EDTA-Lsg. unter Verfolgen der Extinktionsabnahme bei 562 nm titriert werden. Bei pH 4,4 muß ein negativer Fehler in Kauf genommen werden. Bei pH 5,6 wird die Geschw. der Titrationsrk. merklich gesenkt. W. Grimmich G 289

1642 **Anodische „stripping"-Voltammetrie von Quecksilber(II) mit glasigen Kohlenstoffelektroden.** Tomoo Miwa und Atsushi Mizuike. (Japan Analyst **17** (1968) 4, 448–52; Fac. of Engng., Nagoya Univ., Chikusa-ku, Nagoya-shi; jap., Auszug: engl.) – Hg(II) wurde aus 20 ml $HClO_4$-Lsg. bei –0,5 V (gegen SCE) innerhalb von 10 Min. an einer glasigen C-Elektrode (0,2 cm^2) abgeschieden. Die beim anod. Ablösen auftretende Stufe wurde durch Verfolgen des Potentials zwischen 0 u. +0,8 V (SCE; 0,2 V/min) aufgezeichnet. Für 2–20 µg Hg/20 ml war ein linearer Zusammenhang zwischen max. Stromstärke u. Hg-Konz. festzustellen. Bei Zugabe von 5 µg Cu(II) als Träger konnten noch 0,1 µg Hg bestimmt werden.
W. Grimmich G 290

1643 **Systematische Analyse von Aluminium hoher Reinheit.** Annick Lesbats. (Ann. Chimie [14] **3** (1968) 4, 293–310; C.N.R.S., Vitry-sur-Seine; franz.) – Vf. gibt ein Analysenschema zur Best. der Verunreinigungen in hochreinem Al an. 25 Elemente können nach Neutronenbestrahlung u. Abtrennung durch Elektrolyse, Solventextraktion u. Ionenaustauschchromatographie an Hand ihrer β- oder γ-Spektren bestimmt werden.
W. Grimmich G 294

1644 **Bestimmung von Verunreinigungen in Gallium durch Neutronenaktivierungsanalyse.** M. Křivánek, F. Kukula und V. Vinš. (J. radioanalyt. Chem. [Budapest] **1** (1968) 3, 219–24; Inst. des Recherches Nucl., Acad. des Sci. Tchécoslovaque, Řež; franz.) – In hochreinem Ga werden Pt, Au, Hg, Sc, Zn u. Sn bestimmt. Pt, Hg u. Au werden zum Metall red., Ga als Chlorokomplex extrahiert u. Sc, Zn u. Sn an Dowex 1X8 getrennt. Sn wird mit Chloroform u. Oxin extrahiert, die Ausb. photometr. bestimmt. Alle anderen Elemente werden substöchiometr. als Chelatkomplexe bestimmt, Hg mit EDTA u. Diäthyldithiocarbamat, Pt u. Au mit Diäthyldithiocarbamat, Sc mit Thenoyl-(2)-trifluoraceton Zn mit Dithizon. W. Dedek G 295

1645 **Darstellung von trägerfreiem Yttrium-90 hoher Reinheit.** P. Groll, F. Grass und K. Buchtela. (J. radioanalyt. Chem. [Budapest] **1** (1968) 2, 179–80; Atominst. u. Anal. Inst. der Univ., Wien; engl.) – Durch Elektrodialyse an Ionenaustauschermembranen in 10^{-3} m EDTA-Lsg. bei pH 5,5 u. 500–800 V kann ^{90}Y aus trägerfreiem ^{90}Sr abgetrennt werden. Der Dekontaminationsfaktor war größer als 10^6, die Abfallkurve wurde über 25 Halbwertzeiten gemessen.
W. Dedek G 300

1646 **Spektrophotometrische Bestimmung von Cer(III) mit Chromazurol S.** Yoshizo Horiuchi und Hiroshi Nishida. (Japan Analyst **17** (1968) 7, 824–29; Dep. of Chem., Fac. of Engng., Ilsate Univ., Ueda, Motioka-shi; jap., Auszug: engl.) – Zu 10–15 ml Probelsg. (pH 6,4) werden 2 ml 0,25%ig. Chromazurol-S-Lsg. gegeben. Nach 10 Min. wird die Extinktion bei 510 nm ($\varepsilon = 1{,}83 \cdot 10^4$) gemessen. Das Beersche Gesetz gilt für 5 u. 120 µg Ce/25 ml. Ce kann als Fluorid von störenden Ionen außer La u. Y vor der Rk. abgetrennt werden. In Ggw. von 7–142 µg La u. ≦ 60 µg Y können 10–200 µg Ce durch Messen der Extinktionen bei 510 nm u. pH 6,4 (Ce), 560 nm u. pH 9,6 (Y) bzw. 610 nm u. pH 9,6 (La) bestimmt werden. W. Grimmich G 304

1647 **Oxydation von Cer(III) zu Cer(IV) unter Verwendung einer Mischung von heißer konzentrierter Perchlor- und Schwefelsäure.** L. A. Knecht. (Analytica chim. Acta [Amsterdam] **39** (1967) 3, 349–55; Chem. Dep., Univ. of Cincinnati, Cincinnati, O.; engl.) – Eine Lsg. mit 4–5 mVal Ce(III) wird mit 15 ml konz. $HClO_4$ versetzt u. erhitzt, bis $HClO_4$-Dämpfe entweichen. Nach Zugabe von 5 ml konz. H_2SO_4 wird weitere 15 Min. lang erhitzt. Nach der Ox. wird auf Raumtemp. abgekühlt u. N_2 durch die Lsg. geleitet (Entfernen von Cl_2). Ce(IV) kann mit Fe(II)-Lsg. gegen Ferroin titriert werden.
F. Glombitza G 304

1648 **Analyse von gemischten Erdalkalimetalltitanaten durch Röntgenfluoreszenz.** Henry Brusset, Françoise Madaule-Aubry und Michel Brunet. (Bull. Soc. chim. France **1967**, 6, 1973–77; Paris, École Centrale des Arts et Manuf., Centre de Rech. de Chim.; franz.) – Untersucht wurden mittels Röntgenfluoreszenz-Analyse die folgenden gemischten Titanate: $TiO_3Ba_xSr_{(1-x)}$, $TiO_3Sr_xBa_{(1-x)}$, $TiO_3Ba_xCa_{(1-x)}$, $TiO_3Ca_xBa_{(1-x)}$, $TiO_3 \cdot Sr_xCa_{x1-x}$ u. $TiO_3Ca_xSr_{(1-x)}$. Die Vers.-Ergebnisse sind graph. u. tabellar. angegeben. Die Genauigkeit der Best. der Komponenten beträgt etwa 2%.
C. Gottfried G 321△

1649 **Bestimmung von Zirkonium in zirkoniumhaltigen Sanden und Zirkoniumkonzentraten mittels einer nichtdispergierenden Röntgenfluoreszenzmethode.** B. Holyńska und L. Langer. (Analytica chim. Acta [Amsterdam] **40** (1968) 1, 115–22; Acad. of Min. and Metallurg.,

Kraków; engl.) — Bei der beschriebenen röntgenfluoreszenzanalyt. Meth. zur Zr-Best. wird mit einer ^{109}Cd-Quelle prim. angeregt. Matrixeffekte, die durch Fe u. Ti im Sand hervorgerufen werden, können eliminiert werden, indem die Fluoreszenzstrahlung des Zr u. die gestreute prim. Strahlung gemessen u. die Daten mit Hilfe von Nomogrammen ausgewertet werden. Bei der Konzentratanalyse wird mit reinem Sand verd. u. das Verhältnis von Fluoreszenz zu gestreuter Strahlung benutzt, um Matrixeffekte zu reduzieren, wodurch eine zufriedenstellende Eichkurve erhalten wird. Durch Mahlen bis auf eine Korngröße von $< 70\ \mu$ werden Einfl. durch die Teilchengröße ausgeschaltet. Der durchschnittliche Fehler beträgt 1,5% bei einem Zr-Geh. von 0,4 bis 1,8% u. 8,0% bei $< 0,2\%$ Zr. K. Henning G 322

1650 **Potentiometrische Titration von Organo-Zinnchloridverbindungen mit Tetraphenylarsoniumchlorid in Acetonitril.** Giuseppe Tagliavini und Pierino Zanella. (Analytica chim. Acta [Amsterdam] **40** (1968) 1, 33—39; Inst. of Anal. Chem., Univ. of Padua, Padua; engl.) — Die Titrationen werden in einer modifizierten Titrationszelle (Abb.) nach V. Gutmann u. F. Mairinger [Z. anorg. allg. Chem. **289** (1957) 279] ausgeführt, so daß über ein elektron. Digital-Voltmeter (LM 1420 Solarton) EMK-Messungen möglich sind. Titriert wurden Verb. vom Typ $R_{4-n}SnCl_n$ mit R = CH_3, C_2H_5, C_3H_7, C_4H_9 u. C_6H_5 u. n = 2 u. 3. Nachgewiesen werden Komplexe vom Typ $R_{4-n}SnCl_{n+1}$ mit 5er-Koordination. K. Henning G 327

1651 **Bestimmung von Silberspuren in Blei hoher Reinheit durch anodische „stripping"-Voltammetrie unter Verwendung einer glasigen Kohlenstoffelektrode.** Tomoo Miwa, Syuichiro Oki und Atsushi Mizuike. (Japan Analyst **17** (1968) 7, 819—23; Fac. of Engng., Nagoya Univ., Chikusa-ku, Nagoya-shi; jap., Auszug: engl.) — 0,1—1,0 g der Pb-Probe werden in HNO_3-Lsg. gelöst. Man dampft zweimal ganz ein u. nimmt in 20 ml 0,5 m KNO_3-Lsg. auf. Ag wird an der polierten Elektrode (0,2 cm²) bei —0,1 V (gegen SCE) innerhalb von 30 Min. abgeschieden. Das Ablösen wird zwischen 0,0 u. +0,8 V (SCE) verfolgt (0,2 V/min.). 0,02—6 ppm Ag können mit einem Fehler von ≈ 10% innerhalb von 90 Min. bestimmt werden. W. Grimmich G 328

1652 **Untersuchungen über die photometrische Bestimmung von Tantal mit Pyrogallol.** Brigitte Sarry und Arno Lange. (Z. analyt. Chem. **241** (1968) 3, 186—96; Inst. für Anorg. u. Analyt. Chem. der TU Berlin; dt.) — Es werden die optimalen Bedingungen für die photometr. Best. von Ta (1—50 μg Ta/ml ≙ 0,0055—0,276 μg-Atom Ta/ml) mit Pyrogallol in schwefelsaurer Lsg. bei 405 nm ausgearbeitet (ε_{mol} = 5017,8 ± 2,5). Das Verf. wurde statist. geprüft; die Standardabweichung beträgt ± 0,00039 μg-Atom Ta/ml; das Lambert-Beersche Gesetz ist streng erfüllt. A. Lange G 332

1653 **Spektrophotometrische Bestimmung von Niob mit Methylisobutylketon (MIBK) und Phenylfluoron nach Trennung von Niob und Tantal mit einer Amberlite LA-2/-Benzol-Lösung.** Yukio Kitano, Wataru Ishibashi und Shoji Sato. (Japan Analyst **16** (1967) 9, 922—26; Showa Denko Co., Central Res. Labor., Otaku, Tokyo; jap., Auszug: engl.) — Das angegebene Verf. eignet sich zur Best. von Mikromengen Nb in reinem Ta. Die Probe wird in HF-Lsg. 1:1) mit 6—8 Tropfen HNO_3-Lsg. gelöst. Es wird zur Trockne eingedampft; der Rückstand wird mit 0,5 ml HF-Lsg. (1:1) versetzt u. ein 0,15 m HF-/8 m HCl-Lsg. gelöst. Hieraus wird das Ta mit einer 10%ig. Lsg. von Amberlite LA-2 in Bzl. extrahiert. Die wss. Phase wird unter Zusatz von HNO_3-Lsg. nahezu zur Trockne eingedampft. Den Rückstand löst man in 10%ig. Weinsäure-/10%ig. H_2SO_4-Lösung. Nach Zugabe von HCl-Lsg. wird Nb mit MIBK extrahiert. Die organ. Phase wird mit einer alkohol. Lsg. von Phenylfluoron versetzt u. bei 502 nm photometriert (ε 28100). Das Beersche Gesetz gilt für 0,2—8,0 μg Nb/ml. Die Best. wird durch < 100 μg F^-, Mo, Zr, V u. W, < 500 μg Ti, Fe, Sn, Ni u. Pt, < 1 mg Ta u. < 2 mg Bi, Sb u. Cu nicht gestört. W. Grimmich G 332

1654 **Anwendung von Radioisotopen zur Säulenchromatographie auf substituierten Cellulosen. 4. Mitt. Analyse von Quecksilber und Zink in Wismut.** R. A. A. Muzzarelli und G. Marcotrigiano. (Talanta [London] **14** (1967) 3, 305—11; Sherbrooke, P.Q., Canada, Univ., Fac. of Sci.; franz.) — **3.** vgl. ibid. **14** (1967) 1, 85; 5. vgl. C. **1968, 10**-1942. — Mit Hilfe von ^{209}Bi wird das chromatograph. Verh. von ng-Mengen Bi an Säulen von Cellobiose, Cellulose (I), I-Phosphat, Diäthylamino-, Aminoäthyl-, Carboxymethyl-, Epichlorhydrintriäthanolamino-, Sulfoäthyl- u. p-Aminobenzyl-I untersucht. In Ae. als Nitrat vorliegendes Bi wird von allen Säulen adsorbiert, wenn ein HNO_3-Überschuß vermieden wird. Zur Eluierung des Bi eignet sich eine SCN^--Lsg. in *Ae./CH₃OH* oder HCl-Lsg./CH_3OH. Nach dieser Meth. läßt sich Bi von Hg in einem weiten Konz.-Bereich abtrennen. G. Gawalek G 334

1655 **Quantitative elektrochemische Bildung von Heteropolyanionen des Wolframatophosphat-Blau.** Paul Stonehart, John G. Koren und Jacobs S. Brinen. (Analytica chim. Acta [Amsterdam] **40** (1968) 1, 65—75; Amer. Cyanamid Co., Stamford, Conn.; engl.) — Elektrochem. red. Wolframatophosphat- (I) u. Polywolframatophosphatanionen (II) in H_3PO_4 wurden mit opt. u. ESR-Spektren in Abhängigkeit von der W(V)-Konz. geprüft. Die opt. Spektren gehorchen dem Lambert-Beerschen Gesetz (aufgetragen im Bereich von 0—0,10 C/cm³ gegen die Extinktion von 0—2,0) u. sind den Spektren red. Wolframatosilicatanionen ähnlich. Das weist auf die sek. Natur der zentralen Cluster bei der Keggin-Struktur hin bez. der Zwischenwrkg. mit dem reduzierenden **II.** Jedoch ist für das red. **I** die ungepaarte Spin-Konz. mit der ESR niedriger als die W(V)-Konzentration. Red. **I,** die mit O_2 reagierten, zeigen eine Ein-Elektronen-Red. der O_2-Mol., begleitet von einer Ox. des W(V) zum W(VI) u. die mögliche Bldg. eines hochmol. polyanion. Clusters. K. Henning G 337

1656 **Probleme bei der Spurenbestimmung von Elementen durch Fällung. 4. Mitt. Trennung durch Carbonate: Ihre Verwendung bei der Bestimmung von Spurenverunreinigungen in Uranverbindungen.** E. Upor und Gy. Nagy. (Acta chim. Acad. Sci. hung. **52** (1967) 3, 235 bis 242; Mecsek Ore Mining Enterprise, Kövágószöllös; engl.) — 3. vgl. ibid. **51** (1967) 2, 139; 1. vgl. C. **1968,** 51/52-1909. — Nach einem Überblick über lösl. Carbonato-Komplexe einiger Metalle wird die Mitfällung einiger Elemente als Carbonate an $Al(OH)_3$ in heißer 0,1 m Na_2CO_3-Lsg. im Hinblick auf eine Abtrennung von U untersucht. U(VI) bleibt in Lösung. — **14** Literaturangaben. K. Henning G 339

1657 **Fraktionierte Sublimation von β-Diketonchelaten der Lanthanide und verwandter Elemente.** Eugene W. Berg und J. Jaime Chiang Acosta. (Analytica chim. Acta [Amsterdam] **40** (1968) 1, 101—13; La. State Univ., Baton Rouge, La.; engl.) — Verschiedene β-Diketonchelate von *Sc(III), Y(IV), Th(IV), U(IV, VI), Zr(IV)* u. den *Lanthaniden* werden hergestellt u. auf ihre Flüchtigkeit u. Stabilität untersucht. Als Liganden werden verwendet: *Acetylaceton, Trifluoracetylaceton, Hexafluoracetylaceton* u. *Dipivaloylmethan.* Auf Grund der Ergebnisse werden zahlreiche Trennungschemata für bin. Mischungen vorgeschlagen. K. Henning G 339

1658 **Bestimmung von Plutonium.** Ph. Cauchetier. (Chim. analytique **50** (1968) 8, 409—13; C.E.N., Fontenay-aux-Roses; franz.) — Vgl. von physikal. (Radiometrie, Massenspektrometrie) u. chem. Meth. (photometr., gravimetr., komplexometr. u. Meth. unter Verw. der Redoxeig. von Pu) unter bes. Berücksichtigung der Redox-Methoden. — 23 Literaturangaben. W. Grimmich G 343

1659 **Trennung von Milligrammengen Americium und Curium durch Extraktionschromatographie.** E. P. Horwitz, C. A. A. Bloomquist, K. A. Orlandini und D. J. Henderson. (Radiochim. Acta [Frankfurt/M.] 8 (1967) 3, 127—32; Argonne, Ill., ANL, Chem. Deriv.; engl.) — Die Trennung von mg-Mengen Am u. Cm durch Extraktionschromatographie wurde unter Verw. eines hochmol. quatern. Ammoniumnitrats (Aliquat-336-Nitrat), das an hydrophobe Diatomeenerde adsorbiert war, durchgeführt. Als Elutionsmittel diente $LiNO_3$-Lösung. Die Meth. ist bes. vorteilhaft zur Gewinnung von reinem Cm (< 60 ppm Am); Vf. wendeten sie zur Reinigung von 10 Ci ^{242}Cm an. Eine vollständige Trennung gelingt bei Raumtemp. innerhalb von 2 Stunden. — Ferner führten Vf. Unters. über den Einfl. der Kapazität des Säulenmaterials auf die Trenneig. sowie über den Einfl. der Nitratkonz. im Elutionsmittel auf den Trennfaktor Am(III)/Cm(III) durch. D. Ertel G 345

1660 **Analyse von hochreinem Eisen.** Philippe Albert. (Mém. sci. Rev. Métallurgie **65** (1968) Special Nr., 3—13; C.E.C.M., Vitry-sur-Seine; franz.) — 45 Elemente können nach 150std. Bestrahlung mit $2 \cdot 10^{12}$ n/cm² · s u. Abtrennung durch Elektrolyse, Fällen, Extrahieren u. Ionenaustausch bestimmt werden. Cl, Br u. J werden nach 30 Min. langer Bestrahlung abgetrennt u. bestimmt. Al u. V werden nach 20 Sek. langer Bestrahlung ohne Abtrennung an Hand ihrer γ-Strahlung bestimmt. Die Meth. erweist sich als ausgezeichnete Ergänzung zur Massenspektrometrie u. zur gaschromatograph. Best. von C, N u. O, die aktivierungsanalyt. nicht bestimmt werden können. Je nach Element können 0,01—1 ppm bestimmt werden. W. Grimmich G 354

1661 **Bestimmung von metallischem Eisen in reduziertem Eisenpulver mit dem Röntgenstrahlendiffraktometer.** Hiroo Sasuga. (Japan Analyst **16** (1967) 9, 894—99; Dep. of Ind. Chem., Fac. of Engng., Meiji Univ., Ikuta, Kawasaki-shi, Kanagawa-ken; jap., Auszug: engl.) — Die Best. erfolgt durch Messung der Intensität der Fe-Linie bei 2,03 Å nach der Zählmeth. mit einem relativen Fehler von 1—2%. Bestrahlt wird mit der Co-K_α-Linie. Die Standardmischungen werden durch Verd. von elektrolyt. reinem Fe mit Fe-Oxiden hergestellt. W. Grimmich G 354

1662 **Photometrische Bestimmung von kleinen Mengen Phosphor in reinem Eisen mit der Molybdänblau–Methylisobutylketon-Extraktionsmethode.** Shizuya Maekawa und Kiyotoshi Kato. (Japan Analyst **17** (1968) 5, 597—602; Japan Steel Works Ltd., Chatsu-machi, Muroran-shi; jap., Auszug: engl.) — 10^{-5}—$5 \cdot 10^{-3}$% P in reinem Fe können durch Lösen von 0,2—1,0 g Probe mit HCl/H_2O_2, Entfernen der störenden Elemente durch Extraktion mit MIKB aus 7 n HCl-Lsg., Abrauchen mit $HClO_4$, Herst. von Molybdänblau, erneute Extraktion mit MIBK u. Messen der Extinktion der organ. Phase bei 740 nm bestimmt werden. Eine Analyse dauert ≈ 50 Minuten. W. Grimmich G 354

1663 **Spektralphotometrische Bestimmung von Nickelspuren als Dithiooxalat-Komplex.** Y. Ujihira und J. C. Roy. (Canad. J. Chem. **46** (1968) 8, 1233—36; Dep. de Chimie, Univ. Laval, Québec; engl.) — Die Farbintensität des Komplexes $K_2[Ni(C_2O_2S_2)_2]$ wird bei Ggw. verschiedener Säuren u. Basen u. in Abhängigkeit vom pH-Wert untersucht. Die Best. in verd. H_2SO_4 zeigt die besten Resultate, es wird eine Arbeitsvorschrift für dieses Medium gegeben. Das Absorptionsmax. liegt bei 500 nm, das Lambert-Beersche Gesetz gilt über einen großen Konz.-Bereich. Co u. Cu stören, wenn ihre Konz. größer als $^1/_{20}$ der Ni-Konz. ist. Für folgende Elemente wird die Konz. angegeben, die für eine einwandfreie Ni-Best. nicht überschritten werden darf: Au, Ag, Hg, Fe^{2+}, Fe^{3+}, Cr, Cd, La, Mn, Ca, Mg, Zn, Pb, Ba u. Sr. Die Empfindlichkeit der Best. beträgt 0,5 μg Ni/ml Lösung. H. Tulhoff G 356

1664 **Untersuchung der Oberfläche von Gesteinsproben.** Miklós Galos, Pál Kertész und István Kürti. (Épitöanyag [Baumaterial] **19** (1967) 10, 385—87; Budapest, Müszaki Egyetem Asvány- és Földtani Tanszéke; ung.) — Auf die sechs Flächen eines aus dem Gestein geschnittenen Würfels wird ein Netz von 5 × 5 cm mit Zentimeterunterteilung gezeichnet. Die verschiedenen Bestandteile (Grundstoff, Bimssteineinschluß, verwitterter Einschluß, übriger Einschluß) werden auf den Flächen visuell abgezählt. I. Náray-Szabó 5158△

1665 **Bestimmung von Elementen in Meteoriten durch Aktivierungsanalyse.** R. Schaudy, W. Kiesl und F. Hecht. (Chem. Geol. [Amsterdam] **2** (1967) 4, 279—87; Reaktorzentrum Seibersdorf u. Analyt. Inst. der Univ. Wien; engl.) — In 7 Stein- u. 3 Eisenmeteoriten wurden die Elemente Mn, Na, Cu, Au u. Cr bestimmt. Dafür wurde eine Neutronenaktivierungs-Meth. für Proben von ca. 50 mg entwickelt. Vor der Aufnahme des γ-Spektrums wurden Au u. Ga von den übrigen Elementen mit einem Anionenaustauscher abgetrennt. F. Wlotzka 5158

1666 **Anwendung der zerstörungsfreien Aktivierungsanalyse auf Meteorite: Bestimmung von Aluminium, Vanadin, Mangan und Gold in Stein- und Eisenmeteoriten.** H. Höfler und H. Sorantin. (Chem. Geol. [Amsterdam] **2** (1967) 4, 273—78; Reaktorzentrum Seibersdorf u. Analyt. Inst. der Univ. Wien; engl.) — Proben von 50—100 mg des Meteoriten wurden im Reaktor 2 oder 20 Min. lang mit einem Fluß von $5 \cdot 10^{12}$ therm. Neutronen/cm² · s u. $5 \cdot 10^{10}$ schnellen Neutronen/cm² · s bestrahlt. Durch Messung der γ-Energiespektren u. Vgl. mit Standards wurden die Elemente Al, V, Mn, Au in 6 Stein- u. 3 Eisenmeteoriten bestimmt. F. Wlotzka 5158

1667 **Schnellmethode zur Fluoridbestimmung in Silicatgesteinen.** T. W. Bloxam. (Chem. Geol. [Amsterdam] **3** (1968) 2, 89—94; Dep. of Geol., Univ. Coll., Swansea; engl.) — Etwa 1 g der auf 120 mesh zerkleinerten Gesteinsprobe wird mit 1,5 g WO_3 vermischt u. im O_2-Strom bei 850° pyrohydrolyt. aufgeschlossen. Nach 20 Min. wird im gesammelten Kondensat des Fluorid mit Ce(III)-Alizarinkomplexan unter Zusatz von Acetatpuffer (pH 5,2) bestimmt, indem die Extinktion nach 4 Std. bei 620 nm gemessen wird. Die untere Best.-Grenze liegt bei 5 ppm F. In einem Schiefer wurde der F-Geh. zu 606 ppm mit einer Standardabweichung von ± 2,3% (n = 14) bestimmt. Sofern die Gesteine nicht ungewöhnlich große Cl^--Mengen enthalten, gelangen strk störende Kationen, wie Al u. Fe(III), nicht in das Kondensat. PO_4^{3-} kann stören. Die Störung durch S^{2-} wird durch Kochen des Kondensats mit H_2O_2 beseitigt. D. Gerlatzek 5158

1668 **Papierchromatographie und elektronische Berechnung der Neutronenaktivierung. Anwendung auf die Bestimmung von La, Sm, Dy, Eu in Lavaproben der Puys-Kette.** R. Coulomb, C. Coquema, M. Goldsztejn und J. C. Schiltz. (Bull. Soc. franç. Minéralog. Cristallogr. **91** (1968) 1, 75—84; Commissariat à l'Energie atomique, Fontenay-aux-Roses; franz.) — Nach Aufschließen der Gesteinsprobe mit HF/HNO_3 werden Fe u. die Seltenerdelemente mit HN_3 gefällt. Der Nd. wird in 2 n HCl gelöst u. die Ionen papierchromatograph. unter Verw. von Aceton/HCl/W. (88:8:4) getrennt. Die Lsgm.-Front enthält Fe u. Ga, es folgen Cu (R_F = 0,8) u. Mn (R_F = 0,4), dann die Seltenerdionen (R_F = 0,2); der Streifen, in dem die letzteren enthalten sind, wird abgetrennt u. 15 Min. lang einem therm. Neutronenfluß von $3 \cdot 10^{12}$ Neutronen/cm²/Sek. ausgesetzt. Das γ-Spektrum der Probe wird unter Verw. eines 400-Kanal-Spektrometers aufgenommen u. mit Hilfe eines Digitalrechners ausgewertet. J. Pickardt 5158

1669 **Turbidimetrische Bestimmung von Sulfat in Wasser als Bleisulfat.** Tamás Bereznai und Jenöné Székely. (Magyar Kémiai Folyóirat [Ung. Z. Chem.] **74** (1968) 9, 445—46; Hiradástechn. Ipari Kutató Intézet Bródy Imre Labor., Budapest; ung.) — 0—50 μg SO_4^{2-}/25 ml können mit einem Fehler von < ±3% in 40%ig. aceton. Lsg. durch Titration mit Pb-Acetat-Lsg. u. Verfolgen der Extinktion bei 430 nm bestimmt werden. W. Grimmich 5162

1670 **Abtrennung und Identifizierung von Pyren und seinem 1-Methylderivat in Extrakten von Luftproben.** R. S. Thomas und G. E. Moore. (Atmospheric Environment **2** (1968) 2, 145—48; Environmental Assessment Unit, Tunney's Pasture, Ottawa; engl.) — In den durch Chromatographie von Extrakten der festen Bestandteile von Luftproben erhaltenen Fraktionen kommt neben Pyren (**I**) 4-Methyl-**I** vor, das bei der UV-spektrometr. **I**-Best. zu hohe **I**-Werte bewirkt. W. Grimmich 5164

G-3. Analyse organischer Verbindungen

1671 **Thermomikromethoden nach L. Kofler zur Identifizierung von organischen Substanzen.** A. Martinek. (G-I-T Fachz. Lab. **1967,** Sonderheft, 356–61; Innsbruck, Univ., Inst. für Pharmakognosie; dt.) — Der Mikroheiztisch nach Kofler u. seine Anwendungsgebiete werden beschrieben. Fr. Voigt 5171

1672 **Verfahren zur Umarbeitung geologischer Proben für die massenspektrometrische Isotopenanalyse am Kohlenstoff.** Chr. Geißler und I. Maaß. (Isotopenpraxis **4** (1968) 7, 280–82; Inst. für stabile Isotope der DAW, Leipzig; dt.) — 2 Verbrennungsverf., für Halbmikromengen (20–30 mg) u. für Mikromengen (2–4 mg Substanz), mit Verbrennung im O_2-Strom am Co_3O_4-Kontakt werden beschrieben. Der Fehler der Meth. beträgt ± 0,10‰. J. Pickardt 5176

1673 **Organische Rhodanverbindungen. 23. Mitt. Methoden zur quantitativen Bestimmung von organisch gebundenem Rhodan.** R. Pohloudek-Fabini, D. Gökkeritz und H. Brückner. (Mikrochim. Acta [Wien] **1967, 3,** 588–98; Pharm. Inst., Univ. Greifswald; dt.) — 22. vgl. Pharmazie **22** (1967) 1, 13; 19. vgl. C. **1969,** 10-1163. — Die Meth. beruhen auf der Rk. von aliphat., aromat. u. heterocycl. Rhodanverb. (**A**) mit Na-Polysulfid (**I**) unter Bldg. von SCN^-, das nach vollständiger Vertreibung des H_2S entweder mit 0,1 n $AgNO_3$-Lsg. in Ggw. von Fe^{3+} titriert (Meth. A) oder nach Überführen mit KBr/Br_2-Lsg. in BrSCN- [der Br_2-Überschuß wird mit As(III) red.] mit Benzidin u. Py. als roter Polymethinfarbstoff bei 520 nm photometr. bestimmt wird (Meth. B). Nach Meth. A beträgt der mittlere Fehler ± 1,7% bei Einwaagen von 100 mg, nach Meth. B ± 6,7% bei Einwaagen von 10–60 µg. Zum Nachw. von papierchromatograph. getrennten **A** (10–45 µg) werden die Chromatogramme mit **I**-Lsg. besprüht, heiß getrocknet u. dann mit $FeCl_3$-Lsg. besprüht. Unter Kenntnis der so erhaltenen R_F-Werte lassen sich unbehandelte Chromatogrammflecken mit Aceton/CH_3OH eluieren u. nach Meth. B mit einem Fehler von ± 8% bestimmen. G. Bouillon 5178

1674 **Relatives molares Ansprechvermögen von α-Olefinen in der quantitativen gaschromatographischen Analyse.** Samuro Miwa und Akira Tatematsu. (Japan Analyst **17** (1968) 7, 816–19; Nagoya Customs, Minato-ka, Nagoya-sji; jap., Auszug: engl.) — α-Olefine von C_6–C_{14} wurden unter den von Messner et al. [Analytic. Chem. **31** (1959) 230] angegebenen Bedingungen im Hinblick auf ihr molares Ansprechvermögen (R) untersucht. Zwischen R u. dem Molgew. (M) wurden folgende Beziehungen gefunden: $R = 9,5 + 1,28\,M$ (für C_3–C_8) u. $R = 40,37 + 1,187\,M - 0,00147\,M^2$ (für C_8–C_{13}). W. Grimmich G 570

1675 **Gaschromatographische Identifizierung von ungesättigten Verbindungen mit zwei funktionellen Gruppen. 1. Mitt. Synthese und Retentionsindices.** Guy Casteignau und Daniel Villessot. (Bull. Soc. chim. France **1968, 9,** 3893–3903; Fac. des Sci., Limoges; franz.) — Die Retentionsindizes (RI.) wurden an mit Königswasser u. $SiCl_2(CH_3)_2$ vorbehandeltem Ziegel Sil-O-Cel C_{22} (150 bis 180 µm) mit 20% Siliconfett SE 30, Carbowax 20 M oder Butandiol-(1.4)-polysuccinat für 50 Verb. der folgenden Verb.-Klassen bestimmt: lineare u. verzweigte Alkadiene (**A**) mit Doppelbindungen an den Kettenenden u. **A**-Deriv. mit ein oder zwei Br-, OH- u. C=C-Gruppen an den Kettenenden. Mit Hilfe einer auf Kovats zurückgehenden Gleichung ist die Vorausberechnung der RI. von ähnlichen Verb. möglich. W. Grimmich G 570

1676 **Gaschromatographische Identifizierung von ungesättigten Verbindungen mit zwei funktionellen Gruppen. 2. Mitt. Beziehungen zwischen Strukturen und chromatographischen Werten.** Guy Casteignau und Daniel Villessot. (Bull. Soc. chim. France **1968, 9,** 3904–07; franz.) — 1. vgl. vorst. Referat. — Vf. bestimmen den Einfl. der Temp. u. der einzelnen Strukturelemente auf den Retentionsindex. Es wird eine Trennmöglichkeit für die Verb. *2-Methyl-*, *3.8-Dimethyldecadien-(1.9)*, *Undecadien-(1.10)*, *-(2.9)* u. *2.8-Dimethylnonadien-(1.8)* angegeben. W. Grimmich G 570

1677 **Gegenstromverteilung von alkali-isomerisiertem Methyllinolenat in einem silberionenhaltigen System.** C. R. Scholfield, R. O. Butterfield, Helen Peters, C. A. Glass und H. J. Dutton. (J. Amer. Oil Chemists' Soc. **44** (1967) 1, 50–54; Northern Regional Res. Labor., Peoria, Ill.; engl.) — Das isomerisierte Prod., das durch 30 Min. langes Erhitzen von Linolensäure mit KOH in Äthylenglykol bei 165° erhalten worden war, wurde in eine Fraktion, die mit Harnstoff Addukte bildet (AF) u. eine zweite, die keine Addukte bildet (NAF), zerlegt. Beide Fraktionen wurden zu den entsprechenden Methylestern umgesetzt u. durch Gegenstromverteilung zwischen Hexan u. 0,2 n $AgNO_3$-Lsg. in 90%ig. Methanol fraktioniert. Einige dieser Fraktionen wurden durch Umkristallisation aus Aceton bei tiefen Temp. weiter getrennt. — Der AF-Anteil bestand größtenteils aus Trienoat mit konjugierter Triengruppierung u. aus Trienoat mit Diengruppierung. Die NAF-Fraktion bestand aus denselben Verb. u. cycl. Estern. J. Pickardt G 810

1678 **Mikrobestimmung von Äpfel-, Glykol- und Fumarsäure mit Goldchlorid.** Lal Virendra und O. C. Saxena. (Chim. analytique **50** (1968) 8, **414**–17; Labor. de Chim., Univ., Allahabad; franz.) — Äpfel-, Glykol- u. Fumarsäure (ca. 1,3–5,2, 0,8–3,0 bzw. 0,7–1,9 mg/l) können durch Umsetzen mit $AuCl_3$ in alkal. Lsg. in der Hitze (150 Min. Rk.-Zeit) zu CO_2 ox. werden. Nach Abfiltrieren des gebildeten Au wird der $AuCl_3$-Überschuß mit $K_4 \cdot [Fe(CN)_6]$ gebunden, dessen Überschuß mit Ce(IV)-Lsg. gegen N-Phenylanthranilsäure titriert wird. Der maximale Fehler beträgt in der oben angegebenen Reihenfolge 4,5, 3,2 u. 7,6%. W. Grimmich G 850

1679 **Gaschromatographische Trennung von Aminen als p-Chlorbenzolsulfonamide.** Marie-Claire Pfrunner-Libraire und André Stahl. (Bull. Soc. chim. France **1968,** 9, 3891–93; CHU, Strasbourg; franz.) — Noch $2,5 \cdot 10^{-8}$ µMol Amin können nach Rk. mit $ClC_6H_4SO_2Cl$ in Bzl. (Umkrist. aus A.) gaschromatograph. an Aeropak mit 5% XE-60 bei 190° getrennt werden. Folgende Amine wurden untersucht: *Methyl-*, *Dimethyl-*, *Äthyl-*, *n-* u. *Isopropyl-*, *n-*, *sek.-* u. *tert.-Butyl-* sowie *Isoamylamin.* W. Grimmich G 910

1680 **Bestimmung kleiner Mengen von Phenolen mit Hilfe von Anionenaustauscherpapier.** Anzelm Lewandowski und Elżbieta Wójcicka. (Poznańskie Towarzystwo Przyjaciół Nauk, Wydział mat.-przyrodniczy, Prace Komisji mat.-przyrodniczej **12** (1967) 2, 67–71; Kat. Chem. Ogóln., Uniw. im. A. Mickiewicza, Poznań; pol.) — Die Meth. beruht auf der Sichtbarmachung der einzelnen Zonen mit diazotiertem p-Nitroanilin, Ausmessen der Fläche u. Best. des Geh. mit Hilfe einer Eichgeraden. Untersucht wurden: *Phenol, o-* u. *p-Chlorphenol, Tribromphenol, o-* u. *p-Nitrophenol, Trinitrophenol, p-Kresol, Salicylsäure, m-* u. *p-Hydroxybenzoesäure, α-* u. *β-Naphthol, Brenzcatechin, Resorcin, Hydrochinon, Alizarin* u. *Chinalizarin* in wss. bzw. wss.-methanol. Lösungen. Rolf Heyer G 1060

1681 **Bestimmung einiger Phenole in Mikrogrammmengen mit Hilfe von eisenhydroxidgetränktem Papier.** Anzelm Lewandowski und Anna Cieślińska. (Poznańskie Towarzystwo Przyjaciol Nauk, Wydział mat.-przyrodniczy, Prace Komisji mat.-przyrodniczej **12** (1967) 2, 73–76; pol.) — Vgl. vorst. Referat. — Quant. Best. von *Alizarin, Chinalizarin, Eriochromazurol, Alizarin* S u. *Chromcitronin R* durch Ausmessen der Flächen der gefärbten Zonen u. Ablesen des dazugehörigen Geh. aus einer angefertigten Eichgeraden. Der Fehler betrug ± 3%. Rolf Heyer G 1060

1682 **Trennung von Myoinositpentaphosphaten durch Elektrophorese an bewegtem Papier.** M. E. Tate. (Analyt. Biochem. [New York] **23** (1968) 1, 141–49; Glen Osmond, South Australia, Waite Agric. Res. Inst., Dep. of Agric. Biochem.; engl.) — Für die papierelektrophoret. Trennung der 4 isomeren Myoinositpentaphosphate beschreiben Vf. einen App., bei dem das Papier mit der gleichen Geschw. zurückgezogen wird, mit der die langsamste Komponente im elektr. Feld vorwärts wandert. Der App. erreicht Trennungen über 1 m Papier mit einem Spannungsgefälle von 35 V/cm. Auf $P_2O_7^{4-}$ bezogen beträgt das Verhältnis der Wanderungsgeschw. der 4 Isomeren: α 1,21; β 1,18; γ 1,12 u. δ 1,08 u. für Phytansäure 1,26. Vf. nehmen folgende O-Myoinositpentaphosphat-Strukturen an: α 1.3.4.5.6-; β ± 1.2.4.5.6-; γ ± 1.2.3.4.5- u. δ 1.2.3.4.6-. A. M. Fretzdorff G 2180

1683 **Kritische Untersuchung verschiedener chemischer Methoden zur Bestimmung von Phosphorspuren in Polyphenylen.** G. Serrini und W. Wehking. (Chim. analytique **50** (1968) 7, 393–97; Euratom, Ispra; franz.) — Nach Zerstören der organ. Substanz mit $HNO_3/HClO_4$ wird P über die Molybdänblau-Rk. photometr. bestimmt. Andere Verf. zur Zers. der organ. Substanz führten zu Minderbefunden. Bei Zugabe von einigen μg P als organ. oder anorgan. Phosphat oder als $P(C_6H_5)_3$ konnten 95–100% wiedergefunden werden. Bei Verw. von 1 g Probesubstanz kann noch 1 ppm P erfaßt werden. Der Variationskoeff. beträgt 4,7% für einen P-Geh. von 2,3 ppm. W. Grimmich G 2210

1684 **Analysen von Arzneimitteln und Chemikalien durch Infrarotabsorptionsspektroskopie.** 18. Mitt. **Infrarotabsorptionsspektrophotometrische Analyse von wasserlöslichen Säuren mit Aminen.** Naobumi Ôi, Keiichiro Miyazaki und Noboru Shiraga. (Japan Analyst **16** (1967) 6, 607–10; Osaka, Takatsuki-shi, Sumitomo, Chem. Co., Ltd., Central Res. Labor.; jap., Auszug: engl.) — 17. vgl. C. **1968,** 40-1930. — Zur Extraktion von wasserlösl. Säuren müssen nicht unbedingt Amine mit hohem Molgew. benutzt werden. Überschüssiges Amin geht bei der Extraktion in die wss. Phase u. stört die IR-Messung nicht. Die quant. u. qual. Analysen wurden nach der Kompensationsmeth. durchgeführt. Das Verf. ist unabhängig von W.-Geh. der Probe. I. Degen G 2700

1685 **Dünnschichtchromatographische Untersuchung von Verbindungen mit Chelatbildungseigenschaften.** 7. Mitt. **Isonicotinsäurehydrazid und ähnliche Verbindungen sowie deren Hydrazone.** Yukio Nishimoto und Shyoji Toyoshima. (J. pharmac. Soc. Japan [Yakugakuzasshi] **87** (1967) 1, 27–32; Koishikawa, Bunkyo-ku, Tokyo; Eisai Co, Res. Labor.; jap., Auszug: engl.) — 6. vgl. C. **1968,** 40-1845. — Isonicotinsäurehydrazid u. 12 andere ähnliche aromat. u. heterocycl. Säurehydrazide u. Semicarbazide sowie 21 Säurehydrazone dieser Verb. werden dünnschichtchromatograph. auf Kieselgelplatten mit 11 verschiedenen Laufmitteln getrennt, wobei die UV-Fluoreszenz, BrCN + UV-Licht, Citronensäure (**I**), $FeCl_3$–2.2′-Dipyridyl (**II**) sowie 2 weitere Sprühreagenzien zum Nachw. dienen. Das Kieselgel muß mit EDTA-Lsg. vorbehandelt sein, da sonst die Verunreinigungen durch Spuren von Metallionen im Kieselgel eine Schweifbldg. der Flecken mit **I** u. **II** hervorrufen. Nach der Vorbehandlung bekommt man ein- u. zweidimensional scharfe Trennungen, deren Ergebnisse in Diagrammen dargestellt sind. W. Kupfer G 3231

1686 **Identifizierung von Polysacchariden. Nachweis der Zuckerbausteine durch Dünnschichtchromatographie und Infrarot-Spektroskopie.** Herbert Günther und Anton Schweiger. (J. Chromatogr. [Amsterdam] **34** (1968) 4, 498–506; Inst. für Chem. u. Phys., Bundesanstalt für Fleischforsch., Kulmbach/Ofr.; dt.) — Vf. gibt eine Meth. an, mit der Zuckerbausteine u. vor allem Uronsäuren sowohl aus pflanzlichen Quellstoffen in Reinsubstanz als auch aus biolog. Material oder Lebensmitteln mit Hilfe von Ionenaustauschern schonend isoliert werden können. Die Verb. werden dünnschichtchromatograph. an Cellulose MN 300 HR aufgetrennt u. durch ihre IR-Spektren identifiziert. Als Laufmittel dienten Isopropanol/Py./Eisessig/W. (8:8:1:4) u. Äthylacetat/Py./W. (2:1:2). H.-D. Schenke G 3400

1687 **Trennung von Paenosid und Malvosid mit Hilfe der Papier- und der Cellulosedünnschichtchromatographie.** Léonce Deibner. (J. Chromatogr. [Amsterdam] **34** (1968) 3, 425–27; Inst. Nat. de la Rech. Agron., Narbonne, Aude; franz.) — Papierchromatograph. Trennung ist bei Verw. von tert. Amylalkohol (gesätt. mit 2 n HCl) zur Entw. möglich. Besser gelingt die Trennung durch Chromatographie an Cellulosedünnschichten (DESAGA) unter Verw. von tert. Amylalkohol, der mit 2%ig. Essigsäure oder 2 n HCl gesättigt ist. R_F-Werte für Malvosid: 0,20–0,21; für Paenosid: 0,26–0,30. J. Pickardt G 3450

1688 **Identifizierung der an Dünnschichten getrennten Carotinoide grüner Blätter und Algen.** A. Hager und T. Meyer-Bertenrath. (Planta [Berlin] **76** (1967) 2, 149–68; Botan. Inst. der Univ., München; dt.) — Die Arbeit enthält die tabellar. Angabe der Absorptionsmaxima von *α-Carotin, β-Carotin, ξ-Carotin, γ-Carotin, Lycopin, α-Carotin-5.6-epoxid, α-Kryptoxanthin, Lutein-5.6-epoxid, Violaxanthin, Lutein, Antheraxanthin, Neoxanthin, Neoxanthin Neo A, Zeaxanthin* u. *Rhodoxanthin* nach Messungen der Vf. sowie anderer Autoren. Zur Identifizierung der Carotinoide sind geeignet: Kurvenverlauf; Form der kurzwelligen Maximums; jodinduzierte cis-trans-Umlagerung u. Herst. stereoisomerer Formen; säurekatalyt. Umwandlung von Epoxiden in furanoide Formen u. Messung der hypsochromen Verschiebung der Maxima; Red. von Farbstoffen mit Ketogruppen zur OH-Verb.; Messung der verschieden raschen Bldg. von Mono- oder Diäthern an allyl- bzw. nichtallylständigen OH-Gruppen. K. Herrmann G 3550

1689 **Analyse von Steroiden.** 7. Mitt. **Anwendung von Natriumborhydrid bei der spektrophotometrischen Untersuchung von konjugierten Ketosteroiden.** Sándor Görög. (Steroids **11** (1968) 1, 93–95; Budapest, Chem. Werke Gedeon Richter LTD; engl.) — 6. vgl. C. **1967,** 54-0480. — Die Absorption von Δ^4-3-Keto-Steroiden (**A**) bei 240 nm wird von Verunreinigungen gestört. Die Keto-Gruppe wird mit $NaBH_4$ red. Aus der Differenz der Extinktion vor u. nach der Red. läßt sich der Geh. an **I** bestimmen. Die Red. wird in Methanol bei Zimmertemp. während 15 Min. durchgeführt. Die Verunreinigungen dürfen mit $NaBH_4$ nicht reagieren. W. Fester G 3700

1690 **Grundlegende klinisch-chemische Untersuchungen.** 6. Mitt. **Neue Mikromethode zur Bestimmung aller Ketosteroide unter Verwendung von p-Nitrophenylhydrazin.** Michiya Kimura, Toshihiro Nishina und Takashi Sakamoto. (Chem. pharmac. Bull. [Tokyo] **15** (1967) 4, 454–59; Sapporo, Univ. of Hokkaido, Fac. of Pharm. Sci.; engl.) — 5. vgl. C. **1965,** 39-2115. — In früheren Arbeiten [ibid. **12** (1964) 521] haben Vf. eine kolorimetr. Meth. zur Best. von Δ^4-3-Ketosteroiden angegeben, die auf der Rk. mit p-Nitrophenylhydrazin (**I**) in HCl (1:160) zu Hydrazonen u. deren Farbrk. in alkal. Dimethylformamidlsg. beruht. Die beschriebene Meth. zur Best. aller Ketosteroide (0–50 μg gesätt. Ketosteroide, 0 bis 25 μg Δ^4-3-one) basiert auf der Feststellung, daß bei einem I-HCl-Verhältnis von 0,5 die Empfindlichkeit der Meth. ansteigt, die Spezifität für Δ^4-3-Ketosteroide aber verloren geht. Für 40 Ketosteroide sind die nach beiden Meth. erhaltenen, von der Struktur der Steroide abhängigen molaren Extinktionskoeff. sowie die Lage der Absorptionsmaxima angegeben. K. Beyer G 3700

1691 **Reaktion einiger Metabolite des Adrenalins mit einem neuen Nitroso-Quecksilber-Reagenz.** H. Jensen, J.-P. Gillet und E. Neuzil. (Ann. Biol. clin. *26* (1968) 1–2, 73–81; Labor. de Biochim. Med. ⟨⟨B⟩⟩, Fac. de Méd. et de Pharm., Bordeaux; franz.) — Ausgehend von der Verw. von Millons Reagenz bei der analyt. Best. von Phenolen werden die Rk. von Vanillinmandelsäure, Metanephrin, Normetanephrin u. Vanillin mit einem neuen Hg-Reagenz untersucht (1,5 ml der 3,33 · 10^{-3} m Phenollsg.; 2,5 ml von 0,4 m Hg-Acetatlsg. in 0,1 n Essigsäure; 1 ml 1 m $NaNO_2$-Lsg.). Absorptionskurven sind angegeben (ε_{max} bei 524 bzw. 530 nm). Das Reagenz findet Anwendung bei quant. photometr. Best. u. als Farbreagenz in der Dünnschichtchromatographie. A. Lange G 3750

1692 **Vereinfachte und teilweise automatisierte Methode für die Radioimmunprobe von menschlichem thyroidstimulierendem, Wachstums-, luteinisierendem und follicelstimulierendem Hormon.** W. D. Odell, P. L. Ray-

ford und G. T. Ross. (J. Lab. chin. Med. **70** (1967) 6, 973–80; Torrance, Calif., Harbor Gen. Hosp., Dep. of Med.; engl.) – Durch Tabellen ergänzte Vorschriften zur prakt. Durchführung der Proben.
W. Betcke G 3750

1693 **Bestimmung von Corrinoiden mit Hilfe der unterschiedlichen Spektren.** Tadashi Kamikubo, Hideki Narahara und Tadashi Shimizu. (Vitamins [Kyoto] **37** (1968) 4, 390–97; Dep. of Fermentat. Technol., Fac. of Engng., Univ., Hiroshima; jap., Auszug: engl.) – Für die Mono- u. Dicyanoform von Corrinoiden u. Cobinamiden wurden bei 358 u. 370 bzw. bei 354 u. 368 nm erhebliche Extinktionsunterschiede festgestellt. Bei gleichen molaren Konz. liefert die Berechnung der differentiellen Extinktionskoeff. bei den entsprechenden Wellenlängen für *Benzimidazolylcobamid* (Faktor III ,I) u. *5.6-Dimethyl*-I sowie für *Pseudovitamin* B_{12} u. *Adenylcobamid* (Faktor A) etwa gleiche Werte.
W. Grimmich G 3850

1694 **Bestimmung der Ascorbinsäure durch papierchromatographische Trennung ihres Osazons. 3. Mitt. Beständigkeit und Isomerisation des Ascorbinsäureosazons in saurer Lösung.** K. Szöke Szotyori. (Nahrung **11** (1967) 5, 421–27; Inst. für Ernährungswiss., Budapest; dt.) – 2. vgl. ibid. **11** (1967) 2, 139. – Läßt man eine essigsaure Lsg. von Ascorbinsäureosazon (**I**) in Äthylacetat (**II**) mehrere Tage lang stehen, dann lassen sich nach dünnschichtchromatograph. Trennung an Silicagel G mit Heptan/**II** (6:4) sieben, wahrscheinlich isomere Verb. nachweisen, deren Absorptionsspektren einander sehr ähnlich sind. Frisch hergestelltes **I** ergibt aus säurefreier Lsg. stets nur einen einzigen Fleck, u. zwar den mit dem niedrigsten R_F-Wert. Das in der Literatur beschriebene, der 2.3-Diketogulonsäure zugeordnete Osazon stellt ein Isomeres von **I** dar, das bes. in Ggw. von Säure gebildet wird.
I. Klee G 3850

1695 **Geeignete Verbreitungsmethode für Polyacrylamidgele zur Flüssigkeits-Szintillationsspektrometrie.** Peter V. Tishler und Charles J. Epstein. (Analyt. Biochem. [New York] **22** (1968) 1, 89–98; Labor. of Chem. Biol., Nat. Inst. of Arthritis and Metabolic Diseases, Nat. Inst. of Health, Bethesda, Md.; engl.) – Bei Vers. zur Vorbereitung von Polyacrylamidgelscheibchen für die Fl.-Szintillationsspektrometrie bei der Unters. sehr kleiner Mengen von [^{14}C]- u. [^{3}H]-markierten Proteinen verschiedener physikal. Eig. wurden die Scheibchen in Zählgefäßen mit 0,1 ml H_2O_2 bei 50° inkubiert u. nach vollständiger Auflösung des Gels (mehrere Std.) das wss. Material mit der Szintillationsfl. (Toluolbasis) vereinigt. Die Zähleffektivität ist sehr hoch u. die Radioisotopenausb. übersteigen im allg. 90%.
U. Drehmann G 4080

1696 **Beziehungen zwischen Molekulargewicht und Beweglichkeit bei der Acrylamid-Elektrophorese kleiner Proteine und Peptide.** L. Ingram, M. P. Tombs und A. Hurst. (Analyt. Biochem. [New York] **20** (1967) 1, 24–29; Unilever Res. Labor., Colworth House, Sharnbrook, Bedford; engl.) – Während bisher (M. B. Tombs, ibid. **13** (1965) 121) nur eine Beziehung zwischen dem Molgew. von Proteinen der Größe 10000–700000 u. ihrer Beweglichkeit in Polyacrylamid-Gel bestand, untersuchten die Vf. nunmehr das Verhältnis zwischen Proteinen mit einem Molgew. ab 1200 u. ihrer Beweglichkeit. Die aufgestellten Beziehungen erlauben die ungefähre Best. des Molgew. mit einer Genauigkeit von 20%.
P. Roth G 4080

1697 **Weitere Untersuchungen zur chromatographischen Trennung der Kollagenmolekülunterelnheiten.** D. R. Cooper und R. J. Davidson. (J. Chromatogr. [Amsterdam] **34** (1968) 3, 332–41; Leather Ind. Res. Inst., Rhodes Univ., Grahamstown, South Africa; engl.) – 3 chromatograph. Meth. zur Trennung der Kollagenmol.-Bestandteile wurden untersucht. 2 Meth. verwenden einen Salzgradienten, die 3. Salz- u. pH-Gradienten zur Eluierung des Proteins von der Säule. Opt. Absorptionsmessungen bei 220, 230 u. 278 nm wurden zur Analyse der Fraktionen u. zur Verfolgung der Proteinkonz. u. der Verteilung der aromat. Aminosäuren angewendet. Mit Hilfe dieser Meth. wurden kleinere Komponenten gefunden, die sauren u. bas. Telopeptiden entsprechen könnten.
J. Pickardt G 4080

1698 **Erneute Untersuchung des hydrazinolytischen Verfahrens zur Bestimmung der C-terminalen Aminosäuren.** Volkmar Braun und Walter A. Schroeder. (Arch. Biochem. Biophysics **118** (1967) 1, 241–52; Pasadena, Calif., Calif. Inst. of Technol., Div. of Chem. and Chem. Engng.; engl.) – Die Abspaltung der C-terminalen Aminosäuren (**I**) aus Proteinen oder Peptiden mit Hydrazin wird durch Zugabe von Amberlite CG-50 katalyt. beschleunigt, wodurch die Ausb. an **I** auf 90–100% erhöht wird. Durch Chromatographie des Hydrazinolyse-Gemisches an einer Ionenaustauschersäule mit einem flüchtigen Lsgm. können die erhaltenen Hydrazide von den **I** getrennt werden. **I** werden dann mit Hilfe der automat. Aminosäureanalyse bestimmt. Das beschriebene Verf. wird angewendet für *Lysozym, Ribonuclease, Myoglobin, Cytochrom c, TMV-, Bence-Jones-Protein, Hämoglobin-β-Kette, Insulin, Chironomus Hämoglobin* u. *Glucagon.*
A. M. Fretzdorff G 4080

1699 **Proteine, Peroxodisulfat und „disc“-Elektrophorese.** K. H. Fantes und I. G. S. Furminger. (Nature [London] **215** (1967) 5102, 750–51; Glaxo Labor., Ltd., Sefton Park, Stoke Poges, Buckinghamshire; engl.) – Vf. untersuchen den Einfl. von Peroxodisulfat, das in der Polyacrylamid-Gelelektrophorese verwendet wird, auf 3 in Proteinen enthaltene biolog. akt. Substanzen: Poliomyelitis-Viren, Ribonuclease u. Insulin. Die Proteine werden selbst durch geringe Konz. von $(NH_4)_2S_2O_8$ im sauren (pH 4,3) u. im alkal. (pH 8,9) Medium, im Lsgm. u. im Polyacrylamidgel angegriffen. Es ist daher ratsam, einige der Vers., denen eine in $S_2O_8^{2-}$-katalysiertem Gel durchgeführte Elektrophorese zugrunde liegt, neu durchzuführen u. das Gel mit Riboflavin zu polymerisieren.
H.-D. Schenke G 4080

1700 **Bestimmung neutraler Zucker in Glycoproteinen durch Verteilungsgaschromatographie.** W. F. Lehnhardt und Richard J. Winzler. (J. Chromatogr. [Amsterdam] **34** (1968) 4, 471–79; Dep. of Biochem., State Univ. of N.Y., Buffalo, N.Y.; engl.) – Mit Hilfe eines modifizierten Microtek 220-Gaschromatographen mit einer U-förmigen Glassäule von 4 mm ⌀ u. 1,83 m Länge unter Verw. von 60/80 Gas-Chromosorb Q mit 0,75% HiFFE-1 BP, 0,25% EGSS-X u. 0,1% 144 B (Phenyldiäthanolamin) als stationäre Phase, N_2 als Trägergas [40 ml/Min., Säulentemp. anfangs 160°, am Ende 210° (Programmgeschw. 1,3°/Min.)] u. eines FID wurden Glycoproteinhydrolyseprod. untersucht. Die Meth. gibt gut aufgelöste Peaks für die meisten der normalen Zucker. Relative Retentionen der Zuckeracetate, bezogen auf Arabitpentaacetat, sind angegeben. Die Hydrolyseprod. wurden jeweils 1 Std. mit $NaBH_4$ u. anschließend mit CH_3COOH behandelt. – Über die Unters.-Ergebnisse an Orosomucoid, Hundesubmaxillarmucin u. einem Glycopeptid, das durch Trypsin aus intakten Menschenerythrocyten freigesetzt wurde, wird berichtet.
J. Pickardt G 400

G-4. Analyse biologischer Materialien, forensische Analyse

1701 **Verteilung und Bestimmung von Fluorverbindungen in biologischem Material und in Böden.** R. J. Hall. (Analyst **93** (1968) 1108, 461–68; Ministry of Agricult., Fisheries and Food, Nat. Agricult. Advisory Serv., Kenton Bar, Newcastle upon Tyne; engl.) – Es werden verschiedene Verbesserungen zur Probenahme und Veraschung von tier. u. pflanzlichen Geweben sowie Böden einschließlich der Verw. einer feinverteilten Suspension in verd. Agarlsg. vorgeschlagen. Für die F^--Abtrennung durch Diffusion als HF u. die anschließende Best. mit Alizarinkomplexan werden einige Modifikationen beschrieben. Der Einfl. von SiO_2 auf die F-Analyse von Pflanzen u. Böden wird diskutiert.
D. Gerlatzek 5206

1702 **Abtrennung wachstumsregulierender Substanzen aus Pinus silvestris an Sephadex LH-20.** A. Klingström. (J. Chromatogr. [Amsterdam] **30** (1967) 2, 605–06; Royal Coll. of Forestry, Stockholm; engl.) – Ein alkohol.

Extrakt von Zweigspitzen wurde wiederholt mit W. bei verschiedenen pH-Werten u. Ae. extrahiert. Der Ae.-Auszug wurde an einer SR 25/45-Säule mit Sephadex LH-20 unter Verw. von 70%ig. A. einer Gelfiltration unterworfen. Die 1. Fraktion mit Extinktionsmax. bei 242 u. 200 nm zeigte einen ausgeprägten wachstumshemmenden Effekt auf das Längenwachstum von *Avena coleoptile*. Die Keimung von Sporen von *Melampsora pinitorqua* wird ebenfalls gehemmt. J. Pickardt 5206

1703 **Pflanzenchemie. Selektive Extraktion von Proteinen aus Mais und speziell der „Glutelin"-Fraktion.** Thérèse Moureaux und Jacques Landry. (C. R. hebd. Séances Acad. Sci., Sér. D **266** (1968) 24, 2302—05; Versailles, C.N.R.A., Physiol. végétale; franz.) — Durch wechselweise Verw. von Salz- u. A.-Lsg., mit u. ohne Red.-Mittel u. schließlich in Ggw. eines Detergents gelingt es, die hydrolysierbaren Proteine, Zein u. fast das gesamte Glutelin als klare Lsg. aus entfetteten gemahlenen Maiskörnern zu extrahieren. Dabei werden die Gluteline durch Extraktion mit verschiedenen Lsgm. in 3 Fraktionen getrennt, die in ihren Eig. teils hydrolysierbaren Proteinen u. teils Protaminen ähneln. A.-M. Fretzdorff 5206

1704 **Untersuchungen an Graslignin. 2. Mitt. Verteilungsgaschromatographische Bestimmung von Lignin-Oxydationsprodukten.** J. M. Brand. (J. Chromatogr. [Amsterdam] **26**, (1967) 2, 373—77; Natal Agric. Res. Inst., Pietermaritzburg, South Africa; engl.) — 1. vgl. C. **1968**, 34-2027. — Mit A./Bzl. (1:2) extrahierte Proben von *Themeda triandra*-Heu werden mit 3 n NaOH u. $CuSO_4$ in Stahlzylindern 2,5 Std. auf 180° erhitzt. Die abgekühlten u. zentrifugierten Lsg. werden angesäuert, mit $(NH_4)_2SO_4$ gesätt. u. mit $CHCl_3$ extrahiert. In den Extrakten werden *p-Hydroxybenzaldehyd*, *p-Hydroxyacetophenon*, *Vanillin*, *Acetovanillin*, *Syringaldehyd* u. *Acetosyringon* nachgewiesen u. bestimmt (6 ft. lange Cu-Säule, 30% SE-30 auf Chromoport XXX, 30 Min. 100°, 100—180° in 2 Min.; 180—260° in 6 Min., 62 ml He/Min., Analysendauer **39** Min.). G. Bock 5206

1705 **Mikroelektrophoreseverfahren für Heparin.** L. B. Jacques, R. E. Ballieux, C. P. Dietrich und L. W. Kavanagh. (Canad. J. Physiol. Pharmacol. **46** (1968) 3, 351—60; Dep. of Physiol. and Pharmacol., Univ. of Saskatchewan, Saskatoon, Saskatchewan; engl.) — Aus Walen u. Hunden isoliertes Heparin sowie andere Mucopolysaccharide werden an Agarosegel in einer Mikroapp. elektrophoret. getrennt. W. Grimmich 5208

1706 **Verwendung eines Porengröße-Konzentrationsgradienten in der Polyacrylamid-Elektrophorese.** Emanuel Epstein, Yeara Houvras und Bennie Zak. (Clin. chim. Acta [Amsterdam] **20** (1968) 2, 335—39; Detroit, Mich., Grace Hosp.; engl.) — Aus einer Lsg. von Acrylamid/N.N.N'.N'-Tetramethyläthylendiamin/Ammoniumpersulfat (1:1:2) wird durch Injektion von W. oder eines Puffers aus 30 g 2-Amino-2-methylpropandiol-(1.3) u. 8 g H_3BO_3 (pH 9,0) ein Elektrophoresegel als Porengröße-Konzentrationsgradient erhalten, mit dem Globuline getrennt werden können. Banden, die bei konventionellen Verf. zwei hochkonz. Proteinen zugeschrieben werden, können nach dem neuen Verf. weiter aufgetrennt werden. K. Dorfner 5212

1707 **Bestimmung von submikromolaren Fluoridkonzentrationen in biologischen Proben.** Donald R. Taves. (Talanta [London] **15** (1968) 10, 1015—23; Dep. of Radiat. Biol. and Biophys., Univ. of Rochester School of Med. and Dentistry, Rochester, N.Y.; engl.) — Die Fluoreszenz eines Morin–Th-Komplexes ermöglicht eine neue empfindlichere Fluoridbestimmung. Die Reagenzlsg. (**A**) enthält 0,001 Mol Morin u. 0,0005 Mol $Th(NO_3)_4$ in 1 l 95%ig. Äthanol. Sie ist mehrere Monate lang haltbar. Zur Analyse wird sie mit einer Lsg. (**B**) verd., die man durch Mischen von 2 ml 11,4 m $HClO_4$ mit 100 ml 95%ig. A. u. Auffüllen mit W. ad 1000 erhält. 2 ml **A** werden mit **B** zu 100 ml aufgefüllt, 1 ml dieser Lsg. wird für je 7 nMol erwartetes Fluorid verwendet. Bis zu einer Fluoreszenzlöschung von 50% ist diese dem F-Geh. proportional. F-Geh. im Serum, die nach Diffusion bei Raumtemp. nach dieser Meth. ermittelt wurden, stimmen mit denen überein, die mit der Fluoridelektrode bestimmt u. nach der Ausscheidung von radioakt. Fluorid durch die Nieren vorausgesagt wurden. Beim Nachw. von 10^{-6} Mol F^-/l in 2 ml Serum beträgt die relative Standardabweichung $\pm$ 10%. D. Gerlatzek 5214

1708 **Bemerkungen zur Bestimmung des anorganischen Jods im Blutserum.** J. Bednář und S. Röhling. (Českoslov. Farmac. **16** (1967) 1, 19—21; Praha, Výzk. hst. endokrinol.; tschech.) — Die indirekte Best. von anorgan. gebundenem J im Serum aus der Differenz zwischen dem Gesamt-J u. dem Protein-J nach Bednář, Röhling u. Vohnout [ibid. **13** (1964) 203] liefert erst bei $> 1,0\ \mu g$ J/100 ml Serum verläßliche Ergebnisse (Fehler $\pm$ 10%). In Modellvers. ohne Blutserum lieferte die direkte J-Best. nach Klein [Biochem. Z. **386** (1954) 9] richtige Ergebnisse. Von 0,025 μg Standardzusatz wurden 98,1 $\pm$ 8,6% gefunden. Bei der Anwendung der direkten Meth. für die J-Best. im Blutserum bestehen zwischen den Ergebnissen beider Meth. grundlegende Unterschiede. Während bei 26 euthyreoiden Personen nach Klein ein ziemlich hoher Durchschnittswert von 1,12 $\pm$ 0,36 μg J/100 ml Serum gefunden wurde, gelang es an Hand der indirekten Meth. zumeist nicht, in den gleichen Serumproben J^- zu finden. A. Emr 5214△

1709 **Serummagnesium bei Schizophrenie und Epilepsie.** Ulysses S. Seal und Harold Eist. (Clin. Chem. [New York] **13** (1967) 11, 1021—23; Veterans Adm. Hosp., Minneapolis, Minn.; engl.) — Der Mg-Geh. des Serums ist bei Patienten mit Schizophrenie oder Epilepsie gegenüber gesunden Kontrollpersonen nicht verändert. Er beträgt (in mVal/l bzw. mVal/g Protein) Normal: 1,91 $\pm$ 0,14, 0,025 $\pm$ 0,0020; Schizophrenie: 1,87 $\pm$ 0,14, 0,025 $\pm$ 0,0020; Epilepsie: 1,78 $\pm$ 0,17, 0,024 $\pm$ 0,0026. V. Bigl 5214

1710 **Neue Methoden zur Trennung und Bestimmung von Calcium aus normalem menschlichem Serum.** W. G. Robertson und M. Peacock. (Clin. chim. Acta [Amsterdam] **20** (1968) 2, 315—26; Leeds, Gen. Infirmary; engl.) — Zur Best. des in ion. Form in Plasma vorhandenen Ca^{2+} wird eine neu entwickelte App. u. deren Handhabung angegeben, bei der über eine Cellophanmembran Ultrafiltrate erhalten werden, in denen Ca in einer ebenfalls neuen App. potentiometr. mit einer spezif. Kathode bestimmt wird. Die Beziehung zwischen dem ultrafiltrierbaren u. dem gesamten Serum-Ca wurde untersucht u. die ultrafiltrierbaren Fraktionen von Ca, Mg u. P im Serum normaler Menschen bestimmt. K. Dorfner 5214

1711 **Methode zur Bestimmung submikromolarer Konzentrationen von unpolaren Säuren in Plasma und Depotfett.** Howard Ko und Max E. Royer. (Analyt. Biochem. [New York] **20** (1967) 2, 205—14; Kalamazoo, Mich., Upjohn Co.; engl.) — Bei der beschriebenen Modifikation der Meth. nach Dole (C. **1961**, 6568) wird als Extraktionsmittel ein Gemisch von W., Isopropanol u. Heptan (46, 36 u. 18 Vol.-%) verwendet u. die Titration im einphasigen Syst. (Heptan) ausgeführt. Es werden damit um ein Drittel verkürzte Analysenzeiten, größere Genauigkeit u. Empfindlichkeit (bei 0,03 bzw. 0,06 μVal Palmitinsäure betragen die Standardabweichungen 12 bis 14 bzw. 6—7%) u. eine Verminderung der Störungen durch polare Säuren erreicht. K. Beyer 5214

1712 **Bestimmung von Phenobarbital im Serum in Gegenwart von anderen Barbituraten, Sulfonamiden, Salicylaten und anderen störenden Arzneimitteln.** O. V. Olesen. (Scand. J. clin. Lab. Invest. **20** (1967) 2, 109—12; Dianalund, Filadelfia Colony, Centr. Labor.; engl.) — Aus dem mit HCl angesäuerten Serum wird Phenobarbital (**I**) mit $CHCl_3$ extrahiert. Die eingeengten Extrakte werden auf Kieselgel zweidimensional dünnschichtchromatographiert [1. Lsgm.: $CHCl_3$/Aceton (80:20), 2. $CHCl_3$/Methanol/W. (75:25:1)]. Im **2.** Trog wird konz. NH_3-Lsg. vergast.] Die **I**-Flecken werden mit UV-Licht von **254** nm identifiziert, herausgekratzt u. mit Methanol eluiert. Die Differenz zwischen der Extinktion in alkal. u. saurer Lsg. wird bei 240 nm bestimmt. I kann von den meisten Arzneimitteln getrennt werden. H. Rüssel 5214

1713 **Kontaminierungsprobleme bei der Spurenanalyse an Protein gebundener Metalle.** K. Fritze und R. J. Gietz. (J. radioanalyt. Chem. [Budapest] 1 (1968) 3, 265—68; McMaster Univ., Dep. of Chem., Hamilton, Ontario; engl.) — Serumproben wurden mit μg-Mengen von radioakt. La, Ga, Cu, Zn, Cr, Mn u. Fe versetzt u. dann durch Gelfiltration die Serumproteine fraktioniert. Außer Mn waren alle anderen geprüften Elemente in den Serumfraktionen nachweisbar, eventuell als Metall-Protein-Komplexe, La eventuell als Hydroxid. Auf die Bedeutung dieser Ergebnisse für die Vermeidung metall. Kontaminationen bei der Probenahme wird hingewiesen. W. Dedek 5214

1714 **Trennung und quantitative Analyse von Serumlipoproteinen durch Elektrophorese an Celluloseacetat.** H. P. Chin und David H. Blankenhorn. (Clin. chim. Acta [Amsterdam] 20 (1968) 2, 305—14; Los Angeles, Calif., Univ. of Southern Calif., School of Med.; engl.) — Auf den Celluloseacetatstreifen wird mit Barbital-Puffer (pH 8,6) bei 150 V u. 22 $\pm$ 2° in 90 Min. die Trennung der Serumlipoproteine elektrophoret. durchgeführt. Das schnelle u. reproduzierbare Verf. verlangt keine Zugabe von Albumin zum Puffer. Es wird eine vollständige Auftrennung von Chylomikronen (**A**), α- u. β-Lipoproteinen sowie Prä-β-Lipoproteinen erzielt. Die Banden werden durch Mikrodensitometrie quant. ausgewertet. Die Lipoproteine können auch quant. eluiert u. papierelektrophoret. oder dünnschichtchromatograph. weiter untersucht werden. Intakte **A** können durch Ultraschallbehandlung erfaßt werden. K. Dorfner 5214

1715 **Quantitative Trennung der Plasmaphospholipide durch Dünnschichtchromatographie.** Sujit K. Choudhury und Bandana Bose Roy Chowdhury. (J. Instn. Chemists (India) **39** (1967) 6, 238—44; Dep. of Physiol., Nilratan Sircar Med. Coll., Calcutta; engl.) — Vf. beschreiben eine Meth. zur quant. Best. der einzelnen Plasma- u. Serumphospholipide unter Verw. verschiedener Lsgm. u. Silicagele. Die Vor- u. Nachteile der dünnschichtchromatograph. Trennung werden diskutiert. Jochen Lampe 5214

1716 **Sephadex G-200-Gelelektrophorese der alkalischen Phosphatasen des menschlichen Serums.** Norma R. Inglis, Nimai K. Ghosh und William H. Fishman. (Analyt. Biochem. [New York] **22** (1968) 3, 382—86; Dep. of Pathol., Tufts Univ. School of Med. and Cancer Res. Dep., New England Med. Center Hospitals, Boston, Mass.; engl.) — Die Herst. von Agarose-Gelschichten mit 3% Sephadex G-200 (Korngröße 10—40 μm) zur elektrophoret. Trennung von alkal. Phosphatasen wird beschrieben. Bes. rasche Trennungen (4 Std.) werden mit Dünnschichtplatten erzielt, die zur Dokumentation in transparente Folien durch Trocknen bei 37° übergeführt werden können. Jürgen Peters 5214

1717 **Untersuchungen über menschliches Casein.** 1. Mitt. **Fraktionierung von menschlichem Casein durch Säulenchromatographie an Diäthylaminoäthylcellulose.** Taro Nagasawa, Taizo Ryoki, Isao Kiyosawa und Kunisuke Kuwahara. (Arch. Biochem. Biophysics **121** (1967) 2, 502—07; Tokyo, Morinaga Milk Ind. Co.; engl.) — Aus Muttermilch gewonnenes Casein wird an Diäthylaminoäthylcellulose durch Gradientenelution mi NaCl-Lsg. (0—0,21 m) u. anschließende schrittweise Elution mit 1 Mol NaCl/l in 0,02 m Natriumphosphatpuffer u. 0,2 n NaOH-Lsg. ohne Zusatz von Harnstoff in 9 Fraktionen aufgetrennt, die jedoch elektrophoret. nicht homogen sind. Die Geh. der einzelnen Fraktionen an Sialsäure, P u. N sind quant., an elektrophoret. zu unterscheidenden Caseinkomponenten qual. angegeben. K. Beyer 5218

1718 **Bestimmung des Histidins im Harn als Test für die Frühdiagnose der Schwangerschaft.** B. Kapetanović und I. Berkeš. (Arhiv Farmac. **17** (1967) 1, 25—32; Beograd, Farmac. fak., Inst. za biohem.; serbokroat.) — Es wurden zur Schwangerschaftsbest. der Jod-, Lugol-, Simol- u. der biolog. Test nach Galli Mainini mit dem modifizierten Histidin-Test (B. Kapetanović, Dissertation, Beograd 1965) verglichen. Die Genauigkeit lag in der obigen Reihenfolge bei 60,6; 82,9; 90,5; 92,3 u. 98,2%. Die Ergebnisse wurden durch gynäkolog. Unters. überprüft. Die besten Werte liefert der Histidin-Test. Er ist in jeder Phase der Schwangerschaft mit Erfolg anwendbar, auch dort, wo der Gynäkologe noch keine sichere Diagnose stellen kann. Bei nichtschwangeren Frauen ist dieser Test 2—3 Tage vor u. nach der Menstruation positiv. Der Jod-Test sollte in der Praxis wegen seiner Ungenauigkeit nicht angewendet werden. H. Cnobloch 5224

1719 **Schnellmethode zur Östrogenbestimmung in Schwangerenharn.** C. G. Nordström. (Clin. chim. Acta [Amsterdam] **20** (1968) 2, 239—41; Turku, Finnland, Univ. Hosp.; engl.) — Zur Best. von Östrogen (**I**) in Schwangerenharn wird die Probe mit HCl-Lsg. hydrolysiert, dann mit Ae. extrahiert u. der H_2SO_4-Rk. nach Kober unterworfen. Zum Vgl. wird ein enzymat. Verf. mit β-Glucuronidase u. Sulfatase überprüft. Östriol wird gaschromatograph. nach Acetylierung mit Py./Essigsäureanhydrid an 2% SE-30 auf Gas-chrom Z bei 250° bestimmt. Östriolkonjugate werden vom Harn an mit Sephadex G 25 abgetrennt. Beide Verf. führen zu zufriedenstellenden Ergebnissen. K. Dorfner 5224

1720 **Einfache und rasche Bestimmung des gesamten Östrogens in Schwangerenharn.** P. J. Brombacher, A. H. J. Gijzen und P. E. Verheesen. (Clin. chim. Acta [Amsterdam] **20** (1968) 2, 360—61; Heerlen, Holland, St. Joseph Hosp.; engl.) — Vgl. vorst. Referat. — Zur fluorimetr. Best. der Östrogensteroide in Schwangerenharn durch Rk. nach Kober mit H_2SO_4 wird die Probe ohne vorhergehende Gelfiltration auf das 200fache verd., mit 96%ig. H_2SO_4-Lsg. u. 10 mg Hydrochinon pro ml versetzt, 40 Min. lang erwärmt u. dann in Eis abgekühlt. Nach Zugabe von 4 ml 2%ig. p-Nitrophenol-Lsg. in $CHCl_3$, Schütteln u. Zentrifugieren wird die Fluoreszenz der $CHCl_3$-Schicht bei 577 nm gemessen. Die Ergebnisse stimmen mit denen nach der Meth. von Ittrich [Acta endocrinol. [Copenhagen] **35** (1960) 34] überein. Glucose, Protein u. 17-Ketosteroide stören nicht bei Geh. von 8%, 6% bzw. 40 mg/l Harn. Als Standardabweichung wurde aus 36 Best. 0,8% gefunden. K. Dorfner 5224

1721 **Picogramm-Techniken.** 3. Mitt. **Trennung und Nachweis von 10^{-11} bis 10^{-12}Gramm Kationen in Zellen und Geweben.** Ivan Klimeš und Marta Betušová. (Analyt. Biochem. [New York] **23** (1968) 1, 102—08; Brno, Acad. of Sci., Inst. of Instrumental Anal. Chem.; engl.) — 2. vgl. C. **1968,** 3-2016. — Zur Best. von Kationen im pg-Bereich in biolog. Material wird die Probe mit $HCl/KClO_4$ in einer Kapillaren mineralisiert, das Kation an einem Ionenaustauscher (Wofatit L 150) adsorbiert oder durch Elektrolyse aus dem Gemisch abgetrennt, eluiert u. nach Adsorption an einem Kieselgel-Korn unter dem Mikroskop mit klass. Farbrk. identifiziert. Beispiel: Nachw. von 7 pg Fe in einer Einzelzelle von *Allium cepa* u. von 10 pg Hg in 0,1 mg Niere u. in 1 mg Nebennierenrinde nach Vergiftung mit Agronal. A. M. Fretzdorff 5228

1722 **Zweidimensionale chromatographische Trennung der Oligonucleotide von mit ^{32}P markierter purinfreier RNS an Cellulose-Dünnschichten.** D. Lando, J. De Rudder und M. Privat De Garilhe. (J. Chromatogr. [Amsterdam] **34** (1968) 2, 202—09; La Plaine Saint Denis, Frankreich, Centre de Rech. S.I.F.A.-Diamant; franz.) — RNS aus Schafsnieren wird in Kulturen mit ^{32}P markiert u. mit HCOOH/Diphenylamin hydrolysiert. Nach Abtrennung der Purine am Ionenaustauscher Dowex 50 (H^+-Form) werden die Pyrimidin-Oligonucleotide durch zweidimensionale Chromatographie an Cellulose mit 0,2 n HCl-Lsg. Isopropanol (**I**) (1:1) in der einen u. durch gesätt. $(NH_4)_2SO_4$-Lsg./**I**/W. (79:2:19) getrennt. Durch Verbindung mit einer früher [ibid. **30** (1967) 143] entwickelten Trennmeth. an Silicagel-Dünnschichten kann für die purinfreie RNS die quant. Zus. angegeben werden. K. Dorfner 5228

1723 **Fluoreszenzmethoden zur histochemischen Sichtbarmachung von Monoaminen.** 7. Mitt. **Fluoreszenzuntersuchungen an mit Formaldehyd kondensierten biogenen Monoaminen und verwandten Verbindungen.** Gösta Jonsson. (Histochemie 8 (1967) 3, 288—96;

Univ. of Göteborg, Dep. of Pharmacol.; engl.) — 6. vgl. C. **1968,** 40-1861. — Vf. untersucht das Fluoreszenzverh. von mit gasf. HCHO behandelten getrockneten Proteinschichten. Die Abhängigkeit der Fluoreszenzeig. einiger synthet. *6.7-substituierter 3.4-Dihydroisochinoline* u. *3.4-Dihydro-β-carboline* von der Mol.-Struktur wird untersucht. D. Neumann 5230

1724 **Weitere Untersuchungen über die Spezifität der histochemischen Fluoreszenzmethode zum Nachweis von Catecholaminen.** Gösta Jonsson. (Acta histochem. [Jena] **26** (1967) 2, 379—90; Stockholm, Karolinska Inst., Dep. of Histol.; engl.) — *Catecholamin* u. *5-Hydroxytryptamin* (**I**) bilden mit gasf. CH_2O fluoreszierende Verb. mit Emissionsmax. von **480** bzw. 525 nm. Bei hohen Aminkonz. u. strengeren Rk.-Bedingungen bilden auch die Catecholamine (**A**) Verb., die ähnliche Emissionsmax. (**510—550** nm) haben, wie die Rk.-Prod. mit **I**. Vf. erreichen durch verschiedene Rk.-Bedingungen in Verb. mit mikrospektrophotometr. Messungen eine gute Differenzierung zwischen **A** (*Dopamin*, *Adrenalin* u. a.) u. **I** in Modellunters. u. an biolog. Material. D. Neumann 5230

1725 **Hochmolekulare Alkohole in den Lipiden von Menschenhaar.** Eric J. Singh und Leon L. Gersbein. (J. Chromatogr. [Amsterdam] **29** (1967) 1, 229—31; Ill., Chicago, Northwest Inst. for Med. Res., Biochem. Res. Labor.; engl.) — Haare wurden mit PAe. (30—60°) extrahiert u. die Extrakte mit alkohol. NaOH in der Hitze verseift. Die unverseiften Anteile wurden chromatograph. ausgewertet, wobei 5 Fraktionen isoliert wurden. Die 5. Fraktion enthält die Alkohole u. Sterine u. wurde nach den Meth. der Dünnschicht- u. Gaschromatographie weiter untersucht. E. Boye 5232

1726 **Systematische Anwendungen der Verteilungsgaschromatographie in der Toxikologie.** 2. Mitt. **Antihistaminika.** Naresh C. Jain und Paul L. Kirk. (Microchem. J. [New York] **12** (1967) 2, 242—48; School of Criminol., Univ. of Calif., Berkeley, Calif.; engl.) — 1. vgl. C. **1968,** 41-2126. — Vf. ermittelten die relativen Retentionszeiten von 22 Antihistaminika (**A**) bei 160° u. 190° an einer 1% Hi-Eff-8 B (Gas Chrom Q)-Säule mit N_2 als Trägergas. Vf. teilen weiterhin die Konz. an **A** im Blut von Ratten (welche **A** oral in tox. Mengen erhalten hatten) mit. Die **A** wurden mit Aceton/Ae. (50:50) aus dem Blut der Tiere extrahiert. H.-U. Melchert 5234

1727 **Systematische Anwendungen der Verteilungsgaschromatographie in der Toxikologie.** 3. Mitt. **Barbiturate.** Naresh C. Jain und Paul L. Kirk. (Microchem. J. [New York] **12** (1967) 2, 249—55; engl.) — 2. vgl. vorst. Referat. — Vf. bestimmten die relativen Retentionszeiten von 23 Barbituraten (**A**) bei 195 u. 220° an einer 1% Hi-Eff-8 B(Gas Chrom Q)-Säule mit N_2 als Trägergas. Vf. berichten, daß folgende Verb. nach Extraktion mit Aceton/Ae. (50:50) aus dem Blut von Ratten (orale Verabreichung) gaschromatograph. nachgewiesen werden konnten: *Amobarbital, Aprobarbital, Barbital, Butethal, Dial, Hexethal, Methallatal, Pentobarbital, Phenotal, Phenobarbital, Probarbital* u. *Seconal*. Auch im Blut von Patienten welche diese **A** in therapeut. Mengen erhielten, gelang die Identifizierung. H.-U. Melchert 5234

1728 **Systematische Anwendungen der Verteilungsgaschromatographie in der Toxikologie.** 4. Mitt. **Tranquillizer.** Naresh C. Jain und Paul L. Kirk. (Microchem. J. [New York] **12** (1967) 2, 256—64; engl.) — 3. vgl. vorst. Referat. — Vf. ermittelten die relativen Retentionszeiten von 23 Tranquillizern (**A**) bei 220 u. 250° an einer 1% Hi-Eff-8 B(*Cyclohexandimethanolsuccinat*)-Säule (Trägergas: N_2). Die Unters. von Blut-Proben bzw. Phosphat-Puffer (pH 7,4) denen definierte Mengen der **A** zugefügt worden waren zeigte, daß DL_{50}- u. 2 × DL_{50}-Mengen (Versuchstiere: Ratten) der **A** gaschromatograph. nachgewiesen werden konnten. Die Extraktion der **A** aus den Proben erfolgte mit Aceton/Ae. (50:50). Folgende Verb. konnten im Blut von Patienten, die mit **A** behandelt wurden, nachgewiesen werden: *Promazin, Seconal, Chlorpromazin, Promethazin, Meprobramat,* Vf. berichten, daß die Nachw.-Möglichkeit der **A** hauptsächlich von der verabfolgten Dosis bestimmt wurde. H.-U. Melchert 5234

1729 **Systematische Anwendungen der Verteilungsgaschromatographie in der Toxikologie.** 5. Mitt. **Pestizide und Abschätzung toxischer Mengen.** Naresh C. Jain und Paul L. Kirk. (Microchem. J. [New York] **12** (1967) 2, 265—72; engl.) — 4. vgl. vorst. Referat. — Vf. ermittelten die relativen Retentionszeiten von 24 Pestiziden bei 190 u. 220° an einer 1% Hi-Eff-8 B(Gas Chrom Q)-Säule mit N_2 als Trägergas. Bei willkürlichem Einsatz der 10fachen therapeut. u. der 25fachen tox. Dosis konnte die Mehrzahl der untersuchten Verb. aus 0,5 ml Blut der Vers.-Tiere (Ratten) nachgewiesen werden. Folgende Verb. wurden gemeinsam auf einer Säule chromatographiert: Alkaloide, Antihistaminika, Barbiturate, Tranquillizer u. Pestizide. Für die Sympathomimetika wurde eine zweite Säule benutzt. H.-U. Melchert 5234

1730 **Vereinfachte Extraktionsmethode von Phenytoin aus Serum und empfindlichere Anfärbereaktion zur Bestimmung durch Dünnschichtchromatographie.** O. Vendelin Olesen. (Acta pharmacol. toxicol. [København] **25** (1967) 1, 123—26; Central Labor., Filadelfia colony, Dianalund, Dänemark; engl.) — Als Verbesserung wird vorgeschlagen, die eingedampften $CHCl_3$-Extrakte der *Barbiturate* bzw. *Phenytoin* in Methanol aufzunehmen. Auf der Platte wird nach der Piperidin-$CuSO_4$-Rk. (gelbe Flecke) noch die 10mal empfindlichere 4-Pyridyl-pyridinium-chlorid-Färbung (orangerote Flecke bei Phenytoin) angewendet. Fr. Büchele 5234

1731 **Nachweis und Ausscheidung des Scandicain im menschlichen Körper.** R. Iffland. (Dtsch. Z. ges. gerichtl. Med. **59** (1967) 2/3, 294—99; Univ. Köln, Inst. für Gerichtliche Med.; dt.) — Vf. beschreibt Nachw. u. Best. des als Lokalanaesthetikum verwendeten Scandicain (**I**, F. 155°) u. dessen Hydrochlorid (**II**, F. 234°) in Blut, Gewebe u. Harn. **II** wird mit NaOH-Lsg. in **I** übergeführt u. **I** mit $CHCl_3$, Toluol oder $C_2H_4Cl_2$ extrahiert. Der Nachw. erfolgt dünnschichtchromatograph. mit den Laufmitteln Methanol, $CHCl_3$/Aceton (90:10), $CHCl_3$/Ae. (85:10), $CHCl_3$/Cyclohexan/$NH(C_2H_5)_2$ (40:50:10), CH_3OH/Aceton/Triäthanolamin (50:50:1,5) oder Bzl./$CHCl_3$/$NH(C_2H_5)_2$ (70:20:10). Drei bekannte Farbrk. zur **I**-Best. werden diskutiert. Die Ausscheidung von **I** im Harn wird in verschiedenen Zeitabständen nach der Anaesthesie bestimmt. G. Paulig 5234

1732 **Elektrophoretische Trennung von Strychnin und einigen Phenothiazinen in der chemisch-toxikologischen Forschung.** Gh. Borş, I. Popa und Angela Voicu. (Farmacia [Bucureşti] **15** (1967) 9, 521—24; Cat. de toxicol., Fac. de farm., Bucureşti; rum.) — *Strychnin* u. *Brucin* lassen sich auch in kleinsten Mengen durch papierelektrophoret. Trennung (horizontal, 250—400 V, 20 bis 60 mA) von den chem. ähnlich reagierenden Phenothiazinderiv. (*Chlorpromazin, Prochlorperazin, Promethazin, Novazin*) unterscheiden. Die Identifizierung der Substanzen erfolgt auf Grund der unterschiedlichen Laufzeiten im Vgl. mit Eichsubstanzen, dem Verh. im UV-Licht u. nach Anfärbung der Elektropherogramme mit Munierschem Reagenz, Ce-Sulfat oder Pd-Chlorid. V. Bigl 5234△

1733 **Vielseitige Apparatur zur Untersuchung von Transportvorgängen an Membranen.** John G. Forte, Harold Helbock und Paul Saltman. (Analyt. Biochem. [New York] **20** (1967) 3, 545—47; Dep. of Physiol., Univ. of Calif., Berkeley; engl.) — Vf. beschreiben eine einfache App., mit deren Hilfe an biolog. Membranen verschiedener Art u. Größe Transmembranpotentialmessungen durchgeführt werden können. J. Pickardt 5236

1734 **Modifizierte Dextrane zur Fraktionierung von Kobragift.** J. Slegers, J. Simon, L. Brisbois, J. Peeters und L. Gillo. (J. Chromatogr. [Amsterdam] **36** (1968) 2, 241—43; Inst. des Ind. de Fermentat., Bruxelles; franz.) — Zur präparativen Trennung der Bestandteile des Giftes von *Najanaja atra* ist eine Säule mit SE-Sephadex C 25 geeignet. Durch Elution mit einem Konz.-Gradienten von 0—0,6 m NaCl-Lsg. werden 14 Fraktionen erhalten. W. Grimmich 5236

G-5. Analyse technischer Produkte

1735 **Automatische Analytik: Bestimmung von Ammonium-, Nitrat-, und Nitoit-Stickstoff in Flußwasser, Abwasserrückständen und Gewerberückständen.** B. Chapman, G. H. Cooke und R. Whitehead. (Water Pollut. Control **66** (1967) 2, 185–89; Trent River Authority; engl.) — Die beschriebenen Meth. beruhen auf der photometr. Messung. Ammonium-N wird nach Rk. mit NaOCl u. alkal. Phenollsg. bei 625 nm gemessen. Die Empfindlichkeit liegt bei 0,1 mg N/l u. der Meßbereich reicht bis 20 mg N/l. Nitrat-N wird mit Hydrazin in alkal. Lsg. u. $CuSO_4$ als Katalysator zu NO_2 red. u. nach einer modifizierten Meth. von Griess-Ilosvay photometr. bestimmt. Die Empfindlichkeit liegt bei 0,05 mg N/l u. der Meßbereich reicht bis 15 mg N/l Nitrit-N wird ohne Red. wie Nitrat-N bestimmt. Allg. müssen Proben über pH 10,5 vor der Best. neutralisiert werden. Proben unter pH 1 sind ohne Neutralisation verwendbar. Die automat. Analyse gestattet 40 Proben/Std. durchzuführen.
W. Isterheld 5242

1736 **Automatische Analytik: Verbesserte Methode für die Bestimmung von Ammonium-Stickstoff.** B. Chapman, G. H. Cooke und R. Whitehead. (Water Pollut. Control **66** (1967) 3, 280–81; Trent River Authority; engl.) — Vgl. vorst. Referat. — Eine Erhitzung des Bades für die Farbentw. unterbleibt. Die Bereitschaft des Analysators steigt dadurch. Die Vorbereitungszeit beträgt nur noch 9 Minuten. Die Empfindlichkeit bleibt gleich. W. Isterheld 5242

1737 **Vergleichende Messungen von gebundenem Restchlor am Knickpunkt.** Yutaka Isomura. (Bull. chem. Soc. Japan **40** (1967) 4, 835–42; Isomura Sangyo Kaisha Ltd., Toranomon, Shiba, Minato-ku, Tokyo; engl.) — Durch Verw. amperometr. Titrationen u. der Meth. von Palin (1948) werden vergleichende Best. des Geh. von Mono-, Di- u. Trichloraminen neben freiem Rest-Cl_2 in ppm-Größenordnungen durchgeführt. Dadurch kann ein Einblick in die Mechanismen am Knickpunkt erhalten werden, an dem der Rest-Cl_2-Geh. erheblich abnimmt, obwohl in das W., das ammoniakal. oder eiweißartig gebundenes N in wenigen ppm enthält, zunehmende Cl_2-Mengen eingeleitet werden. Die Unters. wurden zur Kontrolle der einwandfreien Arbeitsweise einer vollautomat. kontrollierten Chlorierungsanlage durchgeführt, die Ergebnisse werden auf eine große W.-Reinigungsanlage angewendet. Die Knickpunkt-Chlorierung wird erfolgreich innerhalb einer Abweichung von $\pm$ 0,05 ppm HOCl im abgeführten W. angewandt, wenn die Mengen an ammoniakal. u. eiweißartig gebundenem N im zu behandelnden W. im Bereich von 0,1–1,5 ppm liegen.
H.-D. Schenke 5242

1738 **Bestimmung organischer Stoffe in natürlichen Wässern und Abwässern.** J. J. Lurje. (Fortschr. Wasserchem. Grenzgebiete **1967**, 7, 81–93; Inst. Wodgeo, Moskau; dt.) — Es wird ein Trennungschema im Hinblick auf die Best. spwzif. organ. W.-Inhaltsstoffe angegeben, wobei nach Anreicherung der organ. Stoffe an Aktivkohle u. deren Desorption mit Lsgm.-Gemischen acht Fraktionen auf Grund ihres verschiedenen Verh. abgetrennt werden. Chromatograph. Verf. gestatten eine weitgehende Identifizierung der Stoffe u. lassen Rückschlüsse über den Wrkg.-Grad industrieller Abwasserreinigungsanlagen sowie für die enzuwendende Technologie bei der W.-Aufbereitung zu. I. Klee 5242

1739 **Organische Wasserinhaltsstoffe der Arbeitsgruppe „Wasseraufbereitung". 2. Mitt. Urochrome als trinkwasserhygienisches Problem.** D. Wolter. (Fortschr. Wasserchem. Grenzgebiete **1967**, 7, 195–200; Bezirks-Hygiene-Inst. Schwerin; dt.) — Die Unsicherheit der Best.-Meth. für Urochrome u. die nicht völlig geklärte chem. Konstit. lassen Zurückhaltung bei der Auswertung der Unters. von Wechselwrkg. zwischen Urochromgeh. des W. u. Kropfbldg. ratsam erscheinen. Es werden neuere Erkenntnisse über die Trennung der Urochrome in A_1 u. A_2 sowie Oxy-A u. Urochrom B mitgeteilt u. Angaben über deren Elementaranalyse u. andere Eig. gemacht.
J. Pickardt 5242

1740 **Bestimmung von Schwefelwasserstoff durch dynamisches Sammeln mit Silbermetall-Filtern.** D. A. Falgout und C. I. Harding. (J. Air Pollut. Control Assoc. **18** (1968) 1, 15–20; Univ. of Fla., Gainesville, Fla.; engl.) — Es wird eine Meth. zur Best. von H_2S in Luft beschrieben, die darin besteht, daß die gefilterte Luft auf ein Ag-Membranfilter trifft, dessen Reflexion vor u. nach dem Vers. gemessen wird, wobei die Differenz ein Maß für den H_2S-Geh. ist. Die Einfl. von NO_2, O_3 u. UV-Licht auf die Ag-Filter wurden untersucht.
W. Luchsinger 5242

1741 **Schnellbestimmung von Carbonaten im Abwässerschlamm.** J. Malý und H. Fadrus. (Vodni Hospodářstvi **17** (1967) 9, 395–97; Brno, Vodohospod. správa města; tschech.) — In den Zers.-Kolben werden 50 ml Abwässerschlamm gegeben u. dann 0,2–0,3 g Cu-Acetat (zur Bindung des H_2S) zugegeben. 15 g NaCl u. 10 ml 5 n HCl-Lsg. läßt man mit dem Abwässerschlamm reagieren, wobei freigesetztes CO_2 auf das W. im U-Rohr drückt. Nach dem Druckausgleich kann man am Eudiometer die CO_2-Menge ablesen. J. Špinka 5742△

1742 **Gaschromatographische Bestimmung von Alkylpolynitraten unter Verwendung eines Elektroneneinfangdetektors. Anwendung auf Luftverunreinigungen.** Ettore Camera und Dario Pravisani. (Analyt. Chem. **39** (1967) 13, 1645–46; Dinamite S. p. A., Mereto di Tomba, Udine; engl.) — 10–100 l Luft werden durch zwei kleine Vorlagen mit je 10 ml A. gedrückt (1 l/Min.). Der Inhalt der Vorlagen wird vereinigt, 5 μl der Lsg. werden für eine Best. verwendet. Äthylenglykol- u. Propylenglykol-(1.2)-dinitrat werden in einer 25 × 0,2 cm Glassäule an 10% Igepal CO-880 auf silanisiertem Chromosorb P bei 120° u. mit 133 ml N_2/Min. getrennt, Trinitroglycerin wird bei 160° bestimmt. Die Nachw.-Grenzen liegen bei 0,3–1,3 ppm, der mittlere Fehler der quant. Analyse beträgt bei sorgfältiger Eichung 4,7%.
G. Bock 5242

1743 **Polarographische Bestimmung von Methylmethacrylat.** Miloslav Pantůček. (Talanta [London] **14** (1967) 6, 643–53; Public Health Stat., Hradec Králové; engl.) — Die Ox. von Methylmethacrylat (**I**) mit MnO_4^- in schwach saurer Lsg. liefert Methylpyruvat. Zur Zerstörung von überschüssigem MnO_4 wird $NH_2OH \cdot HCl$ verwendet, das gleichzeitig das Pyruvat in das Oxim überführt. Das entstandene Oxim wird polarograph. bestimmt. Ein Rk.-Mechanismus für die Ox. von **I** wird vorgeschlagen, u. die optimalen Bedingungen für Ox. u. polarograph. Best. werden angegeben. Die Meth. wird zur Best. von I-Dämpfen in der Luft zu industriehygien. Zwecken verwendet. H. Marsen 5242

1744 **Schnellbestimmung von Fluorgehalten in Fluoriden und Aluminiumelektrolyten nach der indirekten Neutronenabsorptionsmethode.** Karol Akerman, Marek Brafman, Nelli Biała, Joachim Kierzek und Andrzej Wojnowski. (Chem. analit. [Warszawa] **13** (1968) 4, 705–14; Dep. of Radioisotope Appl. in Chem. and Chem. Technol., Inst. of Nucl. Res., Warszawa; franz.) — Die Probe wird mit Na_2CO_3/K_2CO_3-Gemisch u. gepulvertem Quarz in einem Pt-Tiegel aufgeschlossen. Es entstehen wasserunlösl. Silicate u. Alumosilicate des Mg u. Ca sowie lösl. NaF bzw. KF. Das F^- wird mit einem Überschuß von $Gd(NO_3)_3$-Lsg. bei pH 2,5–3,2 u. 70–80° als GdF_3 gefällt. Der Nd. wird in 0,5 m $Al(NO_3)_3$-Lsg., die 1 m an HNO_3 ist, gelöst u. mit W. auf 50 ml aufgefüllt. Unter Verw. einer Pu-Be-Quelle (2 Ci ^{239}Pu) u. eines Li-Glas-Szintillationsdetektors bestimmt man die Neutronenabsorption der Lsg. u. ermittelt den F-Geh. aus einer Eichkurve für Gd (1 mg Gd = 0,363 mg F) oder aus einer Eichkurve für F^-, die nach derselben Meth. erhalten wurde. Die Best.-Grenze beträgt 0,5 mg F^-/Probe, die Genauigkeit 2–5%, der mittlere Fehler 3,6%.
D. Gerlatzek 5243

1745 **Chemische Bestimmung von zweiwertigem Eisen und dreiwertigem Mangan in manganhaltigen Ferriten.** G. Schnitt und A. Funke. (Z. analyt. Chem. **230** (1967) 5, 338–44; Inst. für magnet. Werkstoffe, DAW, Jena; dt.) — Die Meth. von Bonsels u. Linnemann [ibid. **214** (1965) 422] zur Best. von Fe(II) u. Mn(III) lieferte bei der Überprüfung falsche Ergebnisse. Die Ursache liegt darin, daß sich der Blindwert des Azids in Ggw. von Mn(II)-Ionen erheblich erhöht u. in der Siedehitze eine Rk. zwischen Mn(III) u. Cr(III) abläuft. Da eine Auflsg. selbst feinpulverisierter Ferrite in dem mitgeteilten Lsg.-Gemisch nur in der Siedehitze erfolgt, ist eine Best. von Fe(II) u. Mn(III) in Ferriten nach dieser Meth. nicht möglich. H.-D. Schenke 5243

1746 **Indirekte polarographische Bestimmung von Arsen nach Solventextraktion.** Hiroshi Asaoka. (Japan Analyst **17** (1968) 6, 736—41; Dep. of Commodities, Fac. of Commerce, Hitotsubahi Univ., Kunitachi-shi, Tokyo; jap., Auszug: engl.) — Nach Bldg. von $H_3[As(Mo_3O_{10})_4]$ (I) wird I mit Isobutanol extrahiert. Der mit 0,5 n H_2SO_4-Lsg. gewaschene Extrakt wird nur 60%ig. $HClO_4$-/3%ig. H_2O_2-Lsg. versetzt, wodurch Peroxomolybdänsäure entsteht. Die Lsg. zeigt eine kinet. polarograph. Stufe bei +0,2 V (gegen SCE), aus deren Höhe auf die As-Konz. geschlossen werden kann. P wird mitextrahiert, Zr verhindert die Extraktion. Die Störung durch ≦ 20 µg P kann durch Extraktion der salzsauren Probelsg. mit Butylacetat umgangen werden. Die Wiederauffindung von zugesetzten As-Mengen lag bei 90%. Es wurden Stahlproben mit 0,012—0,037% P u. 0,012—0,05% As untersucht. W. Grimmich 5245

1747 **Indirekte polarographische Bestimmung von Kieselsäure nach Solventextraktion.** Hiroshi Asaoka. (Japan Analyst **17** (1968) 7, 829—35; jap., Auszug: engl.) — Vgl. vorst. Referat. — 0,25 g Stahl (mit 0,01—0,2% Si) werden in 12 ml H_2SO_4-Lsg. (1:6) u. 5 ml 15%ig. H_2O_2-Lsg. gelöst; nach Verkochen des H_2O_2 wird mit 5 g $(NH_4)_2SO_4$ versetzt u. auf 100 ml gebracht, wobei der pH-Wert 1,1 ± 0,1 betragen soll. 20 ml davon werden mit 4 ml 10%ig. Ammoniummolybdatlsg. u. nach 4 Min. mit 12 ml 9 n H_2SO_4-Lsg. versetzt. Das gebildete $H_4[Si(Mo_3O_{10})_4]$ wird mit 10 ml Isobutanol extrahiert. Der Extrakt wird mit 2 n H_2SO_4-Lsg. gewaschen u. mit 8 ml A. u. W. auf 25 ml gebracht. Das Polarogramm der Lsg. zeigt Halbwertsstufen bei —0,3 u. —0,5 V (gegen SCE). Ge reagiert wie Si. W. Grimmich 5245

1748 **Trennung und Bestimmung von Eisen in null-, zwei- und dreiwertiger Form in Produkten der Stahlindustrie.** A. M. Leblond, R. Wendling und J. M. Bourdieu. (Chim. analytique **50** (1968) 8, 431—38; Inst. de Rech. de la Sidérurgie, Maizières-les-Metz; franz.) Der als Fe(O) vorliegende Anteil wird durch einstd. Extraktion mit Br_2/CH_3OH (3 + 97) aus der Probe gelöst. Anschließend wird der Fe^{2+}-Geh. u. der Gesamtgeh. an Fe der verbleibenden Oxide bestimmt, zuletzt das gesamte Fe nach Aufschluß der Probe mit HCl (D. 1,19)/$HClO_4$ (D. 1,61) (5:2). Alle Best. erfolgen photometr. nach evtl. Red. über den Fe^{2+}-o-Phenanthrolin-Komplex. W. Grimmich 5245

1749 **Bestimmung von Schwefel und Phosphor durch Aktivierungsanalyse in hochreinen Metallen (Al, Mg, Cu, Fe, Ni). 3. Mitt. Fehlerquellen bei der Schwefelbestimmung mit thermischen Neutronen.** P. Albert, J. Blouri, Ch. Cleyrergue, N. Deschamps und J. Le Hericy. (J. radioanalyt. Chem. [Budapest] **1** (1968) 6, 371—81; Centre d'Etudes de Chim. Métallurg. CNRS, Vitry-sur-Seine, Frankreich; franz.) — 2. vgl. ibid. **1** (1968) 5, 389; 1. vgl. C. **1969**, **13**-1914. — S-Best. mit schnellen u. einer Mischung schnellen u. therm. Neutronen liefern unterschiedliche Ergebnisse. Es wird gezeigt, daß oberflächliche Kontamination mit Cl erhöhte S-Geh. in Fe u. Ni vortäuscht u. infolge Diffusion der ^{35}S-Aktivität der scheinbare Geh. mit der Entfernung von der Oberfläche abnimmt. Daher ist die Best. von S durch (n, γ)-Rk. nur beschränkt anwendbar, was für die Metalle Fe, Ni u. Cu experimentell gezeigt wurde. W. Dedek 5245

1750 **Quantitative gaschromatische Bestimmung von Äthanolaminen als Trifluoracetylderivate.** L. E. Brydia und H. E. Persinger. (Analytic. Chem. **39** (1967) 11, 1318—20; South Charleston, W.Va., Union Carbide Corp.; engl.) — Das Verh. der Trifluoracetylderiv. von Mono-, Di- u. Triäthanolamin (I) sowie von 2.2'-[2-(2-Hydroxyäthoxy)-äthylimino]-diäthanol, das als Verunreinigung in I enthalten ist, wurden gaschromatograph. an Säulen mit 5% Neopentylglykolsuccinat auf Chromosorb G (60 bis 80 mesh) untersucht. Fr. Voigt 5246

1751 **Analyse von Pyridazonderivaten mittels Dünnschichtchromatographie und Polarographie.** Maria Gruca, Zofia Janko, Janina Kanty und Andrzej Kotarski. (Chem. analit. [Warszawa] **12** (1967) 6, 1331—36; Warszawa-Żerań Wsch., Inst. Przemyslu Org.; engl.) — Pyrazon [*1-Phenyl-4-amino-5-chlor-pyridazon-6* (I), *1-Phenyl-4-chlor-5-amino-pyridazon-6* (II) u. *1-Phenyl-4.5-dichlor-pyridazon-6* (III)] können dünnschichtchromatograph. auf einer 0,25 mm dicken Silicagelschicht mit Bzl./Äthylacetat (1:1) als mobiler Phase getrennt werden. Zur Entw. eignet sich Rhodamin B. Die R_F-Werte werden angegeben mit ca. 0,5 für **I**, 0,8 für **II** u. 0,9 für **III**. Es können 10—1000 µg getrennt werden. Die Verb. können polarograph. red. u. bestimmt werden. Da jedoch ihre Halbstufenpotentiale zu nahe beieinander liegen, muß der Best. eine Trennung vorausgehen. H. Marsen 5246

1752 **Spektrophotometrische Bestimmung der Komponenten von Antioxydantien auf 6-Äthoxy-2.2.4-trimethyl-1.2-dihydrochinolin-Basis.** Miomir Mészáros, Ferenc Ruff und Lászlóné Duffek. (Magyar Kémiai Folyóirat [Ung. Z. Chem.] **74** (1968) 10, 482—84; Budapest, Eötvös Loránd Tudományegyetem Szerves-Kém. Tanszéke; ung.) — Die Komponenten werden an 20% Apiezon L auf Chromosorb W oder Celite (60—80 mesh) bei 160—200° bzw. 170° gaschromatograph. mit N_2 (50 ml/min) bzw. Ar (300 ml/min) getrennt u. UV-spektroskop. bestimmt. Handelsübliche Antioxydantien enthielten 7,5—15% p-Phenetidin, 0—2,6% 6-Äthoxy-2.4-dimethylchinolin u. 80,5—83,5% des Grundstoffes. W. Grimmich 5246

1753 **Einfluß der Probenahme auf das Ergebnis der Korngrößenbestimmung am Beispiel von Staub aus Braunkohlenschwelteer.** Hubert Trapp und Werner Teichmann. (Wiss. Z. Techn. Hochschule Chem. „Carl Schorlemmer" Leuna-Merseburg **9** (1967) 1, 53—54; Inst. für mech. Verfahrenstechn.; dt.) — Vf. weisen nach, daß die Berechnung von Kläranlagen für Schwelteere nach den Ergebnissen der Korngrößenbest. über die Heißfiltration zu nicht ausreichendem Kläreffekt führen kann, da der tatsächlich im Teer enthaltene Staub eine feinere Körnung aufweist. Das Max. der Häufigkeitsverteilung verschiebt sich im Mittel um 3—4 µm nach größeren Korndurchmessern. H.-D. Schenke 5247

1754 **BP Electronic Multi-Pour, ein automatisches Laborgerät zur Bestimmung des Fließpunktes von Erdölprodukten.** L. Molet (Chim. analytique **50** (1968) 8, 427—30; Soc. Franç. des Pétroles BP, Dunkerque; franz.) — Die an Brennstoffen u. Schmiermitteln mit dem neuen Gerät durchgeführten Best. des jeweiligen Fließpunktes erfüllen die durch die Standardmeth. ASTM D 97, IP 15 u. APNOR 60—105 geforderten Bedingungen. W. Grimmich 5247

1755 **Anwendung eines „äußeren Schweratom-Effektes" in der Spektrophosphorimetrie.** M. Zander. (Z. analyt. Chem. **226** (1967) 3, 251—59; Rütgerswerke u. Teerverwertung AG., Castrop-Rauxel; dt.) — An Stelle von reinem A./Isopentan/Ae. (2:5:5) (I) wird zur Verw. bei phosphorimetr. Messungen I/CH_3J (10:1) als Lsgm. vorgeschlagen, wodurch die Nachw.-Grenzen bei der Analyse von polycycl. KW-Stoffen u. Heterocyclen (aus Steinkohlenteer) verbessert werden können. F. Glombitza 5247

1756 **Anwendung eines „äußeren Schweratom-Effekts" in der Spektrofluorimetrie (Bestimmungsmethode für Perylen in komplizierten Aromatengemischen).** M. Zander. (Z. analyt. Chem. **229** (1967) 5, 352—53; Castrop-Rauxel, Rüttgerswerke u. Teerverwertung A.G.; dt.) — Im Gegensatz zu anderen mehrkernigen, aromat. KW-Stoffen u. Heterocyclen Perylen (I) auch in Ggw. von CH_3J in benzol. Lösung. Hierauf beruht die fluorimetr. Best. bei 410/450 nm von I in komplizierten Aromatengemischen. In Testgemischen aus 3.4-Benzpyren/Tetracen (1:1) wurden 0,1—0,2% I quant. bestimmt. Mit dieser Meth. ist die Best. von I in Steinkohlenteer-Normalpech ohne vorhergehende Dest. oder chromatograph. Auftrennung möglich. R. Dörfeld 5247

1757 **Papierchromatographie von 1:1-Metallkomplexfarbstoffen.** S. Logar, N. Mešiček, J. Perkavac und M. Perpar. (Kem. u Ind. [Zagreb] **16** (1967) 7, 342–43; Ljubljana, Univ., Inšt. za kem., Labor. za org. kem.; serbokroat.) — Die Analyse von 0,5%ig. Lsg. in 70%ig. A. der Ciba-Farbstoffe Neolangelb BE (**I**), -bordo RM, -orange G (**II**), -braun GRM, -braun 2G, -rot GRE, -grün BL (**III**), -marineblau 2RLB, -blau 2R u. -schwarz WAN extra sowie der BASF-Farbstoffe Palatinechtgelb ELM, -orange GEN (**IV**), -grün BLN (**V**), -grün GN, -marineblau RRN, -marineblau REN, -blau GGN (**VI**) u. -schwarz WAN extra erfolgte chromatograph. auf Ederol-Papier Nr. 202 mit der aufsteigenden Methode. Als Lsgm. wurden die Mischungen von n-Butanol (6:1:5 bis 10:1:5), sek. Butanol (6:1:5 bis 8:1:5), Isobutanol (6:1:5 bis 8:1:5) oder tert. Butanol mit CH_3COOH u. W. (6:1:5 bis 10:1:5) verwendet. Alle Farbstoffe enthalten Cr (Best. mit der Borax-Perle). **I**, **III**, **V** u. **VI** sind einheitlich, **II** u. **IV** sind ident. (gleiche R_f-Werte, Absorptionsmaxima bei 321–22 u. 484–86 nm). H. Cnobloch 5248

1758 **Destillative und gaschromatographische Analysen von Gemischen synthetischer Fettsäuren.** Pjotr Nikolajewitsch Miloserdow und Helmut Gutwasser. (Chem. Techn. **19** (1967) 5, 300–04; Heckmannwerk KG., Leipzig; dt.) — Vf. untersuchten verschiedenartigste Gemische synthet. Fettsäuren u. zeigten, daß für die Programmierung einer großtechn. Dest.-Anlage nur destillative Analysen verwendet werden können. Für den vorliegenden Komplex ist der Fehler der Halbmikroanalyse gegenüber der GLC-Analyse verhältnismäßig gering. Die Ergebnisse zeigen, daß es durchaus möglich ist, die Steuerung einer großtechn. Dest.-Anlage durch die Siedeanalyse einer Rohfettsäureprobe vorzunehmen. Renate Lehmann 5249

1759 **Verwendung von 20×40-Dünnschichtplatten zur Fraktionierung des Unverseifbaren.** A. Karleskind. (Chim. analytique **50** (1968) 5, 223–25; Labor. Wolff; franz.) — Zur Trennung von aliphat. u. Triterpenalkoholen sowie Sterinen wird eine App. entwickelt, mit der eine horizontale Entw. möglich ist. Es können 30–40 mg auf einer Platte getrennt werden. Die Anordnung wurde zur Trennnung der unverseifbaren Bestandteile von Ölen u. Fetten verwendet. W. Grimmich 5249

1760 **Anwendung der Hemmungsmethode von Cholesterinasen auf die Bestimmung von Resten von Pflanzenschutzmitteln in der Landwirtschaft.** Pierre H. Martens. (Bull. Rech. agronom. Gembloux [N.S.] **2** (1967) 3, 520–35; Gembloux, Fac. des Sci., Labor. de chim. anal.; franz.) — Die Meth. wird ausführlich dargelegt. Es wird weiter berichtet über die Wahl der Herkunft der Cholesterinase u. der Art der Substrate, über den Einfl. verschiedener Vers.-Bedingungen (Konz., pH, Temp., Licht), über die Inhibitoren u. die Einfl. bei der Hemmung (Inhibitormenge, Aktivierung u. ihre Dauer, Temp., Dauer der Hemmungswrkg.) u. über die Messung des Hemmungsgrades. Es wird festgestellt, daß die Hemmungsmeth. durch Cholesterinasen eine nicht spezif. Vgl.-Meth. darstellt, die zur Best. geringer Mengen von Insektiziden mit hoher Hemmungswrkg. geeignet ist. Die quant. Analyse ist nur durch Vgl. mit Eichkurven möglich. E. Boye 5253

1761 **Phasenanalyse von N.N'-Äthylen-bis-[dithiocarbamato]-zink.** Ju. S. Ljalikov und M. I. Kitovskaja. (Ukrainskij chim. Ž. **34** (1968) 9, 964–67; Inst. chim. Moldv. SSR; russ.) — N.N'-Äthylen-bis-[dithiocarbamato]-zink (**I**; „Zineb", Schädlingsbekämpfungsmittel) ist in Py. löslich. Es enthält auch in W. lösl. Zn, herrührend von Zn-Salzbeimengungen u. in Säuren lösl. Zn infolge des ZnO- u. ZnS-Geh. des Präparats. Eine phasenanalyt. Meth. zur Best. des wahren Wertes des Geh. an biolog. akt. Substanz in der Probe wird vorgeschlagen. Zunächst wird der Gesamtgeh. an Zn nach vollkommener Verbrennung des organ. Teiles bei 750–800° kolorimetr. bestimmt, dann der Geh. des wasserlösl. u. säurelösl. Zn ermittelt u. vom Gesamtgeh. abgezogen. J. J. Pohl G 5253

1762 **Chromatographische Analyse von Farbstoffen in Pyridin.** Anonym. (Paint Technol. **32** (1968) 2, 35–36; engl.) — Papierproben werden mit W./Butanol/Py. extrahiert. Die Farbstofflsg. werden papierchromatograph. untersucht, wobei Standardpapierfarben als Vgl.-Substanzen verwendet werden. W. Grimmich 5254

1763 **Untersuchungen über die Aminosäurezusammensetzung des Eiweißes von Lebensmittelprodukten mit Hilfe der Ionenaustauschchromatographie.** Bohdan Jacorzynski, Izabella Kakowska-Linpinska und Bogumiła Muszkatowa. (Roczniki państwowego Zakładu Hig. **18** (1967) 6, 679–87; Warszawa, Inst. Żywności i Żywienia; pol.) — Über die Eignung des Eiweißes für die menschliche Nahrung entscheidet seine Aminosäuren(**I**)-Zus., bes. aber der Geh. an sog. unentbehrlichen **I**. Zur Best. der **I**-Zus. des Weizenmehlhydrolysates (**A**) u. eines Modellgemisches (**B**) wurde die Stein-Moore-Meth. modifiziert. Durch Erhöhung der Temp. von 50 auf 55° konnte der Trenneffekt bei Ser u. Thr erhöht werden. Die Ox. des Met wurde jedoch dadurch beschleunigt. Cys u. Val werden gut getrennt, wenn der Wechsel der Pufferlsg. von pH 3,25 auf 4,25 im Zeitpunkt des Cys-Austrittes aus der Kolonne erfolgt. Abweichungen der Größenordnung ± 0,05 pH haben keinen wesentlichen Einfl. auf den Trenneffekt. Nach dieser Meth. wurden aus **B**-Lsg. 93% **I** wiedergefunden. Der niedrigste Wert war bei Pro mit 57%, der höchste bei Trp mit 129% **I** zu verzeichnen. Die Ergebnisse der **I**-Best. in **A** unterliegen erheblichen Streuungen. Umgerechnet auf 16 g N des Ausgangsprod. wurden bei Cys 1,43–2,57 g, bei Pro 6,45–9,32 g u. bei Ser 3,24–5,99 g gefunden. Reproduzierbare u. genaue Werte wurden bei der Lys-Best. erzielt (Standardabweichung, s = 0,05). Der Gesamt-Lys-Geh. einiger Prod. wurde bestimmt, wovon Weizenmehl einen Lys-Geh. von 2,22 g, Brötchen 1,98 g, Brot 2,95 g, entfettete Milch 7,89 g, Trockenmilch 6,82 g, rohe Erbsen 6,15 g, Tomaten- u. Selleriesaft 2,22 g je 16 g N des Ausgangsprod. hatte. G. Niechoj 5255

1764 **Schnellbestimmung des Proteingehaltes von Milch mit Amidoschwarz.** Carmen Fúster Monescillo. (Inform. Quím. analít. **22** (1968) 3, 104–06, 120; Consejo Sup. de Investigac. Cient.; span.) — Milchproteine reagieren in Citrat-Phosphat-Puffer (pH 2,45) mit Amidoschwarz (**I**). Nach Zentrifugieren wird die Lsg. photometr. auf den Restgeh. an **I** untersucht. Die Eichwerte werden durch Kjeldahl-Analysen hergestellt. W. Grimmich 5255

1765 **Komplexometrische Bestimmung der gesamten und der in Ionenform vorliegenden Ca- und Mg-Menge in Milch.** Carmen Fúster Monescillo. (Inform. Quím. analít. **22** (1968) 3, 107–11; span.) — Vgl. vorst. Referat. — Ca + Mg werden in der mit 2 n CH_3COOH-Lsg. behandelten u. filtrierten Milchprobe gegen Eriochromschwarz T, Ca allein wird gegen Murexid mit EDTA-Lsg. titriert. Der ion. Anteil wird dadurch bestimmt, daß die entrahmte Milch über eine Ionenaustauschersäule (IR-100) gegeben wird. Nach Waschen mit W. werden Ca u. Mg mit 1 n HCl-Lsg. eluiert u. wie oben bestimmt. W. Grimmich 5255

1766 **Einfluß pflanzeneigener Extraktstoffe auf die Cholinesterase-Aktivität.** H. Ackermann. (Nahrung **12** (1968) 4, 357–62; Dt. Akad. der Wiss. zu Berlin, Inst. für Ernährung, Potsdam-Rehbrücke; dt.) — Es wurde die Störanfälligkeit von drei enzymat. Meth. zur Best. von esterasehemmenden Insektiziden gegenüber pflanzlichen Extraktstoffen aus Salat, Weißkohl, Sellerie u. Äpfeln untersucht. Die ΔpH-Meth. nach Giang u. Hall [Analytic. Chem. **23** (1951) 1830] u. die Agar-Diffusionsmeth. zeigen im Gegensatz zu einer kolorimetr. Titrationsmeth. nur geringe Störanfälligkeit. Mitextrahierte Pflanzeninhaltsstoffe — in bes. hohem Maße äther. Öle u. Senfölglykoside — besitzen einen echten Hemmeffekt. W. Grimmich 5255

1767 **Bestimmung von Furazolidon in Futtermitteln.** Anonym. (Analyst **93** (1968) 1107, 417–20; engl.) — Es wird eine Meth. empfohlen, bei der das Futtermittel mit PAe. extrahiert wird (Abtrennung von Fetten u. a. störenden Verb.). Furazolidon (**I**) wird dann mit Aceton extrahiert. Der Extrakt wird an einer Al_2O_3-Säule gereinigt (Nitrofurazon wird festgehalten), u. das Eluat wird eingedampft. Nach Lösen des Rückstandes in Pentanol wird I mit wss. Harnstofflsg. extrahiert. Die Extinktion der wss. Phase wird bei 375 nm gemessen. W. Grimmich 5255

1768 **Bestimmung von Buchinolat in Hühnerfutter durch Dünnschichtchromatographie und Fluorimetrie.** H. Borfitz, J. Para, J. V. Stickles, G. B. Ginther und B. C. Southworth. (J. Assoc. off. analyt. Chemists **50** (1967) 2, 264–68; Norwich Pharmacal Co., Norwich, N.Y.; engl.) — Buchinolat (I) (Äthyl-4-hydroxy-6.7-diisobutoxy-3-chinolincarboxylat) wird mit $CHCl_3$ extrahiert, worauf Reinigung über Dünnschichtchromatographie stattfindet u. anschließend fluorimetr. Best. erfolgt. Die Unters. von 31 Prod. mit I-Geh. zwischen 0,0044 u. 0,0143% ergaben Durchschnittsabweichungen von 3,3%. Die Wiederfindungsquote war 99,7%. Die Lsgm.-Konz. hat keinen Einfl. auf die fluorimetr. Messung. Zweckmäßig erwies sich 80%ig. Alkohol. Bei der Unters. von 157 Futterarten aus verschiedenen Ländern ergaben sich keine Schwierigkeiten der fluorimetr. Bestimmung. Zusätze von Arsanilsäure, Aureomycin, Bacitracin, Furazolidon, Gallamycin, 4-Hydroxy-3-nitrophenylarsonsäure, Nihydrazon, Penicillin (**II**), Procain-**II**, Streptomycin u. Terramycin stören die Best. nicht. Die Lagerungszeit der Futtermittel bis zu 12 Monaten ergab keinen Verlust an I. E. Boye 5255

H. Angewandte Chemie

H-3. Anorganische Industrie

1769 **Neue hochporöse Bor-Silicium-Kohlenstoff-Legierung.** V. S. Dergunova, A. N. Šuršakov und L. A. Maškovič. (Vestnik Mašinostr. **47** (1967) 6, 63–64; russ.) — Einen hochfesten Werkstoff auf *B-Si-C*-Basis erhält man durch Tränken eines stark porösen C-Grundstoffes mit einem Gemisch aus *Si* u. *B* im Vakuumofen bei 1800–2000° u. Haltezeiten von 5–30 Minuten. Im Vgl. zum Ausgangsmaterial (γ = 0,1–0,3 g/cm³) steigt die D. mit intensiverer Durchtränkung bis auf 0,8–0,9 g/cm³. Als vorherrschende Phase ist *SiC* in hexagonaler u. kub. Form vorhanden (Mikrohärte 5000 kp/mm²); auch *BC* wurde nachgewiesen. Mit steigender D. wächst die Temp.-Leitfähigkeit des Werkstoffes. Die Ox. des Materials wird bei 1000° während 1–2 Std. wesentlich verzögert. Während der Ox. an der Luft verarmen im allg. die nichtdurchtränkten Anteile des Ausgangsstoffes. Der Werkstoff beginnt sich während des Heißpressens bei 2300–2400° zu zersetzen; bei 2200° ist er beständig. Die chem. Korrosionsbeständigkeit ist ausreichend; sie beträgt nur ca. 2%, auf Gew.-Verlust gerechnet. Im Gemisch HNO_3 + HF (1:1) liegt der Verlust bei 8%. Der Werkstoff kann als Wärmeisolier- u. Filtermaterial bei Arbeiten in aggressiven Medien verwendet werden. E. Pfluger H 261

1770 **Untersuchung der Diffusionsverbindung verschiedener Metalle mittels der Mikroröntgenspektralanalyse.** M. V. Venzovskij und A. A. Olejnikov. (Svaročnoe Proizvod. **1967**, 5, 16–18; russ.) — Bei der Diffusionsverb. von Fe (Armko) mit Cu im Vakuum unter Druck wird die höchste Festigkeit 22–24 (kg/mm²) bei 900°, 1,5 kg/mm² Druck u. 5–20 Min., bei der Verb. von Fe mit Mo (1200°, 0,75) 16–18 erzielt, wobei sich Mo_2Fe_3 bildet; die Verb. von Mo mit Cu (0,75, > 850°, 15–20 Min.) ist nicht zufriedenstellend (spröde), trotz der Festigkeit von 13 bis 16. Ni u. Ti verbinden sich mit einer Ti_2Ni, bzw. TiNi-Zwischenschicht (bis 17 mμ). Die partiellen Diffusionskoeff. liegen zwischen 10^{-10} bis 10^{-12} cm²/s bei 900°. J. Tůmová H 270△

1771 **Elektrolyse geschmolzener Salze hochschmelzender Metalle.** J. W. Baimakow. (Freiberger Forsch.-H., Reihe B Heft **118** (1967) 43–71; Leningrad; dt.) — Es wird der Einfl. der chem., elektrochem. u. physikal. Eig. von *Ti, Be, Zr, V, Ni, Ta, Cr, Mo, W* u. ihren Leg. sowie die Wechselwrkg. mit ihren geschmolzenen Salzen bei der Elektrolyse erläutert. Weiterhin werden Angaben über die Elektrolyse mit Graphitanoden, lösl. Anoden u. oxidhaltigen Elektrolyten gemacht u. Zusammenhänge zwischen den Rk. an der Kathode u. Anode untersucht. J. Sieber H 270

1772 **Elektrochemische Herstellung von Natriumhydroxid und Schwefelsäure bei Anwendung der Sauerstoffdepolarisation auf porösen Kathoden.** A. K. Gorbačev, N. N. Nečiporenko und P. Ch. Vorošilov. (Chim. Prom. Ukrainy **1968**, 4, 3–5; NIOChIM, Char'kov; russ.) — Es wurden die Bedingungen der Elektrolyse von Na_2SO_4-Lsg. mit poröser Ni-Elektrode mit O_2-Depolarisation überprüft. Optimale Bedingungen: Stromdichte 700 A/m², 50–52°, O_2-Druck 300 mm Hg, Verbrauch 14 (ml/min), davon reagieren 6,1; Katholitzus. 85–95 (g/l) NaOH, 195–210 Na_2SO_4, Anolitzus. 120–125 H_2SO_4, 200 bis 210 Na_2SO_4, Spannung 3,8–3,9 V, Stromausb. NaOH 91,6%, H_2SO_4 93%, Energieverbrauch 2790 bis 2950 kW/t. Die Depolarisation ermöglicht eine Spannungserniedrigung von 0,8–0,9 V u. Energieersparnis von 600–670 kW/t NaOH. J. Tůmorá H 274△

1773 **Einfluß des metallostatischen und des atmosphärischen Drucks auf die Bildung von Wasserstoffgasporen in Zinklegierungen.** Zygmunt Falęcki. (Przegląd Odlewnictwa **17** (1967) 2, 41–45; pol.) — Zwischen der Porosität einer Gußprobe einer Zn.-Leg. mit 14(%) Al u. 2 Cu u. ihrem spezif. Gew. besteht eine lineare Beziehung mit dem Korrelationskoeff. r = 0,58. Bei Zn-Leg. mit 5, 15 u. 22% Al nimmt die Löslichkeit von H_2 mit steigendem Al-Geh. zu. Der durch die Höhe des Metalls über der Meßstelle gegebene metallostat. Druck bestimmt das gemessene spezif. Gew., das mit steigendem Druck zunimmt bis zu einem von der Zus. der Leg. abhängenden Grenzwert; von diesem an tritt eine allmähliche Abnahme des spezif. Gew. mit steigendem Druck ein. Die besten Bedingungen liegen bei den untersuchten Leg. beim Gießen in einem Autoklaven vor, in dem während des Erstarrens ein Überdruck von 3 at gehalten wird. R. K. Müller H 288

1774 **Theorie der Kondensation und Oxydation der Metalldämpfe in Anwesenheit von CO, CO_2 und neutralen Gasen sowie ihre Anwendung bei der Zinkgewinnung.** A. Krupkowski und H. Fik. (Freiberger Forsch.-H., Reihe B Heft **118** (1967) 25–42; Krakow; dt.) — Durch theoret. Behandlung der Kondens. u. Ox. der Metalldämpfe u. des Dreikomponentensyst. N_{Co} N_{CO_2} N_{Zn} werden die Vorgänge der Abkühlung des Red.-Gases im New-Jersey-Verf. u. im Schachtofen des I.S.P.-Verf. bei der Zn-Gewinnung untersucht u. daraus Folgerungen für die Betriebspraxis u. Konstruktion der Kondensatoren gezogen. J. Sieber H 288

1775 **Anwendung von Flockungsmitteln zur Beschleunigung der Sedimentation von Zinktrüben in der hydrometallurgischen Zinkgewinnung.** Danuta Krupkowa. (Rudy metale nieżelazne **12** (1967) 9. 459–63; pol.) — Bei der hydrometallurg. Zn-Gewinnung aus einer $ZnSO_4$-Lsg. mit 100–130 (g/l) Zn, 15–20 Mg, 1,0–2,0 Mn u. ca. 0,1 SiO_2 wird eine Metallaufschlämmung von 55,06(%) Zn, 3,95 Fe, 1,04 SiO_2, 0,40 Al_2O_3, 3,60 Ca, 1,9 Mg, 2,19 Pb, 0,26 Cd, 0,35 Sulfid-S u. 5,42 Gesamt-S erhalten. Zur Beschleunigung ihres Absitzens werden 0,04%ig. Lsg. von Flockungsmitteln zugesetzt, von denen *Praestol 2800* am wirksamsten ist. Das poln. Mittel Gigamid 69 auf der Basis von Polyacrylamid ist dem amerikan. Prod. Separan 2610 (Dow Chemical Co.) gleichwertig. R. K. Müller H 288

1776 **Gleichzeitiger Einfluß verschiedener Adsorptionsteilchen auf die Kinetik der elektrochemischen Reduktion von Zinkionen.** A. T. Vagramjan und V. N. Titova. (Zaščita Metallov **3** (1967) 1, 102–04; Akademija nauk SSSR, Inst. fizičeskoj chimii; russ.) — Bei der elektr. Abscheidung von Zn aus Lsg. von $ZnCl_2$ u. $Zn(ClO_4)_2$ (Verf. beschrieben) finden komplizierte Rk. zwischen den verschiedenen, sich an der Trenngrenze Metall/Lsg.

befindenden Teilchen statt. Eine Hemmung des Abscheidungsprozesses von Zn wird durch die resultierende Wrkg. der Gesamtheit aller in der Zone der elektrochem. Rk. vorhandenen Teilchen bestimmt.
H. Hochstein H 288

1777 **Absorption von Gasen durch Al-Schmelzen und ihre Entgasung.** V. P. Ivanov. (Litejnoe Proizvod. **1967,** 6, 31—32; russ.) — Durch Rk. mit Gasen wird Al durch die nichtmetall. Einschlüsse Al_2O_3, Al_4C_3 u. AlN verunreinigt u. an H gesättigt. Am intensivsten wird Al beim Schmelzen, Um- u. Abgießen oxydiert. Untersucht werden Möglichkeiten der Gasabsorption u. der Entgasung von ursprünglichen u. von chlorierten Schmelzen des Syst.: Al–Cu, Al–Mg, Al–Cu–Mg sowie der sek. Schmelzen AL3W AL10W u. AL15W nach verschiedenen Arten ihrer Behandlung. Es zeigt sich, daß alle Al-Schmelzen nach 15 Min. Haltezeit in einer W.-Dampfatmosphäre bei 790—950° annähernd in gleichem Maße an H gesättigt werden, wie beim Durchblasen mit Dampf. Die Beständigkeit chlorierter Al-Schmelzen u. seiner Leg. gegen Gasabsorption beim Durchblasen mit Dampf ist offenbar durch die reinigende Wrkg. der Cl-Verb. bedingt, die sich während der Chlorierung der Schmelze an der inneren Tiegeloberfläche bilden. Geringe Mg-Zusätze (0,025 bis 0,2%) zum Al u. zu den Al-Leg. mit < 2,0% Cu vor der Chlorierung bewirken ihre Reinigung von nichtmetall. Einschlüssen. Bei 1000°K ist eine qual. Veränderung der Oxideinschlüsse möglich, nämlich eine Red. von Al_2O_3 durch Mg unter Bldg. von MgO oder $MgO \cdot Al_2O_3$ u. einem fl. Flußmittel $MgCl_2$, das die nichtmetall. Einschlüsse umhüllt u. ihre Entfernung aus der Schmelze erleichtert.
H. Hochstein H 294

1778 **Kinetik der Bildung von Gitterleerstellen in einer verdünnten Al–Mn-Legierung 1,04%.** A. Ferrari, P. Fiorini und F. Gatto. (Alluminio — nuova Metallurgia **36** (1967) 8, 409—12; Milano, Consiglio Naz. delle Ric.; ital.) — Für eine Al-Mn-Leg. mit 1,04% Mn wird nach der Gleichung von Lomer (1958) die Bindungsenergie von Mn-Atom u. Leerstelle zu $E_b = 0,16 \pm 0,04$ eV berechnet. Alle beim Abschrecken gebildeten Leerstellen des Gitters stehen in Zusammenhang mit Mn-Atomen. Für die Entropiefaktoren der freien (C_0) u. der gebundenen Leerstellen (C_0') ergibt sich $C_0'/C_0 = 0,8$. Der Beitrag der gebundenen Leerstellen zum elektr. Widerstand ist 1%, der der freien Leerstellen ca. 3%.
R. K. Müller H 294

1779 **Elektrolytische Herstellung von reinen, basischen Aluminiumfluoriden.** D. B. Vanderheiden, J. T. Dumler, D. R. Allen und A. S. Allen. (Ind. Engng. Chem., Product Res. Development 7 (1968) 3, 220—22; Wichita State Univ., Wichita, Kan.; engl.) — Bei der Elektrolyse eines Lsg.-Gemisches von $AlCl_3 \cdot 6H_2O$ u. HF (mit CaF_2-Zusatz) unter Erwärmung, magnet. Rühren u. Verw. einer C-Kathode u. einer Pt-Anode werden feste Al-Hydroxyfluoride ($Al(OH)_2F \cdot H_2O$, $Al_2(OH)_3 \cdot F_3 \cdot 1^1/_2 H_2O$, $Al(OH)F_2 \cdot H_2O$, $AlF_3 \cdot 1^1/_2 H_2O$) gewonnen, wobei das F–Al-Molverhältnis der Prod. dem der angewandten Elektrolyten entspricht. Bei der Elektrolyse wird HCl aus dem Elektrolyten beseitigt. Beim F–Al-Molverhältnis 2:1 oder < 2 der Lsg. weisen die festen Prod. das gleiche Molverhältnis auf; bei einem Molverhältnis von 4:1 oder > 4 der Lsg. bildet sich $AlF_3 \cdot xH_2O$. Bei 24std. Erhitzen der Proben mit verschiedenem Molverhältnis auf 300° ergeben sich Prod. mit nicht spezif. Zus.; dagegen weisen die Proben nach Erhitzen auf 900° Röntgenbeugungsbilder auf, die denen von α-Al_2O_3 entsprechen. Die Röntgenbeugungswerte (Standard-d-Werte) der erhaltenen Prod. werden angegeben.
W. Wesly H 294

1780 **Anwendung von Indium und seine Zementation aus Sulfatlösungen.** Irena Pajak. (Rudy metale nieżelazne **12** (1967) 9, 476—78; pol.) — Durch Zusatz von NaCl (50 g/l) oder HCl (30 ml/l) wird die elektrolyt. Abscheidung von In an Zn-Elektroden bei 50—70° aus Sulfatlsg. beschleunigt, so daß in 30 Min. ca. 95% des In abgeschieden werden.
R. K. Müller H 296

1781 **Fortschritte auf dem Gebiet der Herstellung und des Gießens von Eisenlegierungen.** Hanna Żak und Zdzisław Kuliński. (Hutnik **34** (1967) 6, 275—77; pol.) — Übersicht: Herst. von entkohlten u. nitrierten Fe-Leg.; Gießverf.; Entw.-Aussichten. — 9 Literaturangaben.
R. K. Müller H 354

1782 **Chemische Vernickelung von Zinklegierungen.** T. V. Stepanova und L. I. Ganago. (Zaščita Metallov **3** (1967) 1, 104—105; Volgogradskij politechn. inst.; russ.) — Die beste Vernickelung von Zn-Leg. wird durch Entfetten der Proben in einem Elektrolyten üblicher Zus., durch Auswaschen in heißen u. kaltem W. u. durch Behandeln in einer heißen 50%ig. NaOH-Lsg. in 20—30 Sek. erzielt. Die Vernickelung wird bei 50° in folgender Lsg. durchgeführt: 30 (g/l) $Na_4P_2O_7$ u. 40 $Na_2 \cdot CO_3$ bei einem mittels einer NH_4OH-Lsg. erreichten pH-Wert von 9,5—10. Der entstehende Ni-Nd. ist hell u. glänzend.
H. Hochstein H 356

1783 E. I. du Pont de Nemours & Co., Wilmington, Del., übert. von: William R. Jenks, Memphis, und Norman R. Levins, Hixson, Tenn., USA, **Herstellung von Wasserstoff unter gleichzeitiger Gewinnung der Hydroxide von Na oder K.** Eine wss. Lsg. des Hydroxids wird bei ca. 50—80° im Kreislauf geführt. In die Lsg. wird geschmolzenes Na oder K gegeben, H_2 wird abgetrennt. Aus der Kreislauflsg. wird ein Teil zur Gewinnung des Hydroxids abgezogen. Zur Gewinnung von Cyaniden wird HCN in die Kreislauflsg. eingetragen. **(U.S.P. 3287085** vom 15/10. 1963, ausg. 22/11. 1966.) — **7 S.**
E. Miessgang H 238

1784 Montecatini Soc. Gen. per l'Industria Mineraria e Chimica, Mailand, Italien (Erfinder L. Merlo und T. Cubeddu), **Herstellung von Wasserstoffsuperoxid.** Bei der Herst. von H_2O_2 nach dem Alkylanthrachinonverf. wird als Lsgm. für Anthrachinon oder die entsprechenden Hydrochinone bei der Hydrier- u. Ox.-Stufe Dichlormethan oder Dichloräthan in Mischung mit Diisobutylcarbinol angewendet. **(Schwed.P. 202871** vom 27/11. 1957, ausg. 22/3. 1966. It. Prior. 30/11. 1956.) — 2 S.
K.-H. Kähler H 240

1785 Ju Chin Chu, Garden City, N.Y., USA, **Herstellung von Hydrazin oder substituiertem Hydrazin** in einer Brennstoffzelle. In einen Alkalihydroxid oder -carbonat enthaltenden Elektrolyten werden Anode u. Kathode eingebracht u. der Stromkreis geschlossen. In den Anodenraum wird fl. NH_3, bzw. ein flüchtiges prim. oder sek. Amin; in den Kathodenraum ein Ox.-Mittel, bes. Cl_2, F_2, O_3, O_2, NO_2, gegeben. Dabei erfolgt Rk. unter Abgabe von elektr. Energie. Ausb. an N_2H_4 z. B. 75%, bezogen auf Cl_2. Hergestellt werden auch Methylhydrazine. **(U.S.P. 3280015** vom 28/2. 1962, ausg. 18/10. 1966.) — 3 S.
E. Miessgang H 243

1786 Soc. Chimique de la Grande Paroisse, Azote et Produits Chimiques, Frankreich (Erfinder: Adrien Devaux und Gérard Aubin), **Herstellung von N_2O_4,** wobei durch Ox. von NH_3 mit O_2 erhaltenes NO allmählich bis etwas oberhalb der Kondens.-Temp. des N_2O_4 abgekühlt wird. Die fl. Prod. werden abgezogen, die gasf. zurückgeführt. Das Gemisch aus NO, N_2O_4 u. Feuchtigkeit wird bei 5—12° komprimiert, die erste Fraktion bei 0° u. die zweite, an N_2O_4 reichere Fraktion bei —10°. Das gewonnene reine N_2O_4 ist geeignet als Antriebsmittel für ballist. Maschinen. — Verf.-Schema. **(F.P. 1449790** vom 30/6. 1965, veröff. 19/8. 1966.) — **4 S.**
M. Knaack H 243

1787 Air Reduction Co., Inc., New York, N.Y., übert. von: Russell A. Hemstreet, Mountainside, N.J., USA, **Herstellung von Difluortrioxid.** (Trioxygendifluorid), O_3F_2, erfolgt in fl. O_2 bei 90°K durch Einleiten von gasförmigem F_2 in fl. O_2 u. Bestrahlung des Gemischs aus O_2 u. F_2 mit einer Strahlung von 2000—5000Å, bis sich 0,05—0,11 Gew.-% O_3F_2 in fl. O_2 gebildet haben. — Vorr., Zeichnungen; Fließbild **(U.S.P. 3282750** vom 31/12. 1964, ausg. 1/11. 1966.) — 3 S.
K. Demmler H 246

1788 Chemiebau Dr. A. Zieren G. m. b. H., Köln, übert. von: Herbert Furkert, Junkersdorf, und Hans Mühlenbein, Köln, **Gewinnung von Schwefeldioxid und Ammoniak aus bei der Herstellung von Methacryl-**

säureestern anfallenden Ablaugen. Die Ablaugen werden bei 250–500° mit H_2, H_2S, Sulfit oder CO unter Bldg. von SO_2 red.; aus dem Gemisch aus $(NH_4)_2SO_4$ u. $NH_4 \cdot HSO_4$ wird NH_3 gewonnen. (**U.S.P. 3292996** vom 27/10. 1964, ausg. 20/12. 1966. D. Prior. 31/10. 1963.) – 3 S.
E. Miessgang H 253

1789 Metallgesellschaft Akt.-Ges., Frankfurt/M., übert. von: Egon F. M. Pauling, Essen, **Herstellung von Schwefelsäure** aus heißen, trockenen SO_2-Gasen. Das Gas wird mit verd. H_2SO_4 behandelt, dabei auf 45 bis 100° gekühlt u. befeuchtet, in Ggw. von W. u. O_2 mit Adsorptionsmitteln, die mit einem Katalysator imprägniert sind, zusammengebracht. Dabei wird H_2SO_4 gebildet. Das Gas wird mittels der in der Kühlstufe erhaltenen konz. H_2SO_4 getrocknet. (**U.S.P. 3294487** vom 16/6. 1964, ausg. 27/12. 1966.) – 3 S.
E. Miessgang H 253

1790 Siemens-Schuckertwerke Akt.-Ges., Berlin und Erlangen (Erfinder: Fritz Wenzel, Nürnberg), **Verbesserte Herstellung von Borphosphid,** wobei elementares B in einem am unteren Ende offenen, vertikal angeordneten, langgestreckten Reaktor mit P-Dampf kontaktiert wird u. wobei getrennt heizbare Halterungen für die den P-Dampf, ggf. unter Zusatz eines Red.-Mittels, erzeugende Substanz u. für das B vorgesehen sind. – Vorrichtung. (**Brit.P. 992361** vom 11/7. 1963, ausg. 19/5. 1965. **U.S.P. 3279891** vom 2/7. 1963, ausg. 18/10. 1966. Beide D. Prior. 13/7. 1962.)
H.-W. Wille H 264

1791 E. I. du Pont de Nemours & Co., Wilmington, übert. von: Timothy Edmond O'Connor, Brandywine Hundred, Del., USA, **Gewinnung von Metallnitriden oder Metallboriden.** Wirrschichtiges B-Nitrid u. ein Oxid der Metalle Al, Ti, Zr werden gemischt u. auf > 1000° erhitzt. Zur Herst. von Metallboriden wird ein Oxid von Zr, V, Nb, Cr, Mo, Ta zugesetzt u. ebenfalls auf > 1000° erhitzt. (**U.S.P. 3261667** vom 19/6. 1963, ausg. 19/7. 1966.) – 11 S. E. Miessgang H 270

1792 Soc. Edison-Settore Chimico, übert. von: Ugo Gardella, Giorgio Morandi und Alberto Omacini, Mailand, Italien, **Herstellung von Alkalinitraten, Chlor, Wasserstoff und Stickstoffoxiden.** Eine wss. Lsg. von Alkalioxid u. HNO_3 wird elektrolysiert, wobei Cl_2 an der Anode u. H_2 u. N-Oxide an der Kathode gebildet werden. Alkalinitrat wird aus dem Elektrolyten durch Krist. gewonnen. (**U.S.P. 3278403** vom 10/7. 1962, ausg. 11/10. 1966. It. Prior. 11/8. u. 2/11. 1961.) – 4 S. E. Miessgang H 272

1793 Titangesellschaft m. b. H., Leverkusen, **Herstellung von feinverteiltem Titandioxid** erfolgt durch Verbrennen von gasförmigem $TiCl_4$ mit O_2 oder O_2-haltigen Gasen unter Verw. einer die Verbrennung unterhaltenden Hilfsflamme mittels eines aus koaxial angeordneten Rohren bestehenden Brenners, in den die Gase ungemischt eingeführt werden, wobei das $TiCl_4$ durch das innere, der O_2 durch das äußere Rohr geleitet werden. Dabei wird die lineare Geschw. des O_2- bzw. O_2-haltigen Stromes über die Geschw. der beiden anderen Gasströme erhöht. Bes. beträgt das Verhältnis von O_2: $TiCl_4$ = mindestens 2:1. Der O_2-Spalt des Brenners kann an seiner Mündung durch einen Stauring verengt sein. Als Hilfsgas dient bes. CO. – Vorr., Zeichnung. (**Brit.P. 1051755** vom 20/3. 1964, ausg. 21/12. 1966. **Belg.A.S. 645378** vom 18/3. 1964, bekanntgemacht 16/7. 1964. Beide D. Prior. 21/3. 1963.) – 5 S. – 10 S.
H. Roos H 321

1794 Titangesellschaft m. b. H., Leverkusen, **Herstellung von feinteiligem Titandioxid** durch Gasphasenox. von $TiCl_4$ mit O_2 oder O_2-enthaltenden Gasen unter Aufrechterhaltung einer Hilfsflamme, z. B. einer CO-Flamme, wobei im innersten Rohr eines aus mehreren konzentr. Rohren bestehenden Brenners das $TiCl_4$, im anschließenden der O_2 u. im äußeren Rohr das Hilfsbrenngas in die Rk.-Zone eingeleitet wird. – *Pigment, Füllstoff.* (**Brit.P. 1052896** vom 8/4. 1964, ausg. 30/12. 1966. **Belg.A.S. 646127** vom 3/4. 1964, bekanntgemacht 31/7. 1964. Beide D. Prior. 13/4. 1963.) – 9 S. – 12 S.
H. Roos H 321

1795 Dow Chemical Co., Midland, Mich., übert. von: Joseph P. Surls jun., Walnut Creek, Calif., USA, **Gewinnung der Wolframanteile aus W-haltigen Ausgangsmaterialien,** bes. Scheelit. Das Material wird 0,5–2 Std. bei 50–60° mit äthanol. HCl-Lsg. behandelt. Nach Abtrennung des festen Rückstandes wird die Lsg. konz., wobei krist. Wolframsäure (I) ausfällt, die abgetrennt wird. Dann wird mit konz. HCl gewaschen. **I** wird in hoher Reinheit erhalten. (**U.S.P. 3271104** vom 7/2. 1963, ausg. 6/9. 1966.) – 4 S. E. Miessgang H 337

1796 W. R. Grace & Co., New York, N.Y., übert. von: Jean G. Smith, und Frederick T. Fitch, Baltimore, Md., USA, **Herstellung eines stabilen Uran(IV)-oxid-Sols.** Eine 0,1–200 g UO_2/l enthaltende Uranylchloridlsg. wird in Ggw. eines Katalysators u. eines Überschusses an HCl mit H_2 red. u. durch ein bas. Fällungsmittel ein Hydroxid ausgefällt. Nach Auswaschen wird mit HCl U(IV)-oxychlorid gewonnen, das bei 100–200° 2–40 Std. im Autoklaven gehalten wird. Nach Abkühlen u. Abtrennen der Fl. wird das UO_2 in das Sol übergeführt. (**U.S.P. 3281373** vom 28/2 1962, ausg. 25/10. 1966.) – 5 S. E. Miessgang H 339

1797 United States Atomic Energy Commission, übert. von: Robert E. Riley und Keith V. Davidson, Los Alamos, N.Mex., USA, **Herstellung von ultrareinen Carbiden,** z. B. *UC* u. *ZrC*, durch Lichtbogenschmelzen der Ausgangselemente, z. B. U u./oder Zr u. C in stöchiometr. Verhältnis, Erhitzen des erhaltenen Prod. auf ca. 2000° im Vakuum, Zerkleinern u. nochmaliges Erhitzen auf 2000° im Vakuum. Das Erhitzen wird zweckmäßig jeweils 24 Std. lang durchgeführt. Während des Lichtbogenschmelzens kann magnet. gerührt werden. – *Kernbrennstoffe.* (**U.S.P. 3284550** vom 28/3. 1966, ausg. 8/11. 1966.) – 2 S. H. Roos H 339

1798 E. J. Lavino & Co., Philadelphia, Pa., übert. von: Joseph Samonides, Covington, Tenn., USA, **Herstellung einer Mangansulfat-Lösung.** Zu einem aus Mn-sulfat u. H_2SO_4 (I) bestehenden Elektrolyten wird **I** mit 66°Bé zugesetzt. Nach Erwärmen auf 130°F wird Mn-dioxid-Erz, bei 150°F Ferromangan (**II**) zugesetzt. Unter Rühren wird belüftet, bis pH 2–3 erreicht ist u. ein bas. Material (**II**, Mn-oxid, Kalk) bis zu pH 6–6,5 zugegeben. Ausgefälltes Fe-hydroxid wird abgetrennt u. die Mn-sulfat-Lsg. gewonnen. (**U.S.P. 3227520** vom 30/1. 1962, ausg. 4/1. 1966.) – 3 S.
E. Miessgang H 350

1799 Rolls-Royce Ltd., Derby, Derbyshire, Großbritannien (Erfinder: Geoffrey William Meetham, Douglas Wilson Hall und Marcus Alan Wheeler), **Warmfeste Nickel–Chrom–Molybdän–Kobalt-Legierung,** bestehend aus 18–22, bes. 19–20,5(%) *Cr*, 7–9, bes. 7,5–8,5 *Mo*, 8–12, bes. 9,5–10,5 *Co*, 1,4–2,55 *Ti*, 0,7–1,7 *Al*, 0,02–0,10, bes. 0,02–0,07 *C*, 0,2–0,6, bes. 0,35–0,5 *Mn*, 0,1–0,5, bes. 0,15–0,3 *Si*, 0–0,015, bes. 0,001–0,01 *Ca*, 0–1, bes. $\leqq$ 0,25 *Fe*, 0–0,005, bes. $\leqq$ 0,003 *S*, 0–0,01 *B*, 0–0,1 *Zr*, 0–1 *Nb*, Rest *Ni*. Die jeweiligen Anteile an Ti u. Al sind aus einem Diagramm (Trapez ABCD bzw. EFGH) zu entnehmen. So enthält z. B. eine Leg. mit gutem *Dauerstandverhalten* 1,4 Ti u. 1,4 Al bzw. 1,7 Ti u. 1,7 Al bzw. 2,55 Ti u. 0,85 Al bzw. 2,10 Ti u. 0,7 Al. (**Brit.P. 1029609** vom 7/4. 1965, ausg. 18/5. 1966.) – 7 S. K. Bayer H 356

1800 **Imperial Chemical Industries Ltd.**, London, übert. von: **George Wallace Hooper**, Norton-on-Tees, Großbritannien, *Wasserstoffperoxid.* (**U.S.P. 3 336 112** vom 2/7. 1964, ausg. 15/8. 1967. Brit. Prior. 23/7. 1963. – C. **1968,** 22-2330 [F.P. 1 402 366].)

1801 **Empresa Auxiliar de la Industria Soc. An.**, übert. von: **Angel Vian-Ortuño, Conrado Iriarte-Fernandez** und **José Luis Martinez-Castro,** Madrid, Spanien, *Herstellung von Ammoniumsulfat.* (**U.S.P. 3 330 621** vom 2/5. 1963, ausg. 11/7. 1967. Span. Prior. 3/5. 1962. – C. **1967,** 9-2352 [D.A.S. 1 216 268].)

1802 **Badische Anilin- & Soda-Fabrik Akt.-Ges.**, Ludwigshafen/Rh. (Erfinder: **Günther Hamprecht,** Limburgerhof, **Karl Joerger** und **Paul Feiler,** Ludwigshafen/Rh.), *Herstellung von Schwefelsäure.* (**Schwz.P. 419 074** vom 9/9. 1963, ausg. 28/2. 1967. **Brit.P. 1 052 188** vom 24. 9. 1963, ausg. 21/12. 1966. Beide D. Prior. 28/9., 14/12. 1962 u. 23/1. 1963. – C. **1965,** 17-1981 [D.A.S. 1 171 404]; C. **1966,** 26-2086 [D.A.S. 1 200 267] u. C. **1967,** 13-2337 [D.A.S. 1 204 639].)

1803 **General Electric Co.** (Erfinder: **Robert Wentorf jun.**), *Bornitrid.* (**Aust.P. 269 923** vom 4/7. 1962, ausg. 29/9. 1966. U.S. Prior. 10/7. 1961. – C. **1967,** 46-2150 [F.P. 1 328 241].)

1804 **General Electric Co.** (Erfinder: **Francis Pettit Bundy** und **Robert Henry Wentorf jun.**), *Herstellung von Bornitrid mit hoher Dichte.* (**Aust.P.**

274 348 vom 29/4. 1963, ausg. 4/5. 1967. U.S. Prior. 2/5., 2/5. u. 30/7. 1962. – C. **1967,** 15-2211 [F.P. 1 360 909].)

1805 **Solvay & Cie.,** Brüssel, Belgien, *Herstellung von Natriumperborattetrahydrat.* (**Niederl.P. 122 844** vom 22/4. 1959, ausg. 15/9. 1967. F. Prior. 28/4. 1958. – C. **1962,** 2868 [D.A.S. 1 109 152].)

1806 **Monsanto Chemicals Ltd.** (Erfinder: **Jack Barrett**), *Gereinigter Phosphor oder Schwefel.* (**Aust.P. 269 103** vom 15/1. 1962, ausg. 18/8. 1966. Brit. Prior. 19/1. 1961. – C. **1967,** 4-2127 [Brit.P. 942 831].)

1807 **British Titan Products Co. Ltd.** (Erfinder: **Kenneth Arkless** und **James Denne Groves**), *Herstellung feinverteilter Metalloxide.* (**Aust.P. 269 514** vom 23/1. 1963, ausg. 8/9. 1966. Brit. Prior. 30/1. 1962. – C. **1967,** 48-2239 [F.P. 1 355 624].)

1808 **FMC Corp.,** New York, N. Y. (Erfinder: **William Charles Bauer,** Green River, Wy., **Allen Porter McCue,** Norwalk, und **Kenneth Calder Rule,** Noroton Heights, Coun.), USA, *Herstellung von Natriumbicarbonat- oder Natriumsesquicarbonatkristallen.* (**D.A.S. 1 237 550** Kl. 121 vom 20/9. 1960, ausg. 30/3. 1967. U.S. Prior. 12/8. 1960. – C. **1965,** 16-2147 [Ind.P. 73 072].)

1809 **Aluminium Laboratories Ltd.,** Montreal, Canada, *Herstellung von* $Mg(OH)_2$. (**Oe.P. 250 910** vom 30/9. 1963, ausg. 12/12. 1966. Can. Prior. 3/10. 1962. – C. **1968,** 9-2190 [F.P. 1 388 716].)

1810 **Kaiser Aluminum & Chemical Corp.** (Erfinder: **Donald C. Gernes** und **William R. King**), *Herstellung von Aluminiumfluorid.* (**Aust.P. 269 661** vom 21/8. 1962, ausg. 15/9. 1966. – C. **1964,** 18-1999 [U.S.P. 3 057 681].)

1811 **Farbenfabriken Bayer Akt.-Ges.,** Leverkusen, übert. von: **Hans Zirngibl,** Duisburg, und **Jakob Rademachers,** Krefeld, *Herstellung von Titantetrachlorid.* (**U.S.P. 3 359 065** vom 14/4. 1964, ausg. 19/12. 1967. D. Prior. 24/4. 1963. – C. **1966,** 22-2041 [D.A.S. 1 201 821].)

1812 **British Titan Products Co. Ltd.** (Erfinder: **Arthur W. Evans** und **Kenneth Arkless**), *Titandioxid.* (**Aust.P. 270 657** vom 18/4. 1963, ausg. 3/11. 1966. Brit. Prior. 25/4. 1962. – C. **1967,** 2-2266 [D.A.S. 1 210 007].)

1813 **British Titan Products Co. Ltd.,** Durham, übert. von: **Frank Edward Mabbs,** Redcar, und **Brian Barnard,** Nunthorpe, Middlesbrough, Großbritannien, *Herstellung von Titandioxid.* (**U.S.P. 3 341 291** vom 31/8.1964, ausg. 12/9. 1967. Brit. Prior. 4/10. 1963. – C. **1968,** 15-2266 [Brit.P. 1 022 590].)

1814 **Cabot Corp.** (Erfinder: **Louis S. Belknap, Gregor Berstein** und **Randolph Antonsen**), *Herstellung von Titandioxid.* (**Aust.P. 269 737** vom 25/5. 1962, ausg. 22/9. 1966. U.S. Prior. 26/5. 1961. – C. **1965,** 6-2093 [U.S.P. 3 078 148].)

1815 **Ciba Akt.-Ges.,** Basel (Erfinder: **Gustav Dändliker,** Birsfelden), Schweiz, *Herstellung von Alkali- und Erdalkaliniobaten und -tantalaten.* (**D.A.S. 1 257 125** Kl. 12n vom 26/6. 1964, ausg. 28/12. 1967. Schwz. Prior. 28/6. 1963. – C. **1968,** 21-2385 [Brit.P. 1 046 645].)

1816 **N. V. v/H Koopman c. v.,** Niederlande, *Herstellung von basischem Wismutnitrat.* (**F.P. 1 442 266** vom 13/9. 1963, veröff. 17/6. 1966. Niederl. Prior. 14/9. u. 14/9. 1962. – C. **1966,** 13-2123 [D.A.S. 1 199 248].)

1817 **Pittsburgh Plate Glass Co.** (Erfinder: **William Worth Carlin**), *Herstellung von Chromsäure.* (**Aust.P. 271 098** vom 30/11. 1962, ausg. 1/12. 1966. U.S. Prior. 8/12. 1961. – C. **1968,** 4-1795 [Brit.P. 961 200].)

1818 **Commissariat à l'Energie Atomique** (Erfinder: **François Anselin** und **Roger Pascard**), *Metallnitride.* (**Aust.P. 269 894** vom 17/6. 1963, ausg. 29/9. 1966. F. Prior. 4/7. 1962. – C. **1967,** 20-2222 [Brit.P. 997 446].)

1819 **Montecatini Soc. Gen. per l'Industria Mineraria e Chimica** (Erfinder: **Gian Chiusoli** und **Guiseppe Mondelli**), *Nickelcarbonyl.* (**Aust.P. 269 883** vom 19/6. 1962, ausg. 29/9. 1966. It. Prior. 23/6. 1961. – C. **1966,** 21-2206 [Oe.P. 234 643].)

H–6. Organische Industrie

1820 **Dampfphasendehydratation von Äthanol.** S. A. Puranik und M. M. Sharma. (Indian chem. Engr. **9** (1967) 3, 124–35; Dep. of Chem. Technol., Univ. of Bombay; engl.) – Als Katalysator diente ein SiO_2-Al_2O_3-Gemisch der Zus.: 74(%) SiO_2, 17,5 Al_2O_3, 4,2 MgO, 1,5 Fe_2O_3. Die Temp. variierte von 350–500°, das A.–W.-Gemisch enthielt 25–92,5 Gew.-% Äthanol. Die Ausb. an *Äthylen* wird im Hinblick auf Temp. (400–500°), Strömungsgeschw. (gA./g Katalysator · h), Konz. von A., Reynoldsche Zahl u. Größe der Katalysator-Pellets untersucht. Maximal 1,5% von A. reagieren zu Nebenprodukten. Weiterhin wurde die Aktivität anderer Katalysatoren wie *Gaskoks* (**I**), *Petroleumkoks* (**II**) u. *Bimsstein* (**III**), jeweils mit H_3PO_4 imprägniert, untersucht. **I** bewirkt guten Umsatz, aber geringe Reinheit (85–90%) des Äthylens; **II** u. **III** bewirken gute Reinheit (97%), aber schlechtere Ausb. (mit **III** geringste Ausb.). Infolge des raschen Aktivitätsabfalls von **III** ist der Gebrauch dieses Katalysators nicht empfehlenswert. M. Jatkowski H 570

1821 **Dimerisation von Butadien mit Palladiumkomplex-Katalysatoren.** Shigetoshi Takahashi, Toshiki Shibano und Nobue Hagihara. (Bull. chem. Soc. Japan **41** (1968) 2, 454–60; Inst. of Sci. Ind. Res., Osaka Univ., Sakai, Osaka; engl.) – Durch lineare Dimerisation von Butadien entsteht in aproton Lsgm. bei 115° während 7 Std. *Octatrien-(1.3.7)* (**I**), Kp. 124–125°. Als Katalysator dient *Bis-[triphenylphosphin]-(Maleinsäureanhydrid)-Palladium* (**II**). Die Ausb. betragen in Bzl. 55%, Tetrahydrofuran 82%, Aceton 86%. – In Alkoholen als Lsgm. entstehen mit **II** 1-Alkoxyocta-diene-(2.7) u./oder **I**: *1-Methoxy-*, $C_9H_{16}O$, Kp. 163 bis 164°, in Methanol bei 70°; 85% (Ausb.), im Gemisch mit 5% *3-Methoxyoctadien-1.7*, Kp. 145–146° u. 3% **I**. – *1-Äthoxy-*, $C_{10}H_{18}O$, Kp.$_{70}$ 105–107°, in A. bei 110 bis 115°; 35% neben 49% **I**. – In Isopropanol bei 100° entstehen nur 75% **I**. – *1-Phenoxyoctadien-(2.7)*, $C_{14}H_{18}O$, Kp.$_{33}$ 171–174°, in benzol. Phenollsg. bei 80°; 57%. – *1-Acetoxyoctadien-(2.7)*, $C_{10}H_{16}O_2$, Kp.$_6$ 72–82°, in Eisessig bei 120°; 30%. – Bei Dimerisation in sek. Aminen entstehen Butadiendimer-Amin-Addukte vom Typus $R_2N \cdot (C_8H_{13})$, in prim. Aminen Gemische von $RNH(C_8H_{13})$ u. $RN(C_8H_{13})_2$. N-Octa-2.7-dienylamine: *-morpholin*, $C_{12}H_{21}NO$; Kp.$_{23}$ 141–142°, mit Morpholin bei 80° während 1 Std.; 90%, in Aceton 97%. – *-piperidin*, $C_{13} \cdot H_{23}N$, Kp.$_{25}$ 139–140°, mit Piperidin bei 110° während 5 Std.; 60%. – *-diisopropylamin*, $C_{14}H_{27}N$, Kp.$_{27}$ 132 bis 133°, mit Diisopropylamin bei 100–110° während 5 Std.; 51% neben 34% **I**; in Aceton 64% neben Spuren von **I**. – *-carbazol*, $C_{20}H_{21}N$, Kp.$_5$ 217–218°, mit Carbazol in Aceton bei 120–125° während 5 Std.; 57%. – *-n-butylamin*, $C_{12}H_{23}N$, Kp.$_{35}$ 133–134°, mit n-Butylamin (**III**) bei 90–98° während 8 Std.; 29%. – *-phenylamin*, $C_{14}H_{19}N$, Kp.$_{25}$ 184–186°, mit Anilin (**IV**) bei 90–95° während 0,5 Std. in Aceton; 46%. – *-p-methoxyphenylamin*, $C_{15}H_{21}NO$, Kp.$_2$ 148–151°, mit p-Methoxyanilin (**V**) bei 90° während 0,5 Std. in Aceton; 54%. – *-p-methylphenylamin*, $C_{15}H_{21}N$, Kp.$_8$ 166–167°, mit p-Methylanilin (**VI**) bei 90–95° während 0,5 Std. in Aceton; 48%. – *-p-chlorphenylamin*, $C_{14}H_{18}ClN$, Kp.$_8$ 186–188°, mit p-Chloranilin bei 90–95° während 0,5 Std. in Aceton; 58%. – *-p-methoxycarbonylphenylamin*, $C_{16}H_{21}NO_2$, F. 35 bis 38°, Kp.$_1$ 190–192°, mit p-Aminobenzoesäuremethylester bei 103°, während 2 Std.; 48%. – Mit **III–VI** entstehen auch im Gemisch mit den Monooctadienylaminen die entsprechenden Diocta-2.7-dienylamine: *-n-butylamin*, $C_{20}H_{35}N$, Kp.$_6$ 167–170°; 42%. – *-phenylamin*, $C_{22}H_{31}N$, Kp.$_5$ 209–210°; 24%. – *-p-methoxyphenylamin*, $C_{23}H_{33}NO$, Kp.$_2$ 148–151°; 33%. – *-p-methylphenylamin*, $C_{23}H_{33}N$, Kp.$_6$ 215–216°; 36%. – Bei Rk. von Butadien mit *Pyrrolidon-(2)* oder mit *Acetamid* in Aceton bei 110 bis 115° während 5–6 Std. entsteht nur **I** in 64% Ausb.; sämtliche Rk. wurden in einem Autoklaven durchgeführt. Die IR- u. NMR-Spektren sind für einige Verb. angegeben, ebenso Ergebnisse mit ähnlichen Katalysatoren. M. Jatkowski H 570

1822 **Ausarbeitung einer Technologie der Gewinnung von Buten-(1) aus Äthylen.** I. I. Pis'man, I. M. Černikova, M. A. Dalin, P. K. Taktarov und Ju. A. Agadžanov. (Chim. Prom. **43** (1967) 5, 328–30; russ.) – In einem 3 Std. lang mit C_2H_4 gespülten, dann evakuierten Autoklaven ohne Stopfbüchse werden die optimalen Bedingungen für die Dimerisierung von C_2H_4 zu *Buten-(1)* (**I**) in fl. Phase untersucht. Als Katalysator wird in Bzn. gelöstes $Al(C_2H_5)_3$ (1,5–5%) mit Zusatz von 1% Ni-Palmitat verwendet. Optimal sind 105–115°, 35–40 at, C_2H_4-Durchsatz 14–15 l/g · h; unter diesen Bedingungen enthalten die Abgase 12–14 Vol.-% **I**, die Katalysatorleistung beträgt ca. 4 g/g · h, seine Lebensdauer > 200 Std., die Umwandlung von C_2H_4 in **I** 21–24,6%. Als Nebenprod. werden Hexen, Octen, Decen u. Dodecen erhalten. Eine Vers.-Anlage wird beschrieben. R. K. Müller H 570

1823 **Reaktionen von Acetylen unter Druck.** Max E. Chiddix. (Ann. New York Acad. Sci. **145** (1967) 1, 150–60; Central Res. Labor. General Aniline a. Film CO., Easton, Pa.; engl.) – Behandelt werden die Vinylierung von Alkoholen mit *Acetylen* (**I**), die Äthinylierung von Aldehyden u. Ketonen mit **I** unter Bldg. von Alkinolen u. Alkindiolen u. die Polymerisierung von **I** zu *Cyclooctatetraen* u. *Benzol* mit eingehender Diskussion des Mechanismus. Abschließend wird auf die Sicherheitsfaktoren beim Arbeiten mit **I** unter Druck eingegangen. – 43 Literaturangaben. M. Jatkowski H 600

1824 **Selektive Hydrierung von acetylenischen Carbinolen und Glykolen über Basenkomplexe.** R. J. Tedeschi, H. C. McMahon und M. S. Pawlak. (Ann. New York Acad. Sci. **145** (1967) 1, 91–107; Airco Chemical and Plastics Div. of the Air Reduction Co., Middlesex, N.J.; engl.) – Bei der Hydrierung von acetylen. Diolen ist die olefin. Stufe nur schwer faßbar; außerdem werden die

OH-Gruppen leicht hydriert. Zusätze von *KOH, CsOH* oder *RbOH* zu den Pd/Aktivkohle- oder Pd/$BaCO_3$- bzw. Pd/$BaSO_4$-Katalysatoren verhindern die weitere Hydrierung u. ergeben hohe Ausb. an olefin. u. gesätt. Diolen in großer Reinheit. Es wird eine Komplexbldg. zwischen Alkalihydroxid u. Carbinol angenommen. Die Struktur dieses Komplexes wird diskutiert. — 19 Literaturangaben. M. Jatkowski H 620

1825 **Hydroformylierung von Äthylen mit einem Gemisch von Kohlenoxid und Wasserstoff in Gegenwart von Rhodiumkatalysatoren.** Ja. T. Ėjdus und A. L. Lapidus. (Neftechimija **7** (1967) 1, 51—56; AN SSSR, Inst. org. chim. im. Zelinskogo; russ.) — Im strömenden Syst. wird C_2H_4 mit CO u. H_2 über Rh-Katalysatoren (Rh auf Ton) unter Druck umgesetzt. Bei Erhöhung des Drucks von 10 auf 50 at u. des Rh-Geh. im Katalysator von 0,8 auf 4,5% nimmt die Ausb. an fl. Prod., bes. an den Hauptprod. *Propanal* u. *2-Methylpenten-(2)-al-(1)*, zu. Die optimalen Bedingungen sind außerdem 120° u. Zus. des Ausgangsgemischs C_2H_4:CO:H_2 = 1,6:1:1,2. Dabei werden 25 bzw. 18 (Mol.-%) der obigen Prod. neben 1,5 Propanol-(1) u. 1,6 2-Methylpentanal-(1), bezogen auf umgesetztes C_2H_4, erhalten. R. K. Müller H 670

1826 **Technische Synthese von Methacrylsäure und Methylmethacrylat aus Isobutylen und Salpetersäure.** B. F. Ustavščikov, M. I. Farberov, V. A. Podgornova, O. V. Kuz'mičev, A. F. Frolov und Ja. A. Leont'ev. (Chim. Prom. **43** (1967) 5, 321—25; russ.) — Vgl. C. **1965**, 13-0821; C. **1967**, 8-1004. — Bei der Ox. von *Isobutylen* (**I**) zu *Methacrylsäure* (**II**) u. *Methylmethacrylat* (**III**) mittels HNO_3 + N_2O_4 wird in einer 1. Stufe **I**-Nitrosonitrat gebildet u. in α-Nitratoisobuttersäure übergeführt, deren Hydrolyse in Ggw. von HNO_3 *α-Hydroxyisobuttersäure* (**IV**) liefert. **IV** geht durch Dehydratation in **II** über (optimal bei 250—270° in Ggw. eines Gemischs von Ca-Phosphaten). Für die Extraktion von **II** aus dem Katalysat ist das beste Lsgm. $C_2H_4Cl_2$ (Extraktor mit 15 theoret. Stufen). Da bei der Dehydratation von **IV**-Methylester neben **III** Aceton, $HCOOCH_3$ u. **II** entstehen u. die Trennung dieses Gemischs schwierig ist, ist die Veresterung von **II** mit CH_3OH vorzuziehen. Ein technolog. Schema der Synth. u. Trennung von **II** u. **III** wird mitgeteilt (Abb.) u. erläutert. R. K. Müller H 810

1827 **Verwendung von Seltenerdmetalloxiden bei der katalytischen Synthese.** I. E. Sosnina, E. P. Denisova und M. B. Turova-Poljak. (Vestnik Moskovskogo Univ., Ser. II **22** (1967) 4, 94—96; Kaf. organ. katalysa; russ.) — Die Veresterung von Buttersäure mit aliphat. C_1—C_8-Alkoholen wurde bei 300—325° am La_2O_3 auf Asbestgrundlage, die bei 500—525° behandelt wurde, untersucht. Die Ausb. von Methylbutyrat beträgt 24%, von Pentylbutyrat 41% u. von Heptylbutyrat 42%. Die Veresterung mit Alkoholen, die ungeradzahlige C-Atome enthalten, ergibt höhere Ausbeuten. Die Veresterung von RCOOH (R = CH_3, C_2H_5, C_3H_7, n- u. iso-C_4H_9) mit Pentanol an La_2O_3/Asbest wurde bei 250 bis 325° verfolgt. Im Falle der iso-Säure ist die Ausb. durch ster. Hinderung herabgesetzt. Die Pentylbutyratausb. an La_2O_3/Asbest bzw. an La_2O_3/Quarz nach einer therm. Behandlung des Katalysators bei 350, 500—525 u. 900° wurde bei 250—375° verglichen. J. J. Pohl H 810

1828 **Selektivität bei der katalytischen Hydrierung.** 3. Mitt. **Konkurrenzreaktionen bei der katalytischen Hydrierung von aromatischen Verbindungen.** Hilton A. Smith. (Ann. New York Acad. Sci. **145** (1967) 1, 72—82; Univ. of Tennessee, Knoxville, Tenn.; engl.) — Vf. berechnen aus den Ergebnissen der Hydrierung von *Methylbenzolen* an *Pt*- bzw. *Rh*-Katalysatoren bei 60 psi bzw. 1000—1200 psi u. 25° die relativen auf Benzol bezogenen Adsorptions-Gleichgew.-Konst. der Verb. an den Katalysatoren. Daraus folgt, daß mit steigender Zahl der Methylgruppen die Verb. nicht so gut adsorbiert u. auch nicht so schnell hydriert werden. In einer Isomerenreihe jedoch werden die stärker adsorbierten Verb. langsamer reduziert. — 27 Literaturangaben. M. Jatkowski H 1010

1829 **Decarboxylierung aromatischer Anhydride und Säuren an Metallcarbonyl-Katalysatoren.** Sidney Friedman, Marvin L. Kaufman und Irving Wender. (Ann. New York Acad. Sci. **145** (1967) 1, 141—49; Pittsburgh Coal Res. Center, Bureau of Mines, U.S. Dep. of the Interior, Pittsburgh, Pa.; engl.) — In Ggw. von *CO* u. H_2 katalysiert Di-Co-octacarbonyl die reduktive Decarboxylierung von Phthalsäureanhydrid zu *Benzoesäure* (**I**). Der Einfl. von Substituenten wird diskutiert. So entsteht aus Benzolpolycarbonsäureanhydriden *Isophthalsäure* (**II**). Weiterhin wird die Decarboxylierung eines Gemisches von aromat. Polycarbonsäuren beschrieben, daß bei der Ox. von Kohle anfällt. Dabei entstehen 4% **I**, 3% *Terephthalsäure* u. 10% **II**. Der Rk.-Mechanismus wird diskutiert. — 20 Literaturangaben. M. Jatkowski H 1200

1830 **Synthese von Phthalaten aus sekundären Alkoholen, synthetisiert durch direkte Oxydation von Kohlenwasserstoffen.** V. D. Kapkin, A. N. Baškirov und M. M. Grožan. (Neftechimija **7** (1967) 1, 97—103; russ.) — C_7—C_9-Alkohole werden durch direkte Ox. von n-Paraffinen in Ggw. von H_3BO_3 unter 10—15 atm synthetisiert u. die Veresterung mit Phthalsäureanhydrid durchgeführt, die in 2 Stufen abläuft: Bldg. von Monoester u. Bldg. des Diesters. Den Einfl. des Katalysators auf die Rk.-Geschw. der Veresterung zeigt folgende Reihe: H_2SO_4 > p-Toluolsulfosäure > Benzolsulfosäure > β-Naphthalinsulfosäure. Erhöhung der Katalysatormenge erhöht die Rk.-Geschw., gleichzeitig erhöht sich der Grad der Dehydratation des Alkohols. Die optimale Katalysatormenge beträgt 2,8%. Verringerung des molaren Verhältnisses Anhydrid:Alkohol von 1:5 bis 1:2,5 verschlechtert den Prozeß, u. der Umsetzungsgrad beträgt bei 1:2,5—60,8%. Die Rk.-Geschw. hängt von der Lage der OH-Gruppen im Alkohol ab. Die Geschw.-Konst. für Octanol-1, -2, -3, -4 betragen k_1 = 71 · 10^{-3} $Min.^{-1}$; k_2 = 7,6; k_3 = 6,8; k_4 = 6,3. Die Aktivierungsenergie der Veresterung prim. u. sek. Alkohole mit Phthalsäureanhydrid beträgt 13,8 u. 14,6 kcal/Mol. Die Ausb. der Phthalate beträgt 94,5% der Theorie. Die erhaltenen Phthalate aus sek. Alkoholen wurden als Plastifikatoren für Polyvinylchlorid eingesetzt u. sind in ihren Eig. Standard-Plastifikatoren gleichzusetzen. E. Erge H 1220

1831 **Partielle Hydrierung von Pyridinen.** Robert E. Lyle und S. Edward Mallett. (Ann. New York Acad. Sci. **145** (1967) 1, 83—90; Univ. of New Hampshire, Durham, N.H.; engl.) — *Pyridiniumjodide* u. *-hydroxide* können katalyt. partiell hydriert. werden. Dabei hängt es von der elektronenanziehenden Kraft der Gruppe in 3-Stellung u. den Rk.-Bedingungen ab, ob Dihydropyridine, Tetrahydropyridine oder Piperidine entstehen. — 26 Literaturangaben. M. Jatkowski H 3231

1832 **Katalytische α-Methylierung von Pyridinen.** Manfred G. Reinecke, George Grins, Louis R. Kray und Robert F. Francis. (Ann. New York Acad. Sci. **145** (1967) 1, 116—22; Dep. Chem., Texas Christian Univ., Fort Worth, Texas; engl.) — Bei der Behandlung von z. B. 3-[3'-Pyridyl]-propanol mit Raney-Ni während 5 Tagen bei 150° entstehen neben 28% *3-Äthylpyridin* auch 12% *3-Äthyl-6-methylpyridin*. Diese α-Methylierung von Pyridin ist auch mit aliphat. Alkoholen wie Decanol möglich; es findet vollkommene Umwandlung in *α-Picolin* statt, wobei neben *n-Nonan* auch eine geringe Menge an *n-Decanal* entsteht. Der Mechanismus der Rk. wird diskutiert. M. Jatkowski H 3231

1833 **Einfluß des pH-Wertes auf die Stereochemie katalytischer Hydrierungen.** Robert L. Augustine. (Ann. New York Acad. Sci. **145** (1967) 1, 19—30; Dep. Chem., Seton Hall Univ., South Orange, N.J.; engl.) — Vf. diskutieren die Rk.-Mechanismen u. entstehenden Konfig.-Isomeren bei der Hydrierung α,β-ungesätt. Ketone im sauren, neutralen u. bas. Bereich unter Berücksichtigung des Lsgm.; Katalysator ist Pd auf Aktivkohle. Genannt werden *$\Delta^{1,9}$-Octalon-(2), 14.15-Dehydro-16-equilenon, Cholestenon, Testosteron*. — 36 Literaturangaben. M. Jatkowski H 3700

1834 **Verwendung von Schwefeltetrafluorid bei organischen Synthesen.** D. G. Martin. (Ann. New York Acad.

Sci. **145** (1967) 1, 161–68; Res. Labor. of Upjohn Co., Kalamazoo, Mich.; engl.) — Übersicht über Fluorierungsmöglichkeiten mit SF_4 von Carbonsäuren, Aminosäuren, N-haltigen Heterocyclen, Carbonsäurederiv., Nitrilen, Isocyanaten, Aldehyden, Ketonen, Alkoholen, Thiocarbonsäuren, Halogen-KW-Stoffen u. Steroiden. Letztere werden eingehender behandelt. — 33 Literaturangaben. M. Jatkowski H 3700

1835 General Electric Co., Schenectady, N.Y. (Erfinder: Glenn Dale Cooper, Las Cruces, N.Mex., und Herman Lawrence Finkbeiner, Ballston Lake, N.Y.), USA, **Herstellung von Alkanen, Alkanolen, Acetalen oder Carbonsäuren** nach dem Grignard-Verf. durch Rk. einer Verb. der allg. Formel R'MgX (I) (R' = Alkylrest mit ≧ 2 C-Atomen, in dem am β-C-Atom ≧ 1 H-Rest gebunden ist) in einem Grignard-Lsgm. mit einem Olefin der allg. Formel $R{-}CH{=}CH_2$ (X = Halogen, R = organ. Rest, der keine mit I reagierende Substituenten enthält), in Ggw. eines Ti- oder Zr-Halogenids oder eines Alkyl- oder Aryltitanats als Katalysator (II), dad. gek., daß ein Verhältnis von II:Mg von ≧ 0,25 verwendet u. die entstandene Grignard-Verb. der allg. Formel $R'RCH{-}CH_2MgX$ in bekannter Weise mit O_2, W., CO_2, einem Aldehyd, Keton oder o-Ameisensäureester umgesetzt wird. — C_2H_5MgBr (aus 0,5 (Mol) C_2H_5Br u. 0,55 Mg in Ae.) wird bei 0° mit 0,5 1-Penten u. anschließend mit $Ti[OC_3H_7]_4$ versetzt, 18 Std. gekocht, u. mit Eis u. konz. HCl zersetzt → *3-Methylhexan* u. *2-Äthylpenten-(1)*. Analog aus 1-Octen → *2.3-Dimethylnonan*, Kp. 184°, neben kleinen Mengen 4-Methyldecan, 2-Propylocten-(1) u. 2-Isopropylocten-(1). (**D.A.S. 1219935** Kl. 12o vom 23/1. 1964, ausg. 30/6. 1966. U.S. Prior. 23/1. 1963.) — 5 S. C. Lüttgen H 550

1836 Dow Chemical Co., Midland, Mich., USA (Erfinder: Ralph Anderson Davis und Eric Russell Larsen), **Selektive Fluorierung organischer Verbindungen** der allg. Formel A–B mittels BrF_3 u. fl. Br_2 bei ≦ 60° [A = mindestens 1 Br-Atom enthaltender Alkylrest bis zu 5 C-Atomen, der zudem Cl oder F enthalten kann; B = Cl, H, NO_2, CN, COF, CHO, –OCOR, $-CO_2R$, OR u. –C(O)R; R = C_1–C_3–Alkylrest]. $CF_2BrCHBr_2$ → *$CF_2Br{-}CHBrF$* (65 Mol-%). — CF_3CHBr_2 → *CF_3CHBrF* (99,5 Mol-%). — $CHBr_2{-}CHBr_2$ → *CHF_2CHBr_2* (66 Mol-%) + *$CHBrFCHBr_2$* (31 Mol-%) + *CHF_2CHBrF* (3 Mol-%). — Äthylbromid → *C_2H_5F* (78 Mol-%). — $(CHBrCl)_2$ → *CHFCl–CHClF*. — $CF_2Cl(CH_2)_4Br$ → *$CF_2Cl{-}(CH_2)_4F$*. — $CH_3OCF_2CHBr_2$ → *$CH_3OCF_2{-}CHBrF$* + wenig *$CH_3O \cdot CF_2CHF_2$*. — CBr_3NO_2 → *CBr_2FNO_2* + *CF_2BrNO_2* (Nebenprod.). — $CHBr_2CO_2CH_3$ → *$CHBrFCO_2CH_3$*. (**Brit.P. 1059234** vom 25/5. 1964, ausg. 15/2. 1967.) — 6 S. A. Jahn H 560

1837 Imperial Chemical Industries Ltd., London, Großbritannien (Erfinder: Norman James Le Page und Frank Riding), **Kontinuierliche Herstellung von Tetrachloräthanen (IV) und/oder 1.1.2-Trichloräthan (III)** in einer mit Inertkörpern gefüllten Rk.-Kolonne (I) mit aufgesetztem Rückflußkühler. Am Boden von I wird Äthylen, darüber Cl_2 in Abwesenheit von Licht eingeführt, am Kopf von I eine aus 1.2-Dichloräthan (II) u. ggf. III bestehende Fl. aufgegeben u. die Kolonne bei ≧ 50°, aber unterhalb des Kp. der fl. Mischung gehalten. Am Boden von I wird II, III u. IV abgezogen u. II u. ggf. auch ein Teil von III unter Zusatz von frischem II in den Kopf von I derart zurückgeführt, daß die Konz. von II in der zurückgeführten Fl. ≧ 5 Mol-% beträgt. Gebildetes HCl wird aus dem Kühler abgezogen. Das Verhältnis von Cl_2:Äthylen beträgt 3 bis 7:1, bes. 5:1. — Fließbilder. (**Brit.P. 1056522** vom 10/2. 1964, ausg. 25/1. 1967.) — 9 S. A. Jahn H 560

1838 Hooker Chemical Corp., Niagara Falls, N.Y., USA, **Herstellung von ungesättigten Halogenalkoholen** der allg. Formel $X_1{-}C(X_2){=}C(X_3){-}C(R_1)(R_2){-}OH$ (R_1 = H-Atom oder Alkylrest; R_2 = Alkylrest; R_1 u. R_2 können zusammen auch einen Cycloalkylrest darstellen; X_1, X_2, X_3 = Cl-, Br- u./oder F-Atome). Man setzt einen Alkohol der allg. Formel $H{-}C(R_1)(R_2){-}OH$ bei 400–700° mit einem Tetrahalogenäthylen der allg. Formel $X_1{-}C(X_2){=}C(X_3){-}X_4$ um (X_4 = Br- oder Cl-Atom). — Zum Beispiel leitet man ein Dampfgemisch aus A. u. Tetrachloräthylen (I) (Molverhältnis 2:1) durch ein auf 530° erhitztes Rohr u. erhält ein Gemisch aus 87(%) *1.1.2-Trichlor-3-hydroxybuten-(1)*, $Kp._{12}$ 85°, 6 des Acetals $[CCl_2{=}CCl{-}CH(CH_3)O]_2 \cdot CHCH_3$, $Kp._{18}$ 159–160°, u. einer Verb. der Formel *$CH_3{-}CHOH{-}CCl{=}CCl{-}CHOH{-}CH_3$*, F. 174–175°. — Analog aus I u. Isopropanol *1.1.2-Trichlor-3-methyl-3-hydroxybuten-(1)*, $Kp._{11}$ 90–95°, aus I u. n-Propanol $CCl_2{=}CCl{-}C_3H_6OH$, $Kp._{11}$ 115–120°, aus Chlortrifluoräthylen (II) u. A. *1.1.2-Trifluor-3-hydroxybuten-(1)*, $Kp._{100}$ 40–45°, u. aus II u. Isopropanol *1.1.2-Trifluor-3-methyl-3-hydroxybuten-(1)*, $Kp._{70}$ 47–50°. — Zwischenprod. für *Herbizide* u. *Insektizide*. (**Niederl.P. 123435** vom 26/11. 1962, ausg. 15/12. 1967.) — 3 S. F. Böhm H 610

1839 Procter & Gamble Co., Cincinnati, übert. von: Warren I. Lyness, Mount Healthy, und David E. O'Connor, Cincinnati O., USA, **β-Ketosulfoxide** werden hergestellt durch Rk. von $R{-}S(O){-}C(R^1)(R^2)M$ mit $[R^4C(O)O]_nR^5$ oder $R^4[C(O)Cl]_n$ oder $[R^4C(O)]_2O$ oder $[R^5O]_2CO$ oder Bernsteinsäure- oder Phthalsäureanhydrid (R = ggf. substituierter KW-Stoffrest mit 1–30 C-Atomen; R^1, R^2 = H, C_1–C_{30}-KW-Stoffrest mit 0–10 Äther-, Thioäther- u. Iminobindungen u. 0–5 Aminogruppen; R^4 = C_1–C_{29}-KW-Stoffrest mit 0–2 Estergruppen; R^5 = Alkylrest des Alkoholteils des Esters mit 1–20 C-Atomen; n = 1–3; M = Alkalimetall). — *2-Ketotridecylmethylsulfoxid*, F. 81–82°, 51% (Ausb.); *$n{-}C_{17}H_{35}C(O)CH_2S(O)CH_3$*, F. 97–98°, 67%; *$4{-}CH_3C_6H_4 \cdot C(O)CH_2S(O)CH_3$*, F. 83–84°, 37%; *$4{-}CH_3OC_6H_4C(O) \cdot CH_2S(O)CH_3$*, F. 102–103°, 52%; *$4{-}CF_3C_6H_4C(O)CH_2S \cdot (O)CH_3$*, F. 111–112°, 36%; *$(CH_3)_2CH_2CH_2C(O)CH_2S(O) \cdot CH_3$*, 84%; *$n{-}C_9H_{19}C(O)CH_2S(O)CH_3$*, F. 75,5–76,5°, 74%; *$C_8H_{17}CH{=}CHC_7H_{14}C(O)CH_2S(O)CH_3$*, F. 53–54°, 47%; *$4{-}FC_6H_4C(O)CH_2S(O)CH_3$*, F. 92,6–93,2°, > 49%; *$CH_2{=}CHC_8H_{16}C(O)CH_2S(O)CH_3$*, F. 73–74°, 66%; *$C_{17}H_{35}C(O)CH_2S(O)CH_3$*, F. 97–98°, > 70%; *$2{-}HOC_6H_4 \cdot C(O)CH_2S(O)CH_3$*, F. 153,2–153,6°, > 24%; *$C_4H_9C(O) \cdot CH_2S(O)CH_3$*, F. 37–37,5°, 34%; *$C_6H_5C(O)CH_2S(O)CH_3$*, F. 86–87°, 45%. — *Oberflächenakt. Stoffe* u. Zwischenprod. dafür. (**U.S.P. 3355494** vom 30/3. 1965, ausg. 28/11. 1967.) — 7 S. A. Debo H 640

1840 Aerojet-General Corp., Azusa, Calif., USA (Erfinder: Vytautas Grakauskas und Edward Eugene Hamel), **Herstellung organischer Fluornitroverbindungen.** Man mischt z. B. 0,25 Mol 1.1-Dinitroäthanol (I)-K mit 180 ml W., leitet 4 Std. ein Gemisch aus F_2 (2–3 Liter/Std.) u. He (10 Liter/Std.) bei 25–30° ein, extrahiert mit Ae. u. erhält durch Dest. 15 *1-Fluor*-I als farblose Fl.; analog erhält man *Phenyldinitrofluormethan*, $F{-}C[NO_2]_2{-}C_6H_5$. — *1-Fluor-1.1-dinitroäthan*, $Kp._{20}$ 40 bis 41°. — *1-Fluor-1.1-dinitropropan*, n_D 1,4050. — *1.3-Difluor-1.1.3.3-tetranitropropan*. — *3-Fluor-3.3-dinitropropionsäure*. — *Bis-[3-fluor-3.3-dinitrophenyl]-maleinat*. — *3-Fluor-3.3-dinitropropylacetat*, *-benzoat* u. *4.4.6.6-Tetranitro-6-fluorhexansäuremethylester*. — *N.N'-Bis-[2-fluor-2.2-dinitroäthyl]* (**II**)*-hydrazin* u. **II**-*Harnstoff*. — *Di-[3-fluor-3.3-dinitropropyl]-äther*. — *N-Nitro-2.2'-difluor-2.2.2'.2'-tetranitrodiäthylamin*, F. 84–85°. — *1-Fluor-1.1-dinitro-3.3-dichlorpropan*. — *1-Fluor-1.1.3.3-tetranitrobutan*. — *4-Fluor-2.2.4.4-tetranitrobutylacetat*. — *3.3'-Difluor-3.3.3'.3'-tetranitro-2.2'-dichlordipropylamin*. — *1-Fluor-1.1-dinitro-4-nitrazaheptan*. — *2-Fluor-2.2-dinitroäthylbenzoat*. — *Explosiv-* u. *Raketentreibstoffe*. (**Brit.P. 1077065** vom 20/8. 1963, ausg. 26/7. 1967.) — 11 S. O. Müller-Meiningen H 800

1841 Walter Blöchl, Karlsruhe, **Herstellung perfluorierter aliphatischer Carbonsäuren** erfolgt durch Elektrofluorierung teilweise fluorierter aliphat. Carbonsäuren oder deren Deriv., die in γ- oder δ- oder γ -u. δ-Stellung zur CO-Gruppe vollständig fluoriert sind, bes. von γ.γ.δ.δ-Tetrafluormono- oder -dicarbonsäuren. — Beispiele zur Herst. von *Perfluorbutter-*, *Perfluorvalerian-*, *Perfluorcapryl-*, *Perfluorkorksäure*; deren *Dimethylester*, $Kp._{10}$ 94°. — γ.γ.δ.δ-Tetrafluorsebacinsäurechlorid → nach Veresterung Gemisch aus *Perfluor-ε-[2-tetrahydrofuran]-capron-* u. *Perfluor-δ-[2-tetrahydropyran]-valerian-*

säure, $Kp._{14}$ 77°. (**Schwz.P. 430680** vom 25/6. 1964, ausg. 15/8. 1967. D. Prior. 25/6. 1963.) — 3 S.
O. Müller-Meiningen H 810

1842 Rikagaku Kenkyusho, Tokio, Japan, *α.β*-**Ungesättigte Carbonsäuren,** bes. *Acryl-* u. *Methacrylsäure*, erhält man durch Ox. der entsprechenden Aldehyde mit O_2 in Ggw. von W.-Dampf u. ggf. weiterer gesätt. oder ungesätt. C_{3-4}-KW-Stoffe, in Ggw. eines Katalysators aus MoO_3, V_2O_5 u. Al_2O_3 im Gew.-Verhältnis 100:1—500:0,1 bis 20, der noch ein oder mehrere Oxide von Cu, Ag, Au, Ca, Sr, Ba, Mg, Zn, Cd, B, Ti, Zr, Si, Ge, Sn, P, As, Sb, Bi, Cr, W, U, Se, Te, Mn, Fe, Co oder Ni enthalten kann u. auf einen Träger aufgebracht ist. — Beispiele, Tabellen. (**Brit.P. 1084143** vom 30/9. 1965, ausg. 20/9. 1967. Jap. Prior. 30/9. 1964.) — 10 S.
H.-W. Ebersbach H 810

1843 Farbwerke Hoechst Akt.-Ges. vormals Meister Lucius & Brüning, Deutschland, **Gewinnung von Sorbinsäureanhydriden** durch Umsetzung von Polyestern (**A**), die durch Rk. von Keten mit Crotonaldehyd erhalten wurden (vgl. D.A.S. 1042573; C. **1959,** 12382), mit einem Carbonsäurechlorid oder einem Chlorameisensäurealkylester in inerter Lsg., bes. in Carbonsäureanhydriden oder deren Gemischen mit anderen Lsgm. u./oder in Ggw. von tert. Basen bei —20° bis +120°. — Sorbinsäureanhydride: *Benzoesäure-*, $Kp._{0,5}$ 138—142°, aus 112 (g) **A** in Toluol durch Zusetzen zu 140,5 Benzoylchlorid u. Triäthylamin (**I**) in Toluol u. 2std. Erhitzen auf 70—80°; 80% (Ausb.). — Analog: *Essigsäure-*, $Kp._{0,8}$ 86—90°, a) aus **A** u. Acetylchlorid, in Toluol in Ggw. von I; 26,6%; b) in Toluol/Acetanhydrid; 44,8%. — *Propionsäure-*, $Kp._{0,8}$ 88—91°, aus **A** u. Propionylchlorid in Ggw. von **I** in Propionsäureanhydrid/Diisopropyläther; 51,8%. — *Sorbinsäure-*, $Kp._{0,5}$ 145—147°, aus 112 **A** u. 130,5 Sorbinsäurechlorid in Toluol in Ggw. von **I**; 82 g. — *Kohlensäuremonoäthylester-*, $Kp._{20}$ 148°, aus **A** u. Chlorameisensäureäthylester in $CHCl_3$ in Ggw. von **I**; 20,7%. (**F.P. 1466016** vom 27/1. 1966, ausg. 13/1. 1967. D. Prior. 27/1. 1965.) — 4 S. Eberhard Riedel H 810

1844 Halcon International, Inc., New York, N.Y., USA, **Herstellung einer Cyclohexanol(I)-Cyclohexanon(II)-Mischung** mit einem Geh. an 80—95 Gew.-% **I** + **II**, davon 70—92 **I**, u. 5—20 an anderen sauren oder neutralen Ox.-Prod. (Säurezahl 0,01—0,75) durch Ox. von Cyclohexan mit mol. O_2 in Ggw. von Metaborsäure als Katalysator. — Zwischenprod. zur Herst. von *Adipinsäure* durch Ox. mit HNO_3. (**Brit.P. 1058155** vom 12/8. 1964, ausg. 8/2. 1967. U.S. Prior. 13/8. 1963.) — 4 S.
H. Roos H 820

1845 Halcon International, Inc., New York, N.Y., USA, **Oxydation von Cycloparaffinen** mit einem O_2-haltigen Gas erfolgt in Ggw. von dehydratisierter $B[OH]_3$, bes. Metaborsäure, Hydrolyse des gebildeten *Cycloalkanol*(**I**)-*Borsäureesters*, teilweises Abdest. des gebildeten **I**-Cycloalkanongemisches, bes. mittels W.-Dampf, Rückführung eines Teils des Destillates in den Dest.-Rückstand derart, daß dessen Menge nicht > 14 Gew.-% je 100 Teile Ox.-Gemisch beträgt. Durch Weiterox. des erhaltenen Gemisches mit HNO_3 werden die entsprechenden Dicarbonsäuren erhalten. — Beispiele: Cyclohexan → *Adipinsäure.* (**Brit.P. 1074489** vom 1/12. 1964, ausg. 5/7. 1967. U.S. Prior. 6/12. 1963.) — 4 S.
O. Müller-Meiningen H 820

1846 Monsanto Chemical Co. (Erfinder: Wylie Barrow Hogeman), **Herstellung von Adipinsäure** erfolgt durch Ox. von Cyclohexan in fl. Zustand mit O_2 hauptsächlich zu Cyclohexanol u. Cyclohexanon u. weitere Ox. mit HNO_3 zu Adipinsäure. — Fließbild. (**Aust.P. 272168** vom 17/9. 1963, ausg. 19/1. 1967. U.S. Prior. 18/9. 1962.) — 16 S. C. Lüttgen H 820

1847 Hooker Chemical Corp., übert. von: Edwin Dorfman, Grand Island, und Claude Thomas Bean jun., Niagara Falls, N.Y., USA, **Perfluoralkylthioamide** der Formel $NH_2C(S)(CF_2)_nC(S)NH_2$ (n = 1—22) werden hergestellt durch Rk. des entsprechenden Imidins mit H_2S. — *Perfluorglutarthioamid*, $C_5H_4F_6N_2S_2$, gelb, F. 139°. — *Zwischenprod. für Polymere.* (**U.S.P. 3354204** vom 21/1. 1965, ausg. 21/11. 1967.) — 2 S.
A. Debo H 820

1848 Merck & Co., Inc., Rahway, N.J., USA (Erfinder: Meyer Sletzinger, Raymond Armond Firestone und Donald Floyd Reinhold), **Substituierte Cyanessigester** werden hergestellt durch Kondens. eines Benzylhalogenids mit einem α-Acylamino-cyanessigester in Ggw. von NaH. — *α-Formamido-cyanessigsäurebenzylester*, F. 102—105°; α-Acetamido-*cyanessigsäureäthylester*; *2-Acetamido-2-[3.4-dimethoxybenzyl]-cyanessigsäureäthylester*, F. 102—104,5°. (**Brit.P. 1095186** vom 8/2. 1965, ausg. 13/12. 1967. U.S. Prior. 6/3. 1964.) — 4 S. A. Debo H 820

1849 Sagami Chuo Kagaku Kenkyusho (Sagami Chemical Research Center), Tokio, Japan, **Herstellung von Dicyan** durch Ox. von HCN mit NO_2 oder N_2O_4 bei ≦ 100°, bes. bei 0—15°, u. einem Druck von ≦ Normaldruck, in Ggw. eines Cu(II)-Salzes, z. B. Cu(II)-Chlorid, -Nitrat, -Sulfat oder -Acetat, u. von W. als Katalysatoren. Zweckmäßig wird die Rk. in Kontakt mit einer wss. Lsg. des Cu-Salzes ausgeführt. Das Mol-Verhältnis $HCN:NO_2$ beträgt bes. 2:1. (**Brit.P. 1084477** vom 21/7. 1966, ausg. 20/9. 1967. Jap. Prior. 2/8. 1965.) — 4 S.
H. Roos H 820

1850 Celanese Corp. of America, New York, N.Y., USA, **Lactone** werden erhalten durch Überleiten eines dampfförmigen nicht cycl. Diols (mindestens 3 C) mit H_2 über einen Cu-Oxid oder dessen Gemisch mit U-Oxid enthaltenden Katalysator bei 175—300° (1 Mol Diol mit 5—50 Mol H_2). — 1.6-Hexandiol → 40—50% *ε-Caprolacton.* — 1.4-Butandiol → *γ-Butyrolacton.* (**Brit.P. 1082137** vom 15/12. 1964, ausg. 6/9. 1967. U.S. Prior. 26/12. 1963.) — 2 S. O. Müller-Meiningen H 850

1851 Celanese Corp. of America, New York, N.Y., USA, **Oxydation organischer Verbindungen** (**I**) erfolgt mit Peressig- oder Perpropionsäuredampf, der mit CH_3CHO verd. ist, bes. in einer Kolonne, in der fl. **I** dem aufwärtsströmenden Persäuredampf entgegengeführt wird, bei 65—150°/50—70 mm. Die bei der Ox. entstehende Carbonsäure wird über Kopf der Kolonne abgetrieben. — Beispiele zur Epox. bzw. Ox. von Soyabohnenöl, 2-Äthylhexyltallat, 2.2-Bis-[p-allyloxyphenyl]-propan, Allylpropionat, Camphen, Dichloräthylen, Dicyclopentadien, Methylcrotonat, Methylcyclohexanon, Nonen-(2), Octylen, Pinen, Styrol (**II**), cis-Stilben, Dibenzylsulfid, Diallylsulfid, Äthyl-n-butylsulfid, 2.5-Dimethylpyrazin, 6-Nitrochinolin, o-, m-, p-Nitro-**II**. — Cyclohexanon → *ε-Caprolacton.* — Allylacetat → *Glycidylacetat* + *Glycerindiacetat* u. *-triacetat.* (**Brit.P. 1053972** vom 30/8. 1963, ausg. 4/1. 1967. U.S. Prior. 30/8. 1962.) — 7 S.
O. Müller-Meiningen H 850

1852 Whiffen & Sons Ltd., Loughborough, Großbritannien (Erfinder: Christopher Stanley Argyle), **Carbohydrazid** erhält man durch Rk. von Hydrazin mit Cyanursäure (**I**), bes. im Molverhältnis von ≧ 10:1. Ausb. 71,5%, bezogen auf **I**. (**Brit.P. 1055879** vom 22/12. 1962, ausg. 18/1. 1967.) — 2 S. A. Jahn H 880

1853 E. I. du Pont de Nemours & Co., Wilmington, Del., übert. von: William R. Jenks, Memphis, Tenn., USA, **Herstellung von Cyanwasserstoff** aus einem KW-Stoff, z. B. Erdgas, NH_3 u. O_2 bei hohen Temp. über einem Pt-Gaze-Katalysator, der ≦ 20% Rh enthalten kann. Der Katalysator wird vor dem Einsatz bei 10—50° mit Königswasser behandelt, bes. so lange, bis 2—8 Gew.-% seiner Oberfläche weggelöst ist. Anschließend wird er zweckmäßig aktiviert, z. B. durch Überleiten von Synthese-Gas bei ansteigenden Temperaturen. (**U.S.P. 3360335** vom 12/3. 1964, ausg. 26/12. 1967.) — 2 S.
H. Roos H 890

1854 Rohm & Haas Co., Philadelphia, übert. von: William D. Emmons, Huntington Valley, Pa., USA, **Tert.-Alkylisothiocyanate** mit 4—24 C-Atomen im Alkylrest werden hergestellt durch Rk. von CS_2 mit $RC(CH_3)_2 \cdot N{=}CH_2$ (R = Alkyl mit 1—21 C-Atomen), daneben entsteht Trithian (**I**). — *Isothiocyanate*: *tert.-Octyl-*, $Kp._{20}$ 101—105°, 88% (Ausb.), neben 92% **I**; *tert.-Butyl-*, Kp. 140°, 82%, neben 94% **I**. — *Mittel zur Herabsetzung der Wasserempfindlichkeit von Wolle u. Kasein*; **I** ist Zwischenprod. für Polymere. (**U.S.P. 3336333** vom 27/11. 1963, ausg. 15/8. 1967.) — 2 S. A. Debo H 890

1855 E. I. du Pont de Nemours & Co., übert. von: Herbert Boden, Wilmington, Del., USA, **Tetrakis-[dimethylamino]-äthylen** erhält man durch Rk. von Chlortrifluoräthylen mit Dimethylamin in Mol-Verhältnis 8:1 bis 20:1 bei $< 70°$. Kp.$_1$ 36,7°. (**U.S.P. 3293299** vom 4/10. 1965, ausg. 20/12. 1966.) — 3 S.
R. Bollinger H 910

1856 International Polaroid Corp., Jersey City, N.J., USA, **N-Substituierte Hydroxylamine** der allg. Formel $R^1N(OH)R^2$ erhält man durch Ox. entsprechender sek. Amine, bes. mit H_2O_2 [einer der Reste R^1 u. R^2 = Alkoxyalkyl-, Alkoxyalkoxyalkylrest, der andere = Alkyl-, Alkenylrest; beide Reste können zusammen mit dem N-Atom eine ggf. durch einen Alkoxyrest substituierte heterocycl. Gruppe bilden]. — Es wurden erhalten: *$(CH_3OCH_2CH_2)_2NOH$*, $C_6H_{15}NO_3$, Kp.$_{0,1}$ 63 bis 68°. — *$(C_2H_5OCH_2CH_2)_2NOH$*, $C_8H_{19}NO_3$, Kp.$_{0,2}$ 80—84°. — *$(CH_3OCH_2CH_2OCH_2CH_2)_2NOH$*, $C_{10}H_{23}NO_5$, Kp.$_{1,1}$ 140 bis 152°. — *$C_2H_5OCH_2CH_2N(OH)C_2H_5$*, Kp.$_{3,5}$ 73—74°. — *$C_2H_5OCH_2CH_2N(OH)CH_2{-}CH{=}CH_2$*, Kp.$_{22}$ 100—101°. — *Photograph. Entwickler*. (**Brit.P. 1053067** vom 8/6. 1964, ausg. 30/12. 1966. U.S. Prior. 26/6. 1963.) — 6 S.
A. Jahn H 920

1857 Sandoz Patents Ltd., Toronto, Ontario, Canada (Erfinder: Kurt Hofer, Münchenstein, Rudolf Kessler, Runach, Urs Dollberger, Basel, und Rolf Gross, Runach, Schweiz), **Amide von Aminopropionsäure** erhält man durch Rk. von 1—2 (Mol) eines Acrylsäureesters eines flüchtigen Alkohols bei $< 100°$ mit 1 einer Verb. der allg. Formel $R^1R^2N{-}(A^1{-}NR^3)_mH$ u. dann mit 1—2 einer Verb. der allg. Formel $R^4R^5N{-}(A^2{-}NR^6)_n{-}H$ (ein R^{1-3} = Alkyl, Alkenyl mit 12—24 C-Atomen; die restlichen 5 R^{1-6} = H, Alkyl, Hydroxyalkyl mit 1—6 C-Atomen; A^1 u. A^2 = C_{2-6}-Alkylen; m u. n = 0—6). Rk. von Äthylacrylat mit Stearylamin → Stearylamin-dipropionsäure-diäthylester, dunkelrote Fl., Ausb. 98,2%. Rk. des Diesters mit 1.6-Hexamethylendiamin → Stearylamin-dipropionsäure-di-1-aminohexyl-6-amid (**I**), braune wachsartige Masse, Ausb. 99,5%. Rk. von **I** mit Äthylenoxid → ein Äthoxylierungsprod., das durch Dimethylsulfat u. Monochloressigsäure quaterniert werden kann. — *Emulgatoren, Weichmacher*. (**Brit.P. 1072118** vom 27/11. 1963, ausg. 14/6. 1967. Schwz. Prior. 1/12. 1962.) — 9 S. R. Bauereis H 950

1858 E. I. du Pont de Nemours & Co., übert. von: Elwood P. Blanchard jun., Wilmington, Del., USA, **Herstellung von Iminomalonsäurenitrilen (I)** der allg. Formel $R{-}O{-}N{=}C[CN]_2$ (R = C_{1-10}-KW-Stoffrest) durch Rk. von 19—1 (Teilen) eines Alkali- oder Erdalkalisalzes des Isonitrosomalonsäurenitrils (**II**) bei 0 bis 200° u. 0,1—100 at mit einer Verb. der allg. Formel RX (X = Halogen, $-OSO_2OR$). — 1260 (Teile) Methylsulfat gibt man zu 1330 K-Salz von **II** in 10000 W. u. 3947 A., läßt 48 Std. stehen, dest. im Vakuum, extrahiert das Destillat mit Ae. → 114 *N-Methoxy*-I (**III**), $C_4H_3N_3O$. 300 CH_3J gibt man zu 266 K-Salz von **II** in 873 Äthylenglykoldimethyläther, kühlt nach 1 Std. u. leitet über Al_2O_3, das dann mit Ae. eluiert wird. Das Eluat wird nochmals über Al_2O_3 geführt u. frakt. dest. → **III**, Kp.$_{105}$ 88—90°, n_D^{25} 1,4431. Zu einer Lsg. von 109 **III** in 789 A. gibt man 32 wasserfreies Hydrazin in 789 A. u. filtriert nach 1½ Std. bei 0° das Rk.-Prod. ab → *2-Cyano-2-[methoxyimino]-acetamid-hydrazon* (**IV**), $C_4H_7N_5O$, F. 130° (Zers.), das mit Benzil in A. auf dem Dampfbad erwärmt u. nach 15 Std. bei 18—20° auf 0° abgekühlt wird → *α-[Methoxyimino]-5.6-diphenyl-1.2.4-triazin-3-acetonitril*, $C_{18}H_{13}N_5O$, F. 165—167°, das mit 2.3-Butandion in A. 5 Min. gekocht wird → *α-[Methoxyimino]-5.6-dimethyl-1.2.4-triazin-3-acetonitril*, $C_8H_9N_5O$, F. 140—143°. Analog: *2-Cyano-2-[methoxyimino]-acetamid-benzylidenhydrazon*, $C_{11}H_{11}N_5O$, F. 155—156° (Zers.), aus **IV** u. Benzaldehyd, *2-Cyano-2-[methoxyimino]-acetamid-isopropylidenhydrazon*, $C_7H_{11}N_5O$, F. 70—71°, aus **IV** u. Aceton, *2-Cyano-2-[methoxyimino]-acetamid-cyclohexylidenhydrazon*, $C_{10}H_{15}N_5O$, F. 69—71°, u. *2-Cyano-2-[methoxyimino]-acetamid-α-methylbenzylidenhydrazon*, $C_{12}H_{13}N_5O$, F. 95,5 bis 96,5°, aus **IV** u. Acetophenon. — *Lsgm. für Polymere*, bes. *Polyvinylacetat*. (**U.S.P. 3234266** vom 13/8. 1963, ausg. 8/2. 1966.) — 4 S. C. Lüttgen H 950

1859 Soc. Belge de l'Azote et des Produits Chimiques du Marly, Lüttich (Erfinder: Fernand Binon, Claude Marr und Herbert Ziegler, Brüssel), Belgien, **1-Carnitinamid-d-camphorat,** $[(CH_3)_3N{-}CH_2{-}CH(OH)CH_2{-}CO{-}NH_2]^{\oplus}{-}(Camph.)^{\ominus}$, $[\alpha]_D$ +7,9°; F. 131 bis 132°, erhält man durch Rk. von Ag-d-Camphorat mit dl-Carnitinamidchlorid. — Zwischenprod. für *Atmungsanreger*. (**Brit.P. 1075563** vom 21/2. 1966, ausg. 12/7. 1967. Belg. Prior. 22/2. 1965.) — 2 S.
R. Bollinger H 950

1860 Olin Mathieson Chemical Corp., übert. von: Theodore L. Heiging, North Haven, Conn., Joyce Ann Reid, Highland Park, N.J., und Samuel I. Trotz, Orange, Conn., USA, **Carboranisocyanate** der Formel $RR'B_{10}H_8(CR^dCR^e)$ (R, R' = H, C_1—C_5-Alkyl; R^e, R^d = H, NCO) werden hergestellt durch Rk. von Alkaliaziden mit $RR^aB_{10}H_8(CR^bCR^c)$ (R, R^a = H, C_1—C_5-Alkyl; R^b, R^c = H, –COX; X = Cl, Br, J). — *$B_{10}H_{10}[C(NCO)]_2$*. — *Raketentreibstoffe*. (**U.S.P. 3291820** vom 1/12. 1964, ausg. 13/12. 1966.) — 2 S. A. Debo H 980

1861 Olin Mathieson Chemical Corp., Va., übert. von: George N. Tyson jun., Claremont, Calif., USA, **Metastabile Komplexverbindungen aus Aziden und Hydriden** mit $-N_3$:E-Gruppen; E = AlH_3, GaH_3, BH_3, ein durch einen aliphat. KW-Stoff mit 1—10 C-Atomen substituiertes B-Hydrid; $-N_3$ = niedrigmol. Alkylazid, Isocyantetrazid, Methyl-Al-diazid, Metallazid der allg. Formel $M[H_x(N_3)_y]_z$; M = Alkali-, Erdalkalimetall, Ga, Al; x = 0—2; y = 1—3; x + y = z = Wertigkeit des Metalls. Als Metallazide dienen noch: $M[BH_a(N_3)_b]_c$; a = 0—3; b = 1—4; a + b = 4; c = 1—3; $M[AlH_a \cdot (N_3)_b]_c$ oder $M[GaH_a(N_3)_b]_c$. Aus 0,01 Mol C_2N_{14} u. 0,05 Mol Diboran in Ae. unter N_2 bei —80° → *$C_2H_{14} \cdot (BH_3)_4$*. — *$LiB(N_3)_4(B_5H_9)_4$*. — *NaN_3AlH_3*. — *$NaH_3 \cdot BN_3B_{10}H_{13}C_2H_5$*. — *$NaAl[(N_3)B(C_2H_5)_3]_4$*. — *Treibstoffe*. (**U.S.P. 3248168** vom 14/4. 1959, ausg. 26/4. 1966.) — 2 S. I. Löwe H 980

1862 Lubrizol Corp., Cleveland, O., USA, **Molybdänsalze von Organophosphorsäuren** der allg. Formel $[(RX)_2 \cdot P({=}X)X]_aMo{-}X_b$ (R = ggf. substituierter KW-Stoff; X = O, S; a + 2b = 6—8) werden hergestellt durch Rk. eines Alkalisalzes des entsprechenden Phosphorsäureesters mit einem Alkali- oder NH_4-Molybdat. — *Na-Di-[(4-methylpentyloxy-2)-dithiophosphat]*. Weitere Beispiele. — *Schmiermittelzusätze*. (**Brit.P. 1016832** vom 26/7. 1963, ausg. 12/1. 1966. U.S. Prior. 30/7. 1962.) — 7 S. A. Debo H 980

1863 E. I. du Pont de Nemours & Co., übert. von: Neal O. Brace, Wilmington, Del., USA, **Polyfluoralkylsubstituierte aromatische Verbindungen** erhält man durch Erhitzen eines Polyfluoralkyljodids, z. B. 1-Jodperfluorbutan, Perfluoräthyljodid oder Perfluorheptyljodid, mit einer aromat. Verb., z. B. Bzl., Anisol, Methylbenzoat, C_6H_5Cl oder Benzonitril, in Ggw. eines freie Radikale bildenden Katalysators, bes. organ. Peroxiden oder aliphat. Azoverb., auf 80—190°. — Herst. von *Perfluorbutylbenzol, Methylperfluorbutylbenzoat* u. *Perfluorheptylchlorbenzol*. — *Oberflächenakt. Agentien*. (**U.S.P. 3271441** vom 18/6. 1962, ausg. 6/9. 1966.) — 4 S.
L. Stadelmann H 1010

1864 Allied Chemical Corp., New York, N.Y. (Erfinder: Theodore Largman, Madison, N.J., und Ronald Nathaniel Holmes, Philadelphia, Pa.), USA, **Aralkylhydroperoxide** werden erhalten durch Rk. einer Aralkylverb., die mindestens 1 sek. Alkylrest am aromat. Ring enthält, in fl. Phase mit O_2, bes. bei 50—150°, bes. 60—120°, in Ggw. von mindestens 0,01, bes. 0,05—1 Gew.-% eines festen Alkali- oder Erdalkaliplumbats, -wismutats, -stannats oder -antimonats. — Beispiele zur Herst. von *Cumolhydroperoxid*. (**Schwz.P. 437280** vom 23/7. 1964, ausg. 30/11. 1967. U.S. Prior. 25/7. 1963.) — 11 S. O. Müller-Meiningen H 1050

1865 Gulf Research & Development Co., Pittsburgh, Pa., USA (Erfinder: William Calvin Offutt), **Phenole** erhält man aus Alkylphenolen durch Rk. mit H_2 in Ggw. der diesen Alkylphenolen entsprechenden alkylaromat. Verb. bei 482—871, bes. 538—732°. — Aus Kresol → Phenol. (**Brit.P. 1079147** vom 10/11. 1965, ausg. 16/8. 1967.) — 4 S. R. Bollinger H 1060

1866 Hercules, Inc. (Erfinder: Delore Loren Kouba), Wilmington, Del., USA, **p-Nitrosophenol** erhält man durch Rk. von $NaNO_2$ mit Phenol in wss. H_2SO_4 oder wss. HCl im Verhältnis 1,2:1:1,2 bis 1,4:1:1,4 bei pH < 5 u. 0—15°. (**Schwz.P. 431554** vom 28/12. 1964, ausg. 31/8. 1967. U.S. Prior. 8/1. 1964.) — 4 S. R. Bollinger H 1060

1867 Lonza Soc. An., Schweiz, **Herstellung von Hydrochinon,** F. 171—172°, aus C_2H_2, CO u. H_2 bei 100—300° u. 150—350 at in einem organ. Lsgm. ohne akt. H-Atome im 2—15fachen mol. Überschuß (bezogen auf C_2H_2) in Ggw. von $[Ru(CO)_4]_3$ oder einer geeigneten Ru-Verb., die unter Rk.-Bedingung $[Ru(CO)_4]_3$ bildet; Ausb. bis zu 33,5%. — Tabelle. (**F.P. 1430131** vom 13/8. 1964, ausg. 27/4. 1966. Schwz. Prior. 15/8. 1963.) — 3 S. G. Colsmann H 1060

1868 Stauffer Chemical Co., New York, N.Y., USA, **Herstellung aromatischer Fluorformiate oder Fluorthioformiate** erfolgt nach: Ar–X–H + Cl–CO–F → Ar–X–CO–F (Ar = ggf. durch Halogen, Halogenalkyl, Alkoxy, Halogenalkoxy, Phenyl substituiertes Phenyl oder Naphthyl; X = O oder S) bes. in Ggw. eines bas. Katalysators. — Man schüttelt z. B. 0,1 (Mol) Phenol in 50 ml Toluol u. bei Verw. eines bas. Katalysators in Ggw. von 0,5 Tri-n-butylamin mit 0,2 Carbonylchlorfluorid im Autoklaven 12 Std. bei 1—20,4 at u. 35—80° u. erhält in 54,3—100%ig. Ausb. *Phenylfluorformiat,* $Kp._{760}$ 153°, $Kp._7$ 47,1°; $n_D^{26,5}$ 1,4642; $D._4^{23,8}$ 1,201. Die gleiche Verb. erhält man durch Erhitzen von 400 (g) Phenylchlorformiat mit 110 K_2F_2 bei 3std. Erhitzen auf 100°. — Ausgehend von folgenden Verb. Ar–X–H erhält man die entsprechenden Formiate Ar–X–COF mit folgenden Konst.: Na-Phenolat → Verb. $Kp._7$ 47,1°; $n_D^{26,5}$ 1,4642. — Thiophenol → Verb. $Kp._9$ 73°; n_D^{24} 1,5273. — Hydrochinon → F. 67—68°. — m-Dihydroxybenzol → $Kp._1$ 67°; n_D^{22} 1,4563. — o-Dihydroxybenzol → $Kp._7$ 77°. — p-Trifluormethylphenol → $Kp._{25}$ 68°; $n_D^{25,5}$ 1,4151. — p-Methoxyphenol → $Kp._1$ 51°; n_D^{23} 1,4843. — p-Methylphenol → $Kp._1$ 70°; n_D^{24} 1,4663. — α-Naphthol → $Kp._1$ 80°; n_D^{24} 1,5662. — p-Fluorphenol → $Kp._{15}$ 52°; $n_D^{23,5}$ 1,4490. — o-Bromphenol → $Kp._{4,55}$ 66°; n_D^{22} 1,5110. — o-Fluorphenol → $Kp._{6,55}$ 33—34°; 1.3.5-Trihydroxybenzol → F. 92°. — Pyrolyse der Fluorformiate bzw. -thioformiate liefert bei 350—900° in Ggw. von Pt, SiO_2, A-Kohle, AlF_3-Asbest, Pt + Ag auf Cu-Wolle die entsprechenden kernfluorierten aromat. Verb.; außerdem dienen die Verb. als Zwischenprod. zur Herst. von Agrikulturchemikalien, Pharmazeutika, Weichmacher. (**Brit.P. 1076566** vom 7/8. 1964, ausg. 19/7. 1967. U.S. Prior. 7/8., 7/8 u. 7/8. 1963.) — 9 S. O. Müller-Meiningen H 1060

1869 Plains Chemical Development Co., übert. von: Edward G. Budnick, Garwood, N.J., USA, **4.4'-Dichlordiphenylsulfon** erhält man in 88,7%ig. Ausb. durch Rk. von 1 (Mol.) Dimethylpyrosulfat u. 2—3 SO_3 mit ≧ 1 C_6H_5Cl mehr, als man SO_3 verwendet hat, bei Raumtemp. bis 100°. (**U.S.P. 3355497** vom 1/2. 1965, ausg. 28/11. 1967.) — 2 S. A. Debo H 1090

1870 Marchon Products Ltd., London, übert. von: Austen Edgar Sowerby, Distington, und John Robert Armstrong, Maryport, Cumberland, Großbritannien, **Herstellung sulfatierter und sulfonierter Verbindungen.** Man behandelt gesätt. Fettalkohole (**IV**) oder Alkylbenzole in mehreren Zonen mit SO_3 (**I**), das mit einem inerten Gas verd. ist, bei einer Temp., die über dem F. der zu behandelnden Verb. (**II**) liegt, wobei das mol. Verhältnis von **I**:**II** in der 1. Zone < 1 u. in den folgenden Zonen > 1 liegt u. das Vol. des Gasgemisches (**III**) mindestens das 400fache des von **II** beträgt. Die Durchlaufzeit des Rk.-Gemisches beträgt in der 2. u. den folgenden Zonen < 1 Sek.; die Trennung des **III** von dem Rk.-Prod. erfolgt in einer Zentrifuge. Es entstehen hellfarbige Prod.; das Verf. eignet sich bes. für hitzeempfindliches **II**, z. B. **IV**. — *Na-Laurylsulfat.* — Dodecylbenzolsulfonsäure. — Vorr., Zeichnungen. (**U.S.P. 3246026** vom 13/1. 1965, ausg. 12/4. 1966. Brit. Prior. 14/1. 1964. **Brit.P. 1020249** vom 14/1. 1964, ausg. 16/2. 1966. **Zusatz zu Brit.P. 969517; C. 1967, 49/50-2331.**) — 8 S. — 4 S. C. Lüttgen H 1090

1871 Engelhard Industries, Inc., Newark, N.J., USA, **Herstellung von Hexahydrobenzoesäure** durch Hydrierung von Benzoesäure (**I**) in Ggw. eines bes. auf einem Träger aufgebrachten Ru-Katalysators u. von ≧ 5, bes. 25—100 Gew.-% W., bezogen auf **I**, bei 50 bis 220, bes. 120—150° u. 500—10000, bes. 1300—3000 psig. **I** wird zweckmäßig im Gemisch mit Hexahydrobenzosäure hydriert. Nach Abtrennung des Prod. kann der Katalysator ohne Regenerierung wieder eingesetzt werden. — Verf.-Schema; Diagramme. (**Brit.P. 1061800** vom 23/12. 1964, ausg. 15/3. 1967. U.S. Prior. 26/12. 1963.) — 11 S. H. Roos H 1210

1872 Imperial Chemical Industries Ltd., London, Großbritannien (Erfinder: Peter James Thomas und Bernhard Patrick Whim), **Phthalsäureanhydrid** erhält man durch Ox. von o-Xylol mit O_2 in der Dampfphase bei 250—550° in Ggw. einer Mischung aus TeO_2 u. V_2O_5. (**Brit.P. 1063152** vom 26/2. 1965, ausg. 30/3. 1967.) — 3 S. L. Stadelmann H 1220

1873 Halcon International, Inc., New York, N.Y., USA, **Herstellung von Phthalsäureanhydrid** durch Ox. von o-Xylol u./oder Naphthalin mit Luft. Man verwendet als Katalysator ein Oxid oder Salz von Metallen der Gruppen 4—8 des Period. Syst., das auf einem gut Hitze leitenden Träger, der eine Oberfläche von < 1 m^2/g aufweist, aufgetragen, $^1/_2$—8 Std. auf 90—200° u. < 90 Min. auf 200—450° erhitzt wurde, bes. V_2O_5 auf SiC. — Vgl. D.A.S. 1206402; C. **1966,** 31-2511. (**Ind.P. 83785** vom 20/8. 1962.) — 3 S. C. Lüttgen H 1220

1874 Dow Chemical Co., Midland, Mich., USA (Erfinder: Warren William Kaeding und Edwin Josep Strojny), **Herstellung von Salicylsäuren,** die im Kern durch Alkyl mit 1—20 C-Atomen oder Alkoxy mit 1—10 C-Atomen oder F oder NO_2 substituiert sein können, erfolgt durch Herst. einer fl. Rk.-Mischung des Cuprisalzes der entsprechenden Benzoesäure mit Alkanen oder Cycloalkanen, die 6—30 C-Atome enthalten, oder deren Fluorderiv., Erhitzen des Gemisches auf 200—300°, Kontakt mit einem O_2-haltigen Gas u. Überführung des entstandenen Kupfersalicylats in die freie Säure. (**Brit.P. 1078786** vom 18/6. 1965, ausg. 9/8. 1967. U.S. Prior. 18/12. 1964.) — 4 S. R. Bauereis H 1250

1875 E. I. du Pont de Nemours & Co., Wilmington, übert. von: John Richard Kosak, Wilmington, und William Ervin Meece, Newark, Del., USA, **Herstellung von 3.4-Dichloranilin,** F. 70,7°, erfolgt durch Hydrierung von 3.4-Dichlor-1-nitrobenzol bei 30 bis 150° u. ≧ 100 p.s.i.g. H_2 in Ggw. von Pt u. Morpholin u. Erhöhung der Temp. am Ende der Hydrierung auf 170—180°. (**U.S.P. 3291832** vom 9/4. 1964, ausg. 13/12. 1966.) — 2 S. R. Bauereis H 1310

1876 E. I. du Pont de Nemours & Co., Wilmington, Del., USA, **4.4'-Methylendianilin** erhält man, indem man Anilinhydrochlorid mit HCHO bei < 50° kondens., ≧ 0,2 Mol. Anilin zugibt, dann 0,1—0,98 Mol. HCl u. das Gemisch auf ≧ 50° erhitzt. — *Zwischenprod. für Polyurethane.* (**Brit.P. 1064559** vom 8/3. 1966, ausg. 5/4. 1967. U.S. Prior. 8/3. 1965.) — 6 S. A. Debo H 1310

1877 American Cyanamid Co., Stamford, Conn., übert. von: Arthur Albert Doering, Bound Brook, N.J., USA, **Herstellung von 3-Chlor-4-toluidin** erfolgt durch Chlorierung von 4-Nitrotoluol in Ggw. eines Chlorierungskatalysators, Auswaschen des entstandenen 2-Chlor-4-nitrotoluols u. Red. dieser Verbindung. — Zwischenprod. für *Farbstoffe.* (**U.S.P. 3341595** vom 1/10. 1964, ausg. 12/9. 1967.) — 3 S. R. Bauereis H 1310

1878 Merck & Co., Inc., Rahway, N.J., USA (Erfinder: Meyer Sletzinger, Raymond Armond Firestone und Donald Floyd Reinhold), **Substituierte Propionitrile** werden hergestellt durch Red. der entsprechenden Cyanessigsäureester mit Alkaliborhydriden.

— *2-Acetamido-2-[3.4-dimethoxybenzyl]* (I)-*3-hydroxy-propionitril* aus I-Cyanessigsäureäthylester mit $LiBH_4$ in Tetrahydrofuran. (**Brit.P. 1095187** vom 8/2. 1965, ausg. 13/12. 1967. U.S. Prior. 6/3. 1964.) — 3 S.
A. Debo H 1350

1879 Comp. Française Thomson-Houston, Seine, Frankreich (Erfinder: Abe Berger), **Herstellung von Si-Verbindungen** durch Rk. von Verb. der Formel R_2SiX_2 (R = einwertiger KW-Stoff-Rest; X = Halogen) mit 0,5—2 Mol (pro Mol R_2SiX_2) einer Verb. der Formel MBH_4 (M = Na oder K) oder YH (Y = Na, K, Rb oder Cs) in Ggw. von MBH_4 u. von Nitrilen, Estern oder deren Gemischen, bes. Essigsäureäthylester (I) oder Acetonitril (II), oder (F.P. 1418638) durch Umsetzung von R_2SiX_2 mit 0,5—2 $LiBH_4$ in Ggw. von 0,5—20% (bezogen auf R_2SiX_2) $TiCl_4$ oder $ZrCl_4$ in einem Äther, bes. Tetrahydrofuran (III). — Chlorsilane: Diphenyl-, $Kp._{10}$ 126°, aus $NaBH_4$ u. Diphenyldichlorsilan (IV) in II bei 50° oder aus IV u. KBH_4 in III durch Zusatz von LiCl u. 8std. Kochen; 15% bzw. 60% (Ausb.). — Analog Dimethyl-, Kp. 35,6°, aus Dimethyldichlorsilan, $NaBH_4$ u. einer 50%ig. Suspension von NaH in einem Mineralöl in I durch Kochen; 22%. — *Methyläthyl-*, Kp. 71°; 25%. — Weitere Beispiele. (**F.PP. 1418556** vom 22/12. 1964 u. **1418638** vom 23/12. 1964, beide ausg. 11/2. 1966. Beide U.S. Prior. 23/12. 1963.) — 4 S. — 4 S.
G. Colsmann H 1380

1880 Standard Oil Co., Chicago, Ill., übert. von: Fred K. Kawahara, Cincinnati, O., USA, **Bis-[triphenylsilyl]-perfluordicarbonsäureester** werden hergestellt durch Rk. von $(C_6H_5)_3SiOH$ mit $ClC(O)(CF_2)_n \cdot C(O)Cl$ (n = 1—8). — *Bis-[triphenylsilyl]-perfluorglutarat*, F. 446—453°F. — *Schmierfett.* (**U.S.P. 3347794** vom 15/9. 1966, ausg. 17/10. 1967.) — 4 S.
A. Debo H 1380

1881 Union Carbide Corp., übert. von: George M. Omietanski, Tonawanda, und Thomas C. Williams, Lancaster, N.Y., USA, **Organocyclosiloxane** mit verschiedenen Substituenten werden hergestellt durch Rk. von $HO(R_2SiO)_nH$ mit R^1SiX_3 (R, R^1 = substituierte KW-Stoffreste; X = Cl, Alkylamino; n = 2—4). — *$[C_6H_5Si(Cl)O][(CH_3)_2SiO]_3$*, $C_{12}H_{23}ClO_4Si_4$, $Kp._{4,5}$ 119 bis 120°, n_D^{25} 1,4551; *$[C_6H_5Si(OH)O][(CH_3)_2SiO]_3$*, $C_{12}H_{24} \cdot O_5Si_4$, $Kp._{0,2}$ 93—95°, n_D^{20} 1,4560, $D._4^{25}$ 1,078. — *Zwischenprod. für Polymere.* (**U.S.P. 3358009** vom 29/4. 1963, ausg. 12/12. 1967.) — 3 S. A. Debo H 1380

1882 Halcon International, Inc., USA (Erfinder: Harold Gilman und Joel Joseph Kirman), **Herstellung von aromatischen Alkenylverbindungen,** bes. *Styrol*, durch Dehydrieren von Äthylbenzol (I), dad. gek., daß das I enthaltende Rk.-Gemisch bei 99—116° mit ≧ 0,14, bes. 0,35—0,7 kg/cm² komprimiert, dadurch W. kondensiert u. die freiwerdende Wärme zur Dest. bei 90,6—113° in einer Kolonne mit 60—80 theoret. Böden benutzt wird. — Fließschema. (**F.P. 89876** vom 24/3. 1966, ausg. 1/9. 1967. U.S. Prior. 24/3. 1965. **Zusatz zu F.P. 1397134.**) — 3 S. G. Colsmann H 1410

1883 Institut Français du Pétrole, des Carburants et Lubrifiants, Rueil-Malmaison (Erfinder: Jacob Alagy, La Celle-Saint-Cloud, und Franz Defoor, Rueil-Malmaison), Seine-et-Oise, Frankreich, **Herstellung von Alkoholen** durch Ox. von KW-Stoffen, z. B. Cyclohexan, mit O_2 enthaltendem Gas, bes. N_2 mit O_2-Geh. von 2—25 Vol-%, bei 130—200° in Ggw. einer Säure von B oder B_2O_3 in fl. Phase u. Hydrolyse des zunächst gebildeten B-Säure-Alkohol-Esters. Bei kontinuierlicher Arbeitsweise wird in der Rk.-Fl. eine Konz. an Borsäureester zwischen 1,5 u. 40 Gew.-% aufrechterhalten. Die Rk. wird bes. in mehreren hintereinander geschalteten Rk.-Gefäßen durchgeführt. (**Brit.P. 1071326** vom 23/4. 1965, ausg. 7/6. 1967. F. Prior. 24/4. 1964 u. 4/1. 1965.) — 4 S. H. Roos H 1850

1884 Commercial Solvents Corp., übert. von: Vernon V. Young, Terre Haute, Ind., USA, **Herstellung von Oximen** durch Behandeln von prim. oder sek. Nitroparaffinen bei ≧ 110° u. ≧ 300 p.s.i. in Ggw. eines Katalysators aus Ag-Chromat oder -Dichromat mit H_2. — Man stellt aus 17 (g) Ag-Nitrat, 21,5 ZnO in 0,4 W. durch Zugabe von 13 NH_4-Dichromat in 0,2 W. den Katalysator her, von dem 4 mit 390 Nitrocyclohexan in 390 CH_3OH bei 135° u. 1000 p.s.i. mit H_2 erhitzt werden → *Cyclohexanonoxim, Cyclohexylhydroxylamin* u. *Cyclohexylamin*, Ausb. 90%. (**U.S.P. 3267142** vom 19/11. 1964, ausg. 16/8. 1966.) — 3 S. C. Lüttgen H 1960

1885 Shell Internationale Research Mij. N. V., Den Haag (Erfinder: Robert van Helden, Govert Verberg und Bob Balder, Amsterdam), Niederlande, **Herstellung von Diphenyl(I) oder dessen Derivaten** durch Rk. von aromat. Verb., die wenigstens ein an ein aromat. C-Atom gebundenes H-Atom besitzen, mit Metallsalzen in fl. Phase, dad. gek., daß man einen ggf. durch Halogen, KW-Stoff-, Äther-, Hydroxy- oder Carboxylgruppen substituierten aromat. KW-Stoff mit einem Pd-Salz, bes. $PdCl_2$, in Ggw. eines säurebindenden Mittels u. ggf. eines polaren Lsgm. bei 40—200°, ggf. unter Einleiten von O_2 u. bes. unter Wasserausschluß umsetzt, z. B. nach: $2C_6H_6 + PdCl_2 \rightarrow C_6H_5\text{-}C_6H_5 + Pd + 2HCl$. — Weitere Beispiele: o-Xylol → *3.3'.4.4'-Tetramethyl-I*, $Kp._{0,05}$ 100—125°. — Cumol → *Diisopropyl-I*, $Kp._{0,05}$ 100—120°. — β-Phenyl-β.β-dimethylpropionsäuremethylester → Verb. mit $Kp._{0,05}$ 195—225°; VZ. 197. — $C_6H_5\text{-}CH_3$ → *p.p'-Bitolyl*, F. 120—121°; $Kp._{11}$ 140—145°. — Pivalinsäurephenylester → Verb. mit $Kp._{0,05}$ 140—150°. — C_6H_5Cl → p.p'-Dichlor-I, F. 127—140°; $Kp._{15}$ 170 bis 180°. — $C_6H_5COOCH_3$ → Verb. mit $Kp._{10}$ 220—235°. — $C_6H_5\text{-}O\text{-}C_6H_5$ → Verb. mit $Kp._{10}$ 270°. — $C_6H_5\text{-}O\text{-}CH_3$ → *p.p'-Dimethoxy-I*, F. 172°. — $C_6H_5\text{-}C_6H_5$ → *p.p'-Quaterphenyl*, F. 280—300°, u. *3.4'-Quaterphenyl*, F. 155 bis 160°. — m-Diisopropylbenzol → *3.5.3'.5'-Tetraisopropyl-I*, F. 90,4—91,2°. — Vgl. U.S.P. 3145237; C. **1966,** 32-2469. (**D.A.S. 1211206** Kl. 12o vom 20/12. 1962, ausg. 24/2. 1966. Niederl. Prior. 22/12. 1961.)
O. Müller-Meiningen H 2210

1886 Universal Oil Products Co., Des Plaines, übert. von: Henryk A. Cyba, Evanston, Ill., USA, **Phosphatylthioepoxide** erhält man durch Rk. eines Alkalimetalldithiophosphats mit einem Dihalogenepoxid in Ggw. eines O-haltigen polaren Lösungsmittels. — Durch Rk. von K-Diisopropyldithiophosphat mit 1.4-Dichlor-2.3-epoxybutan in Methanol erhält man *1.4-Bis-S-[O.O-diisopropyl-dithiophosphatyl]-2.3-thioepoxybutan* als rotbraunes Öl. Analog wurden erhalten: *1.4-Bis-S-[0.0-diäthyl-dithiophosphatyl]-*, *1.4-Bis-S-[0.0-diisopropyl-dithiophosphatyl]-*, *1.4-Bis-S-[0.0-ditolyl-dithiophosphatyl]-*, *1.4-Bis-S-[0.0-dicyclohexyl-dithiophosphatyl]-2.3-thioepoxybutan.* — Zusatzmittel für *Schmieröle* u. *-fette*, *Stabilisierungsmittel* für *Polyolefine*, *Insektizide.* (**U.S.P. 3291809** vom 30/12. 1963, ausg. 13/12. 1966.) — 4 S.
R. Bauereis H 3030

1887 E. I. du Pont de Nemours & Co., übert. von: Charles S. Cleaver, Wilmington, Del., USA, **Fluorazirinverbindungen.** Eine Lsg. von Hexafluor-1-propenylazid in 400 (Teilen) symm. Tetrachloräthan wird — nach Knunyants u. Bykhovskaya, Academy of Sciences (USSR) Proceedings, Chemisty Section, English translation, Vol. 131, 411 (1960) — aus 75 Hexafluorpropylen u. Triäthylammoniumazid (aus 60 Triäthylamin) hergestellt, 2 Std. bei 0° u. 5—20 mm Hg gehalten, das flüchtige Material durch fl. N_2 kondensiert, worauf das Kondensat auf 25° erwärmt wird. Die flüchtigen Bestandteile werden bei —78° kondensiert u. fraktioniert → *2.3-Difluor-2-trifluormethylazirin* (I) u. *2.2-Difluor-3-trifluormethylazirin* (II) beide C_3F_5N, Kp. —17°, F. > —78°. I wird durch Behandeln mit HF bei 60° in II übergeführt. Die Fluorazirinverb. werden bei niederer Temp. durch einen ion. Polymerisationskatalysator oder hochgespannte Elektronen polymerisiert. Auch Mischpolymerisate mit Thiocarbonylfluorid, Tetrafluoräthylenoxid, Äthylenoxid, Perfluoraceton u. a. sind möglich. — Verw. zur Herst. von *W. abweisenden Textilien.* (**U.S.P. 3255157** vom 24/1. 1963, ausg. 7/6. 1966.) — 5 S.
C. Lüttgen H 3030

1888 Dow Chemical Co., Midland, Mich., übert. von: George E. Ham und Carl H. Klentsch, Lake Jackson, Tex., USA, **Herstellung von Aziridinylameisensäureestern** durch Umestern eines solchen Esters (I) mit einem

Ester der allg. Formel R_1COOR_2 (R_1 = H, niederes Alkyl, R_2 = prim. Alkyl-, Alkenyl-, Aralkylrest mit 2—8 C-Atomen) in Ggw. eines Umesterungskatalysators, bes. Alkalialkoxid. — 116 (g) n-Butylacetat, 115 Äthylaziridinylformiat u. 0,4 CH_3ONa werden bei 15—20 mm Hg bei 25—35° unter Rückfluß 10 Std. gekocht unter Abdest. des entstehenden Äthylacetats → 93,3 *n-Butylaziridinylformiat.* (**U.S.P. 3280109** vom 4/10. 1965, ausg. 18/10. 1966.) — 1 S. C. Lüttgen H 3030

1889 Union Carbide Corp., New York, übert. von: Robert P. Yunick, Schenectady, N.Y., USA, **Herstellung von 2.3-Dihydrothiophen-1.1-dioxid** erfolgt durch Erhitzen eines 3-Alkoxytetrahydrothiophendioxids, dessen Alkylrest 2—10 C-Atome u. 1—2 O-Atome in Form von Hydroxyl-, Äther- oder Carbonyl-Gruppen enthält, auf 200—750°, z. B. durch Erhitzen von 3-[2-Hydroxyäthoxy]-tetrahydrothiophen-1.1-dioxid auf 515°. (**U.S.P. 3293264** vom 14/9. 1964, ausg. 20/12. 1966.) — 2 S. R. Bauereis H 3071

1890 Air Products and Chemicals, Inc., Philadelphia, übert. von: Harold A. Green, Havertown, Pa., USA, **Herstellung von Imidazol.** Man leitet ein Gasgemisch aus H_2, Formamid, Äthylendiamin u. deren Rk.-Prod. bei 340—480° über einen Dehydrierungskatalysator aus einem sorptiven Al_2O_3-Träger mit 0,1—2% metall. Pt. Ausb. 33—55% je nach Temp. u. Mischungsverhältnis. (**U.S.P. 3255200** vom 29/5. 1963, ausg. 7/6. 1966.) — 2 S. C. Lüttgen H 3122

1891 Eastman Kodak Co., Rochester, N.Y., USA, übert. von: David G. Saunders, Wealdstone, Harrow, Großbritannien, **Bis-benzoxazolylstilbene** erhält man durch Erhitzen von 4.4'-Bis-[2-hydroxyphenylcarbamoyl]-stilbenen im Vakuum auf 200—400°. — 4.4'-Bis-(2-hydroxyphenylcarbamoyl)-stilben → *4.4'-Bis-[benzoxazolyl-(2)]-stilben*, F. 365—368°. — Vgl. F.P. 1378454. Weitere Verb. ohne physikal. Konstanten. *Opt. Aufheller.* (**U.S.P. 3260715** vom 16/4. 1963, ausg. 12/7. 1966. Brit. Prior. 17/12. 1962.) — 6 S. A. Jahn H 3132

1892 Dow Chemical Co., Midland, Mich., übert. von: George E. Ham, Lake Jackson, Tex., USA, **Herstellung von Oxazolinen** u. Oxazolidonen durch Isomerisation eines Aziridinylameisensäureesters mit Alkalijodid bei 50—150°. — Ein Gemisch aus 23 (g) Äthyl-1-aziridinylformiat u. 3 NaJ in Acetonitril (**I**) wird 96 Std. unter Rückfluß gekocht, bei —10° filtriert, das Filtrat bei 100 mm Hg u. 40° von **I** befreit u. bei 1 mm Hg dest. → 10,1 *N-Äthyl-2-oxazolidon* u. 10,66 *2-Äthoxy-2-oxazolin*, $Kp._{0,100}$ 96°, n_D^{20} 1,4330. (**U.S.P. 3247220** vom 9/9. 1963, ausg. 19/4. 1966.) — 2 S. C. Lüttgen H 3132

1893 E. I. du Pont de Nemours & Co., übert. von: Rudolph A. Carboni, Wilmington, Del., USA, **Acylamide von 2-[o-Aminoaryl]-2.1.3-benztriazolen** erhält man durch Acylierung. 2-[o-Aminoaryl]-2.1.3-benztriazole werden durch Ox. von o.o'-Diaminoazoarylverb. in N-haltigen Lsgm. oder durch Red. von Dibenzo-1.3a.4.6a-tetraazapentalenen hergestellt. Es wurden erhalten: 2.1.3-Benztriazole: *2-(o-N-Benzylamidophenyl)-*, $C_{19}H_4N_4$, gelbliche Nadeln, F. 123° (A.). — *2-(o-N-Monostearylamido-phenyl)-*, F. 83—84° (PAe.). — *2-(o-N-Monoanisamidophenyl)-*, $C_{20}H_{16}N_4O_2$, F. 167,5—168,5° (A.). — *2-(o-N-Mono-2-methyl-4-chlorbenzamidophenyl)-*. — *2-(o-N-Monoäthansulfonamidophenyl)-*. — *2-(o-N-Mono-2.3-dimethylbenzolsulfonamidophenyl)-*. — *2-(o-N-Mono-3.5-dinitrobenzamidophenyl)-*. — *2-(o-N-Monododecanamidophenyl)-*. — *2-(o-N-Monopyridin-3-amidophenyl)-*. — *2-(o-N-Monochinolin-4-amidophenyl)-*. — *2-(o-N-Monotert.-butylsulfonamidophenyl)-*. — *2-(o-N-Monoacrylamidophenyl)-*, $C_{15}H_{12}N_4O$, F. 96—96,8° (Hexan). — *2-(o-N-Monocampheramidophenyl)-*, $C_{22}H_{24}N_4O_3$, F. 154—155,4° (Bzl.-Hexan). — *2-(o-N-Monopivalamidophenyl)-*, F. 81° (W.-A.-Bzl.). — *2-(o-p-Monotoluolsulfonamidophenyl)-*, F. 160—160,5° (A.). — *2-(o-N-Monomethansufonamidophenyl)-*, F. 128—129,5°. — *2-(o-N-Monocinnamidophenyl)-*, F. 130—131° (A.). — *2-(o-N-Monophenylacetamidophenyl)-*, F. 144—145°. — *2-(o-N-Monohexahydrobenzamidophenyl)-*, F. 117—118°. — *2-(o-N-Mono-methacrylamidophenyl)-*, F. 90—91° (A., Cyclohexan). — *2-(o-N-Monofuramidophenyl)-*. — *Äthyl-2-(o-N-monooxamidophenyl)-*, F. 137—138°. — *2-(o-N-Mono-p-tert.-butylbenzamidophenyl)-*, F. 125—126° (Cyclohexan). — *2-(o-N-Mono-1-naphthamidophenyl)-*, F. 149—150° (Cyclohexan). — *2-(o-N-Mono-trifluoracetamido-phenyl)-*, F. 167° (Heptan). — *2-(o-N-Monomethanphosphonamidophenyl)-*. — *2-(o-N-Monobutanphosphonamidophenyl)-*. — *2-(o-N-Monomethylhexanphosphonamidophenyl)-*. *2-[o-N-Mono-(2.3-dichlorchinoxalin-6-carbonyl-amino)-phenyl]-*, $C_{21}H_{12}Cl_2N_6O$, F. 210—212°. — Ferner: *[2.2'-(2.3.5.6-Tetramethylterephthaloyldiimino)-o-phenylen]-bis-2.1.3-benztriazol*, F. 290°. — *2-(o-N-Monoacetamidophenyl)-2.1.3-α.β-naphthotriazol*, $C_{18}H_{14}N_4O$, F. 159,2—160,6°. — *2-(o-N-Monobenzamidophenyl)-2.1.3-α.β-naphthotriazol*, $C_{23}H_{16}N_4O$, F. 160,5—161,5°. — *Bis-[2-(o-sebacamidophenyl)-2.1.3-benztriazol]*, F. 171°. — *Bis-[2-(o-terephthalamidophenyl)-2.1.3-benztriazol]*, gelbe Nadeln, F. 280 bis 285°. — *Lichtstabilisatoren für Polymere.* (**U.S.P. 3267113** vom 25/3. 1964, ausg. 16/8. 1966.) — 16 S. A. Jahn H 3153

1894 Herchel Smith, Wayne, Pa., USA, **Äthylidenchromane** erhält man durch Kondens. von 4-Vinylchroman-4-ol mit einem 2-Alkylcyclopentan- oder -hexan-1.3-dion. — Beispiel: Durch Rk. von 7-Methoxy-4-vinylchroman-4-ol mit 2-Methylcyclo-pentan-1.3-dion in Ggw. von $KHCO_3$ erhält man das *7-Methoxy-4-β-[1'-methyl-2'.5'-dioxocyclo-pentyl]-äthyliden-chroman*, F. 104 bis 109°. Durch Ringschluß mit konz. HCl erhält man das (±)-*3-Methoxy-13-methyl-6-oxagona-1.3.5[10].8.14-pentaen-17-on*, F. 148—152°. Analog: *7-Methoxy-4-β-[1'-äthyl-2'.5'-dioxocyclopentyl]-äthyliden-chroman*, Öl; (±)-*13-Äthyl-3-methoxy-6-oxagona-1.3.5[10].8.14-pentaen-17-on.* — Zwischenprod. für *6-Oxa-steroide.* (**Brit.P. 1069843** vom 6/3. 1964, ausg. 24/5. 1967. U.S. Prior. 15/6. 1964. **Zusatz zu Brit.P. 1041273.**) — 3 S. R. Bauereis H 3211

1895 Minnesota Mining and Mfg. Co., St. Paul, Minn., übert. von: William S. Friedlander, Hudson, Wis., und John R. Mattson, Maplewood, Minn., USA, **Spiro-[3'-alkylcarbonylmercaptomethyl-cyclohexan-1'.5-barbitursäuren oder -thiobarbitursäuren]**, die in 1- u. 3-Stellung durch niedrige Alkenyl- oder Alkylgruppen substituiert sein können, werden erhalten durch Rk. von entsprechend in 1- u. 3-Stellung substituierten 5.5-Diallylbarbitursäuren mit Thiocarbonsäuren in Ggw. eines freie Radikale bildenden Hilfsmittels in Lsgm. oder Verdünnungsmitteln. — *Spiro-[3'-acetylmercaptomethyl-cyclohexan-1'.5-barbitursäure]*, $C_{12}H_{16}N_2O_4S$, F. 168,5° (aus A.). — Beeinflußt *Pflanzenwachstum* u. wirkt etwas *fungizid.* (**U.S.P. 3270019** vom 5/12. 1960, ausg. 30/8. 1966.) — 3 S. F. Hirsch H 3272

1896 E. I. du Pont de Nemours & Co., Wilmington, Del., USA (Erfinder: Warren Nesmith Baxter), **Herstellung von Caprolactam** durch Hydrieren von Adipomononitrolsäure in einem Lsgm., z. B. abs. Methanol, unter Druck von ≧ 100 psig. in Ggw. eines Katalysators, z. B. Raney-Ni. (**Brit.P. 1018854** vom 25/6. 1964, ausg. 2/2. 1966.) — 3 S. C. Lüttgen H 3370

1897 Ciba Ltd., Basel, Schweiz, **N-Azacyclo-dithiocarbonsäuren und -thiocarbonylsulfide.** Ein Gemisch aus 5,5 (g) 6-Azabicyclo-[3.2.1]-octan (**I**) in 15 ml A. u. 2 NaOH in 2 W. wird unter Kühlen mit 4 CS_2 in abs. A. versetzt → *Na-Salz von 6-[I]-Dithiocarbonsäure-Monohydrat*, F. 235—237° (Zers.) (als freie Säure nicht stabil), von dem 1 in 16 ml 85%ig. A. (**II**) mit 1,22 J_2 in 8 ml **II** versetzt werden → *Bis-{6-(6-azabicyclo-[3.2.1]-octyl)-thiocarbonyl}-disulfid*, F. 160—163° (Zers.). Analog folgende *Na-Salze der Dithiocarbonsäure*: *3-(3-Aza-bicyclo-[3.2.2]-nonan)-*, F. des Monohydrats 271—273°, u. *2-[2-Azabicyclo-[2.2.2]-octan)-*, F. des Hemihydrats 295—298°, u. folgende Disulfide: *Bis-{3-(3-azabicyclo-[3.2.2]-nonyl)-thiocarbonyl}-*, F. 187,5—188° (Zers.), u. *Bis-{2-(2-azabicyclo-[2.2.2]-octyl)-thiocarbonyl*(**III**)-, F. 170—171°, das durch Behandeln mit ClCN oder KCN in **III**-*Monosulfid*, F. 168—170°, übergeführt wird. — *Beifuttermittel* für Geflügel zur Verhütung von Kokzidiose. (**Brit.P. 1043856** vom 19/8. 1964, ausg. 28/9. 1966. U.S. Prior. 19/8. 1963 u. 22/6. 1964.) — 15 S. C. Lüttgen H 3380

1898 Monsanto Co., St. Louis, Mo., USA, **3-Azabicyclo-[3.2.2]-nonanderivate** der allg. Formel P–X–I (I = 3-Azabicyclo-[3.2.2]-nonan) erhält man durch Rk. von **I** mit Verb. der allg. Formel S–Z–N=C–S–S–C=N–Z–S u. Ox. mit Alkalihypochlorit oder durch Rk. von **I** mit CH_2O u. S–Z–N=C–SH [X = Einfachbindung, S, CH_2; P = S–Z–N=C–S–, falls X = Einfachbindung oder S; oder Z–S–C(S)–N–, falls X = CH_2]. — 6-Äthoxy-2-mercaptobenzthiazol + **I** + CH_2O → *3-(6-Äthoxy-2-thio-3-benzthiazolyl)-methyl*-**I**, $C_{18}H_{24}N_2OS_2$, F. 118 bis 119° (A.). — *3-(2-Thiobenzthiazolyl)-methyl*-**I**, $C_{16}H_{20}N_2S_2$, F. 134—136° (A.). — *3-(5-Chlor-2-thio-3-benzthiazolyl)-methyl*-**I**, $C_{16}H_{19}ClN_2S_2$, F. 151—153° (A.). — *2-(3-Azabicyclo-[3.2.2]non-3-ylmercapto)-5-chlorbenzthiazol*, $C_{15}H_{17}\cdot ClN_2S_2$, F. 101—102°(A.). — *2-(3-Azabicyclo-[3.2.2]-non-3-ylmercapto)-4-methyl-5-thiazolcarbonsäureäthylester*, $C_{15}\cdot H_{22}N_2O_2S_2$, F. 66—67° (Heptan). — *3-(4-Methylthiazol-2-ylmercapto)*-**I**, $C_{12}H_{18}N_2S_2$, F. 69—70° (A.). — *3-(5-Acetyl-4-methylthiazol-2-ylmercapto)*-**I**, $C_{14}H_{20}N_2OS_2$, F. 128—130°. — *3-(Benzthiazol-2-ylmercapto)*-**I**, $C_{15}H_{18}N_2S_3$, F. 98—99° (Heptan). — *Herbizide, Vulkanisationsbeschleuniger.* (**Brit.P. 1034291** vom 18/3. 1963, ausg. 29/6. 1966. U.S. Prior. 19/3. 1962.) — 11 S.
A. Jahn H 3390

1899 Foote Mineral Co., Exton, übert. von: Walter Leonard Borkowski, Media, Pa., USA, **Organolithiumverbindungen** werden hergestellt durch Rk. von Halogen-KW-Stoffen mit einer Mischung aus Li u. Na, wobei man ≧ 1 g Atom Li je Mol. Halogen-KW-Stoff verwendet. — *C_4H_9Li*, 95% Ausb., *C_6H_5Li*. (**U.S.P. 3293313** vom 1/5. 1962, ausg. 20/12. 1966.) — 4 S.
A. Debo 6680

1900 **Farbenfabriken Bayer Akt.-Ges.**, Leverkusen (Erfinder: **Helmut Hanisch**, Wambach, und **Wolfgang Biedermann**, Krefeld), *Gewinnung reiner, geradkettiger Paraffine.* (**D.A.S. 1 275 239** Kl. 23b vom 9/12. 1960, ausg. 14/8. 1968. — C. **1965**, 2-2644 [Brit.P. 942 024].)
1901 **Pittsburgh Plate Glass Co.**, Pittsburgh, Pa., USA (Erfinder: **Lester Ernest Bohl** und **Raymond Melvin Vancamp**), *Chlorkohlenwasserstoffe.* (**Brit.P. 1 027 280** vom 28/5. 1963, ausg. 27/4. 1966. U.S. Prior. 24/8. 1962. — C. **1966**, 38-2422 [F.P. 1 357 453].)
1902 **Pittsburgh Plate Glass Co.**, Pittsburgh, Pa. (Erfinder: **Floyd Edward Benner jun.**, Wadsworth, O.), USA, *1.1-Dichloräthan.* (**Schwz.P. 404 625** vom 27/11. 1961, ausg. 15/7. 1966. U.S. Prior. 8/12. 1960. — C. **1966**, 40-2465 [F.P. 1 309 871].)
1903 **Pittsburgh Plate Glass Co.**, Pittsburgh, Pa. (Erfinder: **Lester Ernest Bohl** und **Raymond Melvin Vancamp**, New Martinsville, W. Va.), USA, *Perchloräthylen und Trichloräthylen.* (**D.A.S. 1 218 432** Kl. 12o vom 19/4. 1961, ausg. 8/6. 1966. U. S. Prior. 12/5. 1960. — C. **1966**, 31-2440 [F.P. 1 285 024].)
1904 **British Hydrocarbon Chemicals Ltd.**, London (Erfinder: **Leslie Ernest Addy**, Dollar), Großbritannien, *Herstellung von Olefinen.* (**D.A.S. 1 249 253** Kl. 12o vom 11/10. 1962, ausg. 7/9. 1967. Brit. Prior. 13/10. 1961. — C. **1966**, 25-2458 [Brit.P. 967 822].)
1905 **Goodyear Tire & Rubber Co.**, Akron, übert. von: **Kenneth J. Frech**, Kent, O., USA, *Herstellung von ungesättigten Kohlenwasserstoffen.* (**U.S.P. 3 287 437** vom 29/9. 1960, ausg. 22/11. 1966. — C. **1966**, 36-2453 [F.P. 1 292 607].)
1906 **E. I. du Pont de Nemours and Co.**, Wilmington, Del. (Erfinder: **Francis Newton Thayer**, Orange, Tex.), USA, *Herstellung von Äthylen und dessen Homologen zusammen mit Diolefinen und Aromaten.* (**D.A.S. 1 200 282** Kl. 12o vom 24/11. 1959, ausg. 9/9. 1965. U.S. Prior. 24/11. 1958. — C. **1966**, 37-2599 [Can.P. 695 214].)
1907 **British Petrolum Co. Ltd.**, London, übert. von: **Alan Arthur Yeo**, **James Keith Hambling** und **Geoffrey Winton Alderson**, Sunbury-on-Thames, Großbritannien, *Herstellung von 2-Methyl-penten-2.* (**U.S.P. 3 190 937** vom 15/3. 1961, ausg. 22/6. 1965. Brit. Prior. 23/3., 15/7., 25/8. u. 22/11. 1960. — C. **1966**, 36-2452 [Brit.P. 912 822].)
1908 **Studiengesellschaft Kohle m. b. H.**, Mülheim/Ruhr (Erfinder: **Kurt Zosel**, Oberhausen), *Herstellung von Methylbuten und Methylpenten.* (**D.P.[DDR] 35 265** Kl. 12o vom 10/9. 1962, ausg. 5/3. 1965 [Ausschließungspatent]. D. Prior. [Bundesrepublik Deutschland] 18/9. 1961. — C. **1966**, 29-2503 [Brit.P. 976 930].)
1909 **Pittsburgh Plate Glass Co.**, Pittsburgh, Pa., USA, *Carbenderivate.* (**Brit.P. 986 060** vom 8/12. 1961, ausg. 17/3. 1965. U.S. Prior. 9/12. 1960. — C. **1966**, 40-2454 [F.P. 1 308 114].)
1910 **Imperial Chemical Industries Ltd.**, London (Erfinder: **Percy Hayden** und **Charles Fox**, Norton-on-Tees, Durham), Großbritannien, *Olefinisch ungesättigte Chlor- oder Bromkohlenwasserstoffe.* (**D.A.S. 1 234 705** Kl. 12o vom 14/6. 1963, ausg. 23/2. 1967. Brit. Prior. 15/6. 1962 u. 5/6. 1963. — C. **1966**, 32-2393 [Brit.P. 968 933].)
1911 **Kiyoshi Morikawa, Atsumu Ozaki** und **Kusuo Kawarazaki**, Tokio, Japan, *Vinylchlorid.* (**Brit.P. 982 713** vom 26/9. 1961, ausg. 10/2. 1965. Jap. Prior. 26/9. 1961. — C. **1966**, 38-2448 [F.P. 1 339 042].)
1912 **Pittsburgh Plate Glass Co.**, Pittsburgh, Pa. (Erfinder: **Douglas Henry Eisenlohr**, Barberton und **Clifford Edward Loehr**, Akron, Ohio), USA, *Allylchlorid.* (**Schwz.P. 395 062** vom 3/10. 1960, ausg. 15/12. 1965. U.S. Prior. 9/10. 1959. — C. **1966**, 29-2499 [Can.P. 689 183].)
1913 **Toyo Koatsu Industries, Inc.**, Tokio (Erfinder: **Yonosuke Inaba, Goro Kimura** und **Takushi Uematsu**, Kanagawa), Japan, *α.ω-Dichlorolefine.* (**D.A.S. 1 215 692** Kl. 12o vom 26/10. 1962, ausg. 5/5. 1966. Jap. Prior. 6/11. 1961. — C. **1966**, 38-2449 [Can.P. 688 076].)
1914 **Allied Chemical Corp.**, New York, N. Y. (Erfinder: **Morton Herbert Litt**, Morristown, N. J., und **Georg Joseph Schmitt**, Madison, N. J.), USA, *Fluorsubstituierte Alkenole.* (**D.A.S. 1 221 625** Kl. 12o vom 4/12. 1962, ausg. 28/7. 1966. U.S. Prior. 5/12. 1961. — C. **1966**, 33-2466 [Brit.P. 964 755].)
1915 **A. Boake, Roberts & Co. Ltd.**, London, Großbritannien (Erfinder: **Eugene L. Woroch**, Itasca, und **J. Wayne Cole**, Deerfield, Ill., USA), *Herstellung von Citronellol.* (**Schwz.P. 411 839** vom 27/3. 1961. ausg. 15/11. 1966. **F.P. 1 284 909** vom 24/3. 1961, ausg. 6/7. 1962. — C. **1966**, 29-2522 [Brit.P. 948 662].)
1916 **Union Carbide Corp.**, New York, N. Y. (Erfinder: **William Morton Lanham**, Charleston, W. Va.), USA, *Herstellung von Polyolen.* (**Schwz.P. 453 320** vom 9/12. 1960, ausg. 14/6. 1968. U.S. Prior. 18/12. 1959. — C. **1965**, 13-2584 [D.A.S. 1 139 478].)
1917 **Robert Kaufhold, Wolfgang Knothe, Bernd Haase**, Leuna, und **Heinz Dorr**, Halle/Saale, *Herstellung von monomerem Formaldehyd.* (**D.P.[DDR] 37 124** Kl. 12o vom 14/11. 1962, ausg. 26/4. 1965 [Wirtschaftspatent]. — C. **1966**, 30-2395 [D.A.S. 1 200 278].)
1918 **Ajinomoto Co., Inc.**, Tokio, Japan, *α-Acetoxypropionaldehyd.* (**Brit.P. 980 239** vom 10/7. 1963, ausg. 13/1. 1965. Jap. Prior. 12/7. 1962. — C. **1966**, 35-2629 [Jap.A.S. 1575/1965].)
1919 **VEB Deutsches Hydrierwerk Rodleben**, Rodleben/Elbe (Erfinder: **Gerhard Weißflog**, Roßlau, **Gerhard Kitzing**, Dessau, und **Heinz Thiele**, Roßlau), *Sorbinsäure.* (**D.A.S. 1 244 162** Kl. 12o vom 25/11. 1961, ausg. 13/7. 1967. — C. **1966**, 25-2504 [F.P. 1 309 051].)
1920 **National Smelting Co. Ltd.**, London, übert. von: **Michael William Buxton**, Avonmouth, und **John Colin Tatlow**, Edgbaston, Birmingham, Großbritannien, *Herstellung von Pentafluorphenylcarbonsäuren und ihren Derivaten.* (**U.S.P. 3 280 180** vom 13/2. 1964, ausg. 18/10. 1966. Brit. Prior. 21/3. 1960. **Aust.P. 260 596** vom 20/3. 1961, ausg. 5/8. 1965. Brit. Prior. 21/3., 12/5., 4/8. u. 9/9. 1960. — C. **1966**, 38-1703 [Brit.P. 977 961].)
1921 **National Starch & Chemical Corp.**, New York, N. Y., USA, *β-Hydroxyalkylmonoester der Acryl- oder Methacrylsäure.* (**Brit.P. 991 144** vom 29/6. 1962, ausg. 5/5. 1965. U.S. Prior. 10/7. 1961. — C. **1966**, 36-2476 [U.S.P. 3 059 024].)
1922 **VEB Leuna-Werke „Walter Ulbricht"**, Leuna (Erfinder: **Karl Smeykal** und **Hans Joachim Maumann**), *Propionitril.* (**Brit.P. 1 001 400** vom 19/5. 1964, ausg. 18/8. 1965. — C. **1966**, 35-2638 [D.P.[DDR] 28 024].)
1923 **Henkel & Cie. G. m. b. H.**, übert. von: **Bernhard Raecke**, Düsseldorf, *Kaliummalonat.* (**U.S.P. 3 359 310** vom 14/7. 1964, ausg. 19/12. 1967. D. Prior. 27/7. 1963. — C. **1965**, 36-2591 [D.A.S. 1 185 602].)
1924 **Asahi Kasei Kogyo K. K.**, Osaka, Japan, *Herstellung von α-Chlorglutarsäure.* (**Brit.P. 1 009 786** vom 14/8. 1962, ausg. 10/11. 1965. Jap. Prior. 15/8. 1961. — C. **1966**, 32-2417 [Can.P. 698 202].)
1925 **J. R. Geigy Akt.-Ges.**, Basel, Schweiz (Erfinder: **David Herbert Steinberg**, Bronx, N. Y., USA, *Herstellung von (Dialkyl-hydroxyphenyl)-äthylen-α.β-dicarbonsäureestern.* (**D.A.S. 1 265 743** Kl. 12o vom 28/4. 1964, ausg. 11/4. 1968. U.S. Prior. 29/4. 1963. — C. **1968**, 15-2587 [Brit.P. 1 000 217].)
1926 **Badische Anilin- & Soda-Fabrik Akt.-Ges.**, Ludwigshafen/Rh., übert. von: **Martin Decker, Joseph Schmidt**, Ludwigshafen/Rh., **Hans-Joachim Pistor**, Walldorf, und **Heinrich Scholz**, Ludwigsahfen/Rh., *Adipinsäure(I)-Dinitril.* (U.S.P. **3 242 204** vom 14/5. 1963, ausg. 22/3. 1966. D. Prior. 18/5. 1962. — C. **1966**, 39-2716 [D.A.S. 1 196 179].)
1927 **Ciba Akt.-Ges.**, Basel (Erfinder: **Hans Ulrich Gassmann**, Basel, **Arthur Krauer**, Reinach, **Erich Matter**, Basel, und **Ernst Leumann**, Arlesheim), Schweiz, *Kontinuierliche Herstellung von Zuckersäure.* (**D.A.S. 1 215 678** Kl. 12o vom 13/3. 1962, ausg. 5/5. 1966. **Ca.P. 698 142** vom 5/3. 1962, ausg. 17/11. 1964. **F.P. 1 317 092** vom 9/3. 1962, ausg. 29/4. 1963. **U.S.P. 3 242 207** vom 7/3. 1962, ausg. 22/3. 1966. Alle Schwz. Prior. 14/3. 1961. — C. **1966**, 32-2421 [Brit.P. 976 725].)
1928 **Ajinomoto Co., Inc.**, Tokio, übert. von: **Ryonosuke Yoshida, Masahiro Takehara** und **Eiji Negoro**, Kawasiki-shi, Kanagawa-ken, Japan, *γ-Cyanbutyraldehydacetale.* (**U.S.P. 3 318 911** vom 26/12. 1963, ausg. 9/5. 1967. Jap. Prior. 28/12. 1962. — C. **1967**, 7-2707 [D.A.S. 1 210 784].)
1929 **Süddeutsche Kalkstickstoff-Werke Akt.-Ges.**, Trostberg, und **Dr. C. Otto & Co. G. m. b. H.**, Bochum, übert. von: **Hermann Kronacher**, Trostberg, *Herstellung von Verbindungen mit CN-Bindung.* (**U.S.P. 3 372 987** vom 24/12. 1964, ausg. 12/3. 1968. — C. **1965**, 52-2838 [D.A.S. 1 190 022].)
1930 **Dow Corning Corp.**, Midland, Mich., USA, *Polyaminoalkylsiloxane.* (**Brit.P. 914 460** vom 29/8. 1961, ausg. 2/1. 1963. U.S. Prior. 6/9. 1960. — C. **1966**, 28-2460 [F.P. 1 302 034].)
1931 **Shell Internationale Research Mij. N. V.**, Den Haag, Niederlande (Erfinder: **William Eugene Jones**, West Lafayette, Ind., und **Gene William Kauffman**, Denver, Colo., USA), *Herstellung von Trialkylphosphiten.* (**Schwz.P. 451 896** vom 28/1. 1964, ausg. 15/5. 1968. U.S. Prior. 30/1. 1963. — C. **1967**, 8-2629 [Brit.P. 1 001 177].)
1932 **Scientific Design Co., Inc.**, bzw. **Halcon International, Inc.**, USA (Erfinder: **Monroe Malow** und **Robert V. Maresca**), *Gewinnung von p- und o-Xylol.* (**F.P. 1 321 419** vom 16/6. 1961. ausg. 14/6. 1963. **Aust.P. 255 693** vom 16/6. 1961. **Brit.P. 987 098** vom 16/6. 1961, ausg. 24/3. 1965. Alle U.S. Prior. 17/6. 1960. — C. **1966**, 36-2498 [Ind.P. 76 747].)
1933 **Allied Chemical Corp.**, New York, N. Y. (Erfinder: **Louis Gene Anello**, Lake Parsippany, und **Cyril Woolf**, Morristown, N. J.), USA, *Fluorbenzole.* (**D.A.S. 1 219 461** Kl. 12o vom 14/12. 1961, ausg. 23/6. 1966. U.S. Prior. 23/12. 1960. — C. **1966**, 33-2424 [F.P. 1 310 192].)
1934 **Halcon International, Inc.**, New York, N. Y., USA, *Phenol.* (**Brit.P. 986 931** vom 6/7. 1961, ausg. 24/3. 1965. U.S. Prior. 6/7. 1960. — C. **1966**, 29-2573 [Can.P. 688 797].)
1935 **Distillers Co. Ltd.**, Edinburgh, Schottland, übert. von: **Thomas Bewley** und **Maurice Dudley Cooke**, Epsom, Großbritannien, *Phenol.* (**U.S.P. 3 271 457** vom 16/4. 1962, ausg. 6/9. 1966. **F.P. 1 320 414** vom 18/4. 1962, ausg. 31/5. 1963. Beide Brit. Prior. 22/4. 1961. — C. **1966**, 40-2504 [Brit.P. 930 161].)
1936 **General Electric Co.**, N. Y., übert. von: **Stephen Bancroft Hamilton** und **Allan Stuart Hay**, Schenectady, N. Y., USA, *2.6-Disubstituierte Phenole.* (**U.S.P. 3 280 201** vom 31/12. 1962, ausg. 18/10. 1966. **D.A.S. 1 210 879** Kl. 12q vom 27/12. 1963, ausg. 17/2. 1966. U.S. Prior. 31/12. 1962. — C. **1966**, 40-2509 [Brit.P. 999 449].)
1937 **Allied Chemical Corp.**, New York, N. Y. (Erfinder: **Basil Said Farah**, Rockaway, und **Everett Eddy Gilbert**, Morristown, N. J.), USA, *Herstellung von 4-Methylmercaptophenolen.* (**D.A.S. 1 231 253** Kl. 12q vom 23/1. 1963, ausg. 29/12. 1966. U.S. Prior. 29/1. 1962. — C. **1966**, 25-2537 [Brit.P. 956 229].)

1938 **Allied Chemical Corp.**, New York, N. Y. (Erfinder: **Basil Said Farah**, Rockaway, und **Everett Eddy Gilbert**, Morristown, N. J.), USA, *4-Methylmercaptophenole*. (**D.A.S. 1 235 940** Kl. 12q vom 22/5. 1964, ausg. 9/3. 1967. U.S. Prior. 27/5. 1963. Zusatz zu D.A.S. 1 231 253; vorst. Ref. **F.P. 85 810** vom 25/5. 1964, ausg. 14/1. 1966. U.S. Prior. 27/5. 1963. Zusatz zu F.P. 1 348 698. – C. **1967**, 11-3325 [Brit.P. 1 000 687].)

1939 **Standard Oil Co.**, Chicago, Ill., USA, *Kontinuierliche Herstellung von Benzoesäure*. (**Brit.P. 1 008 191** vom 22/9. 1961, ausg. 27/10. 1965. U.S. Prior. 23/9. 1960. – C. **1966**, 40-2510 [F.P. 1 307 392].)

1940 **Institut Francais du Pétrole, des Carburants et Lubrifiants**, Rueil-Malmaison (Erfinder: **Jacob Alagy**, Celle-Saint Cloud, Frankreich), *Terephthalsäure*. (**Brit.P. 992 203** vom 15/1. 1964, ausg. 19/5. 1965. F. Prior. 16/1. 1963. – C. **1966**, 34-2472 [D.A.S. 1 203 752].)

1941 **Imperial Chemical Industries Ltd.**, London, Großbritannien (Erfinder: **Donald Graham Wilkinson**), *2.5-Dihalogenterephthalsäuren*. (**Brit.P. 946 259** vom 5/4. 1961, ausg. 8/1 . 1964. – C. **1966**, 28-2478 [U.S.P. 3 142 701].)

1942 **VEB Chemiefaserwerk Schwarza „Wilhelm Pieck"** (Erfinder: **Johannes Heinze, Helmut Ramm** und **Hans Richardt**), Rudolstadt, *Dialkylterephthalate*. (**D.A.S. 1 247 291** Kl. 12o vom 28/4. 1964, ausg. 17 8. 1967. – C. **1966**, 35-2675 [D.P.[DDR] 41 855].)

1943 **Metallgesellschaft Akt.-Ges.**, Frankfurt M. (Erfinder: **Oskar Dorschner**, Bad Homburg, **Hans-Werner Groß**, Buchschlag, **Joachim Plenz**, Frankfurt M., und **Karl-Heinz Eisenlohr**, Buchschlag), *Herstellung von Glykolterephthalaten*. (**D.P.[DDR] 41 857** Kl. 12o vom 20/2. 1964, ausg. 15/10. 1965 [Ausschließungspatent]. D. Prior. [Bundesrepublik Deutschland] 6/3. 1963. – C. **1966**, 34-2473 [D.A.S. 1 203 753].)

1944 **Farbenfabriken Bayer Akt.-Ges.**, Leverkusen, *Herstellung olefinisch ungesättigter Verbindungen*. (**Brit.P. 985 505** vom 8/5. 1963, ausg. 10/3. 1965. D. Prior. 15/5. 1962. – C. **1966**, 39-1922 [D.A.S. 1 186 063].)

1945 **Masataka Amagasa** und **Tadashi Yamaguchi**, Sendaishi, Japan, *1-Methylcyclohexen-(1)*. (**U.S.P. 3 251 894** vom 23/7. 1963, ausg. 17/5. 1966. Jap. Prior. 28/7. 1962. – C. **1966**, 30-2438 [D.A.S. 1 205 529].)

1946 **Ciba Ltd.**, Basel, Schweiz, übert. von: **Reginald Francis Webb**, Cambridge, und **Ian Geoffrey Hinton**, Great Chesterford, Großbritannien, *Symmetrische oder asymmetrische Bisphenole*. (**U.S.P. 3 264 357** vom 18/11. 1960, ausg. 2/8. 1966. Brit. Prior. 24/12. 1959. – C. **1964**, 46-2245 [Oe.P. 220 620].)

1947 **Studiengesellschaft Kohle m. b. H.**, Mülheim/Ruhr, *Substituierte Azulene*. (**Brit.P. 971 913** vom 14/3. 1961, ausg. 7/10. 1964. D. Prior. 25/3. 1960. – C. **1966**, 28-2497 [F.P. 1 286 137].)

1948 **Allied Chemical Corp.**, New York, N. Y., übert. von: **Jameil Ameen**, Hopewell, Va., USA, *Äthylenoxid*. (**U.S.P. 3 172 893** vom 4/8. 1960, ausg. 9/3. 1965. – C. **1966**, 29-2605 [Can.P. 694 687].)

1949 **Allied Chemical Corp.**, New York, N. Y. (Erfinder: **Max B. Müller**, Media, **John G. Iacoviello**, Broomall, und **Rudolph Rosenthal**, Havertown, Pa.), USA, *Epoxydierung von Olefinverbindungen*. (**D.A.S. 1 210 850** Kl. 12o vom 15/6. 1961, ausg. 17/2. 1966. U.S. Prior. 22/6. 1960. – C. **1966**, 36-2528. [F.P. 1 298 550].)

1950 **E. I. du Pont de Nemours & Co.**, Wilmington, Del., USA, *Fluorierte Olefinepoxide*. (**Brit.P. 931 587** vom 27/4. 1962, ausg. 17/7. 1963. U.S. Prior. 18/5. 1961. – C. **1966**, 28-2498 [Can.P. 691 974].)

1951 **Bergwerksverband G. m. b. H.**, Deutschland, *Herstellung von Diazacyclopropanen*. (**F.P. 86 429** vom 22/9. 1964, ausg. 21/4. 1966. D. Prior. 28/9. 1963. Zusatz zu F. P. 1 250 305; C. 1964, 39-2415. – C. **1966**, 39-2772 [D.A.S. 1 209 568].)

1952 **Sandoz Ltd.**, Basel, übert. von: **Albert Hofmann**, Bottmingen, und **Albert Frey**, Riehen, Schweiz, bzw. **Sandoz Patents Ltd.**, Toronto, Ontario, Canada, *D-(+)-β-[6-Methoxy-3-indolyl]-buttersäure und -methylester*. (**U.S.P. 3 211 744** vom 30/8. 1961, ausg. 12/10. 1965. **Brit.P. 1 004 661** vom 21/8. 1961, ausg. 15/9. 1965. Beide Schwz. Prior. 2/9. 1960. – C. **1966**, 39-2774 [F.P. 1 298 876].)

1953 **Isis-Chemie K. G.**, Zwickau (Erfinder: **Bodo Hirsch**, Pirna/Elbe), *1.2.3-Triazolderivate*. (**D.A.S. 1 226 591** Kl. 12p vom 12/11. 1963, ausg. 13/10. 1966. – C. **1966**, 35-2717 [D.P.[DDR] 36 137].)

1954 **Imperial Chemical Industries Ltd.**, London (Erfinder: **Frank Raymond Bradbury** und **Alastair Campbell**, Widnes), Großbritannien, *Herstellung von Bipyridylen*. (**D.P.[DDR]** 48 396 Kl. 12p vom 12/3. 1963, ausg. 5/10. 1966 [Ausschließungspatent]. – C. **1966**, 30-2463 [D.A.S. 1 206 434].)

1955 **Imperial Chemical Industries Ltd.**, London (Erfinder: **Frank Raymond Bradbury** und **Alastair Campbell**, Widnes. Lancs.), Großbritannien, *Bi-pyridyle*. (**Schwz.P. 438 298** vom 16/7. 1962, ausg. 15/12. 1967. **D.P.[DDR] 42 940** Kl. 12p vom 13/7. 1962, ausg. 5/1. 1966 [Ausschließungspatent]. Beide Brit. Prior. 17/7. 1961. – C. **1966**, 31-3097 [Brit.P. 961 331].)

1956 **Ministerul Industriei Petrolului și Chimiei**, Bukarest, Rumänien (Erfinder: **Florian Culban, Stefan Cilianu-Bibian** und **Lulu Zaharescu**), *Herstellung von 2-Chlor-6-niederalkyl-isonicotinsäureestern*. (**Brit.P. 1 003 480** vom 22/6. 1963, ausg. 2/9. 1965. – C. **1966**, 31-2529 [D.P.[DDR] 37 762].)

1957 **VEB Leuna-Werke „Walter Ulbricht"**, Leuna (Erfinder: **Dieter Eilhauer**, Leipzig, **Gerhard Reckling**, Spergau, und **Wilhelm Höfling**, Leuna), *Herstellung von 2-Alkyl-isonicotinsäureestern oder 2-Alkyl-isonicotinsäurenitrilen*. (**D.A.S. 1 222 064** Kl. 12p vom 2/3. 1964, ausg. 4/8. 1966. – C. **1966**, 35-2723 [D.P.[DDR] 37 955].)

1958 **Henkel & Cie. G. m. b. H.** (Erfinder: **Bruno Blaser** und **Hans-Jürgen Tietz**), Düsseldorf, *Sultone*. (**Schwz.P. 455 751** vom 29/8. 1963, ausg. 15/7. 1968. D. Prior. 31/8. 1962. – C. **1966**, 27-2479 [D.A.S. 1 203 762].)

1959 **VEB Farbenfabrik Wolfen** (Erfinder: **Richard Schmalfuhs**), Wolfen, *Dimorpholylsulfid*. (**D.A.S. 1 253 270** Kl. 12p vom 20/11. 1964, ausg. 2/11. 1967. – C. **1966**, 35-2730 [D.P.[DDR] 41 900].)

1960 **Westminster Bank Ltd.**, London, Großbritannien (Erfinder: **Jany Renz, Jean-Pierre Bourquin**, Basel, **Guido Gamboni**, Allschwil, und **Gustav Schwarb**, Neuallschwil, Schweiz), *3-Methylmercapto-10-{2'-[1''-methylpiperidyl-(2'')]-äthyl-(1')}-phenthiazin*. (**Brit.P. 1 005 376** vom 29/6. 1962, ausg. 22/9. 1965. Schwz. Prior. 14/7. 1961. – C. **1966**, 40-1764 [F.P. 82 113].)

1961 **Süddeutsche Kalkstickstoff-Werke Akt.-Ges.**, Trostberg, *Kontinuierliche Melaminherstellung*. (**Brit.P. 1 004 426** vom 14/6. 1963, ausg. 15/9. 1965. D. Prior. 20/7. 1962. – C. **1966**, 37-2707 [Can.P. 688 923].)

1962 **Takeda Chemical Industries Ltd.**, Osaka (Erfinder: **Yasunari Ishida**, Ikeda, **Kazuwo Motizuki, Minoru Uchida**, Takarazuka, und **Koichiro Wakita**, Gose), Japan, *5'-Nucleotide*. (**D.A.S. 1 254 630** Kl. 12p vom 25/4. 1963, ausg. 23/11. 1967. – C. **1966**, 29-2636 [Can.P. 695 584].)

1963 **Ethyl Corp.**, New York, N. Y., USA, übert. von: **Thomas H. Coffield**, Heidelberg, und **Rex D. Closson**, Northville, Mich., USA, *Organometallverbindungen*. (**U.S.P. 3 361 779** vom 20/8. 1959, ausg. 2/1. 1968. – C. **1962**, 7700 [F.P. 1 214 952].)

1964 **Karl Ziegler, Herbert Lehmkuhl** und **Rolf Schäfer**, Mülheim/Ruhr, *Alkaliorganische Komplexverbindungen von Al oder B*. (**U.S.P. 3 361 781** vom 25/10. 1963, ausg. 2/1. 1968. D. Prior. 26/10. 1962. – C. **1965**, 13-2207 [D.A.S. 1 174 779].)

H–8. Farbstoffe

1965 Jaroslav Horyna, Svítkov, Oldřich Virág, Libavské Údolí, und Miroslav Krámský, Pardubice, ČSSR, **Herstellung von gelben sauren Azofarbstoffen** der Formel $(SO_3M)_nAr_1{-}N{=}N{-}C(CONH{-}Ar{-}NO_2){=}C\cdot(OH)CH_3$ (Ar u. Ar_1 = Bzl.- oder Naphthalinkerne, wobei Ar durch Alkyl, Halogen oder Alkoxyreste substituiert sein kann; M = H, Alkalimetall oder NH_4^+; n = 1—3) durch Kupplung eines diazotierten Amins $(SO_3M)_nAr_1$–NH_2 mit Nitroacetoacetaryliden. — 105 (Teile) Na-2-Naphthylamin-4.8-disulfonat werden in 600 W. gelöst u. mit 70 HCl (33,5%) vermischt. Nach Abkühlen auf 0—3° wird mit 85,5 2,5 n $NaNO_2$-Lsg. diazotiert. 82,5 p-Nitroacetoacetanilid werden in 1000 W. u. 175 10%ig. NaOH-Lsg. bei 20° gelöst, die Lsg. wird auf 10° gekühlt u. mit 55 HCl (33,5%) angesäuert; dann werden 50 wasserfreies Na-Acetat zugegeben. Zu dieser Suspension mischt man die Suspension der Diazoverb. bei 5—10° binnen 20 Min. zu, dann wird 3 Std. gerührt u. 1/2 Std. auf 25—30° erwärmt. Nach Aussalzen u. Abfiltrieren trocknet man bei 60°; Ausb. 174 Teile (mit NaCl-Geh.). (**Tschech.P. 121210** vom 15/1. 1963, ausg. 15/12. 1966.) — 4 S.

M. Klag 6842△

1966 Jaroslav Horyna, Svítkov, Oldřich Virág, Libavské Údolí, und Miroslav Krámský, Pardubice, ČSSR, **Herstellung von Farbstoffen mit reaktiven Resten** der Formel $CH_3C(OH){:}C(N{=}N{-}Y)\cdot CO\cdot NR\cdot Ar\cdot N(R)X$ (X = Rest einer mindestens einen leicht dissoziierfähigen Substituenten oder eine durch Addition leicht reagierende Doppel- oder Dreifachbindung zwischen C-Atomen enthaltenden Verb.; R = H oder C_1—C_4-Alkylrest; Ar = ggf. durch Halogen, Alkyl-, Alkoxyreste, $-SO_3H$ oder –COOH substituierter Arylrest; Y = Ar', evtl. –N=N–Ar'', wobei Ar' u. Ar'' evtl. 4—5 SO_3H- oder COOH-Gruppen enthalten) durch Kondens. von Aminoazofarbstoffen der Formel $CH_3C(OH){:}C(N{=}N{-}Y)\cdot CO\cdot NR\cdot Ar\cdot N(R)H$ mit Verb., die mindestens 2 Rk.-Zentren enthalten, bes. Cyanurchlorid oder -bromid. — 5,5 (Teile) eines durch Kuppeln von diazotierter 2-Naphthylamin-4.8-disulfonsäure mit p-Nitroacetoacetanilid u. folgende Red. mit Na_2S bereiteten Aminoazofarbstoffes (Dinatriumsalz) werden in 35 W. gelöst. Zu diesem Gemisch werden unter Rühren u. Kühlen (ca. 0°) binnen 10 Min. 1,85 Lsg. von 1,85 Cyanurchlorid in 16 Aceton in neutralem Medium zugetropft. Nach Beendigung der Kondens. mischt man 2 Std., dann wird durch Zugabe eines phosphat. Puffers (0,5 prim. wasserfreies Na-Phosphat u. 0,5 sek. Na-Phosphat mit 12 krist. H_2O u. 9 W.) auf pH 6—8 eingestellt; das isolierte Prod. wird in einem Luftstrom bei 20° getrocknet: 6,85 des Reaktivfarbstoffes; hellgelber Farbton an Cellulosetextilien. (**Tschech.P. 122585** vom 15/1. 1963, ausg. 15/4. 1967.) — 7 S.

M. Klag 6842△

1967 Jaroslav Horyna, Svítkov, Oldřich Virág, Libavské Údolí, und Miroslav Krámský, Pardubice, ČSSR, **Herstellung von Farbstoffen mit reaktiven Resten** der Formel $CH_3C(OH){:}C(N{=}N{-}Y)\cdot CO\cdot NR\cdot Ar\cdot N(R)X$ (X = Rest einer mindestens einen leicht dissoziierfähigen Substituenten oder eine durch Addition leicht reagierende Doppel- oder Dreifachbindung zwischen C-Atomen enthaltenden Verb.; R = H oder C_1—C_4-Alkylrest; Ar = evtl. durch Halogen, Alkyl-, Alkoxyreste, $-SO_3H$ oder –COOH substituierter Arylrest; Y = Ar', evtl. –N=N–Ar'', wobei Ar' u. Ar'' evtl. 4—5 SO_3H- oder COOH-Gruppen enthalten) durch Kondens. von Aminoacetoacetaryliden $CH_3C(OH){:}CH\cdot CON(R)\cdot Ar\cdot N\cdot H(R)$ mit Verb. mit vielen Rk.-Zentren u. Kupplung des Prod. mit einer Diazoverb. der Formel $Y{-}N^+{\equiv}N$. — 10 (Teile) p-Aminoacetoacetanilid werden in 30 W. gelöst; dazu wird unter Rühren u. Kühlen (ca. 0°) eine Lsg. von 1,85 Cyanurchlorid in 16 Aceton binnen 10 Min. zugetropft. Man rührt noch 1 Std.; dann wird die Lsg. von 2,5 krist. Na-Acetat u. 0,7 Eisessig in 70 W. zugegeben.

Zu der Suspension wird bei pH 4,5–5 binnen 30 Min. eine Lsg. der äquimol. Menge von aus 2-Naphthylamin-3.6.8-trisulfonsäure bereitetem Diazoniumsalz getropft, das Rk.-Gemisch wird 2 Std. gerührt u. das Prod. durch Entsalzen isoliert, mit W. gewaschen u. bei 20° in einem Luftstrom getrocknet: 7,57 Reaktivfarbstoff mit gelbem Farbton auf Cellulosetextilien. (**Tschech.P. 122716** vom 15/1. 1963, ausg. 15/4. 1967.) – 4 S. M. Klág 6842△

1968 Jaroslav Horyna, Svítkov, und Miroslav Krámský, Pardubice, ČSSR, **Reaktive Bisazofarbstoffe,** die braune Nuancen ergeben, werden hergestellt, indem man einen Aminobisazofarbstoff der Zus. 1-Naphthylamin-2.4.6- oder -2.4.7-trisulfonsäure → 1-Naphthylamin-6- bzw. -7-sulfonsäure → 1-Naphthylamin-6- oder -7-sulfonsäure mit einer Verb. umsetzt, die ≧ 2 reaktionsfähige Zentren aufweist (halogenierte 1.3.5-Triazine verwendet, die 2 oder 3 Halogenatome u. ggf. eine prim., sek. oder tert. Aminogruppe, Alkoxy- bzw. Mercaptogruppe enthalten). (**Tschech.P. 124117** vom 26/10. 1965, ausg. 15/8. 1967.) – 5 S. J. Milka 6842△

1969 Jaroslav Dobáš, Pardubice, ČSSR, **Reaktive Farbstoffe,** welche Cellulose- u. Synth.-Fasern in gelben bis rotvioletten Tönen hoher Licht- u. Naßechtheit färben, werden hergestellt, indem man einen 4-Amino-m-xylidin-Abkömmling diazotiert, der in 6-Stellung einen Rest $-SO_2C_4H_5Cl_2$ enthält, u. das gebildete Diazoniumsalz mit einer Azokomponente in verd. wss. Mineralsäurelsg., Na-Acetat- oder $NaHCO_3$-Lsg. umsetzt. Der reaktionsfähige Rest entspricht wahrscheinlich der Formel $-SO_2CH_2CCl{:}CClCH_3$. – 35,5 (g) 2.4-Dimethylanilinhydrochlorid mit einer $-SO_2C_4H_5Cl_2$-Gruppe in 5-Stellung werden unter Rühren in ein Gemisch aus 120 ml 2,5 n HCl u. 800 W. eingetragen u. durch Erwärmen auf 70° gelöst. Nach Abkühlen auf +5° wird die Amin-Komponente durch Zutropfen von 40 ml 2,5 n $NaNO_2$-Lsg. diazotiert. Die gebildete Lsg. wird in 30 Min. bei 5–10° zu einer Lsg. von 46 1-[naphthyl-(2')]-3-methyl-5-pyrazolon-4'.8'-disulfonsaures Na u. 70 krist. Na-Acetat in 700 W. getropft. Das Gemisch wird 1 Std. gerührt, dann der *Farbstoff* durch Zusatz von 80 NaCl ausgeschieden, abgesaugt u. unter vermindertem Druck getrocknet: 86 trockenes Prod., das Cellulosefasern in brillanten grünlichgelben Tönen färbt. – Weitere Beispiele. (**Tschech.P. 123126** vom 27/4. 1963, ausg. 15/6. 1967.) – 3 S. J. Milka 6842△

1970 Jaroslav Dobáš, Jaromír Pirkl und Helena Majerová, Pardubice, ČSSR, **Reaktive Farbstoffe** werden hergestellt, indem man ein Deriv. von o- oder p-Toluidin bzw. o- oder p-Anisidin, das in 5-Stellung zur Aminogruppe einen Rest $-SO_2CH_2CCl{:}CClCH_3$ enthält, diazotiert, das gebildete Diazoniumsalz mit einer Azokomponente umsetzt, den Farbstoff aus der Lsg. mit NaCl ausscheidet u. unter vermindertem Druck bei 50 bis 60° trocknet. – 50 ml 2,5 n HCl u. 250 (g) feinverteiltes Eis werden mit 22 ml 2,5 n $NaNO_2$-Lsg. unter Rühren versetzt, dann 14,9 2'.3'-Dichlorbutenyl-(2')-4-methyl-3-aminophenylsulfonhydrochlorid in 150 W. u. 50 ml 2,5 n HCl während 10–15 Min. zugegeben, u. 15 Min. wird gerührt. Das überschüssige $NaNO_2$ wird mit Sulfaminsäure zersetzt u. die gebildete Lsg. der Diazoverb. unverzüglich zu einer Lsg. von 20 Na-Salz der Acetyl-H-Säure u. 50 krist. Na-Acetat in 500 W. während 30 Min. ohne Kühlung zugetropft. Das Gemisch wird 3 Std. bei der Raumtemp. gerührt u. der gebildete *Farbstoff* durch Zusatz von 100 Kochsalz ausgeschieden, nach 1 Std. Rühren abgesaugt, mit 50 15%ig. NaCl-Lsg. gewaschen u. unter vermindertem Druck bei 50° getrocknet; Ausb. 45 g. Das erhaltene Prod. färbt Cellulose in reinen roten Tönen. – Weitere Beispiele (**Tschech.P. 123128** vom 10/9. 1963, ausg. 15/6. 1967.) – 3 S. J. Milka 6842△

1971 Vladimír Chmátal, Vladimír Zvěřina und Zdeněk Josef Allan, Pardubice, ČSSR, **Herstellung von Polyazofarbstoffen** durch Kuppeln von diazotierten Aminoazofarbstoffen oder Aminopolyazofarbstoffen mit passiven Komponenten in Ggw. von 10–60 Vol.-% Dimethylsulfoxid in alkal. Medium. – Die Paste eines Farbstoffes, welcher aus 17,3 (Vol.-Teilen) Anilin-3-sulfonsäure, 23 1-Naphthylamin-7-sulfonsäure u. 26,7 1-Amino-2-äthoxynaphthalin-6-sulfonsäure bereitet wurde, wird in 400 W. u. 20 40%ig. NaOH verrührt. Dazu werden 8 wss. $NaNO_2$-Lsg. gegeben, dann wird in 45 36%ig. HCl u. 150 Eis eingetragen u. 10 Std. gerührt. Das pastenförmige Prod. wird in 200 W. verrührt u. dann langsam in ein Gemisch von 30,4 2-[3'-Aminobenzoylamino]-5-naphthol-7-sulfonsäure in 400 Dimethylsulfoxid, 150 20%ig. Ammoniak u. 100 Eis gegossen. Nach 3std. Rühren wird das Prod. durch Zugabe von NaCl bei 80° isoliert: Graues Pulver zum Färben von Cellulosefasern in blaugrünen Tönen. Die Diazotierung an Fasern u. Kupplung mit 2-Naphthol gibt grüne Färbung. (**Tschech.P. 121629** vom 15/8. 1964, ausg. 15/1. 1967.) – 2 S. M. Klág 6842△

Redaktionsschluß: 9. Januar 1969

Herausgeber: Prof. Dr. Heinrich Bertsch, Berlin, und Prof. Dr. Dr. h. c. Wilhelm Klemm, Münster
Stellvertretende Herausgeber: Prof. Dr.-Ing. Dr. rer. nat. h. c. Eberhard Leibnitz, 104 Berlin, Schiffbauerdamm 19, Fernsprecher: 425571
und Prof. Dr. Bertold Reuter, 1 Berlin 30, Geisbergstraße 39, Fernsprecher: 211 90 91
Chefredakteure und verantwortlich für den Inhalt: Dr. Helga Völz, 104 Berlin, Schiffbauerdamm 19, Fernsprecher: 425571
und Dr.-Ing. Christian Weiske, 1 Berlin 30, Geisbergstraße 39, Fernsprecher: 211 90 91
Stellvertretender Chefredakteur: Dr.-Ing. Günter Pötzscher, 1 Berlin 30, Geisbergstraße 39, Fernsprecher: 211 90 91

Akademie-Verlag GmbH, 108 Berlin, Leipziger Str. 3–4 (Fernsprecher: 220441, Telex-Nr. 0112020) und Verlag Chemie. GmbH, 6940 Weinheim/Bergstr., Pappelallee 3 (Fernsprecher: (06201) 3635; Fernschreiber: 465516 vchwh d). Bestellnummer: 1007/140.
Das Chemische Zentralblatt erscheint wöchentlich. Preis des Jahrganges einschl. Schnellreferatedienst, Autoren-, Patent-, Sach- u. Formelregister: 3200,–; einseitig bedruckte Ausgabe: 3700,–. Abgabe der Zeitschrift nur mit sämtlichen Registern. Abbestellungen nur bis spätestens 6 Wochen vor Ablauf des Kalenderjahres.

Satz u. Druck: VEB Druckhaus „Maxim Gorki", Altenburg, und VEB Leipziger Druckhaus, Leipzig.
Veröffentlicht unter der Lizenznummer 1273 des Presseamtes beim Vorsitzenden des Ministerrates.
Printed in Germany.

Kolibri 360 GmbH
Ferdinand-Jühlke-Straße 7
99095 Erfurt, Deutschland
produktsicherheit@kolibri360.de